Jander · Blasius

Lehrbuch der analytischen
und präparativen
anorganischen Chemie

Jander · Blasius

Lehrbuch
der analytischen und prä-
parativen anorganischen
Chemie

Von
Prof. Dr. Joachim Strähle und **Priv.-Doz. Dr. Eberhard Schweda,**
Institut für Anorganische Chemie der Universität Tübingen

14., neu bearbeitete Auflage

mit 45 Tabellen, 68 Abbildungen und 36 Kristallaufnahmen

S. Hirzel Verlag Stuttgart 1995

Die Deutsche Bibliothek – CIP-Einheitsaufnahme

Jander, Gerhart:
Lehrbuch der analytischen und präparativen anorganischen
Chemie : mit 45 Tabellen / Jander ; Blasius. – 14., neu bearb.
Aufl. / von Joachim Strähle und Eberhard Schweda. – Stuttgart
: Hirzel, 1995
  ISBN 3-7776-0612-X
NE: Blasius, Ewald:; Strähle, Joachim [Bearb.]

© 1995 S. Hirzel Verlag, Birkenwaldstraße 44, 70191 Stuttgart
Printed in Germany
Satz und Druck: H. Stürtz AG, Würzburg
Umschlaggestaltung: Atelier Schäfer, Esslingen

Zur Geschichte dieses Lehrbuchs

Die 1. Auflage des vorliegenden, traditionsreichen Lehrbuchs wurde im Jahr 1951 von Herrn Prof. Dr. Gerhart Jander und Frau Dr. Hildegard Wendt herausgegeben. Der nachfolgende Auszug aus dem Vorwort zur 1. Auflage zeigt, daß das Lehrbuch aus den Vorgängern: „Einführung in das anorganisch-chemische Praktikum" und „Lehrbuch für das anorganisch-chemische Praktikum" hervorgegangen ist und für die Studenten des Diplomstudiengangs Chemie gedacht war.

Aus dem Vorwort zur 1. Auflage

Vor einiger Zeit ist von uns eine kürzere „Einführung in das anorganisch-chemische Praktikum (einschließlich der quantitativen Analyse)" herausgegeben worden, welche für alle Studierenden naturwissenschaftlicher Fächer gedacht ist, die bei ihrer akademischen Ausbildung das Chemiestudium nur als Hilfswissenschaft betreiben (Pharmazeuten, Biologen, Mineralogen, Physiker usw.) oder aus anderen Gründen chemische Praktika nicht in dem Umfang benötigen wie die Studierenden der Chemie mit Chemie als Hauptfach. Infolgedessen konnte im vorliegenden „Lehrbuch der analytischen und präparativen anorganischen Chemie (mit Ausnahme der quantitativen Analyse)", welches für die Ausbildung von Berufschemikern gedacht ist, der Inhalt eines Vorgängers (6. und 7. Auflage des „Lehrbuches für das anorganisch-chemische Praktikum") in beträchtlichem Maße umgestaltet, ergänzt sowie erweitert und dabei gleichzeitig dem heutigen Stand der Wissenschaft angeglichen werden. Dies ist so weitgehend geschehen, daß de facto ein neues Praktikumsbuch entstanden ist.

Berlin und Clausthal-Zellerfeld, Herbst 1951   *G. Jander* und *H. Wendt*

Frau Dr. Wendt schied nach der 3. Auflage aufgrund anderweitiger Verpflichtungen als Mitautorin aus. An ihre Stelle trat Herr Prof. Dr. E. Blasius, der das Lehrbuch auch nach dem Tod von Prof. Jander im Jahr 1961 weiterführte und bis zur 13. Auflage des Jahres 1989 ständig ergänzte und modernisierte, wie beispielsweise ein Ausschnitt aus dem Vorwort zur 8. bis 10. Auflage verdeutlicht.

Aus dem Vorwort zur 8. bis 10. Auflage

Der Schwerpunkt der Überarbeitung für die 8. bis 10. Auflage liegt in dem Kapitel „Massenwirkungsgesetz und Ionenlehre", wobei auch das Kapitel „Komplexchemie" entsprechend erweitert wurde, ferner in den Kapiteln „Kolloidchemie und Chemie der Grenzflächen", „Organische Spezialreagenzien und ihre Anwendung in der qualitativen Analyse" sowie in den einleitenden Kapiteln, die den einzelnen Elementen bzw. Verbindungen vorangestellt sind.

Kolloidchemische Erscheinungen, die in Lösung vor sich gehen, sind für den Analytiker von erheblicher Bedeutung. Zu nennen sind hier die quantitative Abscheidung amorpher Niederschläge und die „Mitfällung" unerwünschter Ionen. In dem Kapitel „Kolloidchemie und Chemie der Grenzflächen" sind daher jetzt die Unterkapitel „Größe und Oberfläche der Teilchen", „Bildung und Herstellung von Kolloid-Lösungen", „Stabilität kolloiddisperser Systeme", „Koagulation und Peptisation", „Alterung", „Verunreinigung der Niederschläge – Mitfällung" sowie „Praktische Folgerungen" zu finden. Um allgemein die „Theoretischen Grundlagen" dem Leser näher zu bringen, sind an entsprechenden Stellen eine Anzahl von Versuchen aufgenommen worden.

Bei dem Kapitel „Organische Spezialreagenzien und ihre Anwendung in der qualitativen Analyse" wurden die theoretischen Grundlagen erweitert und einige neue Nachweisreaktionen eingefügt.

Die Kapitel, die den einzelnen Elementen bzw. Verbindungen vorangehen, sind vollkommen neu gestaltet und auf den neuesten Stand gebracht worden. Auf die heutige Bedeutung der Elemente in der Technik und im täglichen Leben wird besonders hingewiesen. Ausgegangen wurde von der Tatsache, daß der Analytiker aus der Kenntnis der Herkunft eines Stoffes gegebenenfalls schon erhebliche Rückschlüsse ziehen kann.

Saarbrücken, im Winter 1972   *E. Blasius*

Prof. Blasius starb überraschend im August 1987 während der Bearbeitung der 13. Auflage des Lehrbuchs.

Vorwort zur 14. Auflage

Nach dem überraschenden Tod von Prof. Dr. E. Blasius bat uns der Verlag, die nunmehr 14. Auflage neu zu bearbeiten. Wir haben diese Aufgabe gern übernommen, da sich das Lehrbuch auch bei der Ausbildung unserer Studenten sehr bewährt hat und wir daher am Bestand dieses Standardwerks sehr interessiert sind. Wir glauben, daß der traditionelle Trennungsgang aus didaktischen Gründen nach wie vor für die Ausbildung gut geeignet ist. Zusätzlich kann die präparative Chemie zum Erlernen der experimentellen Arbeiten und der Bestimmungen der Gefahrstoffverordnung dienen. Wir haben das Lehrbuch in weiten Teilen umgestaltet und ein neues Kapitel über die wichtigsten Bestimmungen der Gefahrstoffverordnung eingefügt, in dem auch Angaben zur Entsorgung und Wiederaufarbeitung von Abfallchemikalien aufgeführt sind. Diese Gesichtspunkte sind ebenso im Kapitel über die präparative Chemie berücksichtigt worden. Da dieses Kapitel auch Synthesevorschriften für sehr giftige und gefährliche Präparate enthält, haben wir die weniger gefährlichen und für Anfänger eher geeigneten Präparate gesondert gekennzeichnet. Die Studenten sollten sich jedoch trotzdem jeweils vor Beginn der Arbeiten über die Gefahrenpotentiale der verwendeten Chemikalien genau informieren. Den Gang der qualitativen Analyse und die verschiedenen Trennungsgänge haben wir in einem gesonderten Kapitel zusammengefaßt und durch ein beigefügtes Poster ergänzt, in dem der einfachere Schultrennungsgang in einem Flußdiagramm übersichtlich dargestellt ist. Durch Seitenverweise wird der Bezug zum Buch hergestellt. Das einleitende Kapitel über die theoretischen Grundlagen wurde völlig überarbeitet, auch wurden die meisten Abbildungen neu gestaltet. Die Hinweise zur „Ersten Hilfe bei Unfällen" hat dankenswerter Weise Herr Dr. med. R. Rossi neu verfaßt. Sie sind dem Lehrbuch in Form eines Begleitheftes beigefügt. Dem S. Hirzel Verlag Stuttgart gilt unser besonderer Dank für die stets verständnisvolle und sehr hilfreiche Unterstützung und die wesentlich verbesserte graphische Gestaltung des Lehrbuchs.

Tübingen, im Herbst 1994 *E. Schweda* und *J. Strähle*

Einleitung

Die praktischen Arbeiten auf dem Gebiet der anorganisch-analytischen Chemie, die der Praktikant in den ersten Semestern seines Studiums durchführt, haben in pädagogischer Hinsicht einen doppelten Zweck. Sie sollen einerseits dem Studierenden die für seine Ausbildung benötigte Stoffkenntnis vermitteln, andererseits sollen sie eine Einführung in die analytische und präparative Methodik geben sowie die wichtigsten Grundprinzipien des sicheren und sauberen Arbeitens und der ordnungsgemäßen Wiederaufarbeitung oder Entsorgung der anfallenden Chemikalienreste lehren. Viele der hier benutzten Trennungen und Nachweise werden heute in der modernen Analytik, die durch physikalisch-chemische Methoden beherrscht wird, nicht mehr angewandt. Ihr didaktischer Wert bleibt davon jedoch unberührt. Die Aufteilung des Stoffes in Form von Analysen hat hier vor allem den Zweck, eine größtmögliche Kontrolle über die Arbeitsweise und ihren Erfolg zu gewährleisten.

Der seit den grundlegenden Arbeiten von *R. Fresenius* vor etwa 100 Jahren im Prinzip unverändert gebliebene Kationentrennungsgang im Makromaßstab wurde zugunsten von Halbmikro- und Mikromethoden, teilweise unter Anwendung organischer Reagenzien, verändert. Die Verwendung geringer Mengen an Analysensubstanz stellt eine erhebliche Zeit- und Materialersparnis und damit auch eine geringere Entsorgungsproblematik dar.

Um sowohl die nötigen Grundkenntnisse zu vermitteln als auch den Bedürfnissen der Praxis gerecht zu werden, wurde das vorliegende Lehrbuch in 6 Hauptkapitel gegliedert. Am Anfang gibt ein Kapitel „Theoretische Grundlagen" eine Übersicht über die wichtigsten Grundgesetze der Allgemeinen, Anorganischen und Analytischen Chemie. Anschließend folgt das Kapitel **„Giftgefahren und Arbeitsschutz", dessen Durcharbeitung vor Beginn der praktischen Arbeiten zwingend notwendig ist,** um die nötigen Kenntnisse über Arbeitssicherheit und Arbeitsschutz sowie über die ordnungsgemäße Entsorgung zu erwerben. Diese Kenntnisse werden im Kapitel über die „Präparative Chemie" angewandt und vertieft. Hier sind auch giftige Stoffe als Präparate aufgenommen. Es werden jedoch Hinweise gegeben, ob das jeweilige Präparat für die Anfängerausbildung geeignet ist. Der folgende Teil „Analytische Chemie" enthält die Eigenschaften, chemischen Reaktionen und Nachweise der Elemente. Bei jedem Element sind folgende Informationen aufgeführt:

a) **Charakteristische Daten**

Häufigkeit in der „Erdrinde" (Erdkruste bis zu 16 km Tiefe, sowie Wasser- und Lufthülle), Schmelz- und Siedepunkte, Dichte, wichtigste Oxidationsstufen, kristallographischer Ionenradius nach *Ahrens*, Standardpotential, Elektronenkonfiguration.

b) **Vorkommen, Darstellung und Anwendung**

Vorkommen und Darstellung des Elements, Bedeutung in der Technik und im täglichen Leben, allgemeine chemische Eigenschaften u. a.

Diese Übersicht ist teilweise auch wichtigen Verbindungen des Elements vorangestellt. Die chemischen Eigenschaften spiegeln sich in der Stellung des Elements im Periodensystem wider, eine Tatsache, die besonders herausgearbeitet wird.

c) **Reaktionen**

Zuerst werden Reaktionen besprochen, die mehr das allgemeine chemische Verhalten kennzeichnen; dann folgen die typischen Nachweisreaktionen. Soweit notwendig, werden einzelne Oxidationsstufen der Elemente gesondert behandelt.

Die Trennungsgänge der Kationen und Anionen sind in einem eigenen Kapitel zusammengestellt. Beim systematischen Trennungsgang im Halbmikromaßstab kommen fast ausschließlich anorganische Reagenzien zur Anwendung. Für den besonders interessierten Analytiker und für spezielle Anwendungen folgt zusätzlich ein kurzer Abschnitt über „organische Spezialreagenzien" und ihre Anwendung zum Nachweis der Ionen ohne vorhergehende Trennung.

Im Anhang sind die wichtigsten Regeln der Nomenklatur anorganischer Verbindungen aufgeführt.

Dem Thema des vorliegenden Lehrbuchs entsprechend konnten die Grundlagen der allgemeinen und anorganischen Chemie nur kurz behandelt werden. Es wird daher empfohlen, zusätzlich ein Lehrbuch der Allgemeinen und Anorganischen Chemie zu benutzen. Im Literaturverzeichnis ist eine Auswahl entsprechender Lehrbücher angegeben.

Inhaltsverzeichnis

1 Allgemeiner Teil — Theoretische Grundlagen

2 Giftgefahren und Arbeitsschutz

3 Präparative Chemie

4 Analytische Chemie

4.3   Metalle und ihre Verbindungen

5 Systematischer Gang der Analyse. TRENNUNGSGÄNGE

[1] La steht anstelle von folgenden Elementen: Sc, Y, La und Lanthanoide.

6 Organische Spezialreagenzien und ihre Anwendung in der qualitativen Analyse

7 Anhang

8 Register

9 Kristallaufnahmen und Linienspektren ausgewählter Ionen

1 Allgemeiner Teil – Theoretische Grundlagen

1.1 Chemische Grundgesetze – Historischer Rückblick

Als 1756 der russische Gelehrte *M. Lomonossow* (1711–1765) und dann 1774 der französische Chemiker *A.L. Lavoisier* (1743–1794) bei ihren Untersuchungen über die Verbrennung die Vorgänge mit der Waage quantitativ verfolgten, trat in der Chemie die messende und quantitative Fragestellung in den Vordergrund. *Lomonossow* und *Lavoisier* entdeckten unabhängig voneinander das Gesetz von der **Erhaltung der Masse** (1774):

> **Bei allen chemischen Umsetzungen bleibt die Gesamtmasse der Reaktionsteilnehmer erhalten.**

Aufgrund des **Massen-Energie-Äquivalenz-Gesetzes:** $E = m \cdot c^2$ von *Albert Einstein* (1879–1955) weiß man heute, daß das vorstehende Gesetz nur ein Grenzfall des allgemeinen Prinzips von der Erhaltung der Energie ist.

Durch Zusammenfassung zahlreicher quantitativer Untersuchungsergebnisse formulierte dann Ende des 18. Jahrhunderts der französische Chemiker *Joseph-Louis Proust* (1754–1826) das erste chemische Grundgesetz, das **Gesetz von den konstanten Proportionen** (1799):

> **Zwei oder mehrere Elemente treten in einer Verbindung stets in einem konstanten Gewichtsverhältnis zusammen.**

Das zweite chemische Grundgesetz, das **Gesetz von den multiplen Proportionen** (1803) von *John Dalton* (1766–1844), stellt eine Erweiterung des ersten dar. Es berücksichtigt die Möglichkeit, daß zwei Elemente mehrere verschiedene Verbindungen miteinander bilden können:

> **Bilden zwei Elemente mehrere Verbindungen miteinander, so stehen die Gewichtsverhältnisse, die die Elemente in den einzelnen Verbindungen miteinander bilden, im Verhältnis kleiner ganzer Zahlen.**

Diese Gesetze wurden 1805 durch *Dalton* mit der **Atomhypothese** gedeutet:

> **Jede Materie ist aus kleinsten, nicht weiter zerlegbaren Teilchen aufgebaut, die Atome genannt werden. Alle Atome eines chemischen Elements sind untereinander gleich. Atome verschiedener Elemente unterscheiden sich durch ihre Masse und Größe. Bei chemischen Reaktionen verbinden sich die Atome verschiedener Elemente in kleinen, ganzzahligen Verhältnissen zu Verbindungen, die entweder aus kleinen Einheiten – den Molekülen – oder ausgedehnten Verbänden wie z.B. den Salzen bestehen.**

Der direkte Beweis der Atomhypothese ist heute u. a. durch die hochauflösende Elektronenmikroskopie möglich, deren Auflösung im Bereich der Atomdurchmesser liegt, so daß man die Projektion der Atompositionen in einem Kristall erkennen kann.

Die heute übliche Bezeichnung der Atome durch Buchstabensymbole und deren Kombination zu Verbindungsformeln, in denen die Atomverhältnisse durch Indizes wiedergegeben werden, geht auf *J. J. Berzelius* (1779–1848) zurück, der sie 1814 vorschlug.

Der Nachweis von Molekülen wurde bereits 1811 durch den italienischen Physiker *Amadeo Avogadro* (1776–1856) erbracht. Er stellte aufgrund von Untersuchungen an Gasen die nach ihm benannte Hypothese auf:

> **Gase bestehen aus Molekülen oder einzelnen Atomen. Gleiche Gasvolumina enthalten bei gleichem Druck und gleicher Temperatur die gleiche Anzahl von Teilchen.**

Erst diese Erkenntnis gestattete das Aufstellen sinnvoller Formeln und Reaktionsgleichungen und damit auch die Ermittlung **relativer Atommassen**. Diese wurden zunächst auf den Wasserstoff als leichtestes Atom bezogen. Dessen Masse gleich 1,0000 gesetzt wurde. Da Sauerstoffverbindungen häufiger als Wasserstoffverbindungen auftreten, wurde später die gleich 16,0000 gesetzte Masse des Sauerstoffs als Bezugsgröße gewählt. Heute beziehen sich die relativen Atommassen auf die gleich 12,0000 gesetzte Masse des Kohlenstoffisotops ^{12}C (s. S. 5).

Als Einheit für die Stoffmenge in Gramm wurde das **Mol** eingeführt.

> **1 Mol ist diejenige Stoffmenge, die aus genausoviel Teilchen besteht, wie Atome in 12,000 g des Kohlenstoffnuklids ^{12}C enthalten sind. Teilchen können dabei z.B. Atome, Moleküle, Ionen oder Elektronen sein.**

Die zugehörige Anzahl Teilchen wird als **Avogadrosche Zahl** oder auch als **Loschmidtsche Zahl** N_A bezeichnet. Sie beträgt $N_A = 6,02205 \cdot 10^{23}$.

Die Vielzahl der entdeckten Elemente regte die Wissenschaftler an, nach Beziehungen zwischen den Elementen zu suchen. Das Endergebnis war die Aufstellung des **Periodensystems der Elemente** durch *Dimitri Mendelejeff* (1834–1907) und *Lothar Meyer* (1830–1895) unabhängig voneinander im Jahr 1869. Als Ordnungsprinzip diente die relative Atommasse. Sie ordneten die Elemente nach steigender Atommasse in mehrere untereinanderstehende, als Perioden bezeichnete Reihen, so daß Elemente mit ähnlichen Eigenschaften in dazu senkrechten Spalten, den Gruppen untereinander angeordnet sind (Kap. 1.3).

Beim Einordnen der Elemente nach der relativen Atommasse zeigte sich jedoch, daß in einigen Fällen Umstellungen notwendig wurden. Und zwar mußten Argon (39,948) und Kalium (39,098), Cobalt (58,93) und Nickel (58,69) sowie Tellur (127,60) und Iod (126,90) aufgrund ihrer chemischen Eigenschaften ausgetauscht werden. Dies und auch andere Beobachtungen wiesen darauf hin, daß die Atommasse kein eindeutiges Ordnungsprinzip darstellt.

Die Entdeckung der Ionisation verdünnter Gase im elektrischen Feld, wobei positiv geladene Teilchen (Kanalstrahlen, entdeckt 1886 durch *Goldstein*) und negativ geladene Teilchen sehr kleiner Masse (Kathodenstrahlen entdeckt 1858 durch *Plücker*) entstehen, sowie vor allem die Entdeckung der Radioaktivität (*Henri Becquerel*, 1896) führten zur Annahme, daß Atome entgegen der Hypothese von Dalton nicht unteilbar sind. Die darauf folgenden Untersuchungen, die u.a. mit den Namen des Ehepaares *Curie* (*Marie Curie* 1867–1934; *Pierre Curie* 1859–1906) und *Ernest Rutherford* (1871–1934) verknüpft sind, ergaben ein neues Bild vom Aufbau der Materie. So konnte z.B. *Rutherford* zeigen, daß α-Strahlen, die aus Heliumkernen bestehen, feste Materie sehr leicht durchdringen, was auf erheblichen freien Raum hinwies. Dabei wurde nur ein sehr kleiner Teil der Heliumkerne stark aus der Flugrichtung abgelenkt. Vor allem auf Größe und Häufigkeit der starken Ablenkung gründete *Rutherford* 1911 das nach ihm benannte Atommodell.

Allgemeiner Teil – Theoret. Grundlagen

1

1.2 Aufbau der Atome

1.2.1 Atommodell nach Rutherford

> **Ein Atom besteht aus einem sehr kleinen, positiv geladenen Kern, der nahezu die gesamte Atommasse enthält, und aus einer Hülle aus negativ geladenen Elektronen, die den Kern umkreisen.** Dabei ist die elektrostatische Anziehung zwischen Kern und Elektronen mit der Zentrifugalkraft im Gleichgewicht. Jedes Elektron trägt eine negative Elementarladung. Im neutralen Atom entspricht die Anzahl der positiven Kernladungen genau der Anzahl Elektronen.

Rutherford konnte abschätzen, daß der Durchmesser der Atomkerne mit einer Größenordnung von etwa 10^{-14} m um 4 Zehnerpotenzen kleiner ist als der Durchmesser der Atome mit etwa 10^{-10} m. Er erkannte außerdem in den Bestandteilen der Kanalstrahlen eines mit verdünntem Wasserstoffgas gefüllten Kanalstrahlrohrs die H-Atomkerne und damit die gesuchten Kernbestandteile mit positiver Elementarladung und nannte sie **Protonen**.

Van den Broek vermutete 1913, daß die Anzahl Protonen in einem Atomkern, d.h. die **Kernladungszahl** der Ordnungszahl des Elements im Periodensystem entspricht. Im selben Jahr gelang *Henry Moseley* (1887–1915) die experimentelle Bestimmung der Kernladungszahlen aufgrund der charakteristischen Röntgenspektren der Elemente. Damit konnten die chemischen Elemente genauer definiert werden:

> **Unter einem chemischen Element versteht man einen Stoff, dessen Atome die gleiche Kernladungszahl besitzen.**

Das experimentell nachgewiesene Vorkommen verschieden schwerer Atome bei ein und demselben Element (*J. J. Thomson*, 1856–1940) und die im Vergleich zum Produkt aus Kernladungszahl und Protonenmasse viel größere Atommasse erklärte man mit noch unbekannten neutralen Elementarteilchen, die schließlich 1932 von *Chadwick* entdeckt und als **Neutronen** bezeichnet wurden. Danach ergibt sich folgendes Bild:

> Der Atomkern besteht aus Protonen und Neutronen. Die Protonen weisen eine positive Elementarladung und ungefähr eine atomare Masseneinheit auf; die Neutronen sind ungeladen und besitzen wie die Protonen ungefähr eine atomare Masseneinheit. Die Anzahl der Protonen im Kern entspricht der Ordnungszahl des Elements. Die Anzahl Neutronen kann bei den einzelnen Atomen eines Elements unterschiedlich sein. Atomarten (Nuklide) eines Elements mit unterschiedlicher Anzahl Neutronen im Kern heißen Isotope. Die natürlichen Elemente stellen in vielen Fällen ein Isotopengemisch dar.

Die Tatsache, daß die relativen Atommassen nicht ganzzahlig sind, erklärt sich u.a. durch die Isotopie. So ist der natürliche Kohlenstoff ein Isotopengemisch aus 98,89 % ^{12}C und 1,11 % ^{13}C. Hieraus ergibt sich die mittlere relative Atommasse von 12,011. Der Fehler der mittleren Atommasse ist dabei abhängig von der Schwankungsbreite der relativen Isotopenhäufigkeit. Außerdem bedeutet der Energieumsatz bei der Bildung der Atome durch Kernreaktionen nach der Einsteinschen Masse-Energie-Äquivalenz $E = m \cdot c^2$ (s. Kap. 1.1) auch eine geringe Massenveränderung, so daß die Kernmasse kein genaues ganzzahliges Vielfaches der Massen seiner Protonen und Neutronen sein kann.

1.2.2 Aufbau der Elektronenhülle der Atome

1.2.2.1 Das Bohrsche Modell des Wasserstoffatoms

Nach dem **Rutherfordschen Atommodell** (Kap. 1.2.1) kreisen die Elektronen auf beliebigen Bahnen um den positiv geladenen Atomkern. Die klassische Elektrodynamik besagt jedoch, daß eine bewegte elektrische Ladung, wie sie das Elektron darstellt, ständig elektromagnetische Strahlung emittiert und damit ständig Energie verliert. Ein Atom dürfte somit nicht stabil sein. Die Elektronen würden auf Spiralbahnen in den Kern stürzen.

Nils Bohr (1885–1962) überwand 1913 diese Probleme, indem er postulierte, daß für die Elektronen nur eine begrenzte Anzahl ausgewählter Kreisbahnen möglich ist, auf denen der Umlauf strahlungslos, also ohne Energieverlust möglich ist.

Bohr legte seinen Annahmen die **Plancksche Quantentheorie** zugrunde, die besagt, daß Wirkungsgrößen eines Naturvorgangs keinen beliebigen Wert annehmen können, sondern nur in ganzzahligen Vielfachen der kleinsten überhaupt beobachtbaren Wirkung, dem **Planckschen Wirkungsquantum h** auftreten können. Entsprechend kann auch Energie nur in Form von **Energiequanten $E = h \cdot v$** (mit $v = c/\lambda$; c = Lichtgeschwindigkeit, λ = Wellenlänge) absorbiert oder abgestrahlt werden.

Für die erlaubten Elektronenbahnen stellte **Bohr** zwei Postulate auf:

---

1. Bohrsches Postulat: Die Quantelung des Bahndrehimpulses:

$$m \cdot v \cdot 2\pi r = n \cdot h \quad \text{mit} \quad n = 1, 2, 3 \ldots$$

Der Bahndrehimpuls $m \cdot v \cdot 2\pi r$ ist durch das Produkt aus Bahnradius r, Masse m und Geschwindigkeit v des Elektrons gegeben. Er hat die Dimension einer Wirkung und darf daher nur ganzzahlige Vielfache n des Wirkungsquantums h annehmen. n wird als Hauptquantenzahl bezeichnet.

2. Bohrsches Postulat: Die Frequenzbedingung:

$$\Delta E = E_m - E_n = h \cdot v \quad \text{mit} \quad m > n$$

Die Kreisbahnen des Elektrons stellen **stationäre Zustände** dar, denen jeweils eine bestimmte Energie E_n zugehört. Die Kreisbahn mit der Quantenzahl $n = 1$ ist der energieärmste Zustand, der **Grundzustand**. Durch Energieaufnahme kann das Atom in **angeregte Zustände** mit höherer Energie und $n > 1$ übergehen. Die angeregten Zustände sind jedoch nicht stabil. Das Atom fällt unter Abgabe der Energiedifferenz $\Delta E = E_m - E_1$ in Form elektromagnetischer Strahlung wieder in den Grundzustand zurück.

Da nur bestimmte Elektronenbahnen und damit auch nur bestimmte konstante Energiedifferenzen möglich sind, erklärt sich somit zwanglos das beobachtete **Linienspektrum des H-Atoms**. *Bohr* gelang es mit Hilfe seiner Theorie, das Linienspektrum des H-Atoms genau zu berechnen und sogar noch nicht bekannte Linienserien vorauszusagen, die dann auch tatsächlich an den berechneten Stellen gefunden wurden. Ein Nachteil des Bohrschen Modells ist jedoch, daß es nur für das H-Atom und einige wenige Ionen wie He$^+$ und Li^{2+} anwendbar ist. Bei Atomen oder Ionen, die mehr als ein Elektron enthalten, versagt das Modell. Dennoch ist das Modell sehr anschaulich und es beinhaltet wichtige Aussagen über die Elektronengeschwindigkeit v, den Bahnradius r und die Energie der stationären Zustände, die als Termenergie bezeichnet wird. Aus den Differenzen zwischen den verschiedenen Termenergien können mit der Beziehung $\Delta E = h \cdot v$ die Frequenzwerte des Linienspektrums des H-Atoms berechnet werden. Wir wollen hier nicht alle zugehörigen Beziehungen ableiten, sondern nur einige wichtige Ergebnisse der Bohrschen Theorie darlegen.

Bahnradien und Größe des H-Atoms

Für die erlaubten Bahnradien des H-Atoms errechnet sich nach dem Bohrschen Modell:

$$r_n = n^2 \cdot 0,529 \cdot 10^{-10} \, \text{m}$$

Im Grundzustand mit $n = 1$ beträgt der Radius in guter Übereinstimmung mit der Voraussage von *Rutherford* (Kap. 1.2.1) $r = 0,529 \cdot 10^{-10} \, \text{m}$. Bei den angereg-

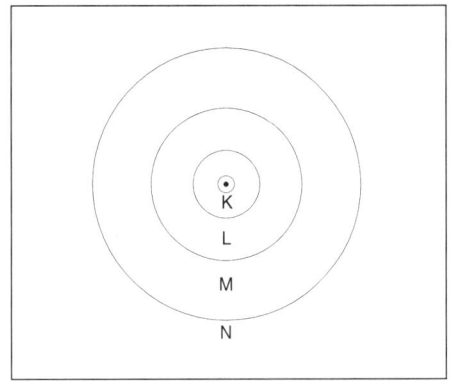

Abb. 1.1: Schalenmodell des H-Atoms nach *Bohr*.

ten Zuständen nehmen die Bahnradien bei steigender Energie mit n^2 zu (Abb. 1.1). Hieraus folgt letztendlich das **Schalenmodell der Atome**. Die einzelnen Schalen werden durch die Quantenzahlen $n = 1, 2, 3$ usw. oder auch durch die Buchstaben K, L, M usw. charakterisiert (s. Tab. 1.1). Obwohl das Bohrsche Modell auf Atome mit mehr als einem Elektron nicht exakt anwendbar ist, kann man annehmen, daß auch die elektronenreicheren Atome einen schalenartigen Aufbau der Elektronenhülle aufweisen. Die einzelnen Schalen können dabei bis zu maximal $2n^2$ Elektronen aufnehmen (s. Tab. 1.1). Abb. 1.2 zeigt den schematischen Aufbau der Elemente Na bis Ar entsprechend dem Schalenmodell. Die Atome werden in dieser Reihe kleiner, da die Kernladungszahl und damit die Anziehungskraft auf die Elektronen zunimmt.

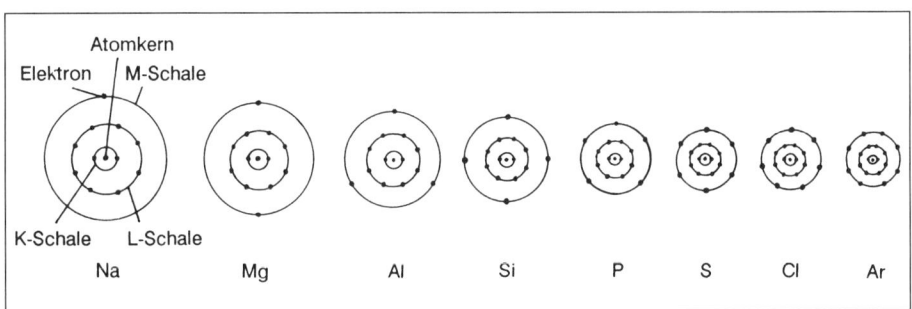

Abb. 1.2: Schematische Darstellung des Atomaufbaus der Elemente Na bis Ar nach dem Schalenmodell.

Die Termenergie

Für die Termenergie des H-Atoms ergibt sich:

$$E_n = -\frac{1}{n^2} \cdot 13{,}60\,\text{eV}$$

Tab. 1.1: Maximale Besetzung der Elektronenschalen.

Elektronen-schale	Haupt-quanten-zahl	Neben-quanten-zahl	Anzahl der Atomorbitale				Maximale Besetzung $2n^2$
			s	p	d	f	
K	1	0	1				2
L	2	0, 1	1	3			8
M	3	0, 1, 2	1	3	5		18
N	4	0, 1, 2, 3	1	3	5	7	32

Die Elektronenanordnung der Elemente ist auch in Abb. 1.5 wiedergegeben.

Sie ändert sich mit $\dfrac{1}{n^2}$. Im Grundzustand mit $n = 1$ hat das H-Atom eine Energie von $-13{,}60$ eV. Der Wert ist negativ, da das Elektron bei der Annäherung an den Kern Energie verliert. Bei $n = \infty$ ist der Abstand des Elektrons vom Kern ebenfalls unendlich und die Termenergie ist dann Null, d.h. das Elektron ist vom Kern völlig getrennt – das Atom ist ionisiert. Der Betrag der Termenergie im Grundzustand entspricht somit – in Übereinstimmung mit dem experimentellen Wert – der **Ionisierungsenergie** des H-Atoms (s. auch Kap. 1.3.2.2). In Abb. 1.3 ist das Termschema des H-Atoms, aus dem auch die möglichen Übergänge ersichtlich sind, schematisch wiedergegeben.

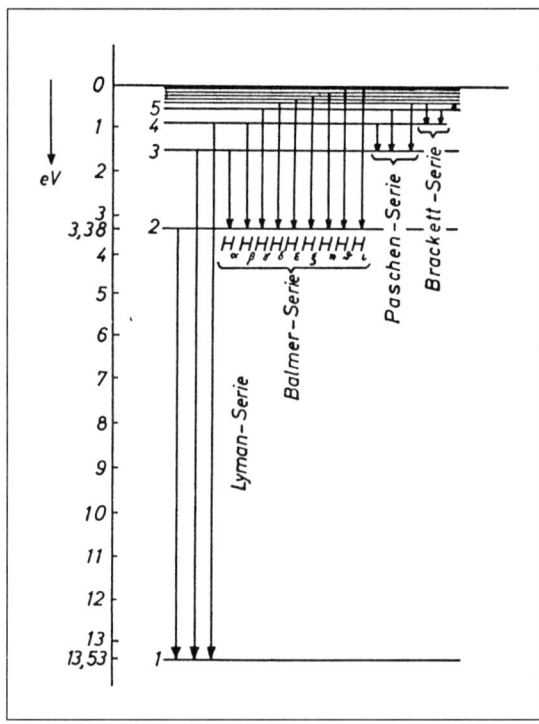

Abb. 1.3: Termschema des H-Atoms.

Die Vorstellung der Elektronenbewegung auf genau vorgeschriebenen Bahnen, wie sie *Bohr* postuliert hat, stimmt nur näherungsweise. Nach der **Heisenbergschen Unschärferelation** (*W. Heisenberg*, 1901–1976) lassen sich Ort und Impuls und damit auch bestimmte Elektronenbahnen nicht genau angeben.

1.2.2.2 Das Orbitalmodell

Eine wesentlich verfeinerte Beschreibung des Aufbaus der Elektronenhülle des H-Atoms gewinnt man, wenn man das Elektron des H-Atoms nicht als Teilchen ansieht, sondern davon ausgeht, daß es Wellencharakter besitzt. Diese Annahme geht auf die Beobachtung zurück, daß ein Elektronenstrahl, wie er z. B. im Kathodenstrahlrohr (s. S. 3) erzeugt werden kann, je nach Experiment entweder die Eigenschaften eines Teilchenstrahls oder die Eigenschaften einer Welle aufweist. Man spricht in diesem Zusammenhang vom **Welle-Teilchen-Dualismus** (*L.-V. Duc de Broglie*, 1892–1987). So kann man bei geringer Intensität des Elektronenstrahls auf einem Leuchtschirm die einzelnen Lichtblitze der auftreffenden Elektronen beobachten und man kann den Elektronenstrahl im elektrischen Feld ablenken und daraus Masse und Ladung des Elektrons bestimmen. Andererseits kann man mit einem Elektronenstrahl Beugungsbilder erzeugen, die für Wellen typisch sind und daraus die Wellenlänge berechnen. Auch zeigt die Tatsache, daß es Elektronenmikroskope gibt, den Wellencharakter eines Elektronenstrahls.

Das Orbitalmodell beschreibt das Elektron des H-Atoms als dreidimensionale stehende Welle, die man auch anschaulich als negative Ladungswolke interpretieren kann, die im elektrischen Feld des positiv geladenen Kerns schwingt. Wie bei einer schwingenden Saite gibt es eine Grundschwingung und Obertöne höherer Energie, die sich durch ihre Schwingungsform unterscheiden. Die einzelnen Schwingungszustände bezeichnet man als **Orbitale**. 1926 fand *Erwin Schrödinger* (1887–1961) eine Gleichung, aus der die räumliche Form der verschiedenen stehenden Wellen und ihre Energie berechnet werden kann. Diese Gleichung wird nach ihm als **Schrödinger-Gleichung** bezeichnet. Die Form der Orbitale wird dabei durch die Wellenfunktion ψ und die Ortskoordinaten x, y, z beschrieben. Die Elektronendichte bzw. die Wahrscheinlichkeit, mit der ein Elektron im Volumenelement dV anzutreffen ist, ist nach *M. Born* (1882–1970) durch $\psi^2 dV$ gegeben.

Während die Schrödinger-Gleichung für das Einelektronensystem des H-Atoms exakt lösbar ist, sind bei **Mehrelektronensystemen** (Kap. 1.2.2.3) Näherungslösungen erforderlich. Sie ergeben jedoch, daß die Orbitale der elektronenreicheren Atome denen des H-Atoms ähnlich sind. Sie entsprechen den H-Atomorbitalen in ihrer Orientierung und Symmetrie.

Die verschiedenen Elektronenzustände lassen sich durch vier **Quantenzahlen** charakterisieren, wobei die ersten drei die Form und Orientierung der Orbitale bestimmen. Jedes Orbital kann die Schwingungsform von zwei Elektronen repräsentieren, die sich dann noch in der vierten Quantenzahl, der Spinquantenzahl unterscheiden:

1. **Hauptquantenzahl** n mit den Werten 1, 2, 3, ...
2. **Nebenquantenzahl** l mit den Werten 0, 1, 2, ..., $n-1$.
3. **Magnetquantenzahl** oder **Orientierungsquantenzahl** m mit allen ganzzahligen Werten zwischen $-l$ und $+l$.
4. **Spinquantenzahl** s mit den Werten $+\frac{1}{2}$ und $-\frac{1}{2}$.

Die **Hauptquantenzahl** n ist ein Maß für die Energie und für die radiale Verteilung der Elektronendichte. Der Wert von n gibt außerdem die Anzahl der Knotenflächen des Orbitals wieder. Sie entsprechen den Nullstellen der Wellenfunktion. Hierbei ist auch die äußere Begrenzungsfläche der Orbitale, die im Unendlichen liegt, mitgezählt.

Die **Nebenquantenzahl** l bestimmt im wesentlichen die Form der Orbitale. Sie gibt die Anzahl der Knotenflächen an, die durch den Atommittelpunkt gehen. Sie können Knotenebenen oder -kegelflächen sein. Für die Nebenquantenzahlen werden anstelle der Zahlenwerte meist kleine Buchstaben benutzt, die sich ursprünglich von den Eigenschaften der Spektrallinien ableiten: s (sharp): $l = 0$; p (principal): $l = 1$; d (diffuse): $l = 2$; f (fundamental): $l = 3$. Bei gleicher Hauptquantenzahl steigt die Termenergie mit steigendem Wert von l.

Die **Orientierungsquantenzahl** m bestimmt die Orientierung der Orbitale mit gleichem n und l im Raum. Zu jedem Wert von l gehören $2l + 1$ Orientierungsmöglichkeiten.

Zur Bezeichnung der Orbitale wählt man eine Kombination aus der vorangestellten Hauptquantenzahl, der Nebenquantenzahl als Buchstaben und der Orientierungsquantenzahl als Index, der die Richtung bezüglich der Koordinatenachsen wiedergibt. Demgemäß spricht man von einem $1s$-, $2p_x$- oder $3d_{xy}$-Orbital. In Abb. 1.4 sind das $1s$- sowie die $2p$- und $3d$-Orbitale dargestellt.

1.2.2.3 Aufbau der Mehrelektronensysteme

Jedem Schwingungszustand der Elektronen und damit jedem Orbital kommt eine bestimmte Energie zu. Dabei haben Orbitale gleicher From (gleicher Wert der Quantenzahlen n und l) auch gleiche Energie. Bei Mehrelektronensystemen werden die einzelnen Zustände in der Reihenfolge ihrer Energie besetzt. Wobei im Grundzustand des Atoms immer die energetisch am tiefsten liegenden Niveaus besetzt sind. Die Elektronenanordnung oder Elektronenkonfiguration wird durch die Haupt- und Nebenquantenzahl und den Besetzungsgrad als Exponent dargestellt. Der Grundzustand kann dementsprechend durch eine Symbolik wiedergegeben werden, wie sie im folgenden durch einige Beispiele gezeigt wird:

He: $1s^2$
C: $1s^2 2s^2 2p^2$
O: $1s^2 2s^2 2p^4$

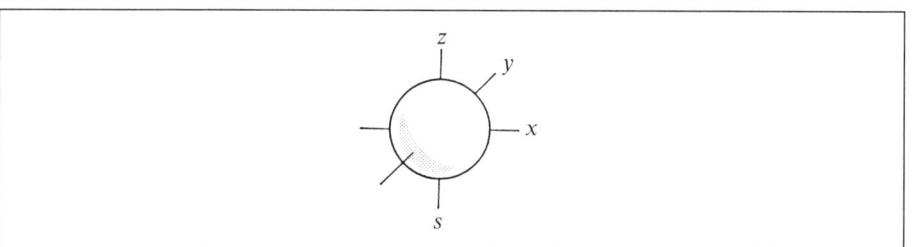

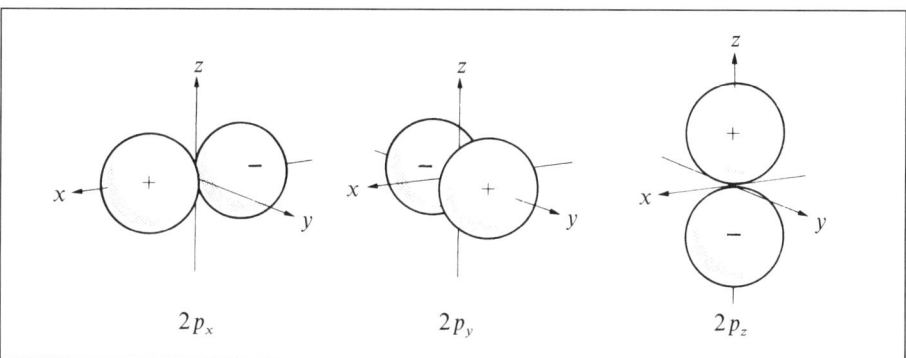

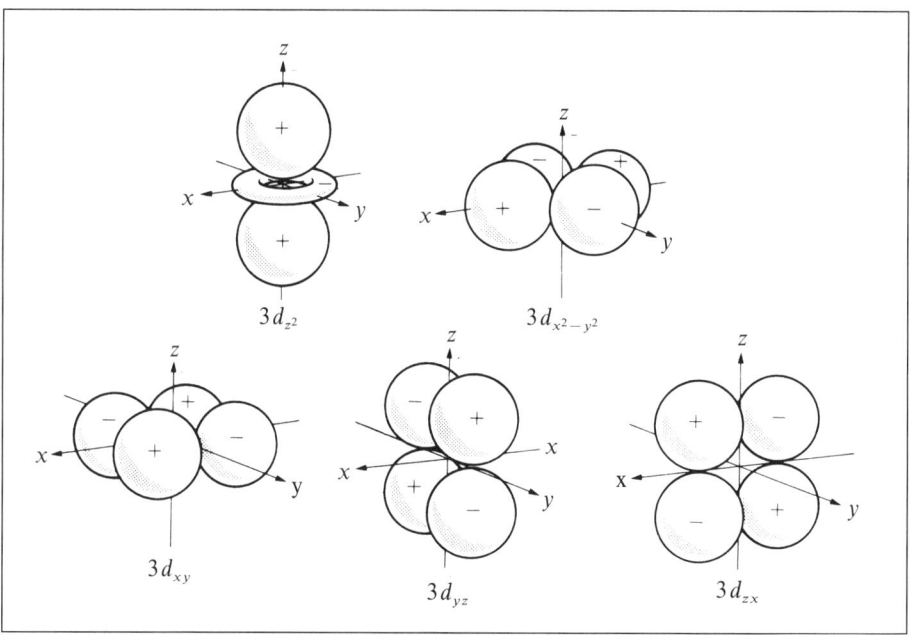

Abb. 1.4: Darstellung der Orbitale 1s, 2p und 3d.

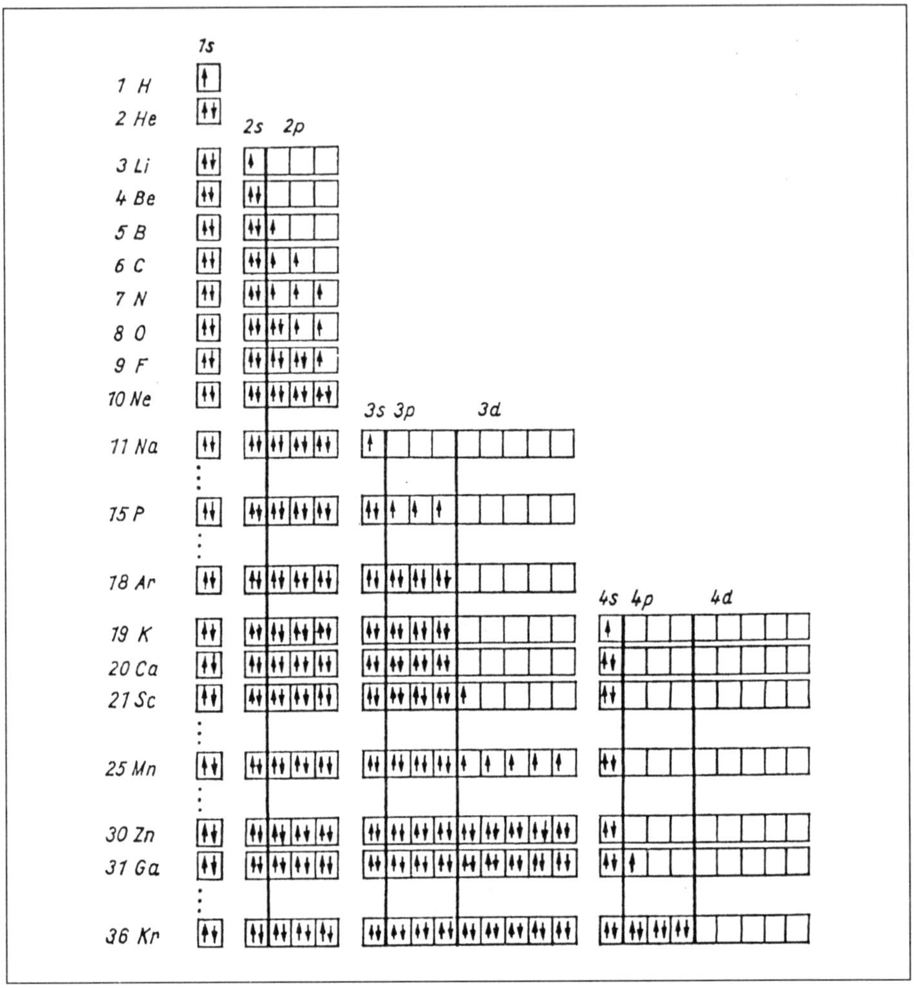

Abb. 1.5: Besetzung der Orbitale im Grundzustand der Atome H bis Kr.

Nach der **Hundschen Regel** (*F. Hund*, geb. 1896) werden Niveaus gleicher Energie zunächst einfach besetzt, da dabei die sogenannte Spinpaarungsenergie eingespart wird. Betrachtet man die Orbitale als Aufenthaltsraum von Elektronen, so haben zwei gepaarte Elektronen im selben Orbital einen kleineren Abstand zueinander und wirken nach dem Coulombschen Gesetz (Kap. 1.4.1) stärker abstoßend aufeinander als zwei Elektronen, die sich in verschiedenen Orbitalen befinden und daher einen größeren Abstand zueinander aufweisen. Die **Spinpaarungsenergie** ist die Energiedifferenz zwischen den Zuständen einfacher Besetzung von zwei energiegleichen Orbitalen (↑↑) und doppelter Besetzung von nur einem der beiden Orbitale (↑↓).

Der Physiker *W. Pauli* (1900–1958) erkannte 1925, daß in einem Mehrelektronensystem niemals mehrere Elektronen auftreten können, die in allen vier Quantenzahlen übereinstimmen, d.h. sich im gleichen Zustand befinden. Da die drei ersten Quantenzahlen (Kap. 1.2.2.2) die verschiedenen Orbitale festlegen, kann entsprechend dieser als **Pauli-Prinzip** bezeichneten Regel jedes Orbital Schwingungsform von einem oder maximal zwei Elektronen sein, die sich dann noch in der Spinquantenzahl unterscheiden und antiparallelen Spin aufweisen.

Hieraus und aus den möglichen Kombinationen der Quantenzahlen läßt sich ableiten, daß die maximale Anzahl Elektronen bei festgelegtem Wert von n (n-te Schale) $2n^2$ beträgt (Tab. 1.1).

Stellt man bei Mehrelektronensystemen die möglichen Atomorbitale durch Kästchen dar, und symbolisiert ihre Besetzung mit Elektronen durch Pfeile, die gleichzeitig die Orientierung des Elektronenspins veranschaulichen sollen, so erhält man für den Grundzustand der Elemente H bis Kr das in Abb. 1.5 dargestellte Schema.

1.3 Das Periodensystem der Elemente

1.3.1 Allgemeine Zusammenhänge

Das Periodensystem der Elemente (PSE) wurde 1869 von *D. Mendelejeff* und *L. Meyer* unabhängig voneinander entwickelt. Das heutige Ordnungsprinzip ist die **Kernladungszahl** oder **Ordnungszahl** Z in Verbindung mit der zuvor besprochenen Orbitalbesetzung. Im vorderen Einbanddeckel dieses Lehrbuchs ist ein Periodensystem abgebildet. Die Elemente sind in horizontalen Zeilen, die als **Perioden** bezeichnet werden, und in vertikalen Spalten – den **Gruppen** – so eingeordnet, daß jeweils Elemente mit ähnlichen Eigenschaften in den Gruppen untereinander stehen.

Nach der modernen Nomenklatur werden die Elemente entsprechend der Besetzung der *s*-, *p*- und *d*-Orbitale mit insgesamt 18 Elektronen in 18 Gruppen eingeteilt. Eine ältere Nomenklatur ordnet die Elemente nach jeweils acht Hauptgruppen und acht Nebengruppen. Im vorliegenden Lehrbuch werden wir die ältere, gut eingeführte Bezeichnung der Elemente nach Haupt- und Nebengruppen beibehalten.

Die Grundzustände der **Hauptgruppenelemente** sind durch die Besetzung der äußeren *n s*- oder der *n s*- und *n p*-Orbitale charakterisiert, wobei die Hauptquantenzahl *n* der äußersten Schale zugleich die Periodennummer darstellt. Bei den Edelgasen (8. Hauptgruppe) sind die *n s*- und *n p*-Orbitale mit insgesamt 8 Elektronen in der äußersten Schale voll besetzt. Vollbesetzte Elektronenniveaus, wie sie die Edelgase aufweisen, stellen einen besonders stabilen Zustand dar. Die Edelgase sind daher besonders reaktionsträge. Man spricht in diesem Zusammenhang von der **Edelgas-Elektronenkonfiguration.**

Bei den Hauptgruppenelementen werden die Elektronen der äußeren Schale als **Valenzelektronen** bezeichnet. Sie bestimmen wesentlich die chemischen Eigenschaften. Die Valenzelektronen der **Nebengruppenelemente** befinden sich im *n s*-Orbital der äußersten Schale sowie in den $(n-1)d$-Orbitalen, der direkt darunter liegenden Schale.

Die $(n-2)f$-Elektronen, die bei den **Lanthanoiden** und **Actinoiden** aufgefüllt werden, spielen bei chemischen Reaktionen nur eine relativ untergeordnete Rolle. Hier sind wie bei den eigentlichen Nebengruppenelementen, die auch als *d*-Elemente bezeichnet werden, die *n s*- und $(n-1)d$-Elektronen für die Eigenschaften der Elemente von größerer Bedeutung.

Innerhalb der Hauptgruppenelemente unterscheidet man zwischen **Metallen** und **Nichtmetallen.** Diese sind durch eine Diagonale, die etwa vom Bor zum Astat verläuft, voneinander getrennt. Die Nebengruppenelemente haben alle Metallcharakter.

1.3.2 Periodizität der Eigenschaften

Die physikalischen und chemischen Eigenschaften der Elemente ändern sich in den einzelnen Perioden und Gruppen mit steigender Ordnungszahl weitgehend gleichsinnig. Daher kann man aus der Stellung eines Elements im PSE grundsätzliche Eigenschaften ablesen.

Von den Eigenschaften, die sich periodisch ändern, seien als wichtigste genannt: Atom- und Ionenradien, Atomvolumina, Ionisierungsenergien, Metallcharakter, Elektronegativität, Schmelz- und Siedepunkte.

1.3.2.1 Atom- und Ionenradien

Neben Anzahl und Art der Valenzelektronen bestimmen vor allem die Radien der Atome die Eigenschaften der Elemente. Elemente, bei denen Valenzelektronen und Atomradius übereinstimmen, haben nahezu gleiche Eigenschaften. Dies ist beispielsweise bei Zirkonium und Hafnium oder Niob und Tantal, sowie bei benachbarten Lanthanoidenelementen der Fall.

Die Atom- und Ionenradien nehmen innerhalb einer Gruppe des PSE von oben nach unten zu, da jeweils eine neue Elektronenschale hinzukommt. Innerhalb einer Periode nehmen die Atomradien von links nach rechts ab, da die hinzukommenden Elektronen in dieselbe Schale eingebaut werden, wegen der zunehmenden Kernladungszahl die Anziehungskraft, die auf die Elektronen wirkt, aber stärker wird.

Eine Ausnahme bilden die Nebengruppenelemente der zweiten und dritten Übergangsreihe ($4d$- und $5d$-Elemente) ab den Elementen Zr und Hf. Nach dem Element Lanthan fügen sich die 14 Lanthanoidenelemente in das PSE ein. Innerhalb der Reihe der Lanthanoiden nimmt wie in jeder Periode der Radius der Atome ab, wie eine Betrachtung der Radien in kovalenten Bindungen (Kovalenzradien) von Ce (165 pm) und Lu (156 pm) zeigt. Dieser als **Lanthanoiden-Kontraktion** bekannte Effekt ist nahezu ebenso groß wie die Zunahme des Kovalenzradius beim Übergang von einem $4d$- zu einem $5d$-Element (z.B. Y: 162 pm, La: 169 pm), so daß der Radius von Zr (145 pm) und Hf (144 pm) wie auch bei den entsprechenden folgenden Nebengruppenelementen gerade fast gleich ist und daher sehr ähnliche Eigenschaften resultieren.

Bei der Aufnahme bzw. Abgabe von Elektronen, also bei der Bildung von Anionen und Kationen verändern sich die Radien der Atome sehr stark. Ein Anion ist wegen der negativen Überschußladung und der damit verbundenen verstärkten Abstoßung der Elektronen untereinander stets deutlich größer als das zugehörige neutrale Atom. Hingegen ist ein Kation wegen der verstärkten Anziehung durch die überschüssige Kernladung stets erheblich kleiner. Die folgenden Daten für Kovalenz- und Ionenradien vom Stickstoff sollen dies beispielhaft verdeutlichen: Kovalenzradius: 75 pm, Ionenradien: N^{5+}: 11 pm, N^{3-}: 171 pm.

Tab. 1.2: Radien (in pm) isoelektronischer Ionen. Zum Vergleich sind außerdem die Kovalenzradien der Atome angegeben.

Ionenradien							
C^{4-}	N^{3-}	O^{2-}	F^-	Na^+	Mg^{2+}	Al^{3+}	Si^{4+}
260	171	140	136	95	65	50	41
Kovalenzradien							
C	N	O	F	Na	Mg	Al	Si
77	75	73	72	154	136	118	111

Aus den gleichen Gründen ändern sich auch die Radien isoelektronischer Ionen, das sind Ionen mit gleicher Gesamtelektronenanzahl, sehr stark (Tab. 1.2).

1.3.2.2 Ionisierungsenergie

Man unterscheidet zwischen der 1., 2. und höheren Ionisierungsenergien.

> **Die 1. Ionisierungsenergie ist diejenige Energie, die aufgewandt werden muß, um einem isolierten Atom (oder Molekül) im Grundzustand das energetisch am höchsten liegende und damit am schwächsten gebundene Elektron zu entreißen. Die 2. und höhere Ionisierungsenergien sind entsprechend diejenigen Energien, die notwendig sind, ein zweites oder weitere Elektronen abzuspalten. Die Ionisierungsenergie wird dabei um so größer, je höher die resultierende Ladung des entstehenden Kations ist.**

Die 1. Ionisierungsenergie nimmt bei den Hauptgruppenelementen innerhalb einer Gruppe von oben nach unten und innerhalb einer Periode von rechts nach links ab, da die Atomgröße zunimmt und somit entsprechend dem Coulombschen Gesetz (Kap. 1.4.1) die Anziehungskraft auf das äußerste Elektron abnimmt.

Die Unterschiede sind innerhalb einer Periode größer als in einer Gruppe, da hier noch andere Effekte hinzukommen. So geben die Edelgase nur ungern Elektronen ab, da dabei der energetisch günstige Zustand einer abgeschlossenen Elektronenschale verloren geht. Sie haben sehr hohe Ionisierungsenergien. Hingegen geben z. B. die Alkalielemente ihr Valenzelektron leicht ab. Sie haben die niedrigsten Ionisierungsenergien, da sie auf diese Weise eine Edelgas-Elektronenkonfiguration erreichen und da außerdem die tieferliegenden Elektronenschalen die Anziehungskraft, die vom Kern auf das äußere Elektron wirkt, weitgehend abschirmen.

Elemente, die leicht Elektronen abgeben und daher zur Bildung von Kationen neigen, werden auch als elektropositiv bezeichnet.

1.3.2.3 Metallcharakter

Metalle sind durch niedrige Ionisierungsenergien gekennzeichnet. Der Metallcharakter nimmt daher bei den Hauptgruppenelementen gemäß dem Verlauf der Ionisierungsenergien von rechts nach links und von oben nach unten zu. Im Zusammenhang mit der niedrigen Ionisierungsenergie weisen die Metalle gute elektrische Leitfähigkeit auf. Metalle sind außerdem durch metallischen Glanz, gute Wärmeleitfähigkeit und einfache, hochsymmetrische Kristallstrukturen gekennzeichnet.

Einige Elemente, die wie As und Sb in der Nähe der Trennungslinie zwischen Metallen und Nichtmetallen angeordnet sind, sind Halbmetalle. Sie bilden häufig mehrere Modifikationen, die entweder mehr metallischen oder mehr nichtmetallischen Charakter aufweisen.

1.3.2.4 Elektronenaffinität

Nichtmetalle haben höhere Ionisierungsenergien als Metalle. Vor allem die weiter rechts im PSE stehenden Hauptgruppenelemente erreichen eine Edelgas-Elektronenkonfiguration leichter durch Aufnahme als durch Abgabe von Elektronen.

> **Man bezeichnet diejenige Energie, die bei der Aufnahme von einem Elektron durch ein isoliertes Atom im Grundzustand umgesetzt wird, als 1. Elektronenaffinität**

Im Unterschied zur Ionisierung von Atomen, die stets ein endothermer Vorgang ist, kann die Aufnahme von Elektronen je nach Element sowohl exotherm als auch endotherm erfolgen. Die Halogene haben unter den Elementen die im Betrag größten negativen Elektronenaffinitäten. Beim Sauerstoff erfolgt die Aufnahme des ersten Elektrons exotherm. Die Aufnahme des zweiten, zum Erreichen einer Edelgas-Elektronenkonfiguration notwendigen Elektrons (2. Elektronenaffinität) ist hingegen ein so stark endothermer Prozeß, daß die zugehörige gesamte Elektronenaffinität für die Bildung des O^{2-}-Ions positiv ist.

Mit zunehmender Ionenladung wird die Bildung eines Anions immer unwahrscheinlicher, da die Aufnahme von mehr als einem Elektron stets positive Elektronenaffinitäten erfordert und diese Energie mit zunehmender Ladung des entstehenden Anions schnell größer wird.

1.3.2.5 Elektronegativität

Im Unterschied zur Elektronenaffinität, die eine Energiegröße ist, stellt die Elektronegativität eine dimensionslose Vergleichszahl dar, die die Fähigkeit eines

Elements charakterisiert, Elektronen einer Atombindung (Kap. 1.4.2) anzuziehen. Die Elektronegativität wird ausführlich in Kap. 1.4.4.1 behandelt. Sie nimmt im Periodensystem innerhalb der Hauptgruppenelemente von unten nach oben und von links nach rechts zu, da in dieser Richtung der Atomradius abnimmt, und dementsprechend die Anziehungskraft nach dem Coulombschen Gesetz (Kap. 1.4.1) zunimmt. Die Elektronegativität nimmt von links nach rechts stärker zu, da hier auch die Zunahme der Kernladung gleichsinnig wirkt, während innerhalb einer Hauptgruppe die Änderung geringer ist. Hier hat die Kernladung einen entgegengesetzten Einfluß.

1.3.2.6 Ionenpotential

Zum Vergleich der Eigenschaften von Ionen mit verschiedener Ladung und verschiedenem Radius wird das sogenannte **Ionenpotential z/r, der Quotient aus der Ladungszahl (z) und dem Radius (r) eines Ions** herangezogen. Das Ionenpotential kann als ungefähres Maß für die Stärke des vom Ion ausgehenden elektrischen Felds betrachtet werden. Jedoch ist strenggenommen der Vergleich der chemischen Eigenschaften aufgrund des Ionenpotentials nur auf Ionen mit gleicher Elektronenanordnung anwendbar. Weiterhin ist die Tatsache zu berücksichtigen, daß die Ionen in wäßriger Lösung eine Hydrathülle aufweisen.

Als Beispiele für Ionenpotentiale ist die folgende Reihe der Ionen angegeben, bei denen die äußere Elektronenhülle eine abgeschlossene Zweier- oder Achterkonfiguration aufweist (Angaben in $1/(10^{-8}\,\mathrm{cm})$).

	Cs^+	Rb^+	NH_4^+	K^+	Na^+	Li^+	Ra^{2+}	Ba^{2+}	Sr^{2+}	Ca^{2+}	La^{3+}
z/r	0,6	0,7	0,7	0,8	1,0	1,3	1,3	1,4	1,6	1,9	2,5

	Ce^{3+}	Mg^{2+}	Y^{3+}	Sc^{3+}	Zr^{4+}	Hf^{4+}	Al^{3+}	Be^{2+}	Ti^{4+}	Si^{4+}	B^{3+}
z/r	2,5	2,6	2,8	3,6	4,6	4,6	5,3	5,9	6,2	9,8	15,0

Vergleichbare Ionenpotentiale führen beispielsweise dazu, daß das erste Element einer Hauptgruppe in seinen Eigenschaften mehr dem zweiten der folgenden Gruppe als seinem nächsten schwereren Homologen ähnelt. Diese als **Schrägbeziehung** bezeichnete Erscheinung zeigt sich bei den Elementenpaaren Li−Mg, Be−Al und B−Si besonders deutlich.

1.4 Chemische Bindung

Die Reaktionsträgheit der Edelgase zeigt, daß abgeschlossene Elektronenschalen einen besonders günstigen elektronischen Zustand darstellen. Die chemische Reaktivität und verbunden damit auch die chemische Bindung wird durch das Bestreben der Elemente, eine abgeschlossene **Edelgas-Elektronenkonfiguration** zu erreichen, wesentlich geprägt. Der einfachste Fall liegt vor, wenn durch einen Austausch von Elektronen zwischen einem Metallatom und einem Nichtmetallatom beide eine Edelgas-Elektronenkonfiguration erreichen. Das Metallatom gibt dabei soviele Elektronen ab, bis es die Elektronenkonfiguration des im Periodensystem vor ihm stehenden Edelgases erreicht, während das Nichtmetall seine unvollständige äußere Schale voll auffüllt. Dabei entstehen Kationen und Anionen, die im festen Zustand durch elektrostatische Anziehung zusammengehalten werden und so ein Salz bilden. Man nennt diese Art der Bindung **Ionenbindung**.

Wenn zwei oder mehrere Nichtmetallatome miteinander reagieren, bilden sie untereinander **Atombindungen** oder **kovalente Bindungen** aus, die durch Elektronenpaare, die zwei oder mehreren Atomen gemeinsam angehören, charakterisiert sind.

Metalle werden im kondensierten Zustand durch die **Metallbindung** zusammengehalten. Hier liegt eine Vielzentrenbindung vor, bei der die Elektronen vielen Metallatomen (Zentren) gleichzeitig angehören.

Diese drei genannten Bindungsarten: Ionenbindung, Atombindung und Metallbindung stellen modellhafte Grenzfälle dar. Meist liegen Übergänge zwischen diesen drei Bindungstypen vor.

Die genannten drei Bindungsarten repräsentieren die starken Bindungskräfte. Daneben gibt es noch schwächere Bindungen, die als **van der Waals-Bindungen** bezeichnet werden.

1.4.1 Ionenbindung

Wie oben erläutert wurde, geben Metallatome leicht Elektronen ab, d. h. sie haben niedrige Ionisierungsenergien und bilden bevorzugt Kationen. Nichtmetalle haben günstige Elektronenaffinitäten und bilden leicht Anionen. Vereinigt man ein Metall mit niedriger Ionisierungsenergie und ein Nichtmetall mit günstiger Elektronenaffinität, so entsteht ein Salz. **Salze** sind dadurch charakterisiert, daß sie aus Ionen aufgebaut sind. Außerdem stellen sie feste Verbindungen mit hohem Schmelzpunkt dar.

Der Zusammenhalt der Ionen in einem Salz wird durch die Ionenbindung, d. h. durch die Coulombsche Anziehung zwischen Kationen und Anionen bewirkt.

Die Anziehungskraft K, die zwischen einem Kation und einem Anion wirkt, ist durch das **Coulombsche Gesetz** gegeben:

Coulombsches Gesetz:

$$K = \frac{1}{4\pi\varepsilon_0} \cdot \frac{z^+ e^+ \cdot z^- e^-}{r^2}$$

e^+, e^- : positive bzw. negative Elementarladung in C/mol
z^+, z^- : Anzahl der positiven bzw. negativen Elementarladungen
r: Abstand zwischen Kation und Anion
ε_0: Dielektrizitätskonstante in As/(Vm)

Die entgegengesetzt geladenen Ionen nähern sich einander so weit, bis die elektrostatische Anziehung durch die Abstoßungskräfte der gleichsinnig geladenen Elektronenhüllen und Kerne kompensiert wird. Die Abstoßung kann auch damit erklärt werden, daß sich die vollbesetzten Orbitale von Kation und Anion aufgrund des Pauli-Prinzips nicht durchdringen können, das ja besagt, daß sich im gleichen Orbital bzw. Aufenthaltsraum nur maximal zwei Elektronen befinden dürfen.

Da das elektrische Feld, das von Kation bzw. Anion ausgeht, kugelsymmetrisch ist und somit in alle Raumrichtungen gleich stark wirkt, bilden sich in einem einfachen Salz keine Ionenpaare. Vielmehr umgibt sich jedes Ion mit soviel Gegenionen, wie aus räumlichen Gründen möglich ist. Hieraus resultiert in der Regel eine hochsymmetrische Anordnung in einem Kristallgitter. Die Anzahl der Anionen, die ein Kation umgeben können, d.h. die Koordinationszahl wird dabei durch den Radienquotienten festgelegt. So ist beispielsweise das relativ kleine Zinkatom in der Zinkblendestruktur (ZnS) von vier Schwefelatomen tetraedrisch umgeben. Na$^+$ hat in der NaCl-Struktur sechs Cl$^-$-Nachbarn in oktaedrischer Anordnung (Abb. 1.6) und das größere Cs$^+$ hat im CsCl die Koordinationszahl

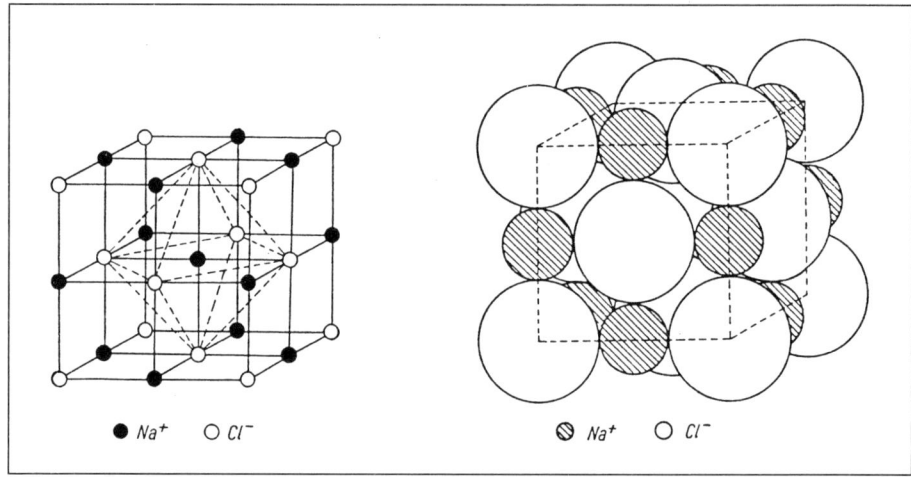

Abb. 1.6: Ausschnitt aus der Struktur des NaCl.

acht in Form eines Würfels. Entsprechend nimmt der Radienquotient r(Kation)/ r(Anion) von 0,402 beim ZnS über 0,525 beim NaCl auf 0,934 beim CsCl zu.

Bei der Annäherung der entgegengesetzt geladenen Ionen wird erhebliche potentielle Energie gewonnen. Man spricht in diesem Zusammenhang von der Gitterenergie:

> **Die Gitterenergie ist diejenige Energie, die bei der Vereinigung von je einem Mol voneinander getrennter freier, gasförmiger Kationen und freier, gasförmiger Anionen zum kristallinen Salz freigesetzt wird.**

Aufgrund der hohen Gitterenergie erklärt sich auch die hohe Bildungswärme der Salze und ihre große Stabilität, obwohl fast alle Prozesse, die zur Bildung der freien gasförmigen Ionen aus den Elementen führen, stark endotherm sind. Im Falle der Bildung von NaCl aus Natriummetall und Chlor muß Natrium verdampft und ionisiert werden. Beide Prozesse sind endotherm und entsprechend mit positiven Energiewerten verbunden. Ebenfalls positiv ist die Dissoziationsenergie, die aus den Cl_2-Molekülen Chloratome bildet. Nur die mit der Elektronenaufnahme zum Cl^--Ion verbundene Elektronenaffinität ist negativ. Bei der Bildung von Oxiden z.B. ist auch die Elektronenaffinität positiv. Die Gitterenergie ist aber so groß, daß sie alle endothermen Prozesse weit überkompensieren kann.

1.4.1.1 Ionentypen und ihre Beständigkeit

An dieser Stelle soll noch auf die Stabilität unterschiedlicher Ionentypen eingegangen werden. Wir hatten bereits die relativ hohe Stabilität der Ionen mit einer **Edelgas-Elektronenkonfiguration** behandelt, wie sie z.B. bei Na^+, Sc^{3+} oder auch Cl^- vorliegt:

$$Na^+: 1s^2\,2s^2\,p^6 = [Ne]$$
$$Sc^{3+}, Cl^-: 1s^2\,2s^2\,p^6\,3s^2\,p^6 = [Ar]$$

In Klammern ist jeweils das Edelgas mit gleicher Elektronenkonfiguration angegeben.

Eine ähnlich gute Stabilität weisen Ionen wie Ag^+ oder Zn^{2+} mit einer **„Pseudo-Edelgas-Elektronenkonfiguration"** auf. Sie verfügen neben der abgeschlossenen Elektronenschale der Edelgase noch über ein volles d-Niveau und erfüllen somit die Bedingung, daß keine unvollständig besetzten Elektronenschalen vorhanden sind.

$$Ag^+: 1s^2\,2s^2\,p^6\,3s^2\,p^6\,d^{10}\,4s^2\,p^6\,d^{10} = [Kr]\,4d^{10}$$
$$Zn^{2+}: 1s^2\,2s^2\,p^6\,3s^2\,p^6\,d^{10} = [Ar]\,3d^{10}$$

Eine vergleichbar hohe Stabilität wie voll aufgefüllte Elektronenniveaus besitzen auch **halbgefüllte Niveaus**, bei denen die Orbitale jeweils einfach besetzt sind.

Beispiele sind Mn^{2+} und Fe^{3+} :

$$Mn^{2+}, Fe^{3+} : 1s^2\, 2s^2\, p^6\, 3s^2\, p^6\, d^5 = [Ar]\, 3d^5$$

Ein Sonderfall liegt bei den schweren Hauptgruppenelementen vor. Hier findet man die stabilen Ionen Tl^+, Pb^{2+} und Bi^{3+} mit einem vollen $6s$-**Niveau**.

Eine Edelgas-Elektronenkonfiguration liegt nicht vor, da das $6p$-Niveau leer ist.

$$Tl^+, Pb^{2+}, Bi^{3+} : 1s^2\, 2s^2\, p^6\, 3s^2\, p^6\, d^{10}\, 4s^2\, p^6\, d^{10}\, f^{14}\, 5s^2\, p^6\, d^{10}\, 6s^2$$
$$= [Xe]\, 4f^{14}\, 5d^{10}\, 6s^2$$

Man bezeichnet das volle $6s$-Niveau im Englischen als „inert pair" und spricht in diesem Zusammenhang vom **„inert pair" Effekt**. Diese Ionen sind deutlich stabiler als die zugehörigen Ionen mit unbesetztem $6s$-Niveau: Tl^{3+}, Pb^{4+} und Bi^{5+}. Letztere sind dementsprechend starke Oxidationsmittel.

Neben den aufgeführten Ionentypen existieren bei den Nebengruppenelementen viele ebenfalls recht stabile Ionen wie z. B. Cr^{3+}, Co^{2+} oder Cu^{2+}, bei denen keine der angegebenen Regeln zutrifft.

1.4.2 Atombindung oder kovalente Bindung

Aus gleichen Atomen aufgebaute Moleküle wie H_2, N_2, O_2, O_3, Cl_2 usw. und die meisten organischen Kohlenwasserstoff-Verbindungen werden durch Atombindungen miteinander verknüpft.

Im Gegensatz zur Ionenbindung können bei der Atombindung die an der Bindung beteiligten Valenzelektronen nicht einzelnen Atomen zugeordnet werden. Sie verteilen sich vielmehr über das ganze Molekül. Die verbleibenden Rumpfelektronen in den abgeschlossenen unteren Elektronenschalen bilden mit dem Atomkern die Atomrümpfe. Beim einfachsten Fall, der Vereinigung von zwei Atomen zu einem Molekül, wie z. B. beim Cl_2, wird die stabile Edelgas-Elektronenkonfiguration dadurch erreicht, daß beide Atome ein gemeinsames, also beiden angehörendes Elektronenpaar besitzen. Man spricht in diesem Fall von einer **Zwei-Zentren-zwei-Elektronen-Bindung**. Sie stellt eine **Einfachbindung** dar. Beim O_2 liegen zwei und beim N_2 drei gemeinsame Elektronenpaare vor, d. h. es resultiert eine **Doppelbindung** bzw. eine **Dreifachbindung**.

In einer einfachen Symbolschreibweise, den **Valenzstrichformeln** (s. auch Kap. 1.4.2.1), wird ein Elektronenpaar durch einen Strich symbolisiert. Der Strich kann ein Bindungselektronenpaar (Valenzstrich) oder ein freies, an der Bindung nicht beteiligtes Elektronenpaar repräsentieren.

$$|\overline{\underline{Cl}} - \overline{\underline{Cl}}| \qquad \langle \overline{O} = \overline{O} \rangle \qquad |N \equiv N|$$

Die Anzahl der von einem Atom ausgehenden Atombindungen hängt von der Anzahl seiner Valenzelektronen, in Verbindung mit dem Bestreben, eine stabile Edelgas-Elektronenkonfiguration zu erreichen, ab. Bei den Strukturen der Nichtmetalle kann man die Anzahl der Bindungen, die **Bindigkeit** b, aus der **(8 — N)-Regel** ableiten.

Bindigkeit: $b = (8 - N)$

N: Anzahl der Valenzelektronen des betreffenden Nichtmetalls, bzw. Nummer der Hauptgruppe

---

Werden durch kovalente Bindungen Moleküle oder Ionen mit gleicher Elektronenanzahl und -anordnung gebildet, so nennt man sie **isoelektronisch**. Von **Isosterie** spricht man, wenn Moleküle oder Ionen bei gleicher Gesamtanzahl Elektronen und gleicher Elektronenkonfiguration auch gleiche Anzahl an Atomen aufweisen. Isostere Teilchen haben gleiche Struktur und ähnliche Eigenschaften, wie z. B. CO und N_2 oder N_2O, CO_2, NO_2^+ und NCO^- bzw. CH_4 und NH_4^+.

1.4.2.1 Oktett-Regel und Valenzstrichformeln

Das Bestreben der Atome, durch gemeinsame Elektronenpaare eine Edelgas-Elektronenkonfiguration zu erreichen, ist das Grundprinzip der „Elektronentheorie der Valenz", die *G. N. Lewis* (1875–1946) 1916 aufstellte. Beim Wasserstoff ist es die Zwei-Elektronenkonfiguration des Heliums. Bei allen übrigen Hauptgruppenelementen ist es das Oktett aus s- und p-Elektronen in der äußeren Schale, das die Edelgas-Elektronenkonfiguration ausmacht. Man spricht daher von der **Oktett-Regel**.

Die Atome streben eine stabile Edelgas-Elektronenkonfiguration in Form eines Elektronenoktetts in der äußersten Schale an. Für Elemente der ersten Achterperiode des PSE (Li — F) gilt die Oktettregel streng, da sie nur über s- und p-Orbitale verfügen. Sie können somit nur maximal vier Valenzelektronenpaare um sich gruppieren. Ab der zweiten Achterperiode kann das Oktett durch Benutzung von d-Orbitalen überschritten werden.

Unter Berücksichtigung der Oktett-Regel kann man die Bindungsverhältnisse in Molekülen durch **Valenzstrichformeln** oder **Lewis-Formeln** wiedergeben. Bei dieser Symbolschreibweise werden Valenzelektronenpaare durch Striche dargestellt, wie dies bei den folgenden Beispielen gezeigt ist.

Das Symbolschema der Valenzstrichformeln erlaubt es in vielen Fällen nicht, den wahren Sachverhalt mit nur einer Formel wiederzugeben. In diesen Fällen müssen zwei oder mehrere **mesomere Grenzformeln** angegeben werden. Der wahre Zustand ist dann der Mittelwert aus allen Grenzformeln, die nicht immer mit gleichem Gewicht eingehen müssen. Man spricht dabei von **Mesomerie** oder **Resonanz**. Ein Beispiel ist Ozon. Hier müssen zwei Grenzformeln angegeben werden, die man durch einen Doppelpfeil trennt:

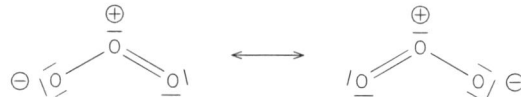

In jeder Formel ist eine Doppelbindung und eine Einfachbindung gezeichnet, die normalerweise verschieden lang sind. Die experimentelle Strukturbestimmung beweist aber, daß beide O—O-Bindungen gleich lang sind und einer 1,5fach-Bindung, entsprechend dem Mittelwert aus beiden Grenzformeln, entsprechen. Eine Schreibweise mit zwei Doppelbindungen ist falsch, da dann eines der O-Atome das Oktett überschreiten würde. Außerdem wäre dies im Widerspruch zum experimentellen Befund.

Nach der $(8-N)$-Regel (Kap. 1.4.2) sollte Sauerstoff mit $N = 6$ in der Elementstruktur zweibindig sein, wie dies auch beim O_2 der Fall ist. Im Ozon ist das zentrale O-Atom jedoch dreibindig. Die $(8-N)$-Regel ist aber erfüllt, wenn man dem zentralen O-Atom eine **Formalladung** von $+1$ zuordnet. Dann ist $N = 5$ und die Bindigkeit $b = (8-N) = 3$. Man berechnet die Formalladung, indem man die Bindungselektronenpaare zu gleichen Teilen zwischen den Bindungspartnern aufteilt. Dementsprechend berechnet man für ein weiteres O-Atom die Formalladung -1. Die Formalladung wird, wie in der obigen Valenzstrichformel gezeigt, durch ein $\oplus$ oder ein $\ominus$ charakterisiert.

Die Summe der Formalladungen muß in einem Molekül Null sein. In einem Ion entspricht sie der Ionenladung.

Sind mehrere mesomere Grenzformeln mit unterschiedlicher Anzahl an Formalladungen möglich, so ist stets die Formel mit der geringsten Anzahl Formalladungen die wahrscheinlichste. Außerdem sollten an benachbarten Atomen keine gleichen Formalladungen auftreten.

Wie der Name sagt, handelt es sich um formale Ladungen, die nicht die wahre Ladungsverteilung im Molekül wiedergeben.

1.4.2.2 Molekülorbitale

Das Modell der Molekülorbitale geht davon aus, daß sich die Elektronenpaare der kovalenten Bindung wie die Elektronen des isolierten H-Atoms als Wellen darstellen lassen (Kap. 1.2.2.2). Man bezeichnet die Schwingungsformen im Fall der Moleküle als **Molekülorbitale** (MO's).

Im Fall des H-Atoms führt die Lösung der Schrödinger-Gleichung auf die Gestalt und Energie der Atomorbitale (AO's). Im Fall der Moleküle ergeben sich

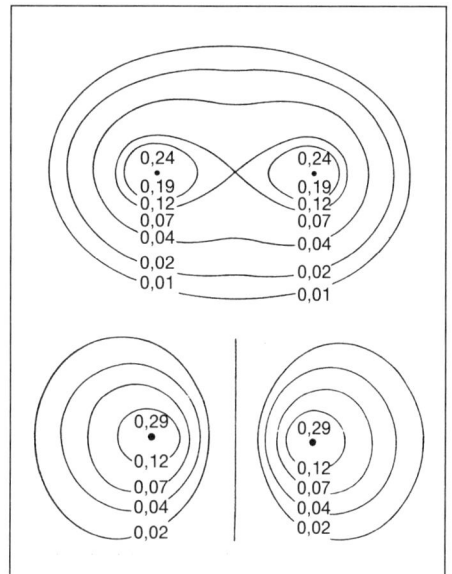

Abb. 1.7: Elektronendichte im H$_2^+$-Ion. Das obere Diagramm zeigt die Dichte des bindenden MO's, das untere die des antibindenden MO's.

jedoch Schwierigkeiten, da im Unterschied zur allein vorliegenden Wechselwirkung zwischen einem Elektron und einem Kern beim H-Atom bei Molekülen mehrere Kerne und mehrere Elektronen zu berücksichtigen sind. Der einfachste denkbare Fall ist H$_2^+$, das einfach ionisierte Wasserstoffmolekül, das nur ein Elektron besitzt. Für dieses Molekülion ergibt die Rechnung zwei Molekülorbitale, die sich über beide Atomkerne erstrecken (Abb. 1.7). In einem der Molekülorbitale ergibt sich im Vergleich zu den Funktionswerten von ψ oder ψ^2 im H-Atom bei gleichem Abstand vom Kern ein erhöhter Funktionswert zwischen den Atomkernen. Es kommt daher zu einer anziehenden Wechselwirkung zwischen den Atomkernen und der zwischen ihnen liegenden erhöhten Elektronendichte. Das zugehörige Orbital wird daher als bindendes **Molekülorbital** bezeichnet. Beim zweiten Molekülorbital ist die Elektronendichte zwischen den Kernen vermindert und jenseits der Kerne erhöht. In der Mitte zwischen den Kernen befindet sich senkrecht zur Kernverbindungslinie eine Knotenebene, d.h. die Elektronendichte ist hier Null und es kommt zu einer erhöhten Abstoßung zwischen den Kernen. Das Orbital heißt daher **antibindendes Molekülorbital**.

Betrachtet man die zugehörige Energie, wie sie im Energieniveau-Diagramm in Abb. 1.8 angegeben ist, so kommt dem bindenden MO eine niedrigere Energie, dem antibindenden MO eine höhere Energie als die Energie des 1s-Atomorbitals zu. Die Energiedifferenz zwischen AO und bindendem MO entspricht der Bindungsenergie. Eine Bindung kommt natürlich nur zustande, wenn sich im bindenden MO mehr Elektronen als im antibindenden befinden. Die günstigste Situation liegt vor, wenn das bindende MO wie beim H$_2$-Molekül mit zwei Elektronen voll besetzt und das antibindende leer ist, d.h. wenn die beteiligten AO's

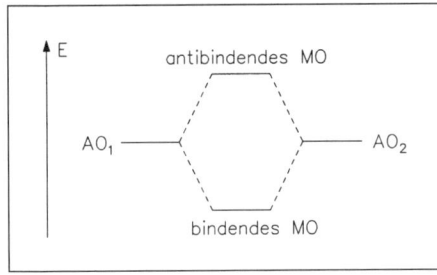

Abb. 1.8: Energieniveau-Diagramm für die Bildung von Molekülorbitalen im H$_2$-Molekül.

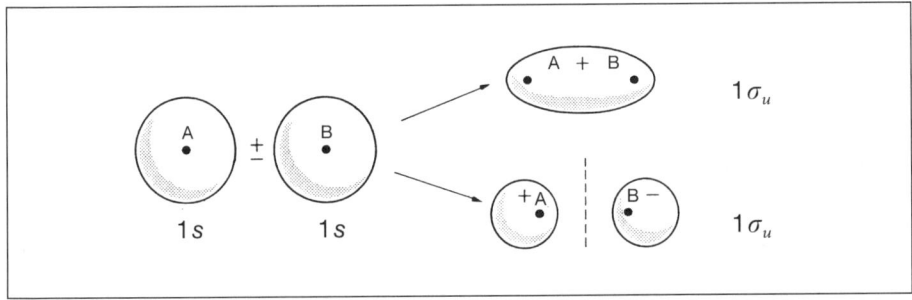

Abb. 1.9: Linearkombination zweier 1s-Atomorbitale zur Erzeugung eines bindenden und eines antibindenden MO's.

halbbesetzt sind. Im Fall eines hypothetischen He$_2$-Moleküls wären beide AO's und damit auch beide MO's voll besetzt. Folglich resultiert keine Bindung.

Bei komplizierteren Molekülen mit mehr Elektronen werden Näherungsverfahren zu Berechnung der MO's benutzt. Eine Möglichkeit ist die Methode der Konstruktion der MO's aus den AO's durch Linearkombination. Man nennt die Methode LCAO-Verfahren (**L**inear **C**ombination of **A**tomic **O**rbitals). Wie man aus Abb. 1.9 am Beispiel des H$_2$-Moleküls sehen kann, führt diese Methode zum gleichen Ergebnis wie die genaue Berechnung nach der Schrödinger-Gleichung (Abb. 1.7).

Auf gleiche Weise lassen sich nun auch andere MO's miteinander kombinieren. Man spricht in diesem Zusammenhang auch von der **Orbitalüberlappung**, da man die AO's soweit gegeneinander annähert, bis sie sich gegenseitig durchdringen bzw. überlappen. In den Abb. 1.10 und Abb. 1.11 ist die Kombination von zwei 2p_z- und zwei 2p_x-Orbitalen gezeigt. Man erkennt, daß zwei verschiedene Lösungen resultieren. Im ersten Fall der 2p_z-Orbitale, die längs der Kernverbindungslinie ausgerichtet sind, ergeben sich rotationssymmetrische MO's. Beim bindenden MO ist wie im Fall des H$_2$-Moleküls die maximale Elektronendichte auf der Kernverbindungslinie zwischen den Kernen lokalisiert. Man bezeichnet die zugehörige Bindung als eine σ-**Bindung**. Im zweiten Fall der Kombination von 2p_x-AO's liegt beim bindenden MO die Kernverbindungslinie auf einer Knotenebene. Die Hauptaufenthaltswahrscheinlichkeit befindet sich oberhalb und unterhalb

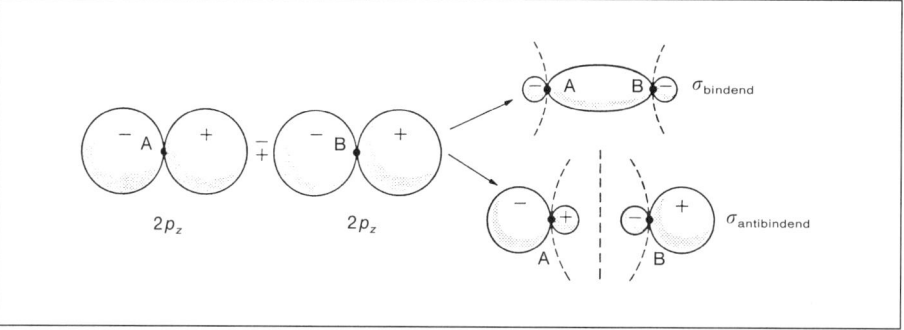

Abb. 1.10: Linearkombination zweier $2p_z$-Orbitale zu einer σ-Bindung.

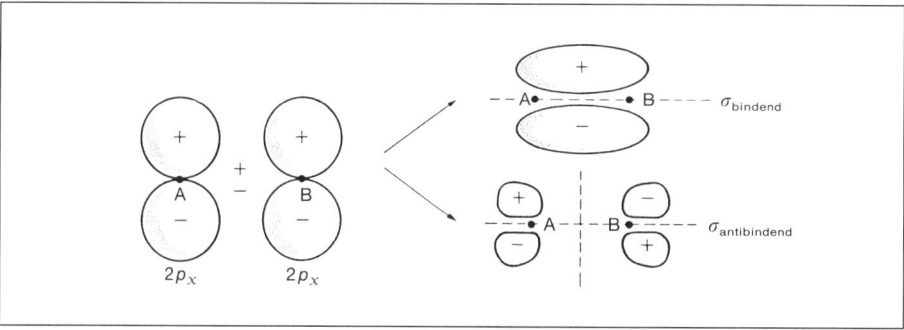

Abb. 1.11: Linearkombination zweier $2p_x$-Orbitale zu einer π-Bindung.

der Kernverbindungslinie. Die MO's sind hier nicht rotationssymmetrisch. Die zugehörige Bindung wird π-**Bindung** genannt.

Bei gleichartigen Atomorbitalen (z. B. $2p_x$ und $2p_z$) ist die Überlappung zu einer σ-Bindung und die damit verbundene Bindungsenergie stets größer als bei einer π-Bindung.

1.4.2.3 Struktur der Moleküle und Hybridisierung

Die Struktur einfacher Moleküle wie $HgCl_2$, BF_3, CF_4, PF_5 oder SF_6 kann man leicht ableiten, wenn man davon ausgeht, daß die aneinander gebundenen Atome einen möglichst kurzen Abstand verwirklichen wollen, während sich die untereinander nicht gebundenen Atome abstoßen und einen möglichst großen Abstand anstreben. Hieraus resultieren als optimale räumliche Anordnung die in Tab. 1.3 angegebenen Strukturen.

Bei Molekülen und Ionen der Hauptgruppenelemente, die neben den Substituenten auch freie, an Bindungen nicht beteiligte Elektronenpaare aufweisen,

Tab. 1.3: Koordinationszahlen und optimale räumliche Anordnung der Substituenten.

Koordinations- zahl	Struktur	Beispiel
2	linear	$HgCl_2$
3	trigonal-planar	BF_3
4	tetraedrisch	CF_4
5	trigonal-bipyramidal	PF_5
6	oktaedrisch	SF_6

muß man zusätzlich berücksichtigen, daß die freien Elektronenpaare ebenfalls Platz beanspruchen. *Gillespie* und *Nyholm* haben daher das Konzept der Elektronenpaar-Abstoßung eingeführt. Es wird nach dem Englischen als **VSEPR-Konzept** (**V**alence **S**hell **E**lectron **P**air **R**epulsion) bezeichnet. Das Konzept geht davon aus, daß sich nicht nur die Substituenten sondern auch die Bindungselektronenpaare sowie die freien Elektronenpaare untereinander abstoßen und daher versuchen, den maximalen Abstand zueinander einzunehmen.

Das Ammoniakmolekül NH_3 mit einem freien Elektronenpaar und H_2O mit zwei freien Elektronenpaaren weisen beide insgesamt vier Valenzelektronenpaare auf, die sich entsprechend der Koordinationszahl vier (Tab. 1.3) nach den Ecken eines Tetraeders ausrichten. Hieraus resultiert die pyramidale Gestalt des NH_3-Moleküls und die gewinkelte Struktur des H_2O-Moleküls.

Bei der Koordinationszahl fünf ergibt sich eine Besonderheit, da die fünf Ecken der trigonalen Bipyramide nicht äquivalent sind. Es gibt zwei axiale und drei äquatoriale Positionen. Freie Elektronenpaare ordnen sich immer in den äquatorialen Positionen an, wie die Beispiele von SF_4, ClF_3 und XeF_2 (Abb. 1.12) zeigen. Treten bei der Koordinationszahl sechs zwei freie Elektronenpaare auf, so befinden sich diese an gegenüberliegenden Ecken des Oktaeders, also in trans-Stellung. Für Moleküle wie XeF_4 (Abb. 1.12) resultiert daher eine quadratisch-planare Anordnung der Substituenten.

Beim Vorliegen von freien Elektronenpaaren werden die Strukturen häufig leicht verzerrt, da die freien Elektronenpaare weiter ausladend sind und daher etwas mehr Platz benötigen als die Elektronenpaare der σ-Bindungen. Aus diesem Grund ist beispielsweise der Bindungswinkel HNH = 107° im NH_3 und HOH = 104,5° im H_2O kleiner als der ideale Bindungswinkel im Tetraeder, wie er mit 109,47° im CH_4 oder CF_4 auftritt.

Bisher haben wir nur freie Elektronenpaare und Elektronenpaare von σ-Bindungen betrachtet. Tatsächlich sind es auch diese, die die Strukturen der Moleküle im wesentlichen bestimmen. Mehrfachbindungen ändern die oben abgeleiteten Strukturen nicht wesentlich. Sie benötigen jedoch etwas mehr Platz als Einfachbindungen. π-gebundene Substituenten ordnen sich daher in der trigonalen Bipyramide wie die freien Elektronenpaare in einer äquatorialen Position an. In Abb. 1.12 ist mit ClO_2F_3 ein Beispiel angegeben.

Die experimentellen Strukturbestimmungen bestätigen in aller Regel die Vorhersagen nach dem VSEPR-Konzept. Hingegen erwartet man aufgrund der Aus-

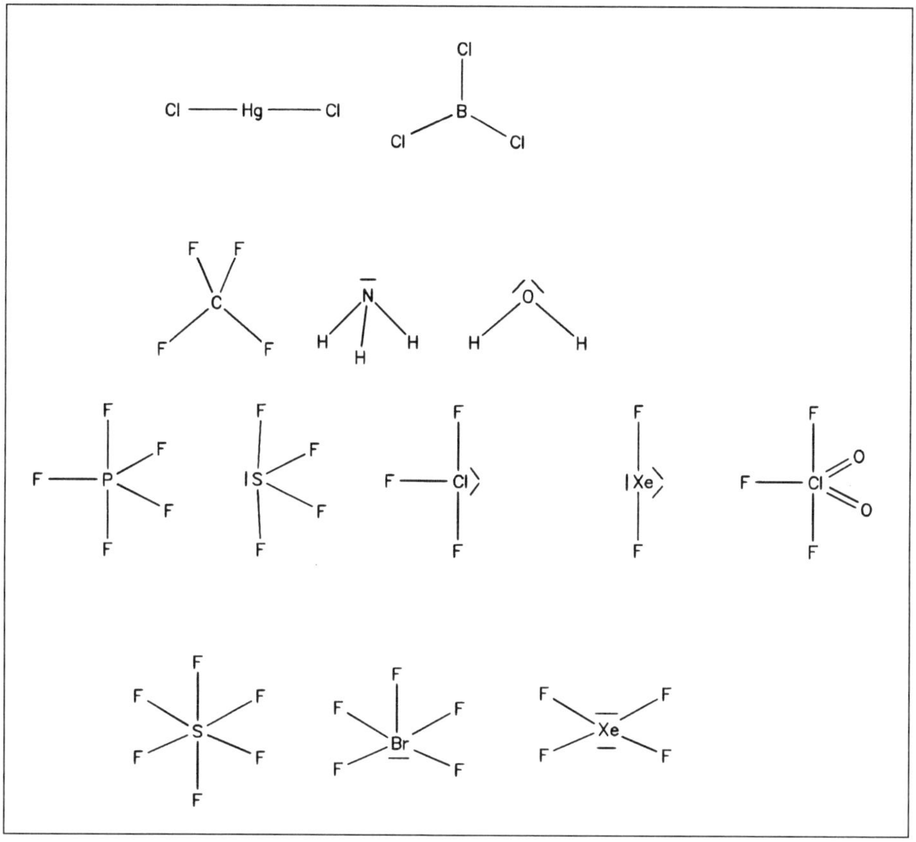

Abb. 1.12: VSEPR-Konzept und Strukturen ausgewählter Moleküle.

richtung der Atomorbitale in vielen Fällen andere Strukturen, da die maximale Orbitalüberlappung und damit die stabilste Atombindung dann erreicht wird, wenn die Atomorbitale mit ihren Symmetrieachsen zusammenfallen (Prinzip der maximalen Überlappung). Im tetraedrischen CH_4-Molekül entsprechen die Bindungsrichtungen jedoch nicht der Ausrichtung der Atomorbitale. Die Symmetrieachsen der p-Orbitale schließen Winkel von 90° ein, während der ideale Bindungswinkel im Tetraeder 109,47° beträgt.

L. Pauling entwickelte daher 1931 das Prinzip der **Hybridisierung**. Man muß dabei berücksichtigen, daß die im Kap. 1.2.2.2 eingeführten Atomorbitale nur *eine* denkbare Lösung der Schrödinger-Gleichung darstellen. Die AO's können durch Linearkombination in andere, äquivalente Lösungen transformiert werden. So kann man aus dem s- und den drei p-Orbitalen vier gleiche Orbitale erhalten, die nach den Ecken eines Tetraeders ausgerichtet sind. Diese Orbitale werden sp^3-**Hybridorbitale** genannt. Entsprechend kann man aus dem s- und zwei p-Orbitalen drei sp^2-**Hybridorbitale** erhalten, die auf die Ecken eines gleichseitigen

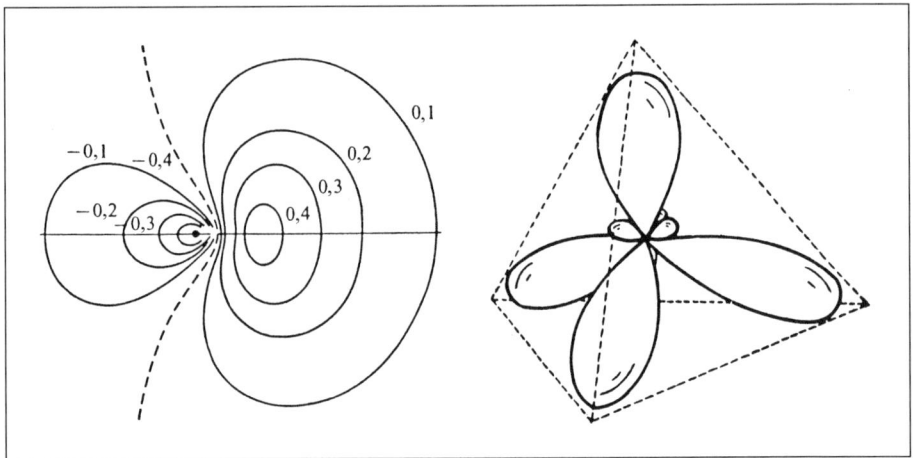

Abb. 1.13: Darstellung der sp^3-Hybridorbitale.

Dreiecks weisen oder man kombiniert ein *s*- mit einem *p*-Orbital zu zwei *sp*-**Hybridorbitalen**, die einen Winkel von 180° miteinander bilden.

In Abb. 1.13 sind die sp^3-Hybridorbitale dargestellt. Man erkennt, daß die einzelnen Orbitale asymmetrisch sind und mit ihrer größten Elektronendichte in Richtung auf die Bindungspartner weisen. Hieraus und aus der günstigen Ausrichtung resultieren stabilere Bindungen als im Falle der nicht hybridisierten Atomorbitale. Die asymmetrische Form und die Ausrichtung der Hybridorbitale erlaubt eine sehr gute Überlappung zu σ-Bindungen, aber andererseits keine Überlappung zu π-Bindungen.

> **Hybridorbitale sind grundsätzlich nur zur Bildung von σ-Bindungen und zur Aufnahme von freien Elektronenpaaren geeignet. π-Bindungen werden stets von den nicht hybridisierten AO's gebildet.**

Voraussetzung für eine energetisch günstige Bildung von Hybridorbitalen ist, daß sich die beteiligten AO's möglichst wenig in ihrer Energie unterscheiden. Da die Energiedifferenz zwischen *s*- und *p*-Orbitalen im PSE von links nach rechts stark zunimmt, nimmt in dieser Richtung zugleich die Tendenz zur Hybridisierung ab. Die Tendenz zur Hybridisierung nimmt außerdem innerhalb der Gruppen des PSE von oben nach unten ab, wie ein Vergleich der Bindungwinkel in den Molekülen EH_3 (E = N, P, As, Sb) und EH_2 (E = O, S, Se, Te) zeigt. Im NH_3 liegt der Winkel $H-N-H$ mit 107° nahe am idealen Wert, während beim PH_3 93,8° und beim AsH_3 und SbH_3 Werte von etwa 91° gefunden werden, die für eine Bindung durch die nicht hybridisierten *p*-Orbitale sprechen. Analoge Verhältnisse findet man bei H_2O (104,5°), H_2S (92°) und H_2Se (91°). Die maximale Tendenz zur Hybridisierung liegt daher im Bereich der Hauptgruppenelemente bei den Elementen B, C und N.

1.4.2.2 Mehrfachbindungen und die Doppelbindungsregel

Mehrfachbindungen entstehen durch die Kombination von einer σ- mit einer oder zwei π-Bindungen. Betrachtet man die Überlappung der p-Orbitale, die zur σ- oder π-Bindung führen kann, so ist die σ-Überlappung stets besser als die π-Überlappung (Kap. 1.4.2.2), da im Falle der σ-Bindung die p-Orbitale mit ihrer Vorzugsrichtung zusammentreffen. Bei einer Vergrößerung des Atomabstands wird die von den p-Orbitalen gebildete $(p-p)\pi$-Bindung zunehmend ungünstiger gegenüber einer $(p-p)\sigma$-Bindung. Die Neigung, eine $(p-p)\pi$-Bindung auszubilden, nimmt somit beim Übergang zu den größeren Elementen der höheren Perioden des PSE stark ab, so daß derartige Doppelbindungen bevorzugt von den Elementen der ersten Achterperiode ausgebildet werden. Man erkennt diese als **Doppelbindungsregel** bekannte Erscheinung beispielsweise an einem Vergleich der Elementstrukturen von Sauerstoff und Schwefel oder Stickstoff und Phosphor sowie der Strukturen von CO_2 und SiO_2. Sauerstoff bildet O_2-Moleküle mit einer

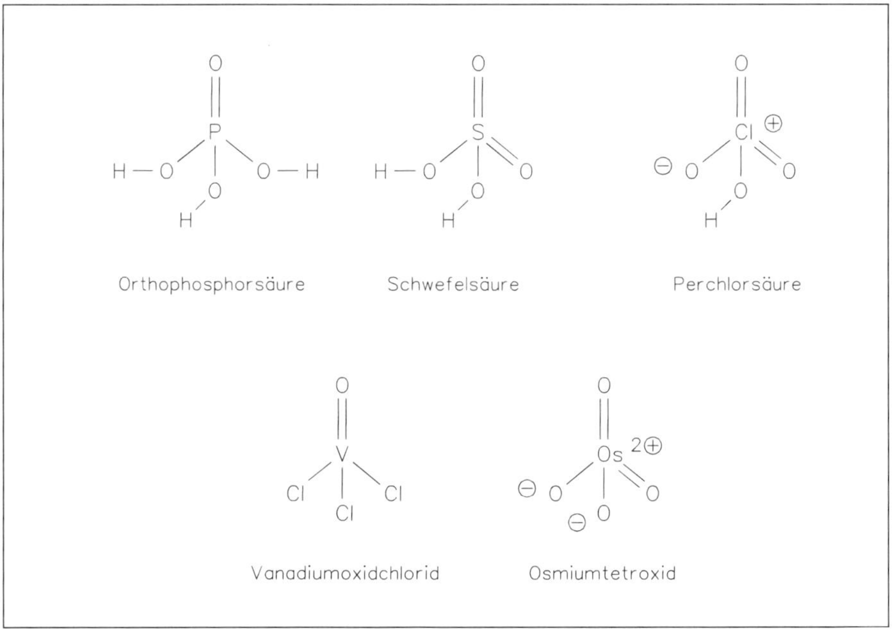

Abb. 1.14: Moleküle und Ionen mit $(d-p)\pi$-Bindungen.

Doppelbindung, während Schwefel in Form von Ringen oder Ketten auftritt, in denen jedes S-Atom über zwei σ-Bindungen gebunden ist. Im N_2 liegt eine Dreifachbindung vor. Jedes Phosphoratom bildet in den Elementmodifikationen hingegen drei Einfachbindungen. CO_2 ist ein Gasmolekül mit Doppelbindungen und SiO_2 ist ein polymerer Festkörper mit sp^3-hybridisiertem Si-Atom, das vier $Si-O-\sigma$-Bindungen ausbildet.

Die Doppelbindungsregel bezieht sich jedoch nur auf $(p-p)\pi$-Bindungen. Die schwereren Hauptgruppen- und die Nebengruppenelemente können mit ihren d-Orbitalen $(d-p)\pi$-Bindungen z. B. zu Sauerstoffatomen ausbilden. Beispiele sind die Anionen der Sauerstoffsäuren der Elemente P, S und Cl oder Moleküle wie $VOCl_3$ und OsO_4, von denen einige in Abb. 1.14 in Form ihrer Lewis-Formeln angegeben sind.

1.4.2.5 Koordinative Bindung und die 18-Elektronen-Regel

In vielen Fällen stammen die Elektronen einer Atombindung nur von einem der beiden Bindungspartner. Dies ist beispielsweise beim Produkt der Reaktion von NH_3 mit einem Proton zum NH_4^+-Kation oder der Reaktion von BF_3 mit einem F^--Ion zum BF_4^- der Fall. Auch bei der Reaktion von Ni^{2+} mit Ammoniak zum Hexamminkomplex $[Ni(NH_3)_6]^{2+}$ werden kovalente Bindungen gebildet, deren Elektronen von den NH_3-Molekülen stammen. Man spricht in diesem Fall von einer **koordinativen Bindung**. Diese unterscheidet sich jedoch in der Regel nicht von einer normalen Atombindung. So kann man auch nicht zwischen den vier $N-H$-Bindungen im NH_4^+-Ion oder den vier $B-F$-Bindungen im BF_4^--Ion unterscheiden.

C.K. Ingold bezeichnete das Elektronen liefernde Teilchen, den Elektronenpaar-Donator, als **nucleophil** (nucleos griech. Kern) und das Elektronen aufnehmende Teilchen, den Elektronenpaar-Akzeptor, als **elektrophil**. Nach *G.N. Lewis* wird der Elektronenpaar-Donator auch **Lewis-Base** und der Elektronenpaar-Akzeptor **Lewis-Säure** (Kap. 1.7.2) genannt.

Bei den obigen Beispielen sind NH_3 und F^- die Lewis-Basen. H^+, BF_3 und Ni^{2+} sind die Lewis-Säuren. Bei der Reaktion einer Lewis-Säure mit einer Lewis-Base wird stets eine koordinative Bindung gebildet. Das Reaktionsprodukt wird als **Komplex** (Kap. 1.11) bezeichnet.

Komplexe der Übergangselemente sind besonders stabil, wenn sie die **18-Elektronen-Regel** erfüllen. Dies ist eine Analogie zur Oktett-Regel (s. Kap. 1.4.2.1) bei den Hauptgruppenelementen, die besagt, daß ein stabiler Zustand erreicht wird, wenn die ns- und np-Niveaus der äußersten Schale mit acht Elektronen voll aufgefüllt sind. Bei den Übergangselementen müssen jedoch zusätzlich zu den ns- und np-Niveaus auch die $(n-1)d$-Orbitale aufgefüllt werden, so daß insgesamt 18 Elektronen erforderlich sind. Diese ergeben sich aus den beim Übergangsmetall bereits vorhandenen Elektronen und den Elektronenpaaren der koordinativen Bindungen von den Liganden.

1.4.3 Die Metallbindung

Die typischen Metalle haben niedrige Ionisierungsenergien und können daher ihre Valenzelektronen relativ leicht abgeben. Ein einfaches, qualitatives Modell der Metallbindung geht von einem Kristallgitter aus Metallkationen und einem **Elektronengas** aus. Die Elektronen sind keinem speziellen Atom zugeordnet. Vielmehr gehören sie gleichberechtigt allen Atomen des Gitters an. Da hierbei keine Vorzugsrichtungen der Bindungen ausgebildet werden und im Falle eines Metalls aus gleichen Atomen diese auch gleich groß sind, resultieren hochsymmetrische Metallstrukturen wie die kubisch und hexagonal dichteste Kugelpackung und die kubisch innenzentrierte Struktur.

Die Vorstellung eines Elektronengases mit völlig freien und voneinander unabhängigen Elektronen ist jedoch stark vereinfacht, da die Elektronen den gleichen Gesetzmäßigkeiten und Beschränkungen unterliegen, die auch für Moleküle gelten. Insbesondere muß auch in einem Metall das Pauli-Prinzip beachtet werden. **Die Metallbindung ist eine Multizentrenbindung, deren Orbitale über den gesamten Kristall delokalisiert sind.** Die Anzahl der Multizentrenorbitale entspricht hierbei der Anzahl Atomorbitale, die an der Bildung der Multizentrenorbitale beteiligt sind. Da in einem Kristall eines Metalls sehr viele Atome vorhanden sind – in einem Mol sind es $N_A = 6{,}02 \cdot 10^{23}$ – und alle mit mindestens einem AO beitragen, entstehen auch sehr viele dieser Mehrzentrenorbitale, deren Energieniveaus dann so dicht beieinanderliegen, daß die Energieunterschiede zwischen ihnen minimal werden und sie zu einem **Energieband** verschmelzen. Man erkennt dies auch daran, daß ein isoliertes Atom oder Molekül mit deutlich separierten Energieniveaus bei entsprechender Anregung ein Linienspektrum ergibt, während ein Festkörper wie die Metalle ein kontinuierliches Elektronen-Spektrum erzeugt.

Das mit den Valenzelektronen besetzte Energieband wird als **Valenzband** bezeichnet.

Das Vorliegen von Multizentrenorbitalen, die über den gesamten Kristall ausgedehnt sind, macht auch die gute **elektrische Leitfähigkeit** (Leiter erster Art) verständlich. Voraussetzung ist allerdings, daß das Valenzband nur teilweise besetzt ist und somit über freie Niveaus verfügt, auf die die Elektronen angeregt werden können. Elektrische Leitfähigkeit kann auch auftreten, wenn das Valenzband voll besetzt ist, aber mit einem energetisch höher liegenden, leeren Energieband überlappt. Letzteres wird **Leitungsband** genannt. Bei einem **Isolator** existiert eine größere Energielücke oder verbotene Zone zwischen Valenz- und Leitungsband, so daß keine oder nur sehr wenige Elektronen das Leitungsband erreichen können und daher die Leitfähigkeit äußerst gering ist.

Bei einem **Eigenhalbleiter** ist die verbotene Zone zwischen Valenz- und Leitungsband so klein, daß sie von genügend Elektronen übersprungen werden kann, um eine geringe Leitfähigkeit zu bewirken, die deutlich größer ist als die eines Isolators aber kleiner als bei einem elektrischen Leiter erster Art.

1.4.4 Übergänge zwischen den Bindungstypen

Die im vorangehenden beschriebenen drei Typen der chemischen Bindung sind Grenzfälle mit Modellcharakter. Sie sind nur in einigen Fällen in reiner Form verwirklicht. Bei den meisten anorganischen Verbindungen treten Übergänge auf, wobei häufig ein Bindungstyp dominiert. Den Übergang zwischen der reinen Atombindung und der Ionenbindung macht man sich am besten anhand der in Tab. 1.4 aufgeführten Verbindungen klar.

Beim NaCl liegt eine Ionenbindung vor, während im Cl_2 die Cl-Atome über eine Atombindung verknüpft sind. Aus den Siede- und Schmelzpunkten von $SiCl_4$ und PCl_3 erkennt man, daß es sich hierbei um Flüssigkeiten handelt. Dies kann mit der Molekülform der Verbindungen erklärt werden, deren Bindungen weitgehend kovalenten Charakter haben. Dennoch sind die Bindungen nicht völlig unpolar, wie dies beim Cl_2 der Fall ist. Sie weisen eine **Bindungspolarität** auf. Die Bindungselektronenpaare sind mehr zu den Cl-Atomen hin polarisiert, so daß

Tab. 1.4: Übergänge zwischen Atom- und Ionenbindung.

	Ionenbindung		Übergangsbindung			Atombindung	
	NaCl	**MgCl$_2$**	**AlCl$_3$**	**SiCl$_4$**	**PCl$_3$**	**SCl$_2$**	**Cl$_2$**
Smp. [°C]	800	712	192,5[1])	− 67,7	− 92	− 78	− 101
Sdp. [°C]	1465	1418	180 (subl.)	56,7	74,5	59	− 34,1
			[1]) unter Druck				

diese eine partielle negative und die Si- bzw. P-Atome eine partielle positive Ladung erhalten. Dadurch kommt zur kovalenten Bindung eine partielle Ionenbindung hinzu. Man nennt diese Ladungen **Partialladungen**, da sie in ihrem Betrag kleiner sind als eine volle Elementarladung. Sie werden durch die Symbole $\delta+$ und $\delta-$ dargestellt.

Die Partialladungen können bei Molekülen einen Dipolcharakter bewirken. Dies ist beim PCl_3 und beispielsweise auch beim H_2O- und HCl-Molekül der Fall, nicht aber beim $SiCl_4$, da hier die negativen Partialladungen der Cl-Atome symmetrisch um das positiv polarisierte Si-Atom verteilt sind. Eine analoge Situation liegt beim linear gebauten CO_2-Molekül vor. Beim HCl-Molekül befindet sich der Schwerpunkt der positiven Partialladung beim H-Atom und der Schwerpunkt der negativen Partialladung beim Cl-Atom. Beim H_2O-Molekül summieren sich die Bindungspolaritäten, so daß der Schwerpunkt der positiven Ladung in der Mitte zwischen den beiden H-Atomen lokalisiert ist.

Beim $AlCl_3$ ist der Ionenbindungsanteil schon deutlich größer als beim $SiCl_4$ und PCl_3, wie man auch aus den höheren Fixpunkten (Tab. 1.4) sehen kann. Man kann hier von einer Ionenbindung ausgehen. Die relativ hohe Ladung des Al^{3+}-Ions wirkt aber stark polarisierend auf die Elektronenhülle der Cl^--Ionen, so daß diese ihre Kugelform verlieren und deformiert werden.

Da bei den Anionen durch den Überschuß an Elektronen die Elektronenhüllen größer und weniger fest gebunden sind als bei den Kationen, ist die **Polarisierung** bei den Anionen besonders stark. Je größer der Radius und je höher geladen ein Anion ist, desto stärker wird es bei gegebenen Kationen deformiert. Bei gegebenen Anionen wirkt ein Kation um so stärker deformierend, je kleiner sein Radius und je größer seine Ladung ist. Je stärker die Polarisierbarkeit der Anionen und je polarisierender die Wirkung der Kationen ist, um so mehr verschiebt sich der Bindungscharakter von der Ionen- zur Atombindung.

Wie zwischen Ionen- und Atombindung, so gibt es auch zwischen diesen beiden und der Metallbindung entsprechende Übergänge.

1.4.4.1 Elektronegativität

Zur Beurteilung der Bindungspolaritäten führte *L. Pauling* 1932 den Begriff der **Elektronegativität** ein.

> **Unter der Elektronegativität eines Elements versteht man seine Fähigkeit, in einem Molekül die Bindungselektronen an sich zu ziehen.**

Tab. 1.5: Elektronegativitätswerte der Hauptgruppenelemente nach Pauling.

H						
2,1						
Li	Be	B	C	N	O	F
1,0	1,5	2,0	2,5	3,0	3,5	4,0
Na	Mg	Al	Si	P	S	Cl
0,9	1,2	1,5	1,8	2,1	2,5	3,0
K	Ca	Ga	Ge	As	Se	Br
0,8	1,0	1,6	1,8	2,0	2,4	2,8
Rb	Sr	In	Sn	Sb	Te	I
0,8	1,0	1,7	1,8	1,9	2,1	2,5
Cs	Ba	Tl	Pb	Bi	Po	At
0,7	0,9	1,8	1,8	1,9	2,0	2,2

Die Elektronegativitäten der Übergangselemente liegen zwischen 1,1 und 2,4.

Je größer die Elektronegativität eines Elements ist, umso stärker zieht es die Bindungselektronen an. *Pauling* legte für die Elektronegativitäten dimensionslose Vergleichswerte fest, die sich zwischen dem Wert 4,0 für Fluor als elektronegativstem Element und 0,7 für Caesium bewegen. In Tab. 1.5 sind die Elektronegativitätswerte der Hauptgruppenelemente angegeben. Die Elektronegativitätswerte der Übergangselemente unterscheiden sich nicht so stark. Sie liegen zwischen 1,1 für La sowie einige Lanthanoidenelemente und 2,4 für Gold.

Die Elektronegativitätswerte geben die Größe und auch die Richtung des Dipolmoments eines Moleküls an. So trägt z. B. im Dichloroxid Cl_2O das O-Atom die negative Partialladung. Hingegen ist im Sauerstoffdifluorid OF_2 das O-Atom der positiv polarisierte Bindungspartner, da Sauerstoff in der Elektronegativitätsskala zwischen Fluor und Chlor eingereiht ist. Entsprechend der Definition verläuft die Richtung des Dipolmoments vom negativen zum positiven Pol.

Mithilfe der Elektronegativitätsdifferenzen kann man auch den Ionenbindungscharakter einer kovalenten Bindung abschätzen. Es wird angenommen, daß bei einer Differenz von 1,9 etwa 50% Ionenbindungscharakter vorliegt. Bei noch größeren Differenzen überwiegt die Ionenbindung, während bei kleineren Werten die Atombindung vorherrscht.

1.4.5 Van der Waals-Bindungen

Neben den drei besprochenen Bindungstypen und ihren Übergangsformen gibt es noch weitere, deutlich schwächere Bindungskräfte, die nach *van der Waals* (1837–1923), der schon 1873 auf ihre Existenz hingewiesen hatte, als van der Waals-Bindungen bezeichnet werden. Man kann auf derartige anziehende Wechselwirkungen schließen, wenn man berücksichtigt, daß Edelgase und Moleküle bei tiefen Temperaturen kristallisieren und definierte Strukturen ausbilden. Auch weist die

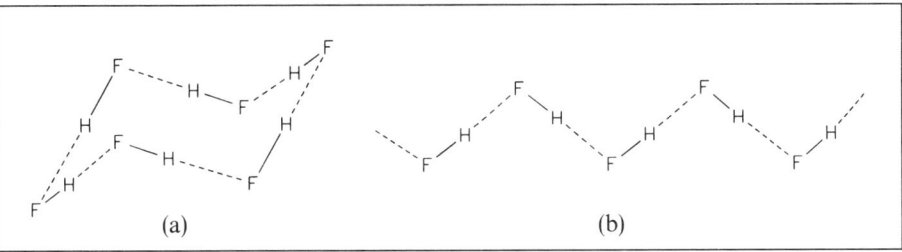

Abb. 1.15: Darstellung der Struktur von HF im Gas (a) und im Kristall (b).

Beobachtung, daß sich Gase beim Komprimieren erwärmen und beim Expandieren Abkühlen, auf bindende Wechselwirkungen zwischen den Gasmolekülen hin.

Die van der Waalsschen Bindungen beruhen auf elektrostatischen Kräften zwischen Dipolen, wobei permanente als auch induzierte Dipole wirksam werden können. Man kann drei Fälle unterscheiden.
1. Anziehungskräfte zwischen zwei induzierten Dipolen. Diese werden auch **Dispersionskräfte** genannt.
2. Anziehungskräfte zwischen zwei permanenten Dipolen. Ein spezieller Fall dieser Bindungsart ist die **Wasserstoffbrückenbindung**.
3. Anziehungskräfte zwischen einem Ion und einem Dipol.
Der erste Fall der Dispersionskräfte ist stets wirksam und hat somit einen geringen Anteil an jeder Bindung. In reiner Form treten die Dispersionskräfte beispielsweise zwischen den Edelgasen im Kristall auf. Beim Annähern von Edelgasatomen oder Molekülen beeinflussen sich ihre Elektronenhüllen gegenseitig, wobei Dipole induziert werden, die sich gegenseitig ausrichten und so eine schwache Bindung bewirken. Die Polarisation der Elektronenhülle und damit auch die Dispersionskraft ist um so größer, je größer und weicher die Elektronenhüllen sind. Daher sind die Dispersionskräfte bei großen Molekülen besonders stark.

Stärker sind die bindenden Wechselwirkungen zwischen permanenten Dipolen. Dies äußert sich in ihrem Bestreben zur Assoziation. Diese Erscheinung tritt besonders bei Wasserstoffverbindungen mit kleinen stark elektronegativen Atomen auf. Beispiele sind HF, H_2O und NH_3. Sie bilden durch Assoziation größere Einheiten (Abb. 1.15), wodurch auch die zu ihren schwereren Homologen HCl, H_2S und PH_3 höheren Schmelz- und Siedepunkte zu erklären sind (Abb. 1.16). Im Falle dieser besonders starken Wechselwirkungen spricht man von **Wasserstoffbrückenbindungen**.

Wasserstoffbrückenbindungen werden nur zu stark elektronegativen Atomen hin ausgebildet. Das positiv polarisierte Wasserstoffatom eines Moleküls und ein freies Elektronenpaar am elektronegativen Atom eines anderen Moleküls ziehen sich an und bilden so die Wasserstoffbrücke. In Abb. 1.15 sind diese Wechselwirkungen durch punktierte Linien dargestellt.

In der Regel sind die Wasserstoffbrücken – wie in Abb. 1.15 durch einen durchgezogenen Bindungsstrich und eine punktierte Linie angedeutet – unsymmetrisch (**unsymmetrische Wasserstoffbrücken**); d. h. die beiden vom H-Atom ausgehenden

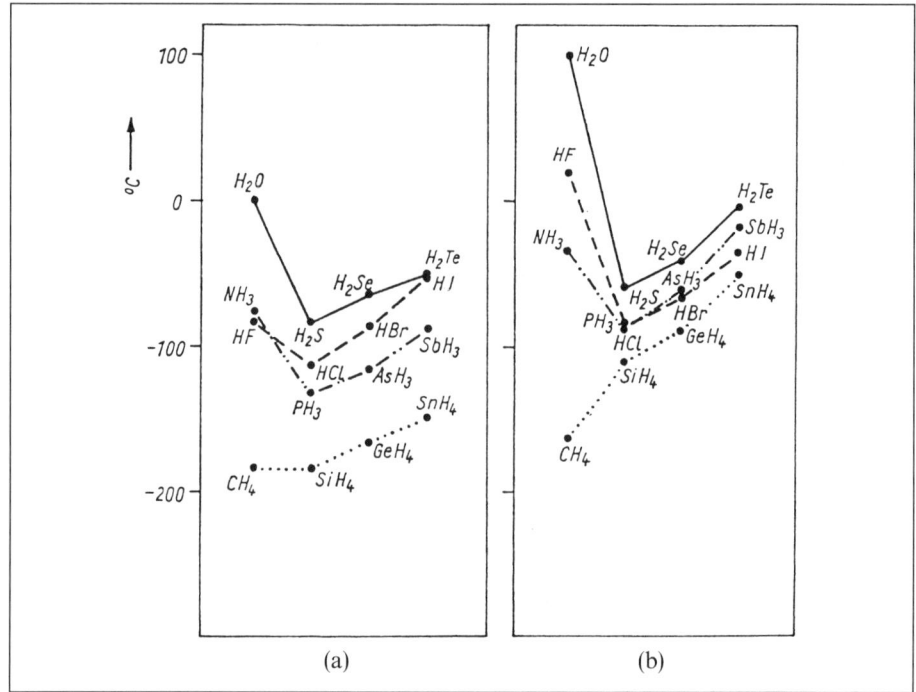

Abb. 1.16: Schmelzpunkte (a) und Siedepunkte (b) von Wasserstoffverbindungen der Elemente der IV. bis VII. Hauptgruppe des PSE.

Bindungen sind verschieden lang. Man kennt daneben aber auch **symmetrische Wasserstoffbrücken** mit zwei gleich langen Abständen vom H-Atom zu den beiden elektronegativen Akzeptoratomen. Ein typisches Beispiel ist das Anion $[F\cdots H\cdots F]^-$.

Wasserstoffbrückenbindungen haben große Bedeutung in der anorganischen und organischen Chemie sowie in der Biochemie.

Als Beispiele für bindende Wechselwirkungen zwischen einem Ion und einem Dipol kann man die **hydratisierten Ionen** oder Aquakomplexe ansehen, die sich beim Lösen eines Salzes in Wasser bilden. Hier bestehen elektrostatische Anziehungskräfte zwischen dem Zentralion und den es umgebenden Wasserdipolen.

1.5 Chemie der wäßrigen Lösungen und Ionenlehre

Da die hier behandelte anorganisch-analytische Chemie überwiegend eine Chemie der wäßrigen Lösungen ist, kommt dem Wasser als Lösungsmittel eine besondere Bedeutung zu. Die Sonderstellung des Wassers innerhalb der Lösungsmittel wird durch den Dipolcharakter der Wassermoleküle (s. S. 35) sowie ihre Fähigkeit, Wasserstoffbrückenbindungen (s. o.) auszubilden und als Säure und Base (s. Kap. 1.7.1) zu wirken, als auch durch die hohe Dielektrizitätskonstante (s. Kap. 1.5.2) bewirkt.

Obwohl Wasser das gebräuchlichste Lösungsmittel der analytischen Chemie ist, kann es grundsätzlich auch durch andere wasserähnliche Lösungsmittel wie SO_2, NH_3 oder HF ersetzt werden. Diese haben aber den Nachteil der Giftigkeit und des niedrigeren Siedepunkts, so daß die Handhabung sehr viel schwieriger und aufwendiger ist.

1.5.1 Struktur des Wassers

Die Wassermoleküle sind gewinkelt (s. Abb. 1.17). Im freien Wassermolekül beträgt der Bindungswinkel 104,5° und die O−H-Bindungen sind 96 pm lang. Im flüssigen und festen Zustand sind die Wasermoleküle über asymmetrische Wasserstoffbrückenbindungen assoziiert, wobei im Eis, von dem mehrere Modifikationen gut untersucht sind, von jedem O-Atom in tetraedrischer Anordnung vier Wasserstoffbrücken ausgehen. Jedes O-Atom ist von zwei H-Atomen im kurzen Abstand und zwei H-Atomen im langen Abstand umgeben. Bei Normaldruck kristallisiert Eis normalerweise in der Struktur der SiO_2-Modifikation Tridymit. Diese Struktur enthält viele Hohlräume, so daß Eis bei 0 °C interessanterweise ein 9% größeres Volumen aufweist als Wasser. Beim Schmelzen werden die Wasserstoffbrücken teilweise gelöst und die Hohlräume fallen zusammen. Bei +4 °C hat Wasser mit 1,00 g/cm³ die größte Dichte. Sowohl beim Abkühlen als auch beim Erwärmen wird die Dichte geringer. Dieser Sachverhalt wird als **Dichteanomalie des Wassers** bezeichnet.

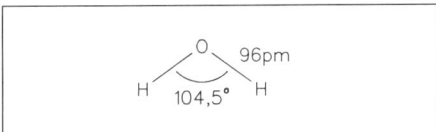

Abb. 1.17: Struktur des Wassermoleküls.

1.5.2 Dielektrizitätskonstante

Zwischen zwei geladenen Metallplatten wird ein elektrisches Feld aufgebaut. Bringt man in den zuvor materiefreien Raum zwischen den geladenen Metallplatten ein Medium, so sinkt die Feldstärke ab. Das Verhältnis der Feldstärken im Vakuum und im Medium definiert die **relative Dielektrizitätskonstante** ε_r des Mediums.

Die Minderung der Feldstärke beruht auf dem Auftreten eines entgegengesetzt gerichteten Feldes. Dieses entsteht durch die Ausrichtung der induzierten oder permanenten Dipole der Atome oder Moleküle des Mediums. Die relative Dielektrizitätskonstante hat für jeden Stoff einen bei konstanter Temperatur charakteristischen Wert. Für Wasser ist der Wert mit $\varepsilon_r = 81,1\,(18\,°C)$ besonders hoch. Wasser ist daher für viele Salze ein ausgezeichnetes Lösungsmittel.

1.5.3 Wasser als Lösungsmittel: Elektrolytische Dissoziation

Viele Substanzen mit unterschiedlichen physikalischen und chemischen Eigenschaften gehen bei der Einwirkung von Wasser in Lösung. Salze dissoziieren dabei in ihre Ionen. Moleküle gehen entweder als solche in Lösung, wie die Beispiele Zucker, Harnstoff und Alkohole zeigen, oder sie dissoziieren ebenfalls in Ionen wie z.B. HCl.

1.5.3.1 Der Auflösevorgang bei Salzen

Anorganische Salze bilden im festen Zustand Ionengitter mit hoher Gitterenergie (Kap. 1.4.1). Diese muß beim Lösevorgang aufgebracht werden. Hierbei spielen zwei Prozesse eine wichtige Rolle.

Die Ionen eines Salzes umgeben sich beim Lösen mit Wassermolekülen, die sich entsprechend der Ladung des Ions ausrichten. Man nennt diesen Vorgang **Hydratisierung.** Hierbei wird die Energie der Bindung zwischen den freien Ionen und den Wasserdipolen frei. Man bezeichnet diejenige Energie, die bei dem hypothetischen Prozeß der Lösung und Hydratisierung von freien, gasförmigen Ionen freigesetzt wird, als **Hydratisierungsenthalpie.** Je nach dem, ob die Hydratisierungsenthalpie größer oder kleiner als die Gitterenergie ist, muß die Lösungswärme abgeführt oder zugeführt werden. D.h. die Lösung erwärmt sich (z.B. beim Lösen von $CaCl_2$, HCl-Gas oder H_2SO_4) oder sie kühlt sich ab (z.B. beim Lösen von $CaCl_2 \cdot 6H_2O$). Wird der Lösevorgang bei konstantem Druck durchgeführt, nennt man die umgesetzte Wärmemenge **Lösungsenthalpie.** Sie ist wie die Hydratisierungsenthalpie von der Konzentration der entstandenen Lösung abhängig.

Außerdem vermindert die hohe Dielektrizitätskonstante des Wassers die Anziehungskraft zwischen den Ionen und erleichtert dadurch den Lösungsprozeß.

1.5.3.2 Der Auflösevorgang bei Molekülverbindungen

Normalerweise werden in polaren Lösungsmitteln wie Wasser bevorzugt polare Verbindungen wie Salze gelöst. Für unpolare Moleküle wie CCl_4 oder Paraffine ist Wasser kein gutes Lösungsmittel. Eine Ausnahme bilden hierbei jedoch Moleküle wie Zucker, Harnstoff oder Ethanol, die zum Wasser Wasserstoffbrücken ausbilden können und dadurch hydratisiert werden.

Moleküle, die wie HCl Säuren (s. Kap. 1.7.1) sind, können in Wasser in ein H^+-Ion und das Säurerestion dissoziieren, die beide hydratisiert werden. Hierbei entstehen aus den Protonen H_3O^+-Ionen, die **Oxoniumionen** genannt werden. Diese umgeben sich noch mit weiteren Wassermolekülen und bilden **Hydroxoniumionen** oder **Hydroniumionen** $[(H_3O) \cdot (H_2O)_x]^+$. Oft schreibt man jedoch der Einfachheit halber anstelle der hydratisierten Form nur H^+.

1.5.4 Elektrolytlösungen – Ionenreaktionen

Stoffe, die in wäßriger Lösung in merklichem Umfang Ionen bilden, bezeichnet man als **Elektrolyte** und den Vorgang als **elektrolytische Dissoziation**. Zu den Elektrolyten gehören drei große Stoffklassen: Salze, Säuren und Basen.

Die Theorie der elektrolytischen Dissoziation wurde in ihren Grundzügen bereits 1887 von *Arrhenius* aufgestellt und später insbesondere durch *vant Hoff*, *Debye* und *Hückel* weiterentwickelt.

Für alle Elektrolyte gilt das Gesetz der Elektroneutralität; d.h. in allen Ionen enthaltenden Systemen (Lösungen, Ionenverbindungen) ist die Summe der positiven gleich der Summe der negativen Ladungen.

Die Ladung eines Ions ist entweder gleich der Einheit der Elementarladung $(1,602 \cdot 10^{-19}$ Coulomb) oder ein ganzzahliges Vielfaches davon. Die Anzahl der elektrischen Elementarladungen pro Teilchen wird als **Ionenladung** mit entsprechendem Vorzeichen angegeben. So ist beispielsweise das Natriumion Na^+ einfach positiv, das Chloridion Cl^- einfach negativ und das Sulfation SO_4^{2-} zweifach negativ geladen.

Das Vorliegen von Ionen in der Lösung hat einen entscheidenden Einfluß auf die Geschwindigkeit chemischer Reaktionen. Im allgemeinen verlaufen Ionenreaktionen sehr viel schneller als Reaktionen zwischen gelösten Molekülen.

Für die Formulierung von Ionenreaktionen ist eine verkürzte Schreibweise sinnvoll, bei der nur die an der Reaktion beteiligten Ionen aufgeführt werden. Statt:

$$(Ag^+ + NO_3^-) + (H^+ + Cl^-) \rightarrow AgCl\downarrow + (H^+ + NO_3^-)$$

oder

$$(Ag^+ + NO_3^-) + (Na^+ + Cl^-) \rightarrow AgCl\downarrow + (Na^+ + NO_3^-)$$

schreibt man verkürzt:

$$Ag^+ + Cl^- \rightarrow AgCl\downarrow$$

In den meisten Fällen liegen die Ionen in wäßriger Lösung hydratisiert vor (s. S. 40). Da die in einem Aquakomplex gebundenen Wassermoleküle bei der Mehrzahl der Reaktionen nicht in Erscheinung treten, läßt man sie in der Regel in der Reaktionsgleichung unberücksichtigt.

1.5.5 Ionenwanderung im elektrischen Feld

Elektrolytlösungen (Lösungen von Salzen, Säuren oder Basen) leiten den elektrischen Strom durch Wanderung der gelösten Ionen. Im Gegensatz zu Metallen, **Leitern erster Art**, bei denen Elektronen den Stromtransport bewirken, bezeichnet man Elektrolyte als **Leiter zweiter Art**.

Im elektrischen Feld wandern die positiv geladenen Kationen zur **Kathode**, dem Minuspol, die negativ geladenen Anionen zur **Anode**, dem Pluspol. Neben dem Ladungstransport tritt demnach auch ein Stofftransport ein. An den Elektroden finden Redoxreaktionen (s. Kap. 1.9.1) in Form einer **Elektrolyse** statt, bei der bestimmte Stoffmengen abgeschieden, aufgelöst oder umgesetzt werden. Eine quantitative Beschreibung der Vorgänge geben die Faradayschen Gesetze (s. Kap. 1.9.3).

1.5.6 Konzentration von Lösungen – Stoffmengenkonzentration, Molalität und Normalität

Unter der Konzentration c einer Lösung versteht man die Menge eines gelösten Stoffes pro Menge der Lösung. Es gibt hierfür mehrere Maßeinheiten wie z. B. Prozentangaben. Von besonderer Bedeutung für den Chemiker ist die **Stoffmengenkonzentration** oder **Molarität**. Sie ist als gelöste Stoffmenge in Mol (s. Kap. 1.1) pro Volumen der Lösung definiert und wird in Mol pro Liter (mol/l) angegeben. Als Konzentrationsangabe verwendet man dabei die Bezeichnung molar (1 molar; 0,1 molar usw. oder 1 mol/l; 0,1 mol/l).

Seltener verwendet wird die **Molalität**, die angibt, wieviel Mol des Stoffes pro 1 000 g Lösungsmittel gelöst sind.

Bei Säure-Base-Reaktionen (s. Kap. 1.7.1) oder Redox-Reaktionen (s. Kap. 1.9.1) bezieht man die Konzentration einer Lösung meistens auf die Molarität an Protonen, Hydroxidionen oder Elektronen und spricht dann von **Normalität** oder von **Normallösungen**, für die als Maßeinheit N benutzt wird, z. B. 1 N H_2SO_4 oder 0,1 N $KMnO_4$. Obwohl der Begriff der Normalität noch vielfach benutzt wird, ist N keine gesetzliche SI-Maßeinheit.

Bei Säuren und Basen ergibt sich die für eine 1 N-Lösung benötigte Masse an Säure oder Base als Produkt aus der Stoffmenge 1 mol und der molaren Masse, dividiert durch die Wertigkeit der Säure bzw. Base, d.h. die Anzahl verfügbarer H^+- bzw. OH^--Ionen. Eine 1 N Schwefelsäure enthält somit 0,5 mol = 49,0 g H_2SO_4 pro Liter, da Schwefelsäure eine zweiwertige Säure ist. Bei der Salzsäure als einwertiger Säure stimmt dagegen die Molarität mit der Normalität überein.

Bei Redox-Reaktionen ist bei einer 1 N Lösung eine Stoffmenge im Liter gelöst, die 1 mol Elektronen aufnehmen oder abgeben kann. Da z.B. Permanganat in saurer Lösung zu Mn^{2+} reduziert wird und dabei 5 Elektronen aufnimmt, enthält eine 1 N $KMnO_4$-Lösung 1/5 mol = 31,6 g $KMnO_4$ pro Liter.

1.5.7 Gefrierpunktserniedrigung und Siedepunktserhöhung

Lösungen zeigen im Vergleich zum reinen Lösungsmittel stets einen osmotischen Druck, eine Gefrierpunktserniedrigung und eine Siedepunktserhöhung. Nach dem **Raoultschen** bzw. **Beckmannschen Gesetz** sind die Größen dieser Effekte proportional zur Konzentration des gelösten Stoffes, für die als Maß die Molalität c_m gewählt wird.

Gefrierpunktserniedrigung: $\Delta t = E_g \cdot c_m$

Siedepunktserhöhung: $\Delta t = E_s \cdot c_m$

Die Proportionalitätsfaktoren E_g und E_s werden als molare Gefrierpunktserniedrigung bzw. molare Siedepunktserhöhung bezeichnet. Sie sind Lösungsmittelkonstanten und unabhängig von der Art des gelösten Stoffs. Für Wasser beträgt die molare Gefrierpunktserniedrigung 1,860 $K \cdot kg \cdot mol^{-1}$ und die molare Siedepunktserhöhung 0,511 $K \cdot kg \cdot mol^{-1}$.

Die Siedepunktserhöhung und vor allem die Gefrierpunktserniedrigung können zur experimentellen Bestimmung der Molmassen benutzt werden, da sie ein Maß für die Anzahl Mole n darstellen und sich bei Kenntnis der eingewogenen Masse m dieser n Mole die Masse eines Mols berechnen läßt. Man nennt diese Methoden der Molmassenbestimmung **Ebullioskopie** und **Kryoskopie**.

Elektrolytlösungen zeigen scheinbar anomale Effekte. Da Δt von der Anzahl gelöster Mole und damit von der Teilchenzahl abhängt, ergibt sich ein Unterschied, ob ein Stoff als Molekül in Lösung geht oder in Ionen dissoziiert. Ginge beispielsweise Essigsäure CH_3COOH in Molekülform in Lösung, so lägen x Teilchen vor. Würde sie vollständig in H_3O^+- und CH_3COO^--Ionen dissoziieren, so wären es $2x$ Teilchen. Bei der tatsächlich erfolgenden nur teilweisen Dissoziation muß der Dissoziationsgrad α (s. Kap. 1.6.5.1) berücksichtigt werden. Ist die ursprüngliche molare Konzentration des undissoziierten Stoffes c_{m_0}, so wird infolge der Dissoziation die tatsächliche, in der Elektrolytlösung vorhandene Konzentration $c_m = c_{m_0} \cdot (1 + \alpha)$. Für die Gefrierpunktserniedrigung (Entsprechendes gilt für die Siedepunktserhöhung) folgt:

$$\Delta t = E_g \cdot c_{m_0} \cdot (1 + \alpha)$$

Allgemeiner Teil – Theoret. Grundlagen

1

Im Falle einer NaCl-Lösung, die für eine Reihe von Salzen typisch ist, findet man bei sehr starker Verdünnung vollständige Dissoziation, so daß $\alpha = 1$ wird und man erhält für die Gefrierpunktserniedrigung:

$$\Delta t = 2 \cdot E_g \cdot c_{m_0}$$

1.5.8 Löslichkeit und Kristallwachstum

Die **Größe der Löslichkeit** einer Substanz wird auf die gesättigte, im Gleichgewicht über einem Bodenkörper vorhandene Lösung bezogen. Aus den sehr unterschiedlichen Konzentrationen gesättigter Lösungen folgt die Einteilung in leicht lösliche (mehr als 1 molar), mäßig lösliche (0,1 – 1,0 molar) und schwer lösliche (weniger als 0,1 molar) Stoffe. Vollkommen unlösliche Stoffe gibt es nicht.

Die **Temperaturabhängigkeit der Löslichkeit** wird in ihrer Größe und Richtung durch das Vorzeichen und die Größe der Lösungsenthalpie (s. Kap. 1.5.3.1) im Sättigungszustand bestimmt. Im allgemeinen nimmt die Löslichkeit mit steigen-

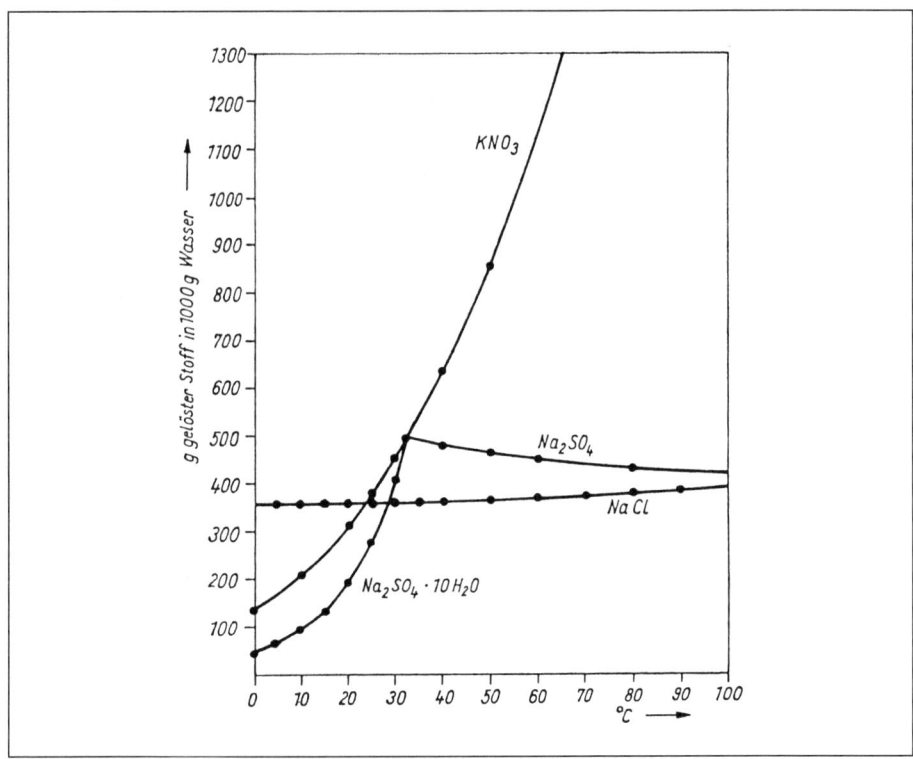

Abb. 1.18: Temperaturabhängigkeit der Löslichkeit einiger Salze.

der Temperatur zu, bei manchen Verbindungen schwach (z. B. NaCl), bei anderen stark (z. B. KNO_3). Bei einigen Stoffen fällt sie mit der Temperatur (z. B. bei Na_2SO_4 oberhalb von 32 °C, Abb. 1.18).

In der analytischen Chemie werden zur Charakterisierung, Abtrennung und Bestimmung oft Fällungen schwerlöslicher Verbindungen herangezogen. Wegen der großen Bedeutung der Kristallbildung sollen auf der Grundlage sehr vereinfachter Modellvorstellungen die wichtigsten Vorgänge erläutert werden.

1.5.8.1 Teilchengröße und übersättigte Lösungen

Während bei Kristallen von 1 bis 2 µm Größe die Löslichkeit von der Teilchengröße unabhängig ist, nimmt sie bei kleineren Kristallen oft höhere Werte an (Abb. 1.19).

Im Bereich der Abhängigkeit von der Teilchengröße steht eine Lösung der Konzentration c_r nur mit Teilchen des Radius r im Gleichgewicht. Kleinere gehen in Lösung. Für größere Kristalle ist die Lösung übersättigt. In heterogenen Gemischen aus Kristallen unterschiedlicher Größe werden daher die größeren Kristalle auf Kosten der kleineren wachsen.

Bei der Betrachtung von Niederschlägen mit einem Mikroskop beobachtet man daher meistens, daß in der Umgebung der gut ausgebildeten Kristalle ein „Hof" existiert, in dessen Bereich sich alle kleinen Kristalle gelöst haben und zu dem größeren überkristallisiert sind.

Die Erhöhung der Löslichkeit von Teilchen mit abnehmender Größe kann mit der Dampfdruckerhöhung von Tröpfchen mit sehr kleinem Radius ($r < 1$ µm) verglichen werden. Diese Effekte sind auf die Erhöhung der Oberflächenenergie

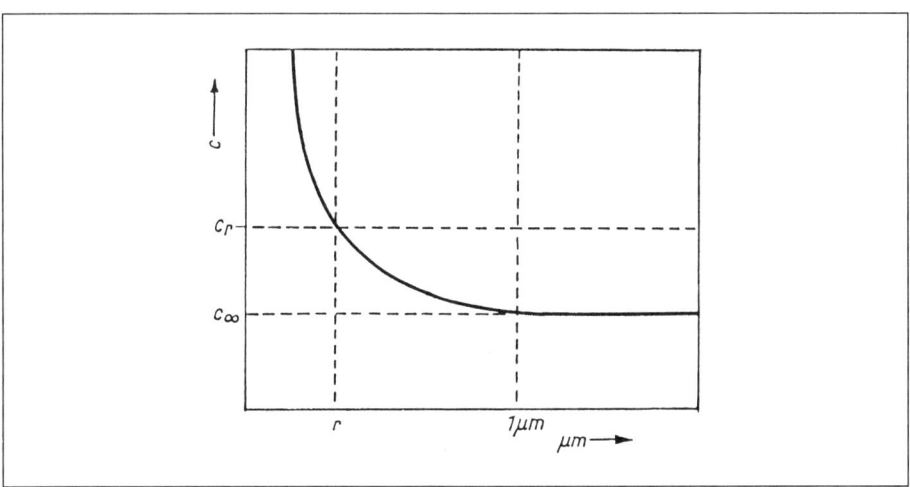

Abb. 1.19: Abhängigkeit der Löslichkeit von der Teilchengröße.

zurückzuführen und daher von der Oberflächenspannung und dem Radius der Teilchen abhängig.

Wegen der höheren Löslichkeit fein verteilter Stoffe entstehen Niederschläge nur aus übersättigten Lösungen. Diese stellen einen metastabilen Zustand dar, der bei Ausschluß von Fremdkörpern, die als Kristallkeime wirken können, sehr lange aufrechterhalten werden kann. Die Fällung läßt sich beschleunigen durch Zugabe fertiger Kriställchen (Impfkristalle als Kristallkeime) oder durch Kratzen mit einem Glasstab an der Gefäßwandung (Erzeugung neuer durch Adsorption nicht belasteter Oberfläche). Der Niederschlag wächst auf den vorgebildeten Oberflächen weiter.

Versuch: Herstellung und Verhalten einer übersättigten $Na_2S_2O_3$-Lösung.

Mit steigender Temperatur erhöht sich die Löslichkeit von $Na_2S_2O_3 \cdot 5H_2O$ so stark, daß es sich bei 45 °C im Kristallwasser löst und man bei 100 °C eine sirupöse Lösung erhält. Diese wird durch ein engporiges Filter in ein völlig reines, von jeglichen Staubteilchen freies Kölbchen filtriert und, mit einem Wattebausch verschlossen, abgekühlt. Man erhält eine lange haltbare übersättigte Lösung.

Zur Einleitung der Kristallisation wird ein trockner Glasstab in festes $Na_2S_2O_3 \cdot 5H_2O$ und danach in die übersättigte Lösung getaucht. Die kleinen anhaftenden Kriställchen genügen, die Übersättigung aufzuheben. Innerhalb weniger Minuten erstarrt die Lösung unter Wärmeentwicklung zu einem festen Kristallbrei.

Den gleichen Effekt können kleine Staubteilchen oder Erschütterungen hervorrufen.

1.5.8.2 Keimbildung und Kristallwachstum

Die Bildung eines Niederschlags erfolgt über zwei Schritte: Keimbildung und Kristallwachstum.

Zur spontanen **Bildung eines Kristallkeims** müssen, verursacht durch die ständige Wärmebewegung, die entsprechenden Bausteine (Ionen, Atome, Moleküle) mit geeignetem Energiegehalt, in entsprechender Anzahl und räumlicher Anordnung zusammenstoßen.

Allgemein gilt:

a) Die Wahrscheinlichkeit für erfolgreiche Zusammenstöße zwischen den Teilchen, die einen Keim bilden, ist ihrer Anzahl pro Volumeneinheit, d.h. ihrer Konzentration proportional.

b) Gefäßwandungen oder Fremdstoffe können zur Keimbildung beitragen. Durch Adsorption von Teilchen an Oberflächen erhöht sich die Wahrscheinlichkeit für erfolgreiche Stöße. Die freiwerdende Adsorptionswärme trägt zur Überwindung der Aktivierungsenergie für die Niederschlagsbildung bei.

c) Die Keimbildungshäufigkeit ω ist der relativen Übersättigung $\dfrac{c_r - c_\infty}{c_\infty}$ proportional:

$$\omega = K' \cdot \frac{c_r - c_\infty}{c_\infty}$$

c_r: Löslichkeit des kleinen Kristalls vom Radius r
c_∞:   Löslichkeit des makroskopischen Kristalls
$c_r - c_\infty$: absolute Übersättigung

Durch kleine Übersättigungen, die bei größeren Löslichkeiten c_∞ vorkommen, wird die Keimbildungsarbeit größer. Damit wird die Keimbildungshäufigkeit kleiner. Das begünstigt das Wachsen einmal gebildeter Keime zu größeren Kristallen, da wenig neue Keime hinzukommen. Bei geringer Löslichkeit ist dagegen die Möglichkeit zur Einstellung größerer Übersättigungen gegeben. Diese führt zur Verkleinerung der Keimbildungsarbeit und damit zu einer Erhöhung der Keimbildungshäufigkeit. Somit treten sehr viele kleine Kristalle auf.

Beispiel: Bei der Fällung von $BaSO_4$ aus neutraler Lösung bildet sich ein sehr feinkörniger, schwer filtrierbarer Niederschlag. Im sauren Bereich (pH < 1) ist die Löslichkeit von $BaSO_4$ infolge der Bildung von HSO_4^--Ionen größer; daher wird die Abscheidung größerer Teilchen begünstigt.

Unter **Kristallwachstum** versteht man die Vergrößerung der spontan gebildeten Keime. Es bestimmt vorwiegend die Form des Niederschlags.

Hängt die Geschwindigkeit v des Kristallwachstums von der Diffusionsgeschwindigkeit ab, dann ist sie der absoluten Übersättigung proportional:

$$v = K'' \cdot (c_r - c_\infty)$$

An der Kristalloberfläche herrscht infolge der Abscheidung der Bausteine die Konzentration c_∞ der gesättigten Lösung. Dagegen ist die Konzentration im Inneren der Lösung c_r durch die Übersättigung gegeben. Bedingt durch den Konzentrationsunterschied tritt Diffusion in Richtung zum Kristall ein.

Fremde in der Lösung befindliche kapillaraktive Stoffe hemmen das Kristallwachstum. Durch Adsorption an den frischen Kristallflächen blockieren sie die aktiven Stellen des Kristalls. Die Eigenionen werden deshalb langsamer an energetisch ungünstigere Stellen eingebaut. Wegen der fortdauernden Übersättigung entstehen weitere langsam wachsende Kristalle.

1.5.8.3 Folgerungen

Anzahl, Größe und Gestalt von Niederschlagsteilchen werden in der Hauptsache von folgenden Faktoren bestimmt:

a) Die relative **Übersättigung** $\dfrac{c_r - c_\infty}{c_\infty}$ steuert die Geschwindigkeit der Keimbildung.

Die **absolute Übersättigung** $c_r - c_\infty$ bestimmt in den meisten Fällen die Geschwindigkeit des Kristallwachstums.

Hiermit steht die allgemeine Erscheinung in Zusammenhang, daß ein Niederschlag umso feiner ausfällt, je schwerlöslicher er ist. Beim Zusammengeben der ionischen Komponenten tritt eine große relative Übersättigung auf, wodurch sehr viele Kristallkeime entstehen, die nur langsam wachsen.

b) Die Gegenwart **kapillaraktiver Stoffe** hat Einfluß auf die Morphologie der Niederschläge.

Sind fein verteilte oder gar kolloide Abscheidungen erwünscht, so versetzt man die Lösung vor der Fällung mit kapillaraktiven Stoffen (z. B. Dextrin).

c) **Relative Löslichkeitserhöhung** und **Oberflächenspannung** des Niederschlags entscheiden über die Möglichkeit der Umkristallisation.

- Bei einem gegebenen Niederschlag ist die relative Löslichkeitserhöhung umso größer, je kleiner der Radius der Teilchen ist.
- Bei gleicher Teilchengröße ist die relative Löslichkeitserhöhung bei verschiedenen Stoffen umso höher, je größer die Oberflächenspannung ihrer Niederschläge ist.

$BaSO_4$ ($K_L = 10^{-10}$) und $AgCl$ ($K_L = 10^{-9,96}$) besitzen etwa die gleiche molare Löslichkeit. Hinsichtlich ihrer Oberflächenspannung unterscheiden sie sich aber beträchtlich. So nimmt für $BaSO_4$ wegen seiner hohen Oberflächenspannung die Löslichkeit im Bereich kleiner Kristalle mit abnehmendem Radius stark zu. Dies bewirkt das schnelle Umkristallisieren der kleineren und Wachstum der größeren Teilchen und führt so zu einem Niederschlag, der aus gut entwickelten Kristallaggregaten besteht. Dagegen ist die Löslichkeitserhöhung für $AgCl$ unbedeutend, so daß sich die Löslichkeit der kleineren und größeren Teilchen kaum unterscheidet. Es tritt keine Umkristallisation ein und es scheidet sich stets ein koagulierter Kolloidniederschlag aus.

Schwer lösliche Niederschläge oder solche mit kleiner Oberflächenspannung neigen demnach zur Abscheidung in kolloidaler Form.

Üblicherweise beziehen sich Löslichkeitsangaben auf gröbere Teilchen. Bei genauen Löslichkeitswerten muß angegeben werden, für Teilchen welcher Größe die Lösung gesättigt ist.

Eine andere Erscheinung tritt bei der Fällung von Hydroxiden stark hydratisierter Kationen auf, die einen Teil des Hydratwassers gelartig in einen amorphen voluminösen Niederschlag einbauen. Durch **Alterung** wird das Wasser nach und nach abgegeben, wobei eine Schrumpfung und Verringerung der Löslichkeit parallel geht (s. Kolloidchemie, Kap. 1.12).

Keimbildung, Kristallwachstum und Alterung werden bei Temperaturerhöhung durch Steigerung der Beweglichkeit der Ionen und Moleküle beschleunigt. Aus diesem Grund ist oft das Fällen aus heißer Lösung vorteilhaft.

1.5.9 Löslichkeit und chemische Bindung

Das Löslichkeitsverhalten der Stoffe läßt sich zum Teil aus der Art ihrer chemischen Bindung ableiten. Die Bindungsstärke, die Verteilung der Ladungen und ihre gegenseitige Abschirmung in Molekülen sowie die Polarisierung der äußeren Elektronenhüllen der Ionen und die Wechselwirkung der Ionen mit den Lösungsmittelmolekülen sind von Bedeutung.

1.5.9.1 Löslichkeit und Stellung im PSE

Nach dem Coulombschen Gesetz (s. Kap. 1.4.1) sollte die Löslichkeit von Salzen innerhalb einer Gruppe des PSE mit steigender Ordnungszahl zunehmen, da der Ionenradius bei gleichbleibender Ionenladung anwächst und somit die Stärke der Ionenbindung und damit die Gitterenergie durch Vergrößerung des Abstands r geringer werden. Tatsächlich ist aber ein solcher Gang relativ selten, da noch weitere Effekte wie die Hydratisierung und die Polarisierbarkeit der Ionen (s. u.) wirksam sind. Als Beispiele für den Einfluß der Ionengröße seien folgende Reihen mit ihren Löslichkeiten (s. Kap. 1.8.2) in mol/l bei Zimmertemperatur angeführt:

LiF	NaF	KF	Li_2CO_3	$Na_2CO_3 \cdot 10 H_2O$	$K_2CO_3 \cdot 1,5 H_2O$
0,10	1,0	11,6	0,18	2,0	6,0
CaF_2	SrF_2	BaF_2	KCl	RbCl	CsCl
$1,9 \cdot 10^{-4}$	$9,3 \cdot 10^{-4}$	$9,1 \cdot 10^{-3}$	4,0	5,7	7,5

1.5.9.2 Löslichkeit aufgrund der Hydratisierung

Die Ionen werden während des Auflöseprozesses je nach Ladung und Größe von einer mehr oder weniger großen Sphäre von Lösungsmittelmolekülen umgeben. In Wasser als Lösungsmittel umgeben sich kleine Kationen und Kationen mit großer Ladung meist mit einer inneren Sphäre von 4 oder 6 Wassermolekülen, d.h. sie werden hydratisiert (s. Kap. 1.5.3.1). Anionen sind fast immer schwächer hydratisiert. Stabilität und Umfang der Hydrathülle nimmt innerhalb einer Gruppe des PSE mit wachsender Ordnungszahl ab, da aufgrund der zunehmenden Größe der Ionen die Bindung zu den Wasserdipolen schwächer wird. Dadurch vermindert sich die Abschirmung der Ionen und somit auch die Löslichkeit.

Als Beispiele für den Einfluß der Hydratisierung auf die Löslichkeit (in mol/l) seien angeführt:

LiCl	NaCl	KCl	$CaCl_2 \cdot 6 H_2O$	$SrCl_2 \cdot 6 H_2O$	$BaCl_2 \cdot 2 H_2O$
13,9	5,4	4,0	5,5	3,1	1,6
$Li_2SO_4 \cdot H_2O$	$Na_2SO_4 \cdot 10 H_2O$	K_2SO_4	$CaSO_4 \cdot 2 H_2O$	$SrSO_4$	$BaSO_4$
2,9	1,3	0,63	$1,5 \cdot 10^{-2}$	$6,2 \cdot 10^{-4}$	$1,0 \cdot 10^{-5}$

Ähnlich verhalten sich auch die Bromide, Iodide und Nitrate dieser Kationen. Weitere Beispiele sind die Halogenidreihen der Kationen Zn^{2+}, Cd^{2+} und Hg^{2+}.

1.5.9.3 Einfluß der Polarisierung der Elektronenhülle auf die Löslichkeit

Einfache Anionen wie Cl^-, Br^-, I^-, OH^-, O^{2-} und S^{2-} besitzen durch die negative Überschußladung eine ausgedehnte Elektronenhülle, die durch die Kationenladung stark deformiert und damit polarisiert werden kann, wobei die Schwerpunkte der positiven Kernladung und der negativ geladenen Elektronenhülle auseinanderrücken, so daß ein Dipol entsteht.

Symmetrisch gebaute, komplexe Anionen wie ClO_4^-, NO_3^-, SO_4^{2-}, CO_3^{2-}, PO_4^{3-} sind dagegen kaum polarisierbar. Auch die kleineren und härteren Elektronenhüllen der Kationen können durch die Anionen nur in geringem Umfang polarisiert werden.

Die durch die Polarisierung induzierten Dipole bewirken zusätzliche Bindungskräfte, so daß eine Übergangsbindung zwischen Ionen- und Atombindung resultiert (s. Kap. 1.4.4). Bei starker Polarisierung beobachtet man eine Verminderung der Löslichkeit und eine Farbvertiefung, wie die folgenden Beispiele zeigen:

AgCl	AgBr	AgI	ZnS	CdS	HgS
$1,4 \cdot 10^{-5}$ weiß	$8,1 \cdot 10^{-7}$ hellgelb	$1,1 \cdot 10^{-8}$ gelb	$7,1 \cdot 10^{-5}$ weiß	$9,0 \cdot 10^{-6}$ gelb	$5,4 \cdot 10^{-8}$ schwarz

Bei den drei ersten Beispielen wächst die Anionengröße und damit die Polarisierbarkeit in der Reihenfolge Cl^-, Br^-, I^-. Bei den letzten Beispielen kommt zur großen Polarisierbarkeit des Sulfidions zusätzlich die wachsende Polarisierbarkeit der Kationen hinzu, so daß ein weitgehender Übergang zur Atombindung vorliegt.

Gleichartige Reihen findet man auch bei den Halogeniden von Cu^+, Tl^+, Hg_2^{2+}, Hg^{2+} und Pb^{2+}. Die zunehmende Polarisierbarkeit der Ionen wirkt sich genauso wie ihre abnehmende Neigung zur Hydratisierung auf die Verminderung der Löslichkeit aus. Der Einfluß der Polarisierbarkeit ist aber viel stärker, so daß entsprechende Verbindungen aus stark polarisierbaren Ionen stets sehr viel schwerer löslich sind. Schwerlöslichkeit und Farbvertiefung dieser Verbindungstypen sind Eigenschaften, die ihre ausgedehnte Verwendung in der analytischen Chemie verständlich machen.

1.5.10 Allgemeine Regeln zur Löslichkeit von Salzen

Die wichtigsten anorganischen Salze lassen sich grob qualitativ in leicht- und schwerlöslich einteilen.

Leicht lösliche Salze sind:

Fluoride, Chloride, Bromide, Iodide, Nitrate, Perchlorate, Acetate und Sulfate.

Ausnahmen sind:

Fluoride von Mg^{2+}, Ca^{2+}, Sr^{2+}, Ba^{2+} und Pb^{2+}

Halogenide (außer Fluoride) von Cu^+, Ag^+, Hg_2^{2+}, Tl^+ und Pb^{2+}

Perchlorate von NH_4^+, K^+, Rb^+ und Cs^+

Sulfate von Ca^{2+}, Sr^{2+}, Ba^{2+} und Pb^{2+}.

Schwer lösliche Salze sind:

Oxide, Hydroxide, Carbonate, Cyanide, Sulfide, Oxalate und Phosphate.

Ausnahmen sind:

Oxide, Hydroxide, Cyanide und Sulfide der Alkalielemente einschließlich NH_4^+ und der Erdalkalielemente (ausschließlich der Sulfide)

sowie die

Carbonate, Oxalate und Phosphate der Alkalielemente und von NH_4^+.

1.6 Chemisches Gleichgewicht – Massenwirkungsgesetz

Die meisten chemischen Reaktionen verlaufen nicht quantitativ. Vielmehr stellt sich mit der Zeit ein Gleichgewicht zwischen Hin- und Rückreaktion ein:

$$A + B \rightleftharpoons C + D$$

Als Beispiele seien folgende Gleichgewichte genannt:
a) $CH_3COOH + H_2O \rightleftharpoons CH_3COO^- + H_3O^+$
b) $C_2H_5OH + CH_3COOH \rightleftharpoons C_2H_5(O)OCCH_3 + H_2O$
   Esterbildung $\rightleftharpoons$ Verseifung
c) $H_2 + I_2 \rightleftharpoons 2\,HI$
d) $N_2 + 3\,H_2 \rightleftharpoons 2\,NH_3$
   Haber-Bosch-Verfahren zur Gewinnung von Ammoniak aus der Luft.
e) $2\,SO_2 + O_2 \rightleftharpoons 2\,SO_3$
   Wichtig für die Schwefelsäuredarstellung nach dem Kontaktverfahren.

   Die Lage des Gleichgewichts ist dabei abhängig von den Konzentrationen der Reaktionspartner bzw. vom Partialdruck bei Gasen sowie von der Temperatur. In vielen Fällen ist die Einstellung des Gleichgewichts gehemmt, so daß es bei Zimmertemperatur in endlicher Zeit nicht erreicht wird (z. B. bei d) und e)).

   Eine quantitative Angabe der Lage des Gleichgewichts ist mithilfe des Massenwirkungsgesetzes möglich.

1.6.1 Massenwirkungsgesetz

Das Massenwirkungsgesetz (MWG) wurde erstmals 1867 von *Guldberg* und *Waage* formuliert. 1879 nahm *Bodenstein* eine experimentelle Überprüfung anhand des Iod-Wasserstoff-Gleichgewichts vor.

$$H_2(g) + I_2(g) \rightleftharpoons 2\,HI(g)$$

Das chemische Gleichgewicht ist ein dynamisches Gleichgewicht. Es ist dann erreicht, wenn die Geschwindigkeit der Bildungs- oder Hinreaktion gleich der Geschwindigkeit der Zerfalls- oder Rückreaktion ist: $v_h = v_r$

Geschwindigkeit der HI-Bildung

Eine chemische Reaktion setzt voraus, daß die Reaktionspartner (auch Ausgangsstoffe oder Edukte genannt) zusammenstoßen. Die Anzahl der Zusammenstöße und damit auch die Reaktionsgeschwindigkeit ist von der Stoffmengenkonzentration bzw. vom Partialdruck der Reaktionspartner abhängig. Im vorliegenden Fall ergibt sich somit für die Geschwindigkeit v_h der Hinreaktion:

$$v_h = k_h \cdot c_{H_2} \cdot c_{I_2}$$

k_h ist die Geschwindigkeitskonstante, die zugleich etwas über die Erfolgsquote der Zusammenstöße aussagt.

Geschwindigkeit des HI-Zerfalls

Analog gilt für die Geschwindigkeit v_r der Rückreaktion, daß sie von der Konzentration der Reaktionsprodukte abhängt. Da HI mit zwei Molekülen an der Zerfallsreaktion teilnimmt, geht seine Konzentration im Quadrat ein:

$$v_r = k_r \cdot c_{HI} \cdot c_{HI} = k_r \cdot c_{HI}^2$$

Am Anfang der Reaktion ist die Geschwindigkeit der Rückreaktion Null, da noch keine HI-Moleküle vorliegen. Sie steigt in dem Maße an, wie die Konzentration an HI zunimmt. Da mit der Bildung von HI die Konzentration von H_2 und I_2 abnimmt, nimmt auch die Geschwindigkeit der Bildungsreaktion ab. Im chemischen Gleichgewicht ist dann die Geschwindigkeit der Hinreaktion gleich der Geschwindigkeit der Rückreaktion.

Gleichgewicht: $v_h = v_r$

$$k_h \cdot c_{H_2} \cdot c_{I_2} = k_r \cdot c_{HI}^2$$

Da k_h und k_r beides Konstanten sind, kann man sie zu einer gemeinsamen Konstante K_c der **Gleichgewichtskonstante** zusammenfassen.

$$\frac{c_{HI}^2}{c_{H_2} \cdot c_{I_2}} = \frac{k_h}{k_r} = K_c$$

Für eine allgemeine Reaktion:

$$x\,A + y\,B + z\,C \rightleftharpoons m\,D + n\,E + o\,F$$

lautet dann das MWG:

$$\frac{c_D^m \cdot c_E^n \cdot c_F^o}{c_A^x \cdot c_B^y \cdot c_C^z} = K_c$$

Dabei schreibt man konventionsgemäß das Produkt der Konzentrationen der Reaktionsprodukte in den Zähler und das Produkt der Konzentrationen der Edukte in den Nenner. Nimmt ein Reaktionspartner mit mehreren Molekülen an der Reaktion teil, so ist deren Anzahl bei der mathematischen Formulierung des MWG als Potenz einzusetzen. Die Konzentrationen müssen dabei in vergleichbaren Dimensionen angegeben werden (z. B. mol/l). Bei Gasreaktionen können die Konzentrationen auch durch die Partialdrücke ($p_i = c_i\,RT$) ersetzt werden.

$$\frac{p_D^m \cdot p_E^n \cdot p_F^o}{p_A^x \cdot p_B^y \cdot p_C^z} = K_p$$

Häufig wird anstelle der Gleichgewichtskonstante ihr negativer dekadischer Logarithmus, der pK-Wert, angegeben:

$$pK_c = -\log K_c$$

Die Geschwindigkeitskonstanten k_h und k_r und damit auch die Gleichgewichtskonstante K_c sind temperaturabhängig. Angaben von Gleichgewichtskonstanten gelten daher immer nur für eine bestimmte Temperatur und man nennt aus diesem Grund das Massenwirkungsgesetz auch **Reaktionsisotherme**.

1.6.2 Veränderung der Gleichgewichtslage: Das Prinzip von Le Chatelier

Le Chatelier **formulierte 1884 das Prinzip des kleinsten Zwangs. Danach weicht ein im Gleichgewicht befindliches System einem Zwang aus, indem es eine neue Gleichgewichtslage einstellt, bei der dieser Zwang vermindert ist.**

Ein Zwang kann durch die Parameter: Stoffmengenkonzentration, Gesamtdruck und Temperatur bewirkt werden:

a) Änderung der Stoffmengenkonzentration oder der Partialdrücke der Reaktionspartner:

Wenn man bei der oben als Beispiel gewählten Reaktion von Wasserstoff mit Iod die Stoffmengenkonzentration oder den Partialdruck eines Edukts erhöht, so wird mehr HI gebildet, bis das Gleichgewicht entsprechend K_c bzw. K_p wieder eingestellt ist. Auch kann man durch Entfernen von HI aus dem Gleichgewicht dieses unter Verbrauch von Wasserstoff und Iod nach rechts verschieben und so eine praktisch quantitative Ausbeute erreichen.

b) Änderung des Gesamtdrucks:

Bei Gasreaktionen, bei denen die Anzahl der Eduktmoleküle von der Anzahl an Produktmolekülen verschieden ist, beeinflußt eine Veränderung des Drucks die Lage des Gleichgewichts. Beim Beispiel der Bildung von Ammoniak aus Stickstoff und Wasserstoff werden aus vier Eduktmolekülen zwei Produktmoleküle gebildet:

$$N_2 + 3H_2 \rightleftharpoons 2NH_3$$

Wenn die Reaktion in einem geschlossenen System abläuft, so vermindert sich der Druck. Erhöht man den Druck, so verschiebt sich das Gleichgewicht nach rechts, da es so dem Druck ausweichen kann.

c) Änderung der Temperatur:

Bei der zuvor besprochenen Änderung der Konzentration und des Drucks verschiebt sich die Gleichgewichtslage; die Gleichgewichtskonstante bleibt jedoch unverändert.

Bei Änderung der Temperatur ändert sich auch die Gleichgewichtskonstante. Und zwar ändert sie sich in der Weise, daß bei einer Temperaturerhöhung die Reaktion in Richtung des Wärmeverbrauchs abläuft.

Versuch: Gleichgewicht: $2\,NO_2 \rightleftharpoons N_2O_4 - 57\,kJ$

$$\text{braun} \rightleftharpoons \text{farblos}$$

An der Farbintensität läßt sich die Gleichgewichtsverschiebung in Abhängigkeit von der Temperatur leicht beobachten.

Man vergleiche die Farben einer in eine Ampulle eingeschlossenen Probe bei folgenden Temperaturen: a) 0 °C (Eiskühlung), b) 20 °C (Zimmertemperatur) und c) 100 °C (Wasserbad).

Die auf 100 °C erwärmte Probe zeigt eine tiefbraune Farbe. Es liegen ca. 89% NO_2 vor. Bei 0 °C ist die Probe schwach hellbraun, da weniger als 20% des N_2O_4 in NO_2 gespalten sind.

1.6.3 Heterogene Gleichgewichte

Das Massenwirkungsgesetz gilt in der oben dargelegten Form nur für homogene, d. h. nur aus einer einzigen Phase bestehende, Systeme (Gasphase oder Lösungsphase).

Für heterogene Gleichgewichte, wie z. B. die Systeme Gasphase – feste Phase oder Lösung – feste Phase, bei denen die Reaktionsteilnehmer in verschiedenen Phasen vorliegen, erhält man andere, meist einfachere Zusammenhänge.

1.6.3.1 Gleichgewichte: fest – gasförmig

Feste Stoffe haben bei gegebener Temperatur einen konstanten Dampfdruck. Bei heterogenen Gleichgewichten werden die Partialdrücke der Feststoffe daher mit in die Gleichgewichtskonstante K_p einbezogen. Für die Zersetzungsreraktion von $CaCO_3$:

$$CaCO_3(f) \rightleftharpoons CaO(f) + CO_2(g)$$

gilt daher, daß sich die Gleichgewichtskonstante aus dem Partialdruck des CO_2 im Gleichgewichtszustand ergibt. Somit stellt sich im Gleichgewicht ein nur von der Temperatur abhängiger, definierter CO_2-Partialdruck ein.

Bei der Reduktion von Fe_2O_3 mit Wasserstoff stellt sich im Gleichgewicht entsprechend ein konstantes Verhältnis von Wasserdampf- und Wasserstoffdruck ein:

$$Fe_2O_3(f) + 3\,H_2(g) \rightleftharpoons 2\,Fe(f) + 3\,H_2O(g)$$

$$\frac{p_{H_2O}^3}{p_{H_2}^3} = K_p$$

Bei heterogenen Reaktionen kommt es also für das Gleichgewicht nicht auf die Konzentration der festen Reaktionsteilnehmer an, sondern nur darauf, daß sie zugegen sind.

1.6.3.2 Gleichgewicht: Lösung – feste Phase

Wenn ein fester Bodenkörper vorhanden ist, ist die darüberstehende Lösung im Gleichgewichtszustand bezüglich dieses Stoffes gesättigt und die Konzentration ist konstant. Somit gilt für Gleichgewichte im System Lösung – feste Phase eine analoge Betrachtung wie oben. Dies führt u.a. zur Herleitung des Löslichkeitsprodukts (s. Kap. 1.8.1).

1.6.4 Katalyse

Ein **Katalysator** beschleunigt die Einstellung des Gleichgewichts, ohne die Lage des Gleichgewichts oder die Gleichgewichtskonstante zu beeinflussen. Tritt der Katalysator im System der Reaktionspartner in gleicher Phase auf, d.h. wenn Reaktionspartner und Katalysator z.B. gelöst sind oder in der Gasphase vorliegen, dann spricht man von einer **homogenen Katalyse**. Im Unterschied dazu liegt eine **heterogene Katalyse** vor, wenn Reaktanden und Katalysator in unterschiedlicher Phase auftreten.

Stoffe, die Reaktionen verlangsamen oder verhindern, nennt man „Antikatalysatoren" oder **Inhibitoren**.

Bei vielen Gleichgewichtsreaktionen ist die Einstellung des Gleichgewichts behindert, da eine hohe **Aktivierungsenergie** überwunden werden muß. Man kann sich die Verhältnisse am Beispiel der Reaktion von H_2 mit I_2 zu $2\,HI$ veranschaulichen. Die Bildung von HI bedeutet, daß die $H-H$- und $I-I$-Bindung gespalten werden müssen. Beim Zusammenstoß von H_2 mit I_2 bildet sich ein kurzlebiger, energiereicher Übergangszustand, in dem die $H-H$- und die $I-I$-Bindung gelockert und die $H-I$-Bindungen partiell vorgebildet sind. Die Aktivierungsenergie ist dabei die Differenz zwischen der Energie der Edukte und der Energie des Übergangszustands. Eine besonders hohe Aktivierungsenergie beobachtet man beispielsweise bei der Reaktion von N_2 mit H_2 zu NH_3, da die $N\equiv N$-Dreifachbindung sehr stabil ist.

Ein Katalysator erniedrigt die Aktivierungsenergie, da er einen energieärmeren Übergangszustand bewirkt. Er erleichtert damit die Reaktion und die Einstellung des Gleichgewichts. Der Mechanismus von katalysierten Reaktionen ist in vielen Fällen nicht geklärt. Mögliche Reaktionswege sind:

a) Bei der homogenen Katalyse kann man die Bildung eines aktivierten Komplexes aus den Ausgangsstoffen und dem Katalysator in Form eines kurzlebigen, nicht isolierbaren **Übergangszustands** oder einer in günstigen Fällen faßbaren **reaktiven Zwischenstufe** annehmen.

b) Bei der heterogenen Katalyse verläuft die Reaktion über eine Adsorption der Reaktanden am Feststoffkatalysator. Dabei werden die Bindungen im Molekül mindestens eines der Reaktionspartner gelockert.

Katalysatoren wirken oft sehr selektiv, so daß sich aus dem gleichen Eduktgemisch verschiedene Produkte bilden können. So gibt beispielsweise ein Gemisch aus CO und H_2 je nach Katalysator entweder Methan, Methanol, Benzin oder höhere Alkohole.

Katalysatoren besitzen eine große Bedeutung auf allen Gebieten der chemischen Synthese und bei biologischen Lebensvorgängen.

Vermag ein Stoff als selektiver Katalysator zu wirken, so ist in dieser Eigenschaft ein besonders empfindlicher qualitativer Nachweis für ihn begründet.

Versuch: Zerfall von $KClO_3$ mit MnO_2 als Katalysator s. S. 275.

Versuch: Zerfall von H_2O_2 durch MnO_2 oder $K_2[OsCl_6]$ als Katalysator s. S. 293.

Versuch: Iod$-$Azid-Reaktion (Katalyse durch S^{2-}) s. S. 300.

Versuch: Chemolumineszenz bei Oxidation von Luminol mit H_2O_2, katalysiert durch $Cu(II)$ oder $Fe(III)$ s. S. 646.

In gewissen Fällen wird die Reaktionsgeschwindigkeit durch die bei der Umsetzung gebildeten Produkte katalytisch beeinflußt. Man spricht dann von **Autokatalyse**.

Versuch: Umsetzung von MnO_4^- mit $C_2O_4^{2-}$ in H_2SO_4-saurer Lösung.

Die gebildeten Mn^{2+}-Ionen wirken stark reaktionsbeschleunigend (s. S. 352 und 410).

Zwei Proben von je 10 ml 0,002 mol/l $KMnO_4$-Lsg. werden mit 1 ml konz. H_2SO_4 angesäuert und auf 40 °C erwärmt. Zu einer Probe wird eine Spatelspitze $MnSO_4$ und gleichzeitig in beide 3 ml 0,05 mol/l $H_2C_2O_4$-Lsg. gegeben. Die Mn^{2+}-haltige Lösung wird sofort farblos, während sich die zweite erst nach kurzer Zeit, wenn sich Mn^{2+}-Ionen gebildet haben, entfärbt.

Ein weiteres Beispiel ist die Zersetzung von MnO_4^- in MnO_2 und O_2 bei Gegenwart von MnO_2.

1.6.5 Massenwirkungsgesetz und Ionenlehre

Das MWG kann auch auf Ionenreaktionen angewandt werden. Neben den allgemeinen Bedingungen des chemischen Gleichgewichts sind jedoch zusätzlich die elektrostatischen Anziehungskräfte zu berücksichtigen.

Die Dissoziation eines Elektrolyten (s. Kap. 1.5.4) in einer Lösung ist abhängig von der Art des Elektrolyten, der Art des Lösungsmittels und der Konzentration der Lösung.

Man unterscheidet zwischen **starken Elektrolyten**, die in wäßriger Lösung bei weitgehend beliebiger Konzentration praktisch vollständig in Ionen dissoziiert sind, und **schwachen Elektrolyten,** die in wäßriger Lösung nur teilweise in Form von Ionen vorliegen. Das MWG ist exakt nur auf schwache Elektrolyte und verdünnte Lösungen anwendbar.

1.6.5.1   Schwache Elektrolyte: Dissoziationskonstante und Dissoziationsgrad

Die Dissoziation eines schwachen Elektrolyten ist eine Gleichgewichtsreaktion. Für einen 1:1-Elektrolyten MA gilt:

$$MA \rightleftharpoons M^+ + A^-$$

Beim Ansatz des MWG ergibt sich die **Dissoziationskonstante** K_c:

$$\frac{c_{M^+} \cdot c_{A^-}}{c_{MA}} = k_c$$

Der **Dissoziationsgrad** α ist definiert als der Quotient der Stoffmenge x in Mol, die in Ionen dissoziiert ist, zur gesamten gelösten Stoffmenge a in Mol.

$$\alpha = \frac{x}{a}$$

Den Zusammenhang zwischen α und K_c gibt das Ostwaldsche Verdünnungsgesetz (1889) wieder.

$$\frac{\alpha^2}{1 - \alpha} \cdot c_0 = K_c \quad \text{(mol/l)}$$

Man erhält es, indem man wie folgt in das MWG einsetzt:

$V =$ Volumen Lösung (Liter)

$$\frac{a}{V} = c_0 = \text{Gesamtkonzentration (mol/l)}$$

$$c_{M^+} = c_{A^-} = \frac{x}{V} = \frac{\alpha \cdot a}{V} = \alpha \cdot c_0$$

$$c_{MA} = \frac{a - \alpha \cdot a}{V} = c_0 - \alpha \cdot c_0$$

$$\frac{(\alpha \cdot c_0)(\alpha \cdot c_0)}{c_0 - \alpha \cdot c_0} = \frac{(\alpha \cdot c_0)^2}{c_0 - \alpha \cdot c_0} = \frac{\alpha^2}{1 - \alpha} \cdot c_0 = K_c \quad (\text{mol/l})$$

Für schwache Elektrolyte mit $\alpha \ll 1$ gilt:

$$\alpha = \sqrt{\frac{K_c}{c_0}}$$

Beim Verdünnen und mit steigender Temperatur nimmt der Dissoziationsgrad α zu. Bei unendlicher Verdünnung nähert sich α dem Wert 1. Beispielsweise sind bei Zimmertemperatur in 1 mol/l CH_3COOH 0,4%, in 0,1 mol/l dagegen 1,3% der Moleküle dissoziiert.

Versuch: Änderung des Dissoziationsgrads durch Verdünnen oder Zusatz gleichioniger Salze.

$$Fe(SCN)_3 \rightleftharpoons Fe^{3+} + 3\,SCN^-$$

$$\frac{c_{Fe^{3+}} \cdot c_{SCN^-}^3}{c_{Fe(SCN)_3}} = K_c$$

a) Bei Zugabe einiger Tropfen $FeCl_3$-Lösung zu wenig NH_4SCN-Lösung entsteht eine blutrote Farbe von undissoziiertem $Fe(SCN)_3$. Durch Verdünnen mit Wasser verblaßt die rote Farbe und geht in Gelb über, da durch Verdünnen die Dissoziation in die weitgehend farblosen Ionen verstärkt wird.

b) Eine gleiche $Fe(SCN)_3$-Lösung wird mit Wasser soweit verdünnt, daß gerade die rote Farbe verschwindet. Bei Zugabe von Fe^{3+} oder SCN^- tritt die rote Farbe wieder auf.

Versuch: Änderung des Dissoziationsgrads durch Erwärmen.

Eine $Fe(SCN)_3$-Lösung wird erwärmt. Durch die stärkere Dissoziation verliert sich die rote Farbe. Beim Abkühlen tritt sie wieder auf.

1.6.5.2 Starke Elektrolyte: Aktivitäten und Ionenstärke

Nach *Debye* und *Hückel* (1913) sind alle starken Elektrolyte in wäßriger Lösung auch bei höherer Konzentration in Ionen dissoziiert. Die verschieden geladenen Ionen beeinflussen sich jedoch gegenseitig. Um jedes Kation bildet sich eine Ansammlung von Anionen und umgekehrt. Dieser Effekt nimmt mit steigender Elektrolytkonzentration zu.

Die meisten leicht löslichen Salze sind in wäßriger Lösung starke Elektrolyte. Ausnahmen bilden $HgCl_2$ und $Hg(CN)_2$, die überwiegend als Moleküle in Lösung gehen.

Bei der Ableitung des MWG wurde die Wechselwirkung zwischen den Ionen nicht berücksichtigt. Diese wirkt sich so aus, als wäre die Anzahl der dissoziierten Teilchen geringer. Im MWG führt man daher Korrekturfaktoren f, die **Aktivitätskoeffizienten** ein, mit denen man die Stoffmengenkonzentrationen c multipliziert. Man erhält dadurch „effektive Konzentrationen" oder **Aktivitäten** a.

$$a = f \cdot c$$

Der Messung zugänglich sind nur mittlere Aktivitätskoeffizienten $\bar{f}$. Sie stellen den geometrischen Mittelwert der Aktivitätskoeffizienten der Kationen und Anionen dar. Für den Elektrolyten M_mA_n gilt:

$$\bar{f} = \sqrt[m+n]{f_M^m \cdot f_A^n}$$

f_M und f_A sind die Aktivitätskoeffizienten der Kationen bzw. Anionen.

Für 1:1-Elektrolyte ist demnach:

$$\bar{f} = \sqrt{f_{M^+} \cdot f_{A^-}}$$

Und für die Reaktion $MA \rightleftharpoons M^+ + A^-$ gilt das MWG in der Form:

$$K_a = \frac{a_{M^+} \cdot a_{A^-}}{a_{MA}} = \frac{f_{M^+} \cdot f_{A^-}}{f_{MA}} \cdot \frac{c_{M^+} \cdot c_{A^-}}{c_{MA}}$$

Nimmt man $f_{MA} = 1$ an und verwendet den mittleren Aktivitätskoeffizienten $\bar{f}$, so ergibt sich:

$$K_a = K_c \cdot \bar{f}^2$$

Der Unterschied zwischen K_c und K_a wächst mit steigender Konzentration. Mit zunehmender Verdünnung nähern sich die Aktivitätskoeffizienten dem Wert 1 und die Aktivität wird gleich der Stoffmengenkonzentration des Elektrolyten.

Der Aktivitätskoeffizient eines bestimmten Ions ist nicht nur eine Funktion der eigenen Konzentration. Vielmehr ist er von der Konzentration aller in der Lösung befindlichen Ionen abhängig. Zur Charakterisierung dieser Gesamtwirkung der Ionen führte *Lewis* den Begriff der **Ionenstärke** ein:

Ionenstärke: $I = \dfrac{1}{2}(c_1 z_1^2 + c_2 z_2^2 + \cdots + c_n z_n^2) = \dfrac{1}{2}\sum_{1}^{n} c_i z_i^2$

c = Stoffmengenkonzentration der Ionen (mol/l),
z = Ionenladungszahl.

Beispiele:

a) 0,01 mol/l KCl-Lösung: $I = \frac{0{,}01 \cdot 1^2 + 0{,}01 \cdot 1^2}{2} = 0{,}01$ mol/l,

b) 0,01 mol/l $BaCl_2$-Lösung: $I = \frac{0{,}01 \cdot 2^2 + 0{,}02 \cdot 1^2}{2} = 0{,}03$ mol/l,

c) 0,01 mol/l KCl-Lösung, die 0,01 mol/l $BaCl_2$ enthält: $I = 0{,}01 + 0{,}03 = 0{,}04$ mol/l.

In verdünnten Lösungen ($I \leq 0{,}02$ mol/l in Wasser) wird der mittlere Aktivitätskoeffizient nur von der Ionenladung und der Ionenstärke bestimmt:

$$-\lg \bar{f} = 0{,}5\, z_M \cdot z_A \sqrt{I}$$

Tab. 1.6: Aktivitätskoeffizienten in Abhängigkeit von der Ionenstärke und Ionenladung.

I	f für $z = 1$	f für $z = 2$	f für $z = 3$
0	1	1	1
0,001	0,97	0,87	0,73
0,002	0,95	0,82	0,64
0,005	0,93	0,74	0,51
0,01	0,90	0,66	0,39
0,02	0,87	0,52	0,28
0,05	0,81	0,44	0,15
0,1	0,76	0,33	0,08
0,2	0,70	0,24	0,04

Tab. 1.7: Mittlere Aktivitätskoeffizienten bei 25 °C von starken Elektrolyten nach Latimer.

Elektrolyt	mol in 1 000 g Wasser								
	0,001	0,005	0,01	0,05	0,1	0,5	1,0	2,0	3,0
HCl	0,966	0,928	0,904	0,830	0,796	0,758	0,809	1,01	1,32
HClO$_4$					0,80	0,76	0,81	1,04	1,42
H$_2$SO$_4$	0,830	0,639	0,544	0,340	0,265	0,154	0,130	0,124	0,141
NaOH				0,82	0,77	0,69	0,68	0,70	0,77
KOH		0,92	0,90	0,82	0,80	0,73	0,76	0,89	1,08
LiCl	0,963	0,921	0,89	0,82	0,78	0,75	0,76	0,91	1,18
NaCl	0,966	0,929	0,904	0,823	0,780	0,730	0,66	0,67	0,71
KCl	0,965	0,927	0,901	0,815	0,769	0,651	0,606	0,576	0,571
NH$_4$Cl	0,961	0,911	0,88	0,79	0,74	0,62	0,57		
Mg(NO$_3$)$_2$	0,88	0,77	0,71	0,55	0,51	0,44	0,50	0,69	0,93
Ca(NO$_3$)$_2$	0,88	0,77	0,71	0,54	0,48	0,38	0,35	0,35	0,37
ZnSO$_4$	0,70	0,48	0,39		0,15	0,065	0,045	0,036	0,04
CdSO$_4$	0,73	0,50	0,40	0,21	0,17	0,067	0,045	0,035	0,036
Al(NO$_3$)$_3$					0,20	0,14	0,19	0,45	1,0

Im mittleren Konzentrationsbereich ($I = 0,02 - 0,25$ mol/l in Wasser) muß bei der Berechnung des Aktivitätskoeffizienten auch der sogenannte wirksame Durchmesser der Ionen berücksichtigt werden. Der Aktivitätskoeffizient ist also auch von den stofflichen Eigenschaften der Ionen abhängig:

$$-\lg \bar{f} = \frac{0,5\, z_M \cdot z_A \sqrt{I}}{1 + d \cdot 3,3 \sqrt{I}}$$

d = mittlerer wirksamer Durchmesser der Ionen in Nanometer (etwa 0,3 bis 0,4 nm), I in Mol/Liter.

Für beide Bereiche läßt sich der Aktivitätskoeffizient durch eine Näherungsformel ausdrücken:

$$-\lg \bar{f} = \frac{0,5\, z_M \cdot z_A \sqrt{I}}{1 + \sqrt{I}}$$

Mit Hilfe dieser Formel sind die in Tab. 1.6 aufgeführten Aktivitätskoeffizienten berechnet.

Allgemeiner Teil – Theoret. Grundlagen

1

H^+-Ionen nehmen gegenüber den anderen einfach geladenen Ionen eine Sonderstellung ein.

Bei hohen Elektrolytkonzentrationen ($I > 0{,}25$ mol/l) muß in der obigen Gleichung ein weiteres Korrekturglied berücksichtigt werden. Es kommt zu einem Wiederanstieg der Aktivität mit steigender Ionenstärke, wobei in sehr konzentrierten Lösungen teilweise mittlere Aktivitätskoeffizienten > 1 gefunden werden (Tab. 1.7).

In sehr konzentrierten Lösungen stehen nicht genügend Wassermoleküle zur Verfügung, um eine vollständige Hydrathülle der Ionen auszubilden. Daher besitzen die nur teilweise hydratisierten Ionen eine größere Aktivität.

1.6.6 Nernstsches Verteilungsgesetz

Die heute vielfach angewandte Trennung durch Extraktion basiert auf der unterschiedlichen Löslichkeit bestimmter Verbindungen in zwei nicht oder begrenzt mischbaren Lösungsmitteln. Diesem sogenannten „Ausschüttelungsverfahren" liegt in theoretischer Hinsicht das Nernstsche Verteilungsgesetz zugrunde.

Das **Nernstsche Verteilungsgesetz** (1891) läßt sich in einfacher Weise aus dem Gesetz von *William Henry* (1803) ableiten. Danach ist die Löslichkeit eines Gases bei gegebener Temperatur im Gleichgewicht proportional seinem Druck:

$$c_{(\text{Lösung})} = K \cdot p_{(\text{Gas})}$$

Steht ein gasförmiger Stoff gleichzeitig mit zwei nicht mischbaren Lösungsmitteln im Gleichgewicht, so gilt:

$$\frac{c_{1(\text{Lösung})}}{p_{(\text{Gas})}} = K_1 \quad \text{bzw.} \quad \frac{c_{2(\text{Lösung})}}{p_{(\text{Gas})}} = K_2$$

Der gelöste Stoff verteilt sich demnach auf die beiden Lösungsmittel nach:

$$\frac{c_{1(\text{Lösung})}}{c_{2(\text{Lösung})}} = \frac{K_1}{K_2} = \alpha$$

Beim Vorliegen eines Gleichgewichts ist der Quotient der Konzentrationen eines sich zwischen zwei Lösungsmitteln verteilenden Stoffes bei gegebener Temperatur konstant. Die Konstante α wird Verteilungskoeffizient genannt.

Das Gesetz ist in dieser Form jedoch nur dann erfüllt, wenn der Stoff in beiden Phasen den gleichen Molekularzustand besitzt.

Die **praktische Bedeutung des Nernstschen Verteilungsgesetzes** für die Stofftrennung durch Ausschütteln möge ein Zahlenbeispiel verdeutlichen:

Beispiel: 1 Mol eines Stoffes verteilt sich zwischen 1 Liter einer leichteren Oberphase und 1 Liter einer schweren Unterphase im Verhältnis 9 : 1 ($\alpha = 9$). Demnach sind im Gleichgewicht in der Oberphase 0,9 mol/l, in der Unterphase 0,1 mol/l enthalten. Verdoppelt man das Volumen der Oberphase auf 2 Liter, so muß das Verhältnis der Konzentrationen erhalten bleiben. Die Konzentration der Unterphase nimmt um x mol/l ab und in der Oberphase erhöht sich die durch Verdoppeln des Volumens auf 0,45 mol/l gesunkene Konzentration um $x/2$. Man erhält:

$$\left(0,45 + \frac{x}{2}\right) : (0,1 - x) = 9:1, \quad x = 0,0474 \text{ mol/l}$$

In der Unterphase befinden sich jetzt 0,0526 mol/l, in der Oberphase 0,4737 mol/l.

Statt das Volumen der Oberphase zu verdoppeln, ist es günstiger, nach Abtrennung der Unterphase erneut mit dem gleichen Volumen von einem Liter auszuschütteln. Sind beim ersten Extraktionsprozeß 0,9 mol/l aus der Unterphase entfernt worden, so werden beim zweiten 0,09 mol in die Oberphase überführt. Am Ende hat man bei gleichem Gesamtvolumen an Oberphase die Konzentration in der Unterphase auf 0,01 mol/l im Vergleich zu 0,0526 mol/l reduziert.

Bei der Stoffverteilung zwischen zwei Lösungsmitteln ergeben mehrere Einzelarbeitsgänge mit kleinen Volumina ein besseres Ergebnis als eine einmalige Extraktion mit einem großen Volumen.

1.7 Säuren und Basen

1.7.1 Definition von Säuren und Basen nach Brønsted

> Nach der heute üblichen Definition von Säuren und Basen nach *J. N. Brønsted* (1879–1947) wird als Säure ein Stoff bezeichnet, der Protonen abgeben kann (Protonendonator). Eine Base ist ein Stoff, der Protonen aufnimmt (Protonenakzeptor).

Wenn eine Säure ein Proton abgibt, bleibt ein Säurerest zurück, der seinerseits eine Base ist, da er unter Rückbildung der Säure auch wieder ein Proton aufnehmen kann. Eine Säure und eine Base, die auf diese Weise verknüpft sind, werden als **korrespondierendes** oder **konjugiertes Säure-Base-Paar** bezeichnet:

$$HB \rightleftharpoons B^- + H^+$$
$$\text{Säure} \rightleftharpoons \text{Base} + \text{Proton}$$

Man spricht von der zur Säure korrespondierenden oder konjugierten Base.

Da es sich bei einem Proton lediglich um einen H-Atomkern ohne Elektronenhülle handelt, können Protonen in Lösungen oder anderen kondensierten Phasen nicht isoliert auftreten. Dies bedeutet, daß eine Säure nur dann ein Proton abgeben kann, wenn eine Base vorhanden ist, die das Proton übernimmt und kovalent bindet. Wichtige Voraussetzung für eine Base ist daher, daß sie über mindestens ein freies Elektronenpaar für die koordinative Bindung (s. Kap. 1.4.2.5) zum Proton verfügt.

Eine Säure-Base-Reaktion besteht somit in einem Austausch des Protons von der Säure zur Base. Dies führt zwangsläufig dazu, daß stets zwei Säure-Base-Paare wechselwirken.

Den Sachverhalt kann man sich anhand der Essigsäure HAc ($Ac^- = CH_3COO^-$) klarmachen. Reine Essigsäure leitet den elektrischen Strom nicht, da keine geeignete Base vorhanden ist, die das Proton aufnehmen kann und daher praktisch keine Dissoziation in Ionen erfolgt. Erst wenn beispielsweise Wasser als Base zugefügt wird, kann Essigsäure dissoziieren:

$$HAc \rightleftharpoons Ac^- + H^+$$
$$H_2O + H^+ \rightleftharpoons H_3O^+$$

$$HAc + H_2O \quad \rightleftharpoons H_3O^+ + Ac^-$$

$$\text{Säure}\,1 + \text{Base}\,2 \rightleftharpoons \text{Säure}\,2 + \text{Base}\,1$$

Da zwei Säure-Base-Paare miteinander wechselwirken, führt die Protonenaustauschreaktion zu einem Gleichgewicht.

Die Stärke einer Säure hängt davon ab, wie leicht sie ihr Proton abspalten kann. Entsprechend ist die Stärke einer Base proportional zu ihrer Fähigkeit, das Proton zu binden. Eine starke Säure spaltet ihr Proton leicht ab und korrespondiert daher zu einer schwachen Base, während umgekehrt eine starke Base zu einer schwachen Säure korrespondiert. Eine quantitative Angabe der Stärke von Säuren und Basen ist über das MWG durch die Säurekonstante und Basenkonstante (s. Kap. 1.7.3.1) möglich.

Die Schwefelsäure, H_2SO_4 besitzt zwei Protonen, die Orthophosphorsäure, H_3PO_4 drei Protonen, die sie nacheinander abgeben können. In diesen Fällen liegen **mehrwertige** oder **mehrprotonige Säuren** vor.

Einige Stoffe wie z.B. HPO_4^{2-} können sowohl als Säure, als auch als Base reagieren. Sie werden als **Ampholyte** oder als **amphoter** bezeichnet:

$$HPO_4^{2-} \quad \rightleftharpoons PO_4^{3-} + H^+$$

$$HPO_4^{2-} + H^+ \rightleftharpoons H_2PO_4^-$$

Ob ein Ampholyt als Säure oder als Base reagiert, hängt von der Art und Konzentration des jeweiligen Reaktionspartners ab. Ist der Reaktionspartner eine stärkere Säure, so reagiert der Ampholyt als Base. Ist der Reaktionspartner die stärkere Base, so reagiert er als Säure.

Die spezielle Säure-Base-Reaktion der Säure H_3O^+ mit der Base OH^- wird **Neutralisation** genannt.

$$H_3O^+ + OH^- \rightleftharpoons 2H_2O$$

Die Neutralisation ist eine stark exotherme Reaktion, die mit der Freisetzung von 57,6 kJ pro Mol H_2O verbunden ist. Die Rückreaktion der Neutralisation entspricht der Eigendissoziation oder **Autoprotolyse des Wassers** (Kap. 1.7.4.1).

1.7.2 Definition von Säuren und Basen nach Lewis

Eine Erweiterung der Definition von Säuren und Basen hat *Lewis* eingeführt.

Nach Lewis ist eine Säure ein Elektronenpaar-Akzeptor und eine Base ein Elektronenpaar-Donator (s. auch Kap. 1.4.2.5).

Zur Unterscheidung von Säuren und Basen nach der Brønstedschen Definition spricht man hier von **Lewissäuren** und **Lewisbasen**. Bei der Reaktion einer

Lewissäure mit einer Lewisbase wird eine koordinative Bindung (s. Kap. 1.4.2.5) ausgebildet. Eine Lewisbase muß daher über mindestens ein freies Elektronenpaar verfügen. Hier zeigt sich die Gemeinsamkeit mit der Definition einer Base nach Brønsted; denn eine Brønsted-Base kann nur dann ein Proton aufnehmen, wenn sie für die Bindung zum Proton ein freies Elektronenpaar zur Verfügung stellen kann. Die Definitionen unterscheiden sich jedoch in bezug auf die Säure. Nach Lewis ist das Proton die Säure, denn es wird von der Base unter Bildung einer koordinativen Bindung aufgenommen und ist damit der Elektronenpaar-Akzeptor. Ganz allgemein ist eine Lewissäure ein Ion oder ein Molekül mit einer Elektronenpaar-Lücke. Dies ist beispielsweise bei den Borhalogeniden BX_3 ($X = F, Cl, Br, I$) (s. S. 32) oder beim PCl_5 der Fall. So reagiert BF_3 mit NH_3 unter Ausbildung einer koordinativen $B-N$-Bindung. Wie wir bei der Theorie der Komplexe (Kap. 1.11) noch sehen werden, sind Komplexe das Ergebnis einer Reaktion einer Lewissäure mit Lewisbasen. Hier ist das Zentralatom des entstehenden Komplexes die Lewissäure.

1.7.2.1 HSAB-Konzept nach Pearson

Pearson übernimmt die Definition von Lewis, er geht jedoch in seinem HSAB-Konzept von **harten und weichen Säuren und Basen** (Hard and Soft Acids and Bases) noch weiter. Danach sind harte Säuren wenig polarisierbare Kationen oder Moleküle wie z.B. H^+, Li^+, Mg^{2+}, Al^{3+}, BF_3, PF_5. Weiche Säuren sind gut polarisierbar, z.B. Cs^+, Ag^+, Hg^{2+}. Analoges gilt für Basen: hart sind z.B. F^-, H_2O, OH^- und weich sind Br^-, I^-, S^{2-}.

Starke Bindungen mit hohem Ionenbindungsanteil entstehen zwischen harter Base und harter Säure bzw. weicher Base und weicher Säure, z.B.:

$$Li^+ + F^- \rightarrow LiF \quad bzw. \quad Cs^+ + I^- \rightarrow CsI$$

Schwächere Bindungen überwiegend kovalenter Art bilden sich aus harter Säure und weicher Base oder umgekehrt, z.B.:

$$Cr^{3+} + 6\,SCN^- \rightarrow [Cr(SCN)_6]^{3-} \quad bzw. \quad Hg^{2+} + 2\,Cl^- \rightarrow HgCl_2$$

1.7.3 Schwache Säuren und Basen: Säurekonstante, Basenkonstante

1.7.3.1 Schwache einwertige Säuren und Basen

Schwache einwertige Säuren HA und schwache einwertige Basen B reagieren mit Wasser unter Ausbildung eines Gleichgewichts für das das MWG formuliert werden kann:

Schwache Säure: $\mathrm{HA} + \mathrm{H_2O} \rightleftharpoons \mathrm{H_3O^+} + \mathrm{A^-}$

$$\frac{c_{\mathrm{H_3O^+}} \cdot c_{\mathrm{A^-}}}{c_{\mathrm{HA}} \cdot c_{\mathrm{H_2O}}} = K'_S$$

Da in verdünnter wäßriger Lösung die Konzentration des Wassers als konstant angenommen werden kann, gilt:

$$\frac{c_{\mathrm{H_3O^+}} \cdot c_{\mathrm{A^-}}}{c_{\mathrm{HA}}} = K'_S \cdot c_{\mathrm{H_2O}} = K_S$$

Schwache Base: $\mathrm{B} + \mathrm{H_2O} \rightleftharpoons \mathrm{HB^+} + \mathrm{OH^-}$

$$\frac{c_{\mathrm{HB^+}} \cdot c_{\mathrm{OH^-}}}{c_{\mathrm{B}} \cdot c_{\mathrm{H_2O}}} = K'_B \quad \text{und} \quad \frac{c_{\mathrm{HB^+}} \cdot c_{\mathrm{OH^-}}}{c_{\mathrm{B}}} = K'_B \cdot c_{\mathrm{H_2O}} = K_B$$

K_S wird als **Säure-Dissoziationskonstante** oder einfach als Säurekonstante und K_B als **Basen-Dissoziationskonstante** oder Basenkonstante bezeichnet. Häufig werden an ihrer Stelle auch die negativen dekadischen Logarithmen pK_S und pK_B angegeben.

$$-\log K_S = \mathrm{p}K_S \quad \text{und} \quad -\log K_B = \mathrm{p}K_B$$

1.7.3.2 Mehrwertige Säuren

Die Dissoziation einer mehrwertigen Säure erfolgt schrittweise und jeder einzelnen Stufe der Protonenabgabe entspricht ein eigenes Gleichgewicht und eine eigene Gleichgewichtskonstante bzw. Säurekonstante. Die Gleichgewichtskonstante der Summenreaktion ist das Produkt der Einzelkonstanten.

$$\mathrm{H_2A} + \mathrm{H_2O} \rightleftharpoons \mathrm{H_3O^+} + \mathrm{HA^-}\,; \quad \frac{c_{\mathrm{H_3O^+}} \cdot c_{\mathrm{HA^-}}}{c_{\mathrm{H_2A}}} = K_{S_1}$$

$$\mathrm{HA^-} + \mathrm{H_2O} \rightleftharpoons \mathrm{H_3O^+} + \mathrm{A^{2-}}\,; \quad \frac{c_{\mathrm{H_3O^+}} \cdot c_{\mathrm{A^{2-}}}}{c_{\mathrm{HA^-}}} = K_{S_2}$$

$$\mathrm{H_2A} + 2\,\mathrm{H_2O} \rightleftharpoons 2\,\mathrm{H_3O^+} + \mathrm{A^{2-}}\,; \quad \frac{c^2_{\mathrm{H_3O^+}} \cdot c_{\mathrm{A^{2-}}}}{c_{\mathrm{H_2A}}} = K_{S_1} \cdot K_{S_2} = K_S$$

1.7.4 Wasserstoffionenkonzentration und pH-Wert

1.7.4.1 Dissoziation des Wassers

Wasser ist ein äußerst schwacher amphoterer Elektrolyt, der in sehr schneller reversibler Reaktion in hydratisierte $\mathrm{H_3O^+}$- und $\mathrm{OH^-}$-Ionen dissoziiert:

$$2\,\mathrm{H_2O} \rightleftharpoons \mathrm{H_3O^+} + \mathrm{OH^-}$$

Der Dissoziationsgrad ist sehr klein und beträgt bei 22 °C $\alpha = 3,6 \cdot 10^{-9}$. Wegen dieser nur geringfügigen Eigendissoziation besitzt reines Wasser nur eine kleine spezifische Leitfähigkeit von $\chi = 1 \cdot 10^{-8} \, \Omega^{-1} \cdot cm^{-1}$ bei 0 °C. Natürliches Wasser weist wegen der darin gelösten Elektrolyten eine bedeutend höhere Leitfähigkeit auf.

Infolge der geringen Konzentration an H^+- (vereinfachte Schreibweise, s. S. 41) und OH^--Ionen in reinem Wasser können im MWG anstelle der Aktivitäten die Stoffmengenkonzentrationen angesetzt werden:

$$K_a = \frac{a_{H^+} \cdot a_{OH^-}}{a_{H_2O}} = \frac{c_{H^+} \cdot f_{H^+} \cdot c_{OH^-} \cdot f_{OH^-}}{a_{H_2O}}$$

$$\approx \frac{c_{H^+} \cdot c_{OH^-}}{a_{H_2O}} = 1,8 \cdot 10^{-16}$$

1.7.4.2 Ionenprodukt des Wassers

In verdünnten Lösungen ist der Überschuß an undissoziierten Wassermolekülen im Vergleich zu den gelösten Stoffen so groß, daß seine Aktivität als konstant betrachtet werden darf und mit in die Konstante einbezogen werden kann.

> **Hieraus ergibt sich das Ionenprodukt des Wassers K_W:**
>
> $$c_{H^+} \cdot c_{OH^-} = K_a \cdot a_{H_2O} = K_W = 1 \cdot 10^{-14} \, mol^2/l^2 \quad \text{bei 22 °C}$$

In neutralem Wasser ist: $c_{H^+} = c_{OH^-} = 10^{-7} \, mol/l$.
Für eine saure Lösung gilt: $c_{H^+} > 10^{-7} \, mol/l > c_{OH^-}$.
Für basische Lösungen gilt: $c_{H^+} < 10^{-7} \, mol/l < c_{OH^-}$.

Versetzt man Wasser mit einer Säure oder einer Base, so bleibt das Ionenprodukt konstant, d.h. die OH^-- bzw. H^+-Ionenkonzentration wird entsprechend vermindert. Es sind jedoch auch in saurer Lösung noch OH^--Ionen und in alkalischer Lösung noch H^+-Ionen vorhanden.

Beispiel: In 0,1 mol/l HCl ist $c_{H^+} = 10^{-1} \, mol/l$ und $c_{OH^-} = 10^{-13} \, mol/l$, in 0,01 mol/l NaOH ergibt sich $c_{OH^-} = 10^{-2} \, mol/l$ und $c_{H^+} = 10^{-12} \, mol/l$.

1.7.4.3 Definition des pH-Werts

Statt der Stoffmengenkonzentrationen c_{H^+} und c_{OH^-} gibt man üblicherweise den negativen dekadischen Logarithmus der Konzentrationen, den pH- bzw. pOH-Wert, an:

$$\mathrm{pH} = -\log a_{\mathrm{H}^+} \approx -\log c_{\mathrm{H}^+}, \quad \mathrm{pOH} = -\log a_{\mathrm{OH}^-} \approx -\log c_{\mathrm{OH}^-}$$

Aus dem Ionenprodukt des Wassers folgt:

$$\mathrm{pH} + \mathrm{pOH} = 14$$

Die Dissoziation des Wassers ist ein endothermer Vorgang. Daher steigt die Gleichgewichtskonstante und der Dissoziationsgrad entsprechend dem Prinzip von *Le Chatelier* (s. Kap. 1.6.2) bei Temperaturerhöhung an. Die pH-Wert-Skale verengt sich entsprechend (s. Tab. 1.8).

Tab. 1.8: Temperaturabhängigkeit des Ionenprodukts des Wassers.

Temp. (°C)	K_{W} (mol²/l²)	$\mathrm{p}K_{\mathrm{W}}$	pH
0	$0{,}13 \cdot 10^{-14}$	14,89	7,45
10	$0{,}36 \cdot 10^{-14}$	14,45	7,23
20	$0{,}86 \cdot 10^{-14}$	14,07	7,04
22	$1{,}00 \cdot 10^{-14}$	14,00	7,00
30	$1{,}89 \cdot 10^{-14}$	13,73	6,87
50	$5{,}6 \ \cdot 10^{-14}$	13,25	6,63
100	$74 \ \cdot 10^{-14}$	12,13	6,07

Rechenbeispiele:

a) $c_{\mathrm{H}^+} = 5 \cdot 10^{-1}$ mol/l

$\mathrm{pH} = -(\log 5 + \log 10^{-1}) = -(0{,}7 - 1) = 0{,}3$

b) $\mathrm{pH} = 5{,}8$

$c_{\mathrm{H}^+} = 10^{-5{,}8}$ mol/l $= 10^{0{,}2} \cdot 10^{-6}$ mol/l $= 1{,}59 \cdot 10^{-6}$ mol/l.

1.7.5 pH-Wert von Säuren und Basen

Die Stärke von Säuren und Basen ist durch den $\mathrm{p}K_{\mathrm{S}}$- bzw. den $\mathrm{p}K_{\mathrm{B}}$-Wert definiert (Kap. 1.7.3). In Bezug auf die Größenordnung ergeben sich folgende Bereiche:

	$\mathrm{p}K_{\mathrm{S}}$	bzw.	$\mathrm{p}K_{\mathrm{B}}$
starke Säuren bzw. Basen	0	bis	4,5
schwache Säuren bzw. Basen	4,5	bis	9,5
sehr schwache Säuren bzw. Basen	9,5	bis	14

1.7.5.1 Beziehung zwischen K_{S} und K_{B}

Bei einem korrespondierendem Säure-Base-Paar sind die zugehörigen K_{S}- und K_{B}-Werte nicht unabhängig voneinander. Wie die nachfolgende Betrachtung zeigt, sind sie über das Ionenprodukt des Wassers, K_{W}, miteinander verknüpft:

Allgemeiner Teil –
Theoret. Grundlagen

1

$$HA + H_2O \rightleftharpoons H_3O^+ + A^-$$
$$A^- + H_2O \rightleftharpoons HA + OH^-$$

$$2\,H_2O \rightleftharpoons H_3O^+ + OH^-$$

$$\frac{c_{H_3O^+} \cdot c_{A^-}}{c_{HA}} \cdot \frac{c_{OH^-} \cdot c_{HA}}{c_{A^-}} = c_{H_3O^+} \cdot c_{OH^-} = K_S \cdot K_B = K_W$$

$$K_S \cdot K_B = K_W; \quad pK_S + pK_B = 14$$

1.7.5.2 Starke Säuren und starke Basen

Bei starken einwertigen Säuren kann man annehmen, daß sie vollständig in H_3O^+-Ionen und die korrespondierende Base dissoziiert sind, so daß die Gesamtkonzentration der Säure, c_0, der H_3O^+-Ionenkonzentration entspricht. Entsprechend gilt für starke Basen, daß sie vollständig mit Wasser zur korrespondierenden Säure und OH^- reagiert haben und somit $c_0 = c_{OH^-}$ ist.

$$HA + H_2O \rightarrow H_3O^+ + A^-; \quad B + H_2O \rightarrow BH^+ + OH^-$$

Eine angenäherte Rechnung unter Vernachlässigung der Ionenstärke (Aktivitätskoeffizient = 1) ergibt für starke einwertige Säuren:

Molarität der Säure	1	0,1	0,01	0,001 mol/l
c_{H^+}	$1 \cdot 10^0$	$1 \cdot 10^{-1}$	$1 \cdot 10^{-2}$	$1 \cdot 10^{-3}$ mol/l
c_{OH^-}	$1 \cdot 10^{-14}$	$1 \cdot 10^{-13}$	$1 \cdot 10^{-12}$	$1 \cdot 10^{-11}$ mol/l
pH	0	1	2	3

Analoges gilt für starke Basen.

Für eine genaue Rechnung müssen die Aktivitäten angesetzt werden:

$$a_{H^+} = f \cdot c_{H^+}$$
$$pH_a = -\log(f \cdot c_{H^+})$$
$$pH_a = pH - \log f$$

Beispiel: pH_a einer Lösung von 0,1 mol/l HCl.

Der mittlere Aktivitätskoeffizient f von 0,1 mol/l HCl beträgt 0,796.

$$pH_a = 1 - \log(0,796) = 1 - (-0,1) = 1,1$$

1.7.5.3 Schwache Säuren und schwache Basen

Eine **schwache Säure** ist nur teilweise dissoziiert:

$$HA + H_2O \rightleftharpoons H_3O^+ + A^-$$

Unter Vernachlässigung der Ionenstärke gilt für die Säurekonstante:

$$\frac{c_{H^+} \cdot c_{A^-}}{c_{HA}} = K_S$$

Da die Dissoziation der schwachen Säure nur gering ist, kann für c_{HA} näherungsweise die Gesamtkonzentration c_0 angenommen werden. Außerdem ergibt sich aus dem Dissoziationsgleichgewicht, daß gleichviel H_3O^+-Ionen wie A^--Ionen gebildet werden, so daß $c_{H^+} = c_{A^-}$. Hieraus folgt:

$$c_{H^+} = \sqrt{K_S \cdot c_0}$$

Beispiel: c_{H^+} und pH einer 0,1 mol/l CH_3COOH.

$$\frac{c_{H^+} \cdot c_{CH_3COO^-}}{c_{CH_3COOH}} = K_S = 10^{-4,75} \text{ mol/l}$$

Vereinfachend kann gesetzt werden:

$$c_{H^+} = c_{CH_3COO^-}; \quad c_{CH_3COOH} = c_0 = 0,1 \text{ mol/l}$$
$$c_{H^+}^2 = 10^{-4,75} \cdot 10^{-1} = 10^{-5,75} \text{ mol}^2/l^2;$$
$$c_{H^+} = 10^{-2,88} \text{ mol/l}, \quad pH = 2,88$$

Für **schwache Basen** gilt entsprechend:

$$c_{OH^-} = \sqrt{K_B \cdot c_0} \quad \text{bzw.} \quad c_{H^+} = \frac{K_W}{c_{OH^-}} = \frac{K_W}{\sqrt{K_B \cdot c_0}} = \sqrt{\frac{K_W^2}{K_B \cdot c_0}}$$

Durch Ersetzen von K_B durch K_S in obiger Gleichung mit Hilfe der Beziehung $K_S \cdot K_B = K_W$ (Kap. 1.7.5.1) ergibt sich für die Wasserstoffionenkonzentration einer schwachen Base:

$$c_{H^+} = \sqrt{\frac{K_W^2 \cdot K_S}{K_W \cdot c_0}} = \sqrt{\frac{K_W \cdot K_S}{c_0}}$$

Beispiel: pH einer 0,1 mol/l CH_3COO^--Lösung ($K_S = 10^{-4,75}$):

$$c_{H^+} = \sqrt{\frac{10^{-14} \cdot 10^{-4,75}}{10^{-1}}} \text{ mol/l} = \sqrt{10^{-17,75}} \text{ mol/l} = 10^{-8,88} \text{ mol/l};$$
$$pH \approx -\log c_{H^+} = 8,88$$

1.7.6 pH-Indikatoren

> **pH-Indikatoren sind organische Farbstoffe, die den Charakter schwacher Säuren oder schwacher Basen aufweisen. Dabei hat die Säure eine andere Konstitution und Farbe als die korrespondierende Base.**

Auf das Dissoziationsgleichgewicht einer Indikatorsäure HA läßt sich das MWG anwenden:

$$\frac{c_{H^+} \cdot c_{A^-}}{c_{HA}} = K_S$$

Der Umschlagspunkt des Indikators liegt bei demjenigen pH-Wert, für den die Konzentration der farbigen korrespondierenden Base A^- ebenso groß ist wie die Konzentration der farbigen oder gelegentlich auch farblosen Indikatorsäure HA. Für den Umschlagspunkt gilt also:

$$c_{H^+} = K_S; \quad pH = pK_S$$

Somit hat die Wasserstoffionenkonzentration am Umschlagpunkt numerisch denselben Wert wie die Gleichgewichtskonstante K_S. Das menschliche Auge vermag jedoch die 1:1-Mischung der Farbkomponenten nur selten scharf zu erkennen, wohl aber sind Abweichungen von den reinen Grundfarben der Indikatorsäure und ihrer korrespondierenden Base wahrnehmbar, wenn das Konzentrationsverhältnis $c_{HA}:c_{A^-} = 9:1$ bzw. $1:9$ beträgt. Das pH-Gebiet der Mischfarben in der Nähe des Umschlagspunkts wird als Umschlagsintervall bezeichnet. Es erstreckt sich über $1-2$ pH-Einheiten. Innerhalb des Intervalls liegen Zwischenfarbtöne, bei denen eine optimal erkennbare Farbänderung durch Zugabe kleiner Mengen an Säure bzw. Base eintritt.

Mischindikatoren bestehen entweder aus einem Indikator und einem indifferenten Farbstoff oder aus zwei Indikatoren. Im Umschlagsintervall entsteht ein Gemisch komplementärer Farben, so daß eine graue Lösung erhalten wird. Gegen Abweichungen von diesem Grauton ist das Auge besonders empfindlich.

Als ein Beispiel für einen Mischindikator aus einem indifferenten Farbstoff und einem Indikator ist in Tab. 1.9 *Tashiro* aufgeführt.

Tab. 1.9: Eigenschaften einiger Säure-Base-Indikatoren.

Indikator	pH-Bereich des Umschlagsintervalls	pH des Umschlagspunktes	Farbe im sauren Gebiet	Farbe im alkalischen Gebiet	Farbe beim Umschlagspunkt	Konzentration der Indikatorlösung
Methylorange	3,1 – 4,4	4,0	rot	orange-gelb	orange	0,1%ig in Wasser
Methylrot	4,2 – 6,3	5,8	rot	gelb	orange	0,2%ig in 60%igem Ethanol
Bromthymolblau	6,0 – 7,6	7,1	gelb	blau	grün	0,1%ig in 20%igem Ethanol
Lackmus	5,0 – 8,0	6,8	rot	blau	blaurot	0,5% in 90%igem Ethanol
Phenolphthalein	8,2 – 10,0	8,4	farblos	rot	schwach-rosa	0,1%ig in 70%igem Ethanol
Thymolphthalein	9,3 – 10,6	10,0	farblos	blau	schwach-bläulich	0,1%ig in 90%igem Ethanol
Tashiro	4,2 – 6,3	5,8	violett-rot	grün	grau	60 mg Methylrot in 200 ml Ethanol + 30 mg Methylenblau in 30 ml Wasser

Bei qualitativen Arbeiten verwendet man häufig Mischindikatoren, unter denen das Universal-Indikator-Papier, dessen Färbung im Bereich von $pH = 0 - 14$ eine grobe pH-Bestimmung zuläßt, die größte Bedeutung hat.

Versuch: Farbumschlag von Indikatoren

Man prüfe die ausstehenden Säuren und Basen mit den in Tabelle 1.9 aufgeführten Indikatoren

1.7.7 Hydrolyse

> **Eine Hydrolyse ist eine chemische Reaktion, bei der unter Einwirkung von Wasser die kovalente Bindung einer Verbindung gespalten wird.**

Beispiele hierfür sind die Reaktionen von $SiCl_4$ oder PCl_3 mit Wasser.

$$PCl_3 + 3H_2O \rightarrow H_3PO_3 + 3HCl$$

In der älteren Literatur wurde als Hydrolyse auch die Reaktion eines Salzes mit Wasser bezeichnet, wenn die Ionen des Salzes mit Wasser als Säure oder Base reagieren oder mit Wasser eine Säure bilden. Im folgenden verwenden wir den Begriff Hydrolyse auch in diesem Sinne.

So reagiert beispielsweise eine Lösung von NH_4Cl in Wasser sauer, da das Ammoniumion eine Säure ist:

$$NH_4^+ + H_2O \rightleftharpoons H_3O^+ + NH_3$$

Salze wie $NaCN$, Na_2CO_3 oder $NaCH_3COO$ ergeben in Wasser eine alkalische Reaktion, da ihre Anionen Basen sind:

$$CN^- + H_2O \rightleftharpoons HCN + OH^-$$
$$CO_3^{2-} + H_2O \rightleftharpoons HCO_3^- + OH^-$$

Die Ionen von Salzen wie z.B. $ZnCl_2$ oder $AlCl_3$ werden hydratisiert. Die Aquakomplexe der höhergeladenen Kationen sind Säuren. Dementsprechend reagieren Lösungen dieser Salze sauer:

$$Al^{3+} + 6H_2O \rightarrow [Al(OH_2)_6]^{3+}$$
$$[Al(OH_2)_6]^{3+} + H_2O \rightleftharpoons [Al(OH_2)_5(OH)]^{2+} + H_3O^+$$

Interessant sind Fälle, bei denen ein Salz wie beispielsweise $NH_4^+CH_3COO^-$ aus einer schwachen Säure und einer schwachen Base bestehen. In diesem Fall tritt eine Reaktion mit Wasser ein, ohne daß sich jedoch der pH-Wert wesentlich verändert, da sich die gebildeten H_3O^+ und OH^--Ionen zu Wasser vereinigen:

$$NH_4^+ + H_2O \quad\rightleftharpoons H_3O^+ + NH_3$$
$$CH_3COO^- + H_2O \rightleftharpoons CH_3COOH + OH^-$$
$$H_3O^+ + OH^- \rightarrow 2H_2O$$

Versuch: Hydrolyse von Salzen.

Man prüfe die folgenden wäßrigen Salzlösungen mit dem Indikator Tashiro (Tab. 1.9)

Verbindung	Reaktion	Farbton
NaCH₃COO, Na₂CO₃	alkalisch	grün
NH₄CH₃COO, NaCl	neutral	grau (ausgekochtes Wasser)
NH₄Cl, ZnCl₂, AlCl₃	sauer	violettrot

1.7.7.1 Einflüsse auf die Hydrolyse

1. Einfluß von Verdünnung und Temperaturänderung

Mit steigender Verdünnung und mit steigender Temperatur nimmt das Ausmaß der Hydrolyse zu.

Versuch: Hydrolyse von NaCH₃COO.

Eine 0,1 mol/l Natriumacetatlösung wird mit einigen Tropfen Phenolphthalein versetzt und erwärmt. Die anfangs farblose Lösung färbt sich infolge zunehmender Hydrolyse rot.

Versuch: Hydrolyse von $[Zn(OH)_4]^{2-}$ (s. auch S. 413).

$$[Zn(OH)_4]^{2-} \rightleftharpoons Zn(OH)_2\downarrow + 2OH^-$$

Zu einer Zn^{2+}-Lösung fügt man soviel NaOH zu, daß sich das zunächst gebildete $Zn(OH)_2$ noch nicht völlig auflöst. Nach Filtration erhitzt man das Filtrat zum Sieden. Es fällt wieder weißes $Zn(OH)_2$ aus.

Weitere Versuche über die Abhängigkeit der Hydrolyse von der Temperatur siehe bei Al(III) (S. 423) und Fe(III) (S. 416).

2. Änderung der Konzentration der Reaktionsprodukte

Werden die bei der Hydrolyse entstehenden H^+- bzw. OH^--Ionen aus dem Gleichgewicht entfernt, so kann die Hydrolyse praktisch quantitativ verlaufen. Unterstützt wird dieser Vorgang, wenn die gebildete wenig dissoziierte Verbindung gasförmig entweicht oder schwerlöslich ist.

a) Bildung einer flüchtigen Verbindung:

Cyanide reagieren mit Wasser als Base und bilden teilweise HCN und OH^-. Durch Zugabe von Säuren wie HCO_3^- und Vertreiben der HCN wird die Hydrolyse vollständig:

$$CN^- + H_2O \rightleftharpoons HCN\uparrow + OH^-$$
$$OH^- + HCO_3^- \rightarrow H_2O + CO_3^{2-}$$

   Man achte daher darauf, daß Cyanide nur bei Beachtung besonderer Schutzmaßnahmen mit Säuren oder anderen OH^--bindenden Stoffen in Berührung gebracht werden dürfen, da dabei die höchst giftige Blausäure, HCN, entsteht.

Beim Versetzen einer Ammoniumsalzlösung mit Lauge bildet sich NH_3, das durch Erwärmen vertrieben werden kann.

$$NH_4^+ + H_2O \rightleftharpoons NH_3\uparrow + H_3O^+$$
$$H_3O^+ + OH^- \rightarrow 2\,H_2O$$

Diese Reaktion kann als Nachweis von NH_3 aus NH_4^+-Salzen benutzt werden (s. S. 383).

b) Bildung schwerlöslicher Verbindungen:

Wie oben erläutert wurde, sind die Aquakomplexe der höhergeladenen Kationen, wie Al^{3+} oder Fe^{3+}, Säuren. In Gegenwart von Ionen oder Molekülen, die als Basen wirken, wie z.B. CH_3COO^- und NH_3, oder die Wasserstoffionen in einer Nebenreaktion verbrauchen, wie z.B. Urotropin ($N_4(CH_2)_6$, s. S. 90) und NO_2^-, verläuft die Hydrolyse bis zur Fällung eines stark wasserhaltigen Hydroxidgels. Urotropin und Acetat haben bei der sogenannten Hydrolysentrennung (s. S. 90 und 400) Bedeutung.

   Urotropin hydrolysiert teilweise in NH_3 und Formaldehyd. Unter Einwirkung schwacher Säuren wie $[Al(OH_2)_6]^{3+}$ wird das Ammoniak aus dem Gleichgewicht entfernt und so das Gleichgewicht (s.u.) nach rechts verschoben. Der Aquakomplex geht dabei in das schwerlösliche Hydroxidgel über.

$$[Al(OH_2)_6]^{3+} \rightleftharpoons [Al(OH)_3(OH_2)_3]\downarrow + 3\,H^+$$
$$N_4(CH_2)_6 + 6\,H_2O \rightleftharpoons 4\,NH_3 + 6\,HCHO$$
$$NH_3 + H^+ \rightarrow NH_4^+$$

Vorteil dieser Methode ist, daß die Lösung im schwach sauren Gebiet verbleibt und dadurch eine Abtrennung der Hydroxide $M(OH)_x$ mit $x \geq 3$ von denjenigen mit $x = 2$ gelingt. Außerdem ist die Fällung von amphoterem $Al(OH)_3$ vollständig, da kein Hydroxokomplex gebildet werden kann. Auch wird die im alkalischen leicht erfolgende Oxidation von Mn^{2+} durch Luftsauerstoff zu MnO_2 verhindert, so daß kein MnO_2 mitfällt.

   Die Abtrennung der drei- und vierwertigen Kationen im schwach sauren Gebiet (pH 4–5) gelingt auch mit einem Essigsäure/Acetat-Puffergemisch. Dies ist besonders für die Trennung von Eisen und Mangan eine gute Methode. Hierbei wird vom Fe^{3+} zunächst ein löslicher, dreikerniger Acetatokomplex, $[Fe_3(O)(CH_3COO)_6]^+$, gebildet, der beim Aufkochen zum Eisen(III)hydroxidgel hydrolysiert wird.

   Im stark alkalischen Milieu geht das schwerlösliche, amphotere Aluminiumhydroxidgel in lösliche Hydroxokomplexe über:

$$[Al(OH)_3(OH_2)_3] + OH^- \rightleftharpoons [Al(OH)_4(OH_2)_2]^- + H_2O$$
$$[Al(OH)_4(OH_2)_2]^- + OH^- \rightleftharpoons [Al(OH)_5(OH_2)]^{2-} + H_2O$$
$$[Al(OH)_5(OH_2)]^{2-} + OH^- \rightleftharpoons [Al(OH)_6]^{3-} + H_2O$$

Aus den Hydrokomplexen kann man das Hydroxid wiederum ausfällen, wenn man die Hydroxidionen mit einer schwachen Säure wie der Kohlensäure oder dem Ammoniumkation wegfängt:

$$[Al(OH)_4]^- + CO_2 \rightarrow [Al(OH)_3] + HCO_3^-$$
$$[Al(OH)_4]^- + NH_4^+ \rightarrow [Al(OH)_3] + NH_3 + H_2O$$

Versuch: Verringerung der OH^--Konzentration einer $[Al(OH)_4]^-$-Lösung:

Eine Hydroxoaluminatlösung wird mit festem NH_4Cl versetzt. Es fällt $Al(OH)_3$ aus.

1.7.8 Pufferlösungen

> **Mischungen aus gleichen Anteilen einer schwachen Säure und ihrer korrespondierenden Base, bzw. aus einer schwachen Base und ihrer korrespondierenden Säure werden Pufferlösungen genannt. Sie sind in der Lage, sowohl H^+- als auch OH^--Ionen zu binden und halten daher den pH-Wert in weiten Konzentrationsbereichen konstant.**

In der Lösung einer schwachen Säure HA und ihrer korrespondierenden Base A^- bindet die Base die H^+-Ionen während die Säure die OH^--Ionen neutralisiert:

$$A^- + H^+ \rightarrow HA$$
$$HA + OH^- \rightarrow A^- + H_2O$$

Unter Vernachlässigung der Aktivitätskoeffizienten gilt:

$$\frac{c_{H^+} \cdot c_{A^-}}{c_{HA}} = K_S$$

$$c_{H^+} = \frac{c_{HA}}{c_{A^-}} \cdot K_S$$

Wenn die Konzentration der Säure HA gleich der Konzentration der Base A^- ist, ergibt sich für die Wasserstoffionenkonzentration und den pH-Wert:

$$c_{H^+} = K_S \quad \text{und} \quad pH = pK_S$$

Die maximale Pufferkapazität (s.u.) liegt vor, wenn das Verhältnis von $c_{HA}:c_{A^-}$ gleich 1:1 beträgt. Aus den oben angegebenen Gleichungen kann man ersehen, daß sich nach Zugabe von soviel Säure bzw. Base, daß sich das Verhältnis $c_{HA}:c_{A^-}$ von 1:1 auf 10:1 bzw. 1:10 ändert, der pH-Wert nur um eine Einheit geändert hat.

Versuch: Pufferwirkung einer CH_3COOH/CH_3COO^--Lösung.

Zwei Reagenzgläser füllt man mit Wasser, zwei weitere mit je 5 ml 1 mol/l CH_3COOH + 5 ml 1 mol/l $NaCH_3COO$ und fügt zu allen Reagenzgläsern 2 Tropfen Methylrot hinzu. Ein Reagenzglas mit Wasser versetzt man mit 1–2 Tropfen 2 mol/l HCl, es tritt sofort die rote Farbe auf. Im Acetatpuffer dagegen bleibt die Mischfarbe des Indikators auch bei Zugabe von mehr HCl bestehen. Entsprechende Ergebnisse (gelbe Farbe) erhält man bei tropfenweiser Zugabe von NaOH zu Wasser und zu dem Puffer.

1.7.8.1 Pufferkapazität

> **Die Aufnahmefähigkeit einer Pufferlösung für starke Säuren und starke Basen wird als Pufferkapazität bezeichnet.**

Die Pufferkapazität ist von der vorliegenden Stoffmenge des Puffergemisches abhängig. Wie man aus Abb. 1.20 am Beispiel des Acetatpuffers ersehen kann, ist

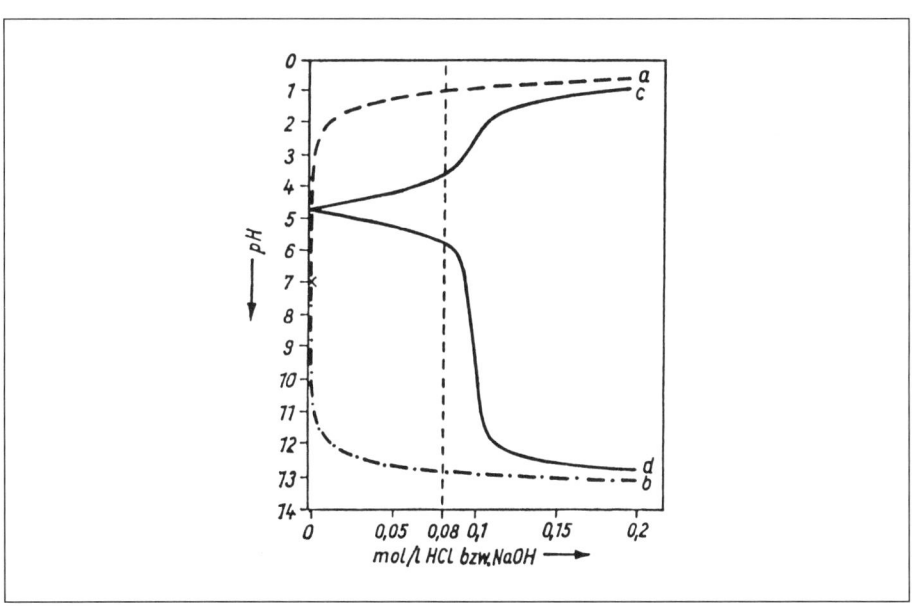

Abb. 1.20: Änderung des pH-Werts in einem Puffergemisch aus Essigsäure und Acetat bei Zugabe einer starken Säure bzw. starken Base.

Puffergemisch: 0,1 mol/l CH_3COOH und 0,1 mol/l $NaCH_3COO$.

a: pH-Werte von reinen HCl-Lösungen.
b: pH-Werte von reinen NaOH-Lösungen.
c: pH-Werte des Puffergemischs bei Zugabe von HCl.
d: pH-Werte des Puffergemischs bei Zugabe von NaOH.

die Pufferkapazität am größten, wenn die Konzentration an schwacher Säure und ihrer korrespondierenden Base gleich ist. In diesem Fall entspricht der pH-Wert dem pK_S-Wert der schwachen Säure.

Die Kapazität des in Abb. 1.20 vorgegebenen Puffers wird überschritten, wenn mehr als 0,08 mol/l Säure bzw. Base zugesetzt werden.

Nach Zugabe von 0,1 mol HCl je Liter ist das gesamte Acetat in CH_3COOH umgewandelt, deren Gesamtkonzentration jetzt den Wert von 0,2 mol/l erreicht hat. Das entspricht einem pH-Wert von 2,72.

Nach Zugabe von 0,1 mol NaOH je Liter ist die gesamte Essigsäure in Acetat umgesetzt, das nunmehr in einer Konzentration von 0,2 mol/l vorliegt. Der pH-Wert einer solchen Lösung beträgt 9,02.

Der pH-Wert einer reinen wäßrigen Lösung von HCl oder NaOH ist in Abb. 1.20 durch die gestrichelten Kurven (a, b) wiedergegeben. Er ändert sich im mittleren pH-Bereich stark und wird nur an den Extrempunkten mit pH = 1 bzw. pH = 13 konstant gehalten.

1.7.9 Ausgewählte Säuren und Basen

1.7.9.1 Verhalten höhergeladener Kationen in wäßriger Lösung

Aquakomplexe $[M(OH_2)_x]^{n+}$ sind Säuren. Ihre Säurestärke nimmt mit steigender Ionenladung $n+$ und abnehmender Größe, d.h. mit zunehmendem Ionenpotential (s. Kap. 1.3.2.6) des Zentralatoms zu, da die Anziehungskraft zwischen Zentralatom und den Sauerstoffatomen der Wasserdipole und zugleich auch die Abstoßung zwischen Zentralatom und den Wasserstoffatomen zunimmt. Hierbei wird die Polarität der $O-H$-Bindung im koordinierten Wassermolekül verstärkt und die Ablösung der Protonen erleichtert. Bei Kationen mit der Ladung $+4$ und höher wird die Säurestärke so groß, daß reine Aquakomplexe kaum existieren, wie das Beispiel des vierwertigen Titans zeigt. Es bildet in saurer Lösung Komplexe der Art $[Ti(OH)_2(OH_2)_2]^{2+}$ oder $[Ti(OH)_3(OH_2)]^+$, die früher als Titanylionen, TiO^{2+}, angesehen wurden. Bei noch größerer Ionenstärke, wie sie bei C^{4+}, Si^{4+}, N^{5+}, P^{5+}, S^{6+} oder Cr^{6+} vorliegt, werden Hydroxo- oder Oxokomplexionen gebildet. Angegeben sind die Oxokomplexe, die je nach pH-Wert teilweise protoniert sein können, wie am Beispiel des Phosphations gezeigt ist:

$$CO_3^{2-}, \ SiO_4^{4-}, \ NO_3^-, \ PO_4^{3-}, \ SO_4^{2-} \ \text{oder} \ CrO_4^{2-}.$$

$$[PO_4]^{3-} \xrightarrow{H^+} [PO_3(OH)]^{2-} \xrightarrow{H^+} [PO_2(OH)_2]^- \xrightarrow{H^+} [PO(OH)_3]$$

In vielen Fällen treten zusätzlich Kondensationsreaktionen ein, die zu mehrkernigen und polymeren Verbindungen oder Ionen führen.

> Unter einer Kondensation versteht man eine chemische Reaktion, bei der sich mindestens zwei Moleküle oder Ionen unter Austritt eines einfachen Moleküls (z.B. Wasser, Ammoniak oder HCl) zu einem größeren Molekül oder Ion vereinigen. Treten viele Moleküle zu einem Polymer zusammen, so spricht man von einer Polykondensation.

Beispielsweise entsteht aus Chromat beim Ansäuern Dichromat und die Orthokieselsäure kondensiert über mehrere Stufen bis zum SiO_2-Gel:

$$[O_3Cr-OH]^- + [HO-CrO_3]^- \xrightarrow{H^+} [O_3Cr-O-CrO_3]^{2-} + H_2O$$

$$(HO)_3Si-OH + n\,Si(OH)_4 + HO-Si(OH)_3 \xrightarrow[-(n+1)H_2O]{H^+}$$

$$(HO)_3Si-O-[Si(OH)_2]_n-O-Si(OH)_3 \xrightarrow[-H_2O]{H^+} \to \to SiO_2 \cdot aq.$$

1.7.9.2 Hydroxide und Sauerstoffsäuren der Elemente

Metalloxide können mit Wasser Hydroxide bilden. Aus Oxiden der Nichtmetalle entstehen mit Wasser Säuren. Die Nichtmetalloxide werden daher auch als **Anhydride** der Säuren bezeichnet.

$$CaO + H_2O \to Ca(OH)_2$$
$$SO_3 + H_2O \to H_2SO_4$$

Bei der Reaktion des Anhydrids mit Wasser ändert sich die Oxidationsstufe des Zentralatoms nicht. Demgemäß ist beispielsweise NO_2 kein Anhydrid einer Säure, da es mit Wasser zu HNO_3 und NO disproportioniert.

Hydroxoverbindungen können in Abhängigkeit vom Zentralatom sowohl Eigenschaften einer Base als auch einer Säure aufweisen, wie die Beispiele der Base $Al(OH)_3$ und der Orthokieselsäure $Si(OH)_4$ zeigen.

$$Al(OH)_3 + 3\,H_3O^+ \to [Al(H_2O)_6]^{3+}$$
$$Si(OH)_4 + OH^- \to [SiO(OH)_3]^- + H_2O$$

Zur besseren Unterscheidung von basischen Hydroxiden und Säuren schreibt man letztere meist in der Form H_4SiO_4 anstelle von $Si(OH)_4$, obwohl die abspaltbaren Protonen an den Sauerstoffatomen gebunden sind.

Die Basen- bzw. Säureeigenschaft und ihre jeweilige Stärke hängt dabei vom Metall- bzw. Nichtmetallcharakter, d.h. dem elektropositiven bzw. elektronegativen Charakter der Elemente ab.

Wie bereits im vorausgehenden Kapitel erläutert wurde, beeinflußt die Stärke der Element-Sauerstoff-Bindung die Festigkeit der $O-H$-Bindung und damit die Säurestärke. Die Stärke der Element-Sauerstoff-Bindung ist umso größer je höher das Ionenpotential (s. Kap. 1.3.2.6), das heißt je größer die Ladung und je kleiner der Radius des Zentralatoms ist. Bei zunehmender Festigkeit der Bindung wird das Sauerstoffatom stärker deformiert. Seine Elektronenhülle wird vom positiv geladenen Element angezogen, sein Kern wird abgestoßen. Damit lockert sich die Bindung zwischen Sauerstoff und Wasserstoff im Hydroxid, die Abspaltung des Protons wird erleichtert und der Säurecharakter nimmt zu.

a) Säure- und Basenstärke in Abhängigkeit von der Stellung im Periodensystem der Elemente

Innerhalb einer Periode der Hauptgruppenelemente nehmen die Atomradien von links nach rechts ab und die maximale Oxidationsstufe zu. Damit steigt das Ionenpotential; der Basencharakter nimmt ab und der Säurecharakter nimmt zu, wie die folgenden Beispiele zeigen:

$NaOH$:   stark basisch
$Mg(OH)_2$: mittelstarke Base
$Al(OH)_3$: schwache Base, amphoterer Charakter
H_4SiO_4: sehr schwache Säure: $K_{S_1} = 10^{-9,6}$ mol/l
H_3PO_4: mittelstarke Säure: $K_{S_1} = 10^{-1,96}$ mol/l
H_2SO_4: starke Säure: $K_{S_1} = 10^{+3}$ mol/l
$HClO_4$: sehr starke Säure: $K_{S_1} \approx 10^{+10}$ mol/l

In der gleichen Reihenfolge geht die Löslichkeit in Wasser durch ein Minimum. $Al(OH)_3$ und H_4SiO_4 lösen sich in Wasser praktisch nicht.

Innerhalb einer Gruppe des Periodensystems bleibt zwar die Ladung des Zentralatoms gleich, der Ionenradius vergrößert sich jedoch mit steigender Ordnungszahl. Die basischen Eigenschaften nehmen daher zu, die Säureeigenschaften ab. Als Beispiele sind Verbindungen der 5. Hauptgruppe aufgeführt:

HNO_2 und H_3PO_3:   schwache Säuren
H_3AsO_3 und $SbO(OH)$: amphoter
$Bi(OH)_3$:   schwache Base

Hydroxide, die in einer solchen Reihe den Übergang von überwiegenden Säureeigenschaften zu überwiegenden Baseeigenschaften bilden, sind amphoter.

In den Nebengruppen ändert sich der Atomradius weniger stark. Die Basizität der Hydroxide nimmt daher mit steigender Ordnungszahl nur schwach zu.

b) Säure- und Basenstärke in Abhängigkeit von der Oxidationsstufe

Bei ein und demselben Element nehmen mit steigender Oxidationsstufe der Basencharakter ab und der Säurecharakter zu:

1. Mangan- und Chromverbindungen

basisch	amphoter		sauer
$\overset{+II}{Mn}(OH)_2$	$\overset{+IV}{Mn}O(OH)_2$	$H_2\overset{+VI}{Mn}O_4$	$H\overset{+VII}{Mn}O_4$
	$\overset{+III}{Cr}(OH)_3$		$H_2\overset{+VI}{Cr}O_4$

2. Sauerstoffsäuren des Chlors

$HClO$: $K_S = 10^{-7,25}$ mol/l; $HClO_2$: $K_S \approx 10^{-2}$ mol/l;

$HClO_3$: $K_S \approx 1$ mol/l; $HClO_4$: $K_S \approx 10^{+10}$ mol/l;

3. Sauerstoffsäuren des Schwefels

H_2SO_3: $K_{S_1} \approx 10^{-2}$ mol/l; H_2SO_4: $K_{S_1} \approx 10^{+3}$ mol/l

4. Weitere Beispiele

schwache Säure	starke Säure	schwache Base	stärkere Base
HNO_2	HNO_3	$Fe(OH)_3$	$Fe(OH)_2$
H_3PO_3	H_3PO_4		

1.7.9.3 Säuretypen und Nomenklatur

Die Zusammensetzung der Sauerstoffsäuren, die die Elemente ab der dritten Hauptgruppe bilden können, wird naturgemäß durch die Stellung des betreffenden Elements im PSE bestimmt. Daneben bilden sich bei sukzessiver Aufnahme von Wasser verschiedene Säuretypen. Im folgenden sind – ausgehend von den Anhydriden der Elemente in der höchsten Oxidationsstufe – die möglichen Typen zusammengestellt:

Nummer der Hauptgruppe	3	4	5	6	7
Anhydride	E_2O_3	EO_2	E_2O_5	EO_3	E_2O_7
meta-Formen	HEO_2	H_2EO_3	HEO_3	H_2EO_4	HEO_4
meso-Formen (bzw. ortho-Formen)			H_3EO_4	H_4EO_5 H_5EO_6	H_3EO_5
ortho-Formen	H_3EO_3	H_4EO_4	H_5EO_5	H_6EO_6	H_7EO_7

(E = betreffendes Element)

Die „wasserärmste" Säure ist die **meta-Form**; sie wird überall erreicht. Als **ortho-Form** wird strenggenommen jeweils diejenige Verbindung benannt, die eine der Oxidationsstufe des Zentralions E entsprechende Anzahl Sauerstoffatome enthält. Die **meso-Formen** nehmen eine Zwischenstellung ein. Häufig wird jedoch die der Oxidationsstufe entsprechende Anzahl Sauerstoffatome bei der Zusammensetzung der Säuren nicht erreicht. In der Literatur wird daher in der Regel die beständigste wasserreichste Form als ortho-Form bezeichnet, wie das Beispiel der Orthophosphorsäure, H_3PO_4 zeigt.

Tritt ein säurebildendes Element in einer niedrigeren Oxidationsstufe auf, z.B. Arsen in der arsenigen Säure H_3AsO_3 mit +III, so gelten die Säuretypen der entsprechenden Gruppe, hier der 3. Gruppe.

Die Ausbildung und Stabilität der verschiedenen Säuretypen ist in erster Linie von der Größe des Zentralions E abhängig. Da innerhalb einer Gruppe des PSE mit steigender Ordnungszahl der Ionenradius zunimmt, kann auch die Koordinationszahl zunehmen und entsprechend mehr Wasser aufgenommen werden. Die Beständigkeit der meso- und ortho-Formen wird demgemäß größer, wie folgende Beispiele zeigen:

6. Hauptgruppe:	H_2SO_4	H_6TeO_6	
Koordinationszahl:	4	6	
7. Hauptgruppe:	HIO_4	$H_6I_2O_{10}$	H_5IO_6
Koordinationszahl:	4	6	6

HIO_4 ist wie $H_6I_2O_{10}$ nur als Salz, H_5IO_6 auch in wäßriger Lösung stabil (s. S. 286).

1.7.9.4 Element-Wasserstoff-Verbindungen

Die binären Verbindungen der Elemente mit Wasserstoff werden häufig allgemein als **Hydride** bezeichnet, obwohl strenggenommen dieser Name nur den Verbindungen mit Wasserstoff in der Oxidationsstufe −I zukommt. Man unterscheidet kovalente Hydride, die als gasförmige oder leichtflüchtige Moleküle oder polymere Verbindungen auftreten können, sowie salzartige Hydride und metallische oder legierungsartige Hydride.

In den salzartigen Hydriden liegt der Wasserstoff als Hydridion H⁻ vor. Sie entstehen mit den stark elektropositiven Alkali- und Erdalkali-Elementen. Die Elemente der Nebengruppen bilden, soweit überhaupt binäre Wasserstoffverbindungen bekannt sind, hauptsächlich metallische Hydride.

Innerhalb der Perioden der Hauptgruppenelemente vollzieht sich von links nach rechts ein Übergang von den salzartigen zu den kovalenten Wasserstoffverbindungen. Zugleich erfolgt ein Wechsel vom negativ zum positiv polarisierten Wasserstoff (z. B. zwischen SiH_4 und H_2S), verbunden mit einer Zunahme des Säurecharakters.

salzartig	kovalent, polymer		kovalent, gasförmig			
NaH	$[MgH_2]_x$	$[AlH_3]_x$	SiH_4	PH_3	H_2S	HCl

a) Thermische Beständigkeit innerhalb der Hauptgruppen

Die thermische Beständigkeit der Element-Wasserstoff-Verbindungen nimmt innerhalb der Hauptgruppen mit steigender Ordnungszahl ab. Beispiele sind die Reihen:

LiH,   NaH,   KH,   RbH,   CsH;

NH_3, PH_3, AsH_3, SbH_3, BiH_3;

HF,   HCl,   HBr,   HI.

In der zweiten Reihe ist nur NH_3 eine thermodynamisch stabile Verbindung mit einer negativen Bildungsenthalpie; bei PH_3 ist die Bildungsenthalpie schon positiv und sie steigt mit steigender Ordnungszahl stark an. Auch in der Reihe der Halogenwasserstoffe nimmt die Bildungsenthalpie mit steigender Ordnungszahl zu (HF: -543 kJ/mol; HI: $-9{,}5$ kJ/mol).

b) Änderung der Säurestärke bzw. Basizität innerhalb der Hauptgruppen

Die **Säurestärke** der binären Element-Wasserstoff-Verbindungen nimmt innerhalb einer Hauptgruppe mit steigender Ordnungszahl zu, da mit steigendem Ionenradius des Elements die Stärke der Element-Wasserstoff-Bindung abnimmt. So ist bei den Halogenwasserstoffen HI die stärkste Säure und in der nachfolgenden Reihe ist es H_2Te.

$$H_2O:\ K_{S_1} = 10^{-15{,}7}\,\text{mol/l}; \qquad H_2S:\ K_{S_1} = 10^{-6{,}9}\,\text{mol/l};$$
$$H_2Se:\ K_{S_1} = 10^{-3{,}85}\,\text{mol/l}; \qquad H_2Te:\ K_{S_1} = 10^{-2{,}6}\,\text{mol/l}$$

Die Änderung des **Basencharakters** in wäßriger Lösung erkennt man beispielsweise an der Lage des folgenden Gleichgewichts:

$$EH_3 + H^+ \rightleftharpoons [EH_4]^+$$

Beim NH_3 liegt es auf der Seite des Ammoniumions; beim Phosphan, PH_3, ist es weitgehend nach links verschoben. So zerfallen Phosphoniumsalze in wäßriger Lösung wie z.B. PH_4Br in PH_3 und HBr, bzw. in PH_3, H_3O^+ und Br^-. Arsoniumionen $[AsH_4]^+$ und Stiboniumionen $[SbH_4]^+$ sind nur unter extremen Bedingungen bei tiefer Temperatur stabil.

c) Grimmsches Hydridverschiebungsgesetz

Aufgrund des Grimmschen Hydridverschiebungsgesetzes läßt sich das Verhalten verschiedener wasserstoffhaltiger Atomgruppen mit entsprechenden Atomen vergleichen. Danach verändern die Atome ab der vierten Hauptgruppe durch Aufnahme von Wasserstoffatomen ihre Eigenschaften derartig, daß sich die entstehenden Atomgruppen wie Pseudoatome verhalten, die den Atomen ähnlich sind, die um die Anzahl der gebundenen H-Atome weiter rechts im PSE stehen. Beispielsweise verhält sich ein OH^--Ion wie ein F^-, ein CH_2 oder ein NH verhält sich wie ein Sauerstoffatom. Die Analogie erfaßt auch die Vergleichbarkeit vom NH_4^+ mit einem Alkalimetallion. In nachfolgender Übersicht sind die möglichen Atomgruppen den jeweiligen Elementen zugeordnet:

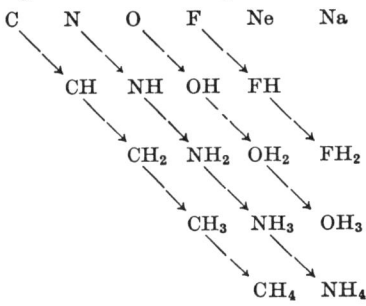

1.8 Löslichkeitsprodukt und Löslichkeit schwerlöslicher Elektrolyte

1.8.1 Das Löslichkeitsprodukt

Ein Salz dissoziiert in Wasser in seine Ionen. Auch bei schwerlöslichen Salzen kann man annehmen, daß die Dissoziation zu einem geringen Anteil erfolgt. Befindet sich die gesättigte Lösung eines Salzes mit dem ungelösten, festen Bodenkörper im heterogenen Gleichgewicht (s. Kap. 1.6.3.2), so kann das MWG angesetzt werden. Für einen 1:1-Elektrolyten MX gilt:

$$MX \rightleftharpoons M^+ + X^-$$

$$\frac{a_{M^+} \cdot a_{X^-}}{a_{MX}} = K_a$$

Bei Gegenwart eines Bodenkörpers ist die Aktivität a_{MX} konstant. Sie kann daher mit in die Gleichgewichtskonstante K_a einbezogen werden:

$$K_a \cdot a_{MX} = \text{konst.} = a_{M^+} \cdot a_{X^-} = K^a_{L_{MX}}$$

$K^a_{L_{MX}}$ wird **thermodynamisches Löslichkeitsprodukt** genannt.

Mit $a = f \cdot c$ erhält man:

$$f \cdot c_{M^+} \cdot f \cdot c_{X^-} = f^2 \cdot c_{M^+} \cdot c_{X^-} = K^a_{L_{MX}}$$

Bei sehr verdünnten Lösungen, wie sie bei schwerlöslichen Elektrolyten in Abwesenheit von Fremddionen vorliegen, ist $f \approx 1$ und man kann das thermodynamische Löslichkeitsprodukt näherungsweise durch das **stöchiometrische Löslichkeitsprodukt** ersetzen:

$$c_{M^+} \cdot c_{X^-} = K^c_{L_{MX}} \approx K^a_{L_{MX}}$$

Thermodynamisches Löslichkeitsprodukt: $\quad a_{M^+} \cdot a_{X^-} = K^a_{L_{MX}}$
Stöchiometrisches Löslichkeitsprodukt: $\quad c_{M^+} \cdot c_{X^-} = K^c_{L_{MX}}$

Allgemein gilt für schwerlösliche Elektrolyte $M_m X_n$ bei Anwendung des stöchiometrischen Löslichkeitsprodukts:

$$M_m X_n \rightleftharpoons mM^{n+} + nX^{m-}$$

$$c^m_{M^{n+}} \cdot c^n_{X^{m-}} = K^c_{L_{M_m X_n}}$$

Das Löslichkeitsprodukt gibt an, in welchem Maße ein schwerlösliches Salz in seine Ionen dissoziiert. Fügt man andererseits die Ionen eines schwerlöslichen

Salzes in wäßriger Lösung zusammen, so fällt der Niederschlag aus, sobald das Produkt der Ionenkonzentrationen den Wert des Löslichkeitsprodukts überschreitet.

Versuch: Löslichkeit von $KClO_4$.

KClO$_4$ wird aus einer verd. HClO$_4$ mit KCl gefällt, abfiltriert, gewaschen und anschließend in heißem Wasser gelöst. Nach dem Abkühlen wird die über dem Bodenkörper befindliche gesättigte KClO$_4$-Lösung abgegossen, geteilt und a) mit KOH, b) mit HClO$_4$ versetzt. In beiden Fällen fällt KClO$_4$ aus, da das Löslichkeitsprodukt überschritten wird.

1.8.2 Molare Löslichkeit

Aus dem Löslichkeitsprodukt läßt sich die Konzentration der einzelnen Ionen in der gesättigten Lösung und die Löslichkeit des Elektrolyten berechnen.

Für 1:1-Elektrolyte vom Typ MX gilt:

$$\underset{\text{Bodenkörper}}{MX} \; \rightleftharpoons \; \underset{\text{gesättigte Lösung}}{M^+ + X^-}$$

$$c_{M^+} \cdot c_{X^-} = K^c_{L_{MX}}$$

Bei der Dissoziation von MX entstehen gleich viel Ionen M^+ wie X^-. Ihre Konzentration entspricht der Löslichkeit C_{MX}, bzw. der Molarität der gesättigten Lösung.

$$c_{M^+} = c_{X^-} = C_{MX}$$

$$C^2_{MX} = K^c_{L_{MX}}, \qquad C_{MX} = \sqrt{K^c_{L_{MX}}}$$

Beispiel: Fällung von $KClO_4$.

$K^c_{L_{KClO_4}} = 10^{-2,05} \, mol^2/l^2$, $C_{KClO_4} = 10^{-1,025} \, mol/l$.
M_K = molare Masse des K = 39,10 mg/mmol.

Gibt man zu 1 ml einer K^+-Lösung 1 ml 2 mol/l HClO$_4$, so erhält man mit $c_{ClO_4^-} = 1 \, mol/l$ aus der folgenden Rechnung die Konzentration an K^+, bei der gerade noch keine Fällung erfolgt:

$$c_{K^+} = \frac{K^c_{L_{KClO_4}}}{c_{ClO_4^-}} = 10^{-2,05} \, mol/l$$

Diese entspricht in 2 ml Gesamtvolumen einer gesamten Masse Kalium von:

$$M_{K^+} \cdot c_{K^+} \cdot V = 39,10 \, \frac{mg}{mmol} \cdot 10^{-2,05} \, \frac{mmol}{ml} \cdot 2 \, ml = 0,69 \, mg.$$

Enthält die ursprüngliche Lösung weniger als 0,7 mg Kalium, so versagt der Nachweis auf Kalium (s. S. 379).

Für 2:1-Elektrolyte vom Typ M$_2$X gilt:

$$\underset{\text{Bodenkörper}}{M_2X} \; \rightleftharpoons \; \underset{\text{gesättigte Lösung}}{2M^+ + X^{2-}}$$

$$c_{M^+}^2 \cdot c_{X^{2-}} = K_{L_{M_2X}}^c$$

Bei der Dissoziation von M_2X entstehen doppelt soviel Ionen M^+ wie X^{2-}.

$$c_{M^+} = 2c_{X^{2-}} \quad \text{und} \quad c_{X^{2-}} = \frac{c_{M^+}}{2}$$

Durch Einsetzen ins Löslichkeitsprodukt erhält man:

$$\frac{1}{2} c_{M^+}^3 = 4 c_{X^{2-}}^3 = K_{L_{M_2X}}^c$$

und daraus:

$$c_{M^+} = \sqrt[3]{2 K_{L_{M_2X}}^c} \quad \text{und} \quad c_{X^{2-}} = \sqrt[3]{\frac{K_{L_{M_2X}}^c}{4}}$$

Für die Löslichkeit des Elektrolyten ist anzusetzen:

$$C_{M_2X} = c_{X^{2-}} = \sqrt[3]{\frac{K_{L_{M_2X}}^c}{4}}$$

Die allgemeine Beziehung zwischen molarer Löslichkeit und Löslichkeitsprodukt lautet:

$$C_{M_mX_n} = \sqrt[m+n]{\frac{K_{L_{M_mX_n}}^c}{m^m n^n}}$$

Die praktische Bedeutung der Gleichung ist jedoch beschränkt. Denn bei Verbindungen aus mehr als drei Komponenten wie Sb_2S_3 oder $Al(OH)_3$ ist die Voraussetzung einer vollständigen Dissoziation nicht mehr erfüllt. Es tritt meist stufenweise Dissoziation ein. Die Verwendung des Löslichkeitsprodukts liefert in diesen Fällen höchstens qualitative Hinweise.

Bei Salzen des gleichen Typs (z.B. MX) ist die molare Löslichkeit umso geringer, je kleiner der Wert des betreffenden Löslichkeitsprodukts ist. Bei Salzen unterschiedlichen Typs (wie z.B. MX und M_2X) muß man zum Vergleich erst die entsprechenden molaren Löslichkeiten berechnen. Einige Beispiele sollen dies verdeutlichen:

Silbersalz	Ag_2CrO_4	$AgIO_3$	$AgCl$	$AgSCN$	$AgBr$	AgI
$K_{L_{Ag_mX_n}}$	$10^{-11,7}$	$10^{-7,7}$	$10^{-9,96}$	10^{-12}	$10^{-12,4}$	10^{-16}
$C_{Ag_mX_n}$	$10^{-4,1}$	$10^{-3,85}$	10^{-5}	10^{-6}	$10^{-6,2}$	10^{-8}

Beispielsweise entspricht der Zahlenwert des Löslichkeitsprodukts des Ag_2CrO_4 weitgehend dem des AgSCN (die Einheit ist jedoch mol^3/l^3 bzw. mol^2/l^2). Die Löslichkeit des Ag_2CrO_4 ist hingegen wesentlich höher als die des AgSCN.

Die Angaben über Löslichkeitsprodukte in der Literatur schwanken sehr, da häufig unterschiedliche Untersuchungsmethoden angewandt werden. Die Werte können daher nur als Grundlage für die Berechnung der Größenordnung der Löslichkeit dienen.

1.8.3 Fällung schwerlöslicher Elektrolyte

Fällungsreaktionen schwerlöslicher Elektrolyte können mit oder ohne Änderung des pH-Werts der Lösung verlaufen.

Im ersten Fall stellt sich ein pH-abhängiges Gleichgewicht ein:

$$Zn^{2+} + H_2S \qquad \rightleftharpoons ZnS\downarrow + 2H^+ \qquad (s.\ S.\ 414)$$
$$2\,Ba^{2+} + Cr_2O_7^{2-} + H_2O \rightleftharpoons 2\,BaCrO_4\downarrow + 2H^+ \quad (s.\ S.\ 398)$$

Im zweiten Fall verläuft die Fällung weitgehend unabhängig vom pH-Wert nahezu quantitativ:

$$Ag^+ + Cl^- \quad \rightarrow \quad AgCl\downarrow \qquad (s.\ S.\ 270\ und\ 516f.)$$
$$Ba^{2+} + SO_4^{2-} \quad \rightarrow \quad BaSO_4\downarrow \qquad (s.\ S.\ 306\ und\ 399)$$

1.8.3.1 Fällungen ohne pH-Änderung

Als Beispiel für eine Fällung ohne pH-Abhängigkeit soll die Fällung von Ag^+ als AgCl dienen. Abb. 1.21 zeigt die Abhängigkeit der Löslichkeit des AgCl von der Cl^--Konzentration der Lösung in logarithmischer Auftragung.

Als Konzentrationsmaß sind die p_{AgCl}- bzw. p_{Cl^-}-Werte aufgetragen. Diese sind analog dem pH-Wert als der negative dekadische Logarithmus der Konzentration definiert.

Das Maximum der Löslichkeit von AgCl liegt bei einem äquivalenten Verhältnis der Ionen – also am Äquivalenzpunkt der Fällungsreaktion – vor:

$$c_{Cl^-} = c_{Ag^+} = \sqrt{K^c_{L_{AgCl}}} = 10^{-5}\ mol/l$$

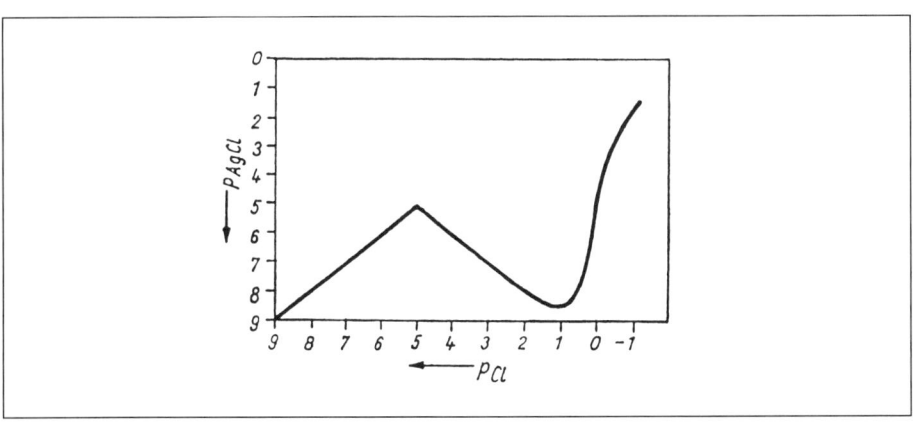

Abb. 1.21: Abhängigkeit der Löslichkeit des AgCl von der Cl^--Konzentration in der Lösung.

Eine weitgehend quantitative Fällung von Ag^+ wird durch einen geringen Überschuß an Cl^--Ionen (Lösung etwa $10^{-1,5}$ mol/l an Cl^-) erreicht. Entsprechend dem Löslichkeitsprodukt sinkt dann c_{Ag^+} auf $10^{-8,5}$ mol/l erheblich ab:

$$c_{Ag^+} = \frac{K^c_{L_{AgCl}}}{c_{Cl^-}} = \frac{10^{-10}}{10^{-1,5}} = 10^{-8,5} \text{ mol/l}$$

Höhere Cl^--Konzentrationen sind schädlich, da bei $c_{Cl^-} \geq 10^{-1}$ mol/l AgCl unter Bildung von $[AgCl_2]^-$-Komplexen teilweise wieder in Lösung geht (s. S. 94).

1.8.3.2 Fällungen mit pH-Änderung

Als Beispiele für pH-abhängige Reaktionen sollen die analytisch wichtigen Hydroxid- und Sulfidfällungen behandelt werden.

1. Hydroxidfällungen

Die Fällung der schwerlöslichen Hydroxide erfolgt in einem bestimmten pH-Bereich, der vom Löslichkeitsprodukt des Hydroxids und der Ausgangskonzentration des zu fällenden Kations abhängig ist.

Tab. 1.10 gibt die Löslichkeitsprodukte und die theoretischen **pH-Bereiche der Fällung einiger schwerlöslicher Hydroxide** wieder.

Die Konzentration der Ausgangslösung soll 10^{-2} mol/l an dem jeweiligen Kation sein. Angegeben ist der pH-Wert des Beginns der Fällung. Eine für analyti-

Tab. 1.10: Löslichkeitsprodukte und theoretische pH-Bereiche der Fällung von Hydroxiden.

	pK_L	Theoretische Fällungs-pH-Bereiche			pK_L	Theoretische Fällungs-pH-Bereiche	
		Fällungs-beginn $c_{M^{n+}} = 10^{-2}$ mol/l	Vollstän-dige Ab-scheidung $c_{M^{n+}} = 10^{-5}$ mol/l			Fällungs-beginn $c_{M^{n+}} = 10^{-2}$ mol/l	Vollstän-dige Ab-scheidung $c_{M^{n+}} = 10^{-5}$ mol/l
AgOH	7,7	8,3	11,3	$Zn(OH)_2$	16,8	6,6	8,1
				$Be(OH)_2$	18,6	5,7	7,2
$Ca(OH)_2$	–	12,4	13,9	$Cu(OH)_2$	19,8	5,1	6,6
$Mg(OH)_2$	10,9	9,6	11,1	$Sn(OH)_2$	25,3	2,4	3,9
$Fe(OH)_2$	13,5	8,3	9,8				
$Ni(OH)_2$	13,8	8,1	9,6	$Cr(OH)_2$	30,2	4,6	5,6
$Cd(OH)_2$	13,9	8,1	9,6	$Al(OH)_3$	32,7	3,8	4,8
$Mn(OH)_2$	14,2	7,9	9,4	$Fe(OH)_3$	37,4	2,2	3,2
$Pb(OH)_2$	15,6	7,2	8,7	$Sb(OH)_3$	41,4	0,9	1,9
$Co(OH)_2$	15,7	7,2	8,7				

pK_L-Werte aus *Seel*, Grundlagen der analytischen Chemie (1976).

sche Zwecke ausreichende, praktisch vollständige Fällung ist erreicht, wenn die Konzentration des Kations auf 10^{-5} mol/l abgesunken ist. Die experimentellen Werte weichen von den theoretischen manchmal etwas ab, wenn z. B. das Löslichkeitsprodukt nur ungenau bekannt ist oder basische Salze ausgefällt werden.

Bei amphoteren Hydroxiden erfolgt bei höheren pH-Werten Wiederauflösung unter Bildung von Hydroxokomplexen.

Die Berechnung des pH-Bereichs der Fällung ergibt sich aus dem Löslichkeitsprodukt, wie das Beispiel für ein Hydroxid $M(OH)_2$ zeigt:

$$\text{Fällungsreaktion: } M^{2+} + 2\,OH^- \rightarrow M(OH)_2\downarrow$$

$$\text{Löslichkeitsprodukt: } c_{M^{2+}} \cdot c_{OH^-}^2 = K_L$$

$$c_{OH^-}^2 = \frac{K_L}{c_{M^{2+}}}$$

Aus dem Ionenprodukt des Wassers folgt: $c_{OH^-} = \dfrac{K_W}{c_{H^+}}$

Durch Einsetzen erhält man: $\dfrac{K_W^2}{c_{H^+}^2} = \dfrac{K_L}{c_{M^{2+}}}$ und $c_{H^+} = \sqrt{\dfrac{c_{M^{2+}}}{K_L} \cdot K_W}$

Beispiel: Fällung von $Mg(OH)_2$.

Ausgangskonzentration $c_{Mg^{2+}} = 10^{-2}$ mol/l; vollständige Fällung wird bei $c_{Mg^{2+}} = 10^{-5}$ mol/l angenommen; $K_L = 10^{-10,9}$.

a) Beginn der Fällung:

$$c_{H^+} = \sqrt{\frac{10^{-2}}{10^{-10,9}} \cdot 10^{-14}} \text{ mol/l} = 10^{-9,55} \text{ mol/l}; \quad pH = 9,55$$

b) Vollständige Fällung:

$$c_{H^+} = \sqrt{\frac{10^{-5}}{10^{-10,9}} \cdot 10^{-14}} \text{ mol/l} = 10^{-11,05} \text{ mol/l}; \quad pH = 11,05$$

In der analytischen Chemie wird die Hydroxidfällung zur **Trennung von Kationen unterschiedlicher Ladung** ausgenutzt. Voraussetzungen einer erfolgreichen Trennung von Elementen über ihre Hydroxide sind:

a) Unterschied der pH-Werte der Fällung von mindestens 2 Einheiten.

b) Vermeidung eines auch nur vorübergehend überhöhten pH-Wertes an irgend einer Stelle der Lösung.

Wird das schwerer lösliche Hydroxid aus wäßriger Lösung durch Eintropfen von Lauge gefällt, so tritt vorübergehend ein so hoher pH-Wert auf, daß schon die Abscheidung des leichter löslichen Hydroxids beginnt. Die Spuren des leichter löslichen Niederschlags werden durch den schwerer löslichen eingeschlossen und gehen beim Ausgleich des pH-Werts nur schwer wieder in Lösung.

c) Einstellen eines konstanten, für die Fällung günstigen pH-Werts in der Reaktionslösung.

Viele Hydroxide gehen im Überschuß des Fällungsmittels NaOH oder NH_3 durch Bildung von Hydroxo- oder Amminkomplexen wieder in Lösung.

Die Forderungen b) und c) lassen sich durch Benutzung von Puffersystemen und Fällung aus homogener Lösung realisieren.

Am wirkungsvollsten sind **Hydrolysetrennungen**, bei denen die unterhalb von pH = 5 ausfallenden Ionen von solchen, die sich erst oberhalb pH = 7 abscheiden, getrennt werden.

Hierbei wird die bereits in wäßriger Lösung beginnende Hydrolyse der Aquakomplexe durch Zugabe einer Base verstärkt, z. B.

$$[M(OH_2)_6]^{3+} \rightleftharpoons [M(OH)(OH_2)_5]^{2+} + H^+$$

Als puffernde Reagenzien können dienen: NH_3/NH_4Cl, Urotropin/NH_4Cl, genau dosierte Salze schwacher Säuren ($NaCH_3COO$, $Na_2S_2O_3$, $NaNO_2$) oder schwerlösliche Oxide (ZnO).

Im folgenden werden die Systeme NH_3/NH_4Cl und Urotropin/NH_4Cl näher besprochen.

a) NH_3/NH_4Cl

Man fällt mit NH_3 in Gegenwart von viel NH_4^+. Somit kann sich der pH-Wert der Lösung an der Eintropfstelle nicht stark erhöhen, da ein Puffergemisch vorliegt. Hierdurch wird die Mitfällung von M^{2+} verhindert.

Der pH-Wert einer Pufferlösung aus NH_3 und NH_4^+ ($K_S = 10^{-9,25}$) ergibt sich zu (s. Kap. 1.7.8):

$$c_{H^+} = K_S \cdot \frac{c_{NH_4^+}}{c_{NH_3}} = 10^{-9,25} \cdot \frac{c_{NH_4^+}}{c_{NH_3}} \text{ mol/l}$$

$$pH = pK_S + \log \frac{c_{NH_3}}{c_{NH_4^+}} = 9,25 + \log \frac{c_{NH_3}}{c_{NH_4^+}}$$

Je nach Stoffmengenverhältnis zwischen NH_3 und NH_4^+ beträgt der pH-Wert der Pufferlösung:

c_{NH_3} (mol/l)	0,1	0,1	0,1	0,1	0,1
$c_{NH_4^+}$ (mol/l)	–	0,1	1	2	4
pH	11,12	9,25	8,25	7,95	7,65

b) Urotropin/NH_4Cl

Urotropin ist ein Kondensationsprodukt aus Ammoniak und Formaldehyd:

$$4 NH_3 + 6 HCHO \rightleftharpoons (CH_2)_6N_4 + 6 H_2O$$

Es besitzt eine adamantananaloge Struktur (Adamantan: $(CH_2)_6(CH)_4$), bei der sich die vier N-Atome an den Ecken eines Tetraeders befinden, während die sechs CH_2-Gruppen die Tetraederkanten überbrücken (s. Abb. 1.22). Eine entsprechende Struktur bildet auch das Phosphor(III)oxid P_4O_6.

Beim Erhitzen in wäßriger Lösung hydrolysiert Urotropin langsam unter Umkehrung der Bildungsreaktion. Die dabei entstehende Base NH_3 bindet die bei der Hydroxidfällung freiwerdenden H^+-Ionen. Dadurch wird das Hydrolyse-

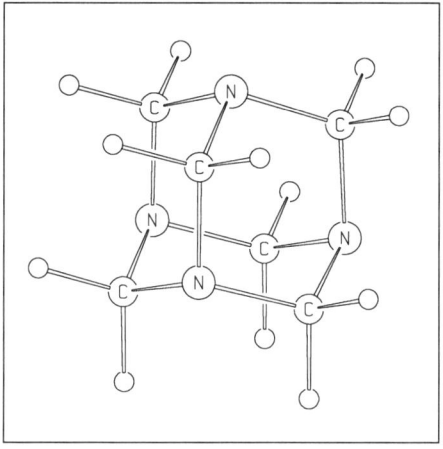

Abb. 1.22: Struktur des Urotropins.

gleichgewicht des Urotropins nach rechts verschoben und zugleich die quantitative Ausfällung des Hydroxids bewirkt:

$$(CH_2)_6N_4 + 6\,H_2O \rightleftharpoons 4\,NH_3 + 6\,HCHO$$
$$[M(OH_2)_6]^{3+} \rightleftharpoons [M(OH)_3(OH_2)_3] + 3\,H^+$$
$$NH_3 + H^+ \rightleftharpoons NH_4^+$$

Die Hydroxidfällung mit Urotropin bietet viele Vorteile, und zwar:

- In Gegenwart von NH_4^+ stellt sich ein pH von 5–6 ein. Durch die Hydrolyse von Urotropin entstandenes HCHO hält die Konzentration an NH_3 stets niedrig.
- Die Fällung geschieht aus homogener Lösung. Es entsteht ein grobkörniger, gut filtrierbarer Niederschlag.
- Die reduzierende Wirkung des HCHO und der niedrige pH-Wert verhindern, daß z.B. Mn(II) zu Mn(IV) oxidiert wird.
- Die Reagenzlösung ist weitgehend frei von Silicat und Carbonat (im Gegensatz zu älteren NH_3-Lösungen)

Somit können die Kationen höherer Ladung, wie Ti(IV), Fe(III), Al(III) und Cr(III), von denen der Oxidationsstufe +II, wie Ni(II), Co(II), Mn(II), Zn(II) und Erdalkaliionen getrennt werden. Erstere bilden schwerer lösliche Hydroxide, deren Fällungsbereich im sauren Gebiet bei pH < 7 liegt (s. S. 400).

2. Sulfidfällungen

Die pH-Abhängigkeit der Sulfidfällung ist für den Kationentrennungsgang von großer Bedeutung. In Tab. 1.11 sind die pK_L-Werte der wichtigsten Metallsulfide aufgeführt.

Tab. 1.11: pK_L-Werte von Metallsulfiden des Typs MS, M$_2$S und M$_2$S$_3$.

MS	a	b	M$_2$S	a	b	M$_2$S$_3$	a	b
MnS	15	15,2	Tl$_2$S	22	19,9	As$_2$S$_3$	25,3	28,4 *)
FeS	18–21	21,6	Hg$_2$S		47,0	Sb$_2$S$_3$		58,5
ZnS	23–25	21,7	Cu$_2$S	46,7	49,0	Bi$_2$S$_3$	96	71,8
α-CoS	22	21,3	Ag$_2$S	49	52,2	Fe$_2$S$_3$		85,0
β-CoS		26,7				Co$_2$S$_3$		124,0
α-NiS	21	20,5						
β-NiS		26,0						
SnS	28	27,0						
CdS	27	27,9						
PbS	28–29	28,6						
CuS	37–44	40,2						
HgS	52	51,2						
PtS		72,1						

a) *Seel*, Grundlagen der analytischen Chemie (1976).
b) J. Chem. Educ. 39 (1962) 391.
*) *D'Ans-Lax*, Taschenbuch für Chemiker und Physiker (1967).

Die pH-Abhängigkeit der Sulfidfällungen ergibt sich aus der Tatsache, daß die Konzentration der Sulfidionen wegen ihrer Basenwirkung stark vom pH-Wert abhängt.

H$_2$S ist in wäßriger Lösung eine schwache zweibasische Säure:

Dissoziation von H$_2$S:

$$H_2S \rightleftharpoons H^+ + HS^- \rightleftharpoons 2H^+ + S^{2-}$$

Bei 25 °C betragen die Säurekonstanten:

$$\frac{c_{H^+} \cdot c_{HS^-}}{c_{H_2S}} = K_{S_1} = 10^{-6,9} \text{ mol/l}$$

$$\frac{c_{H^+} \cdot c_{S^{2-}}}{c_{HS^-}} = K_{S_2} = 10^{-12,9} \text{ mol/l}$$

Daraus folgt die Gesamtdissoziationskonstante:

$$\frac{c_{H^+}^2 \cdot c_{S^{2-}}}{c_{H_2S}} = K_{S_1} \cdot K_{S_2} = 10^{-19,8} \approx 10^{-20} \text{ mol}^2/\text{l}^2$$

In einer gesättigten wäßrigen H$_2$S-Lösung ist $c_{H_2S} \approx 10^{-1}$ mol/l. Für die pH-Abhängigkeit der S^{2-}-Ionenkonzentration ergibt sich damit aus der Gleichung für die Gesamtdissoziationskonstante:

$$\frac{c_{H^+}^2 \cdot c_{S^{2-}}}{10^{-1}} = 10^{-20}$$

$$c_{S^{2-}} = \frac{10^{-21}}{c_{H^+}^2} \text{ mol/l} \quad \text{und} \quad p_{S^{2-}} = 21 - 2\,pH$$

Mit diesem Ergebnis kann man nun die für eine vollständige Sulfidfällung erforderlichen pH-Werte berechnen, wenn man annimmt, daß eine vollständige Fällung bei einer verbleibenden Kationenkonzentration von 10^{-5} mol/l vorliegt.

pH-Abhängigkeit der Sulfidfällung

a) Sulfide des Typs MS:

$$M^{2+} + S^{2-} \rightarrow MS\downarrow$$

Aus dem Löslichkeitsprodukt $K_L = c_{M^{2+}} \cdot c_{S^{2-}}$ ergibt sich für die vollständige Fällung:

$$c_{S^{2-}} = \frac{K_L}{c_{M^{2+}}} = \frac{K_L}{10^{-5}} \text{ mol/l} \quad \text{und} \quad p_{S^{2-}} = pK_L - 5$$

Wie oben gezeigt wurde, ist $p_{S^{2-}}$ in einer gesättigten H_2S-Lösung zugleich $21 - 2\,pH$. Hieraus folgt:

$$pK_L - 5 = 21 - 2\,pH \quad \text{und} \quad pH = \frac{-pK_L + 26}{2}$$

Beispiel: MnS

Mit $pK_L = 15$ ergibt sich $pH = 5{,}5$. Dies bedeutet, daß bei einem $pH < 5{,}5$ keine quantitative Fällung des MnS stattfindet.

b) Sulfide des Typs M_2S:

$$2\,M^+ + S^{2-} \rightarrow M_2S\downarrow$$

Aus dem Löslichkeitsprodukt folgt hier für die Sulfidionenkonzentration:

$$c_{S^{2-}} = \frac{K_L}{c_{M^+}^2} = \frac{K_L}{10^{-10}}$$

$$pK_L - 10 = 21 - 2\,pH \quad \text{und} \quad pH = \frac{-pK_L + 31}{2}$$

Aus den Berechnungen folgt, daß aus einer Lösung mit $pH = 0$ folgende Sulfide fällbar sind:

$$\text{MS:} \quad K_L \le 10^{-26} \text{ mol}^2/\text{l}^2,$$
$$\text{M}_2\text{S:} \quad K_L \le 10^{-31} \text{ mol}^3/\text{l}^3$$

Aus neutraler Lösung ($pH = 7$) sind fällbar:

$$\text{MS:} \quad K_L \le 10^{-12} \text{ mol}^2/\text{l}^2,$$
$$\text{M}_2\text{S:} \quad K_L \le 10^{-17} \text{ mol}^3/\text{l}^3$$

Über die Grenzen der vorliegenden Betrachtung s. S. 86.

Allgemeiner Teil –
Theoret. Grundlagen

1

1.8.4 Löslichkeit in Abhängigkeit von Fremdionen

Die tatsächlich gelöst bleibende Menge eines schwerlöslichen Niederschlags ist meist viel größer, als sich über das Ionenprodukt errechnen läßt. Als Gründe kann man angeben:

a) Zusätzliche Kolloidbildung,
b) Einfluß der Teilchengröße (Kap. 1.5.8.1),
c) Unvollständige Gleichgewichtseinstellung,
d) Verluste durch den Waschprozeß,
e) Einfluß von Fremdelektrolyten.

Fremdionen beeinflussen die Löslichkeit von Salzen durch Bildung von löslichen Komplexionen oder Erniedrigung der Aktivitätskoeffizienten.

1.8.4.1 Bildung von Komplexionen

Komplexbildung kann zu einer starken Erhöhung der Löslichkeit führen. So geht z. B. AgCl bei einer Cl^--Konzentration $\geq 10^{-1}$ mol/l unter Komplexbildung teilweise wieder in Lösung (Kap. 1.8.3.1).

Versuch: Löslichkeit von AgCl in HCl.

Frisch gefälltes AgCl wird mit konz. HCl versetzt. Es löst sich unter Bildung des Komplexions $[AgCl_2]^-$. Beim Verdünnen mit Wasser (evtl. nach vorheriger Filtration) fällt erneut AgCl aus.

Analoge Überlegungen gelten auch für andere Fällungsreaktionen. Teilweise führt der Reagenzüberschuß bis zur Leichtlöslichkeit. Typische Beispiele sind die Schwermetallcyanide und die Hydroxidfällung vieler Schwermetalle mit Ammoniak oder amphoterer Hydroxide mit starken Basen (s. hierzu auch Kap. 1.11: Komplexchemie).

1.8.4.2 Erniedrigung der Aktivitätskoeffizienten

Die Gegenwart von Fremdionen bewirkt eine Erhöhung der Ionenstärke in der Lösung und entsprechend eine Abnahme der Aktivitätskoeffizienten (Kap. 1.6.5.2). Daher ist die Löslichkeit schwerlöslicher Salze in Gegenwart von Fremdionen stets größer als in reinem Wasser. Die Löslichkeitserhöhung ist umso stärker, je größer die Ladung und Konzentration dieser Ionen ist.

Abb. 1.23 zeigt die Beeinflussung der Löslichkeit von TlCl bei Gegenwart von Fremdionen. Die Werte der ausgezogenen Kurven wurden experimentell ermittelt. Die gestrichelte Kurve gibt den theoretischen Löslichkeitsverlauf bei Ansatz

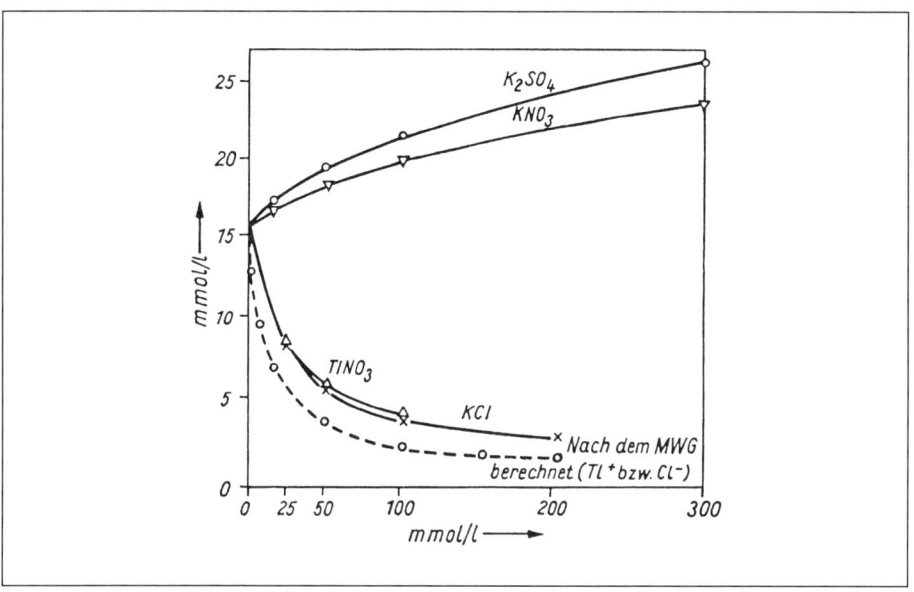

Abb. 1.23: Beeinflussung der Löslichkeit von TlCl durch Elektrolyte (nach *A. A. Noyes*, J. Amer. Chem. Soc. 46 (1924)).

des Löslichkeitsprodukts unter Verwendung der Konzentration ($f = 1$). Die Löslichkeit von TlCl erhöht sich bei Zusatz von K_2SO_4 stärker als bei KNO_3 (größere Ionenstärke). Eine Löslichkeitsabnahme ergibt sich bei Zusatz gleichioniger Salze wie $TlNO_3$ oder KCl. Auch diese wirken als „Fremdionen", was sich aus dem Unterschied zwischen den ausgezogenen Kurven und der gestrichelten Kurve bemerkbar macht.

Bei sehr schwer löslichen Elektrolyten ($K_L \leq 10^{-10}\,\mathrm{mol^2/l^2}$) ist der Fremdelektrolyteinfluß auf die Aktivitätskoeffizienten groß. Selbst beim TlCl ($K_L = 10^{-3,82}\,\mathrm{mol^2/l^2}$) macht sich ein Fremdelektrolytgehalt auf die Löslichkeit schon stark bemerkbar.

1.8.5 Auflösung schwerlöslicher Elektrolyte

Die Auflösung ist der umgekehrte Vorgang der in Kap. 1.8.3 beschriebenen Fällungsreaktion. Nach dem Löslichkeitsprodukt verschiebt sich das Gleichgewicht nach rechts, wenn die Konzentration eines der beteiligten Ionen erniedrigt wird. Dies kann beispielsweise durch Ausnutzen der Basenwirkung des Anions oder durch Komplexbildung des Kations bewirkt werden:

Bodenkörper $\rightleftharpoons$ gesättigte Lösung

$CaCO_3$	$\rightleftharpoons Ca^{2+} + CO_3^{2-}$;	$CO_3^{2-} + 2H^+ \rightarrow H_2O + CO_2$
CaC_2O_4	$\rightleftharpoons Ca^{2+} + C_2O_4^{2-}$;	$C_2O_4^{2-} + 2H^+ \rightarrow H_2C_2O_4$
$Mg(OH)_2$	$\rightleftharpoons Mg^{2+} + 2OH^-$;	$2OH^- + 2NH_4^+ \rightarrow 2NH_3 + 2H_2O$
$AgCl$	$\rightleftharpoons Ag^+ + Cl^-$;	$Ag^+ + 2NH_3 \rightarrow [Ag(NH_3)_2]^+$

Beispiel: Auflösung von CaC_2O_4 in HCl.

$$K_L = c_{Ca^{2+}} \cdot c_{C_2O_4^{2-}} = 10^{-8,07} \, \text{mol}^2/\text{l}^2 \quad \text{bzw.} \quad c_{C_2O_4^{2-}} = \frac{K_L}{c_{Ca^{2+}}} \tag{1}$$

Bei Zusatz von H^+ wird $c_{C_2O_4^{2-}}$ kleiner und $c_{Ca^{2+}}$ muß aufgrund des Löslichkeitsprodukts durch Dissoziation von CaC_2O_4 größer werden, d.h. CaC_2O_4 löst sich zunehmend auf.

$$C_2O_4^{2-} + H^+ \rightleftharpoons HC_2O_4^- \quad \text{und} \quad HC_2O_4^- + H^+ \rightleftharpoons H_2C_2O_4$$

Für die Löslichkeit $C_{CaC_2O_4}$ gilt dann:

$$C_{CaC_2O_4} = c_{Ca^{2+}} = c_{C_2O_4^{2-}} + c_{HC_2O_4^-} + c_{H_2C_2O_4} \tag{2}$$

Weiterhin gelten die Säuredissoziationskonstanten:

$$\frac{c_{HC_2O_4^-} \cdot c_{H^+}}{c_{H_2C_2O_4}} = K_{S_1} = 10^{-1,42} \quad \text{bzw.} \quad c_{H_2C_2O_4} = \frac{c_{H^+} \cdot c_{HC_2O_4^-}}{K_{S_1}} \tag{3}$$

$$\frac{c_{C_2O_4^{2-}} \cdot c_{H^+}}{c_{HC_2O_4^-}} = K_{S_2} = 10^{-4,21} \quad \text{bzw.} \quad c_{HC_2O_4^-} = \frac{c_{H^+} \cdot c_{C_2O_4^{2-}}}{K_{S_2}} \tag{4}$$

Aus (2) wird mit (1), (3) und (4):

$$c_{Ca^{2+}} = \frac{K_L}{c_{Ca^{2+}}} + \frac{c_{H^+} \cdot c_{C_2O_4^{2-}}}{K_{S_2}} + \frac{c_{H^+} \cdot c_{HC_2O_4^-}}{K_{S_1}} \tag{5}$$

$$c_{Ca^{2+}} = \frac{K_L}{c_{Ca^{2+}}} + \frac{c_{H^+} \cdot c_{C_2O_4^{2-}}}{K_{S_2}} + \frac{c_{H^+}^2 \cdot c_{C_2O_4^{2-}}}{K_{S_1} \cdot K_{S_2}} \tag{6}$$

$$c_{Ca^{2+}} = \frac{K_L}{c_{Ca^{2+}}} + \frac{c_{H^+} \cdot K_L}{K_{S_2} \cdot c_{Ca^{2+}}} + \frac{c_{H^+}^2 \cdot K_L}{K_{S_1} \cdot K_{S_2} \cdot c_{Ca^{2+}}} \tag{7}$$

$$c_{Ca^{2+}}^2 = K_L + \frac{c_{H^+} \cdot K_L}{K_{S_2}} + \frac{c_{H^+}^2 \cdot K_L}{K_{S_1} \cdot K_{S_2}} \tag{8}$$

$$c_{Ca^{2+}} = \sqrt{K_L + \frac{c_{H^+} \cdot K_L}{K_{S_2}} + \frac{c_{H^+}^2 \cdot K_L}{K_{S_1} \cdot K_{S_2}}} \tag{9}$$

Für pH = 0 ($c_{H^+} \approx 1$ mol/l) ergibt sich daraus eine Löslichkeit von:

$$C_{CaC_2O_4} = c_{Ca^{2+}} = \sqrt{10^{-8,07} + \frac{10^0 \cdot 10^{-8,07}}{10^{-4,21}} + \frac{(10^0)^2 \cdot 10^{-8,07}}{10^{-1,42} \cdot 10^{-4,21}}} \, \text{mol/l}$$

$$C_{CaC_2O_4} = \sqrt{10^{-8,07} + 10^{-3,86} + 10^{-2,44}} \, \text{mol/l} = 0,087 \, \text{mol/l}$$

Bei pH = 0 ist die Löslichkeit von CaC_2O_4 somit 1000mal größer als in reinem Wasser.

Über die Auflösung schwerlöslicher Elektrolyte mit Hilfe von Komplexbildnern s. S. 123 f.

1.9 Oxidation und Reduktion – Elektrochemie

1.9.1 Oxidation und Reduktion

1.9.1.1 Definition von Oxidation und Reduktion

> Unter Oxidation versteht man die Abgabe von Elektronen bzw. Erhöhung der Oxidationsstufe (Kap. 1.9.1.2); unter Reduktion die Aufnahme von Elektronen bzw. Erniedrigung der Oxidationsstufe.

Die Vorgänge der Oxidation und Reduktion sind stets gekoppelt, da Elektronen in kondensierter Phase nicht frei auftreten, sondern direkt vom Reduktionsmittel an das Oxidationsmittel übergeben werden und demgemäß die Anzahl der aufgenommenen Elektronen gleich derjenigen der abgegebenen sein muß. Man spricht in diesem Zusammenhang von **Redox-Reaktionen** (**Red**uktions-**Ox**idations-Reaktionen).

Das **Reduktionsmittel** reduziert einen anderen Stoff und wird dabei unter Abgabe von Elektronen selbst oxidiert. Umgekehrt oxidiert das **Oxidationsmittel** seinen Reaktionspartner und wird unter Aufnahme der Elektronen selbst reduziert. Im nachfolgenden Beispiel der Reaktion von Chlor mit Natrium ist Chlor das Oxidationsmittel; es wird zu Cl^- reduziert. Natrium ist das Reduktionsmittel, das zu Na^+ oxidiert wird:

$$\frac{1}{2}Cl_2 + e^- \rightarrow Cl^-$$
$$Na \rightarrow Na^+ + e^-$$
$$\overline{\frac{1}{2}Cl_2 + Na \rightarrow NaCl}$$

Es ergibt sich eine Analogie der Redoxreaktionen zu den Säure-Base Reaktionen. Im ersten Fall werden Elektronen ausgetauscht, im zweiten Fall Protonen, die wie die Elektronen in kondensierter Phase nicht frei auftreten können.

1.9.1.2 Die Oxidationsstufe

Bei der oben angegebenen Reaktion zwischen Chlor und Natrium kann der Elektronenaustausch leicht nachvollzogen werden, da im NaCl die Ionen Na^+ und

Cl^- vorliegen und sich der Elektronenübergang in der entstandenen Ionenladung widerspiegelt. In Fällen, bei denen die Produkte der Redoxreaktion Moleküle oder Komplexionen sind, ist die Anzahl der ausgetauschten Elektronen jedoch nicht mehr unmittelbar ablesbar. Man hat daher die **Oxidationsstufe** oder **Oxidationszahl** eingeführt. Die Anzahl der ausgetauschten Elektronen ergibt sich dabei aus der Differenz der Oxidationszahlen, die zur Unterscheidung von der Ionenladung in römischen Ziffern angegeben werden.

Als Beispiel wird die Reaktion von MnO_4^- mit SO_2 angeführt. MnO_4^- wird zu Mn^{2+} reduziert, während SO_2 zu SO_4^{2-} oxidiert wird. Dabei erniedrigt sich die Oxidationsstufe des Mangans von $+VII$ auf $+II$; die vom Schwefel erhöht sich von $+IV$ auf $+VI$.

$$2\overset{+VII}{Mn}O_4^- + 16H^+ + 10e^- \rightarrow 2\overset{+II}{Mn}^{2+} + 8H_2O$$
$$\underline{5\overset{+IV}{S}O_2 + 10H_2O \rightarrow 5\overset{+VI}{S}O_4^{2-} + 20H^+ + 10e^-}$$
$$2MnO_4^- + 5SO_2 + 2H_2O \rightarrow 2Mn^{2+} + 5SO_4^{2-} + 4H^+$$

Zur **Festlegung der Oxidationsstufe** zerlegt man die Stoffe formal in Ionen, wobei die Elektronegativitäten der beteiligten Elemente berücksichtigt werden müssen: z. B. $MnO_4^- = [Mn^{7+}(O^{2-})_4]^-$ und $SO_2 = [S^{4+}(O^{2-})_2]$. Die Oxidationsstufe entspricht dann der den einzelnen Atomen zugeordneten formalen Ionenladung. In Zweifelsfällen kann man eine Valenzstrichformel (s. Kap. 1.4.2.1) aufstellen und die Elektronen der kovalenten Bindungen jeweils dem elektronegativeren Bindungspartner zuordnen. Dann vergleicht man die so dem jeweiligen Element zugeordnete Elektronenanzahl mit der Anzahl Valenzelektronen, die das betrachtete Atom im Elementarzustand hat und erhält auf diese Weise die überzähligen Ladungen, die der Oxidationsstufe entsprechen. Bei Bindungen zwischen gleichen Atomen werden die Bindungselektronen zu gleichen Teilen aufgeteilt.

1.9.1.3 Redox-Gleichungen

Aufstellen von Redox-Gleichungen:

Bei komplizierten Redox-Reaktionen empfiehlt es sich, die **Oxidations-Teilreaktion** getrennt von der **Reduktions-Teilreaktion** zu formulieren. Es soll dies am Beispiel der Reaktion von As_2O_3 mit BrO_3^- demonstriert werden. Zunächst schreibt man Edukt und Produkt, bestimmt die relevanten Oxidationsstufen und formuliert den **Elektronenübergang**:

$$\overset{+III}{As_2}O_3 \rightarrow 2H_2\overset{+V}{As}O_4^- + 4e^-$$
$$\overset{+V}{Br}O_3^- + 6e^- \rightarrow \overset{-I}{Br}^-$$

Bei einer Ionengleichung muß die Summe der unkompensierten Ladungen auf beiden Seiten der Reaktionsgleichung identisch sein. Als nächster Schritt ist daher ein **Ladungsausgleich** zweckmäßig, den man bei Reaktionen in wäßriger Lösung je nach pH-Wert mit H^+ oder OH^- ausführt. (In Fällen, bei denen z. B. für die Bildung von Komplexen oder schwerlöslichen Salzen weitere geladene Reaktionspartner wie CN^- oder Halogenidionen erforderlich sind, müssen diese natürlich vor dem Ladungsausgleich berücksichtigt werden.)

$$\overset{+III}{As_2}O_3 \rightarrow 2\,H_2\overset{+V}{As}O_4^- + 4\,e^- + 6\,H^+$$

$$\overset{+V}{Br}O_3^- + 6\,e^- + 6\,H^+ \rightarrow \overset{-I}{Br}^-$$

Anschließend erfolgt der **Stoffausgleich**, der häufig mit H_2O zu erfolgen hat.

$$\overset{+III}{As_2}O_3 + 5\,H_2O \rightarrow 2\,H_2\overset{+V}{As}O_4^- + 4\,e^- + 6\,H^+ \qquad |\cdot 3$$

$$\overset{+V}{Br}O_3^- + 6\,e^- + 6\,H^+ \rightarrow \overset{-I}{Br}^- + 3\,H_2O \qquad |\cdot 2$$

Da sich die Elektronen in der Summengleichung herauskürzen sollen, muß man noch das kleinste gemeinsame Vielfache suchen ($3 \cdot 4\,e^- = 12\,e^-$ und $2 \cdot 6\,e^- = 12\,e^-$). Die Summengleichung lautet dann:

$$3\,\overset{+III}{As_2}O_3 + 2\,\overset{+V}{Br}O_3^- + 9\,H_2O \rightarrow 6\,H_2\overset{+V}{As}O_4^- + 2\,\overset{-I}{Br}^- + 6\,H^+$$

Bei der Oxidation oder Reduktion organischer Verbindungen, bei denen der Kohlenstoff seine Oxidationsstufe ändert, wird in gleicher Weise vorgegangen. Beispiele sind die Oxidation von Oxalat oder Ethylalkohol, die mit MnO_4^- erfolgen kann.

Die Oxidationsstufe des Kohlenstoffs im Oxalation $C_2O_4^{2-}$ beträgt $+III$, da der Sauerstoff als elektronegativerer Bindungspartner die Oxidationsstufe $-II$ aufweist und die Summe der Oxidationsstufen die Ionenladung ergeben muß. Bei der Oxidation des Oxalations zu CO_2 werden dementsprechend 2 Elektronen abgegeben:

$$\overset{+III}{C_2}O_4^{2-} \rightarrow 2\,\overset{+IV}{C}O_2 + 2\,e^-$$

Bei der Berechnung der Oxidationsstufen in wasserstoffhaltigen organischen Verbindungen wie Ethanol, CH_3CH_2OH muß das Elektronenpaar einer $C-H$-Bindung dem C-Atom zugerechnet werden, da Kohlenstoff elektronegativer als Wasserstoff ist (vgl. Tab. 1.5, S. 36). Die formale Zerlegung in Atomionen liefert daher beim Ethanol für das C-Atom der CH_3-Gruppe die Oxidationsstufe $-III$, dagegen $-I$ für das C-Atom, das an die OH-Gruppe gebunden ist. Nur dieses C-Atom wechselt bei der Oxidation des Ethanols zu Acetaldehyd unter Abgabe von zwei Elektronen seine Oxidationsstufe von $-I$ auf $+I$ gemäß der Teilgleichung:

$$\overset{-III}{C}H_3 - \overset{-I}{C}H_2 - OH \rightarrow \overset{-III}{C}H_3 - \overset{+I}{C}HO + 2\,H^+ + 2\,e^-$$

Gehen bei einer Redox-Reaktion die Atome des selben Elements von einer mittleren Oxidationsstufe in eine höhere und eine tiefere über, so nennt man diesen Vorgang **Disproportionierung**, z. B.:

$$\overset{\pm 0}{Cl_2} + 2\,OH^- \rightarrow \overset{-I}{Cl^-} + \overset{+I}{OCl^-} + H_2O$$

$$2\,\overset{-I}{H_2O_2} \rightarrow 2\,\overset{-II}{H_2O} + \overset{\pm 0}{O_2}$$

Der umgekehrte Vorgang wird als **Komproportionierung** oder **Synproportionierung** bezeichnet:

$$2\,\overset{-II}{H_2S} + \overset{+IV}{SO_2} \rightarrow 3\,\overset{\pm 0}{S} + 2\,H_2O$$

$$3\,\overset{+II}{Mn^{2+}} + 2\,\overset{+VII}{MnO_4^-} + 2\,H_2O \rightarrow 5\,\overset{+IV}{MnO_2} + 4\,H^+$$

1.9.2 Redoxpotentiale und Spannungsreihe

Das Bestreben eines Elements, in eine andere Oxidationsstufe überzugehen, kann quantitativ festgelegt werden.

Versuch: Reduktion von Cu^{2+} durch unedle Metalle (s. auch S. 484).

Gibt man in eine Cu^{2+}-Lösung elementares Zink, so schlägt sich elementares Kupfer nieder und Zn^{2+}-Ionen gehen in Lösung. Kupfer wurde von Zink reduziert. Es hat demnach die größere Elektronenaffinität, es ist „edler" als Zink. Hingegen erfolgt keine merkliche Reaktion, wenn elementares Silber oder Gold in die Cu^{2+}-Lösung eingetaucht wird, da Silber und Gold edler sind als Kupfer.

Die ablaufende Redox-Reaktion läßt sich beim Vorliegen der Elemente X und Y allgemeiner formulieren:

Summengleichung: $\quad X + Y^{2+} \rightleftharpoons X^{2+} + Y \quad$ (X ist unedler als Y).

Oxidationsteilreaktion: $X_{(fest)} \rightleftharpoons X^{2+} + 2\,e^-$

Reduktionsteilreaktion: $Y^{2+} + 2\,e^- \rightleftharpoons Y_{(fest)}$

Den Elektronenaustausch kann man mit der in Abb. 1.24 dargestellten Versuchsanordnung direkt nachweisen und messend verfolgen. Eine derartige Versuchsanordnung wird als **galvanisches Element** bezeichnet. Die Kombination $Zn,Zn^{2+}/Cu,Cu^{2+}$ entspricht einem **Daniell-Element**. Man taucht die Metalle X und Y in Lösungen ihrer Salze, die die Kationen X^{2+} bzw. Y^{2+} enthalten und erhält so zwei **galvanische Halbelemente**.

Verbindet man die beiden Lösungen durch einen Flüssigkeitsheber, der mit der Lösung eines indifferenten Elektrolyten gefüllt ist, sowie die beiden eintauchenden Metalle – die Elektroden – über ein Amperemeter, so fließt ein elektrischer Strom. Es findet also die oben angegebene Reaktion statt, wobei allerdings hier X und Y^{2+} nicht direkt miteinander reagieren. Vielmehr verläuft die Oxidationsteilreaktion getrennt von der Reduktionsteilreaktion. Die Elektronen werden über den elektrischen Leiter vom Ort der Oxidationsteilreaktion zum Ort der Reduktionsteilreaktion transportiert.

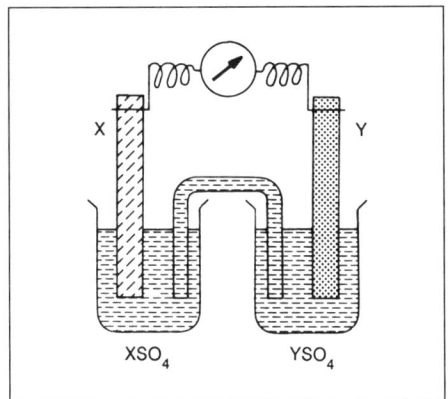

Abb. 1.24: Schematische Darstellung eines galvanischen Elements.

1.9.2.1 Standardpotentiale und die Spannungsreihe

Der Stromfluß in einem galvanischen Element zeigt, daß zwischen beiden Halbelementen eine Potentialdifferenz in Form einer meßbaren Spannung existiert. Die Einzelpotentiale sind dabei ein Maß für das Bestreben, Elektronen aufzunehmen bzw. abzugeben und damit auch für die Oxidations- bzw. Reduktionswirkung des jeweiligen Elements.

Die Reaktion

$$X \rightleftharpoons X^{2+} + 2e^-$$

die innerhalb eines Halbelements vor sich geht, stellt ein Gleichgewicht zwischen dem Lösungsdruck des Metalls und dem osmotischen Druck seiner Ionen dar. Das Bestreben, als Ionen in Lösung zu gehen, ist daher nicht nur von der Art des Metalls, sondern auch von der Konzentration der schon in Lösung befindlichen Ionen abhängig. Es ist umso kleiner, je größer die Ionenkonzentration ist. Für einen quantitativen Vergleich muß man daher bei definierter Konzentration messen. Zur Messung der sogenannten Standardpotentiale hat man die Ionenkonzentration auf 1 mol/l festgelegt.

Experimentell lassen sich die Potentiale der Halbelemente nicht direkt messen. Meßbar sind nur Potentialdifferenzen zwischen zwei Halbelementen. Die Potentiale werden daher durch Vergleich mit einer sogenannten **Normalwasserstoffelektrode**, deren Potential definitionsgemäß auf 0,0 V festgelegt ist, bestimmt. Bei der Standardwasserstoffelektrode taucht ein platiniertes Platinblech, das von Wasserstoffgas mit dem H_2-Druck von 1013,25 mbar bei 25 °C umspült wird, in eine H^+-Ionen-Lösung mit der Aktivitätskonzentration 1 mol/l.

Ein **Standardpotential** oder **Normalpotential** wird durch ein Halbelement mit der Ionenkonzentration 1 mol/l bei 25 °C durch Vergleich mit einer Normalwasserstoffelektrode gemessen.

Tab. 1.12: Spannungsreihe der Metalle.

		$E°$ (Volt)
$Li^+ + e^-$	$\rightleftharpoons Li_{(fest)}$	$-3,02$
$K^+ + e^-$	$\rightleftharpoons K_{(fest)}$	$-2,92$
$Ca^{2+} + 2e^-$	$\rightleftharpoons Ca_{(fest)}$	$-2,87$
$Na^+ + e^-$	$\rightleftharpoons Na_{(fest)}$	$-2,712$
$Mg^{2+} + 2e^-$	$\rightleftharpoons Mg_{(fest)}$	$-2,34$
$Al^{3+} + 3e^-$	$\rightleftharpoons Al_{(fest)}$	$-1,67$
$Mn^{2+} + 2e^-$	$\rightleftharpoons Mn_{(fest)}$	$-1,05$
$Zn^{2+} + 2e^-$	$\rightleftharpoons Zn_{(fest)}$	$-0,762$
$Fe^{2+} + 2e^-$	$\rightleftharpoons Fe_{(fest)}$	$-0,44$
$Cd^{2+} + 2e^-$	$\rightleftharpoons Cd_{(fest)}$	$-0,40$
$Co^{2+} + 2e^-$	$\rightleftharpoons Co_{(fest)}$	$-0,28$
$Ni^{2+} + 2e^-$	$\rightleftharpoons Ni_{(fest)}$	$-0,250$
$Sn^{2+} + 2e^-$	$\rightleftharpoons Sn_{(fest)}$	$-0,136$
$Pb^{2+} + 2e^-$	$\rightleftharpoons Pb_{(fest)}$	$-0,126$
$2H^+ + 2e^-$	$\rightleftharpoons H_2$	$0,00$
$SbO^+ + 2H^+ + 3e^-$	$\rightleftharpoons Sb_{(fest)} + H_2O$	$0,20$
$H_3AsO_3 + 3H^+ + 3e^-$	$\rightleftharpoons As_{(fest)} + 3H_2O$	$0,25$
$Cu^{2+} + 2e^-$	$\rightleftharpoons Cu_{(fest)}$	$0,345$
$Hg^{2+} + 2e^-$	$\rightleftharpoons Hg_{(flüssig)}$	$0,854$
$Ag^+ + e^-$	$\rightleftharpoons Ag_{(fest)}$	$0,800$
$Pt^{2+} + 2e^-$	$\rightleftharpoons Pt_{(fest)}$	$1,188$
$Au^{3+} + 3e^-$	$\rightleftharpoons Au_{(fest)}$	$1,52$

Anstelle der Normalwasserstoffelektrode werden heute meist andere, einfacher handhabbare Vergleichselektroden benutzt.

Bei Anordnung der Elemente nach steigenden Standardpotentialen erhält man die **Spannungsreihe** (s. Tab. 1.12).

In der Spannungsreihe haben Elemente, die edler sind als Wasserstoff, ein positives Normalpotential unedlere Elemente haben ein negatives Potential.

Edle Metalle werden im Normalfall von verdünnten Mineralsäuren nicht aufgelöst. Für ihre Auflösung sind konzentrierte oxidierende Säuren wie konz. HNO_3 oder konz. H_2SO_4 erforderlich. Bei unedlen Metallen genügt hingegen die Oxidationswirkung der Protonen einer sogenannten nichtoxidierenden Säure.

Das Standard- oder Normalpotential ist ein Maß für den Energieunterschied zwischen dem Metall und der 1-molaren Lösung seiner Ionen. Dieser Energieunterschied ist nicht mit der Ionisierungsenergie (s. S. 16) identisch. Beim Übergang des Metalls in seine gelösten Ionen ist zusätzlich die Sublimationsenergie und die Hydratisierungsenergie zu berücksichtigen. Aus diesem Grund ist beispielsweise auch das Normalpotential von Lithium kleiner als von Natrium (Tab. 1.12); die Ionisierungsenergie hingegen größer (Li: 513,3 kJ/mol; Na: 495,8 kJ/mol).

1.9.2.2 Konzentrationsabhängigkeit der Redoxpotentiale: Nernstsches Gesetz

---

Die Abhängigkeit der Redoxpotentiale E von der Ionenkonzentration wird durch die Nernstsche Gleichung beschrieben:

$$E = E° + \frac{R \cdot T}{z \cdot F} \cdot \ln\left(\frac{a_{Ox}}{a_{Red}}\right)$$

R = molare Gaskonstante ($8,31 \, W \cdot s \cdot K^{-1} \cdot mol^{-1}$),
T = absolute Temperatur in K,
z = Anzahl ausgetauschter Elektronen,
F = Faradaykonstante = $96485 \, C \cdot mol^{-1}$ (Ladung eines Mols Elektronen),
$E°$ = Standardpotential,
a_{Ox} = Aktivitätskonzentration der oxidierten Phase (mol/l),
a_{Red} = Aktivitätskonzentration der reduzierten Phase (mol/l).

Bei Zimmertemperatur ($298 \, K = 25 \, °C$) erhält man nach Einsetzen der Werte für die entsprechenden Konstanten und Umrechnung auf den dekadischen Logarithmus:

$$E = E° + \frac{0,059}{z} \cdot \log\left(\frac{a_{Ox}}{a_{Red}}\right) \quad \text{in Volt}$$

In verdünnten Lösungen kann man in guter Näherung statt der Aktivitäten a auch die Stoffmengenkonzentrationen c einsetzen.

1.9.2.3 Redoxpotentiale an indifferenten Elektroden

Bei den oben beschriebenen Beispielen, bei denen die galvanischen Halbzellen aus dem Metall und einer Lösung seiner Ionen bestand, hatte die Elektrode zwei Funktionen. Zum einen stellte sie das am Redoxgleichgewicht beteiligte Metall dar; andererseits diente sie als elektrisch leitendes Medium für den Elektronenaustausch.

Soll nun das Redoxpotential von gelösten Ionen wie z.B.

$$Fe^{2+} \rightleftharpoons Fe^{3+} + e^-$$

oder

$$Mn^{2+} + 4H_2O \rightleftharpoons MnO_4^- + 8H^+ + 5e^-$$

gemessen werden, so ist die Einführung einer indifferenten Edelmetallelektrode notwendig. An ihr erfolgt dann der Elektronenaustausch.

Versuch: Taucht man sowohl in eine Lösung von Fe^{2+}-Ionen als auch in eine saure Permanganatlösung je eine Platinelektrode, verbindet die beiden Lösungen durch einen Flüssigkeitsheber und die Platinelektroden über Metalldrähte mit einem Amperemeter, so kann ein Stromfluß nachgewiesen werden. Fe^{2+} gibt Elektronen an die Elektrode ab, die dann das Permanganat in der anderen Lösung reduzieren.

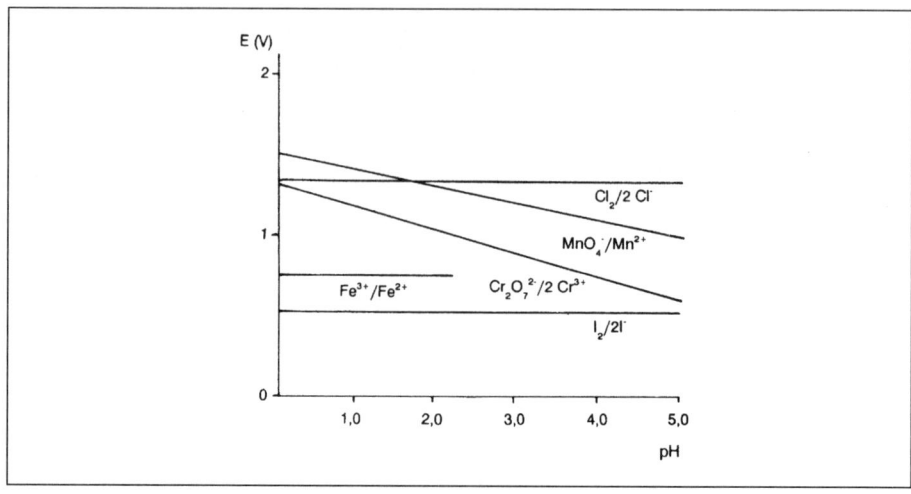

Abb. 1.25: pH-Abhängigkeit von Redoxpotentialen.

Das Redoxpotential solcher Halbelemente hängt dabei von den Konzentrationen aller an der Umsetzung beteiligten Ionen ab. Für die obigen Redoxsysteme gilt:

$$E = E° + \frac{0{,}059}{1} \cdot \log\left(\frac{c_{Fe^{3+}}}{c_{Fe^{2+}}}\right)$$

bzw.

$$E = E° + \frac{0{,}059}{5} \cdot \log\left(\frac{c_{MnO_4^-} \cdot c_{H^+}^8}{c_{Mn^{2+}}}\right)$$

Die Konzentration des H_2O kann in der letzten Gleichung weggelassen werden, da in verdünnter wäßriger Lösung gearbeitet wird und somit die Konzentration des Wassers konstant bleibt. Wird der logarithmische Ausdruck $c_{Ox}/c_{Red} = 1$ und damit der Logarithmus gleich Null, so entspricht das Redoxpotential E des Halbelements dem Standardpotential $E°$.

Wie aus dem obigen Beispiel der Permanganatreaktion hervorgeht, sind die Potentiale von Redoxvorgängen, an denen H^+-Ionen beteiligt sind, pH-abhängig (Abb. 1.25).

Aus der Nernstschen Gleichung und aus obiger Abbildung folgt, daß das Oxidationsvermögen von MnO_4^- mit steigender H^+-Konzentration zunimmt. Dementsprechend ist Mn^{2+} in alkalischer Lösung leichter zu oxidieren als in saurer. Entsprechendes gilt für das Redox-Gleichgewicht:

$$2\,Cr^{3+} + 7\,H_2O \rightarrow Cr_2O_7^{2-} + 6\,e^- + 14\,H^+$$

$$E = E° + \frac{0{,}059}{6}\,\log\left(\frac{c_{Cr_2O_7^{2-}} \cdot c_{H^+}^{14}}{c_{Cr^{3+}}^2}\right).$$

Das Redoxpotential Fe^{3+}/Fe^{2+} ist in stärker saurer Lösung pH-unabhängig. Im schwach sauren Gebiet fällt zuerst $Fe(OH)_3$ aus, im alkalischen dann auch $Fe(OH)_2$. Da die Löslichkeit von $Fe(OH)_2$ größer ist als von $Fe(OH)_3$, wird im alkalischen Medium das Verhältnis $c_{Fe^{3+}}/c_{Fe^{2+}}$ und damit auch das Redoxpotential klein. $Fe(OH)_2$ ist daher ein starkes Reduktionsmittel.

Auch durch Komplexbildung können die Redoxpotentiale stark beeinflußt werden. Ein typisches Beispiel ist das Redoxsystem Co^{2+}/Co^{3+}. Als freies Ion ist Co^{2+} wesentlich stabiler als Co^{3+} und letzteres daher ein starkes Oxidationsmittel, das beispielsweise Wasser zu O_2 oxidiert. Bei Anwesenheit von Komplexbildnern wie CN^- oder NH_3 ist die Situation umgekehrt. Cobalt(II)komplexe werden von Sauerstoff oxidiert, da Cobalt(III)komplexe, die die 18-Elektronenregel erfüllen (s. Kap. 1.4.2.5), stabiler sind als Cobalt(II)komplexe und dadurch das Gleichgewicht: $Co^{2+} \rightleftharpoons Co^{3+} + e^-$ nach rechts verschoben wird.

1.9.3 Elektrochemische Abscheidung: Faradaysche Gesetze

Legt man bei einem galvanischen Element eine Gegenspannung an, so kann man den Stromfluß zum Stillstand bringen und bei einer noch höheren Gegenspannung die freiwillig ablaufende Reaktion umkehren. Auf diese Weise wird das galvanische Element wieder aufgeladen. Ein Beispiel für ein wiederaufladbares galvanisches Element ist der Bleiakkumulator.

Außerdem kann man mit Hilfe des elektrischen Stroms Stoffe elektrochemisch zersetzen. Der Vorgang wird **Elektrolyse** genannt. Die Elektrolyse wird z.B. zur Abscheidung von Metallen eingesetzt. Sie dient neben der analytischen Bestimmung durch Elektrogravimetrie der Darstellung und Reinigung von Metallen.

Die quantitativen Zusammenhänge bei der Elektrolyse wurden 1833 von *Michael Faraday* (1791–1867) aufgefunden und in zwei Gesetzen zusammengefaßt.

Nach dem 1. Faradayschen Gesetz ist die elektrochemisch abgeschiedene Masse m eines Stoffes der durch den Elektrolyten geflossenen Ladungsmenge Q proportional.

$$m \sim Q$$

Durch die Ladungsmenge von einem Mol Elektronen, entsprechend $1\,F = 96\,485$ C/mol, wird genau ein Mol (M) eines einwertigen Ions wie z.B. Ag^+ abgeschieden. Bei höher geladenen Ionen M^{z+} wird die molare Äquivalentmasse $M^{eq} = M/z$ des Stoffes abgeschieden. Hieraus folgt das 2. Faradaysche Gesetz:

$$m = \frac{M^{eq}}{F} \cdot Q$$

1.10 Stöchiometrie und Wertigkeitsbegriff

1.10.1 Stöchiometrisches Rechnen

> **Die Stöchiometrie befaßt sich mit den Mengenverhältnissen der chemischen Elemente in Verbindungen und mit den quantitativen Beziehungen zwischen Verbindungen oder Elementen, die an chemischen Reaktionen beteiligt sind.**

Mit Hilfe der Stöchiometrie kann man demnach einerseits Bruttoformeln von Verbindungen aufgrund der Analysenergebnisse ausrechnen und andererseits chemische Reaktionen bezüglich der eingesetzten und entstehenden Stoffmassen quantitativ beschreiben.

Alle Reaktionsgleichungen geben neben der qualitativen auch eine quantitative Beschreibung der chemischen Vorgänge. Hinsichtlich der Anzahl und Art der Atome muß die linke Seite der Gleichung mit der rechten übereinstimmen. Aus dem Gesetz der Erhaltung der Masse (s. S. 1) folgt weiterhin, daß auch die Summe der Massen auf beiden Seiten identisch sein muß.

Einheit der Stoffmenge ist das Mol (s. Kap. 1.1). Bei der Berechnung der Massenverhältnisse legt man die Stoffmenge n (in mol) und die molaren Massen M (in g/mol) der Atome oder Moleküle zugrunde. Die Masse einer Verbindung ist das Produkt aus Stoffmenge und Summe der molaren Massen.

1.10.1.1 Chemische Reaktionsgleichungen

Als Beispiel für die Beziehung zwischen den umgesetzten Massen bei einer chemischen Reaktion sei die Gleichung für die Sauerstoffabspaltung aus $KClO_3$ angeführt:

$$2\,KClO_3 \;\rightarrow\; 2\,KCl + 3\,O_2$$

Demnach entstehen aus 2 Molen $KClO_3$ neben 2 Molen KCl 3 Mole O_2. Für die Massen erhält man unter Verwendung der relativen Atommassen folgende Beziehung:

$$2\,mol \cdot (39{,}10 + 35{,}45 + 3 \cdot 16{,}00)\,g \cdot mol^{-1}$$
$$= 2\,mol \cdot (39{,}10 + 35{,}45)\,g \cdot mol^{-1} + 3\,mol \cdot (2 \cdot 16{,}00)\,g \cdot mol^{-1}$$
$$245{,}10\,g = 149{,}10\,g + 96{,}00\,g$$

Die Gleichung der umgesetzten Massen dient in gleicher Weise auch der Berechnung beliebiger Massen der einzusetzenden oder entstehenden Stoffe. Im folgenden sind zwei Beispiele aufgeführt:

Beispiel: Nach einer Sauerstoffabspaltung aus $KClO_3$ wurden 100 g KCl gefunden. Wie groß war die eingesetzte Menge an $KClO_3$?

Reaktionsgleichung: $2\,KClO_3 \;\rightarrow\; 2\,KCl + 3\,O_2$
Massengleichung: $\quad 245,10\;g \;=\; 149,10\;g + 96,00\;g$

Da im vorliegenden Fall jedoch nicht 149,10 g sondern 100 g KCl gefunden wurden, muß die Massengleichung mit $\dfrac{100}{149,10}$ multipliziert werden.

$$\frac{245,10}{1,491}\,g = 100,00\,g + \frac{96,00}{1,491}\,g$$

Dementsprechend lagen $\dfrac{245,10}{1,491}\,g = 164,4\,g\;KClO_3$ vor.

Beispiel: Wieviel Gramm Sauerstoff liefern 50 g HgO?

Reaktionsgleichung: $2\,HgO \;\rightarrow\; 2\,Hg + O_2$.

Danach ergeben 2 Mol HgO 1 Mol O_2. Unter Verzicht auf die vollständige Massengleichung kann man die Menge O_2 mit Hilfe einer einfachen Dreisatzrechnung bestimmen:

$2\,mol \cdot (216,60\,g \cdot mol^{-1})\,HgO$ ergeben $1\,mol \cdot (32,00\,g \cdot mol^{-1})\,O_2$
433,20 g HgO ergeben 32,00 g O_2

50 g HgO ergeben $\dfrac{50}{433,20} \cdot 32,00\,g\;O_2 = 3,69\,g\;O_2$

1.10.1.2 Bestimmung von chemischen Bruttoformeln

Eine andere wichtige Anwendung der Stöchiometrie besteht in der Bestimmung von Summenformeln für unbekannte chemische Verbindungen aus den analytisch gefundenen Gehalten H in Gew.-%.

Hierzu überführt man die Prozentgehalte der einzelnen enthaltenen Elemente durch Division mit der entsprechenden relativen Atommasse M in die Stoffmenge pro Masseneinheit mit der Dimension $mol \cdot g^{-1}$. Aus dem Verhältnis aller massenbezogenen Stoffmengen findet man dann durch Aufsuchen der kleinsten gemeinsamen Einheit die ganzzahligen Koeffizienten der Verbindung.

Beispiel: In einem Eisenoxid wurde ein Eisengehalt von $H_{Fe} = 72,36$ Gew.-% gefunden. Welches Oxid liegt vor?

Da das Oxid nur Eisen und Sauerstoff enthält, ergibt sich der Sauerstoffanteil H_O aus dem analytisch gefundenen Eisengehalt als Differenz zu 100%.

$$H_O = 100\% - H_{Fe} = 27,64 \text{ Gew.-\% O}$$

Für das Verhältnis der massenbezogenen Stoffmengen n ergibt sich:

$$n_{Fe} : n_O = \frac{H_{Fe}}{M_{Fe}} : \frac{H_O}{M_O} = \frac{72,36}{55,85}\,\text{mol} : \frac{27,64}{16,00}\,\text{mol} = 1,296\,\text{mol Fe} : 1,728\,\text{mol O}$$

oder 1 mol Fe : 1,333 mol O entsprechend 3 mol Fe : 4 mol O. Es liegt also Fe_3O_4 vor.

Beispiel: In einer aus K, Cl und O bestehenden Verbindung wurden $H_K = 31,91$ Gew.-% K und $H_{Cl} = 28,93$ Gew.-% Cl gefunden. Welche Verbindung liegt vor?

Der Sauerstoffgehalt ergibt sich aus der Differenz zu 100%:

$$H_O = 100\% - (H_K + H_{Cl}) = 100\% - (31,91\% + 28,93\%) = 39,16\,\text{Gew.-}\%$$

Daraus erhält man die massenbezogenen Stoffmengen:

$$n_K : n_{Cl} : n_O = \frac{H_K}{M_K} : \frac{H_{Cl}}{M_{Cl}} : \frac{H_O}{M_O} = \frac{31,91}{39,10} : \frac{28,93}{35,45} : \frac{39,16}{16,00}$$
$$= 0,816 : 0,816 : 2,448 \quad \text{oder} \quad 1:1:3$$

entsprechend einer Summenformel $KClO_3$

Die Beispiele zeigen, daß zur Bestimmung der Summenformel einer Verbindung mit z Komponenten mindestens die prozentualen Anteile von $z - 1$ Komponenten bestimmt werden müssen. Der Gehalt der noch fehlenden Komponente kann dann aus der Differenz zu 100% berechnet werden.

Die Bestimmung der Summenformel aus analytischen Daten reicht jedoch vielfach nicht aus, um die genaue Natur der Verbindung festzulegen. So kann ein Molverhältnis C:H:O = 1:2:1 sowohl dem Formaldehyd als auch den formalen Polymeren $(C_6H_{12}O_6)_n$ wie Zucker, Stärke oder Zellulose zugeordnet sein. Hier sind zur Klärung weitere Untersuchungen wie z. B. eine Molmassenbestimmung (s. Kap. 1.5.7) nötig.

Beispiel: Der Nickelgehalt eines Nickelsulfat-Hydrats wurde zu $H_{Ni} = 20,90$ Gew.-% Ni bestimmt. Wie lautet die wahrscheinliche Formel?

Wegen der notwendigen Ladungsneutralität kann man annehmen, daß $n_{Ni} : n_{SO_4} = 1:1$ ist und damit auch $n_{Ni} = n_{NiSO_4}$ ist.

Aus

$$\frac{H_{Ni}}{M_{Ni}} = \frac{H_{NiSO_4}}{M_{NiSO_4}}$$

folgt:

$$H_{NiSO_4} = \frac{H_{Ni}}{M_{Ni}} \cdot M_{NiSO_4} = \frac{20,90}{58,71} \cdot 154,77 = 55,09\,\text{Gew.\% } NiSO_4$$

Der Rest ist Wasser:

$$H_{H_2O} = 100,00 - 55,09 = 44,92\,\text{Gew.\% } H_2O$$

Für das Verhältnis der massenbezogenen Stoffmengen gilt:

$$\frac{H_{NiSO_4}}{M_{NiSO_4}} : \frac{H_{H_2O}}{M_{H_2O}} = \frac{55,09}{154,77} : \frac{44,92}{18,01} = 0,356 : 2,494 = 1:7$$

Unter der oben gemachten Annahme handelt es sich also um $NiSO_4 \cdot 7H_2O$.

Werden bei einer Reaktion Gase gebildet, so sind häufig ihre Volumina bei bestimmtem Druck und bestimmter Temperatur von Interesse. In Erweiterung der Avogadroschen Hypothese (s. Kap. 1.1) gilt die allgemeine Zustandsgleichung für ein ideales Gas, $p \cdot v = n \cdot R \cdot T$, annähernd auch für reale Gase bei Atmosphärendruck. Für die allgemeine Gaskonstante $R = 8{,}314 \, \text{J} \cdot \text{mol}^{-1} \cdot \text{K}^{-1}$ ändert man dabei zweckmäßig die Dimension: $R = 0{,}08314 \, \text{bar} \cdot \text{l} \cdot \text{mol}^{-1} \cdot \text{K}^{-1}$.

Beispiel: Wieviel Liter CO_2 werden aus $18 \, \text{g}$ Kohlenstoff bei $500 \, °C$ und $1\,060 \, \text{mbar}$ gebildet?

Aus 1 mol C bildet sich bei der Verbrennung auch 1 mol CO_2. Das aus 18 g C entstehende CO_2 entspricht demnach folgender Stoffmenge:

$$n_{CO_2} = n_C = \frac{m_C}{M_C} = \frac{18 \, \text{g}}{12{,}01 \, \text{g} \cdot \text{mol}^{-1}} = 1{,}5 \, \text{mol}$$

Die angegebene Temperatur von $500 \, °C$ entspricht der thermodynamischen Temperatur $T = 273{,}15 \, \text{K} + 500 \, \text{K} = 773{,}15 \, \text{K}$. Außerdem gilt: $1\,060 \, \text{mbar} = 1{,}060 \, \text{bar}$. Es entstehen

$$V = \frac{n \cdot R \cdot T}{p} = \frac{1{,}5 \, \text{mol} \cdot 0{,}08314 \, \text{bar} \cdot \text{l} \cdot \text{mol}^{-1} \cdot \text{K}^{-1} \cdot 773{,}15 \, \text{K}}{1{,}060 \, \text{bar}}$$
$$= 90{,}962 \, \text{Liter} \, CO_2$$

1.10.2 Der Wertigkeitsbegriff

Der Begriff „Wertigkeit" hat seit seiner Einführung im Zusammenhang mit der Entwicklung der Atomtheorie eine große Erweiterung erfahren. Er umfaßt heute mehrere voneinander unabhängige Aussagen: Der ursprüngliche Begriff der stöchiometrischen Wertigkeit, die angibt, wieviel einwertige Atome oder Atomgruppen ein Atom des betrachteten Elements binden oder ersetzen kann, ist heute durch die Oxidationsstufe, die Ionenladung oder die Bindigkeit ersetzt worden. Daneben wird in Valenzstrichformeln (s. S. 23) noch die formale Ladung aufgeführt.

1. **Oxidationsstufe:** Sie gibt die Ladung eines Atoms in einem Molekül oder Ion wieder, unter der Annahme, daß die Bindungselektronen vollständig dem elektronegativen Bindungspartner angehören. Das Molekül oder Ion wird dabei formal in Ionen zerlegt (s. auch Kap. 1.9.1.2). Die Oxidationsstufe wird als römische Zahl über das betreffende Element geschrieben. Die Summe aller Oxidationsstufen ergibt die wahre Ionenladung. Die Kenntnis der Oxidationsstufe gestattet die Berechnung der elektrochemisch äquivalenten Stoffmengen und bei Redox-Reaktionen die Berechnung der Anzahl ausgetauschter Elektronen.

2. **Ionenladung:** Sie entspricht der Anzahl der Elementarladungen eines Ions. Sie wird als „Exponent" in Form von $+$ oder $-$ oder als entsprechendes Vielfaches geschrieben, z.B. Na^+, Ca^{2+}, Cl^-, CO_3^{2-}.
   Die Einheit der Ionenladung ist die elektrische Elementarladung $1{,}60 \cdot 10^{-19}$ Coulomb. Zur Abscheidung von 1 mol Elementarladungen sind demnach $6{,}022 \cdot 10^{23} \cdot 1{,}602 \cdot 10^{-19} \, \text{C} \cdot \text{mol}^{-1} = 96\,485 \, \text{C} \cdot \text{mol}^{-1} = 1$ Faraday erforderlich.

3. **Bindigkeit** oder **Bindungszahl:** Sie bezeichnet die Anzahl kovalenter Bindungen, die vom betrachteten Atom ausgehen. In Komplexen ist die Bindigkeit mit der **Koordinationszahl** identisch, wenn die Liganden einzähnig und einfach gebunden sind.

4. **Formale Ladung:** Zur Berechnung der formalen Ladung wird die Valenzstrichformel (s. Kap. 1.4.2.1) zugrundegelegt. Die Bindungselektronen werden zu gleichen Teilen den Bindungspartnern zugeordnet. Nun vergleicht man die Elektronenanzahl, die dem betrachteten Atom zukommt mit der des neutralen Atoms. Jedes überschüssige Elektron ergibt eine negative und jedes fehlende eine positive Formalladung. Nach der **Elektroneutralitätsregel** von *Pauling* ist diejenige Valenzstrichformel mit der geringsten Anzahl an formalen Ladungen die wahrscheinlichste. In stabilen Verbindungen sollten die formalen Ladungen nicht größer als $+1$ oder -1 sein. Die formale Ladung wird als $\oplus$ oder $\ominus$ über das Elementsymbol geschrieben. Wie der Name besagt, ist die formale Ladung eine formale Größe, die keine Aussagen über die wahre Ladungsverteilung im Molekül zuläßt.

1.10.3   Beständigkeit der Oxidationsstufen

1.10.3.1   Maximal mögliche Oxidationsstufen

Bei der in diesem Buch benutzten Einteilung des Periodensystems der Elemente (s. Kap. 1.3.1) in Haupt- und Nebengruppen entspricht die Gruppennummer bei den Hauptgruppen der Anzahl Valenzelektronen in der äußersten Schale. Die maximal mögliche Oxidationsstufe dieser Elemente ist in der Regel identisch mit der Gruppennummer. Die maximale Oxidationsstufe wird jedoch von den Elementen Fluor, das nur in den Oxidationsstufen $-I$ und 0 auftritt, und Sauerstoff, das maximal die Oxidationsstufe $+II$ einnimmt, sowie von den Edelgasen außer Xenon nicht erreicht.

Die Nebengruppenelemente haben auf ihrer äußersten Schale maximal zwei ns-Elektronen. Sie können jedoch auch aus ihrer zweitäußersten Schale die $(n-1)$d-Elektronen abgeben. Die Gruppennummer stimmt hier nicht in allen Fällen mit der Gesamtanzahl der ns- und $(n-1)$d-Elektronen überein. Bei den Elementen der 1. Nebengruppe Cu, Ag und Au und der 2. Nebengruppe Zn, Cd und Hg ist das $(n-1)$d-Niveau mit 10 Elektronen voll besetzt und die Zuordnung zur Gruppennummer erfolgt aufgrund der Anzahl an ns-Elektronen. Die maximale Oxidationszahl ist bei den Elementen der 1. Nebengruppe jedoch größer als die Gruppennummer. Sie beträgt bei Cu und Ag $+III$ und bei Au $+V$, so daß auch hier d-Elektronen abgegeben werden. Von den Elementen der 8. Nebengruppe verwirklichen nur Ru und Os die der Gruppennummer entsprechende maximale Oxidationsstufe $+VIII$.

Ausnahmen von den allgemeinen Regeln machen auch die Lanthanoiden- und Actinoidenelemente. Sie sollen jedoch hier nicht näher besprochen werden.

1.10.3.2 Beständigkeit der maximalen Oxidationsstufe

In den Hauptgruppen nimmt die Beständigkeit der Verbindungen mit der maximalen Oxidationsstufe des Elements im allgemeinen mit steigender Ordnungszahl ab, da sich hier der „inert-pair"-Effekt (s. Kap. 1.4.1.1) bemerkbar macht. So liegen beispielsweise in der 5. Hauptgruppe die beständigsten Verbindungen des Stickstoffs in der Oxidationsstufe $+V$ vor. Bismut dagegen tritt vorwiegend in der Oxidationsstufe $+III$ auf. Bismut(V)-Verbindungen sind starke Oxidationsmittel.

Bei den Nebengruppen sind die Verhältnisse hingegen umgekehrt. Hier nimmt die Beständigkeit der maximalen Oxidationsstufe bei den schwereren Homologen zu, wie die Beispiele MnO_4^-, TcO_4^- und ReO_4^- zeigen.

1.10.3.3 Intervall der Oxidationsstufen

Bei den Hauptgruppenelementen beobachtet man in der Regel zwischen den stabilen Oxidationsstufen einen Unterschied von jeweils 2 Elektronen, da bei den Verbindungen dieser Elemente bevorzugt Elektronenpaare auftreten. Radikale mit ungepaarten Elektronen wie NO und NO_2 sind selten und meist sehr reaktiv. So beobachtet man beim Schwefel die Oxidationsstufen $-II$, 0, $+II$, $+IV$ und $+VI$.

Bei den Nebengruppenelementen ist die Variationsmöglichkeit der Oxidationsstufen größer. So tritt z.B. Mangan in allen Oxidationsstufen von $-I$ bis $+VII$ auf.

1.10.3.4 Minimal mögliche Oxidationsstufen

Beginnend mit der 4. Hauptgruppe kann eine stabile Edelgas-Elektronenkonfiguration neben der Abgabe von Elektronen auch durch Aufnahme von Elektronen erreicht werden. Die damit verbundene minimale Oxidationsstufe ergibt sich aus der Anzahl Valenzelektronen minus 8. Sie wird beispielsweise in Element-Wasserstoff-Verbindungen wie CH_4, NH_3, H_2O oder HF verwirklicht.

1.10.3.5 Oxidationsstufe und Magnetismus

Ionen, Atome oder Moleküle, die nur gepaarte Elektronen besitzen, sind **diamagnetisch**, da sich die magnetischen Momente der einzelnen Elektronen gegenseitig kompensieren. **Paramagnetisch** sind Atome, Ionen oder Moleküle mit ungepaarten Elektronen. Die Größe des magnetischen Moments erlaubt Aussagen über die Anzahl ungepaarter Elektronen und in günstigen Fällen auch über die Oxidationsstufe.

Wie oben erwähnt, treten bei den Hauptgruppenelementen bevorzugt gepaarte Elektronen und damit Diamagnetismus auf. Infolge der größeren Variationsmöglichkeit und des leichten Wechsels der Oxidationsstufen sind insbesondere Nebengruppenelemente in der Lage, paramagnetische Ionen und Verbindungen zu bilden.

1.11 Komplexchemie

Die Koordinationslehre, die sich mit der Zusammensetzung und dem Aufbau von Komplexverbindungen befaßt, wurde 1893 von *Alfred Werner* (1866–1919) begründet.

Das Verhalten der Komplexe ist für die analytische Chemie von besonderer Bedeutung, da alle Metallkationen mehr oder weniger zur Komplexbildung befähigt sind. Vielfach führt die gezielte Komplexbildung bei Ionen, die sich ähnlich verhalten, zu differenzierten chemischen Eigenschaften. Dies kann für die Abtrennung, Bestimmung und Maskierung vieler Kationen ausgenutzt werden.

1.11.1 Eigenschaften von Komplexen

Komplexe entstehen durch die Vereinigung von mehreren einfachen, in der Regel chemisch beständigen Komponenten. In Lösung dissoziieren sie oft nur in geringem Maße in die Ionen oder Moleküle, aus denen sie entstanden sind. Deshalb bleiben die charakteristischen Reaktionen der einzelnen Bestandteile ganz oder teilweise aus. Dementsprechend kann man eine Komplexverbindung wie folgt definieren:

> **Eine Komplexverbindung ist ein Kollektiv aus Atomen, Molekülen oder Ionen, das bei vielen Reaktionen als Ganzes auftritt, obwohl andererseits die einzelnen Komponenten in einem Dissoziationsgleichgewicht miteinander stehen.**

Ein Komplex kann als Produkt der Reaktion von einer Lewissäure mit mehreren Lewisbasen (s. Kap. 1.7.2) angesehen werden. Die Lewissäure ist in der Regel ein Kation, das als **Zentralatom** fungiert. Es bindet über koordinative Bindungen (Kap. 1.4.2.5) die Lewisbasen, die in einem Komplex als **Liganden** bezeichnet werden. Die Anzahl der Bindungspartner ist dabei größer, als nach der Ladung und Stellung des Zentralatoms im Periodensystem zu erwarten wäre. Ein Komplex ist weiterhin durch die **Koordinationszahl** charakterisiert, die die Anzahl der am Zentralatom gebundenen nächsten Nachbarn angibt.

Einige Beispiele sollen die Begriffe verdeutlichen:

Beim $[Ag(NH_3)_2]^+$ ist das Ag^+-Ion das Zentralatom, die beiden NH_3-Moleküle sind die Liganden und die Koordinationszahl ist zwei. In Lösung tritt $[Ag(NH_3)_2]^+$ weitgehend undissoziiert auf. Demgemäß erfolgt bei der Zugabe von Cl^- keine Fällung von $AgCl$.

Die Beispiele der Komplexe $Cr(CO)_6$ und $Co(CO)_4^-$ zeigen, daß das Zentralatom auch mit der Oxidationsstufe 0 oder mit einer negativen Oxidationsstufe auftreten kann. Im $Cr(CO)_6$ ist Chrom(0) das Zentralatom. Die CO-Liganden ergeben die Koordinationszahl sechs. BF_4^- entsteht formal aus einem B^{3+}-Kation als Zentralion und vier F^--Ionen, die als Liganden am Zentralion koordinativ gebunden werden. Die Ladung des Komplexes entspricht der Summe der Ladungen seiner Bestandteile.

Versuch: Bildung von Hexamminzink(II).

Zn^{2+} tritt mit OH^- zu schwerlöslichem $Zn(OH)_2$ zusammen (s. S. 413). Dagegen erfolgt bei Zugabe von NH_3 aufgrund der Bildung von $[Zn(NH_3)_6]^{2+}$ keine Fällung.

Anstelle der normalen Reaktionen der Einzelionen können andersartige, für den Komplex charakteristische Reaktionen auftreten. Typische Beispiele sind die Hexacyanoferrat-Komplexe:

Versuche:

Fe^{2+} bildet mit S^{2-} in ammoniakalischer Lösung schwarzes FeS (s. S. 418), mit OH^- farbloses $Fe(OH)_2$ (s. S. 417). Das Hexacyanoferrat(II)-Ion, $[Fe(CN)_6]^{4-}$, gibt dagegen mit S^{2-} und OH^- keine Niederschläge (s. S. 358). Dafür setzt sich das $[Fe(CN)_6]^{4-}$-Ion mit Fe^{3+} zu Berliner Blau (s. S. 359) und mit Zn^{2+} zu weißem $K_2Zn[Fe(CN)_6]$ um (s. S. 414).

Komplexe kann man also an den anders verlaufenden chemischen Reaktionen erkennen. Außerdem gibt es eine Reihe anderer Merkmale, die auf ihr Vorliegen hinweisen:

a) Farbänderung bei der Komplexbildung

Beispiele: $[Ni(OH_2)_6]^{2+}$ ist grün, bei Zugabe von NH_3 bildet sich der tiefblaue Komplex $[Ni(NH_3)_6]^{2+}$, Bis(dimethylglyoximato)nickel(II) (s. S. 403) ist intensiv rot; $CuSO_4$ ist weiß, $CuSO_4 \cdot 5H_2O$ ist blau, in ammoniakalischer Lösung entsteht der tiefblaue Komplex $[Cu(NH_3)_4]^{2+}$; $[Fe(OH_2)_6]^{3+}$ ist gelb, in konz. HCl bildet sich ein tief gelber Chlorokomplex, mit SCN^- entsteht intensiv rotes $Fe(SCN)_3$.

Solche Farbänderungen zeigen qualitativ Komplexbildung bzw. den Übergang von Aquakomplexen in andere Komplexe an.

b) Änderung der elektrischen Leitfähigkeit

Die elektrische Leitfähigkeit einer Lösung hängt in erster Linie davon ab, in wieviel Ionen ein Salz dissoziiert. Die Art der Ionen ist bei großer Verdünnung für die Leitfähigkeit von geringerem Einfluß.

Würde beispielsweise $K_4[Fe(CN)_6]$ beim Lösen vollständig in vier K^+-, ein Fe^{2+}- und sechs CN^--Ionen dissoziieren, so müßte die Leitfähigkeit der Lösung ungefähr gleich der Summe der Leitfähigkeiten der Einzelionen sein. Das ist nicht der Fall, denn durch die Komplexbildung verringert sich die Anzahl freier Ionen und damit die Leitfähigkeit.

Sobald die gemessene Leitfähigkeit einer Verbindung kleiner ist als die Summe der Leitfähigkeiten aus den Einzelbestandteilen, ist mit dem Vorliegen eines Komplexes zu rechnen.

c) Änderung des Wanderungssinns im elektrischen Feld

Das freie Ag^+-Ion aus einfachen Salzen wandert im elektrischen Feld zur Kathode und wird dort als Metall abgeschieden. Negativ geladene Dicyanoargentat(I)-Ionen, $[Ag(CN)_2]^-$, wandern jedoch zur Anode. Zur Metallabscheidung ist natürlich Reduktion erforderlich, die nur an der Kathode durch Zufuhr von Elektronen eintritt. Also auch aus Lösungen mit negativ geladenen Komplexionen scheidet sich bei der Elektrolyse das Metall an der Kathode ab.

Wanderungssinn und Wanderungsgeschwindigkeit von einfachen und komplexen Ionen können gut durch Papierelektrophorese bestimmt werden. Quantitative Aussagen werden aus Überführungsmessungen erhalten.

d) Änderung der Eigenschaften, die vom osmotischen Druck abhängen

Durch Messung der Gefrierpunktserniedrigung (Kryoskopie) bzw. Siedepunktserhöhung (Ebullioskopie) (s. Kap. 1.5.7) gewinnt man Aufschluß über die Anzahl der in einer Lösung vorhandenen Teilchen. Kryoskopische Messungen gestatten die Überprüfung der Leitfähigkeitsmessungen auf unabhängigem Wege. Sie bieten außerdem den Vorteil der Erfassung von Neutralteilchen, die bei der Komplexbildung oft eine Rolle spielen.

e) Potentiometrische Messungen

Sie gestatten bei geeigneter Ausführung die Messung von Konzentrationen der an der Komplexbildung beteiligten Ionen (s. Kap. 1.9.2.2).

f) Kristallstrukturanalyse

Die Kristallstrukturanalyse durch Röntgenbeugung bietet eine sehr gute Möglichkeit zur genauen Bestimmung der Zusammensetzung und Struktur der Komplexe.

1.11.2 Aufbau der Komplexe

Wie bereits im vorausgehenden Kapitel erläutert, bestehen **einkernige Komplexe** aus einem **Zentralatom** und daran koordinativ gebundenen **Liganden**. Die Anzahl der gebundenen, nächsten Nachbarn des Zentralatoms wird **Koordinationszahl** genannt.

Liganden können auch Brückenfunktionen ausüben und zwei oder mehrere Zentralatome miteinander verknüpfen. Man spricht dann von **zwei- oder mehrkernigen Komplexen**.

1.11.2.1 Zentralatom

Als Zentralatom fungieren bei den klassischen Komplexen meist Schwermetallkationen mit hoher Oxidationsstufe. Die oben angeführten Beispiele $Cr(CO)_6$ und $Co(CO)_4^-$ zeigen jedoch, daß bei Komplexen aus dem Bereich der Metallorganischen Chemie das Zentralatom auch in niedrigen Oxidationsstufen auftreten kann. Außerdem können auch Nichtmetallkationen als Zentralatom in Komplexen wie ClO_4^- oder SO_4^{2-} auftreten.

1.11.2.2 Liganden

Häufig sind die Liganden einfache Anionen wie F^-, Cl^-, Br^-, I^-, OH^- oder CN^-. Aber auch Moleküle, wie H_2O, NH_3 oder CO, treten als Liganden auf. Handelt es sich um Verbindungen oder Ionen, die 2 oder mehrere funktionelle Gruppen besitzen und somit mehrere Koordinationsstellen des Zentralatoms besetzen können, spricht man von **bi-** oder **multidentalen**, bzw. **zwei-** oder **mehrzähnigen** Liganden. Beispiele sind Ethylendiamin ($NH_2-CH_2-CH_2-NH_2$), Oxalat oder EDTA (s. S. 117). Man muß dabei unterscheiden, ob der mehrzähnige Ligand die Koordinationsstellen am selben Zentralatom besetzt oder als **Brückenligand** wirkt und Koordinationsstellen an zwei oder mehreren verschiedenen Zentralatomen einnimmt. Im ersten Fall spricht man von **Chelatliganden** und **Chelatkomplexen** ($\chi\eta\lambda\eta =$ gr. Krebsschere). Die Bindung eines zweizähnigen Chelatliganden führt zur Bildung eines **Chelatrings**. Die Bildung von Chelatkomplexen erfolgt vorzugsweise, wenn dabei ein spannungsfreier 5- oder 6-Ring entsteht.

Beispiel für einen Chelatkomplex ist $[Cu(en)_2]^{2+}$ (en = Ethylendiamin). Zwei Ethylendiaminmoleküle bilden über die freien Elektronenpaare der Stickstoffatome vier koordinative Atombindungen (s. Kap. 1.4.2.5) zu einem Cu^{2+}-Zentralion aus, so daß die Koordinationszahl 4 resultiert. Es sind dabei zwei Fünfringe entstanden:

(Rechte Randspalte:) Allgemeiner Teil – Theoret. Grundlagen 1

Der Chelatkomplex hat wie das Zentralion die Ladung $2+$. Man erkennt die Ähnlichkeit mit dem Kupfertetrammin-Komplex, $[Cu(NH_3)_4]^{2+}$.

Die Chelatbildung bewirkt eine Zunahme der Komplexstabilität. Man spricht in diesem Zusammenhang vom **Chelateffekt** (s. Kap. 1.11.3.5). So ist beispielsweise der Chelatkomplex $[Ni(en)_3]^{2+}$ mit einem pK-Wert von 18,3 um etwa 10 Größenordnungen stabiler als der vergleichbare Amminkomplex $[Ni(NH_3)_6]^{2+}$ (pK = 8,6).

Der Chelateffekt kann sich u.a. auch in der Stabilisierung wenig beständiger Oxidationsstufen äußern:

Beispiel: Ag(II) im Bis(2,2′-bipyridin)silber(II)-peroxodisulfat, $[Ag(bipy)_2]S_2O_8$ (s. S. 609).

In der analytischen Chemie haben häufig neutrale Chelatkomplexe Bedeutung, bei denen sich die Ladungen des Zentralions und der Liganden gerade kompensieren. Diese neutralen Chelatkomplexe sind in Wasser meist schwerlöslich, wenn alle Koordinationsstellen abgesättigt sind oder aus sterischen Gründen eine weitere Koordination auch kleiner Liganden infolge der Umhüllung des Zentralions durch die großen organischen Chelatliganden unmöglich ist. Ihre Unfähigkeit zur Hydratation und die organische Ligandenhülle bewirken die Schwerlöslichkeit in Wasser, während sie in organischen Lösungsmitteln dagegen gut löslich sind. Andererseits sind geladene Chelatkomplexe, wie die Kupfer-Weinsäure-Komplexe (s. S. 483) oder die EDTA-Komplexe (s. S. 117) infolge ihres Ionencharakters in Wasser leicht löslich und schwerlöslich in unpolaren organischen Solventien.

Als Beispiele für schwerlösliche Chelatkomplexe seien Bis(dimethylglyoximato)-nickel(II) (s. S. 403) (nachfolgend dargestellt ist Ni-glyoxim) und Magnesiumoxinat (s. S. 641) angeführt:

Beim Bis(dimethylglyoximato)nickel(II) (Ni-Diacetyldioxim) gehen die koordinativen Bindungen von den vier Stickstoffatomen aus. Weiterhin tritt zwischen dem H-Atom der OH-Gruppe eines Liganden und dem O-Atom des Aminoxids des benachbarten Liganden eine starke Wasserstoffbrückenbindung (s. Kap. 1.4.5) auf.

Weitere Beispiele für diese analytisch außerordentlich wichtige Gruppe von Komplexen werden in Kap. 6 (Organische Spezialreagenzien) ausführlich behandelt.

Die sogenannten **Komplexone**, deren wichtigste Vertreter die Ethylendiamintetraessigsäure (H$_4$EDTA) und die Nitrilotriessigsäure darstellen, sind Komplexbildner, die mit fast allen Kationen einschließlich der Erdalkaliionen zum Teil sehr stabile wasserlösliche Chelatkomplexe bilden. Im Handel wird die Ethylendiamintetraessigsäure als Dinatriumsalz Na$_2$H$_2$EDTA angeboten. In Komplexen tritt sie deprotoniert als sechszähniger Chelatligand EDTA^{4-} auf.

Nitrilotriessigsäure
(Säureform)

Dihydrogenethylendiamintetraacetat   (H$_2$EDTA^{2-})
(Betainform)

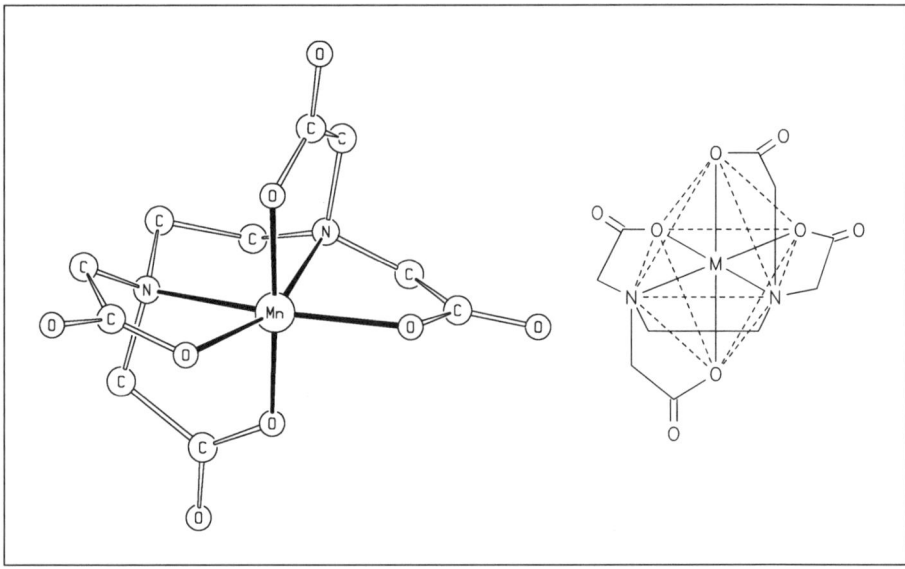

Abb. 1.26: Struktur eines Komplexes [M²⁺(EDTA)]²⁻ mit sechszähnig gebundenem EDTA-Liganden.

Abb. 1.26 zeigt schematisch die Bildung eines 1:1-EDTA-Komplexes mit einem zweifach positiv geladenem Kation M^{2+}. Wie aus Abb. 1.26 und 1.27 hervorgeht, bilden sich über die Stickstoff- und Carbonylsauerstoffatome mehrere stabile fünfgliedrige Chelatringe aus. Das Zentralion besitzt in den EDTA-Komplexen fast ausschließlich die Koordinationszahl sechs, dabei können bis zu 2 Koordinationsstellen durch Wasser oder andere Liganden ersetzt werden (Abb. 1.27). Damit verringert sich die Anzahl an Fünfringen, die wie im vorliegenden Beispiel maximal fünf beträgt. Die Komplexstabilität wird von der Anzahl der Fünfringe bestimmt. So steigert jeder Chelatring die Stabilität von EDTA-Komplexen etwa um den Faktor 100. Deshalb fällt aus den Nickel-, Cobalt- und Zink-Komplexen des EDTA mit $(NH_4)_2S$ kein schwerlösliches Sulfid aus. Auch CaC_2O_4 fällt in Gegenwart von Komplexonen nicht aus ammoniakalischer Lösung, und $BaSO_4$ wird von dem Chelatbildner aufgelöst.

Wegen ihres unspezifischen Charakters haben die Komplexone in der qualitativen Analyse bisher wenig Verwendung gefunden. Sie besitzen jedoch große Bedeutung in der quantitativen Analyse.

Chelatkomplexe haben auch Bedeutung für die Nachweise und quantitative Bestimmung von Borsäure (s. S. 371) und Germaniumsäure (s. S. 507) durch Umsetzung mit mehrwertigen Alkoholen wie z. B. Glycerin oder Mannit.

Es erfolgt eine Veresterung der drei OH-Gruppen der Borsäure $B(OH)_3$ mit zwei Molekülen Polyalkohol. Da Bor jedoch die Koordinationszahl 4 anstrebt, tritt eine weitere Bindung zum Sauerstoff einer benachbarten alkoholischen Hy-

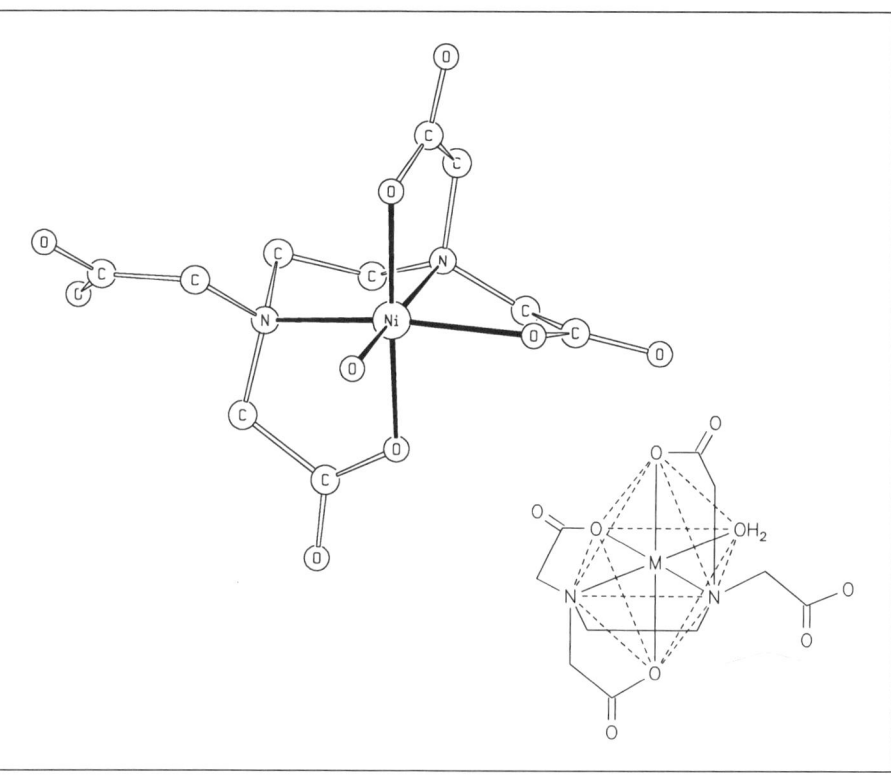

Abb. 1.27: Struktur eines Komplexes $[M^{2+}(EDTA)(H_2O)]^{2-}$ mit fünfzähnig gebundenem EDTA-Liganden.

droxylgruppe auf. Dadurch wird die Bindung zum H-Atom gelockert und dieses teilweise als Proton abgespalten.

Mannito — Borsäure

Aus der sehr schwachen Borsäure ($pK_S = 9{,}25$, s. S. 369) entsteht eine mittelstarke einbasische Mannito-Borsäure ($pK_S = 6{,}44$), die titriert werden kann.

1.11.2.3 Koordinationszahl und Struktur

Da es sich bei den Liganden meist um untereinander nicht verbundene Ionen oder Moleküle handelt, ordnen sie sich infolge gegenseitiger Abstoßung symmetrisch um das Zentralatom an. Ein hochsymmetrisches Polyeder gestattet die maximalen Abstände der Liganden untereinander und die beste Raumausfüllung.

Weitaus am häufigsten ist bei Komplexen der Übergangsmetalle die Koordinationszahl 6 mit oktaedrischer Struktur. Man findet sie insbesondere bei Fe^{2+}, Fe^{3+}, Cr^{3+}, Co^{3+}, Cd^{2+} und Pt^{4+}, die alle beispielsweise Hexahalogeno- und meist auch Hexamminkomplexe zu bilden vermögen. Auch die Koordinationszahl 4 tritt oft auf, z. B. bei Oxokomplexen wie CrO_4^{2-} oder ClO_4^- und bei Halogeno- und Hydroxokomplexen wie $[NiCl_4]^{2-}$ oder $[Zn(OH)_4]^{2-}$. Hier liegt eine tetraedrische Struktur vor. Es ist eine Besonderheit der Koordinationszahl 4, daß in besonderen Fällen (bei Metallkationen mit einer d^8-Elektronenkonfiguration) auch eine quadratisch-planare Ligandenanordnung auftreten kann. Beispiele sind $[Ni(CN)_4]^{2-}$ und $[AuCl_4]^-$. Seltener findet man kleinere Koordinationszahlen als 4, wie die Koordinationszahl 2 bei Ag^+ oder Au^+ (z. B. $[Ag(NH_3)_2]^+$ und $[Au(CN)_2]^-$ mit linearer Struktur). Ebenso selten sind Koordinationszahlen größer als 6, wie z. B. die Koordinationszahl 7 im $[ZrF_7]^{3-}$, $[NbF_7]^{2-}$ oder $[TaF_7]^{2-}$ und die Koordinationszahl 8 im $[W(CN)_8]^{4-}$. Praktisch nie tritt die Koordinationszahl 5 auf.

In Abb. 1.28 sind ein oktaedrischer und ein tetraedrischer Komplex dargestellt. Angedeutet sind die Umrandungen des Polyeders und die Bindungen zum Zentralatom.

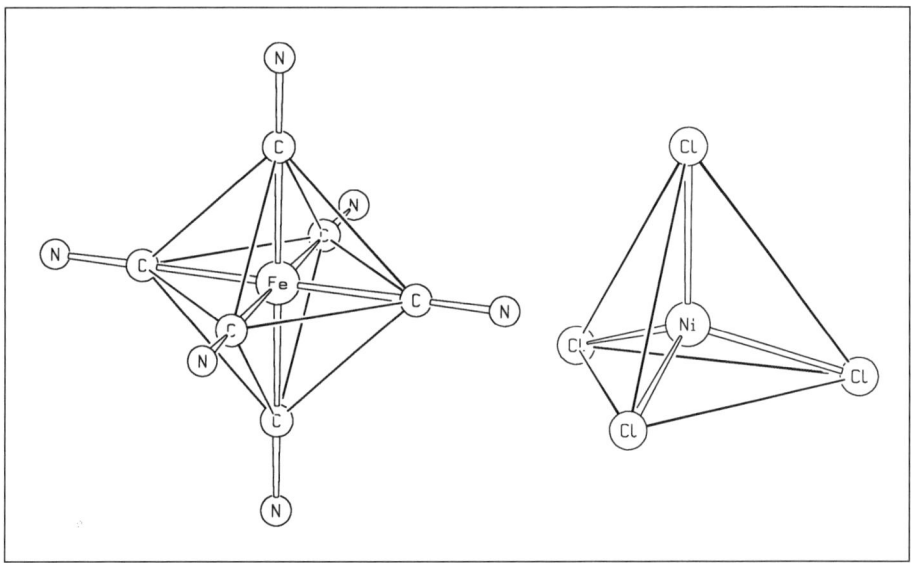

Abb. 1.28: a) $[Fe(CN)_6]^{4-}$ **als Beispiel eines oktaedrischen und b)** $[NiCl_4]^{2-}$ **als Beispiel eines tetraedrischen Komplexes.**

1.11.2.4 Komplexisomerie

> **Als Isomere bezeichnet man Stoffe mit gleicher Bruttoformel aber unterschiedlicher Struktur.**

Die Erscheinung der Isomerie spielt vor allem in der organischen Chemie eine wichtige Rolle. Sie trägt wesentlich zur ungeheuren Vielfalt der organischen Verbindungen bei. Je nach Art dieser strukturellen Unterschiede wird zwischen verschiedenen Isomeriearten unterschieden. Auch bei den Komplexverbindungen tritt die Erscheinung der Isomerie vielfältig auf. Sie soll an den Komplexen mit den Koordinationszahlen 6 und 4 erläutert werden.

Stereoisomerie

Wie aus Abb. 1.29 ersichtlich ist, müssen Komplexe mit der Koordinationszahl 6 und der Zusammensetzung MX_4Y_2 bei Oktaederstruktur in zwei isomeren Formen auftreten, die als **cis-** und **trans-Form** bezeichnet werden.

Beispiele sind die cis- und trans-Tetramminidinitrocobalt(III)-Komplexe, $[Co(NO_2)_2(NH_3)_4]^+$ (s. S. 235), bei denen die beiden NO_2^--Liganden in der cis-Form einander benachbart sind oder im trans-Isomer gegenüberstehen.

Cis-trans-Isomere sind bei tetraedrischer Koordination nicht möglich. Bei einer quadratisch-planaren Anordnung von vier Liganden treten jedoch derartige Isomere auf, wie die Beispiele von cis- und trans-$[PtCl_2(NH_3)_2]$ zeigen. Das Auftreten von cis-trans-Isomeren ist somit zugleich ein Beweis für das Vorliegen einer quadratisch-planaren Koordination.

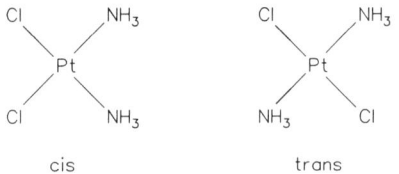

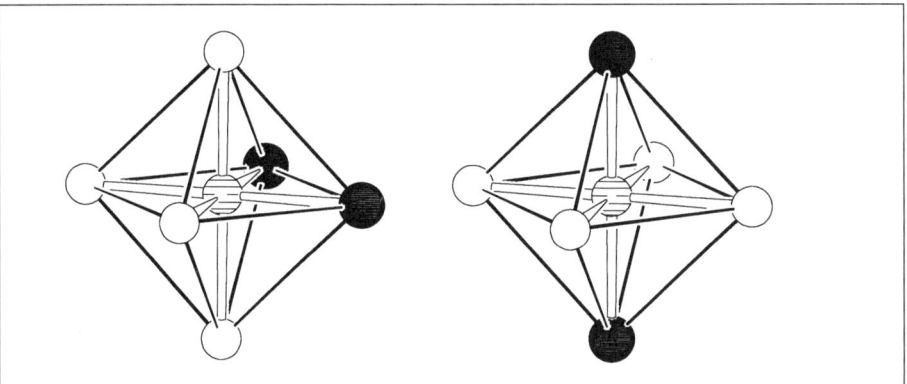

Abb. 1.29: cis- und trans-Form bei oktaedrischen Komplexen.

Stereoisomere, die räumlich wie Bild und Spiegelbild aufgebaut sind, heißen **Enantiomere**. Sie unterscheiden sich durch die entgegengesetzte Drehung der Ebene des polarisierten Lichts. Fast alle anderen chemischen und physikalischen Eigenschaften sind hingegen sehr ähnlich oder gleich. Die Enantiomerie tritt in der organischen Chemie beispielsweise auf, wenn ein C-Atom vorliegt, das vier verschiedene Substituenten gebunden hat. Auch bei anorganischen Komplexen kennt man die Erscheinung der Enantiomerie. Sie wird bei oktaedrischen Komplexen beobachtet, wenn drei gleiche zweizähnige Liganden wie im $[Co(en)_3]^{3+}$ (en = Ethylendiamin) vorliegen.

Weiterhin sei auf die **Hydratisomerie** (s. S. 430 und Versuch zur Hydratisomerie auf S. 430) und die **Bindungsisomerie** (s. S. 301 und 327) hingewiesen.

1.11.3 Bildung und Stabilität der Komplexe

1.11.3.1 Komplexbildungskonstante

Die Bildung der Komplexe in homogener Lösung aus verschiedenen Ionen oder Molekülen ist eine Gleichgewichtsreaktion:

$$Ni^{2+} + 4CN^- \rightleftharpoons [Ni(CN)_4]^{2-}$$

Bei Anwendung des MWG erhält man die **Komplexbildungskonstante** oder **Stabilitätskonstante** K_{Bldg}:

$$\frac{c_{[Ni(CN)_4]^{2-}}}{c_{Ni^{2+}} \cdot c_{CN^-}^4} = K_{Bldg}$$

Der reziproke Wert der Bildungskonstante entspricht der **Komplexdissoziationskonstanten** K_{Diss}:

$$\frac{c_{Ni^{2+}} \cdot c_{CN^-}^4}{c_{[Ni(CN)_4]^{2-}}} = K_{Diss}$$

$$K_{Bldg} = \frac{1}{K_{Diss}}, \quad pK_{Bldg} = -pK_{Diss}$$

Cyanokomplexe sind häufig sehr stabile Komplexe, d.h. sie sind nur zu einem sehr geringen Anteil dissoziiert, wie die Beispiele der Komplexe von Eisen(II) und Kupfer(I) zeigen. Beispielsweise beträgt die Komplexbildungskonstante von $[Cu(CN)_4]^{3-}$: $K_{Bildung} = 10^{27} \, l^4/mol^4$. Man bezeichnet stabile Komplexe auch als starke Komplexe. Die meisten Amminkomplexe sind dagegen wesentlich unbeständiger, sie sind schwach. Noch schwächer sind Aquakomplexe.

1.11.3.2 Stufenweise Dissoziation

Nur bei sehr starken Komplexen, bei denen das Bildungsgleichgewicht praktisch ganz auf der Seite des undissoziierten Komplexes liegt, findet man in Lösung einheitliche Komplexe. Bei schwachen Komplexen treten auch die Komponenten der stufenweisen Dissoziation auf. Das oben angegebene Beispiel der Bildung von $[Ni(CN)_4]^{2-}$ ist demnach nur als die Bruttoreaktion aus einem System von unabhängigen Gleichgewichten aufzufassen, für die die einzelnen Bildungskonstanten angegeben werden können:

$$[Ni(H_2O)_4]^{2+} + CN^- \rightleftharpoons [Ni(CN)(H_2O)_3]^+ + H_2O \qquad \frac{c_{[Ni(CN)(H_2O)_3]^+}}{c_{[Ni(H_2O)_4]^{2+}} \cdot c_{CN^-}} = k_1,$$

$$[Ni(CN)(H_2O)_3]^+ + CN^- \rightleftharpoons [Ni(CN)_2(H_2O)_2] + H_2O \qquad \frac{c_{[Ni(CN)_2(H_2O)_2]}}{c_{[Ni(CN)(H_2O)_3]^+} \cdot c_{CN^-}} = k_2,$$

$$[Ni(CN)_2(H_2O)_2] + CN^- \rightleftharpoons [Ni(CN)_3(H_2O)]^- + H_2O \qquad \frac{c_{[Ni(CN)_3(H_2O)]^-}}{c_{[Ni(CN)_2(H_2O)_2]} \cdot c_{CN^-}} = k_3,$$

$$[Ni(CN)_3(H_2O)]^- + CN^- \rightleftharpoons [Ni(CN)_4]^{2-} + H_2O \qquad \frac{c_{[Ni(CN)_4]^{2-}}}{c_{[Ni(CN)_3(H_2O)]^-} \cdot c_{CN^-}} = k_4,$$

Die Brutto-Bildungskonstante K_{Bldg} ergibt sich als Produkt der Einzelkonstanten:

$$K_{Bldg} = k_1 \cdot k_2 \cdot k_3 \cdot k_4.$$

1.11.3.3 Löslichkeitsprodukt und Komplexbildungskonstante

Ein Stoff, der mit dem Zentralion oder den Liganden eines Komplexes eine schwerlösliche Verbindung bilden kann, reagiert nur dann mit den Bestandteilen des Komplexes, wenn dessen Dissoziation so groß ist, daß das Löslichkeitsprodukt der schwerlöslichen Verbindung überschritten wird.

Einige Beispiele sollen das verdeutlichen. Die genaue Ableitung erfolgt analog wie bei der Auflösung von CaC_2O_4 in HCl (Kap. 1.8.5), so daß hier einige Vereinfachungen vorgenommen werden können.

Beispiel: Löslichkeit von AgCl in NH_3:

$$Ag^+ + Cl^- \rightleftharpoons AgCl \qquad c_{Ag^+} \cdot c_{Cl^-} = K_L = 10^{-9,96} \text{ mol}^2/l^2$$

Bei Zusatz von NH_3 bildet sich:

$$Ag^+ + NH_3 \rightleftharpoons [Ag(NH_3)]^+$$
$$[Ag(NH_3)]^+ + NH_3 \rightleftharpoons [Ag(NH_3)_2]^+$$

Dadurch wird c_{Ag^+} kleiner und c_{Cl^-} nimmt zu:

$$C_{AgCl} = c_{Cl^-} = c_{Ag^+} + c_{[Ag(NH_3)]^+} + c_{[Ag(NH_3)_2]^+}$$

Wie die genaue Rechnung zeigt, werden c_{Ag^+} und $c_{[Ag(NH_3)]^+}$ beim Vorliegen eines Überschusses an Komplexbildner so klein, daß sie als additive Größen vernachlässigt werden können. $c_{[Ag(NH_3)_2]^+}$ steht mit der Brutto-Bildungskonstanten K_{Bldg} in Beziehung:

$$\frac{c_{[Ag(NH_3)_2]^+}}{c_{Ag^+} \cdot c^2_{NH_3}} = K_{Bldg} = 10^{7,14}\, l^2/mol^2$$

$$c_{Cl^-} = K_{Bldg} \cdot c_{Ag^+} \cdot c^2_{NH_3}$$

$$c_{Cl^-} = K_{Bldg} \cdot \frac{K_L}{c_{Cl^-}} \cdot c^2_{NH_3}$$

$$c^2_{Cl^-} = C^2_{AgCl} = K_{Bldg} \cdot K_L \cdot c^2_{NH_3}$$

$$C_{AgCl} = c_{NH_3} \cdot \sqrt{K_{Bldg} \cdot K_L}$$

Die Löslichkeit von AgCl bei $c_{NH_3} = 1$ mol/l beträgt demnach:

$$C_{AgCl} = 1 \cdot \sqrt{10^{7,14} \cdot 10^{-9,96}} = \sqrt{10^{-2,82}} = 10^{-1,41}\ mol/l.$$

In reinem Wasser lösen sich dagegen nur $\approx 10^{-5}$ mol/l.

Beispiel: Löslichkeit von CdS in KCN:

$$Cd^{2+} + S^{2-} \rightleftharpoons CdS$$

$$Cd^{2+} + 4\,CN^- \rightleftharpoons [Cd(CN)_4]^{2-}$$

$$c_{Cd^{2+}} \cdot c_{S^{2-}} = K_L = 10^{-27}\ mol^2/l^2$$

$$C_{CdS} = c_{S^{2-}} \approx c_{[Cd(CN)_4]^{2-}}$$

$$\frac{c_{[Cd(CN)_4]^{2-}}}{c_{Cd^{2+}} \cdot c^4_{CN^-}} = K_{Bldg} = 10^{16,85}\ mol^4/l^4$$

$$c_{S^{2-}} = K_{Bldg} \cdot c_{Ca^{2+}} \cdot c^4_{CN^-}$$

$$c^2_{S^{2-}} = C^2_{CdS} = K_{Bldg} \cdot K_L \cdot c^4_{CN^-}$$

$$C_{CdS} = c^2_{CN^-} \sqrt{K_{Bldg} \cdot K_L}$$

Die Löslichkeit von CdS bei $c_{CN^-} = 1$ mol/l beträgt demnach:

$$C_{CdS} = 1\sqrt{10^{16,85} \cdot 10^{-27}} \approx 10^{-5,1}\ mol/l.$$

Beispiel: Löslichkeit von Cu_2S in KCN:

$$2\,Cu^+ + S^{2-} \rightleftharpoons Cu_2S$$

$$Cu^+ + 4\,CN^- \rightleftharpoons [Cu(CN)_4]^{3-}$$

$$c^2_{Cu^+} \cdot c_{S^{2-}} = K_L = 10^{-46,7}\ mol^3/l^3$$

$$C_{Cu_2S} = c_{S^{2-}} = 0,5\, c_{[Cu(CN)_4]^{3-}} \approx c_{[Cu(CN)_4]^{3-}}$$

$$\frac{c_{[Cu(CN)_4]^{3-}}}{c_{Cu^+} \cdot c^4_{CN^-}} = K_{Bldg} = 10^{27,3}\ l^4/mol^4$$

$$C_{Cu_2S} = c_{S^{2-}} = K_{Bldg} \cdot c_{Cu^+} \cdot c^4_{CN^-}$$

$$c_{S^{2-}} = K_{Bldg} \sqrt{\frac{K_L}{c_{S^{2-}}} c^8_{CN^-}}$$

$$c^3_{S^{2-}} = C^3_{Cu_2S} = K^2_{Bldg} \cdot K_L \cdot c^8_{CN^-}$$

$$C_{Cu_2S} = \sqrt[3]{K^2_{Bldg} \cdot K_L \cdot c^8_{CN^-}}$$

Die Löslichkeit von Cu_2S beträgt bei $c_{CN^-} = 1$ mol/l demnach:

$$C_{Cu_2S} = \sqrt[3]{10^{54,6} \cdot 10^{-46,7}} = 10^{2,63}\ mol/l$$

Die beiden letzten Beispiele sind Grundlage der Cu/Cd-Trennung über die Cyanokomplexe (s. S. 482 und 484).

In 1 mol/l KCN fällt Cd^{2+} mit S^{2-} quantitativ als CdS ($C_{CdS} = 10^{-5,1}$ mol/l), während Cu^+ als $[Cu(CN)_4]^{3-}$ in Lösung bleibt ($C_{Cu_2S} = 10^{2,63}$ mol/l).

Die unterschiedliche Stabilität von Komplexen gegenüber Fällungsmitteln wird vielfach zur Trennung von Elementen herangezogen. Neben dem oben dargelegten Beispiel sei die Trennung von Ni(II) und Co(III) (s. Rkt. 6, S. 404) genannt. Auch der Nachweis von Cl^- neben Br^- und I^- ist ein Beispiel für den Zusammenhang zwischen Stabilitätskonstante eines Komplexes und dem Löslichkeitsprodukt eines schwerlöslichen Salzes (s. Rkt. 7, S. 272).

Oft entstehen bei der Bildung von Chelatkomplexen, z.B. mit Ethylendiamintetraacetat, $EDTA^{4-}$ (s. Kap. 1.11.2.2), H^+-Ionen:

$$H_2EDTA^{2-} + M^{2+} \rightleftharpoons [M(EDTA)]^{2-} + 2H^+$$
$$H_2EDTA^{2-} + M^{3+} \rightleftharpoons [M(EDTA)]^- + 2H^+$$

Die Lage des Gleichgewichts und damit auch die Komplexstabilität sind also pH-abhängig. Deshalb sind nur die sehr starken Chelatkomplexe mehrfach geladener Kationen im sauren Gebiet beständig, während große Kationen mit kleiner Ladung erst in neutraler oder alkalischer Pufferlösung, die die entstandenen H^+-Ionen abfängt, Komplexe bilden.

1.11.3.4 Kinetische Stabilität

Für die Praxis ist neben den thermodynamischen Eigenschaften der Komplexe (Lage des Gleichgewichts) auch das kinetische Verhalten von Interesse. Das kinetische Verhalten der Komplexe wird durch die Reaktionsgeschwindigkeit bei der Einstellung des Gleichgewichts und bei Komplexumwandlungen bestimmt.

Man kann die Geschwindigkeit des Ligandenaustauschs durch Anwendung radioaktiver Isotope, z.B. $^{36}Cl^-$, ermitteln:

$$[PtCl_6]^{2-} + {}^{36}Cl^- \rightleftharpoons [PtCl_5{}^{36}Cl]^{2-} + Cl^-$$

Je nach der Reaktionsgeschwindigkeit des Ligandenaustauschs spricht man von kinetisch labilen oder inerten Komplexen. Häufig sind kinetisch inerte Komplexe, also solche mit sehr kleiner Ligandenaustauschgeschwindigkeit, auch thermodynamisch stabil, besitzen also große Stabilitätskonstanten. Ein grundsätzlicher Zusammenhang besteht jedoch nicht. Während beispielsweise bei den Trioxalato-Komplexen von Fe(III) und Al(III) ein außerordentlich schneller Ligandenaustausch beobachtet wird, ist er bei den entsprechenden Komplexen des Co(III) und Cr(III) unmeßbar klein, obwohl alle vier Komplexe große Stabilitätskonstanten aufweisen.

Da die meisten Chrom(III)-Komplexe inert sind, ist es verständlich, daß bei den Chloroaquakomplexen $[CrCl(H_2O)_5]Cl_2$ und $[CrCl_2(H_2O)_4]Cl$ (s. S. 430) nur die nicht komplexgebundenen Cl^--Ionen durch Ag^+ sofort als AgCl ausgefällt werden. Die Cl^--Liganden werden dagegen nur langsam gegen H_2O ausgetauscht.

1.11.3.5 Der Chelateffekt

Die besondere Stabilität der Chelatkomplexe (s. Kap. 1.11.2.2) ist thermodynamisch und kinetisch bedingt. Der thermodynamische Effekt ergibt sich aus der Tatsache, daß bei der Bildung eines Chelatkomplexes aus einem Komplex mit einzähnigen Liganden mehr unabhängige Moleküle oder Ionen freigesetzt als eingesetzt werden. Dadurch ergibt sich eine Zunahme der Entropie:

$$[Ca(H_2O)_6]^{2+} + H_2EDTA^{2-} \leftarrow [Ca(EDTA)]^{2-} + 4H_2O + 2H_3O^+$$

Die **Entropie** kann als ein Maß für die Unordnung in einem System gedeutet werden. Bei einer spontanen Zustandsänderung vergrößert sich die Entropie (zweiter Hauptsatz der Thermodynamik). In unserem Fall vergrößert sich die Entropie, da mit der Zunahme der Teilchenanzahl auch eine Zunahme der Freiheitsgrade der Bewegung verbunden ist.

Die kinetische Stabilisierung der Chelatkomplexe beruht auf der Mehrzähnigkeit der Chelatliganden. Eine Ligandenaustauschreaktion erfordert bei mehrzähnigen Liganden die gleichzeitige Spaltung aller Bindungen zum Zentralatom, während bei einzähnigen Liganden der Ligandenaustausch schon nach Spaltung nur einer Bindung erfolgen kann.

1.11.4 Chemische Bindung in Komplexen

Nachdem man in den Anfängen der Koordinationslehre die Bildung von Komplexverbindungen durch Betätigung sogenannter Nebenvalenzen zu erklären suchte, gab *Kossel* (1916) eine Deutung auf elektrostatischer Grundlage. *Sidgwick* (1923) vertrat die Auffassung, daß die Liganden, die ein oder mehrere freie Elektronenpaare besitzen, durch koordinative Bindungen (s. Kap. 1.4.2.5) an das Zentralion gebunden werden. Nach *Biltz* bezeichnet man die durch elektrostatische Kräfte gebildeten Komplexe als **Anlagerungskomplexe**, während die durch koordinative Bindungen gebildeten Komplexe als **Durchdringungskomplexe** charakterisiert werden, da sich die Elektronenhüllen der Bindungspartner durchdringen. Diese Einteilung ist sehr formal und erfaßt nur Grenzfälle. Die tatsächlichen Verhältnisse sind eher als Übergänge zwischen diesen Grenzfällen anzusehen. Dennoch hat sich das Modell der elektrostatischen und kovalenten Bindungsverhältnisse als sehr fruchtbar erwiesen. Es erklärt beispielsweise, wieso der Eisen(II)-aquakomplex paramagnetisch ist, während beim Hexacyanoferrat(II), $[Fe(CN)_6]^{4-}$, diamagnetisches Verhalten gefunden wird. Im ersten Fall können elektrostatische Bindungen zwischen dem Fe^{2+}-Ion und den Wasserdipolen angenommen werden. Die freien $6d$-Elektronen verteilen sich dann nach der Hundschen Regel (Kap. 1.2.2.3) auf die fünf d-Orbitale. Beim Cyanokomplex liegen koordinative Bindungen und eine d^2sp^3-Hybridisierung vor, so daß die 18-Elektronenregel (s. Kap. 1.4.2.5) erfüllt ist und nur gepaarte auftreten (s. Tab. 1.13). Im folgenden wollen wir die Grenzfälle der Bindung an einigen Beispielen erläutern.

1.11.4.1 Modell der elektrostatischen Bindung

Unter der Annahme, daß beispielsweise BF_3 aus B^{3+}- und F^--Ionen und $PtCl_4$ aus Pt^{4+}- und Cl^--Ionen aufgebaut ist, läßt sich durch Berechnung der Anziehungs- und Abstoßungskräfte nach dem Coulombschen Gesetz (Kap. 1.4.1) zeigen, daß durch Aufnahme von einem F^- zu $[BF_4]^-$ bzw. $2\,Cl^-$ zu $[PtCl_6]^{2-}$ Energie gewonnen wird. Dagegen müßte zur Anlagerung noch weiterer Ionen Energie aufgewandt werden. Da die Ionenbindungen nicht gerichtet sind, die Liganden sich aber gegenseitig abstoßen, ergibt sich die regelmäßige räumliche Anordnung z. B. in Form eines Tetraeders oder Oktaeders.

Da die Coulombsche Anziehungskraft proportional zur Ladung und umgekehrt proportional zum Quadrat des Abstands der Ionen ist, sind Komplexe mit hochgeladenen kleinen Zentralionen besonders stabil. Dagegen ist die Neigung zur Komplexbildung bei den verhältnismäßig großen Alkaliionen nur klein. Auch die Bindung von Molekülen, die ein Dipolmoment besitzen, kann elektrostatisch erklärt werden. Allerdings sollten Ion-Dipol-Bindungen weniger fest sein, was an der geringeren Stabilität vieler Aqua- und Ammin-Komplexe erkennbar ist. Kleine Kationen mit hoher Ladung vermögen jedoch durch ihre stark polarisierende Wirkung noch ein zusätzliches Diplomoment zu induzieren. Dadurch erklärt sich die zum Teil recht hohe Beständigkeit der Ammin- und Aqua-Komplexe vieler Übergangsmetallkationen.

1.11.4.2 Modell der koordinativen Bindung

Obgleich die elektrostatische Betrachtungsweise für die Koordinationslehre sehr befruchtend war, vermag sie viele Tatsachen nicht zu erklären, z. B. die Bildung stabiler Carbonylkomplexe, da der CO-Ligand kaum ein Diplomoment aufweist. Ebenso bleibt die quadratisch-planare Anordnung der vier Liganden bei vielen Pt(II)- und Ni(II)-Komplexen unverständlich, da die tetraedrische Konfiguration günstiger erscheint.

Ein Metallion kann als Lewissäure (s. Kap. 1.7.2) und damit als Akzeptor für freie Elektronenpaare von Ionen oder Molekülen mit abgeschlossener Elektronenschale, wie $|\overline{Cl}|^-$, $|C \equiv N|^-$ oder $|NH_3$, wirken. Hierbei kommt es zur Ausbildung koordinativer Bindungen (Kap. 1.4.2.5). Neben räumlichen Gründen wird die Koordinationszahl auch durch das Bestreben des Zentralatoms bestimmt, zusammen mit den Elektronenpaaren der koordinativen Bindungen die Elektronenkonfiguration des nächsten Edelgases zu erreichen (18-Elektronen-Regel Kap. 1.4.2.5).

Im Hexammincobalt(III)-Komplex $[Co(NH_3)_6]^{3+}$, besitzt das Co^{3+}-Ion (Ordnungszahl 27) 24 Gesamtelektronen bzw. $6\,d$-Elektronen im $3\,d$-Niveau und erreicht mit den $6 \cdot 2 = 12$ Elektronen der koordinativen Bindungen zu den Liganden die Gesamtelektronenanzahl von 36 (bzw. 18 Elektronen im $3\,d$-, $4\,s$- und $4\,p$-Niveau) entsprechend der Gesamtelektronenanzahl des nächsten Edelgases

Krypton. Im $[Fe(CN)_6]^{4-}$ erreicht das Fe^{2+}-Ion (Ordnungszahl 26) mit $24 + 6 \cdot 2 = 36$ ebenfalls die Elektronenanzahl des Kryptons. Ebenso ist es beim $[PtCl_6]^{2-}$ und bei vielen anderen Komplexen.

Häufig wird jedoch die Elektronenanzahl des nächsten Edelgases nur annähernd erreicht. Die Ursachen können verschiedener Natur sein. In einigen Fällen läßt die ungerade Elektronenanzahl des Zentralatoms die Bildung der stets geradzahligen Elektronenanzahl der Edelgase nicht zu. Das ist z.B. beim Hexacyanoferrat(III), $[Fe(CN)_6]^{3-}$, der Fall. Das Zentralion erreicht mit $23 + 6 \cdot 2 = 35$ Elektronen nicht ganz die Elektronenkonfiguration des Kryptons. Es ist demzufolge auch instabiler als das äußerst stabile $[Fe(CN)_6]^{4-}$ mit aufgefüllter Kryptonschale und wirkt als Oxidationsmittel.

Eine Deutungsmöglichkeit für die Bildung der Atombindungen in Komplexen bietet die „**valence-bond**"-**Methode** von *Pauling*. Danach kommt es zur Bildung gerichteter kovalenter Bindungen, wenn unbesetzte Hybridorbitale des Zentralatoms mit einem Orbital der Liganden, das mit zwei Elektronen besetzt ist, überlappen.

Auf die Hybridisierung von *s*- und *p*-Zuständen wurde schon bei der Besprechung der Atombindung eingegangen (s. Kap. 1.4.2.3). Damit lassen sich die lineare Anordnung von 2 Liganden (*sp*-Hybridisierung), die trigonal planare Anordnung von 3 Liganden (sp^2-Hybridisierung) und die tetraedrische Anordnung von 4 Liganden (sp^3-Hybridisierung) erklären.

Sechs gleichwertige Bindungen, die auf die Ecken eines Oktaeders ausgerichtet sind, entstehen durch die Hybridisierung von zwei *d*-Orbitalen (d_{z^2} und $d_{x^2-y^2}$), einem *s*- und drei *p*-Zuständen. Bei der Koordinationszahl sechs ist also eine d^2sp^3-Hybridisierung zu erwarten.

Die Hybridisierung von den in einer Ebene liegenden Zuständen $d_{x^2-y^2}$, p_x und p_y mit dem *s*-Orbital führt zu einem dsp^2-Hybrid, bei dem vier gleichwertige Bindungen in die Ecken eines Quadrats weisen. Dieser Zustand liegt bei quadratisch-planarer Anordnung vor.

In Tab. 1.13 ist die Elektronenanordnung in einigen freien Übergangsmetallkationen und ihren Komplexen dargestellt.

Wichtige Hinweise auf die Elektronenkonfiguration sowohl in unkoordinierten Ionen als auch in Komplexen gewinnt man aus den magnetischen Eigenschaften. So findet man bei allen Verbindungen, die nur gepaarte Elektronen mit antiparallelem Spin enthalten, **Diamagnetismus**, während ungepaarte Elektronen **Paramagnetismus** bewirken. Aus der Größe des magnetischen Moments kann man die Anzahl ungepaarter Elektronen ableiten.

Wie Tab. 1.13 zeigt, haben alle Übergangsmetallionen, die maximal drei *d*-Elektronen besitzen, die nach der Hundschen Regel (Kap. 1.2.2.3) angeordnet sind, mindestens zwei freie *d*-Orbitale, die für eine d^2sp^3-Hybridisierung zur Verfügung stehen, so daß unter Bindung von sechs Liganden oktaedrische Komplexe gebildet werden können. Bei Übergangsmetallkationen mit mehr als drei *d*-Elektronen werden nach der Hundschen Regel zunächst alle *d*-Zustände einfach besetzt, wie dies z.B. aus dem hohen paramagnetischen Moment des freien Fe^{3+}-Ions, das fünf ungepaarten Elektronen entspricht, abgeleitet werden kann. Bei

Tab. 1.13: Elektronenanordnung in einigen Übergangsmetallionen und -Komplexen.

Freies Ion bzw. Zentralatom	Elektronenanordnung (3d, 4s, 4p)	Zahl der ungepaarten Elektronen	Magnetismus	Räumliche Konfiguration
Cr^{3+}	↑ ↑ ↑ □ □ ⌢ □□□	3	paramagnetisch	
$[Cr(CN)_6]^{3-}$	↑ ↑ ↑ ↑↓ ↑↓ ↑↓ ↑↓↑↓↑↓	3	paramagnetisch	d^2sp^3, Oktaeder
Fe^{3+}	↑ ↑ ↑ ↑ ↑ □ □□□	5	paramagnetisch	
$[Fe(CN)_6]^{3-}$	↑↓ ↑↓ ↑ ↑↓ ↑↓ ↑↓ ↑↓↑↓↑↓	1	paramagnetisch	d^2sp^3, Oktaeder
Fe^{2+}	↑↓ ↑ ↑ ↑ ↑ □ □□□	4	paramagnetisch	
$[Fe(CN)_6]^{4-}$	↑↓ ↑↓ ↑↓ ↑↓ ↑↓ ↑↓ ↑↓↑↓↑↓	0	diamagnetisch	d^2sp^3, Oktaeder
Ni^{2+}	↑↓ ↑↓ ↑↓ ↑ ↑ □ □□□	2	paramagnetisch	
$[Ni(CN)_4]^{2-}$	↑↓ ↑↓ ↑↓ ↑↓ ↑↓ ↑↓ ↑↓↑↓	0	diamagnetisch	dsp^2, quadratisch planar
Cu^+	↑↓ ↑↓ ↑↓ ↑↓ ↑↓ □ □□□	0	diamagnetisch	
$[Cu(CN)_4]^{3-}$	↑↓ ↑↓ ↑↓ ↑↓ ↑↓ ↑↓ ↑↓↑↓↑↓	0	diamagnetisch	sp^3, Tetraeder
Co^{3+}	↑↓ ↑ ↑ ↑ ↑ □ □□□	4	paramagnetisch	
$[Co(NH_3)_6]^{3+}$	↑↓ ↑↓ ↑↓ ↑↓ ↑↓ ↑↓ ↑↓↑↓↑↓	0	diamagnetisch	d^2sp^3, Oktaeder

schwachen Komplexen bleibt diese Elektronenverteilung erhalten. Hingegen werden bei der Bildung starker Komplexe, wie den Cyanokomplexen, die Elektronen unter Spinpaarung zusammengedrängt, so daß wieder zwei freie Orbitale zur d^2sp^3-Hybridisierung zur Verfügung stehen. Das eine ungepaarte Elektron verursacht im $[Fe(CN)_6]^{3-}$-Komplex einen schwachen Paramagnetismus. Fe^{2+} besitzt ein Elektron mehr; nach der Komplexbildung sind alle Elektronen gepaart. Es ergibt sich eine stabile Situation mit 18 Elektronen und es resultiert Diamagnetismus. Beim Ni^{2+} mit $8d$-Elektronen steht nach Spinpaarung nur ein freies d-Orbital zur Verfügung. Eine auf Edelgaskonfiguration mit 18-Elektronen führende Komplexbildung mit fünf einzähnigen Liganden ist hier nicht günstig. Es bildet sich vielmehr ein dsp^2-Hybrid mit vier quadratisch-planar angeordneten Cyanoliganden im $[Ni(CN)_4]^{2-}$-Komplex. Dabei erreicht das Zentralion 16 Elektronen und da alle Elektronen gepaart sind, beobachtet man Diamagnetismus. Beim Cu^+-Ion mit d^{10}-Konfiguration sind alle d-Orbitale besetzt. Mit vier Cyanoliganden erhält das Zentralion eine stabile Konfiguration mit 18-Elektronen. Es bildet sich ein tetraedrischer Komplex mit sp^3-Hybridisierung.

1.12 Kolloidchemie und Chemie an Grenzflächen

Unter bestimmten Bedingungen scheiden sich Niederschläge in so feiner Verteilung ab, daß die Lösung homogen erscheint. Weder durch Filtration noch durch Absetzen wird eine feste Phase erlangt. Im gewöhnlichen Mikroskop sind keine Teilchen zu erkennen.

> **Man nennt eine derart feine Verteilung, bei der die Teilchen so klein sind, daß sie sich in vieler Hinsicht wie Moleküle verhalten andererseits aber so groß sind, daß sie die Eigenschaften diskreter Partikel mit Grenzflächen zeigen, eine kolloide Verteilung und die Lösung Kolloidlösung.**

Mitbegründer der Kolloidchemie ist *Th. Graham* (1805–1869).

Für den Analytiker sind die in Lösung vor sich gehenden kolloidchemischen Erscheinungen von erheblicher Bedeutung, und zwar hinsichtlich der quantitativen Abscheidung amorpher Niederschläge und der unerwünschten „Mitfällung" von Fremdionen.

1.12.1 Größe und Oberfläche der Teilchen

In gewöhnlichen **Lösungen** liegen die gelösten Stoffe in molekulardisperser Verteilung entweder als Ionen oder Moleküle vor. Die einzelnen Teilchen haben eine Größe von 10^{-10}–10^{-9} m.

> **Teilchen in der Größenordnung von 10^{-9}–10^{-7} m bilden mit dem Dispersionsmittel eine Kolloidlösung.**

Größere Teilchen über 10^{-6} m Durchmesser ergeben **Suspensionen**. Die Teilchen der Suspension setzen sich aufgrund ihrer Masse mehr oder weniger schnell ab.

Aufgrund der geringen Größe von kolloiden Teilchen weist ein im kolloiden Zustand befindlicher Stoff eine große Oberfläche von etwa 60–$6000 \, m^2$ pro ein Gramm Substanz auf.

Der Durchmesser der kolloidalen Teilchen ist von der gleichen Größenordnung wie der Wellenlängenbereich des sichtbaren Lichts oder kleiner. Man kann die Teilchen unter dem gewöhnlichen Mikroskop daher nicht mehr beobachten. Zur direkten Beobachtung der Teilchen ist jedoch das Ultramikroskop (*Zsigmondy, Siedetopf* 1903) geeignet. Ein durch die Kolloidlösung hindurchtretender Lichtstrahl zeigt das **Tyndall-Phänomen**. An den Kolloidteilchen wird das Licht gebeugt. Man betrachtet den Tyndall-Kegel senkrecht zum einfallenden Lichtstrahl. Sehr häufig geben sich dann die Einzelteilchen durch ihre Beugungskegel zu erkennen.

Versuch: Tyndall-Phänomen.

Man schickt einen Lichtstrahl durch a) eine „echte" Lösung und b) eine Kolloidlösung gleicher Farbintensität.
a)   0,5 mol/l $K_2Cr_2O_7$-Lösung.
b) V_2O_5-Sol (s. S. 239)
Man verreibt 0,5 g NH_4VO_3 mit 5 ml 2 mol/l HCl und bringt den roten Niederschlag auf ein Filter. Der Niederschlag wird mit H_2O so lange gewaschen, bis er dunkelrot durchzulaufen beginnt (Peptisation); dann wird er mit 200 ml Wasser in einen Kolben gespült. Nach ca. 24 Std. ist eine klare dunkelrote Lösung entstanden, von der man einen Teil so weit mit Wasser verdünnt, bis die Farbe derjenigen der $K_2Cr_2O_7$-Lösung entspricht.

1.12.2   Bildung und Herstellung von Kolloidlösungen

Eine Anzahl Stoffe tritt nur kolloid auf. Sie werden **Eukolloide** genannt (Gelatine, Leim). Jedoch können auch alle anderen Stoffe in den kolloidalen Zustand überführt werden, wenn sie in dem betreffenden Dispersionsmittel schwerlöslich sind und eine geringe Oberflächenspannung aufweisen (s. Kap. 1.5.8.1).

Kolloidlösungen können durch Aggregation molekularer Teilchen oder durch Dispersion fester Stoffe hergestellt werden. Die Aggregation erfolgt im Verlauf von chemischen Reaktionen oder durch Herabsetzen der Löslichkeit, während zur Dispersion die mechanische Zerkleinerung in der Kolloidmühle oder die elektrische Zerstäubung von Metallen angewandt werden kann.

Versuch: Herstellung eines Schwefel-Sols durch Herabsetzen der Löslichkeit.

Eine Lösung von rhombischem Schwefel in Ethylalkohol gibt man tropfenweise in Wasser.
Das entstehende Schwefelsol ist trüb und wenig beständig.

Versuch: Herstellung von Gold-Solen durch chemische Reaktion.

a) Rotes Gold-Sol
In 100 ml siedendes H_2O werden 10 ml 0,1%ige Goldchloridlösung, 1 ml 0,1 mol/l K_2CO_3-Lösung und 1 ml 0,5%ige Traubenzuckerlösung gegeben. Nach kurzer Zeit entsteht ein intensivrotes Sol (Teilchengröße $< 8 \cdot 10^{-8}$ m).

b) Blaues Gold-Sol

   Zu 100 ml H$_2$O fügt man in der Kälte 1 ml 0,1%ige Goldchloridlösung und einige Tropfen einer 0,05%igen Hydrazinsulfatlösung. Es entsteht sofort ein blaues Sol mit größeren Teilchen als im Fall des roten Sols.

Allgemein gilt die **Farbe-Dispersitätsgrad-Regel** von *Wolfgang Ostwald* (1883 – 1943): Das Absorptionsmaximum des Lichts verschiebt sich mit abnehmender Teilchengröße nach größeren Wellenlängen.

Über die präparative Darstellung weiterer Sole s. S. 238f.

1.12.3 Stabilität kolloiddisperser Systeme

Bei kolloiddispersen Systemen erfolgt aufgrund der großen Oberfläche eine starke Adsorption. Hierauf ist ihre Stabilität zurückzuführen, da die Aggregation, die aufgrund der Kohäsionskräfte eintreten müßte, durch die Adsorptionsschicht behindert wird.

Es gibt zwei Grenzfälle, zwischen denen Übergänge möglich sind:

a) Eine Solvathülle (Hydrathülle) erschwert die Annäherung der einzelnen Teilchen. Solche Kolloide werden als **lyophil (hydrophil)** bezeichnet.
b) Die einzelnen Teilchen sind gleichsinnig geladen und stoßen sich ab.

   Eine elektrische Aufladung der Teilchen wird entweder durch Abgabe von Ionen in die Lösung oder durch Adsorption von Ionen aus der Lösung bewirkt.

   Die stabilisierende Wirkung der adsorbierten Ionen wird bei **lyophoben (hydrophoben) Kolloiden** beobachtet.

1.12.3.1 Hydrophobe Kolloide

Anorganische hydrophobe Kolloide bilden beispielsweise Metalle, Metallsulfide und Silberhalogenide. An der Oberfläche derartiger Kolloide befindet sich eine Ionenschicht. Sie ist so fest gebunden, daß sie nur eine unvollständige Hydrathülle aufweist. Weiter entfernt von dieser ist die aus Gegenionen bestehende Schicht angeordnet.

So neigt Arsentrisulfid in schwach saurer Lösung zur Kolloidbildung. Die As$_2$S$_3$-Teilchen adsorbieren HS$^-$-Ionen und laden sich dadurch negativ auf, wie dies in Abb. 1.30 schematisch dargestellt ist.

Schwerlösliches AgCl bindet je nach den vorliegenden Konzentrationsverhältnissen überschüssige Cl$^-$- oder Ag$^+$-Ionen und lädt sich damit negativ oder positiv auf (s. S. 134).

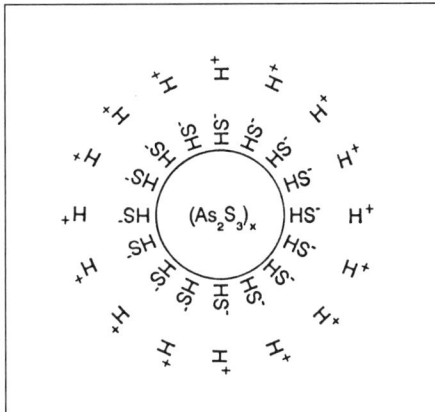

**Abb. 1.30: Schematische Darstellung
eines As$_2$S$_3$-Kolloidteilchens.**

1.12.3.2 Hydrophile Kolloide

Anorganische hydrophile Kolloide bilden u. a. Kieselsäure, Zinn(IV)oxidhydrat und weitere Schwermetallhydroxide.

Eisen(III)hydroxidsol dissoziiert teilweise infolge Bildung von Isopolykationen (s. S. 416).

Versuch: Darstellung von Eisen(III)hydroxidsol (s. auch S. 238).

Man gieße eine schwach salzsaure Eisen(III)chlorid-Lösung in siedendes H$_2$O. Es entsteht ein dunkelrotbraunes Eisen(III)hydroxidsol.

1.12.4 Koagulation und Peptisation

> **Unter Koagulation versteht man den Vorgang der Zusammenlagerung der Kolloidteilchen und damit das Ausflocken und Abscheiden des dispersen Stoffes aus dem Dispersionsmittel. Da sich die freie Oberfläche verringert, liegt ein exothermer Vorgang vor. Die reversible Überführung der Aggregate in den Solzustand nennt man Peptisation.**

1.12.4.1 Koagulation geladener Teilchen

Ein Koagulieren geladener Teilchen erfolgt durch Aufhebung der Ladung. Der Punkt, an dem die Ladung gerade aufgehoben ist, wird **isoelektrischer Punkt** genannt.

So werden die unter dem Einfluß des elektrischen Stroms wandernden Teilchen an den entsprechenden Elektroden entladen. Die Flockung kann außerdem durch Elektrolytzusatz erreicht werden. Hinsichtlich der Flockung ist jedoch nur das Ion mit der zum Kolloid entgegengesetzten Ladung maßgebend. Demnach koagulieren Kationen negativ geladene Kolloidteilchen wie Edelmetalle, Metallsulfide, Kieselsäure oder Molybdänblau; Anionen koagulieren positiv geladene Teilchen wie Hydroxide von Eisen, Aluminium, Chrom oder Cer.

Wird der isoelektrische Punkt überschritten, so kann es zur Wiederaufladung mit entgegengesetztem Vorzeichen kommen. Wenn der Vorgang schnell vor sich geht, kann dadurch die Flockung unterbleiben. Versetzt man z.B. eine Cl^--Lösung tropfenweise mit Ag^+-Ionen, so bindet das zuerst gebildete AgCl überschüssige Cl^--Ionen. Am Äquivalenzpunkt, der dem isoelektrischen Punkt entspricht, liegt ungeladenes AgCl vor, das sich bei Zugabe von überschüssigem Ag^+ positiv auflädt.

Zur Ausflockung kann in einigen Fällen auch die Dissoziation des an der Oberfläche des Kolloids adsorbierten schwachen Elektrolyten zurückgedrängt werden. Dies erfolgt beispielsweise bei der Zugabe von Säure zu einem As_2S_3-Sol. Die adsorbierten HS^--Ionen bilden dabei undissoziiertes H_2S, so daß die Oberflächenladung verschwindet und die Teilchen ausflocken.

Flockung tritt auch bei der Zugabe gegensinnig geladener Kolloidteilchen auf. So ergeben positiv geladene Eisenhydroxidteilchen mit negativ geladenen As_2O_3-Teilchen eine Flockung.

1.12.4.2 Koagulation ungeladener Teilchen

Hydrophile Kolloide koagulieren nur dann, wenn man die Hydrathülle entfernt. Dies ist durch die Zugabe einer großen Menge eines Elektrolyten möglich, der zum Aufbau einer eigenen Hydrathülle das am Kolloid befindliche Wasser bindet. Das Kolloid wird dabei ausgesalzt. Da die Kolloidteilchen den letzten Teil des Wassers jedoch sehr fest binden, scheidet sich aus dem Sol ein wasserreiches Gel aus.

1.12.4.3 Schutzkolloide

Schutzkolloide sind hydrophile Kolloide, die hydrophobe Kolloidteilchen umhüllen. Stark elektrolytempfindliche Kolloide werden dadurch stabilisiert, da das Schutzkolloid eine Annäherung der Teilchen verhindert. Schutzkolloide sind u.a. Zinnoxidhydrat, Gelatine, Gummi arabicum, Dextrin oder Stärke.

Versuch: Cassiusscher Goldpurpur s. S. 504.

1.12.4.4 Peptisation

Wird von der Oberfläche des Gels hydrophiler Kolloide der die Koagulation verursachende Elektrolyt mit Wasser ausgewaschen, so kann sich die Hydrathülle wieder ausbilden und der Niederschlag geht kolloidal in Lösung. Daher wäscht man oft die Niederschläge nicht mit reinem Wasser, sondern mit der Lösung eines leicht entfernbaren Elektrolyten.

Eine Peptisation kann auch bei hydrophoben Niederschlägen erfolgen. Zum Beispiel laden sich AgI-Niederschläge beim Behandeln mit KI negativ auf (s. S. 134), und es kommt zur Peptisation.

1.12.5 Alterung

Der Begriff „Alterung" eines Niederschlags umfaßt mehrere Erscheinungen: Umkristallisation unter der Mutterlauge, Änderung der Kristallmodifikation, Kondensationsreaktionen bei Gelen unter Wasseraustritt und Kristallisation von amorphen Niederschlägen.

Bei der Umkristallisation wachsen die großen Kristalle auf Kosten der kleinen (s. Kap. 1.5.8.1). Dadurch wird die Gesamtoberfläche geringer, der Niederschlag besser filtrierbar und seine Reinheit vergrößert.

Bildet die Verbindung mehrere kristalline Modifikationen, so scheidet sich nach der Ostwald-Volmerschen Stufenregel (s. S. 472) oft die instabilere, energiereichere zuerst ab. Sie kann sich dann beim Stehen und Erwärmen in die stabilere, energieärmere umwandeln.

Die Kolloide können aus kleinen Kristallen (z. B. Metalle) oder amorphen Gelen (Hydroxide von Fe(III), Al(III) oder Cr(III)) bestehen. Bei gelartig amorphen, viel Lösungsmittel enthaltenden Niederschlägen ist das Altern mit Kondensations- und Kristallisationsvorgängen, Wasserabgabe, sowie mit einer Verminderung der Gesamtoberfläche verbunden. Dabei vermindert sich die Adsorptions- und Peptisationsfähigkeit, sowie die Lösegeschwindigkeit in Säuren und bei amphoteren Hydroxiden auch in Basen.

Bei **Kondensationsreaktionen** (s. Kap. 1.7.9.1), die z. B. bei Hydroxiden oder Oxosäuren wie der Kieselsäure auftreten können, verbinden sich zwei oder mehrere Moleküle oder Ionen unter Wasserabspaltung zu einem di- oder polymeren Teilchen. Bei Hydroxiden oder Oxosäuren ist die Endstufe der Kondensation, die meist erst bei höherer Temperatur erreicht wird, das Oxid.

1.12.6 Verunreinigung der Niederschläge durch Mitfällung

Bedingt durch die chemische Natur und die große Oberfläche der Niederschläge können Fremdionen mitgerissen werden.

Bei der **Mitfällung** gelangen die Fremdionen im Verlauf der Abscheidung in den Niederschlag. Ein anderer Teil der Verunreinigung wird erst nach der Abscheidung durch **Nachfällung** meist an der Oberfläche des Niederschlags gebunden. So kann z. B. in manchen Fällen eine quantitative Trennung, die aufgrund der Löslichkeitsverhältnisse möglich sein sollte, nur unter besonderen Vorsichtsmaßnahmen oder gar nicht durchgeführt werden.

Die Mitfällung von Fremdionen kann grundsätzlich auf vier Ursachen zurückgeführt werden: Adsorption, Okklusion, Bildung definierter chemischer Verbindungen und Nachfällung.

1.12.6.1 Adsorption

Verunreinigungen durch Adsorption treten besonders bei gelartigen Niederschlägen auf. Hierbei spielt die Oberflächenentwicklung, bedingt durch den Zeitraum des Fällungsvorgangs eine Rolle. Die Grenzflächen kolloidaler Teilchen bilden eine elektrische Doppelschicht aus. Beispielsweise wird die Oberflächenladung einer festen Phase, deren innere Ladungsschicht positiv ist, auf der Lösungsseite durch negativ geladene Ionen kompensiert. Man kann sich zwei Schichten vorstellen. Eine monomolekulare Schicht auf der Oberfläche besteht nur aus Anionen. In der zweiten Schicht nimmt die räumliche Ladungsdichte der Anionen exponentiell ab. Erst in größerem Abstand umgibt eine neutrale Schale aus Kationen und Anionen das Teilchen.

Die Adsorptionsvorgänge erfolgen im allgemeinen sehr schnell. Es stellt sich ein von der Konzentration der Lösung und der Temperatur abhängiges reversibles Gleichgewicht zwischen den in der Lösung befindlichen und den in der Grenzschicht adsorbierten Ionen ein.

Für die Stärke der Adsorption gibt es folgende allgemeine Regeln:

a) Nach der Regel von Kolthoff wird eine Ionenart vom Niederschlag um so stärker adsorbiert, je höher ihre Ladung ist.

b) Wasserstoffionen werden infolge ihrer geringen Größe und ihrer großen spezifischen Ladung besonders stark adsorbiert. Sie verdrängen leicht größere positive Ionen aus der Adsorptionsschicht.

c) Starke Adsorption tritt ein, wenn der Niederschlag schon eigene Überschußionen enthält, deren Ladung derjenigen der Adsorptivionen entgegengesetzt ist.

d) Von den in der Lösung befindlichen Ionenarten wird diejenige am stärksten adsorbiert, die mit einem der Eigenionen des Niederschlags die schwerlöslichste Verbindung liefert **(Paneth-Fajanssche Regel)**. Ein Niederschlag wird also das dem Niederschlag gemeinsame Ion am stärksten adsorbieren (Beispiel: AgCl s. S. 134).

e) Weiterhin spielen die Ionengröße und die polarisierenden Eigenschaften des zu adsorbierenden Fremdions eine Rolle. Für die Bindungsstärke eines Ions an der Oberfläche sind einerseits die Anziehungskräfte zwischen dem Fremdion und dem entgegengesetzt geladenen Ion des Gitters, andererseits die Abstoßungskräfte zwischen den gleichgeladenen Ionen maßgebend. Die Adsorption nimmt mit steigender Ionengröße ab, da sich die Abstoßung durch die gleichgeladenen Ionen am Gitter stärker bemerkbar macht.

Üben die entgegengesetzt geladenen gittereigenen Ionen auf die Adsorptivionen einen starken polarisierenden Einfluß aus, so besitzen letztere auch ein starkes Anlagerungsbestreben.

Erscheinungen, die im Widerspruch zu den Voraussetzungen für eine Ionenadsorption stehen, finden ihre Erklärung durch die sogenannte Kolloidadsorption. Meist liegt die mitgerissene Verbindung durch Hydrolyse in geringer Menge in kolloider Form (z. B. als Hydroxid) vor. Diese kolloid gelösten Bestandteile werden beinahe auf jeder Oberfläche adsorbiert.

1.12.6.2 Okklusion

Unter Okklusion versteht man den Einschluß von Fremdstoffen im Kristallinneren im Verlauf des Kristallwachstums durch mechanische Umhüllung oder aber durch Bildung einer „festen Lösung" bzw. von Mischkristallen.

Okklusion im engeren Sinne liegt vor, wenn der Kristall beim Wachstum z. B. Mutterlauge einschließt. Fremde Ionen können auch in das Kristallgitter des Niederschlags eingebaut werden. Dabei werden die Gitterbausteine des Niederschlagskristalls mehr oder weniger durch fremde Ionen ersetzt.

Es können sich entweder eine „feste Lösung" (heterogener Einbau in das Gitter) oder Mischkristalle (homogener Einbau in das Gitter) ausbilden.

Eine „feste Lösung" wird bei schneller Fällung aus kalter Lösung erhalten. Die gebildeten kleinen Kristalle des Niederschlags adsorbieren an ihrer Oberfläche Fremdionen und wachsen weiter. Die Menge der eingebauten Ionen hängt von der Selektivität der Oberfläche für diese Ionen ab. Die im Niederschlag eingebauten Verunreinigungen verursachen im Gitter eine innere Spannung. Sie können deshalb durch Umkristallisieren entfernt werden.

Mischkristallbildung tritt vorwiegend ein, wenn Ionen ähnlicher Größe und Struktur gemeinsam gefällt werden. Eine Übereinstimmung der Ionen in den chemischen und physikalischen Eigenschaften ist jedoch nicht erforderlich. Mischkristalle bilden sich demnach aus isomorphen Verbindungen, die sich in den Abmessungen ihrer Kristallgitter ähneln. Beispiele sind: $n\,BaSO_4 \cdot m\,KMnO_4$ oder $x\,MgNH_4PO_4 \cdot y\,MgNH_4AsO_4$.

Versuch: Mischkristallbildung $n\,BaSO_4 \cdot m\,KMnO_4$ (s. auch S. 307).

Aus einer Mischung von je 5 ml 0,5 mol/l H_2SO_4 und 0,2 mol/l $KMnO_4$-Lösung wird mit 15 ml 1 mol/l $BaCl_2$-Lösung gefällt. Das überschüssige $KMnO_4$ wird mit 5 ml 0,5 mol/l Oxalsäure, die erwärmt wurde, reduziert. Die Reduktion benötigt einige Minuten. Der zurückbleibende Niederschlag aus Mischkristallen von $n\,BaSO_4 \cdot m\,KMnO_4$ hat eine rosa Farbe.

Durch Umfällen kann ein Niederschlag nur in sehr geringem Maße von Fremdstoffen, die Mischkristalle bilden, befreit werden. Trennung kann jedoch durch Änderung der Oxidationsstufe erzielt werden (Beispiel: Reduktion von MnO_4^- zu Mn^{2+}).

Allgemeiner Teil –
Theoret. Grundlagen

1

1.12.6.3 Definierte chemische Verbindungen

Einige Ionen können sich mit Niederschlägen zu definierten Verbindungen vereinigen und so mitgefällt werden. Außerdem besteht die Möglichkeit der Bildung von Einschlußverbindungen mit definierter Zusammensetzung.

Für den ersten Fall seien folgende Beispiele genannt:

a) In alkalischer Lösung bildet $Cr(OH)_3$ mit Mg^{2+}, Zn^{2+} und anderen Ionen schwerlösliche Chromate(III).

b) Bei der Fällung von $MnO(OH)_2$ in Gegenwart von Zn^{2+} werden diese durch Einbau mitgefällt. Im Trennungsgang vermeidet man diese Mitfällung weitgehend durch Eingießen der Analysenlösung in ein Gemisch aus wäßrigem NaOH und H_2O_2 (s. S. 561).

Einschlußverbindungen bilden sich häufig, wenn im Kristallgitter Hohlräume vorhanden sind, in die z.B. Lösungsmittelmoleküle in stöchiometrischer Menge eingelagert werden können. Ein spezieller Fall von Einschlußverbindungen stellen die Clathrate dar, bei denen meist Gasmoleküle im käfigartigen Kristallgitter eingeschlossen sind. So bildet kristallines Hydrochinon eine derartige Struktur, die SO_2, CH_4, CO_2 oder andere Moleküle einlagert.

Zu den analytisch wichtigen Einschlußverbindungen gehören: basisches Lanthanacetat $-I_2$ (s. S. 350 und S. 444) und Stärke $-I_2$ (s. S. 274 und S. 284).

1.12.6.4 Nachfällung

Nachfällung tritt durch Abscheiden eines weiteren Niederschlags beim Stehen unter der Mutterlauge ein. Beispielsweise werden MgC_2O_4 durch CaC_2O_4 sowie ZnS, Ga_2S_3, In_2S_3 durch HgS, CuS und As_2S_3 nachgefällt.

Die koagulierten Sulfidniederschläge z.B. enthalten auf ihrer Oberfläche eine Schicht adsorbierter HS^--Ionen (s. S. 132f.). Infolge der dadurch lokal stark erhöhten HS^--Konzentration werden Sulfide gefällt, die sonst bei dem vorliegenden pH-Wert nicht beständig wären.

1.12.7 Praktische Folgerungen

Einige praktische Folgerungen sind schon in den vorangehenden Kapiteln dargelegt worden. Diese und weitere werden hier zusammengefaßt.

1.12.7.1 Größe der Oberfläche

Die adsorbierte Menge an Fremddionen hängt von der Gesamtoberfläche des Niederschlags ab. Diese ist umso größer, je kleiner die Teilchengröße ist. Daher muß man auf die Bildung grobkristalliner Niederschläge hinarbeiten.

1.12.7.2 Umfällung zur Entfernung von Adsorptivionen

Ein Niederschlag, der erfahrungsgemäß Adsorptivionen enthält, wird in geeigneten Reagenzien gelöst und noch einmal oder, wenn nötig, mehrmals gefällt. Die Konzentration der Adsorptivionen ist nach dem Lösevorgang so gering, daß die durch Adsorption verursachte Verunreinigung bei erneuter Fällung vernachlässigbar wird.

Voluminöse Hydroxide fälle man daher auch aus verdünnter Lösung von größerem Volumen. Die Verunreinigung durch Adsorption wird dadurch schon beim ersten Abscheiden geringer, der sich infolge der höheren Löslichkeit ergebende Verlust ist jedoch noch unbedeutend.

Werden bei der Fällung eigene Ionen adsorbiert, so sollte der Überschuß des Fällungsmittels gering sein. Ist dies nicht möglich, so führt Umfällung zum Ziel. Bei Mischkristallbildung ist Umfällung jedoch wirkungslos. Die Mischkristallbildung muß daher eventuell durch Überführen des Fremdions in eine andere Oxidationsstufe vermieden werden.

1.12.7.3 Einfluß des pH-Werts

Die im Rahmen der analytischen Chemie wichtigsten hydrophilen Niederschläge sind die Metallhydroxide oder Oxidhydrate (z. B. $Al(OH)_3$, $Fe(OH)_3$, $SnO_2 \cdot$ aq., $SiO_2 \cdot$ aq.). Diese binden außer Wassermolekülen auch Hydroxyl- oder Wasserstoffionen. Die adsorbierte Ionenart hängt dementsprechend stark vom pH-Wert der Lösung ab.

Beispiele: Qualitativer Trennungsgang.

Adsorptionsvorgänge sind bei der Trennung des Fe^{3+}, Cr^{3+} und Al^{3+} von den Ionen Zn^{2+}, Mn^{2+}, Ni^{2+} und Co^{2+} zu berücksichtigen.

Versetzt man beispielsweise eine Lösung von Fe^{3+} und Ni^{2+} mit Ammoniak, so müßte Nickel als $[Ni(NH_3)_6]^{2+}$ in Lösung bleiben, während $Fe(OH)_3$ ausfällt. Das $Fe(OH)_3$ enthält jedoch stets adsorbiertes Nickel. Die Oberfläche des $Fe(OH)_3$ ist infolge der Adsorption von OH^--Ionen negativ geladen und adsorbiert daher die M^{2+}-Kationen stark.

In saurer Lösung wird der Niederschlag dagegen durch Adsorption von H^+-Ionen positiv geladen. Er adsorbiert somit Anionen, und zwar in erster Linie Anionen höherer Ladung.

Aus den genannten Gründen verwendet man zur Trennung der M^{3+}-Ionen von den M^{2+}-Ionen Hydrolyseverfahren (s. S. 90 und S. 400), bei denen die Fällung der Metall(III)-hydroxide aus schwach saurer Lösung erfolgt. Zugleich binden die Fällungsreagenzien (Urotropin oder Acetat) die bei der Hydrolyse entstehenden H^+-Ionen, so daß die Hydroxidfällung quantitativ erfolgt. Die vom Niederschlag im sauren Milieu adsorbierten Anionen (z. B. CH_3COO^-, SO_4^{2-}, Cl^-) stören die qualitativen Nachweise nicht. Bei quantitativen Bestimmungen sind sie überwiegend durch Erhitzen der Niederschläge leicht entfernbar.

1.12.7.4 Rückhalteträger

Rückhalteträger drängen die unerwünschte Adsorption von Fremdionen zurück, indem sie (bei Anwendung eines großen Überschusses) selbst adsorbiert werden.

Beispiel:

Bei der Umsetzung von Mn^{2+} mit MnO_4^- zur quantitativen Bestimmung von Mn^{2+} entsteht in alkalischer Lösung MnO_2 (s. S. 410). Dieses enthält Mn(II) sowohl im Kristallgitter anstelle von Mn(IV) eingebaut als auch an der Oberfläche adsorbiert. In Gegenwart größerer Mengen an Zn^{2+} wird jedoch fast ausschließlich dieses gebunden (s. S. 138).

1.12.7.5 Flockung und Verhinderung der Peptisation

Oft werden bei Fällungsreaktionen anstelle filtrierbarer Niederschläge durch das Filter laufende kolloide Lösungen erhalten. Beispiele sind: NiS, CoS, As_2S_3 und $SiO_2 \cdot aq$. Flockung kann in diesen Fällen durch folgende Vorgehensweise erzielt werden:

a) Elektrolytzusatz: Dabei muß Art und Menge des Elektrolyten beachtet werden (s. S. 133).
b) Kochen der Lösung: Erhöht die Beweglichkeit der Teilchen und fördert den Kristallisationsvorgang.
c) Kochen in Gegenwart von Filterpapier. Dabei wird eine Adsorption und Vergrößerung der Teilchen an der Papieroberfläche bewirkt.
d) Zusatz eines gegensinnig geladenen Kolloids (s. auch S. 134). So wird beispielsweise $SiO_2 \cdot aq$. in salzsaurer Lösung durch wenig Gelatine koaguliert.

Jeder hydrophile Niederschlag neigt zur Peptisation. Wie bereits erwähnt, wäscht man in diesem Fall nicht mit reinem Wasser, sondern mit der verdünnten Lösung eines leicht entfernbaren Elektrolyten.

1.12.7.6 Verhinderung der Nachfällung

Nachfällung kann durch sofortige Abtrennung des Niederschlags verhindert werden. Die Nachfällung an Sulfidoberflächen wird durch Fällen mit H_2S aus stark salzsaurer Lösung eingeschränkt. Die an der Oberfläche adsorbierten Wasserstoffionen ersetzen einerseits die Kationen (z. B. Zn^{2+}) und drängen andererseits die Dissoziation des H_2S an der Oberfläche zurück, so daß das Löslichkeitsprodukt der leichter löslichen Sulfide unterschritten und damit die Nachfällung verhindert wird.

2 Giftgefahren und Arbeitsschutz

(siehe auch beiliegendes Poster)

2.1 Das Chemikaliengesetz

Im Labor wird mit Chemikalien gearbeitet, die bei ihrer Einwirkung auf den Organismus Erkrankungen oder Schädigungen hervorrufen können. Es gibt kaum eine Chemikalie, die nicht, in entsprechender Konzentration, schädigend wirkt. Diese Substanzen können über den Verdauungsweg, den Atemweg oder über Resorption durch die Haut aufgenommen werden.

Der Umgang mit gefährlichen Stoffen ist für die Bundesrepublik Deutschland durch das **Gesetz zum Schutz vor gefährlichen Stoffen (Chemikaliengesetz)** geregelt. Der Zweck dieses Gesetzes ist es, den Menschen und die Umwelt vor schädlichen Einwirkungen gefährlicher Stoffe und Zubereitungen zu schützen, insbesondere sie erkennbar zu machen, sie abzuwenden und ihrem Entstehen vorzubeugen.

Einige der für den Laborbetrieb wichtigsten Begriffe und Informationen aus dem **Chemikaliengesetz (ChemG),** der **Gefahrstoffverordnung (GefStoffV)** und den **Technischen Regeln für Gefahrstoffe (TRGS)**, sind im folgenden zusammengefaßt.

Gesetzestexte unterliegen von Zeit zu Zeit einer Novellierung, deshalb kann das hier auszugsweise Abgedruckte nur informativ sein. Es enthält aber die für den Chemiestudenten wichtigsten Regeln, die er für ein sauberes und sicheres Arbeiten im Labor benötigt.

Zur genaueren Einarbeitung in die Gesetzestexte und Verordnungen empfiehlt sich:

1. R. Kühn und K. Birret, Merkblätter. Gefährliche Arbeitsstoffe. ecomed Verlagsgesellschaft mbH, Landsberg 1983
2. Regelwerk Unfallverhütung der Gesetzlichen Unfallversicherung (GUV)
3. H. Hörath, Giftige Stoffe der Gefahrstoffverordnung, 2. Auflage, Wissenschaftliche Verlagsgesellschaft Stuttgart 1988
4. Sicheres Arbeiten in chemischen Laboratorien – Einführung für Studenten. Gesellschaft Deutscher Chemiker, 3. Auflage 1989

Giftgefahren

2

2.1.1 Gefährliche Stoffe und gefährliche Zubereitungen (§ 3a ChemG)

(1) Gefährliche Stoffe oder gefährliche Zubereitungen sind Stoffe oder Zubereitungen, die:

1. explosionsgefährlich
2. brandfördernd
3. hochentzündlich
4. leichtentzündlich
5. entzündlich
6. sehr giftig
7. giftig
8. mindergiftig
9. ätzend
10. reizend
11. sensibilisierend
12. krebserzeugend
13. fruchtschädigend oder
14. erbgutverändernd sind oder
15. sonstige chronisch schädigende Eigenschaften besitzen oder
16. umweltgefährlich sind

ausgenommen sind gefährliche Eigenschaften ionisierender Strahlen.

(2) Umweltgefährlich sind Stoffe oder Zubereitungen, die selbst oder deren Umwandlungsprodukte geeignet sind, die Beschaffenheit des Naturhaushalts von Wasser, Boden, Luft, Klima, Tiere, Pflanzen oder Mikroorganismen derart zu verändern, daß dadurch sofort oder später Gefahren für die Umwelt herbeigeführt werden können.

(3) Als mindergiftig gelten auch Stoffe oder Zubereitungen, bei denen Anhaltspunkte, insbesondere ein nach dem Stand der wissenschaftlichen Erkenntnisse begründeter Verdacht dafür bestehen, daß sie krebserzeugend, fruchtschädigend oder erbgutverändernd sind.

Dem Chemikaliengesetz untergeordnet sind sechs Verordnungen. Hier soll jedoch nur die

● Verordnung über gefährliche Stoffe (**Gefahrstoffverordnung** (GefStoffV)) näher behandelt werden.

2.2 Die Gefahrstoffverordnung

Die für den Umgang mit Gefahrstoffen in einem Labor wichtigsten Informationen sind in der Gefahrstoffverordnung zusammengefaßt.

Der Zweck dieser Verordnung ist es, durch besondere Regelungen über das Inverkehrbringen von gefährlichen Stoffen und Zubereitungen und über den Umgang mit Gefahrstoffen einschließlich ihrer Aufbewahrung, Lagerung und Vernichtung den Menschen vor arbeitsbedingten und sonstigen Gesundheitsgefahren und die Umwelt vor stoffbedingten Schädigungen zu schützen, soweit nicht in anderen Rechtsvorschriften besondere Regelungen getroffen sind.

Der dritte Abschnitt der Gefahrstoffverordnung behandelt den Umgang mit Gefahrstoffen und ist deshalb im Themenbereich dieses Buches von besonderem Interesse.

2.2.1 Begriffsbestimmungen (§ 3 GefStoffV)

(4) Arbeitgeber ist, wer Arbeitnehmer beschäftigt einschließlich der zu ihrer Berufsausbildung Beschäftigten. Dem Arbeitgeber steht gleich, wer in sonstiger Weise selbstständig tätig wird. Dies ist im Bereich der Ausbildungsstätten in der Regel der für das Praktikum verantwortliche Leiter. Dem Arbeitnehmer stehen andere Beschäftigte, wie z. B. Schüler und Studenten gleich.

(5) **Maximale Arbeitsplatzkonzentration (MAK)** ist die Konzentration eines Stoffes in der Luft am Arbeitsplatz, bei der im allgemeinen die Gesundheit der Arbeitnehmer nicht beeinträchtigt wird.

(6) **Biologischer Arbeitsplatztoleranzwert (BAT)** ist die Konzentration eines Stoffes oder seines Umwandlungsproduktes im Körper oder die dadurch ausgelöste Abweichung eines biologischen Indikators von seiner Norm, bei der im allgemeinen die Gesundheit der Arbeitnehmer nicht beeinträchtigt wird.

(7) **Technische Richtkonzentration (TRK)** ist die minimale Konzentration eines Stoffes in der Luft am Arbeitsplatz, die nach dem Stand der Technik erreicht werden kann.

(8) **Auslöseschwelle** ist die Konzentration eines Stoffes in der Luft am Arbeitsplatz oder im Sinne des Absatzes (6) im Körper, bei deren Überschreitung zusätzliche Maßnahmen zum Schutz der Gesundheit erforderlich sind.

Zusätzlich zu Gesetzen und Verordnungen hat der Ausschuß für Gefahrstoffe (AGS) eine Reihe von Technischen Regeln für Gefahrstoffe (TRGS) erstellt. Die Technischen Richtlinien entsprechen Verwaltungsvorschriften. Diese geben den Stand der sicherheitstechnischen, arbeitsmedizinischen, hygienischen sowie ar-

beitswissenschaftlichen Anforderungen an Gefahrstoffe hinsichtlich Inverkehrbringen und Umgang wieder.

2.2.1.1 Umgang mit Gefahrstoffen im Hochschul-
bereich (TRGS 451)

Die TRGS 451 regelt den Umgang mit Gefahrstoffen in den naturwissenschaftli-
chen, technischen oder medizinischen, insbesondere aber den chemischen Ausbil-
dungs- und Forschungseinrichtungen der Hochschulen, Fachhochschulen und
Fachschulen, sowie bestimmten beruflichen Schulen. Sie beschränkt sich im wesentlichen auf die Definition der für Hochschulen bedeutsamen Anforderungen
des dritten Abschnitts der GefStoffV. Da dieser im folgenden ausführlicher besprochen wird, wird hier auf eine detailliertere Wiedergabe der TRGS 451 verzichtet.

2.2.1.2 Grenzwerte (TRGS 900)

Der MAK-Wert

> **Der MAK-Wert (Maximale Arbeitsplatzkonzentration) ist die höchstzulässi-
> ge Konzentration eines Arbeitsstoffes als Gas, Dampf oder Schwebstoff in
> der Luft am Arbeitsplatz, die nach dem gegenwärtigen Stand der Kenntnis
> auch bei wiederholter und langfristiger, in der Regel täglich 8stündiger Expo-
> sition, jedoch bei Einhaltung einer durchschnittlichen Wochenarbeitszeit von
> 40 Stunden im allgemeinen die Gesundheit der Beschäftigten nicht beein-
> trächtigt und diese nicht unangemessen belästigt.**

Die maximale Arbeitsplatzkonzentration von Gasen, Dämpfen und flüchtigen
Schwebstoffen wird in der MAK-Wert Liste in der von den Zustandsgrößen
Temperatur und Luftdruck unabhängigen Einheit ml/m^3 (ppm = parts per million) sowie in der von den Zustandsgrößen abhängigen Einheit mg/m^3 für eine
Temperatur von 20 °C und einen Barometerstand von 101,3 kPa angegeben, die
von nichtflüchtigen Schwebstoffen (Staub, Rauch, Nebel) in mg/m^3 (Milligramm
(mg) des Stoffes je Kubikmeter (m^3) Luft).

Bei den angegebenen Zustandsbedingungen (20 °C, 101,3 kPa) werden die Kon-
zentrationsmaße (c) nach folgender Formel umgerechnet:

$$c \left[\frac{ml}{m^3}\right] = \frac{\text{Molvolumen in } l}{\text{molare Masse in } g} \cdot c \left[\frac{mg}{m^3}\right]$$

bzw.

$$c\left[\frac{mg}{m^3}\right] = \frac{\text{molare Masse in g}}{\text{Molvolumen in l}} \cdot c\left[\frac{ml}{m^3}\right]$$

Das Molvolumen beträgt 24,1 l bei 20 °C und 101,3 kPa (= 1013 mbar).

Einige Beispiele für MAK-Werte:

Gefahrstoff	Geruchswahrnehmungs-schwelle[*]	MAK-Wert
Cl_2	$\approx 0,9$ mg/m³	1,5 mg/m³ $\equiv$ 0,5 ppm
NH_3	$\approx 3,7$ mg/m³	35 mg/m³ $\equiv$ 50 ppm
AsH_3	$\approx 1,6$ mg/m³	0,2 mg/m³ $\equiv$ 0,05 ppm
H_2S	$\approx 0,012$ mg/m³	15 mg/m³ $\equiv$ 100 ppm

[*] aus: L. Brauer, **Gefahrstoffsensorik**: Farbe, Geruch, Geschmack, Reizwirkung gefährlicher Stoffe; Geruchsschwellenwerte. (Losebl. Ausg.) ecomed Verlagsgesellschaft mbH 1988 (Grundwerk).

Für eine übersichtlichere Abschätzung sei ein Labor von 20 × 10 × 3 m also mit 600 m³ angenommen. In einem solchen Raum ist der MAK-Wert für die 40 Wochenarbeitsstunden eines Beschäftigten nicht überschritten, wenn ständig 0,305 Liter (0,9 g) Chlor oder 6,368 Liter (9 g) H_2S gleichmäßig in diesem Luftvolumen gemessen werden.

Der MAK-Wert ist also ein Mittelwert über einen bestimmten Zeitraum. Es gibt jedoch auch Regeln zur Bewertung von Expositionsspitzen. Diese Regeln geben an, wie hoch, wie lange und wie häufig während der Arbeitszeit der MAK-Wert überschritten werden darf; erforderlich ist aber die Einhaltung des Mittelwerts über die gesamte Arbeitszeit. MAK-Werte gibt es gegenwärtig für 348 Arbeitsstoffe. Die MAK-Wert Liste ist in der TRGS 900 abgedruckt.

Giftgefahren

2

Technische Richtkonzentrationen

Für eine Reihe krebserzeugender und erbgutverändernder Arbeitsstoffe können MAK-Werte nicht ermittelt werden. Die Gründe dafür sind folgende: Krebs und Mutationen manifestieren sich erst nach Jahren und Jahrzehnten, unter Umständen erst in künftigen Generationen. Bei langfristiger Einwirkung geringer Dosen dieser Stoffe summieren sich die Schäden in hohem Maße, ob und in welchem Maße Reparatur eintritt, kann zur Zeit nicht entschieden werden.

Da bestimmte krebserzeugende Stoffe technisch unvermeidlich sind und zum Teil auch natürlich vorkommen und Expositionen gegenüber diesen Stoffen nicht völlig ausgeschlossen werden können, benötigt die Praxis des Arbeitsschutzes Richtwerte für die zu treffenden Schutzmaßnahmen und die meßtechnische Überwachung, die Technischen Richtkonzentrationen.

> **Unter der Technischen Richtkonzentration eines gefährlichen Stoffes versteht man diejenige Konzentration als Gas, Dampf oder Schwebstoff in der Luft, die nach dem Stand der Technik erreicht werden kann und die als Anhalt für die zu treffenden Schutzmaßnahmen und die meßtechnische Überwachung am Arbeitsplatz heranzuziehen ist. Technische Richtkonzentrationen werden nur für solche gefährlichen Stoffe benannt, für die zur Zeit keine toxikologisch-arbeitsmedizinisch begründeten maximalen Arbeitsplatzkonzentrationen (MAK-Werte) aufgestellt werden können.**

Die Liste ist in der TRGS 900 abgedruckt.

2.2.2 Die Betriebsanweisung (§ 20 GefStoffV)

(1) Der Arbeitgeber hat eine arbeitsbereichs- und stoffbezogene Betriebsanweisung zu erstellen, in der auf die mit dem Umgang mit Gefahrstoffen verbundenen Gefahren für Mensch und Umwelt hingewiesen wird sowie die erforderlichen Schutzmaßnahmen und Verhaltensregeln festgelegt werden; auf die sachgerechte Entsorgung entstehender gefährlicher Abfälle ist hinzuweisen. Die Betriebsanweisung ist in verständlicher Form und in der Sprache der Beschäftigten abzufassen und an geeigneter Stelle in der Arbeitsstätte bekanntzumachen. In der Betriebsanweisung sind auch Anweisungen über das Verhalten im Gefahrfall und über die Erste Hilfe zu treffen.

(2) Arbeitnehmer, die beim Umgang mit Gefahrstoffen beschäftigt werden, müssen anhand der Betriebsanweisung über die auftretenden Gefahren sowie über die Schutzmaßnahmen unterwiesen werden. Gebärfähige Arbeitnehmerinnen sind zusätzlich über die für werdende Mütter möglichen Gefahren und Beschäftigungsbeschränkungen zu unterrichten. Die Unterweisungen müssen vor der Beschäftigung und danach mindestens einmal jährlich mündlich und arbeitsplatzbezogen erfolgen. Inhalt und Zeitpunkt der Unterweisungen sind schriftlich festzuhalten und von den Unterwiesenen durch Unterschrift zu bestätigen. Der Nachweis der Unterweisung ist zwei Jahre aufzubewahren.

Für die im Labor verwendeten gefährlichen Arbeitsstoffe muß eine Betriebsanweisung vorhanden sein. Darüberhinaus ist es aber auch Ziel der Ausbildung der Studenten, das Aufstellen einer Betriebsanweisung zu erlernen. Es wird daher empfohlen, daß jeder Student im Rahmen seines Praktikums eine Betriebsanweisung erstellt.

2.2.2.1 Betriebsanweisung und Unterweisung nach § 20 GefStoffV (TRGS 555)

Die TRGS 555 enthält Empfehlungen für das Aufstellen von Betriebsanweisungen und die Durchführung von Unterweisungen.

Im Text dieser Verwaltungsvorschrift heißt es (hier verkürzt wiedergegeben):

1. Bei der Erstellung von Betriebsanweisungen soll sich der Arbeitgeber oder sein Beauftragter von Fachkräften für Arbeitssicherheit, Betriebsärzten oder anderen Fachleuten (z.B. von der Gewerbeaufsicht oder den zuständigen Trägern der gesetzlichen Unfallversicherung) beraten lassen.
2. Betriebsanweisungen sind erforderlich, wenn sich aus den nach § 16 der Gefahrstoffverordnung vorgeschriebenen Ermittlungen ergibt, daß es sich im Hinblick auf den vorgesehenen Umgang um einen Gefahrstoff handelt.
3. Betriebsanweisungen sind auch erforderlich, wenn damit zu rechnen ist, daß bei Abweichungen vom bestimmungsgemäßen Betrieb Gefahrstoffe entstehen oder freigesetzt werden.
4. Betriebsanweisungen sind im Betrieb an einer für die betreffenden Arbeitnehmer geeigneten Stelle durch Aushängen oder Auslegen bekanntzumachen.
5. Die Arbeitnehmer haben die Betriebsanweisung zu beachten.
6. Betriebsanweisungen sind an neue arbeitswissenschaftliche und betriebliche Erkenntnisse anzupassen

Inhalt einer Betriebsanweisung

Betriebsanweisungen sollen nach folgender Gliederung erstellt werden:
- Arbeitsbereich, Arbeitsplatz, Tätigkeit
- Gefahrstoffbezeichnung
- Gefahr für Mensch und Umwelt
- Schutzmaßnahmen, Verhaltensregeln und hygienische Maßnahmen
- Verhalten im Gefahrfall
- Erste Hilfe
- Sachgerechte Entsorgung

Arbeitsbereich, Arbeitsplatz, Tätigkeit, Inhalt

1. Der Anwendungsbereich ist durch Bezeichnung des Betriebes, des Arbeitsbereiches, des Arbeitsplatzes oder der Tätigkeit festzulegen.
2. Für Arbeitsplätze und Tätigkeiten mit vergleichbaren Gefahren können gemeinsame Betriebsanweisungen erstellt werden.

Gefahrstoffbezeichnung

Die Gefahrstoffe, die am Arbeitsplatz vorkommen, sind mit der den Beschäftigten bekannten Bezeichnung zu benennen. Zusätzlich sind die chemischen Namen der

Gefahrstoffe, die sich aus der Kennzeichnung oder den Ermittlungen des Arbeitgebers nach § 16 GefStoffV ergeben, aufzuführen. Bei Zubereitungen und Erzeugnissen sind zumindest die chemischen Namen der für die Gefahren verantwortlichen Inhaltsstoffe anzugeben. Sofern von mehreren Stoffen die gleichen Gefahren ausgehen und die gleichen Schutzmaßnahmen erforderlich sind, können – wenn es die Übersichtlichkeit erfordert – diese auch zu Stoffgruppen zusammengefaßt werden.

Gefahren für Mensch und Umwelt

1. Es sind die beim Umgang möglichen Gefahren zu beschreiben gemäß
   - den Gefahrstoffsymbolen und den dazugehörigen Gefahrenbezeichnungen
   - den Hinweisen auf die besonderen Gefahren
   - weiteren Angaben des Herstellers oder eigenen Erkenntnissen, die über die Angaben in der Kennzeichnung hinausgehen.
2. Die Gesundheitsgefahren müssen benannt und leichtverständlich beschrieben werden.
3. Angaben des Herstellers sind z. B. Sicherheitsdatenblatt, Produktinformation oder sonstige besondere Mitteilungen.
4. Erkenntnisse aus eigenen Ermittlungen ergeben sich z. B. aus den Anhängen der Gefahrstoffverordnung, Unfallmerkblättern nach den verkehrsrechtlichen Vorschriften, eigenen Stoff- und Verfahrensprüfungen, Betriebserfahrungen und Literatur.

Schutzmaßnahmen und Verhaltensregeln

1. Die für den sicheren Umgang notwendigen Schutzmaßnahmen und Verhaltensregeln sind zu beschreiben gemäß
   - den Anhängen der Gefahrstoffverordnung
   - den Sicherheitsratschlägen (S-Sätzen), die sich aus den Anhängen I und IV der Gefahrstoffverordnung oder vorhandener Kennzeichnung ergeben.
   - den technischen Regeln für Gefahrstoffe und den sonstigen allgemein anerkannten sicherheitstechnischen, arbeitsmedizinischen und hygienischen Regeln (s. TRGS 003).
   - den vorhandenen Betriebsanlagen, Arbeitsmitteln und Arbeitsverfahren (Bezugnahme auf betriebsspezifische Arbeitsanweisung ist möglich).
   - eigenen Betriebserfahrungen.
   Auf Beschäftigungsbeschränkungen insbesondere für Schwangere und Verwendungsbeschränkungen ist hinzuweisen.
2. Die Beschreibungen der Schutzmaßnahmen und Verhaltensregeln sollen durch Symbolschilder nach Unfall-Verhütungs-Vorschrift (UVV) „Sicherheitskennzeichnung am Arbeitsplatz" ergänzt werden.

Verhalten im Gefahrenfall

1. Die im Gefahrfall (z. B. ungewöhnlicher Druck- oder Temperaturanstieg, Lekkage, Brand, Explosion) erforderlichen Schutzmaßnahmen und Verhaltensregeln sind aufzuführen gemäß
   - den für den Gefahrfall zutreffenden Sicherheitsratschlägen (S-Sätze)
   - den Technischen Regeln für Gefahrstoffe und den sonstigen allgemein anerkannten sicherheitstechnischen, arbeitsmedizinischen und hygienischen Regeln (s. TRGS 003).
   - den Sicherheitsdatenblättern und den Unfallmerkblättern nach den verkehrsrechtlichen Vorschriften.
2. Die Angaben sollen insbesondere eingehen auf
   - geeignete und nicht geeignete Löschmittel
   - zusätzliche technische Schutzmaßnahmen (z. B. Not-Aus) und zusätzliche persönliche Schutzausrüstung
   - Notwendige Maßnahmen gegen Umweltgefährdungen
3. Auf bestehende Alarmpläne sowie Flucht- und Rettungspläne ist hinzuweisen.

Erste Hilfe

1. Die Beschreibung der Maßnahmen zur Ersten Hilfe sollten untergliedert werden nach Haut- oder Augenkontakt, Einatmen oder Verschlucken sowie Verbrennungen. Zu berücksichtigen sind die Maßnahmen, die sich ergeben aus:
   - den Sicherheitsratschlägen der Kennzeichnungsetiketten
   - weiteren stoff- bzw. verfahrensspezifischen Merkblättern, z. B. Sicherheitsdatenblatt, Merkblättern der Berufsgenossenschaften und Unfallmerkblättern nach verkehrsrechtlichen Vorschriften.
2. Innerbetriebliche Regelungen für den Fall der Ersten Hilfe sind zu berücksichtigen. Insbesondere sind Hinweise zu geben auf
   - Erste Hilfe-Einrichtungen
   - Ersthelfer und
   - Notrufnummern

2.2.2.2 Beispiel einer Betriebsanweisung

Im Kühn-Birret sind Beispiele für Betriebsanweisungen für verschiedene Stoffgruppen in deutscher Sprache und verschiedenen Fremdsprachen abgedruckt.

Für sehr giftige, krebserzeugende, fruchtschädigende und erbgutverändernde sowie für selbstentzündliche und explosionsgefährliche Einzelstoffe sind stets Einzelbetriebsanweisungen zu erstellen; siehe Anlage 1 der TRGS 451 (Stoffliste der Gefahrstoffe der Gefahrstoffverordnung in Praktika oder vergleichbaren Tätigkeitsbereichen), Spalte 8: Der Buchstabe B schreibt die Erstellung einer Einzelbetriebsanweisung vor. Die Kennzeichnung B1 – B9 weist auf die Möglichkeit zur Erstellung von weiteren stoffgruppenbezogenen Betriebsanweisungen hin.

Giftgefahren

2

Im folgenden sei ein Beispiel einer stoffgruppenbezogenen Betriebsanweisung nach § 20 GefStoffV sowie TRGS 451, Nummer 7, Abs. 1–4 gegeben.

Universität: Institut: Institutsleiter: Labor: Datum:

Stoffgruppenbezogene Betriebsanweisung gem. § 20 Gefahrstoff-Verordnung, sowie TRGS 451

Hoch- und Leichtentzündliche Lösemittel
Stoffgruppe B9 der TRGS 451
Sämtliche Flüssigkeiten, die das Gefahrensymbol F^+ (Hochentzündlich) oder F (Leichtentzündlich) tragen und für die die R-Sätze 11 oder 12 gelten, sofern TRGS 451, Anl. 1, Spalte 8 keine Einzelbetriebsanweisung verlangt.

Gefahrstoffbezeichnungen

Beispiele: Acetale, Aldehyde, Alkohole, aliphatische Amine, Ether, Ester, Ketone, Kohlenwasserstoffe

---

Gefahren für Mensch und Umwelt

Hochentzündliche Dämpfe können eine explosionsfähige Atmosphäre bilden. Einatmen der Dämpfe kann zu Kopfschmerz, Benommenheit und Koordinationsstörungen führen. Bei Dauerexposition sind bleibende Schäden möglich. Nicht mit Wasser mischbare Flüssigkeiten sind in der Regel wassergefährdend und dürfen nicht ins Abwasser gelangen.

Schutzmaßnahmen und Verhaltensregeln

Nur im Abzug verwenden. Von Zündquellen fernhalten. Apparaturen, wenn nötig gegen elektrostatische Aufladung erden (siehe dazu: Richtlinien für Laboratorien, GUV 16.17, Nr. 7.6 und 7.7). Vorkehrungen gegen Siedeverzüge treffen. Größere Mengen als 1 Liter im Sicherheitsschrank aufbewahren.
Augenschutz: Brille mit Seitenschutz.
Kontakt mit der Haut vermeiden. Dämpfe nicht einatmen. Im Labor nicht essen, trinken oder rauchen; keine Lebensmittel aufbewahren.

Verhalten in Gefahrensituationen

Bei Verschütten: Alle Zündquellen beseitigen, mit inertem Material aufnehmen. (Standort:)
Im Brandfall: Kleine Brände wenn möglich ersticken. Ansonsten Handlöscher verwenden.
Nicht mit Wasser löschen, außer bei wassermischbaren Lösemitteln!

Erste Hilfe

Bei Kontamination mit der Haut: Betroffene Stelle gründlich reinigen, nachfettende Hautcreme benutzen.
Bei Kontamination der Kleidung: Benetzte Kleidung sofort ausziehen und außerhalb des Gebäudes oder im Abzug trocknen.
Spritzer in die Augen: gründlich mit Wasser spülen; sofort Arzt aufsuchen.

Sachgerechte Entsorgung

In gekennzeichnete Behälter für chlorierte, bzw. nichtchlorierte Lösemittel geben. Nicht ins Abwasser gelangen lassen.

2.2.3 Verpackung und Kennzeichnung bei der Verwendung von Chemikalien (§ 23 GefStoffV)

(1) Gefährliche Stoffe, Zubereitungen und Erzeugnisse sind auch bei ihrer Verwendung entsprechend den Vorschriften §§ 3 bis 7 zu verpacken und zu kennzeichnen.

(3) Abweichend vom Absatz 1 sind
   1. Behälter, die mit dem Boden fest verbunden sind,
   2. in wissenschaftlichen Instituten und Laboratorien sowie in Apotheken Standflaschen, in denen gefährliche Stoffe und Zubereitungen in einer für den Handgebrauch erforderlichen geringen Menge enthalten sind, mindestens mit der Angabe
   a) der Bezeichnung des Stoffes nach § 6, der Zubereitung nach § 7 und der Bestandteile der Zubereitung nach § 3 (Anmerkung: s. Poster)
   b) des Gefahrensymbols mit der zugehörigen Gefahrenbezeichnung nach Anhang I Nr. 2
   zu kennzeichnen.

(4) Absatz 1 gilt nicht für
   1. Stoffe und Zubereitungen, die sich als Ausgangsstoffe oder Zwischenprodukte im Produktionsgang befinden, sofern den beteiligten Arbeitnehmern bekannt ist, um welche gefährlichen Stoffe oder Zubereitungen es sich handelt.

2.2.4 Aufbewahrung und Lagerung von Chemikalien (§ 24 GefStoffV)

1. Gefahrstoffe sind so aufzubewahren oder zu lagern, daß sie die menschliche Gesundheit und die Umwelt nicht gefährden. Es sind dabei geeignete und zumutbare Vorkehrungen zu treffen, um den Mißbrauch oder einen Fehlgebrauch nach Möglichkeit zu verhindern. Bei der Aufbewahrung zur Abgabe oder zur sofortigen Verwendung müssen die mit der Verwendung verbundenen Gefahren erkennbar sein.
2. Gefahrstoffe dürfen nicht in solchen Behältnissen, durch deren Form oder Bezeichnung der Inhalt mit Lebensmitteln verwechselt werden kann, aufbewahrt oder gelagert werden. Gefahrstoffe dürfen nur übersichtlich geordnet und nicht in unmittelbarer Nähe von Arzneimitteln, Lebens- oder Futtermitteln einschließlich der Zusatzstoffe aufbewahrt oder gelagert werden.

Giftgefahren

2

3. Mit T+ oder T gekennzeichnete Stoffe und Zubereitungen sind unter Verschluß oder so aufzubewahren oder zu lagern, daß nur fachkundige Personen Zugang haben.

2.2.5 Anhang I der Gefahrstoffverordnung

2.2.5.1 Gefahrensymbole und Gefahrbezeichnung

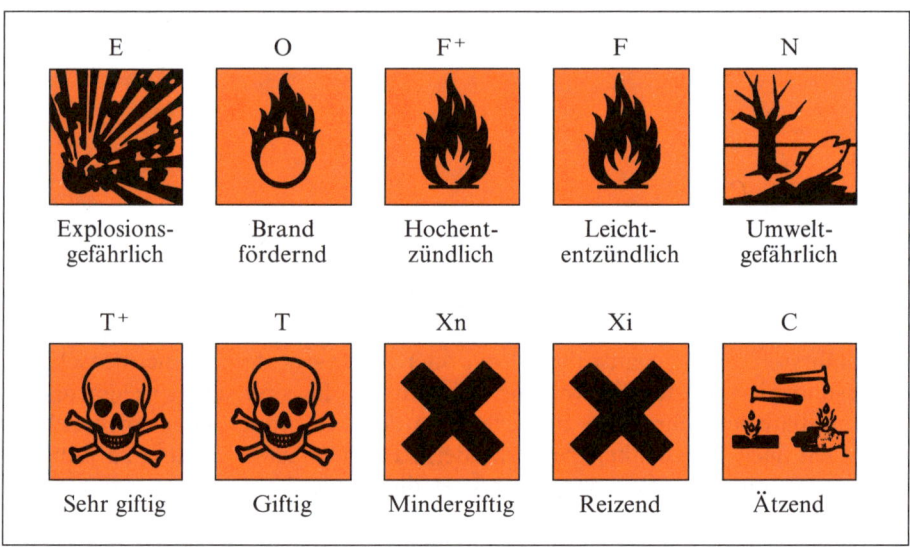

Die Kennbuchstaben T+, T, C, Xn, Xi stellen Kürzel dar. Sie verbinden den jeweiligen Stoff mit dem für ihn geltenden Gefahrstoffsymbol und mit der entsprechenden Gefahrenbezeichnung. Sie sind nicht Bestandteil der Kennzeichnung und müssen deshalb auf den Verpackungen nicht angegeben werden.

2.2.5.2 Hinweise auf die besonderen Gefahren (R-Sätze)
(s. auch Poster)

R 1	In trockenem Zustand explosions-gefährlich	R 31	Entwickelt bei Berührung mit Säure giftige Gase
R 2	Durch Schlag, Reibung oder Feuer oder andere Zündquellen explosionsgefährlich	R 32	Entwickelt bei Berührung mit Säure sehr giftige Gase
R 3	Durch Schlag, Reibung oder Feuer oder andere Zündquellen be-sonders explosionsgefährlich	R 33	Gefahr kumulativer Wirkungen
		R 34	Verursacht Verätzungen
		R 35	Verursacht schwere Verätzungen
R 4	Bildet hochempfindliche, explo-sionsgefährliche Metall-verbindungen	R 36	Reizt die Augen
		R 37	Reizt die Atmungsorgane
		R 38	Reizt die Haut
R 5	Beim Erwärmen explosionsfähig	R 39	Ernste Gefahr irreversiblen Schadens
R 6	Mit und ohne Luft explosionsfähig	R 40	Irreversibler Schaden möglich
R 7	Kann Brand verursachen	R 41	Gefahr ernster Augenschäden
R 8	Feuergefahr bei Berührung mit brennbaren Stoffen	R 42	Sensibilisierung durch Einatmen möglich
R 9	Explosionsgefahr bei Mischung mit brennbaren Stoffen	R 43	Sensibilisierung durch Haut-kontakt möglich
R 10	Entzündlich	R 44	Explosionsgefahr bei Erhitzen unter Einschluß
R 11	Leichtentzündlich		
R 12	Hochentzündlich	R 45	Kann Krebs erzeugen
R 14	Reagiert heftig mit Wasser unter Bildung hochentzündlicher Gase	R 46	Kann vererbbare Schäden erzeugen
		R 47	Kann Mißbildungen verursachen
R 15	Reagiert mit Wasser unter Bildung leicht entzündlicher Gase	R 48	Gefahr ernster Gesundheitsschä-den bei längerer Exposition
R 16	Explosionsgefährlich in Mischung mit brandfördernden Stoffen	R 50	Sehr giftig für Wasserorganismen
		R 51	Giftig für Wasserorganismen
R 17	Selbstentzündlich an der Luft	R 52	Schädlich für Wasserorganismen
R 18	Bei Gebrauch Bildung explosions-fähiger / leichtentzündlicher Dampf-Luft-Gemische möglich	R 53	Kann in Gewässern längerfristig schädliche Wirkungen haben
		R 54	Giftig für Pflanzen
R 19	Kann explosionsfähige Peroxide bilden	R 55	Giftig für Tiere
		R 56	Giftig für Bodenorganismen
R 20	Gesundheitsschädlich beim Einatmen	R 57	Giftig für Bienen
		R 58	Kann längerfristig schädliche Wir-kungen auf die Umwelt haben
R 21	Gesundheitsschädlich bei Berührung mit der Haut	R 59	Gefährlich für die Ozonschicht
R 22	Gesundheitsschädlich beim Verschlucken	R 60	Kann die Fortpflanzungsfähigkeit beeinträchtigen
R 23	Giftig beim Einatmen	R 61	Kann das Kind im Mutterleib schädigen
R 25	Giftig beim Verschlucken		
R 26	Sehr giftig beim Einatmen	R 62	Kann möglicherweise die Fort-pflanzungsfähigkeit beeinträchti-gen
R 27	Sehr giftig bei Berührung mit der Haut		
R 28	Sehr giftig beim Verschlucken		
R 29	Entwickelt bei Berührung mit Wasser giftige Gase	R 63	Kann das Kind im Mutterleib möglicherweise schädigen
R 30	Kann bei Gebrauch leicht ent-zündlich werden	R 64	Kann Säuglinge über die Mutter-milch schädigen

Giftgefahren

2

2.2.5.3 Sicherheitsratschläge (S-Sätze)

(s. auch Poster)

S 1	Unter Verschluß aufbewahren	S 39	Schutzbrille/Gesichtsschutz tragen
S 2	Darf nicht in die Hände von Kindern gelangen	S 40	Fußboden und verunreinigte Gegenstände mit … reinigen (vom Hersteller anzugeben)
S 3	Kühl aufbewahren		
S 4	Von Wohnplätzen fernhalten	S 41	Explosions- und Brandgase nicht einatmen
S 5	Unter … aufbewahren (geeignete Flüssigkeit vom Hersteller anzugeben)	S 42	Beim Räuchern/Versprühen geeignetes Atemschutzgerät anlegen (geeignete Bezeichnung[en] vom Hersteller anzugeben)
S 6	Unter … aufbewahren (inertes Gas vom Hersteller anzugeben)		
S 7	Behälter dicht geschlossen halten		
S 8	Behälter trocken halten	S 43	Zum Löschen … (vom Hersteller anzugeben) verwenden (wenn Wasser die Gefahr erhöht, anfügen: Kein Wasser verwenden)
S 9	Behälter an einem gut gelüfteten Ort aufbewahren		
S 12	Behälter nicht gasdicht verschließen		
S 13	Von Nahrungsmitteln, Getränken und Futtermitteln fernhalten	S 45	Bei Unfall oder Unwohlsein sofort Arzt zuziehen (wenn möglich dieses Etikett vorzeigen)
S 14	Von … fernhalten (inkompatible Substanzen vom Hersteller anzugeben)	S 46	Bei Verschlucken sofort ärztlichen Rat einholen und Verpackung oder Etikett vorzeigen
S 15	Vor Hitze schützen		
S 16	Von Zündquellen fernhalten – nicht rauchen	S 47	Nicht bei Temperaturen über … °C aufbewahren (vom Hersteller anzugeben)
S 17	Von brennbaren Stoffen fernhalten		
S 18	Behälter mit Vorsicht öffnen und handhaben	S 48	Feucht halten mit … (geeignetes Mittel vom Hersteller anzugeben)
S 20	Bei der Arbeit nicht essen und trinken	S 49	Nur im Originalbehälter aufbewahren
S 21	Bei der Arbeit nicht rauchen	S 50	Nicht mischen mit … (vom Hersteller anzugeben)
S 22	Staub nicht einatmen		
S 23	Gas/Rauch/Dampf/Aerosol nicht einatmen (geeignete Bezeichnung[en] vom Hersteller anzugeben)	S 51	Nur in gut belüfteten Bereichen verwenden
		S 52	Nicht großflächig für Wohn- und Aufenthaltsräume zu verwenden
S 24	Berührung mit der Haut vermeiden	S 53	Exposition vermeiden – vor Gebrauch besondere Anweisungen einholen
S 25	Berührung mit den Augen vermeiden		
S 26	Bei Berührung mit den Augen gründlich mit Wasser abspülen und Arzt konsultieren	S 56	Diesen Stoff und seinen Behälter der Problemabfallentsorgung zuführen
S 27	Benutzte, getränkte Kleidung sofort ausziehen	S 57	Zur Vermeidung einer Kontamination der Umwelt geeigneten Behälter verwenden
S 28	Bei Berührung mit der Haut sofort abwaschen mit viel … (vom Hersteller anzugeben)	S 59	Information zur Wiederverwendung/Wiederverwertung beim Hersteller/Lieferanten erfragen
S 29	Nicht in die Kanalisation gelangen lassen	S 60	Dieser Stoff und sein Behälter sind als gefährlicher Abfall zu entsorgen
S 30	Niemals Wasser hinzugießen		
S 33	Maßnahmen gegen elektrostatische Aufladungen treffen	S 61	Freisetzung in die Umwelt vermeiden. Besondere Anweisungen einholen/Sicherheitsdatenblatt zu Rate ziehen
S 35	Abfälle und Behälter müssen in gesicherter Weise beseitigt werden		
S 36	Bei der Arbeit geeignete Schutzkleidung tragen	S 62	Bei Verschlucken kein Erbrechen herbeiführen. Sofort ärztlichen Rat einholen und Verpackung oder dieses Etikett vorzeigen
S 37	Geeignete Handschuhe tragen		
S 38	Bei unzureichender Belüftung Atemschutzgerät anlegen		

2.2.6 Weitere Anhänge der Gefahrstoff-
verordnung

Auf die Wiedergabe der weiteren Anhänge wird hier verzichtet, es sei jedoch eine kurze Themenübersicht gegeben. Danach enthält

Anhang II   Bestimmungen für gefährliche Zubereitungen
Anhang III   Zusätzliche Kennzeichnungsvorschriften für bestimmte Stoffe, Zu-
               bereitungen und Erzeugnisse
Anhang IV   Herstellungs- und Verwendungsverbote
Anhang V   Besondere Vorschriften für bestimmte Gefahrstoffe und Tätigkei-
               ten
Anhang VI   Liste der Vorsorgeuntersuchungen

Giftgefahren

2

2.3 Allgemeine Arbeitsregeln im Labor

Als praktische Konsequenzen der GefStoffV ergeben sich für das Arbeiten im Labor eine Reihe von Regeln, von denen die für den Anfänger wichtigsten nachstehend aufgeführt sind:

- Es muß grundsätzlich geprüft werden, ob anstelle eines Gefahrstoffes eine gleich gut geeignete aber weniger gefährliche Chemikalie verwendet werden kann.
- Die Augen sind beim Arbeiten im Laboratorium generell durch eine splittersichere **Schutzbrille** mit Seitenschutz zu schützen.
- Substanzen sollten niemals mit der Haut in Berührung gebracht werden, also auch nicht mit der Hand angefaßt werden. Gegebenenfalls sind **Gummihandschuhe** zu tragen.
- Für die **Sauberhaltung des Arbeitsplatzes** ist Sorge zu tragen. Verspritzte Chemikalien sind sofort in geeigneter Weise zu entfernen. Konzentrierte Säuren und Basen werden neutralisiert und die Flüssigkeit anschließend aufgewischt.
- **Reaktionen mit giftigen und übelriechenden Stoffen** dürfen nur unter einem gut ziehenden Abzug durchgeführt werden. Vor allem ist beim Arbeiten mit giftigen Gasen und Dämpfen größte Vorsicht geboten (z.B. beim Einleiten von Schwefelwasserstoff, Abrauchen von schwefliger Säure, Schwefelsäure, Salzsäure, Salpetersäure, Königswasser). Der geschlossene Abzug, der durch ein Arbeitsfenster bedient werden kann, bietet Schutz gegen verspritzende Substanzen (heftige Reaktion, Siedeverzug usw.).
- Eine sachgemäße Lagerung der Chemikalien ist auch für den Erhalt ihrer Reinheit von ausschlaggebender Bedeutung. Für **feste Substanzen**, besonders für solche, die leicht Bestandteile der Luft (z.B. H_2O, CO_2) aufnehmen oder die selbst einen hohen Dampfdruck besitzen, verwendet man gut verschließbare Pulverflaschen aus Polyethylen. Diese sind besonders geeignet für die Aufbewahrung alkalischer Substanzen, da diese Bestandteile des Glases lösen.
- Für **Flüssigkeiten** sind Glasflaschen mit Schliffstopfen geeignet. Jedoch sollte man für die Aufbewahrung von Laugen Gummistopfen benutzen, da sich Schliffstopfen schon nach einiger Zeit festsetzen. Besser ist auch hier die Verwendung von Polyethylenflaschen. Diese sind jedoch ungeeignet für die Aufbewahrung konzentrierter Schwefel und Salpetersäure, organischer Lösungsmittel und lichtempfindlicher Verbindungen. **Flußsäure** darf nicht in Glasgefäßen vorrätig gehalten werden. Sie muß in Plastikflaschen aufbewahrt werden.
- **Lichtempfindliche Verbindungen**, wie Silber- und Iodverbindungen oder Kohlenstoffdisulfid werden in braunen Flaschen aufbewahrt.
- Um Explosionen beim Abdampfen etherhaltiger Lösungen infolge eines Gehaltes an Peroxiden zu vermeiden, bewahre man auch Ether stets in braunen Flaschen auf.

- **Flaschen ohne genaue Kennzeichnung sind im Labor unzulässig!**
  Chemikalienflaschen sollten mit folgenden Angaben gekennzeichnet sein:
  1. Die Bezeichnung des Inhalts (Name, Chemisches Symbol oder die Bestandteile einer Mischung).
  2. Das Gefahrensymbol und die Gefahrenbezeichnung

- Zur Bezeichnung der Chemikalienflaschen verwende man die im Kap. 2.2.5.1 und im Poster näher erläuterten Symbole.

- Feste Stoffe entnimmt man mit einem sauberen Spatel oder Löffel der Pulverflasche, deren Stopfen man umgekehrt auf den Tisch legt. Beim Ausgießen einer Flüssigkeit hält man die Flasche so, daß beim Herunterfließen von Flüssigkeitstropfen die Beschriftung nicht beschädigt wird. Beim direkten Umfüllen sind stets Flüssigkeits- oder Pulvertrichter zu verwenden. Beim Umfüllen von Flüssigkeiten, insbesondere toxischer oder ätzender Art (im Abzug) ist das Unterstellen von Wannen, beim Umfüllen von Feststoffen das Unterlegen einer Papierunterlage zu empfehlen.

- Es kommt vor, daß sich Flaschen mit Glasstopfen nicht öffnen lassen. Durch Klopfen mit einem hölzernen Gegenstand an den Stopfen, oder durch vorsichtiges Erwärmen des Flaschenhalses mit einem Heißluftgebläse oder Föhn läßt sich der Stopfen lockern. **Es besteht große Unfallgefahr bei brennbarem oder tiefsiedendem Inhalt.**

- Jede Apparatur ist exakt und sauber aufzubauen. Jedes Glasrohr soll gerade eingesetzt sein, jede Waschflasche fest aufgebaut und jeder Korken senkrecht durchbohrt sein.

- Die meisten Reaktionen lassen sich in kleinen Substanzmengen durchführen. Es genügen kleine Reagenzgläser, die nur mit 1 ml Lösung oder 0,1 g fester Substanz gefüllt sind. Man spart dadurch beim Eindampfen, Kristallisieren oder Filtrieren viel Zeit und vermeidet unnötige Abfälle.

- Eine Reagenzlösung wird im allgemeinen bis zum Ende der Reaktion tropfenweise zugesetzt. Ein zu großer Überschuß schadet häufig.

- Beim **Erhitzen von Flüssigkeiten** im Reagenzglas darf dieses nur zu einem Drittel gefüllt sein, außerdem ist durch Schütteln ein Siedeverzug zu verhindern.

- **Konzentrierte Säuren und Basen** dürfen erst nach dem Verdünnen und nur wenn eine zentrale Neutralisationsanlage vorhanden ist, in den Ausguß. Weiterhin gehören auch Filter und Zigarettenreste nicht in den Ausguß.

- Beim **Verdünnen konzentrierter Schwefelsäure** ist diese stets in Wasser, nie umgekehrt Wasser in konzentrierte Schwefelsäure zu gießen!!! Sonst besteht die Gefahr des Verspritzens infolge starker Erhitzung.

- **Verspritzte Quecksilberteilchen** sind sofort unschädlich zu machen. Dies geschieht entweder durch Einsammeln (Quecksilberzange, Einsaugen in eine Quecksilberpipette u.a.) oder durch chemische Umsetzung (Mercurisorb®, Zinkpulver, Iodkohle).

- Aus **Alkalicyaniden** entsteht bei Einwirkung von Säure Cyanwasserstoff!! Diese Chemikalien dürfen daher nicht mit Säuren vereinigt werden. (Zur Entsorgung s. 2.4.1).

Giftgefahren

2

- Da **Natrium und Kalium** mit Wasser heftig reagieren, müssen beide unter einer sauerstofffreien Flüssigkeit (z. B. Paraffin, Petroleum oder dgl.) aufbewahrt werden.
- **Weißer Phosphor** muß unter Wasser in einem Glasgefäß, das in einer mit Sand gefüllten Blechbüchse steht, aufbewahrt werden.
- **Chlorate und konzentrierte Perchlorsäure** neigen in Gegenwart oxidierender Stoffe sowie in Gegenwart von Aziden zur Explosion. Desgleichen Chlorate und Permanganate bei Zugabe konz. Schwefelsäure.
- Bei **Ätz- und Reizgasen** muß man sich auf jeden Fall vorher über MAK-Werte oder Technische Richtkonzentrationen informieren. Für alle diese Gase sind Einzelbetriebsanweisungen zu erstellen. Zu den Ätz- und Reizgasen (Schädigung der Atmungsorgane) zählen u. a. die Halogene, die Halogenwasserstoffsäuren, Schwefeldioxid, Schwefeltrioxid, Ammoniak und Phosphorhalogenide.

  Als Giftgase wirken u. a. Schwefelwasserstoff, Stickstoffoxide, Phosphorwasserstoff, Arsenwasserstoff, Kohlenmonoxid, Kohlenstoffdisulfid (Schwefelkohlenstoff), Cyanwasserstoff, Quecksilberdämpfe und flüchtige Bleiverbindungen sowie eine Anzahl in anorganischen Laboratorien benutzter organischer Verbindungen, wie z. B. Benzol, Anilin, Chloroform, Ether u. a.

2.4 Entsorgung von Laborabfällen

Grundsätzlich gilt das Gesetz über die Vermeidung und Entsorgung von Abfällen (Abfallgesetz AbfG), das im Zweifelsfall zu Rate gezogen werden sollte. Der Student sollte sich insbesondere über folgende Punkte informieren:
- Verfahren zur Entsorgung oder Wiederaufbereitung
- Persönliche Schutzausrüstung
- Entsorgungsbehälter und Sammelstellen
- Aufsaugmittel
- Reinigungsmittel und -möglichkeiten.

Im folgenden werden hier nur einige spezielle Hinweise gegeben.

2.4.1 Hinweise auf besondere Entsorgungs- maßnahmen

Alle Abfälle müssen entsorgt oder wiederaufbereitet werden. Jedem, der mit Chemikalien umgeht, sollte die Verpflichtung zur Entsorgung auch ohne Gesetz selbstverständlich sein, da von einer falschen Handhabung Schäden für Personen, Sachen und Umwelt ausgehen können. Besser ist es jedoch, Reststoffe nach Möglichkeit wieder aufzuarbeiten und so einer Wiederverwendung zuzuführen.

In diesem Abschnitt sollen nur einige praktische Hinweise zur Entsorgung der im Labor anfallenden Chemikalien gegeben werden. **Des weiteren sei darauf hingewiesen, daß viele der abgedruckten „analytischen Nachweisreaktionen" ebensogut unter dem Gesichtspunkt der sachgerechten Entsorgung beurteilt werden können.** So kann die
- **Entsorgung von Nitrit** analog der „Nachweisreaktion" für Nitrit (s. 5., S. 328) durchgeführt werden.

$$HNO_2 + NH_3 \rightarrow N_2\uparrow + 2H_2O$$

oder besser

$$HNO_2 + (NH_2)HSO_3 \rightarrow N_2\uparrow + H_2SO_4 + H_2O$$

Bei beiden Reaktionen entstehen die umweltneutralen Stoffe Stickstoff und Wasser. Der Reaktion mit Amidosulfonsäure ist der Vorzug vor der Zersetzung durch Ammoniak (Geruchbelästigung) zu geben.
- Ins **Abwasser** dürfen nur Stoffe gelangen, die ungiftig sind und Bestandteile von Lebensmittel sein können. Sie dürfen allerdings nur in kleinen Mengen und in verdünnter Form eingeleitet werden. Beispiele sind Säuren, wie HCl, H_2SO_4, HNO_3, H_3PO_4 und Laugen wie $NaOH$, KOH und NH_3, sofern eine Neutrali-

Giftgefahren

2

sationsanlage vorhanden ist. Organische Lösungsmittel dürfen mit Ausnahme von Ethanol nicht ins Abwasser gelangen. Hierauf ist auch bei der Verwendung von Wasserstrahlpumpen und Rotationsverdampfern zu achten.

- **Organische Lösungsmittel** sind getrennt nach chlorierten und nicht chlorierten Lösungsmitteln zu sammeln und sollten nach Möglichkeit redestilliert werden. Bei Ethern ist hierbei vorher auf Peroxide zu prüfen.
- **Altöl** aus Heizbädern und Vakuumpumpen, das oft mit Chemikalien verunreinigt ist, sollte getrennt gesammelt werden.
- **Feinchemikalienreste** werden in den Originalflaschen zur Entsorgung gegeben, sofern sie nicht einer anderen Verwendung zugeführt werden können.
- **Schwermetallsalze z.B. As-, Cd-Verbindungen** und ihre Lösungen müssen in gesonderten Behältern gesammelt werden. Sie sind gegebenenfalls in Form ihrer am schwersten löslichen Salze zu entsorgen, bzw. aufzuarbeiten und wiederzuverwenden.

$$2\,As(OH)_3 + 3\,H_2S \rightarrow As_2S_3 + 6\,H_2O$$
$$CdCl_2 + H_2S \rightarrow CdS + 2\,HCl$$

- **Altquecksilber** sollte getrennt gesammelt und eventuell nach Reinigung wiederverwendet werden.
- Zur Aufbereitung von Hg, I, Ag und Uranrückständen s. S. 192f.
- **Chromschwefelsäure** und Cr(VI)-Salze müssen zu Chrom(III) reduziert werden, bevor sie beseitigt werden können. **Allerdings sollte die Verwendung von Chromschwefelsäure zur Reinigung von Glasgeräten ganz unterbleiben, da gute Detergentien verfügbar sind.** Cr(VI)-Salze oder Lösungen sind mit Schwefelsäure (pH 2–3) anzusäuern und vorsichtig mit $NaHSO_3$ gemäß (s. 2., S. 433).

$$Cr_2O_7^{2-} + 3\,HSO_3^- + 5\,H^+ \rightarrow 2\,Cr^{3+} + 3\,SO_4^{2-} + 4\,H_2O$$

Aus dieser Chrom(III)sulfatlösung fällt beim Versetzen mit NaOH beim pH 8–9 $Cr(OH)_3$ aus, welches in den Kanister für schwermetallsalzhaltige Abfälle gegeben werden kann.

- Die **Vernichtung von Natriumresten** geschieht durch Versetzen mit Alkohol (Propanol, Ethanol, Methanol), dabei bilden sich Natriumalkoholate. Keinesfalls darf Natrium in Wasser geworfen werden.
- Zur Entsorgung sind **Chlor, Schwefeldioxid, Chlorwasserstoff und Phosgen** in verdünnte Natronlauge einzuleiten. Für Chlor:

$$Cl_2 + 2\,OH^- \rightarrow OCl^- + Cl^- + H_2O$$

Das gebildete Hypochlorit wird mit Thiosulfat zerstört.

$$S_2O_3^{2-} + 4\,OCl^- + H_2O \rightarrow 4\,Cl^- + 2\,SO_4^{2-} + 2\,H^+$$

Die Reaktionslösungen, die in die Kanalisation gegeben werden dürfen, müssen vorher neutralisiert werden.

- **Brom** wird mit Natriumthiosulfat zu Bromid reduziert.

$$4\,Br_2 + S_2O_3^{2-} + 5\,H_2O \rightarrow 8\,Br^- + 2\,SO_4^{2-} + 10\,H^+$$

- **Cyanide** lassen sich durch milde Oxidationsmittel bei pH 10−11 zu Cyanaten oxidieren, aus denen bei Zugabe von weiterem Oxidationsmittel bei pH 8−9 CO_2 und Stickstoff entstehen. Als besonders geeignet hat sich Natriumhypochlorit erwiesen.

$$CN^- + H^+ + OCl^- \rightleftharpoons CNCl + OH^-$$
$$CNCl + 2OH^- \rightleftharpoons OCN^- + Cl^- + H_2O$$
$$2OCN^- + 3OCl^- + H_2O \rightleftharpoons 2CO_2 + N_2 + 3Cl^- + 2OH^-$$

- **Weißer Phosphor** an Glaswandungen kann mit $KMnO_4$-Lösung in saurem Milieu vernichtet werden.

$$MnO_4^- + P \rightarrow PO_4^{3-} + Mn^{2+}$$

- **Filter und Aufsaugmassen,** auch Chromatographieplatten und Säulenfüllungen werden getrennt gesammelt und entsorgt.

- **Asbest** ist in reißfesten Foliensäcken zu sammeln, die staubdicht verschlossen werden. Die Behälter sind nach Anhang I der GefStoffV mit nebenstehendem Kennzeichen zu versehen.

ACHTUNG
ENTHÄLT
ASBEST

Gesundheits-
gefährdung
bei Einatmen
von Asbest-
feinstaub

Sicherheits-
vorschriften
beachten

Chrysolithasbest (fasriger Serpentin $Mg_3[(OH)_4Si_2O_5]$**)** bildet die Grundlage der Asbestindustrie und findet besonders in Asbestbetonerzeugnissen Verwendung. Asbesthaltige Gefahrstoffe sind als krebserzeugende Gefahrstoffe eingestuft. Daneben verursachen sie, wie andere quarzhaltige Stäube die Staublungenerkrankung (Silikose, Asbestose). Deshalb ist beim Arbeiten mit solchen Stoffen stets ein wirksamer Mundschutz zu tragen. Die Technische Richtkonzentration in der Luft am Arbeitsplatz ist in der TRGS 102 festgelegt und beträgt zur Zeit 250000 Fasern/m^3. Die Fasern sind von einer Länge > 5 μm und einem Durchmesser < 3 μm. Das Verhältnis von Länge/Durchmesser muß größer sein als 3 : 1.

Die Benutzung von Asbest sollte für den Laboratoriumsgebrauch entfallen, da auch hier gute hitzebeständige Ersatzstoffe vorhanden sind.

Jeder, der in einem chemischen Laboratorium arbeitet, sollte sich der Problematik der Entsorgung von Chemikalien bewußt werden und darüber nachdenken, wie man Chemikalien einer adäquaten Entsorgung oder besser noch einer Aufarbeitung und Wiederverwendung zuführen kann.

Giftgefahren

2

3 Präparative Chemie

Dieses Kapitel beschäftigt sich mit der Synthese von Laboratoriumspräparaten. Dazu werden in einem ersten Teil zunächst die allgemein benötigten Geräte und Arbeitstechniken vorgestellt. Im zweiten Teil dieses Kapitels finden sich dann die detaillierten Synthesebeschreibungen der einzelnen Verbindungen.

3.1 Geräte und Arbeitstechnik

3.1.1 Glasgeräte

Am häufigsten werden heute chemische Reaktionen in Glasapparaturen ausgeführt. Hierbei bedient man sich nach dem Baukastenprinzip einer Reihe von Standardglasteilen, die über **Glasschliffe** miteinander verbunden werden. Die Schliffgrößen sind genormt und werden je nachdem ob es sich um eine Hülse mit 29 mm Innendurchmesser oder um einen Kern mit 14,5 mm Außendurchmesser handelt mit (HNS 29/32) bzw. (KNS 14.5/23) bezeichnet. Hierbei gibt die Zahl nach dem Strich die Länge des Schliffs in mm an.

Wichtige Teile eines solchen Baukastens sind Einhals-, Zweihals- oder Dreihalskolben, Kühler, Schliffthermometer, Übergangsstücke zwischen verschiedenen Schliffgrößen, Rührer, Trockenrohre und Hähne. Beim Zusammensetzen der Teile ist darauf zu achten, daß die Schliffe gefettet sind, um Glasabrieb zu vermeiden und die Verbindung abzudichten. Üblicherweise benutzt man hierfür ein Siliconfett (Baysilon®), ein Hochvakuumfett (Lithelen®) oder beim Arbeiten mit Halogenen ein perfluoriertes Fett (Voltalef®).

Die Schliffe sind stets durch Klammern oder Federn zu sichern, so daß die Apparatur durch Druckschwankungen nicht geöffnet wird. Es ist auch unbedingt zu vermeiden, eine völlig geschlossene Apparatur zu konzipieren.

Weitere wichtige Teile sind Reaktionsrohre und Ampullen, deren Glas die gestellten Anforderungen an die Temperatur erfüllt. Die folgende Tabelle gibt einige wichtige Glassorten und ihre Eigenschaften an.

Tab. 3.1: **Einige wichtige Glassorten und ihre Handelsnamen.**

Glasart	linearer Ausdeh-nungskoeffizient $a \cdot 10^{-6}/°C$	Erweichungs-punkt °C	Verarbeitungs-temperatur °C	zulässige Temperatur °C
JENAer Glas®				
NORMALGLAS® Natronglas	9,0	712	700– 995	460
FIOLAX® Borosilicatglas	4,9	733	750–1000	500
GERÄTEGLAS 20® Erdalkaliboro-silicatglas	4,9	794	790–1170	500
SUPREMAX® Aluminium-silicatglas	4,1	940	950–1235	700
DURAN® Borosilicatglas	3,2	817	815–1260	490
PYREX® Borosilicatglas	3,2	817	815–1260	490
QUARZGLAS	0,5–0,8	1400	950–2000	1200

Die Schnittflächen von Duran-50 erscheinen blau, die von Normalglas grün und die von Quarzglas weiß.

3.1.1.1 Reinigen von Glasgeräten

Alle Glasgeräte sollten sofort nach Gebrauch gereinigt werden. Vor der eigentlichen Reinigung sollten die Schliffe (mit Petrolether) entfettet werden, um die Reinigungsbäder nicht zu überlasten. Als Reinigungsmittel kommen neben einfachen Scheuermitteln hauptsächlich Detergentien wie z. B. Extran® (Fa. Merck) bzw. RBS® (Fa. Roth) in Frage. Gute Reinigungsmittel, die jedoch wegen ihrer Umweltbelastung keine Anwendung mehr finden sollten, sind auch alkalische Permanganatlösungen und Chromschwefelsäure.

Chromschwefelsäure: 25 g feinpulverisiertes $Na_2Cr_2O_7$ mit 10 ml Wasser anpasten und unter Umrühren in 500 ml technischer konz. H_2SO_4 lösen.

Nach der Reinigung in einem Detergentien-Bad werden die Glasgeräte mit destilliertem Wasser abgespült und in den Trockenschrank gelegt. Glasgeräte, die wegen ihrer Größe nicht in einem Trockenschrank untergebracht werden können, werden durch organische Flüssigkeiten (Ethanol, Aceton) und Trocknen im Luftstrom von Wasserresten im Inneren befreit. Oft genügt einfaches Durchleiten von Luft.

Präparative Chemie

3

3.1.1.2 Glasbearbeitung

Zum Herstellen von einfachen Glasgeräten benötigt man folgende Hilfsmittel. Ein Tischgebläse, einen Glasschneider, einige Messingauftreiber und Absprengdrähte. Im folgenden sind einige Grundarbeitstechniken zur Glasbearbeitung angegeben. **Dabei wird die Flamme nur zum Erwärmen benutzt, das Glas aber außerhalb der Flamme bearbeitet. Dies gilt insbesondere für das Glasblasen.**

1. Schneiden

Im wesentlichen gibt es drei verschiedene Verfahren, um Rohre oder Glasstäbe zu zerteilen:

- Das Rohr wird mit einem Glasschneider zu einem Viertel des Umfangs an der gewünschten Stelle eingeschnitten. Nun wird das Rohr so gefaßt, daß der Schnitt zwischen beiden Händen liegt und gegen die Brust gekehrt ist. Durch leichtes Ziehen wird das Glasrohr auseinandergesprengt.
- Nach dem Einschneiden des Rohres wird eine Glasspitze oder ein Glasstab erhitzt, welche dann im heißen Zustand rechtwinklig auf den Glasschnitt gedrückt wird. Durch die thermische Spannung zerteilt sich das Glasrohr. Diese Technik wird vor allem zum Öffnen von Ampullen unter Schutzgas benutzt.
- Das Auseinandersprengen mit einem Absprengdraht wird hauptsächlich bei Rohren mit größerer Weite angewendet. Der glühende Draht muß dem Rohrumfang genau angepaßt sein. Das eingeschnittene Rohr zerspringt, wenn es unter gleichmäßigem Drehen vom Draht berührt wird.

2. Rundschmelzen

Zerteilte oder abgesprengte Glasrohre sind an den Schnittkanten scharf. Ihre Enden müssen daher rundgeschmolzen werden. Dazu wird das Rohrende in der leuchtenden Flamme bei gleichmäßiger Drehung erwärmt, so daß die Kanten erweichen. Je weiter das Rohr ist, desto vorsichtiger muß erwärmt werden.

3. Glasrohr biegen

Um das Rohr an der gewünschten Stelle zu biegen, wird eine größere Strecke unter gleichmäßigem Drehen erwärmt. Hierbei ist es erforderlich, daß beide Hände im gleichen Rhythmus drehen, die rechte Seite des Rohres geschlossen ist und die linke Öffnung zum Mund geführt wird. Das erwärmte Rohr wird in die gewünschte Biegung gebracht. Dann wird hineingeblasen, damit das Rohr im Bogen einen gleichmäßigen Querschnitt bekommt. Je größer der Bogen (U-Bogen) sein soll, desto mehr Glasfläche des Rohres muß erwärmt werden.

4. Spitze ausziehen

Man erwärmt das Glasrohr an der gewünschten Stelle und dreht gleichmäßig, bis eine Erweichung eintritt. Danach wird die erwärmte Strecke unter gleichmäßiger Drehung außerhalb der Flamme langsam auseinandergezogen, bis die gewünschte Spitzenlänge erreicht ist. Die Spitze wird dann in der Mitte auseinandergeschnitten. Benötigt man eine besonders starkwandige Spitze, muß das Rohr an der erwärmten Stelle verdickt werden.

5. Rohr einseitig verschließen

Um ein Rohr zu verschließen, zieht man dieses an der zu verschließenden Stelle gleichmäßig auseinander. Es entstehen zwei einseitig mit einer Spitze versehene Rohrenden. Diese erwärmt man mit einer scharfen, spitzen Flamme an der Stelle, wo die Verjüngung einsetzt. Unter gleichmäßigem Drehen erfolgt das Abziehen der Spitze innerhalb der

Flamme. Das Rohr schließt sich an dieser Stelle und durch gleichmäßiges Drehen und Hineinblasen formt sich das Rohrende zu einem gewölbten Boden. Durch wiederholtes Erwärmen und Drehen bildet sich ein gleichmäßiger Boden.

6. Glasrohre aneinandersetzen

Beim Zusammensetzen gleichkalibriger Rohre muß man beachten, daß die Schnittflächen glatt sind und das Rohr, welches in der rechten Hand liegt, mit einem Korken einseitig verschlossen ist. Nun erfolgt die Erwärmung der Schnittflächen, die nach dem Erweichen leicht zusammengedrückt werden. (Dieser Vorgang erfolgt außerhalb der Flamme). Durch mehrmaliges Erhitzen der Schmelzstelle, gleichmäßiges Drehen und Hineinblasen erweitert sich das Rohr, verbindet sich restlos und wird durch leichtes Ziehen vollkommen geglättet. Werden verschiedene Weiten zusammengesetzt, so muß das weitere Rohr entsprechend verjüngt werden. Beim Zusammensetzen dieser Rohre ist unbedingt auf die richtige Haltung der Rohre zu achten. Die rechte Hand hält das beidseitig offene Rohr, die linke das einseitig verschlossene Rohr. Nach dem Zusammensetzen des erwärmten Rohres bläst man durch das Rohrende, welches die rechte Hand hält. Dabei beobachtet man die Schmelzstelle. Es ist darauf zu achten, daß nur Gläser gleicher Art miteinander verbunden werden, da sonst Spannungen im Glas unvermeidlich sind.

7. T-Stück anfertigen

Zur Anfertigung einer T-oder V-Gabelung benötigt man zwei Rohrenden, ein längeres Hauptrohr und ein kürzeres Ansatzrohr. Das Hauptrohr, einseitig verschlossen, wird in die linke Hand genommen, und das kurze, einseitig verschlossene, in die rechte. Nun erwärmt man das Hauptrohr mit leuchtender Flamme an der gewünschten Stelle. Mit einer spitzen, scharfen Flamme wird ein Punkt der vorgewärmten Stelle erhitzt und herausgeblasen, so daß dieses Loch ungefähr dem Durchmesser des anzusetzenden Rohres entspricht. Nach Anwärmen des Ansatzrohres erfolgt das Zusammensetzen. Lochrand und Rohröffnung werden gleichmäßig erhitzt, dann leicht zusammengedrückt. Durch Hineinblasen und Ziehen entsteht die erste Verschmelzung. Nun wird die Schmelzstelle so oft erwärmt und aus dem rechten Winkel mit der linken Hand gedreht, bis eine gleichmäßige Verschmelzung erfolgt ist. Das Werkstück erwärmt man mit leuchtender Flamme, damit keine Spannungen auftreten.

8. Ampullen abschmelzen

Um feste Substanzen und hochsiedende Flüssigkeiten einzuschmelzen, nimmt man ein dickwandiges Reagenzglas, das nur zu einem Drittel gefüllt werden darf. An das Reagenzglas setzt man zur bequemeren Handhabung ein gleichkalibriges Glasrohr an (s.o.). Das Abschmelzen erfolgt kurz unterhalb der Ansatzstelle in der Art, daß man unter gleichmäßigem Drehen erhitzt, das Glas zusammenfallen läßt und schließlich zu einer dünnen Kapillare auszieht. Diese wird mit spitzer Flamme endgültig abgeschmolzen. Beim Einschmelzen von Flüssigkeiten mit hohem Dampfdruck empfiehlt es sich, die Kapillare vor dem Eingießen in die Ampulle fertigzustellen. Nach dem Ausfrieren der Flüssigkeit im Kältebad wird die Kapillare zugeschmolzen. Nach dem Zusammenschmelzen achtet man darauf, daß die Substanz nicht in den heißen Ampullenteil gelangt. Das Öffnen gefüllter Ampullen muß unter größter Vorsicht erfolgen (Schutzbrille!). Zuerst wird mit dem Handgebläse die Spitze der Kapillare erwärmt, bis das erweichte Glas durch Überdruck in der Ampulle aufgerissen wird. Anschließend wird der Kapillaransatz eingeritzt und abgesprengt (s.o.).

Beim Schließen und Öffnen von Bombenrohren ziehe man möglichst einen Fachmann hinzu, denn bei unsachgemäßem Öffnen entweicht der Überdruck explosionsartig.

Präparative Chemie

3

3.1.1.3 Durchbohren von Gummistopfen

Das eigentlich recht einfache Durchbohren von Gummistopfen wird häufig falsch ausgeführt. Als Folge sitzen die Löcher schief, und die Wände der Bohrung verlaufen nicht geradlinig sondern krumm. Zum Lochbohren verwendet man einen Korkbohrer mit glatter und scharfer Schneide. Stumpfe Bohrer werden entweder mit einem Spezialschärfer oder von innen mit einer Rundfeile und von außen mit einer Flachfeile bearbeitet.

Den Durchmesser des Bohrers wählt man ein wenig kleiner als den des Rohres, das durch die Bohrung hindurchgeführt werden soll.

Um beim Durchbohren die Bohrunterlage und den Bohrer nicht zu beschädigen, legt man am besten ein Brett aus weichem Holz unter. Dann wird der Gummistopfen mit der einen Hand auf dieser Unterlage festgehalten, mit der anderen bohrt man durch Drehen und leichten Druck, wobei der Bohrer genau senkrecht zum Stopfen stehen muß. Einige Tropfen Glyzerin auf der Bohrfläche erlauben ein gleichmäßiges Durchdrehen des Bohrers. Der Druck soll auf keinen Fall stark sein, sonst verbiegt sich der Gummistopfen und die oben geschilderten Mängel treten auf.

3.1.2 Platingeräte

Platin ist eines der widerstandsfähigsten Metalle. Wie kein zweiter Werkstoff ist es wegen seiner Beständigkeit gegen chemische Angriffe, seines hohen Schmelzpunktes (1 768 °C) und seines niedrigen Dampfdruckes für Geräte des chemischen Labors geeignet. Seine Säurefestigkeit, vor allem seine vollkommene Widerstandsfähigkeit gegen Flußsäure, auch im Gemisch mit Schwefelsäure und/oder Salpetersäure, zusammen mit seiner Glühbeständigkeit, wird von keinem anderen Werkstoff erreicht. Reines Platin ist sehr weich und verliert eine bei seiner Verarbeitung zu Geräten eingetretene Verfestigung bereits während des Glühens bei 700 bis 1 000 °C. Es ist deshalb in Laborgeräten durch geringe Zusätze anderer Edelmetalle wie Ir, Rh oder Au gehärtet.

Die Zerstörung von Platingeräten geht meist auf eine Legierungsbildung des Platins mit anderen Metallen oder Halbmetalle zurück. Diese Legierungen besitzen meist einen viel niedrigeren Schmelzpunkt als Platin, der bei den üblichen Arbeitstemperaturen überschritten wird. An erster Stelle in bezug auf Schädlichkeit stehen die niedrig schmelzenden Metalle Pb, Sn, Sb oder Bi, die schon in geringen Konzentrationen den Schmelzpunkt des Platins stark erniedrigen.

Deshalb stellt man beim Glühen Platintiegel nur auf ein Ton-, Quarz-, Platinoder Nickeldreieck. Auch dürfen in ihnen keine Verbindungen von leicht reduzierbaren Metallen wie Gold, Silber, Blei, Zinn, Bismut, Arsen, Antimon oder Sulfide und Phosphate in Gegenwart reduzierender Substanzen geglüht oder geschmolzen werden. Das gleiche gilt für Platindrähte, wie man sie für die Flammenfärbung benutzt.

Ebenso erhitzt man Platin nicht mit einer leuchtenden, also Kohlenstoff enthaltenden Flamme. Auch der innere blaue Kegel der Bunsenflamme ist schädlich. In beiden Fällen entstehen Platin-Kohlenstoff-Legierungen, die den Tiegel brüchig machen.

Weiterhin greifen alkalische Schmelzen der Alkalihydroxide, Natriumperoxid, Kaliumcyanid sowie Lithium- und Magnesiumchlorid Platin an. Schmelzen von Soda und Pottasche dürfen dagegen auch in Platintiegeln vorgenommen werden.

Um einen Platintiegel zu reinigen, kann er mit sehr feinem Sand (Seesand) vorsichtig ausgescheuert werden. Eine bessere Reinigung erzielt man durch Ausschmelzen der Tiegel und Schalen mit Kaliumhydrogensulfat oder Kaliumdisulfat. Auch kann man Platingeräte mit Salzsäure **oder** Salpetersäure auskochen, aber auf keinen Fall mit beiden zusammen, da die Mischung, das Königswasser (s. S. 331), Platin löst. Auch freie Halogene greifen Platin an. Man vermeide also, Platingeräte mit salzsauren Lösungen von Oxidationsmitteln, die Chlor entwickeln können, in Berührung zu bringen.

3.1.3 Arbeitstechnik

3.1.3.1 Erhitzen und Kühlen

Zum **Erhitzen** verwendet man im Labor den von **Robert Bunsen** entwickelte Gasbrenner. In seinem unteren Teil befindet sich eine Düse, aus der das Gas ausströmt, und eine Vorrichtung, um Luft in verschiedenen Mengen in das Brennerrohr einzulassen. Ist die Luftzufuhr vollständig abgedrosselt, so verbrennen die im Leuchtgas befindlichen brennbaren Gase (Wasserstoff und Kohlenwasserstoffe) mit **leuchtender Flamme**. Ein Teil der Kohlenwasserstoffe geht zunächst bei ungenügender Luftzufuhr in Kohlenstoff und Wasser über, die kleinen festen Kohlenstoffpartikelchen (Ruß) glühen auf und bringen damit die Flamme zum Leuchten. Läßt man Luft von unten zutreten, so verbrennen die Kohlenwasserstoffe zu Kohlendioxid und Wasser. Man erhält eine **nichtleuchtende Flamme**. In dieser sind zwei Zonen zu erkennen (s. Abb. 3.1), ein innerer Flammenkegel, in dem keine Verbrennung stattfindet und der verhältnismäßig kalt ist, und der Flammenmantel. Man unterscheidet noch folgende Reaktionsräume:

1. **Flammenbasis;** diese ist verhältnismäßig kalt
2. **Schmelzraum;** etwas oberhalb des ersten Drittels der ganzen Flammenhöhe und von der inneren und äußeren Begrenzung des Flammenmantels gleich weit entfernt; hier herrscht die höchste Temperatur;
3. **Unterer Oxidationsraum**
4. **Oberer Oxidationsraum;** Bei 3 und 4 und dazwischen ist Luftüberschuß vorhanden. Dort herrschen oxidierende Bedingungen. Für kleinere Proben, wie Phosphorsalzperlen und dergleichen verwendet man am besten den Raum 3.

Präparative Chemie

3

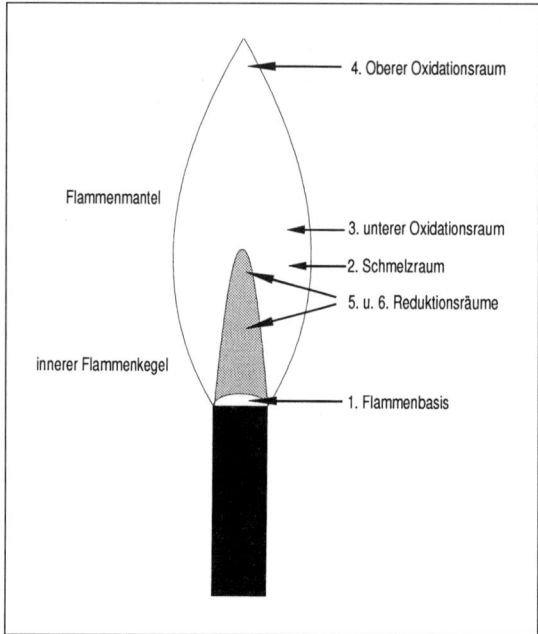

Flammenmantel

4. Oberer Oxidationsraum

3. unterer Oxidationsraum

2. Schmelzraum

5. u. 6. Reduktionsräume

innerer Flammenkegel

1. Flammenbasis

Abb. 3.1: Schema der Flamme eines Bunsenbrenners.

5. **Die Reduktionsräume** sind 5 und 6, wobei 6 (oben) am heißesten ist und daher am stärksten reduzierend wirkt.

Eine noch bessere Reduktion erreicht man in der Spitze einer kleinen, etwa 2–3 cm hohen leuchtenden Flamme. Damit die Substanz beim Akühlen nicht wieder oxidiert wird, hält man sie einige Zeit in das Innere des Brennerrohres.

Ist die Luftzufuhr im Verhältnis zur Gaszufuhr zu groß, so „schlägt der Brenner durch", d.h. das Gas brennt im Inneren des Brennerrohres an der Gasaustrittsdüse. Man muß dann die Gaszufuhr völlig abstellen, die Lufteintrittsöffnung verkleinern und erneut nach Öffnen des Gashahns entzünden. Ein zurückgeschlagener Brenner riecht nach kurzer Zeit, er wird heiß und der Gummischlauch fängt an zu schmoren oder zu brennen. Soll daher eine Gasflamme unbeaufsichtigt brennen, so muß unbedingt durch Drosselung der Luftzufuhr ein Zurückschlagen verhindert werden.

Für hohe Temperaturen wird ein **Gebläsebrenner** benutzt, bei dem die Luft in komprimierter Form (Stahlflaschen bzw. Kompressor bzw. Wasserstrahlgebläse) zugeführt wird. Noch höhere Temperaturen erreicht man, wenn man Luft durch Sauerstoff aus einer Stahlflasche ersetzt.

Vor allem für präparative Arbeiten werden **Tiegel-, Röhren- oder Muffelöfen** eingesetzt. Sie haben gegenüber der Gasheizung den Vorteil, daß die Temperatur viel besser geregelt werden kann. Für Temperaturen bis 1000 °C verwendet man Widerstandsöfen mit Chromnickeldrahtwicklung. Darüber bis 1200 °C dienen Speziallegierungen, insbesondere Platinlegierungen, als Wicklungsdraht. Zur

Messung und Regelung der Temperatur benutzt man Regler mit Thermoelementen. Bis 500° verwendet man Regler für Thermoelemente aus Eisen: Constantan, bis 1100 °C solche aus Nickel: Chrom/Nickel und ab 1000 °C können Pt: Rh/Pt Thermoelemente benutzt werden.

Programmierbare Regler bieten den Vorteil eines genau reproduzierbaren Temperaturprogramms. Sie werden daher immer häufiger eingesetzt. Beim Betrieb aller Öfen und Regler müssen die genauen Betriebsvorschriften für das jeweilige Gerät beachtet werden.

Zum **Kühlen** unter den Gefrierpunkt dienen Kältemischungen, von denen eine Auswahl der gebräuchlichsten nachstehend beschrieben ist:

bis − 20 °C Eis-Kochsalz (3 : 1)
bis − 30 °C Eis-$MgCl_2$ (3 : 2)
bis − 40 °C Eis-$CaCl_2$ (2 : 3)
bis − 78 °C Aceton-Trockeneis (CO_2)
bis − 180 °C flüssige Luft

Wesentlich ist eine Zerkleinerung des Eises auf Erbsengröße und eine gute Durchmischung.

Immer mehr Anwendung speziell für Bereiche bis − 60 °C finden **Kryostate**, die mit entsprechend tiefschmelzenden Kältemitteln z.B. Methanol gefüllt werden. Die Reaktionsgefäße können dann in das Kältebad gehängt werden oder aber das Kältemittel wird durch ein Kühlmantelgefäß, in dem sich das Reaktionsgut befindet, gepumpt.

3.1.3.2 Trocknen und Trockenmittel

Feste Substanzen können durch Abpressen auf Filterpapier oder auf Tonplatten getrocknet werden. Naturgemäß ist der Trocknungsgrad bei diesen Verfahren nicht groß. Die letzten Feuchtigkeitsreste lassen sich durch Erhitzen im Trockenschrank oder durch Aufbewahren der Substanz in einem evakuierten Exsikkator über einem geeigneten Trockenmittel entfernen. In der Reihenfolge zunehmender Wirksamkeit sind die gebräuchlichsten Trockenmittel:

$CaCl_2$ (gekörnt, wasserfrei), Silicagel (SiO_2), konz. H_2SO_4, P_2O_5.

Für NH_3-abgebende Substanzen kommen Natronkalk (NaOH + CaO) und NaOH in Frage. In Trockentürmen eignet sich auch $NaNH_2$ das H_2O unter Abgabe von NH_3 bindet. Zum Trocknen bzw. Waschen von Gasen stehen H_2SO_4 oder konz. KOH-Lösung zur Verfügung. Feste Trockenmittel (Anwendung in Trockentürmen) sind $CaCl_2$, KOH, Natronkalk und P_2O_5.

Flüssigkeiten lassen sich von geringen Wassermengen durch Aufbewahren über $CaCl_2$, CaC_2, CaO, wasserfreiem Na_2SO_4, Molekularsieb oder Li[AlH_4] weitgehend befreien. Das Trockenmittel wird dabei der Flüssigkeit zugegeben. Wasserspuren können durch Einpressen von Natrium in Form von Na-Draht und an-

Präparative Chemie

3

schließende Destillation entfernt werden, sofern die Flüssigkeit selbst nicht mit Natrium reagiert (vgl. z. B. absol. Ether S. 231). **Chlorierte organische Lösungsmittel, z. B. Chloroform CHCl₃ oder Tetrachlorkohlenstoff, CCl₄, dürfen keinesfalls mit metallischem Natrium zusammengebracht werden.**

3.1.3.3 Trennung durch Kristallisation oder Niederschlagsbildung

Viele Stoffe werden durch Fällen oder Kristallisieren getrennt und gereinigt. Das **Fällen** wird in der Regel in der Hitze vorgenommen, weil dann der Niederschlag kompakter und daher leichter filtrierbar anfällt. Beim **Kristallisieren** benutzt man zur Darstellung bestimmter Präparate die Eigenschaft, daß sie meistens in der Hitze löslicher sind als in der Kälte. Man löst also einen Überschuß eines Stoffes in der Hitze auf und kühlt ab. Beim Abkühlen tritt Kristallisation ein. Eine weitere Möglichkeit ist, das Lösungsmittel langsam verdampfen zu lassen, wodurch die Lösung aufkonzentriert wird und dabei das Präparat auskristallisiert. Je langsamer abgekühlt wird, um so besser sind die Kristalle ausgebildet. Dies gilt sowohl für Lösungen als auch für Schmelzen.

Zur Reinigung von Substanzen ist häufig ein **Umkristallisieren** erforderlich. Hierzu wird eine heiß gesättigte Lösung des Rohproduktes in einem geeigneten Lösungsmittel hergestellt, aus der beim Abkühlen die Substanz in größerer Reinheit wieder auskristallisiert. Voraussetzung ist, daß die Verunreinigungen eine größere Löslichkeit als die zu reinigende Substanz besitzen und in der erkalteten Lösung (Mutterlauge) gelöst bleiben.

Der Niederschlag oder die Kristalle müssen von der Mutterlauge getrennt werden. Das kann durch Dekantieren, Zentrifugieren, Filtrieren oder Absaugen geschehen. Beim **Dekantieren** läßt man den Niederschlag absitzen und gießt vorsichtig die klare Flüssigkeit ab. Dabei verbleibt aber meist recht viel Lösungsmittel, in dem natürlich noch ein Teil der Verunreinigungen vorhanden ist, in dem Bodenkörper. Man muß zur Reinigung erneut mit reinem Lösungsmittel versetzen, gut durchrühren, absitzen lassen und wieder Abgießen. Diese Operation ist so oft zu wiederholen, bis der Nachweis auf die Verunreinigung negativ verläuft.

Während das Dekantieren allein meist kein gutes Trennverfahren von Niederschlag und Flüssigkeit darstellt, ist das **Zentrifugieren** bei kleineren Mengen, besonders beim qualitativen Arbeiten, wesentlich geeigneter. Durch die Zentrifugalkraft werden auch schlecht absitzende Niederschläge meist schnell an der Spitze des Zentrifugenglases so festhaftend angesammelt, daß die klare Lösung leicht abgegossen werden kann. Zur Reinigung wird der Niederschlag mit Wasser durchgerührt, wieder zentrifugiert und nach dem Abgießen der Flüssigkeit die Operation nochmals wiederholt. Zur Schonung der Zentrifuge müssen beide Zentrifugengläser gleiches Gewicht besitzen und sind daher stets gleichvoll zu füllen. Bei Handzentrifugen dreht man mit gleichmäßiger Geschwindigkeit.

Zum **Filtrieren** wird in einen Glastrichter ein glattes Filter gelegt. Die Größe des Filters, das durch zweimaliges Falten eines runden Stücks Filterpapier hergestellt wird, richtet sich nach der Menge des Niederschlags (nicht nach der Flüssigkeitsmenge), wobei die Größe des Trichters so auszuwählen ist, daß etwa 1 cm des Randes frei bleibt. Man legt es zunächst trocken ein, befeuchtet mit destilliertem Wasser und drückt den Rand des Filters sorgfältig an den Trichter an, so daß zwischen Filter und Trichterwand keine Luftblasen hindurchgehen können. Für größere Flüssigkeitsmengen sind Faltenfilter vorzuziehen, die ein schnelleres Filtrieren ermöglichen.

Beim Filtrieren darf man das Filter nie ganz vollgießen, damit nichts über dessen Rand steigt. Hat man die gesamte Flüssigkeit abfiltriert, so wäscht man den Niederschlag gut aus, um ihn völlig von den noch in Lösung befindlichen Bestandteilen zu befreien. Am besten spritzt man aus einer Spritzflasche wenig destilliertes Wasser auf den Niederschlag, so daß er gerade mit Wasser bedeckt ist, läßt wieder abtropfen und wiederholt das so oft, bis die Prüfung auf Nebenprodukte negativ verläuft. Es ist dabei viel wirksamer, mit wenig Wasser öfter auszuwaschen und gut abtropfen zu lassen, als mit viel Wasser weniger oft auszuwaschen und schlecht abtropfen zu lassen. Für die Filtration heißer Lösungen, die sich möglichst wenig abkühlen sollen, gibt es **Heißwassertrichter**. Der Trichter wird dabei von außen mit heißem Wasser beheizt.

Zur Trennung von Flüssigkeiten und festen Stoffen ist bei präparativen Arbeiten das **Absaugen** besonders geeignet, indem man mittels einer Wasserstrahlpumpe unter dem Filter einen Unterdruck herstellt. Die dafür verwendete Apparatur zeigt Abb. 3.2.

Sie besteht aus der Pumpe, der **Woulfeschen-Flasche**, die mit einem Dreiwegehahn zum Einlassen von Luft versehen ist, dem Manometer sowie der eigentlichen Filtriereinrichtung. Als Trichter kann man für viele Zwecke den **Büchner-Trichter** (Nutsche) verwenden, auf dessen Siebplatte ein glattes, dicht anliegendes Filter aufgelegt wird. Besser sind Glasfilter, die eine poröse Platte aus gesintertem Glas enthalten. Je nach Verwendungszweck gibt es Glasfilter der verschiedensten

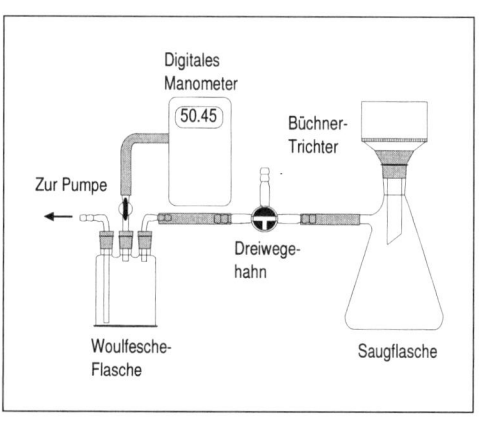

Abb. 3.2: Absaugvorrichtung mit Manometer.

Digitales
Manometer

50.45

Zur Pumpe

Büchner-
Trichter

Dreiwege-
hahn

Woulfesche-
Flasche

Saugflasche

Präparative Chemie

3

Form, Größe und Porenweite. Vor dem Einlassen von Luft in die evakuierte Apparatur ist der Hahn am Manometer stets zu schließen.

Das Waschwasser enthält stets noch kleine Anteile der in Lösung verbliebenen Verbindungen. Will man diese quantitativ weiterverarbeiten, so muß man Filtrat und Waschwasser vereinigen. Bei der qualitativen Analyse ist das aber nicht nötig, denn im allgemeinen verbleiben beim Filtrieren nur wenige Prozent der gelösten Stoffe im Niederschlag, während sich der Hauptteil, der zum weiteren Nachweis völlig ausreicht, im Filtrat befindet. Um daher das Flüssigkeitsvolumen nicht allzusehr anwachsen zu lassen, und um ein dadurch notwendig gewordenes Eindampfen zu vermeiden, wird beim qualitativen Arbeiten das Waschwasser verworfen.

Der Niederschlag ist meistens weiter zu verarbeiten. Ist er schnell und leicht in irgendeiner Flüssigkeit löslich, so läßt man das Lösungsmittel (möglichst warm) auf das Filter auftropfen und fängt es in einem geeigneten Gefäß auf. Oder man stößt ein Loch durch die Spitze des Papierfilters und spült mit dem Lösungsmittel den Niederschlag heraus. Weiterhin kann man auch Filter nebst Niederschlag aus dem Trichter entfernen, das Filter öffnen und den Niederschlag in eine Porzellanschale abklatschen, wobei das Filter oben liegen muß. Man trocknet durch Auflegen von frischem Filterpapier und zieht das Filter ab.

3.1.3.4 Destillieren, Sublimieren, Extrahieren und Eindampfen

Bei der **Destillation** wird die Substanz im Dampfzustand von Begleitstoffen abgetrennt und wieder kondensiert. Die einfachste Form eines Destillationsapparates ist in Abb. 3.3 wiedergegeben.

Entstehen bei der Destillation giftige Dämpfe, so wird der Saugstutzen der Vorlage über ein Glasrohr direkt mit dem Abzugskamin verbunden. Zum stoßfreien Sieden werden in den Destillationskolben einige Siedesteinchen gegeben.

Zur Destillation hochsiedender oder leichtzersetzlicher Stoffe benutzt man die **Vakuumdestillation** (s. Abb. 3.3 S. 173). Für die Vakuumdestillation dürfen nur einwandfreie Rundkolben oder dickwandige Gefäße (als Vorlage) verwendet werden, niemals **Erlenmeyerkolben**! Die dazu notwendige Siedekapillare stellt man sich aus einem Glasrohr durch Ausziehen in der Gebläseflamme selbst her. Sie darf nicht zu dünnwandig sein (Gefahr des Abbrechens) und muß andererseits fein genug sein; beim kräftigen Hineinblasen sollten unter Wasser die Luftblasen einzeln und langsam herausperlen. Mangelhaftes Vakuum kann durch eine zu grobe Siedekapillare oder – häufiger – durch Undichtigkeiten an den Verbindungsstellen oder Schliffstopfen bedingt sein. Nach beendeter Vakuumdestillation ist vor dem Einlassen der Luft in die evakuierte Apparatur der Hahn des Manometers stets zu schließen(!). Man versäume nie, bei Vakuumdestillationen eine splittersichere Schutzbrille zu tragen!

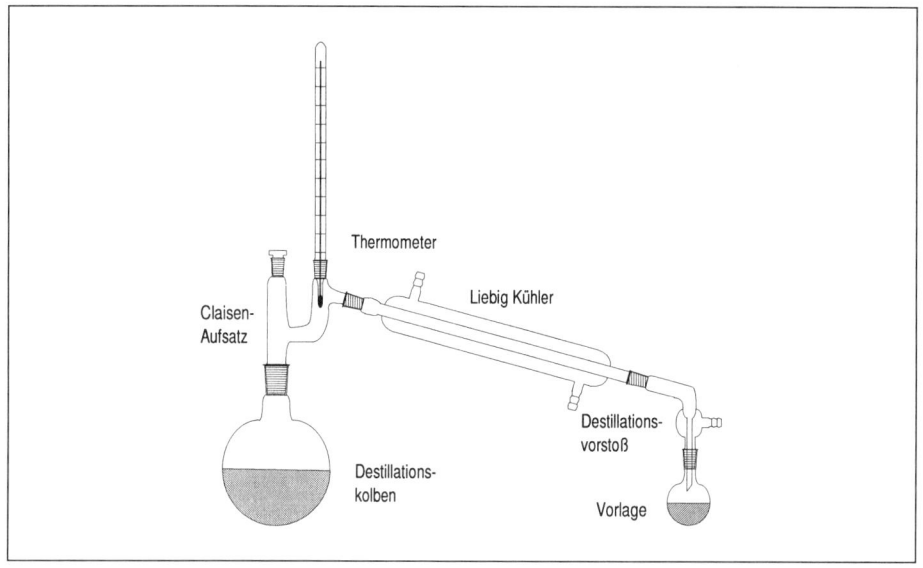

Abb. 3.3: Einfache Destillationsapparatur mit Claisen-Aufsatz und Thermometer, dessen Quecksilberreservoir sich unterhalb des Ansatzrohres befinden muß.

Die Trennung von zwei oder mehr flüchtigen Stoffen erfolgt im allgemeinen durch **fraktionierte Destillation**. Ihre Durchführung ist auf Seite 217 am Beispiel $SOCl_2/POCl_3$ näher beschrieben.

Stoffe, die in Wasser zwar schwerlöslich sind, aber relativ hohen Dampfdruck besitzen (z. B. Iod), können durch eine **Wasserdampfdestillation** abgetrennt bzw. gereinigt werden. Dazu wird in die heiße wäßrige Suspension Wasserdampf eingeleitet, der die flüchtige Substanz ihrem Dampfdruck gemäß mitnimmt und sie beim Kondensieren wieder abscheidet. Die wäßrige Suspension siedet, wenn die Summe der Dampfdrücke dem Atmosphärendruck gleich geworden ist.

Eine **Sublimation** wird im einfachsten Fall in einem geheizten Becherglas mit aufgesetztem, wassergefülltem Kolben durchgeführt (s. S. 193). Für kleinere Mengen sind zwei gleich große, aufeinanderliegende Uhrgläser zweckmäßig, von denen das untere die zu reinigende Substanz enthält und geheizt wird, während das obere durch ein Stück Filterpapier mit einigen feinen Löchern vom unteren getrennt wird. Die verdampfte Substanz kondensiert sich am kälteren oberen Uhrglas und wird durch das Filter am Zurückfallen gehindert.

Bei der **Extraktion** macht man sich die unterschiedliche Löslichkeit der zu extrahierenden Substanz in zwei verschiedenen, miteinander nicht mischbaren Lösungsmitteln zunutze (s. S. 62). Zur praktischen Ausführung wird die zu extrahierende Lösung mit dem Extraktionsmittel im Scheidetrichter gut durchgeschüttelt. Nach der Entmischung beider Phasen werden diese getrennt abgelassen (vgl. z. B. S. 422).

Präparative Chemie

3

Das **Eindampfen** von Flüssigkeiten wird in flachen Schalen mit großer Oberfläche ausgeführt. In diesen ist die Verdampfungsgeschwindigkeit größer als bei hohen Bechergläsern. Besondere Vorsicht beim Eindampfen ist geboten, wenn sich ein fester Körper ausscheidet. Dabei tritt leicht starkes Spritzen ein. Man muß in solchen Fällen umrühren und nicht zu heftig erhitzen. Soll die gesamte Flüssigkeit entfernt, also bis zur Trockne eingedampft werden, so ist besonders am Schluß mit fächelnder Flamme zu arbeiten. Besser erhitzt man dann auf dem Wasserbad, um Verspritzen und Zersetzen des Rückstandes durch Überhitzung zu vermeiden.

Kleine Flüssigkeitsmengen lassen sich, was für qualitatives Arbeiten wertvoll ist, schnell im Reagenzglas eindampfen, wenn man durch starkes Schütteln oder Auf- und Abbewegen das ganze Reagenzglas gleichmäßig erhitzt. In anderen Glasgefäßen darf nicht auf offener Flamme zur Trockne eingedampft werden, da diese infolge ungleichmäßiger Erhitzung zerspringen.

3.1.3.5 Schmelzpunktsbestimmung

Ein sehr gutes Kriterium für die Reinheit einer Substanz ist der Schmelzpunkt, der bei Anwesenheit von Verunreinigungen mehr oder weniger stark herabgesetzt wird (Kryoskopie). Liegt der Schmelzpunkt zu tief, ist eine weitere Reinigung der Substanz durch Umkristallisation, Destillation, Sublimation usw. erforderlich.

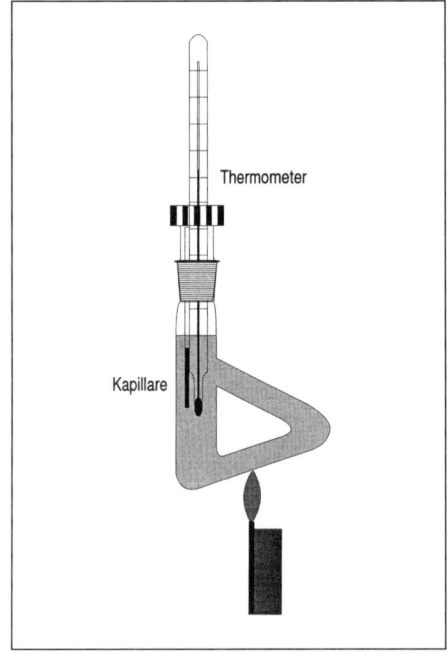

Abb. 3.4: Schmelzpunktbestimmungsapparat.

Man füllt eine einseitig zugeschmolzene Kapillare von ca. 5 cm Länge und ca. 1 mm $\emptyset$ zu etwa einem Fünftel mit der trockenen Substanz und bringt sie in den mit konz. H_2SO_4 gefüllten Schmelzpunktbestimmungsapparat (Abb. 3.4). Die Kapillare wird mit einem Tropfen konz. H_2SO_4 an das Thermometer angeklebt, und zwar so, daß sich die Substanz in der Höhe der Mitte der Quecksilberkugel befindet. Mit kleiner Flamme erhitzt man langsam und beobachtet die Substanz. In der Nähe des Schmelzpunktes (Smp.) soll der Temperaturanstieg gering sein. Sobald Verflüssigung eintritt, wird die Temperatur abgelesen und notiert.

Infolge des Temperaturabfalls des herausragenden Quecksilberfadens unterscheidet sich – besonders bei hochschmelzenden Substanzen – der wahre Schmelzpunkt (tw) von der abgelesenen Temperatur. Zur Berücksichtigung dieser Fadenkorrektur mißt man die Temperatur der Mitte des Fadens (tm). Die Korrektur beträgt dann bei einem Thermometer aus Jenaer Normalglas $0{,}00016 \cdot N \cdot (tw - tm)$, wobei N die Anzahl der auf der Skala abzulesenden Grade bedeutet, die sich oberhalb des Flüssigkeitsspiegels befindet.

Schmelzpunkte über 250 °C werden in einem Metallblock bestimmt.

3.1.4 Arbeiten mit Ionenaustauschersäulen

Ionenaustauscher auf Kunstharzbasis, ursprünglich für die Entsalzung des Wassers entwickelt, haben eine erhebliche Bedeutung in der analytischen und präparativen Chemie.

Als Grundgerüst für die Austauscher dienen Kondensations- oder Polymerisationsharze, in die funktionelle ionenaustauschende Gruppen eingebaut sind. Es enthalten u. a. stark saure Kationenaustauscher die $-SO_3^-$-Gruppe, schwach saure die $-COO^-$-Gruppe, stark basische Anionenaustauscher quartäre Ammoniumgruppen.

Durch den Einbau der entsprechenden Gruppen entsteht ein wasserhaltiger, jedoch wasserunlöslicher Gelkörper, der als Polyanion $[RSO_3^-]_x$ (R = Harzgerüst) Kationen bzw. als Polykation $[RCH_2{-}N(CH_3)_2C_2H_4OH^+]_x$ Anionen zu binden vermag.

$$\left[\begin{array}{c} CH_3 \\ | \\ {-}C-N-C_2H_4OH \\ | \\ CH_3 \end{array} \right]^+$$

Geeignete im Handel befindliche stark saure Kationenaustauscher sind **Permutit RS, Lewatit S 100, Amberlite IR 120, Dowex 50**, stark basische Anionenaustauscher **Permutit ES, Amberlite IRA 410, Dowex 2**. Erstere liegen in der Na^+-Form, letztere in der Cl^--Form vor.

Den chemischen Aufbau eines stark sauren Kationenaustauschers, hergestellt durch Polymerisation von Vinylbenzol (Styrol) unter Verwendung von Divinylbenzol als Vernetzer und anschließende Sulfonierung, zeigt Abb. 3.5.

Präparative Chemie

3

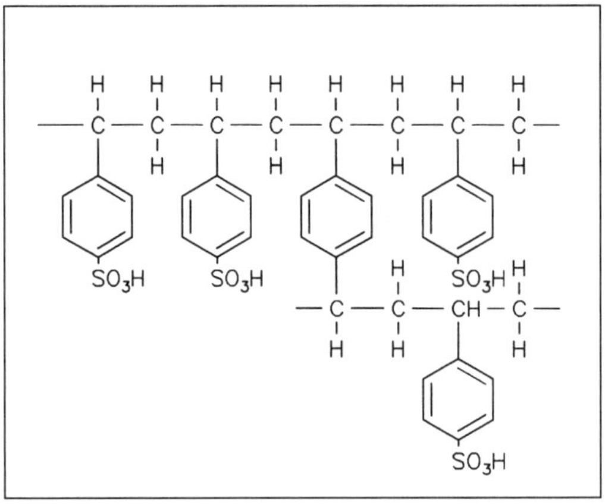

Abb. 3.5: **Schema eines stark sauren Kationenaustauschers.**

Die an der funktionellen Gruppe gebundenen Kationen können durch andere Kationen reversibel ausgetauscht werden, z. B.

$$RSO_3H + M^+ \rightleftharpoons RSO_3M + H^+$$

Je höher die Ladung des Kations ist, um so stärker liegt das Gleichgewicht auf der Seite der RSO_3-M-Form, d. h. bei der Kationenaufnahme nimmt größenordnungsmäßig die Haftfestigkeit am Harz in der Reihenfolge M^+, M^{2+}, M^{3+} usw. zu. Die Haftfestigkeit steigt weiterhin mit der Ordnungszahl der Elemente einer Gruppe des Periodensystems (vgl. S. 14). Die Lage des Gleichgewichts wird nach rechts verschoben, wenn das ausgetauschte Ion aus dem Gleichgewicht entfernt wird. Dies ist bei dem Säulenverfahren der Fall. Hierbei gelangt das in Freiheit gesetzte Ion in das Filtrat.

Ionenaustauschersäulen werden in der analytischen und präparativen Chemie verwendet:

- Für den quantitativen Ionenumtausch, Ersatz gewisser Ionen durch das jeweils gewünschte, z. B. Überführung von NaCl in HCl (Ersatz von Na^+ gegen H^+).
- Zur Entfernung unerwünschter Ionen und Reinigung von Lösungsmitteln (z. B. zur Totalentsalzung von Wasser durch gemeinsame Anwendung eines stark sauren Kationenaustauschers in der H^+-Form und eines stark basischen Anionenaustauschers in der OH^--Form.
- Zur Trennung von Ionen durch Ausnutzung ihrer Ladung (Trennung von Anionen und Kationen bzw. Abtrennung neutraler Moleküle) oder, wenn gleiche Ladung vorliegt, ihrer unterschiedlichen Haftfestigkeit.

Die Aufnahmekapazität eines Austauscherharzes richtet sich nach der Anzahl der vorhandenen funktionellen Gruppen (Angabe in mmol/g oder mmol/ml Harz) und beträgt für die oben genannten stark sauren Kationenaustauscher etwa 2 mmol/ml, für die stark basischen Anionenaustauscher etwa 1 mmol/ml für einfach geladene Ionen.

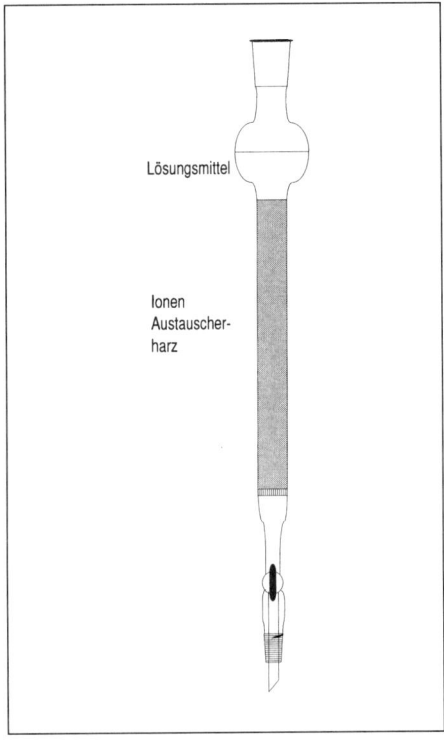

Lösungsmittel

Ionen
Austauscher-
harz

Abb. 3.6: Austauschersäule.

Eine einfache Austauschersäule zeigt Abb. 3.6. Als Abschluß nach unten dient entweder Glaswolle oder eine eingeschmolzene Fritte. Die Dimensionen der Säule richten sich nach der einzusetzenden Austauschermenge. Der schmale Teil der Säule wird etwa zu drei Viertel mit dem Harz gefüllt. Es ist darauf zu achten, daß das Harz ständig mit Wasser bedeckt ist und sich keine Luftblasen in der Säule befinden. Nach dem Füllen deckt man das Harz mit Glaswolle ab, um beim Eingießen der Lösung ein Aufwirbeln zu vermeiden.

Falls die Austauscher nicht als p.a.-Ware bezogen werden, müssen sie vor dem Gebrauch von Verunreinigungen [z. B. Fe(III)] befreit werden. Zur Überführung der Kationenaustauscher in der H^+-Form dient 3 mol/l HCl.

Vor jedem Austauscherversuch wird das Harz so lange mit destilliertem Wasser gewaschen, bis die abtropfende Flüssigkeit Cl^--frei ist und neutral reagiert. Bei Nichtbenutzung wird die Säule mit destilliertem Wasser gefüllt und beidseitig verschlossen.

Die Durchlaufgeschwindigkeit beim Austausch ist von mehreren Faktoren (Korngröße des Harzes, Packungsdichte, Höhe der Flüssigkeitssäule, Größe der Ausflußöffnung u. a.) abhängig. Um einen einwandfreien Austausch zu gewährleisten, darf die Tropfgeschwindigkeit nicht zu groß sein, soll aber aus Zeitersparnis-

Präparative Chemie

3

gründen im Verlauf mehrerer Versuche auch nicht zu klein werden. Als Richtwert für die Durchlaufgeschwindigkeit gilt: Nach frischer Füllung ca. 2 ml/min (je nach Größe der Ausflußöffnung 20–30 Tropfen = 1 ml).

Da der Ionenaustausch ein reversibler Vorgang ist, wird die Gleichgewichtslage entscheidend vom pH der Lösungen beeinflußt. In der analytischen Praxis muß meist mit sauren Lösungen gearbeitet werden, da andernfalls Fällungen infolge Hydrolyse usw. auftreten. Der pH-Wert der Lösungen soll jedoch nach Möglichkeit 1 sein, da nur unter diesen Bedingungen ein weitgehender Austausch der Kationen gewährleistet ist.

Die vom Harz aufgenommenen Kationen werden wie bei der Regeneration durch portionsweisen Zusatz von ca. 3 mol/l HCl eluiert.

3.2 Synthesevorschriften

Beim präparativen Arbeiten ist die Kenntnis der allgemeinen Arbeitsregeln unerläßlich. An dieser Stelle sei daher nochmals auf die vorangehenden Kapitel hingewiesen.

Aus Gründen der Zeit- und Geldersparnis führt man jede einzelne Phase der Darstellung eines Präparats, vor dem Einsatz der Chemikalienhauptmenge, zunächst im kleinen Maßstab durch, sofern dies möglich ist.

Man bemühe sich von Anfang an, die Präparate in möglichst reiner Form zu erhalten. Nicht die Quantität sondern die Qualität ist in den meisten Fällen ausschlaggebend.

Zu jedem Präparat gehört ein Arbeitsprotokoll, das den Gang der Darstellung, aufgetretene Schwierigkeiten, besondere Beobachtungen usw. sowie Ausbeuteberechnung in Prozenten (mit Angabe des Bezugsstoffes) enthalten soll. Ebenso mache man sich Gedanken über Toxizität und Umweltbelastung der einzelnen Präparate, deren Ausgangsverbindungen und Nebenprodukte. Für Präparate empfiehlt es sich, stets Betriebsanweisungen zu erstellen, die die wichtigsten Informationen über den Darstellungsprozeß enthalten (s. Kapitel 2).

Für Anfänger geeignete Präparate sind mit einem Handsymbol gekennzeichnet.

3.2.1 Gase

Die meisten Laborgase sind kommerziell verfügbar und werden in Stahlflaschen geliefert. Aus diesen kann dann über ein Druckreduzierventil das Gas entnommen werden. **Druckgasflaschen** sind je nach Inhalt mit einer besonderen Farbe und Beschriftungshinweis gekennzeichnet, um Verwechslungen auszuschalten. Druckgasflaschen für brennbare Gase und für nicht brennbare Gase haben jeweils eine unterschiedliche Drehrichtung der Anschlußgewinde:

Brennbare Gase: Linksgewinde,
Nicht brennbare Gase: Rechtsgewinde

Gasart	Kennfarbe	Anschlußgewinde
Wasserstoff	Rot	Linksgewinde
Ethin	Gelb	Linksgewinde und Spannbügel
Sauerstoff	Blau	Rechtsgewinde
Stickstoff	Grün	Rechtsgewinde
Kohlendioxid	Grau	Rechtsgewinde
Chlor	Grau	Sonderventil

Präparative Chemie

3

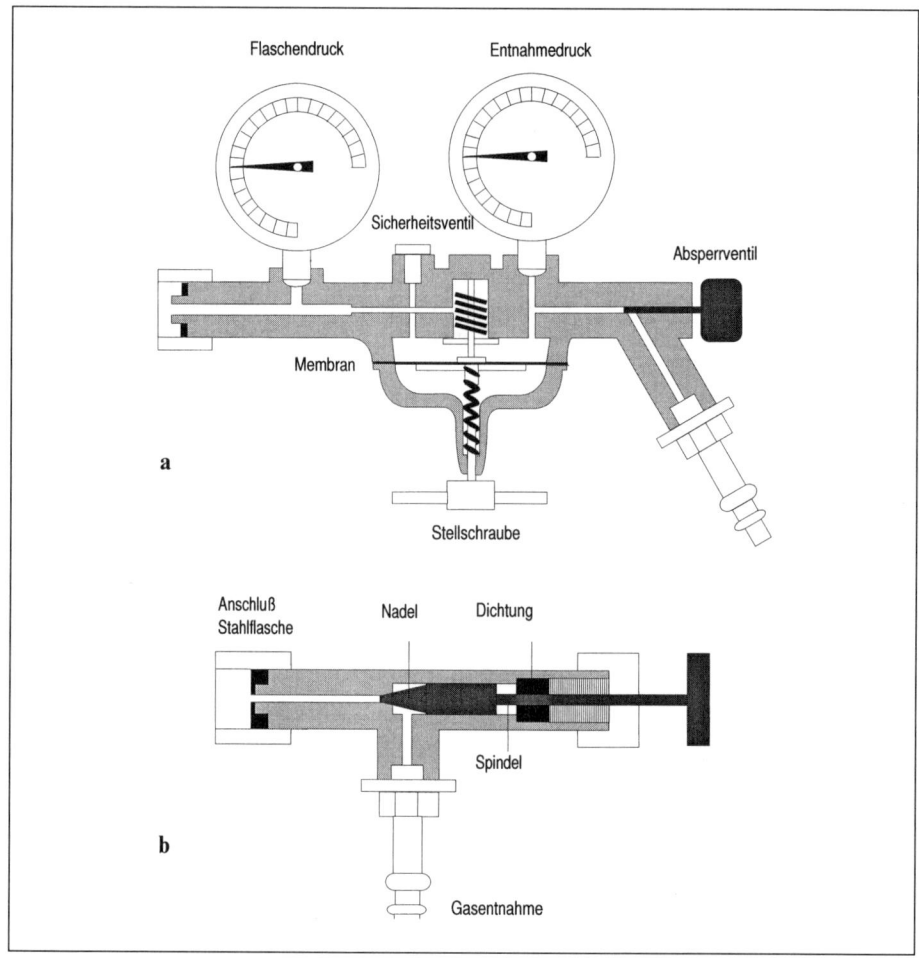

Abb. 3.7: Druckminderventile für Druckgasflaschen a) Reduzierventil mit Manometer b) Nadelreduzierventil.

Druckgasflaschen müssen folgende Beschriftungen tragen:

● Name des Eigentümers
● Gasart (in Worten)
● Leergewicht (in kg)
● Füllgewicht (in kg bei verflüssigten Gasen)
● Rauminhalt und zulässiger Fülldruck (bei verdichteten Gasen)
● Prüfdruck (in bar)
● Prüfdatum (Datum der letzten Druckabnahme durch Sachverständige z.B. 9.91 TÜ 4)
● Prüffrist (Jahr der künftigen Prüfung)

Betrieb einer Druckgasflasche

Zunächst muß die Flasche gegen Umfallen gesichert werden. Nach dem Entfernen der Verschlußkappe wird das richtig gewählte Reduzierventil (Kennfarbe, Anschlußgewinde) angeschraubt, dabei ist der Zustand der Dichtung zu kontrollieren. Ist die Anschlußschraube mit dem Schraubenschlüssel angezogen, überzeugt man sich zuerst, ob das Abnahmeventil des Druckminderventils geschlossen und die Stellschraube vollständig gelöst ist. Jetzt erst wird das Flaschenventil bis zum Anschlag geöffnet. Das erste Manometer zeigt den Flaschendruck an. Danach wird die Stellschraube so lange gedreht, bis das zweite Manometer den gewünschten Entnahmedruck anzeigt. Meist genügt ein Arbeitsdruck von 0,1 bar. Die Flasche ist jetzt betriebsbereit und das Entnahmeventil kann geöffnet werden. **Nach dem Gebrauch** schließt man das Flaschenventil und läßt den Druck aus dem Reduzierventil ab. Danach wird die Stellschraube vollständig gelöst und das Absperrventil am Niederdruckteil geschlossen. **Wichtig: Beim Anschluß einer Druckgasflasche an eine Reaktionsapparatur (besonders aus Glas) muß diese mit einem Überdruckventil versehen sein.**

Für verflüssigte Gase (z. B. NH_3, Cl_2) benutzt man die Nadelreduzierventile.

Synthese von Gasen im Labor

Bei der Darstellung von Gasen im Labor durch Einwirkung von Flüssigkeiten auf feste Stoffe hat sich der **Kippsche Apparat** („Kipp") bewährt (Abb. 3.8). Der „Kipp" verlangt relativ grobes Material (Stücke, Stangen, Würfel usw.).

Häufig werden Gase auch durch Einwirken von Flüssigkeiten oder Feststoffen aufeinander dargestellt. Zur Durchführung derartiger Reaktionen verwendet man zweckmäßig die in Abb. 3.9 wiedergegebene Gasentwicklungsapparatur **(Gasentwickler)**. Sie besteht aus einem, je nach der erforderlichen Gasmenge dimensionierten, **Zweihalskolben**, der neben einem Gasableitungsrohr noch mit einem Tropftrichter versehen ist.

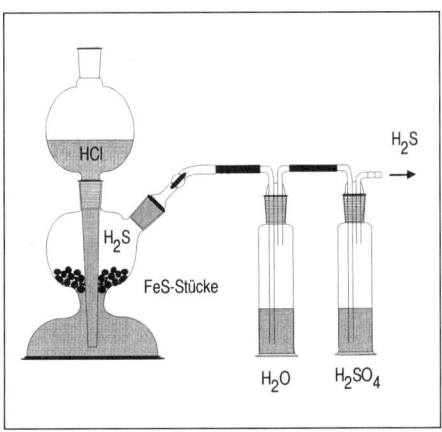

Abb. 3.8: Kippscher Apparat.

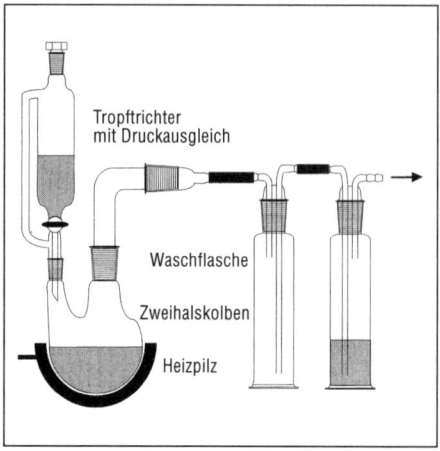

Abb. 3.9: Gasentwicklungsapparatur.

Bei der folgenden Aufzählung der für die Darstellung von Gasen geeigneten Reaktionen ist jeweils angedeutet, welches Gasentwicklungsgerät zweckmäßig ist.

Wasserstoff, H₂

Sdp. − 252,9 °C

Farbloses, brennbares Gas, viel leichter als Luft, geruchlos. Bildet mit Luft, bzw. Sauerstoff oder Chlor, explosionsfähige Gemische. Rote Druckgasflasche.

 F

R: 12
S: 7/9

Kipp: $Zn + 2\,HCl \rightarrow ZnCl_2 + H_2\uparrow$

Zur Gewinnung von H_2 wird der mittlere Behälter des Kippschen Apparats mit schwach verkupfertem arsenfreiem Stangenzink beschickt und bei geöffnetem Hahn so lange ca. 6 mol/l HCl von oben eingefüllt, bis der Säurestand das Zn erreicht. Nun wird der Hahn geschlossen und die obere Kugel mit Säure zu zwei Dritteln aufgefüllt. Beim Öffnen des Hahnes gelangt die Säure zum Zink und es entsteht H_2. Beim Schließen des Hahnes verdrängt der entstehende Überdruck die Säure aus dem Zinkbehälter, und die Reaktion kommt zum Stillstand.

Gefahrenhinweis: Zu Beginn der Reaktion ist Luft aus dem Kipp'schen Apparat durch Stickstoff zu vertreiben, da O_2 und H_2 ein explosives Gemisch bilden.

Gasentwickler: $2\,Al + 2\,KOH + 6\,H_2O \rightarrow 2\,K\,[Al(OH)_4] + 3\,H_2\uparrow$

Al-Grieß oder -Schnitzel, KOH (1:3); Vorsicht, schäumt stark!

Sauerstoff, O$_2$

Sdp. $-183\,°C$

Farbloses, brandförderndes geruchloses Gas, etwas schwerer als Luft

F

R: 8
S: 21

Gasentwickler: $2\,KClO_3 \xrightarrow{\text{Schmelze}} 2\,KCl + 3\,O_2\uparrow$

KClO$_3$ und gut getrocknetes MnO$_2$ (10:1); MnO$_2$ bzw. das durch Erhitzen daraus entstehende Mn$_3$O$_4$ wirken als Katalysator (s. S. 275). Der Gasstrom kann durch die Temperatur gut reguliert werden.

Stickstoff, N$_2$

Sdp. $-195{,}8\,°C$

Farbloses, unsichtbares, ungiftiges, außerordentlich reaktionsträges Gas, nicht brennbar, etwas leichter als Luft.

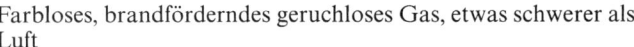

Gasentwickler: $NH_4NO_2 \rightarrow 2\,H_2O + N_2\uparrow$

Vorsichtiges Erhitzen einer konz. Mischlösung (NH$_4$)$_2$SO$_4$ und NaNO$_2$ bis zum Einsetzen der Gasentwicklung. Die Reaktion verläuft dann ohne Wärmezufuhr weiter. Das Gas ist ziemlich stark mit NO und NH$_3$ verunreinigt.

Kohlendioxid, CO$_2$

Sublimationspunkt: $-78{,}5\,°C$

Farbloses, unsichtbares, beständiges Gas, nicht brennbar, schwerer als Luft. Je nach eingeatmeter Konzentration wirkt das Gas erregend, betäubend oder erstickend.

Kipp: $CaCO_3 + 2\,HCl \rightarrow CaCl_2 + H_2O + CO_2\uparrow$

Grobe Marmorstücke und ca. 6 mol/l HCl.

Gasentwickler: $2\,KHCO_3 + H_2SO_4 \rightarrow K_2SO_4 + 2\,H_2O + 2\,CO_2\uparrow$

Gesättigte KHCO$_3$-Lösung und 50%ige H$_2$SO$_4$

Präparative Chemie

3

Die Darstellung der folgenden Gase muß in einem gut ziehenden Abzug durchgeführt werden.

Chlor, Cl$_2$

Sdp. $-34\,°C$; Smp. $-100,98\,°C$

 O   T

Gelbgrünes, hoch giftiges, stark korrosives, wasserlösliches, nicht entzündbares Gas, schwerer als Luft, stechender Geruch.

R: 23-36/37/38
S: 7/9-44

Vernichtung: Einleiten in NaOH (s. S. 273) und Reduktion mit Thiosulfat.

Kipp: $CaCl(OCl) + 2\,HCl \rightarrow CaCl_2 + H_2O + Cl_2\uparrow$

Chlorkalkwürfel, 7 mol/l HCl; Das entstehende Chlor ist durch CO$_2$ verunreinigt.

Gasentwickler: $MnO_2 + 4\,HCl \rightarrow MnCl_2 + 2\,H_2O + Cl_2\uparrow$

Gefälltes MnO$_2 \cdot x\,H_2O$ und konz. HCl; Die Cl$_2$-Entwicklung läßt sich durch Erwärmen regulieren.

$$Cr_2O_7^{2-} + 6\,Cl^- + 14\,H^+ \rightarrow 2\,Cr^{3+} + 7\,H_2O + 3\,Cl_2\uparrow$$

Zur Cl$_2$-Darstellung beschickt man den Kolben mit K$_2$Cr$_2$O$_7$, läßt aus dem Tropftrichter langsam ca. 4 mol/l HCl zufließen und erwärmt gelinde.

Ammoniak, NH$_3$

Sdp. $-33,4\,°C$; Smp. $-77,7\,°C$

 T

Farbloses, sehr leicht wasserlösliches, chemisch stabiles, kaum entzündbares, stark ätzendes Gas, bildet mit stark oxidierenden Gasen explosionsfähige Gemische.

R: 10-23
S: 7,9-16-38

Vernichtung: Einleiten in eine NaNO$_2$-Lösung.

Gasentwickler: $NH_4Cl + KOH \rightarrow KCl + H_2O + NH_3\uparrow$

Zu festem NH$_4$Cl wird 60%ige KOH unter gelindem Erwärmen zugetropft.

$$2\,NH_4Cl + Ca(OH)_2 \rightarrow CaCl_2 + 2\,H_2O + 2\,NH_3\uparrow$$

Erwärmen einer innigen Mischung von NH$_4$Cl mit gelöschtem Kalk.

Schwefeldioxid, SO$_2$

Sdp. $-10\,°C$; Smp. $-72,7\,°C$

 T

Farbloses, giftiges, wasserlösliches, stechend riechendes Gas, schwerer als Luft, zieht Feuchtigkeit aus der Luft an.

R: 23-36/37
S: 7/9-44

Vernichtung: Einleiten in NaOH (s. S. 301) und Oxidation mit H$_2$O$_2$.

Gasentwickler: $NaHSO_3 + H_2SO_4 \rightarrow NaHSO_4 + H_2O + SO_2\uparrow$

50%ige H$_2$SO$_4$ zu konz. NaHSO$_3$-Lösung tropfen lassen.

Schwefelwasserstoff, H$_2$S

Sdp. $-60{,}7\,°C$; Smp. $-85{,}5\,°C$

Sehr giftiges, farbloses, sehr leicht entzündliches Gas, bildet mit Luft explosionsfähiges Gemisch. Schwerer als Luft. In bestimmten Konzentrationen Geruch nach faulen Eiern.
Vernichtung: Einleiten in KI$_3$/NaN$_3$-Lösung, Verbrennen zu SO$_2$.

 F    T

R: 13-26
S: 7/9-25-45

Kipp: $\qquad FeS + 2\,HCl \;\rightarrow\; FeCl_2 + H_2S\uparrow$

FeS in Stangen oder Stücken, 5 mol/l HCl; das Gas enthält H$_2$

Chlorwasserstoff, HCl

Sdp. $-84{,}9\,°C$; Smp. $-114{,}8\,°C$

Farbloses, beständiges, stark korrosives, giftiges, ätzendes, unbrennbares, leicht wasserlösliches Gas, wenig schwerer als Luft, stechender Geruch.
Vernichtung: Einleiten in NaOH.

 C   T

R: 35-37
S: 7/9-26-44

Gasentwickler: $\quad NH_4Cl + H_2SO_4 \;\rightarrow\; (NH_4)HSO_4 + HCl\uparrow$

Zu festem NH$_4$Cl wird 50%ige H$_2$SO$_4$ langsam zugetropft; nicht Schütteln, sonst starkes Schäumen.

Bromwasserstoff, HBr

Sdp. $-67\,°C$; Smp. $-88{,}5\,°C$

Farbloses, leicht wasserlösliches, unbrennbares, stark korrosives Gas, raucht an feuchter Luft, stechender Geruch, giftig, viel schwerer als Luft.
Vernichtung: Einleiten in NaOH.

 C   T

R: 35-37
S: 7/9-26-44

Gasentwickler: $\quad KBr + H_3PO_4 \;\rightarrow\; KH_2PO_4 + HBr\uparrow$

Zutropfen sirupöser H$_3$PO$_4$ zu KBr und schwaches Erwärmen.

Stickstoffmonoxid, NO

Sdp. $-151{,}8\,°C$; Smp. $-163{,}5\,°C$

Farbloses, wenig wasserlösliches, geruchloses, giftiges Gas, nicht brennbar
Vernichtung: Einleiten in Amidoschwefelsäure.

 C   T

R: 26-37
S: 7/9-26-45

Kipp: $\qquad 6\,NaNO_2 + 3\,H_2SO_4 \;\rightarrow\; 3\,Na_2SO_4 + 2\,HNO_3 + 2\,H_2O + 4\,NO\uparrow$

NaNO$_2$ in Stangen, verd. H$_2$SO$_4$

Präparative Chemie

3

Gasentwickler: $K_4[Fe(CN)_6] + KNO_2 + 2CH_3COOH$
$$\rightarrow K_3[Fe(CN)_6] + 2KCH_3COO + H_2O + NO\uparrow$$

Gesättigte $K_4[Fe(CN)_6]$-Lösung und festes KNO_2; Zutropfen verd. CH_3COOH.

Stickstoffdioxid, NO_2

 C   T

Hochgiftiges, ätzendes, wasserlösliches Gas. Starkes Oxidationsmittel, schwerer als Luft, stechender Geruch.
Vernichtung: Einleiten in Amidoschwefelsäure.

R: 26-37
S: 7/9-26-45

Gasentwickler: $2Pb(NO_3)_2 \rightarrow 2PbO + O_2\uparrow + 4NO_2\uparrow$

Vorsichtiges Erhitzen von gut getrocknetem $Pb(NO_3)_2$.

Kohlenmonoxid, CO

 F    T

Sdp. $-191.5\,°C$; Smp. $-189\,°C$

Farbloses, giftiges, hochentzündliches Gas, etwas leichter als Luft, geruchlos. Gas-Luftgemische explosionsfähig. Starkes Blutgift.
Vernichtung: Verbrennen.

R: 12-23
S: 7-16

Gasentwickler: $HCOOH \rightarrow H_2O + CO\uparrow$

Zutropfen von konz. Ameisensäure zu konz. H_2SO_4 oder konz. H_3PO_4 bei $70-80\,°C$

$$H_2C_2O_4 \cdot 2H_2O \rightarrow 3H_2O + CO_2\uparrow + CO\uparrow$$

Vorsichtiges Erhitzen von Oxalsäure-Dihydrat mit konz. H_2SO_4 (Gewichtsverhältnis ca. 1:5) bis zur beginnenden Gasentwicklung. CO_2 wird in einer mit 50%iger KOH gefüllten Gaswaschflasche absorbiert.

3.2.2 Alkali- und Erdalkalimetalle

Alkali- und Erdalkalielemente sowie Al werden technisch durch Schmelzflußelektrolyse der entsprechenden Halogenide, Oxide usw. dargestellt. Um die gewöhnlich recht hohen Schmelzpunkte dieser Salze herabzusetzen, fügt man Flußmittel (CaF_2, $Na_3[AlF_6]$, KCl usw.) zu. Als Kathode verwendet man häufig Eisenstäbe. Anodenmaterial ist meistens Kohle (Acheson–Graphit). Arbeitet man in Graphittiegeln, dient oft der Tiegel selbst als Anode. Das entstehende Rohmetall wird durch Umschmelzen unter Flußmitteln (Mg) oder durch Destillation im Vakuum (Na, K, Rb, Cs) gereinigt.

Magnesium, Mg

Smp. 648,8 °C; Sdp. 1090 °C

Silberweißes, glänzendes, sehr reaktionsfähiges Metall. Reagiert schon mit kaltem Wasser langsam unter Bildung von Wasserstoff. Verbrennt an Luft über 500 °C unter starker Wärmeentwicklung mit blendend weißem Licht.

F

R: 15-17
S: 7/8-43

$$MgCl_2 \rightarrow Mg + Cl_2$$

100 g $MgCl_2 \cdot 6H_2O$, 40 g KCl, 15 g NH_4Cl, und 15 g CaF_2 werden innig vermischt und bis auf einen Rest von 10–20 g, der später beim Umschmelzen des Mg gebraucht wird, in einen Porzellantiegel von 6 cm $\emptyset$ gefüllt. Das Substanzgemisch wird in einem elektrischen Ofen bei 260 °C entwässert. Der NH_4-Zusatz soll die Hydrolyse von $MgCl_2 \cdot 6H_2O$ beim Erhitzen verringern; das gemäß $MgCl_2 + H_2O \rightarrow MgO + 2HCl$ entstehende MgO würde sonst das Zusammentreten der gebildeten Mg-Kügelchen verhindern. Als Anode dient ein Graphitstab, als Kathode ein verzinkter Eisenstab von 0,6 cm $\emptyset$, der in einem schwerschmelzbaren Glasrohr von 1,5 cm Innendurchmesser steckt und durch einen Stopfen gehalten wird. Anordnung und Schaltung sind der schematischen Skizze (Abb. 3.10) zu entnehmen.

Das Salzgemisch wird unter dem Abzug bis zur dünnflüssigen Schmelze (650–750 °C) erhitzt. Die Elektroden werden so eingesetzt, daß das Glasrohr fast den Tiegelboden berührt, die Elektroden selbst aber nur in die Oberfläche eintauchen. Man elektrolysiert bei 20 Volt Klemmenspannung und genau 2 Ampere. Die Temperatur ist so zu regeln, daß die Schmelze gerade noch nicht zu kristallisieren beginnt. Nach ca. 3 Stunden (genaue Zeitmessung! Zeit und Stromstärke gehen in die Ausbeuteberechnung ein) wird der Versuch abge-

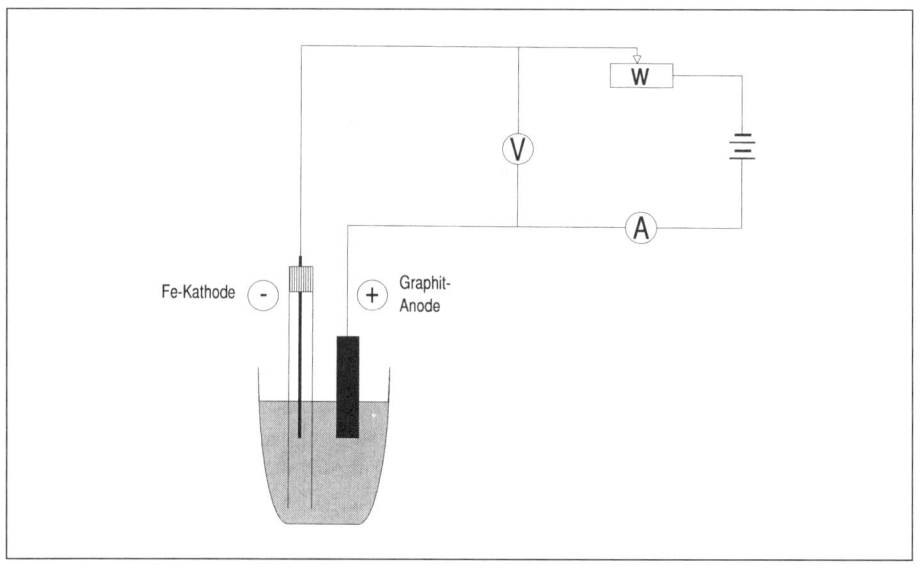

Abb. 3.10: Versuchsanordnung zur Schmelzflußelektrolyse; W = Schiebewiderstand, V = Voltmeter, A = Amperemeter.

brochen. Die Elektroden werden bei beginnender Kristallisation aus der Schmelze herausgenommen. Das Glasrohr enthält noch etwas Schmelze, die das gebildete Mg einschließt. Der untere Teil des Glasrohrs wird zerschlagen und das Salz unter CaF_2-Zusatz in einem kleinen Tiegel nochmals zusammengeschmolzen. Die auf der Schmelze schwimmenden Mg-Kügelchen lassen sich mit einem Eisendraht leicht zu einem Regulus vereinigen; andernfalls muß noch mehr CaF_2 zugesetzt werden. Nach dem Erkalten wird der Mg-Regulus mechanisch vom Salz abgelöst, kurz(!) in verd. HCl getaucht, getrocknet und zur Ausbeutebestimmung gewogen.

Ausbeuteberechnung: 1 mol Elektronen (96485 Coulomb) scheidet 0,5 mol Mg ≡ 12,15 g Magnesium ab. Hat man x Sekunden mit y Ampere elektrolysiert, ist die theoretische Ausbeute $\dfrac{x \cdot y \cdot 12,15}{96485}$ g Mg. Die praktische Ausbeute wird in Prozenten der theoretischen angegeben.

3.2.3 Darstellung von Metallen aus ihren Oxiden

3.2.3.1 Aluminothermische Verfahren – Darstellung von Chrom, Mangan, Silicium, Bor

Die Bildungswärme von Al_2O_3 ist sehr groß ($2\,Al + \frac{3}{2}O_2 \;\rightarrow\; Al_2O_3 - 1\,680\,kJ/$ mol). Infolgedessen werden die meisten Metalloxide oder -sulfide von feinverteiltem Al unter Bildung der freien Elemente reduziert. Um die Reaktion in Gang zu bringen, genügt meist eine Initialzündung. Die Reaktion läuft dann von allein weiter und erzeugt die erforderlichen Temperaturen durch die Reaktionswärme selbst. Die Temperatur ist so hoch ($2\,000 - 2\,500\,°C$), daß die ganze Masse schmilzt und sich Schlacke und Metall weitgehend voneinander trennen; ein Zusatz von Flußmitteln (CaF_2) begünstigt diese Trennung. Da die Reaktionswärme die Temperatur bestimmt, hat man es in der Hand, durch geeignete Wahl der Ausgangsstoffe die Reaktionstemperatur den jeweils vorliegenden Verhältnissen anzupassen. Einerseits darf die Reaktion nicht explosionsartig ablaufen (Abhilfe durch Verdünnen des Reaktionsgemisches mit überschüssigem Oxid oder Verwendung eines niederen Oxids, z.B. Mn_3O_4 anstelle von MnO_2), andererseits werden bei zu geringer Wärmetönung Schwefel oder sauerstoffreiche Verbindungen ($K_2Cr_2O_7$) zugesetzt. Wegen der hohen Reaktionstemperatur ist das aluminothermische Verfahren zur Darstellung von Metallen mit hohem Dampfdruck (Alkalimetalle, Pb, Zn) im allgemeinen ungeeignet. Fast alle aluminothermisch dargestellten Metalle enthalten kleinere Mengen Al ($\approx 1\,\%$) und sind meist sehr spröde.

Die Durchführung aluminothermischer Reaktionen im Labormaßstab erfolgt am besten im Freien in kleinen Tontiegeln, die mindestens zu drei Vierteln mit innig vermischtem und gut getrockneten (!) Reaktionsgemisch gefüllt sind. Zweckmäßig werden die Tiegel in Kieselgur oder Sand eingebettet. Es empfiehlt, die Reaktion nicht in kleineren Ansätzen durchzuführen, als in den Vorschriften angegeben ist. Das aus Mg-Pulver und BaO_2 bestehende Zündgemisch (3:2) – nicht im Mörser verreiben (!) – wird in dünner Schicht auf das Reaktionsgut aufgebracht. Dazu legt man in der Mitte eine kraterförmige Vertiefung an, füllt sie mit Zündmischung und steckt einen ca. 10–20 cm langen KNO_3-Papierstreifen hinein. Nach dem Anzünden des KNO_3-Papierstreifens (Schutzbrille (!)) zieht man sich sofort zurück und hält wegen der zuweilen recht heftig verlaufenden Reaktion (Fortsprühen glühender Teilchen) einen sicheren Abstand ein. Der Versuch darf nur in Gegenwart des Assistenten durchgeführt werden! Das entstandene Metall sammelt sich meist in Gestalt eines Regulus am Boden des Reaktionsgefäßes und wird nach dem Erkalten mechanisch von der anhaftenden Schlacke befreit.

Unsachgemäße Zündung kann zu schweren Unfällen führen. Häufig brennt der Zündstreifen nur bis zur Oberfläche des Reaktionsgemisches und erlischt dann, ohne daß die Reaktion in Gang kommt. Es muß in solchen Fällen mindestens 5 Minuten (Uhr!) gewartet werden, bevor ein neuer Zündversuch unternommen wird!

Chrom, Cr

Smp. 1857 °C

Chrom ist ein weißes, glänzendes, hartes, sprödes Metall (Dichte 7,2 g/cm^3). Chrom löst sich in wäßriger Salz- und Schwefelsäure. In HNO_3 und Königswasser löst sich Chrom in der Kälte nicht.

---

70 g geglühtes Cr_2O_3, 25 g $K_2Cr_2O_7$ (geschmolzen und gepulvert) und 32 g Al-Grieß. Auf den Tiegelboden ca. 10 g CaF_2; 10 g Zündmischung.

Mangan, Mn

Smp. 1244 °C

Mangan ist ein hartes, sprödes Metall; in reinem Zustand silbrigweiß (Dichte 7,2 g/cm^3). Das nach dem aluminothermischen Verfahren dargestellte Metall läuft an der Luft bunt an. Feinverteiltes Mangan zersetzt sich in H_2O.

$$8\,Al + 3\,Mn_3O_4 \rightarrow 9\,Mn + 4\,Al_2O_3$$

MnO_2 reagiert zu heftig. 80 g MnO_2 werden daher durch Glühen (800–900 °C, 1 h) in Mn_3O_4 übergeführt und mit 20 g Al-Grieß (9/10 der stöchiometrischen Menge) innig vermischt. 10 g CaF_2 auf den Tiegelboden; 10 g Zündmischung.

Silicium, Si

Smp. 1410 °C

Kristallisiertes Silicium wird beim Erhitzen an der Luft selbst bei 1000 °C nicht angegriffen (Siliziumdioxidschicht). Silicium ist in allen Säuren unlöslich. Es löst sich in HF bei Gegenwart von Oxidationsmitteln (HNO_3).

Präparative Chemie

3

90 g feiner, gut getrockneter Quarz-Sand, 100 g Al-Grieß, 120 g Schwefelblume. Nach Erkalten Tiegel zerschlagen, die ganze Masse in einer großen Porzellanschale mit Wasser übergießen (Abzug, mehrfach erneuern). Schließlich mit konz. HCl auskochen und dekantieren. Zur SiO_2-Entfernung die Kristalle in einer Pt-Schale 1 h mit warmer 40%iger HF behandeln.

Bor, B

Smp. 2 300 °C

Amorphes Bor ist ein braunes Pulver. Kristallisiertes Bor besitzt eine schwarzgraue Farbe. Durch konzentrierte HNO_3 wird Bor zu Borsäure oxidiert.

---

50 g wasserfreies B_2O_3, 75 g Schwefel und 100 g Al-Grieß. Aufarbeitung wie bei Si. Das entstandene kristalline Bor ist stets Al-haltig (AlB_{12}).

3.2.3.2 Zinn

Zinn, Sn

Smp. 232 °C

Zinn ist ein silberweißes, glänzendes Metall von geringer Härte. Von verdünnten Säuren wird Zinn nur sehr langsam angegriffen. Am besten löst es sich in HCl.

$$2\,KCN + SnO_2 \ \rightarrow \ Sn + 2\,KOCN$$

KCN kann Metalloxide zu den Elementen reduzieren, indem es selbst zu KOCN oxidiert wird.

Eine 1:1 Mischung von KCN und feingepulvertem Zinnstein, SnO_2, wird im Porzellantiegel ca. $\frac{1}{2}$ h am Gebläse geschmolzen und der Schmelzkuchen nach dem Erkalten mit Wasser extrahiert. Sn bleibt als Regulus zurück. Man prüfe qualitativ auf Verunreinigungen (Fe, Cu, Pb).

Sb kann in gleicher Weise aus SbOCl oder Sb_2O_5 dargestellt werden.

Vorsicht: KCN ist sehr giftig und entwickelt mit Säuren HCN.

3.2.4 Darstellung von Metallen aus ihren Sulfiden – Blei, Antimon

Es gibt hauptsächlich drei Methoden, auf trockenem Wege aus einem Sulfid das Metall zu erhalten:

1. **Röstreduktionsarbeit:** Das Sulfid wird völlig abgeröstet („Verblaseröstung")
und das entstandene Oxid reduziert.

$$2\,PbS + 3\,O_2 \;\rightarrow\; 2\,PbO + 2\,SO_2\uparrow$$
$$PbO + C \qquad \rightarrow\; Pb + CO\uparrow$$

Beispiel einer im großtechnischen Maßstab durchgeführten Röstreduktionsarbeit ist die Darstellung von Eisen aus Pyrit, FeS_2. Er wird zur H_2SO_4-Gewin-
nung abgeröstet und das gebildete Fe_2O_3 im Hochofen zu Roheisen verarbeitet.

2. **Röstreaktionsarbeit:** Das Sulfid wird nur teilweise abgeröstet und das entstandene Oxid mit noch vorhandenem Sulfid unter Luftabschluß erhitzt:

$$2\,PbO + PbS \;\rightarrow\; 3\,Pb + SO_2\uparrow$$

3. **Niederschlagsarbeit:** Das Sulfid wird mit einem unedleren Metall erhitzt, welches das edlere Metall unmittelbar aus dem Sulfid in Freiheit setzt („niederschlägt")

$$Sb_2S_3 + 3\,Fe \;\rightarrow\; 2\,Sb + 3\,FeS$$

Blei, Pb	 Xn
Smp. 327,5 °C; Sdp. 1 740 °C	
Graues Metall. **Schwere Vergiftungsgefahr beim Einatmen von Dämpfen und Verschlucken von Bleistaub.**	R: 20/22-23 S: 13-20/21

---

12 g PbS und 22 g PbO werden, innig vermischt und in einen kleinen Tiegel gegeben, auf
dessen Boden sich bereits als Flußmittel eine Schicht Na_2CO_3/K_2CO_2-Gemisch (1:1) befindet. Mit einer weiteren Schicht des Flußmittels bedeckt man das Reaktionsgemisch und
erhitzt vor dem Gebläse ca. eine $\frac{3}{4}$ h auf dunkle Rotglut (Abzug). Während der Reaktion
muß die flüssige Masse öfter mit einem Magnesiastäbchen umgerührt werden. Um einen
gut ausgebildeten Regulus zu erhalten, steigert man kurz vor dem Ende der Reaktion die
Temperatur bis zur hellen Rotglut, rührt gut durch, läßt erkalten, zerschlägt den Tiegel und
laugt den Schmelzkuchen mit heißem Wasser gründlich aus.

Antimon, Sb	 Xn
Smp. 630,74 °C; Sdp. 1 740 °C	
Giftiges, wasserunlösliches, silberweißes, leicht pulverisierbares Halbmetall.	R: 20/22 S: 22

---

25 g gepulverter Grauspießglanz, Sb_2S_3, 11 g Fe-Pulver, 2,5 g wasserfreies Na_2SO_4 und
0,5 g Holzkohlepulver werden innig vermischt und im bedeckten Tiegel vor dem Gebläse
ca. 20 Minuten so hoch erhitzt, daß die Schlacke erweicht, aber nicht völlig schmilzt. Nach
dem Erkalten wird der Tiegel zerschlagen, der Sb-Regulus von Schlacken mechanisch
befreit und gegebenenfalls mit heißem Wasser behandelt. Weitere Darstellungsmöglichkei-
ten s. S. 190 beim Zinn.

Präparative Chemie

3

3.2.5 Aufarbeitung von Rückständen

Silber, Ag, aus Rückständen

Smp. 961,9 °C

Silber ist ein Edelmetall von weißem Glanz. Unter Luftzutritt geschmolzen nimmt 1 g Ag etwa 2 ml O_2 auf, wodurch der Smp. auf 950 °C erniedrigt wird. Beim Erstarren entweicht der Sauerstoff unter Hinterlassung von Hohlräumen. In Säuren löst sich Silber nur bei gleichzeitiger Oxidation.

Mit ca. 6 mol/l HCl wird zunächst alles noch in Lösung befindliche Ag^+ gefällt, dann bis zur Zusammenballung des Niederschlags erhitzt, abfiltriert bzw. dekantiert und mit heißem Wasser ausgewaschen. Man schlämmt den Niederschlag in ca. 6 mol/l HCl auf, gibt Zn-Granalien im Überschuß zu und läßt über Nacht im Abzug stehen (Zementation). Nach Zusatz frischer HCl wird so lange erhitzt, bis sich der Zn-Überschuß restlos gelöst hat. Man dekantiert vom Ag, wäscht bis zum Ausbleiben der Cl^--Reaktion und löst dann in konz. HNO_3. Aus dieser Lösung fällt man erneut mit Cl^- und wiederholt die Reaktion; statt dessen kann das umgefällte AgCl auch in verdünnter NaOH suspendiert werden und in der Siedehitze so lange mit Formaldehyd- oder Traubenzuckerlösung versetzt werden, bis sich eine gut ausgewaschene Probe ohne Trübung (AgCl!) in Cl^--freier HNO_3 löst. Das so gewonnene Ag-Pulver wird abfiltriert, mit heißem Wasser gewaschen, getrocknet und in einem Tontiegel bei Gegenwart von Borax als Flußmittel in der Gebläseflamme zusammengeschmolzen.

Zur Gewinnung von $AgNO_3$ löst man das Ag-Pulver in Cl^--freier HNO_3 und dampft auf dem Wasserbad ein.

Fixierbäder werden deutlich ammoniakalisch gemacht und mit $(NH_4)_2S$-Lösung im geringen Überschuß versetzt. Nach 24stündigem Stehen wird der Niederschlag abgenutscht, gut ausgewaschen, getrocknet, mit wasserfreiem Borax vermischt und bei ca. 1000 °C geschmolzen.

Iod, I, aus Rückständen

Smp. 113.5 °C; Sdp. 184,35 °C

Schwarzgraue, metallglänzende Schuppen. In Wasser sehr wenig, in Ethanol und vielen organischen Lösungsmitteln gut löslich. Dämpfe gesundheitsschädlich.

 Xn

R: 20/21
S: 23-25

Die Lösung wird zur Reduktion von vorhandenem IO_3^- zunächst mit überschüssigem Na_2CO_3 zur Trockne eingedampft (**Achtung!** Es dürfen keine Ammoniumsalze in die alkalischen Iodrückstände gelangen, da sonst durch Bildung von Iodstickstoff heftige Explosionen eintreten können!). Den Rückstand glüht man so lange, bis eine gegebenenfalls eintretende Schwarzfärbung wieder verschwunden ist. Dann wird die ganze Masse in verdünnter H_2SO_4 gelöst. Die Oxidation $2I^- \rightarrow I_2 + 2e^-$ erfolgt am zweckmäßigsten und billigsten durch O_2 unter katalytischer Wirkung von Stickstoffoxiden.

$$NO_2 + 2HI \rightarrow NO + I_2 + H_2O$$
$$NO + \tfrac{1}{2}O_2 \rightarrow NO_2$$

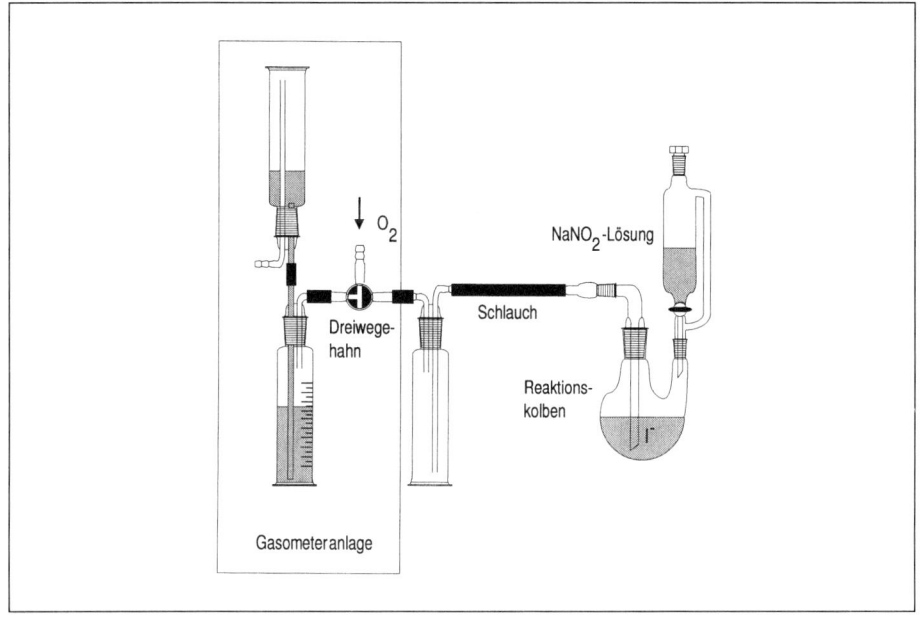

Abb. 3.11: Apparatur zur Oxidation von I⁻ zu I₂ mit Gasometeranlage.

Dazu füllt man ein Gasometer mit O_2 und verbindet ihn über eine leere, umgekehrt geschaltete Waschflasche und einen längeren Schlauch mit dem Reaktionskolben (Zweihalskolben mit Gaseinleitungsrohr und Tropftrichter). Der Zweihalskolben soll von der Flüssigkeit etwa zur Hälfte gefüllt sein (vgl. Abb. 3.11). Bei zunächst gelockertem Schliffstopfen wird nun das Reaktionsgefäß mit O_2 gefüllt und dann so viel $NaNO_2$-Lösung aus dem Tropftrichter zugetropft, daß der Gasraum durch NO_2 intensiv braun gefärbt ist. Darauf verschließt man den Kolben fest und schüttelt erst langsam (!), dann stärker. Es erfolgt eine lebhafte O_2-Aufnahme, jedoch ergibt sich wegen der Bildung von KI_3 noch keine I_2-Abscheidung. Läßt die O_2-Aufnahme trotz Schütteln merklich nach, ohne daß sich I_2 abscheidet (Stickstoffoxid wird teilweise zu katalytisch inaktivem N_2O und N_2 reduziert), gibt man noch etwas $NaNO_2$-Lösung zu. Die Oxidation ist beendet, wenn die Gasphase farblos geworden ist und die über dem schwarzen I_2-Niederschlag stehende Flüssigkeit nur noch die hellbraune Farbe einer wäßrigen I_2-Lösung aufweist (es bleiben nur 0,8 g I_2/l in Lösung). Das Rohiod wird auf einer Glasfilternutsche abgesaugt und über $CaCl_2$ oder konz. H_2SO_4 im ungefetteten Vakuumexsikkator gut getrocknet.

Zur **Sublimation** gibt man das Rohprodukt in ein ausgußloses Becherglas, auf dem ein mit kaltem Wasser gefüllter Rundkolben sitzt. Beim langsamen Erhitzen auf dem Sandbad unter dem Abzug entweicht zunächst die im Iod enthaltene Feuchtigkeit und kondensiert sich am Rundkolben. Ehe ein Wassertropfen wieder in das Becherglas zurückfällt, wechselt man den Rundkolben gegen einen zweiten aus und verfährt in gleicher Weise, solange noch Feuchtigkeit vorhanden ist. Dann wird so hoch erhitzt, daß eine langsame Sublimation stattfindet, wobei sich Iod in schönen, metallisch glänzenden, schwarzvioletten Kristallen außen am Boden des Rundkolbens absetzt. Sofern vorhanden kann besser eine spezielle Sublimationsapparatur verwendet werden.

Werden höhere Ansprüche an die Reinheit des Iods gestellt, muß man das Rohprodukt noch einer **Wasserdampfdestillation** unterwerfen (erforderlich bei Gegenwart von Stärke) und das Iod vor der Sublimation mit feinstverteiltem KI (zur Zersetzung von ICl_3 usw.) verreiben.

Präparative Chemie

3

Bei Gegenwart größerer Fe-Mengen in den Iodrückständen muß die Oxidation zur Zersetzung des $[Fe(NO)]^{2+}$-Komplexes in der Hitze vorgenommen werden. Liegen Hg- oder Pb-Salze vor, wird gemäß Chemiker-Zeitung **47**, 16 (1923) verfahren.

Quecksilber, Hg, aus Rückständen

Smp. $-38,87\,°C$ Sdp. $356,58\,°C$

Flüssiges, silbrig blankes Metall, bereits bei Zimmertemperatur flüchtige, **hochgiftige Dämpfe.**

 T

R: 23-33
S: 7-44

Die Reinigung von Hg erfolgt im allgemeinen in drei Stufen:

● Entfernung äußerlich anhaftender, grober Verunreinigungen
● Beseitigung gelöster Fremdmetalle („Amalgame") durch Oxidation
● Trennung von Spuren edler Metalle durch Hochvakuumdestillation.

Man filtriert das unreine Hg zunächst durch eine Glasfritte G 2 (ohne Vakuum) oder G 3 (mit Vakuum) oder man verwendet ein glattes trockenes Faltenfilter, in dessen Spitze mit einer Nadel einige Löcher angebracht werden. Die Oxidation aller gelösten Metalle erfolgt zweckmäßig durch Luft oder HNO_3. Dazu bringt man das filtrierte Hg in eine Saugflasche, deren Größe so gewählt ist, daß der Boden etwa 1–2 cm hoch mit Hg bedeckt ist. Man gibt ca. 3 mol/l HNO_3 hinzu und verschließt die Saugflasche mit einem dicht schließenden, einfach durchbohrten Gummistopfen, durch dessen Bohrung ein Glasrohr bis zum Boden reicht. Der Saugansatz wird über ein U-Rohr mit Iodkohle (zur Sorption der stark giftigen Hg-Dämpfe) an eine Vakuumpumpe angeschlossen. Man saugt so stark, daß das Hg in wallende Bewegung gerät. Die HNO_3 löst neben den unedlen Metallen auch etwas Hg auf. Alle Metalle, die unedler als Hg sind, werden aber zuerst gelöst. Nach 24 h gießt man die Lösung ab, wäscht mit Wasser, trocknet mit Filterpapier und filtriert wie oben beschrieben.
Manometerfüllungen erfordern ganz besonders reines Hg, wie es nur durch Hochvakuumdestillation erhalten wird. Dazu bringt man das vorgereinigte Hg in einen Destillationskolben und schmilzt den Hals ab. Das Ansatzrohr wird mit dem zu füllenden Gefäß so verblasen, daß das verdampfte und wieder kondensierte Hg in dieses hineinfließt. Das Gefäß muß außerdem mit einem Saugstutzen für den Anschluß der Hochvakuumpumpe versehen sein. Eine für diese Zwecke geeignete und bewährte Apparatur ist in Abb. 3.12 skizziert. Nach dem Zusammensetzen der Apparatur und dem Erreichen des Hochvakuums werden alle Teile vorsichtig mit fächelnder Flamme erhitzt. Erst dann kann man mit der langsamen Destillation beginnen.
Reines Hg muß beim Stehen an Luft blank bleiben und darf in einer Porzellanflasche keinen Schweif hinterlassen.
Beim Arbeiten mit Hg ist dessen große Giftigkeit zu beachten. Einatmen von Hg-Dämpfen führt zu schweren chronischen Vergiftungen! Um ein Verspritzen von Hg zu vermeiden, werden alle Arbeiten in großen Kunststoffschalen durchgeführt. Verschüttetes Hg muß restlos mit einer Quecksilberzange, einem spitzen amalgamiertem Cu-Blech oder mit Pinsel und Sammelpipette (Abb. 3.13), die mit einem langen Schlauch an eine Vakuumpumpe angeschlossen wird, aufgesammelt werden! In Ritzen eingedrungene kleinere Hg-Mengen können, falls andere Methoden versagen, mit einer mehrere mm hohen Schicht von Iodaktivkohle (Aktivkohle mit ca. 5% Iod beladen) oder Mercurisorb® bedeckt werden.

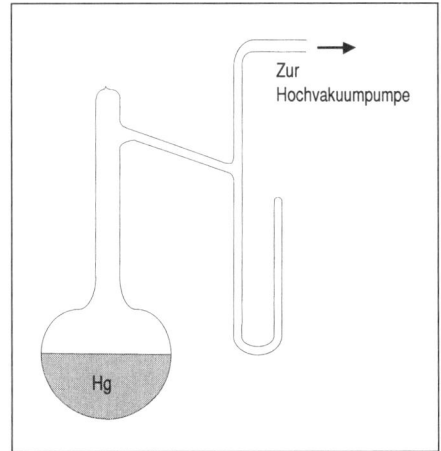

Abb. 3.12: Apparatur zum Füllen von Quecksilbermanometern.

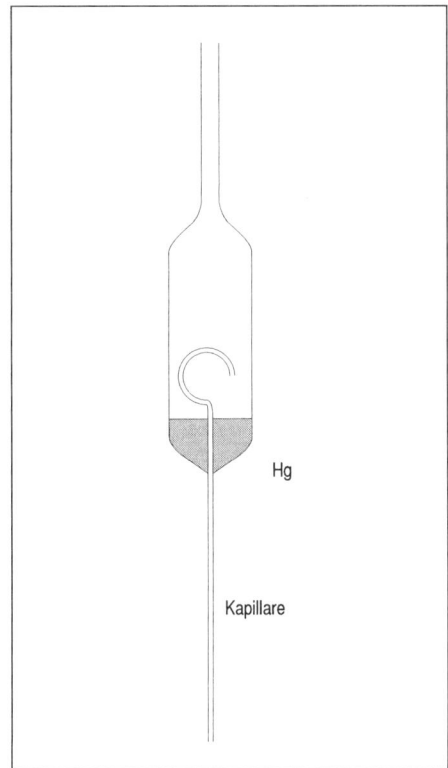

Abb. 3.13: Hg-Sammelpipette.

Präparative Chemie

3

Uranylacetat-Dihydrat, $UO_2(CH_3COO)_2 \cdot 2 H_2O$, aus Rückständen

Sdp. 110 °C Wasserverlust; 270 °C Zersetzung
Uranverbindungen sind schwach radioaktiv.

 T

R: 26/28-33
S: 20/21-45

Uran-Rückstände fallen u.a. beim qualitativen Nachweis von Na^+ sowie bei der quantitativen Bestimmung von Na^+ und Li^+ in Form uransalzhaltiger Lösungen an, in denen Niederschläge der betreffenden schwerlöslichen Verbindungen und außerdem Essigsäure und Ethanol enthalten sind.

Die gesammelten Rückstände werden zunächst zusammen mit der überstehenden Lösung ca. 10 Minuten lang zum Sieden erhitzt, um den größten Teil des Ethanols und der Essigsäure zu vertreiben. Die siedende Lösung wird nun mit einer ausreichenden Menge von festem NH_4Cl (ca. 3 g/100 ml Lösung) und mit konz. Ammoniak bis zur stark ammoniakalischen Reaktion versetzt. Es fällt gelbes flockiges Ammoniumdiuranat aus. Man läßt abkühlen und dekantiert nach dem Absetzen des Niederschlags, wirbelt ihn mehrere Male (8–10mal) mit Wasser auf und dekantiert wie vorher. Dadurch erreicht man eine weitgehende Abtrennung der Fremdionen. Wenn sich ein Teil des Niederschlags beim Dekantieren nicht mehr klar absetzt und kein Geruch nach NH_3 mehr festzustellen ist, wird das Diuranat auf einer Filternutsche abgesaugt und bei 80–100 °C getrocknet. Das getrocknete Produkt wird fein gepulvert, in einen Tiegel gebracht und im Al-Block 8–10 h auf 300–350 °C erhitzt. Wenn der größte Teil des Ammoniumdiuranats unter NH_3-Abgabe in Urantrioxid übergegangen ist (Farbvertiefung, rotes Lackmuspapier wird nicht mehr blau gefärbt), überführt man den Rückstand wieder in ein Becherglas. Je 10 g des Rückstandes werden mit ca. 70 ml Wasser auf dem Wasserbad auf ca. 80 °C erwärmt und der Bodensatz durch Zugabe von ca. 80–90%iger CH_3COOH in Lösung gebracht. Man filtriert die Lösung von schwerlöslichem U_3O_8 ab; dieses entsteht manchmal in geringen Mengen beim Erhitzen des Diuranats. Nach dem Einengen des Filtrats auf ca. 20 ml auf dem Wasserbad läßt man erkalten und über Nacht auskristallisieren. Die erhaltenen Kristalle von Uranoxidacetat, $UO_2(CH_3COO)_2 \cdot 2 H_2O$, werden abgesaugt, zweimal mit wenig essigsäurehaltigem Wasser gewaschen und bei Raumtemperatur an der Luft getrocknet.

Die Mutterlauge sammelt man zweckmäßig für eine spätere Aufarbeitung, da eine zweite Fraktion stets mit NH_4^+-Salzen verunreinigt ist.

3.2.6　Oxide, Peroxoverbindungen, Sulfide, Nitride und verwandte Verbindungen

---

Zinn(II)-oxid, SnO

Blauschwarze, metallisch glänzende, kristalline Substanz; schwerlöslich in Wasser, löslich in Säuren. Beim Erhitzen auf Rotglut tritt unter Aufglühen Verbrennung zu SnO_2 ein.

Die Darstellung erfolgt aus $SnCl_2$ über das Zinn(II)-oxidhydrat, das beim Erhitzen in Gegenwart von Alkalilauge leicht zu dunklem, wasserfreiem SnO dehydratisiert wird.

SnCl$_2$ · 2 H$_2$O p.a. wird in möglichst wenig heißer 7 mol/l HCl gelöst und so lange konz. NaOH-Lösung zugeführt, bis die Flüssigkeit gegen Phenolphthalein alkalisch reagiert (Vorsicht, starkes Schäumen!). Das entstandene weiße Zinn(II)-oxidhydrat wird in der Flüssigkeit anschließend 2–3 h auf dem Sandbad erhitzt, wobei quantitative Umwandlung zu SnO eintritt. Die Reinigung erfolgt durch mehrmaliges Dekantieren mit destilliertem Wasser. Trocknung bei 110 °C.

Thenards Blau, CoAl$_2$O$_4$

Intensiv blaue Substanz mit Spinellstruktur, sehr beständig gegenüber chemischen Einflüssen und hohen Temperaturen. (Verwendung als Porzellanfarbe). Beim Schmelzen mit KHSO$_4$ tritt Zersetzung ein.

$$CoO + Al_2O_3 \;\rightarrow\; CoAl_2O_4$$

Zu einer innigen, stöchiometrischen Mischung von käuflichem, basischem Cobalt(II)-carbonat bzw. CoO und Al$_2$O$_3$ setzt man die 1,5fache Gewichtsmenge KCl als Flußmittel zu und erhitzt im Porzellantiegel auf ca. 1100 °C. Die erkaltete Schmelze wird zerkleinert und mit Wasser ausgekocht, bis die Reaktion auf Cl$^-$ negativ ausfällt, und im Trockenschrank getrocknet.

Kaliumtetraperoxochromat(V), K$_3$CrO$_8$

Dunkelrotbraune Kristalle, mäßig löslich in kaltem Wasser, schwerlöslich in Ethanol und Ether. In verschlossenen Gefäßen gut haltbar. Beim Erhitzen auf 170 °C tritt Zersetzung ein, die bei weiterer Temperatursteigerung explosionsartig verläuft. Peroxochromate sind in wäßriger Lösung bei gewöhnlicher Temperatur unbeständig und zerfallen unter Rückbildung von CrO$_4^{2-}$ (alkalisches Gebiet) bzw. Übergang in Cr(III)-Verbindungen (saures Milieu).
Hinweis: Nicht in Ampullen einschmelzen

$$
\begin{aligned}
2\,CrO_4^{2-} + 8\,H_2O_2 &\;\rightarrow\; 2\,Cr(O_2)_4^{2-} + 8\,H_2O \\
2\,Cr(O_2)_4^{2-} + 2\,OH^- &\;\rightarrow\; 2\,Cr(O_2)_4^{3-} + H_2O_2 \\
\hline
2\,CrO_4^{2-} + 7\,H_2O_2 + 2\,OH^- &\;\rightarrow\; 2\,Cr(O_2)_4^{3-} + 8\,H_2O
\end{aligned}
$$

Beim Versetzen von Chromatlösungen mit H$_2$O$_2$ entstehen je nach Versuchsbedingungen (pH-Wert, Temperatur, H$_2$O$_2$-Konzentration) rote Peroxochromate(V), [Cr(O$_2$)$_4$]$^{3-}$, oder blaue Peroxochromate(VI), [CrO$_2$(O$_2$)$_2$]$^{2-}$, bzw. das blaue Peroxid, CrO$_5$.

60 ml 3%iges und 5 ml 30%iges H$_2$O$_2$ („Perhydrol") und 5 ml 50%ige KOH werden in einen 100 ml Erlenmeyerkolben gegeben und in einer Kältemischung (Eis-Kochsalz) unter gelegentlichem Umschwenken zu einem dicken Brei verarbeitet. Dann gibt man 5 g fein gepulvertes K$_2$CrO$_4$ zu und läßt in der Kältemischung 2 h stehen. Der Inhalt ist nun aufgetaut und das Peroxochromat hat sich in Form kleiner rotbrauner Oktaeder abgeschieden. Sie werden durch eine Glasfritte abfiltriert, mit Ethanol gewaschen und im Exsikkator getrocknet.

Präparative Chemie

3

Kaliumperoxodisulfat, $K_2S_2O_8$

Xn

Smp. $< 100\,°C$ unter Zersetzung

Peroxodisulfate sind in trockenem Zustand beständig und wasserlöslich. Sie stellen starke Oxidationsmittel dar und oxidieren z. B. Mn(II), Pb(II) und Co(II) in ihren Salzlösungen zu schwerlöslichen Oxiden oder Oxokomplexen höherer Oxidationsstufen. Cr^{3+} wird zu CrO_4^{2-}, Mn^{2+} zu MnO_2 (bei Gegenwart von Ag^+ zu MnO_4^- s. S. 411), Ag^+ zu Ag_2O_2 oxidiert usw.

R: 22-42/43
S: 1-26-43.1

$K_2S_2O_8$ läßt sich am besten durch anodische Oxidation einer konzentrierten $KHSO_4$-Lösung darstellen. An der Anode bildet sich intermediär das Radikal HSO_4. Dieses setzt sich bei kleiner Stromdichte unter O_2-Entwicklung um:

$$2\,HSO_4 + H_2O \;\rightarrow\; 2\,HSO_4^- + 2\,H^+ + \tfrac{1}{2}O_2.$$

Bei hoher anodischer Stromdichte und tiefer Temperatur ist die Konzentration der HSO_4-Radikale an der Anode sehr groß, und es bildet sich Peroxodisulfat:

$$2\,HSO_4 \;\rightarrow\; 2\,H^+ + S_2O_8^{2-}$$

In ein 1-Liter-Becherglas (niedere Form) füllt man 500 ml bei 10 °C gesättigte $KHSO_4$-Lösung. In die Mitte des Becherglases hängt man die Anode aus Pt-Blech mit den Abmessungen 1.4×4 cm. Parallel dazu werden an beiden Seiten im Abstand von 1.5 cm zwei als Kathoden dienende Pt-Netzelektroden mit einer Rahmenfläche von je 15 cm² angebracht. Das Elektrolysegefäß steht in einer Eis-Kochsalz-Mischung.

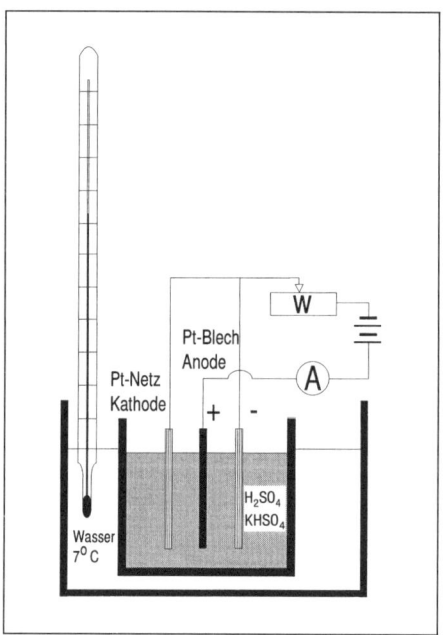

Abb. 3.14: Elektrolyseanordnung zur Darstellung von $K_2S_2O_8$.

Man arbeitet bei höchstens 10 °C Elektrolyttemperatur (Thermometer!) mit einer anodischen Stromdichte von ca. 0.48 Ampere/cm^2 und ca. 8–12 Volt. Bei den oben angegebenen Dimensionen werden ca. 5.3 Ampere benötigt. Einige Minuten nach dem Einschalten des Stroms fällt an der Anode das ziemlich schwerlösliche $K_2S_2O_8$ aus. Man läßt die Elektrolyse ca. 2 h laufen, saugt dann die Kristalle ab, wäscht mit einigen ml Eiswasser, Ethanol und Ether, trocknet im Exsikkator und wiegt zur Ausbeutebestimmung (96485 Coulomb $\equiv \frac{1}{2}$ mol $K_2S_2O_8$). Zur Steigerung der Ausbeute empfiehlt sich ein Zusatz von etwas K_2CrO_4 zur $KHSO_4$-Lösung. CrO_4^{2-} wird an der Kathode zu Cr^{3+} reduziert und schlägt sich auf dieser als ein dünner $Cr(OH)_3$-Überzug nieder und verhindert so eine unerwünschte Reduktion von $S_2O_8^{2-}$ an der Kathode.

Kaliumthioferrat(III), K[FeS$_2$] bzw. K$_2$[Fe$_2$S$_4$]

Permanganat-farbene, halbmetallisch glänzende Kristallnadeln, die an trockener Luft unbegrenzt haltbar sind; schwerlöslich in Wasser

$$6\,Fe + 4\,K_2CO_3 + 13\,S \;\rightarrow\; 6\,K[FeS_2] + K_2SO_4 + 4\,CO_2\uparrow$$

Im bedeckten Porzellantiegel wird eine Mischung von 5 g Fe-Pulver, 25 g K_2CO_3, 5 g Na_2CO_3 und 30 g S langsam erhitzt, bis die Masse ruhig fließt, und dann ca. 1 h auf helle Rotglut gebracht. Nach sehr langsamer Abkühlung wird der Tiegel zerschlagen und der Schmelzkuchen mit warmem Wasser so lange digeriert, bis die anfänglich durch Thiohydroxoferrat(II), $[FeS(OH)_3]^{3-}$, grünen Extrakte farblos sind und sich nichts mehr löst. Falls kolloid lösliche Produkte in größerer Menge auftreten, war die Temperatur zu niedrig. Die zurückgebliebenen K[FeS$_2$]-Kristalle werden mit Wasser und Ethanol gewaschen und möglichst rasch bei 100 °C getrocknet.

Chrom(III)-sulfid, Cr$_2$S$_3$

Schwarze, graphitähnlich glänzende Blättchen. Schwerlöslich in nichtoxidierenden Säuren. Leichtlöslich in HNO_3. Cr_2S_3 zersetzt sich oberhalb 1350 °C.

$$2\,CrCl_3 + 3\,H_2S \;\rightarrow\; Cr_2S_3 + 6\,HCl$$

Cr_2S_3 läßt sich infolge seiner leichten Hydrolysierbarkeit nicht in wäßriger Lösung darstellen. Auf trockenem Wege erhält man ein in Wasser und selbst in Säuren schwerlösliches Produkt.

Wasserfreies $CrCl_3$ wird im Porzellanschiffchen in einem schwerschmelzbaren Glasrohr auf 600–650 °C erhitzt und durch das Rohr 2 h ein sorgfältig getrockneter H_2S-Strom ($CaCl_2$-Trockenturm) geleitet. Man läßt im H_2S-Strom erkalten. Das entweichende H_2S wird durch eine mit Natriumhypochlorit gefüllte Vorlage geleitet.

$$H_2S + 4\,ClO^- \;\rightarrow\; HSO_4^- + H^+ + 4\,Cl^-$$

Ammoniumkupfertetrasulfid, (NH$_4$)CuS$_4$

Smp. 124,5 °C

Glänzend rote Prismen

Einige Thiosalze (vgl. S. 467) leiten sich von Polysulfiden (z.B. S$_4^{2-}$, S$_5^{2-}$) ab, von denen am bekanntesten das Kupfersalz (NH$_4$)CuS$_4$ ist. Man geht zu dessen Darstellung von Ammoniumpolysulfiden und entsprechenden Metallsalzen aus. Ähnliche Verbindungen sind vom Gold, (Ph$_4$As)$_2$Au$_2$S$_8$ (Ph = Phenyl), und Platin, (NH$_4$)$_2$Pt(S$_5$)$_3$ · 2H$_2$O, bekannt.

In eine Mischung von 200 ml konz. Ammoniak und 500 ml H$_2$O leitet man im geschlossenen Kolben unter Wasserkühlung H$_2$S bis zur Sättigung ein. Die Hälfte dieser Lösung wird dann bei 40 °C mit ca. 60 g Schwefelblume gesättigt, filtriert und mit der anderen Hälfte vereinigt. Man fügt zu dieser Lösung unter Umschwenken eine Lösung von 20 g CuSO$_4$ in 200 ml H$_2$O hinzu, bis ein eben verbleibender Niederschlag von CuS entsteht, und filtriert sofort durch ein großes Faltenfilter in einen Erlenmeyerkolben. Dieser soll vom Filtrat fast vollständig gefüllt sein. Beim Stehen im Eisschrank scheiden sich rote Kristalle ab. Sie werden abgesaugt, mit Wasser und Ethanol gewaschen und im Vakuumexsikkator getrocknet.

Magnesiumnitrid, Mg$_3$N$_2$

Grünlichgelbes, lockeres Pulver, sehr empfindlich gegen Feuchtigkeit

$$Mg_3N_2 + 6H_2O \rightarrow 3Mg(OH)_2 + 2NH_3$$

$$3Mg + N_2 \rightarrow Mg_3N_2$$

Fein verteiltes Mg kann bei höherer Temperatur in einem N$_2$-Strom mit dem Stickstoff reagieren. Wenn der N$_2$-Strom nicht hochrein ist, erhält man jedoch kein oxidfreies Produkt. In diesem Fall empfiehlt sich die Umsetzung mit NH$_3$. Über Mg-Feilspäne, die sich in einem Porzellanschiffchen in einem Keramikrohr befindet, wird NH$_3$ geleitet. Das Rohr ist über ein T-Stück mit einer Anlage zur Entwicklung von trockenem NH$_3$ und einer N$_2$-Leitung verbunden. Es ist außerdem mit Trockenrohren (CaO- und KOH-Plätzchen) abgeschlossen. Am Gasauslaß befinden sich zur Absorption der Abgase zwei Waschflaschen (Sicherheitswaschflaschen), die mit verd. H$_2$SO$_4$ gefüllt sind.

Wenn die Luft vollkommen aus der Apparatur durch NH$_3$ verdrängt ist – man erkennt das daran, daß aus der zweiten Waschflasche keine Blasen mehr austreten – wird das Mg vier Stunden bei 800–850 °C erhitzt. Den Beginn der Nitrid-Entwicklung erkennt man am Aufglühen des Mg und ferner daran, daß H$_2$ entwickelt wird. Während der Hauptreaktion muß ein rascher NH$_3$-Strom zugeleitet werden, damit die Absorptionsflüssigkeit nicht zurücksteigt. Danach wird das Präparat bei der gleichen Temperatur im N$_2$-Strom behandelt, um absorbiertes NH$_3$ zu entfernen.

$$3Mg + 2NH_3 \rightarrow Mg_3N_2 + 3H_2$$

3.2.7 Säuren und Basen

Säuren bzw. Basen werden präparativ allgemein nach folgenden Verfahren dargestellt:

1. Aus Oxiden und H_2O

$$SO_3 + H_2O \rightarrow H_2SO_4$$
$$Li_2O + H_2O \rightarrow 2\,LiOH$$

2. Durch Hydrolyse

$$PCl_5 + 4\,H_2O \rightarrow H_3PO_4 + 5\,HCl$$
$$Mg_3N_2 + 6\,H_2O \rightarrow 3\,Mg(OH)_2 + 2\,NH_3$$

3. Durch Oxidation von Nichtmetallen bei Gegenwart von H_2O

$$3\,P + 5\,HNO_3 + 2\,H_2O \rightarrow 3\,H_3PO_4 + 5\,NO\uparrow$$

4. durch Elektrolyse wäßriger Salzlösungen

5. durch doppelte Umsetzungen, falls das eine Reaktionsprodukt flüchtig, schwerlöslich oder extrahierbar ist.

6. durch Ionenaustausch

Salpetersäure, HNO_3, wasserfrei

Smp. $-40\,°C$, Sdp. $84\,°C$

HNO_3 ist eine farblose Flüssigkeit, $D = 1{,}522$ g/cm³. Bei Siedetemperatur unter Atmosphärendruck und bei Aufbewahrung am Licht tritt langsam Zersetzung ein:

$$2\,HNO_3 \rightarrow 2\,NO_2 + H_2O + \tfrac{1}{2}O_2$$

NO_2 löst sich in HNO_3 und färbt sie gelb oder bei größeren Konzentrationen rot (rauchende Salpetersäure). 69%ige wäßrige HNO_3 ist ein azeotropes Gemisch (s. S. 270) **Konz. HNO_3 wirkt stark ätzend und oxidierend.**

 O   C

R: 8-35
S: 23.2-26-36

$$KNO_3 + H_2SO_4 \rightarrow KHSO_4 + HNO_3$$

Die Verdrängung aus ihren Alkalisalzen durch die schwererflüchtige H_2SO_4 diente früher fast ausschließlich zur HNO_3-Darstellung. Heute erfolgt ihre großtechnische Gewinnung nach dem **Ostwald-Verfahren,** der katalytischen NH_3-Verbrennung.

In einen mit 25 ml konz. H_2SO_4 beschickten trockenen Destillationskolben gibt man unter guter Kühlung 30 g sorgfältig getrocknetes, feingepulvertes KNO_3 und etwas $AgNO_3$ und läßt ca. 1 h verschlossen stehen. Dann wird vorsichtig destilliert und der zunächst übergehende, braun bis gelb gefärbte Vorlauf verworfen. Der bei $83-85\,°C$ siedende Anteil

Präparative Chemie

3

besteht aus ziemlich reiner, Cl^--freier HNO_3, die nur ganz schwach gelb gefärbt ist. Sobald sich die übergehenden Gase bräunlich färben, wird die Destillation abgebrochen.

Zur Darstellung größerer HNO_3-Mengen arbeitet man mit Schliffgeräten und destilliert wiederholt im Vakuum (Siedekapillare, Wasserbad, Schutzbrille), Sdp.$_{26mbar}$ 36–38 °C.

Arsensäure-Hemihydrat, $H_3AsO_4 \cdot \frac{1}{2}H_2O$

Klare, **sehr giftige,** hygroskopische Kristalle der Zusammensetzung $H_3AsO_4 \cdot \frac{1}{2}H_2O$

 T

R: 23/25-45
S: 1/2-20/
21-28-44

In einem Zweihalskolben mit Tropftrichter (s. S. 182) erwärmt man vorsichtig 50 g As_2O_3 und läßt gleichzeitig 50 ml konz. HNO_3 (D = 1,38 g/cm^3) zutropfen. Die sich entwickelnden Stickstoffoxide werden zweckmäßig zur Gewinnung von Nitrosylschwefelsäure in konz. H_2SO_4 eingeleitet (s. nachstehendes Präparat). Entstehen keine Stickstoffoxide mehr, dekantiert man vom Ungelösten und dampft zur Trockene ein. Der Rückstand wird mit wenig Wasser aufgenommen, durch eine Glasfritte filtriert und die Lösung abermals eingeengt, bis ein in die Flüssigkeit gehaltenes Thermometer 130 °C anzeigt. Man überläßt dann diese Lösung, die im kalten Zustand etwa Honigkonsistenz hat, im Eisschrank der Kristallisation (am besten im Exsikkator über H_2SO_4).

Nitrosylhydrogensulfat, $(NO)HSO_4$
„Nitrosylschwefelsäure"

Smp. 73 °C

Weiße federartige bis blättrige, gegenüber Feuchtigkeit empfindliche Kristalle, unzersetzt löslich in konz. H_2SO_4.

 O  C

R: 8-14-29-35
S: 26-36/39

Nitrosylschwefelsäure ist als ein gemischtes Anhydrid von HNO_2 und H_2SO_4 aufzufassen. Sie läßt sich demgemäß entweder aus HNO_3 und SO_2 ($HNO_2 + SO_3$) oder aus H_2SO_4 und ($NO_2 + NO$) darstellen:

$$HNO_3 + SO_2 \qquad \rightarrow (NO)HSO_4$$
$$2\,H_2SO_4 + (NO + NO_2) \rightarrow 2(NO)HSO_4 + H_2O$$

Das unerwünschte Auftreten von $(NO)HSO_4$ im Bleikammerprozeß („Bleikammerkristalle") ist darauf zurückzuführen, daß auch NO_2 (als gemischtes Anhydrid von HNO_2 und HNO_3) bei Gegenwart geringer H_2O-Mengen mit SO_3 bzw. SO_2 reagiert:

$$2\,NO_2 + H_2O + SO_3 \rightarrow (NO)HSO_4 + HNO_3$$
$$2\,NO_2 + H_2O + SO_2 \rightarrow (NO)HSO_4 + HNO_2$$

Bei Gegenwart größerer H_2O-Mengen tritt sofort Hydrolyse des $(NO)HSO_4$ in HNO_2 und H_2SO_4 ein, so daß bei der präparativen Darstellung auf weitgehenden Feuchtigkeitsausschluß zu achten ist.

1. In einem mit 35 ml konz. H_2SO_4 beschickten, in einer Eis-Kochsalz-Mischung stehenden kleinen Erlenmeyerkolben wird so lange trockenes $(NO + NO_2)$ eingeleitet, bis der Inhalt zu einem Brei von $(NO)HSO_4$ erstarrt ist. Man saugt rasch ab (Abzug!), wäscht mit Eisessig und trocknet im Exsikkator über P_2O_5.

2. In eine mit 40 ml einer rauchender HNO_3 ($D = 1,52\,g/cm^3$) gefüllte Gaswaschflasche wird unter Kühlung mit Eis-Kochsalz ein mäßig rascher Strom von sorgfältig getrocknetem SO_2 eingeleitet. Die Reaktion verläuft unter Wärmeentwicklung, die Temperatur soll nicht über $+5\,°C$ steigen. Aufarbeitung des Kristallbreies wie unter 1.

Man verwende zum Einleiten von SO_2 bzw. $(NO + NO_2)$ durch Glasschliffe verbundene Glasrohre. Die Glasteile sollten keinesfalls mit Gummischläuchen verbunden sein.

Amidoschwefelsäure, $(NH_2)HSO_3$

Smp. 205 °C

Farblose Kristalle

 Xi

R: 36/38
S: 2-26-28.1

$$CO(NH_2)_2 + H_2S_2O_7 \rightarrow 2(NH_2)HSO_3 + CO_2\uparrow$$

Der Ersatz eines Wasserstoffatoms im NH_3-Molekül durch die Sulfonsäuregruppe SO_3H^+ bzw. eines Wasserstoffatoms in der H_2SO_4 durch die NH_2-Gruppe (Grimmsches Hydridverschiebungsgesetz s. S. 83) führt zu Amidoschwefelsäure. Sie läßt sich sehr einfach aus Harnstoff (dem Diamid der Kohlensäure) und rauchender Schwefelsäure (Oleum) darstellen.

In 56 ml konz. H_2SO_4 werden langsam 30 g Harnstoff unter Kühlung und Rühren eingetragen. Zur klaren Lösung fügt man unter Eiskühlung und Rühren nach und nach 90 ml 65–70%iges Oleum hinzu, wobei die Temperatur 45 °C nicht überschreiten darf. Von diesem Gemisch wird ein kleiner Teil auf dem Wasserbad bis zum Eintreten einer heftigen CO_2-Entwicklung erwärmt; sobald diese nachgelassen hat, wird ein weiterer Anteil zugefügt usw., bis alles zur Reaktion gebracht ist. Dann läßt man abkühlen, saugt auf einer Glasfritte ab, wäscht mit konz. H_2SO_4, saugt $\frac{1}{2}$ h Luft hindurch und preßt auf Ton ab. Nach Stehen über Nacht an der Luft wird die rohe Säure in 200–250 ml siedendes Wasser gegeben, die Lösung sofort durch einen Heißwasserfilter filtriert und in Eis gekühlt. Die auskristallisierte, reine Amidoschwefelsäure wird abgesaugt, mit wenig eiskaltem Wasser gewaschen und getrocknet.

Eine andere Möglichkeit zur Herstellung von Amidoschwefelsäure besteht in der Umsetzung von Hydroxylammoniumsulfat mit SO_2.
Gefahrenhinweis: Hydroxylamin und teilweise dessen Salze bilden beim starken Erwärmen mit der Luft explosionsfähige Gemische, die schwerer als Luft sind. Es besitzt eine lokale Reizwirkung auf Haut, Augen und Schleimhäute.

$$[NH_3OH]_2SO_4 + 2SO_2 \rightarrow 2(NH_2)HSO_3 + H_2SO_4$$

Präparative Chemie

3

Hydroxylammoniumsulfat wird in möglichst wenig Wasser gelöst und in die eiskalte Lösung SO_2 bis zur Sättigung eingeleitet. Man läßt diese Lösung in einem verschlossenen Erlenmeyerkolben einen Tag lang stehen, vertreibt dann das überschüssige SO_2 durch einen Luftstrom und läßt im Exsikkator über konz. H_2SO_4 kristallisieren. Die abgeschiedenen, farblosen Kristalle werden auf einer Glasfilternutsche abgesaugt und wie oben beschrieben weiter verarbeitet. Die rohe Amidoschwefelsäure kristallisiert man aus der 2–2,5fachen Gewichtsmenge siedendem Wasser um.

Natriumazid, NaN$_3$

Smp.: Zersetzung oberhalb 275 °C

Natriumazid zersetzt sich bei vorsichtigem Erwärmen auf 275 °C im Vakuum in gemäßigter Reaktion zu Na und N$_2$. Sämtliche Azide sind thermisch instabil. **Die Azide der Übergangsmetalle sind hochexplosiv. Keine Metallspatel verwenden.** NaN$_3$ bildet mit Säuren sehr giftige und hochexplosive HN$_3$. Die Dämpfe der HN$_3$ sind sehr giftig und verätzen die Schleimhäute. In wäßriger Lösung ist sie eine schwache Säure (pK$_s$ = 4,67)

 T

R: 28-32
S: 28

Die Darstellung erfolgt in zwei Stufen.

1. Natriumamid, NaNH$_2$

$$NH_3 + Na \rightarrow NaNH_2 + \tfrac{1}{2}H_2\uparrow$$

In einem Fe-Schiffchen befinden sich 1–2 g krustenfreies Na. Das Schiffchen wird in ein schwerschmelzbares Rohr eingeführt und durch dieses bei 350 °C ein sorgfältig getrockneter (Natronkalktrockenturm) NH$_3$-Strom geleitet; NH$_3$ entnimmt man einer Stahlflasche oder stellt es nach S. 184 her. Das Ende der Reaktion erkennt man daran, daß eine Probe des ausströmenden Gases von Wasser völlig absorbiert wird.

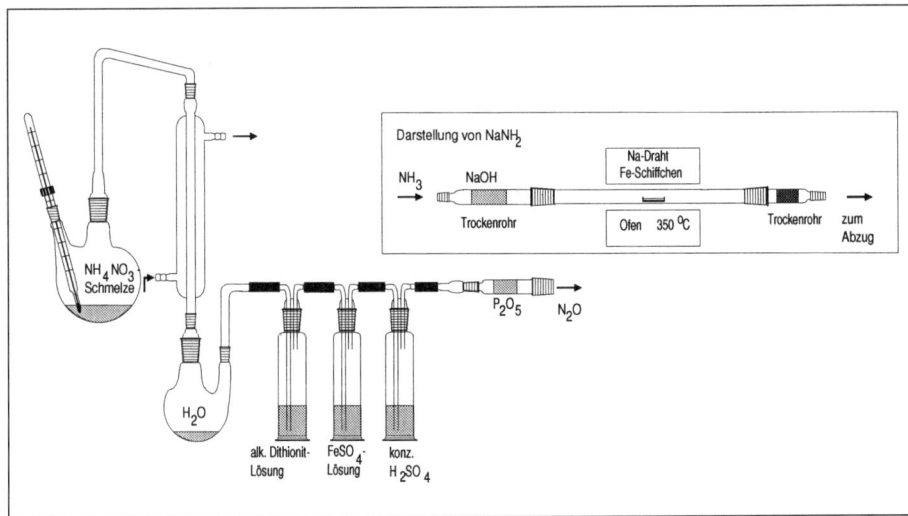

Abb. 3.15: Reaktionsapparaturen zur Darstellung von NaNH$_2$ und NaN$_3$.

2. Natriumazid, NaN$_3$ (Rohprodukt)

$$NH_4NO_3 \rightarrow N_2O + 2H_2O$$
$$NaNH_2 + N_2O \rightarrow NaN_3 + H_2O$$
$$H_2O + NaNH_2 \rightarrow NaOH + NH_3\uparrow$$

Über das nach 1. hergestellte weiße NaNH$_2$ (Smp. 210 °C) leitet man im selben Glasrohr bei 180 °C N$_2$O (Abb. 3.15). Läßt sich im ausströmenden Gas kein NH$_3$ mehr nachweisen, ist die Reaktion beendet.

N$_2$O erhält man durch vorsichtiges Erhitzen von NH$_4$NO$_3$.

Hinweis: Im Zersetzungskolben wird das NH$_4$NO$_3$ sehr vorsichtig erhitzt. Die Reaktion setzt bei etwa 175° C unter Wärmeentwicklung ein. Im Verlauf der Reaktion steigt die Temperatur an, sie soll jedoch 250 °C nicht übersteigen, da dann in zunehmendem Maße N$_2$ als Nebenprodukt entsteht.

Achtung: Bei 300 °C und höher kann es leicht zur **Explosion** kommen. Deshalb sind allzu-große Ansätze zu vermeiden.

Das entwickelte N$_2$O-Gas muß sorgfältig (!) getrocknet werden, da bei der Reaktion H$_2$O entsteht. Zur Entfernung von NO, NO$_2$ und CO$_2$ wird mit gesättigter FeSO$_4$-Lösung gewaschen. Um Spuren von O$_2$ auszuwaschen verwendet man alkalische Dithionit-Lösung. Das so gereinigte Gas wird anschließend mit konz. H$_2$SO$_4$ und P$_2$O$_5$ getrocknet.

Diquecksilber(II)-ammoniumhydroxid-Dihydrat [NHg$_2$]OH · 2H$_2$O	 T
Beim Erhitzen auf 110 °C wandelt sich das gelbe Dihydrat reversibel in das bräunlich gelbe Monohydrat, [NHg$_2$]OH · H$_2$O um.	R : 26/27/ 28-33 S : 1/2-13- 28-45

Bei Einwirkung von wäßrigem Ammoniak auf gelbes HgO entsteht eine hellgelbe, lichtempfindliche, schwerlösliche Verbindung, die die Fähigkeit hat, mit Säuren in heterogener Reaktion Salze zu bilden. Sie ist unter dem Namen **Millonsche Base** bekannt und als Diquecksilber(II)-ammoniumhydroxid, [NHg$_2$]OH · H$_2$O, zu formulieren. Das bekannteste Salz der Millonschen Base ist das beim NH$_3$-Nachweis mit **Neßlers Reagenz** (vgl. S. 384) entstehende Iodid, [NHg$_2$]I. Die N- und Hg-Atome bilden in diesen Verbindungen ein dreidimensionales [(NHg$_2$)$^+$]$_\infty$-Raumnetz wie die Si- und O-Atome im Cristobalit.

Frisch gefälltes, absolut alkalifreies HgO (25 g HgCl$_2$ bei 70 °C in 200 ml Wasser lösen, mit 7,5 g NaOH in 20 ml Wasser versetzen und den Niederschlag durch mehrfaches Dekantieren, Absaugen und Auswaschen reinigen) wird mit CO$_2$-freiem Ammoniak (Einleiten von NH$_3$-Gas (Stahlflasche), das über festem NaOH gereinigt wurde, in eine Vorlage von 100 ml Wasser) übergossen. Man läßt mehrere Tage unter gelegentlichem Umschütteln im Dunkeln bei 40–60 °C stehen. Dann wird durch Dekantieren von der Hauptmenge NH$_3$ befreit, mit Wasser gewaschen und im Vakuumexsikkator über Silicagel im Dunkeln getrocknet.

Präparative Chemie

3

3.2.8 Salze

> ### Aluminiumkaliumsulfat-Dodecahydrat, Aluminiumalaun
> ### $KAl(SO_4)_2 \cdot 12\,H_2O$
>
> Smp. 92 °C
>
> Gut ausgebildete, farblose, oktaedrische Kristalle

33 g $Al_2(SO_4)_3 \cdot 18\,H_2O$ werden in 25 ml heißem Wasser gelöst und eine warme Lösung von 8,5 g K_2SO_4 in 50 ml Wasser zugefügt. Die Lösung läßt man möglichst langsam abkühlen, wobei sich der Alaun abscheidet.

Allgemein geht man zur Züchtung von Kristallen beträchtlicher Größe von kleinen, gut ausgebildeten Kristallen aus. Diese Impfkristalle wachsen in einer kaltgesättigten Lösung weiter, wenn man das Lösungsmittel bei Zimmertemperatur langsam verdunsten läßt. Der Impfkristall kann an einem Faden mit Schlinge in die Lösung eingehängt oder am Boden des Zuchtgefäßes liegend weitergezüchtet werden. Im letzteren Fall muß man die Lage während des Wachstums mehrfach verändern, damit die Wachstumsgeschwindigkeit in Richtung aller Achsen gleich wird und ein völlig regelmäßig gebauter Einkristall entsteht.

Um weitere Keimbildung durch einfallenden Staub zu vermeiden, bedeckt man das Zuchtgefäß (Becherglas, Kristallisierschale) mit einem Uhrglas, das durch Glashäkchen oder mit Filterpapier auf Abstand zum Gefäßrand gehalten wird.

16 g $KAl(SO_4)_2 \cdot 12\,H_2O$ sind in 100 ml Wasser zu lösen und kurz zu erwärmen (60 °C). Anschließend läßt man die Lösung abkühlen und das überschüssige Salz auskristallisieren, anschließend filtriert man und bringt den Impfkristall ein.

> ### Chrom(III)-Kaliumsulfat-Dodecahydrat, Chromalaun
> ### $KCr(SO_4)_2 \cdot 12\,H_2O$
>
> Smp. 89 °C
>
> Im Durchlicht dunkelviolette, oktaedrische Kristalle. Im Auflicht erscheinen sie schwarz.

Eine Lösung von 10 g $K_2Cr_2O_7$ in 100 ml Wasser und ca. 11 ml konz. H_2SO_4 wird in der Kälte mit ca. 7 ml Ethanol reduziert (gute Kühlung, Temperatur darf nicht über 40° steigen). Beim Stehenlassen kristallisiert der „Chromalaun".

Zur Züchtung großer Kristalle geht man von 30 g $KCr(SO_4)_2 \cdot 12\,H_2O$ aus und verfährt analog wie beim $KAl(SO_4)_2 \cdot 12\,H_2O$.

> ### Ammoniumeisen(III)-sulfat-Dodecahydrat, Eisenalaun,
> ### $(NH_4)Fe(SO_4)_2 \cdot 12\,H_2O$
>
> Smp. 230 °C
>
> Schwach rosafarbene, oktaedrische Kristalle

27,8 g $FeSO_4 \cdot 7\,H_2O$ werden im Abzug unter Erwärmen in 50 ml 1 mol/l H_2SO_4 gelöst und dann 10 ml konz. HNO_3 zugegeben. Anschließend wird zum Sieden erhitzt, bis keine Stickstoffoxide mehr entweichen. Wenn eine Probe auf Fe^{2+} positiv ausfällt, muß die Oxidation wiederholt werden. Wenn kein Fe^{2+} mehr vorhanden ist, wird die Lösung auf 40–50 ml eingeengt. Nach Abkühlen auf Zimmertemperatur (auf jeden Fall unter 33 °C) gibt man 20 ml einer bei der gleichen Temperatur gesättigten $(NH_4)_2SO_4$-Lösung hinzu. Unter Verwendung einiger Alaun-Impfkristalle kristallisiert im Exsikkator über konz. H_2SO_4 „Eisenalaun" aus.

Ammoniumeisen(II)-sulfat-Hexahydrat, „Mohrsches Salz",
$(NH_4)_2Fe(SO_4)_2 \cdot 6\,H_2O$

Smp. 100 °C

Schwach bläulichgrüne, in Wasser leichtlösliche Kristalle, die
viel luftbeständiger als $FeSO_4$ sind.

5,6 g Fe-Späne (Blumendraht in kleinen Stücken) werden in der berechneten Menge 1 mol/l H_2SO_4 in der Wärme gelöst. Die Lösung wird von ausgeschiedenem Kohlenstoff abfiltriert und auf dem Wasserbad so weit eingeengt, daß sich gerade eine Kristallhaut auszubilden beginnt. Unterdessen löst man 13 g $(NH_4)_2SO_4$ in 15 ml Wasser und engt ebenfalls in der Hitze bis zur Sättigung ein. Noch heiß werden beide Lösungen vereinigt. Nach dem Erkalten (am besten über Nacht) werden die ausgeschiedenen Kristalle abgesaugt, mit sehr wenig Wasser gewaschen und auf Filterpapier trockengepreßt. Aus der Mutterlauge läßt sich durch Eindampfen eine zweite Kristallfraktion erhalten.

Bariumdithionat-Dihydrat, $BaS_2O_6 \cdot 2\,H_2O$

Smp. -111 °C, Sdp. 76 °C

Farblose Kristalle

$$2\,SO_3^{2-} \qquad\qquad \rightarrow \; S_2O_6^{2-} + 2\,e^-$$
$$2\,SO_2 + MnO_2 \qquad \rightarrow \; MnS_2O_6$$
$$MnS_2O_6 + Ba(OH)_2 \rightarrow \; Mn(OH)_2 + BaS_2O_6$$

Die feinverteilten Oxidhydrate von Mn(IV) und Fe(III) oxidieren SO_3^{2-} zu $S_2O_6^{2-}$. Verwendet man MnO_2 zur Oxidation, kann das gelöste MnS_2O_6 durch Umsetzung mit $Ba(OH)_2$ in das gut kristallisierende Bariumdithionat überführt werden.

In eine Suspension von 25 g feingepulvertem Braunstein, MnO_2, in 125 ml Wasser wird unter Kühlen mit Eiswasser SO_2 bis zur Sättigung eingeleitet. Ist der größte Teil des schwarzbraunen MnO_2 verschwunden, erwärmt man und fügt unter Umrühren eine gesättigte Lösung von 100 g $Ba(OH)_2 \cdot 8\,H_2O$ in 100 ml heißem Wasser zu. Das ausgefallene $Mn(OH)_2$ wird abfiltriert und mit heißem Wasser ausgewaschen. In das Mangan-freie Filtrat (Probe mit $(NH_4)_2S$ prüfen!) leitet man in der Siedehitze CO_2 ein, bis der Überschuß von $Ba(OH)_2$ als $BaCO_3$ vollständig ausgeschieden ist. Nach Filtration wird das Filtrat in einer Porzellanschale bis zum Auftreten einer Kristallhaut eingeengt und langsam abgekühlt. Die Kristalle werden abgenutscht und zwischen Filterpapier getrocknet.

Zur Darstellung einer wäßrigen Lösung der freien Dithionsäure, $H_2S_2O_6$, setzt man zu einer BaS_2O_6-Lösung eine äquivalente (!) Menge H_2SO_4 zu und filtriert vom $BaSO_4$-Niederschlag ab.

Eine elegantere Methode zur Darstellung freier Säuren aus ihren Salzen ist der Ionenaustausch an Ionenaustauscherharzen (vgl. S. 175).

Präparative Chemie

3

Natriummonosulfandisulfonat, Na$_2$S$_3$O$_6$
(Natriumtrithionat)

Durchsichtige, tafelförmige Kristalle

$$2\,Na_2S_2O_3 + 4\,H_2O_2 \;\rightarrow\; Na_2S_3O_6 + Na_2SO_4 + 4\,H_2O$$

Durch Oxidation von Thiosulfat erhält man Trithionat frei von anderen Poly-thionaten.

Zu einer Lösung von 62 g Na$_2$S$_2$O$_3$ · 5 H$_2$O in 50 ml Wasser läßt man unter dauerndem starken Rühren (Rührmotor) 52 ml 30%iges H$_2$O$_2$ („Perhydrol") langsam zutropfen, wobei durch gute Kühlung mit Eiswasser die Temperatur zwischen 0 und 10 °C zu halten ist. Nach kurzem Stehen reagiert die Flüssigkeit neutral; eine Probe bleibt beim Ansäuern klar. Durch starke(!) Abkühlung in Eis-Kochsalz-Mischung läßt sich fast das gesamte Na$_2$SO$_4$ · 10 H$_2$O abscheiden. Man saugt schnell ab und läßt das Filtrat in Ethanol einflie-ßen. Es fällt sofort wasserfreies Na$_2$S$_3$O$_6$ aus, das abgesaugt und an der Luft getrocknet wird.

Natriumtetrathioarsenat(V)-8-Wasser,
Na$_3$AsS$_4$ · 8 H$_2$O

Blaßgelbe, monokline Prismen. Die Verbindung schmilzt unter Zersetzung.

 T

R: 23/25
S: 1/2-20/21-
28-44

$$3\,Na_2S + 2\,S + As_2S_3 \;\rightarrow\; 2\,Na_3AsS_4$$

20 g As$_2$O$_3$ löst man in heißer NaOH, macht vorsichtig stark salzsauer und leitet H$_2$S ein. As$_2$S$_3$ wird abgefiltert und mit verdünnter HCl ausgewaschen. Zur Darstellung einer dem angewandten As äquivalenten Menge Na$_2$S löst man 24 g NaOH in 100 ml Wasser, halbiert die Lösung, leitet in die eine Hälfte bis zur Sättigung (Wägen!) H$_2$S ein (NaOH + H$_2$S → NaHS + H$_2$O) und vereinigt sie mit der anderen Hälfte (NaOH + NaHS → Na$_2$S + H$_2$O). In der so bereiteten Lösung werden das As$_2$S$_3$, und 4 g S in der Wärme gelöst. Auf dem Wasserbad engt man die klare Lösung vorsichtig bis zur Bildung einer Kristallhaut ein und läßt durch langsames Abkühlen kristallisieren.

Natriumtetrathioantimonat(V)-9-Wasser,
Na$_3$SbS$_4$ · 9 H$_2$O „Schlippesches Salz"

Smp. 87 °C

Hellgelbe Tetraeder. Die Verbindung zersetzt sich bei 234 °C

Xn

R: 20/22
S: 22

Die Darstellung erfolgt in analoger Weise wie bei Na$_3$AsS$_4$ · 8 H$_2$O. Statt 20 g As$_2$O$_3$ verwendet man 45 g SbCl$_3$ oder 29 g Sb$_2$O$_3$, die man in 2 mol/l HCl löst.

Natriummonothiotrioxoarsenat(V)-12-Wasser,
Na$_3$AsSO$_3$ · 12 H$_2$O

 T

Smp. −16 °C; Sdp. 130 °C

Farblose, rhombische Säulen

R: 23/25
S: 1/2-20/21-
28-44

20 g As$_2$O$_3$ werden in der genau berechneten Menge NaOH (24 g/100 ml) gelöst und mit 6,5 g Schwefel 1/2 h gekocht. Man filtriert von ungelöstem Schwefel ab, dampft bis zur beginnenden Kristallisation ein und läßt langsam abkühlen.

Bariumtrithiocarbonat, BaCS$_3$

Gelbes Pulver, löst sich mit roter Farbe in Wasser

$$BaS + CS_2 \rightarrow BaCS_3$$

Eine klare Lösung von 32 g Ba(OH)$_2$ · 8 H$_2$O in 100 ml Wasser wird halbiert und in die eine Hälfte bis zur Sättigung (Wägen!) H$_2$S eingeleitet (Bildung von Ba(HS)$_2$). Dann gießt man die andere Hälfte dazu (Bildung von BaS). Beim Schütteln dieser Lösung mit 8 g CS$_2$ fällt BaCS$_3$ aus, das abfiltriert, zuerst mit wenig Wasser, dann mit halbverdünntem Ethanol, schließlich mit reinem Ethanol gewaschen und im Vakuumexsikkator getrocknet wird. Aus dem Filtrat fällt beim Waschen mit Ethanol weiteres BaCS$_3$.
Toxizität von CS$_2$: CS$_2$ ist eine **leichtentzündliche** und **giftige Flüssigkeit** (MAK-Wert 31,65 mg/m^3 = 10 ppm). Es gelten die R-Sätze 12-26 und die S-Sätze 27-29-33-43-45. Reaktionen mit CS$_2$ werden ausschließlich im Abzug durchgeführt.

Bariumphosphinat, Ba(PH$_2$O$_2$)$_2$ · H$_2$O

Smp. 26,5 °C

Perlmuttglänzende Nadeln

$$P_4 + 3 OH^- + 3 H_2O \rightarrow 3[PH_2O_2]^- + PH_3\uparrow$$

Durch Disproportionierung von P in alkalischer Lösung entsteht neben giftigem PH$_3$ Phosphinat (Hypophosphit).
Die Darstellung muß unter einem gut ziehenden Abzug vorgenommen werden!

In einem Zweihalskolben werden 15 g Ba(OH)$_2$ · 8 H$_2$O in 200 ml Wasser gelöst, in der Kälte 5 g farbloser Phosphor, der unter Wasser in kleine Stücke zerschnitten wurde, zugegeben. Den Kolben versieht man mit einem Gaseinleitungs- und Gasableitungsrohr. Durch den Kolben wird zunächst zur Luftverdrängung N$_2$ geleitet. Dann drosselt man den N$_2$-Strom und erhitzt die Lösung zum Sieden. Nach Beginn der Reaktion entzünden sich bei kleingestelltem N$_2$-Strom die durch die Wasservorlage perlenden Gasblasen an der Luft (PH$_3$ enthält geringe Mengen des selbstentzündlichen P$_2$H$_4$). Besser ist es, den Gasstrom über ein Glasrohr in eine Bunsenbrennerflamme zu leiten. Wenn sich der P gelöst hat, wird CO$_2$ durchgeleitet, um das überschüssige Ba(OH)$_2$ zu entfernen. Durch Ein-

Präparative Chemie

3

dampfen der filtrierten Lösung bis zur beginnenden Kristallisation und Abkühlen erhält man Kristalle von $Ba[PH_2O_2]_2 \cdot H_2O$, die zur Reinigung aus Wasser umkristallisiert werden.

Toxizität von PH$_3$: Farbloses, hochgiftiges, etwas wasserlösliches, brennbares Gas (MAK-Wert 0,1 ppm). Mit Luft und anderen oxidierenden Stoffen können explosionsfähige Gemische entstehen. Ernste Vergiftungsgefahr beim Einatmen.

Entsorgung: Verbrennen.

Zur Darstellung der hypophosphorigen Säure, HPH_2O_2, wird eine wäßrige $Ba[H_2PO_2]_2$-Lösung mit der äquivalenten (!) Menge 30%iger H_2SO_4 versetzt, $BaSO_4$ abfiltriert und das Filtrat weitgehend eingedampft (zuletzt möglichst im Vakuum über P_2O_5). Die zurückbleibende ölige Flüssigkeit bringt man durch Impfen mit einem HPH_2O_2-Kristall oder durch Abkühlen unter 0 °C zur Kristallisation (perlmuttglänzende Nadeln).

Auch durch Ionenaustausch (vgl. S. 175) ist eine verdünnte wäßrige HPH_2O_2-Lösung erhältlich. Dazu wird eine mit Ablaufbahn versehene Austauschersäule (Abb. 3.6, S. 177) von ca. 40 cm Rohrlänge und ca. 3,5 cm ∅ mit Permutit RS (stark saurer Ionenaustauscher mit Sulfongruppen) beschickt, nachdem das Rohr zuvor mit destilliertem Wasser gefüllt wurde. Das Ionenaustauscherharz läßt man einige Stunden quellen. Dann wird die Säule mehrmals mit 3–5 mol/l HCl beschickt, die Säure abgezogen und solange mit destilliertem Wasser gewaschen, bis der Ablauf auf Zusatz von Ag^+ klar bleibt. Nun läßt man so viel Wasser ausfließen, bis dessen Oberfläche ca. 1 cm über der Harzschicht steht, gibt auf die vorbereitete Säule eine Lösung von 25 g $Ba[PH_2O_2]_2 \cdot H_2O$ in ca. 200 ml Wasser und läßt langsam(!) so viel Flüssigkeit ab, bis der Ablauf gerade saure Reaktion zeigt. Nach 1–2stündigem Stehen zieht man die Lösung langsam (ca. 2–5 ml/min) in eine gesonderte Vorlage ab. Wenn die Lösung gerade bis zur Harzschicht abgelaufen ist, werden zunächst ca. 50 ml, dann nochmals 25 ml destilliertes Wasser aufgegeben, die man ebenfalls langsam durchlaufen läßt. Nach Wechseln der Vorlage wird die Säule mit Wasser gründlich ausgewaschen, dann, wie vorstehend beschrieben, mit 3–5 ml/l HCl regeneriert und schließlich Cl^- frei gewaschen. Die Säule ist nun wieder für eine neue Verwendung bereit.

Die erhaltene Lösung freier HPH_2O_2 kann, wie oben beschrieben, eingeengt werden. Zur Darstellung kristalliner HPH_2O_2 mindestens 2 Ansätze von je 25 g $Ba[PH_2O_2]_2 \cdot H_2O$ in 200 ml Wasser verarbeiten.

Kaliumchlorat, KClO$_3$

Smp. 356 °C

Farblose, luftbeständige, perlmuttglänzende, monokline Blättchen. Thermische Zersetzung ab 400 °C. (s. S. 275). $KClO_3$ bildet mit oxidierbaren Substanzen höchstexplosive Gemische.

 O　 Xn

R: 9–20/22
S: 2-13-16-27

$$6\,Cl^- \quad\quad \rightarrow 3\,Cl_2\uparrow + 6\,e^- \qquad \text{Anodenreaktion}$$
$$6\,H_2O + 6\,e^- \rightarrow 6\,OH^- + 3\,H_2\uparrow \qquad \text{Kathodenreaktion}$$
$$3\,Cl_2 + 6\,OH^- \rightarrow ClO_3^- + 5\,Cl^- + 3\,H_2O$$

Bei der Elektrolyse wäßriger KCl-Lösungen entsteht an der Kathode H_2 und KOH, an der Anode Cl_2. Sorgt man für eine Vermischung des Elektrolyten und arbeitet bei erhöhter Temperatur (50–60)°C, entsteht ClO_3^-. Der kathodisch entwickelte nascierende Wasserstoff reduziert sowohl Cl_2 als auch ClO_3^-, er verschlechtert also die Ausbeute. Um dies zu verhindern, setzt man wenig K_2CrO_4 zum Elektrolyten zu und bewirkt damit die Bildung eines festen Überzugs von Chromoxidhydrat auf der Kathode, der als Diaphragma wirkt.

Bei der Oxidation von einem Cl^- zu einem ClO_3^- werden 6 Elektronen abgegeben. Durch 1 mol Elektronen ($\equiv 96\,485$ Coulomb) entsteht $1/6$ mol $KClO_3 \equiv 20,43$ g $KClO_3$.

In einem Becherglas werden 20 g KCl und 0,2 g K_2CrO_4 in 100 ml Wasser in der Wärme gelöst. Als Elektroden dienen 2 gleichgroße Pt-Bleche; als Kathodenmaterial kann auch Ni, Fe oder Cu verwendet werden. Man elektrolysiert bei ca. $50-60\,°C$ mit einer anodischen Stromdichte von ca. $0,2$ A/cm² (Oberfläche von Vorder- und Rückseite der Anode) und $10-14$ V. Zur Durchmischung und Aufrechterhaltung einer schwach sauren Reaktion des Elektrolyten wird CO_2 durch die Lösung geleitet. Nach Durchgang einer Strommenge von $40-50$ Amperestunden läßt man die Lösung erkalten, wobei sich die Hauptmenge $KClO_3$ ausscheidet. Das Eindampfen der Mutterlauge liefert eine zweite, weniger reine Fraktion. Enthält das Rohprodukt noch Cl^-, so muß das Salz umkristallisiert werden.

Kaliumperchlorat, $KClO_4$

Smp. $610\,°C$

Weiße rhombische Kristalle. Zersetzung ab $400\,°C$ (s. S. 276)

 O   Xn

R: 9–22
S: 2-13-22-27

$$KClO_3 + H_2O \rightarrow KClO_4 + 2H^+ + 2e^-$$
$$4ClO_3 + 2H_2O \rightarrow 4ClO_3^- + 4H^+ + O_2\uparrow$$

Durch anodische Oxidation von $KClO_3$ bei tiefen Temperaturen entsteht $KClO_4$. Bei höheren Temperaturen überwiegt eine anodische O_2-Entwicklung, da das intermediär gebildete Radikal ClO_3 den H_2O-Molekülen unter Rückbildung von ClO_3^- Elektronen entzieht. Bei $50\,°C$ verläuft dieser Vorgang ausschließlich in dieser Weise.

Als Elektrolytlösung werden 12 g $KClO_3$ in 200 ml Wasser gelöst (gesätt. Lösung) und mit einigen Tropfen H_2SO_4 angesäuert. Um die Sättigung aufrechtzuerhalten, stellt man einen Filtertiegel mit festem $KClO_3$ in den Elektrolyten. Als Anode dient ein blankes Platinblech von ca. 10 cm² Fläche, also 20 cm² Oberfläche. Ihr steht eine gleichgroße Cu-Kathode in einem Abstand von ca. 3 cm gegenüber. Man elektrolysiert bei $10-40$ V und einer anodischen Stromdichte von ca. $0,1$ A/cm² (also ca. 2 A bei den gegebenen Dimensionen). Zur Kühlung stellt man das Elektrolysegefäß in Eis. Nach anfänglicher O_2-Entwicklung fallen bald $KClO_4$-Kristalle von der Anode herab. Nach 3 h wird die Elektrolyse abgebrochen, der Kristallbrei bei möglichst tiefer Temperatur abgenutscht und aus heißem Wasser umkristallisiert.

Kaliumpermanganat, $KMnO_4$

Tiefpurpurrote, fast schwarze, metallisch glänzende, rhombische Prismen. Zersetzung ab $240\,°C$ (s. S. 267)

 O  Xn

R: 8-22
S: 2

$$3MnO_2 + KClO_3 + 6KOH \rightarrow 3K_2MnO_4 + KCl + 3H_2O$$
$$MnO_4^{2-} \rightarrow MnO_4^- + e^-$$

Durch Oxidationsschmelze wird aus MnO_2 zunächst K_2MnO_4 dargestellt, das dann anodisch zu $KMnO_4$ oxidiert wird. Durch Disproportionierung von K_2MnO_4 erhält man ebenfalls $KMnO_4$ (vgl. S. 411).

10 g feinstgepulverter Braunstein wird in 10 g KOH und 5 g $KClO_3$ in einem Fe-Tiegel unter Umrühren zusammengeschmolzen. Ist die Masse so zäh geworden, daß man sie nur noch schwer rühren kann, wird sie aus dem Tiegel herausgekratzt und im Trockenschrank getrocknet. Sie wird fein pulverisiert und im Eisentiegel über 3 h auf 500 °C (unterhalb Rotglut) erhitzt; zum Fernhalten der reduzierend wirkenden Flammengase steht der Tiegel im Loch einer Keramikscheibe. Nach Beendigung der Reaktion löst man die zerkleinerte Masse in wenig Wasser und filtriert durch eine Glasfilternutsche. Das noch nicht umgesetzte MnO_2 wird durch die gleiche Behandlung möglichst weitgehend in Manganat(VI) überführt.

Die vereinigten stark alkalischen Lösungen werden zur elektrolytischen Oxidation in eine als Diaphragma wirkende Tonzelle gefüllt, die in einem größeren Becherglas mit 5%iger KOH steht. Kathoden-(KOH) und Anodenflüssigkeit (K_2MnO_4) müssen gleich hoch stehen. Als Anode dient ein Pt-Blech von $10-20$ cm^2 Oberfläche, als Kathode $2-3$ Fe-Bleche. Man elektrolysiert bei $10-14$ Volt mit einer anodischen Stromdichte von 0,3 A/cm^2 und bei $50-60$ °C. Nach einigen Stunden, wenn ein mit Wasser verdünnter Tropfen der Anodenflüssigkeit keinen grünlichen Schimmer mehr gibt, ist die Elektrolyse beendet. Es ist unbedingt darauf zu achten, daß alles MnO_4^{2-} oxidiert ist. Man kühlt dann die MnO_4^--Lösung mit Eis-Kochsalz-Mischung stark ab, wobei die Hauptmenge $KMnO_4$ auskristallisiert. Nach der Filtration durch ein Glasfilter wird durch Eindampfen der Mutterlauge eine zweite $KMnO_4$-Fraktion erhalten.

Bariumferrat, $BaFeO_4$

Beim Ansäuern von Ferratlösungen erfolgt O_2-Entwicklung. Übergang von Fe(VI) in Fe(III):

$$2\,FeO_4^{2-} + 10\,H^+ \;\rightarrow\; 2\,Fe^{3+} + \tfrac{3}{2}O_2 + 5\,H_2O$$

FeO_4^{2-} wirkt noch stärker oxidierend als MnO_4^-.

Bariumferrat stellt man durch Erhitzen von Fe-Pulver mit KNO_3, anschließendes Auslaugen mit H_2O und Fällen mit $BaCl_2$ dar. Ferrate(VI) erhält man auch durch Oxidation von frisch gefälltem und in hoch konzentriertem KOH suspensiertem Eisen(III)-oxidhydrat mit Cl_2 oder Br_2 oder durch anodische Oxidation von Gußeisen in warmer Natronlauge. Ferrate(VI) entsprechen in ihrer Zusammensetzung den Chromaten und Sulfaten (Isomorphie).

10 g Fe-Pulver und 20 g KNO_3 (durch Schmelzen entwässert und fein pulverisiert) werden innig vermischt und ca. 1 cm hoch auf ein Eisenblech geschichtet. An eine Stelle gibt man ca. 1 g eines Gemisches der beiden Komponenten im Verhältnis 1 : 1. Beim Erhitzen des Eisenbleches durch einen untergestellten Bunsenbrenner (an der Stelle mit dem 1 : 1-Gemisch muß besonders stark erhitzt werden) tritt Zündung ein. Unter Entwicklung eines weißen Nebels schreitet die Reaktion durch die gesamte Masse fort. Vorsicht! Hinter den Scheiben des Abzugs arbeiten! Nach dem Abkühlen wird die Reaktionsmasse mit 50 ml Eiswasser extrahiert und schnell durch eine Glasfilternutsche filtriert. Das rotviolette Filtrat versetzt man sofort(!) mit eiskalter $BaCl_2$-Lösung. Es entsteht ein Niederschlag von rotviolettem $BaFeO_4$, der nach längerem Stehen durch ein gehärtetes Filter abfiltriert, mit Wasser, wenig aldehydfreiem Ethanol und Ether gewaschen und im Vakuumexsikkator getrocknet wird.

Bariumwolframat, $BaWO_4$

$$BaCO_3 + WO_3 \rightarrow BaWO_4 + CO_2\uparrow$$

Als Beispiel einer Festkörperreaktion wird im folgenden die Darstellung von Bariumwolframat beschrieben. Die Bausteine der einzelnen Kristallgitter werden teilweise bereits weit unterhalb des Schmelzpunktes beweglich, wodurch eine Reaktion nicht nur an der Berührungsstelle der Komponenten, sondern durch Diffusion stattfinden kann.

5 g getrocknetes $BaCO_3$, innigst(!) vermischt mit der berechneten Menge trockenem WO_3, wird im Porzellantiegel einige Zeit auf ca. 600 °C erhitzt. Nach dem Abkühlen ist die ursprünglich gelbe Masse rein weiß geworden. Zum Nachweis des quantitativen Umsatzes prüft man auf CO_3^{2-}. Bei positivem Ausfall wird nochmals gründlich pulverisiert und das Erhitzen so lange fortgesetzt, bis kein CO_3^{2-} mehr nachweisbar ist. In entsprechender Weise können viele andere Wolframate, Molybdate, Vanadate, Niobate, Tantalate sowie auch Silicate, Titanate, Aluminate, Ferrate(III) usw. hergestellt werden.

Kupfer(I)-chlorid, CuCl

Smp. 422 °C; Sdp. 1 366 °C

Bei Gegenwart von Feuchtigkeit ist CuCl z. B. durch O_2 oxidierbar und lichtempfindlich. Es löst sich bei O_2-Ausschluß in starkem Ammoniak oder konzentrierter HCl. Diese Lösungen absorbieren CO unter Bildung der Verbindung $CuCl \cdot CO \cdot 2H_2O$ (Gasanalyse).

 Xn

R: 22
S: 22

$$Cu^{2+} + Cu \rightarrow 2\,Cu^+$$
$$Cu^+ + 2\,Cl^- \rightarrow [CuCl_2]^-$$
$$[CuCl_2]^- \rightarrow CuCl\downarrow + Cl^-$$

50 g $CuSO_4 \cdot 5H_2O$ und 25 g NaCl werden in einem Kolben mit 125 ml 7 mol/l HCl und ca. 20 g Cu-Pulver auf dem Wasserbad erhitzt, bis die blaue Farbe verschwunden ist. Dabei bildet sich ein Chlorokomplex des Cu(I), der als Na-Salz zunächst in Lösung gehalten wird. Die klare Lösung wird vom Rückstand dekantiert und in ca. 1 Liter ausgekochtes, SO_2-haltiges Wasser eingegossen. Es fällt weißes CuCl aus, da beim Verdünnen der unbeständige Komplex $[CuCl_2]^-$ weitgehend zerfällt. Der Niederschlag wird durch Dekantieren mit ausgekochtem SO_2-haltigem Wasser ausgewaschen, dann abgesaugt, mit Ethanol und Ether gewaschen und in ein trockenes Präparategläschen eingeschmolzen.

Chrom(II)-acetat-Dihydrat, $[Cr(CH_3COO)_2]_2 \cdot 2H_2O$

Dunkelrote Kristalle. Wenig löslich in Wasser und Alkohol. Trocknen über P_4O_{10} führt zur Abgabe von komplex gebundenem H_2O unter Farbänderung nach braun. Durch Oxidation verunreinigte Präparate zeigen weinrote bis rotviolette Farbe.

Präparative Chemie

3

$$2\,Cr^{3+} + Zn \rightarrow 2\,Cr^{2+} + Zn^{2+}$$
$$2\,Cr^{2+} + 4\,CH_3COO^- \rightarrow [Cr(CH_3COO)_2]_2$$

Cr(II)-Salze sind starke Reduktionsmittel. Sie lassen sich durch Reduktion von Cr(III)-Salzen mit Zn in saurer Lösung unter Luftausschluß darstellen. Das durch seine Schwerlöslichkeit und relativ gute Beständigkeit ausgezeichnete Chrom(II)-acetat dient häufig als Edukt zur Darstellung anderer Cr(II)-Salze.

Eine kalt gesättigte Lösung von 90 g $[Cr(H_2O)_6]Cl_3$ in H_2O und 2 mol/l-H_2SO_4 wird auf die Reduktorsäule (Jones Reduktor aus Zn/Hg-Amalgam (s. Abb. 3.16)) gegeben und der Durchfluß mit dem Hahn so einreguliert, daß die in den Reaktionskolben tropfende Chromsalzlösung eine intensive blaue Farbe besitzt.

Danach gibt man aus dem Tropftrichter eine filtrierte Lösung von 252 g Natriumacetat in 325 ml Wasser. Die Mischung wird während der Niederschlagsbildung mehrmals für kürzere Zeit gerührt. Während der gesamten Reaktionsdauer läßt man N_2 als Schutzgas durch die Apparatur strömen. Nach beendeter Reaktion wird der Niederschlag in eine Schutzgasfritte gespült und vom Lösungsmittel abgetrennt. Der Niederschlag wird noch

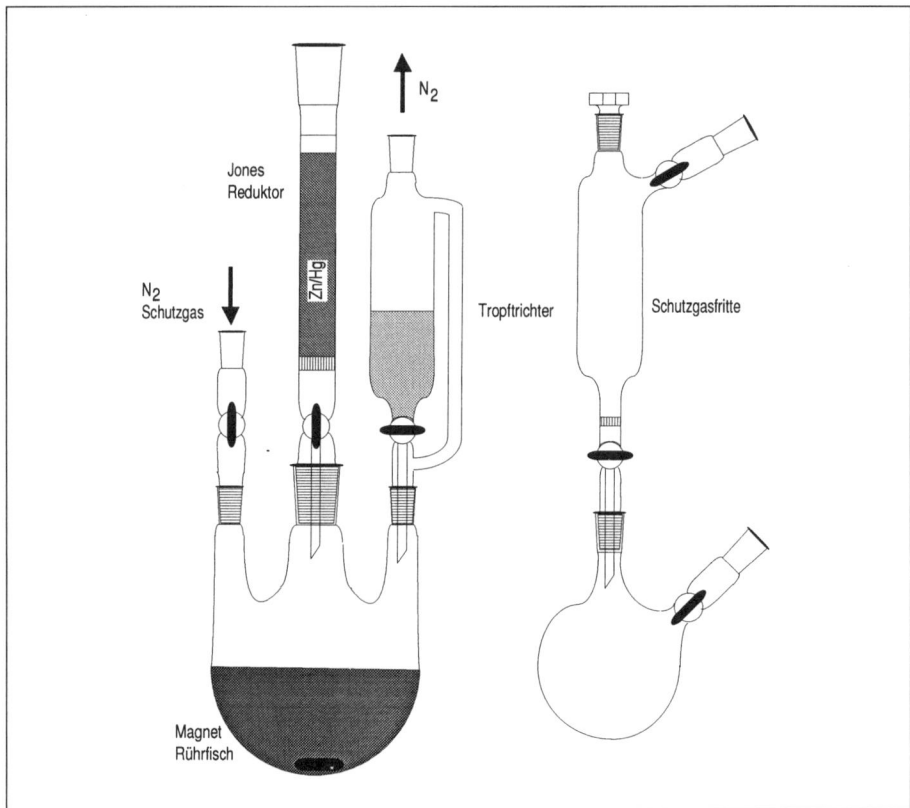

Abb. 3.16: Apparatur zur Darstellung von $[Cr(CH_3COO)_2]_2 \cdot 4H_2O$ und Schutzgasfritte zum Filtrieren des Endproduktes.

mehrmals mit abgekochtem destilliertem Wasser gewaschen, anschließend mit Ethanol und Ether getrocknet. Das Chrom(II)acetat, ein dunkelrotes Pulver, muß vollständig trocken sein, um an Luft stabil zu bleiben.

Hydroxylammoniumchlorid, $(NH_3OH)Cl$

Smp. 151 °C

Farblose Kristalle, ab 151 °C erfolgt langsame Zersetzung, gutes Reduktionsmittel

Gefahrenhinweis: Hydroxylamin und teilweise dessen Salze bilden beim starken Erwärmen mit der Luft explosionsfähige Gemische, die schwerer als Luft sind. Es besitzt eine lokale Reizwirkung auf Haut, Augen und Schleimhäute.

 Xn

R: 20/22-38/
   38
S: 2-13

$$HNO_2 + 2\,HSO_3^- \quad\quad \rightarrow HON(SO_3)_2^{2-} + H_2O$$
$$HON(SO_3)_2^{2-} + 2\,H^+ \rightarrow HON(SO_3H)_2$$
$$HON(HSO_3)_2 + 2\,H_2O \rightarrow NH_2OH + 2\,H_2SO_4$$
$$NH_2OH + HCl \quad\quad\quad \rightarrow [NH_3OH]Cl$$

40 g KNO_2 und 50 g KCH_3COO werden in 100 ml Eiswasser gelöst und 750 g fein gestoßenes Eis zugefügt. In diese Lösung leitet man SO_2, bis sie danach riecht; die Temperatur darf während der gesamten Reaktion nicht über 0 °C steigen. Dabei scheidet sich $K_2[HON(SO_3)_2]$ ab, das abgesaugt und mit Eiswasser gewaschen wird. Das Salz löst man in 500 ml 0,5 mol/l HCl, erhitzt 2 h zum Sieden und setzt dann in der Siedehitze so lange $BaCl_2$ hinzu, wie noch $BaSO_4$ ausfällt. Dieses wird abfiltriert und das klare Filtrat zur Trockne eingedampft. Der Rückstand von KCl und $(NH_3OH)Cl$ wird mit absolutem Ethanol (Darst. s. S. 230) extrahiert, wobei nur $(NH_3OH)Cl$ in Lösung geht. Durch Eindampfen des alkoholischen Filtrats auf dem Wasserbad erhält man $(NH_3OH)Cl$ in kristalliner Form, das aus wenig Wasser nochmals umkristallisiert werden kann.

**Kaliumnitrosodisulfonat, „Fremys Salz",
$K_2[ON(SO_3)_2]$**

Die gelb bis orangefarbenen Kristallnadeln des $K_2[ON(SO_3)_2]$ lösen sich in Wasser mit violetter Farbe. In Lösung ist das Anion monomer, in fester Form dimer.
Sowohl geringe Säurespuren als auch Feuchtigkeit bewirken Zersetzung des Präparats unter Gasentwicklung. Daher darf dieses nicht in Schraubgefäßen aufbewahrt werden (Explosion durch Druckanstieg). Gut getrocknete, reine Präparate sind in sauberen Glasgefäßen unter Vakuum unbegrenzt haltbar.

$$HNO_2 + 2\,HSO_3^- \quad\quad\quad \rightarrow HON(SO_3)_2^{2-} + H_2O$$
$$6\,HON(SO_3)_2^{2-} + 2\,MnO_4^- \rightarrow 6\,[ON(SO_3)_2]^{2-} + 2\,MnO_2 + 2\,OH^- + 2\,H_2O$$

Präparative Chemie

3

17,25 g NaNO$_2$ werden in 50 ml Eiswasser gelöst und mit 100 g Eis versetzt. Zu dieser Lösung werden unter kräftigem Rühren 50 ml einer frischen 5 mol/l Hydrogensulfit-Lösung (23,75 g Na$_2$S$_2$O$_5$ in 50 ml H$_2$O) gegeben. Anschließend fügt man noch 10 ml Eisessig hinzu. Dabei färbt sich die Lösung schwach gelb. Nach 3–6 Minuten werden 12,5 ml Ammoniak hinzugesetzt und dann unter Rühren 200 ml KMnO$_4$-Lösung (6,4 g KMnO$_4$ in 200 ml H$_2$O) innerhalb von 5 Minuten zugetropft. Das abgeschiedene Mangandioxidhydrat läßt man kurz absitzen und filtriert durch einen Faltenfilter. Das violette Filtrat wird mit dem doppelten Volumen einer bei Zimmertemperatur gesättigten KCl-Lösung versetzt. Bei Eis/Kochsalz-Kühlung läßt man auskristallisieren; die überstehende Lösung wird fast farblos. Die Kristalle saugt man ab und wäscht hintereinander mit Eiswasser, Ethanol und Ether, denen vorher jeweils einige Tropfen konz. Ammoniak zugesetzt wurden, und trocknet im Vakuumexsikkator über KOH. Ausbeute 20–30 g.

3.2.9 Kovalente Verbindungen

Die Darstellung dieser Verbindungen muß bei weitgehendem Ausschluß von Feuchtigkeit unter einem gut ziehenden Abzug durchgeführt werden.

3.2.9.1 Halogenide der Elemente der VI. Hauptgruppe des PSE

Thionylchlorid, SOCl$_2$

Smp. −105 °C; Sdp. 76 °C

C

R: 14-34-37
S: 26

Phosphoroxidchlorid, POCl$_3$

Smp. 1 °C; Sdp. 105 °C

Stechend riechende, hydrolyseanfällige Flüssigkeiten

C

R: 34-37
S: 7/8-26

$$PCl_5 + SO_2 \rightarrow POCl_3 + SOCl_2$$

Bei dieser Darstellung arbeitet man im Abzug. In einen 100 g PCl$_5$ (Darst. s. S. 221) enthaltenden Zweihalskolben mit Rückflußkühler und CaCl$_2$ gefülltem Trockenrohr wird durch ein bis fast auf den Boden reichendes Gaseinleitungsrohr SO$_2$ eingeleitet. Eine Ableitung aus Glasrohr führt vom Kühler direkt in den Abzugskamin. Das SO$_2$ wird mit konz. H$_2$SO$_4$ getrocknet (2 Waschflaschen mit konz. H$_2$SO$_4$). Beim langsamen Einleiten bildet

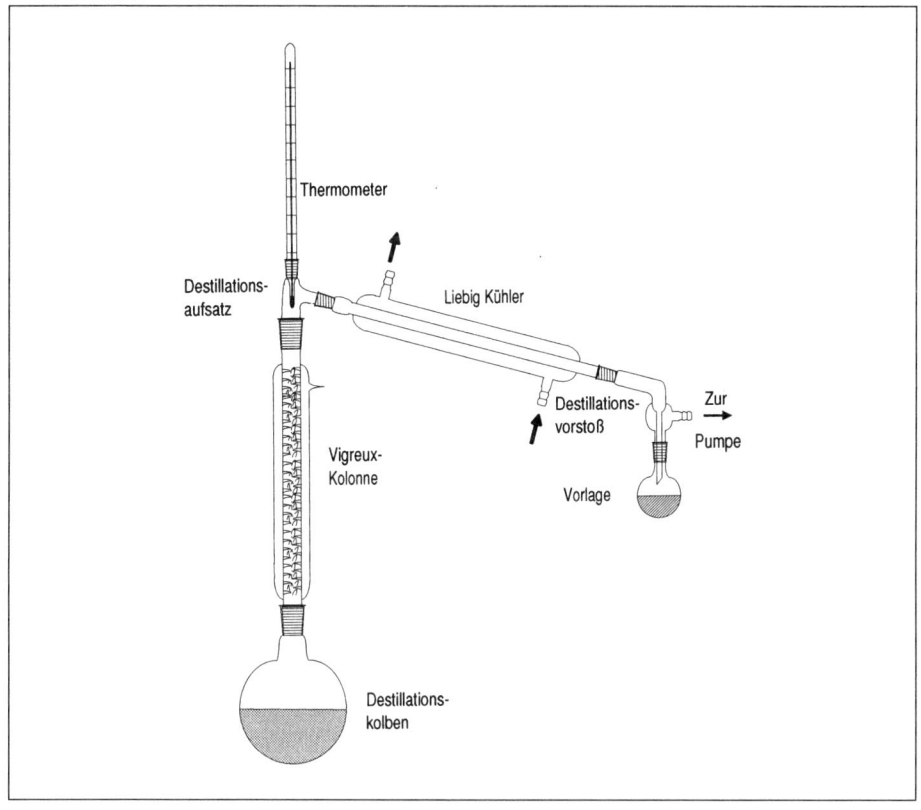

Thermometer

Destillations-
aufsatz

Liebig Kühler

Destillations-
vorstoß

Zur
Pumpe

Vigreux-
Kolonne

Vorlage

Destillations-
kolben

Abb. 3.17: Destillationsapparatur mit Fraktionieraufsatz.

sich eine schwach gelbliche Flüssigkeit. Wenn sich alles PCl_5 gelöst hat, ist die Reaktion beendet.

Die Trennung des entstandenen $SOCl_2 - POCl_3$-Gemisches durch fraktionierte Destillation wird zweckmäßig in der in Abb. 3.17 wiedergegebenen, sehr gut getrockneten Apparatur durchgeführt. Die Vigreux-Kolonne bezweckt eine innige Berührung des rückfließenden Kondensats mit der aufsteigenden Dampfphase, wodurch die höhersiedende Komponente aus der Dampfphase weitgehend herausgewaschen wird. Anstelle der Vorlage wird besser eine „Spinne" (vgl. Abb. 3.22 S. 224) mit mehreren Vorlagen verwendet. Am Saugstutzen ist ein Trockenrohr angeschlossen. Man destilliert langsam(!) und fängt folgende Fraktionen auf:

Bis 82 °C   bis 92 °C   bis 105 °C   bis 152 °C

Die Fraktionen 1 und 4 bestehen schon aus fast reinem $SOCl_2$ bzw. $POCl_3$; 2 und 3 sind Gemische. Letztere zerlegt man in gleicher Weise wieder in 4 Fraktionen, wobei stets die gleich siedenden Anteile zusammengegossen werden. Das wird so oft wiederholt, bis die Fraktionen 2 und 3 sehr klein geworden sind. Schließlich destilliert man die Fraktionen 1 und 4 getrennt, wobei die bei 78–79 °C bzw. 106–108 °C siedenden Anteile aufgefangen werden.

Zur Prüfung auf Reinheit wird ein Tropfen $SOCl_2$ mit Wasser versetzt und mit Ammoniummolybdat auf PO_4^{3-} geprüft (s. S. 341); ebenso zersetzt man $POCl_3$ mit Wasser und

Präparative Chemie

3

prüft nach Zusatz von H_2O_2 auf SO_4^{2-}. Es dürften jeweils nur sehr geringe Mengen nachweisbar sein, andernfalls muß nochmal destilliert werden.

Sulfurylchlorid, SO_2Cl_2

 C

Smp. $-54\,°C$; Sdp. $69\,°C$

Farblose stechend riechende Flüssigkeit, die sich bei längerem Stehen infolge teilweiser Dissoziation schwach gelb färbt. SO_2Cl_2 zersetzt sich mit Wasser zu H_2SO_4 und HCl; mit Alkalien tritt unter Umständen explosionsartige Zersetzung ein.

R: 14-34-37
S: 26

$$Cl_2 + SO_2 \rightarrow SO_2Cl_2$$

Die Umsetzung verläuft unter der katalytischen Wirkung von Aktivkohle glatt und nahezu quantitativ.

Die Darstellung erfolgt in der in Abb. 3.18 gezeigten Apparatur unter dem Abzug. Die Kugeln des Kugelkühlers werden abwechselnd mit einer Schicht loser Glaswolle und einer Schicht körniger Aktivkohle locker gefüllt. Nach Anstellen des Kühlwassers läßt man ziemlich lebhaft gleiche Ströme (3–5 Blasen/s) von trockenem SO_2 und Cl_2 (Waschflaschen mit konz. H_2SO_4) in den Kühler eintreten. Die Aktivkohle sättigt sich zunächst mit SO_2 und Cl_2 bzw. SO_2Cl_2. Nach 10–30 min. tropft SO_2Cl_2 in die gekühlte Vorlage. Das überschüssige Gasgemisch wird durch ein $CaCl_2$-Trockenrohr direkt in den Abzugskamin geleitet. Bei richtiger Dosierung bilden sich stündlich ca. $150\,g$ SO_2Cl_2. Zur Entfernung von gelöstem Chlor leitet man durch die eisgekühlte gelbe Flüssigkeit einen trockenen N_2-Strom. Zur Reinigung der Flüssigkeit destilliert man aus einem trockenen Destillationskolben mit Fraktionieraufsatz (vgl. Abb. 3.17 S. 217) und fängt die bei $68–70\,°C$ übergehenden Anteile gesondert auf.

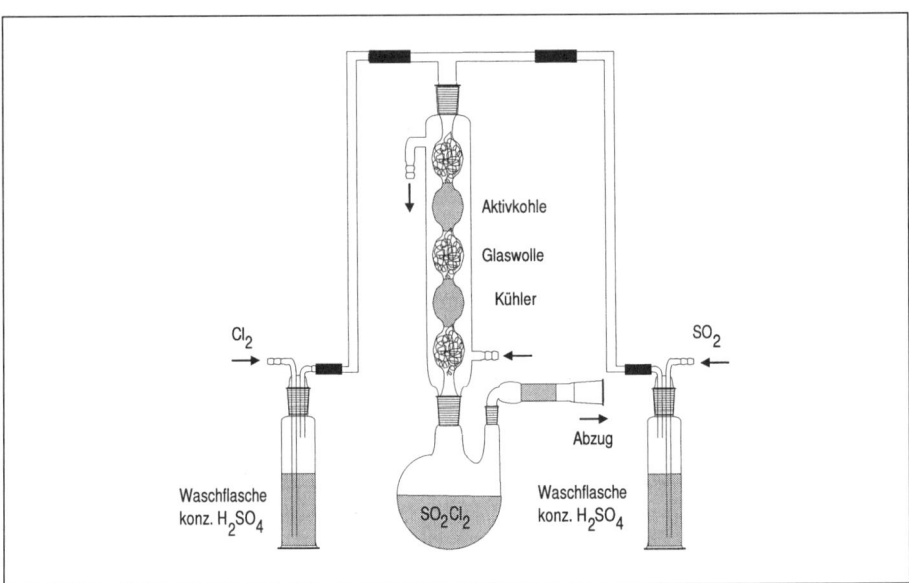

Abb. 3.18: Apparatur zur Darstellung von SO_2Cl_2.

Zur Herstellung wasserfreier Chloride werden zwei relativ einfache Apparaturen benutzt, die in Abb. 3.19 und Abb. 3.20 schematisch wiedergegeben sind.

Bei der Apparatur zur Darstellung flüchtiger Halogenide (Abb. 3.19) handelt es sich um ein abgestuftes Rohr aus Quarzglas, in dessen erweiterten Teil, der als Kondensationsraum für destillierende Stoffe dient, ein Kühlfinger ragt. Im engeren, heizbaren Teil des Rohres befindet sich ein Porzellanschiffchen mit den Ausgangsverbindungen. Es ist darauf zu achten, daß an der verjüngten Stelle des Reaktionsrohres keine Kondensation eintritt. Chloride, die bei Zimmertemperatur flüssig sind, werden am Kühlfinger niedergeschlagen und fließen bei leicht schräger Lage des Rohres in das Sammelgefäß. An der Wandung des erweiterten Rohres niedergeschlagene Chloride lassen sich durch Erwärmen dieser Stelle leicht entfernen und an den Kühlfinger überführen.

In der Apparatur nach Abb. 3.20 werden schwer flüchtige Chloride dargestellt. Hier ist an das Reaktionsrohr ein zweites Rohr angeschlossen. Mit dem Kratzer wird das Reaktionsprodukt an das Rohrende befördert und dort mit dem Stopfer in die Ampulle überführt. Die Führungen von Kratzer und Stopfer sind mit Gummimanschetten abgedichtet. Der Hals der Ampulle sollte so weit ausgezogen sein, daß das Abschmelzen der Ampulle mit einem Handgebläse an der Apparatur erfolgen kann. Nur so wird ein Luftzutritt völlig vermieden. Diese Apparatur eignet sich auch zur Reinigung von Substanzen durch Sublimation.

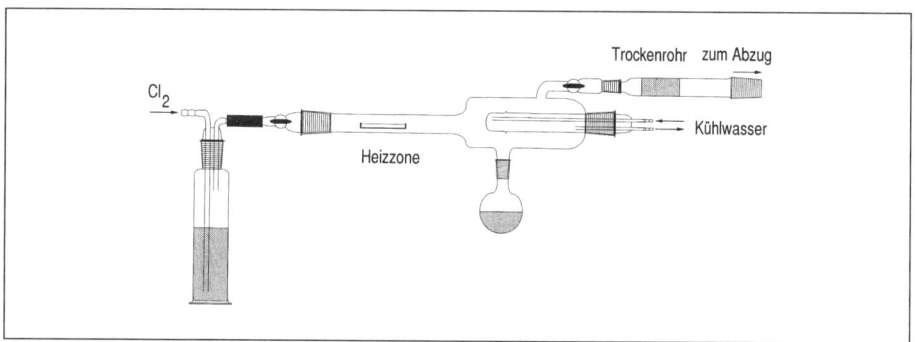

Abb. 3.19: Apparatur zur Darstellung flüchtiger Halogenide.

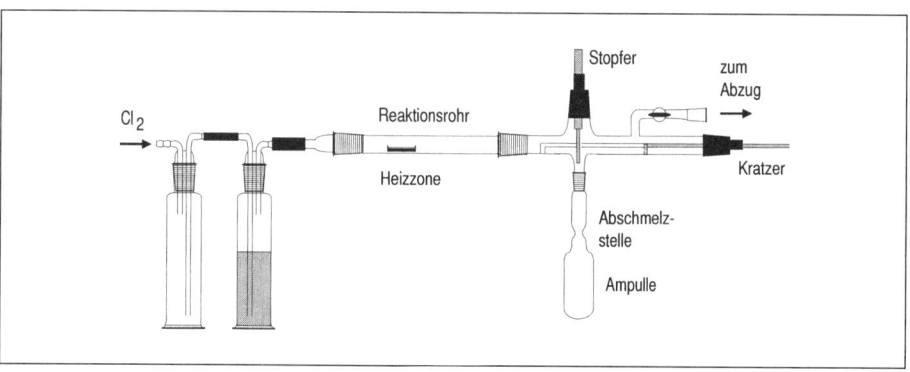

Abb. 3.20: Apparatur zur Darstellung schwerflüchtiger Halogenide.

Präparative Chemie

3

Die Heizung beider Apparaturen erfolgt je nach den Gegebenheiten mit dem Bunsenbrenner oder einem Ofen.

Die nachstehend beschriebenen Präparate werden zweckmäßig in diesen Apparaturen dargestellt. Sie lassen sich von Fall zu Fall abwandeln und den Erfordernissen der darzustellenden Verbindungen leicht anpassen.

Dischwefeldichlorid, S_2Cl_2

Smp. $-76\,°C$; Sdp. $138\,°C$

Gelbe, ölige Flüssigkeit, erstickend widerlich riechend. Weniger reine Produkte sind durch SCl_2 orange bis rötlich gefärbt. S_2Cl_2 hydrolysiert mit Wasser zu HCl, SO_2 und H_2S. Als Folgeprodukt bilden sich Schwefel, $H_2S_2O_3$ und Sulfandisulfonsäuren $H_2S_xO_6$ (Polythionsäuren).

 C

R: 14-34-37
S: 26

$$Cl_2 + 2\,S \rightarrow S_2Cl_2$$

Schwefel reagiert bei erhöhter Temperatur unter Bildung von S_2Cl_2, das wegen seiner Fähigkeit, bis zu 67% S zu lösen, bei der Kautschukvulkanisation eine Rolle spielt. Bei tiefen Temperaturen nimmt S_2Cl_2 Chlor unter Bildung von SCl_2 auf. Mit verflüssigtem Cl_2 entsteht SCl_4, das in Form von Komplexverbindungen ($SCl_4 \cdot SnCl_4$, $SCl_4 \cdot SbCl_3$, $SCl_4 \cdot AlCl_3$) auch bei Zimmertemperatur beständig ist.

In der leicht schräg gestellten Apparatur (Abb. 3.19) wird nach Luftverdrängung durch trockenes Cl_2 (Waschflasche mit konz. H_2SO_4) der im Schiffchen befindliche Schwefel im Cl_2-Strom vorsichtig erhitzt. In der gekühlten Vorlage sammelt sich ein mehr oder weniger dunkelrotes Öl. Die Chlorierung wird unterbrochen, wenn noch nicht aller Schwefel verbraucht ist. Das Rohprodukt destilliert man unter Zusatz von etwas Schwefel.

3.2.9.2 Halogenide der Elemente der V. Hauptgruppe des PSE

Phosphortrichlorid, PCl_3

Smp. $-111\,°C$; Sdp.$_{1013\,mbar}$ $74,8\,°C$

Typisches Säurechlorid, PCl_3 bildet mit Wasser H_3PO_3 (Beste Darstellungsmethode für H_3PO_3)

 C

R: 34-37
S: 7,8-26

$$3\,Cl_2 + 2\,P \rightarrow 2\,PCl_3$$

Weißer P verbrennt in Cl_2 mit fahlgelber Flamme zu PCl_3, das durch überschüssiges Cl_2 zu PCl_5 (fest) oxidiert wird. Die trockene, leicht schräg gestellte App. (Abb. 3.19) füllt man zur Luftverdrängung mit CO_2. Dann wird das mit 20 g weißem P in kleinen trockenen Stücken gefüllte Schiffchen in das Reaktionsrohr eingeschoben und die eingedrungene Luft wieder durch CO_2 verdrängt. Nach Abstellen des CO_2-Stromes leitet man trockenes Cl_2 (Waschflasche mit konz. H_2SO_4) ein. Als Gaseinleitungsrohr wird zweckmäßig ein T-Stück verwendet, dessen beide Enden mit der CO_2- bzw. Cl_2-Entwicklungsanlage verbunden sind.

Unter Feuererscheinung verbrennt der Phosphor. Bildet sich dabei ein weißes bis gelbgrünes Sublimat von PCl_5, so ist zu erwärmen und der Cl_2-Strom zu drosseln (ggf. mit CO_2 verdünnen). Entsteht dagegen ein gelbroter Beschlag von P, dann ist die Flamme zu verkleinern und der Cl_2-Strom zu verstärken. Das gebildete PCl_3 sammelt sich in der gekühlten Vorlage als farblose, schwere Flüssigkeit, die meist noch PCl_5 enthält. Nach Beendigung der Reaktion wird der Cl_2-Strom abgestellt und Cl_2 durch CO_2 verdrängt. Das Rohprodukt wird nach Zugabe von 0,5 g weißem P der fraktionierten Destillation (s. S. 217) unterworfen und in 3 Fraktionen getrennt. Den Vorlauf bis 72 °C, das Hauptdestillat zwischen 72 °C und 76 °C und den Nachlauf bis 78 °C. Vor- und Nachlauf werden nochmals gesondert destilliert, wobei man die zwischen 72 °C und 76 °C übergehenden Anteile mit dem Hauptdestillat vereinigt; letzteres wird schließlich abermals destilliert und liefert reines PCl_3.

Phosphor(V)-chlorid, PCl_5

Sublimation 160 °C

PCl_5 ist eine weiße, häufig durch Cl_2 etwas grünlich gefärbte Kristallmasse, die oberhalb 100 °C ohne zu schmelzen sublimiert. Es wird durch wenig Wasser zunächst in $POCl_3$, mit mehr schließlich in H_3PO_4 umgewandelt. Bei 300 °C ist PCl_5 vollständig in PCl_3 und Cl_2 dissoziiert.

 C

R: 34-37
S: 7,8-26

$$Cl_2 + PCl_3 \rightleftharpoons PCl_5$$

Ein Dreihalskolben wird mit einem weiten, bis auf den Boden reichenden Gaseinleitungsrohr, einem Tropftrichter und einem Gasableitungsrohr ausgerüstet. Man füllt die Flasche unter dem Abzug mit trockenem Cl_2, zieht dann das Einleitungsrohr durch den Schliffkern in die Höhe und läßt sehr langsam aus dem Tropftrichter PCl_3 eintropfen. Man tropft immer dann zu, wenn der vorhergehende Tropfen sich völlig in festes PCl_5 umgewandelt hat. Man arbeitet also stets im Cl_2-Überschuß. Andernfalls kann PCl_3 von festem PCl_5 umhüllt werden und sich der Reaktion entziehen. Ist alles PCl_3 verbraucht, wird noch einige Minuten weiter Cl_2 eingeleitet und dann der Schliffkern durch einen Glasstopfen ersetzt.

Diphosphortetraiodid, P_2I_4

Smp. 124,5 °C

Rote Nadeln, mit Wasser tritt Zersetzung zu H_3PO_4, PH_3 und HI ein.

$$2I_2 + 2P \rightarrow P_2I_4$$

Man löst 1 g weißen P und 8,818 g Iod getrennt in CS_2. Beide Lösungen werden ohne Verlust (!) gemischt, wobei die zuerst dunkelbraun gefärbte Mischlösung allmählich durchsichtig und rot wird. CS_2 wird unter Feuchtigkeitsausschluß in eine Vorlage abgedampft; man achte darauf, daß CS_2 nicht siedet, da sich sonst P_2I_4 leicht zersetzt. Noch vor der Abscheidung von Kristallen wird die warme Lösung langsam abgekühlt, wobei sich rote Nadeln abscheiden. Man dekantiert die Mutterlauge und trocknet im Vakuum unter Feuchtigkeitsausschluß.
Die Arbeiten werden unter dem Abzug ausgeführt. CS_2 ist sehr giftig.

Präparative Chemie

3

Phosphor(III)-iodid, PI₃

Smp. 61 °C

Dunkelrote, säulenförmige Kristalle, die sehr luftempfindlich
sind.

C

R: 34
S: 26

$$3 I_2 + 2 P \rightarrow 2 PI_3$$

1 g weißer P und 12,27 g Iod werden in reinstem, schwefelfreiem CS_2 gelöst und beide
Lösungen ohne Verlust (!) vereinigt. Die weiteren Arbeitsschritte sind wie beim P_2I_4 und
werden unter einem Abzug ausgeführt.

Arsen(III)-chlorid, AsCl₃

Smp. −16 °C; Sdp. 130 °C

Farblose, lichtbrechende, an der Luft rauchende und **äußerst
giftige** Flüssigkeit.

T

R: 23/25
S: 1/2-20/
21-28

$$2 As + 3 Cl_2 \rightarrow 2 AsCl_3$$

Über 10 g gepulvertes As wird in der leicht schräg gestellten Apparatur (Abb. 3.19) ein
getrockneter Cl_2-Strom geleitet. Das As entzündet sich meist von selbst und verbrennt im
Gasstrom. Evtl. muß man durch schwaches Erwärmen die Reaktion starten. In der Vorlage
sammelt sich das Rohprodukt. Dieses wird zur Bindung von gelöstem Chlor noch mit
etwas As-Pulver versetzt und unter dem Abzug destilliert, wobei nur die bei 130–131 °C
übergehende Fraktion aufgefangen wird.

Arsen(III)-iodid, AsI₃

Smp. 141,8 °C

Glänzende rote Tafeln oder Blättchen, **sehr giftig**

T

R: 23/25
S: 1/2-20/21-
28-44

$$2 As + 3 I_2 \rightarrow 2 AsI_3$$

Unter dem Abzug kocht man eine Lösung von Iod in CS_2 mit überschüssigem As-Pulver
unter Rückfluß, bis die Iodfarbe verschwunden ist, filtriert rasch ab und läßt auskristallisieren. Durch Einengen der Lösung wird eine weitere Kristallfraktion erhalten. Man kristallisiert in wenig CS_2 um.

Antimon(III)-chlorid, SbCl₃

Smp. 73 °C; Sdp. 223 °C

Weiche kristalline Masse („Antimonbutter"), die stark hygroskopisch ist und bei der Hydrolyse in ein Gemisch basischer
Salze übergeht („Algarotpulver"), **sehr giftig**.

C

R: 34-37
S: 26

$$2\,Sb + 3\,Cl_2 \;\rightarrow\; 2\,SbCl_3$$

In das Reaktionsrohr (Abb. 3.21) bringt man einige Stücke reines Sb und leitet durch den
Zweihalskolben einen trockenen Cl₂-Strom ein. Das Reaktionsrohr ist schwach zum Kolben hin geneigt. Die Reaktion wird durch Erwärmen des Reaktionsrohres mit einem Heiz-
band in Gang gebracht. Wenn sich in dem Kolben genügend Rohchlorid gesammelt hat,
unterbricht man den Cl₂-Strom und gibt noch einige Stückchen Sb in den Kolben. Man
erwärmt und gibt zum Schluß noch etwas Sb-Pulver zur Beseitigung der letzten Reste
SbCl₅ zu. Anschließend wird das SbCl₃ durch Destillation gereinigt, wobei die bei 233 °C
siedenden Anteile direkt in einer Glasampulle aufgefangen und nach beendeter Destillation
eingeschmolzen werden. **Diese Arbeiten führt man unter einem Abzug aus**

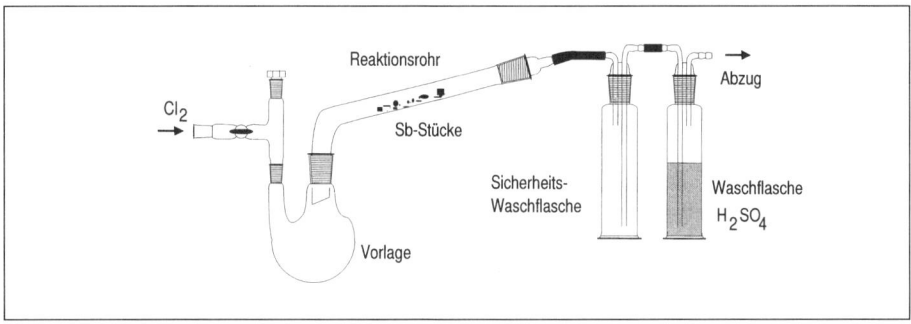

Abb. 3.21: Apparatur zur Darstellung von SbCl₃.

Antimon(V)-chlorid, SbCl₅

Smp. 4 °C; Sdp. 140 °C

SbCl₅ ist eine farblose, an feuchter Luft stark rauchende Flüssigkeit, die mit wenig H₂O die Hydrate SbCl₅ · H₂O und
SbCl₅ · 4 H₂O bildet und mit viel Wasser zu Antimonpentaoxid-
hydrat hydrolysiert.

C

R: 34-37
S: 26

$$SbCl_3 + Cl_2 \;\rightarrow\; SbCl_5$$

Unter dem Abzug leitet man in geschmolzenes SbCl₃, das sich im Destillationskolben
einer sorgfältig getrockneten Vakuumdestillationsapparatur (Abb. 3.22) befindet, zuerst in

Präparative Chemie

3

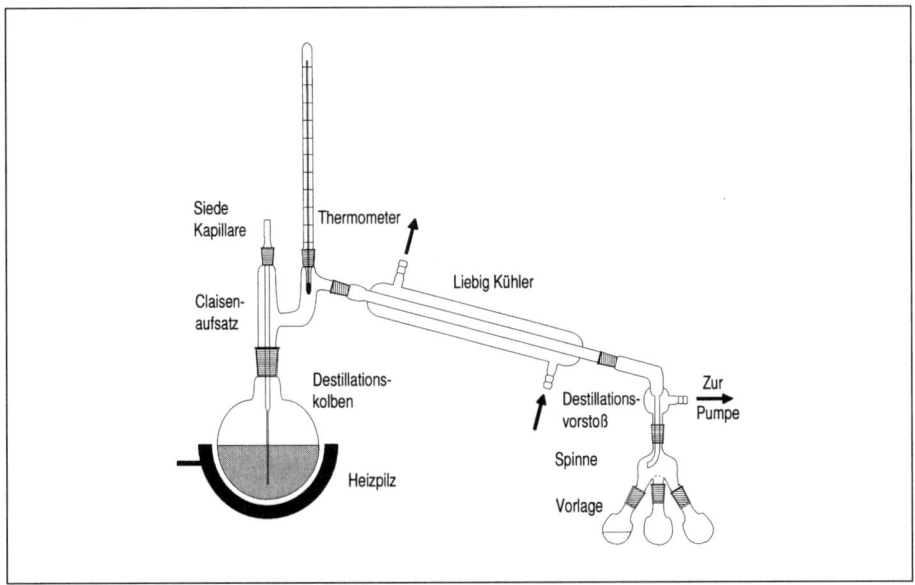

Abb. 3.22: Vakuumdestillationsapparatur.

der Wärme, dann in der Kälte bis zur Sättigung trockenes Cl_2 ein. Es entsteht eine schwere, blaßgelbe, sehr hydrolyseanfällige Flüssigkeit.

Zur Reinigung darf $SbCl_5$ nicht bei Atmosphärendruck destilliert werden, da es beim Siedepunkt (140 °C) in Umkehrung der Bildungsgleichung bereits teilweise zerfällt. Bei 16–19 mbar dagegen siedet $SbCl_5$ bei ca. 68 °C unzersetzt.

Man ersetzt das Gaseinleitungsrohr durch eine Siedekapillare, die an ein Trockenrohr angeschlossen ist. Zunächst wird überschüssiges Cl_2 ausgetrieben. Man erhält einen kleinen Vorlauf. Ist die Temperatur auf 65 °C gestiegen, wird die Spinne gedreht und die bei 68 °C übergehende Hauptmenge gesondert aufgefangen. Diesen Anteil destilliert man nach Reinigung des Destillationskolbens nochmals. Wird bei 30 mbar destilliert, liegt der Siedepunkt bei ca. 79 °C (1 mbar ≡ 0,75 Torr)

$$2\,Sb + 3\,I_2 \rightarrow 2\,SbI_3$$

Eine konzentrierte Lösung von Iod in CS_2 wird unter dem Abzug mit feingepulvertem Sb unter Rückfluß bis zum Verschwinden der Iodfarbe erwärmt, die grünlichgelbe Lösung wird filtriert und im Vakuum eingedampft. Es scheidet sich SbI_3 ab, das man durch Sublimation im CO_2-Strom bei 180 °C reinigt.

3.2.9.3 Halogenide der Elemente der IV. Hauptgruppe des PSE

Siliciumtetrachlorid, SiCl₄

Smp. $-70\,°C$; Siedebereich $57-58\,°C$

SiCl₄ ist eine farblose, an der Luft stark rauchende Flüssigkeit, die durch Wasser schnell hydrolytisch zersetzt wird. Es ist daher trocken aufzubewahren.

 C

R: 14, 34, 37
S: 7/8, 26

$$Si + 2\,Cl_2 \rightarrow SiCl_4$$

Im Schiffchen befinden sich 10 g aluminothermisch gewonnenes und feingepulvertes Si (Darst. s. S. 189). Zuerst wird die leicht schräg gestellte Apparatur (Abb. 3.19) unter dem Abzug mit trockenem Cl₂ (Waschflasche mit konz. H₂SO₄) gefüllt, bis alle Luft verdrängt ist. Erst dann beginnt man mit dem Erhitzen. Sobald die durch Aufglühen des Si bemerkbare Reaktion einsetzt (ca. 400 °C), braucht nur noch wenig erhitzt zu werden, da die Reaktion selbst reichlich Wärme entwickelt. Si setzt sich völlig um und sammelt sich als SiCl₄, verunreinigt durch Si₂Cl₆ und Si₃Cl₈, in der mit Eis-Kochsalz gekühlten Vorlage an. Das Rohprodukt wird zur Entfernung der Hauptmenge des gelösten Cl₂ ganz langsam destilliert, dann in einer trockenen, verschlossenen Flasche mit etwas Cu über Nacht stehengelassen und schließlich der fraktionierten Destillation (s. S. 217) unterworfen.
Sdp.$_{1013\,mbar}$: SiCl₄ 57 °C, Si₂Cl₆ 145 °C, Si₃Cl₈ 210−215 °C.

Trichlorsilan, SiHCl₃

Smp. $-127\,°C$; Sdp. $32\,°C$

Farblose, sehr flüchtige und brennbare Flüssigkeit, die sich mit Wasser schnell zersetzt: die Rückreaktion bei 1000 °C liefert Reinstsilicium.

 F

R: 15, 17
S: 24/25, 43.6

$$Si + 3\,HCl \rightleftharpoons SiHCl_3 + H_2\uparrow$$

Man arbeitet in gleicher Weise wie bei der Darstellung von SiCl₄, nur wird anstelle von Cl₂ sorgfältig getrocknetes HCl-Gas verwendet. Arbeitstemperatur 400−500 °C. Das entstehende Rohprodukt enthält SiCl₄ und wird durch fraktionierte Destillation gereinigt. Die Arbeiten führt man unter einem Abzug durch.

Zinntetrachlorid, SnCl₄

Smp. $-33\,°C$; Sdp. $114\,°C$

Farblose, an der Luft rauchende, hygroskopische Flüssigkeit, die verschiedene Hydrate bildet. Mit viel Wasser erfolgt unter starker Erwärmung weitgehende Zersetzung zu kolloid in Lösung bleibender Zinnsäure.

 C

R: 34-37
S: 7/8-26

$$Sn + 2\,Cl_2 \rightarrow SnCl_4$$

Präparative Chemie

3

Ein Zweihalskolben, welcher Sn-Granalien enthält, wird mit einem Gaseinleitungsrohr, das bis zum Boden reicht, versehen. Das Ableitungsrohr führt direkt in den Abzugskamin. Zuerst wird ein langsamer, nach Bildung von Flüssigkeit ein lebhafter Strom von trockenem Cl_2 eingeleitet und das Einleitungsrohr immer so weit gehoben, daß es gerade in die Flüssigkeit eintaucht. Das Rohprodukt destilliert man über Zinngranalien unter dem Abzug. Aufbewahrung in einer zugeschmolzenen Ampulle.

Zinntetraiodid, SnI_4

Smp. 143,5 °C

Orangerote nadelförmige Kristalle

$$Sn + 2\,I_2 \;\rightarrow\; SnI_4$$

Wasserfreie Iodide werden meist durch Umsetzung von Iod, gelöst in CS_2 **(Vorsicht: CS_2 ist feuergefährlich! und sehr giftig),** mit dem betreffenden feinverteilten Metall dargestellt.

Eine Suspension des Metalls in der betreffenden CS_2-Lösung kocht man unter Rückfluß auf dem Wasserbad und dampft nach beendeter Reaktion das Lösungsmittel (unter dem Abzug) in eine Vorlage ab. Das Rohprodukt wird aus einem geeigneten Lösungsmittel umkristallisiert bzw. unter Inertgasatmosphäre sublimiert.

1 Gewichtsteil Sn-Pulver wird mit 6 Gewichtsteilen reinem CS_2 suspendiert. Unter Feuchtigkeitsausschluß gibt man allmählich die stöchiometrische Menge Iod zu. Bei größeren Ansätzen muß während der Zugabe mit Eis gekühlt werden. Die braunrote Lösung wird anschließend unter striktem Feuchtigkeitsausschluß vom überschüssigen Sn abgesaugt und im Vakuum zur Trockene eingedampft. Die zurückbleibenden Kristalle von SnI_4 können aus CS_2 umkristallisiert werden.

3.2.9.4 Halogenide der Elemente der III. Hauptgruppe des PSE

Aluminium(III)-chlorid, $AlCl_3$

Aluminiumchlorid besitzt im Dampfzustand (in der Nähe des Sublimationspunktes, 183 °C) die der Formel Al_2Cl_6 entsprechende Zusammensetzung.

C

R: 34
S: 7/8-28.1

$$2\,Al + 6\,HCl \;\rightarrow\; 2\,AlCl_3 + 3\,H_2\uparrow$$

$AlCl_3$ kann nicht durch einfaches Erhitzen von $AlCl_3 \cdot 6\,H_2O$ erhalten werden, da Hydrolyse eintritt (s. S. 73).

Man füllt unter dem Abzug die ganze Apparatur (Abb. 3.20) zunächst mit HCl, bis alle Luft verdrängt ist (sonst Knallgasexplosion mit dem bei der Reaktion entstehenden H_2!). Dann wird das im Porzellanschiffchen befindliche Al in Form von Al-Grieß im kräftigen HCl-Strom (2 Waschflaschen mit konz. H_2SO_4) langsam so hoch erhitzt, daß weiße Dämpfe von $AlCl_3$ entstehen. Das sich im Sublimationsrohr absetzende $AlCl_3$ wird nach beendeter Reaktion sofort in eine Ampulle eingeschmolzen, da $AlCl_3$ mit Luftfeuchtigkeit unter Hydrolyse reagiert.

Aluminium(III)-bromid, $AlBr_3$

Smp. 97,5 °C; Sdp.$_{1013\,mbar}$ 225 °C

Aluminiumbromid liegt wie Aluminiumchlorid im Gaszustand dimer als Al_2Br_6 vor. $AlBr_3$ reagiert mit Wasser explosionsartig; daher beim Vernichten niemals Wasser zu $AlBr_3$, sondern dieses langsam in viel Wasser geben. Zur Reinigung des Säbelkolbens wird am besten Ethanol verwendet.

 C

R: 34
S: 7/8-26

$$2\,Al + 3\,Br_2 \;\rightarrow\; 2\,AlBr_3$$

Die Synthese aus den Elementen verläuft hier so heftig, daß es besonderer Maßnahmen zur Ableitung der entwickelten Wärme bedarf.

In einen von außen gut mit Eis gekühlten Zweihalskolben aus Duran- oder Pyrex-Glas (Abb. 3.23) wird flüssiges Brom gegeben und in dieses Al-Späne in sehr kleinen Portionen hineingeworfen (Schutzbrille!!). Nach jeder Zugabe muß gewartet werden, bis das Al restlos reagiert hat, was unter Umständen bis zu 5 Minuten dauern kann. Zur Vermeidung einer Überhitzung schüttelt man den Kolben während der Reaktion im Eisbad. Die Al-

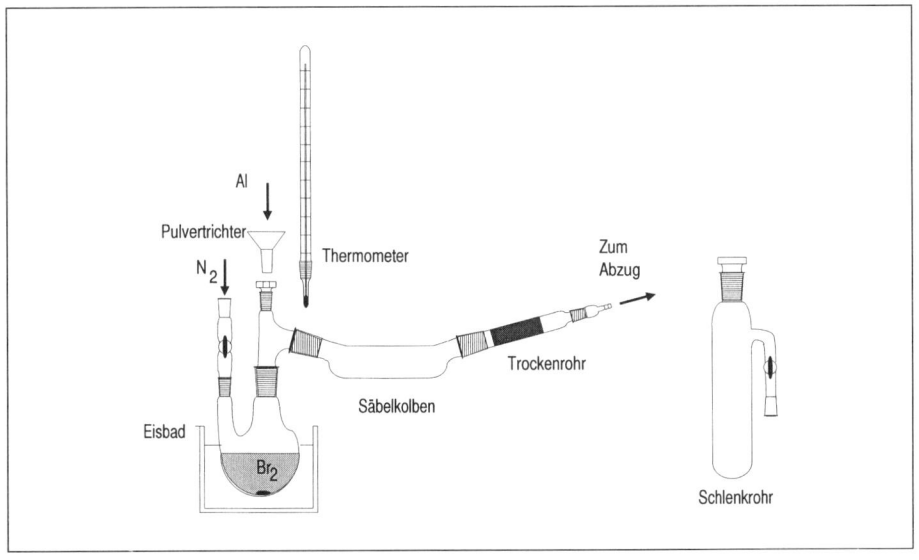

Abb. 3.23: Darstellung von $AlBr_3$.

Präparative Chemie

3

Teilchen verbrennen mit heftiger Reaktion. Man achte darauf, daß sich die glühenden Metallflitter nicht an der Glaswand festsetzen, weil sonst ein Springen des Kolben zu befürchten ist. Gegen Ende der Reaktion läßt die Reaktionsgeschwindigkeit nach, so daß das Gemisch durch äußere Wärmezufuhr flüssig gehalten werden muß. Nach beendeter Umsetzung vertreibt man das überschüssige Brom durch Einleiten eines trockenen (!) N_2-Stroms in das flüssige Reaktionsgemisch. Wenn der Kolbeninhalt nahezu farblos geworden ist, beginnt man bei gedrosselter N_2-Zufuhr mit der Destillation. $AlBr_3$ kondensiert im Säbelansatz zu einer weißen, häufig durch Brom leicht gelb gefärbten Kristallmasse. $AlBr_3$ wird aus dem Säbelansatz durch leichtes Erwärmen herausgeschmolzen und in einem trockenen Schlenkrohr unter Schutzgas aufbewahrt.

3.2.9.5 Halogenide der Elemente der Nebengruppen des PSE

Titan(IV)-chlorid, $TiCl_4$

Smp. $-25\,°C$; Sdp. $136\,°C$

Farblose, stechend riechende Flüssigkeit, die an feuchter Luft stark raucht. Mit Wasser wird $TiCl_4$ hydrolysiert; HCl drängt die Hydrolyse so stark zurück, daß in konz. HCl mit Alkalichloriden Hexachlorotitanate(IV), $M_2[TiCl_6]$ entstehen. Mit NH_3 und Pyridin bildet $TiCl_4$ Additionsverbindungen.

C

R: 14-34-36/37

S: 7/8-26

$$TiO_2 + 2\,C + 2\,Cl_2 \rightarrow TiCl_4 + 2\,CO\uparrow$$

50 g feinstgepulverter Rutil, TiO_2, werden mit 25 g Kienruß und 0,05 g MnO_2 als Katalysator innigst vermischt und mit wenig Stärkekleister zu einer dicken, gerade noch plastischen Masse zusammengeknetet. Man formt daraus Kugeln von ca. 0,5 cm $\varnothing$, die im Trockenschrank getrocknet und dann unter einer Schicht Ruß im Gebläseofen aufgeglüht werden. So vorbereitet, kommen sie in das sorgfältig getrocknete, leicht schräg gestellte Reaktionsrohr (Abb. 3.19), werden unter dem Abzug im trockenen Cl_2-Strom langsam erhitzt und allmählich auf dunkle Rotglut gebracht. Der Cl_2-Strom muß dabei so stark sein, daß man die Blasen in der mit konz. H_2SO_4 gefüllten Waschflasche gerade nicht mehr zählen kann. In der mit Eis-Kochsalzlösung gekühlten Vorlage sammelt sich $TiCl_4$; es enthält als Verunreinigung noch Cl_2 und evtl. $FeCl_3$, $SiCl_4$ und $VOCl_3$. Zur Reinigung wird von Feststoffen dekantiert und durch eine trockene Glasfilternutsche filtriert. Dabei ist zwischen Woulfescher Flasche und Vakuumpumpe ein $CaCl_2$-Rohr und eine Kühlfalle zu schalten. Das Filtrat schüttelt man zur Cl_2-Entfernung mit etwas Cu-Spänen bis zur Farblosigkeit. Anschließend wird die Flüssigkeit wieder filtriert und der Destillation unterworfen.

Chrom(III)-chlorid, $CrCl_3$

Smp. $1150\,°C$

Glänzende, violette Blättchen. $CrCl_3$ ist im Cl_2-Strom sublimierbar. $CrCl_3$ ist in Wasser und Säuren unlöslich. Es löst sich jedoch in Wasser beim Zusatz von geringen Mengen $CrCl_2$.

Xn

R: 22

S: —

$$2\,Cr + 3\,Cl_2 \rightarrow 2\,CrCl_3$$

Grob gepulvertes Cr-Metall (10–20 g) wird in ein waagrechtes Quarz- oder Keramik-rohr von 50 cm Länge und 3 cm $\emptyset$ gebracht und anschließend über einer Gebläseflamme erhitzt. Um eine Verstopfung durch die starke Volumenzunahme zu verhindern, ist es zweckmäßig, das Cr bei der Beschickung des Rohres auf eine weite Strecke zu verteilen. **Wesentlich ist, daß das Rohr zuvor durch einen vollkommen trockenen, starken Cl₂-Strom von jeglichen Luftresten befreit ist (mindestens 1/2 h).** Dann erst steigert man die Tempera-tur so stark wie möglich, läßt erkalten und verdrängt das Chlor durch einen trockenen N₂-Strom. Im Rohr hat sich unter starker Volumenzunahme das CrCl₃ in glänzenden, violetten Blättchen abgeschieden.

Zur Reinigung wird CrCl₃ im Cl₂-Strom sublimiert, wiederholt mit konzentrierter Salz-säure ausgekocht, mit destilliertem Wasser bis zum Verschwinden der Cl-Reaktion ausge-waschen und bei 200–250 °C getrocknet.

Wolfram(VI)-chlorid, WCl₆

Smp. 275 °C; Sdp. 347 °C

Blauschwarze Kristalle. Bei der Hydrolyse an feuchter Luft bil-det sich gelbrotes WOCl₄ und gelbes WO₂Cl₂. Ob die Reaktion in der gewünschten Weise verlaufen ist, kann man deutlich an der Blauschwarzfärbung erkennen, die keine roten oder gelben Streifen aufweisen darf.

C

R: 34
S: 26

$$W + 3\,Cl_2 \rightarrow WCl_6$$

WCl₆ ist wie die Halogenide anderer Elemente in der höchsten Oxidationsstufe nicht aus wäßriger Lösung darstellbar. Es kann durch Reaktion von Wolf-rampulver mit Cl₂ dargestellt werden. Dabei ist auf völligen Wasserausschluß und gutes Durchreagieren zu achten. Andernfalls bildet sich sehr leicht WOCl₄, das zusätzlich die Hydrolyse von WCl₆ an feuchter Luft katalysiert.

$$WCl_6 + H_2O \quad \rightarrow \quad WOCl_4 + 2\,HCl\uparrow$$
$$WOCl_4 + 2\,H_2O \rightarrow WO_3 + 4\,HCl\uparrow$$

Zur Darstellung des WCl₆ benutzt man ein SUPREMAX®-Rohr (s. S. 163), oder besser ein Quarz-Rohr, das einige Einschnürungen besitzt (s. Abb. 3.24). Das Rohr ist beidseitig mit P₄O₁₀-Trockenrohren abgeschlossen. Am Gaseinlaßteil des Rohres plaziert man ein Porzellan-Schiffchen mit Wolfram-Pulver. Dieses wird nun langsam im H₂-Strom auf 700–1000 °C erhitzt. **Wichtig: Vorher ist die gesamte Luft durch halbstündiges Spülen mit N₂ zu vertreiben (Knallgasreaktion!!).** Nach dem Abkühlen ist ebenfalls das gesamte H₂ durch einen N₂-Strom zu vertreiben (Chlorknallgasreaktion!!).

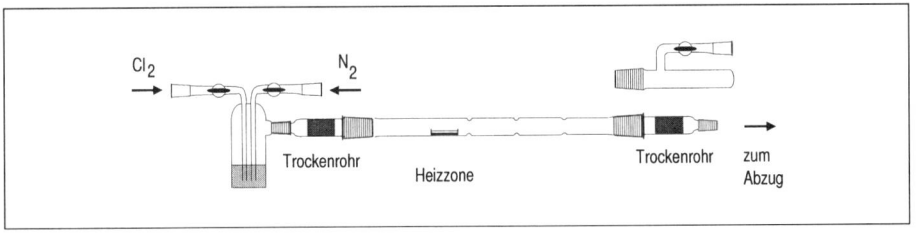

Abb. 3.24: Apparatur zur Chlorierung von Wolfram.

Präparative Chemie

3

Danach leitet man den getrockneten Cl_2-Strom durch das Rohr und erhitzt die Stelle, an der das Schiffchen steht, allmählich auf 600 °C. Das blauschwarze Hexachlorid setzt sich unmittelbar hinter dem Schiffchen ab. Zur Reinigung von geringen Mengen Oxidchlorid wird WCl_6 im Cl_2-Strom im Rohr weiter sublimiert. Danach wird das Cl_2 mit trockenem N_2 verdrängt und das WCl_6 in eine Ampulle abgeschmolzen oder in ein Schlenkrohr überführt.

Nickel(II)-chlorid, $NiCl_2$

Smp. 1001 °C

Hellgelbes Pulver oder gelbe Kristallblättchen. Sublimation bei 1013 mbar und 993 °C. Fein verteiltes $NiCl_2$ ist hygroskopisch und färbt sich an der Luft grün.

 T

R: A 45.2-
25-43
S: 44-53

$$NiCl_2 \cdot 6H_2O \rightarrow NiCl_2 + 6H_2O$$

In einem Quarzrohr wird $NiCl_2 \cdot 6H_2O$ bei 150 °C getrocknet und das Reaktionsprodukt anschließend in einem chlorhaltigen HCl-Strom auf 400 °C erhitzt. Hat sich das gelbe $NiCl_2$ gebildet, so wird die Gaseinleitung unterbrochen und das Rohr an diesem Ende verschlossen. Anschließend wird das Präparat im Ölpumpenvakuum bei erhöhter Temperatur sublimiert. Zur Befreiung von HCl wird $NiCl_2$ im Hochvakuum über KOH bei 160 °C getempert.

3.2.10 Ester, Alkohole, Ether

Borsäuremethylester, $B(OCH_3)_3$

Sdp.$_{1013mbar}$ 68,7 °C

$B(OCH_3)_3$ ist eine wasserhelle Flüssigkeit, die mit grüner Flamme brennt (s. S. 371) und mit Wasser zu H_3BO_3 hydrolysiert.

$$H_3BO_3 + 3CH_3OH \rightarrow B(OCH_3)_3 + 3H_2O$$

Borax oder H_3BO_3 wird mit einem nicht zu großen Überschuß an CH_3OH und einigen ml konz. H_2SO_4 (zur Aufnahme des bei der Reaktion entstehenden H_2O bzw. zum Freisetzen der Borsäure aus Borax) 1 h unter Rückfluß erhitzt und anschließend der Ester abdestilliert. Das Destillat enthält neben $B(OCH_3)_3$ noch CH_3OH. Zur weitgehenden Entfernung von CH_3OH fügt man etwas $CaCl_2$ (Solvatbildung mit CH_3OH) zu und läßt verschlossen über Nacht stehen. Falls 2 Schichten entstanden sind, trennt man in einem Scheidetrichter die untere (CH_3OH) ab und unterwirft die obere ($B(OCH_3)_3$) der fraktionierten Destillation (s. S. 217) unter Verwendung einer wirksamen Kolonne. Sonst wird filtriert und langsam fraktioniert destilliert.

Ethanol, absolut, C_2H_5OH

Sdp.$_{1013mbar}$ 78,3 °C

 F

R: 11
S: 7-16

Reines, 96%iges Ethanol wird mit dem gleichen Gewicht körnigem CaO und etwas Ba(OH)$_2$ bis zur Gelbfärbung der Suspension unter Rückfluß gekocht (Heizpilz) und dann abdestilliert. Die Vorlage schützt man mit einem CaO-Röhrchen gegen Eindringen von Luftfeuchtigkeit. Das abdestillierte ca. 99,5%ige Ethanol ist für die meisten Zwecke ausreichend. Zur Darstellung 100%igen Ethanols wird das 99,5%ige Ethanol mit etwas mehr als der berechneten Menge krustenfreiem Na in kleinen Stücken, oder mit Natriumsuspension in Paraffin, versetzt und nach der restlosen Auflösung erneut destilliert. Der geringe Vor- und Nachlauf wird verworfen.

Diethylether, H$_5$C$_2$OC$_2$H$_5$

Sdp.$_{1013mbar}$ 34,6 °C

Leichtflüchtige Flüssigkeit, bildet mit Luft höchstexplosive Gemische

 F

R: 12-19
S: 9-16-29-33

Beim Stehen von Ethern an der Luft bilden sich Etherperoxide, die beim Abdestillieren zu heftigen Explosionen führen können. Peroxidhaltiger Ether färbt Titanoxidsulfatlösung beim Schütteln gelb bis orangegelb (s. S. 294). Auch kann man mit Merckoquant®-Teststreifen auf Peroxid prüfen.

Zur Entfernung der Peroxide schüttelt man käuflichen Ether mit dem gleichen Volumen einer Lösung von 60 g FeSO$_4$ · 7H$_2$O und 6 ml konz. H$_2$SO$_4$ in 110 ml Wasser, trennt im Scheidetrichter und destilliert. Das Destillat wird über gekörntem, wasserfreiem CaCl$_2$ über Nacht stehengelassen, dann filtriert, destilliert und über Na-Draht in einer braunen Flasche mit aufgesetztem CaCl$_2$-Röhrchen aufbewahrt. Statt des Na-Drahts kann man auch eine Natrium-Suspension in Paraffin verwenden. Bei Stehen über Na tritt keine Peroxidbildung auf.

3.2.11 Komplexverbindungen

Grundlagen der Komplextheorie s. S. 112

Kaliumhexafluorosilicat, K$_2$[SiF$_6$]

Weiße Kristalle.

$$2\,CaF_2 + SiO_2 + 2\,H_2SO_4 \;\rightarrow\; 2\,CaSO_4 + 2\,H_2O + SiF_4\uparrow$$
$$3\,SiF_4 + 3\,H_2O \qquad\qquad \rightarrow\; H_2SiO_3\downarrow + 2\,H_2[SiF_6]$$
$$H_2[SiF_6] + 2\,KOH \qquad\;\; \rightarrow\; K_2[SiF_6]\downarrow + 2\,H_2O$$

Eine fein pulverisierte und trockene, innige Mischung von 50 g CaF$_2$ und 20 g SiO$_2$ (Quarz) wird in ein trockenes Tongefäß gefüllt, das man mit einem einfach durchbohrten, paraffinierten Korkstopfen verschließen kann. Durch die Bohrung führt ein zweimal gebogenes enges Glasrohr. An dieses ist das Rohr eines Trichters, der in ein mit 250 ml gefülltes Becherglas taucht, angeschlossen. Dadurch soll eine Verstopfung des Gaseinleitungsrohres durch entstehende Kieselsäure verhindert werden. Nun versetzt man die CaF_2-SiO_2-Mischung mit 250 ml konz. H_2SO_4, verschließt das Gefäß und erhitzt in einem Sandbad. Dabei entsteht SiF_4-Gas, das mit dem vorgelegten Wasser unter teilweiser Hydrolyse reagiert. Die Wärmezufuhr wird so reguliert, daß die Reaktion nicht zu heftig verläuft und alles SiF_4 absorbiert wird. Nach Beendigung der Gasentwicklung wird die ausgeschiedene gallertige Kieselsäure abfiltriert und die klare Lösung mit 2 mol/l KOH genau(!) neutralisiert. Die Lösung darf keinesfalls alkalisch reagieren, da sonst H_2SiO_3 ausfällt:

$$[SiF_6]^{2-} + 4OH^- \rightarrow 6F^- + H_2SiO_3\downarrow + H_2O$$

$K_2[SiF_6]$ setzt sich bei der Neutralisation als blau irisierender Niederschlag ab. Man dekantiert, sammelt den Niederschlag auf einem Papierfilter und trocknet im Trockenschrank.

Kaliumhexachlorostannat(IV), $K_2[SnCl_6]$

Weiße kristalline Substanz, die an der Luft unverändert haltbar ist. Gut löslich in Wasser. Aus verdünnten Lösungen fällt beim Kochen $SnO_2 \cdot nH_2O$ aus.

$$Sn^{2+} + Cl_2 + 4Cl^- \rightarrow [SnCl_6]^{2-}$$
$$[SnCl_6]^{2-} + 2K^+ \rightarrow K_2[SnCl_6]\downarrow$$

Eine salzsaure $SnCl_2$-Lösung wird mit Cl_2 gesättigt und in der Wärme mit gesättigter KCl-Lösung versetzt. Beim Abkühlen scheidet sich weißes $K_2[SnCl_6]$ ab, das abgesaugt mit wenig eiskaltem Wasser gewaschen und auf Ton im Exsikkator getrocknet wird.

In analoger Weise läßt sich **Ammoniumhexachlorostannat(IV)**, $(NH_4)_2[SnCl_6]$ („Pinksalz") darstellen.

**Kaliumhexachloroantimonat(V)-Monohydrat,
$K[SbCl_6] \cdot H_2O$**

Schwach grünlichgelbe, oktaederähnliche Kristalle.

$$Sb^{3+} + Cl_2 + 4Cl^- \rightarrow [SbCl_6]^-$$
$$[SbCl_6]^- + K^+ \rightarrow K[SbCl_6]\downarrow$$

Man löst 0,1 mol Sb_2O_3 in verdünnter HCl, oxidiert mit Cl_2, fügt 0,2 mol KCl hinzu und läßt kristallisieren.

**Ammoniumhexachloroplumbat(IV),
$(NH_4)_2[PbCl_6]$**

Zersetzung bei 120 °C

Zitronengelbes, kristallines Pulver, das bei 70–80 °C orangegelb aussieht. $(NH_4)_2[PbCl_6]$ wird durch Wasser unter PbO_2-Abscheidung zersetzt. Mit kalter H_2SO_4 bildet sich $PbCl_4$, das beim Erwärmen explosionsartig zerfallen kann (größte Vorsicht, Schutzbrille!!!)

Xn

R: 20/22-23
S: 13-20/21

$$PbCl_2 + Cl_2 + 2\,HCl \quad \rightarrow \quad H_2[PbCl_6]$$
$$H_2[PbCl_6] + 2\,NH_4Cl \quad \rightarrow \quad (NH_4)_2[PbCl_6]\!\downarrow + 2\,HCl$$

Während $PbCl_4$ eine äußerst unbeständige, ölige Flüssigkeit ist, sind die davon abgeleiteten Komplexsalze, $M_2[PbCl_6]$, stabil.

Man verreibt 10 g $PbCl_2$ mit 20 ml konz. HCl in einer Reibschale und gießt die Suspension ab. Mit dem Rückstand wiederholt man die Operation mit jeweils 20 ml konz. HCl, bis alles $PbCl_2$ in 200 ml HCl in feinster Verteilung(!) befindet. Unter äußerer Eiskühlung wird nun in diese Suspension ein mäßig rascher Cl_2-Strom eingeleitet (öfteres Umschütteln). Die Flüssigkeit färbt sich nach kurzer Zeit gelb. In ca. 2 h ist die Hauptmenge $PbCl_2$ unter Bildung von $H_2[PbCl_6]$ in Lösung gegangen. Man filtriert durch ein Glasfilter, versetzt das klare Filtrat unter Eiskühlung mit einer eiskalten Lösung von 8 g NH_4Cl in 80 ml Wasser und läßt mehrere Stunden auf Eis stehen. Der feinkristalline Niederschlag von $(NH_4)_2[PbCl_6]$ wird rasch durch ein Glasfilter abgesaugt, erst mit eisgekühltem Ethanol, dann mit Ether gewaschen und auf Ton im Exsikkator getrocknet.

Silbertetraiodomercurat(II), $Ag_2[HgI_4]$

Das gelbe $Ag_2[HgI_4]$ wird bei 35 °C orange und bei noch höherer Temperatur rot (**Thermochromie**). Die Farbänderungen (Modifikationswechsel) sind reversibel (**Enantiotropie**). $Ag_2[HgI_4]$, $Cu_2[HgI_4]$ (rot $\rightleftharpoons$ braun bei 70 °C) und ähnliche Verbindungen finden deshalb als Thermoskope (optische Thermometer) praktische Anwendung.

 T

R: 26/27/ 28-33
S: 1/2-13- 28-45

$$HgI_2 + 2\,I^- \quad \rightarrow \quad [HgI_4]^{2-}$$
$$[HgI_4]^{2-} + 2\,Ag^+ \quad \rightarrow \quad Ag_2[HgI_4]\!\downarrow$$

Eine Lösung von $K_2[HgI_4]$ (Darstellung durch Auflösen von HgI_2 in KI-Lösung) wird mit $AgNO_3$ gefällt. Den gelben Niederschlag von $Ag_2[HgI_4]$ filtriert man ab, wäscht gut aus und trocknet.

Tetramminkupfer(II)-sulfat-Monohydrat, $[Cu(NH_3)_4]SO_4 \cdot H_2O$

Tief dunkelblaue Kristalle, an der Luft zersetzlich. Die Verbindung zersetzt sich oberhalb 30 °C langsam unter Abgabe von NH_3 und H_2O.

$$CuSO_4 + 4\,NH_3 \quad \rightarrow \quad [Cu(NH_3)_4]SO_4$$

25 g $CuSO_4 \cdot 5\,H_2O$ werden unter Erwärmen in ca. 25 ml Wasser gelöst und mit konz. Ammoniak versetzt, bis sich der Niederschlag gerade wieder vollständig gelöst hat. Die Lösung wird nun in einem Meßzylinder mit einem Ethanol Wasser Gemisch (1:1 Vol) vorsichtig ca. 1 cm hoch überschichtet, indem man das Gemisch langsam aus der Pipette an der Wand des Meßzylinders herunterfließen läßt. Darüber wird in gleicher Weise und Höhe 96%iges Ethanol geschichtet. Man läßt das bedeckte Gefäß mehrere Tage in der Kälte

Präparative Chemie

3

ruhig stehen, nutscht die entstandenen $[Cu(NH_3)_4]SO_4 \cdot H_2O$-Kristalle ab und trocknet mit Ethanol und dann mit Ether.

Hexammincobalt(II)-chlorid, $[Co(NH_3)_6]Cl_2$

Rosarote Kristalle, die sich beim Erwärmen langsam zersetzen.
Der Komplex ist gut in konz. NH_3 löslich.

$$CoCl_2 + 6\,NH_3 \rightarrow [Co(NH_3)_6]Cl_2$$

5 g $CoCl_2 \cdot 6\,H_2O$ werden unter Luftausschluß in 14 ml Wasser erhitzt, mit konzentriertem Ammoniak bis zum vollständigen Lösen gekocht und dann filtriert. Zum heißen Filtrat fügt man N_2-gesättigtes (unter Rückfluß ausgekochtes) Ethanol hinzu, so daß in der Hitze eben eine bleibende Trübung eintritt. Man kühlt unter fließendem Wasser und filtriert den ausgeschiedenen Niederschlag ab. Er wird mit einem Gemisch von konz. Ammoniak und Ethanol, dann mit dem gleichen Gemisch (1:2), zuletzt mit luftfreiem, mit Ammoniak gesättigten Ethanol gewaschen. Man trocknet im Hochvakuum über KOH.

Tetrammincarbonatocobalt(III)-nitrat
Hemihydrat, $[Co(CO_3)(NH_3)_4]NO_3 \cdot \frac{1}{2}H_2O$

Purpurfarbene Kristalle

$$2\,Co(NO_3)_2 + 6\,NH_3 + 2\,(NH_4)_2CO_3 + \tfrac{1}{2}O_2$$
$$\rightarrow 2\,[Co(CO_3)(NH_3)_4]NO_3 \cdot \tfrac{1}{2}H_2O + 2\,NH_4NO_3$$

Eine Lösung von 10 g $(NH_4)_2CO_3$ in 50 ml Wasser und 25 ml konz. Ammoniak wird mit einer Lösung von 5 g $Co(NO_3)_2 \cdot 6\,H_2O$ in 10 ml Wasser versetzt und durch die tiefviolette Flüssigkeit ca. 3 h ein nicht zu schneller Luftstrom mit der Wasserstrahlpumpe gesaugt. Dabei schlägt die Farbe allmählich nach blutrot um. Man kocht dann auf ca. 30 ml ein, wobei alle 15 Minuten 0,5 g $(NH_4)_2CO_3$ (insgesamt 3 g) zugesetzt werden. Nach Filtration wird unter Zugabe von weiteren 1 g $(NH_4)_2CO_3$ auf 20 ml eingeengt. Die ausgeschiedenen Kristalle werden nach dem Erkalten abgesaugt, erst mit Waser, dann mit verdünntem und schließlich mit reinem Ethanol gewaschen. Dann trocknet man bei 100 °C, Ausbeute ca. 2 g.

Pentamminchlorocobalt(III)-chlorid,
$[CoCl(NH_3)_5]Cl_2$

Violettrote Kristalle. Das Salz ist mit etwas $[Co(NH_3)_6]Cl_3$ verunreinigt.

$$[Co(CO_3)(NH_3)_4]^+ + 2\,Cl^- + 2\,H^+ \rightarrow [Co(Cl)_2(NH_3)_4]^+ + H_2O + CO_2\uparrow$$
$$[Co(Cl)_2(NH_3)_4]^+ + NH_3 + H_2O \rightarrow [Co(H_2O)(NH_3)_5]^{3+} + 2\,Cl^-$$
$$[Co(H_2O)(NH_3)_5]^{3+} + 3\,Cl^- \rightarrow [CoCl(NH_3)_5]Cl_2 + H_2O$$

3 g$[Co(NH_3)_4CO_3]NO_3 \cdot \frac{1}{2}H_2O$ in 40 ml Wasser werden mit ca. 4,5 ml konz. HCl angesäuert, bis alles CO_2 ausgetrieben ist. Dann wird schwach ammoniakalisch gemacht, mit 5 ml konz. Ammoniak versetzt und eine 3/4 h auf dem Wasserbad erhitzt. Nach dem Ab-

kühlen gibt man 50 ml konz. HCl zu und erhitzt erneut 1 h auf dem Wasserbad. Die abgenutschten violettroten Kristalle werden mit Ethanol gewaschen und trockengesaugt. Ausbeute ca. 2 g.

Hexammincobalt(III)-chlorid, [Co(NH₃)₆]Cl₃

Weinrote bis bräunlichrote, wasserlösliche Kristalle.

$$4\,CoCl_2 + 4\,NH_4Cl + 20\,NH_3 + O_2 \;\rightarrow\; 4[Co(NH_3)_6]Cl_3 + 2\,H_2O$$

24 g $CoCl_2 \cdot 6\,H_2O$ und 16 g NH_4Cl werden in 20 ml Wasser unter Schütteln fast gelöst. Man gibt 1–2 g Aktivkohle und 50 ml konz. Ammoniak zu und leitet anschließend einen kräftigen Luftstrom durch die Suspension, bis die ursprünglich rote Lösung gelbbraun ist. Zur Aufrechterhaltung der NH_3-Konzentration fügt man während des Oxidationsvorganges zweckmäßig noch etwas Ammoniak zu. Der Niederschlag von $[Co(NH_3)_6]Cl_3$ wird zusammen mit der Aktivkohle abgefiltert und der Filterrückstand in 1–2%iger HCl in der Hitze gelöst. Man filtriert noch heiß ab und fällt reines $[Co(NH_3)_6]Cl_3$ durch Zusatz von 40 ml konz. HCl und Abkühlen auf 0 °C. Der abfiltrierte Niederschlag wird zuerst mit 60%igem, dann mit 96%igem Ethanol gewaschen und bei 80–100 °C getrocknet. Ausbeute ca. 20 g.

---

cis-Tetramminditrocobalt(III)-nitrat,
[Co(NO₂)₂(NH₃)₄]NO₃

Tiefgelbe Kristalle.

$$[Co(CO_3)(NH_3)_4]^+ + NO_3^- + 2\,NO_2^- + 2\,H^+$$
$$\rightarrow [Co(NO_2)_2(NH_3)_4]NO_3\downarrow + H_2O + CO_2\uparrow$$

Der Ersatz des zweizähnigen Liganden CO_3^{2-} durch zwei NO_2^- führt zum cis-Komplex (s. S. 121).

In einer Lösung von 6 ml (≙ 8,5 g) 65%iger HNO_3 (D = 1,4 g/cm³) in 150 ml Wasser werden 10 g $[Co(CO_3)(NH_3)_4]NO_3 \cdot \frac{1}{2}H_2O$ ohne Erwärmen gelöst und nach und nach 20 g $NaNO_2$ zugegeben. Die Lösung wird im siedenden Wasserbad bis zur Bildung einer tiefbraunen Farbe erhitzt (ca. 7–8 Minuten), schnell abgekühlt und mit 70 ml (≙ 100 g) 65%iger HNO_3 versetzt. Entweichen von Stickstoffoxiden (Abzug!). Man läßt über Nacht stehen, saugt die Kristalle ab, wäscht mit verd. HNO_3 und Ethanol, reinigt durch Umkristallisieren aus verd. CH_3COOH und trocknet mit Ethanol. Ausbeute ca. 5 g.

Zur Überführung in **cis−[Co(NO₂)₂(NH₃)₄]Cl** wird 1 g $[Co(NO_2)_2(NH_3)_4]NO_3$ unter gelindem Erwärmen in 30 ml Wasser gelöst, 2 g NH_4Cl zugefügt, filtriert und in Portionen mit 10 ml Ethanol versetzt. Nach 24stündigem Stehen werden die Kristalle abgesaugt, erst mit verdünntem und dann mit reinem Ethanol gewaschen und bei 100 °C getrocknet. Ausbeute 1 g.

---

trans-Tetramminditrocobalt(III)-chlorid,
[Co(NO₂)₂(NH₃)₄]Cl

Bräunlichrote Kristalle.

Präparative Chemie

3

$$2\,CoCl_2 + 8\,NH_3 + 2\,NH_4Cl + \tfrac{1}{2}O_2 \;\rightarrow\; 2\,[CoCl(NH_3)_5]Cl_2 + H_2O$$
$$[CoCl(NH_3)_5]Cl_2 + 2\,NO_2^- \qquad\rightarrow\; [Co(NO_2)_2(NH_3)_4]Cl\downarrow + 2\,Cl^- + NH_3$$

10 g NH_4Cl und 13,5 g $NaNO_2$ werden in 80 ml Wasser gelöst, mit 12 ml 25%igem Ammoniak und einer Lösung von 9 g $CoCl_2 \cdot 6\,H_2O$ in 25 ml Wasser versetzt. Nach 4stündigem Durchleiten von Luft fällt ein Niederschlag aus, der nach 12stündigem Stehen abgesaugt und mit Wasser gut ausgewaschen wird. Das Waschwasser darf mit $(NH_4)_2C_2O_4$ keinen Niederschlag von Pentamminnitrocobalt(III)-oxalat mehr geben. Je 2 g Rohprodukt werden in 40 ml heißer verdünnter CH_3COOH gelöst, schnell filtriert und mit einer wäßrigen Lösung von 4 g NH_4Cl gefällt. Nach Abkühlen und längerem Stehen saugt man die Kristalle ab, wäscht mit 90%igem Ethanol, dann mit absolutem Ethanol (Darst. s. S. 230) und trocknet im Exsikkator.

2 g trans $-[Co(NO_2)_2(NH_3)_4]Cl$ erhitzt man mit 1 g NH_4Cl und 1 ml konz. HCl in 40 ml Wasser bis zur Beendigung der Gasentwicklung. Das ausgefallene Rohprodukt wird mit HCl (1:1 Vol.) und Ethanol gewaschen. Durch Lösen in wenig lauwarmem Wasser und sofortiges Ausfällen mit konz. HCl entsteht der reine, wasserfreie Komplex trans $-[Co(NO_2)Cl(NH_3)_4]Cl$. Bräunlichrote Nadeln.

Wird das wasserfreie trans $-[Co(NO_2)Cl(NH_3)_4]Cl$ aus schwach essigsaurem Wasser umkristallisiert, erhält man das sog. **Esohydrat**, trans $-[Co(NO_2)Cl(NH_3)_4]Cl \cdot H_2O$, in roten Tafeln, die in kaltem Wasser schwerlöslich sind. In heißem Wasser löst sich das Esohydrat unter Farbumschlag nach gelb zum isomeren trans $-[Co(NO_2)(NH_3)_4(H_2O)]Cl_2$, welches durch Säuren (HCl, HNO_3) ausgefällt werden kann. Die **Hydratisomerie** wird also durch den Farbwechsel äußerlich sichtbar.

Hexamminnickel(II)-chlorid, $[Ni(NH_3)_6]Cl_2$

Feinkristallines, blauviolettes Pulver.

$$NiCl_2 + 6\,NH_3 \;\rightarrow\; [Ni(NH_3)_6]Cl_2$$

50 ml einer konz. Lösung von cobaltfreiem $NiCl_2 \cdot 6\,H_2O$ werden mit einem Überschuß von konz. Ammoniak versetzt, dann unter fließendem Wasser gekühlt und die beginnende Ausscheidung des $[Ni(NH_3)_6]Cl_2$ durch Zusatz einer ammoniakalischen NH_4Cl-Lösung vervollständigt. Den Niederschlag saugt man ab, wäscht mit konz. Ammoniak, Ethanol und Ether.

Kaliumtetracyanoniccolat(II), $K_2[Ni(CN)_4]$

$K_2[Ni(CN)_4]$ ist ein blaßgelbes Pulver.

$$NiCl_2 + H_2S \;\rightarrow\; NiS\downarrow + 2\,HCl$$
$$NiS + 4\,KCN \;\rightarrow\; K_2[Ni(CN)_4] + K_2S$$

Aus einer wäßrigen Lösung von 2 g $NiCl_2 \cdot 6\,H_2O$ wird NiS gefällt. Man löst den abgefilterten Niederschlag unter dem Abzug in einer warmen, konz., wäßrigen Lösung von 2,3 g KCN, und kocht die klare Lösung bis zur beginnenden Kristallisation ein. Die gelben bis orangeroten durchsichtigen Prismen von $K_2[Ni(CN)_4] \cdot 3\,H_2O$ können durch längeres Erhitzen auf 100 °C vom Kristallwasser befreit werden.

> **Kaliumtrioxalatochromat(III)-Trihydrat,**
> **K$_3$[Cr(C$_2$O$_4$)$_3$] · 3H$_2$O**
>
> K$_3$[Cr(C$_2$O$_4$)$_3$] · 3H$_2$O bildet prächtige schwarzgrüne, an den
> Kanten blau durchscheinende Säulen

$$K_2Cr_2O_7 + 7H_2C_2O_4 + 2K_2C_2O_4 \rightarrow 2K_3[Cr(C_2O_4)_3] + 7H_2O + 6CO_2$$

Cr$_2$O$_7^{2-}$ kann durch C$_2$O$_4^{2-}$ reduziert werden, wobei K$_3$[Cr(C$_2$O$_4$)$_3$] · 3H$_2$O ohne störende Nebenprodukte anfällt.

Zur Lösung von 3,6 g Oxalsäure-dihydrat, H$_2$C$_2$O$_4$ · 2H$_2$O, und 1,5 g neutralem Kaliumoxalatmonohydrat, K$_2$C$_2$O$_4$ · H$_2$O, in 40 ml Wasser, tropft man eine konz. wäßrige Lösung von 1,2 g K$_2$Cr$_2$O$_7$ langsam unter Rühren zu. Die Lösung wird weitgehend eingedampft und durch langsames(!) Abkühlen zur Kristallisation gebracht.

> **12-Wolframo-1-phosphorsäure,**
> **H$_3$[P(W$_3$O$_{10}$)$_4$ · aq]**
>
> Lichtgelbe oder grüne, in Wasser leicht lösliche Kristalle

$$12\,Na_2WO_4 \cdot aq + Na_2HPO_4 + 23\,HCl \rightarrow Na_3[P(W_3O_{10})_4 \cdot aq] + 23\,NaCl + 12\,H_2O$$
$$Na_3[P(W_3O_{10})_4 \cdot aq] + 3\,HCl \qquad \rightarrow H_3[P(W_3O_{10})_4 \cdot aq] + 3\,NaCl$$

Alle Iso- und Heteropolysalze sowie die entsprechenden freien Säuren kristallisieren stets mit Wasser, da H$_2$O ein wesentliches Bauelement der Kristallstruktur dieser Verbindungen ist.

Zunächst wird das Natriumsalz, Na$_3$[P(W$_3$O$_{10}$)$_4$ · aq], hergestellt, aus dem die freie Säure – nach der zur Darstellung freier Heteropolysäuren allgemein anwendbaren Extraktionsmethode von *Drechsel* – durch Ausschütteln der konzentrierten wäßrigen Lösung des Natriumsalzes mit Ether und konz. HCl erhalten wird.

Eine Lösung von 5 g Na$_2$WO$_4$ · 2H$_2$O in ca. 8 ml Wasser wird mit 2,5 g Na$_2$HPO$_4$ · 12H$_2$O versetzt und bis zur völligen Auflösung des Salzes erhitzt. Man dampft bei ca. 80 °C bis zur Bildung einer Kristallhaut ein, setzt dann langsam unter Rühren 7,5 ml konz. HCl (D = 1,12 g/cm^3) zu (ein vorübergehend auftretender Niederschlag löst sich wieder klar auf) und verdampft erneut bis zur Bildung einer Kristallhaut. Die Flüssigkeit samt der ausgeschiedenen Kristalle wird nach dem Abkühlen in einen Scheidetrichter überführt. Man gibt unter Schütteln so viel Ether hinzu, daß sich 3 Schichten bilden: eine untere, ölige (etherische Lösung von H$_3$[P(W$_3$O$_{10}$)$_4$ · aq], eine mittlere, wäßrige sowie eine obere aus überschüssigem Ether bestehende. Die untere Schicht läßt man ablaufen. Der Ether wird abgezogen und dann aus 3 ml Wasser umkristallisiert. Eine gegebenenfalls auftretende Blaufärbung kann durch Zugabe von etwas Chlorwasser beseitigt werden.

Präparative Chemie

3

12-Molybdo-1-kieselsäure, $H_4[Si(Mo_3O_{10})_4 \cdot aq]$

Die Lösung ist nicht so stabil wie Lösungen anderer Heteropolysalze. Es ist daher wesentlich, die angegebenen Bedingungen, vor allem die H^+-Konzentration, sorgfältig einzuhalten.

$$12\,MoO_3 + 24\,NaOH + Na_2SiO_3 + 22\,HNO_3$$
$$\rightarrow Na_4[Si(Mo_3O_{10})_4 \cdot aq] + 22\,NaNO_3 + 23\,H_2O$$

Die nachstehende Arbeitsvorschrift führt zu einer sauren Lösung des Natriumsalzes, $Na_4[Si(Mo_3O_{10})_4 \cdot aq]$, wie sie als Nachweisreagenz für Rb^+ und Cs^+ Verwendung findet. Zur Darstellung des kristallisierten Natriumsalzes sowie der freien Säure (nach *Drechsel*) ist diese Lösung in Folge ihres hohen $NaNO_3$-Gehaltes nicht ohne weiteres geeignet.

In einem Rundkolben werden 6 g NaOH in 40 ml Wasser gelöst und die Lösung zum Sieden erhitzt. Im Laufe von ca. 15 Minuten trägt man in die siedende Lösung 17,2 g ammoniumsalzfreies (!) MoO_3 portionsweise ein. Vor jeder neuen Zugabe muß MoO_3 vollständig in Lösung gegangen sein. Man unterbricht dann das Erhitzen, gießt 50 ml kaltes Wasser in die Lösung und setzt unter dauerndem, kräftigen Rühren vorsichtig 35 ml HNO_3 (25 ml 65%ige HNO_3, Dichte = 1,40 g/cm³, und 10 ml Wasser) in kleinen Anteilen zu; dabei darf keine bleibende Fällung entstehen. Unmittelbar nach der HNO_3-Zugabe wird eine frisch bereitete Natriumsilicatlösung (2,8 g $Na_2SiO_3 \cdot 9H_2O$ in 12,5 ml 2 mol/l NaOH gelöst und ca. 10–15 Minuten zur Aufspaltung in Monosilikat gekocht) unter dauerndem Umrühren in dünnem Strahl in das Reaktionsgemisch gegeben. Die nunmehr intensiv gelb gefärbte Lösung engt man auf dem Wasserbad auf ca. 80 ml ein und filtriert gegebenenfalls von geringen Mengen des ausgeschiedenen Ammoniummolybdosilicats ab (bei Verwendung nicht ammoniumsalzfreier Reagenzien!).

3.2.12 Kolloide

Über die Grundlagen der Kolloidchemie s. S. 130

Eisen(III)-hydroxidsol

Die braunrote kolloidale Lösung ist in der Kälte haltbar, durch Kochen, Elektrolyse oder Elektrolytzusatz flockt sie jedoch aus.

Bei Erhöhung des pH-Werts einer Fe(III)-Salzlösung durch langsame Zugabe von OH^- fällt nicht sofort $Fe(OH)_3$ aus, sondern es tritt unter Wasserabspaltung eine Kondensation zu höhermolekularen Teilchen ein (vgl. S. 416).

6 g $(NH_4)_2CO_3$ werden in 25 ml heißem Wasser gelöst und nach dem Erkalten ca. zwei Drittel davon unter Rühren zu einer klaren (!) Lösung von 7,5 g $FeCl_3$ in 25 ml Wasser gegeben. Ein Zehntel dieser weitgehend neutralisierten Lösung wird abgegossen und der übrige Teil tropfenweise (!) mit $(NH_4)_2CO_3$-Lösung versetzt, bis sich der an der Eintropf-

stelle bildende Niederschlag von $Fe(OH)_3$ gerade nicht mehr auflöst. Zu dessen Auflösung gibt man nun einen Teil der vorher abgetrennten, noch schwach sauren Lösung hinzu.

Nach Beseitigung etwa vorhandener Trübungen durch Filtration kommt die Lösung sofort in eine Dialysierhülse, die man bis zur Meniskusgleichheit in ein mit destilliertem Wasser gefülltes Gefäß hängt. Das Wasser wird täglich erneuert. Durch Diffusion der Ionen bleibt in der Hülse eine reine, kolloide Lösung von Eisenhydroxid zurück. Die darin noch enthaltenen Cl^--Ionen sind vom Sol adsorbiert und lassen sich durch Fortsetzen der Dialyse nicht entfernen. Die Dialyse ist beendet, wenn im Dialysat keine Cl^--Ionen mehr nachgewiesen werden können.

Kieselsäuresol

Klare, haltbare, kolloidale Lösung

Sole von $SiO_2 \cdot aq$ werden durch vorsichtiges Ansäuern von Natriumsilicatlösungen erhalten, die infolge von Hydrolyse alkalisch reagieren. (vgl. S. 365).

20 g kristallines Natriumsilicat werden in 70 ml heißem Wasser gelöst und die Lösung falls notwendig, filtriert. Nach dem Erkalten tropft man von dieser Lösung so viel in eine Mischung von 20 ml 37%iger HCl und 40 ml Wasser, bis die durch Phenolphthalein an der Eintropfstelle auftretende Rosafärbung gerade nicht mehr verschwindet. Zur Abtrennung störender Fremdionen wird die klare, kolloide Lösung so lange dialysiert (vgl. Eisen(III)-hydroxidsol), bis im Dialysat kein Cl^- mehr vorhanden ist.

Vanadium(V)-oxidsol

Klares, orangerotes V_2O_5-Sol

Kolloides V_2O_5 (s. S. 455) besteht aus kleinen kristallinen Teilchen in Stäbchenform. Beim Umrühren der kolloiden Lösung richten sich die Stäbchen nach der Strömungsrichtung aus und erzeugen charakteristische Schlieren von seidigem, Glanz (Strömungsdoppelbrechung).

Man verreibt 1 g Ammoniummetavanadat in einer Reibschale mit etwas destilliertem Wasser und setzt unter weiterem Umrühren mit dem Pistill 10 ml 2 mol/l HCl zu. Den entstehenden Niederschlag von $V_2O_5 \cdot aq$ spült man mit der überstehenden Flüssigkeit auf ein Filter, läßt ablaufen und wäscht mit destilliertem Wasser aus. Das anfänglich klargelbe Filtrat beginnt nach einiger Zeit rötlichtrüb abzulaufen. Man spritzt nun den Niederschlag vom Filter herunter in einen Erlenmeyerkolben und verdünnt auf 100 ml. Nach einigen Stunden hat sich der Niederschlag vollständig aufgelöst (Peptisation, s. S. 135). Die Stäbchendoppelbrechung läßt sich jedoch erst nach längerem Stehen beobachten, wenn eine Ausbildung der stäbchenförmigen Kolloidpartikel möglich geworden ist (altern s. S. 135).

Silberiodidsol

Grünlichgelbes, milchiges Sol, das in Gegenwart von überschüssigem Elektrolyt (KI) infolge seiner negativen Aufladung lange haltbar ist. Dialyse würde in diesem Fall die Stabilität des Sols nur herabsetzen.

Präparative Chemie

3

2–3 ml 0,2 mol/l KI werden mit destilliertem Wasser auf 100 ml verdünnt und 1–2 ml 0,1 mol/l $AgNO_3$ langsam hinzugegeben.

Schwefelsol

Rötlich opaleszierendes S-Sol, das wochenlang haltbar ist.

Man löst getrennt 7,2 g $Na_2SO_3 \cdot 7H_2O$ p.a. und 6,4 g $Na_2S \cdot 9H_2O$ p.a. in je 50 ml Wasser. Zu den 50 ml Na_2S-Lösung wird mit einer Pipette 1,5 ml der bereiteten Na_2SO_3-Lösung hinzugefügt. Zu der so erhaltenen Lösung gibt man unter ständigem Rühren tropfenweise eine Mischung von 10 ml destilliertem Wasser und 2,7 g konz. H_2SO_4, bis eben noch keine Trübung auftritt (ca. 8 ml). Die restlichen 48,5 ml Na_2SO_3-Lösung werden mit 5,5 g konz. H_2SO_4 versetzt und anschließend unter ständigem Rühren in eine Na_2S-Lösung gegossen. Die Mischung wird 1 h in einem mit einem Uhrglas bedeckten Erlenmeyerkolben stehengelassen. Danach filtriert man durch ein Faltenfilter, wäscht den Niederschlag von der Außenseite des Filters(!) mit ca. 100 ml destilliertem Wasser aus und peptisiert ihn auf dem Filter mit 300 ml destilliertem Wasser. Von der durchlaufenden, gelblichweißen, kolloidalen Lösung werden 5–10 ml in 300 ml Wasser eingegossen. Nach 24 h filtriert man von einem eventuell entstandenen, geringen Bodensatz ab.

4 Analytische Chemie

4.1 Grundsätzliches

4.1.1 Geräte und Arbeitstechniken der Halbmikroanalyse

Bei der HM-Analyse arbeitet man üblicherweise mit Substanzmengen von etwa 10–100 mg und Volumina von etwa 0,5–5 ml.

In einigen Fällen, z. B. beim Arbeiten unter dem Mikroskop und bei der Tüpfelanalyse, werden nur noch Mikromengen eingesetzt.

4.1.1.1 Geräte

Reagenzienflaschen

Da in der HM-Analyse Flüssigkeiten fast ausnahmslos nach Tropfen dosiert werden, sind für Lösungen Reagenzienflaschen aus Polyethylen mit aufgesetztem Tropfrohr und einem Fassungsvermögen von 30–50 ml zu empfehlen (Abb. 4.1).

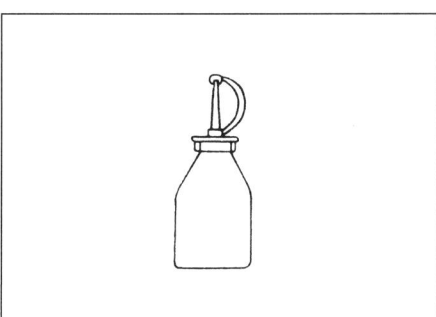

Abb. 4.1: Polyethylentropfflasche.

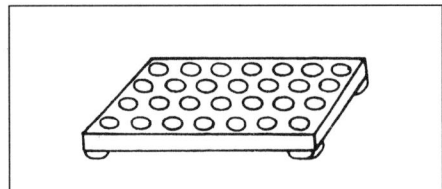

Abb. 4.2: Flaschengestell.

Aufgrund ihrer Elastizität ist durch Druck mit dem Daumen eine sehr elegante Dosierung möglich. Neben Unzerbrechlichkeit und geringem Gewicht ist ihre Nichtbenetzbarkeit von großem Vorteil, da sie eine Verkrustung des Tropfrohres durch Lösungsrückstände verhindert. Infolge ihrer großen Resistenz gegen Säuren und besonders Laugen sowie des Fehlens von Füllstoffen und Weichmachern treten auch nach monatelangem Stehen von Lösungen keine Verunreinigungen durch Gefäßbestandteile auf, wie dies bei Glasflaschen unvermeidlich ist.

Konzentrierte Säuren (H_2SO_4, HNO_3, HCl und H_3PO_4) und leichtflüchtige organische Lösungsmittel (CS_2, Ether, Methanol, Ethanol) werden am besten in Glasflaschen mit eingeschliffener Tropfpipette und Ball aus Polyethylen aufbewahrt.

Die Verwendung von Gummibällen kann nicht empfohlen werden, da der Gummi von den erwähnten Reagenzien zersetzt und als Folge davon der Inhalt der Flaschen verunreinigt wird.

Lichtempfindliche Lösungen ($AgNO_3$-Lsg. usw.) müssen in braunen Schliffflaschen aufbewahrt werden.

Flaschengestell

Zur Aufstellung der Reagenzienflaschen eignen sich am besten rechteckige Holzblöcke mit entsprechenden Bohrungen von der in Abb. 4.2 angegebenen Art.

Es wird im allgemeinen zweckmäßig sein, für jeden Praktikanten 2 Blöcke für je eine Flaschengröße, also z. B. für Flaschen von 50 ml und 30 ml bereitzustellen.

Flaschen für feste Substanzen

Auch für die Aufbewahrung fester Substanzen sind Flaschen aus Polyethylen mit Schraubverschluß hervorragend geeignet. Selbstverständlich können aber auch die herkömmlichen Pulverflaschen aus Glas verwendet werden. Reagenzien, von denen nur sehr kleine Mengen benötigt werden, werden zweckmäßig in Präparategläschen von etwa 2 – 3 ml Inhalt mit Polyethylenverschluß aufbewahrt. Die Flaschen oder Gläser werden in einem der Abb. 4.2 entsprechenden Holzblock aufgestellt.

Spatel

Zur Entnahme kleiner Mengen fester Substanzen dienen Mikrospatel aus korrosionsfestem 18/8 Stahl von etwa 150 mm Länge und 2 mm Spatelbreite. Diese Spatel können unbedenklich mit allen hier in Frage kommenden Reagenzien in Berührung gebracht werden.

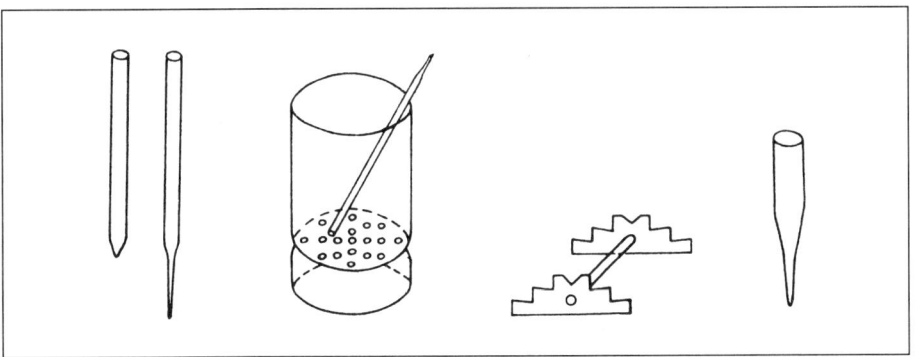

Abb. 4.3: Tropfpipetten, Pipettentrockner, Pipettenauflage, Zentrifugenglas.

Spatel aus Glas oder Porzellan sind für Arbeiten im HM-Maßstab nicht geeignet. Spatel aus Reinnickel sind gegenüber jenen aus Edelstahl korrosionsempfindlicher und bieten auch sonst keinerlei Vorteile.

Tropfpipetten

Zum Transport von Flüssigkeiten werden, evtl. selbstgefertigte, Tropfpipetten (Abb. 4.3) aus Jenaer Geräteglas verwendet, die mit Saugbällen aus Polyethylen oder Gummi versehen sind. Die Pipetten werden in 2 Formen mit kurzer und lang ausgezogener Spitze vorrätig gehalten.

Pipettentrockner

Pipetten sind stets unmittelbar nach Gebrauch sorgfältig mit destilliertem Wasser zu reinigen. Es empfiehlt sich, Gummibälle gelegentlich mit lauwarmem Wasser sorgfältig zu spülen und nach dem Abtrocknen innen und außen ganz leicht mit Talkum zu pudern. Zum Abtropfen der Pipetten dient ein in Abb. 4.3 wiedergegebener Glaszylinder mit eingelegter Lochplatte.

Pipettenauflage

Um die Pipetten bei wiederholtem unmittelbarem Gebrauch vor dem Verschmutzen durch Herumliegen auf dem Arbeitsplatz zu schützen, bedient man sich einer Ablage aus Holz o.ä., wie sie in Abb. 4.3 wiedergegeben ist.

Zentrifugengläser

Im allgemeinen wird man sich in der HM-Analyse zur Abtrennung von Niederschlägen einer Zentrifuge bedienen, deren Handhabung auf S. 170 beschrieben ist. Die erforderlichen Zentrifugengläser müssen dickwandig sein und eine lang ausgezogene konische Verjüngung zur Spitze aufweisen (Abb. 4.3). Durch die starke

Verjüngung ist eine bessere Beurteilung von Menge und Farbe bei kleinen Niederschlagsmengen möglich. Die Gläser sollen aus Duran Glas sein. Sie dürfen nur im Wasserbad erhitzt werden, um ein Springen des Glases beim Zentrifugieren zu vermeiden.

Filtrieranordnungen

Gelegentlich ist auch durch längeres Zentrifugieren keine vollständige Sedimentation der suspendierten Teilchen zu erzwingen. Die Flüssigkeit bleibt entweder trüb, oder einzelne, z. T. auch gröbere Teilchen werden durch die Oberflächenspannung am Absetzen gehindert. Solche Störungen treten besonders häufig bei elementarem Schwefel auf. In diesem Falle ist es unvermeidlich, die Lösung zu filtrieren. Hierfür kann besonders eine *Hahn*sche Filternutsche empfohlen werden (Abb. 4.4). Ihr Vorteil gegenüber den im Prinzip gleichartig arbeitenden herkömmlichen Glasfiltern besteht in ihrer Zerlegbarkeit.

Die Nutsche besteht aus dem zylindrischen Oberteil aus Jenaer Glas, der als Filterplatte dienenden Scheibe aus Sinterglas ($\emptyset$ etwa 10 mm) und der trichterartigen Auflage für die Filterplatte. Vor Gebrauch wird das Gerät in der in Abb. 4.4 angegebenen Art zusammengesetzt. Die Einzelteile werden durch den von der Saugpumpe innerhalb des Filtersystems erzeugten Unterdruck zusammengehalten. Nach dem Gebrauch wird die Filterplatte herausgenommen. Eventuell weiter zu verarbeitende Niederschläge können nun leicht mit dem Spatel von der Platte abgehoben oder mit der Spritzflasche abgespritzt werden. Ferner kann zwischen Oberteil und Filterplatte eine passende Scheibe Filterpapier gelegt werden, wodurch die Isolierung sehr kleiner Niederschlagsmengen häufig erleichtert wird. Nach dem Filtrieren wird dann das Papier samt Niederschlag mit einer Pinzette abgehoben und entweder direkt in ein geeignetes Lösungsmittel getaucht oder in einem Porzellantiegel verascht. Der Veraschungsrückstand kann dann gelöst oder aufgeschlossen werden. Dazu

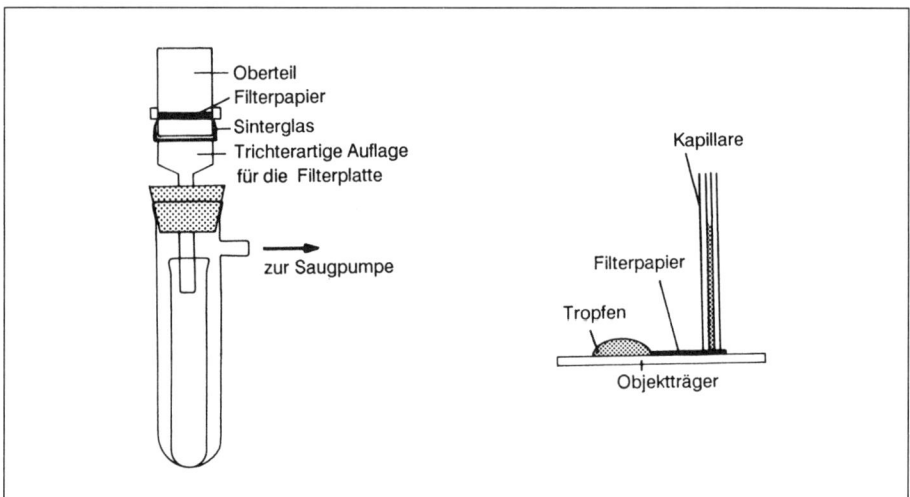

Abb. 4.4: Filtriergerät mit Hahnscher Filternutsche; Kapillarfiltration.

muß allerdings sogenanntes aschefreies Filterpapier verwendet werden. Die von der Herstellerfirma angegebenen anorganischen Rückstände sind selbstverständlich zu berücksichtigen (Blindprobe!). Die Filterplatten haben genormte Porenweite *G1*, *G2*, *G3*, *G4*. Die Wahl der Porenweite richtet sich nach dem Verteilungs- oder Dispersionsgrad des Niederschlages. Da man bei einer qualitativen Analyse häufig nicht übersehen kann, welche Niederschläge gebildet werden und unter welchen Fällungsbedingungen sie entstehen, empfiehlt es sich, von vornherein die Größe *G4* zu verwenden, die auch feinste Niederschläge, wie z. B. $BaSO_4$, zurückhält. Bei kolloidaler Suspension legt man ein Membranfilter auf die Filterplatte, desgleichen bei Gegenwart größerer Mengen von schleimigen Niederschlägen, wie z. B. $Fe(OH)_3$, SiO_2-Gallerte, $Al(OH)_3$ usw., da letztere sowohl die Filterplatte als auch Filterpapier in kürzester Zeit verstopfen. Im allgemeinen lassen sich aber gerade schleimige Niederschläge durch Zentrifugieren sehr leicht entfernen.

In der HM-Analyse kommt es häufig vor, daß im Verlauf einer Nachweisreaktion, die mit einem Tropfen durchgeführt wird, eine Filtration notwendig ist, bei der lediglich das Filtrat weiter geprüft werden soll. In diesem Falle bedient man sich der in Abb. 4.4 wiedergegebenen Anordnung.

Ein Tropfen der zu prüfenden Lösung wird auf dem Objektträger mit einem Tropfen Reagenzlösung versetzt, wobei sich ein Niederschlag bildet. Nun wird an den Rand ein kleines Stück Filterpapier gelegt, auf das dem Tropfen abgekehrte Ende des Papiers ein Kapillarrohr mit seinem plangeschliffenen Ende fest aufgesetzt und die Lösung vorsichtig in das Kapillarrohr eingesaugt, wobei der in ihr suspendierte Niederschlag vom Filterpapier zurückgehalten wird. Nach dieser Operation wird das Kapillarrohr von dem Papier abgehoben und die klare Lösung zur weiteren Prüfung auf einen Objektträger oder die Tüpfelplatte geblasen.

Reagenzgläser

Zur Ausführung von Reaktionen im HM-Maßstab werden Reagenzgläser von etwa $8-10$ mm $\varnothing$ und $80-100$ mm Länge aus Jenaer Glas verwendet. Engere und kürzere Formen können nicht empfohlen werden. Zur Aufstellung dieser Gläser dient ein rechteckiger Holzblock oder die üblichen Reagenzglasgestelle mit entsprechenden Bohrungen.

Wasserbad

Da beim Erhitzen kleiner Flüssigkeitsmengen die Gefahr der Überhitzung und des Siedeverzuges besonders groß ist, müssen Lösungen bei der HM-Analyse nach Möglichkeit im Wasserbad erwärmt werden. Als solches kann ein Becherglas mit Einsatz benutzt werden, wie er in Abb. 4.5 angegeben ist. Der Einsatz kann aus wasserbeständigem Metall (z. B. Messing) oder aus Polypropylen angefertigt werden. Der Einsatz soll mehrere Bohrungen für Reagenzgläser sowie wenigstens zwei Bohrungen für Bechergläser besitzen.

Ionenaustauschersäule

Einzelheiten über die Säule und über das Arbeiten mit Ionenaustauschern siehe S. 175 f. Im allgemeinen sind Maße von etwa 10 mm $\varnothing$ und $120-150$ mm Höhe für den zur Aufnahme des Harzes bestimmten Teil der Säule ausreichend.

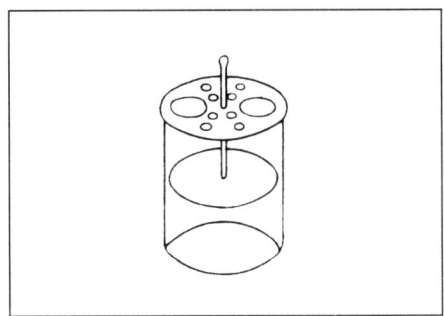

Abb. 4.5: Einsatz für ein Wasserbad.

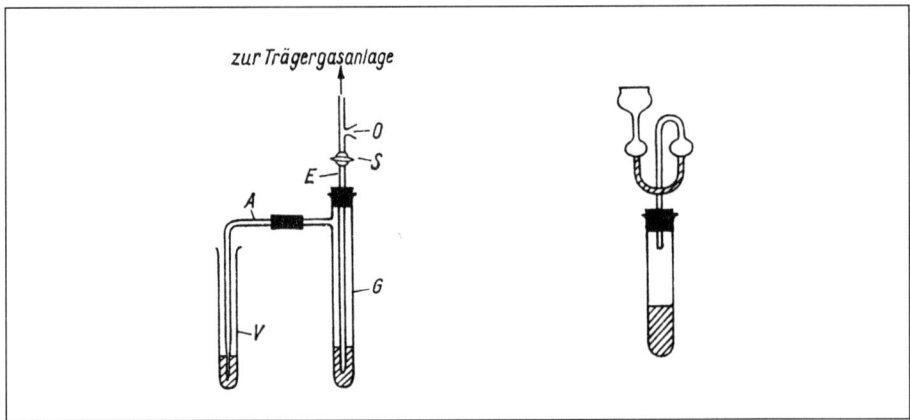

Abb. 4.6: Gasprüfapparat; Reagenzglas mit Gärröhrchen.

Gasprüfapparate

Zum Nachweis von Gasen dient eine im Prinzip von *Scholander* entwickelte Gasprüfapparatur (Abb. 4.6).

Die zu prüfende feste Substanz oder Lösung wird in das Generatorrohr G gefüllt, nachdem vorher das Einleitungsrohr E abgenommen worden ist. Dann wird eine zur Gasentwicklung aus der Substanz geeignete Reagenzlösung (z. B. verd. H_2SO_4 zur Zersetzung von Carbonaten) in das Einleitungsrohr E gesaugt, der Schliffhahn S geschlossen und E mit etwas Filterpapier außen trockengewischt. Nun wird E durch einen gutsitzenden Verschluß aus Gummischlauch fest auf G gesetzt. Die eingesaugte Reagenzlösung wird nach Öffnen des Schliffhahnes durch ein inertes Trägergas in das Generatorrohr gedrückt und dadurch mit der zu prüfenden Substanz in Kontakt gebracht. Die in G frei gemachten Gase werden unter weiterem Durchleiten von Trägergas über das Ableitungsrohr A in der Vorlage V geleitet und dort von einer geeigneten Reagenzlösung [z. B. $Ba(OH)_2$-Lsg. zum Nachweis von CO_2] absorbiert. Diese Reagenzlösung darf nicht höher als etwa 2 cm in der Vorlage stehen. Das Ableitungsrohr A soll möglichst tief in die Lösung eintauchen, ohne jedoch den Boden von V zu berühren. Um ein langsames und gleichmäßiges Durchperlen der Gase durch die Vorlage zu gewährleisten, wird das Ende von A zu einer Spitze ausgezogen, die eine Öffnung von etwa 0,5 mm $\emptyset$ haben soll. Zur Regulierung des Gasstroms dient die oberhalb von S angebrachte Öffnung O. Man läßt zunächst bei geschlossenem Hahn S das Trägergas aus O austreten, um die Zuleitung von Luft zu befreien (wichtig beim Nachweis von CO_2!). Dann öffnet man S unter gleichzeitigem Schließen von O durch den Daumen der rechten Hand und reguliert den Gasstrom durch Daumendruck so, daß in der Vorlage V nicht mehr als 2–3 Gasbläschen pro Sekunde austreten. Das untere Ende des Einleitungsrohres E muß in die in G befindliche Lösung eintauchen. Zur leichteren Reinigung empfiehlt es sich, A durch ein Stück Gummischlauch mit G zu verbinden. Anstelle des Schliffhahnes S kann als Behelf auch ein Stück Gummischlauch mit Quetschhahn verwendet werden. Die Wahl des Trägergases hängt von der Art des Nachweises ab. Sofern Preßluft vorhanden ist, kann stets auf diese zurückgegriffen werden. Zur Prüfung auf CO_2 müssen allerdings 2 Gaswaschflaschen mit 33%iger Kalilauge zur Absorption des CO_2 in der Preßluft vorgeschaltet werden. Auch Stickstoff aus einer Bombe mit Reduzierventil kann verwendet werden, da Stickstoff keinen der üblichen Nachweise stört.

Wesentlich einfacher in der Handhabung und für die meisten Fälle ausreichend ist das in Abb. 4.6 wiedergegebene Gerät. Hier wird die Substanz in einem HM-Reagenzglas mit einem geeigneten Reagenz zersetzt und die sich bildenden Gase in dem aufgesetzten Gärröhrchen aufgefangen, das mit einer geeigneten Absorptionslösung gefüllt ist. Zum vollständigen Austreiben der Gase wird das Reagenzglas vorsichtig erwärmt.

Mikrogaskammer

Zum Nachweis nach Umsetzung gebildeter Gase oder schwerer flüchtiger Dämpfe (CrO_2Cl_2) ist die in der Abb. 4.7 skizzierte Mikrogaskammer besonders geeignet. Sie besteht aus zwei Objektträgern und einem 10 mm hohen Ring, der aus einem Glasrohr von etwa 15 mm $\emptyset$ geschnitten wird. Der Ring ist an beiden Enden plangeschliffen. Bei der Anwendung wird ein Probetropfen auf den unteren Objektträger aufgetropft und der Glasring so aufgesetzt, daß der Tropfen von ihm umschlossen wird. Dann wird die zur Gasentwicklung erforderliche Menge Reagenzlösung zugesetzt und der Glasring mit dem 2. Objektträger abgedeckt. Am 2. Objektträger hängt ein Tropfen einer zum Nachweis des gesuchten Gases geeigneten Reagenzlösung. Nun wird der untere Objektträger vorsichtig erwärmt (Luftbad). Die sich entwickelnden Gase werden von dem Tropfen am Deckglas absorbiert und können dort durch weitere Reaktionen nachgewiesen werden.

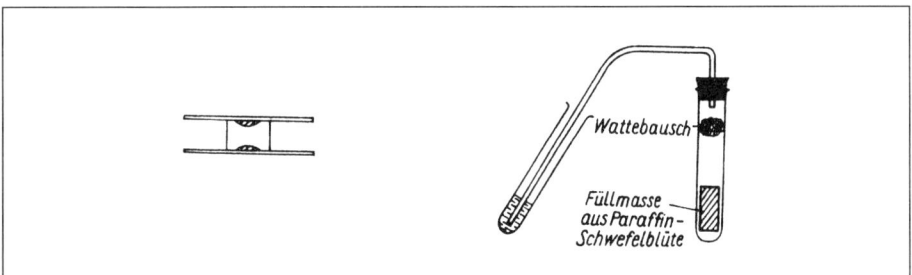

Abb. 4.7: Mikrogaskammer; H_2S-Entwicklungsapparatur nach Seel.

H₂S-Entwickler

Wegen der Giftigkeit und des üblen Geruches des Schwefelwasserstoffs hat es nicht an Versuchen gefehlt, die Methoden und Apparaturen zur Entwicklung von gasförmigem H_2S zu verbessern oder aber H_2S als direktes Fällungsmittel überhaupt auszuschalten. Auf die Verwendung von Thioacetamid in der HM-Analyse und die dabei notwendigen Einschränkungen wird auf S. 550 f. ausführlich eingegangen.

Zur direkten Fällung mit gasförmigen H_2S kann das von *F. Seel* entwickelte Verfahren empfohlen werden, das besonders durch Einfachheit und Sauberkeit der Apparatur und Handhabung besticht. Hier wird H_2S durch thermische Reaktion eines Gemisches aus elementarem Schwefel und Paraffin (Herstellung s. unten) erzeugt. Dazu werden passend geformt Röllchen dieser Masse in ein HM-Reagenzglas gefüllt und letzteres durch einen Gummistopfen mit kapillar ausgezogenem Gasableitungsrohr verschlossen (vgl. Abb. 4.7). Vor dem Aufstecken des Gasableitungsrohres wird in das obere Drittel des Reagenzglases ein lockerer Wattebausch eingeführt, der zur Reinigung des H_2S von organischen Zersetzungsprodukten dient. Nun wird das Reagenzglas in der direkten Flamme erwärmt und das Ende der Kapillare in die Lösung getaucht, die die zu fällenden Ionen enthält. Nachdem die H_2S-Entwicklung eingesetzt hat, reguliert man durch entsprechendes Manipulieren des Reagenzglases in der Flamme den Gasstrom so, daß die Entwicklung nicht zu lebhaft wird. Sobald die Fällung vollständig ist, wird die Kapillare aus der Lösung gezogen und die Gasentwicklung durch Unterbrechung der Wärmezufuhr unterbunden. Der Vorgang läßt sich beliebig oft wiederholen, bis die Paraffin-Schwefelmasse verbraucht ist.

Herstellung der H₂S-Entwicklermasse: 25 Gewichtsteile Paraffin werden auf dem Wasserbad in einer Porzellanschale geschmolzen. In die Schmelze trägt man 15 Teile Schwefelblüte ein und rührt so lange gut durch, bis die Masse homogen geworden ist. Danach werden 7 Teile Kieselgur zugeführt, wobei die Schmelze zuerst grießartig und schließlich zähflüssig wird. Nun läßt man erkalten und erhält eine graugelbe Masse, die bei 20 °C hart und spröde ist, bei 30–40 °C dagegen plastisch und knetbar wird. Zum Einfüllen der Masse in das Entwicklerreagenzglas werden mit einem passenden Korkbohrer zylindrische Stäbchen ausgestochen. Die Reaktion der Masse beginnt bei etwa 170 °C unter Entwicklung von Gasen, die zu 98 % aus H_2S und einem Rest organischer Gase bestehen. Letztere stören jedoch in der qualitativen Analyse nicht, so daß eine Reinigung der Gase nicht erforderlich ist. 0,5 g der Masse ergeben etwa 120 mg H_2S, also weit mehr, als man selbst unter ungünstigen Bedingungen für eine HM-Analyse benötigen dürfte.

Brenner

Von den im Handel befindlichen Mikrobrennern können nur solche Ausführungen empfohlen werden, die eine Manschette oder einen Schraubring zur Regulierung der Luftzufuhr nach Art des Bunsenbrenners aufweisen.

Platindrahtösen

Je nach Art und Menge der Substanz, die zur Verfügung steht, werden Aufschlüsse entweder in der Platinöse, auf dem Platinblech oder im Porzellantiegel durchgeführt. Anstelle des Platinblechs kann in den meisten Fällen auch ein Nickeltiegel verwendet werden.

Die Platinöse stellt man sich aus etwa 60–70 mm Pt-Draht von etwa 0,3 mm $\varnothing$ selbst her, indem man das eine Ende des Drahtes zu einer möglichst kreisrunden Schlinge von etwa 3–4 mm $\varnothing$ biegt und das andere Ende in ein Stück Glasstab einschmilzt. Zur Ausführung eines Aufschlusses schmilzt man zunächst in die Öse eine klare Perle des Aufschlußmittels und nimmt mit der noch heißen Perle eine entsprechende Menge des aufzuschließenden Materials auf. Beim erneuten Erhitzen in der direkten Flamme wird die Öse lebhaft gedreht, um die Durchmischung in der Perle zu beschleunigen. Dabei ist darauf zu achten, daß vor allem bei sauren Aufschlüssen keine Überhitzung der Perle eintritt, da sonst der Aufschluß wieder rückläufig wird (vgl. auch S. 531f.). Die durchsichtige Beschaffenheit einer richtig geschmolzenen Perle erleichtert hier im Vergleich zum Arbeiten in einem Porzellantiegel die Beobachtung erheblich. Wenn der Aufschluß beendet ist, läßt man die Perle etwas abkühlen, bevor sie in ein Lösungsmittel getaucht wird. Sehr fest am Draht haftende Perlen, die sich im kompakten Zustand nur schwierig auflösen lassen, zerdrückt man unter dem Lösungsmittel im Porzellanmörser.

Die Ausführung der Aufschlüsse auf dem Pt-Blech oder im Porzellantiegel erfolgt sinngemäß wie auf S. 531f. beschrieben unter Berücksichtigung der beim Arbeiten im HM-Maßstab gegebenen Mengenverhältnisse. Für spektroskopische Nachweise wird gleichfalls eine Öse von etwa 1,5 mm $\varnothing$ aus Pt-Draht (0,2 mm $\varnothing$) verwendet, die man sich entsprechend wie oben beschrieben selbst anfertigt. Die Pt-Drahtösen werden nach Gebrauch in halbkonz. HCl aufbewahrt und sind des öfteren mit feinem Schmirgelleinen zu reinigen.

Sonstige erforderliche Geräte

1 Spritzflasche aus Polyethylen, 500 ml
2 Porzellanschalen etwa 100 mm $\varnothing$, flache Form,
2 Porzellanschalen etwa 30 mm $\varnothing$, runde Form,
3 Porzellantiegel etwa 20 mm hoch, 15 mm $\varnothing$,
1 Mörser etwa 30 mm hoch, 30 mm $\varnothing$,
1 kleiner Bleitiegel mit durchbohrtem Bleideckel von 2–4 ml Inhalt,
1 Abtropfgestell für kleine Reagenzgläser,
5 Uhrgläser, 25–400 mm $\varnothing$,
  Glasstäbchen verschiedener Länge 2–3 mm $\varnothing$,
1 Meßzylinder, 10 ml,
  Filterpapier, Reagenzpapier, Tüpfelpapier, Glühröhrchen, Pinzette, Watte, Reagenzglashalter,
  Zylinderbürsten,

4.1.1.2 Mikroskopieren

In der HM-Analyse werden oft Reaktionen unter dem Mikroskop verfolgt. Das Verfahren gestattet ein sauberes Arbeiten mit kleinen Mengen. Die Kristalle sind häufig sehr charakteristisch und somit eindeutig identifizierbar. Demgegenüber steht erhöhte Anforderung an die Fingerfertigkeit und das Aufbringen von Geduld, da die Ausbildung guter Kristalle Zeit erfordert.

Mikroskop

Die Vergrößerung braucht 200fach nicht zu überschreiten, da die Kristalle zur Ausbildung ihrer charakteristischen Formen eine gewisse Größe erreichen müssen. Das Mikroskop sollte daher als günstige Vergrößerungsabstufungen etwa 50fach, 100fach und 200fach aufweisen. Um konstante Helligkeit und gleichmäßige Ausleuchtung zu erzielen, ist eine elektrische Mikroskopierleuchte zu wählen.

Arbeitstechnik

Die Reaktion wird auf einem der üblichen Objektträger durchgeführt. Uhrgläser sind ungeeignet. Es besteht die Gefahr einerseits des Eintauchens des Objektivs bei Anwendung zu großer Flüssigkeitsmengen, andererseits des Zusammenlaufens der Kristalle. Ein Tropfen der Analysenlösung wird auf den Objektträger aufgebracht und mit einem Tropfen der Reagenzlösung versetzt. Wird mehr Flüssigkeit verwendet, dauern alle Operationen, wie Einengen usw., länger und die Gefahr der Verschmutzung des Mikroskops ist größer. Wenn eine hohe Konzentration erzielt werden soll, kann das Reagenz unter Umständen auch als Kristall hinzugegeben werden. Viele Arbeitsoperationen werden direkt auf dem Objektträger vorgenommen. Hierzu gehören das Einengen der Lösung und die Umkristallisation. Das Konzentrieren erfolgt von oben mit einem Infrarotstrahler oder im Luftbad. Im einfachsten Fall befindet sich der Objektträger auf einem Tondreieck, das auf einem Drahtnetz liegt. Letzteres wird von unten durch eine Sparflamme erwärmt. Eine notwendige Verkleinerung des Volumens (ohne Konzentrierung) kann durch Aufsaugen mit einem Filterpapierstreifen erzielt werden. Übersättigungen (s. S. 45) werden durch einen Impfstrich aufgehoben. Hierzu kratzt man den Objektträger unter dem Tropfen mit einer Glas- oder Metallnadel.

Hinweise

1. Bei richtiger Ausführung der Reaktion ist die gesuchte Verbindung die am schwersten lösliche Substanz und scheidet sich daher zuerst ab.
2. Nur langsame Kristallisation führt zu gut ausgebildeten Kristallen. Die besten Kristalle entstehen aus nur schwach übersättigten Lösungen im Verlauf einiger Minuten bis einer halben Stunde.
3. Die zu betrachtenden Kristalle müssen in der Mutterlauge liegen. Bei übermäßigem Einengen fällt ein heterogener Kristallbrei aus, der keinerlei analytische Bedeutung hat.
4. Zur Identifizierung können auch stärker lösliche Verbindungen herangezogen werden, die in der gewöhnlichen Analyse von geringer Bedeutung sind. Als Beispiel sei der Al(III)-Nachweis als $CsAl(SO_4)_2 \cdot 12 H_2O$ genannt.
5. Jede Reaktion, die nicht schnell ein Ergebnis gezeigt hat, soll nach einiger Zeit wieder kontrolliert werden. Sehr zweckmäßig ist daher die Bezeichnung der Objektträger mit einem Filzschreiber.
6. Auf ein und demselben Objektträger kann an verschiedenen Orten einmal die Analysenlösung und zum anderen eine Testlösung aufgebracht werden. Durch einfaches Verschieben des Objektträgers vergleicht man den gefundenen Niederschlag mit dem der Originalsubstanz.

7. Fällt ein Nachweis negativ aus, so ist eine Vergleichsprobe zu empfehlen. Man fügt einem Teil der Analysenlösung eine kleine Menge der gesuchten Substanz hinzu und prüft jetzt auf positive Reaktion. Ist das nicht der Fall, sind Reaktionsmedium und Reagenzien zu prüfen.

4.1.1.3 Tüpfelreaktionen

Viele Nachweise lassen sich mit außerordentlich geringen Substanzmengen auf Tüpfelplatten oder auch auf Filterpapier ausführen.

Tüpfelplatte

Tüpfelplatten aus Porzellan sind weiß oder schwarz gefärbt. Farblose Kristalle werden auf schwarzer Platte, farbige auf eine weiße Platte getüpfelt. Zweckmäßig haben sich Tüpfelplatten aus Glas erwiesen. Der gewünschte Kontrast wird durch Unterlegen eines entsprechend gefärbten Papiers erzielt. Mit einer Tropfpipette bringt man sowohl von der Analysenlösung als auch von der Reagenzlösung jeweils nur 1 Tropfen auf die Tüpfelplatte. Ein eventuell notwendiges Umrühren geschieht durch eine Glasnadel.

Papier

Eine große Anzahl von Reaktionen läßt sich auch auf nicht zu weichem Filterpapier ausführen. Analysenlösung und Reagenzlösung werden nacheinander in der notwendigen Reihenfolge aufgetragen. Sie reagieren miteinander auf dem Papier. Es entstehen charakteristisch gefärbte Flecken. Manchmal ist eine Zwischentrocknung zweckmäßig. Bei Anwesenheit mehrerer Ionenarten kann es in günstigen Fällen zu einer fast quantitativen Entmischung der Zonen kommen:
1. Bedingt durch konzentrische Ausbreitung der flüssigen Phase bilden sich ringförmige Zonen auf dem feuchten Papier.
2. Besonders bei Fällungsreaktionen wird oft eine scharf begrenzte Niederschlagszone erzeugt. Aus ihr wandern die in Lösung verbliebenen Ionenarten heraus. Sie sammeln sich in Ringzonen, die konzentrisch um die Auftropfstelle liegen, und können dort nachgewiesen werden.
   Bei beiden Ausführungsarten des Tüpfelns ist eine Kontrolle durch Blindproben sehr einfach auszuführen und wegen der hohen Empfindlichkeit vieler Reaktionen unerläßlich.

4.1.2 Papierchromatographie

Ein nur schwer trennbares Stoffgemisch kann in vielen Fällen leicht chromatographisch getrennt werden. Die papierchromatographische Methode zeichnet sich durch ihre Einfachheit, Schnelligkeit und Empfindlichkeit aus. Das Verfahren erfordert nur sehr geringe Substanzmengen.

4.1.2.1 Arbeitstechnik und Geräte

Die Substanz wird in einem geeigneten Lösungsmittel gelöst. Einen Tropfen hiervon trägt man auf Chromatographie-Papier auf und entfernt durch Trocknen mit einem Fön überschüssiges Lösungsmittel. Ein Ende des Papierstreifens wird in das Laufmittel so getaucht, daß sich die aufgetragene Substanz 0,5 cm oberhalb der Flüssigkeitsoberfläche befindet. Durch die Kapillaren des Papiers wird das Laufmittel angesaugt. Es wandert über die Analysensubstanz hinweg und nimmt die einzelnen Komponenten entsprechend ihrer unterschiedlichen Löslichkeit verschieden weit mit. In Abhängigkeit von der Laufmittelgeschwindigkeit wird der Vorgang im geeigneten Augenblick unterbrochen und das Chromatogramm getrocknet. Um die getrennten Stoffe sichtbar zu machen, sprüht man Nachweisreagenzien auf. Zwischen dem Startpunkt und der Laufmittelfront tritt eine Anzahl voneinander getrennter Zonen auf. Jede Zone enthält eine Komponente der Analysensubstanz.

In der Praxis läßt man meist neben der Analysenlösung eine bekannte Vergleichslösung mitlaufen. Die Identifizierung erfolgt durch Vergleich von Analysen- und Leitchromatogramm. So ist man von den bis zu 10% betragenden Schwankungen der R_f-Werte (s. S. 255), die durch Änderungen von Temperatur, Konzentration, durch Gegenwart von Fremdionen, Verunreinigungen des Papiers und des Laufmittels hervorgerufen werden, unabhängig.

Papiere

Verwendet werden Papiere, die keine in Wasser oder organischen Lösungsmitteln löslichen Anteile enthalten dürfen. Sie müssen rein und homogen sein und eine bestimmte Saugfähigkeit aufweisen. Die einschlägigen Firmen bringen Papiere unterschiedlicher Saugfähigkeit (schnell, mittel, langsam) in den Handel. Bedingt durch die Textur der Papiere ist die Laufgeschwindigkeit in den einzelnen Richtungen unterschiedlich, was durch elliptische Ausbreitung eines Flüssigkeitstropfens erkannt wird. Man chromatographiert bei der auf- und absteigenden Methode (s. unten) in Richtung der Hauptsache der Ellipse.

Auftragslösung

Um eine gute Trennung zu erreichen, sind die Stoffe in geeigneter Konzentration aufzutragen. 10–30 µg je Komponente sind zu empfehlen. Die Erfassungsgrenzen betragen etwa 0,5–5 µg. Auch darf die räumliche Ausdehnung des Auftragsfleckes nicht zu groß sein. Der Durchmesser soll < 8 mm sein. Die Lösung wird mit einer Mikropipette aufgebracht. Das Lösungsmittel ist dabei ohne Einfluß auf die Trennung. Es dürfen nur keine aggressiven Stoffe, wie konzentrierte Alkalilaugen, verwendet werden, da sie den Aufbau des Papieres verändern.

Laufmittel

Die Laufmittel bestehen meist aus wasserhaltigen organischen Lösungsmittelgemischen. Die organische Komponente bilden oft Alkohole, Ether, Ester, Ketone und Basen. Im Gegensatz zur begrenzten Anzahl an Papiersorten gibt es eine Vielzahl an Laufmitteln. Eine Trennung ist auf papierchromatographischem Wege dann möglich, wenn es gelingt, ein Laufmittel zu finden, in dem die Komponenten des zu trennenden Stoffgemisches in ihren R_f-Werten genügend unterschiedlich sind.

Trennverfahren

Je nach Bewegungsrichtung des Laufmittels unterscheidet man das aufsteigende, absteigende und horizontale Verfahren.

Das **aufsteigende Verfahren** ist in Abb. 4.9 dargestellt. Zuerst wird ein Bogen nach den Maßen der Abb. 4.10 vorbereitet. Die Startlinie verläuft 30 mm oberhalb der unteren Kante. Auf ihr werden im Abstand 40 mm voneinander die Proben aufgetragen. Die Flecken trocknet man mit dem Fön. Dann wird der Bogen zusammengebogen und durch Glasklammern in der dargestellten Weise ohne gegenseitige Berührung der Papierkanten verbunden. Auf dem Boden des geschlossenen Glaszylinders befindet sich in einer flachen Schale das Laufmittel. Es verbleibt vor Beginn der Trennung drei Stunden in dem geschlossenen Behälter. In dieser Zeit sättigt sich die Atmosphäre an Laufmitteldämpfen. Das Papier wird in den Zylinder gestellt. Günstiger ist es, den vorbereiteten Papierbogen schon zu Beginn in die Laufmittelatmosphäre einzuhängen und nach drei Stunden in das Laufmittel einzustellen. Er verbleibt dort, bis die Laufmittelfront eine genügende Höhe erreicht hat. Das Chromatogramm wird entnommen, der Frontverlauf markiert, der Zylinder entrollt und mit dem Fön getrocknet. Der Nachweis der getrennten Stoffe schließt sich an.

Das aufsteigende Verfahren ist sehr einfach. Es läßt sich nur bei leicht trennbaren Stoffen anwenden, da die Laufstrecke begrenzt ist. Das Laufmittel muß die Schwerkraft überwinden und vermindert daher seine Geschwindigkeit ständig. Nach 30–40 cm kommt die Bewegung zur Ruhe.

Beliebig große Laufstrecken lassen sich mit dem **absteigenden Verfahren** erzielen. Entsprechend wird die Trennwirkung erhöht.

Im oberen Teil eines hohen geschlossenen Zylinders befindet sich der Trog mit dem Laufmittel. Das kurze Ende des streifenförmigen Chromatogrammes taucht in das Laufmittel, während das längere über den Rand des Troges geführt wird und frei nach unten hängt. Das Laufmittel bewegt sich in Richtung der Schwerkraft. Wird der Vorgang nicht unterbrochen, bevor das Laufmittel das Streifenende erreicht hat, fließt es unten ständig ab. Man spricht von einem Durchflußchromatogramm. Dieses Verfahren wird zur Reinigung des chromatographischen Papiers angewendet.

Das Wesen der **horizontalen Docht-Zirkular-Methode** ist aus Abb. 4.12 ersichtlich. Der in Abb. 4.11 gezeichnete Chromatogrammbogen liegt horizontal zwischen 2 Schalen. Das Laufmittel wird durch einen Papierdocht zugeführt. Die Richtungsabhängigkeit der Laufgeschwindigkeit bewirkt einen elliptischen Frontverlauf. In Abb. 4.11 sind V_1, V_2, V_3 (Vergleichssubstanzen) und A (Analysensubstanz) unter 90 Grad aufgetragen.

Die Zirkularmethode zeichnet sich durch ihre zweidimensionale Wirkung aus. Mit zunehmendem Abstand von der Mitte nimmt die Konzentration der zu trennenden Stoffe ab. Man erhält nach dieser Methode auch beim Vorliegen größerer Substanzmengen scharfe Zonen.

Nachweis

Nachgewiesen werden die getrennten Stoffe durch Aufsprühen der Reagenzien. In Abb. 4.8 ist ein mit Preßluft betriebener Zerstäuber dargestellt. Er muß eine feine Düse besitzen. Wird eine größere Reagenzmenge auf einmal aufgesprüht, können die Zonen leicht verwaschen. Verwendet werden auch sonst bei der Halbmikroanalyse übliche Reagenzien, wie H_2S, KI, Oxin, Dithizon, Morin oder Alizarin. Die Reaktionsprodukte sind entweder intensiv farbig oder fluoreszieren unter UV-Licht. Da die Farben schnell verblassen können, markiert man die Lage der Zonen sofort mit einem Bleistift.

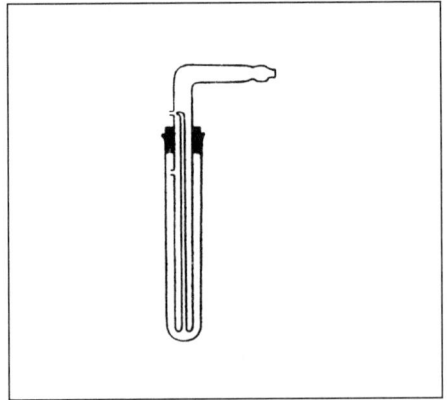

Abb. 4.8: Zerstäuber.

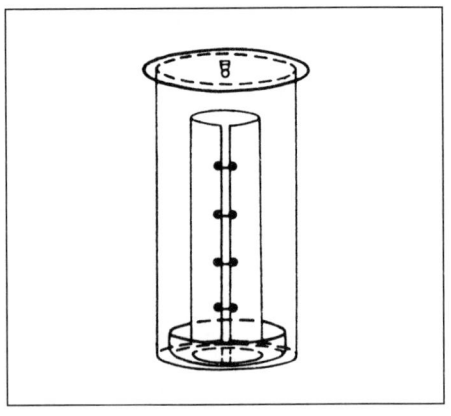

Abb. 4.9: Chromatographierkammer (aufsteigende Methode).

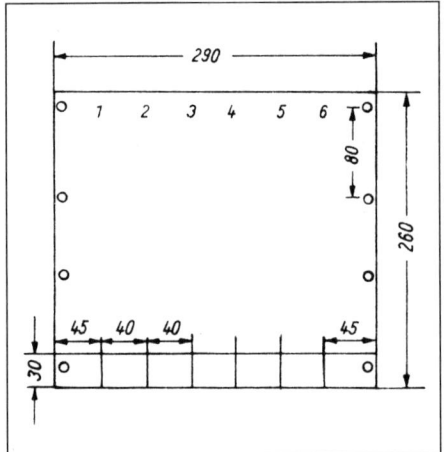

Abb. 4.10: Einteilung des Chromatogrammbogens (aufsteigende Methode). Angaben in mm.

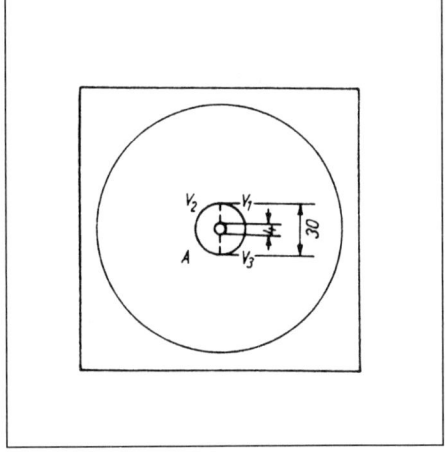

Abb. 4.11: Chromatogrammbogen für die Docht-Zirkular-Methode.

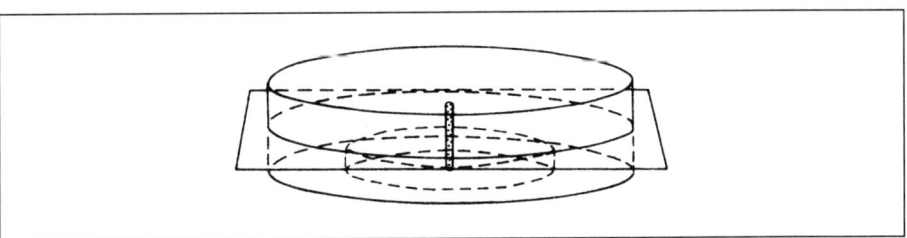

Abb. 4.12: Apparatur für die Docht-Zirkular-Methode.

4.1.2.2 Grundlagen

Eine papierchromatographische Trennung wird durch die Wechselwirkung zwischen der Substanz, dem Laufmittel und dem Papier bewirkt.

Bei der Wechselwirkung zwischen dem Laufmittel und dem Papier kann man zwei Fälle unterscheiden. Im ersten Fall tritt die Cellulose chemisch nicht in Wechselwirkung mit dem zu trennenden Stoff. Das Papier nimmt lediglich Wasser auf. Es bildet sich ein Cellulose-Wasser-Komplex.

Seine Bildung wird ermöglicht, da die Cellulose in bestimmten Bereichen als teilkristallines Polysaccharid vorliegt, das mit Wasser quillt. Der Cellulose-Wasser-Komplex wirkt als stationäre Phase. An seiner Phasengrenze bewegt sich das Laufmittel als bewegliche Phase. Die Trennung der Analysensubstanz erfolgt wie bei einem vielstufigen Ausschüttungsprozeß (Verteilungsvorgang zwischen diesen beiden Phasen nach dem *Nernst*schen Verteilungsgesetz, s. S. 62).

Die Lage der Zonen wird durch die R_f-Werte beschrieben.

$$R_f = \frac{\text{Entfernung Startpunkt} \leftrightarrow \text{Zonenmittelpunkt}}{\text{Entfernung Startpunkt} \leftrightarrow \text{Laufmittelfront}}$$

Die R_f-Werte liegen zwischen 0,0 und 1,0. Bei 0,0 bleibt die Substanz im Auftragspunkt zurück, bei 1,0 wandert sie mit der Laufmittelfront.

Jedem Stoff bzw. Ion kommt unter konstanten äußeren Bedingungen ein bestimmter R_f-Wert zu.

Bei einem reinen Verteilungsvorgang treten scharfbegrenzte Zonen ohne Schweifbildung auf, und die R_f-Werte lassen sich aus dem Verteilungskoeffizienten α nach

$\alpha = \dfrac{A}{B}\left(\dfrac{1}{R_f} - 1\right)$ berechnen. A und B sind Papierkonstanten.

Im zweiten Fall kann der Einfluß des Papiers, z.B. die Adsorption der Ionen, nicht vernachlässigt werden. Die Cellulose verhält sich darüber hinaus wie ein schwacher Kationenaustauscher. Eine genaue Erfassung der Vorgänge ist daher recht schwierig. Ein reiner Verteilungsvorgang liegt meist bei Laufmitteln vor, die starke Säuren enthalten. Bei schwachen Säuren, schwachen Basen und Komplexbildnern sind Adsorptions- und Austauschvorgänge zu berücksichtigen.

4.1.2.3 Beispiele

Die im folgenden beschriebenen Trennungen werden nach der Docht-Zirkular-Methode durchgeführt.

Die in Abb. 4.12 dargestellten Doppelschalen haben einen Durchmesser von 25 cm.

30 ml des Laufmittels werden in einer flachen Schale ($\varnothing$ 7 cm) in die Doppelschale gestellt. Der vorbereitete Papierbogen wird gleich eingelegt; der Docht aber erst nach 3 Stunden durch Herunterdrehen in das Laufmittel eingetaucht. In der Zwischenzeit erfolgt eine Sättigung der Atmosphäre und des Papiers mit Laufmitteldämpfen.

Chromatographie Papier wird in quadratische Stücke mit 27 cm Kantenlänge geschnitten. Um den Mittelpunkt zieht man mit dem Radius 1,5 cm den Auftragekreis und einen Hilfskreis mit einem Radius von 12,5 cm. Letzterer soll ein symmetrisches Einlegen des Papiers erleichtern. Im gleichen Abstand werden auf den Auftragekreis die Punkte V_1, V_2, V_3 u. A markiert und hier 1–2 µl der Lösung aufgetragen. Die Flecken trocknet man mit dem Fön und bohrt in der Mitte des Bogens mit einem Korkbohrer ein Loch mit 4 mm Durchmessr. Ein etwa 4 cm breiter Papierstreifen wird als Docht zusammengerollt und durch das Loch gesteckt (s. Abb. 4.11).

Nach Abb. 4.12 wird der Bogen zwischen die Schalen gelegt. Der Docht saugt das Laufmittel an. Hat die Laufmittelfront sich auf $^1/_2$ cm dem Schalenrand genähert, wird die obere Schale entfernt und der Frontverlauf mit dem Bleistift markiert. Die Laufzeit beträgt etwa 4 Stunden. Der Docht wird herausgezogen und das Chromatogramm getrocknet. Anschließend sprüht man die Nachweisreagenzien auf. Die Mittelpunkte der Zonen werden markiert und die R_f-Werte ermittelt.

Für die Beispiele a) und b) enthält die schwach salzsaure Analysenlösung (1 mol/l HCl) ca. 1–2 Gew.-% von jedem zu trennenden Element.

a) Trennung von Co(II), Mn(II), Ni(II) und Zn(II)

Laufmittel: 91 Vol.-% Methylethylketon – 9 Vol.-% HCl ($D = 1,125$ g/cm^3; 7,7 mol/l).
Laufzeit: 4 Std.
R_f-Werte: Zn(II): 0,85; Co(II): 0,60; Mn(II): 0,30; Ni(II): 0,05.
Nachweise: Man sprüht zuerst Dithizon (0,1 g in 100 ml Aceton) auf und begast mit konz. Ammoniak. Zn(II) erscheint rot. Danach wird eine Lösung von 0,05 g Alizarin, 0,05 g Rubeanwasserstoff und 0,4 g Salicylaldoxim in 100 ml 96%igem Ethanol aufgesprüht. Co(II) und Mn(II) erscheinen b r a u n, Ni(II) b l a u.
EG: Zn: 0,5 µg; Co: 2 µg; Mn 1 µg; Ni: 0,5 µg.

b) Trennung von Al(III) und Be(II)

Laufmittel: 85 Vol.-% Methylethylketon – 15 Vol.-% HCl ($D = 1,125$ g/cm^3).
Laufzeit: 6 Std.
R_f-Werte: Be(II): 0,55; Al(III): 0,30.
Nachweise: Beim Aufsprühen einer Oxinlösung (0,5 g 8-Hydroxychinolin in 100 ml 60%igem Ethanol) und anschließendem Begasen über Ammoniak erzeugen Al(III) und Be(II) im UV-Licht g e l b g r ü n fluoreszierende Zonen.
EG: Al: 0,1 µg; Be: 0,1 µg.

c) Trennung von Pt(II), Pd(IV), Rh(III) und Au(III)

Die Elemente müssen in Form ihrer Chlorokomplexe vorliegen. Die schwach salzsaure Lsg. (1 mol/l HCl) soll jedes Element etwa in der Stoffmengenkonzentration 1 mol/l enthalten.

Laufmittel: 70 Vol.-% n-Butanol – 30 Vol.-% 3,5 mol/l HCl.
Laufzeit: 6 Std.
R_f-Werte: Au(III): 0,98; Pt(IV): 0,93; Pd(II): 0,82; Rh(III): 0,44.
Nachweise: Besprühen mit einer Lsg. von 5 g SnCl$_2$ u. 0,2 g KI in 100 ml 2,5%iger HCl. Elementares Pt, Pd, Rh erscheinen als b r a u n e Zonen, Au ergibt eine tief violette Zone.

4.1.3 Grenzkonzentration und Erfassungsgrenze

Zur Definition der Empfindlichkeitsgrenzen einer Nachweisreaktion bezogen auf die Konzentration und absolute Menge des gesuchten Stoffes werden die beiden Begriffe **Grenzkonzentration (GK)** (gelegentlich auch Verdünnungsgrenze genannt) und **Erfassungsgrenze (EG)** (auch Nachweisgrenze oder Empfindlichkeit genannt) verwendet.

Grenzkonzentration

Die Grenzkonzentration GK bezeichnet diejenige Konzentration eines nachzuweisenden Stoffes, bei welcher der Nachweis noch positiv ist. Hierbei wird auf 1 g des Stoffes bezogen und das entsprechende Lösungsvolumen in ml angegeben.

Ist z. B. 1 g des gesuchten Stoffes in $3 \cdot 10^5$ ml noch nachweisbar, so ist

$$GK = \frac{1}{3 \cdot 10^5} = \frac{1}{10^{5,47}} \approx 10^{-5,5} \tag{4.1}$$

Der negative dekadische Logarithmus der GK ist der **pD-Wert.** (Im Beispiel ist pD = 5,5)

Erfassungsgrenze

Die Erfassungsgrenze EG gibt die Masse des gesuchten Stoffes an, die noch nachweisbar ist. Sie wird gewöhnlich in µg angegeben.

Gelingt z. B. bei einer GK 10^{-6} der Nachweis noch mit einem Lösungstropfen von 0,05 ml, dann enthält dieser Tropfen $0,05 \cdot 10^{-6}$ g des nachzuweisenden Stoffes. Somit beträgt die Erfassungsgrenze 0,05 µg.

Die Erfassungsgrenze ist, im Gegensatz zur GK, abhängig vom verwendeten Volumen. In der Regel wird auf einen Tropfen bezogen. Durch Änderung der Nachweistechnik (Betrachtung mit UV-Licht, Tüpfeln auf Filterpapier anstelle von Tüpfelplatte, Ausschütteln mit organischen Lösungsmitteln) kann die Erfassungsgrenze erheblich heruntergesetzt werden.

Die meisten in der Literatur angegebenen pD- und EG-Werte gelten für Lösungen bzw. Substanzgemische, die nur den nachzuweisenden Stoff und die zum Nachweis notwendigen Substanzen enthalten. Die bei der Durchführung einer qualitativen Analyse unweigerlich anwesenden Fremdsalze verändern im allgemeinen die Empfindlichkeit eines Nachweises. Meistens wird die Empfindlichkeit verringert, sie kann jedoch durch bestimmte Fremdionen auch erhöht werden.

Analytische Chemie

4

4.2 Nichtmetalle und ihre Verbindungen

Nichtmetalle sind Hauptgruppenelemente. Sie sind durch eine Trennlinie, die im PSE diagonal von links oben nach rechts unten verläuft, von den metallischen Hauptgruppenelementen getrennt (s. Kap. 1.3). Im Vergleich zu den Metallen haben Nichtmetalle höhere Ionisierungsenergien (s. Kap. 1.3.2.2) und günstigere Elektronenaffinitäten (s. Kap. 1.3.2.4). Nichtmetalloxide bilden mit Wasser sauerstoffhaltige Säuren (s. S. 79 und S. 81). Die binären Wasserstoffverbindungen der Nichtmetalle sind je nach Stellung des Nichtmetalls im PSE Säuren oder Basen (s. Kap. 1.7.9.4).

Untereinander bilden die Nichtmetalle typische kovalente Verbindungen wie z.B. NF_3, CO_2 und PCl_3 oder auch Cl_2 und Diamant. Wie die beiden letzten Beispiele zeigen, können diese Moleküle oder polymer sein.

Da der Wasserstoff eine Sonderstellung im PSE einnimmt, wird er zuerst besprochen. Die anderen Elemente folgen dann in der Reihenfolge 7. bis 3. Hauptgruppe.

4.2.1 Wasserstoff H, Z: 1, RAM: 1,00794, $1s^1$

Häufigkeit: 0,88 Gew.-%. Smp.: $-259,2\,°C$. Sdp.: $-252,76\,°C$. D_{25}: $0,09\,mg/cm^3$. Oxidationsstufen: $+I$. Ionenradius r_{H^-}: 208 pm, Kovalenzradius: 32 pm. Standardpotential: $2H^+ + 2e^- \rightleftharpoons H_2$. $E^0 = 0,000\,V$.

Vorkommen: Wasserstoff kommt in der Natur größtenteils gebunden in Form von Wasser vor.

Darstellung: Sie erfolgt im allgemeinen durch chemische Umsetzung von Wasser oder wasserstoffhaltigen Verbindungen z.B. Erdgas (CH_4), Erdöl oder Säuren (s. 1.b–c). Daneben ist auch die elektrolytische Wasserzersetzung möglich.

Bedeutung: Wasserstoff dient als Reduktionsmittel sowohl in der Analyse als auch in der Industrie (Darstellung von Ge, Mo, W aus den Oxiden). Als Chemierohstoff wird er zur Synthese von Ammoniak (s. *Haber-Bosch*-Verfahren), Benzin, Methanol, Blausäure, Salzsäure und zur Fetthärtung eingesetzt. Weiterhin findet er Verwendung als Heizgas im Gemisch mit anderen Gasen (Leuchtgas, Wassergas), zum autogenen Schweißen und in jüngerer Zeit verflüssigt, zusammen mit O_2 bzw. F_2, als Raketentreibstoff.

Allgemeine Eigenschaften: Es gibt drei Wasserstoffisotope, ^1_1H, ^2_1H (Deuterium), ^3_1H (Tritium). Die großen Massenunterschiede bewirken Differenzen in den physikalischen Eigenschaften ihrer Verbindungen (z.B. H_2O, D_2O). ^3_1H hat 12,3 Jahre Halbwertszeit und kommt nur in Spuren vor.

Aufgrund seiner niedrigen molaren Masse nimmt Wasserstoff eine Sonderstellung unter den Elementen ein. Es ist ein farbloses, geruchloses, brennbares Gas. Seine maximale Oxidationsstufe ist $+I$. Das Wasserstoffion, H^+, bzw. Oxoniumion, H_3O^+, in Wasser überwiegend als $H_9O_4^+$, ist für den Säurecharakter maßgebend und spielt deshalb in analytischer Hinsicht eine Rolle.

1. Darstellung von Wasserstoff

a) Einwirkung von Alkalimetallen auf Wasser

$$2\,Na + 2\,H_2O \rightarrow 2\,Na^+ + 2\,OH^- + H_2\uparrow$$

Bei gewöhnlicher Temperatur vermögen die unedelsten Metalle, wie Natrium oder Kalium, Wasser zu zersetzen. Dabei entsteht neben Wasserstoff Natriumhydroxid (Näheres s. S. 375).

Vorsicht! Die Reaktion verläuft explosionsartig und ist daher für die Gewinnung von Wasserstoff ungeeignet.

b) Wasserzersetzung an unedlen Metallen und Kohlenstoff

$$Fe + H_2O \rightleftharpoons FeO + H_2\uparrow$$
$$C + H_2O \rightleftharpoons CO\uparrow + H_2\uparrow$$

Bei höheren Temperaturen zerlegen auch andere unedle Metalle, wie Eisen oder Zink, sowie auch Kohlenstoff, Wasserdampf. Im ersten Fall entsteht festes Oxid, so daß der Wasserstoff praktisch rein ist. Im technisch wichtigeren zweiten Fall wird das gebildete Wassergas ($CO + H_2$) in Gegenwart eines Katalysators mit weiterem Wasserdampf umgesetzt:

$$H_2O + CO \rightleftharpoons CO_2 + H_2$$

Anschließend wird CO_2 in Wasser unter Druck ausgewaschen.

c) Einwirkung von Säuren auf unedle Metalle

$$Zn + 2\,H^+ \rightarrow Zn^{2+} + H_2\uparrow$$

Zur Darstellung von Wasserstoff im Labor dient die Umsetzung von Säuren (HCl, H_2SO_4) mit unedlen Metallen (Fe, Zn).

In einem Reagenzglas übergieße man einige Stückchen granulierten Zinks mit 5 ml verd. HCl, der man einige Tropfen konz. Säure zugefügt hat. Nach einiger Zeit tritt starke Wasserstoffentwicklung ein.
Sollte die Entwicklung zu schwach sein, so setze man einige Tropfen $CuSO_4$-Lsg. hinzu (Erklärung S. 498, b). Das Reagenzglas verschließe man dann mit einem Korken, durch den ein mit einer ausgezogenen Spitze versehenes Röhrchen führt, das aber nur 2–3 mm in das Reagenzglas ragen darf. Um sich vor eventueller Explosion zu schützen, umwickle man das Glas mit einem Tuch. Bevor der entweichende Wasserstoff für Reaktionen verwendet wird, muß die Luft völlig aus dem Reagenzglas verdrängt sein **(Gemische aus H_2 und O_2 sind hochexplosiv, Knallgas!).** Diese Bedingung ist erfüllt, wenn das in einem Proberöhrchen aufgefangene Gas bei Entzündung ruhig abbrennt. Bei eventuell eintretender Verpuffung ist der Wasserstoff noch nicht genügend rein (vgl. auch Rk. 3). Eine eingehende Beschreibung dieser Darstellungsmethode zur Herstellung größerer Gasmengen ist auf S. 182f. zu finden.

Ergänzend ist zu erwähnen, daß Wasserstoff auch durch Kochen von Metallen, wie z.B. Al in NaOH, und durch Hydrolyse von Calciumhydrid erzeugt werden kann.
Für die nachfolgenden Reaktionen verwende man den nach 1. a) bis c) erhaltenen Wasserstoff.

2. Brennbarkeit von H_2

$$2H_2 + O_2 \rightarrow 2H_2O$$

Man entzünde den aus der Entwicklungsapparatur entweichenden Wasserstoff an einer Bunsenflamme und stülpe ein kleines, trockenes Becherglas über die Flamme. Es beschlägt sich mit Wassertröpfchen.

3. Knallgas

Man stülpe ein Reagenzglas über die Austrittsöffnung einer H_2-Entwicklungsapparatur und fülle einmal das Reagenzglas ganz mit Wasserstoff, das andere Mal nur teilweise u. halte es jedesmal an eine Bunsenflamme. Je nach Füllungsgrad tritt eine mehr oder weniger starke Explosion auf. Ist das Reagenzglas nur mit H_2 gefüllt, so brennt dieser ruhig ab. Die stärkste Explosion erhält man, wenn das Volumenverhältnis $H_2:O_2 = 2:1$ ist.

4. Reduktionswirkung des molekularen Wasserstoffs

$$Fe_2O_3 + 3H_2 \rightarrow 2Fe + 3H_2O$$
$$CuO + H_2 \quad \rightarrow \quad Cu + H_2O$$

Der Wasserstoff verbindet sich nicht nur mit freiem Sauerstoff zu Wasser, sondern entzieht auch bei höheren Temperaturen vielen Oxiden den Sauerstoff. So werden Schwermetalloxide, wie Eisen(III)-oxid (Fe_2O_3), Kupferoxid (CuO), Cadmiumoxid (CdO) u.a., in Metalle übergeführt. Auf diese Weise werden beispielsweise Molybdän und Wolfram aus MoO_3 bzw. WO_3 technisch dargestellt.

5. Reduktion von Iod mit nascierendem (atomarem) Wasserstoff

$$I_2 + 2H_{nasc.} \rightleftharpoons 2HI$$

Wasserstoff „in statu nascendi" (d.h. im Augenblick des Entstehens) vermag Iod bei Zimmertemperatur zu Iodwasserstoff zu reduzieren. Gewöhnlicher Wasserstoff ist nur bei höherer Temperatur ein kräftiges Reduktionsmittel, obwohl die Umsetzung aufgrund der Abgabe von Energie auch bei Zimmertemperatur vor sich gehen sollte. Die Reaktionsgeschwindigkeit bei 20 °C ist viel zu klein. Zur Reaktion muß das Wasserstoffmolekül erst in Atome zerlegt werden. Dazu sind auf 1 mol H_2 etwa 436 kJ notwendig. Man erhält dagegen auch bei gewöhnlicher Temperatur eine Reduktionswirkung, wenn man den Wasserstoff in statu nascendi anwendet, da er hier atomar oder in Form angeregter H_2-Moleküle vorliegt.

In einem Reagenzglas füge man zu etwas Zink verd. HCl. (Falls die Wasserstoffentwicklung sehr langsam vor sich geht, setze man einen Tropfen Kupfersulfatlsg. hinzu.) Dann läßt man etwas Kaliumtriiodid-Lsg. (I_2 gelöst in K I-I sg.) zutropfen, so daß die Lsg. deutlich gelbbraun gefärbt ist. Nach längerem Stehen tritt Entfärbung ein. Zu gleicher Zeit gibt man in ein anderes Reagenzglas zu derselben Menge verd. HCl etwa die entsprechende Menge Iod-Kaliumiodid-Lsg. hinzu und läßt aus einer Wasserstoff-Stahlflasche oder einem *Kipp*-schen Apparat Wasserstoff einströmen. Es findet keine Entfärbung statt.

Eine starke Reduktionswirkung bei gewöhnlicher Temperatur erzielt man auch mit gewöhnlichem Wasserstoff in wäßrigen Lösungen bei Gegenwart bestimmter, feinerverteilter Metalle, besonders von Platin oder Palladium als Katalysatoren.

An diesen wird der Wasserstoff absorbiert und dabei in Atome gespalten. Hiervon macht die organische Chemie weitgehend Gebrauch, um organische Verbindungen zu hydrieren (vgl. S. 56).

4.2.2 Elemente der 7. Hauptgruppe

Bei den Halogenen Fluor, F, Chlor, Cl, Brom, Br, und Iod, I, ändern sich die Eigenschaften im allgemeinen stetig mit der Ordnungszahl. Die Schmelz- und Siedepunkte der Elemente steigen mit zunehmender Ordnungszahl regelmäßig an, die Farbe vertieft sich, die Elektronenaffinität und damit die Reaktionsfähigkeit nimmt ab, die thermische Beständigkeit der Wasserstoffverbindungen HX und die Löslichkeit der Silberhalogenide sinkt. Aufgrund der allgemeinen Regeln (s. S. 15 und S. 110) tritt ein stärkerer Eigenschaftssprung zwischen Fluor und Chlor auf. So ist z. B. flüssiger Fluorwasserstoff im Gegensatz zu HCl, HBr und HI ähnlich über Wasserstoffbrückenbindungen assoziiert wie Wasser und Ammoniak. Auch ist AgF leichtlöslich, während AgCl, AgBr und AgI schwerlöslich sind. Umgekehrt gehört CaF_2 zu den schwerlöslichen Verbindungen, während $CaCl_2$, $CaBr_2$ und CaI_2 äußerst leichtlöslich sind.

Alle Halogene vermögen mit Sauerstoff Verbindungen einzugehen. Mit Ausnahme des Fluors, das infolge seiner großen Elektronegativität nicht in positiven Oxidationsstufen auftritt, werden auch Sauerstoffsäuren gebildet.

Die maximale Oxidationsstufe mit $+\,VII$ wird in Cl_2O_7 und Halogen-fluoridoxiden, den Perchloraten $MClO_4$, Perbromaten $MBrO_4$ und Periodaten MIO_4 bzw. M_5IO_6 erreicht. Die Vergrößerung der Koordinationszahl beim Iod ist durch die Zunahme des Ionenradius möglich. Die minimale Oxidationsstufe ist in der 7. Hauptgruppe $-\,I$. Die Säurestärke der Wasserstoffverbindungen HX nimmt mit steigender Ordnungszahl zu.

4.2.2.1 Fluor F, Z: 9, RAM: 18,9984, $2s^2 2p^5$

Häufigkeit: $2,8 \cdot 10^{-2}$ Gew.-%. Smp.: $-220,0\,°C$. Sdp.: $-188,1\,°C$. D_{25}: 1,696 mg/cm³. Oxidationsstufen: $-I$. Ionenradius r_{F^-}: 133 pm. Standardpotential: $F_2 + 2e^- \rightleftharpoons 2F^-$. $E^0 = +2,87$ V.

Vorkommen: Die wichtigsten Minerale sind Flußspat, CaF_2, Kryolith, $Na_3[AlF_6]$, Apatit, $Ca_5(PO_4)_3(F, Cl)$.

Darstellung: Elementares Fluor wird in der Technik durch Schmelzflußelektrolyse von Kaliumfluorid-Hydrogenfluorid-Gemischen, mittlere Zusammensetzung etwa $KF \cdot 2HF$, gewonnen.

Bedeutung: Elementares Fluor dient zur Darstellung von UF_6 (Isotopentrennung), SF_6 (Schutzgas in Hochspannungsanlagen), $Na_3[AlF_6]$ und AlF_3 (Al-Darstellung) sowie zur Fluorierung einiger organischer Verbindungen direkt in der Gasphase oder auf dem Umweg über Metallfluoride wie AgF_2, CoF_3. Technisch wichtig ist die Elektrofluorierung von in HF gelösten organischen Verbindungen.

Fortsetzung

> **Allgemeine Eigenschaften:** Elementares Fluor ist ein stark ätzendes, giftiges Gas und das reaktionsfähigste Nichtmetall. Es besitzt mit 4,0 die größte Elektronegativität (s. Kap. 1.4.4.1) und ist das stärkste Oxidationsmittel. Selbst mit den schweren Edelgasen bildet es exotherme Verbindungen, z.B. XeF_6. Zur Aufbewahrung dienen Nickel- oder Stahlgefäße, die nach Ausbildung einer schützenden Fluoridschicht nicht mehr angegriffen werden (Passivierung).

Flußsäure und Fluoride

> **Darstellung:** HF wird durch Einwirkung von konz. H_2SO_4 auf Flußspat hergestellt:
>
> $$CaF_2 + H_2SO_4 \rightarrow CaSO_4 + 2HF\uparrow$$
>
> Im allgemeinen kommt HF verflüssigt oder als über 70%ige wäßrige Lösung in den Handel.
>
> **Bedeutung:** Flußsäure dient zum Ätzen von Glas, zur Entsorgung von Asbest, zur Entfernung von Kieselsäure aus Glas-, Gesteins- und Erzproben sowie zur Herstellung von künstlichem Kryolith, AlF_3, UF_4, NaF, KHF_2, NH_4HF_2. Fluorchlorkohlenwasserstoffe (FCKW) erhält man durch „Umfluorierung" mit HF. Aus $CHCl_3$ und HF entsteht so $CHClF_2$, das bei 700°C unter HCl-Abspaltung in C_2F_4 übergeht. Die Polymerisation von C_2F_4 bzw. C_2F_3Cl ergibt wärmebeständige und chemisch sehr widerstandsfähige Kunststoffe (Teflon, Hostaflon). CF_2Cl_2 und CF_3Cl (Freon, Frigen) sind ungiftig und nicht brennbar. Wegen ihrer Schädlichkeit für die Ozonschicht werden sie heute als Treibgase in Spraydosen oder als Kältemittel in Kühlmaschinen immer weniger verwendet.
>
> Fluoride wirken toxisch und finden deshalb als Konservierungsmittel für Holz und Leder Verwendung. Im menschlichen Organismus finden sich Fluoride in den Zähnen und der Schilddrüse angereichert. Kariöse Zähne weisen Fluoridmangel auf.
>
> **Allgemeine Eigenschaften:** HF gehört als verdünnte wäßrige Lösung mit $K_S = 10^{-3,14}$ mol/l noch zu den starken Säuren.
>
> Flüssiges HF (Sdp. 19,5°C) ist eine fast so starke *Brönsted*-Säure wie wasserfreie H_2SO_4.
>
> Silicathaltige Stoffe (Glas, Porzellan) reagieren mit HF:
>
> $$SiO_2 + 4HF \rightleftharpoons SiF_4 + 2H_2O$$
> $$SiF_4 + 2F^- \rightleftharpoons [SiF_6]^{2-}$$
>
> Flußsäure darf deshalb nur in Kunststoffgefäßen aufbewahrt werden.
>
> In ihrem Löslichkeitsverhalten zeigen die Fluoride erhebliche Unterschiede gegenüber den schwereren Halogeniden (s. S. 261). Besonders mit höhergeladenen Zentralkationen bildet F^- mehr oder weniger stabile Komplexe, z.B. $[AlF_6]^{3-}$, $[BF_4]^-$, $[SiF_6]^{2-}$, $[FeF_6]^{3-}$, $[ZrF_6]^{2-}$, $[NbF_7]^{2-}$. Für $[AlF_6]^{3-} \rightleftharpoons [AlF_5]^{2-} + F^-$ bis $Al^{3+} + F^-$ betragen die stufenweisen Dissoziationskonstanten $K_1 = 10^{-0,1}$; $K_2 = 10^{-1,5}$; $K_3 = 10^{-2,7}$; $K_4 = 10^{-3,7}$; $K_5 = 10^{-5,1}$; $K_6 = 10^{-6,1}$ mol/l. In Fluoridlsgg. liegt überwiegend $[AlF_2]^+$ vor. Ähnliches gilt für Fe(III).
>
> **Flußsäure ist sehr giftig. Schon geringfügige Verätzungen der Haut können schwere Folgen haben.**

Für die nachstehenden Reaktionen verwendet man CaF_2, wenn man ein festes Fluorid zu nehmen hat, sonst NaF-Lösung bzw. die entsprechend vorbereitete Analysenlösung.

1. BaCl$_2$

Aus neutraler oder schwach saurer Lsg. von Fluoriden fällt ein weißer, voluminöser Niederschlag von BaF$_2$, lösl. in viel Mineralsäure sowie bei Gegenwart von Ammoniumsalzen.

2. CaCl$_2$

Aus neutraler und essigsaurer Lsg. weißer schleimiger u. schwer filtrierbarer Niederschlag von CaF$_2$. In verd. Mineralsäuren ist der Niederschlag nur sehr schwer lösl., leicht dagegen bei Anwesenheit von Ammoniumsalzen, die daher auch die Fällung verhindern.

3. Bildung von [FeF$_6$]$^{3-}$, [TiF$_6$]$^{2-}$, [ZrF$_6$]$^{2-}$

Eine Lsg. von Eisen(III)-thiocyanat wird durch Zusatz lösl. Fluoride entfärbt, da sich Fluorokomplexe bilden. Auch die Prüfung auf Titan mittels H$_2$O$_2$ u. auf Zirconium mit Alizarin S kann in Gegenwart von F$^-$ infolge Bildung der komplexen Ionen [TiF$_6$]$^{2-}$ u. [ZrF$_6$]$^{2-}$ versagen.

4. Nachweis durch Ätzprobe

$$CaF_2 + H_2SO_4 \;\rightarrow\; CaSO_4 + 2\,HF$$
$$4\,HF + SiO_2 \quad\rightarrow\; SiF_4\uparrow + 2\,H_2O$$

Die Ätzprobe kann zum Nachweis großer Fluoridmengen herangezogen werden.

In einem Platintiegel oder Bleischälchen wird etwas CaF$_2$ mit konz. H$_2$SO$_4$ übergossen. Der Tiegel wird mit einer Glasplatte (Objektträger) bedeckt u. mit kleiner Flamme erwärmt. Es entwickelt sich HF, durch das das Glas geätzt wird.
Störungen: Bei Anwesenheit eines Überschusses von Kieselsäure oder Borsäure wird SiF$_4$ bzw. BF$_3$ gebildet, die Glas nicht angreifen.

5. Nachweis mit Hilfe der „Kriechprobe"

Bei der Kriechprobe erhitzt man die Substanz mit einigen ml konz. H$_2$SO$_4$ in einem trockenen Reagenzglas. Die auftretenden Gasblasen von HF kriechen ölartig an der Glaswand empor, und beim Umschütteln fließt die H$_2$SO$_4$ wie Wasser an einer fettigen Unterlage ab. Die Oberfläche des Glases wird infolge der Ätzung durch HF so verändert, daß sie von H$_2$SO$_4$ nicht mehr benetzt wird.

Zur Ausführung in der Halbmikro-Analyse werden ca. 10 mg Substanz in einem trockenen, noch nicht angeätzten Reagenzglas mit 10 Tropfen 18 mol/l H$_2$SO$_4$ versetzt u. im Wasserbad erwärmt. Aus den meisten Fluoriden wird hierbei HF in Freiheit gesetzt, das langsam in größeren Blasen an der Glaswandung emporkriecht u. sie anätzt. Bei negativem Verlauf erhitze man anschließend noch kurz über freier Flamme, bis H$_2$SO$_4$-Nebel entweichen, da einige Fluoride höher geladener Kationen erst bei höherer Temperatur mit H$_2$SO$_4$ reagieren.
Störungen: Der Nachweis versagt wie die Ätzprobe in Gegenwart eines Überschusses von Kiesel- oder Borsäure.

6. Nachweis mit Hilfe der Wassertropfenprobe

Der Wassertropfenprobe liegen die gleichen Reaktionen zugrunde wie bei der Darstellung von K$_2$[SiF$_6$] (s. S. 231).

In einem Platin- oder Bleitiegel wird die getrocknete Substanz mit der dreifachen Menge gefällter und geglühter Kieselsäure vermengt, 1 ml konz. H_2SO_4 zugegeben u. der Tiegel mit einem Bleideckel, der in der Mitte ein etwa 0,5 cm großes Loch besitzt, verschlossen. Über das Loch hält man einen Wassertropfen, der in der Öse eines Platindrahtes oder an einem Glasstab hängt, der mit schwarzem Lack überzogen ist. Dann wird mit einer Sparflamme schwach erwärmt oder besser auf dem Wasserbad erhitzt. Nach einiger Zeit überzieht sich der Tropfen bei Anwesenheit von Fluoriden mit Kieselsäuregallerte.

Statt des Tropfens kann man das Loch auch mit feuchtem, schwarzem Filterpapier bedecken, auf dem sich dann eine weiße Gallerte von Kieselsäure abscheidet. Das Papier muß während der Einwirkung der Dämpfe feuchtgehalten, zur Beurteilung einer Abscheidung aber getrocknet werden.

Störungen: In Gegenwart von viel Borsäure bildet sich BF_3, das bei der Hydrolyse in HF u. lösl. Borsäure zerfällt (vgl. auch S. 369). Thiosulfat kann durch Abscheidung eines weißgelben Schwefelflecks stören.

7. Nachweis durch Entfärbung von Zirconium-Alizarin-Lack

Zr bildet in salzsaurer Lösung mit Alizarin oder Alizarin S einen violettroten Farblack (vgl. Reaktion 7, S. 454). Unter dem Einfluß von F^- im Überschuß bilden sich jedoch komplexe $[ZrF_6]^{2-}$-Ionen, so daß die violette Farbe des Lackes in die in saurer Lösung ge l b r o t e Farbe des freien Farbstoffes umschlägt.

Ein Streifen Zr-Alizarin S-Papier wird mit 1 Tropfen 50%ig. CH_3COOH angefeuchtet u. 1 Tropfen der neutralen Probelsg. auf den feuchten Fleck getüpfelt. Eine G e l b färbung zeigt F^- an. Bei sehr geringen F^--Mengen wird die Reaktion durch Erwärmen im Dampfstrom beschleunigt.

EG: 1 μg F^-,   pD: 4,7

Störungen: Größere Mengen SO_4^{2-}, $S_2O_3^{2-}$, PO_4^{3-}, AsO_4^{3-} u. $C_2O_4^{2-}$ sowie Fluoroborate und Fluorosilicate geben die gleiche Reaktion.

Reagenz: Zr-Alizarin S-Papier stellt man sich durch Tränken von Filterpapier mit einer 5%ig. Lsg. von Zirconiumnitrat in 5%ig. HCl u. danach mit einer 2%ig. Lsg. von Na-Alizarinsulfonat her. Das durch den Farblack r o t v i o l e t t gefärbte Papier wird so lange gewaschen, bis das Waschwasser fast farblos abläuft, u. danach getrocknet.

8. Nachweis mit der Molybdänblau-Benzidinblau-Reaktion (s. S. 645)

Hexafluorosilicate

Darstellung: Hexafluorokieselsäure, $H_2[SiF_6]$ entsteht bei der Einwirkung eines Überschusses wäßriger HF auf Silicate (s. HF). Sie ist daher Nebenprodukt der H_3PO_4-Gewinnung.

Bedeutung: Hexafluorokieselsäure dient hauptsächlich zur Herstellung von Kryolith. Sehr verdünnte Lösungen der Säure und ihrer Salze werden als Desinfektionsmittel eingesetzt.

Allgemeine Eigenschaften: $H_2[SiF_6]$ ist eine starke Säure, die in verdünnter Lösung Glas nicht ätzt. Die Fluorosilicate der Alkalielemente (außer Li^+ und NH_4^+) sind wenig löslich. Noch schwerer löslich ist $Ba[SiF_6]$.

Für die folgenden Reaktionen verwende man $K_2[SiF_6]$ (Darst. s. S. 231) oder eine Lösung von $H_2[SiF_6]$ bzw. die entsprechend vorbereitete Analysenlösung.

1. OH⁻-Ionen

$$[SiF_6]^{2-} + 4OH^- \rightleftharpoons H_2SiO_3\downarrow + 6F^- + H_2O$$
$$H_2SiO_3 + 2OH^- \rightleftharpoons H_2SiO_4^{2-} + H_2O$$

Zersetzung von $[SiF_6]^{2-}$ unter Ausscheidung von gallertartiger Kieselsäure, die sich im Überschuß von starken Laugen wieder löst.

2. Nachweise durch Ätz-, Kriech-, Wassertropfenprobe

Die Reaktionen 1., 5. u. 6. (s. S. 263) führe man mit $K_2[SiF_6]$ durch. Reaktion 1. u. 6. verlaufen ebenfalls positiv, Reaktion 5. nur noch bei größeren Mengen $K_2[SiF_6]$. Die Wassertropfenprobe gelingt auch ohne Zusatz von Kieselsäure.

3. Nachweis als Natriumhexafluorosilicat

$$[SiF_6]^{2-} + 2Na^+ \rightarrow Na_2[SiF_6]\downarrow$$

Aus schwach sauren Hexafluorosilicatlösungen kristallisiert bei NaCl-Zugabe $Na_2[SiF_6]$ in meist scharf umrissenen sechseckigen Täfelchen aus. Aus konzentrierteren Lösungen bilden sich sechsstrahlige Sterne mit skelettförmigen Rosetten.

1 Tropfen der schwach sauren, warmen Probelsg. wird auf dem Objektträger mit 1 Körnchen NaCl versetzt (Kristallaufnahme 1 u. 2).

EG: 0,8 µg F ≙ 1 µg Fluorosilicat

Störungen: keine.

4. Nachweis als Bariumhexafluorosilicat

$$[SiF_6]^{2-} + Ba^{2+} \rightarrow Ba[SiF_6]\downarrow$$

Der weiße kristalline Niederschlag von $Ba[SiF_6]$ ist nur in siedender konz. HCl löslich. In schwach essigsaurer Lösung bilden sich Nadeln oder weidenblattartige Stäbchen, die meist zu Büscheln, Sternen oder Stachelkugeln zusammengewachsen sind.

1 Tropfen der Probelsg. wird auf dem Objektträger mit 1 Tropfen 1 mol/l CH_3COOH erwärmt und mit 1 Tropfen heißer 0,5 mol/l $Ba(CH_3COO)_2$ oder $BaCl_2$ versetzt. Langsam kristallisiert $Ba[SiF_6]$ aus (Kristallaufnahme 3).

EG: 0,15 µg F ≙ 0,2 µg Fluorosilicat

Störungen: SO_4^{2-} und alle mit Ba^{2+} fällbaren Ionen sowie Ca^{2+} und Sr^{2+} in 5fachem Überschuß.

Trennung und Nachweis von F⁻ und $[SiF_6]^{2-}$

Fluoride und Fluorosilicate erkennt man durch die Ätzprobe und Wassertropfenprobe, Fluoride außerdem durch das einfache Erhitzen im trockenen Reagenzglas mit konz. H_2SO_4. Da Fluorosilicate die Wassertropfenprobe auch ohne Zusatz

Analytische Chemie

4

von SiO_2 geben, kann F^- und SiO_2 oder $[SiF_6]^{2-}$ allein oder F^- und $[SiF_6]^{2-}$ vorliegen. Eine Unterscheidung dieser drei Kombinationen erbringt nur eine quantitative Analyse.

Bei einigen F^--haltigen Verbindungen (z. B. Turmalin, Topas, Al- und Fe-Fluoride sowie Fluoroborate) bereitet der Nachweis von F^- gewisse Schwierigkeiten. Um lösliche Alkalifluoride zu erhalten, ist die Durchführung eines Sodaauszugs (s. S. 588) oder einer Schmelze der feinstgepulverten Substanz mit der sechsfachen Menge eines Gemisches von Na_2CO_3/K_2CO_3 im Platintiegel nötig.

Aus dem Sodaauszug bzw. der wäßrigen Lösung der Schmelze werden die F^--Ionen in schwach essigsaurer Lösung mit Ca^{2+} gefällt und abgetrennt. NH_4^+-Salze, die die CaF_2-Fällung beeinträchtigen, sind im Sodaauszug nicht mehr vorhanden.

10 Tropfen des Sodaauszugs werden mit 5 mol/l CH_3COOH schwach angesäuert u. mit 2 Tropfen 5 mol/l $Ca(CH_3COO)_2$ versetzt. Man erwärmt 5 Min. im Wasserbad u. zentrifugiert den gebildeten Niederschlag ab, der neben F^- auch SO_3^{2-}, MoO_4^{2-}, WO_4^{2-}, PO_4^{3-}, BO_3^{3-}, $C_2O_4^{2-}$, $[Fe(CN)_6]^{4-}$ u. SO_4^{2-} enthalten kann. Der Niederschlag wird einmal mit 5 Tropfen Wasser u. 1 Tropfen Ca-Acetatlsg. gewaschen. Im Filtrat kann auf andere Anionen geprüft werden, wenn deren Nachweis durch die obengenannten Anionen gestört wird. Die CaF_2-Reaktion ist zwar nicht sehr empfindlich ($K_{LCaF_2} = 10^{-10,46}$ mol^3/l^3), sie genügt aber, um üblicherweise gegebene F^--Mengen auszufällen. (Nachweis des F^- nach den obengenannten Reaktionen.)

Zur Durchführung des Kationentrennungsganges muß das F^- entfernt werden. Einmal bildet F^- mit Erdalkalien in neutraler oder schwach saurer Lösung Niederschläge, wodurch diese in die $(NH_4)_2S$-Gruppe gelangen. Zum anderen werden in saurer Lösung Glas- und Porzellangefäße angegriffen und verschiedene Kationen, wie Na^+, Ca^{2+}, Al^{3+}, gelöst. Zwecks Entfernung des F^- wird die Substanz in einem Platintiegel mit 2 ml konz. H_2SO_4 übergossen und vorsichtig mit kleiner Flamme so lange erhitzt, bis dicke Schwefelsäuredämpfe entstehen. Bei Verwendung eines Bleitiegels ist vorher auf Pb zu prüfen. Die H_2SO_4 wird weitgehend abgeraucht, jedoch nicht bis zur Zersetzung der Sulfate zu den Oxiden. Der Rückstand ist mit verd. HCl aufzunehmen. Wenn er darin nicht klar löslich ist, so sind eventuell Erdalkalisulfate entstanden, die nach S. 531 mit Na_2CO_3/K_2CO_3 aufzuschließen sind.

4.2.2.2 Chlor Cl, Z: 17, RAM: 35,453, $3s^2 3p^5$

Häufigkeit: 0,19 Gew.-%, Smp.: $-101\,°C$, Sdp.: $-34,04\,°C$, D_{25}: 3,21 mg/cm^3. Wichtige Oxidationsstufen: $-I$, $+I$, $+III$, $+V$, $+VII$. Ionenradius r_{Cl^-}: 181 pm. Standardpotential: $Cl_2 + 2e^- \rightleftharpoons 2Cl^-$, $E^0 = +1,360$ V.
Vorkommen: Chlor liegt in der Natur als Chlorid, hauptsächlich gebunden an Natrium (s. S. 375), Kalium (s. S. 377) und Magnesium (s. S. 388) vor.
Oxide, Säuren: Es sind bekannt: Cl_2O (Dichloroxid), ClO_2 (Chlordioxid), Cl_2O_6 (Dichlorhexaoxid) und Cl_2O_7 (Dichlorheptaoxid) sowie die vier Sauerstoffsäuren HClO (hypochlorige Säure), $HClO_2$ (chlorige Säure), $HClO_3$ (Chlorsäure) und

Fortsetzung

HClO$_4$ (Perchlorsäure). Während Cl$_2$O bzw. Cl$_2$O$_7$ Anhydride von HClO und HClO$_4$ sind, disproportionieren (s. S. 100) ClO$_2$ mit Laugen zu ClO$_3^-$ und ClO$_2^-$ und Cl$_2$O$_6$ zu ClO$_3^-$ und ClO$_4^-$:

$$2\,ClO_2 + 2\,OH^- \rightarrow ClO_2^- + ClO_3^- + H_2O$$

$$Cl_2O_6 + 2\,OH^- \rightarrow ClO_3^- + ClO_4^- + H_2O$$

Sämtliche Oxide sind sehr instabil und können explosionsartig zerfallen. Bei den Säuren nimmt die Beständigkeit und die Säurestärke mit steigendem Sauerstoffgehalt zu.

Säurechloride: Durch direkte Umsetzung von HCl mit SO$_3$ entsteht Chlorsulfonsäure (Chlorschwefelsäure). In ihr ist eine OH-Gruppe der Schwefelsäure durch Cl ersetzt:

$$\overset{\displaystyle /\overline{\underset{\displaystyle \|}{O}}\backslash}{|\overline{Cl}-\underset{\displaystyle \backslash\underline{O}/}{\overset{\displaystyle \|}{S}}-\overline{O}-H}$$

Andere wichtige Säurechloride sind Sulfurylchlorid SO$_2$Cl$_2$, Thionylchlorid SOCl$_2$, Phosgen COCl$_2$, Nitrosylchlorid NOCl und Chromylchlorid CrO$_2$Cl$_2$. Zur Vermeidung von Hydrolyse muß man völlig wasserfrei bzw. mit wasserentziehenden Mitteln arbeiten. Man gewinnt SO$_2$Cl$_2$ aus SO$_2$ + Cl$_2$ (s. S. 218), SOCl$_2$ aus 2SO$_2$ + S$_2$Cl$_2$ + 3Cl$_2$, präparativ dagegen aus PCl$_5$ + SO$_2$ (s. S. 216) und CrO$_2$Cl$_2$ aus NaCl + K$_2$Cr$_2$O$_7$ + konz. H$_2$SO$_4$ (s. S. 272). Säurechloride sind im allgemeinen Flüssigkeiten, die schon mit der Feuchtigkeit der Luft reagieren und daher rauchen.

Weitere Verbindungen: An Verbindungen mit anderen Nichtmetallen seien erwähnt das explosive Stickstofftrichlorid, NCl$_3$ und die Phosphorchloride PCl$_3$ und PCl$_5$ sowie die Schwefelchloride S$_2$Cl$_2$ (Darst. s. S. 220) und SCl$_4$. CCl$_4$ rechnet man zu den organischen Verbindungen.

Elementares Chlor, Cl$_2$

Darstellung: Cl$_2$ fällt bei der Chloralkalielektrolyse an, wird aber auch durch Elektrolyse von Salzsäure hergestellt. Im Laboratorium gewinnt man es durch Oxidation von HCl (s. u.).

Bedeutung: Zu über 80% dient Chlor zur Herstellung von organischen Lösungsmitteln (HCCl$_3$, CCl$_4$, Trichlorethylen), Zwischenprodukten (Chlorbenzol, Monochloressigsäure, Phosgen), Kunststoffen (PVC, Chloropren), Pflanzen- und Holzschutzmitteln (Hexachlorcyclohexan, chlorierte Naphthaline, CuOHCl), Waschmitteln (Sulfochlorierung). Weiterhin wird Chlor benötigt als Bleichmittel, zur Herstellung von wasserfreien Chloriden (AlCl$_3$, FeCl$_3$), sowie in geringer Menge zur Wasserbehandlung.

Allgemeine Eigenschaften: Cl$_2$ ist sehr reaktionsfähig und reagiert mit den meisten Elementen schon bei Zimmertemperatur. Bei völliger Abwesenheit von Feuchtigkeit ist es jedoch wesentlich reaktionsträger und wird z.B. in Stahlflaschen in den Handel gebracht.

Cl$_2$ wirkt aufgrund seiner oxidierenden und chlorierenden Wirkung stark toxisch. Der MAK-Wert ist auf 1,5 mg/m^3 festgesetzt.

Um die Eigenschaften von Cl$_2$ näher kennenzulernen, stelle man es sich nach einer der nachstehenden Reaktionen her.

1. Darstellung von Cl_2

● Oxidation von HCl mit starken Oxidationsmitteln

$$PbO_2 + 4H^+ + 2Cl^- \rightarrow Pb^{2+} + 2H_2O + Cl_2\uparrow$$
$$MnO_2 + 4H^+ + 2Cl^- \rightarrow Mn^{2+} + 2H_2O + Cl_2\uparrow$$

In verschiedenen Reagenzgläsern setze man zu je einer Spatelspitze PbO_2 (Bleidioxid) bzw. MnO_2 (Mangandioxid) je 1 ml konz. HCl bzw. einige Körnchen NaCl und 1 ml halbkonz. H_2SO_4 und erwärme unter dem Abzug. Es bildet sich das stechend riechende hellgrüne Chlorgas.

Entsprechend verhalten sich auch andere starke Oxidationsmittel, wie Kaliumpermanganat, $KMnO_4$ (s. S. 410) oder Kaliumdichromat, $K_2Cr_2O_7$ (s. S. 433).

Ein Verfahren, das man früher technisch verwendete und jetzt noch gelegentlich in Laboratorien benutzt, geht von Braunstein (MnO_2), NaCl und H_2SO_4 aus (*Weldon*-Prozeß).

● Oxidation von HCl durch Luftsauerstoff

$$4HCl + O_2 \rightleftharpoons 2H_2O + 2Cl_2 - 114 \, kJ$$

Diese exotherme Reaktion verläuft ohne Katalysator nur bei hohen Temperaturen schnell, doch liegt das Gleichgewicht dann auf der linken Seite. Der 1868 erfundene *Deacon*-Prozeß arbeitete bei 430 °C mit $CuCl_2$ auf Tonkugeln. Dessen katalytische Wirkung (s. S. 56) dürfte schematisch wie folgt zu deuten sein:

$$4CuCl_2 \rightarrow 4CuCl + 2Cl_2\uparrow$$
$$4CuCl + O_2 \rightarrow 2(CuO \cdot CuCl_2)$$
$$2(CuO \cdot CuCl_2) + 4HCl \rightarrow 4CuCl_2 + 2H_2O$$

● Elektrolyse von NaCl-Lösung

In einem ähnlichen Apparat, wie er zur Wasserzersetzung dient, wird einmal verd. HCl, das zweite Mal NaCl-Lösung der Elektrolyse unterworfen. Am positiven Pol, der Anode, welcher aus einem Kohlestab besteht, entwickelt sich gelbgrünes Chlorgas, das am Anfang in der wäßrigen Lösung gelöst bleibt und sie gelbgrün färbt. Das sich entwickelnde Cl_2 greift Metalle, auch das edle Platin, an, weshalb in diesem Fall keine Metallanoden verwendet werden dürfen.

Mit Cl_2 führe man die nachstehenden Reaktionen aus.

2. Bildung von Chloriden mit Metallen

$$2Sb + 3Cl_2 \rightarrow 2SbCl_3$$
$$Cu + Cl_2 \rightarrow CuCl_2$$

Chlor reagiert mit vielen Metallen schon bei gewöhnlicher oder etwas erhöhter Temperatur unter Bildung von Chloriden.

Man fülle ein trockenes Reagenzglas mit Cl_2 u. werfe einige Körnchen feingepulvertes Antimon (Sb) oder Zinkstaub oder Kupferpulver hinein. Unter heller Lichterscheinung tritt Reaktion ein.

Ebenso bildet sich mit Wasserstoff im Licht bei Zimmertemperatur Chlorwasserstoff. Im diffusen Licht verläuft diese Reaktion langsam, bei starker Lichteinwirkung. z. B. im Sonnenlicht, dagegen explosionsartig. Im Dunkeln geht sie erst bei erhöhter Temperatur vor sich, dann aber ebenfalls unter Explosion (Chlorknallgas).

3. Oxidation von I^- oder Br^- zu I_2 bzw. Br_2

$$Cl_2 + 2I^- \rightarrow 2Cl^- + I_2$$
$$Cl_2 + 2Br^- \rightarrow 2Cl^- + Br_2$$

Man leite etwas Cl_2 in Wasser, in dem einmal einige Körnchen Kaliumiodid, KI, das andere Mal Kaliumbromid, KBr, aufgelöst sind. Es tritt Ausscheidung von Iod bzw. Brom ein.

4. Oxidation von Farbstoffen

Chlor ist ein starkes Oxidationsmittel. Auch Farbstoffe werden oxidiert und damit zerstört (Bleichprozeß).

In ein mit Cl_2 gefülltes Reagenzglas halte man angefeuchtetes rotes und blaues Lackmuspapier. Entfärbung. Ebenso leite man in Indigolösung Cl_2 ein. Gelbfärbung durch Zersetzungsprodukte des Indigo.

Salzsäure und Chloride

Darstellung: HCl wird besonders rein aus den Elementen H_2 und Cl_2 und bei der Umsetzung von NaCl mit konzentrierter H_2SO_4 bei erhöhter Temperatur gewonnen:

$$NaCl + H_2SO_4 \rightarrow HCl\uparrow + NaHSO_4$$
$$NaCl + NaHSO_4 \rightarrow HCl\uparrow + Na_2SO_4$$

Die größten Mengen HCl (Chlorwasserstoff) fallen als Nebenprodukt der Chlorierung organischer Verbindungen an.

Bedeutung: In der Technik wird Chlorwasserstoff u.a. zur Synthese von Vinylchlorid aus Acetylen eingesetzt. Salzsäure, die wäßrige Lösung des Chlorwasserstoffs, findet als billige starke Säure ausgedehnte Verwendung, z.B. für Neutralisationen, zur Darstellung von Metallchloriden und Ammoniumchlorid. Im Labor stellt sie das am häufigsten verwendete Reagenz dar.

Chloride sind in allen Körperflüssigkeiten enthalten. Im menschlichen Magen werden täglich 1 000 – 1 500 ml 0,1 mol/l HCl erzeugt, durch Puffersysteme bildet sich ein pH von 1,8 – 2,2 aus.

Allgemeine Eigenschaften: Die Löslichkeit von HCl ist abhängig von der Temperatur, vom HCl-Dampfdruck über der Lösung sowie von der Art und Konzentration der Lösungspartner. Leitet man bei Zimmertemperatur HCl unter einem Druck von 1 bar in Wasser, so lösen sich 64,2 g HCl in 100 g Wasser, d.h., es bildet sich 39,1%ige HCl. Ihre Dichte ist 1,195 g/cm³ bei 20 °C. Durch konz. H_2SO_4 kann man die Löslichkeit stark herabdrücken. Es entweicht daher beim Zutropfen von konz. H_2SO_4 zu konz. HCl gasförmiger Chlorwasserstoff (Darstellungsmöglichkeit für gasförmiges HCl!).

Erhitzt man konz. HCl, so destilliert hauptsächlich Chlorwasserstoff und wenig Wasser ab, bis die Konzentration der Lösung auf 20% gesunken ist. Erhitzt man umgekehrt verd. HCl, so entweicht hauptsächlich Wasser, bis die Säure wieder die

Fortsetzung

> gleiche Konzentration erhalten hat. 20%ige HCl siedet konstant bei 110 °C. Im Destillat erhält man dann die gleiche Konzentration. Ein solches konstant siedendes Gemisch, auch **azeotropes Gemisch** genannt, findet sich bei Säuren häufig:
>
> HNO_3: 69,2% bei 121,8 °C
>
> H_2SO_4: 98,3% bei 338 °C
>
> Die gewöhnliche konz. HCl ist meist etwa 36,5%ig, verd. HCl $\approx$ 7%ig mit $c_{HCl} = 2$ mol/l.
> Die Chloride sind fast alle in Wasser leicht löslich. Ausnahmen bilden $PbCl_2$, das in der Kälte schwer löslich ist, sowie AgCl, Hg_2Cl_2 (CuCl, TlCl und AuCl), die schwerlöslich sind.
> Chloride sind sehr verbreitet und finden sich daher häufig als Verunreinigungen in anderen Salzen. Darauf ist bei den späteren Analysen zu achten.

1. Darstellung von Chlorwasserstoff

$$NaCl + H_2SO_4 \rightarrow NaHSO_4 + HCl\uparrow$$

Einige Körnchen NaCl übergieße man im Reagenzglas mit einigen Tropfen konz. H_2SO_4 u. erwärme vorsichtig. Es entweicht farbloser, stechend riechender Chlorwasserstoff. Man halte über das Reagenzglas eine offene Flasche mit konz. Ammoniak. Es bilden sich weiße Nebel von Ammoniumchlorid:

$$NH_3 + HCl \rightarrow NH_4Cl$$

Zur Darstellung größerer Mengen von HCl s. S. 185.

2. Nachweis als AgCl

$$Cl^- + Ag^+ \rightarrow AgCl\downarrow$$

Man versetze verd. Lsgg. von HCl, NaCl, KCl, $BaCl_2$ mit $AgNO_3$-Lösung: weißer, käsiger Niederschlag von AgCl.
Beim Zugeben von verd. u. konz. Salpetersäure findet keine Auflösung statt. Man führe die gleiche Reaktion aus mit

a) $KClO_3$-Lösung: kein Niederschlag. Nur Chlor in der Oxidationsstufe $-$I gibt einen Niederschlag, der sich nicht in HNO_3 löst.
b) Na_2CO_3-Lösung: $\left.\right\}$ Niederschlag von weißem Ag_2CO_3 bzw. gelbem Ag_3PO_4, der
c) Na_2HPO_4-Lösung: sich im Gegensatz zu AgCl in HNO_3 löst.

Nur sehr wenige andere Anionen, und zwar hauptsächlich Bromid und Iodid, geben Niederschläge mit $AgNO_3$, die sich ebenfalls in HNO_3 nicht lösen. Bei Abwesenheit dieser kann man daher die Umsetzung mit $AgNO_3$ in salpetersaurer Lösung als Nachweis für Cl^- benutzen.

3. Nachweis als $[Ag(NH_3)_2]Cl$

$$AgCl + 2NH_3 \rightarrow [Ag(NH_3)_2]^+ + Cl^-$$

AgCl löst sich in Ammoniak. Es bildet sich ein Komplex (s. S. 123). Durch Säuren wird der Komplex zerstört:

$$[Ag(NH_3)_2]Cl + 2HNO_3 \rightarrow AgCl\downarrow + 2NH_4NO_3$$

Auch andere in Wasser schwerlösliche Silbersalze, wie Ag_2CO_3 oder Ag_3PO_4, geben eine analoge Reaktion und lösen sich daher in Ammoniak auf. Über die Auflösung von AgCl in konz. HCl siehe 2. S. 517.

Der AgCl-Niederschlag wird in Ammoniak gelöst. 1 Tropfen der Lsg. wird auf einem Objektträger eingedunstet u. unter dem Mikroskop untersucht (V: 150–200, vgl. Kristallaufnahme Nr. 29).

EG: 0,05 µg Cl^-

Störungen: I^- stört nicht, da AgI in Ammoniak schwerlösl. ist. Br^- stört nur in größeren Mengen, da AgBr ebenfalls, aber in geringerem Maße, von Ammoniak gelöst wird. Die dabei entstehenden AgBr-Kristalle sind aber bedeutend kleiner.

Für den Cl^--Nachweis bei Gegenwart von Bromid werden entweder die Br^--Ionen durch Oxidation mit konz. HNO_3 zu Br_2 entfernt und das dann gefällte AgCl mit 0,1 mol/l NaOH u. Formalin reduziert, oder AgCl wird mit $(NH_4)_2CO_3$-Lsg. von AgBr abgetrennt. SCN^-- und CN^--Ionen werden gleichfalls durch Kochen mit konz. HNO_3 zerstört.

4. Nachweis als Ag_2S mit $(NH_4)_2S_x$

$$2\,AgCl + S^{2-} \;\rightarrow\; Ag_2S\downarrow + 2\,Cl^-$$

Eine Probe des AgCl-Niederschlags versetze man mit einigen ml gelbem $(NH_4)_2S_x$ u. erhitze zum Sieden.

Es erfolgt Bildung von schwerlöslichem schwarzem Ag_2S, wobei das Cl^- in Lsg. geht.

Beim Ansäuern der Polysulfidlsg. wird das überschüssige $(NH_4)_2S_x$ unter Schwefelwasserstoffentwicklung zerstört. Man koche bis zu dessen Vertreibung u. filtriere den Niederschlag von Ag_2S u. Schwefel (aus dem Polysulfid) ab. Das Filtrat enthält Cl^-.

5. Nachweis durch Reduktion des AgCl zu metallischem Ag

a) Mit H_2SO_4 und Zn

$$2\,AgCl + Zn \;\rightarrow\; 2\,Ag\downarrow + Zn^{2+} + 2\,Cl^-$$

Der AgCl-Niederschlag wird mit 1 ml 2,5 mol/l H_2SO_4 u. einer kleinen Zn-Granalie bzw. einer Spatelspitze Zn-Pulver versetzt. Nach wenigen Min. ist die Reduktion zu metallischem Ag beendet, u. man trennt die übersehende, Cl^--Ionen enthaltende Lsg. vom Ag ab.

b) Mit NaOH und Formaldehyd

$$2\,AgCl + HCHO + 3\,OH^- \;\rightarrow\; 2\,Ag\downarrow + 2\,Cl^- + HCOO^- + 2\,H_2O$$

AgCl wird in alkalischer Lösung durch Formaldehyd reduziert.

Störung: AgBr reagiert unter gleichen Bedingungen nicht, sondern wird erst in stärker alkalischer Lösung langsam reduziert.

Der gewaschene AgCl-Niederschlag wird mit einer Mischung aus 10 Tropfen 0,1 mol/l NaOH und 1 Tropfen 35%ig. Formaldehyd in der Kälte geschüttelt. Nach der Reduktion zentrifugiert man das Ag ab u. prüft im Zentrifugat wie folgt auf Cl^--Ionen: Die Lsg. wird mit dem gleichen Volumen 16 mol/l HNO_3 versetzt u. einige Min. gekocht. Hierbei werden evtl. vorhandene Br^--, SCN^--, CN^--Ionen usw. oxidiert u. verflüchtigt. Nach erneutem Zusatz von 1 mol/l $AgNO_3$-Lsg. beweist ein weißer Niederschlag endgültig die Gegenwart von Cl^--Ionen.

6. Nachweis als Chromylchlorid

$$4\,Cl^- + Cr_2O_7^{2-} + 6\,H^+ \rightarrow 2\,CrO_2Cl_2\uparrow + 3\,H_2O$$

$$CrO_2Cl_2 + 4\,OH^- \rightarrow 2\,Cl^- + CrO_4^{2-} + 2\,H_2O$$

Etwas NaCl oder die auf Cl^- zu prüfende feste Substanz wird mit der gleichen Menge Kaliumdichromat verrieben, die Mischung in ein trockenes Reagenzglas überführt u. mit konz. H_2SO_4 übergossen. Dann wird mit einem Kork verschlossen, durch den ein Gasableitungsrohr führt. Letzteres taucht in ein Reagenzglas, das teilweise mit NaOH gefüllt ist. Man erhitze vorsichtig u. destilliere das entstehende r o t e Chromylchlorid ab. Es zersetzt sich mit Wasser bzw. NaOH in der Vorlage. Wenn im Destillat Chrom nachgewiesen werden kann (s. 5., S. 434), so ist Cl^- zugegen.

Zur Ausführung im Halbmikro-Maßstab werden $1-2$ mg der festen Substanz oder des zur Trockne eingedampften Sodaauszugs in der Mikrogaskammer, Abb. 4.7, S. 247, mit etwas gepulvertem $K_2Cr_2O_7$ u. 1 Tropfen konz. H_2SO_4 versetzt. Das Deckglas der Kammer wird mit verd. NaOH-Lsg. befeuchtet u. die verschlossene Kammer einige Min. erhitzt. Nach dem Abkühlen wird der NaOH-Tropfen mit Diphenylcarbazid (vgl. S. 633) geprüft. Eine V i o l e t t färbung zeigt CrO_4^{2-} u. damit indirekt Cl^- an.

EG: 0,3 µg Cl^-,   pD: 5,2

Störungen: F^- (Bildung von Chromylfluorid), I^- (Versagen der Reaktion bei Gegenwart größerer Mengen), NO_2^- u. NO_3^- (Bildung von NOCl) sowie größere Mengen Br^- stören. Die Störung durch Br^- (Oxidation des Diphenylcarbazids durch gebildetes freies Br_2) kann durch Zugabe von Phenol zu der Diphenylcarbazid-Lsg. (Bildung von Tribromphenol) vermieden werden.

AgCl u. Hg_2Cl_2 geben die Chromylchloridreaktion nicht.

7. Nachweis von Cl^- neben Br^- und I^- als $Ag_3[Fe(CN)_6]$

$$AgCl + 2\,NH_3 \rightarrow [Ag(NH_3)_2]^+ + Cl^-$$

$$3\,[Ag(NH_3)_2]^+ + [Fe(CN)_6]^{3-} \rightarrow Ag_3[Fe(CN)_6]\downarrow + 6\,NH_3$$

Der Niederschlag der Silberhalogenide (AgCl, AgBr u. AgI) wird filtriert, gründlich ausgewaschen und dann in Wasser suspendiert. Nun gibt man zu dieser Suspension in der Kälte 1 ml einer verd. $K_3[Fe(CN)_6]$-Lsg. und wenige Tropfen verd. (etwa 3%iges) Ammoniak. Bei Anwesenheit von Cl^- überzieht sich der Niederschlag mit einer b r a u n e n Schicht von $Ag_3[Fe(CN)_6]$, da unter diesen Bedingungen nur AgCl in Ammoniak lösl. ist.

Hypochlorige Säure und Hypochlorite

Darstellung: Wäßrige Lösungen der hypochlorigen Säure entstehen beim Einleiten von Chlor in Wasser:

$$Cl_2 + H_2O \rightleftharpoons HOCl + Cl^- + H^+$$

Dieses Gleichgewicht liegt weitgehend auf der linken Seite. Durch Herabsetzung der Cl^-- und H^+-Konzentration, z.B. durch Zugabe von HgO, wird es in Richtung der HOCl-Bildung verschoben:

$$2\,Cl_2 + H_2O + HgO \rightarrow 2\,HOCl + HgCl_2$$

Durch Einleiten von Chlor in Laugen entstehen Hypochlorite:

$$Cl_2 + 2\,OH^- \rightarrow Cl^- + OCl^- + H_2O$$

Fortsetzung

> Mit festem feuchtem $Ca(OH)_2$ bildet sich Calcium-hypochlorit-chlorid (Chlorkalk):
>
> $$Cl_2 + Ca(OH)_2 \rightarrow CaCl(OCl) + H_2O.$$
>
> **Bedeutung:** Hypochlorite als Lösung, seltener als Feststoff, finden ausgedehnte Verwendung als Bleich- und Desinfektionsmittel [Eau de Javelle (KClO), Eau de *Labarraque* (NaClO)].
>
> **Allgemeine Eigenschaften:** HOCl ist eine sehr schwache Säure, die nur in wäßriger Lösung bekannt ist. Wasserentzug liefert in reversibler Reaktion Cl_2O. HClO und ihre Salze sind starke Oxidationsmittel.

1. Bildung von NaOCl

Man gebe zu Chlorwasser tropfenweise bis zur Entfärbung Natronlauge. Der Geruch nach Chlor verschwindet. Säuert man wieder an, so tritt der Geruch nach Chlor wieder auf, weil sich das obige Gleichgewicht nach links verschiebt.

Zur Herstellung von Hypochloritlsg. leitet man Cl_2 bis zur Sättigung in Natronlauge ein.

2. Entwicklung von Cl_2 aus CaCl(OCl)

$$CaCl(OCl) + 2H^+ \rightarrow Ca^{2+} + Cl_2\uparrow + H_2O$$

Beim Ansäuern von Chlorkalk entwickelt sich Cl_2, das an der grünlichen Farbe u. dem stechenden Geruch erkannt wird.

Diese Reaktion dient häufig dazu, Cl_2 im Laboratorium auf bequeme Weise herzustellen, indem man in einem *Kipp*schen Apparat (s. S. 181) auf Chlorkalkstücke HCl einwirken läßt.

3. O_2-Entwicklung aus CaCl(OCl)

$$2CaCl(OCl) \rightarrow 2CaCl_2 + O_2\uparrow$$

Man vermische etwas Chorkalkbrei mit Kupfer- oder Nickeloxid u. erwärme schwach. Es entwickelt sich O_2, das durch Entflammung eines glühenden Spans nachgewiesen wird. CuO, NiO u. a. Oxide bewirken katalytische Zersetzung.

4. AgNO₃

$$3ClO^- + 2Ag^+ \rightarrow ClO_3^- + 2AgCl\downarrow$$

Allmähliche Fällung von weißem AgCl, da ClO^- bei Gegenwart von Ag^+ disproportioniert.

5. Nachweis durch Oxidation von Indigolösung

Hypochlorite sind auch in neutraler Lsg. starke Oxidationsmittel. Man versetze NaOCl-Lsg. mit $NaHCO_3$ u. tropfenweise mit Indigolösung. Bei Zimmertemperatur wird Indigo durch Oxidation gelb. Unterschied zu Chlorat, das nur in saurer Lsg. eine Gelbfärbung hervorruft.

Störungen: In alkalischer Lsg. schlägt die Farbe des Indigo auch bei Abwesenheit eines Oxidationsmittels in Gelb um. Zum Unterschied von obigem Versuch tritt aber beim Ansäuern der blaue Farbton wieder auf.

6. Nachweis durch Oxidation von I⁻

$$ClO^- + 2I^- + 2HCO_3^- \rightarrow I_2 + Cl^- + H_2O + 2CO_3^{2-}.$$

Aus KI scheiden Hypochlorite sowohl in saurer als auch in hydrogencarbonathaltiger Lösung Iod aus.

Das I_2 färbt die Lsg. b r a u n. Setzt man einige Tropfen Stärkelsg. hinzu, so wird die Lsg. durch Bildung einer Einschluß-Verbindung (s. S. 138) zwischen der kolloidalen Stärke und dem I_2 t i e f b l a u gefärbt.

Störungen: Auch hier darf man nicht in alkalischer Lsg. arbeiten, da sonst I_2 in gleicher Weise wie Cl_2 in $IO^- + I^-$ disproportioniert (s. S. 286).

7. Nachweis als (HgCl)₂O

$$2HOCl + 2Hg \rightarrow (HgCl)_2O\downarrow + H_2O$$

Hg wird von freier HOCl zu b r a u n e m, basischem Chlorid oxidiert. $(HgCl)_2O$ ist in verd. HCl löslich, man muß daher in verd. schwefelsaurer Lsg. arbeiten.

Unterschied zu freiem Cl_2, das mit Quecksilber w e i ß e s Hg_2Cl_2 gibt. Dieses ist in verd. HCl schwerlöslich.

8. Nachweis durch Oxidation von Pb²⁺

$$ClO^- + Pb^{2+} + H_2O \rightarrow PbO_2\downarrow + Cl^- + 2H^+$$

Pb^{2+}-Ionen werden durch Hypochlorit zu PbO_2 oxidiert.

Aus der neutralen Lsg. werden alle bleifällenden Anionen mit Barium- u. Cadmiumacetatlsg. entfernt u. einige Tropfen des mit CH_3COOH angesäuerten Filtrats mit 3–4 Tropfen Bleiacetat-Lsg. versetzt u. kurz aufgekocht. Ein b r a u n e r Niederschlag, der sich oft erst nach einigen Min. bildet, zeigt ClO^- an.

Chlorsäure und Chlorate

Darstellung: $NaClO_3$ wird durch anodische Oxidation von NaCl-Lösungen in Zellen ohne Diaphragma gewonnen. Umsetzung von $NaClO_3$ mit KCl liefert $KClO_3$. Darstellung von $KClO_3$ s. S. 210. Verdünnte Lösungen der freien Säure gewinnt man aus ihren Salzen, z. B. aus $Ba(ClO_3)_2$ mit H_2SO_4.

Bedeutung: $NaClO_3$ dient als Unkrautbekämpfungsmittel, größtenteils aber in der Zelluloseindustrie zur Gewinnung von ClO_2, das hier als Bleichmittel dem Cl_2 vorzuziehen ist. Ferner ist es Zwischenprodukt für die Perchloratherstellung. $KClO_3$ wird zur Herstellung von Streichhölzern, Feuerwerkskörpern, Spreng- und Raketentreibstoffen verwendet.

Allgemeine Eigenschaften: Die freie Chlorsäure ist nur in wäßriger Lösung bekannt. In konzentrierter Lösung, z. B. bei der Einwirkung von konz. H_2SO_4 auf $KClO_3$, disproportioniert $HClO_3$ sehr leicht:

$$3HClO_3 \rightarrow 2ClO_2 + HClO_4 + H_2O$$

Das gebildete Chlordioxid zerfällt explosionsartig weiter:

$$2ClO_2 \rightarrow Cl_2 + 2O_2$$

Fortsetzung

> Die freie Säure $HClO_3$ und ClO_2 wirken stark oxidierend. **Mit organischen Substanzen kann diese Reaktion explosionsartig verlaufen (Vorsicht!).** Da sämtliche Chlorate wasserlöslich sind, gibt es keine spezifische Fällungsreaktion für ClO_3^-. Zur Identifizierung benutzt man einmal die AgCl-Reaktion (s. S. 270) nach Reduktion von ClO_3^- zu Cl^- (s. 7., S. 276). Ferner kann man die Oxidationswirkung der Chlorsäure zum Nachweis heranziehen. Diese Reaktionen sind aber nicht spezifisch, da z.B. auch $S_2O_8^{2-}$, BrO_3^-, IO_3^-, Periodat u.a. gleichartig reagieren.

Für die nachstehenden Reaktionen verwende man festes $KClO_3$ in kleinen Mengen (Explosionsgefahr!), eine verdünnte Lösung von $KClO_3$ oder die entsprechend vorbereitete Analysenlösung.

1. Disproportionierung von $KClO_3$

$$4\,KClO_3 \;\rightarrow\; KCl + 3\,KClO_4 \qquad -4\cdot 35{,}1\;kJ$$

$$KClO_4 \;\rightarrow\; KCl + 2\,O_2\uparrow \qquad -4{,}1\;kJ$$

$$2\,KClO_3 \;\rightarrow\; 2\,KCl + 3\,O_2\uparrow \qquad -2\cdot 38{,}1\;kJ$$

Man erhitze etwas reines $KClO_3$ langsam und vorsichtig (Schutzbrille!) in einem sauberen trockenen Reagenzglas. Es schmilzt ohne starke Sauerstoffentwicklung. Dafür tritt aber Disproportionierung ein. Bei höherem Erhitzen entstehen KCl und O_2. Dagegen bilden sich bei Gegenwart von MnO_2 als Katalysator sofort KCl und O_2, daneben entstehen Cl_2 und ClO_2.

2. $AgNO_3$

In wäßriger Lsg. kein Niederschlag mit ClO_3^-. Unterschied zu Cl^-.

3. Konz. HCl

$$ClO_3^- + 5\,Cl^- + 6\,H^+ \;\rightarrow\; 3\,Cl_2\uparrow + 3\,H_2O$$

Mit Chlorat-Lsg. Cl_2-Entwicklung durch Synproportionierung.

4. KI

$$ClO_3^- + 6\,I^- + 6\,H^+ \;\rightarrow\; 3\,I_2 + Cl^- + 3\,H_2O$$

In saurer Lsg. ist ClO_3^- ein starkes Oxidationsmittel. So wird aus KI-Lsg. Iod ausgeschieden. Ebenso wird Indigo gelb gefärbt. Diese Reaktionen treten nicht in neutralen Lsgg. ein. Unterschied von ClO^- (s. S. 273).

5. Nachweis als ClO_2

$$6\,KClO_3 + 3\,H_2SO_4 \;\rightarrow\; 3\,K_2SO_4 + 4\,ClO_2\uparrow + 2\,HClO_4 + 2\,H_2O$$

$$4\,ClO_2 \;\rightarrow\; 2\,Cl_2 + 4\,O_2$$

Einige Körnchen $KClO_3$ werden im Reagenzglas mit wenig konz. H_2SO_4 übergossen. Es bildet sich Chlordioxid, ClO_2, ein gelbes, höchst explosives Gas. Erwärmt man den oberen Teil des Reagenzglases sehr vorsichtig, so tritt Explosion durch Zerfall des ClO_2 auf. Empfindliche Vorprobe auf Chlorat!

Bei Anwesenheit organischer Substanzen verbrennen diese äußerst heftig (Vorsicht! Schutzbrille!)

6. Nachweis durch Reduktion zu Cl^-

$$ClO_3^- + 3 NO_2^- \rightarrow Cl^- + 3 NO_3^-$$

Durch Reduktionsmittel wie SO_3^{2-}, NO_2^-, Fe^{2+}, Sn^{2+}, $H_{nasc.}$, unedle Metalle, wie Zn und Fe, wird ClO_3^- leicht zu Cl^- reduziert. Diese Reaktionen, vor allem die Reduktion mit SO_3^{2-} und NO_2^-, dienen zum Nachweis von ClO_3^-.

10 Tropfen des mit HNO_3 angesäuerten Sodaauszugs werden mit 1 mol/l $AgNO_3$ versetzt wie bei Reaktion 2., S. 270, sämtliche Halogenide quantitativ ausgefällt u. zentrifugiert. Das salpetersaure, Ag^+-Ionen im Überschuß enthaltende Zentrifugat wird mit 3 Tropfen 2,5 mol/l HNO_3, 1 Tropfen 1 mol/l $AgNO_3$ u. 2 Tropfen 5 mol/l KNO_2 versetzt u. im Wasserbad erwärmt. Ein erneut gebildeter AgCl-Niederschlag (Identifizierung am besten als AgCl-Kristalle, s. Kristallaufnahme Nr. 29) deutet auf ClO_3^- hin. Die Vollständigkeit der Reduktion wird durch Zusatz von 1 Tropfen 1 mol/l $AgNO_3$ u. 1 Tropfen 5 mol/l KNO_2 überprüft. Nach dem Zentrifugieren kann im Zentrifugat noch auf ClO_4^- geprüft werden (vgl. S. 278).

7. Nachweis als $[Mn(PO_4)_2]^{3-}$

$$ClO_3^- + 6 Mn^{2+} + 12 PO_4^{3-} + 6 H^+ \rightarrow 6 [Mn(PO_4)_2]^{3-} + Cl^- + 3 H_2O$$

Chlorate reagieren in stark phosphorsaurer Lösung mit $MnSO_4$ in der Wärme unter Bildung des violetten komplexen Anions $[Mn(PO_4)_2]^{3-}$. Bei sehr kleinen Mn-Mengen kann eine stärkere Violettfärbung durch Zugabe von Diphenylcarbazidlösung und die aus diesem entstehenden Oxidationsprodukte erhalten werden.

1 Tropfen der Probelsg. wird in einer Porzellanschale mit 1 Tropfen Reagenz-Lsg. versetzt, kurz erhitzt u. abgekühlt. Eine Violettfärbung zeigt ClO_3^- an. Zur Intensivierung sehr schwacher Färbungen wird 1 Tropfen einer 1%igen alkoholischen Lsg. von Diphenylcarbazid zugegeben. Intensive Violettfärbung.

EG: 0,05 µg ClO_3^-,   pD: 6,0

Störungen: NO_2^-, NO_3^-, $S_2O_8^{2-}$, BrO_3^-, IO_3^- und Periodat geben ähnliche Reaktionen und müssen daher abwesend sein.

Reagenz: Gesättigte wäßrige $MnSO_4$-Lsg. u. H_3PO_4 (D. 1,7) 1:1.

Perchlorsäure und Perchlorate

Darstellung: Natriumperchlorat wird technisch durch anodische Oxidation von $NaClO_3$ hergestellt. Umsetzung mit NH_4Cl oder KCl liefert Ammonium- bzw. Kaliumperchlorat. Darstellung von $KClO_4$ s. S. 211. Freie $HClO_4$ gewinnt man durch anodische Oxidation von Cl_2, gelöst in verdünnter $HClO_4$. Darstellbar ist sie

Fortsetzung

aus $Ba(ClO_4)_2$ und H_2SO_4 oder aus $NaClO_4$ und konz. HCl. Von $BaSO_4$ bzw. NaCl wird abfiltriert und die Lösung eingedampft.

Bedeutung: Wie die Chlorate dienen die Perchlorate als Unkrautbekämpfungsmittel sowie als Sauerstoffträger in Spreng- und Raketentreibstoffen.

Allgemeine Eigenschaften: $HClO_4$ ist wesentlich stabiler als die vorgenannten Säuren des Chlors. Bei 203 °C destilliert ein konstant siedendes Gemisch. Es ist eine ölige Flüssigkeit wie konz. H_2SO_4. Die wasserfreie Säure erhält man daraus durch Vakuumdestillation unter Zusatz wasserentziehender Mittel, z.B. $Mg(ClO_4)_2$. Sie kann sich explosionsartig zersetzen, und das Arbeiten mit ihr ist daher sehr gefährlich. Die wäßrige Lösung ist dagegen stabil und ungefährlich. $HClO_4$ ist eine der stärksten Säuren.

Von den Perchloraten sind nur die des K^+, Rb^+, Cs^+ sowie Tl^+ in Wasser schwerlöslich. Alle anderen, auch das $NaClO_4$, sind leichtlöslich. Perchlorsäure benutzt man daher zur Trennung und Bestimmung der Alkaliionen.

ClO_4^- ist eine nur schwache Lewisbase, so daß es nur in Ausnahmefällen als Ligand in Komplexen fungiert. Untersuchungen von Komplexen werden daher oft in $HClO_4$-Lösung vorgenommen. **Perchlorate bilden mit oxidierbaren Substanzen explosive Gemische!**

Für die nachstehenden Reaktionen verwende man eine verdünnte $HClO_4$-Lösung bzw. die entsprechend vorbereitete Analysenlösung.

1. Ag^+, Ba^{2+}

Es tritt kein Niederschlag auf.

2. KI

Keine Oxidation durch $HClO_4$ zu I_2.

3. Nachweis als $KClO_4$

In der Kälte bildet sich mit gesättigter KNO_3-Lsg. ein weißer Niederschlag von $KClO_4$ (vgl. S. 379).

4. Nachweis durch Bildung von $RbClO_4$-$RbMnO_4$-Mischkristallen

$$ClO_4^- + MnO_4^- + 2Rb^+ \rightarrow RbClO_4 \cdot RbMnO_4\downarrow$$

Es bilden sich schwerlösliche rhombische Mischkristalle, die je nach der Menge des eingebauten MnO_4^- blaßrosa bis rubinrot sind.

Man versetzt 1 Tropfen der konz. neutralen oder schwach essigsauren Probelsg. auf dem Objektträger mit 1–2 Tropfen 0,01 mol/l $KMnO_4$-Lsg. u. einem kleinen Kristall RbCl oder $RbNO_3$. Bei Gegenwart von ClO_4^- bilden sich entweder sofort oder bei vorsichtigem Eindampfen hellrosa bis rote Rhomben (vgl. Kristallaufnahme Nr. 27).

ClO_4^- bildet unter analogen Bedingungen auch mit K^+ u. MnO_4^- weinrote Mischkristalle von $KClO_4 - KMnO_4$, die gleichfalls zur Identifizierung von ClO_4^- herangezogen werden können. Die Empfindlichkeit dieses Nachw. ist jedoch infolge der größeren Löslichkeit von $KClO_4$ geringer.

Störungen: Da sämtliche Ionen stören, die MnO_4^- reduzieren, muß die Probelösung gegebenenfalls vor der Prüfung auf ClO_4^- mit konz. HNO_3 zur Trockne eingedampft werden.

5. Nachweis durch Reduktion zu Cl⁻

Im Unterschied zu ClO_3^- wird ClO_4^- durch die gewöhnlichen Reduktionsmittel, wie SO_3^{2-}, Sn^{2+} und $H_{nasc.}$, nicht reduziert. In wäßriger Lösung gelingt die Reduktion nur mit $Fe(OH)_2$ in neutralem bis schwach alkalischem Medium oder mit Ti^{3+} in saurer Lösung.

$$ClO_4^- + 8\,Fe(OH)_2 + 4\,H_2O \;\rightarrow\; Cl^- + 8\,Fe(OH)_3$$

Zur Reduktion mit $Fe(OH)_2$ versetzt man eine verd. ClO_4^--Lsg. mit einigen ml einer $FeSO_4$-Lsg., der man eine zur vollständigen Fällung nicht ausreichende Menge NaOH hinzugefügt hat. Man erhitzt nun einige Zeit zum Sieden, filtriert den Niederschlag ab u. säuert mit konz. HNO_3 an. Beim Versetzen mit $AgNO_3$-Lsg. tritt ein w e i ß e r Niederschlag von AgCl auf.

$$ClO_4^- + 8\,Ti^{3+} + 8\,H^+ \;\rightarrow\; Cl^- + 8\,Ti^{4+} + 4\,H_2O$$

Zur Reduktion durch Ti^{3+} versetzt man in einem Bechergläschen eine verd. ClO_4^--Lsg. mit einem Viertel ihres Volumens konz. H_2SO_4 und 1 ml einer nicht zu konz. Ti(IV)-Sulfatlösung. Nun erhitzt man zum Sieden und setzt in kleinen Anteilen Eisenpulver oder Zinkschnitzel (Blindprobe auf Cl⁻!) hinzu, ohne das Sieden zu unterbrechen. Dadurch wird das Ti(IV) zu Ti(III) reduziert, das wiederum ClO_4^- in Cl⁻ überführt.

Nach 30–40 min sind die Reaktionen beendet. Man zentrifugiert ab u. oxidiert das überschüssige Fe^{2+} bzw. Ti^{3+} vorsichtig mit einigen Tropfen konz. HNO_3 u. weist mit Ag^+ das gebildete Cl⁻ nach. Bester Nachweis für ClO_4^-.

6. Nachweis als AgCl durch Verglühen

$$NaClO_4 \;\rightarrow\; NaCl + 2\,O_2\!\uparrow$$

Etwa 10 Tropfen des Sodaauszugs werden mit HNO_3 angesäuert und zunächst zur Reduktion von ClO_3^- mit KNO_2 (vgl. S. 276) versetzt. Dann wird 1 mol/l $AgNO_3$ im Überschuß zugegeben, zentrifugiert und das Zentrifugat mit 2 mol/l Na_2CO_3 bis zur alkalischen Reaktion versetzt u. im Wasserbad erwärmt. Hierbei fällt überschüssiges Ag^+ als Ag_2O aus, wobei evtl. vorhandenes kolloidales Ag-Halogenid mitgefällt wird. Nach dem Zentrifugieren wird das klare Zentrifugat (pH $\approx$ 9) in einem weiten Mikrotiegel zur Trockne eingedampft und der Rückstand über dem Brenner geglüht. Das beim Glühen entstehende Cl⁻ wird in H_2O gelöst, mit HNO_3 angesäuert und als AgCl identifiziert (vgl. S. 270).

Trennung und Nachweis von Cl_2, Cl⁻, ClO⁻, ClO_3^-, ClO_4^- und NO_3^-

(S. dazu auch Tabelle 5.22, 5.23 und 5.24; S. 595ff.)

Cl_2 macht sich bereits durch den Geruch bemerkbar. Außerdem wird ein über die Lösung gehaltenes Filterpapier, das mit KI-Stärke getränkt ist, b l a u gefärbt. Schließlich kann man Cl_2 auch noch nachweisen, indem man die klare, ganz schwach mit H_2SO_4 angesäuerte Lösung mit metallischem Quecksilber schüttelt. Bei Anwesenheit von Cl_2 entsteht w e i ß e s Hg_2Cl_2, das sich nach der Filtration im Gegensatz zu dem durch ClO⁻ gebildeten b r a u n e n Hg_2Cl_2O nicht in H_2SO_4 löst (s. 7., S. 274).

Der Nachweis von Cl^- mit Ag^+ wird durch ClO^- gestört. Man entferne es daher, wie oben beschrieben, durch Schütteln mit metallischem Quecksilber. Den Endpunkt der Reaktion erkennt man daran, daß ein Tropfen der Lösung KI-Stärkepapier nicht mehr blau färbt. Nun filtriert man und prüft wie üblich auf Cl^- (s. 3., 4., 5., 6. und 7., S. 270–272).

ClO^- ist daran zu erkennen, daß die Substanz schon mit sehr verd. HCl Chlor entwickelt. Außerdem macht der neutralisierte Sodaauszug aus KI-Lösung Iod frei, bläut dementsprechend KI-Stärkepapier, ebenso wird Indigolösung ge lb gefärbt. Die Lösung darf weder alkalisch noch sauer sein!

Daneben kann ClO^- mit Quecksilber und Bleiacetat nachgewiesen werden (s. 7. und 8., S. 274).

Als Vorprobe auf ClO_3^- dient die Reaktion mit konz. H_2SO_4 (5., S. 275). Zum Nachweis muß man vorher Cl^- und ClO^- entfernen. Dazu wird aus der Lösung (Sodaauszug) zunächst mit Quecksilber das ClO^- entfernt. Dann wird mit verd. H_2SO_4 angesäuert und mit Ag_2SO_4-Lösung (nicht mit $AgNO_3$) so lange versetzt, bis kein weiterer Niederschlag entsteht. Man vermeide einen größeren Überschuß. Nach der Filtration reduziert man das ClO_3^- zu Cl^- (6., S. 276). Ist später kein ClO_4^- mehr nachzuweisen, so kann man die Reduktion mit H_2SO_3 vornehmen. Da man Ag^+ schon zugegeben hat, entsteht bei Anwesenheit von ClO_3^- ein weißer Niederschlag von AgCl. Man achte darauf, daß sich der Niederschlag beim Aufkochen nicht in verd. HNO_3 löst, denn SO_3^{2-} gibt mit Ag^+ auch eine we iße Fällung, die in kalter HNO_3 schwer löslich ist. Sofern keine störenden Anionen (vgl. 7., S. 276) vorhanden sind, kann ClO_3^- mit Mangansulfat und Phosphorsäure nachgewiesen werden.

Hat man noch auf ClO_4^- zu prüfen, so ist es praktischer, die Reduktion mit Zinkschnitzeln in verd. H_2SO_4-Lösung vorzunehmen. Dabei wird außerdem Ag^+ in Metall übergeführt, so daß nach der Reduktion, die in etwa 10 Minuten beendet ist, wieder Ag^+ zum Nachweis zugesetzt werden muß. Man fällt mit einem kleinen Überschuß von Ag_2SO_4 und bestimmt im Zentrifugat ClO_4^-.

Das Zentrifugat wird mit verd. $FeSO_4$-Lösung und 2 mol/l NaOH versetzt und längere Zeit erhitzt. Nach Abtrennen und Ansäuern wird auf Cl^- geprüft, dessen Anwesenheit unter der Voraussetzung, daß man vorher alles ClO_3^- reduziert und als AgCl gefällt hat sowie auch sonst Cl^--frei gearbeitet hat, das Vorhandensein von ClO_4^- beweist (vgl. 5., S. 278).

Daneben zieht man zum Nachweis von ClO_4^- die Reaktionen 4., S. 277, 6., S. 278 sowie die Reduktion mit Ti^{3+} nach 5., S. 278, heran.

Der Nitratnachweis mit $FeSO_4$ (vgl. 3., S. 331) wird durch ClO_3^- gestört, da Fe^{2+} durch ClO_3^- leicht oxidiert und außerdem an der Berührungsfläche zwischen konz. H_2SO_4 und der Analysenlösung gelbes ClO_2 gebildet wird. Es ist daher praktisch, das NO_3^- durch Erwärmen des mit NaOH versetzten Sodaauszugs mit Devardascher Legierung zu Ammoniak zu reduzieren (s. 4., S. 331). Selbstverständlich müssen vorher die Ammoniumsalze durch Erhitzen mit NaOH entfernt werden. NH_3 weist man wie üblich nach (s. 6., S. 383).

4.2.2.3 Brom   Br, Z: 35, RAM: 79,904, $4s^2\,4p^5$

Häufigkeit: $6 \cdot 10^{-4}$ Gew.-%. Smp.: $-8,25\,°C$, Sdp.: $58,2\,°C$, D_{20}: $3,14\,g/cm^3$ (Br_2), wichtigste Oxidationsstufen: $-I$, $+I$, $+III$, $+V$, $+VII$, Ionenradius r_{Br^-}: 195 pm. Standardpotential: $Br_2 + 2e^- \rightleftharpoons 2\,Br^-$. $E^0 = +1,065\,V$.

Vorkommen: Bromid, ein steter Begleiter von Chloriden, ist zu 0,07 g/l im Meerwasser, zu 4 g/l im Toten Meer und in natürlichen Salzsolen (Arkansas, USA) sowie als Verunreinigung in Abraumsalzen, z. B. Carnallit (s. S. 377), enthalten. Die Carnallit-Endlauge enthält über $6\,g/l\,Br^-$.

Darstellung: Durch Einleiten von Cl_2 in die erhitzte schwach angesäuerte bromidhaltige Salzlösung wird Br_2 freigesetzt und mit Dampf ausgetrieben.

Bedeutung: Brom wird mit Wasserstoff zu HBr (s. unten) verbrannt. In einigen organischen Verbindungen ist Brom als Substituent enthalten, z. B. in Farbstoffen wie Eosin und bromierten Anthrachinonen, in Tränengas (Bromacetophenon), in Flammschutzmitteln und Pflanzenschutzwirkstoffen. Ethylendibromid wird dem Antiklopfmittel $Pb(C_2H_5)_4$ zugesetzt, um einen Niederschlag von elementarem Pb im Motorzylinder zu verhindern; $PbBr_2$ ist flüchtig und entweicht mit den Auspuffgasen. KBr, NH_4Br, Bromural, Adalin und andere Brompräparate dienen als nervenberuhigende und schlafbringende Mittel.

Br_2 wird in der Analyse zum oxidierenden Aufschluß verwendet.

Allgemeine Eigenschaften: Brom ist das einzige unter Normalbedingungen flüssige Nichtmetall. Chemisch ähnelt es dem Chlor, ist jedoch etwas weniger reaktionsfähig. In Wasser ist Br_2 nur wenig löslich. Dagegen löst es sich wesentlich leichter in Br^--Lösung unter Bildung von Br_3^-. In vielen organischen Lösungsmitteln (Alkohol, Chloroform, Kohlenstofftetrachlorid, Kohlenstoffdisulfid) löst es sich leicht auf. **Elementares Brom führt zu schmerzhaften Wunden auf der Haut.** Als Gegenmittel für lokale Verätzungen dient Natriumthiosulfat. Bei inneren Schäden sollen Ethanoldämpfe eingeatmet werden. Der MAK-Wert beträgt $0,7\,mg/cm^3$.

Bromwasserstoffsäure und Bromide

Darstellung: Außer aus den Elementen wird HBr als Nebenprodukt bei der Bromierung organischer Verbindungen gewonnen. Präparativ kann HBr aus Bromiden nur mit einer nichtoxidierenden, schwerflüchtigen Säure, z. B. H_3PO_4, in Freiheit gesetzt werden; mit konz. H_2SO_4 erfolgt Oxidation zu Br_2. Eine wäßrige Lösung von HBr erhält man weiterhin nach:

$$H_2S + Br_2 \rightarrow 2\,HBr + S\downarrow$$

Bedeutung: Aus HBr werden vor allem Bromide hergestellt, z. B. NaBr, KBr, LiBr, $CaBr_2$, $ZnBr_2$. Für die Photographie werden lichtempfindliche Emulsionen von AgBr in Gelatine eingesetzt. KBr dient als Entwicklerzusatz, $HgBr_2$ als Schwärzungsverstärker.

Allgemeine Eigenschaften: HBr ist ein stechend riechendes Gas, das sich leicht in Wasser löst und eine starke Säure bildet. Die wäßrige Lösung wird durch Luftsauerstoff langsam oxidiert, wodurch Gelbfärbung eintritt.

AgBr, Hg_2Br_2, TlBr, $PbBr_2$ sind schwerlöslich, alle anderen Bromide in Wasser leichtlöslich.

Für die nachstehenden Reaktionen verwende man eine Lösung von KBr oder die entsprechend vorbereitete Analysenlösung.

1. Konz. H$_2$SO$_4$

$$2\,HBr + H_2SO_4 \;\rightarrow\; Br_2\uparrow + SO_2 + 2\,H_2O$$

In einem kleinen Reagenzglas erhitzt man einige Körnchen KBr mit konz. H$_2$SO$_4$. Neben der Entwicklung von HBr entstehen b r a u n e Dämpfe.

K$_2$Cr$_2$O$_7$ und konz. H$_2$SO$_4$ geben mit Br$^-$ nur Br$_2$ und keine flüchtige Chromylverbindung.

2. Nachweis als AgBr

$$Br^- + Ag^+ \;\rightarrow\; AgBr\downarrow$$

Käsiger, schwach g e l b e r Niederschlag von AgBr, der in HNO$_3$ schwerlöslich ist. In konz. Ammoniak, KCN und Na$_2$S$_2$O$_3$ ist er jedoch unter Komplexbildung (s. S. 112) löslich. Bei Behandlung des Niederschlags mit (NH$_4$)$_2$S in der Wärme bildet sich Ag$_2$S, während Br$^-$ frei wird.

3. Nachweis mit Chlorwasser

$$2\,Br^- + Cl_2 \;\rightarrow\; Br_2 + 2\,Cl^-$$
$$Br_2 + Cl_2 \quad\;\rightarrow\; 2\,BrCl$$

Man versetze die mit verd. H$_2$SO$_4$ angesäuerte und mit CHCl$_3$ unterschichtete Lsg. tropfenweise mit Chlorwasser. Es tritt Braunfärbung der organischen Phase auf. Bei weiterer Zugabe von Chlorwasser schlägt die Farbe unter Bildung von Bromchlorid in Gelb um (Weiteres s. S. 284).

4. Nachweis mit anderen Oxidationsmitteln

Neben Cl$_2$-Wasser und konz. H$_2$SO$_4$ machen auch andere Oxidationsmittel in saurer Lösung aus Bromiden Br$_2$ frei, z.B. K$_2$Cr$_2$O$_7$, KMnO$_4$, MnO$_2$ oder PbO$_2$. Die Oxidation erfolgt meist erst in der Wärme. In essigsaurer Lsg. oxidiert KMnO$_4$ nur Br$^-$, jedoch nicht Cl$^-$.

5. Nachweis durch Bildung von Eosin (s. S. 646)

Bromsauerstoffsäuren

Brom bildet neben den nur in alkalischer Lösung beständigen Bromitionen, BrO$_2^-$, folgende Sauerstoffsäuren:

HBrO   hypobromige Säure,

HBrO$_3$ Bromsäure,

HBrO$_4$ Perbromsäure.

Hypobromige Säure existiert nur als verdünnte wäßrige Lösung, die sich schon bei Raumtemperatur zersetzt. Brom- und Perbromsäure sind nicht wasserfrei darstellbar.

1. Bildung von BrO$^-$ und BrO$_3^-$

$$Br_2 + 2OH^- \rightleftharpoons BrO^- + Br^- + H_2O$$

Man löse etwas Brom in Natronlauge auf. Unter Bildung von Hypobromit entfärbt sich die Lösung. Beim Ansäuern verläuft die Reaktion wie beim Chlor nach links. BrO$^-$ disproportioniert in der Hitze

$$3BrO^- \rightarrow BrO_3^- + 2Br^-$$

2. AgNO$_3$

In Bromatlösungen entsteht nur in konz. Lsg. ein Niederschlag von we i ß em AgBrO$_3$, der in warmem Wasser, Ammoniak, konz. Ammoniumcarbonatlsg. und nicht zu verd. HNO$_3$ löslich ist.

3. BaCl$_2$

Aus konz. Bromatlösungen fällt ein weißer Niederschlag von Ba(BrO$_3$)$_2$, der in starken Säuren löslich ist.

4. Reduktionsmittel

$$2BrO_3^- + 5SO_2 + 4H_2O \rightarrow Br_2 + 5SO_4^{2-} + 8H^+$$
$$Br_2 + SO_2 + 2H_2O \rightarrow 2Br^- + SO_4^{2-} + 4H^+$$

H$_2$S, H$_2$SO$_3$, HI, H$_{nasc.}$ u.a. Reduktionsmittel überführen BrO$_3^-$ leicht zunächst zum Element, dann zu Br$^-$.

Diese Reaktionen können zum Nachweis von Bromat benutzt werden.

5. Nachweis von BrO$_3^-$ mit MnSO$_4$ und H$_2$SO$_4$

Bromate geben mit MnSO$_4$ und H$_2$SO$_4$ eine R o t färbung, die bei Raumtemperatur allmählich, schneller beim Kochen oder bei Zugabe von Alkaliacetat verblaßt, wobei sich ein b r a u n e r Niederschlag von wasserhaltigem Mangan(IV)-oxidhydrat bildet. Die R o t färbung beruht auf der Bildung von Mangan(III)-sulfat.

Einige Tropfen der neutralen oder H$_2$SO$_4$-sauren Probelsg. werden in einem Zentrifugenglas mit etwa dem gleichen Volumen 2%iger MnSO$_4$-Lsg., die mit H$_2$SO$_4$ angesäuert ist, versetzt. Bei Gegenwart von BrO$_3^-$ tritt beim vorsichtigen Erwärmen im Wasserbad eine vorübergehende R o t färbung auf, die nach Zugabe von Na-Acetat u. Aufkochen in eine Braunfärbung übergeht. Nach dem Zentrifugieren ist der b r a u n e Niederschlag von Mangan(IV)-oxidhydrat gut zu erkennen.

Störungen: Chlorate und Iodate geben unter gleichen Bedingungen weder eine Rotfärbung noch einen Niederschlag.

6. Nachweis von BrO$_3^-$ mit fuchsinschwefliger Säure

Mit H$_2$SO$_3$ entfärbte Fuchsinlösung gibt mit Bromaten eine charakteristische violette Farbe (Bildung eines bromhaltigen Farbstoffes).

2–3 Tropfen der neutralen Probelsg. werden auf der Tüpfelplatte mit einigen Tropfen der Reagenzlsg. versetzt. Das sofortige Auftreten einer b l a u v i o l e t t e n Färbung zeigt BrO$_3^-$ an.

Störungen: Chlorate geben die gleiche Reaktion, jedoch erfolgt die Bildung des Farbstoffes langsamer als beim Bromat. Bei Gegenwart von Iodaten wird die Färbung durch ausgeschiedenes I$_2$ überdeckt. Letzteres kann jedoch mit CHCl$_3$ ausgeschüttelt werden.

Reagenz: 0,05%ige wäßrige Fuchsinlösung, die bis zur Entfärbung mit H$_2$SO$_3$ versetzt wird.

4.2.2.4 Iod I, Z: 53, RAM: 126,9045, $5s^2\,5p^5$

Häufigkeit: $6 \cdot 10^{-6}$ Gew.-%. Smp.: 113,6 °C (I_2). Sdp.: 182,8 °C (I_2). D_{25}: 4,93 g/cm³ (I_2). Wichtige Oxidationsstufen: $-I$, $+I$, $+III$, $+V$, $+VII$. Ionenradius r_{I^-}: 216 pm. Standardpotential: $I_2 + 2e^- \rightleftharpoons 2I^-$. $E^0 = +0{,}536$ V.
Vorkommen: $Ca(IO_3)_2$ und teilweise $NaIO_3$ sind im Chilesalpeter, dem technisch wichtigsten Vorkommen, enthalten. Die Restlaugen der Salpeterkristallisation enthalten bis zu 9 g $NaIO_3$ pro Liter. Geringe Iodidmengen kommen in Salzsolen vor (USA, Japan), noch geringere im Meerwasser. In organischer Bindung wird Iod im Seetang angereichert, bei Wirbeltieren in der Schilddrüse.
Darstellung: Iodid wird nach Ansäuern mit HCl oder H_2SO_4 mit Cl_2 zu I_2 oxidiert und mit Luft ausgeblasen. Iodat reduziert man mit Hydrogensulfit zu I_2 und filtriert dieses ab.
Bedeutung: In der Technik findet Iod kaum Verwendung (Halogenlampen, Katalysatoren). Sonst wird es als Tierfutterzusatz und für pharmazeutische Zwecke benutzt. So dienen z.B. organische Iodverbindungen als Röntgenkontrastmittel und alkoholische Iodlösung als antiseptisches und blutstillendes Mittel. Radioaktive Isotope (^{125}I, ^{131}I) werden für die Diagnose und Behandlung von Schilddrüsenüberfunktion eingesetzt. In der präparativen organischen Chemie finden Alkylmagnesiumiodid (und auch andere Halogenide) Verwendung als *Grignard*-Reagenzien. Analytisch wird wäßrige KI_3-Lösung als Maßlösung in der Iodometrie und IBr in Eisessig zur Bestimmung der Iodzahl von Fetten und Ölen eingesetzt.
Allgemeine Eigenschaften: Elementares Iod hat ein metallähnliches Aussehen und ist schon bei Zimmertemperatur merklich flüchtig. Es ist in Wasser kaum löslich, jedoch leicht in einer I^- enthaltenden wäßrigen Lösung, wobei sich I_3^- bildet. Ferner ist Iod in vielen organischen Flüssigkeiten löslich, wie z.B. in Alkohol, $CHCl_3$, CCl_4 und CS_2. Die alkoholische Lösung ist braun, die der drei anderen Lösungsmittel sind violett. Mit anderen Halogenen bildet Iod Interhalogenverbindungen (s. 3., S. 284). Aus Iod und Ammoniak entsteht der explosive „Jodstickstoff" $NI_3 \cdot NH_3$.

Iod wird leicht durch die Haut resorbiert. In größeren Mengen wirkt es giftig. Ioddämpfe führen zu dem sogenannten Iodschnupfen.

Iodwasserstoffsäure und Iodide

Darstellung: Iodwasserstoff wird aus H_2 und I_2 bei 500 °C am Platinkatalysator hergestellt (Iodwasserstoffgleichgewicht s. S. 52). Bei der Hydrolyse von PI_3 (s. S. 222) oder Umsetzung von Iod mit H_2S-Wasser entsteht HI:

$$H_2S + I_2 \rightarrow 2HI + S\uparrow$$

Allgemeine Eigenschaften: HI ist ein farbloses, stechend riechendes Gas, das sich leicht in Wasser löst und eine starke Säure bildet. Schon Luftsauerstoff oxidiert I^- in wäßriger Lösung unter Gelbfärbung zu I_2, wobei HI leichter oxidiert wird als HBr. Von den Iodiden sind AgI, Hg_2I_2, TlI, CuI und PbI_2 in Wasser noch schwerer löslich als die entsprechenden Bromide. Alle anderen Iodide sind wasserlöslich. In der Analyse setzen sich bei der Herstellung des Sodaauszuges die schwerlöslichen Iodide, vor allem AgI, nur langsam oder gar nicht um. Das I^- in diesen Verbindungen wird aber leicht beim Erhitzen der Analysensubstanz mit konz. H_2SO_4 erkannt (vgl. 1.).

Für die nachstehenden Reaktionen verwende man eine Lösung von KI bzw. die entsprechend vorbereitete Analysenlösung.

1. Konz. H$_2$SO$_4$

$$6\,HI + H_2SO_4 \;\rightarrow\; 3\,I_2 + S + 4\,H_2O$$

In einem kleinen Reagenzglas erhitze man einige Körnchen KI mit konz. H$_2$SO$_4$. Neben der Entwicklung von HI entstehen violette Dämpfe.

K$_2$Cr$_2$O$_7$ u. konz. H$_2$SO$_4$ geben mit I$^-$ zum Unterschied von Cl$^-$ nur I$_2$, jedoch keine flüchtigen Chromylverbindungen (s. S. 272).

2. Nachweis als AgI

$$I^- + Ag^+ \;\rightarrow\; AgI\!\downarrow$$

Käsiger, gelber Niederschlag von AgI, schwer löslich in HNO$_3$ und Ammoniak. In KCN und Na$_2$S$_2$O$_3$ unter Komplexbildung (s. S. 112) löslich. Bei Behandlung mit (NH$_4$)$_2$S$_x$ in der Wärme Bildung von Ag$_2$S, wobei das Iodid in Lösung geht (s. S. 271).

3. Nachweis mit Chlorwasser

$$2\,I^- + Cl_2 \qquad\qquad \rightarrow\; I_2 + 2\,Cl^-$$
$$I_2 + 5\,Cl_2 + 6\,H_2O \;\rightarrow\; 10\,HCl + 2\,HIO_3$$
$$I_2 + 3\,Cl_2 \qquad\qquad \rightarrow\; 2\,ICl_3$$

Man versetzt die mit verd. H$_2$SO$_4$ angesäuerte und mit CHCl$_3$ unterschichtete Lsg. tropfenweise mit Chlorwasser. Die organische Phase färbt sich violett. Bei weiterer Zugabe tritt Entfärbung ein, da I$_2$ teilweise zu Iodat oxidiert und teilweise in farbloses Iodtrichlorid überführt wird.

Beim Vorliegen einer Mischung von Br$^-$ u. I$^-$ wird I$_2$, da es ein geringeres Redoxpotential als Br$_2$ besitzt, zuerst ausgeschieden.

Dann wird es zu Iodat oxidiert, während zugleich freies Br$_2$ entsteht. Bei allmählicher Zugabe von Chlorwasser entstehen also nacheinander die Farben Violett, Braun, Gelb, wobei bei bestimmten Konzentrationsverhältnissen die braune Farbe übersprungen werden kann.

Auf diesem Wege kann man gut I$^-$ und Br$^-$ nebeneinander nachweisen.

Sind in der Probelösung noch andere Reduktionsmittel zugegen, so ist es besser, anstelle von Cl$_2$-Wasser Cl$_2$-Gas direkt zu verwenden. Man benutzt hierzu am besten die Gasprüfapparatur (s. S. 246). Das Cl$_2$ wird aus MnO$_2$ (S. 268) und konz. HCl dargestellt.

Im Halbmikro-Maßstab wird 1 ml der H$_2$SO$_4$-sauren Probelsg. mit 0,5 ml CHCl$_3$ unterschichtet und tropfenweise mit Cl$_2$-Wasser oxidiert.

Bei Gegenwart von viel I$^-$ oder von Reduktionsmitteln (S$_2$O$_3^{2-}$, SO$_3^{2-}$ usw.) neben wenig Br$^-$ empfiehlt sich die Fällung als AgBr u. dessen Trennung mit konz. Ammoniak von AgI; bzw. die Oxidation der Hauptmenge I$^-$ zu I$_2$ mit KNO$_2$ in H$_2$SO$_4$-saurer Lsg. (s. 4.), bevor die Reaktion mit Chlorwasser ausgeführt wird.

Man kann das bei der Oxidation mit Cl$_2$ gebildete Br$_2$ auch mit Hilfe der sehr empfindlichen Stärke-Reaktion nachweisen. Dazu streut man auf einen Objektträger in 1 Tropfen H$_2$SO$_4$-saure Probelsg. einige Stärkekörnchen und fügt einen kleinen KClO$_3$-Kristall hinzu. Bei sofortiger Betrachtung unter dem Mikroskop (V : 50) erkennt man eine gelbe bis orange Verfärbung der Stärke durch Br$_2$-Adsorption. Die Farbe der Körner verblaßt allmählich, da (besonders bei KClO$_3$-Überschuß) Br$_2$ weiter zu HBrO$_3$ oxidiert wird. Bei Gegenwart von I$^-$ findet zuerst die Iod-Stärke-Reaktion (s. 4.) statt, und erst nach der Oxidation von I$_2$ zu HIO$_3$ erscheint die gelbe Farbe der Bromstärkeverbindung. Größere I$^-$-Mengen sind vorher nach 4. mit KNO$_2$ zu entfernen.

EG: 2 µg Br$^-$ bzw. I$^-$

Oft dient KI-Stärkepapier als Reagenz auf Oxidationsmittel: Man verreibt 0,5 g lösl. Stärke mit 10 ml kaltem Wasser, gibt sie unter Rühren in 100 ml kochendes Wasser, fügt nach dem Erkalten 0,5 g KI hinzu und filtriert ab. Mit der Lsg. tränkt man schmale Streifen Filterpapier und trocknet sie im Exsikkator.

4. Nachweis mit anderen Oxidationsmitteln

$$2\,I^- + 2\,NO_2^- + 4\,H^+ \;\rightarrow\; I_2 + 2\,NO\uparrow + 2\,H_2O$$

Neben Cl_2-Wasser u. konz. H_2SO_4 machen auch andere Oxidationsmittel in saurer Lösung aus Iodiden leicht I_2 frei, z.B. $K_2Cr_2O_7$, $KMnO_4$, MnO_2 oder PbO_2. Dabei erfolgt die Oxidation von I^- bereits bei Zimmertemperatur. Schwächere Oxidationsmittel, wie Br_2-Wasser, Fe(III) in saurer oder $NaNO_2$ sowie H_2O_2 in essigsaurer bzw. schwach H_2SO_4-saurer Lösung oxidieren nur Iodide, nicht Bromide.

Die Oxidation mit KNO_2 in schwefelsaurer Lösung dient neben der I_2-Identifizierung zum Abtrennen des Iodids beim Br^-- u. Cl^--Nachweis.

Je nach Gegenwart von Reduktionsmitteln wird die 2,5 mol/l H_2SO_4 enthaltende Probelsg. mit 1–3 Tropfen 5 mol/l KNO_2 versetzt u. das gebildete I_2 auf dem Wasserbad verflüchtigt. Die letzten Iodmengen lassen sich nur mit Hilfe eines Luftstromes in der Hitze entfernen.

a) 1 ml der H_2SO_4-sauren Lsg. wird vor der KNO_2-Zugabe mit 0,5 ml $CHCl_3$ unterschichtet. Das I_2 löst sich darin beim Ausschütteln mit violetter Farbe.

b) Zu 1 Tropfen der H_2SO_4-sauren Lsg. werden auf dem Objektträger einige Stärkekörnchen u. danach 1 Tropfen 5 mol/l KNO_2 gegeben. Unter dem Mikroskop (V: 50) zeigt eine blaue bis schwarze Verfärbung der Stärkekörner I_2 an. Die Empfindlichkeit der Reaktion nimmt mit steigender Temperatur stark ab.

EG: 0,2 μg I^-

Störungen: Da als Oxidationsmittel KNO_2 verwendet wird, stört Br^- nicht. Nur CN^--Ionen müssen vor der Oxidation im CO_2-Strom als HCN vertrieben werden, da durch ICN-Bildung die Empfindlichkeit der Reaktion stark herabgesetzt wird.

5. Nachweis als PdI_2

$$2\,I^- + Pd^{2+} \;\rightarrow\; PdI_2\downarrow$$

Man verwendet Palladium(II)-chlorid (nicht Nitrat) im Überschuß (s. S. 514).

1 Tropfen Probelsg. wird auf Filterpapier mit 1 Tropfen Pd(II)-chloridlsg. versetzt. Bei Anwesenheit von I^- bildet sich ein schwarzbrauner Fleck.

EG: 1 μg I^-,   pD: 4,7

Störungen: Bromide geben in konzentrierten Lösungen (> 1 mol/l) einen hellen rötlich-braunen Niederschlag, der jedoch nur beim Nachweis sehr geringer I^--Mengen stört. $[Fe(CN)_6]^{4-}$ und $[Fe(CN)_6]^{3-}$ müssen vorher entfernt werden.

Reagenz: 1%ige wäßrige Pd(II)-chloridlösung.

6. Fraktionierte Fällung von AgI, AgBr und AgCl

Die Löslichkeit der Silberhalogenide nimmt mit steigender Ordnungszahl des Halogens ab. Gleichzeitig tritt Farbvertiefung ein. Man kann so durch fraktionierte Fällung eine teilweise Trennung herbeiführen.

Man löse je 0,1 g KCl, KBr u. KI in einigen ml H_2O, säure mit HNO_3 an und versetze mit einigen Tropfen $AgNO_3$. Es fällt gelbes AgI aus. Man filtriert ab, setzt wiederum einige Tropfen $AgNO_3$ hinzu, filtriert u. wiederhole die Operation, bis nichts mehr ausfällt. Die mittleren Fraktionen sehen schwach grünlichgelb aus, enthalten also in der Hauptsache AgBr. Die letzten sind reinweiß von AgCl.

7. Nachweis von Cl^- neben Br^- und I^- mit Ag^+ und $(NH_4)_2CO_3$

Infolge des Säurecharakters von NH_4^+ liegt in einer $(NH_4)_2CO_3$-Lösung eine geringe Konzentration an NH_3 vor:

$$NH_4^+ + CO_3^{2-} \rightleftharpoons NH_3 + HCO_3^-$$

Das gebildete NH_3 setzt sich mit AgCl zu dem löslichen Komplex $[Ag(NH_3)_2]^+$ um (s. S. 270), während AgBr infolge seines kleineren Löslichkeitsproduktes nicht gelöst wird. Andererseits fällt aus der durch Auflösung von AgCl erhaltenen $[Ag(NH_3)_2]^+$-Lösung mit Br^- AgBr bzw. mit I^- AgI aus. Diese Reaktion kann als Nachweis von Cl^- auch neben Br^- und I^- dienen.

Man behandle gefälltes u. gründlich ausgewaschenes AgBr mit $(NH_4)_2CO_3$-Lsg., filtriere ab und versetze mit KBr-Lösung. Kein Niederschlag. Man führe den gleichen Versuch mit AgCl durch. Es entsteht ein Niederschlag von AgBr.

Im Halbmikro-Maßstab wird die gewaschene Ag-Halogenidfällung 1 min mit 1 ml einer frisch hergestellten, kalt gesättigten $(NH_4)_2CO_3$-Lsg. digeriert. Das Zentrifugat wird mit KBr- bzw. KI-Lsg. u. HNO_3 versetzt. Eine Trübung oder ein Niederschlag zeigt Cl^- an.

Iodsauerstoffsäuren

Neben Iodwasserstoffsäure existieren noch die Sauerstoffsäuren

HIO   hypoiodige Säure,
HIO_3 Iodsäure,
H_5IO_6 Orthoperiodsäure.

Hypoiodige Säure kommt nur in Form der wäßrigen Lösung der Alkalisalze vor, die sich schon bei Raumtemperatur zersetzt. Iodsäure ist beständiger als Chlorsäure oder Bromsäure und leicht wasserfrei kristallisierbar. Mit Iodat reagiert Iodid nach:

$$IO_3^- + 5I^- + 6H^+ = 3I_2 + 3H_2O$$

Periodsäure kristallisiert aus wäßriger Lösung als H_5IO_6. Die Salze leiten sich jedoch auch von wasserärmeren Formen wie Diperiodsäure, $H_6I_2O_{10}$ (halbierte Formel $H_3IO_5 \triangleq$ „Mesoperiodsäure") und HIO_4 (Metaperiodsäure) ab. Die freie Säure und ihre Salze sind relativ beständig, können sich jedoch beim Erhitzen explosionsartig zersetzen.

1. Bildung von IO^- und IO_3^-

$$I_2 + 2OH^- \rightleftharpoons I^- + IO^- + H_2O$$
$$3IO^- \rightarrow IO_3^- + 2I^-$$
$$IO_3^- + 5I^- + 6H^+ \rightleftharpoons 3I_2 + 3H_2O$$

Man löse etwas Iod in Natronlauge auf. Unter Bildung von Hypoiodit entfärbt sich die Lösung. Beim Ansäuern verläuft die Reaktion wie beim Chlor nach links. IO^- disproportioniert schon in der Kälte weiter zu IO_3^- und I^-, IO_3^- wird beim Ansäuern wieder von I^- reduziert.

2. AgNO₃

Aus Iodatlösung fällt schon in verd. Lösung weißes, sich allmählich dunkel färbendes, $AgIO_3$ aus. Dieser Niederschlag ist in verd. HNO_3 auch ziemlich schwerlöslich, löst sich jedoch in Ammoniak und konz. Ammoniumcarbonatlsg. unter Komplexbildung:

$$AgIO_3 + 2NH_3 \rightleftharpoons [Ag(NH_3)_2]^+ + IO_3^-$$

In dieser Komplexsalzlösung wird IO_3^- durch tropfenweise Zugabe von H_2SO_3 zu I^- reduziert. Es scheidet sich gelbes, in Ammoniak schwer lösl. AgI aus.
Versetzt man den Niederschlag von $AgIO_3$ mit HCl, so bilden sich Chlor, Iodtrichlorid u. AgCl:

$$AgIO_3 + 6H^+ + 6Cl^- \rightarrow AgCl\downarrow + Cl_2\uparrow + ICl_3 + 3H_2O$$

3. BaCl₂

Bereits aus verd. Iodatlösungen fällt weißes $Ba(IO_3)_2$ aus, das in der Kälte in verd. HCl oder verd. HNO_3 schwer löslich ist. Beim Erhitzen geht der Niederschlag jedoch in Lösung.

4. Reduktionsmittel

$$2IO_3^- + 5SO_2 + 4H_2O \rightarrow I_2 + 5SO_4^{2-} + 8H^+$$
$$I_2 + SO_2 + 2H_2O \rightarrow 2I^- + SO_4^{2-} + 4H^+$$

H_2S, H_2SO_3, HI, $H_{nasc.}$ u.a. Reduktionsmittel überführen IO_3^- leicht zunächst zum Element, dann zu I^-.
Diese Reaktionen können zum Nachweis von Iodat benutzt werden.

5. Nachweis von IO_3^- durch Reduktion mit Phosphinsäure (hypophosphoriger Säure)

$$2HIO_3 + 3HPH_2O_2 \rightarrow 2HI + 3H_3PO_4 \quad |\cdot 5$$
$$HIO_3 + 5HI \rightarrow 3I_2 + 3H_2O \quad |\cdot 2$$

$$\overline{12HIO_3 + 15HPH_2O_2 \rightarrow 6I_2 + 6H_2O + 15H_3PO_4}$$

Iodate werden bereits in der Kälte durch Phosphinsäure (hypophosphorige Säure) reduziert, wobei sich freies I_2 bildet, das mittels der Iodstärkereaktion identifiziert werden kann.
Einige Tropfen der neutralen oder schwach H_2SO_4-sauren Probelösung werden auf der Tüpfelplatte mit einigen Tropfen einer verd. Lsg. von HPH_2O_2 oder eines seiner Salze und nach 2–3 min mit ca. 1%iger Stärkelsg. versetzt. Eine deutliche Blaufärbung zeigt IO_3^- an.

EG: 1 µg HIO_3,   pD: 4,7

Störungen: ClO_3^- u. BrO_3^- stören nicht, da beide von HPH_2O_2 nicht reduziert werden.

Trennung und Nachweis von Cl^-, Br^-, I^- und NO_3^-
(S. dazu Tabelle 5.22, S. 595)

Zur Vorprobe auf Br^- und I^- erhitzt man die Analysensubstanz mit konz. Schwefelsäure. Bei Anwesenheit von Br^- entstehen b r a u n e, bei I^- r o t v i o l e t t e Dämpfe. Bei Brom ist aber die Farbe nicht spezifisch, da auch NO_2, aus Nitraten oder Nitriten stammend, eine fast gleiche Farbe besitzt (s. S. 326 f.).

Zum Nachweis von I^- und Br^- versetzt man die H_2SO_4-saure Lösung des Sodaauszugs mit 0,5 ml $CHCl_3$ und tropfenweise mit Chlorwasser und schüttelt um. V i o l e t t färbung zeigt I^- an (s. 3., S. 284). Daneben eignen sich zum Nachweis von I^- die Reaktionen mit anderen Oxidationsmitteln (s. 4., S. 285). I^--Ionen können auch im Sodaauszug wie Cl^- und Br^- in HNO_3-saurer Lösung mit Ag^+ ausgefällt werden.

AgI wird durch seine Schwerlöslichkeit in konz. Ammoniak von den anderen schwerlöslichen Ag-Halogeniden abgetrennt und mit Zn und H_2SO_4 reduziert analog AgCl (5., S. 278). Dabei geht I^- in Lösung und kann wie oben oxidiert und nachgewiesen werden.

Bei der Oxidation des I^- mit Chlorwasser verschwindet durch eine weitere Zugabe die Farbe wieder und schlägt bei Anwesenheit von Br^- über B r a u n in G e l b (BrCl) um (s. 3., S. 281). Dieser Nachweis kann mit Hilfe der Brom-Stärke-Reaktion empfindlicher gestaltet werden.

Zum Nachweis des Cl^- neben I^- und Br^- stehen mehrere Wege zur Verfügung:

1. Zu dem mit HNO_3 angesäuerten Sodaauszug gibt man einige Tropfen $AgNO_3$, kocht, bis sich der Niederschlag zusammengeballt hat, und zentrifugiert ab. Das Zentrifugat wird wieder mit $AgNO_3$ versetzt, nochmals zentrifugiert usw., bis nichts mehr ausfällt. Die letzte Fraktion, die bei Anwesenheit von viel Chloridionen r e i n w e i ß ist, wird mit einer konz. $(NH_4)_2CO_3$-Lösung 1 min lang geschüttelt. Es wird wieder zentrifugiert und zum Zentrifugat etwas verd. KBr-Lösung zugefügt. Ein Niederschlag von AgBr zeigt Cl^- an (s. 7., S. 286). Ebenso kann man zum Nachweis von Cl^- nach 7., S. 272 mit $K_3[Fe(CN)_6]$ versetzen und verd. Ammoniak hinzugeben. Bei Anwesenheit von Cl^- färbt sich der Niederschlag b r a u n durch Bildung von $Ag_3[Fe(CN)_6]$.

2. Die gut getrocknete Analysensubstanz oder der zur Trockne eingedampfte Sodaauszug wird mit der dreifachen Menge $K_2Cr_2O_7$ und konz. H_2SO_4 vermischt und in einem Reagenzglas mit aufgesetztem Gärröhrchen erhitzt (vgl. 6., S. 272). Brom und Iod gehen in freiem Zustand, Chlor als CrO_2Cl_2, über. In der vorgelegten NaOH prüft man auf CrO_4^{2-}, das sich nur dann nachweisen läßt, wenn die Analysensubstanz Cl^- enthält. Die Reaktion versagt bei AgCl, $HgCl_2$, Hg_2Cl_2, bei Anwesenheit von NO_3^-, NO_2^- sowie von ClO_3^- und Reduktionsmitteln, bei Anwesenheit von F^- ist sie nicht eindeutig.

3. Man oxidiert in essigsaurer Lösung Br^- und I^- durch $KMnO_4$ und weist dann Cl^- mit $AgNO_3$ nach, das in einer solchen Lösung von $KMnO_4$ noch nicht angegriffen wird (vgl. 4., S. 281). Diese Methode ist besonders dann anzuwenden, wenn man wenig Cl^- neben viel Br^- und I^- nachzuweisen hat.

Nur selten liegen die Halogenide in schwerlöslicher Form vor, z. B. als AgCl, AgBr und AgI. Dann muß ein Teil des in Säuren schwerlöslichen Rückstandes der Analysensubstanz mit Zink und verd. H_2SO_4 behandelt werden (s. 5., S. 271). Man gießt vom Metall ab und prüft die Lösung auf Halogenide (über den Aufschluß mit Na_2CO_3 vgl. S. 531).

Der Nachweis von NO_3^- mittels $FeSO_4$ und konz. H_2SO_4 wird durch Br^- und I^- gestört. Man entferne sie daher entweder vorher mit Ag_2SO_4, oder prüfe auf NO_3^- durch Reduktion mit *Devarda*scher Legierung in NaOH-Lösung (s. S. 331).

Trennung und Nachweis von ClO_3^-, BrO_3^-, IO_3^- neben Cl^-, Br^-, I^-
(S. dazu Tabelle 5.23 und 5.24, S. 596)

Ein Teil des neutralisierten Sodaauszugs wird bis zur Vollständigkeit der Fällung mit $AgNO_3$-Lösung versetzt. Dabei fallen alle mit Ag^+-Ionen fällbaren Anionen als schwerlösliche Niederschläge aus. Im Zentrifugat verbleiben ClO_3^- und ClO_4^- (Nachweis s. Trennungsgang S. 596) sowie teilweise BrO_3^- und IO_3^-, letztere bei der Fällung aus Lösungen geringer Konzentration (s. 2., S. 282). Der Nachweis von ClO_3^- kann bei Anwesenheit von BrO_3^- dadurch gestört werden, daß $AgBrO_3$ in Wasser etwas löslich ist (0,16 g in 100 ml H_2O bei 20 °C) und in geringer Menge ins Zentrifugat gelangt. Zur Umgehung dieser Störung kühle man die Analysenlösung nach dem Versetzen mit $AgNO_3$ im Eis-Wasser-Gemisch und beseitige durch Reiben der Glaswand mit einem Glasstab evtl. Übersättigungserscheinungen.

Nach der Filtration und Reduktion des ClO_3^- zu Cl^- überzeuge man sich in einer Probe durch Versetzen mit Chlorwasser und $CHCl_3$ von der Vollständigkeit der vorangegangenen Fällung (Abwesenheit von Br^- und I^-).

Den Niederschlag der Silberhalogenide aus dem Sodaauszug behandelt man mit wenig kalter verd. HNO_3 und wäscht anschließend mit wenig eiskaltem Wasser aus. Beim Behandeln mit warmer konz. $(NH_4)_2CO_3$-Lösung lösen sich AgCl sowie das gefällte $AgBrO_3$ und $AgIO_3$ als Komplexe (s. 2., S. 282 bzw. 287). AgBr und AgI bleiben zurück. Diese behandelt man nach dem Auswaschen mit Zn und verd. H_2SO_4 und prüft die so erhaltene Lösung nebeneinander auf Bromid und Iodid (s. S. 288).

Die ammoniumcarbonathaltige Lösung versetzt man tropfenweise mit einem Überschuß von H_2SO_3. Dadurch werden BrO_3^- und IO_3^- zu Br^- und I^- reduziert und als AgBr und AgI ausgefällt sowie schließlich auch das komplex in Lösung gehaltene AgCl wieder abgeschieden. Die Silberhalogenid-Niederschläge reduziert man mit Zn + verd. H_2SO_4 und trennt die einzelnen Halogenide nach 6., S. 285.

Eine andere Möglichkeit der Trennung besteht darin, daß man den Niederschlag der Silberhalogenide und -halogenate in der Wärme mit Natronlauge behandelt. AgCl, $AgBrO_3$ und $AgIO_3$ werden dabei im Gegensatz zu AgBr und AgI zersetzt. Im Zentrifugat befinden sich dann Cl^-, BrO_3^-, IO_3^-, die man mittels H_2SO_3 reduzieren und als Cl^-, Br^- und I^- nach 7., S. 286 bzw. 3., S. 284, nebeneinander nachweisen kann.

IO_3^- kann außerdem bei tropfenweise erfolgender Zugabe von H_2SO_3 zu dem schwach angesäuerten Sodaauszug oder auch durch Reduktion mittels Hypophosphit (5., S. 287) an der Iodausscheidung erkannt werden. BrO_3^- kann auch mit $MnSO_4$ und H_2SO_4 (5., S. 282) oder mit fuchsinschwefliger Säure (6., S. 282) nachgewiesen werden.

4.2.3 Elemente der 6. Hauptgruppe

Die 6. Hauptgruppe des PSE enthält die Elemente Sauerstoff, O, Schwefel, S, Selen, Se, Tellur, Te, und Polonium, Po. Sie werden Chalkogene (Erzbildner) genannt. Polonium ist ein kurzlebiges radioaktives Element und kommt nur in sehr geringen Mengen in der Uranpechblende vor.

Gemäß den allgemeinen Regeln (s. S. 110) ist die maximal mögliche Oxidationsstufe der Elemente $+ VI$, die minimale $- II$. Sauerstoff, der wie jedes erste Element einer Hauptgruppe eine gewisse Sonderstellung einnimmt, kommt in den Oxidationsstufen $- II$, ± 0 (elementar) und maximal $+ II$ vor (s. Kapitel 4.2.3.1). Mit steigender Ordnungszahl nimmt der Metallcharakter der Elemente zu. Sauerstoff und Schwefel sind Nichtmetalle. Von Selen kennt man eine metallische und zwei rote nichtmetallische Modifikationen, von Tellur außer einer amorphen Form nur die metallische. Mit der Ordnungszahl nimmt weiterhin die Stabilität der höchsten Oxidationsstufe und die thermische Beständigkeit der Wasserstoffverbindungen H_2X ab, die Säurestärke letzterer jedoch zu. So gehen beim Schwefel die Verbindungen mit der Oxidationsstufe $+ IV$ leicht in die Oxidationsstufe $+ VI$ über, beim Selen ist es schon umgekehrt.

4.2.3.1 Sauerstoff O, Z: 8, RAM: 15,9994, $2s^2 2p^4$

Häufigkeit: 49,50 Gew.-%. Smp.: $- 218,81\,°C$. Sdp.: $- 183,0\,°C$. D_{25}: $1,43\,mg/cm^3$. Oxidationsstufen: $- II$, $- I$ ($+ II$). Ionenradius $r_{O^{2-}}$: $140\,pm$. Standardpotential: $O_2 + 4H^+ + 4e \rightleftharpoons 2H_2O$. $E^0 = + 1,229\,V$.

Vorkommen: Sauerstoff kommt frei in der Luft (20,9 Vol.-% in trockener Luft) sowie gebunden in den Oxiden und deren Abkömmlingen vor. Er ist das häufigste Element in der Erdrinde.

Darstellung: Die technische Darstellung erfolgt hauptsächlich durch fraktionierte Destillation verflüssigter Luft (*Linde*-Verfahren). Kleinere Mengen werden auf chemischem bzw. elektrochemischem Wege aus entsprechenden sauerstoffhaltigen Verbindungen gewonnen. So hat in Ländern mit billiger elektrischer Energie die Wasserzersetzung zur H_2-Gewinnung mit O_2 als Nebenprodukt gewisse Bedeutung. Die Darstellung im Labormaßstab erfolgt durch thermische Zersetzung geeigneter Oxide (s. S. 291) bzw. $KClO_3$ (s. S. 275).

Bedeutung: Sauerstoff verdrängt in der Technik zunehmend Luft als Oxidationsmittel, da die Aufheizung des Ballaststickstoffs entfällt. Reiner Sauerstoff bzw. mit O_2 angereicherte Luft wird vor allem zur Stahlherstellung (s. S. 416) benutzt, außerdem zur Kohlevergasung, Herstellung 100%iger HNO_3 aus O_2, H_2O und NO_2, Produktion von NO (s. S. 326), zur Darstellung von H_2SO_4 aus $SO_2 + O_2$, zur Erzeugung von

Fortsetzung

Acetylen aus Methan und von Synthesegas aus Kohle und Wasserdampf, zum autogenen Schweißen (zusammen mit Acetylen oder Wasserstoff) bzw. allgemein zur Erzeugung hoher Verbrennungstemperaturen.

Sauerstoff ist für die Lebensvorgänge der meisten Organismen unentbehrlich.

Allgemeine Eigenschaften: Sauerstoff ist ein farbloses, geruchloses, die Verbrennung förderndes Gas von großer Reaktionsfähigkeit.

O_2 ist paramagnetisch (s. S. 111), denn es existieren 2 ungepaarte Elektronen. Die jeweils sechs Außenelektronen, $2s^2$, $2p_x^2$, $2p_y$, $2p_z$, der beiden Atome besetzen die Molekülorbitale nach $(\sigma 2s)^2$ $(\sigma^* 2s)^2$ $(\sigma 2p)^2$ $(\pi_x 2p)^2$ $(\pi_y 2p)^2$ $(\pi_x^* 2p)$ $(\pi_y^* 2p)$. Die Oxidationsstufe ist in den meisten Verbindungen − II.

1. Darstellung von O_2

a) *Thermische Zersetzung von Oxiden*

$$3\,MnO_2 \;\rightarrow\; Mn_3O_4 + O_2\uparrow$$
$$2\,BaO_2 \;\rightarrow\; 2\,BaO + O_2\uparrow$$

In trockenen, schwer schmelzbaren Reagenzgläsern erhitze man nacheinander 0,5 g Bariumperoxid (BaO_2), Mangandioxid (MnO_2) u. Bleidioxid (PbO_2). Es entwickelt sich ein farbloses Gas. Man taucht in den oberen Teil des Reagenzglases einen glühenden Span. Er entflammt, ein Beweis, daß das Gas Sauerstoff ist.

b) *Kaliumchlorat* (Näheres s. S. 183 und S. 275).

c) *Weitere Verfahren*

$$2\,K_3[Fe(CN)_6] + BaO_2 \;\rightarrow\; BaK_6[Fe(CN)_6]_2 + O_2\uparrow$$

Entwicklung von O_2 durch katalytische Zersetzung von Wasserstoffperoxid (s. S. 293) u. durch Reaktion von BaO_2 mit Kaliumhexacyanoferrat(III).

2. Nachweis von O_2 durch Verbrennung

$$O_2 + S \qquad \rightarrow\; SO_2$$
$$O_2 + C \qquad \rightarrow\; CO_2$$
$$2\,O_2 + 3\,Fe \;\rightarrow\; Fe_3O_4$$
$$3\,O_2 + 4\,Fe \;\rightarrow\; 2\,Fe_2O_3$$

In einem eisernen Löffelchen wird etwas Schwefel so hoch erhitzt, daß er zu brennen anfängt. Dann tauche man ihn in einen Zylinder, der mit Sauerstoff gefüllt ist. Der Schwefel verbrennt mit hellblau leuchtender Flamme, wobei ein farbloses, stechend riechendes Gas, Schwefeldioxid, entsteht.

Ebenso tauche man einen glühenden Holzspan sowie ein dünnes, auf Rotglut erhitztes Stückchen Eisendraht in einen mit Sauerstoff gefüllten Zylinder ein. Auch hier findet lebhafte Verbrennung statt.

Der Kohlenstoff des Holzspans verbrennt zu einem farblosen, geruchlosen Gas, Kohlendioxid, CO_2, das Eisen bildet teils festen, schwarzen Hammerschlag, Fe_3O_4, teils rotes Eisen(III)oxid, Fe_2O_3.

Analytische Chemie

4

3. Nachweis von O_2 durch Oxidation von $Mn(OH)_2$ (s. Rk. 1, S. 408)

Wasser

Auf die allgemeine Bedeutung des Wassers in Natur und Technik kann hier nicht näher eingegangen werden.

Die analytische Bedeutung des Wassers liegt in seinem besonders ausgeprägten Lösungsvermögen für heteropolare Verbindungen (s. Kap. 1.5). Die wäßrige Lösung enthält hydratisierte Ionen. Beim Eindampfen solcher Lösungen scheiden sich vielfach, besonders im Falle von Salzen, kristallisierte Hydrate ab, z. B. $Na_2SO_4 \cdot 10H_2O$, $CuSO_4 \cdot 5H_2O$, $MgCl_2 \cdot 6H_2O$ usw.

Wie das Wasser haben diese Hydrate bei bestimmter Temperatur einen bestimmten Dampfdruck, der mit steigender Temperatur zunimmt. Ist der Dampfdruck größer als der Partialdruck des Wasserdampfes in der Luft, dann gibt das Salz sein ganzes oder einen Teil des Kristallwassers ab, es verwittert. Andererseits besitzen die gesättigten Lösungen mancher Salze oder Salzhydrate einen kleineren Wasserdampfdruck, als ihn die Luft im allgemeinen besitzt. Dann nehmen sie Wasser auf und zerfließen (Beispiel $CaCl_2 \cdot 2H_2O$). Solche Verbindungen nennt man **hygroskopisch.**

Beim Übergang von wasserfreiem Salz in Salzhydrat kann ein Farbwechsel eintreten. So ist $CuSO_4$ weiß, $CuSO_4 \cdot 5H_2O$ dagegen blau. Dieser Vorgang kann zum Nachweis von Wasser in anderen Flüssigkeiten oder Gasen dienen. Bei der üblichen qualitativen Analyse von anorganischen Substanzen wird jedoch der Wassergehalt der Substanz jedoch nicht erfaßt.

Wasserstoffperoxid

Wasserstoffperoxid besitzt die Formel H_2O_2 und steht hinsichtlich seines chemischen Verhaltens zwischen Wasser und Sauerstoff.

Oxidationsstufe: ± 0 $-I$ $-II$

Darstellung: H_2O_2 wurde früher durch Umsetzung von BaO_2 mit H_2SO_4 hergestellt. Heute gewinnt man es technisch aus O_2 über die Autoxidation von Anthrahydrochinon, selten durch anodische Oxidation von H_2SO_4. Hierbei entsteht zunächst Peroxodischwefelsäure, $H_2S_2O_8$ (s. S. 311), die in wäßriger Lösung über Peroxomonoschwefelsäure, H_2SO_5, in H_2O_2 und H_2SO_4 zerfällt.

Bedeutung: In der Technik dienen H_2O_2 und Perhydrate (z. B. $Na_2CO_3 \cdot 1,5H_2O_2$) sowie Derivate (Peroxide, Peroxosäuren, Peroxosalze u. a.) zum Bleichen von Fasern und Fellen, zur Entwicklung von Farbstoffen und zum Antrieb energiereicher Verbrennungssysteme (Raketen, Torpedos). In der Medizin wird H_2O_2 als Desinfektionsmittel und im Haushalt als Bestandteil von Waschmitteln (s. S. 369) benutzt.

Allgemeine Eigenschaften: H_2O_2 ist eine schwache Säure, deren Salze, die Peroxide, schon durch Wasser praktisch vollständig zu Wasserstoffperoxid und Metallhydroxid hydrolysiert werden. H_2O_2 selbst zerfällt in wäßriger Lösung in der Kälte langsam, beim Erwärmen in zunehmendem Maße in H_2O und O_2.

Fortsetzung

> 30%iges H_2O_2 kommt als „Perhydrol" in den Handel.
> In der Analyse werden H_2O_2 bzw. Peroxosalze gern als Oxidationsmittel einge-
> setzt, da keine störenden Reaktionsprodukte entstehen. H_2O_2 kann in verschiedenen
> Fällen auch als Reduktionsmittel dienen (s. 4., S. 294).

1. Darstellung von Wasserstoffperoxid

$$BaO_2 + H_2SO_4 \rightarrow BaSO_4\downarrow + H_2O_2$$
$$BaCO_3 + H_2SO_4 \rightarrow BaSO_4\downarrow + CO_2\uparrow + H_2O$$

In ein Kölbchen, in dem sich etwa 50 ml 20%ige eiskalte H_2SO_4 befinden, trägt man in kleinen Portionen etwa 10 g BaO_2 ein. Zur besseren Kühlung füge man vor u. während des Versuchs kleine Eisstückchen hinzu. Es fällt $BaSO_4$ als schwerlösl. Niederschlag aus.

Dann wird mit festem $BaCO_3$ versetzt, um den Überschuß der Säure abzustumpfen. Man läßt absitzen u. filtriert durch ein Faltenfilter ab. Die H_2O_2-Lsg. wird für die nachfolgenden Versuche benutzt.

2. Disproportionierung von H_2O_2

$$2 H_2O_2 \rightarrow 2 H_2O + O_2 \qquad - 196\,kJ$$

H_2O_2 zersetzt sich sehr leicht von selbst unter Wärmeentwicklung. Der Zerfall wird durch feste Stoffe, besonders durch feinverteiltes Platin oder Braunstein (MnO_2), katalytisch stark beschleunigt. Um das zu verhindern, sind käuflichen Wasserstoffperoxidlösungen Phosphorsäure oder organische Säuren in sehr geringen Mengen als „Antikatalysatoren" zugesetzt.

Zu einigen ml der in 1. (s. oben) erhaltenen Lösung setze man MnO_2 hinzu. Es findet starke Gasentwicklung statt. Das entstandene Gas erkennt man am Entflammen eines glimmenden Spans als Sauerstoff.

Eine zweite Probe wird mit verd. NaOH schwach alkalisch gemacht und einige Körn-chen $K_2[OsCl_6]$ werden als Katalysator hinzugefügt. Es erfolgt sehr stürmische Zersetzung des H_2O_2.

3. KI + H_2O_2

$$2 I^- + H_2O_2 + 2 H^+ \rightarrow I_2 + 2 H_2O$$

H_2O_2 ist ein Oxidationsmittel, während es selbst zu Wasser reduziert wird.

Man säure verdünnte KI-Lösung mit einigen Tropfen Salzsäure an und setze H_2O_2-Lö-sung hinzu. Es entsteht eine G e l b - bis B r a u n färbung durch freies Iod, das mit der Stärke-reaktion (s. S. 284) nachgewiesen wird.

Da viele andere Oxidationsmittel (ClO^-, $[Fe(CN)_6]^{3-}$, CrO_4^{2-}, NO_2^-, ClO_3^-, BrO_3^-, IO_3^-, MnO_4^- und beim Erhitzen auch AsO_4^{3-}, NO_3^- und $S_2O_8^{2-}$) ähnlich reagieren, ist diese Reaktion nur als Vorprobe zu werten.

Die Analysensubstanz wird in der Kälte mit 5 mol/l CH_3COOH ausgezogen und in der Lsg. das gebildete H_2O_2 wie folgt nachgewiesen:

Auf der Tüpfelplatte werden 2 Tropfen der schwachsauren Probelsg. mit 1 Tropfen 0,1 mol/l KI-Lsg. u. 1–2 Tropfen Stärkelsg. (5 g Stärke in 500 ml siedendem Wasser gelöst) versetzt. In der Kälte erfolgt sofort B l a u färbung.

4. $KMnO_4 + H_2O_2$

$$2\,MnO_4^- + 6\,H^+ + 5\,H_2O_2 \;\rightarrow\; 2\,Mn^{2+} + 5\,O_2\uparrow + 8\,H_2O$$

Der Übergang des H_2O_2 zum O_2 ist eine Oxidation. Durch sehr starke Oxidationsmittel, z. B. $KMnO_4$, kann daher H_2O_2 auch in O_2 übergeführt werden.

$KMnO_4$-Lsg. säure man mit verd. H_2SO_4 an und setze H_2O_2-Lsg. hinzu. Man beobachtet Sauerstoffentwicklung und Entfärbung durch Bildung von Mn^{2+}.

5. $MnSO_4 + H_2O_2$

$$Mn^{2+} + 2\,OH^- \;\rightarrow\; Mn(OH)_2\downarrow$$
$$H_2O_2 + Mn(OH)_2 \;\rightarrow\; MnO(OH)_2\downarrow + H_2O$$

In alkalischer Lösung fällt H_2O_2 b r a u n s c h w a r z e s Mangandioxidhydrat aus.

Einige ml H_2O_2-Lsg. mache man mit NaOH stark alkalisch und füge einige Tropfen $MnSO_4$-Lsg. hinzu.

6. Nachweis als Peroxotitankation (s. auch S. 452)

2 Tropfen Probelsg. werden auf der Tüpfelplatte oder im Reagenzglas mit 2 Tropfen 2,5 mol/l H_2SO_4 u. 5 Tropfen 0,05 mol/l $TiOSO_4$ versetzt. G e l b e bis gel borange Färbung infolge Bildung von $[TiO_2 \cdot aq]^{2+}$ zeigt H_2O_2 an. Diese Reaktion ist für H_2O_2 spezifisch.

EG: $2\,\mu g\ H_2O_2$

Störungen: F^--Ionen stören; in Konz. ≥ 1 mol/l verhindern sie die Reaktion vollständig. Desgleichen stören CrO_4^{2-}-Ionen durch Eigenfarbe u. Vanadate, die eine gel borange Farbe haben (vgl. S. 457).

7. Nachweis als CrO_5

$$4\,H_2O_2 + Cr_2O_7^{2-} + 2\,H^+ \;\rightarrow\; 2\,CrO_5 + 5\,H_2O$$

Das t i e f b l a u e Chromperoxid CrO_5 (vgl. auch Rk. 6, S. 434) ist in wäßrigsaurer Lösung sehr instabil, kann jedoch durch geeignete organische Verbindungen, wie z. B. Ether, Pyridin, Chinolin usw., einige Zeit stabilisiert werden.

Man überschichte eine verd. Lsg. von $K_2Cr_2O_7$, die mit H_2SO_4 angesäuert ist, mit einigen ml Ether u. kühlt gut ab (Eiswasser!). Dann läßt man die Probelsg. vorsichtig an der Wand des schräg gehaltenen Glases einlaufen. Bei Gegenwart von H_2O_2 bildet sich an der Phasengrenze Ether – wäßrige Lsg. ein t i e f b l a u e r Ring. Sind größere Mengen H_2O_2 zugegen, so färbt sich der Ether beim Durchschütteln des Gefäßes mehr oder minder b l a u.
Störungen: F^--Ionen stören nicht; der Nachweis ist daher besonders bei deren Gegenwart zu empfehlen (vgl. dagegen Rk. 6).

8. Nachweis durch Oxidation von PbS zu $PbSO_4$

$$4\,H_2O_2 + PbS \;\rightarrow\; 4\,H_2O + PbSO_4$$

H_2O_2 oxidiert s c h w a r z b r a u n e s PbS zu weißem $PbSO_4$.

Ein mit PbS imprägniertes Filterpapier wird mit 1 Tropfen neutraler Probelsg. angetüpfelt. Ein farbloser Fleck auf dem d u n k e l b r a u n gefärbten PbS-Papier zeigt H_2O_2 an.

$$EG:\ 0,04\ g\ H_2O_2/0,03\ ml, \qquad pD:\ 5,6$$

Reagenzpapier: Mit 0,05%iger $Pb(CH_3COO)_2$-Lsg. getränktes Filterpapier wird mit H_2S begast, im Exsikkator getrocknet und in einer gut verschlossenen Flasche aufbewahrt.

Störungen: Da in saurer Lösung viele andere Oxidationsmittel stören, wird der Nachweis mit einer neutralen, in der Kälte hergestellten Probelösung durchgeführt.

9. Nachweis durch Oxidation von Luminol; Chemilumineszenz (s. S. 646)

4.2.3.2 Schwefel S, Z: 16, RAM: 32,066, $3s^2\ 3p^4$

Häufigkeit: $4,8 \cdot 10^{-2}$ Gew.-%. Smp.: 119,3 °C (β-Schwefel). Sdp.: 444,6 °C. D_{25}: 2,07 g/cm³. Oxidationsstufen: $-$ II, $+$ II, $+$ IV, $+$ VI. Ionenradius $r_{S^{2-}}$: 184 pm. Standardpotential: $S + 2e^- \rightleftarrows S^{2-}$; $E^0 = -0,48$ V.

Vorkommen: Schwefel kommt in der Natur elementar sowie gebunden als Sulfid in Form der Kiese, Glanze, Blenden (z.B. Eisenkies, FeS_2, Bleiglanz, PbS, Zinkblende, ZnS) und als Sulfat (z.B. Anhydrit, $CaSO_4$, Kieserit, $MgSO_4 \cdot H_2O$, Schwerspat, $BaSO_4$) vor.

Schwefel ist weiterhin Bestandteil tierischer und pflanzlicher Eiweißstoffe und daher in Kohle und Erdöl enthalten.

Oxide, Säuren: Schwefel bildet zwei stabile und viele sehr instabile Oxide:

S_nO	Polyschwefelmonoxide,	S_2O_2	Dischwefeldioxid,
S_nO_2	Polyschwefeldioxide,	SO_2	Schwefeldioxid (stabil),
S_2O	Dischwefelmonoxid,	SO_3	Schwefeltrioxid (stabil),
SO	Schwefelmonoxid,	SO_4	Monoperoxo-schwefel(VI)-oxid,

und folgende wichtige Säuren:

H_2SO_3	Schweflige Säure,	$H_2S_2O_5$	Dischweflige Säure,
H_2SO_4	Schwefelsäure,	$H_2S_2O_7$	Dischwefelsäure,
H_2SO_5	Peroxomonoschwefelsäure (*Caro*sche Säure),	$H_2S_2O_8$	Peroxodischwefelsäure.

Weitere Verbindungen: Daneben bildet Schwefel noch H_2S und die Polyschwefelwasserstoffe (Sulfane), H_2S_x, die Polysulfanmonosulfonsäuren, $H_2S_xO_3$, und die Polysulfandisulfonsäuren (Polythionsäuren), $H_2S_xO_6$. Von Verbindungen mit anderen Nichtmetallen seien das Schwefeldichlorid, SCl_2, Dischwefeldichlorid, S_2Cl_2, Schwefeltetrafluorid, SF_4, Schwefelhexafluorid, SF_6 und der Schwefelstickstoff, S_4N_4, erwähnt.

Die wichtigsten Oxidationsstufen des Schwefels sind $-$ II (im Schwefelwasserstoff, H_2S), $+$ IV (im Schwefeldioxid, SO_2, und der schwefligen Säure, H_2SO_3) und $+$ VI (im Schwefeltrioxid, SO_3, und der Schwefelsäure, H_2SO_4).

Elementarer Schwefel

Darstellung: Elementarer Schwefel wird durch Herausschmelzen aus Gesteinen, die mit elementarem Schwefel durchsetzt sind, durch Oxidation von H_2S (aus Erdgas oder Erdöl) sowie in geringem Umfang durch Erhitzen von Pyrit auf 1200 °C (FeS-Bildung) gewonnen.

Bedeutung: Elementarer Schwefel dient zur Darstellung von SO_2 und H_2SO_4 (s. S. 184, S. 301 und S. 305), CS_2, P_2S_5, Ultramarin und organischen Farbstoffen. Wegen seines niedrigen Entzündungspunktes (250 °C) findet Schwefel bei der Herstellung von Schwarzpulver, Feuerwerkskörpern und Zündhölzern Verwendung. Weiterhin wird er beim Vulkanisieren und für die Schädlingsbekämpfung benötigt. Schwefelsalben, -puder und -seifen werden gegen Hauterkrankungen angewendet.

Allgemeine Eigenschaften: Elementarer Schwefel kann sowohl im flüssigen als auch im festen und sogar im gasförmigen Zustand in mehreren Molekülgrößen vorkommen. Bei festem Schwefel unterscheidet man nach der Kristallstruktur den bis 95,6 °C beständigen orthorhombischen α-Schwefel und den darüber langsam entstehenden, bis zum Schmelzpunkt beständigen β-Schwefel. Beide bestehen aus *cyclo*-Octaschwefel, d.h. ringförmigen S_8-Molekülen. Beim schnellen Erhitzen schmilzt β-Schwefel bei 119,3 °C zu hellgelbem sogenanntem λ-Schwefel. Bei 159 °C setzt Ringöffnung zum *catena*-Octaschwefel ein. Als Biradikal greift dieser weitere S_8-Moleküle an und bewirkt schnelle Polymerisation zu langkettigen S_n-Molekülen. Im entstehenden rotbraunen μ-Schwefel liegen daneben im Gleichgewicht noch Ringmoleküle vor, S_8, S_{12}, wahrscheinlich auch S_6. Der Polymerisationsgrad des *catena*-Schwefels S_n ($n = 100\,000$ bei 200 °C) sinkt bei weiterer Temperaturerhöhung wieder. Abschrecken dieser Schmelze ergibt sogenannten plastischen Schwefel, der durch Auswaschen mit CS_2 gereinigt werden kann. Bei Zimmertemperatur wandelt er sich langsam wieder in α-Schwefel um. In dampfförmigem Schwefel liegen kurz oberhalb des Siedepunktes S_8-, S_7- und S_6-Ringe neben S_5-Ringen und wenig S_4-, S_3- und S_2-Molekülen vor. Mit steigender Temperatur und fallendem Druck überwiegen die kleineren Moleküle. Oberhalb 1800 °C beginnen die S_2-Moleküle in S-Atome zu dissoziieren.

Zur Untersuchung der physikalischen und chemischen Eigenschaften des Schwefels werden nachstehende Versuche ausgeführt.

1. Modifikationen des Schwefels

Man fülle ein nicht zu enges, schwerschmelzbares Reagenzglas zu etwa einem Drittel mit gepulvertem Schwefel und erhitze allmählich. Der Schwefel schmilzt zunächst bei 119,3 °C zu einer goldgelben Flüssigkeit. Bei weiterem Erhitzen wird diese von 160 °C an immer dunkler u. zähflüssiger, bis man schließlich bei 200–250 °C eine zähe Masse erhält, so daß man das Reagenzglas umkehren kann, ohne daß der Schwefel ausfließt. Erhitzt man weiter bis fast zum Sieden (Sdp. 444,6 °C), so wird die Schmelze wieder dünnflüssig. Man gieße einen Teil in dünnem Strahl in eine mit Wasser gefüllte Schale. Der Schwefel erstarrt zu braunem, kautschukartig dehnbarem sogenanntem „plastischem Schwefel". Den anderen Teil läßt man langsam erkalten. Sobald sich eine Kristallhaut gebildet hat, durchsticht man diese mit einer Nadel und gießt die restliche noch flüssige Masse ab. Die zurückbleibenden durchsichtigen Kristalle werden nach einiger Zeit trübe infolge Umwandlung des β-Schwefels in α-Schwefel.

2. Reaktion des Schwefels mit Metallen

$$S + Zn \rightarrow ZnS$$
$$S + Cu \rightarrow CuS$$

Schwefel verbindet sich beim Erhitzen leicht mit Metallen.

Gleiche Teile Kupferpulver werden mit Schwefelpulver gemischt und in einem trockenen Reagenzglas erhitzt. Unter Erglühen tritt Reaktion ein.

Unter dem Abzug wird Zinkstaub mit feinstgepulvertem Stangenschwefel zu gleichen Teilen vermischt und auf einer feuerfesten Unterlage mit einem Bunsenbrenner entzündet. Äußerst heftige Reaktion.

3. Reaktion des Schwefels mit Nichtmetallen

$$S + O_2 \rightarrow SO_2\uparrow$$

Schwefel reagiert bei erhöhter Temperatur leicht mit Sauerstoff.

Ein kleines Stückchen Schwefel erhitze man zum Schmelzen. An der Luft fängt es unter Bildung des stechend riechenden, f a r b l o s e n SO_2-Gases Feuer.

Chlor vereinigt sich mit Schwefel, wobei Dischwefeldichlorid, S_2Cl_2, entsteht. Darstellung und Reinigung s. S. 220.

4. Nachweis durch Heparprobe

$$4\,Ag + 2\,S^{2-} + 2\,H_2O + O_2 \rightarrow 2\,Ag_2S + 4\,OH^-$$

Schwefel und schwefelhaltige Verbindungen werden mit Hilfe der sogenannten Heparprobe identifiziert.

Zunächst wird etwas Soda am Magnesiastäbchen oder in der Öse eines Platindrahtes zu einer Perle zusammengeschmolzen, eine Spur der auf Schwefel zu prüfenden Substanz hinzugebracht, in der Oxidationsflamme des Bunsenbrenners erhitzt, um störende Stoffe, wie z.B. Iodide, zu verflüchtigen, und schließlich in der leuchtenden Spitze der Flamme reduzierend geschmolzen. Dabei werden alle Schwefelverbindungen zu Sulfid reduziert. Dann preßt man die Perle zusammen mit einem Tropfen Wasser auf ein blankes Silberstück. Durch das bei der Reduktion entstandene Sulfid und den Sauerstoff der Luft wird das Silber unter Bildung von Silbersulfid s c h w a r z.

Man kann die Heparprobe auch als Lötrohrreaktion durchführen, indem man die Substanz mit Soda vermischt auf der Holzkohle verschmilzt und den angefeuchteten Schmelzkuchen mit dem Silber zusammenbringt.

Störungen: Da das Leuchtgas manchmal Spuren von Schwefel enthält, ist eine Blindprobe empfehlenswert. Außerdem ist die Probe positiv bei Anwesenheit von Se und Te.

Schwefelwasserstoff und Sulfide

Vorkommen: Schwefelwasserstoff ist in vielen Erdgas- und Erdölquellen in größeren Mengen enthalten. Geringe H_2S-Konzentrationen sind wichtiger Bestandteil der Schwefelheilquellen (Aachen, Bad Wiessee). Zahlreich sind die in der Natur vorkommenden sulfidischen Erze.

Darstellung: In der Technik fällt Schwefelwasserstoff oft als Nebenprodukt an, er wird aber auch aus reinem Schwefel und Wasserstoff hergestellt. Man arbeitet bei

Fortsetzung

---

350 °C mit Cobalt-Molybdänoxid-Katalysatoren, da bei höheren Temperaturen das Gleichgewicht ungünstig liegt:

$$H_2 + \tfrac{1}{8}S_8 \rightleftharpoons H_2S$$

H_2S wird im Laboratorium aus säurezersetzbarem Sulfid, meist FeS, und Salzsäure hergestellt. Natriumsulfid erzeugt man hauptsächlich durch Reduktion von Na_2SO_4 mit Kohle.

Bedeutung: Na_2S dient in der Lederindustrie zum Weichmachen und Enthaaren sowie in der Farbstoffindustrie zur Reduktion von Nitroverbindungen und zur Synthese von Schwefelfarbstoffen (Vidalschwarz, Hydronblau). Es wird außerdem bei der Erzflotation eingesetzt.

Allgemeine Eigenschaften: H_2S, ein farbloses, nach faulen Eiern riechendes Gas ist sehr giftig (MAK-Wert 15 mg/m³). Werden größere Mengen eingeatmet, so tritt wie bei der Blausäure eine „innere Erstickung" auf, da die sauerstoffübertragenden Enzyme ausgeschaltet werden.

Bei genügender Sauerstoffzufuhr verbrennt H_2S mit blauer Flamme zu SO_2:

$$2 H_2S + 3 O_2 \rightarrow 2 H_2O + 2 SO_2$$

H_2S ist eine schwache zweibasige Säure. Seine gesättigte wäßrige Lösung ist etwa 0,1 mol/l (siehe S. 92).

Viele Schwermetallsulfide sind schwer löslich, zum Teil bereits in saurer, zum anderen erst in alkalischer Lösung. Diese Tatsache wird zur Trennung ausgenutzt (s. Kap. 5.4.4, und Trennungsgänge S. 542 und S. 579). Löslich sind nur die Sulfide der Alkalielemente und des Ammoniums. Erdalkalisulfide hydrolysieren leicht zu Hydrogensulfiden, die in Wasser gut löslich sind, und Erdalkalihydroxid.

Farblose $(NH_4)_2S$- bzw. Alkalisulfidlösungen lösen elementaren Schwefel unter Bildung von Polysulfiden $[(NH_4)_2S_x]$. In Abhängigkeit vom Schwefelgehalt tritt eine gelbe bis rote Farbe auf.

Alle Arbeiten mit H_2S werden unter einem gut ziehenden Abzug durchgeführt!

1. Darstellung von Schwefelwasserstoff

$$FeS + 2 H^+ \rightarrow Fe^{2+} + H_2S\uparrow$$

Ein kleines Stückchen Eisensulfid (FeS) wird unter dem Abzug mit etwas verd. Salzsäure übergossen. Geruch nach H_2S.

Diese Darstellungsart wird noch in Laboratorien angewendet (s. auch S. 185).

2. Reaktion des H₂S mit Metallsalzen

Man gebe zu $CuSO_4$-, $Pb(NO_3)_2$-, $CdSO_4$- und $ZnSO_4$-Lsg. H_2S-Wasser hinzu: Es entstehen Niederschläge, die bei den beiden ersten Salzen s c h w a r z, bei $CdSO_4$ g e l b und bei $ZnSO_4$ w e i ß aussehen. Bei den ersteren entstehen die Niederschläge auch, wenn mit Salzsäure angesäuert wird.

3. Oxidation des H₂S mit Iod

$$H_2S + I_2 \rightarrow 2 I^- + 2 H^+ + S\downarrow$$

Schwefelwasserstoff ist auch in wäßriger Lösung ein Reduktionsmittel.

Man versetze etwas Iodlsg. mit H_2S-Wasser. Es tritt Entfärbung ein, und Schwefel wird frei, der in sehr feiner Verteilung als milchige Trübung zu erkennen ist.

4. Nachweis als PbS

$$H_2S + Pb^{2+} \rightarrow PbS\downarrow + 2H^+$$

Durch Hydrolyse wasserlöslicher Sulfide sowie beim Behandeln von schwerlöslichen Sulfiden mit HCl oder H_2SO_4 entsteht H_2S, das am Geruch (noch 0,2 µg H_2S sind durch den Geruch feststellbar) oder durch ein in den Gasraum gehaltenes, mit Bleiacetatlösung getränktes Filterpapier infolge Bildung von s c h w a r z e m PbS identifiziert wird.

Manche Sulfide sind in diesen Säuren nicht zersetzlich, z.B. HgS, As_2S_3. Zum Nachweis von Sulfidionen in diesen Verbindungen verwendet man naszierenden Wasserstoff:

$$HgS + 2H_{nasc.} \rightarrow Hg\downarrow + H_2S\uparrow$$

Man gebe etwas verkupfertes Zink in ein Reagenzglas, bedecke es mit der zu prüfenden schwerlöslichen Substanz u. füge 1–2 ml 5 mol/l HCl hinzu.

Auf ähnliche Weise kann man aus dem Rückstand des Sodaauszugs, in dem sich Ag_2S und HgS befinden können, die Sulfidionen nachweisen. Andere säureschwerlösliche, jedoch von Soda angreifbare Sulfide, wie As_2S_3 und MoS_3, werden nach Ansäuern und Abfiltrieren bzw. Zentrifugieren wie oben nachgewiesen.

Im Reagenzglas mit aufgesetztem Gärröhrchen werden 10 Tropfen der auf S^{2-} zu prüfenden Lsg. bzw. 5–10 mg der festen Substanz (CdS-Fällung, Rückstand des Sodaauszugs oder die beim Ansäuern des Sodaauszugs auftretende Fällung) mit 1 ml 5 mol/l HCl erwärmt. Bei wasser- und säurelösl. Sulfiden entsteht H_2S, das in die mit 1 ml 0,1 mol/l $Na_2[Pb(OH)_4]$ (entsteht in alkalischer Bleiacetatlösung) beschickte Vorlage übergetrieben und als PbS nachgewiesen wird. Bei säureschwerlösl. Sulfiden wird vor der HCl-Zugabe eine kleine Spatelspitze schwefelfreies Zn-Pulver (Blindprobe!) zugefügt.

pD 4,1 als Tüpfelreaktion bzw. Gasreaktion mit feuchtem $Pb(CH_3COO)_2$-Papier.

Störungen: Läßt man HCl und Zn direkt auf die Analysensubstanz einwirken, so ist die Bildung von H_2S nicht spezifisch für S^{2-}-Ionen, da unter diesen Bedingungen SO_3^{2-}, $S_2O_3^{2-}$, SO_4^{2-}, SCN^- und elementarer Schwefel ebenfalls H_2S bilden.

5. Nachweis als Ag₂S

Silbernitrat fällt aus der Lsg. von Alkalisulfiden oder Erdalkalihydrogensulfiden sowie von H_2S einen s c h w a r z e n Niederschlag von Ag_2S, der in konz. HNO_3 löslich ist.

Über die Löslichkeit anderer Metallsulfide vgl. die entsprechenden Versuche mit $(NH_4)_2S$ sowie H_2S bei der $(NH_4)_2S$- und H_2S-Gruppe.

6. Nachweis als [Fe(CN)₅NOS]⁴⁻

$$S^{2-} + [Fe(CN)_5NO]^{2-} \rightarrow [Fe(CN)_5NOS]^{4-}$$

Lösliche Sulfide reagieren in Lösung, die mit Soda alkalisch gemacht wurde, mit Natriumpentacyanonitrosylferrat(II), $Na_2[Fe(CN)_5NO]\cdot 2H_2O$, unter Bildung einer v i o l e t t gefärbten Lösung, deren Farbe langsam verblaßt.

1 Tropfen des Sodaauszugs wird auf der Tüpfelplatte mit 1 Tropfen einer frisch bereiteten ca. 1%ig. Natriumpentacyanonitrosylferrat-Lsg. versetzt. Eine t i e f v i o l e t t e Färbung zeigt S^{2-} an.

EG: 0,6 µg S^{2-}/0,03 ml,   pD: 4,7

Störung: In stärker alkalischer Lösung verhindern OH$^-$-Ionen die Reaktion, da dann ein beständigeres Natriumpentacyanonitritoferrat(II) gebildet wird:

$$[Fe(CN)_5NO]^{2-} + 2OH^- \rightarrow [Fe(CN)_5NO_2]^{4-} + H_2O$$

7. Nachweis durch Iod-Azid-Reaktion

$$S^{2-} + I_2 \rightarrow S + 2I^-$$
$$S + 2N_3^- \rightarrow S^{2-} + 3N_2\uparrow$$

Eine reine Lösung von NaN$_3$ und I$_2$ ist beständig, zersetzt sich aber durch Zugabe von Sulfiden katalytisch.

Diese induzierte Reaktion dient zum Nachweis von Sulfiden.

Zu einer Lsg. aus gleichen Volumina 0,2 mol/l NaN$_3$ und 0,1 mol/l KI$_3$ gibt man wenige mg des feingepulverten Sulfids oder wenige ml der Lsg. eines solchen. Es tritt eine stürmische Gasentwicklung (N$_2$!) ein, die anhält, solange noch I$_2$ vorhanden ist.

Störungen: S$_2$O$_3^{2-}$, SCN$^-$ und entsprechende organische Verbindungen stören, da diese Schwefel mit der Oxidationsstufe $-$ II enthalten und somit dieselbe Reaktion bewirken. Die Gegenwart anderer schwefelhaltiger Ionen, wie SO$_3^{2-}$ und SO$_4^{2-}$, sowie von elementarem Schwefel stört dagegen nicht.

Da die Oxidationsstufe des Schwefels durch die Reaktion nicht verändert wird, genügen zum Nachweis winzigste Mengen. Auch Schwermetallsulfide lösen ausnahmslos diese äußerst empfindliche Reaktion sofort aus.

Im Halbmikro-Maßstab wird 1 Tropfen der zu untersuchenden Lsg. oder eine kleine Menge entsprechender Niederschlag im Mikroreagenzglas mit 1 Tropfen Reagenzlsg. versetzt. Eine Entwicklung von Gasbläschen (Lupe) zeigt S^{2-} an.

EG: 0,02 µg S^{2-},   pD: 6,4

Reagenz: 3 g NaN$_3$ in 100 ml 0,1 mol/l Iodlösung.
Die reine Lsg. ist praktisch unbegrenzt haltbar.

8. Fällung von S^{2-} mit Cadmiumacetatlösung aus dem Sodaauszug

Da lösliche Sulfide in neutraler und besonders in saurer Lösung manche Anionennachweise beeinträchtigen, muß S^{2-} aus dem Sodaauszug vor dem Ansäuern gefällt werden. Dies geschieht vorteilhaft mit einer Cd(CH$_3$COO)$_2$-Lsg., wobei zuerst gelbes CdS ($K_{LCdS} = 10^{-27}$ mol^2/l^2) und erst nach der quantitativen S^{2-}-Fällung auf weiteren Cd(CH$_3$COO)$_2$-Zusatz weißes CdCO$_3$ ($K_{LCdCO_3} = 10^{-13,6}$/mol^2/l^2) ausfällt. Die Bildung von CdCO$_3$ zeigt somit das Ende der S^{2-}-Abtrennung an. Neben S^{2-} werden hier noch [Fe(CN)$_6$]$^{4-}$ u.a. Ionen mitgefällt. In der Lösung können u.a. SO$_3^{2-}$, S$_2$O$_3^{2-}$, SO$_4^{2-}$, Cl$^-$, Br$^-$, I$^-$, NO$_2^-$ und NO$_3^-$ identifiziert werden.

Im Halbmikro-Maßstab werden 10 Tropfen des Sodaauszugs mit 10 Tropfen H$_2$O verd. u. tropfenweise mit 0,5 mol/l Cd(CH$_3$COO)$_2$ versetzt. Beim Erwärmen im Wasserbad flockt das gelbe CdS schnell aus. Nach dem Zentrifugieren wird so lange tropfenweise Cd-Acetatlsg. zugegeben, bis farbloses CdCO$_3$ fällt.

Der gewaschene CdS-Rückstand wird angesäuert u. H$_2$S mittels der vorstehenden Reaktionen nachgewiesen. Im Zentrifugat wird auf die Anionen geprüft, deren Nachweis durch S^{2-} gestört wird.

9. Nachweis als Methylenblau (s. S. 647)

Schwefeldioxid, schweflige Säure und Sulfite

Vorkommen: SO_2 wird oft in beträchtlichen Mengen in Vulkanen gebildet, jährlich ca. 10^6 t. Außerdem entsteht SO_2 bei vielen Verbrennungsprozessen.

Darstellung: In der Technik erhält man SO_2 überwiegend durch Verbrennen von Schwefel, seltener von H_2S oder durch Abrösten von Sulfiden, wobei es bei Zinkblende, Bleiglanz und Kupferkies ein Nebenprodukt, bei Pyrit das Hauptprodukt darstellt:

$$4\,FeS_2 + 11\,O_2 \rightarrow 2\,Fe_2O_3 + 8\,SO_2$$

Bedeutung: Aus SO_2 wird hauptsächlich Schwefelsäure (s. S. 305 f.) hergestellt, außerdem Sulfite, Thiosulfate, Thionyl- und Sulfurylchlorid (s. S. 267). Dithionit, Alkansulfonate und Na-hydroxymethansulfinat. Weiter dient es zur Abscheidung von Selen aus Selenitlösungen sowie als Konservierungs- und Desinfektionsmittel (Wein, Trockenfrüchte).

Schweflige Säure und ihre Natriumsalze sind gute Bleichmittel für Wolle, Seide und vor allem Stroh. Calciumhydrogensulfit [$Ca(HSO_3)_2$]-Lösungen werden zur Zellstoffgewinnung gebraucht. Natriumdisulfit wird in der Photographie für Fixier- und Entwicklerbäder verwendet.

Allgemeine Eigenschaften: SO_2 ist ein farbloses, stechend riechendes Gas, das die Schleimhäute reizt (MAK-Wert 13 mg/m^3) und bei $-10\,°C$ flüssig wird. Bei $20\,°C$ lösen sich in 100 ml Wasser etwa 11 g SO_2. In der wäßrigen Lösung sind hauptsächlich hydratisierte SO_2-Moleküle (siehe auch NH_3, S. 322) und HSO_3^--Ionen enthalten.

$$SO_2 + H_2O \rightleftharpoons SO_2 \cdot H_2O \rightleftharpoons H^+ + HSO_3^- \, (\rightleftharpoons 2\,H^+ + SO_3^{2-})$$

Wird der Lösung überschüssiges Wasser entzogen, bildet sich immer SO_2. Neben dem Anion HSO_3^- liegt in wäßriger Lsg. eine tautomere Form $HOSO_2^-$ (Protonenwanderung) im Gleichgewicht vor.

Die Abspaltung des zweiten Wasserstoffatoms geht in der Säurelösung praktisch nicht vor sich. In konzentrierten Lösungen bildet sich Disulfit (Pyrosulfit):

$$2\,HSO_3^- \rightleftharpoons S_2O_5^{2-} + H_2O$$

Während gewöhnlich Pyrosäuren eine Sauerstoffbrücke besitzen, hat Disulfit eine unsymmetrische Struktur aufgrund einer $S-S$-Bindung.

Bei der Umsetzung mit Basen kann jedoch auch das zweite Wasserstoffatom abgespalten werden:

$$OH^- + SO_2 \cdot H_2O \rightarrow HSO_3^- + H_2O$$

und

$$OH^- + HSO_3^- \rightleftharpoons SO_3^{2-} + H_2O$$

Die letzte Reaktion verläuft in wäßriger Lösung schon nicht mehr quantitativ (s. Hydrolyse, S. 73). Beim Eindampfen kristallisiert aber Na_2SO_3 aus. Dampft man dagegen eine Hydrogensulfitlösung ein, bilden sich $S_2O_5^{2-}$-Ionen und dann kristallisiert Natriumdisulfit aus. $CsHSO_3$ ist jedoch kristallisierbar.

Fortsetzung

> Schweflige Säure hat vorwiegend reduzierende Eigenschaften, sie kann aber in Gegenwart stärkerer Reduktionsmittel auch als Oxidationsmittel wirken. Interessant ist hierbei die Umsetzung von schwefliger Säure mit H_2S über Polysulfandisulfonsäuren (s. S. 311) zu Schwefel:
>
> $$SO_2 + 2H_2S \rightarrow 3S + 2H_2O$$
>
> Die Sulfite der Alkalielemente lösen sich in Wasser leicht, während die Sulfite der anderen Elemente mehr oder weniger schwerlöslich sind. Von Na_2CO_3-Lösung (Sodaauszug) werden sie jedoch zu löslichem Natriumsulfit umgesetzt.

1. Darstellung von SO_2

a) Natriumsulfit und Säure

$$SO_3^{2-} + 2H^+ \rightarrow SO_2\uparrow + H_2O.$$

Man versetze im Reagenzglas eine Na_2SO_3-Lsg. mit HCl oder verd. H_2SO_4. Geruch nach SO_2.

b) Reduktion von konz. H_2SO_4

$$HSO_4^- + 3H^+ + Cu \rightarrow Cu^{2+} + 2H_2O + SO_2\uparrow$$

Man erhitze ein Stückchen Kupfer mit konz. H_2SO_4. Geruch nach SO_2.

Beide Methoden werden zur Darstellung von SO_2 im Laboratorium benutzt (vgl. S. 184).

2. Reduktionswirkung

Schweflige Säure ist ein starkes Reduktionsmittel; sie wird zu Schwefelsäure oxidiert.

Reduziert werden von H_2SO_3 oder Sulfiten z. B. CrO_4^{2-} zu Cr^{3+}, Fe^{3+} zu Fe^{2+}, $HgCl_2$ zu Hg_2Cl_2 und Hg sowie I_2 zu I^- (s. Vers. 8).

3. Oxidationswirkung

$$SO_2 + 3Zn + 6H^+ \rightarrow H_2S\uparrow + 3Zn^{2+} + 2H_2O$$
$$2SO_2 + 6Sn^{2+} + 8H^+ + 30Cl^- \rightarrow SnS_2\downarrow + 5[SnCl_6]^{2-} + 4H_2O$$

Stärkere Reduktionsmittel reduzieren Sulfit zu H_2S in saurer Lösung.

4. Reaktion mit $AgNO_3$

In neutralen u. schwach sauren Lösungen entsteht ein weißer Niederschlag von Ag_2SO_3, löslich in heißer verd. Salpetersäure sowie in Ammoniak oder im Überschuß von Sulfit:

$$2Ag^+ + HSO_3^- \rightarrow Ag_2SO_3 + H^+$$
$$4NH_3 + Ag_2SO_3 \rightarrow 2[Ag(NH_3)_2]^+ + SO_3^{2-}$$
$$3SO_3^{2-} + Ag_2SO_3 \rightarrow 2[Ag(SO_3)_2]^{3-}$$

Diese Komplexverbindung zerfällt beim Kochen, wobei Ag^+ reduziert, SO_3^{2-} teilweise oxidiert wird:

$$2[Ag(SO_3)_2]^{3-} + H_2O \rightarrow 2\,Ag\downarrow + SO_4^{2-} + 2\,HSO_3^- + SO_3^{2-}$$

5. Reaktion mit $BaCl_2$, $SrCl_2$

Weißer Niederschlag von $BaSO_3$ bzw. $SrSO_3$, leicht löslich in Säuren.

Der Niederschlag löst sich in Säuren nicht vollständig auf, wenn die Sulfidlsg. bereits teilweise zu Sulfat oxidiert war, da $BaSO_4$ und $SrSO_4$ in Säuren sehr schwer löslich sind. Man verwende daher zu dieser Reaktion nur eine frisch, am besten durch Einleiten von SO_2 in NaOH hergestellte Sulfitlösung.

6. Nachweis durch Geruch

$$Na_2SO_3 + 2\,KHSO_4 \rightarrow Na_2SO_4 + H_2O + SO_2\uparrow + K_2SO_4$$

Das durch starke Säuren in Freiheit gesetzte SO_2 riecht stechend.

Man verreibe die zu prüfende Substanz mit $KHSO_4$.
Störungen: Bildung anderer stechend riechender Gase oder Dämpfe, z. B. CH_3COOH.

7. Nachweis als $Zn_2[Fe(CN)_5NOSO_3]$

$$SO_3^{2-} + [Fe(CN)_5NO]^{2-} + 2\,Zn^{2+} \rightarrow Zn_2[Fe(CN)_5NOSO_3]$$

SO_3^{2-} bildet mit $[Fe(CN)_5NO]^{2-}$ eine r o t e Verbindung. In Gegenwart von frischgefälltem $Zn_2[Fe(CN)_6]$ und überschüssigen Zn^{2+}-Ionen ist die Reaktion empfindlicher, da sich der Niederschlag von B l a ß r o t nach R o t verfärbt.

Zum Nachweis von SO_3^{2-} gebe man zu einigen ml einer kaltgesättigten $ZnSO_4$-Lsg. das gleiche Volumen einer verdünnten $K_4[Fe(CN)_6]$-Lsg. und einige Tropfen einer 1%igen Natriumpentacyanonitrosylferrat-Lsg. und füge dann die zu untersuchende, neutrale Lsg. hinzu.

8. Nachweis durch Reduktion von I_2

$$HSO_3^- + I_2 + H_2O \rightarrow SO_4^{2-} + 2\,I^- + 3\,H^+$$
$$SO_3^{2-} + I_2 + 2\,OH^- \rightarrow SO_4^{2-} + 2\,I^- + H_2O$$

Man setze zu einer Iodlösung tropfenweise H_2SO_3-Lösung oder eine neutrale Sulfitlsg. hinzu. E n t f ä r b u n g.

3 Tropfen des Sodaauszugs werden mit 2 mol/l HCl eben angesäuert und tropfenweise mit 0,1 mol/l KI und 3 Tropfen Stärkelsg. versetzt. Eine Entfärbung der b l a u e n Iodstär-keverbindung deutet auf die Gegenwart der oben angeführten, reduzierend wirkenden Ionen hin.
Störungen: Andere Reduktionsmittel, wie S^{2-}, $S_2O_3^{2-}$, CN^-, SCN^- u. $[Fe(CN)_6]^{4-}$, reduzieren in salzsaurer Lsg. I_2 ebenfalls zu I^-, was hierbei zu beachten ist.

9. Nachweis nach Oxidation als $BaSO_4$

$$HSO_3^- + H_2O_2 \rightarrow HSO_4^- + H_2O$$
$$HSO_4^- + Ba^{2+} \rightarrow BaSO_4\downarrow + H^+$$

Sulfit wird in saurer Lösung durch H_2O_2 zu Sulfat oxidiert.

Zum Nachweis von SO_3^{2-} neben SO_4^{2-} fällt man aus neutraler oder schwach ammonia-kalischer Lsg. mit $BaCl_2$-Lsg. $BaSO_3$ und $BaSO_4$ gemeinsam aus. Nach dem Abzentrifugie-ren löst man aus dem Niederschlag mit 2 mol/l HCl das $BaSO_3$ heraus und zentrifugiert vom ungelöst zurückbleibenden $BaSO_4$ ab. Beim Versetzen des Zentrifugats mit einigen Tropfen H_2O_2 beweist das erneute Auftreten eines $BaSO_4$-Niederschlags die Anwesenheit von Sulfit.

10. Nachweis durch Entfärbung von Malachitgrün bzw. Fuchsin

Triphenylmethanfarbstoffe (Malachitgrün, Fuchsin) werden durch neutrale Sulfit-lösungen infolge Zerstörung der chinoiden Struktur entfärbt (s. S. 617).

Durch Zugabe von Aldehyden (Acetaldehyd, Formaldehyd) tritt wieder eine Farbe auf.

Um Störungen durch Schwermetallionen zu verhindern, verwendet man am besten den neutralisierten Sodaauszug.

Zunächst wird SO_3^{2-} aus neutraler Lsg., wie auf S. 314 beschrieben, als $SrSO_3$ gefällt. Der Niederschlag wird gut ausgewaschen und mit 10%iger Na_2SO_4-Lsg. verrührt. Hierbei wird $SrSO_3$ zu $SrSO_4$ umgesetzt, u. SO_3^{2-}-Ionen gehen in Lösung. Eine Spatelspitze dieser Mi-schung wird auf der Tüpfelplatte mit einem Tropfen Reagenzlsg. a) oder b) versetzt. Eine Entfärbung zeigt SO_3^{2-} an.

EG: $1 \mu g\ SO_2$,   pD: 4,7

Bedeutend empfindlicher kann der Nachweis durch eine Mischung von Malachitgrün und Fuchsin bei pH 8 gestaltet werden, da das Gemisch besser als die einzelnen Farbstoffe reagiert.

pD: 5,5

Störungen: Mono- und Polysulfide reagieren in ähnlicher Weise. Schwermetallionen ver-mindern die Empfindlichkeit erheblich, so daß S^{2-} nicht als Schwermetallsulfid entfernt werden kann. $S_2O_3^{2-}$ stört jedoch nicht.
Reagenz: a) 2,5 mg Malachitgrün in 100 ml Wasser,
　　　　　 b) 2,5 mg Fuchsin in 100 ml Wasser,
　　　　　 c) Mischung aus Lsgg. a) und b), 1:3.

11. Nachweis durch Umsetzung mit Formaldehyd

$$SO_3^{2-} + HCHO + H_2O \rightarrow HCH(OH)(SO_3)^- + OH^-$$

Formaldehyd reagiert mit HSO_3^- zu der Additionsverbindung Oxymethansul-fonsäure. Die gebildeten OH^--Ionen werden durch Phenolphthalein nachgewie-sen.

Die Reaktion ist besonders zum Nachweis von sehr wenig SO_3^{2-} neben viel $S_2O_3^{2-}$ geeignet.

Die genau neutralisierte Lsg. des Sulfits wird mit einigen ml Formaldehydlsg. und 1 Tropfen Phenolphthaleinlsg. versetzt. Bei Anwesenheit von SO_3^{2-} schlägt der Indikator nach Tiefrot um.

pD: 3,7

Störungen: Ein Formaldehydüberschuß ist zu vermeiden, da der Indikator entfärbt wird.
Reagenz: 1%ige, gegen Phenolphthalein neutralisierte Formaldehydlösung.

Schwefelsäure und Sulfate

Vorkommen: Weit verbreitet sind die Salze der Schwefelsäure, die Sulfate, wobei Anhydrit, $CaSO_4$, Gips, $CaSO_4 \cdot 2H_2O$, und Kieserit, $MgSO_4$, in großen Mengen in Salzlagerstätten vorkommen. Weiteres Sulfatvorkommen (s. S. 395, S. 397 und S. 474).

Darstellung: Technisch ist Schwefelsäure, H_2SO_4, nach zwei Verfahren durch Oxidation von SO_2 darstellbar.

Beim heute fast ausschließlich benutzten Kontaktverfahren, erfunden 1831 von *P. Philips*, wird ein SO_2-Luft-Gemisch bei ca. 450 °C über V_2O_5-Katalysatoren (früher Platin) geleitet:

$$2SO_2 + O_2 \rightleftharpoons 2SO_3 - 198 \text{ kJ}$$

Zur SO_3-Absorption verwendet man statt Wasser, das infolge seines hohen Dampfdrucks mit SO_3 viel schlecht abscheidbaren H_2SO_4-Nebel ergibt, konzentrierte H_2SO_4. Es entsteht Dischwefelsäure, $H_2S_2O_7$, die anschließend durch Wasserzugabe zu H_2SO_4 umgesetzt wird.

Beim Nitroseverfahren, 1746 als „Bleikammerverfahren" von *J. Roebuck* technisch genutzt, wird die Oxidation des SO_2 durch Stickstoffoxide katalysiert. Die Reaktion ist wie folgt formulierbar:

$$2SO_2 + 2NO_2 + 2H_2O \rightarrow 2H_2SO_4 + 2NO$$
$$2NO + O_2 \rightarrow 2NO_2$$

Tatsächlich ist die Umsetzung komplizierter. So treten bei ungenügender Wasserzufuhr in den Reaktionskammern „blaue Säure", $N_2O_2^+HSO_4^-$, und an den Wänden auskristallierte „Nitrosylschwefelsäure", $NO^+HSO_4^-$, auf („Bleikammerkristalle", vgl. Darstellung von Nitrosylhydrogensulfat S. 202). Im Normalbetrieb liegt $NO^+HSO_4^-$ in H_2SO_4 gelöst vor („Nitrose").

Bedeutung: Größte technische Verwendung findet H_2SO_4 weltweit zur Herstellung von Düngemitteln, vor allem von Ammoniumphosphaten und Tripelsuperphosphat (s. S. 338), daneben auch von Superphosphat, Ammonium- und Kaliumsulfat. Konzentrierte H_2SO_4 bzw. SO_3 dient in der organischen Chemie als Sulfonierungsmittel (Einführung der SO_3H^--Gruppe) und zusammen mit wasserfreier Salpetersäure als Nitrierungsmittel zur Darstellung von Sprengstoffen (Trinitrotoluol, Pikrinsäure, Nitroglycerin). Weiterhin lassen sich mit ihr Mineralsäuren darstellen (HF, s. S. 262, „Chromsäure" CrO_3, s. S. 432) sowie Uran- und Kupfererze aufbereiten und TiO_2-Pigmente herstellen. Verdünnte wäßrige Lösungen dienen u.a. als Fällbad bei der Kunstseidenherstellung und zum Füllen von Bleiakkumulatoren.

Allgemeine Eigenschaften: Oleum oder rauchende Schwefelsäure ist eine Auflösung von SO_3 in H_2SO_4, wobei $H_2S_2O_7$, $H_2S_3O_{10}$ und $H_2S_4O_{13}$ nebeneinander vorliegen. Das azeotrope Gemisch hat eine Zusammensetzung von 98,3% H_2SO_4 und 1,7% H_2O und siedet bei 338 °C, die Säure ist schwerflüchtig. Die käufliche konzentrierte Schwefelsäure ist 96%ig.

Im Gegensatz zur verdünnten ist die konzentrierte Säure besonders in der Wärme ein starkes Oxidationsmittel (vgl. 3., unten). Sie ist stark hygroskopisch und daher im Laboratorium als Trockenmittel einsetzbar. Organischen Verbindungen kann sie unter Wasserentzug zersetzen (vgl. 1.).

Konzentrierte Schwefelsäure wirkt ätzend und Gewebe zerstörend.

In wäßriger Lösung ist H_2SO_4 eine starke Säure. Über die Struktur der Schwefelsäure und der Sulfate s. S. 31.

Abgesehen von einigen basischen Sulfaten, z.B. des Bi(III), Cr(III), Hg(II) und von $BaSO_4$, $SrSO_4$, $CaSO_4$ und $PbSO_4$, sind alle anderen Sulfate in Wasser löslich. Während die basischen Sulfate auf Zusatz von Säuren schnell in Lösung gehen, löst sich $BaSO_4$ in konz. HCl nur spurenweise. $SrSO_4$ löst sich in konz. HCl bei längerem

Fortsetzung

> Kochen merklich, und $PbSO_4$ sowie $CaSO_4$ werden unter diesen Bedingungen vollständig gelöst.
>   Alle Sulfate setzen sich bei längerem Kochen mit Sodalösung um, so daß auch bei Gegenwart von $BaSO_4$ und von schwerlöslichen basischen Sulfaten immer SO_4^{2-}-Ionen im Sodaauszug auftreten. Dennoch ist häufig beim Vorliegen schwerlöslicher Sulfate ein sicherer SO_4^{2-}-Nachweis im Sodaauszug nicht möglich.
>   Es ist dann ratsam, nach Aufschluß des in 5 mol/l HCl schwerlöslichen Rückstandes der Analysensubstanz (s. S. 531), der u. a. aus $BaSO_4$, $SrSO_4$ und $PbSO_4$ bestehen kann, noch einmal im Zentrifugat auf SO_4^{2-} zu prüfen. Löst sich andererseits die Analysensubstanz glatt in 5 mol/l HCl auf, so können bei Gegenwart von Elementen in der Oxidationsstufe $+ III$ und $+ IV$ SO_4^{2-}-Ionen als basische Sulfate im Rückstand des Sodaauszuges verbleiben. In diesem Fall prüft man in einem 5 mol/l HCl-sauren Auszug des Rückstandes vom Sodaauszug nochmals auf SO_4^{2-}-Ionen.

1. Wasserentziehende Wirkung von konzentrierter H_2SO_4

$$(C_6H_{12}O_6)_x \rightarrow 6xC + 6xH_2O$$

Konz. H_2SO_4 vermag organischen Verbindungen chemisch gebundenes Wasser zu entziehen. So wird z. B. im Holz die Cellulose zersetzt.

Beim Arbeiten mit konz., besonders heißer, H_2SO_4 ist äußerste Vorsicht geboten, da von dieser Haut, Kleider und Bücher zerstört werden.

Man werfe einen Holzspan in konz. H_2SO_4. Er schwärzt sich allmählich, schneller bei gelindem Erwärmen.

2. Verhalten von verdünnter H_2SO_4 gegen Zn

$$Zn + 2H^+ \rightarrow Zn^{2+} + H_2\uparrow$$

In einem Reagenzglas übergieße man technisches Zink mit verd. H_2SO_4. Es entweicht Wasserstoff, der durch Anzünden (Vorsicht!) nachgewiesen wird.

3. Verhalten von konzentrierter H_2SO_4 gegen Zn

$$Zn + H_2SO_4 + 2H^+ \rightarrow Zn^{2+} + SO_2\uparrow + 2H_2O$$
$$2Zn + SO_2 + 4H^+ \rightarrow 2Zn^{2+} + 2H_2O + S\downarrow$$

Heiße konz. H_2SO_4 wird durch Metalle reduziert. Je nach angewandtem Metall entsteht nur SO_2 (Cu oder Fe) oder auch freier Schwefel.

Technisches Zink wird mit konz. H_2SO_4 übergossen. Es tritt keine Reaktion ein, da konz. H_2SO_4 praktisch keine Wasserstoffionen enthält. Man erwärme bis zur Gasentwicklung. Es entsteht SO_2, erkennbar am Geruch, und Schwefel, der sich in den kälteren Teilen des Reagenzglases in Tröpfchen absetzt.

4. Nachweis als $BaSO_4$

$$SO_4^{2-} + Ba^{2+} \rightarrow BaSO_4\downarrow$$

Man muß stets mit HCl vorher ansäuern, da viele andere Bariumsalze, wie $BaCO_3$, $Ba_3(PO_4)_2$, $BaSO_3$, in Wasser schwerlöslich sind, aber bei Gegenwart von Wasserstoffionen wieder in Lösung gehen.

Einige Tropfen des Sodaauszugs werden mit 5 mol/l HCl neutralisiert, mit einem Überschuß stark angesäuert (pH = 1 − 2) und mit einigen Tropfen $BaCl_2$-Lsg. versetzt. Weißer feinkristalliner Niederschlag (vgl. Kristallaufnahme Nr. 36).

Störungen: Man arbeite außerdem nicht in zu konz. Lösung, sonst können auch einfache Konzentrationsniederschläge auftreten, vgl. 1., S. 398.

In HCl-saurer Lösung bildet Ba^{2+} auch mit F^- und $[SiF_6]^{2-}$ schwerlösliche Verbindungen. BaF_2 läßt sich aus dem Niederschlag mit konz. HCl in der Wärme herauslösen. Eine Vorentscheidung, ob die Fällung aus $BaSO_4$, $Ba[SiF_6]$ oder aus einem Gemisch beider Stoffe besteht, kann man durch Betrachtung des Niederschlages unter dem Mikroskop treffen. $BaSO_4$ ist aufgrund seiner mikrokristallinen Beschaffenheit bei V = 100 kaum als kristalliner Niederschlag zu erkennen, während die Stäbchen und Büschel des $Ba[SiF_6]$ deutlich zu sehen sind (vgl. Kristallaufnahmen Nr. 3 und 36). Außerdem besitzt $Ba[SiF_6]$ in heißer konz. HCl eine beträchtliche Löslichkeit.

3 Tropfen des Sodaauszugs werden mit 5 mol/l HCl neutralisiert und mit 3 Tropfen 5 mol/l HCl angesäuert (bei Gegenwart von F^- verwende man zum Ansäuern konz. HCl). Auf Zusatz von 3 Tropfen 0,5 mol/l $BaCl_2$ bildet sich bei Gegenwart von SO_4^{2-}- und $[SiF_6]^{2-}$-Ionen ein w e i ß e r Niederschlag, der selbst in konz. HCl kaum lösl. ist. Zur Unterscheidung $BaSO_4 - Ba[SiF_6]$ Betrachtung unter dem Mikroskop, V = 100.

5. Nachweis durch Bildung von $BaSO_4$-$KMnO_4$-Mischkristallen

$BaSO_4$ hat im Gegensatz zu $Ba[SiF_6]$ die Eigenschaft, bei der Fällung MnO_4^--Ionen einzulagern. Das gefällte $BaSO_4$ ist dann mehr oder minder r o t v i o l e t t gefärbt. Die im $BaSO_4$ eingebauten MnO_4^--Ionen lassen sich durch Reduktionsmittel nicht mehr entfärben.

Es werden 3 Tropfen des Sodaauszugs mit 5 mol/l HCl neutralisiert, mit 2 mol/l HCl angesäuert und mit etwa dem gleichen Volumen 0,02 mol/l $KMnO_4$ versetzt. Dann werden 3 Tropfen 0,5 mol/l $BaCl_2$ zugegeben. Der bei Gegenwart von SO_4^{2-} ausfallende h e l l r o t - v i o l e t t e $BaSO_4$-Niederschlag wird abzentrifugiert, gewaschen und mit 1 ml 2,5 mol/l H_2O_2 oder 1 mol/l $H_2C_2O_4$ geschüttelt. Die r o t v i o l e t t e Färbung des $BaSO_4$ bleibt erhalten.

EG: 2,5 µg SO_4^{2-} pD: 4,3

Störungen: Die Reaktion darf nicht in zu konz. HCl durchgeführt werden, da sonst. Mn(VII) reduziert wird.

6. Nachweis als Benzidinsulfat

Benzidinium-Kation

Das schwerlösliche Benzidinsulfat kristallisiert in sechsseitigen Blättchen oder Nadeln.

1 Tropfen der Probelsg. wird auf dem Objektträger mit 1 Tropfen 1 mol/l CH₃COOH versetzt und erwärmt. Nach Zugabe von 1 Körnchen Benzidinacetat und Ziehen eines Impfstriches kristallisiert Benzidinsulfat aus.

$$EG: 0,06\,\mu g\,SO_4^{2-}, \qquad pD: 5,3$$

Störungen: Oxidationsmittel und Fluoride.
Reagenz: festes Benzidinacetat. (**Größte Vorsicht beim Umgang, da cancerogen.**)

7. Nachweis durch Umsetzung mit Bariumrhodizonat (s. S. 640)

Thioschwefelsäure (Sulfanmonosulfonsäure) und Thiosulfate

Darstellung: Beim längeren Kochen von Na₂SO₃-Lösung mit Schwefel bildet sich Natriumthiosulfat:

$$Na_2SO_3 + S \rightarrow Na_2S_2O_3$$

Thiosulfate entstehen außerdem bei vielen anderen Prozessen, so bei der Oxidation von Sulfiden, insbesondere Polysulfiden, durch Luft:

$$2\,Na_2S_2 + 3\,O_2 \rightarrow 2\,Na_2S_2O_3$$

Auch beim Einleiten von Schwefelwasserstoff in schweflige Säure erhält man neben Polythionaten Thiosulfat. Quantitative Umsetzung erfolgt bei genauer Einhaltung folgender Redoxreaktion:

$$2\,HS^- + 4\,HSO_3^- \rightarrow 3\,S_2O_3^{2-} + 3\,H_2O$$

In der Technik wird Thiosulfat außer durch Kochen von Sulfit mit Schwefel oder Polysulfid auch durch Einleiten SO₂-haltiger Röstgase in Natriumsulfidlösung gewonnen.

Auch in den Schwefellebern, Schmelzen von Soda oder Pottasche mit Schwefel, ist Thiosulfat enthalten.

Bedeutung: Ammonium- und Natriumthiosulfat werden in der Photographie als Fixiersalz (vgl. 4., S. 309) benutzt, das Natriumsalz auch in der Bleicherei als Antichlor (vgl. 2., S. 309) und in der Lederindustrie als schwaches Reduktionsmittel.

Allgemeine Eigenschaften: Beim Thiosulfation ist ein Sauerstoff des Sulfations durch Schwefel ersetzt:

Beim Ansäuern zerfallen Thiosulfate in $\overset{+IV}{S}O_2$ und $\overset{\pm 0}{S}$ s. Vers. 3.

Thiosulfate sind schwache Reduktionsmittel und werden durch starke Oxidationsmittel zu Sulfat oxidiert (vgl. 2.). Mit Jod verläuft dagegen die Umsetzung quantitativ zu Tetrathionat (vgl. 2.). Diese Reaktion besitzt große Bedeutung für die Maßanalyse (Iodometrie).

Von den Salzen sind nur BaS₂O₃, Ag₂S₂O₃ und PbS₂O₃ schwer löslich. Sie werden jedoch durch Sodalösung quantitativ in das lösliche Natriumsalz übergeführt. Mit vielen Schwermetallionen (z. B. Ag(I), Fe(III) und Cu(I)) bildet Thiosulfat im Überschuß lösliche Komplexe.

Für die folgenden Reaktionen verwende man eine $Na_2S_2O_3$-Lösung bzw. den neutralisierten Sodaauszug.

1. BaCl$_2$

In konz. Lsg. von $Na_2S_2O_3$ weißer kristalliner Niederschlag von BaS_2O_3, der infolge Übersättigung leicht ausbleiben kann.

2. Verhalten gegen I$_2$, Br$_2$, Cl$_2$

$$2\,S_2O_3^{2-} + I_2 \quad\quad\quad \rightarrow\; 2\,I^- + S_4O_6^{2-}$$
$$S_2O_3^{2-} + 4\,Cl_2 + 5\,H_2O \;\rightarrow\; 2\,SO_4^{2-} + 8\,Cl^- + 10\,H^+$$

Iod wird durch $S_2O_3^{2-}$ entfärbt, wobei Tetrathionat, $S_4O_6^{2-}$, entsteht. Auch Chlor und Brom werden reduziert. Hier wird aber $S_2O_3^{2-}$ im wesentlichen zu SO_4^{2-} oxidiert.

3. Einwirkung von Säuren

$$H_2S_2O_3 \;\rightarrow\; S\downarrow + SO_2\uparrow + H_2O$$

Beim Ansäuern einer Thiosulfatlösung entsteht zunächst die unbeständige freie Thioschwefelsäure. Sie zerfällt in Abhängigkeit von der Konzentration mehr oder weniger langsam, wobei Schwefel und Schwefeldioxid entstehen. Daneben bilden sich aber auch Polythionate.

Zum Ansäuern benutzt man am besten HCl.

4. Nachweis als Ag$_2$S$_2$O$_3$/Ag$_2$S

$$S_2O_3^{2-} + 2\,Ag^+ \quad\quad\; \rightarrow\; Ag_2S_2O_3\downarrow$$
$$Ag_2S_2O_3 + 3\,S_2O_3^{2-} \;\rightarrow\; 2\,[Ag(S_2O_3)_2]^{3-}$$
$$Ag_2S_2O_3 + H_2O \;\rightarrow\; Ag_2S + H_2SO_4$$

Ag^+ gibt mit $S_2O_3^{2-}$-Lösung einen weißen Niederschlag, der sich im Überschuß von $S_2O_3^{2-}$ löst.

Dieser Komplex entsteht auch aus anderen schwerlöslichen Silbersalzen wie AgCl, AgBr und AgI mit Thiosulfatlösung. Daher wird $Na_2S_2O_3$ in der Photographie als Fixiersalz benutzt. Das $Ag_2S_2O_3$ selbst ist unbeständig, es zersetzt sich unter Bildung von schwarzem Ag_2S. Diese Schwarzfärbung, die von Weiß über Gelb, Orange und Braun verläuft, kann zum Nachweis von $S_2O_3^{2-}$ benutzt werden. Auch andere Schwermetallthiosulfate zersetzen sich in gleicher Weise.

Das Zentrifugat der CdS-Fällung (s. Vers. 8, S. 300) wird mit 2,5 mol/l HNO_3 gegen Neutralrot schwach angesäuert und mit 1 mol/l $AgNO_3$ im Überschuß versetzt. Bei Gegenwart von $S_2O_3^{2-}$ fällt ein zuerst farbloser bis hellgelber Niederschlag aus, der beim Erwärmen unter Bildung von braunschwarzem Ag_2S zerfällt. Das gebildete Ag_2S kann durch Versetzen mit konz. HNO_3 in der Wärme gelöst werden, während mitgefällte Ag-Halogenide ungelöst zurückbleiben.

Störungen: Da S^{2-}-Ionen durch Bildung von Ag_2S die Reaktion überdecken, kann dieser Nachweis erst nach Fällung von S^{2-} durchgeführt werden.

5. Nachweis nach Oxidationen mit Cl_2- oder Br_2-Wasser als $SrSO_4$

$$S_2O_3^{2-} + 4\,Cl_2 + 5\,H_2O \rightarrow 2\,SO_4^{2-} + 8\,Cl^- + 10\,H^+$$
$$SO_4^{2-} + Sr^{2+} \rightarrow SrSO_4\downarrow$$

Da Schwefelverbindungen in niederen Oxidationsstufen mit Cl_2 oder Br_2 letztlich zu Sulfat oxidiert werden, muß, damit die Reaktion für $S_2O_3^{2-}$ spezifisch ist, die Oxidation mit dem Zentrifugat der CdS- und $SrSO_3/SrSO_4$-Fällung ausgeführt werden.

1 Tropfen der entsprechend vorbehandelten Lsg. wird mit einigen Tropfen Cl_2- oder Br_2-Wasser gekocht. Bei Gegenwart von $S_2O_3^{2-}$-Ionen entsteht mit den im Überschuß vorhandenen Sr^{2+}-Ionen ein Niederschlag von $SrSO_4$.
Störungen: Bei Anwesenheit von SCN^- muß dieses mit $Ni(NO_3)_2$ und Pyridin als $[Ni(py)_4](SCN)_2$ (s. S. 609) gefällt werden.

6. Nachweis durch Iod-Azid-Reaktion

Bei Abwesenheit von S^{2-} und SCN^- erfolgt der Nachweis von $S_2O_3^{2-}$ sinngemäß, wie bei S^{2-} beschrieben (S. 300).

$$EG:\ 0,15\,\mu g\ S_2O_3^{2-}, \qquad pD:\ 6,5$$

Störung: Die Reaktion kann nur dann zur Prüfung auf $S_2O_3^{2-}$ angewendet werden, wenn S^{2-} u. SCN^- von vornherein nicht in der Analysensubstanz zugegen sind, da letztere offenbar stets Spuren von $S_2O_3^{2-}$ enthalten, so daß auch nach ihrer Abtrennung die Prüfung auf $S_2O_3^{2-}$ stets positiv ausfällt.

7. Nachweis als Fe(III)-Thiosulfatkomplex

$$S_2O_3^{2-} + Fe^{3+} \rightarrow [Fe(S_2O_3)]^+$$
$$2\,[Fe(S_2O_3)]^+ \rightarrow 2\,Fe^{2+} + S_4O_6^{2-}$$

Eisen(III)-chlorid bildet mit $S_2O_3^{2-}$ ein rotviolettes Zwischenprodukt $[Fe(S_2O_3)]^+$, das in $S_4O_6^{2-}$ und Fe^{2+} zerfällt. Durch die Violettfärbung kann $S_2O_3^{2-}$ neben SO_3^{2-}-Ionen, die ohne Farbänderung Fe^{3+} zu Fe^{2+} reduzieren, nachgewiesen werden.

1–2 ml Probelsg. werden mit 2 Tropfen 0,1 mol/l $FeCl_3$ versetzt. Die entstandene Violettfärbung verschwindet mit fortschreitender Reduktion des Fe^{3+} zu Fe^{2+}.

pD: 4,5 in 4 ml Probelsg.

8. Nachweis durch Überführung in Thiocyanat

$$S_2O_3^{2-} + CN^- \rightarrow SO_3^{2-} + SCN^-$$
$$3\,SCN^- + Fe^{3+} \rightarrow Fe(SCN)_3$$

Erhitzt man eine neutrale oder alkalische $S_2O_3^{2-}$-Lösung mit KCN, so bilden sich SO_3^{2-}- und SCN^--Ionen. Letztere werden mit $FeCl_3$ umgesetzt.

1–2 ml Probelsg. werden mit einer Spatelspitze KCN versetzt und gekocht. Nach beendeter Reaktion wird mit 2 mol/l HCl angesäuert, die schweflige Säure und der HCN-Überschuß verkocht (**Abzug!**) und mit $FeCl_3$-Lsg. versetzt. Die rote Farbe von $Fe(SCN)_3$ beweist indirekt $S_2O_3^{2-}$.

Störungen: Sulfide, Polysulfide und Thiocyanat.

Reagenz: festes KCN.

Polysulfanmonosulfonsäuren und Polysulfandisulfonsäuren

Es existiert eine Reihe von Verbindungen der allgemeinen Formel $H_2S_xO_6$, wobei x vor allem die Werte von $2-6$, aber auch höhere, annehmen kann. Mit Ausnahme der Dithionsäure, $H_2S_2O_6$, faßt man sie unter dem Namen Sulfandisulfonsäuren, früher Polythionsäuren, zusammen. Ihre Konstitution ist durch die Synthese aus Polysulfanen, H_2S_y, bzw. Sulfanmonosulfonsäuren, $H_2S_ySO_3$, mit SO_3 in wasserfreiem Medium bei tiefen Temperaturen gesichert:

$$SO_3 + H-S_y-H + SO_3 \rightleftharpoons HO_3S-S_y-SO_3H$$

bzw.

$$HO_3S-S_y-H + SO_3 \rightleftharpoons HO_3S-S_y-SO_3H$$

Gemische der Polysulfandisulfonsäuren werden weiterhin bei der Reaktion von Thiosulfatlösungen mit SO_2 in Gegenwart von Arsen(III)-oxid gebildet. Auch beim Einleiten von Schwefelwasserstoff in eine wäßrige Lösung von SO_2 entstehen Polysulfandisulfonsäuren. In dieser sog. *Wackeroder*schen Flüssigkeit kommt neben Thioschwefelsäure, Monosulfandisulfonsäure (Trithionsäure), Trisulfandisulfonsäure (Pentathionsäure) und Tetrasulfandisulfonsäure (Hexathionsäure) hauptsächlich Disulfandisulfonsäure (Tetrathionsäure) vor.

Die Abtrennung und Isolierung einzelner Sulfandisulfonsäuren aus diesen Gemischen ist aber sehr schwierig. Man geht daher besser von speziellen Synthesen aus.

Monosulfandisulfonat z. B. entsteht bei der Oxidation von Thiosulfat mit Wasserstoffperoxid:

$$2Na_2S_2O_3 + 4H_2O_2 \rightarrow Na_2S_3O_6 + Na_2SO_4 + 4H_2O$$

Darstellung von $Na_2S_3O_6$ s. S. 208. Disulfandisulfonat erhält man bei der vorher beschriebenen Oxidation von Thiosulfat mit Iod.

Dithionsäure und ihre Salze verhalten sich nicht analog wie die Polythionate. Die Salze können leicht durch Oxidation von Schwefeldioxid mittels Mangandioxid oder Eisen(III)-salzen dargestellt werden:

$$2SO_2 + MnO_2 \rightarrow MnS_2O_6$$

Darstellung von $BaS_2O_6 \cdot 2H_2O$ (s. S. 207).

Thioschwefelsäure (s. S. 308) ist das Grundglied der Polysulfanmonosulfonsäuren, die mit Ausnahme des ersten Gliedes einbasig sind.

Peroxomono- und Peroxodischwefelsäure

Ersetzt man im Wasserstoffperoxid die Wasserstoffatome nacheinander durch die SO_3H-Gruppe, so erhält man Peroxomonoschwefelsäure (*Caro*sche Säure) und Peroxodischwefelsäure:

Fortsetzung

Das Peroxomonosulfat- und Peroxodisulfation haben dann folgende Valenzstrichformeln:

$$\left[\begin{array}{c} \overset{\langle O \rangle}{\underset{\langle O \rangle}{\overset{\parallel}{|\overline{O}-S-\overline{O}-\overline{O}-\overline{H}}}} \end{array}\right]^{-} \quad \text{und} \quad \left[\begin{array}{c} \overset{\langle O \rangle}{\underset{\langle O \rangle}{\overset{\parallel}{|\overline{O}-S-\overline{O}-\overline{O}-S-\overline{O}|}}} \overset{\langle O \rangle}{\underset{\langle O \rangle}{\overset{\parallel}{}}} \end{array}\right]^{2-}$$

Darstellung: Ammoniumperoxodisulfat gewinnt man durch anodische Oxidation von Ammoniumsulfat-Schwefelsäure-Lösung bei hoher Stromdichte und tiefer Temperatur (s. S. 198). Das Kalium- bzw. Natriumsalz stellt man analog her oder setzt $(NH_4)_2S_2O_8$ mit $KHSO_4$ bzw. NaOH um. Peroxomonoschwefelsäure entsteht bei der Hydrolyse von Peroxodischwefelsäure als Lösung, kristallin bei der Umsetzung von 100%igem H_2O_2 mit Chlorsulfonsäure.
Bedeutung: Peroxodisulfate werden als Polymerisationsstarter (PVC, Polyacrylnitril) verwendet, sonst zur H_2O_2-Darstellung (s. S. 292), Oxidation von Küpenfarbstoffen und als Bleichmittel.
Ammoniumperoxodisulfat dient in der Kosmetik als Deodorans und Desinfektionsmittel, in der Photographie als Abschwächer. Das Natriumsalz ist in Badetabletten enthalten. In der Analyse werden Peroxodisulfate als starke Oxidationsmittel eingesetzt (s. S. 411 u. 432).
Allgemeine Eigenschaften: Beide Säuren sind nicht sehr beständig. Monoperoxosulfate sind unbekannt. Peroxodisulfate sind haltbarer. In der Hitze zersetzen sich jedoch die Lösungen schon langsam:

$$S_2O_8^{2-} + H_2O \rightarrow SO_4^{2-} + HSO_5^- + H^+$$

Die entstehende einbasige Peroxomonoschwefelsäure zerfällt entsprechend dem im Wasser weitgehend nach rechts verschobenen Gleichgewicht in H_2SO_4 und H_2O_2:

$$HSO_5^- + H_2O \rightleftharpoons HSO_4^- + H_2O_2$$

Die Zerfallsgeschwindigkeit nimmt mit der Temperatur zu. Daher geben frisch und in der Kälte hergestellte Peroxodisulfatlösungen nicht die bekannten Reaktionen des H_2O_2, wie z.B. Bildung von Peroxotitan-kationen und Chromperoxid. Diese Tatsache erlaubt eine Unterscheidung von Peroxiden und Peroxodisulfaten. Sämtliche Salze der Peroxodischwefelsäure sind starke Oxidationsmittel und in Wasser leicht löslich.

Für nachstehende Reaktionen verwendet man eine Ammoniumperoxodisulfatlösung bzw. die entsprechend vorbereitete Analysenlösung.

1. Reaktion mit $KMnO_4$

$$2MnO_4^- + 5H_2O_2 + 6H^+ \rightarrow 2Mn^{2+} + 5O_2 + 8H_2O$$

Peroxodischwefelsäure zerfällt in H_2SO_4 und H_2O_2 (s. oben). Daher wird eine $KMnO_4$-Lösung beim Erhitzen mit einer sauren Peroxodisulfatlösung entfärbt.

2. Einwirkung von $H_2S_2O_8$ und H_2SO_4 auf KI

$$K_2S_2O_8 + H_2SO_4 + H_2O \rightarrow 2KHSO_4 + H_2SO_5$$

Man verreibe 0,2 g $K_2S_2O_8$ mit 1 g konz. H_2SO_4 möglichst innig, lasse 10–15 min lang stehen, gieße auf wenig fein zerstoßenes Eis und verdünne mit Wasser auf 5 ml. Von dieser Lsg. gibt man einige Tropfen zu einer KI-Lsg. Sofortige Ausscheidung von Iod, da jetzt *Caro*sche Säure vorliegt.

Zum Unterschied hiervon wird von einer frisch angesäuerten Peroxodisulfatlsg. I_2 nur sehr langsam in Freiheit gesetzt.

$$S_2O_8^{2-} + 2I^- \rightarrow 2SO_4^{2-} + I_2\downarrow$$

3. Nachweis durch Oxidationswirkung

$$Mn^{2+} + S_2O_8^{2-} + 3H_2O \rightarrow MnO(OH)_2\downarrow + 2SO_4^{2-} + 4H^+$$
$$2Mn^{2+} + 5S_2O_8^{2-} + 8H_2O \rightarrow 2MnO_4^- + 10SO_4^{2-} + 16H^+$$

Mangan(II)-salze werden durch Peroxodisulfate sowohl in alkalischer und neutraler als auch in saurer Lösung zu Mangandioxidhydrat oxidiert. Ebenso wird Pb^{2+} zu PbO_2 oxidiert. Dagegen wird Mn^{2+} in Gegenwart von Silberionen als Katalysator in saurer Lösung bis zum MnO_4^- oxidiert.

5 Tropfen in der Kälte hergestellte Analysenlsg. (vgl. Rk. 2) werden mit 1 Tropfen 0,1 mol/l $Mn(NO_3)_2$, 3 Tropfen konz. HNO_3 und 2 Tropfen 1 mol/l $AgNO_3$ versetzt. Beim Erhitzen erfolgt Oxidation zu rotvioletten MnO_4^--Ionen.

Störungen: Da einerseits Cl^- mit Ag^+ schwerlösliches AgCl bildet und andererseits MnO_4^- sofort Cl^- oxidieren würde, muß chloridfrei gearbeitet werden.

Auch H_2O_2 darf nicht zugegen sein, weil es gleichfalls das gebildete MnO_4^- in saurer Lsg. wieder reduziert.

4. Nachweis als $BaSO_4$

Eine in der Kälte hergestellte $S_2O_8^{2-}$-Lsg. gibt bei Abwesenheit von SO_4^{2-} in HCl-saurer Lösung mit $BaCl_2$ keinen Niederschlag. Erst beim Erwärmen bilden sich H_2SO_4 und H_2O_2, so daß $BaSO_4$ ausfällt und gleichzeitig im Zentrifugat H_2O_2 nachgewiesen werden kann.

Zeigt der Sodaauszug gegen KI-Lsg. oxidierende Eigenschaften (vgl. 2., S. 312) u. fällt mit $BaCl_2$ in HCl-saurer Lsg. $BaSO_4$, so werden ca. 25 mg Analysensubstanz in der Kälte mit 10 Tropfen 5 mol/l CH_3COOH digeriert u. vom Schwerlöslichen abzentrifugiert. Zu 5 Tropfen des Zentrifugats wird so lange 0,5 mol/l $BaCl_2$ tropfenweise zugefügt, bis keine Fällung mehr erfolgt. Nach dem Abzentrifugieren des Niederschlags wird die Lsg. mit 3 Tropfen 0,1 mol/l KI und weiteren 3 Tropfen 0,5 mol/l $BaCl_2$ versetzt und im Wasserbad erwärmt. Erneute $BaSO_4$-Fällung und gleichzeitige I_2-Ausscheidung beweisen $S_2O_8^{2-}$-Ionen. Bei gleichzeitiger Gegenwart von H_2O_2 ist nur die $BaSO_4$-Nachfällung für $S_2O_8^{2-}$ beweisend.

5. Nachweis durch Bildung von Benzidinblau (s. S. 648)

Trennung und Nachweis von S^{2-}, SO_3^{2-}, SO_4^{2-}, $S_2O_3^{2-}$, $S_2O_8^{2-}$ und CO_3^{2-}

(S. dazu Tabelle 5.19–5.24, S. 593 ff.)

Je nachdem, ob man es mit löslichen oder in nichtoxidierenden Säuren schwerlöslichen Sulfiden zu tun hat, ist der Nachweis von S^{2-} verschieden.

Lösliche Sulfide werden mit verd. HCl versetzt und das frei werdende H_2S mit Pb-Acetat nachgewiesen (s. 4., S. 299). Für den Nachweis im Sodaauszug stehen die Fällung mit $AgNO_3$-Lösung (s. 5., S. 299), die Reaktion mit $Na_2[Fe(CN)_5NO] \cdot 2H_2O$ (s. 6., S. 299) und die Iod-Azid-Reaktion (s. 7., S. 300) zur Verfügung.

Ist auf schwerlösliche Sulfide zu prüfen, wird die Analysensubstanz, ggf. der Rückstand des Sodaauszugs mit Zink und halbkonz. HCl, der man 1 Tropfen $CuSO_4$-Lösung zusetzt, nach 4., S. 299 behandelt. Der Nachweis des entweichenden H_2S erfolgt wie oben. Man kann auch den Rückstand des Sodaauszugs mit konz. HNO_3 kochen und das gebildete SO_4^{2-} mit $BaCl_2$ nachweisen.

Bei Gegenwart von SO_3^{2-}, $S_2O_3^{2-}$ und SO_4^{2-} im Sodaauszug, muß das S^{2-} vor dem Nachweis mittels Cadmiumacetat-Lösung (s. 8., S. 300) abgetrennt werden. Bei Verwendung des Rückstandes des Sodaauszugs können diese Störungen nicht auftreten. Dabei ist zu beachten, daß sich bei sauren Analysensubstanzen ein Teil der Sulfide mit evtl. vorhandenem Sulfit zu Schwefel umgesetzt haben kann, der jedoch bei der Reduktion mit $H_{nasc.}$ wie bei der Oxidation mit HNO_3 erfaßt wird.

SO_3^{2-}, $S_2O_3^{2-}$ und SO_4^{2-} müssen im Filtrat des CdS-Niederschlages (s. oben) ermittelt werden. Dazu fälle man zunächst SO_3^{2-} und SO_4^{2-} gemeinsam aus.

10 Tropfen des Zentrifugats der CdS-Fällung (s. oben) oder, bei Abwesenheit von S^{2-}, 10 Tropfen des Sodaauszugs werden mit 1 Tropfen Neutralrot als Indikator versetzt und mit 5 mol/l CH_3COOH neutralisiert. Zeigt der Indikator in der Kälte nach Zusatz der CH_3COOH schwach saure Reaktion, so erwärmt man im Wasserbad. Unter CO_2-Entwicklung schlägt die Indikatorfarbe wieder um und zeigt alkalische Reaktion. Man versetzt nun so lange mit 5 mol/l CH_3COOH, bis in der Wärme kein CO_2 mehr entweicht und der Indikator konstant ein pH von 6–7 anzeigt. Sodann werden 3 Tropfen 5 mol/l NH_3, und 10 Tropfen einer kalt gesättigten $Sr(NO_3)_2$-Lösung zugegeben und 10 Minuten im Wasserbad erwärmt. Nach dem Zentrifugieren des Niederschlages wird das Zentrifugat durch erneuten Zusatz von 3 Tropfen 5 mol/l NH_3 und Erwärmen auf Vollständigkeit der Fällung geprüft. Eine stets auftretende Trübung durch den Carbonatgehalt des Ammoniaks wird verworfen. Der gut gewaschene Niederschlag wird auf SO_3^{2-}- und SO_4^{2-}-Ionen, das Zentrifugat auf $S_2O_3^{2-}$ geprüft.

Zum Nachweis des SO_3^{2-} behandle man einen Teil des Niederschlages mit verd. H_2SO_4. Das entstehende SO_2 ist am Geruch zu erkennen (s. 6., S. 303). Das durch Ansäuern entstehende SO_2 kann auch in ein mit Wasser gefülltes Gärröhrchen übergetrieben werden. Die entstehende H_2SO_3 wird durch Entfärbung von Malachitgrün (s. 10., S. 304), mit Aldehyden (s. 11., S. 304), als $Zn_2[Fe(CN)_5NOSO_3]$ (s. 7., S. 303) oder durch Reduktion von I_2 (s. 8., S. 303) nachgewiesen.

$S_2O_3^{2-}$ erkennt man daran, daß das Zentrifugat vom $SO_3^{2-} - SO_4^{2-}$-Niederschlag beim Ansäuern allmählich Schwefel ausscheidet und nach SO_2 riecht. Ausserdem reduziert die Lösung Iod. Aus neutralen Lösungen kann das Thiosulfat mit $AgNO_3$ (s. 4., S. 309) oder auch mittels der Iod-Azid-Reaktion (s. 6., S. 310) identifiziert werden.

SO_4^{2-} wird in einer besonderen, mit HCl angesäuerten Probe mit $BaCl_2$ (s. 4., S. 306) nachgewiesen, wobei vom eventuell ausgeschiedenen Schwefel vorher abzufiltrieren ist.

$S_2O_8^{2-}$ kann neben S^{2-}, SO_3^{2-} und $S_2O_3^{2-}$ nicht vorkommen, da es von diesen zu SO_4^{2-} umgesetzt wird. Es braucht daher nur bei deren Abwesenheit auf $S_2O_8^{2-}$ geprüft zu werden. Dazu versetzt man den angesäuerten Sodaauszug in der Kälte mit überschüssigem $BaCl_2$. Der bei Anwesenheit von SO_4^{2-} entstandene Niederschlag von $BaSO_4$ wird zentrifugiert und das Zentrifugat gekocht. Bildet sich wieder ein Niederschlag, der durch Zerfall der $S_2O_8^{2-}$ in SO_4^{2-} hervorgerufen wird, so ist $S_2O_8^{2-}$ zugegen (s. 4., S. 313). Außerdem säure man mit HNO_3 an, setze etwas Ag^+ und Mn^{2+} hinzu und koche. Eine Violettfärbung durch MnO_4^- zeigt $S_2O_8^{2-}$ an (s. 3., S. 313). Letztere Reaktion versagt jedoch bei Gegenwart solcher Ionen, die mit Ag^+ schwerlösliche Verbindungen bilden.

Der Nachweis von CO_3^{2-} wird durch SO_3^{2-} und $S_2O_3^{2-}$ gestört, da SO_2 mit $Ba(OH)_2$ schwerlösliches $BaSO_3$ gibt. Man muß dann die Analysensubstanz vor dem Nachweis des CO_3^{2-} einige Zeit mit H_2O_2 behandeln (Nachweis von CO_3^{2-} s. S. 347 f.).

4.2.3.3 Selen Se, Z: 34, RAM: 78,96, $4s^2\,4p^4$

Häufigkeit: $8 \cdot 10^{-5}$ Gew.-%. Smp.: 217,4 °C. Sdp.: 684,9 °C. D_{25}: 4,79 g/cm³. Oxidationsstufen: $-$ II, $+$ IV, $+$ VI. Ionenradius $r_{Se^{2-}}$: 198 pm. Standardpotential: $Se + 2e^- \rightleftharpoons Se^{2-}$; $E^0 = -0{,}92$ V.

Vorkommen: Selen kommt hauptsächlich als Selenid in isomorphen Sulfiden vor (z.B. Pyrit, FeS_2, Kupferkies, $CuFeS_2$, Zinkblende, ZnS). Es kann höchstens 0,5% des Sulfidschwefels ersetzen. Kupfererze enthalten meist $100-200$ g Se pro Tonne. Infolge der großen Flüchtigkeit und leichten Reduzierbarkeit des SeO_2 reichert sich Selen beim Abrösten der Sulfide im Flugstaub und im Bleikammerschlamm bei der Schwefelsäuredarstellung (s. S. 305) an.

Darstellung: Das Selen löst man aus dem Flugstaub bzw. Bleikammerschlamm durch Behandeln mit konz. HNO_3 heraus. Aus der selenige Säure enthaltenden Lösung wird elementares Selen durch Reduktion mit schwefliger Säure abgeschieden. In Nordamerika arbeitet man bevorzugt den Anodenschlamm der Kupferraffination auf.

Bedeutung: Selenzusätze in Metallen und Legierungen ergeben ein gleichmäßigeres Kristallgefüge. Große Selenmengen werden für Trockengleichrichter und zum Rotfärben von Gläsern benötigt. Die Änderung der Oberflächenladung von Selenschichten bei Belichtung nutzt man in der Xerographie aus. Bei Photowiderständen aus Cadmiumselenid sinkt bei Lichteinfall der Widerstand schneller und stärker als bei CdS-Photowiderständen. In der organischen Chemie dient SeO_2 als Dehydrierungsmittel.

Allgemeine Eigenschaften: Vom Selen sind in Analogie zum Schwefel mehrere Modifikationen, rotes α- und β- sowie graues metallisches Se bekannt. Die Oxidationsstufen sind $-$ II(H_2Se), $+$ IV(H_2SeO_3) und $+$ VI(H_2SeO_4). Im Gegensatz zum Schwefel ist aber die Oxidationsstufe $+$ IV die beständigere. (Zusammenhang im PSE s. S. 110).

Die Nachweisreaktionen des Selens (und auch Tellurs) weichen von denen des Schwefels ab. Die analogen Fällungen der sauerstoffhaltigen Anionen mit Kationen sind wenig charakteristisch. In der Regel finden daher für Verbindungen, in denen Selen in einer positiven Oxidationsstufe auftritt, Reaktionen Anwendung, die entwe-

Fortsetzung

der zum elementaren Selen führen (s. 1.) oder bei denen organische Verbindungen durch Oxidation eine charakteristische Veränderung erfahren (s. S. 628). Von besonderem Interesse sind Reaktionsbedingungen, die den Nachweis von Selen neben Tellur und umgekehrt gestalten.

Toxizität: Selen ist ein lebenswichtiges Spurenelement, ohne dessen Anwesenheit z.B. Vitamin E nicht wirksam ist. In Überdosis sind Selenverbindungen stark toxisch, da das Selen anstelle von Schwefel in körpereigenen Substanzen eingebaut wird. H_2Se ruft schon in sehr geringen Mengen starke Reizung der Schleimhäute hervor (MAK-Wert 0,2 mg/m³).

Selenate (IV)

Zu den nachstehenden Reaktionen benutzt man eine K_2SeO_3- oder H_2SeO_3-Lösung oder die entsprechend vorbereitete Analysenlösung.

1. Verhalten gegenüber Reduktionsmitteln

a) H_2S: In Lösungen von SeO_3^{2-} in der Kälte zitronengelber, in der Wärme rotgelber Niederschlag:

$$H_2SeO_3 + 2H_2S \rightarrow Se\downarrow + 2S\downarrow + 3H_2O$$

Das Gemisch von Selen und Schwefel löst sich leicht in $(NH_4)_2S$, da Selen mit $(NH_4)_2S$ den Polysulfiden analoge Verbindungen eingeht.

b) SO_2: Aus stark salzsaurer (am besten 34%iger) Lsg. reduziert SO_2 nur Selenate(IV), jedoch nicht Tellurate(IV).

$$H_2SeO_3 + 2H_2SO_3 \rightarrow Se\downarrow + 2H_2SO_4 + H_2O$$

Selenat(VI) wird schon von konz. HCl beim Kochen zu Selenat(IV) reduziert.

c) Hydraziniumsalze: Beim Erhitzen in saurer, am besten schwefelsaurer Lsg. werden Selenate(IV) und (VI) zum Element reduziert. In ammoniakalischer Lösung tritt eine Reduktin dieser Se-Verbindungen erst in der Hitze ein, nachdem das Ammoniak praktisch verkocht ist.

d) $SnCl_2$: Nur in saurer Lösung erfolgt Reduktion der Selenate(IV) und (VI).

e) $FeSO_4$: Aus stark salzsaurer Lsg. quantitative Reduktion zu elementarem Selen.

2. Vorproben

a) Lötrohrreaktion: Es bildet sich analog dem Schwefel bei Gegenwart eines Überschusses von Soda durch Reduktion Na_2Se, das auf Silber ebenfalls schwarze Flecken von Ag_2Se erzeugt.

b) Flammenfärbung: Bei Erhitzen an der Luft verbrennt elementares Selen mit bläulicher Flamme unter Verbreitung eines Geruchs nach faulem Rettich zu weißem kristallinem SeO_2. Selenat(IV) oder (VI) werden durch Zn + HCl in H_2Se (Vorsicht! Greift Nasenschleimhäute an!) übergeführt und das Gas verbrannt (vgl. 2., S. 492).

3. Nachweis als Se_8^{2+}

$$Se_8 + 3H_2SO_4 \longrightarrow \left[\begin{array}{c} \overline{Se}-\overline{Se}-\overline{Se} \\ Se \quad \quad \quad Se \\ \overline{Se}-\overline{Se}-\overline{Se} \end{array} \right]^{2+} + 2HSO_4^- + 2H_2O + SO_2\uparrow$$

Elementares Selen löst sich in heißer konz. H_2SO_4 unter Oxidation zu grünem Se_8^{2+}. Die Verwendung von Oleum oder der Zusatz von sehr wenig $K_2S_2O_8$ erleichtert die Oxidation bei niedrigeren Temperaturen.

Bei längerem Kochen verschwindet die grüne Farbe, wobei unter SO_2-Entwicklung H_2SeO_3 erhalten wird.

Eine Spur Selen behandle man mit konz. Schwefelsäure oder besser Oleum (1 ml). Es löst sich nach kurzem Erhitzen mit grüner Farbe, beim Verdünnen mit Wasser scheidet sich Selen wieder aus.

Störungen: Das unter gleichen Bedingungen erhaltene Te_4^{2+} ist rot.

4. Nachweis durch Reduktion mit HI

$$SeO_3^{2-} + 4I^- + 6H^+ \rightarrow Se + 2I_2 + 3H_2O$$

Nach der Reduktion von H_2SeO_4 durch Kochen mit konz. HCl wird die entstandene H_2SeO_3 in saurer Lösung durch Iodide zu elementarem rotem Se reduziert. Das dabei frei werdende Iod wird durch $Na_2S_2O_3$ reduziert.

1 Tropfen gesättigte KI-Lsg. und 1 Tropfen konz. HCl werden auf Filterpapier getüpfelt. In die Mitte des feuchten Fleckes wird 1 Tropfen der vorher mit konz. HCl gekochten Probelsg. gegeben. Ein bleibender rotbrauner Fleck beim Nachtüpfeln mit 5%iger $Na_2S_2O_3$-Lsg. zeigt Se an.

EG: 1 µg Se (bei Ggw. von Te 2,5 µg Se),   pD: 4,4

Störungen: H_2TeO_3 bildet unter gleichen Bedingungen mit HI den Anionenkomplex $[TeI_6]^{2-}$, der jedoch durch $Na_2S_2O_3$ entfärbt wird, so daß Se neben beträchtlichen Te-Mengen identifiziert werden kann.

5. Nachweis durch Reduktion mit Thioharnstoff

H_2SeO_3 wird in HCl-saurer Lösung durch Thioharnstoff (s. S. 609) zu rotem Selen reduziert.

Im Halbmikro-Maßstab werden 2–3 Tropfen der mit verd. HCl aufgekochten Probelsg. mit einigen Körnchen Thioharnstoff versetzt. Ein leuchtend roter Niederschlag, der manchmal allmählich schwarz wird, zeigt Se an.

EG: 2 µg Se (in Gegenwart von 25 µg Te 5 µg Se),   pD: 6,0

Störungen: Stärkere Oxidationsmittel sowie Au, Pt und größere Mengen Cu stören. Bi, Ag, Sb und Tl bilden gelbe Niederschläge bzw. Färbungen. In sehr schwach saurer Lösung kann auch schwarzes Te ausfallen.

Über das Verhalten konz. Tellurat(IV)-Lsg. s. 4, S. 319.

6. Nachweis durch Oxidation von asymmetrischem Diphenylhydrazin (s. S. 628).

7. Nachweis als Piazoselenol (s. S. 629).

4.2.3.4 Tellur   Te, Z: 52, RAM: 127,60, $5s^2 5p^4$

Häufigkeit: ca. $1 \cdot 10^{-6}$ Gew.-%. Smp.: 449,5 °C. Sdp.: 1390 °C. D_{25}: 6,25 g/cm³. Oxidationsstufen: $-$ II, $+$ IV, $+$ VI. Ionenradius $r_{Te^{2-}}$: 221 pm. Standardpotential: Te $+ 2e^- \rightleftharpoons Te^{2-}$; $E^0 = -1.143$ V.

Vorkommen: Telluride kommen in geringeren Gehalten als Selenide (s. S. 315) in Sulfiden vor, wobei sie meist selbständige Mineralien bilden, z. B. Hessit, AgTe, Altait, PbTe und Gold-Silber-Telluride, wie Sylvanit, $AgAuTe_4$. Das wichtigste Tellurerz ist aber das Blättererz (Nagyagit), ein isomorphes Gemisch von Sulfiden und Telluriden des Pb, Au, Ag und Sb.

Darstellung: Zur Gewinnung von Tellur und seinen Verbindungen geht man hauptsächlich vom Anodenschlamm der Kupferraffination aus.

Bedeutung: Tellur hat bisher, abgesehen von einigen speziellen Anwendungsbereichen (als Komponente in Speziallegierungen, Halbleitern und Lepraheilmitteln), keine technische Bedeutung erlangt.

Allgemeine Eigenschaften: In seinem chemischen Verhalten ähnelt Tellur sehr seinen Homologen Selen und Schwefel (s. S. 295f.). Aufgrund der allgemeinen Regeln im PSE bildet Tellur jedoch in der Oxidationsstufe $+$ VI die Orthosäure H_6TeO_6 (s. S. 81). Hinsichtlich der analytischen Nachweise gilt das für Selen Gesagte (s. S. 315).

Toxizität: Tellurverbindungen sind etwa so toxisch wie die des Selens, sie werden im Körper zum Element reduziert. Bei Tellurvergiftungen tritt knoblauchartiger Atemgeruch auf.

Tellurate (IV)

Zu den nachstehenden Reaktionen benutzt man eine K_2TeO_3-Lösung oder die entsprechend vorbereitete Analysenlösung.

1. Verhalten gegenüber Reduktionsmitteln

a) H_2S: In Lösungen von TeO_3^{2-} brauner, beim Erhitzen schwarz werdender Niederschlag:

$$H_2TeO_3 + 2H_2S \rightarrow Te\downarrow + 2S\downarrow + 3H_2O$$

Auch Tellur ist in $(NH_4)_2S$ löslich.

b) SO_2: Die Reduktion der Tellurate(IV) erfolgt erst in schwach HCl-saurer Lsg.

$$H_2TeO_3 + 2H_2SO_3 \rightarrow Te\downarrow + 2H_2SO_4 + H_2O$$

Tellurate (VI) werden durch konz. HCl beim Kochen zu Telluraten(IV) reduziert.

c) Hydraziniumsalze: Beim Erhitzen saurer, am besten schwefelsaurer Lösungen werden Tellurate(IV) und (VI) zum Element reduziert. In ammoniakalischer Lsg. erfolgt die Reduktion schon in der Kälte, im Gegensatz zu den Selenaten(IV) und (VI), die nicht reduziert werden.

d) $SnCl_2$: In alkalischer Lsg. werden mit dem gebildeten Alkalistannit, $[Sn(OH)_3]^-$, nur die Tellurate(VI) und (IV) zu Te reduziert, nicht die Selenate.

e) $FeSO_4$: In stark HCl-saurer Lösung erfolgt keine Reaktion. Bei Gegenwart von sirupöser Phosphorsäure (1:1 Vol.-Teile) werden jedoch Alkalitellurate(VI) und (IV) in der Wärme zu Te reduziert.

2. Vorproben

a) Lötrohrreaktion: Es bildet sich analog dem Schwefel bei Gegenwart eines Überschusses von Soda durch Reduktion Na_2Te, das auf Silber schwarze Flecken von Ag_2Te erzeugt.

b) Flammenfärbung: Beim Erhitzen einer Tellurverbindung im oberen Raum der Bunsenflamme tritt eine fahlblaue Flammenfärbung auf, während der überliegende Oxidationsraum grün aufleuchtet. Es ist zweckmäßig, Telluride durch HCl bzw. Tellurate(VI) und (IV) zuvor durch Zn + HCl in H_2Te (Vorsicht! Greift Nasenschleimhäute an!) zu überführen.

3. Nachweis als Te_4^{2+}

$$4\,Te + 3\,H_2SO_4 \longrightarrow \begin{bmatrix} Te\!-\!Te \\ |\,(6\pi)\,| \\ Te\!-\!Te \end{bmatrix}^{2+} + 2\,H_2O + SO_2\uparrow + 2\,HSO_4^-$$

Beim Umsatz von elementarem Te mit heißer konz. H_2SO_4 erhält man rotes Te_4^{2+}.

4. Nachweis mit Thioharnstoff

Aus konzentrierten TeO_3^{2-}-Lösungen fällt mit Thioharnstoff ein gelber kristalliner Niederschlag, der mit Wasser unter Grünfärbung hydrolysiert. In verdünnten Lösungen erhält man eine Gelbfärbung. Fügt man Ether und Kaliumxanthogenat hinzu, so färbt sich die etherische Schicht nach Schütteln rot. Behandelt man diese etherische Schicht mit Ammoniak, so erhält man einen schwarzen Niederschlag von Te.

pD: 8,0

5. Nachweis durch Reduktion mit Na_2SO_3

$$TeS_2^{2-} + SO_3^{2-} \rightarrow Te\downarrow + S^{2-} + S_2O_3^{2-}$$

Beim Erwärmen der Lösungen von Telluropolysulfiden mit Na_2SO_3 im Überschuß wird elementares Te gefällt.

Ein Teil des Niederschlags der H_2S-Gruppe wird mit $(NH_4)_2S_x$ digeriert und zentrifugiert. 2–3 Tropfen des klaren Zentrifugats werden im Mikroreagenzglas mit einer Spatelspitze Na_2SO_3 versetzt und in der Siedehitze bis fast zur Trockne eingedampft. Der Rückstand wird mit 1–2 ml Wasser gut durchgerührt. Ein schwarzer Niederschlag oder eine graue Suspension zeigt Te an. Der Niederschlag löst sich nach dem Abzentrifugieren und Waschen mit Wasser in konz. H_2SO_4 mit roter Farbe.

EG: 0,5 µg Te,   pD: 5,0

Störungen: Die Reaktion ist auch in Gegenwart von größeren Mengen S und Se für Te spezifisch, die unter den gleichen Bedingungen als Alkalipolysulfide bzw. Selenosulfide in Lösung verbleiben.

Trennung und Nachweis von Se und Te

(Siehe auch Tabelle 5.10, S. 538)

Als Vorproben auf Se und Te eignen sich die Lötrohrprobe und die Flammenfärbung, s. 2., S. 316 bzw. 319.

Selen und Tellur werden aus HCl-saurer Lösung durch Zugabe von Zn in elementarer Form abgeschieden. Nach Filtration wird der Niederschlag in konz. HNO_3 gelöst. Die Lösung wird vorsichtig zur Trockne eingedampft und der Rückstand mit 10 ml HCl der Dichte 1,175 (34%ig) wieder gelöst. Dabei entstehen H_2SeO_3 und H_2TeO_3. Aus dieser Lösung können die beiden Elemente durch Reduktion mit HI s. 4., S. 317 oder mit Thioharnstoff, s. 5., S. 317 bzw. 4., S. 319 nachgewiesen werden. Leitet man jedoch in die stark HCl-saure Lösung in der Hitze Schwefeldioxid ein, so fällt nur rotes Se aus, das abfiltriert wird. Das Zentrifugat dampft man weitgehend ein, nimmt mit Wasser und verd. HCl auf und leitet wieder Schwefeldioxid ein. Jetzt scheidet sich schwarzes Te ab. Man identifiziert Se und Te durch Lösen in konz. H_2SO_4 (s. 3., S. 316 u. 319).

Spuren der beiden Elemente kommen in sulfidischen Erzen vor. In diesem Falle ist deren Nachweis nach dem üblichen Trennungsgang schwierig. Eine Anreicherung von Se und Te ist durch den sog. Chloraufschluß (S. 547) möglich.

Die Behandlung der Se- und Te-Niederschläge im Kationentrennungsgang erfolgt nach S. 537, S. 547f. und Tab. 5.10 oder 5.12.

4.2.4 Elemente der 5. Hauptgruppe

Die 5. Hauptgruppe des PSE umfaßt die Elemente Stickstoff, N, Phosphor, P, Arsen, As, Antimon, Sb, und Bismut, Bi.

Gemäß den allgemeinen Regeln (s. S. 110) ist die maximal mögliche Oxidationsstufe, die auch von allen Elementen erreicht wird, + V, die minimale − III. Mit steigender Ordnungszahl nimmt der metallische Charakter stark zu, die Stabilität der höchsten Oxidationsstufe dagegen ab. Bismutate (Oxidationsstufe + V) sind äußerst starke Oxidationsmittel. In gleicher Richtung sinkt die thermische Stabilität der Wasserstoffverbindung H_3E und steigt ihr Säurecharakter. Letzteres macht sich auch dadurch bemerkbar, daß die Anlagerung eines Protons unter Bildung von Ionen des Typus $[EH_4]^+$ (s. S. 83) immer schwieriger wird. Die Abnahme der Stärke der Sauerstoffsäuren zeigt sich am besten durch den Vergleich der Verbindungen in der Oxidationsstufe + III. HNO_2 und H_3PO_3 zählen zu den Säuren, H_3AsO_3 bzw. $HAsO_2$ und H_3SbO_3 bzw. $HSbO_2$ sind amphoter, und $Bi(OH)_3$ verhält sich fast vollkommen als Base.

Die Elemente Arsen, Antimon und Bismut gehören analytisch gesehen zur H_2S-Gruppe und werden dort besprochen (Kap. 4.3.4, S. 467).

4.2.4.1 Stickstoff N, Z: 7, RAM: 14,0067, $2s^2\,2p^3$

Häufigkeit: 0,030 Gew.-%. Smp.: − 210,01 °C. Sdp.: − 195,81 °C. D_{25}: 1,25 mg/cm³. Oxidationsstufen: − III, + I, + II, + III, + IV, + V. Ionenradius r_{N3-}: 171 pm, r_{N3+}: 16 pm, r_{N5+}: 13 pm.

Fortsetzung

Vorkommen: Stickstoff kommt hauptsächlich elementar in der Luft (78,1 Vol.-%, bzw. 75,5 Gew.-%) und nur zum geringen Teil gebunden in Form von Nitraten (s. S. 330) vor.

Darstellung: Stickstoff wird technisch durch fraktionierte Destillation flüssiger Luft oder durch Entzug des Sauerstoffs der Luft mit glühender Kohle, wobei ein Gemisch von Stickstoff und Kohlendioxid bzw. Stickstoff und Kohlenmonoxid erhalten wird, gewonnen. Im Laboratorium stellt man ihn dar, indem man den Luftsauerstoff durch Verbrennen von Kupfer oder Phosphor entfernt oder durch Erhitzen stickstoffhaltiger Verbindungen, die außerdem Wasserstoff und Sauerstoff im Verhältnis 2:1 enthalten (z.B. NH_4NO_2 s. S. 183 u. S. 382), so daß Wasser und N_2 entstehen können.

Bedeutung: Stickstoff ist vor allem für die großtechnische Herstellung von Ammoniak (s.u.) sehr wichtig. Dazu stellt man oft gleich N_2-haltigen Wasserstoff her.

Die Bedeutung von Stickstoffverbindungen für die Lebensvorgänge ergibt sich aus der Tatsache, daß Eiweiß und Nukleinsäuren neben Kohlenstoff, Sauerstoff und Wasserstoff stets Stickstoff enthalten.

Allgemeine Eigenschaften: Bei gewöhnlicher Temperatur bilden die zweiatomigen N_2-Moleküle ein sehr reaktionsträges Gas. Jedoch wird seine Reaktionsfähigkeit z.B. durch Temperaturerhöhung beträchtlich gesteigert. So bildet Stickstoff eine große Anzahl verschiedenartiger Verbindungen, von denen besonders die Wasserstoffverbindungen, die Metallverbindungen, die Oxide und die Sauerstoffsäuren von Bedeutung sind.

Ammoniak, NH_3

Vorkommen: Gase aus Vulkanen enthalten teilweise geringe Mengen Ammoniak bzw. Ammoniumsalze. In der Natur entsteht es durch Fäulnis stickstoffhaltiger organischer Substanzen (Eiweiß).

Darstellung: Großtechnisch wird NH_3 aus den Elementen unter Verwendung von Katalysatoren nach dem *Haber-Bosch*-Verfahren hergestellt. Weitere Darstellungsverfahren s. S. 184.

Bedeutung: Aus NH_3 werden Ammoniumsalze (überwiegend Düngemittel, s. S. 381) und Vorprodukte für Kunstfasern, Kunststoffe und für viele andere organische Produkte hergestellt. Nur etwa 8% dienen zur Erzeugung von Salpetersäure (*Ostwald*-Verfahren, s. S. 326).

Allgemeine Eigenschaften: NH_3 ist ein stechend riechendes farbloses Gas mit einem Siedepunkt bei $-33,4\,°C$. Das Molekül besitzt eine trigonal-pyramidale Struktur mit einem freien Elektronenpaar. Daran lagert sich leicht ein Proton an, wodurch das NH_4^+-Ion (s. S. 381) entsteht:

$$H-\underset{\underset{H}{|}}{\overset{\overset{H}{|}}{N}}I \;+\; H^+ \;\longrightarrow\; \left[H-\underset{\underset{H}{|}}{\overset{\overset{H}{|}}{N}}-H\right]^+$$

Auf diese Weise bildet NH_3 als Base mit Säuren Ammoniumsalze:

$$NH_3 + HCl \;\rightarrow\; NH_4Cl$$
$$2\,NH_3 + H_2SO_4 \;\rightarrow\; (NH_4)_2SO_4$$

Fortsetzung

> Die Besprechung der Reaktionen des Ammoniumions erfolgt wegen seiner großen Ähnlichkeit mit dem K^+-Ion (s. S. 377) bei den Alkalielementen (s. S. 374ff.).
>
> Die Löslichkeit von NH_3 in Wasser ist sehr groß, bei 20 °C lösen sich z. B. 700 Volumenteile NH_3 in einem Volumenteil Wasser. Es bildet sich Ammoniakhydrat, das in geringem Grade in NH_4^+ und OH^- dissoziiert ist:
>
> $$NH_3 + H_2O \rightleftharpoons NH_3 \cdot H_2O \rightleftharpoons NH_4^+ + OH^-$$
>
> Obige Gleichgewichte liegen weitgehend zugunsten von $NH_3 \cdot H_2O$, so daß wäßrige Ammoniaklösung basische Eigenschaften aufweist (s. S. 66 u. 90f.). Ammoniumsalze starker Säuren unterliegen daher in wäßriger Lösung der Hydrolyse. Die Lösungen reagieren sauer (s. S. 73).
>
> NH_3 besitzt infolge seines Dipolcharakters bzw. seines freien Elektronenpaares die Fähigkeit, als Komplexligand (Amminkomplexe) zu wirken (s. S. 112).
>
> Der Wasserstoff im Ammoniak kann ganz oder teilweise durch andere Reste ersetzt werden. So erhält man beim Austausch des Wasserstoffs gegen Metalle:
>
> > Amide: $NaNH_2$ (Gewinnung s. S. 204)
> >
> > Imide: $PbNH$
> >
> > Nitride: Mg_3N_2 (Darstellung s. S. 200).
>
> Bei Substitution des Wasserstoffs durch Säurereste erhält man die Säureamide: $(NH_2)HSO_3$ Amidoschwefelsäure (Darstellung s. S. 203) und $(NH_2)_2SO_2$ Schwefelsäurediamid (Sulfamid).

Hydrazin, H_2N-NH_2, (N_2H_4)

> **Darstellung:** Hydrazin wird technisch durch Oxidation vom Ammoniak mit Natriumhypochlorit oder Wasserstoffperoxid hergestellt. Beim *Raschig*-Verfahren versetzt man verdünnte $NaOCl$-Lösung bei 0 °C mit NH_3-Lösung in großem Überschuß, wobei sich sofort Chloramin bildet. Anschließend erfolgt nach Zugabe von NH_3-Gas unter Druck bei 130 °C die Weiterreaktion zu Hydrazin innerhalb weniger Minuten:
>
> $$NH_3 + OCl^- \qquad\quad \rightarrow OH^- + NH_2Cl$$
> $$NH_2Cl + NH_3 + OH^- \rightarrow N_2H_4 + Cl^- + H_2O$$
>
> Die Ausbeute beträgt nur 70%, weil sich das gebildete Hydrazin teilweise in einer schnellen Konkurrenzreaktion mit Chloramin umsetzt:
>
> $$2\,NH_2Cl + N_2H_4 \rightarrow 2\,NH_4Cl + N_2\uparrow$$
>
> Diese Reaktion wird von Schwermetallspuren, wie sie in jedem selbst destillierten Wasser vorhanden sind, katalysiert. Um die Schwermetalle komplex zu binden, setzt man als „Antikatalysator" Leim oder heute meist EDTA (s. S. 117f.) hinzu.
>
> Mit Natriumhypochlorit oxidiert man beim Bayer-Verfahren ebenfalls, erhält jedoch durch Zusatz von Aceton, $(CH_3)_2CO$, einen anderen Reaktionsweg und vermeidet so das Auftreten von Chloramin. Ca. 1,5 mol/l $NaOCl$, Aceton und NH_3 werden im Stoffmengenverhältnis 1:2:20 zur Reaktion gebracht. Die Lösung enthält dann außer $NaCl$ und überschüssigem NH_3 das gebildete Acetonazin, $(CH_3)_2C=N-N=C(CH_3)_2$, das nach Abdampfen des wiederverwendbaren NH_3 aus der zurückbleibenden $NaCl$-Lösung als Azeotrop mit Wasser abdestilliert wird.

Fortsetzung

Dieses zerlegt man durch Druckdestillation bei 10 bar und konzentriert zum nicht explosiven handelsüblichen „100%igen Hydrazin-Hydrat" mit 64% N_2H_4.

Das neuere H_2O_2-Verfahren entspricht dem Bayer-Verfahren, verwendet aber Methylethylketon statt Aceton und wegen der sonst zu kleinen Reaktivität des H_2O_2 Zusätze von Acetamid und Natriumhydrogenphosphat. Der Energieverbrauch ist geringer, und es fällt kein NaCl-Abfall an.

Bedeutung: Aufgrund seiner reduzierenden Eigenschaften dient Hydrazin als sauerstoffbindendes Mittel im Wasser (Korrosionsschutz in Hochdruckkesseln) und zur Herstellung von Kupfer-, Nickel- oder Silberüberzügen auf Metallen, Kunststoffen, Leder oder Holz. Organische Hydrazinderivate wie Benzolsulfonsäurehydrazid und Azodicarbonamid verwendet man als Stickstofftreibmittel zur Herstellung von Schaumstoffen. Andere Derivate sind Schädlingsbekämpfungsmittel. Zusammen mit N_2O_4 ist eine Mischung aus Hydrazin und asymmetrischem Dimethylhydrazin ein Raketentreibstoff.

Allgemeine Eigenschaften: Hydrazin kann wie NH_3 als Base Wasserstoffionen binden, dabei bilden sich Salze, wie z.B. das schwerlösliche Hydraziniumsulfat $(N_2H_6)SO_4$. Hydrazin und seine Salze sind starke Reduktionsmittel, wobei N_2, NH_4N_3 oder $N_2 + 2NH_3$ entsteht.

Vorsicht! Hydrazin ist krebserzeugend!

Versuche: Siehe beim Hydroxylamin.

Hydroxylamin, H_2N-OH

Darstellung: Hydroxylamin wird technisch mit 80 bis 90% Ausbeute aus NO durch katalytische Reduktion mit Wasserstoff an Platinkohle oder selektiv vergifteten Palladium-Katalysatoren in verdünnter H_2SO_4 gewonnen. Nebenprodukt infolge Weiterhydrierung ist Ammoniumsulfat.

Beim modifizierten *Raschig*-Verfahren (vgl. S. 322) reduziert man Ammoniumnitrit mit Schwefeldioxid. Die NH_4NO_2-Lösung erhält man aus Stickstoffoxid (Ammoniak-Verbrennung), Luft und Ammoniumhydrogencarbonatlösung und setzt sie sofort mit SO_2 bei 0 °C und pH = 4,5 bis 2 zur Hydroxylamindisulfonat-Lösung um:

$$4NO + O_2 + 4HCO_3^- \rightarrow +4NO_2^- + 2H_2O + 4CO_2\uparrow$$
$$NO_2^- + 2SO_2 + H_2O \rightarrow H^+ + [HON(SO_3)_2]^{2-}$$

Bei einem ähnlichen Verfahren reduziert man NH_4NO_3 in Gegenwart von H_3PO_4 mit H_2 katalytisch zu Hydroxylammonium-dihydrogenphosphat und setzt dieses mit Cyclohexanon zu Cyclohexanon-oxim um. Es fallen keine Nebenprodukte an, doch ist die Ausbeute an H_2NOH kleiner.

Bedeutung: Hydroxylamin dient zu über 97% zur Caprolactam-Herstellung für Polyamid 6. Ferner wird es zur Synthese einiger Oxime (Arznei- und Pflanzenschutzmittel) sowie in der Riechstoffindustrie zur Reinigung von Ketonen und Aldehyden benötigt.

Allgemeine Eigenschaften: Hydroxylamin kann ebenfalls, wie NH_3 und N_2H_4, als Base wirken. Hydroxylammoniumsalze, wie z.B. $[NH_3OH]Cl$ (Darst. s. S. 215), sind meist in Wasser leichtlöslich. Die wäßrige Lösung des freien Hydroxylamins wirkt stark basisch. Auch Hydroxylamin und seine Salze sind starke Reduktionsmittel.

Zur Erkennung der starken Reduktionswirkung des Hydrazins und Hydroxylamins führe man die nachstehenden Reaktionen aus.

1. Ag$^+$ + Ammoniak

$$N_2H_4 + 4Ag^+ \quad \rightarrow 4Ag\downarrow + N_2\uparrow + 4H^+ \text{ bzw.}$$
$$2NH_2OH + 4Ag^+ \rightarrow 4Ag\downarrow + N_2O\uparrow + 4H^+ + H_2O$$

Zu ammoniakalischer Silbersalzlsg. wird etwas Hydrazin- oder Hydroxylaminsalzlsg. gegeben u. schwach erwärmt. Es scheidet sich Silber, häufig als Spiegel ab.

2. Fehlingsche Lösung

$$N_2H_4 + 4Cu^{2+} + 8OH^- \quad \rightarrow N_2\uparrow + 2Cu_2O\downarrow + 6H_2O$$
$$2NH_2OH + 2Cu^{2+} + 4OH^- \rightarrow N_2\uparrow + Cu_2O + 5H_2O$$

(vereinfachte Gleichung).

Man versetze *Fehling*sche Lsg., erhalten aus $CuSO_4$, Weinsäure und NaOH, mit $[NH_3OH]Cl$ (Darst. s. S. 215). Es scheidet sich schon bei Zimmertemp. r o t e s Kupfer(I)-oxid ab.

Stickstoffwasserstoffsäure, HN$_3$, und Azide

Darstellung: Stickstoffwasserstoffsäure und Schwermetallazide werden meist aus Natriumazid hergestellt. Dieses erhält man aus Natriumamid und Natriumnitrat in der Schmelze bei 175 °C oder bei 100 °C in flüssigem Ammoniak unter Druck:

$$3NaNH_2 + NaNO_3 \rightarrow NaN_3 + 3NaOH + NH_3$$

Bei einem präparativ einfacheren Verfahren (s. S. 204) stellt man zuerst aus Natrium und gasförmigem NH_3 Natriumamid her und setzt dieses dann mit Distickstoffmonoxid um:

$$NaNH_2 + N_2O \rightarrow NaN_3 + H_2O$$

Das Gleichgewicht liegt ganz auf der Seite des NaN_3, da das H_2O mit noch nicht umgesetztem $NaNH_2$ reagiert:

$$NaNH_2 + H_2O \rightarrow NaOH + NH_3$$

Aus dem Gemisch kann man durch Einwirkung von H_2SO_4 die schwache und leichtflüchtige, jedoch höchst explosive Säure freisetzen und durch Destillation rein oder in wäßriger Lösung erhalten.

Bedeutung: Bleiazid dient als Initialzünder für Schieß- und Sprengstoffe.

Allgemeine Eigenschaften: Wasserfreie Stickstoffwasserstoffsäure und die Schwermetallazide sind äußerst explosiv. Dagegen läßt sich NaN_3 unzersetzt schmelzen und verpufft erst bei starkem Erhitzen. Ein ähnliches Verhalten zeigen die anderen Alkali- und Erdalkalimetallazide. Die **Dämpfe der HN$_3$ sind sehr giftig** und verätzen die Schleimhäute. In wäßriger Lösung ist sie eine schwache Säure ($pK_s = 4{,}67$, entspricht etwa der CH_3COOH).

Die Azide sind hinsichtlich ihrer Löslichkeit den Halogeniden ähnlich (Pseudohalogenide). So sind Silber-, Quecksilber(I)-, Thallium(I)- und Bleiazid schwerlöslich.

Über die Umsetzung von NaN_3 mit I_2 siehe Iod-Azid-Reaktion S. 300.

Oxide des Stickstoffs

Stickstoff vermag fünf Oxide mit der Summenformel N_2O_n ($n = 1 - 5$) zu bilden:

N_2O	Distickstoffmonoxid (Lachgas),
$(N_2O_2) \rightleftharpoons 2\,NO$	Stickstoffmonoxid,
N_2O_3	Distickstofftrioxid, Anhydrid der salpetrigen Säure,
$N_2O_4 \rightleftharpoons 2\,NO_2$	Stickstoffdioxid, dimeres Produkt: Distickstoff-tetraoxid,
N_2O_5	Distickstoffpentaoxid (explosiv), Anhydrid der Sal-petersäure

Ferner bildet Stickstoff vier Sauerstoffwasserstoff-Verbindungen:

NH_2OH	Hydroxylamin,
$H_2N_2O_2$	hyposalpetrige Säure,
HNO_2	salpetrige Säure,
HNO_3	Salpetersäure.

Von diesen wurde das Hydroxylamin wegen seiner analytischen Zugehörigkeit zum Hydrazin bereits zusammen mit diesem besprochen (vgl. S. 323).

Distickstoffmonoxid, N_2O

Während NO, NO_2, N_2O_3, HNO_2 und HNO_3 durch eine Reihe wichtiger Reaktionen miteinander verbunden sind, nimmt N_2O (Lachgas) eine Sonderstellung ein.

Darstellung: N_2O entsteht neben Wasserdampf bei der thermischen Zersetzung von NH_4NO_3:

$$NH_4NO_3 \rightarrow N_2O{\uparrow} + 2\,H_2O{\uparrow} \qquad -124\,kJ/mol$$

Eine weitere Möglichkeit bietet die Umsetzung von Amidoschwefelsäure mit wasserfreier Salpetersäure:

$$H_2NSO_3H + HNO_3 \rightarrow N_2O{\uparrow} + H_2SO_4 + H_2O$$

Bedeutung: N_2O besitzt eine lineare NNO-Gruppierung, isoster mit CO_2. Es ist teilweise als Treibgas in Sprühdosen enthalten. Gemischt mit 20% Sauerstoff wird es zur Narkose verwendet.

Allgemeine Eigenschaften: N_2O ist ein farbloses und recht reaktionsträges Gas von schwachsüßlichem Geruch. Es setzt sich bei Zimmertemperatur nicht mit Halogenen bzw. Alkalimetallen um. Erst bei höherer Temperatur unterhält es die Verbrennung (s. Versuch 1). An der Luft wird N_2O nicht braun (Unterschied zu NO). Über N_2O zur NaN_3-Darstellung vgl. auch S. 205.

Man führe folgende Versuche durch:

1. Nachweis der Bildung von N_2O

$$2\,N_2O + C \rightarrow 2\,N_2 + CO_2$$

In einem trockenen Reagenzglas werden $1-2$ g NH_4NO_3 erhitzt. Das gebildete N_2O bringt einen glimmenden Holzspan zum Entflammen.

2. Spontane Zersetzung von NH₄NO₃

Einige Körner NH₄NO₃ (Vorsicht!) werden in ein auf dunkle Rotglut erhitztes Reagenzglas geworfen. Sie zersetzen sich unter Feuererscheinung in stark exothermer Reaktion (-206 kJ/mol NH₄NO₃) in Wasserdampf, N₂ und O₂. NH₄NO₃ wird in Sicherheitssprengstoffen verwendet.

Stickstoffmonoxid, NO, und Stickstoffdioxid, NO₂

Darstellung: Die Erzeugung von Stickstoffmonoxid durch Erhitzen von Luft auf ca. 3000 °C und Abschrecken auf unter 450 °C ist zu teuer. Industriell wird reines Stickstoffmonoxid durch katalytische Verbrennung aus Ammoniak-Wasserdampf-Sauerstoff-Gemischen gewonnen. Meist oxidiert man aber NH₃ mit Luft und erhält 900 °C heißes Gas mit 10 bis 12% Volumenanteil NO, 2 bis 5% O₂ und 17 bis 20% H₂O. Der Rest sind N₂, Edelgase und etwas NO₂. Nach Abkühlen unter 150 °C geht das NO im Sauerstoffüberschuß in NO₂ über.

Im Laboratorium erhält man Stickstoffoxide durch Reduktion von Salpetersäure. Ob dabei NO oder NO₂ überwiegt, hängt von dem verwendeten Reduktionsmittel und der Salpetersäurekonzentration ab. So geben Metalle mit verdünnter Salpetersäure hauptsächlich NO, mit konzentrierter dagegen NO₂. Dieses entsteht auch beim Erhitzen von Schwermetallnitraten (Vers. 1).

Durch Schütteln einer Lösung von HNO₃ oder HNO₂ in konz. H₂SO₄ mit Quecksilber unter Luftausschluß läßt sich sehr reines NO darstellen (gasvolumetrische NO₃⁻-Best. nach *Lunge*):

$$2\,HNO_3 + 6\,Hg + 3\,H_2SO_4 \rightarrow 2\,NO\uparrow + 3\,Hg_2SO_4 + 4\,H_2O$$

Bedeutung: Durch Einleiten von Stickstoffdioxid und Luft in Wasser wird HNO₃ gewonnen (Ostwald-Verfahren). N₂O₄ kann als oxidierend wirkender Zusatz zu Raketentreibstoffen verwendet werden.

Allgemeine Eigenschaften: Stickstoffmonoxid ist ein farbloses Gas, das mit Sauerstoff in das rotbraune NO₂ übergeht. Mit überschüssigem NO₂ reagiert es teilweise zu N₂O₃:

$$NO + NO_2 \rightleftharpoons N_2O_3$$

Stickstoffdioxid ist ein sehr starkes Oxidationsmittel, in dem z. B. Kohle, Schwefel und Phosphor lebhaft verbrennen.

Mit N₂O₄ steht NO₂ in einem stark temperaturabhängigen Gleichgewicht:

$$2\,NO_2 \rightleftharpoons N_2O_4 \qquad -57\,kJ\ (bei\ 25\,°C\ und\ 1\ bar)$$
$$\text{braun} \qquad \text{farblos}$$

Im festen Zustand liegt das Oxid nur als N₂O₄ vor. Vom Smp. ($-11{,}2$ °C) bis zum Sdp. ($21{,}2$ °C) steigt der Gehalt an NO₂ laufend von 0,01 auf 0,1%. Im Dampf nimmt die Dissoziation weiter zu und ist bei 150 °C vollständig.

Durch folgendes Gleichgewicht sind NO, NO₂ und HNO₃ miteinander verbunden:

$$3\,NO_2 + H_2O \rightleftharpoons 2\,HNO_3 + NO$$

NO₂ disproportioniert in $\overset{+II}{N}O$ und $\overset{+V}{H}NO_3$. Bei Gegenwart von Wasser verschiebt sich das Gleichgewicht gemäß dem MWG mehr nach rechts. Bei wenig Wasser, also in konz. HNO₃, verläuft dagegen die Reaktion umgekehrt (wichtig für die Salpetersäuredarstellung).

Fortsetzung

> Während NO_2 in saurer Lösung zu HNO_3 und NO disproportioniert, geht es mit Laugen in ein Gemisch von Nitrat und Nitrit über:
>
> $$2NO_2 + 2OH^- \rightarrow NO_2^- + NO_3^- + H_2O$$
>
> Über NO und NO_2, s. auch S. 185 und S. 186.

1. Erhitzen von Schwermetallnitraten

$$2Pb(NO_3)_2 \rightarrow 2PbO + 4NO_2\uparrow + O_2\uparrow$$

In einem Reagenzglas wird $Pb(NO_3)_2$ erhitzt (Abzug!). Es entsteht braunes NO_2.

Salpetrige Säure und Nitrite

> **Darstellung:** In der Technik erhält man Natriumnitrit durch Umsetzung von NO mit Soda und Sauerstoff:
>
> $$4NO + 2Na_2CO_3 + O_2 \rightarrow 4NaNO_2 + 2CO_2\uparrow$$
>
> Weiterhin werden Nitrite aus den entsprechenden Alkalinitraten hergestellt, indem man diese im Schmelzfluß mit Blei reduziert:
>
> $$Pb + NaNO_3 \rightarrow PbO + NaNO_2$$
>
> **Bedeutung:** $NaNO_2$ wird in der organischen Chemie zum Diazotieren (s. S. 618) verwendet.
>
> **Allgemeine Eigenschaften:** Salpetrige Säure ist in reinem Zustand nicht bekannt, da sie leicht in N_2O_3 übergeht, das weiter in NO und NO_2 zerfällt. Selbst ihre wäßrigen Lösungen sind nur in großer Verdünnung und bei tiefen Temperaturen beständig.
>
> Wie die folgenden Elektronenformeln erkennen lassen, sind für die freie salpetrige Säure zwei tautomere Formen formulierbar, in denen das H-Atom am Sauerstoffatom oder Stickstoffatom sitzt (Bindungsisomerie). Die erstere liegt überwiegend vor und ist als einzige in der Gasphase nachgewiesen.
>
>
> Nitrite oxidieren im Hämoglobin Eisen(II) zu Eisen(III) und wirken daher auf den Organismus stark toxisch.
>
> Alle Nitrite außer $AgNO_2$ sind in Wasser leicht löslich, daher gibt es keine charakteristischen Fällungsreaktionen für Nitrite. Da beim Ansäuern von Nitritlösungen die gebildete HNO_2 unter Bildung eines $NO-NO_2$-Gemisches zerfällt und hierbei immer geringe HNO_3-Mengen entstehen, wird der NO_2^--Nachweis im Sodaauszug oder im neutralen wäßrigen Auszug der Substanz ausgeführt.

Für die nachstehenden Reaktionen verwende man eine $NaNO_2$-Lösung bzw. die entsprechend vorbereitete Analysenlösung.

1. Zerfall von HNO$_2$

$$2\,HNO_2 \;\rightarrow\; H_2O + N_2O_3 \;\rightarrow\; H_2O + NO\uparrow + NO_2\uparrow$$

Einige ml NaNO$_2$-Lsg. säure man mit H$_2$SO$_4$ an. Die entstehende salpetrige Säure zerfällt in ein Gemisch von Stickstoffmonoxid und Stickstoffdioxid. Je nach Konzentration kann dann NO$_2$ weiterreagieren, so daß beim Zersetzen von NaNO$_2$ mit verd. Säure HNO$_3$ + NO, mit konz. Säure NO + NO$_2$ entsteht. Beim Arbeiten an Luft erhält man selbstverständlich stets NO$_2$, da NO sofort oxidiert wird.

2. Oxidation zu NO$_3^-$

$$5\,NO_2^- + 2\,MnO_4^- + 6\,H^+ \;\rightarrow\; 2\,Mn^{2+} + 5\,NO_3^- + 3\,H_2O$$

In einem Reagenzglas gebe man zu verd. H$_2$SO$_4$ einige Tropfen KMnO$_4$-Lsg. und versetze mit NaNO$_2$-Lösung. Entfärbung!

3. AgNO$_3$

In nicht zu verd. Lsg. Bildung eines Niederschlags von AgNO$_2$, lösl. in verd. HNO$_3$ sowie in einem Überschuß von Nitrit.

4. Diphenylamin

Eine Lsg. von Diphenylamin (s. S. 650) in konz. H$_2$SO$_4$, mit der man die auf NO$_2^-$ zu prüfende Lsg. unterschichtet, färbt sich an der Berührungsfläche intensiv b l a u. Andere Oxidationsmittel, wie z.B. HNO$_3$, geben die gleiche Reaktion (vgl. S. 331).

5. Ammoniak, Stickstoffwasserstoffsäure, Harnstoff, Amidosulfonsäure

$$
\begin{aligned}
HNO_2 + NH_3 \quad &\rightarrow\; N_2\uparrow + 2\,H_2O \\
HNO_2 + HN_3 \quad &\rightarrow\; N_2\uparrow + N_2O\uparrow + H_2O \\
2\,HNO_2 + (NH_2)_2CO \quad &\rightarrow\; CO_2\uparrow + 3\,H_2O + 2\,N_2\uparrow \\
HNO_2 + (NH_2)HSO_3 \quad &\rightarrow\; H_2SO_4 + N_2\uparrow + H_2O
\end{aligned}
$$

HNO$_2$ reagiert mit NH$_3$, HN$_3$ und sehr vielen Abkömmlingen des Ammoniaks unter Bildung von Stickstoff. Diese Reaktionen sind wichtig zur Entfernung von Nitriten aus der Analysenlösung, da Nitrate nur dann nachgewiesen werden können, wenn Nitrit abwesend ist. Da die Reaktion mit NH$_3$ in saurer Lösung stattfindet, tritt teilweise Zerfall der HNO$_2$ in HNO$_3$ und NO (s. Vers. 1) ein. Ohne die störende Nebenreaktion gelingt die Zerstörung des Nitrits mit Stickstoffwasserstoffsäure HN$_3$, Harnstoff (NH$_2$)$_2$CO oder noch besser mit Amidoschwefelsäure (NH$_2$)HSO$_3$.

Entweder wird der Sodaauszug oder die neutrale Lsg. der Analysensubstanz kalt mit einer Harnstofflösung versetzt und ganz schwach angesäuert. Oder es wird nicht ganz neutralisiert und tropfenweise Amidoschwefelsäurelösung hinzugegeben, wobei sich NO$_2^-$ sehr schnell zersetzt.

6. Nachweis durch Oxidation von I$^-$ zu I$_2$

$$2\,HNO_2 + 2\,H^+ + 2\,I^- \;\rightarrow\; 2\,H_2O + 2\,NO\uparrow + I_2$$

Nitrite sind in sauren Lösungen Oxidationsmittel.

1 Tropfen des Sodaauszugs wird auf dem Objektträger mit 5 mol/l HCl oder 2,5 mol/l H_2SO_4 angesäuert u. mit 1 Tropfen 0,1 mol/l KI sowie einigen Stärkekörnchen versetzt. Eine b l a u e Anfärbung der Stärke (Betrachtung unter dem Mikroskop) weist auf NO_2^- hin.

EG: 0,005 µg NO_2^- /0,01 ml,   pD: 6,3

Störungen: Diese recht empfindliche Reaktion ist nicht spezifisch für NO_2^-, da andere Oxidationsmittel (ClO_3^-, ClO^-, H_2O_2, HSO_5^-, $S_2O_8^{2-}$ u. a.) ebenso reagieren.

Nur wenn die Oxidation von KI positiv verläuft, wird anschließend der endgültige NO_2^--Nachweis mit $FeSO_4$ oder *Lunges* Reagenz durchgeführt. Br^-, I^-, ClO_3^-, IO_3^-, S^{2-}, SO_3^{2-}, $S_2O_3^{2-}$, SCN^-, $[Fe(CN)_6]^{3-}$, $[Fe(CN)_6]^{4-}$ und CrO_4^{2-} stören und werden wie folgt entfernt:

5 Tropfen des Sodaauszugs werden mit 5 mol/l CH_3COOH genau neutralisiert u. danach mit 1 Tropfen 2 mol/l Na_2CO_3 versetzt. Die schwach alkalische Probe-Lsg. wird nun mit festem Ag_2CO_3 geschüttelt oder so lange tropfenweise mit einer kalt gesättigter Ag_2SO_4-Lsg. bzw. einer 10%ig. $AgClO_4$-Lsg. versetzt, bis kein Niederschlag mehr ausfällt. Bei Gegenwart von SO_3^{2-} u. CrO_4^{2-} muß außerdem die schwach alkalische Probe-Lsg. mit 0,5 mol/l $BaCl_2$ versetzt werden, bis $BaSO_3$ u. $BaCrO_4$ quantitativ ausgefällt sind. In der von den Niederschlägen befreiten Lsg. wird NO_2^- (NO_3^-, vgl. S. 331) mit den unten beschriebenen Nachweisreaktionen identifiziert.

7. Nachweis als $[Fe(H_2O)_5NO]^{2+}$ (vgl. 3., S. 331)

$$[Fe(H_2O)_6]^{2+} + NO_2^- + 2H^+ \rightarrow [Fe(H_2O)_6]^{3+} + NO + H_2O$$
$$NO + [Fe(H_2O)_6]^{2+} \rightarrow [Fe(H_2O)_5NO]^{2+} + H_2O$$

$FeSO_4$ bildet wie mit Nitrat, aber zum Unterschied von diesem schon in schwach saurer Lösung, das b r a u n e Pentaaquanitrosyleisen(II)-Ion, $[Fe(H_2O)_5NO]^{2+}$.

Im Halbmikro-Maßstab wird 1 Tropfen der vorbereiteten Probelsg. auf der Tüpfelplatte mit 1 Tropfen 2,5 mol/l H_2SO_4 angesäuert u. mit einem kleinen, mit 2,5 mol/l H_2SO_4 gewaschenen $FeSO_4$-Kristall versetzt. Eine B r a u n färbung um den $FeSO_4$-Kristall zeigt NO_2^- an.

EG: 2 µg HNO_2,   pD: 4,2

Störung: NO_3^- stört nicht.

8. Nachweis mit Sulfanilsäure + α-Naphthylamin (Lunges Reagenz)

Sulfanilsäure wird in saurer Lösung durch HNO_2 diazotiert und mit α-Naphthylamin zu einem r o t e n Azofarbstoff gekuppelt. (Einzelheiten vgl. S. 618)

1 Tropfen der nach 6. vorbereiteten Probelsg. wird mit je 1 Tropfen Eisessig, 1 Tropfen 1%ige Sulfanilsäure-Lsg. in 30%ige CH_3COOH u. 1 Tropfen 0,3%ige α-Naphthylamin-Lsg. in 30%iger CH_3COOH auf der Tüpfelplatte vermischt. Eine R o t färbung zeigt NO_2^- an.

EG: 0,01 µg NO_2^-,   pD: 6,7

Vorsicht: α-Naphthylamin ist krebserregend!

9. Nachweis mit o-Aminobenzal-phenylhydrazon (Nitrin), S. 648

Salpetersäure und Nitrate

Vorkommen: In der Natur kommt hauptsächlich $NaNO_3$ (Natronsalpeter, Chilesalpeter), in geringeren Mengen jedoch auch KNO_3 (Kalisalpeter) vor.

Darstellung: Technisch wird HNO_3 aus Stickstoffoxiden (s. S. 326) gewonnen (Ostwald-Verfahren). Man erhält 50–70%ige „Dünnsäure". Um daraus 99%ige hochkonzentrierte Säure herzustellen, wird entweder ein Gemisch aus N_2O_4 und O_2 eingedrückt oder unter Zusatz von konz. H_2SO_4 oder $Mg(NO_3)_2$ destilliert.

Früher wurde HNO_3 aus ihren Salzen mit Hilfe einer schwerer flüchtigen Säure dargestellt:

$$NaNO_3 + H_2SO_4 \rightarrow NaHSO_4 + HNO_3$$

Bedeutung: HNO_3 gehört zu den wichtigsten anorganischen Chemikalien. Sie dient vor allem zur Herstellung von Ammoniumnitrat (Düngemittel, Sprengstoff, s. 2., S. 326). 99%ige Säure, oft im Gemisch mit konz. H_2SO_4, benutzt man u. a. zur Herstellung von Explosivstoffen (Nitroglycerin, Nitrocellulose, Trinitrotoluol, Pikrinsäure), Adipinsäure (Kunstfasern), Dinitrotoluol (für Toluylendiisocyanat), Nitrolacken sowie von Farbstoffen bzw. deren Zwischenprodukten (Anilin). KNO_3 ist Bestandteil des Schwarzpulvers (s. S. 296).

Allgemeine Eigenschaften: Man unterscheidet hochkonzentrierte Salpetersäure, etwa 95%ig, die durch NO_2 meist gelb bis braun gefärbt ist, an der Luft NO_2-Dämpfe abgibt und daher rote rauchende HNO_3 genannt wird. Weiterhin kennt man die gewöhnliche konz. HNO_3, meist 65%ig, und die verdünnte 2 mol/l HNO_3, 12%ig. Das azeotrope Gemisch mit Wasser (s. S. 270) ist 69%ig an HNO_3. HNO_3 ist nicht nur eine starke Säure, sondern auch ein starkes Oxidationsmittel. Von den Metallen werden nur Gold und einige Platinmetalle nicht angegriffen, während Eisen, Chrom und Aluminium durch Bildung einer Oxidschicht passiviert werden. Besonders konz. HNO_3 ist sehr aggressiv, da weniger das Nitration als die undissoziierte Säure diese Wirkung ausübt. Das Verhalten der HNO_3 gegenüber Metallen ist daher je nach der Konzentration verschieden.

HNO_3 führt auf der Haut zu Verätzungen, wobei gleichzeitig eine Gelbfärbung auftritt (Xanthoproteinreaktion). Vom Organismus werden Nitrate zu NO_2^- reduziert und wirken daher toxisch (s. S. 327). Die Nitrate sind besonders bei höheren Temperaturen starke Oxidationsmittel. Beim Erhitzen zerfallen die Erdalkali- und Alkalinitrate unter Bildung von Nitrit:

$$2\,NaNO_3 \rightarrow 2\,NaNO_2 + O_2$$

Schwermetallnitrate bilden Oxid, Stickstoffdioxid und Sauerstoff (s. S. 327).

Alle Nitrate sind wasserlöslich (Nitron s. S. 620). Als Nachweise entfallen daher Fällungsreaktionen. NO_3^- wird wie NO_2^- im Sodaauszug nachgewiesen. Nur bei Gegenwart von Hg und Bi bilden sich bei der Herstellung des Sodaauszuges schwerer lösliche basische Nitrate, die im Rückstand verbleiben. In diesen Fällen wird entweder der Rückstand des Sodaauszuges oder – bei Abwesenheit von NO_2^- – die Substanz direkt noch einmal auf NO_3^- geprüft.

Für die nachstehenden Reaktionen verwende man HNO_3, eine NO_3^--haltige Lösung oder die entsprechend vorbereitete Analysenlösung.

1. Zink mit HNO_3 unterschiedlicher Konzentration

Man versetze in verschiedenen Reagenzgläsern Zinkstücke
a) mit konz. HNO_3 – braune Dämpfe von NO_2:

$$2\,NO_3^- + Zn + 4\,H^+ \;\rightarrow\; 2\,NO_2\!\uparrow + Zn^{2+} + 2\,H_2O$$

b) mit einer Mischung von konz. HNO_3 mit zwei Teilen Wasser – fast f a r b l o s e Dämpfe von NO, die an der Luft b r a u n werden:

$$2\,NO_3^- + 3\,Zn + 8\,H^+ \;\rightarrow\; 2\,NO\!\uparrow + 3\,Zn^{2+} + 4\,H_2O$$
$$(2\,NO + O_2 \;\rightarrow\; 2\,NO_2)$$

c) mit einer Mischung von verd. HNO_3 mit einem Teil Wasser – f a r b l o s e s brennbares Gas (Wasserstoff):

$$2\,H^+ + Zn \;\rightarrow\; Zn^{2+} + H_2\!\uparrow$$

Die Reaktion c erfolgt nur mit unedlen Metallen. Edelmetalle, wie Silber, Quecksilber und auch Kupfer, werden nur nach a oder b aufgelöst (Näheres s. S. 481 ff.). Bei Gold und Platin reicht die oxidierende Wirkung der HNO_3 nicht mehr aus. Daher kann man Silber und Gold durch HNO_3 trennen (Scheidewasser). Gold und Platin lösen sich jedoch in **Königswasser**, einem Gemisch aus einem Teil konz. HNO_3 und drei Teilen konz. HCl. Dabei entsteht naszierendes Chlor, das besonders reaktionsfähig ist, und Nitrosylchlorid:

$$HNO_3 + 3\,HCl \;\rightarrow\; NOCl + 2\,H_2O + 2\,Cl_{nasc.}$$

2. Diphenylamin

Unterschichtet man die auf NO_3^- zu prüfende, mit verd. H_2SO_4 angesäuerte Lsg. mit einer 0,5%igen Lsg. von Diphenylamin in konz. H_2SO_4, so entsteht an der Trennungsfläche ein b l a u e r Ring. Sehr empfindlich, aber nicht charakteristisch, da viele andere Oxidationsmittel die gleiche Reaktion geben. Durch diese wird das farblose Diphenylamin zu einem blauen Farbstoff oxidiert.

3. Nachweis als $[Fe(H_2O)_5NO]^{2+}$ (Ringprobe)

$$NO_3^- + 3\,Fe^{2+} + 4\,H^+ \;\rightarrow\; 3\,Fe^{3+} + NO + 2\,H_2O$$
$$NO + [Fe(H_2O)_6]^{2+} \;\rightarrow\; [Fe(H_2O)_5NO]^{2+} + H_2O$$

HNO_3 wird zunächst durch Fe^{2+} zu NO reduziert, wobei Fe^{2+} zu Fe^{3+} oxidiert wird. Das NO lagert sich an überschüssiges Fe^{2+} an.

a) 3 Tropfen der Probelsg. werden im Reagenzglas mit 3 Tropfen einer kalt gesättigten mit 1 Tropfen 2,5 mol/l H_2SO_4 angesäuerten $FeSO_4$-Lsg. versetzt u. vorsichtig mit konz. H_2SO_4 unterschichtet, indem man das Reagenzglas schräg hält u. die konz. H_2SO_4 an der inneren Wandung herunterfließen läßt.

An der Berührungszone wäßrige Lsg. – konz. H_2SO_4 bildet sich je nach der NO_3^--Menge ein b r a u n e r bis a m e t h y s t f a r b e n e r Ring.

b) Ein mit 2,5 mol/l H_2SO_4 gewaschener $FeSO_4$-Kristall wird auf der Tüpfelplatte mit 1 Tropfen 2,5 mol/l H_2SO_4, 2 Tropfen Probelsg. u. 3 Tropfen konz. H_2SO_4 versetzt. Bei Gegenwart von NO_3^- bildet sich um den Kristall eine b r a u n v i o l e t t e Zone.

EG: 3 µg NO_3^-,   pD: 4,0

Störung: NO_2^-. Braunviolette Zone bereits vor Zugabe von konz. H_2SO_4. NO_2^- vorher mit $(NH_2)HSO_3$ zerstören.

4. Nachweis als NH_3

$$NO_3^- + 4\,Zn + 7\,OH^- + 6\,H_2O \;\rightarrow\; NH_3\!\uparrow + 4\,[Zn(OH)_4]^{2-}$$

Für die Reduktion in alkalischer Lösung eignen sich Metalle, die sich in Laugen unter Wasserstoffentwicklung auflösen, wie Aluminium und Zink. Bei Laugeüberschuß bildet sich lösliches Hydroxozincat (Hydroxoaluminat) (s. S. 413 bzw. 424).

Man erwärme eine Spatelspitze $NaNO_3$ oder KNO_3 mit 2–3 ml NaOH und 1 g Zinkstaub oder *Devarda*scher Legierung (50% Cu, 45% Al u. 5% Zn). Es entweicht NH_3, am Geruch erkennbar.

Im Halbmikro-Maßstab verwendet man zweckmäßig ein Reagenzglas mit aufgesetztem Gärröhrchen oder die Gasprüfkammer.

Störungen: NO_2^- und andere N-haltige Verbindungen. NH_4^+ muß durch Kochen mit NaOH vorher entfernt werden (s. S. 382).

5. Nachweis mit Lunges Reagenz

NO_3^- wird durch Zn zu NO_2^- reduziert und dieses, wie auf S. 330 beschrieben, als roter Azofarbstoff nachgewiesen. (vgl. S. 618)

2–3 Tropfen Sodaauszug werden mit Eisessig angesäuert und auf der Tüpfelplatte mit je 1 Tropfen Reagenzlsg. A u. B sowie einigen mg Zn-Staub versetzt. Eine sich allmählich bildende Rotfärbung zeigt NO_3^- an. Ist evtl. vorhandenes NO_2^- durch Amidoschwefelsäure zerstört worden, so ist vor der Zn-Zugabe die Lsg. mit $NaCH_3COOH$ zu puffern. Amidoschwefelsäureüberschuß beeinträchtigt die Erfassungsgrenze

$$EG: 0,05 \, \mu g \, NO_3^-, \qquad pD: 6,0$$

Reagenz A: 1%ige Lsg. von Sulfanilsäure in 30%iger CH_3COOH,
Reagenz B: Konz. Lsg. von α-Naphthylamin in 30%iger CH_3COOH.
(Vorsicht: α-Naphtylamin kann Krebs erzeugen).
Störungen: NO_2^-. Es ist vorher nach 5., S. 328 f. mit HN_3 zu zerstören. Zu 10 Tropfen Sodaauszug eine Spatelspitze NaN_3 geben, lösen, dann mit 5 mol/l CH_3COOH ansäuern ($N_2\uparrow$). Vor dem Versetzen mit Zn-Staub 5 Tropfen Eisessig zutropfen u. auf das Anfangsvolumen einengen ($HN_3\uparrow$, giftig!).

6. Nachweis mit Brucin (s. S. 648)

Trennung und Nachweis von NO_2^- und NO_3^-
(Siehe auch Tabelle 5.24, S. 599 ff.)

Beim Nachweis von NO_2^- und NO_3^- muß man berücksichtigen, daß I^-, Br^- und ClO_3^- stören können, wie es schon auf S. 279 und 288 beschrieben wurde. Bei Anwesenheit von MnO_4^- können im Sodaauszug NO_3^- und NO_2^- infolge Oxidation von NH_3 vorhanden sein.

Als Vorprobe auf NO_2^- dient die Erwärmung der Substanz mit verd. H_2SO_4, wobei in Gegenwart von Luftsauerstoff braunes Stickstoffdioxid entwickelt wird. Nitrate geben erst mit konz. H_2SO_4 schwachbraune Dämpfe (vgl. 1., S. 328). Bei dieser Vorprobe entstehen auch aus Bromiden braune Dämpfe von Brom.

Zum Nachweis des NO_2^- wird der mit verd. H_2SO_4 angesäuerte Sodaauszug mit $FeSO_4$-Lösung versetzt. Braune Lösung zeigt NO_2^- an (s. 7., S. 329). Außerdem können Sulfanilsäure + α-Naphthylamin, o-Aminobenzalphenyl-hydrazon (s. 8. u. 9., S. 329) sowie die Oxidation von I^- zu I_2 (s. 6., S. 328) zum Nachweis herangezogen werden.

Zur Erkennung von NO_3^- bei Gegenwart von NO_2^- muß letzteres nach 5. S. 328, am besten mit Amidoschwefelsäure, entfernt werden. Zum Nachweis des NO_3^- kann die Reaktion mit $FeSO_4$ + konz. H_2SO_4 (s. 3., S. 331) sowie die Reduktion zu NH_3 mit Zn in alkalischer Lösung (s. 4., oben) herangezogen werden. Letzterer Nachweis ist nur bei Abwesenheit von anderen N-haltigen Verbindungen eindeutig. NH_4^+-Ionen müssen durch Kochen mit NaOH-Lösung vorher entfernt werden. Das NO_3^- kann auch mit Zn in essigsaurer Lösung zu NO_2^- reduziert und dann mit *Lunges* Reagenz nachgewiesen werden.

Liegen schwerlösliche, basische Quecksilber- und Bismutnitrate vor, so geht NO_3^- nicht in den Sodaauszug. In diesem Falle wird der Rückstand des Sodaauszugs mit verd. CH_3COOH oder verd. H_2SO_4 in der Kälte $1-2$ Minuten digeriert. Nach Abtrennen des Ungelösten wird das Zentrifugat auf NO_3^- wie oben geprüft.

4.2.4.2 Phosphor P, Z: 15, RAM: 30,97376, $3s^2\,3p^3$

Häufigkeit: 0,09 Gew.-%. Smp. P weiß: 44,2 °C. Sdp. P weiß: 281 °C. D_{25} P schwarz: 2,69 g/cm³. Oxidationsstufen: $-\mathrm{III}$, $+\mathrm{I}$, $+\mathrm{III}$, $+\mathrm{V}$. Ionenradius $r_{p^{3+}}$: 44 pm.

Vorkommen: In der Natur findet man nur Phosphate wie z.B. Apatit, $Ca_5(PO_4)_3F$, Phosphorit, $Ca_3(PO_4)_2 \cdot Ca(OH)_2$ und in den Knochen Hydroxylapatit, $Ca_5(PO_4)OH$. In pflanzlichen und tierischen Organismen treten Verbindungen der Phosphorsäure gebunden an organische Substanzen auf. Bedeutende Phosphatvorkommen sind als Ablagerungen von tierischen Ausscheidungen früherer Zeitepochen entstanden, z.B. Phosphorit und Guano.

Darstellung: In der Technik wird weißer Phosphor durch Reduktion von tertiärem Calciumphosphat, $Ca_3(PO_4)_2$, im Gemisch mit Quarzsand und Kohle im elektrischen Ofen gewonnen.

Bedeutung: Weißer Phosphor wird hauptsächlich zu H_3PO_4 sowie zu Phosphorsulfiden, -oxiden und -halogeniden verarbeitet. Ein kleiner Teil dient zur Herstellung von rotem Phosphor für Zündholzreibflächen und die Pyrotechnik.

Von den Verbindungen haben die Phosphate große Bedeutung als Düngemittel, aber auch für Waschmittel, Tierfutter, Zahnpasta, Backpulver und zur Phosphatierung von Blechen.

Allgemeine Eigenschaften: Elementarer Phosphor kommt außer als amorpher roter Phosphor in drei definierten kristallinen Modifikationen vor: weißer, violetter und schwarzer Phosphor.

Entsprechend seiner Stellung im PSE ist die maximale Oxidationsstufe $+\mathrm{V}$ zugleich die beständigste (Phosphorsäure, Phosphate). Weiter bildet Phosphor analog dem Stickstoff Wasserstoffverbindungen, in denen er die Oxidationsstufe $-\mathrm{III}$ bzw. $-\mathrm{II}$ besitzt, wie gasförmiges PH_3 und flüssiges P_2H_4. Die Oxidationsstufe $+\mathrm{III}$ ist in Verbindungen wie Phosphortrichlorid, PCl_3 und Phosphortrioxid, P_2O_3, dem Anhydrid der Phosphonsäure (phosphorigen Säure), $H_2(PHO_3)$, vertreten. In der Phosphinsäure (hypophosphorigen Säure), $H(PH_2O_2)$, schließlich liegt Phosphor in der Oxidationsstufe $+\mathrm{I}$ vor.

In der Phosphonsäure sowie in der Phosphinsäure besitzt er ebenso wie in der Orthophosphorsäure die Koordinationszahl 4 (vgl. auch S. 120):

Fortsetzung

Orthophosphation   Phosphonation   Phosphination

In der Orthophosphorsäure sind die vier Sauerstoffatome tetraedrisch um den Phosphor gelagert, H_3PO_4 ist dreibasig. Im Anion der Phosphonsäure und Phosphinsäure sind ein bzw. zwei Wasserstoffatome in den Komplex des Anions eingetreten, so daß eine zwei- bzw. einbasige Säure resultiert.

Phosphorwasserstoff und Phosphinsäure (hypophosphorige Säure)

Die Salze der Phosphinsäure, die Phosphinate, entstehen ähnlich wie aus Chlor die Hypochlorite, nämlich durch Disproportionierung von Phosphor in alkalischer Lösung:

$$4P + 3OH^- + 3H_2O \rightarrow PH_3 + 3PH_2O_2^-$$

Es bildet sich also als Nebenprodukt der äußerst giftige Phosphorwasserstoff, der wegen eines kleinen Gehaltes an P_2H_4 selbstentzündlich ist.

1. Zersetzung von Bariumphosphinat

$$2\,Ba(PH_2O_2)_2 \rightarrow 2PH_3 + Ba_2P_2O_7 + H_2O$$

Man erhitze unter einem gut ziehenden Abzug ein wenig Bariumphosphinat möglichst unter Luftabschluß. Es entstehen selbstentzündlicher Phosphorwasserstoff, Phosphor, der die Substanz rötlich färbt und sublimiert, sowie Diphosphat als Rückstand. Im wesentlichen tritt also Disproportionierung ein.

Über die Darstellung von $Ba(PH_2O_2)_2 \cdot H_2O$ s. S. 209.

2. Reaktion mit $CuSO_4$

Phosphinate sind sehr starke Reduktionsmittel. Gibt man zu $Ba(PH_2O_2)_2$-Lsg. $CuSO_4$-Lsg., so fällt ein rotbrauner Niederschlag der ungefähren Zusammensetzung CuH aus.

Phosphortrichlorid und Phosphonsäure (phosphorige Säure)

Darstellung: Phosphotrichlorid, PCl_3, wird technisch durch Einleiten von trockenem Chlorgas in die heiße Lösung von weißem Phosphor in PCl_3 hergestellt (Darst. s. S. 220).

Fortsetzung

Die Hydrolyse von PCl_3 ist die geeignetste Darstellungsmethode für Phosphonsäure:

$$PCl_3 + 3\,H_2O \;\rightarrow\; H_2PHO_3 + 3\,HCl$$

Allgemeine Eigenschaften: PCl_3 siedet bei 74,5 °C. Es ist eine leichtbewegliche, an der Luft rauchende Flüssigkeit. (Durch Luftfeuchtigkeit Bildung von HCl-Nebeln.) PCl_3 hat ein freies Elektronenpaar:

$$lP \!\! \begin{array}{c} Cl \\ -Cl \\ Cl \end{array}$$

Dadurch kann es als Lewisbase wirken (s. S. 65 f.). Durch Sauerstoff wird es zu Phosphoroxidchlorid, $POCl_3$, durch Chlor zu Phosphorpentachlorid, PCl_5 (Darst. s. S. 221), oxidiert. Letzteres ergibt bei partieller Hydrolyse auch $POCl_3$.

Phosphonsäure ist zweibasig (s. o.). Sie sowie ihre Salze, die Phosphite bzw. Phosphonate, disproportionieren beim trockenen Erhitzen in Phosphorwasserstoff und Phosphorsäure bzw. Phosphat:

$$4\,\overset{+III}{H_2PHO_3} \;\rightarrow\; 3\,\overset{+V}{H_3PO_4} + \overset{-III}{PH_3}.$$

Charakteristisch für Phosphonsäure ist ihr starkes Reduktionsvermögen.

Für die nachstehenden Reaktionen benutze man eine H_2PHO_3 und HCl enthaltende Lösung, die durch Hydrolyse einiger Tropfen PCl_3 mit Wasser erhalten wird.

1. AgNO$_3$

$$Ag_2PHO_3 + H_2O \;\rightarrow\; 2\,H^+ + HPO_4^{2-} + 2\,Ag\!\downarrow$$

Zu der neutralisierten Lsg. der Phosphonsäure füge man $AgNO_3$ hinzu. Zunächst weißer Niederschlag einer Mischung von $AgCl + Ag_2PHO_3$. Beim Erwärmen Schwarzfärbung, da Ag^+ reduziert u. PHO_3^{2-} oxidiert wird.

2. HgCl$_2$-Lösung

$$H_2PHO_3 + 2\,HgCl_2 + H_2O \;\rightarrow\; H_3PO_4 + 2\,HCl + Hg_2Cl_2\!\downarrow$$

$$H_2PHO_3 + Hg_2Cl_2 + H_2O \;\rightarrow\; H_3PO_4 + 2\,HCl + 2\,Hg\!\downarrow$$

Als starkes Reduktionsmittel scheidet Phosphonsäure aus $HgCl_2$-Lsg. in der Kälte langsam, in der Wärme rasch, je nach den Konzentrationsverhältnissen, weißes Hg_2Cl_2 oder graues Hg ab.

3. Naszierender Wasserstoff

$$H_2PHO_3 + 6\,H \;\rightarrow\; PH_3\!\uparrow + 3\,H_2O$$

$H_{nasc.}$ reduziert Phosphonsäure zu PH_3.

Man gebe etwas Zink zu der Mischung von HCl und H_2PHO_3. Es entsteht Phosphorwasserstoff, der an seinem lauchartigen Geruch erkannt werden kann.

Vorsicht, da PH_3 sehr giftig ist (MAK 0,15 mg/m^3)!

Phosphorsäuren und Phosphate

Man kennt mehrere Säuren, die sich vom Phosphor(V)-oxid, P_4O_{10} ableiten (zur Nomenklatur s. S. 653). Die Formel P_4O_{10} entspricht der tatsächlichen adamantan-analogen Struktur des Oxids. Meist wird das Oxid jedoch als Phosphorpentaoxid, P_2O_5, formuliert. Die Säuren bezeichnet man mit Trivial- oder systematischen Namen.

a) Metaphosphorsäuren, ringförmige *cyclo*-Polyphosphorsäuren, $(HPO_3)_x$, mit $x = 3$ bis 8:

$$P_2O_5 + H_2O \rightarrow 2/x(HPO_3)_x$$

b) Polyphosphorsäuren, kettenförmige *catena*-Polyphosphorsäuren, $H_{n+2}P_nO_{3n+1}$ (mit $n = 3$ bis $n \approx 5000$):

$$nP_2O_5 + (n+2)H_2O \rightarrow 2H_{n+2}P_nO_{3n+1}$$

c) Di- oder Pyrophosphorsäure, $H_4P_2O_7$:

$$P_2O_5 + 2H_2O \rightarrow H_4P_2O_7$$

d) Orthophosphorsäure, H_3PO_4:

$$P_2O_5 + 3H_2O \rightarrow 2H_3PO_4$$

Poly- und Metaphosphorsäure bzw. -phosphate

Darstellung: Polyphosphate entstehen beim Erhitzen von sauren Orthophosphaten (s. Vers. 1.) durch eine Polykondensationsreaktion.

Bedeutung: Pentanatriumtriphosphat $Na_5P_3O_{10}$, hergestellt durch Erhitzen von Na_2HPO_4 und NaH_2PO_4 im Stoffmengenverhältnis 2:1, wird in großen Mengen in Waschmitteln als Wasserenthärter verwendet, da es Ca^{2+} und Mg^{2+} gut komplexiert. Bei etwas erhöhtem NaH_2PO_4-Anteil erhält man Polyphosphate mit $n \approx 25$, wirksam gegen Verkalkung bei Waschmaschinen. Die Lebensmittelindustrie benutzt Polyphosphatzusätze bei Schmelzkäse und Würstchen.

Allgemeine Eigenschaften: Die Bildung der Poly- und Metaphosphate bzw. -säuren (s. Isopolysäuren, S. 433) steht im Einklang mit der Doppelbindungsregel (s. S. 31). Hiernach bevorzugt der Phosphor, im Gegensatz zum Stickstoff, als Element und in Verbindungen gegenüber (p-p)π-Bindungen die Einfachbindung. (d-p)π-Bindungen wie im Phosphation (s. S. 31) sind hingegen möglich. Nach ihrer Herstellung aus sauren Orthophosphaten durch Wasserabspaltung bezeichnet man die polymeren Phosphate auch als „kondensierte Phosphate". Die in mehreren Stunden bei 310 °C aus H_3PO_4 entstehende Polyphosphorsäure erstarrt beim Abkühlen zu „glasiger Phosphorsäure". Aus NaH_2PO_4 bildet sich bei 250 °C das kirstalline *Maddrellsche Salz* $Na_nH_2P_nO_{3n+1}$ ($n \approx 50$). Dieses wandelt sich über 400 °C in Natriumtrimetaphosphat, $(NaPO_3)_3$, um, und letzteres schmilzt beim Erhitzen auf über 600 °C. Abschrecken der Schmelze liefert eine glasige hygroskopische Masse, „*Grahamsches Salz*" (s. Vers. 1). Es besteht zu 90% aus Polyphosphaten ($n \approx 30-90$) und zu 10% aus Metaphosphaten. Normales Erkalten der Schmelze ergibt dagegen *Kurrol*sches Natriumpolyphosphat ($n > 1000$) in Form kristalliner Plättchen, bei deren Zerreiben ein asbestartig-faseriges Produkt entsteht. Selbst sehr verdünnte wäßrige Lösungen davon sind hochviskos und binden, wie alle Polyphosphatlösungen, höhergeladene Kationen stärker als Na^+ (flüssige Ionenaustauscher, s. oben u. S. 175). Das entsprechende aus KH_2PO_4 erhaltene *Kurrolsche Salz* ist schwerlöslich, läßt sich aber mit NaCl-Lösung in die lösliche Na^+-Form überführen.

Fortsetzung

Metaphosphorsäuren enthalten nur stark acide H-Atome, Polyphosphorsäuren zusätzlich an beiden Enden je ein schwach acides. Kondensation unter Zusatz von H_3PO_4 gibt hochpolymere und teilweise verzweigte Ketten (Ultraphosphate, Phosphatgläser). Im Gegensatz zu den Silicaten (s. S. 364) erfolgt aber die Verknüpfung stets über ein einziges gemeinsames O-Atom und ist nur bei 3 der 4 O-Atome des PO_4-Tetraeders möglich.

In wäßriger Lösung hydrolysieren Poly- und Metaphosphate langsam zu Orthophosphat.

1. Darstellung von Natriumpolyphosphat

Man bringe etwas $NaNH_4HPO_4$ oder NaH_2PO_4 zum Glühen bis zum klaren Schmelzfluß u. schrecke im kalten Wasser vorsichtig ab. Den glasigen Schmelzkuchen zerkleinere man, löse in Wasser und führe die nachstehenden, für hochpolymere Polyphosphorsäure (Säure des *Graham*schen Salzes) charakteristischen Reaktionen aus.

2. $AgNO_3$

$$[PO_3^-]_x + x Ag^+ \rightarrow Ag_x[PO_3]_x$$

Weißer flockiger Niederschlag (Ag_3PO_4 ist gelb!), löslich in HNO_3 u. NH_3, sofern polymere Anionen der *Graham*schen Säure vorliegen. Die Polyphosphatformel ist hier vereinfacht!

3. Eiweißlösung

Polyphosphate mit $n > 15$ fällen Albumin aus essigsaurer Lösung. Wichtiger Unterschied gegenüber Di- und Orthophosphat, die diese Eigenschaft nicht besitzen.

Zur Herstellung einer Eiweißlösung wird käufliches Albumin mit Wasser verrührt. Die trübe Flüssigkeit wird mit 2 mol/l CH_3COOH versetzt, worauf die Trübung zum Teil verschwindet. Noch vorhandene gröbere Albuminteilchen werden durch Filtrieren mit einem groben Filter, besser durch Zentrifugieren abgetrennt, so daß eine klare Lösung entsteht.

Anstelle der Albuminlösung benutzt man auch Zephirol (Handelsprodukt von Bayer, Lösung von hochmolekularen Alkylmethylbenzylammoniumchloriden) als 1%ige Lösung.

4. Ammoniummolybdat

Entsprechend der langsam erfolgenden Hydrolyse der Polyphosphate über Zwischenstufen zu Orthophosphaten entsteht mit Ammoniummolybdat in HNO_3-saurer Lösung (s. 7., S. 341) erst bei längerem Erwärmen Gelbfärbung und Fällung von Ammoniummolybdophosphat.

Diphosphorsäure und Diphosphate

Darstellung: Diphosphate entstehen beim Erhitzen von sekundären Orthophosphaten (s. S. 338) durch eine Kondensationsreaktion:

$$2 Na_2HPO_4 \rightarrow Na_4P_2O_7 + H_2O$$

Fortsetzung

> **Bedeutung:** $Na_4P_2O_7$ bzw. $K_4P_2O_7$ ist in festen bzw. flüssigen technischen Reinigungsmitteln enthalten. $Na_2H_2P_2O_7$ benutzt man in Backpulvern und als Konservierungsmittel für Marmeladen und Konserven. Das Insektizid TEPP ist der Diphosphorsäuretetraethylester.
> **Allgemeine Eigenschaften:** Diphosphorsäure ist eine stärkere Säure als Orthophosphorsäure. Allgemein nimmt die Säurestärke mit wachsender Kondensation zu.

Man erhitze etwas Na_2HPO_4 zum Glühen, kühle ab, löse das gebildete Diphosphat in heißem Wasser und führe mit der Lösung die folgenden Reaktionen aus.

1. AgNO$_3$

Weißer flockiger Niederschlag von $Ag_4P_2O_7$ (Unterschied zu Orthophosphaten, die gelbes Ag_3PO_4 bilden!), löslich in verd. Säuren und Ammoniak.

2. Mg^{2+} in ammoniakalischer Lösung

Weißer, bei Fällung in der Kälte zum Unterschied von $MgNH_4PO_4$ nicht kristalliner Niederschlag.

3. BaCl$_2$

Weißer Niederschlag von $Ba_2P_2O_7$, schwerlösl. in CH_3COOH (Unterschied zu Bariumorthophosphaten!) lösl. in verd. Mineralsäuren.

Die übrigen Reaktionen der Diphosphorsäure unterscheiden sich nicht wesentlich von denen der Orthophosphorsäure, da bereits langsam in der Kälte, schneller beim Kochen Hydrolyse zu Orthophosphorsäure eintritt. Daher entsteht auch mit Ammoniummolybdat schon nach kurzem Erwärmen die charakteristische gelbe Fällung von Ammoniummolybdophosphat.

Orthophosphorsäure und Orthophosphate

> **Vorkommen:** Orthophosphorsäure liegt den in der Natur vorkommenden Phosphatmineralien (s. S. 333) zugrunde. Die sedimentären Apatitvorkommen sind größer als die magmatischen.
> **Darstellung:** Ausgangsprodukte sind hauptsächlich die Phosphorite und Apatite.
> a) Feingemahlenes angereichertes Rohphosphat wird mit ca. 55%iger H_2SO_4 bei 75–80 °C aufgeschlossen und die rohe 30%ige Phosphorsäure vom entstandenen Gips abgetrennt:
> $$Ca_5(PO_4)_3F + 5H_2SO_4 + 10H_2O \rightarrow 5CaSO_4 \cdot 2H_2O\downarrow + 3H_3PO_4 + HF$$
> HF ist als Na_2SiF_6 fällbar oder beim Eindampfen zu 70%iger H_3PO_4 als SiF_4 flüchtig.
> b) Reine Phosphorsäure wird durch Verbrennen von weißem Phosphor (Darst. s. S. 333f.) zu Phosphorpentaoxid und Umsetzen mit Wasser dargestellt:
> $$P_2O_5 + 3H_2O \rightarrow 2H_3PO_4$$
> **Bedeutung:** Mit Phosphorsäure werden hauptsächlich Düngemittel produziert (Tripelsuperphosphat $Ca(H_2PO_4)_2$, Ammoniumphosphate). Trinatriumphosphat

Fortsetzung

dient zur Enthärtung von Wasser und mit NaOCl-Zusatz als Sanitärreiniger. Phosphorsäure, Zink- und Manganphosphate werden als Rostschutzmittel („Phosphatieren") verwendet. Orthophosphorsäureester können stark toxisch wirken, sie werden daher zur Schädlingsbekämpfung eingesetzt (z.B. Dichlorvos).

Allgemeine Eigenschaften: Die dreibasige Orthophosphorsäure kann drei Reihen von Salzen bilden:

primäre (z.B. NaH_2PO_4, Natriumdihydrogenorthophosphat),

sekundäre (z.B. Na_2HPO_4, Dinatriumhydrogenorthophosphat),

tertiäre (z.B. Na_3PO_4, Trinatriumorthophosphat).

Die drei K_S-Werte (s. S. 67) der Orthophosphorsäure betragen $K_{S_1} = 10^{-1,96}$ mol/l, $K_{S_2} = 10^{-7,12}$ mol/l und $K_{S_3} = 10^{-12,32}$ mol/l. Eine wäßrige Lösung von H_3PO_4 reagiert daher stark sauer, von primärem Natriumphosphat schwach sauer, von sekundärem schwach basisch und solche von tertiärem stark basisch (Hydrolyse s. S. 73f.). Ein Lösungsgemisch von primärem und sekundärem Natriumphosphat stellt eine für das pH-Gebiet 6–8 geeignete Pufferlösung (s. S. 76ff.) dar.

In Wasser sind nur die Alkaliphosphate, mit Ausnahme von Li_3PO_4, sowie die primären Erdalkaliphosphate leicht löslich.

Durch Erhitzen primärer Phosphate entstehen durch Kondensation Oligo- oder Polyphosphate, z.B. Metaphosphat nach:

$$x\,NaH_2PO_4 \;\rightarrow\; (NaPO_3)_x + x\,H_2O\uparrow$$

Sekundäre Phosphate bilden dagegen beim Erhitzen Diphosphate:

$$2\,Na_2HPO_4 \;\rightarrow\; Na_4P_2O_7 + H_2O\uparrow$$

Das für die „Phosphorsalzperle" (s. S. 524) verwendete $NaNH_4HPO_4$ (Phosphorsalz) ist ein sekundäres Salz, doch bildet sich infolge der Flüchtigkeit von NH_3 und H_2O Polyphosphat:

$$NaNH_4HPO_4 \;\rightarrow\; NaPO_3 + H_2O\uparrow + NH_3\uparrow$$

Man verwende zu den nachstehenden Reaktionen eine Lösung von Phosphorsalz, $NaNH_4HPO_4$, oder Dinatriumhydrogenphosphat bzw. die entsprechend vorbereitete Analysenlösung.

1. AgNO₃

Gelber Niederschlag von Ag_3PO_4, der bereits in schwachen Säuren, wie CH_3COOH, sowie in Ammoniak löslich ist.

2. BaCl₂

Niederschlag von weißem Barimphosphat, das bei Fällung aus neutraler Lsg. vorwiegend aus sekundärem Phosphat, $BaHPO_4$, aus ammoniakalischer Lsg. dagegen aus tertiärem $Ba_3(PO_4)_2$ besteht, das in CH_3COOH leicht löslich ist.

Auch Ca^{2+} u. Sr^{2+} werden mit PO_4^{3-} gefällt. Sr^{2+} verhält sich dabei wie Ba^{2+}; Ca^{2+} fällt als basisches Phosphat (s. 3., S. 393).

PO_4^{3-} muß daher beim Kationentrennungsgang vor der Fällung der $(NH_4)_2S$-Gruppe entfernt werden, da sonst die Erdalkaliionen bereits mit den Ionen der $(NH_4)_2$-S-Gruppe als Phosphate ausfallen können. Zu ihrer Abtrennung eignen sich die in den Reaktionen 3., 4. und 5. beschriebenen Fällungen.

3. FeCl₃

Niederschlag von weißlichem $FePO_4$. Bei Überschuß von Fe^{3+} wird dieses leicht in Form basischer Salze mitgerissen, so daß der Niederschlag meist gelblichweiß bis rotbraun gefärbt ist.

In Essigsäure ist $FePO_4$ löslich, wenn die Azidität der Lsg. nicht durch Natriumacetat abgestumpft wird. Ein Überschuß an Acetat wirkt infolge Bildung von basischen Acetatoeisen(III)komplexen in der Kälte lösend, beim Erhitzen wird die Fällung infolge Zerstörung der löslichen Komplexe durch Hydrolyse wieder vollständig. Da Erdalkaliphosphate unter diesen Bedingungen nicht ausgefällt werden, ist die Reaktion für die Abtrennung der Phosphorsäure im Kationentrennungsgang brauchbar.

4. Zinndioxidhydrat (Zinnsäure)

Zinndioxidhydrat, das sich bei Oxidation von Sn durch HNO_3 bildet, besitzt die Eigenschaft, PO_4^{3-} zu adsorbieren (vgl. S. 503 u. 505).

Man erhitze eine verd. Lsg. von Na_2HPO_4 in 1 ml konz. HNO_3 in einer Porzellanschale unter portionsweiser Zugabe von 0,1 g chemisch reiner Zinnfolie oder granuliertem Zinn. Man engt noch etwas ein, verdünnt mit 10 ml Wasser und zentrifugiert von dem schwerlöslichen Zinndioxidhydrat ab. Das Zentrifugat ist nun frei von PO_4^{3-}. Die Fällung ist jedoch nur quantitativ, wenn keine Cl^--Ionen anwesend sind. Zur Abtrennung der PO_4^{3-}-Ionen im Kationentrennungsgang muß das Filtrat der H_2S-Gruppe daher mehrmals mit HNO_3 zur völligen Vertreibung von Cl^- eingedampft werden.

Im folgenden werden Nachweisreaktionen nur für Orthophosphationen beschrieben. Zwischen einzelnen Polyphosphaten oder Metaphosphaten kann dagegen nicht unterschieden werden, weil deren zuverlässiger Nachweis nur nach komplizierten Trennungen durch Papierchromatographie, Elektrophorese, Anionenaustauscher usw. möglich ist.

5. Nachweis als Zr₃(PO₄)₄

Auch aus stark saurer Lsg. fällt mit $ZrOCl_2$ ein weißer, flockiger Niederschlag, der etwa dem tertiären Zirconiumphosphat, $Zr_3(PO_4)_4$, entspricht. Aus verdünnteren Lösungen flockt er häufig erst beim Erhitzen aus (s. 6., S. 454).

Anwesendes PO_4^{3-} kann vor der $(NH_4)_2S$-Gruppe auch als $Zr_3(PO_4)_4$ abgetrennt werden. Ein Überschuß von Zr(IV) stört den Nachweis der übrigen Ionen der $(NH_4)_2S$-Gruppe nicht.

6. Nachweis als MgNH₄PO₄

$$HPO_4^{2-} + NH_3 + Mg^{2+} \rightarrow MgNH_4PO_4\downarrow$$

Eine ammoniakalische, NH_4Cl-haltige Lösung eines Magnesiumsalzes fällt auch aus sehr verdünnten Lösungen kristallines, bereits in schwachen Säuren leicht lösliches $MgNH_4PO_4$ (vgl. 6., S. 390).

1 Tropfen der ammoniakalischen Probe-Lsg. wird auf dem Objektträger mit einem Körnchen NH_4Cl und danach mit einem Körnchen $MgCl_2$ versetzt. Es bilden sich charakteristische Kristalle (s. Kristallaufnahme Nr. 6). Ist der Niederschlag sehr fein, so fälle man um.

EG: 0,05 µg PO_4^{3-},   pD: 5,3

7. Nachweis als Ammoniummolybdophosphat

$$HPO_4^{2-} + 23\,H^+ + 3\,NH_4^+ + 12\,MoO_4^{2-} \rightarrow (NH_4)_3[P(Mo_3O_{10})_4 \cdot aq]\downarrow + 12\,H_2O$$

Ammoniummolybdatlösung fällt aus salpetersaurer phosphathaltiger Probelösung einen **gelben** Niederschlag (s. S. 463) von Ammoniummolybdophosphat, dem Salz einer Heteropolysäure (s. S. 462). Auf 12 Atome Mo enthält sie nur 1 Atom P.

Arsensäure gibt eine entsprechende schwerlösliche Verbindung (vgl. 5., S. 496), allerdings erst beim Kochen. Da eine solche Unterscheidung aber sehr unsicher ist, muß Arsensäure vor dem Nachweis auf Phosphate entfernt werden.

Kieselsäure muß ebenfalls vorher abgeschieden werden, da sie mit Molybdänsäure zwar lösliche, aber gelbe Heteropolysäuren bildet. Größere Mengen von Oxalsäure können die Fällung von Ammoniummolybdophosphat verhindern.

a) Etwa 10 mg Substanz werden mit 10 Tropfen konz. HNO_3 erwärmt, bis keine nitrosen Gase mehr entweichen (Oxidation reduzierender Ionen, die den Nachweis stören). Zu 5 Tropfen des HNO_3-sauren Zentrifugats werden weitere 5 Tropfen konz. HNO_3 u. in der Kälte 10 Tropfen Reagenzlsg. zugegeben. Bei Gegenwart größerer PO_4^{3-}-Mengen entsteht in der Kälte innerhalb von 3 min. eine **gelbe** Fällung von $(NH_4)_3[P(Mo_3O_{10})_4] \cdot aq$. Die Fällung kann beschleunigt werden, wenn man in die mit Reagenz versetzte HNO_3-Lsg. noch 1 Tropfen Ammoniak gibt.
Störungen: Zur Unterscheidung, ob neben Molybdophosphat auch Molybdoarsenat ausgefallen ist, wird der gelbe Niederschlag in 5 mol/l NH_3 gelöst. Aus dieser Lsg. wird durch Zusatz von 5 Tropfen 0,1 mol/l $Mg(NO_3)_2$ und 5 Tropfen 5 mol/l NH_4Cl, $MgNH_4PO_4$ bzw. $MgNH_4AsO_4$ ausgefällt (vgl. 4., S. 496). Der zentrifugierte und gewaschene Niederschlag wird mit 1 Tropfen 1 mol/l $AgNO_3$ befeuchtet. Bei Gegenwart von AsO_4^{3-} entsteht neben dem rein gelben Ag_3PO_4 braunes Ag_3AsO_4, das die gelbe Farbe des Ag_3PO_4 mehr oder weniger überdeckt.
Reagenz: 100 g $(NH_4)_6Mo_7O_{24} \cdot 4\,H_2O$ + 200 g NH_4NO_3 + 70 ml konz. Ammoniak mit Wasser auf 1 Liter aufgefüllt.
b) Mikrochemischer Nachweis als $(NH_4)_3[P(Mo_3O_{10})_4] \cdot aq$: 1 Tropfen der HNO_3-sauren Lsg. wird auf dem Objektträger mit etwas festem NH_4NO_3 und danach mit einem Kristall Ammoniummolybdat versetzt. Es entstehen kleine gelbe Würfel und Oktaeder. AsO_4^{3-} und SiO_4^{4-} stören die Reaktion (s. 5., S. 496 u. S. 368). Kristallaufnahme Nr. 1.

8. Nachweis als Molybdän-Benzidinblau (s. S. 651)

Nachweis und Trennung von PO_4^{3-}

Da die Löslichkeit der Phosphate sehr unterschiedlich ist, muß die Prüfung auf PO_4^{3-} je nach den vorliegenden Bedingungen an verschiedenen Stellen des Analysenganges erfolgen. Lösliche Phosphate können sowohl im mineralsauren Substanzauszug als auch im Sodaauszug nachgewiesen werden. Bei Anwesenheit von SiO_4^{4-} und AsO_4^{3-} erfolgt die PO_4^{3-}-Identifizierung erst nach dem Abrauchen der löslichen Kieselsäure und der quantitativen As_2S_3-Fällung im Filtrat bzw. Zentrifugat der H_2S-Gruppe (s. S. 467). Da die Phosphate von Zr(IV) und Th(IV) selbst von Mineralsäuren kaum gelöst werden, muß bei Anwesenheit dieser Kationen auch im Aufschluß des in Säure schwerlöslichen Rückstandes auf PO_4^{3-} geprüft werden. Zum Nachweis des PO_4^{3-} eignen sich neben der Ausfällung als $Zr_3(PO_4)_4$

(s. 5., S. 340) die Bildung von $MgNH_4PO_4$-Kristallen (s. 6., S. 340) oder die Reaktion mit Ammoniummolybdat (s. 7., S. 341). Wird das salzsaure Zentrifugat der H_2S-Gruppe verwendet, muß H_2S verkocht und evtl. vorhandene Oxalsäure durch Zugabe von einigen Tropfen H_2O_2 entfernt werden.

Da PO_4^{3-}, wie schon erwähnt, den Gang der Analyse durch Bildung schwerlöslicher Phosphate von Mg, Ca, Sr, Ba und Li in neutraler oder ammoniakalischer Lösung stört, muß es vor Durchführung des Kationentrennungsganges entfernt werden. Die erwähnten Kationen fallen bei Gegenwart von Phosphorsäure in der Ammoniumsulfidgruppe (s. S. 559) und gelangen nicht in den Teil des Trennungsganges, wo sie identifiziert werden müßten.

Bei Anwendung des Urotropinverfahrens (s. S. 563) muß so viel Fe^{3+} zugegeben werden, daß alles PO_4^{3-} als $FePO_4$ gefällt wird. Ist also der Nachweis von PO_4^{3-} positiv ausgefallen, so prüfe man das Zentrifugat des H_2S-Niederschlages nach Verkochen des Schwefelwasserstoffs und Oxidation durch einige Tropfen HNO_3 zunächst auf Eisen. Ist sehr viel Eisen zugegen, dagegen wenig PO_4^{3-}, so unterbleibt ein Zusatz von $FeCl_3$. Ist das Umgekehrte der Fall, so setzt man einen der PO_4^{3-}-Menge entsprechenden Überschuß von $FeCl_3$ hinzu und fällt wie üblich mit Urotropin aus. Im Niederschlag befindet sich neben $Fe(OH)_3$, $Cr(OH)_3$, $Al(OH)_3$, $TiO_2 \cdot$ aq, $FeVO_4$ usw. das gesamte PO_4^{3-} als $FePO_4$ oder auch als $CrPO_4$ bzw. $AlPO_4$ (Zr kann bei Anwesenheit von PO_4^{3-} nicht in Lösung vorliegen). Sie stören den Nachweis dieser Kationen nicht, so daß wie gewöhnlich weitergearbeitet werden kann.

Bei der gemeinsamen Fällung der Ammoniumsulfidgruppe mit Ammoniak und $(NH_4)_2S$ ist es notwendig, PO_4^{3-} vorher abzuscheiden. Hierzu geeignet sind neben der Fällung mit $FeCl_3$ aus saurer, acetatgepufferter Lösung die Abscheidung mit Zinnsäure und als $Zr_3(PO_4)_4$. In der Halbmikroanalyse kann PO_4^{3-} auch mittels Ionenaustauscher abgetrennt werden (s. auch S. 578).

Die Fällung mit $FeCl_3$ aus schwach saurer Acetatlösung (s. 3., S. 340) ist dem Hydrolysenverfahren mit Urotropin ähnlich, denn zusammen mit $FePO_4$ fallen neben basischem Eisenacetat auch Chrom, Aluminium und Titan als basische Acetate aus. Die Fällung von Eisen und Aluminium ist jedoch in Gegenwart von Chrom häufig nicht vollständig, so daß die Fällung mit Urotropin vorzuziehen ist.

Zur PO_4^{3-}-Abscheidung mit Zinndioxidhydrat (s. 4., S. 340) dampft man zur Entfernung von H_2S und Cl^- das Zentrifugat der H_2S-Gruppe unter Zusatz einiger ml konz. HNO_3 zur Trockne ein, befeuchtet die Trockensubstanz nochmals mit einigen Tropfen konz. HNO_3 und wiederholt die Operation, bis der Nachweis auf Cl^- negativ ausfällt. Dann nimmt man mit 10 ml konz. Salpetersäure auf und verfährt weiter nach Reaktion 4., S. 340. Wenn man richtig gearbeitet hat, ist das Zentrifugat frei von PO_4^{3-} und auch von Zinn. Sollte letzteres nicht der Fall sein, so muß es mit H_2S entfernt werden. Dann wird wie üblich weitergearbeitet.

Am einfachsten ist die Abtrennung des PO_4^{3-} durch Fällung als $Zr_3(PO_4)_4$ (s. 5., S. 340). Man erhitzt das Zentrifugat der H_2S-Gruppe zum Sieden und versetzt nach der Vertreibung von H_2S die heiße Lösung tropfenweise mit einer Lösung von $ZrOCl_2$. Zur Fällung von je 50 mg PO_4^{3-} genügen 15 ml 0,05 mol/l $ZrOCl_2$-

Lösung. Man zentrifugiert und versetzt das Zentrifugat nochmals mit 10 ml ZrOCl$_2$-Lösung, kocht kurz auf und filtriert nach fünf Minuten. Das im Zentrifugat befindliche Zr(IV) stört den weiteren Analysengang nicht.

Sind noch seltenere, ebenfalls in der (NH$_4$)$_2$S-Gruppe ausfallende Elemente (vgl. Kap. 4.3.3) anwesend, so empfiehlt es sich, anstelle der Abtrennung der Phosphorsäure mit Zinnsäure oder als Zr$_3$(PO$_4$)$_4$ den auf S. 568 beschriebenen „Trennungsgang bei Anwesenheit der selteneren Elemente der Ammoniumsulfidgruppe" anzuwenden.

In Legierungen liegt Phosphor stets als Phosphid vor, und zwar meist in sehr kleinen Mengen. Um ihn nachzuweisen, werden 5–10 g Metall in konz. HNO$_3$ gelöst, wobei das Phosphid zu PO$_4^{3-}$ oxidiert wird. Der Nachweis des PO$_4^{3-}$ erfolgt dann wie üblich.

4.2.5 Elemente der 4. Hauptgruppe

In der 4. Hauptgruppe des PSE befinden sich die Elemente Kohlenstoff, C, Silicium, Si, Germanium, Ge, Zinn, Sn, und Blei, Pb. Gemäß den allgemeinen Regeln des PSE (s. S. 15) nimmt mit steigender Ordnungszahl der metallische Charakter der Elemente sowie der basische Charakter der Hydroxide zu, dagegen die Beständigkeit der höchsten Oxidationsstufe ab. Kohlenstoff ist ein Nichtmetall, Silicium und Germanium gehören zu den Halbmetallen und Blei und Zinn zu den Metallen. Beim Kohlenstoff ist die stabilste Oxidationsstufe + IV. Von Silicium und Germanium kennt man Verbindungen mit der Oxidationsstufe + II, sie sind jedoch sehr unbeständig und werden leicht zur Stufe + IV oxidiert. Beim Zinn sind die Oxidationsstufen + II und + IV hinsichtlich ihrer Beständigkeit gleichwertig, beim Blei überwiegt die Beständigkeit der Oxidationsstufe + II.

Von den hier erwähnten Elementen werden wegen ihres analytischen Verhaltens Ge auf S. 505, Sn auf S. 502 und Pb auf S. 474 besprochen.

4.2.5.1 Kohlenstoff C, Z: 6, RAM: 12,011, $2s^2\,2p^2$

Häufigkeit: 0,087 Gew.-%. Smp. (Diamant): 3550 °C. Sdp.: 4827 °C (Subl.). D$_{25}$ (Graphit): 2,26 g/cm^3. Wichtige Oxidationsstufen: − IV, + II, + IV. Ionenradius $r_{C^{4+}}$: 16 pm.
Vorkommen: Kohlenstoff ist in der Natur vertreten in Carbonaten (Kalk, CaCO$_3$, Dolomit, CaCO$_3$ · MgCO$_3$), im CO$_2$ des Meerwassers und der Atmosphäre, sowie in den Kohle- und Erdöllagern. Kohle besteht nicht aus reinem Kohlenstoff, sondern ist ein Gemenge kohlenstoffreicher, Wasserstoff, Sauerstoff, Stickstoff und Schwefel enthaltender Verbindungen.

Kohlenstoffverbindungen sind Hauptbestandteil aller lebenden Organismen. Reiner Kohlenstoff liegt im Graphit, Diamant und den Fullerenen vor.
Darstellung: Graphit und Diamant werden durch Bergbau gewonnen. Viel Graphit erzeugt man auch im elektrischen Ofen bei 2600 bis 3000 °C aus Petrol- oder Zechenkoks, wobei dieser oft schon die Produktform hat (*Acheson-* und *Castner-*

Fortsetzung

Verfahren u.a.). Große Bedeutung hat die Synthese von Industriediamanten, die bereits 75% des Bedarfs deckt.

Bedeutung: Kohle, Erdöl und Erdgas sind die wichtigsten Energielieferanten für die Wirtschaft und Rohstoffbasis zahlreicher Großsynthesen. In der Hüttenindustrie dient Kohle bzw. Koks zur Reduktion von Erzen zu Metallen. Graphit wird für Elektroden (Elektrolysen, Elektrostahl), als Antihaftmittel (Kokillen, Formguß), hitzebeständiges Schmiermittel und als Moderator in Kernreaktoren verwendet. Weitere Produkte sind Ruß (Gummi) und Aktivkohle.

Allgemeine Eigenschaften: Kohlenstoff tritt als Element der 4. Hauptgruppe fast ausschließlich in der Oxidationsstufe + IV auf. Eine Ausnahme bildet das $\overset{+II}{C}O$.

Die Mannigfaltigkeit der Kohlenstoffverbindungen ergibt sich aus der Fähigkeit der Kohlenstoffatome, einerseits mit sich selbst, andererseits sowohl mit elektropositiven als auch elektronegativen Elementen Bindungen einzugehen.

Kohlenstoff bildet die beiden stabilen Oxide: Kohlenmonoxid, CO, und Kohlendioxid, CO_2.

Die Anzahl der weiteren Verbindungen des Kohlenstoffs ist sehr groß – bisher sind etwa 1 Million bekannt.

In der analytischen Chemie benutzt man heute eine Vielzahl organischer Reagenzien für den Nachweis anorganischer Ionen, worüber in Kap. 6 berichtet wird.

An dieser Stelle sollen neben der Kohlensäure und den Carbonaten fünf organische Säuren bzw. deren Salze behandelt werden, die in der anorganischen Analyse nachgewiesen werden.

Diese sind: a) Essigsäure, CH_3COOH, und ihre Salze, die Acetate,
              b) Oxalsäure, $H_2C_2O_4$, und ihre Salze, die Oxalate,
              c) Weinsäure, $C_4H_6O_6$, und ihre Salze, die Tartrate,
              d) Cyanwasserstoffsäure, HCN, und ihre Salze, die Cyanide,
              e) Thiocyanwasserstoffsäure, HSCN, und ihre Salze, die Thiocyanate.

Über die Eigenschaften und die besondere analytische Bedeutung dieser Verbindungen gibt jeweils das einleitende Kapitel Auskunft.

Kohlenmonoxid

Kohlenmonoxid ist ein farb- und geruchloses, brennbares und giftiges Gas (MAK-Wert 55 mg/m³). Es hat große Bedeutung als Bestandteil von Heiz-, Spalt- und Synthesegasen.

a) **Generatorgas** erhält man bei der unvollständigen Verbrennung von Kohle. Es besteht in der Hauptsache aus einem Gemisch von Kohlenoxid (etwa 30%) und Stickstoff:

$$2C + O_2 \rightarrow 2CO \qquad\qquad -221\,kJ$$
$$2CO + O_2 \rightarrow 2CO_2 \qquad\quad -566\,kJ$$
$$CO_2 + C \rightarrow 2CO \qquad\qquad (\textit{Boudouard}\text{-Gleichgewicht})$$

b) **Wassergas** (etwa je 50% CO und H_2) wird durch Überleiten von Wasserdampf über glühende Kohle gewonnen:

$$C + H_2O \rightarrow CO + H_2 \qquad\quad +131\,kJ$$
$$CO + H_2O \rightarrow CO_2 + H_2 \qquad -41{,}4\,kJ$$

Fortsetzung

c) **Gichtgas** (etwa 24%, CO, 12% CO_2 und 60% N_2) entsteht beim Hochofenprozeß:

$$FeO + C \rightarrow Fe + CO$$
$$FeO + CO \rightleftharpoons Fe + CO_2$$

Bei allen diesen Reaktionen sind, da es sich um chemische Gleichgewichte handelt, im Gasraum sämtliche Reaktionspartner vorhanden. (Darstellung von CO im Labor s. S. 186).

Kohlenmonoxid ist aufgrund seines besonderen Bindungscharakters (eine σ- und zwei π-Bindungen) meist formuliert als $|C \equiv O|$, für verschiedenartige Reaktionen zugänglich. Zum Beispiel reagiert CO mit metallischem Fe bzw. Ni unter Bildung von $Fe(CO)_5$ bzw. $Ni(CO)_4$.

Von Bedeutung sind ferner Reaktionen, in denen CO und H_2 unter der katalytischen Wirkung von Übergangsmetallverbindungen organische Substanzen bilden, z.B. Methanol oder höhere Alkohole bzw. CO in organische Verbindungen eingebaut wird.

Kohlenmonoxid ist bei höheren Temperaturen ein starkes Reduktionsmittel (s. Hochofenprozeß). Die Oxide von Schwermetallen wie Cu, Fe, Ni usw. werden unter diesen Bedingungen durch CO leicht reduziert. Auch auf Wasser wirkt CO reduzierend, wobei sich ein Gleichgewicht einstellt. Arbeitet man bei möglichst tiefer Temperatur im Überschuß von Wasserdampf, so erhält man weitgehend CO_2 und H_2 (Wassergaskonvertierung s. S. 344).

Kohlensäure und Carbonate

Vorkommen: Kohlensäure liegt den gesteinsbildenden Carbonaten zugrunde (s. S. 343). Beträchtliche Mengen CO_2 sind im Meerwasser gelöst und in der Atmosphäre vorhanden (0,03 Vol.-% oder 0,57 mg CO_2/l).

Darstellung: Kohlendioxid, CO_2, entsteht bei der vollständigen Verbrennung von Kohlenstoff und organischen Verbindungen sowie durch thermische Zersetzung von Carbonaten:

$$CaCO_3 \rightleftharpoons CaO + CO_2$$

oder beim Behandeln von Carbonaten mit Säuren:

$$CaCO_3 + 2H^+ \rightarrow Ca^{2+} + H_2O + CO_2$$

Die erste Reaktion ist für die Herstellung von gebranntem Kalk (s. S. 392), die zweite für die Darstellung des CO_2 im Labormaßstab im *Kipp*schen Apparat wichtig (s. S. 183).

Bedeutung: Kohlendioxid (Kohlensäure) findet in der Getränkeindustrie Verwendung. Viele Feuerlöschgeräte sind mit flüssigem CO_2 (Kohlensäureschneelöscher) bzw. gasförmigem CO_2 (z.B. Schaumlöschgeräte mit CO_2 als Treibgas) gefüllt. Feste Kohlensäure (Trockeneis) findet zur Frischhaltung verderblicher Lebensmittel und im Labor meist im Gemisch mit Flüssigkeiten (z.B. Ethanol) als Kältebad Verwendung.

Die grünen Pflanzen assimilieren unter Einwirkung des Sonnenlichtes das CO_2 der Luft und synthetisieren daraus Kohlenhydrate.

Allgemeine Eigenschaften: CO_2 löst sich etwas in Wasser. Die Löslichkeit ist nach dem *Henry*schen Verteilungsgesetz abhängig vom Partialdruck des CO_2 in dem über der Lösung befindlichen Gasraum

Fortsetzung

$$CO_{2\,gasf.} \rightleftharpoons CO_{2\,gelöst}$$

Bei der Auflösung entsteht in geringem Maße die mittelstarke Kohlensäure H_2CO_3:

$$CO_2 + H_2O \rightleftharpoons CO_2 \cdot aq \rightleftharpoons H_2CO_3 \rightleftharpoons H^+ + HCO_3^- \rightleftharpoons 2H^+ + CO_3^{2-}$$

Die Geschwindigkeit, mit der sich CO_2 beim Einleiten in Wasser mit H_2CO_3 und dessen Dissoziationsprodukten ins Gleichgewicht setzt, ist so gering, daß eine analytische Unterscheidung zwischen H_2CO_3 und hydratisiertem CO_2 möglich ist. Der schwache Säurecharakter der Kohlensäure ist darauf zurückzuführen, daß im Gleichgewicht das Verhältnis $c(CO_2 \cdot aq)/c(H_2CO_3) \approx 300$ vorliegt.

Entsprechend dem Dissoziationsgleichgewicht bildet H_2CO_3 zwei Reihen von Salzen, z.B. $NaHCO_3$ (Natriumhydrogencarbonat) und Na_2CO_3 (Natriumcarbonat).

Von den neutralen Carbonaten sind nur die der Alkalielemente und des Ammoniums in Wasser leichtlöslich. Alle anderen sind dagegen meist schwer löslich.

In kohlensäurehaltigem Wasser lösen sie sich aber teilweise unter Bildung von Hydrogencarbonaten auf, z.B.

$$CaCO_3 + H_2CO_3 \rightleftharpoons Ca(HCO_3)_2$$

Diese Reaktion ist wichtig für die Auflösung von Carbonatgesteinen durch Regenwasser, für die Bildung von „hartem Wasser" sowie für die Neubildung von Gesteinen.

Die geringen Mengen von gelöstem $CaCO_3$ sind in Ca^{2+} und CO_3^{2-} dissoziiert:

$$CaCO_3 \rightleftharpoons Ca^{2+} + CO_3^{2-}$$

Außerdem gelten für die Gleichgewichte der Kohlensäure folgende Ansätze des MWG:

$$\frac{c_{H^+}\, c_{HCO_3^-}}{c_{H_2CO_3}} = K_{S_1} = 10^{-3,88}\ \text{mol/l}$$

bzw.

$$\frac{c_{H^+}\, c_{HCO_3^-}}{(c_{H_2CO_3} + c_{CO_2 \cdot aq})} = K'_{S_1} = 10^{-6,35}\ \text{mol/l}$$

und

$$\frac{c_{H^+}\, c_{CO_3^{2-}}}{c_{HCO_3^-}} = K_{S_2} = 10^{-10,3}\ \text{mol/l}$$

Da HCO_3^- die wesentlich schwächere Säure ist, treten die aus der Dissoziation des $CaCO_3$ herrührenden CO_3^{2-}-Ionen mit den H^+-Ionen der Lösung zu HCO_3^- zusammen. Beim Kochen oder längerem Stehenlassen der Hydrogencarbonatlösung an der Luft entweicht CO_2:

$$2HCO_3^- \rightleftharpoons CO_3^{2-} + H_2O + CO_2\uparrow$$

Es bilden sich CO_3^{2-}-Ionen; $CaCO_3$ fällt wieder aus.

Hartes Wasser enthält Ca^{2+} und Mg^{2+} in Form von Hydrogencarbonaten $[Ca(HCO_3)_2$ und $Mg(HCO_3)_2]$ und Sulfaten $(CaSO_4, MgSO_4)$. Die Hydrogencarbonathärte läßt sich durch Kochen beseitigen (**temporäre Härte**), die Sulfathärte jedoch bleibt bestehen (**permanente Härte**).

Hartes Wasser macht sich sowohl in der Industrie (Dampfkessel) als auch beim Waschen sehr störend bemerkbar. In den Kesseln setzt sich das gebildete $CaCO_3$ als Kesselstein (Überhitzungsgefahr!) ab. Seife (Natrium- bzw. Kaliumsalze höherer Fettsäuren) setzt sich zu schwerlöslichen Calcium- und Magnesiumsalzen um, so daß die Lösung erst bei einem Seifenüberschuß schäumt.

Fortsetzung

Man kann die Gesamthärte nach verschiedenen Verfahren beseitigen:

a) „Innere" Wasserenthärtung. Zugabe von

1. Na_3PO_4: $3Ca(HCO_3)_2 + 2Na_3PO_4 \rightarrow Ca_3(PO_4)_2\downarrow[1]) + 6NaHCO_3$

   $3CaSO_4 \quad\quad + 2Na_3PO_4 \rightarrow Ca_3(PO_4)_2\downarrow + 3Na_2SO_4$

2. Na_2CO_3: $Ca(HCO_3)_2 \quad + \quad Na_2CO_3 \rightarrow CaCO_3\downarrow \quad + 2NaHCO_3$

   $CaSO_4 \quad\quad\quad + \quad Na_2CO_3 \rightarrow CaCO_3\downarrow \quad + \quad Na_2SO_4$

b) „Äußere" Wasserenthärtung.

Hierzu nimmt man heute Ionenaustauscher auf Kunstharzbasis und tauscht die Ca^{2+}- bzw. Mg^{2+}-Ionen gegen Na^+ aus (s. S. 175f.). Gearbeitet wird mit einer Austauscherpackung, durch die das Wasser geleitet wird.

Über die Totalentsalzung des Wassers s. b), S. 176

4

1. Bildung und Verhalten von $Ca(HCO_3)_2$

$$Ca(OH)_2 + CO_2 \quad\quad \rightarrow CaCO_3\downarrow + H_2O$$
$$CaCO_3 + H_2O + CO_2 \rightleftharpoons Ca(HCO_3)_2$$

Man verdünne in einem Reagenzglas 2 ml Kalkwasser, $Ca(OH)_2$, mit 2 ml Wasser und leite CO_2 aus einem Kipp ein. Es fällt zunächst Calciumcarbonat aus. Beim weiteren Einleiten löst sich der Niederschlag unter Bildung von $Ca(HCO_3)_2$ auf. Dann wird das Einleiten von CO_2 eingestellt u. die Lsg. erhitzt. Unter Entwicklung von Kohlendioxid trübt sich die Lsg. erneut, weil sich wieder $CaCO_3$ ausscheidet.

2. Thermische Zersetzung von Natriumhydrogencarbonat

$$2NaHCO_3 \rightarrow Na_2CO_3 + H_2O + CO_2\uparrow$$

In festem Zustand existieren nur die Hydrogencarbonate der Alkalielemente und des NH_4^+, die aber beim Erhitzen auch zerfallen.

Einige Körnchen $NaHCO_3$ erhitze man in einem trockenen Reagenzglas. Das entweichende CO_2 weise man nach, wie in der folgenden Reaktion beschrieben ist.

3. Nachweis als $BaCO_3$

$$CO_2 + Ba(OH)_2 \rightarrow BaCO_3\downarrow + H_2O$$

Der CO_3^{2-}-Nachweis wird prinzipiell mit der Ursubstanz durch Zersetzen der Carbonate mit verd. Mineralsäuren ausgeführt. Zu beachten ist hierbei, daß natürliche Carbonate, insbesondere basisches Mg-Carbonat, sehr langsam mit Säuren reagieren. Da F^- sowie S^{2-}, SO_3^{2-}, $S_2O_3^{2-}$, CN^-, $C_2O_4^{2-}$ und $C_4H_4O_6^{2-}$ bei Gegenwart stark oxidierender Substanzen den CO_3^{2-}-Nachweis beeinträchtigen,

---

[1]) Die wirkliche Zusammensetzung des ausgefallenen Calciumphosphates ist komplizierter (s. S. 393).

wird dieser erst nach Prüfung auf Anwesenheit der genannten Ionen und dann in entsprechend modifizierter Form durchgeführt. Bei Anwesenheit von SO_3^{2-} verwende man Kalkwasser als Vorlage.

Etwa 10 mg Substanz werden bei Abwesenheit störender Anionen in ein kleines Reagenzglas gegeben, mit 10 Tropfen verd. HCl versetzt u. im Wasserbad erwärmt. Als Vorlage dient ein „Gärröhrchen" mit gesättigter $Ba(OH)_2$-Lsg. (Abb. 4.6, S. 246). Das gebildete CO_2 wird in die Vorlage übergetrieben. Die Bildung einer weißen Trübung von $CaCO_3$ innerhalb von 3–5 min zeigt CO_2 an.

Das Zusammensetzen der Apparatur muß sofort nach Zugabe der HCl geschehen. Man achte darauf, daß keine Säure beim Erwärmen übergetrieben wird.

Störungen: Bei Gegenwart von S^{2-} u. CN^- wird die Substanz vor dem CO_2-Nachweis mit $HgCl_2$ verrieben [Bildung von HgS u. $Hg(CN)_2$]. Sind SO_3^{2-} u. $S_2O_3^{2-}$ zugegen, so wird die Substanz vor dem Säurezusatz mit 3 Tropfen 2,5 mol/l H_2O_2 versetzt (Oxidation des SO_3^{2-} u. $S_2O_3^{2-}$ zu SO_4^{2-}). F^- wird mit 0,5 mol/l $ZrO(NO_3)_2$ maskiert (Bildung des sehr stabilen $[ZrF_6]^{2-}$-Komplexes). Die Bildung von CO_2 aus $C_2O_4^{2-}$ u. $C_4H_4O_6^{2-}$ in saurer Lsg. durch starke Oxidationsmittel wird durch Zugabe von Hydraziniumsulfat vermieden.

4. Nachweis durch Entfärbung einer Na_2CO_3-haltigen Phenolphthaleinlösung

$$CO_2 + CO_3^{2-} + H_2O \rightarrow 2\,HCO_3^-$$

Der Nachweis des CO_2 kann noch empfindlicher gestaltet werden, wenn man das Gas in eine Phenolphthaleinlösung einleitet, die durch einen geringen Na_2CO_3-Gehalt gerade rot gefärbt ist. Durch Reaktion der Base CO_3^{2-} mit der aus CO_2 gebildeten Kohlensäure sinkt die H^+-Konzentration der Lösung und der Indikator wird entfärbt.

Das CO_2 wird wie bei 3. in Freiheit gesetzt u. in ein „Gärröhrchen" geleitet, das mit einer frisch bereiteten Mischung aus 1 Tropfen 0,05 mol/l Na_2CO_3, 2 Tropfen 0,5%iger Phenolphthaleinlsg. u. 10 Tropfen H_2O beschickt ist. Eine je nach CO_2-Menge mehr oder weniger schnelle Entfärbung der roten Lsg. zeigt CO_2 an. Ein zeitlicher Vergleich mit der Entfärbung der Testlsg. durch den CO_2-Gehalt in der Luft ist angebracht.

EG: 55 µg CO_2/0,5 ml Probelösung,   pD: 3,9

Störungen: Wie bei 3. Zusätzlich stört NO_2^- (Bildung von $NaNO_2$ und $NaNO_3$ in der Na_2CO_3-Lsg.). Ist NO_2^- zugegen, wird die Substanz vor der Säurezugabe mit etwas Amidoschwefelsäure versetzt. Bei stärkerem Erhitzen können Säuredämpfe, CH_3COOH u. a., die Lösung entfärben.

Essigsäure und Acetate

Darstellung: Essigsäure bildet sich beim Vergären alkoholhaltiger Flüssigkeiten mit Essigbakterien der Gattung Acetobakter oder Acetomonas, z. B. Weinessig aus Wein. Technisch wird sie durch Carbonylierung von Methanol mit CO hergestellt, früher durch Holzdestillation (Holzessig), Oxidation von Acetaldehyd (Karbidessig) oder leichten Kohlenwasserstoffen.

Fortsetzung

> **Bedeutung:** Essigessenz, eine 80%ige wäßrige Essigsäurelösung, dient zur Bereitung von Speiseessig. Technisch wird Essigsäure (Eisessig) u.a. zur Herstellung von Polyvinylacetat, Acetatseide, Arzneimitteln, Farbstoffen, Essigsäureestern und der Acetate (z.B. Aluminiumacetat) benötigt. Ihre guten Eigenschaften als Lösungsmittel für organische Substanzen macht man sich zunutze, um u.a. Zelluloid, Kollodium, Zelluloselacke in Lösung zu bringen.
>
> **Allgemeine Eigenschaften:** Wasserfreie Essigsäure (Eisessig) schmilzt bei $+16{,}6\,°C$ zu einer stechend sauer riechenden farblosen Flüssigkeit, die sich mit Wasser in jedem Verhältnis mischt.
>
> Da CH_3COOH eine schwache Säure ist ($K_S = 10^{-4{,}75}$ mol/l, s. S. 69), reagieren ihre Alkalisalze in wäßriger Lösung schwach basisch (Hydrolyse s. S. 73). Über Acetatpuffer s. S. 77. Die Hydrolyse der Acetate von Kationen der Ladung $+3$ [z.B. Fe(III)] verläuft in der Hitze unter Fällung des Hydroxids vollständig (s. S. 420). Hierauf beruht eine Möglichkeit der Trennung von Kationen der Ladung $+3$ von jenen der Ladung $+2$.
>
> Bekannt ist die Bildung von Acetatkomplexen und Doppelsalzen. Mit Ausnahme der weniger löslichen Silber- und Quecksilber(I)-salze sind alle Acetate in Wasser leichtlöslich. Daher ist man für den Nachweis auf Farb- und Geruchsreaktionen angewiesen.
>
> Sämtliche Nachweisreaktionen für CH_3COO^--Ionen zeichnen sich durch geringe Empfindlichkeit aus, so daß man häufig gezwungen ist, mit besonders für die Halbmikro-Analyse ungewöhnlich großen Substanzmengen (100–200 mg) zu arbeiten.

Für die folgenden Reaktionen verwende man festes Na-Acetat oder 0,1 mol/l $NaCH_3COO$.

1. $AgNO_3$

Nur in konz. Lsg. **weißer** Niederschlag von $Ag(CH_3COO)$. Wenig charakteristisch.

2. $FeCl_3$

$FeCl_3$ erzeugt in neutralen Lösungen von Acetaten **Rot**färbung infolge Bildung des komplexen basischen Eisenacetates, $[Fe_3(O)(CH_3COO)_6]^+$. Beim Erhitzen der Lsg. bis zum Sieden fällt Fe(III) als Hydroxid aus (vgl. Rk. 3, S. 421).

3. Nachweis als CH_3COOH durch Geruch

$$CH_3COO^- + HSO_4^- \rightarrow CH_3COOH + SO_4^{2-}$$

Durch Verreiben von Acetaten mit $KHSO_4$ oder durch verdünnte H_2SO_4 wird CH_3COOH in Freiheit gesetzt, das am Geruch erkannt werden kann.

Die feste Probesubstanz wird mit der vierfachen Menge $KHSO_4$ in einem Mörser verrieben. Bei Gegenwart von Acetaten tritt Geruch nach Essigsäure auf.

Störungen: Die Bildung anderer stark riechender, flüchtiger Verbindungen wird durch Zusatz von Ag^+ und MnO_4^- eingeschränkt. Hierbei werden aus den evtl. vorhandenen störenden Anionen Ag-Halogenide, AgCN, AgSCN und Ag_2S gebildet und durch MnO_4^- erfolgt Oxidation von SO_3^{2-}, $S_2O_3^{2-}$ zu SO_4^{2-} und von NO_2^- zu NO_3^-.

4. Nachweis als Essigsäureethylester durch Geruch

$$CH_3COOH + HOC_2H_5 \xrightarrow[\text{H}_2\text{SO}_4]{\text{konz.}} CH_3COOC_2H_5 + H_2O$$

Essigsäure bildet mit Alkohol bei Gegenwart wasserentziehender Mittel einen Ester. Ester sind Verbindungen, die aus einem Alkohol und einer Säure unter Wasserabspaltung entstehen. Sie sind leicht flüchtig.

Das vorliegende Gleichgewicht (s. S. 52) wird durch den Zusatz an konz. H_2SO_4 auf die Seite der Esterbildung verschoben (Entfernung des H_2O aus dem Gleichgewicht).

Man übergieße ein Acetat in einem kleinen Schälchen mit konz. H_2SO_4 und Ethanol, verrühre alles miteinander, bedecke das Schälchen mit einem Uhrglas und lasse eine Viertelstunde stehen. Angenehmer, o b s t a r t i g e r Geruch von dem entstandenen Essigsäureethylester.

Störungen: Wie bei 3. Sie müssen gegebenenfalls analog beseitigt werden. Man versäume nicht, Vergleichsversuche durchzuführen.

5. Nachweis als Lanthanacetat-Iod-Einschlußverbindung

Basisches Lanthanacetat gibt mit freiem Iod eine B l a u färbung. Es bildet sich vermutlich analog der Iod-Stärke-Reaktion eine Einschlußverbindung.

Die neutrale Lsg. wird nach Fällung von PO_4^{3-}, F^- und SO_4^{2-} mit $BaCl_2$ möglichst weitgehend eingeengt, ohne daß es in der erkalteten Lsg. zur Abscheidung von Kristallen kommen darf. Einige Tropfen dieser Lsg. werden auf der Tüpfelplatte mit 1–2 Tropfen 5%ig. $La(NO_3)_3$-Lsg. u. 1 Tropfen 0,01 mol/l $KI \cdot I_2$ versetzt. Zu diesem Gemisch läßt man langsam 1–2 Tropfen 0,5 mol/l NH_3 zufließen. Eine B l a u färbung zeigt Acetat an.

EG: 15 µg CH_3COO^-,   pD: 3,3

Störungen: Die nicht sehr empfindliche Reaktion wird durch PO_4^{3-}, F^- und SO_4^{2-} gestört.

6. Nachweis durch Bildung von Indigo (s. S. 649)

Oxalsäure und Oxalate

Vorkommen: Oxalsäure zählt zu den meist verbreiteten Pflanzensäuren. Besonders stark ist sie in Form des Kaliumhydrogenoxalats im Sauerklee, Sauerampfer, Rhabarber und in der Sellerieknolle vertreten. Teilweise entstanden Mineralien, z. B. Oxalit, $FeC_2O_4 \cdot 2H_2O$.

Fortsetzung

> **Darstellung:** Oxalsäure wird durch Oxidation mit Salpetersäure aus Kohlehydraten, Glykolen, Olefinen, Acetylen oder Acetaldehyd hergestellt. Früher wurde aus NaOH und CO bei 200 °C Natriumformiat erzeugt und bei 375 °C in Natriumoxalat umgewandelt. Historisch von Bedeutung ist die Darstellung von Oxalsäure durch Verseifung von Dicyan (s. S. 355) (*Wöhler*).
> **Bedeutung:** Oxalsäure bzw. ihre Salze finden u. a. als Beizmittel in der Färberei, zur Herstellung verschiedener Teerfarbstoffe und von Metallputzmitteln sowie zur Entfernung von Rostflecken (Bildung löslicher Fe(III)-oxalatokomplexe) Verwendung.
> **Allgemeine Eigenschaften:** Oxalsäure ist zweibasig. In der ersten Stufe entspricht sie einer mittelstarken ($K_{S_1} = 10^{-1,42}$ mol/l) in der zweiten einer schwachen ($K_{S_2} = 10^{-4,21}$ mol/l) Säure.
> Wie die Oxalsäure selbst, sind auch die Alkalisalze in Wasser leichtlöslich. Dagegen sind die Salze der Erdalkalielemente, besonders das Calciumoxalat, schwerlöslich. Oxalate neigen zur Bildung von Doppel- und Komplexsalzen. In überschüssigem Alkalioxalat sind die Oxalate der Seltenen Erden, des Zr(IV) und Th(IV) und anderer Schwermetalle unter Bildung von Oxalatokomplexen löslich.
> Oxalsäure, in Form des gut wägbaren Dihydrats, sowie Natriumoxalat dienen in der Maßanalyse als Urtitersubstanz.
> Im tierischen und menschlichen Organismus wirken größere Mengen an Oxalsäure unter Bildung von schwerlöslichem CaC_2O_4 störend auf den Calciumstoffwechsel.
> Oxalat wird meist im Sodaauszug nachgewiesen, da fast alle Oxalate beim Kochen mit Sodalösung in lösliches Natriumoxalat übergeführt werden.

Für die folgenden Reaktionen verwendet man festes Na-Oxalat oder eine 0,1 mol/l $Na_2C_2O_4$-Lösung.

1. Konz. H_2SO_4

$$H_2C_2O_4 \rightarrow H_2O + CO\uparrow + CO_2\uparrow$$

Man erhitze im Reagenzglas Oxalsäure oder ein Oxalat mit konz. H_2SO_4. Durch die wasserentziehende Wirkung der H_2SO_4 bildet sich ein Gemisch von CO_2 und CO. Letzteres brennt mit b l a u e r Flamme.

2. $AgNO_3$

Mit Oxalaten in wäßriger Lsg. w e i ß e s $Ag_2C_2O_4$, schwerlösl. in CH_3COOH, löst in HNO_3 und Ammoniak.

3. $BaCl_2$, $SrCl_2$

$BaCl_2$ und $SrCl_2$ fällen aus neutraler Lsg. w e i ß e Niederschläge von BaC_2O_4 bzw. SrC_2O_4. Diese sind jedoch nicht so schwer lösl. wie CaC_2O_4 (vgl. S. 392), so daß ihr Löslichkeitsprodukt bereits in essigsaurer Lsg. infolge der Zurückdrängung der $C_2O_4^{2-}$-Konzentration nicht mehr überschritten wird. Sie sind daher im Gegensatz zu CaC_2O_4 bereits in CH_3COOH löslich.

4. Nachweis als CaC_2O_4

$$C_2O_4^{2-} + Ca^{2+} \rightarrow CaC_2O_4\downarrow$$

Mit $CaCl_2$ wei ß e r Niederschlag von CaC_2O_4, schwerlösl. in verd. Essigsäure, lösl. in starken Säuren (s. S. 95). Sehr empfindliche Reaktion, vgl. 6., S. 394.

Störungen: F^-, SO_3^{2-}, PO_4^{3-}, $[Fe(CN)_6]^{4-}$ u.a. geben Niederschläge mit ähnlichem Löslichkeitsverhalten.

5. Nachweis durch Oxidation zu CO_2

$$5\,C_2O_4^{2-} + 2\,MnO_4^- + 16\,H^+ \rightarrow 2\,Mn^{2+} + 10\,CO_2\uparrow + 8\,H_2O$$

MnO_4^- oxidiert $C_2O_4^{2-}$ in saurer Lösung zu CO_2, während es selbst zu Mn^{2+} reduziert wird.

Durch Anwesenheit von Mn^{2+} wird die Reaktion katalytisch beschleunigt, d.h., die Reaktion verläuft ohne Mn(II)-Salzzusatz zunächst sehr langsam. Die Reaktionsgeschwindigkeit nimmt jedoch im Verlauf der Reaktion infolge steigender Mn^{2+}-Ionenkonzentration zu (Beispiel einer autokatalytischen Reaktion).

Die E n t f ä r b u n g von $KMnO_4$-Lsg. und die dabei auftretende CO_2-Entwicklung ist der beste Nachweis für Oxalate, vorausgesetzt, daß keine anderen organischen Verbindungen oder Reduktionsmittel vorhanden sind.

Da praktisch alle Reduktionsmittel mit MnO_4^- reagieren, wobei bei Gegenwart von Tartrat auch CO_2 gebildet wird (Gasentwicklung auch durch H_2O_2 und HSCN), muß zur Spezifizierung des $C_2O_4^{2-}$-Nachweises die CaC_2O_4-Fällung wie folgt vorgenommen werden:

5–10 Tropfen des Sodaauszugs werden mit 5 mol/l CH_3COOH schwach angesäuert u. mit so viel 0,1 mol/l KI_3 versetzt, daß die Lsg. durch einen geringen I_2-Überschuß gelb gefärbt ist (Oxidation von SO_3^{2-} u.a. Ionen). Dann versetzt man mit 0,1 mol/l $CaCl_2$ tropfenweise bis zur vollständigen Fällung. Der CaC_2O_4 enthaltende Niederschlag wird zur Entfernung von Tartrat mit 10 Tropfen 5 mol/l NaOH digeriert, gut ausgewaschen u. in 5 Tropfen Wasser. 5 Tropfen 18 mol/l H_2SO_4 gelöst. Die Lsg. wird im Reagenzglas tropfenweise mit ca. 0,5 ml 0,02 mol/l $KMnO_4$ versetzt. Bei Gegenwart von $C_2O_4^{2-}$ wird das MnO_4^- zuerst langsam, dann fast momentan entfärbt. Das gebildete CO_2 kann, wie unter 3. oder 4., S. 347f. beschrieben, nachgewiesen werden.

6. Nachweis als Diphenylaminblau (s. S. 650)

Weinsäure und Tartrate

Vorkommen: Weinsäure kommt sowohl frei als auch in Form ihrer Salze in vielen Früchten vor.

Darstellung: Bei der Weinbereitung scheidet sich Kaliumhydrogentartrat (Weinstein) ab, aus dem über Calciumtartrat und dessen Umsetzung mit H_2SO_4 die freie

Fortsetzung

Säure gewonnen werden kann. Synthetisch wird Weinsäure durch Oxidation von Maleinsäureanhydrid mit Wasserstoffperoxid hergestellt.

Bedeutung: Weinsäure bzw. Weinstein findet u.a. in der Färberei als Beiz- und Reduktionsmittel, in der Galvanotechnik, in der Getränkeindustrie und als Bestandteil von Backpulvern Verwendung.

Allgemeine Eigenschaften: Weinsäure ist eine mittelstarke, zweibasige Dicarbonsäure. Sie ist ebenso wie ihre neutralen Alkalisalze in Wasser leicht löslich. Entsprechendes gilt für das Natriumhydrogentartrat. Dagegen sind K- und NH_4-Hydrogentartrat ziemlich schwer löslich. Kaliumnatriumtartrat (Seignette-Salz) ist Bestandteil der *Fehling*schen Lösung (s. S. 483), die in der Medizin zum Nachweis von Zucker im Harn benutzt wird.

Alkalische Weinsäurelösungen lösen manche Schwermetallhydroxide, wie $Al(OH)_3$, $Fe(OH)_3$, $Cr(OH)_3$, $Pb(OH)_2$ oder $Cu(OH)_2$, leicht auf, wobei Chelatkomplexe entstehen (s. S. 115). Somit bleiben viele normale Reaktionen bei Gegenwart von Weinsäure aus, wodurch der Gang der Analyse stark gestört wird. Alle Tartrate werden beim Sodaauszug zu löslichem Alkalitartrat umgesetzt.

Für die folgenden Reaktionen verwende man eine Alkalitartratlösung bzw. die entsprechend vorbereitete Analysenlösung.

1. $AgNO_3$

$AgNO_3$ bildet mit löslichen Tartraten in neutralen Lösungen einen w e i ß e n Niederschlag von $Ag_2C_4H_4O_6$, der in CH_3COOH und in starken Säuren sowie in Ammoniak leichtlöslich ist. Bei Verwendung von Weinsäure bleibt der Niederschlag aus.

Man fälle Tartrat mit $AgNO_3$, bis kein Niederschlag mehr entsteht, filtriere ab, löse den Niederschlag in verd. Ammoniak und erwärme vorsichtig auf 60–70 °C. Falls das dabei benutzte Reagenzglas sauber und fettfrei war, bildet sich ein schöner S i l b e r s p i e g e l, sonst ein Niederschlag von g r a u s c h w a r z e m Silberpulver.

SO_3^{2-}, $S_2O_3^{2-}$, AsO_3^{3-} u.a. stark reduzierende Substanzen geben die gleiche Reaktion. Will man Tartrat neben diesen nachweisen, so müssen sie vorher durch Wasserstoffperoxid in saurer Lsg. entfernt werden.

2. $BaCl_2$, $CaCl_2$

W e i ß e r, erst flockiger, dann kristalliner Niederschlag von $BaC_4H_4O_6$, löslich in verd. CH_3COOH, bzw. $CaC_4H_4O_6$, schwerlösl. in verd. CH_3COOH.

3. K^+-Ionen

In essigsaurer Lsg. ziemlich löslich, saures Tartrat, $KHC_4H_4O_6$ (s. 2., S. 378).

4. Nachweis durch trockenes Erhitzen, Brenzreaktion

Beim Erhitzen von Weinsäure oder einem Tartrat treten V e r k o h l u n g und b r e n z l i c h e r Geruch auf, sofern keine Oxidationsmittel (s. unten) anwesend sind. Gute Vorprobe, jedoch verhalten sich einige Schwermetallacetate sowie zahlreiche andere, hier nicht besprochene organische Verbindungen ähnlich. **Vorsicht bei Gegenwart von NO_3^- und ClO_3^- !**

5. Nachweis mit konz. H_2SO_4

Beim Erhitzen mit konz. H_2SO_4 tritt bei Abwesenheit starker Oxidationsmittel ebenfalls Verkohlung und Kohlendioxidentwicklung auf. Zum Nachweis von Weinsäure wird diese Reaktion im Sodaauszug durchgeführt, indem man ihn mit verd. H_2SO_4 ansäuert, bis fast zur Trockne eindampft und dann mit konz. H_2SO_4 erhitzt.

6. Nachweis als Farbreaktion mit Resorcin

Die Resorcin-Reaktion wird mit dem Sodaauszug oder der Ca^{2+}-Fällung von 5. S. 590 durchgeführt (Fällung mit Ca^{2+} im Überschuß). Durch Einwirkung von konz. H_2SO_4 bildet sich aus der Weinsäure u.a. Glykolaldehyd, der mit Resorcin ein rotes Kondensationsprodukt bildet. Oxalsäure ergibt unter gleichen Bedingungen eine Blaufärbung, die jedoch den Weinsäurenachweis nicht stört.

Ein Teil des mit H_2SO_4 angesäuerten Sodaauszugs bzw. des in verd. H_2SO_4 gelösten Niederschlags der Ca^{2+}-Fällung wird mit einer Spatelspitze Mg-Pulver reduziert (Reduktion von ClO_3^-, NO_3^-, CrO_4^{2-}, MnO_4^-, IO_3^- u.a. oxidierender Substanzen). In der H_2SO_4-Lsg. werden einige Kristalle Resorcin gelöst u. die kalte Lsg. mit etwa 3 ml konz. H_2SO_4 unterschichtet. Bei Gegenwart von Weinsäure bildet sich beim vorsichtigen Erwärmen im Wasserbad an der Berührungszone beider Schichten ein roter Ring. Bei Gegenwart von Oxalsäure bildet sich bereits in der Kälte ein blauer Ring. Bei langsamem Erwärmen diffundieren die blauen Reaktions-Produkte in die konz. H_2SO_4, so daß an der Berührungszone die rote Farbe der Tartrat-Reaktion erkennbar wird. Die Reaktion ist nicht sehr empfindlich.

7. Nachweis als Kupfertartratkomplex

Die Lsg. eines Tartrats wird mit einigen ml einer $CuSO_4$-Lsg. u. der gleichen Menge verd. NaOH versetzt u. filtriert. Das Filtrat zeigt die blaue Farbe des Kupfertartratkomplexes (vgl. 7., S. 483).
Störungen: NH_4^+ u. AsO_3^{3-} dürfen nicht zugegen sein, da sie unter den angegebenen Versuchsbedingungen ebenfalls eine Blaufärbung hervorrufen.

Cyanwasserstoffsäure und Cyanide

H—C≡N|

Vorkommen: HCN, auch Blausäure genannt, ist chemisch gebunden im Amygdalin der bitteren Mandeln enthalten. Kokereigas sowie Tabakrauch enthalten gleichfalls geringe Mengen an HCN.
Darstellung: Ausgangsprodukte für die technische Herstellung von HCN sind CO und NH_3 bzw. NH_3 und CH_4. Im Labor wird sie aus ihren Salzen durch Einwirkung von H_2SO_4 erhalten (s. Versuch 1, S. 355).
Bedeutung: Im gasförmigen Zustand verwendet man HCN zur Bekämpfung von Pflanzenschädlingen. Die Hauptmenge wird zur Synthese von Kunstfasern (Polyacrylnitril: Orlon) und Kunststoffen (Polymethacrylharze: Plexiglas) eingesetzt. In der Cyanidlaugerei dient NaCN zum Herauslösen von Gold und Silber aus ihren Erzen. Weiterhin werden Cyanide in der Galvanotechnik benötigt.

Fortsetzung

> **Allgemeine Eigenschaften:** Reine Cyanwasserstoffsäure ist eine farblose Flüssigkeit (Sdp. 26 °C), die sich mit Wasser in jedem Verhältnis mischt. Sie ist eine sehr schwache Säure ($K_S = 10^{-9,4}$ mol/l). Das Cyanidion ist daher eine mittelstarke Base, und aus den einfachen Salzen läßt sich die Säure schon durch Kohlensäure vertreiben. Sie hat den typischen Geruch nach bitteren Mandeln.
> **Blausäure und ihre Salze sind außerordentlich toxisch (tödliche Dosis $\approx$ 50 mg HCN bzw. 150–200 mg KCN).** Die Giftwirkung beruht auf Blockierung der für die Gewebeatmung lebenswichtigen eisenhaltigen Atmungsenzyme. **Beim Arbeiten mit HCN und Cyaniden ist daher besondere Vorsicht geboten!**
> Von den Salzen sind die der Alkali- und Erdalkalielemente sowie Hg(II)- und Au(III)-cyanid in Wasser leichtlöslich, alle anderen dagegen schwerlöslich.
> Das CN^--Ion gleicht in einigen Reaktionen den Halogenidionen (Pseudohalogenid). Es ist jedoch in stärkerem Maße befähigt, mit Schwermetallionen zum Teil sehr stabile Durchdringungskomplexe (s. S. 126 f.) zu bilden (s. Komplexe Cyanide S. 357 f.).
> Die wäßrige Lösung von HCN ist nur wenig haltbar, da langsam Hydrolyse eintritt:
>
> $$HCN + 2H_2O \rightarrow HCOOH + NH_3$$
>
> Es bildet sich Ameisensäure und Ammoniak bzw. Ammoniumformiat. Die gleiche Reaktion wird auch durch starke Säuren bzw. Basen hervorgerufen. Mit Säuren entstehen Ammoniumsalze und Ameisensäure, bzw. mit konz. Schwefelsäure Kohlenmonoxid, mit Natriumhydroxid Natriumformiat, HCOONa, und Ammoniak.
> Beim Erhitzen von Edelmetallcyaniden entwickelt sich gasförmiges Dicyan $(CN)_2$. Dieses wird auch bei der Umsetzung von Cu^{2+}-Lösung mit Cyanid gebildet (s. S. 482). **Dicyan ist ein farbloses, sehr giftiges Gas,** das einen stechend bittermandelartigen Geruch besitzt. Alle Cyanide außer AgCN gehen beim Sodaauszug in Lösung. Da sich aber bei Gegenwart von Schwermetallionen (Cu^{2+}, Fe^{2+} usw.) im Sodaauszug sehr stabile lösliche Cyanokomplexe bilden können, ist eine negative CN^--Reaktion im Sodaauszug noch kein Beweis für die Abwesenheit von CN^-. Bei langem Kochen des Sodaauszugs hydrolysiert CN^-. Man prüfe daher stets neben dem Sodaauszug auch die Ursubstanz direkt auf HCN.

Zu den nachfolgenden Reaktionen verwende man eine frisch hergestellte Alkalicyanidlösung bzw. die entsprechend vorbereitete Analysenlösung.

1. Verd. H_2SO_4

Aus einfachen Cyaniden und leicht zerstörbaren Cyanokomplexen wird HCN frei, die am Geruch nach bitteren Mandeln erkannt werden kann. **Vorsicht!**

2. Konz. H_2SO_4

$$K_4[Fe(CN)_6] + 3H_2SO_4 \rightarrow 2K_2SO_4 + FeSO_4 + 6HCN$$
$$6HCN + 3H_2SO_4 + 6H_2O \rightarrow 3(NH_4)_2SO_4 + 6CO\uparrow$$

Vorsicht: Alle Cyanide, auch die stabilsten Komplexe, werden von konz. H_2SO_4 zerstört, wobei sowohl Blausäure als auch Kohlenmonoxid und Ammoniumsulfat gebildet werden.

3. CuSO₄

Cu²⁺ fällt aus einer cyanidhaltigen Lsg. zunächst gelbes $Cu(CN)_2$, das sich leicht in weißes CuCN und gasförmiges Dicyan $(CN)_2$ zersetzt (vgl. S. 482). Dicyan ist ebenfalls giftig! **Vorsicht!**

4. Nachweis als AgCN

$$CN^- + Ag^+ \rightarrow AgCN\downarrow$$

AgNO₃ bildet mit CN^- einen weißen Niederschlag von AgCN, schwerlöslich in Säuren, dagegen löslich in Ammoniak, Thiosulfat und Cyanidüberschuß. AgCN fällt also erst aus, wenn ein Überschuß von Ag^+-Ionen vorhanden ist.

Um den Cyanidnachweis neben Halogenidionen eindeutig zu gestalten, muß HCN in eine AgNO₃-Lösung übergetrieben werden. Dies geschieht in der Halbmikro-Analyse am besten durch CO_2 mit Hilfe des „Gärröhrchens". CO_2 wird aus NaHCO₃ in Freiheit gesetzt. Bei Gegenwart von Eisen, Nickel, Kupfer und anderen mit Cyanidionen leicht komplexbildenden Metallen nehme man statt Natriumhydrogencarbonat besser verd. Essigsäure, da sich sonst leicht Komplexe, wie $[Fe(CN)_6]^{3-}$, bilden.

In einem Reagenzglas werden entweder 10 Tropfen des Sodaauszugs mit 1 Tropfen Neutralrot versetzt u. mit 5 mol/l CH₃COOH bis zum Umschlag des Indikators neutralisiert, oder es werden etwa 10 mg Substanz mit 1 ml einer gesättigten NaHCO₃-Lsg. versetzt. Die Vorlage wird mit 1 mol/l AgNO₃, die mit 2 Tropfen 2,5 mol/l HNO₃ angesäuert wurde, beschickt. Man erwärmt etwa 10 min im Wasserbad. Bei Gegenwart von CN^- bildet sich in der Vorlage AgCN, das abzentrifugiert u. auf einem Objektträger mit 1 Tropfen konz. HNO₃ durch vorsichtiges Erwärmen gelöst wird. Beim Abkühlen kristallisiert das AgCN in farblosen Nadeln, die oft zu Büscheln vereinigt sind, wieder aus (vgl. Kristallaufnahme Nr. 16).

Die AgCN-Kristalle können durch Zusatz von wenig Methylenblau beim Umkristallisieren blau angefärbt werden.

$$EG: 0,1\,\mu g\,CN^-, \qquad pD: 5,0$$

Störungen: Die Reaktion versagt bei $Hg(CN)_2$, da es in Wasser praktisch nicht dissoziiert ist. Setzt man aber Chloridionen hinzu und säuert mit Oxalsäure an, so geht $Hg(CN)_2$ in HgCl₂ und CN^- über, so daß man dann Blausäure in das Gärröhrchen abdestillieren kann.

5. Nachweis als Berliner Blau

$$6CN^- + Fe(OH)_2 \rightarrow [Fe(CN)_6]^{4-} + 2OH^-$$

In alkalischen Cyanid-Lösungen bilden sich mit Eisen(II)-Salzen Cyanokomplexe. Da nur bei Anwesenheit von genügend CN^--Ionen der besonders beständige Hexacyanoferrat(II)-Komplex entsprechend obiger Gleichung entsteht, darf FeSO₄ nicht im Überschuß zugesetzt werden. Mit Fe^{3+}-Ionen bildet sich dann nach dem Ansäuern Berliner Blau (s. S. 359 u. 422).

1 Tropfen des Sodaauszugs wird mit 1 Tropfen 1%ig. FeSO₄-Lsg. versetzt und bis fast zur Trockne eingedampft. Bei Zugabe von 1 Tropfen 5 mol/l HCl, 1 Tropfen Wasser und 1 Tropfen einer verd. FeCl₃-Lsg. entsteht bei Gegenwart von CN^- je nach dessen Menge

eine grüne Lsg., aus der sich langsam blaue Flocken abscheiden, oder sofort eine tief-blaue Fällung.

$$EG: 0,02\,\mu g\ CN^-, \qquad pD: 6,2$$

6. Nachweis als Fe(SCN)₃

$$CN^- + S_x^{2-} \quad \rightarrow \quad SCN^- + S_{x-1}^{2-}$$
$$3\,SCN^- + Fe^{3+} \quad \rightarrow \quad Fe(SCN)_3$$

CN^--Ionen reagieren mit dem Schwefel von Polysulfiden zu Thiocyanat, SCN^-, das mit Fe^{3+} eine **tiefrote** Verbindung (s. 9., S. 422) gibt.

1 Tropfen des Sodaauszugs wird mit 1 Tropfen **gelbem Ammoniumsulfid** (Ammo-niumpolysulfid) auf einem Uhrglas bis fast zur Trockne eingedampft. Der Rückstand wird mit je einem Tropfen verd. HCl u. FeCl₃-Lsg. versetzt. Eine Rotfärbung zeigt SCN^- an.

$$EG: 1\,\mu g\ CN^-, \qquad pD: 4,7$$

Störungen: Ist SCN^- von vornherein zugegen, so muß CN^- vorher als Zinkcyanid abgetrennt werden.

7. Nachweis durch Demaskierung von Dikalium-bis[dimethylglyoximato(2-)]pal-ladat(II)

Durch Umsetzung von Bis[dimethylglyoximato(2-)]palladat (s. S. 515) mit CN^- bildet sich unter Entfärbung $[Pd(CN)_4]^{2-}$. Das freigewordene Dimethylglyoxim kann mit Ni^{2+} nachgewiesen werden.

1 Tropfen der alkalischen Probelsg. wird mit 1 Tropfen Reagenzlsg. und 1 Tropfen einer NH₄Cl-haltigen NiCl₂-Lsg. auf der Tüpfelplatte versetzt. Je nach CN^--Konzentration ent-steht ein **roter** Niederschlag oder eine **rosa** Färbung. Bei sehr geringen Cyanidmengen ist eine Blindprobe nötig.

$$EG: 0,25\,\mu g\ CN^-, \qquad pD: 5,4$$

Die Reaktion kann auch auf mit dem Reagenz getränkten Papier durchgeführt werden.
Störungen: Größere Mengen NH_4^+-Salze in der Probelsg.
Reagenz: a) Dikalium-bis[dimethylglyoximato(2-)]palladat(II)-Lsg. Aus schwach saurer PdCl₂-Lösung wird Bis[dimethylglyoximato(2-)]palladium (s. S. 515) gefällt, dieses wird filtriert, gewaschen, mit 3 mol/l KOH geschüttelt und wieder fil-triert. Die Lösung ist beständig.
  b) 0,5 mol/l NiCl₂, gesättigt an NH₄Cl.

8. Nachweis als Benzidinblau (s. S. 651)

Komplexe Cyanide

Cyanidionen geben mit komplexbildenden Kationen, wie Fe^{3+}, Fe^{2+}, Mn^{3+}, Cr^{3+}, Co^{3+}, Mn^{2+}, Ni^{2+}, Cd^{2+}, Ag^+, Au^+, überaus beständige komplexe Anionen der Zusammensetzung:

$$[\overset{+I}{M}(CN)_2]^-, \quad [\overset{+II}{M}(CN)_4]^{2-}, \quad [\overset{+II}{M}(CN)_6]^{4-}, \quad [\overset{+III}{M}(CN)_6]^{3-}$$

Fortsetzung

> Von den komplexen Cyaniden sind besonders wichtig das $K_4[Fe(CN)_6]$ und das $K_3[Fe(CN)_6]$, das gelbe und rote Blutlaugensalz (vgl. S. 126f.).
>
> **Darstellung:** $K_4[Fe(CN)_6]$ wurde früher durch Eintragen stickstoffhaltiger organischer Substanzen (Blut, Klauen) zusammen mit Eisenabfällen in geschmolzenes Kaliumcarbonat gewonnen. Heute geht man meist von verbrauchten Gasreinigungsmassen aus, welche die aus dem Leuchtgas stammende HCN hauptsächlich in Form von Berliner Blau enthalten.
>
> **Allgemeine Eigenschaften:** Die Komplexionen $[Fe(CN)_6]^{4-}$, Hexacyanoferrat(II)-Ion, und $[Fe(CN)_6]^{3-}$, Hexacyanoferrat(III)-Ion, sind sehr stabile Durchdringungskomplexe und geben charakteristische Reaktionen. So sind die Hexacyanoferrate(II) fast aller Kationen mit der Ladung $+2$, wie Ca^{2+}, Zn^{2+}, Mn^{2+}, Fe^{2+}, UO_2^{2+} usw., schwerlöslich und vielfach charakteristisch farbig. $Zr[\overset{+II}{Fe}(CN)_6]$ und $Th[\overset{+II}{Fe}(CN)_6]$ sind selbst in Säuren schwerlöslich, während die entsprechenden Verbindungen des $[\overset{+III}{Fe}(CN_6)]^{3-}$ wasserlöslich sind. Dieser Unterschied in der Löslichkeit ermöglicht die Trennung von $[\overset{+II}{Fe}(CN_6)]^{4-}$ und $[\overset{+III}{Fe}(CN)_6]^{3-}$. Eine weitere Unterscheidungsmöglichkeit beruht auf der guten Löslichkeit von $Ag_3[\overset{+III}{Fe}(CN)_6]$ in NH_3, während $Ag_4[\overset{+II}{Fe}(CN)_6]$ darin schwerlöslich ist.
>
> Sämtliche Cyanoferrate(II), lösliche und schwerlösliche, können durch Kochen mit HgO unter Bildung von undissoziiertem $Hg(CN)_2$ zerstört werden. Heiße konz. H_2SO_4 zersetzt Cyanoferrate unter Entwicklung von CO.
>
> Der Nachweis der Cyanoferrate erfolgt im Sodaauszug. Allerdings ist zu beachten, daß einige schwerlösliche Schwermetallcyanoferrate (Cu^{2+}, Fe^{2+}, Fe^{3+}) u.a. sich beim Kochen mit Sodalösung nur wenig zu löslichem Alkalicyanoferrat umsetzen. Da die schwer zersetzlichen Cyanoferrate meist intensiv farbig sind, können sie leicht im Rückstand des Sodaauszugs erkannt werden. In diesen Fällen kocht man den Rückstand einige Minuten mit 5 ml/l NaOH und prüft im Zentrifugat nach Ansäuern mit HCl nochmals auf $[Fe(CN)_6]^{4-}$ und $[Fe(CN)_6]^{3-}$.

Zu den folgenden Reaktionen und den drei auf S. 419 verwende man Lösungen von $K_4[Fe(CN)_6]$ und $K_3[Fe(CN)_6]$ oder die entsprechend vorbereitete Analysenlösung.

1. AgNO₃

Niederschlag von weißem $Ag_4[Fe(CN)_6]$ bzw. von orangerotem $Ag_3[Fe(CN)_6]$. Beide sind schwerlösl. in verd. HNO_3. In Ammoniak ist nur $Ag_3[Fe(CN)_6]$ löslich. Durch Oxidation mit konz. HNO_3 wird $Ag_4[Fe(CN)_6]$ in orangerotes $Ag_3[Fe(CN)_6]$ übergeführt.

2. CuSO₄

In $[Fe(CN)_6]^{4-}$-Lösung rotbrauner Niederschlag von $Cu_2[Fe(CN)_6]$, in Lösung von $[Fe(CN)_6]^{3-}$ grüner Niederschlag von $Cu_3[Fe(CN)_6]_2$.

3. Abtrennung von Cyanoferrat aus der Analyse

Die Cyanoferrate stören häufig die Anionennachweise und müssen deshalb quantitativ abgetrennt werden.

Hierzu eignen sich am besten die Cd-Cyanoferratfällung mit 0,5 mol/l Cd$(CH_3COO)_2$ im neutralisierten CO_2-freien Sodaauszug oder die Ag-Cyanoferratfällung, die mit 1 mol/l $AgNO_3$-Lsg. oder gesättigter Ag_2SO_4-Lsg. im s c h w a c h angesäuerten (HNO_3 bzw. H_2SO_4) Sodaauszug durchgeführt wird.

4. Nachweis als Berliner Blau bzw. Turnbulls Blau

$[\overset{+II}{Fe}(CN)_6]^{4-}$ bildet mit Fe^{3+} Berliner Blau, $[\overset{+III}{Fe}(CN)_6]^{3-}$ mit Fe^{2+} *Turnbulls* Blau. Die Reaktionsprodukte sind identisch, da ein Gleichgewicht besteht:

$$Fe^{2+} + [\overset{+III}{Fe}(CN)_6]^{3-} \rightleftharpoons Fe^{3+} + [\overset{+II}{Fe}(CN)_6]^{4-}$$

a) Stoffmengenverhältnis $Fe^{3+} : [Fe(CN)_6]^{4-}$ bzw. $Fe^{2+} : [Fe(CN)_6]^{3-} = 1:1$:

$$\left. \begin{array}{l} K^+ + Fe^{3+} + [\overset{+II}{Fe}(CN)_6]^{4-} \quad \rightarrow \\ K^+ + Fe^{2+} + [\overset{+III}{Fe}(CN)_6]^{3-} \quad \rightarrow \end{array} \right\} K[\overset{+III}{Fe}\overset{+II}{Fe}(CN)_6]$$

Kolloid gelöstes „lösliches Berliner Blau".

b) Stoffmengenverhältnis $Fe^{3+} : [Fe(CN)_6]^{4-}$ bzw. $Fe^{2+} : [Fe(CN)_6]^{3-} > 1:1$:

$$4\,Fe^{3+} + 3[\overset{+II}{Fe}(CN)_6]^{4-} \quad \rightarrow \quad \overset{+III}{Fe_4}[\overset{+II}{Fe}(CN)_6]_3\downarrow$$

Blauer Niederschlag: „unlösliches Berliner Blau".

$$4\,Fe^{2+} + 4[\overset{+III}{Fe}(CN)_6]^{3-} \quad \rightarrow \quad [\overset{+II}{Fe}(CN)_6]^{4-} + \overset{+III}{Fe_4}[\overset{+II}{Fe}(CN)_6]_3\downarrow$$

Blauer Niederschlag: „unlösliches *Turnbulls* Blau".

$[Fe(CN)_6]^{4-}$: 1 Tropfen des Sodaauszugs oder 1 Tropfen des NaOH-Auszuges vom Rückstand des Sodaauszugs wird mit 5 mol/l HCl schwach angesäuert und mit 1 Tropfen $FeCl_3$-Lösung versetzt. Eine Blaufärbung zeigt $[Fe(CN)_6]^{4-}$ an.

EG: 0,25 µg $[Fe(CN)_6]^{4-}$,   pD: 6,6,

$[Fe(CN)_6]^{3-}$: 1 Tropfen des Sodaauszugs oder 1 Tropfen des NaOH-Auszuges vom Rückstand des Sodaauszugs wird mit 5 mol/l HCl schwach angesäuert und mit 1 Kristall reinsten Fe(II)-salzes versetzt. Bei Gegenwart von $[Fe(CN)_6]^{3-}$ Blaufärbung bzw. blauer Niederschlag. Empfindlichkeit wie bei der $[Fe(CN)_6]^{4-}$-Reaktion mit Fe^{3+}.

Störung: $[Fe(CN)_6]^{4-}$ stört bei Verwendung Fe(III)haltigen Fe(II)-Salzes.
Reagenz: Besonders gut eignen sich umkristallisiertes, trockenes, vor Luft geschützt aufbewahrtes $(NH_4)_2SO_4 \cdot FeSO_4 \cdot 6\,H_2O$ (*Mohr*sches Salz) oder Alkylammonium-Fe(II)-sulfate, z. B. Ethylendiammoniumeisen(II)-sulfat $[(CH_2NH_3)_2SO_4 \cdot FeSO_4]$. Diese enthalten im Gegensatz zu $FeSO_4$ nur geringe Fe^{3+}-Mengen.

$[Fe(CN)_6]^{4-}$ gibt mit Fe^{2+} bei völligem Luftausschluß einen w e i ß e n Niederschlag von $\overset{+II}{Fe_2}[\overset{+II}{Fe}(CN)_6]$. Er wird durch Luftoxidation schnell b l a u.

$[\overset{+III}{Fe}(CN)_6]^{3-}$ gibt mit Fe^{3+} eine d u n k e l b r a u n e Lösung von $\overset{+III}{Fe}[\overset{+III}{Fe}(CN)_6]$, die als Reagenz auf Reduktionsmittel dienen kann. So bildet sich z. B. auch mit $SnCl_2$ + HCl infolge Reduktion des Fe(III) eine Blaufärbung und allmählich ein Niederschlag von Berliner Blau.

Alle schwerlöslichen Hexacyanoferrate werden durch Alkalihydroxidlösung, besonders schnell in der Hitze, zersetzt:

$$\overset{+III}{Fe}_4[\overset{+II}{Fe}(CN)_6]_3 + 12\,OH^- \rightarrow 3\,[\overset{+II}{Fe}(CN)_6]^{4-} + 4\,\overset{+III}{Fe}(OH)_3\downarrow$$

5. Nachweis aus $[Cu(CN)_4]^{3-}$

$$2\,[Cu(CN)_4]^{3-} + CO_3^{2-} \rightarrow 7\,CN^- + OCN^- + CO_2\uparrow + 2\,Cu\downarrow$$

Aus schwer zerstörbaren komplexen Cyaniden, z.B. $[Cu(CN)_4]^{3-}$, kann das CN^- durch Schmelzen mit der gleichen Menge K_2CO_3 in eine säurezersetzliche Form übergeführt werden. Die erkaltete Schmelze wird mit Wasser ausgezogen, zentrifugiert und im Zentrifugat die Berliner Blau-Reaktion durchgeführt.

6. $[Fe(CN)_6]^{3-}$-Nachweis als Benzidinblau (s. S. 651)

Thiocyansäure und Thiocyanate
(Rhodanwasserstoffsäure und Rhodanide)

$$H-\bar{N}=C=\bar{\underline{S}} \rightleftharpoons H^+ + \bar{N}=C=\bar{\underline{S}}^- \rightleftharpoons \bar{N}\equiv C-\bar{\underline{S}}-H$$

Isothiocyansäure	Thiocyansäure

Vorkommen: Verbindungen der Isothiocyansäure kommen in Pflanzen vor (z.B. Senföle), solche der Thiocyansäure in geringen Mengen in vielen Organismen. SCN^- kann unter anderem im Speichel nachgewiesen werden, in dem es keimtötende und verdauungsfördernde Wirkungen ausübt.
Darstellung: Thiocyanate sind aus Cyaniden durch Umsetzung mit Schwefel leicht erhältlich. Technisch wird Ammoniumthiocyanat, NH_4SCN, durch Einwirken von wäßrigem NH_3 auf CS_2 unter erhöhtem Druck dargestellt.
Bedeutung: Technische Verwendung finden Thiocyanate u.a. in der Färberei.
Allgemeine Eigenschaften: Reine HNCS liegt als Iso-Form vor. Sie ist eine farblose, ölige, stechend riechende, wenig beständige Flüssigkeit. In wäßriger Lösung bildet sie eine starke, nur wenig haltbare Säure. Durch konzentrierte Salz- oder Schwefelsäure wird die Zersetzung beschleunigt. Dagegen sind Thiocyanate in wäßriger Lösung recht beständig. Die meisten Thiocyanate, mit Ausnahme von Ag(I)-, Hg(I)-, Hg(II)-, Cu(I)-, Au(I)-, Tl(I)- und Pb(II)-Thiocyanat, sind in Wasser leichtlöslich (Pseudohalogenid). SCN^--Ionen bilden mit vielen Schwermetallkationen starke Komplexe, teils mit Koordination über das S-Atom, z.B.: $[Hg(SCN)_4]^{2-}$, $[Ag(SCN)_2]^-$, öfter über das N-Atom, z.B. $[Co(NCS)_4]^{2-}$ und $[Cr(NCS)_4(NH_3)_2]^-$, das Anion des *Reinecke*-Salzes.

Die schwerlöslichen Thiocyanate werden, außer AgSCN, beim Sodaauszug zu löslichem Alkalithiocyanat umgesetzt. Man prüft daher im Sodaauszug, bei Gegenwart von Ag^+ auch in dessen Rückstand, auf SCN^-. Liegen CN^- und $S_2O_3^{2-}$ bzw. S^{2-} gleichzeitig vor, kann sich SCN^- bilden.

Für die nachstehenden Reaktionen verwende man NH_4SCN oder KSCN bzw. die entsprechend vorbereitete Analysenlösung.

1. H_2SO_4

$$SCN^- + 2\,H^+ + H_2O \rightarrow COS\uparrow + NH_4^+$$

Halbkonz. H_2SO_4 zersetzt Thiocyanate unter Bildung von Kohlenoxidsulfid, COS, das mit blauer Flamme brennt.

Konz. H_2SO_4 reagiert dagegen sehr heftig unter Abscheidung von Schwefel u. Bildung von stechend riechenden Dämpfen, in denen sich neben Kohlenoxidsulfid, Kohlendisulfid, CS_2, u. Schwefeldioxid befinden.

2. AgNO₃

Weißer Niederschlag von AgSCN, schwerlösl. in HNO_3, lösl. in Ammoniak.

In neutraler Lösung löst sich AgSCN im Überschuß von SCN^- unter Bildung von $[Ag(SCN)_2]^-$ auf (s. S. 517 f.).

3. Co(NO₃)₂

Bildung von lösl. blauem $Co(SCN)_2$, durch Amylalkohol + Ether ausschüttelbar (s. bei Co^{2+}, S. 405).

4. CuSO₄

$$2\,SCN^- + 2\,Cu^{2+} + SO_2 + 2\,H_2O \;\rightarrow\; 2\,CuSCN\!\downarrow + SO_4^{2-} + 4\,H^+$$

Bei Gegenwart von schwefliger Säure weißer Niederschlag von CuSCN.

5. Fällung als AgSCN und thermische Zersetzung zu Ag₂S

SCN^--Ionen stören den Cl^--Nachweis. Zur Beseitigung der Störung fällt man SCN^- gemeinsam mit den Halogenidionen im Sodaauszug aus, nachdem CN^- mit Hilfe von CO_2 (s. 4., S. 356) und Cyanoferrate mit Hilfe von Cd-Acetat (s. 3., S. 358) entfernt wurden. AgSCN wird gemeinsam mit AgCl und AgBr mit konz. Ammoniak als $[Ag(NH_3)_2]^+$ gelöst und vom AgI getrennt. Durch Ansäuern der $[Ag(NH_3)_2]^+$-Lsg. mit H_2SO_4 werden AgCl, AgSCN und AgBr wieder ausgefällt. Der Niederschlag wird in einem Porzellantiegel langsam bis zur dunklen Rotglut erhitzt, wobei sich AgSCN zu Ag_2S, S, CS_2, $(CN)_2$ u. N_2 zersetzt. Die Reaktion ist beendet, wenn der Tiegelinhalt schwarz gefärbt und der Schwefel verbrannt ist. Der Rückstand im Tiegel wird mit 10 Tropfen 2,5 mol/l H_2SO_4 und etwas Zn-Pulver versetzt. Cl^- und Br^- aus dem unveränderten AgCl und AgBr gehen in Lsg. und werden nach 5., S. 271 und 2., S. 281 identifiziert.

Die Zersetzung von AgSCN im Ag-Halogenid-Gemisch durch konz. HNO_3 oder H_2SO_4 (1:1 verdünnt) erfordert längeres Kochen.

6. Nachweis als Fe(SCN)₃

Dieser Nachweis ist analog der Rk. 9., S. 422.

5 Tropfen des Sodaauszugs werden mit 2,5 mol/l HNO_3 schwach angesäuert u. mit $FeCl_3$-Lsg. im Überschuß versetzt. Die Bildung von rotem, in Ether löslichem $Fe(SCN)_3$ zeigt SCN^- an.

EG: $0{,}05\,\mu g\;SCN^-$, pD: 5,8

Störungen: Um den störenden Einfluß von F^-, PO_4^{3-}, AsO_4^{3-}, H_3BO_3, $C_4H_4O_2^{2-}$, $C_2O_4^{2-}$ usw., die mit Fe^{3+}-Ionen Komplexe bilden, auszuschalten, wird Fe^{3+} im Überschuß zugegeben. Cyanoferrate werden vor dem Fe^{3+}-Zusatz mit $CdSO_4$ in schwach HNO_3-saurer Lösung gefällt oder $Fe(SCN)_3$ wird aus dem Fe(III)-Cyanoferrat-Gemisch mit Ether extrahiert.

7. Nachweis mittels der Iod-Azid-Reaktion

Einzelheiten sind unter Rk. 7., S. 300, näher beschrieben. Die Reaktion erlaubt den schnellen Nachweis von SCN^- neben $C_2O_4^{2-}$, $C_4H_4O_6^{2-}$, PO_4^{3-}, $[Fe(CN)_6]^{4-}$ und nicht zu großen Mengen I^-.

$$EG: 0,9\,\mu g\,SCN^-, \qquad pD: 4,5$$

Störungen: S^{2-} und $S_2O_3^{2-}$ geben die gleiche Reaktion und müssen durch Fällung mit $HgCl_2$ entfernt werden.

Trennung und Nachweis von CO_3^{2-}, CH_3COO^-, $C_2O_4^{2-}$, $C_4H_4O_6^{2-}$, CN^-, $[Fe(CN)_6]^{4-}$, $[Fe(CN)_6]^{3-}$ und SCN^- neben Cl^-, I^- und NH_4^+

CO_3^{2-} wird aus der Ursubstanz durch Austreiben des CO_2 mit verd. Säuren nachgewiesen. Seine Identifizierung kann nach 3., S. 347 und 4., S. 348 erfolgen.

Ebenfalls aus der Ursubstanz gelingt der Nachweis des Acetats durch Verreiben mit $KHSO_4$ (s. 3., S. 349).

Der Nachweis der CH_3COO^- mittels konz. H_2SO_4 + Ethylalkohol (s. 4., S. 350) ist nur dann eindeutig, wenn keine anderen stark riechenden Substanzen (z.B. SO_3^{2-}) vorliegen. Gegebenenfalls kann Acetat auch mit Lanthannitrat (s. 5., S. 350) identifiziert werden.

Oxalat wird im Sodaauszug nachgewiesen. Man fälle aus schwach essigsaurer Lösung das $C_2O_4^{2-}$ als CaC_2O_4 aus (vgl. 4., S. 351). Hierbei ist zu beachten, daß bei Anwesenheit von F^-, SO_3^{2-}, SO_4^{2-}, PO_4^{3-}, H_3BO_3, $[Fe(CN)_6]^{4-}$, $C_4H_4O_6^{2-}$ u.a. sich entsprechende schwerlösliche Ca-Salze bilden können. Den erhaltenen Niederschlag löse man nach gründlichem Auswaschen in verd. H_2SO_4 und weise in dieser Lösung das $C_2O_4^{2-}$ mit Permanganat (s. 5., S. 352) nach. Bei Gegenwart besonders von SO_3^{2-} muß die evtl. auftretende Störung durch genaue Ausführung der Nachweisreaktion beseitigt werden. Bei Anwesenheit einiger Schwermetalloxalate, wie $Fe_2(C_2O_4)_3$, $Ce_2(C_2O_4)_3$, wird der Rückstand des Sodaauszugs in verd. H_2SO_4 gelöst und $C_2O_4^{2-}$ nach 5., S. 353 nachgewiesen. $C_2O_4^{2-}$ stört durch Fällen von Erdalkalioxalaten in der Ammoniumsulfidgruppe, wodurch vor allem Ba^{2+}, Sr^{2+} u. Ca^{2+} nicht in die Ammoniumcarbonatgruppe gelangen. Zur Entfernung der $C_2O_4^{2-}$-Ionen setze man nach Verkochen des H_2S zu dem Zentrifugat der H_2S-Gruppe einige Tropfen von 30%igem H_2O_2 (Perhydrol, Blindprobe auf SO_4^{2-} u. PO_4^{3-}!). Durch 5–10 Minuten Kochen wird die Oxalsäure zu CO_2 oxidiert. Gleichzeitig wird überschüssiges H_2O_2 zerstört.

Auch **Tartrat** kann aus der Ursubstanz durch Ausführung der Brenzreaktion (s. 4., S. 353) oder durch Verkohlung mit konz. H_2SO_4 (s. 5., S. 354) nachgewiesen werden. Aus dem Sodaauszug kann das $C_4H_4O_6^{2-}$ nach Ansäuern mit verd. CH_3COOH als Ca-Salz gefällt werden (vgl. 5., S. 352). Mit dem Niederschlag führt man die Farbreaktion mit Resorcin durch (s. 6., S. 354). Die schwach schwefelsaure Lösung des Niederschlags zeigt beim Versetzen mit $CuSO_4$ + NaOH die blaue Farbe des Cu-Tartratkomplexes (s. 7., S. 354).

Da das $C_4H_4O_6^{2-}$ mit vielen Schwermetallionen lösliche Komplexe bildet (vgl. S. 353), muß es vor Durchführung des Kationentrennungsganges entfernt werden.

Dazu wird die Analysensubstanz unter Zusatz von entsprechenden Mengen $(NH_4)_2S_2O_8$ mit einigen ml konz. H_2SO_4 abgeraucht. Hierbei beachte man, daß die entstehenden Sulfate nicht durch zu starkes Einengen zu wasserfreien Oxiden abgebaut werden, die ohne Anwendung eines Aufschlußverfahrens nicht mehr in Lösung zu bringen sind. Die evtl. zurückbleibenden Erdalkalisulfate müssen auf jeden Fall aufgeschlossen werden.

CN^- vertreibe man aus der Ursubstanz bzw. aus dem Sodaauszug durch einen Überschuß von $NaHCO_3$ (s. 4., S. 356) und weise es in der Vorlage mit Ag^+ nach. Bei Abwesenheit von $[Fe(CN)_6]^{4-}$, $[Fe(CN)_6]^{3-}$ und SCN^- kann CN^- mittels der Berliner-Blau-Reaktion (s. 5., S. 356) oder als Thiocyanat (s. 6., S. 357) aus dem Sodaauszug nachgewiesen werden.

Die besten Nachweise für $[Fe(CN)_6]^{4-}$ bzw. $[Fe(CN)_6]^{3-}$ sind die Berliner-Blau-Reaktion (s. 4., S. 359) bzw. die *Turnbulls*-Blau-Reaktion (s. 4., S. 359). Die Anwesenheit von komplexen Cyaniden kann durch Umwandlung in freies CN^- nachgewiesen werden. Dazu schmelze man die Substanz nach 5., S. 360, mit K_2CO_3. Die Identifizierung des CN^- erfolgt wie oben.

Zur Prüfung auf SCN^- wird zu dem schwach angesäuerten Sodaauszug Fe^{3+} zugegeben. Falls $[Fe(CN)_6]^{4-}$ zugegen ist, muß man mit einem Überschuß von Fe^{3+} versetzen und filtrieren oder mit Ether ausschütteln. Auch F^-, PO_4^{3-}, $C_2O_4^{2-}$, $C_4H_4O_6^{2-}$ stören, da sie mit Fe^{3+} Komplexe bilden. Man fällt sie aus dem mit Essigsäure angesäuerten Sodaauszug mit Ba^{2+} aus und prüft im Zentrifugat auf SCN^- mit Fe^{3+}. Die Prüfung auf Thiocyanat kann auch nach 7., S. 362. mittels der Iod-Azid-Reaktion durchgeführt werden. Liegt $AgSCN$ vor, das im Sodaauszug schwer löslich ist, so wird ein Teil des Rückstandes vom Sodaauszug mit einer Mischung aus 10 Tropfen 1 mol/l $NaHS$ und 5 Tropfen 5 mol/l $NaOH$ wenige Minuten auf dem Wasserbad erhitzt. Aus $AgSCN$ bildet sich Ag_2S und lösliches Alkalithiocyanat. (Wenn $AgCN$ im Rückstand vorliegt, kann sich auch aus polysulfidhaltiger $NaHS$-Lösung SCN^- bilden!). In der soda- oder natronalkalischen Lösung wird SCN^- wie oben nachgewiesen.

Die hier behandelten komplexen Cyanide sowie SCN^- und CN^- stören den Nachweis von Cl^-, da sie auch mit $AgNO_3$ in HNO_3 schwerlösliche Niederschläge bilden. Man fälle sie daher vorher mit $CuSO_4$ unter Zusatz von schwefliger Säure als $CuSCN$, $CuCN$ und $Cu_2[Fe(CN)_6]$ aus. Nach Filtration wird wie üblich auf Cl^- geprüft.

Weiterhin wird durch Cyanidionen der Iodidnachweis mit Chlorwasser unmöglich gemacht, weil farbloses Iodcyan, ICN, gebildet wird. Um das zu verhindern, müssen die Cyanidionen mit einem Überschuß von Zn^{2+} als $Zn(CN)_2$ gefällt oder in hydrogencarbonathaltiger Lösung als HCN vorher abdestilliert werden.

Auch der Nachweis von NH_4^+ läßt sich nicht durchführen, weil mit Basen die CN^--Ionen zu $NH_3 + HCOO^-$ hydrolysiert werden. Auch hier muß man CN^- vorher entfernen.

Da auch CN^-, $[Fe(CN)_6]^{4-}$, $[Fe(CN)_6]^{3-}$ und SCN^- den Trennungsgang der Kationen durch mögliche Komplexsalzbildung stören, müssen sie durch Abrauchen mit konz. H_2SO_4, wie beim Tartrat weiter oben beschrieben, zerstört werden.

4.2.5.2 Silicium Si, Z: 14, RAM: 28,0855, $3s^2\,3p^2$

Häufigkeit: 25,80 Gew.-%. Smp.: 1410 °C. Sdp.: 2355 °C. D_{25}: 2,33 g/cm³. Oxidationsstufen: $-$IV, $+$II, $+$IV. Ionenradius $r_{Si^{4+}}$: 26 pm.

Vorkommen: Silicium ist das zweithäufigste Element in der Erdkruste, die es in Form einer Vielzahl von Silicaten aufbaut. In den Silicaten ist jedes Siliciumatom von vier Sauerstoffatomen in Form eines Tetraeders umgeben, wobei die Sauerstoffatome nicht nur einem, sondern auch zwei Siliciumatomen gemeinsam angehören können. So unterscheidet man je nach Art der Verkettung vier Haupttypen kristalliner Silicate.

1. Silicate mit selbständigen, „diskreten" Anionen. Hierzu gehören:
   a) Nesosilicate (Inselsilicate) mit dem Orthosilicat-Anion $[SiO_4]^{4-}$, z.B. Olivin, $Mg_2[SiO_4]$, Zirkon, $Zr[SiO_4]$;
   b) Sorosilicate (Gruppensilicate), z.B. Disilicate mit dem Anion $[Si_2O_7]^{6-}$, z.B. Akermanit, $Ca_2Mg[Si_2O_7]$;
   c) Cyclosilicate, in denen die SiO_4-Tetraeder einen Ring bilden, mit den Anionen $[Si_3O_9]^{6-}$, $[Si_4O_{12}]^{8-}$ und $[Si_6O_{18}]^{12-}$. Zum Sechsringtyp gehört z.B. der Beryll, $Be_3Al_2[Si_6O_{18}]$.
2. Inosilicate (Kettensilicate), das sind Silicate, in denen sich die SiO_4-Tetraeder zu Ketten, die durch den ganzen Kristall fortlaufen, zusammenlagern:

$$O-\underset{\underset{O}{|}}{\overset{\overset{O}{|}}{Si}}-O-\underset{\underset{O}{|}}{\overset{\overset{O}{|}}{Si}}-O-\underset{\underset{O}{|}}{\overset{\overset{O}{|}}{Si}}-O \;=\; ([SiO_3]^{2-})_\infty$$

Hierzu gehört die große Zahl der Metasilicate, wie Enstatit, $Mg[SiO_3]$, und Diopsid, $CaMg[SiO_3]_2$. Durch Vereinigung zweier Ketten entstehen Doppelketten oder Bänder mit dem Anion $([Si_4O_{11}]^{6-})_\infty$, das den Amphibolen, z.B. dem Tremolit, $Ca_2Mg_5(OH)_2[(Si_4O_{11})_2]$, zugrunde liegt.
3. Phyllosilicate (Blattsilicate), in denen die SiO_4-Tetraeder jeweils an drei Ecken in einer Ebene miteinander verkettet sind, also Schichtengitter bilden. Sie enthalten das Anion $([Si_4O_{10}]^{4-})_\infty$, wie z.B. Talk, $Mg_3(OH)_2[Si_4O_{10}]$, und Kaolinit, $Al_4(OH)_8[Si_4O_{10}]$.
4. Tektosilicate (Gerüstsilicate), das sind Silicate, in denen sich die Verkettung der SiO_4-Tetraeder nach allen drei Raumkoordinaten fortsetzt (dreidimensionale Netzwerke) wie bei den SiO_2-Modifikationen Quarz, Tridymit und Christobalit. Tektosilicate enthalten stets Al.

Die Verbindungsfähigkeit wird dadurch noch vielseitiger, daß anstelle des Siliciums in den Tetraedern andere Elemente, insbesondere Aluminium, treten können. Al hat hierbei die Koordinationszahl 4 wie das Si (Alumosilicate). Beispiele sind die Feldspäte: $K[AlSi_3O_8]$, Orthoklas, und $Ca[Al_2Si_2O_8]$, Anorthit, die danach zur 4. Gruppe obiger Einteilung zu rechnen sind, oder Glimmer, wie z.B. Muskovit (Moskauer Glas), $K[Al_2(OH,F)_2[AlSi_3O_{10}]]$, die zur 3. Gruppe gehören wie die Serpentinasbeste.

Quarz ist als das häufigste Mineral Bestandteil vieler Gesteine; zusammen mit Feldspat und Glimmer bildet es den Granit. Ohne Beimengung anderer Mineralien findet man Quarz als Seesand und in Form der Halbedelsteine Bergkristall, Amethyst, Rauchquarz und Rosenquarz. Amorph kommt SiO_2 als Kieselgur (Diatomeenerde) vor.

Darstellung: Elementares technisches Silicium wird durch Reduktion von SiO_2 mit Kohlenstoff bei über 2000 °C im Lichtbogenofen hergestellt. (Aluminothermische Darstellung s. S. 189)

Fortsetzung

Bedeutung: Silicate sind in Gläsern, Porzellan, keramischen Erzeugnissen, Zement und feuerfesten Materialien enthalten. Quarzglas wird als optisches Material und wegen seiner Hitzebeständigkeit für Heizplatten, Tauchsieder usw. verwendet. Infolge seines starken Aufsaugevermögens dient Kieselgur u. a. als Verpackungsmaterial für Säureballons. Entwässertes Kieselgel („Silicagel") ist ein sehr gutes Trockenmittel für Gase; „Blaugel" enthält einen Indikator ($CoCl_2$), der im feuchten Zustand eine rosa, im trockenen eine blaue Farbe (s. S. 403) zeigt.

Wasserglas wird u. a. als Flammenschutzmittel, zur Bereitung von Kitten und Klebstoffen, als Farbbindemittel sowie als Zusatz zu Waschmitteln benutzt.

Reinstsilicium dient als Halbleitermaterial, Ferrosilicium, eine Eisen-Silicium-Legierung als Stahlveredler, Siliciumcarbid, SiC, wegen seiner Härte als Schleifmittel. Silicone, Organosiliciumverbindungen, sind je nach Struktur Öle, Harze oder kautschukartig. Diese temperaturbeständigen und stark wasserabstoßenden Materialien besitzen eine große praktische Bedeutung.

Allgemeine Eigenschaften: Bedingt durch die Verkettungstendenz der SiO_6-Tetraeder entstehen bei den sauren Silicaten durch Kondensation hochmolekulare Stoffe, die aus dem Schmelzfluß nur schwer zur Kristallisation zu bringen sind und daher Gläser bilden. Alle Silicate mit Ausnahme der reinen Alkali- und Bariumorthosilicate sind schwerlöslich. Durch starke Säuren werden sie zersetzt. Lösliche Silicate hydrolysieren in Wasser, da Kieselsäure eine schwache Säure ist. Sie neigt auch in Lösung zur Kondensation. So liegt in einer Lösung von kristallisiertem $Na_2H_2SiO_4 \cdot$ aq., monomolekulare Kieselsäure nur in starker Verdünnung und bei Überschuß von Natronlauge vor. Vermindert man die OH^--Konzentration, so bilden sich mehr oder weniger schnell höher kondensierte Kieselsäuren (Isopolysäuren s. S. 432), die mit steigendem Kondensationsgrad immer schwerer löslich werden. Aus den kolloidalen Lösungen scheidet sich schließlich amorphe Metakieselsäure ab:

$$x[H_2SiO_4]^{2-} + 2xH^+ \rightarrow (H_2SiO_3)_x\downarrow + xH_2O$$

Die Aggregation zu den Isopolysäuren ist ein langsam verlaufender Vorgang. Läßt man z. B. eine wäßrige Lösung von $Na_2H_2SiO_4 \cdot$ aq unter Umrühren zu einer Lösung von überschüssiger starker Mineralsäure einfließen, so wird sofort die monomolekular verteilte Kieselsäure in Freiheit gesetzt:

$$[H_2SiO_4]^{2-} + 2H^+ \rightarrow H_4SiO_4$$

Sie bleibt zunächst als solche in Lösung. Zu der gleichen Verbindung gelangt man, wenn man Siliciumtetrachlorid, $SiCl_4$, oder Kieselsäureester durch Wasser hydrolysieren läßt:

$$SiCl_4 + 4H_2O \rightarrow H_4SiO_4 + 4HCl$$

Auch sie aggregiert sich, wobei die Kondensationsgeschwindigkeit stark vom pH der Lösung abhängt. Verhältnismäßig leicht erhält man dann beständige, kolloide Lösungen (s. die Darstellung von Kieselsäuresol S. 239).

Schmilzt man Sand (SiO_2) mit Soda im Stoffmengenverhältnis 3−4 : 1 zusammen, so erhält man eine Masse, die unter dem Namen Wasserglas bekannt ist:

$$Na_2CO_3 + 4SiO_2 \rightarrow Na_2O \cdot 4SiO_2 + CO_2\uparrow$$

Wasserglaslösungen zeigen im großen und ganzen ähnliche Reaktionen wie $Na_2H_2SiO_4 \cdot$ aq.-Lösungen, wobei allerdings zu berücksichtigen ist, daß die Wasserglaslösung schon aggregierte Kieselsäure enthält.

Fortsetzung

> Wie Kohlenstoff vermag auch Silicium Wasserstoffverbindungen (Silan, SiH_4, Disilan, Si_2H_6, usw.) zu bilden, die aber alle an der Luft selbstentzündlich sind. Sie entstehen aus Siliciden und Säuren, z.B.
>
> $$Mg_2Si + 4HCl \rightarrow SiH_4\uparrow + 2MgCl_2$$
>
> Mg_2Si selbst erhält man durch Erhitzen von Magnesiumpulver mit Siliciumdioxid in berechneter Menge:
>
> $$4Mg + SiO_2 \rightarrow Mg_2Si + 2MgO$$
>
> Auch mit Halogenen werden Verbindungen gebildet, z.B. $SiCl_4$, Siliciumtetrachlorid, $SiHCl_3$, Trichlorsilan (Silicochloroform), usw. (Darst. von $SiCl_4$ und $SiHCl_3$ s. S. 225f.). Über SiF_4 und $H_2[SiF_6]$ s. S. 264ff.

Zu den folgenden Reaktionen verwende man eine wäßrige Lösung von kristallisiertem Natriumsilicat, $Na_2H_2SiO_4 \cdot aq$ (nicht Wasserglas!) bzw. die entsprechend vorbereitete Analysenlösung.

1. Säuren

Bei Vermeidung eines Säureüberschusses fällt g a l l e r t a r t i g e Kieselsäure aus. Es bleibt aber stets eine nicht unbeträchtliche Menge kolloid in Lösung.

Um die Kieselsäure quantitativ abzuscheiden, was beim analytischen Arbeiten notwendig ist, muß man auf dem Wasserbad bis zur Trockne abrauchen, die Masse mit einigen Tropfen konz. HCl durchfeuchten, nochmals abrauchen, mit verd. HCl aufnehmen, erwärmen, bis sich die Metallchloride wieder gelöst haben, und filtrieren. Nur so erhält man die Kieselsäure als w e i ß e s , körniges Pulver, das kaum noch andere Stoffe adsorbiert u. nicht wieder kolloid in Lösung geht.

2. Ammoniumsalze

Ammoniumsalze fällen ebenfalls aus Alkalisilicatlösungen gallertartige Kieselsäure, da durch sie die OH^--Konzentration stark verringert wird (vgl. S. 79f.).

3. Aufschluß von Silicaten

Um Silicate aufzuschließen, stehen mehrere Wege zur Verfügung:
a) **Salzsäure-Aufschluß:** Handelt es sich um ein durch HCl zersetzbares Silicat, so wird es, wie unter 1. beschrieben, in SiO_2 übergeführt. Da in der qualitativen Analyse meist unbekannt ist, ob ein durch HCl zersetzbares Silicat vorliegt, wählt man am besten von vornherein eines der beiden folgenden Aufschlußverfahren.
b) **Flußsäureaufschluß:** Die gepulverte Substanz wird mit ca. 1 ml konz. H_2SO_4 u. 5 ml HF in einem Pt- oder Pb-Tiegel auf dem Wasserbad erhitzt und die Flußsäure verdampft. Um die Kieselsäure völlig zu vertreiben, wiederhole

man das Verfahren. Dabei rührt man mit einem dicken Platindraht den Brei öfter um. Zum Schluß wird erhitzt, bis Schwefelsäuredämpfe entweichen. Man sei dabei vorsichtig, damit die Sulfate nicht in schwerlösl. Oxide umgewandelt werden. Der Tiegelinhalt wird in verd. HCl gelöst, wobei Erdalkalisulfate u. Bleisulfat, die gesondert aufzuschließen sind, zurückbleiben. Die Art und Menge des Rückstandes ermöglicht einen Rückschluß auf die Reinheit der Kieselsäure bei Aufschluß nach a oder c.

c) **Alkalicarbonataufschluß:** Die theoretischen Grundlagen u. die praktische Durchführung der Schmelze werden auf S. 531 beschrieben. Wenn die Kohlendioxidentwicklung in der Schmelze aufgehört hat, erhitzt man noch eine Viertelstunde und schreckt dann den Tiegel nebst Inhalt durch Eintauchen in kaltes Wasser ab, wodurch der Schmelzkuchen meist leicht aus dem Tiegel entfernbar wird. Man behandelt ihn zunächst mit Wasser, fügt dann konz. HCl bis zur stark sauren Reaktion hinzu, dampft zur Trockne ein, nimmt mit konz. HCl auf, verd. mit Wasser, kocht u. filtriert. Die Kieselsäure wird quantitativ abgeschieden.

Die quantitative Abscheidung der Kieselsäure ist unbedingt notwendig, da sie sonst im Trennungsgang in der $(NH_4)_2$S-Gruppe neben $Al(OH)_3$ erscheint und den Nachweis von Al stört.

Nach Behandlung des Schmelzkuchens mit Wasser liegt die Kieselsäure wie im Sodaauszug in gelöster Form vor.

4. Nachweis mit der Wassertropfenprobe bzw. als $Na_2[SiF_6]$

$$SiF_4 + 2H_2O \rightarrow SiO_2\downarrow + 4HF$$
$$SiF_4 + 2HF \rightarrow H_2[SiF_6]$$

Flußsäure greift Silicate und Siliciumdioxid unter Bildung von SiF_4 an. Diese zum Nachweis von Fluoriden geeignete Reaktion (vgl. S. 263) kann auch zur Identifizierung von Silicaten dienen. Das gebildete, flüchtige SiF_4 hydrolysiert. Die Kieselsäure scheidet sich je nach Angreifbarkeit und SiO_2-Gehalt des vorliegenden Silicates nach etwa $\frac{1}{2}$–4 Minuten als w e i ß e r Saum oder Überzug auf dem Wassertropfen ab. Die Substanz soll stets sehr fein gepulvert sein, ein großer Überschuß von CaF_2 ist unbedingt zu vermeiden. Er kann die Abscheidung von Kieselsäure verhindern, da die entstehende überschüssige Flußsäure mit SiF_4 unter Bildung löslicher Hexafluorokieselsäure reagiert.

Im Halbmikro-Maßstab werden 5–10 mg der Analysensubstanz oder der beim Abrauchen mit HCl anfallende schwer lösl. Rückstand zum Entfernen der letzten Reste H_2O und anderer flüchtiger Bestandteile auf einem Blech oder im Tiegel kurz durchgeglüht.

Zur Wassertropfenprobe wird die vorher erhitzte Substanz mit einem Drittel der Substanzmenge CaF_2 gut durchmischt u. in einem kleinen Pb- oder Pt-Tiegel (ca. 2 ml) mit 5 Tropfen konz. H_2SO_4 versetzt. Der Tiegel wird sofort mit einem durchbohrten Deckel abgedeckt, dessen Bohrloch mit einem feuchten schwarzen Filterpapier bedeckt ist, und im siedenden Wasserbad erwärmt. Das Erwärmen auf dem Wasserbad ist dem Erhitzen mit der Sparflamme unbedingt vorzuziehen.

Bei Gegenwart von SiO_2 bildet sich nach wenigen Minuten ein weißer Fleck (s. S. 263).

Soll SiO$_2$ in Form von Na$_2$[SiF$_6$]-Kristallen nachgewiesen werden, so muß man von gleichen Mengen Substanz u. CaF$_2$ ausgehen. Anstelle des Tiegeldeckels verwende man einen Objektträger, auf dessen Unterseite ein Cellophanstreifen mit zwei Büroklammern befestigt ist. Ebenso kann man ein Stück Kleinbildfilm, von dem die Silberhalogenid-Gelatine-Schicht entfernt worden ist, verwenden.

Auf der Celluloidschicht befindet sich 1 Tropfen 1%ige NaCl-Lösung. Der Tiegel wird 5 min bei Raumtemperatur stehengelassen u. anschließend im Wasserbad kurz erwärmt. Das gebildete SiF$_4$-HF-Gemisch reagiert mit der NaCl-Lsg. unter Bildung von Na$_2$[SiF$_6$], das an seiner charakteristischen Kristallform unter dem Mikroskop identifiziert wird. Kristallaufnahme Nr. 2.

EG: 20 µg SiF$_4$

Die Wassertropfenprobe gelingt bei Anwesenheit von Hexafluorosilicaten auch ohne Zusatz von CaF$_2$. Die Ausführung des Nachweises wird bei Anwesenheit von Quarz u. einigen Silicatmineralien erschwert, da diese nur sehr langsam angegriffen werden. In diesem Fall schließe man vorher auf (s. 3. c., S. 367).

Störungen: Bei Gegenwart von Bor reagiert HF unter Bildung von BF$_3$ bzw. des sehr stabilen [BF$_4$]$^-$-Komplexes. H$_3$BO$_3$ ist daher vor der Prüfung auf SiO$_2$ als Methylester zu entfernen (s. 4., S. 371).

5. Nachweis als Molybdokieselsäure

$$H_4SiO_4 + 12\,MoO_2^{2+} + 12\,H_2O \;\rightarrow\; H_4[Si(Mo_3O_{10})_4] + 24\,H^+$$

Silicat-Lösungen bilden mit Molybdänsäure eine gelbe Heteropolysäure, H$_4$[Si(Mo$_3$O$_{10}$)$_4$]. Die Reaktion ist zum Nachweis von Kieselsäure geeignet, soweit das betreffende Silicat in lösl. Form vorliegt.

a) Man säure eine sehr verd. Natriumsilicat-Lsg. reichlich und schnell mit HNO$_3$ an und versetze die klare Lsg. mit viel Ammoniummolybdatlösung.

EG: 1 µg SiO$_3^{2-}$/ml,   pD: 6,1

Es gelingt so, die im gewöhnlichen oder auch im destillierten Wasser vorhandenen Spuren von Kieselsäure zu erfassen.

b) Man gebe zu einer sehr verd. Natriumsilicat-Lsg. einen deutlichen Überschuß einer etwa 10%igen neutralen Ammoniummolybdat-Lsg. u. säure dann unter tropfenweiser Zugabe von verd. CH$_3$COOH oder verd. H$_2$SO$_4$ ganz schwach an. Zu diesem Gemisch füge man dann in der Kälte in einem Guß so viel einer alkalischen Stannit-Lsg. hinzu, daß eine klare Lsg. entsteht. Die Farbe der Lsg. ist d u n k e l b l a u (Molybdänblau!); sie ist jedoch nur eine kurze Zeit beständig.

pD: 6,0

Störungen: PO$_4^{3-}$ und AsO$_4^{3-}$ stören. H$_2$O$_2$ darf ebenfalls nicht anwesend sein (Bildung von Peroxomolybdaten). Die Störung durch PO$_4^{3-}$ läßt sich ausschalten, indem man den Niederschlag von Ammoniummolybdophosphat abfiltriert, die im Filtrat noch verbliebenen geringen Mengen Molybdophosphat durch Zugabe des doppelten Volumens einer 1%igen Oxalsäure-Lsg. unter schwachem Erwärmen zerstört u. dann die Kieselsäure nach einigem Warten (bis zu ca. 1 Std.) wie oben nachweist.

Die zur Bereitung der alkalischen Stannit-Lsg. verwendete NaOH muß selbstverständlich silicatfrei sein. Man stelle sie jedesmal frisch durch Auflösen von festem NaOH in Wasser her.

6. Nachweis als Molybdänblau-Benzidinblau (s. S. 651)

4.2.6 Elemente der 3. Hauptgruppe

In der 3. Hauptgruppe des PSE stehen die Elemente Bor, Aluminium, Gallium, Indium und Thallium. Gemäß den allgemeinen Regeln (s. S. 15 f.) nimmt die Basizität der Hydroxide $M(OH)_3$ und der Metallcharakter mit steigender Ordnungszahl zu, die Beständigkeit der höchsten Oxidationsstufe $+ III$ ab. Borsäure ist eine schwache Säure, die Hydroxide der folgenden Elemente sind amphoter, jedoch steigt die Basizität mit Ausnahme von Gallium mit zunehmender Ordnungszahl. Ab Gallium treten die Elemente auch in der Oxidationsstufe $+ I$ auf, die zunehmend beständiger wird. Das beständige TlOH ist gut löslich und weitgehend dissoziiert.

Die Besprechung der Elemente Aluminium erfolgt auf S. 423, Gallium und Indium auf S. 435, Thallium auf S. 488.

4.2.6.1 Bor B, Z: 5, RAM: 10,81, $2s^2\,2p^1$

Häufigkeit: $1,6 \cdot 10^{-3}$ Gew.%. Smp.: 2300 °C. Sdp.: 3658 °C. D_{25}: 2,33 g/cm³. Oxidationsstufen: $+ III$. Ionenradius $r_{B^{3+}}$: 23 pm.

Vorkommen: Als wichtige Mineralien kommen in der Natur vor: Borax, $Na_2B_4O_7 \cdot 10H_2O$, Kernit, $Na_2[B_4O_5(OH)_4] \cdot 2H_2O$ und Colemanit, $Ca_2B_6O_{11} \cdot 5H_2O$. Die Turmaline sind borhaltige Silicate.

Darstellung: Elementares Bor erhält man kristallisiert, aber durch Aluminium verunreinigt nach dem aluminothermen Verfahren (s. S. 190 f.), dagegen im amorphen Zustand verhältnismäßig rein durch Reduktion von Bortrichlorid mit Magnesium. In der Technik wird auch Bortrichlorid mit Wasserstoff reduziert.

Bedeutung: Borax wird als Schmelz- und Flußmittel (Emailfabrikation, Hartlöten) eingesetzt. „Perborate" sind teils Peroxoborate, teils Additionsverbindungen von H_2O_2 an Borate. Natriumperborat, $Na_2[(HO)_2B(O_2)_2B(OH)_2] \cdot 6H_2O$, ist Bestandteil von Waschmitteln. Borosilicatgläser sind sehr beständig gegen Chemikalien und Temperaturwechsel (Jenaer Glas).

Borcarbid, B_4C, dient als sehr hartes Schleifmittel und als Neutronenabsorber in Reaktoren. BF_3 wird als *Friedel-Crafts*-Katalysator in der organischen Chemie verwendet.

Geringe Borgehalte in Stählen erhöhen ihre Härtbarkeit.

Orthoborsäure, in wäßriger Lösung und in Salben verwendet, hat milde antiseptische Eigenschaften.

Allgemeine Eigenschaften: Aufgrund der Schrägbeziehung im PSE hat das Bor als erstes Element der 3. Hauptgruppe Ähnlichkeit in seinem Verhalten mit dem Silicium. So bildet es wie Silicium gasförmige Wasserstoffverbindungen, und sein Oxid neigt wie Kieselsäure zur Glasbildung. Das gleiche gilt von manchen Boraten. Orthoborsäure, H_3BO_3 bzw. $B(OH)_3$, ist in Wasser in der Hitze leicht, in der Kälte schwer löslich. (Umkristallisieren, s. S. 170). Beim Erhitzen geht H_3BO_3 über *cyclo*-Triborsäure, $[B_3O_3(OH)_3]$, zunächst bei 150 °C in Metaborsäure, $(HBO_2)_n$, beim Glühen in Bortrioxid, B_2O_3, über. Beide Verbindungen lösen sich in Wasser unter Bildung von H_3BO_3 wieder auf. Die wäßrige Lösung reagiert schwach sauer:

$$H_3BO_3 + 2H_2O \rightleftharpoons [B(OH)_4]^- + H_3O^+$$

Fortsetzung

H_3BO_3 wirkt als sehr schwache einbasige Säure, $K_S = 10^{-9,25}$ mol/l. Das Anion $[B(OH)_4]^-$ liegt allerdings nur in sehr verdünnten H_3BO_3-Lösungen oder in stark alkalischer Lösung vor. Sonst enthalten wäßrige Boratlösungen Polyanionen, z.B.:

$$[B(OH)_4]^- + 2H_3BO_3 \rightleftharpoons [B_3O_3(OH)_4]^- + 3H_2O$$

Die Salze leiten sich von der, als freie Säure nicht bekannten, Tetraborsäure ab und haben die Zusammensetzung $M_2B_4O_7$. Nur die Alkaliborate sind wasserlöslich, die anderen lösen sich dagegen leicht in Säuren auf. Schmilzt man Borax, $Na_2[B_4O_5(OH)_4] \cdot 8H_2O$, vereinfacht $Na_2B_4O_7$, mit Oxiden zusammen, so erhält man (Metaborate (Boraxperle s. S. 524):

$$Na_2B_4O_7 + CuO \rightarrow Cu(BO_2)_2 + 2NaBO_2$$

Mit Halogenen bildet Bor homöopolare leichtflüchtige Verbindungen, z.B. BCl_3 und BF_3. Mit einem Überschuß von F^- entsteht aus letzterem das stabile Komplexion $[BF_4]^-$. Analog den Siliciumwasserstoffen erhält man aus Magnesiumborid und Säure Borwasserstoffe, B_2H_6, B_4H_{10}, B_5H_9 usw. Sie sind selbstentzündlich und daher nur unter Luftabschluß haltbar.

H_3BO_3 kann im Sodaauszug nachgewiesen werden, da sich alle Borate mit Ausnahme von Borosilicaten beim Kochen mit Na_2CO_3-Lösung zu löslichem Alkaliborat umsetzen. Borosilicate müssen aus der Ursubstanz nach 3., s. unten, identifiziert werden.

Für die folgenden Reaktionen verwende man eine Alkaliboratlösung bzw. die entsprechend vorbereitete Analysensubstanz.

1. AgNO$_3$

$$B_4O_7^{2-} + 4Ag^+ + H_2O \rightleftharpoons 4AgBO_2\downarrow + 2H^+$$
$$2AgBO_2 + 3H_2O \rightarrow 2H_3BO_3 + Ag_2O\downarrow$$

Fällung von weißem, in Säuren und Ammoniak leicht lösl. Silbermetaborat, $AgBO_2$. Durch die entstehenden Wasserstoffionen ist die Fällung nicht quantitativ. In der Hitze hydrolysiert Silbermetaborat unter Abscheidung von braunem Ag_2O.

2. BaCl$_2$ und viele andere Salze

$$B_4O_7^{2-} + 2Ba^{2+} + 2OH^- \rightleftharpoons 2Ba(BO_2)_2\downarrow + H_2O$$

Erdalkaliionen fällen aus alkalisch reagierenden Lösungen Metaborate mit langkettigen Anionen. Die Erdalkaliborate sind in ganz schwachen Säuren u. bereits in Ammoniumchlorid-Lsg. löslich. Auch eine Reihe anderer in alkalischen Lösungen schwerlöslicher Metaborate wird schon von schwachen Säuren wie Essigsäure gelöst.

3. Nachweis durch Flammenfärbung

Man bringe ein wenig Borat an die Öse eines Platindrahtes, befeuchte es mit konz. H_2SO_4 u. erhitze in der äußersten Zone der Bunsenflamme, wobei der Platindraht nicht in die

Flamme, sondern bis auf 2 mm an die Flamme gebracht werden soll. Durch H_2SO_4 freigesetzte Borsäure färbt die Flamme g r ü n. Gute Vorprobe! In der Flamme stören Cu-, Tl- und Ba-Salze.

Bei manchen Borosilicaten versagt dieser Nachweis. In diesem Falle wird das Mineral mit CaF_2 u. $KHSO_4$ innigst verrieben u. dann in der Platinöse erhitzt. Infolge der Bildung von flüchtigem Bortrifluorid tritt G r ü n färbung auf.

4. Nachweis als Borsäuremethylester

$$H_3BO_3 + 3CH_3OH \xrightarrow[H_2SO_4]{konz.} B(OCH_3)_3 + 3H_2O$$

$$B(OCH_3)_3 + 3H_2O \rightarrow H_3BO_3 + 3CH_3OH$$

$$H_3BO_3 + 4F^- \rightarrow [BF_4]^- + 3OH^-$$

$$4OH^- + Mn^{2+} + 2Ag^+ \rightarrow MnO_2\downarrow + 2Ag\downarrow + 2H_2O$$

Unter der Wirkung der wasserentziehenden konz. H_2SO_4 bildet sich aus Borsäure und Methylalkohol der Borsäuremethylester. Er ist leicht flüchtig (Darst. s. S. 230) und kann entweder a) mit Hilfe der Flammenprobe oder b) durch Einleiten in eine $Mn(NO_3)_2$-$AgNO_3$-KF-Lösung identifiziert werden.

Säureschwerlösliche Borverbindungen (Mineralien, wie Turmaline) müssen durch Schmelzen mit Na_2CO_3 (s. 3., c., S. 367) aufgeschlossen werden.

a) Etwa 0,5 ml des Sodaauszugs werden in einem Reagenzglas zur Trockne eingedampft u. mit 5 Tropfen konz. H_2SO_4 u. 5–10 Tropfen Methanol versetzt. Ein zur Kapillare ausgezogenes kurzes Glasrohr wird mit einer Gummimanschette direkt auf das Reagenzglas aufgesetzt. Unter Erwärmen des Reagenzglases im Wasserbad nähert man die Spitze der Kapillare seitlich bis auf wenige mm der Bunsenflamme. Eine g r ü n e Flammenfärbung zeigt H_3BO_3 an. Hier ist unbedingt eine Blindprobe durchzuführen. Gläser enthalten oft Bor und täuschen so eine positive Reaktion vor.

b) Der Borsäureester wird, wie unter a) beschrieben, erzeugt u. in eine Vorlage (Gärröhrchen) geleitet, die mit 1 ml einer $Mn(NO_3)_2$-$AgNO_3$-KF-Lsg. beschickt ist. Der Ester hydrolysiert zu H_3BO_3, die mit KF Fluoroborat- u. OH^--Ionen bildet. Letztere werden bei Gegenwart von Mn^{2+}- u. Ag^+-Ionen durch Bildung eines s c h w a r z e n MnO_2- u. Ag-Niederschlags nachgewiesen.

$$EG: 0,2\,\mu g\,B, \qquad pD: 6,7$$

Störungen: Bei Ausführung a) mit Ursubstanz können verspritzte Cu-, Tl-, Ba-Verbindungen H_3BO_3 vortäuschen. Mit viel Br^- bzw. I^- gebildetes Halogenmethan kann grün brennen.

Reagenz: 2,9 g $Mn(NO_3)_2$ u. 1,7 g $AgNO_3$ werden in 100 ml Wasser gelöst. Nach Zusatz von 1–2 Tropfen 0,1 mol/l NaOH bildet sich ein dunkler MnO_2- und Ag-Niederschlag, der abfiltriert wird. Die klare Lsg. wird mit 3,5 g KF in 50 ml H_2O versetzt, kurz auf 60 °C erwärmt u. vom gebildeten Niederschlag abfiltriert.

5. Nachweis durch Bildung von Mannito-Borsäure

Durch Umsetzen von Borsäure mit mehrwertigen Alkoholen entsteht eine einbasige komplexe Säure, $pK_S \approx 5$, so daß sich der pH-Wert der Lösung erniedrigt (s. S. 119). Diese Reaktion ist auch gut zur quantitativen Bestimmung geeignet.

2 Tropfen der Borsäure enthaltenden Probelsg. werden mit 1 Tropfen Bromthymolblau und mit 0,01 mol/l NaOH neutralisiert. Bei Zugabe von festem Mannit schlägt der Indikator von Grün nach Gelb um.

$$EG: 0,001\,\mu g\ B, \qquad pD: 5,5$$

Störungen: GeO_3^{2-} und IO_4^- reagieren ähnlich.

6. Nachweis als Chromotrop 2 B-Chelat (s. S. 652)

Trennung und Nachweis von Silicaten, Boraten und F^-

Zur Vorprobe und zum Nachweis von SiO_2 bedient man sich der Wassertropfenprobe (s. 4., S. 367). Bei löslichen Silicaten kann in Abwesenheit von PO_4^{3-} und AsO_4^{3-} auch die Reaktion mit Ammoniummolybdat (s. 5., S. 368) durchgeführt werden.

Zum Nachweis von H_3BO_3 und F^- werden Silicate durch Behandlung mit HCl nach 1., S. 366, abgetrennt. Das Zentrifugat wird eingedampft und zur Identifizierung von H_3BO_3 mit konz. H_2SO_4 und Methanol (s. 4., S. 371) versetzt. Daneben kann auch auf H_3BO_3, mittels der grünen Flammenfärbung nach 3., S. 370 geprüft werden.

Im Zentrifugat wird das F^- durch die Kriechprobe (s. 5., S. 263) neben Borat nachgewiesen.

Der Nachweis der genannten Anionen muß je nach dem Zustand, in dem sie vorliegen, variiert werden.

So liegt z. B. in Metallen das Silicium meistens als Silicid vor. Die meisten von ihnen werden durch HNO_3 gelöst, wobei Silicium zu Kieselsäure oxidiert wird. Diese scheidet sich beim Abrauchen mit konz. HCl ab und wird wie oben nachgewiesen.

Manche Silicide, wie z. B. Carborundum, SiC, lassen sich nicht durch HNO_3 aufschließen. Man muß sie mit NaOH im Silbertiegel schmelzen, wobei formal nach der Gleichung.

$$SiC + 8\,NaOH \rightarrow Na_4SiO_4 + Na_2CO_3 + Na_2O + 4\,H_2$$

Silicat und Carbonat entstehen. Diese werden dann wie üblich nachgewiesen.

Liegen Borosilicate oder Turmaline vor, so müssen sie nach 3. c, S. 367, aufgeschlossen werden. Mit dem wäßrigen Auszug der Schmelze führe man die oben beschriebene Trennung und die Nachweise durch.

Silicat, Borat und F^- stören den Kationentrennungsgang und müssen deshalb vorher entfernt werden. So kann die Kieselsäure im Trennungsgang der $(NH_4)_2S$-Gruppe z. B. Aluminiumhydroxid vortäuschen. An der gleichen Stelle können bei Anwesenheit von Borsäure die Erdalkalimetalle als Borate ausfallen und damit ihrer vorschriftsmäßigen Identifizierung entzogen werden. Da das F^- mit einigen Kationen der Ammoniumsulfidgruppe lösliche Komplexe bildet (z. B. $[FeF_6]^{3-}$), wird deren ungestörte Fällung bei Anwesenheit von F^- verhindert. Die Silicate werden aufgeschlossen und entfernt nach 1., S. 366f. bzw. 3., S. 366. Borat und Fluorid verflüchtigen sich beim Behandeln mit konz. H_2SO_4 und Methanol.

4.3 Metalle und ihre Verbindungen

Der Trennungsgang der Kationen geht mit Ausnahme der Erdalkali- und Alkalielemente nicht konform mit der Stellung der Elemente im PSE. Er richtet sich nach der Löslichkeit der Chloride, Sulfide, Hydroxide und Carbonate in saurem oder alkalischem Medium. Im Verlauf der Analyse werden nacheinander folgende Gruppen abgetrennt:

1. **HCl-Gruppe:** Elemente, die in Wasser und Säuren schwerlösliche Chloride bilden: Ag, Hg(I), Pb, das seltenere Tl(I) (vgl. H_2S-Gruppe), sowie W, Nb und Ta, die im allgemeinen aus saurer Lösung als schwerlösliche Oxidhydrate abgeschieden werden.

2. **Reduktionsgruppe:** Metalle und Halbmetalle, die in saurer Lösung durch Hydrazin in den elementaren Zustand übergeführt werden: Pd, (Pt), Au, Se und Te. Bei Abwesenheit der Edelmetalle fällt diese Gruppe weg, dann kommen Se und Te in die folgende H_2S-Gruppe.

3. **H_2S-Gruppe:** Elemente, die in saurer Lösung schwerlösliche Sulfide bilden: Cu, Cd, Hg(II), Ge, Sn, Pb, As, Sb, Bi, Se, Te und Mo. Einige dieser Sulfide sind in gelbem $(NH_4)_2S_x$ unter Bildung von Thiosalzen bzw. den Thiosalzen analogen Verbindungen (Se, Te) löslich. Weiterhin wird Tl(III) mit HI reduziert und an dieser Stelle als Tl(I)-Iodid ausgefällt. Aus didaktischen Gründen ist bei dieser Gruppe jedoch folgende Einleitung vorgenommen worden:
   a) „Häufiger" vorkommende Elemente. Zu Ihnen gehören:
      α) Die Elemente der Kupfergruppe: Hg(II), Pb, Bi, Cu und Cd. Die Sulfide sind in $(NH_4)_2S_x$ schwerlöslich.
      β) Die Elemente der Arsen-Zinn-Gruppe: As, Sb und Sn, deren Sulfide sich in $(NH_4)_2S_x$ lösen.
   b) „Seltenere Elemente".
      Diese Untergruppe umfaßt die Elemente: Ge, Se, Te und Mo. Ihre Sulfide lösen sich sämtlich in $(NH_4)_2S_x$. Elementares Se und Te lösen sich ebenfalls. Als selteneres Element der Cu-Gruppe ist das Tl aufzufassen.

4. **$(NH_4)_2S$-Urotropin-Gruppe:** Elemente, die in ammoniakalischer Lösung schwerlösliche Sulfide oder Hydroxide bilden: Be, Zn, Al, Ga, In, Sc, Y, La, Seltene Erden, Th, U, Ti, Zr, Hf, Cr, Mn, Fe, Co und Ni (Nb, Ta); ferner gehören dazu V und W, deren Thiosalze sich in ammoniakalischer Ammoniumsulfid-Lösung bilden, deren Sulfide aber erst auf Zusatz von Säure zu diesen Lösungen ausfallen. Wie bei der H_2S-Gruppe erfolgt auch bei dieser Gruppe eine Unterteilung und zwar:
   a) „Häufiger" vorkommende Elemente. Zu ihnen zählen:
      α) Die Elemente in der Oxidationsstufe + II: Co, Ni, Mn und Zn.
      β) Die Elemente in der Oxidationsstufe + III: Fe, Al und Cr.

b) „Seltenere" Elemente. Diese Untergruppe enthält die Metalle: Be, Ga, In, Sc, Y, La, Seltene Erden, Th, U, Ti, Zr und V. Ferner können hier unter bestimmten Bedingungen auch W, Nb und Ta auftreten.

5. **$(NH_4)_2CO_3$-Gruppe:** Elemente, die durch die vorgenannten Gruppenreagenzien nicht ausgefällt werden, dagegen mit $(NH_4)_2CO_3$ in ammoniakalischer Lösung schwerlösliche Carbonate bilden: Ca, Sr und Ba.

6. **Lösliche Gruppe:** Elemente, die (unter gewissen Bedingungen) mit allen vorstehenden Fällungsreagenzien keine Niederschläge bilden, demnach an das Ende des Analysenganges kommen: Mg, Na, K und die „selteneren" Elemente Li, Rb und Cs.

Aus didaktischen Gründen erfolgt die Besprechung der einzelnen analytischen Gruppen nicht in der oben aufgeführten, sondern in umgekehrter Reihenfolge.

4.3.1 Lösliche Gruppe, 1. Hauptgruppe des PSE

Zu dieser Analysengruppe zählen die Alkalielemente Lithium, Li, Natrium, Na, Kalium, K, Rubidium, Rb, und Caesium, Cs (erste Hauptgruppe), sowie das Magnesium, Mg, aus der zweiten Hauptgruppe des PSE.

Die äußere Elektronenschale der Alkalielemente enthält ein s-Elektron, die des Mg zwei s-Elektronen, die sehr leicht abgegeben werden können. Gemäß den allgemeinen Regeln nimmt bei den Alkalielementen mit steigender Ordnungszahl die Ionisierungsenergie ab. Alle Alkalielemente bilden sehr leicht lösliche Hydroxide.

Die sehr weichen und spezifisch leichten Alkalielemente überziehen sich an der Luft schnell mit einer Oxid- bzw. Hydroxidhaut. Zum Aufbewahren dienen deshalb sauerstofffreie Flüssigkeiten, meist Petroleum. Da MgO in Wasser schwerlöslich ist und die Oxidhaut auf dem Metall haftet, ist Mg im Gegensatz zu den Alkalielementen vor weiterem Angriff feuchter Luft geschützt und bei gewöhnlicher Temperatur beständig. Zu den Alkaliionen rechnet man auch das Ammoniumion, NH_4^+ (s. S. 321 und S. 381). Es ist fast ebenso groß wie das Kaliumion. Viele Reaktionen der beiden Ionen sind daher gleich (s. S. 378).

Die meisten Salze der Alkalielemente sind in Wasser leichtlöslich. Nur das Lithium, das in seinen Eigenschaften schon den Erdalkalien ähnelt (s. S. 386), und das Magnesium bilden recht schwerlösliche Carbonate und Phosphate. Wegen des Mangels an schwerlöslichen Verbindungen bereitet die Trennung der Alkaliionen voneinander erhebliche Schwierigkeiten. Sie können dagegen leicht qualitativ durch die Färbung der Bunsenflamme bzw. ihre charakteristischen Spektrallinien erkannt werden.

Die Verbindungen des Magnesiums, Natriums und Kaliums sind in der Natur weit verbreitet. Lithium, Rubidium und Caesium sind dagegen recht selten. Die beiden letzteren unterscheiden sich in ihrem chemischen Verhalten kaum von Kalium.

Die graduellen Löslichkeitsunterschiede einiger schwerlöslicher Verbindungen ergeben sich aus der folgenden Übersicht:

Löslichkeit des Salzes in Gramm pro Liter Wasser bei 20 °C

Salztypus	K^+	Rb^+	Cs^+
$M(I)ClO_4$	16,7	10	14,8
$M(I)H(C_4H_4O_6)$	5,7	8,5	71,1
$M(I)_2[PtCl_6]$	10,9	0,283	0,086
$M(I)[OC_6H_2(NO_2)_3]$ (Pikrat)	5,06	3,8	3,08

4.3.1.1 Natrium

Na, Z: 11, RAM: 22,98977, $3s^1$

Häufigkeit: 2,64 Gew.-%. Smp.: 97,82 °C. Sdp.: 883 °C. D_{25}: 0,97 g/cm³. Oxidationsstufen: $+I$, Ionenradius: r_{Na^+}: 97 pm. Standardpotential: $Na^+ + e^- \rightleftharpoons Na$. $E^0 = -2,714$ V.

Vorkommen: Natrium kommt in der Natur hauptsächlich als Natronfeldspat $Na[AlSi_3O_8]$, Kalk-Natronfeldspat $Na[AlSi_3O_8]$, $Ca[Al_2Si_2O_8]$ und als NaCl in Form von Steinsalz bzw. gelöst in den Ozeanen (etwa 2,8 Gew.-%) vor.

Daneben sind Vorkommen als Chilesalpeter, $NaNO_3$, Kryolith, $Na_3[AlF_6]$, Soda, $Na_2CO_3 \cdot 10H_2O$ und Borax (Tinkal) $Na_2B_4O_7$ von geringer Bedeutung.

Darstellung: Elementares Natrium wird durch Schmelzflußelektrolyse aus NaCl unter Zusatz von $CaCl_2$ und $BaCl_2$ zur Schmelpunkterniedrigung gewonnen.

Natronlauge wird durch Elektrolyse von Kochsalzlösungen, Soda nach dem *Solvay*-Verfahren dargestellt.

Bedeutung: Elementares Natrium dient zur Herstellung von Bleitetraethyl (s. S. 474), Kalium und Sondermetallen wie Ti, Zr, Ta, von $NaNH_2$ (s. S. 204), NaN_3, Na_2O_2 (s. S. 292) und als Reduktionsmittel in der organischen Chemie. Wegen seiner hohen Wärmeleitfähigkeit wird Natrium in Kernreaktoren als Wärmeträger benutzt. Im Labor findet es Verwendung als Entwässerungsmittel für halogenfreie organische Lösungsmittel, wie z.B. Ether. Natronlauge stellt eine der wichtigsten Grundchemikalien der chemischen Industrie dar. Soda besitzt eine wesentliche Bedeutung für die Glas- und Seifenindustrie. Im Vordergrund der NaCl-Wirkung im Körper steht der osmotische Effekt. Physiologische Kochsalzlösung ist 0,9%ig an NaCl. Die hygroskopische Eigenschaft von gewöhnlichem Kochsalz beruht auf der Anwesenheit von $MgCl_2$.

Allgemeine Eigenschaften: Natrium ist ein weiches, mit dem Messer leicht schneidbares Metall, das sich an der Luft schnell mit einer Oxid- bzw. Hydroxidhaut überzieht. Beim Erwärmen verbrennt es zu Na_2O_2, mit Wasser tritt sehr heftige Reaktion unter Bildung von NaOH und H_2 ein. Im flüssigen Ammoniak löst es sich mit blauer Farbe. Natriumamalgame sind ab 3% Natrium fest.

Die Natriumsalze sind fast alle in Wasser leichtlöslich. Zu ihrem Nachweis eignen sich daher nur wenige Fällungsreaktionen.

1. Nachweis durch Flammenfärbung

Natriumverbindungen erzeugen in der nichtleuchtenden Bunsenflamme eine intensiv gelbe Farbe, die schon durch unwägbare Mengen hervorgerufen wird. Will man die Flammenfärbung als analytischen Nachweis benutzen, so muß daher vor der Prüfung der Platindraht bzw. das Magnesiastäbchen völlig frei von Natrium sein. Gegebenenfalls wird so lange ausgeglüht und zwischendurch in konz. Salzsäure eingetaucht, bis die Flamme nicht mehr gefärbt ist. Außerdem muß während der Prüfung des zu untersuchenden Salzes die Flamme längere Zeit, 1 Minute und mehr, stark gelb aufleuchten. Bei Betrachtung durch ein Spektroskop (s. S. 521) erscheint die Na-Linie bei 589 nm (vgl. Spektraltafel).

Auf einem kleinen Uhrglas oder einer Tüpfelplatte werden 3 Tropfen des H_2SO_4- bzw. essigsauren Substanzauszuges mit 2 Tropfen konz. HCl versetzt. Falls ein schwerlösl. Produkt vorliegt, befeuchtet man auf der Tüpfelplatte 2–3 mg Substanz mit 1–2 Tropfen konz. HCl. Ein sauberes, ausgeglühtes Magnesiastäbchen oder eine Pt-Drahtöse wird in die Lsg. bzw. in die HCl-feuchte Substanz getaucht und in die heiße Zone der entleuchteten Bunsenbrennerflamme gebracht.

Da in fast allen Substanzen Na in Spuren als Verunreinigung vorhanden ist, ziehe man zur Identifizierung auch die nachfolgenden chemischen Reaktionen heran.

2. Nachweis als Magnesium-natrium-triuranyl-nonaacetat

$$Na^+ + 3\,UO_2^{2+} + Mg^{2+} + 9\,CH_3COO^- + 9\,H_2O \rightarrow$$
$$MgNa(UO_2)_3(CH_3COO)_9 \cdot 9\,H_2O\downarrow$$

Diese Reaktion eignet sich zum mikrochemischen Nachweis des Natriums. Das Na^+ muß in möglichst konz. Lösung vorliegen.

1 Tropfen der neutralen oder schwach essigsauren Probelsg. wird auf einem Objektträger eingeengt u. mit 1 Tropfen einer klaren essigsauren Lsg. von Magnesiumuranylacetat versetzt. Bei Gegenwart von Na^+ bilden sich schwach gelbe, glasklare Oktaeder oder Dodekaeder mit rhombischer Struktur, deren Ecken meistens abgerundet sind (V. 50–120, Kristallaufnahme Nr. 12.

EG: 0,05 µg Na,   pD: 4,3

Störungen: Li^+ bildet analoge Kristalle. Große Mengen K^+ kristallisieren in feinen gelben, zu Büscheln zusammenwachsenden Nadeln. Ferner stören: Ag^+, Hg_2^{2+}, Sb^{3+}, PO_4^{3-}, AsO_4^{3-}, $C_2O_4^{2-}$, $[Fe(CN)_6]^{4-}$, $S_2O_3^{2-}$ und $[SiF_6]^{2-}$.
Reagenzlsg.: 10 g $UO_2(CH_3COO)_2 \cdot 2\,H_2O$ werden in 6 g Eisessig u. 100 ml H_2O gelöst (Lsg. a). 33 g $Mg(CH_3COO)_2 \cdot 4\,H_2O$ werden in 10 g Eisessig u. 100 ml H_2O gelöst (Lsg. b). Die Lsgg. a und b werden vereinigt u. nach 24 Std. von einer evtl. auftretenden Trübung abfiltriert.

3. Nachweis als $Na[Sb(OH)_6]$

$$Na^+ + [Sb(OH)_6]^- \rightarrow Na[Sb(OH)_6]\downarrow$$

Natriumhexahydroxoantimonat(V), $Na[Sb(OH)_6]$, ist im Gegensatz zu dem entsprechenden Kaliumsalz schwerlöslich. Eine Lösung von $K[Sb(OH)_6]$ bildet daher mit Na^+ einen weißen, körnig kristallinen Niederschlag.

Zur richtigen Ausführung der Reaktion ist es notwendig, daß man erstens von Sb(V) ausgeht, zweitens in schwach alkalischer Lsg. arbeitet, da sonst amorphe Antimonsäure ausfällt, u. drittens keine Ammoniumsalze vorhanden sind, da auch diese einen amorphen Niederschlag von Antimonsäure ergeben (Entfernung der Ammoniumsalze s. S. 381). Ausserdem dürfen die Lösungen auch hier nicht zu verdünnt sein.

Entsteht ein amorpher Niederschlag, so ist falsch gearbeitet worden. Man hat entweder nicht genügend alkalisch gemacht, oder es war noch NH_4^+ vorhanden.

Bei Beachtung u. Ausschaltung aller Fehlermöglichkeiten ist der Nachweis von Na^+ als schwerlösl. Natriumhexahydroxoantimonat(V), $Na[Sb(OH)_6]$, zuverlässig u. genügend empfindlich! (vgl. Kristallaufnahme 23).

pD: 4,2

Störungen: Mit Ausnahme von K^+ stören fast alle anderen Metallionen, wie Li^+, die Erdalkali- u. Schwermetallionen, die Reaktion. Sie geben teils amorphe Niederschläge (wie Mg^{2+} u. die Erdalkaliionen) oder auch kristalline (wie Li^+). Diese Kationen müssen daher vorher sorgfältig entfernt werden!

Reagenz: Etwa 0,5 g des käuflichen Kaliumantimonats (häufig noch als saures Kaliumpyroantimonat bezeichnet) werden mit 10 ml 1 mol/l KOH u. 1–2 ml verd. H_2O_2 kurz aufgekocht. Hierdurch soll etwa vorhandenes Antimonit zu Antimonat oxidiert werden. Man läßt unter Umschütteln abkühlen u. dekantiert vom nicht Gelösten.

4. Nachweis als Tetrakaliumnatriumhydrogendekavanadat(V)-10-Wasser

$$Na^+ + 4K^+ + H^+ + [V_{10}O_{28}]^{6-} + 10H_2O \rightarrow K_4NaHV_{10}O_{28} \cdot 10H_2O\downarrow$$

Aus Kaliumdekavanadatlösungen vom pH 3,0–4,5 fallen bei NaCl-Zusatz goldschimmernde, trikline schwerlösliche Blättchen der Zusammensetzung $K_4NaHV_{10}O_{28} \cdot 10H_2O$ aus. Li^+ gibt keinen Niederschlag. K kann durch Rb und Cs ersetzt werden, wobei die Löslichkeit des gemischten Salzes noch weiter herabgesetzt wird. Die Empfindlichkeit des Nachweises wird durch Zugabe von KCl und durch Abkühlen der Lösung erhöht.

Man versetzt auf der Tüpfelplatte einige Tropfen der Reagenzlsg. mit einigen Tropfen der neutralisierten nur nach NaCl u. evtl. LiCl enthaltenden Analysenlösung. Der Niederschlag erscheint oft erst nach einigen Minuten.

Reagenz: Man gibt zu einer Suspension von 5,8 g Ammoniummetavanadat(V) in 50 ml Wasser 5,6 g KOH, vertreibt NH_3 durch Kochen im N_2-Strom, säuert in der Kälte mit 75 ml 1 mol/l HCl an, läßt einige Tage stehen, konzentriert im Vakuum auf 20 ml u. filtriert.

4.3.1.2 Kalium

K, Z: 19, RAM: 39,0983, $4s^1$

Häufigkeit: 2,41 Gew.-%. Smp.: 63,2 °C. Sdp.: 774 °C. D_{25}: 0,86 g/cm³. Oxidationsstufen: + I. Ionenradius r_{K^+}: 133 pm. Standardpotential: $K^+ + e^- \rightleftharpoons K$; $E^0 = -2,925$ V.

Vorkommen: In der Natur findet sich Kalium im Kalifeldspat (Orthoklas) $K[AlSi_3O_8]$ und in den Kaliglimmern Muskovit (s. S. 364) und Phlogopit, $K\{Mg_3(OH,F)_2[AlSi_3O_{10}]\}$, sowie in den Kalisalzlagern als Carnallit, $KCl \cdot MgCl_2 \cdot 6H_2O$ und Sylvin, KCl. Natürliches Kalium enthält zu 0,0117% radioaktives ^{40}K, das mit einer Halbwertszeit von $1,28 \cdot 10^9$ a in ^{40}Ca bzw. ^{40}Ar zerfällt.

Fortsetzung

> **Darstellung:** Elementares Kalium wird wenig gebraucht. Es wird mit Na aus KCl hergestellt. In kleinem Umfang wird es noch durch Erhitzen von KF mit CaC$_2$ gewonnen.
>
> **Bedeutung:** Kaliumsalze, besonders KCl, sind ein wichtiger Bestandteil von Düngemitteln.
>
> Sollen Salze wichtiger Säuren hergestellt werden, so verwendet man oft die Kaliumverbindungen, wie etwa KClO$_3$ oder KClO$_4$. Sie kristallisieren aus wäßriger Lösung besser aus als die entsprechenden Natriumverbindungen. Das gleiche gilt, wenn für Sprengstoffe oder Feuerwerkskörper nichthygroskopische wasserfreie Salze benötigt werden, z.B. KNO$_3$ oder KClO$_3$.
>
> Der Mensch nimmt täglich, besonders mit der pflanzlichen Kost, etwa 2–6 g K$^+$ auf.
>
> **Allgemeine Eigenschaften:** Elementares Kalium entspricht in seinen Eigenschaften denen des Natriums (s. S. 375). Es ist jedoch noch etwas reaktionsfreudiger. Kaliumsalze sind häufig schwerer löslich als die entsprechenden Natriumsalze und enthalten meist kein Kristallwasser.

Die aufgeführten K$^+$-Nachweise 2–8. werden auch von NH$_4^+$ (s. S. 381), Rb$^+$ (s. S. 384), Cs$^+$ (s. S. 385) und teilweise auch von Tl$^+$ (s. S. 488) gegeben. NH$_4^+$ ist vor der Prüfung auf K$^+$ durch Vertreiben (s. 1., S. 381) zu entfernen.

1. Nachweis durch Flammenfärbung

Kaliumsalze färben die Bunsenflamme violett. Die Spektrallinien des Kaliums liegen bei 768,2 nm (rot) u. 404,4 nm (violett) (s. Spektraltafel). Die violette Kalium-Linie sieht man mit einfacheren Apparaten häufig nicht; man kann sich daher nur auf die rote verlassen.

Geringe Mengen von Natrium verdecken die Kaliumflamme. Betrachtet man sie aber durch ein blaues Kobalt- oder Neophanglas von genügendem Absorptionsvermögen, so wird das gelbe Na-Licht absorbiert, und nur rötliches K-Licht strahlt durch. Häufig ist bei Gegenwart von viel Natrium anscheinend eine schwache Kaliumflamme sichtbar, selbst wenn kein Kalium vorhanden ist. Diese Erscheinung beruht auf dem Vorhandensein von glühenden, festen Natriumteilchen in der Flamme. Allgemein senden glühende Festkörper Licht aller Wellenlängen und damit auch rötliches Kaliumlicht aus.

Der Nachweis durch Flammenfärbung kann nur als Vorprobe gelten. K$^+$-Ionen werden endgültig nur durch die folgenden Reaktionen nachgewiesen, bei denen sich schwerlösliche Kaliumsalze bilden.

2. Nachweis als Kaliumhydrogentartrat, KH(C$_4$H$_4$O$_6$)

$$K^+ + H(C_4H_4O_6)^- \rightarrow KH(C_4H_4O_6)\downarrow$$
$$KH(C_4H_4O_6) + HCl \rightarrow KCl + H_2(C_4H_4O_6)$$
$$KH(C_4H_4O_6) + KOH \rightarrow K_2(C_4H_4O_6) + H_2O$$

Man versetze eine Lsg. von NaH(C$_4$H$_4$O$_6$) oder eine Mischung von Weinsäure u. Natriumacetat mit der neutralen oder schwach essigsauren Lsg. eines Kaliumsalzes, z.B.

von Kaliumchlorid. Es entsteht bei größerer Konzentration schnell, bei kleiner sehr langsam ein weißer kristalliner Niederschlag von $KH(C_4H_4O_6)$, das häufig nur eine recht geringe Neigung zum Auskristallisieren zeigt. Reiben der inneren Reagenzglaswandung mit einem scharfkantigen Glasstab beschleunigt das Einsetzen der kristallinen Abscheidung.

Für analytisches Arbeiten ist diese Reaktion nicht besonders geeignet. Ferner ist der Niederschlag sowohl in Säuren als auch in Laugen leicht löslich.

Die beste Acidität liegt bei pH = 3,4–3,6 (Umschlagspunkt von Methylorange), und schließlich neigt das Salz hartnäckig zu Übersättigung (Löslichkeit: 0,42% ≙ 0,02 mol/l bei Zimmertemperatur).

pD: 3,0

Störungen: NH_4^+ und Rb^+ geben die gleiche Reaktion.

3. Nachweis als KClO₄

$$K^+ + ClO_4^- \rightarrow KClO_4\downarrow$$

$KClO_4$ ist in reinem Wasser bei 20 °C zu 1,67% (0,12 mol/l), bei 100 °C dagegen zu 22,2% (1,6 mol/l) löslich.

Der Nachweis ist nicht sehr empfindlich und wird am besten als Mikro-Reaktion ausgeführt. Man erhitze die Probe der Analysensubstanz mit wenig HCl, filtriere vom Ungelösten ab und prüfe direkt mit $HClO_4$ auf K^+.

1 Tropfen der HCl-sauren Probelsg. u. 1 Tropfen 9 mol/l $HClO_4$ werden auf einem Objektträger vereinigt u. die entstehenden Kristalle durch das Mikroskop beobachtet (vgl. Kristallaufnahme 28).

$KClO_4$ bildet weiße rhombische, stark lichtbrechende Kristalle. Die starke Temperaturabhängigkeit der Löslichkeit macht man sich zunutze, um größere Kirstalle zu erhalten. Man erwärme den Objektträger vorsichtig über der Sparflamme, wobei man darauf achte, daß möglichst wenig verdampft, und kühle langsam ab. Jetzt sind die Kristalle besser ausgebildet, so daß man die rhombischen Säulen erkennen kann.

EG: 4µg K,   pD: 3,2

Störungen: Außer $KClO_4$, $RbClO_4$ und $CsClO_4$ sind nur noch die Perchlorate einiger komplexer Kationen schwerlöslich, z. B. $[Ni(NH_3)_6](ClO_4)_2$ und $[Zn(NH_3)_6](ClO_4)_2$. Da letztere nur in ammoniakalischer Lösung beständig sind, ist der Nachweis von Kalium mit Perchlorsäure in saurer Lösung auch in Gegenwart aller anderen Kationen, außer Rb und Cs, spezifisch. Nur aus hochkonz. Ammoniumsalzlösungen fällt gegebenenfalls NH_4ClO_4 aus, welches aber mit wenig Wasser wieder in Lösung geht.

4. Nachweis als Kaliumnatriumhexanitrocobaltat(III), K₂Na[Co(NO₂)₆]

$$2K^+ + Na^+ + [Co(NO_2)_6]^{3-} \rightarrow K_2Na[Co(NO_2)_6]\downarrow$$

Die K^+-haltige Probelösung muß neutral oder schwach essigsauer und nicht zu verdünnt sein. Alkalische Lösungen säure man mit CH_3COOH an, stark saure dampfe man am besten ein, schwächer saure stumpfe man mit Natriumacetat ab.

5 Tropfen der Probelsg. werden auf der Tüpfelplatte mit 2 Tropfen einer frisch bereiteten kaltgesättigten $Na_3[Co(NO_2)_6]$-Lsg. versetzt. Bei Gegenwart von K^+ entsteht eine gelborange Fällung von $K_2Na[Co(NO_2)_6]$ (Konstitution der Komplexsalze s. S. 114f.).

Bei Gegenwart von NH_4^+ führt man die Reaktion wie folgt aus: Die Probelsg. wird in einem Reagenzglas mit $Na_3[Co(NO_2)_6]$-Lsg. im Überschuß versetzt u. im Wasserbad 5 min erwärmt. Ein primär gebildeter $K_2Na[Co(NO_2)_6]$-Niederschlag geht dabei wieder in Lsg., da in saurer Lsg. in der Wärme der $[Co(NO_2)_6]^{3-}$-Komplex zersetzt wird. Die dabei entstehende HNO_2 oxidiert NH_4^+-Ionen quantitativ zu N_2. Nach dem Abkühlen wird erneut in der Kälte mit dem Reagenz auf K^+ geprüft. Ein Zusatz von Alkohol steigert die Empfindlichkeit der Reaktion bedeutend. (V. 1:200, Kristallaufnahme Nr. 7).

EG: ca. 1 μg K,   pD: 4,1

Störungen: Natrium-, Erdalkali-, Zink-, Aluminium- u. Eisen(III)-Salze stören nicht. NH_4^+ (s. oben), Rb^+, Cs^+ und Tl^+ geben die gleiche Reaktion.

Reagenz: 5 g Cobaltnitrat, $Co(NO_3)_2 \cdot 6H_2O$, in 25 ml Wasser gelöst, werden mit 10 g Natriumnitrit in 25 ml Wasser gelöst u. mit 2 ml Eisessig gemischt. Man sauge einige Zeit Luft durch die Lsg., indem man auf den Erlenmeyerkolben einen doppelt durchbohrten Stopfen setzt. Durch die eine Bohrung geht ein Glasrohr bis zum Boden des Gefäßes, durch die andere ein rechtwinklig gebogenes Glasrohr bis unter den Stopfen. Das letztere ist mit einer Wasserstrahlpumpe verbunden. Man läßt dann einen Tag stehen, wobei sich häufig ein geringer Niederschlag von $K_2Na[Co(NO_2)_6]$ absetzt, der auf Verunreinigungen des $NaNO_2$ oder auf $(NH_4)_2Na[Co(NO_2)_6]$ (NH_3 aus der Laboratoriumsluft) zurückzuführen ist. Die klare Lsg. wird vorsichtig von dem Niederschlag in eine braune Flasche abdekantiert oder abfiltriert. Die Lsg. ist vor Licht geschützt aufzubewahren. Sie ist auch im Dunkeln nicht sehr lange beständig. Man prüfe daher eine ältere Lsg. stets mit einer verd. Kaliumchloridlösung.

5. Nachweis als Kaliumhexachloroplatinat(IV), $K_2[PtCl_6]$

$$2K^+ + [PtCl_6]^{2-} \rightarrow K_2[PtCl_6]\downarrow$$

1 Tropfen KCl-Lsg. wird auf einem Objektträger mit 1 Tropfen $H_2[PtCl_6]$-Lsg. versetzt. Es entstehen zitronengelbe Oktaeder von $K_2[PtCl_6]$ (s. Kristallaufnahme 31).

pD: 3,3

Störungen: NH_4^+, Rb^+, Cs^+ und Tl^+ bilden ebenfalls ein schwerlösliches Salz (vgl. S. 382, S. 385f., und S. 489).

6. Nachweis als $K_2CuPb(NO_2)_6$

$$2K^+ + Cu^{2+} + Pb^{2+} + 6NO_2^- \rightarrow K_2CuPb(NO_2)_6\downarrow$$

Die Bildung dieses in verdünnter CH_3COOH relativ schwerlöslichen Tripelsalzes ist zum Nachweis von K, Cu und Pb gleichermaßen geeignet. Die Kristalle bilden charakteristische schwarze bis dunkelbraune Würfel von 10 bis 100 μm Kantenlänge (Kristallaufnahme Nr. 30). Bei der Fällung muß beachtet werden, daß das Tripelsalz in Wasser löslich ist und aus Lösungen, die keine freie CH_3COOH enthalten, nur unvollständig ausfällt, durch Eisessig und freie Mineralsäure aber unter Bildung von HNO_2 zersetzt wird. K^+ kann isomorph durch NH_4^+, Rb^+, Cs^+ oder Tl^+ ersetzt werden, Cu^{2+} durch Ni^{2+}, Cd^{2+}, Sr^{2+} oder Ba^{2+}. Die Tripelsalze des Cd^{2+} und der Erdalkaliionen bilden sich nur sehr langsam. Ihre Löslichkeit ist so groß, daß sie keinerlei analytische Bedeutung haben und auch den Nachweis von Pb^{2+} im allgemeinen nicht zu stören vermögen. Bei Gegenwart von Cu^{2+} und Ni^{2+} bilden sich je nach dem Verhältnis beider Elemente zueinander braune bis gelbe Mischkristalle. Das reine $K_2NiPb(NO_2)_6$ ist gelb.

Von der Reagenzlsg. wird 1 Tropfen direkt zu der neutralen oder schwach essigsauren NH_4^+-freien Probelsg. gegeben, die zweckmäßig vorher auf dem Objektträger zur Trockne eingedampft wird. Bei Gegenwart von K^+ fällt das schwarze Tripelnitrit sofort aus. Bei größeren K^+-Mengen läßt sich die Bildung des Niederschlags auch im Reagenzglas ohne optische Hilfsmittel gut erkennen.

EG: 0,2 μg K,   pD: 5,0

Reagenz: Mischlsg. aus 0,91 g Cu-Acetat, 1,62 g Pb-Acetat u. 0,2 ml Eisessig in 15 ml Wasser. Zu 1 ml dieser Lsg. werden unmittelbar vor dem Nachweis 0,135 g $NaNO_2$ gegeben. Man schüttelt gut durch u. läßt einige Min. absitzen, da sich infolge Anwesenheit von K^+ aus dem Glas oder aus den Reagenzien bereits hier ein Niederschlag bilden kann.

Störungen: Na^+ und Erdalkaliionen stören nicht. NH_4^+, Rb^+, Cs^+ und Tl^+ geben die gleiche Reaktion

7. Nachweis als Kaliumtetraphenylborat (s. S. 643)

8. Nachweis als Kaliumdipikrylaminat (s. S. 643)

4.3.1.3 Ammoniumion

NH_4^+

Ionenradius $r_{NH_4^+}$: 143 pm.
Vorkommen und Darstellung: s. S. 321.
Bedeutung: NH_4NO_3, $(NH_4)_2SO_4$ und $(NH_4)_2HPO_4$ haben als Düngemittel große Bedeutung. Bevorzugter Stickstoffdünger weltweit ist jedoch Harnstoff. NH_4NO_3 ist Bestandteil von Sicherheitssprengstoffen. Ammoniumphosphate sowie $(NH_4)_2SO_4$ finden als Flammenschutzmittel Verwendung. Beim Weichlöten werden durch NH_4Cl die störenden Oxidschichten entfernt.
Allgemeine Eigenschaften: Über den Aufbau des NH_4^+-Ions s. S. 321. Aufgrund des *Grimm*schen Hydridverschiebungssatzes (s. S. 83) und der Tatsache, daß NH_4^+ und K^+ sehr ähnliche Ionenradien besitzen, gleicht das Löslichkeitsverhalten der Ammoniumsalze dem der Kaliumsalze.

NH_4^+ wird entweder aus der Ursubstanz direkt nachgewiesen oder, da die Mehrzahl der NH_4^+-Nachweisreaktionen von K^+ gestört wird, aus natronalkalischer Lsg. als NH_3 vertrieben und in der Vorlage nachgewiesen.

1. Vertreiben von NH_4^+-Salzen durch Erhitzen

Ammoniumsalze zersetzen sich bei höheren Temperaturen. Salze flüchtiger Säuren verflüchtigen sich dabei völlig, kondensieren sich aber in dem kälteren Teil der Apparatur wieder:

$$NH_4Cl_{fest} \xrightleftharpoons[\text{fallende Temperatur}]{\text{steigende Temperatur}} NH_{3\,gasf.} + HCl_{gasf.}$$

Salze nichtflüchtiger Säuren zerfallen ebenfalls, wobei nur Ammoniak und eventuell Wasser verdampfen:

$$(NH_4)H_2PO_{4\,fest} \rightarrow NH_{3\,gasf.} + H_3PO_4$$

Diese Tatsache macht man sich zunutze, um Ammoniumsalze aus der Analysensubstanz zu vertreiben.

Im Halbmikro-Maßstab wird die von NH_4^+ zu befreiende Analysenlsg. in einem hochschmelzenden kurzen Reagenzglas, das in einem passenden kreisförmigen Ausschnitt in der Mitte eines Keramikvliesstückes hängt, mit 5 Tropfen konz. HCl u. 10 Tropfen konz. HNO_3 versetzt u. langsam zur Trockne eingedampft (Oxidation der Hauptmenge NH_4^+-Ionen zu N_2 u. N_2O). Den Rückstand erhitzt man vorsichtig weiter über freier Flamme, bis die letzten Sublimatreste von der Wandung des Reagenzglases vertrieben sind.

2. Entwicklung von N_2 aus Ammoniumsalzen

$$NH_4^+ + NO_2^- \rightarrow NH_4NO_2 \rightarrow N_2\uparrow + 2H_2O$$

Man mische einige ml konz. NH_4Cl-Lsg. mit einigen ml einer konz. KNO_2-Lsg. in einem Reagenzglas miteinander u. erwärme sehr gelinde, bis Gasentwicklung eintritt.
Man halte in den Gasraum einen brennenden Span. Er erlischt!
Wie NH_4Cl verhalten sich auch viele andere Abkömmlinge des Ammoniaks (s. S. 328).

3. Fällung als $(NH_4)_2Na[Co(NO_2)_6]$ bzw. $(NH_4)_2[PtCl_6]$

$$2NH_4^+ + [Co(NO_2)_6]^{3-} + Na^+ \rightarrow (NH_4)_2Na[Co(NO_2)_6]\downarrow$$
$$2NH_4^+ + [PtCl_6]^{2-} \rightarrow (NH_4)_2[PtCl_6]\downarrow$$

NH_4^+ gibt die gleichen Fällungsreaktionen wie K^+ (s. S. 379 u. 380). Man prüfe dies mit $Na_3[Co(NO_2)_6]$ (pD 3,4) und $H_2[PtCl_6]$.
Ebenso verhält sich Natriumhydrogentartrat. Perchlorsäure jedoch gibt nur in sehr konz. Ammoniumsalzlösungen eine Fällung von Ammoniumperchlorat.

4. Verhalten gegen Basen

$$NH_4^+ + OH^- \rightarrow NH_3\uparrow + H_2O$$
$$2NH_4^+ + MgO \rightarrow 2NH_3\uparrow + H_2O + Mg^{2+}$$

Ammoniak wird durch starke, ebenso auch durch schwache, aber nichtflüchtige Basen aus seinen Verbindungen freigemacht. Erklärung s. S. 321.

Man erwärme eine Ammoniumchlorid-Lsg. erstens mit NaOH; zweitens mit $Ca(OH)_2$; drittens mit MgO. Es tritt Geruch nach Ammoniak auf. $Ca(OH)_2$ u. MgO lösen sich auf. Noch etwa 10 µg Ammoniak pro 1 Liter Luft lassen sich am Geruch erkennen.

Die Reaktionen können zu spezifischen NH_4^+-Nachweisen umgestaltet werden, wenn die Analysensubstanz mit NaOH behandelt und das frei werdende NH_3 in 1 Tropfen verd. HCl aufgefangen wird. Mit der so erhaltenen Lsg. sind die Nachweise durchzuführen.

5. Nachweis als NH$_3$

Ammoniumsalze werden nach 4. mit Basen zu NH$_3$ umgesetzt. Das gasförmige NH$_3$ kann dann nachgewiesen werden durch:

a) Geruch,

b) Rauchbildung mit konz. HCl, die als Tropfen an einem Glasstab hängt (feinstverteiltes NH$_4$Cl),

c) Umschlag eines Säure-Base-Indikators,

d) Disproportionierung von Hg(I)-Salzen.

Durch die Blaufärbung von rotem Lackmuspapier lassen sich bis zu 1 µg NH$_3$ pro Liter Luft nachweisen.

In einem kleinen Mörser wird die zu prüfende Substanz mit der vierfachen Menge an Bariumhydroxid, Ba(OH)$_2$, oder einer NaOH-Pastille und einigen Tropfen Wasser mit einem Pistill fein verrieben. Vorher wurde an einem Uhrglas auf beiden Seiten je ein angefeuchteter Streifen rotes Lackmuspapier kreuzweise angebracht. Das Uhrglas legt man auf die Reibschale. Nach einigen Minuten färbt sich bei Anwesenheit von NH$_4^+$-Salzen das untere Lackmuspapier blau. Die Randpartien der Reibschale u. des Uhrglases müssen trocken sein, da sonst Lauge hochkriechen kann u. von sich aus Blaufärbung hervorruft. Der Nachweis kann auch in einem kleinen Reagenzglas (5 mg Substanz mit 5 Tropfen 5 mol/l NaOH) durchgeführt werden. In das Reagenzglas wird ein passendes Filterröhrchen oder ein anderes Glasrohrstück eingehängt, dessen untere Öffnung mit einem lockeren Wattebausch zum Auffangen von NaOH-Spritzern verschlossen ist. In das Filterröhrchen wird ein angefeuchteter roter Lackmus-Papierstreifen eingebracht u. das Reagenzglas im Wasserbad erwärmt.

EG: 0,7 µg NH$_3$

Zur Disproportionierung von Hg(I)-Salzen siehe auch S. 470:

$$2\,NH_3 + Hg_2^{2+} + NO_3^- \;\rightarrow\; Hg + [Hg(NH_2)]NO_3\downarrow + NH_4^+$$

1 Spatelspitze der Analysensubstanz wird in der Mikrogaskammer (s. Abb. 4.7, S. 247) mit 2 Tropfen 1 mol/l NaOH versetzt und mit einem Objektträger, an dem 1 Tropfen 0,1 mol/l Hg$_2$(NO$_3$)$_2$ hängt, bedeckt. Durch das sich bildende Hg wird der Tropfen bei Anwesenheit von NH$_3$ schwarz.

EG: 2,5 µg NH$_3$,   pD: 4,3

Störungen: Flüchtige Amine.

6. Nachweis als Ammoniumiodat, NH$_4$IO$_3$

$$NH_4^+ + IO_3^- \;\rightarrow\; NH_4IO_3\downarrow$$

In einer Mikrogaskammer (s. Abb. 4.7, S. 247) wird ca. 1 mg Substanz auf dem unteren Objektträger mit 1 Tropfen 5 mol/l NaOH versetzt u. die Gaskammer mit dem oberen Objektträger, auf dem sich 1 Tropfen 10%igen HIO$_3$-Lsg. befindet, abgedeckt. Es bilden sich innerhalb von 5 min NH$_4$IO$_3$-Kristalle in dem HIO$_3$-Tropfen, die unter dem Mikroskop als farblose quadratische Tafeln, die oft zu Rhomboedern u. Kreuzen verwachsen sind, identifiziert werden (V. 1 : 50–120, Kristallaufnahme Nr. 10).

EG: 2 µg NH$_4^+$

Störungen: Die Reaktion ist unter den angegebenen Bedingungen für NH$_4^+$-Ionen spezifisch.

7. Nachweis als [Hg$_2$N]I · H$_2$O mit „Neßlers Reagenz"

$$NH_3 + 2[HgI_4]^{2-} + 3\,OH^- \rightarrow [Hg_2N]I \cdot H_2O + 2\,H_2O + 7\,I^-$$

NH$_3$ bildet mit *Neßlers* Reagenz, K$_2$[HgI$_4$], (vgl. 2. u. 3., S. 472), schwerlösliches Iodid einer Verbindung vom Typus eines substituierten Ammoniumsalzes (vgl. S. 205) als gelbbraune Lösung, aus der sich nach einiger Zeit braune Flocken abscheiden. Das Reagenz ist sehr empfindlich und wird zum Nachweis von Ammoniak im Trinkwasser benutzt.

Hierzu werden in einer Destillierapparatur von 500 ml Trinkwasser nach Zusatz einiger ml gesättigter Na$_2$CO$_3$-Lsg. etwa 50 ml abdestilliert u. einige Tropfen *Neßlers* Reagenz zum Destillat hinzugefügt.

pD: 7,3

Reagenz: 6 g HgCl$_2$ werden in 50 ml Wasser gelöst u. mit 7,4 g KI, gelöst in 50 ml Wasser, versetzt. Es fällt r o t e s HgI$_2$ aus. Nach Absetzen wird dekantiert u. dreimal mit Wasser gewaschen, damit der Niederschlag möglichst chloridfrei ist. Nach Zusatz von 5 g KI u. wenig Wasser tritt Lsg. unter Bildung der Komplexverbindung ein. Nun werden 20 g festes NaOH, gelöst in wenig Wasser, hinzugefügt u. auf 100 ml aufgefüllt. Falls irgendeine der Substanzen Spuren von NH$_3$ enthielt, bleibt eine Trübung zurück. Man läßt absetzen u. dekantiert in eine saubere Flasche ab, die man im Dunkeln aufbewahrt.

4.3.1.4 Rubidium und Caesium

Rb, Z: 37, RAM: 85,4678, 5s^1   **Cs, Z: 55, RAM: 132,9054, 6s^1**

Rubidium

Häufigkeit: 2,9 · 10^{-2} Gew.-%. Smp.: 38,7 °C. Sdp.: 688 C. D$_{20}$: 1,53 g/cm^3. Oxidationsstufen: + I. Ionenradius r_{Rb^+}: 147 pm. Standardpotential: Rb$^+$ + e$^-$ $\rightleftharpoons$ Rb; E^0 = − 2,925 V.

Caesium

Häufigkeit: 6,5 · 10^{-4} Gew.%. Smp.: 28,4 °C. Sdp.: 678 °C. D$_{20}$: 1,87 g/cm^3. Oxidationsstufen: + I. Ionenradius r_{Cs^+}: 167 pm. Standardpotential: Cs$^+$ + e$^-$ $\rightarrow$ Cs. E^0 = − 2,923 V.

Vorkommen: In Spuren sind die beiden Elemente in beinahe allen kaliumhaltigen Mineralien enthalten. Angereichert findet man sie im Lepidolith, (Li, K, Rb, Cs){Al$_2$(OH,F)$_2$[AlSi$_3$O$_{10}$]} und in einigen Mineralquellen.

Darstellung: Bei der Aufarbeitung des Carnallits (s. S. 377) auf KCl entsteht durch Umkristallisation der „künstliche" Carnallit, in dem sich die Rubidium- und Caesiumspuren anreichern.

Die Elemente gewinnt man durch Umsetzung der Hydroxide mit Magnesium im Wasserstoffstrom bzw. der Chloride mit Calcium im Vakuum.

Bedeutung: Beide Elemente werden aufgrund ihrer Eigenschaft, bei Belichtung sehr leicht Elektronen abzugeben, zur Herstellung von photoelektrischen Zellen und Photomultipliern benutzt. Einkristalle der Bromide und Iodide besitzen Bedeutung für den Bau von Szintillationszählern.

Das im natürlichen Rubidium zu 27,85% vorkommende radioaktive ^{87}Rb bietet eine Möglichkeit zur Altersbestimmung. ^{137}Cs ist ein sehr gefährlicher Bestandteil des nach Kernexplosionen auftretenden radioaktiven fall-out. Als harter γ-Strahler

Fortsetzung

wird ^{137}Cs häufig anstelle von ^{60}Co in der Strahlentherapie bzw. zur Dicken- und Dichtemessung verwendet.

Allgemeine Eigenschaften: Die Verbindungen der beiden Elemente sind chemisch recht ähnlich und gleichen in ihrem Verhalten denen des Kaliums, u. a. auch hinsichtlich der Löslichkeitsverhältnisse (s. S. 375).

Wegen der weitgehenden Ähnlichkeit zwischen K^+, Rb^+ und Cs^+ bedient man sich zu ihrer Trennung der fraktionierten Fällung oder Kristallisation. Zum qualitativen Nachweis eignet sich am besten die Spektralanalyse (s. S. 521 f.).

Die folgenden Reaktionen führe man mit einer Lsg. von $RbCl$ bzw. $CsCl$ in Wasser oder Rb_2CO_3 bzw. Cs_2CO_3 in HCl oder der entsprechend vorbereiteten Analysenlsg. aus.

1. Nachweis durch Flammenfärbung

Flüchtige Rubidiumsalze bewirken in der nichtleuchtenden Bunsenflamme eine v i o l e t t - r o s a Färbung, welche mit bloßem Auge von der des Kaliums oder Caesiums kaum zu unterscheiden ist. Im Spektrum machen sich besonders die Linien 780 nm (rot) und 421,5 nm (v i o l e t t) bemerkbar.

Flüchtige Caesiumsalze färben die Bunsenflamme ebenfalls v i o l e t t r o s a; im Spektrum achte man besonders auf die b l a u e Linie bei 458 nm.

2. Nachweis durch Fällungsreaktionen

Die beim K^+ angeführten Nachweisreaktionen mit $HClO_4$ (s. S. 379), $H_2[PtCl_6]$ (s. S. 380) und mit $Na_3[Co(NO_2)_6]$ ergeben unter denselben Versuchsbedingungen Niederschläge mit Rb^+ und Cs^+. Dagegen ist Rb^+-Tartrat im Unterschied zu K^+- und Cs^+-Tartrat schwer löslich.

3. Nachweis als Rubidium- bzw. Caesiummolybdosilicat

$$4\,Rb^+ + H_4[Si(Mo_3O_{10})_4 \cdot aq] \rightarrow Rb_4[Si(Mo_3O_{10})_4 \cdot aq]\downarrow + 4\,H^+$$

Beim Versetzen einer Rubidium- oder Caesiumsalz-Lsg. mit einer stärker sauren Lsg. von 12-Molybdo-1-kieselsäure (die Bereitung des Reagenz s. S. 238) entstehen g e l b e, kristalline Niederschläge von Rubidium- bzw. Caesiummolybdosilicat.

In 2–3 mol/l HCl lösen sich nur 2 g $Rb_4[Si(Mo_3O_{10})_4 \cdot aq]$ bzw. 0,11 g $Cs_4[Si(Mo_3O_{10})_4 \cdot aq]$ pro Liter.

Das entsprechende Kaliummolybdosilicat ist erheblich löslicher. Das Reagenz eignet sich also zur gemeinsamen Fällung von Rubidium u. Caesium u. zur Abtrennung von Kalium u. Natrium. In ammoniakalischer Lsg. werden die Niederschläge zersetzt u. aufgelöst.

4. Cs^+-Nachweis als $Cs_3[Fe(CN)_6] \cdot 2\,Pb(CH_3COO)_2$

Cs bildet in Gegenwart von Bleiacetat mit $K_3[Fe(CN)_6]$ ein orangerotes, in viereckigen Blättchen kristallisierendes Doppelsalz (Kristallaufnahme Nr. 11).

1 Tropfen neutrale oder schwach saure Probelsg. wird auf dem Objektträger mit 1 Tropfen Reagenzlsg. versetzt.

EG: 5 μg Cs$^+$ in 0,05 ml,   pD: 4

Störungen: Rb$^+$, K$^+$, Na$^+$ und Li$^+$ stören nicht. Die Probelsg. muß jedoch sulfat- und chloridfrei sein, da sonst Fällung des Pb^{2+} auftritt, ebenso stören alle Ionen, die mit K$_3$[Fe(CN)$_6$] reagieren.

Reagenz: Kaltgesättigte Bleiacetatlsg. und kaltgesättigte K$_3$[Fe(CN)$_6$]-Lsg. 1:1.

5. Cs$^+$-Nachweis als Cs$_2$BiI$_5$

Cs$^+$ gibt in stark essigsaurer Lösung mit Kaliumtetraiodobismutat(III) (s. S. 480) einen leuchtend roten, in hexagonalen Plättchen kristallisierenden Niederschlag (Kristallaufnahme Nr. 22). Er ist in konz. CH$_3$COOH schwerlöslich, in HCl und verd. CH$_3$COOH löslich.

Auf dem Objektträger wird 1 Tropfen Probelsg. eingedampft und mit 1 Tropfen Reagenzlsg. versetzt.

EG: 0,05 μg Cs$^+$

Dieser Nachweis kann auch als Tüpfelreaktion auf Papier durchgeführt werden.
1 Tropfen Reagenzlsg. wird mit 1 Tropfen Probelsg. versetzt. Bei Anwesenheit von Cs$^+$ tritt eine rote Färbung auf.

EG: 0,7 μg Cs$^+$ (in 0,001 ml),   pD: 3,1

Störungen: Na$^+$, K$^+$, NH$_4^+$ und Rb$^+$ (bis zum 50fachen Überschuß) stören nicht. Tl$^+$ bildet einen braunen Niederschlag u. muß zuvor als TlCl oder durch Zugabe von KI als TlI abgetrennt werden.

Reagenz: 1 g BiONO$_3$ wird unter Kochen in einer gesättigten wäßrigen Lsg. von 5 g KI gelöst und langsam mit 25 ml konz. CH$_3$COOH versetzt.

4.3.1.5 Lithium

Li, Z: 3, RAM: 6,941, 2s^1

Häufigkeit: 6 · 10^{-3} Gew.-%. Smp.: 180,5 °C. Sdp.: 1 347 °C. D$_{25}$: 0,53 g/cm^3. Oxidationsstufen: + I. Ionenradius: r_{Li^+}: 68 pm. Standardpotential: Li$^+$ + e$^-$ ⇌ Li. E^0 = − 3,040 V.

Vorkommen: An Mineralien, in denen Lithium in größeren Mengen vorkommt, seien Spodumen, LiAl[Si$_2$O$_6$], Lepidolith (Lithiumglimmer), (K, Li){Al$_2$(F,OH)$_2$[AlSi$_3$O$_{10}$]}, und Triphylin, Li(Fe,Mn)PO$_4$, genannt. Auch im Ackerboden findet es sich und wird durch manche Pflanzen, wie Tabak, angereichert. Einige Mineralquellen enthalten bis zu 50 mg Li im Liter.

Darstellung: Elementares Lithium wird durch Schmelzflußelektrolyse eines leicht schmelzbaren Gemisches von LiCl und KCl gewonnen.

Bedeutung: Elementares Lithium dient zur Herstellung von Butyllithium (Polymerisationskatalysator), Lithiumamid, -hydrid, -borhydrid und -aluminiumhydrid (Reduktions- und Hydriermittel in der organischen Chemie) sowie einiger Sonderlegierungen (z. B. Bahnlagermetall). Außerdem wird es zunehmend in elektrischen Batterien eingesetzt. Lithiumcarbonat verwendet man bei der Aluminiumelektrolyse und für Glaskeramik, Email und Spezialgläser. Lithiumseifen dienen als Zusatz zu hochwertigen Schmierfetten.

Das im natürlichen Lithium vorkommende ^{6}Li ist ein guter Neutronenabsorber (Kerntechnik), Lithiumdeuterid (^{6}LiD) bildet den Hauptbestandteil der Wasserstoffbombe.

Fortsetzung

Allgemeine Eigenschaften: Lithium ist das leichteste Metall. Hinsichtlich seiner chemischen Eigenschaften steht es zwischen den Alkali- und Erdalkalielementen. Besonders enge Verwandtschaft zeigt es zu Magnesium (Schrägbeziehung im PSE s. S. 83). So bildet es verhältnismäßig schwerlösliches Carbonat (1,3%), Phosphat (0,04%) und Fluorid (0,26%). LiCl ist nicht nur in Wasser und Ethanol, sondern auch in einem Ethanol-Ether-Gemisch sehr leichtlöslich. Diese Tatsache nutzt man zur Abtrennung des Lithiums von den übrigen Alkalielementen aus, deren Chloride im Ethanol-Ether-Gemisch schwerlöslich sind (s. 3., u.).

Für die nachstehenden Reaktionen verwende man eine verdünnte Lithiumsalzlösung, etwa LiCl oder Li_2SO_4, bzw. die entsprechend vorbereitete Analysenlösung.

1. Lithiumhexahydroxoantimonat(V)

$$Li^+ + [Sb(OH)_6]^- \rightarrow Li[Sb(OH)_6]\downarrow$$

Li^+ gibt, ähnlich wie Na^+, mit $K[Sb(OH)_6]$ einen kristallinen Niederschlag, der allerdings wesentlich löslicher ist als Natriumantimonat. Er besteht aus kleinen Sphärolithen. Die Lsg. muß neutral oder durch KOH schwach alkalisch sein (vgl. auch 3., S. 376).
Die Reaktion ist als Nachweis nicht zu empfehlen.

2. Na-, K- oder NH_4-Carbonat

Carbonationen (Na-, K- oder NH_4-Carbonat) geben mit Lithium-Salzlsg. beim Erhitzen einen we i ß e n Niederschlag von Li_2CO_3. Die Fällung bleibt aus, wenn sehr viel NH_4Cl in der Lsg. vorhanden ist.

3. Löslichkeit von LiCl in Alkoholen

Diese Reaktion ist vorteilhaft zur Abtrennung des Li von Mg, K und Na zu verwenden.

Die $(NH_4)_2CO_3$-haltige Lsg. nach der $(NH_4)_2CO_3$-Gruppentrennung wird in einem Porzellanschälchen zur Trockne eingedampft, nach HCl-Zusatz wird das NH_4Cl quantitativ verflüchtigt und der Rückstand mit 1 ml Amylalkohol in der Wärme (Wasserbad) extrahiert, LiCl geht in Lsg., während $MgCl_2$, KCl u. NaCl ungelöst zurückbleiben. LiCl wird dann in der alkoholischen Lsg. spektralanalytisch identifiziert.

4. Nachweis durch Flammenfärbung

Lithiumsalze färben die Bunsenflamme prächtig k a r m i n r o t. Durch Natrium wird die Farbe verdeckt, tritt aber bei Betrachtung durch ein Kobaltglas oder besser Neophanglas wieder hervor. Zum spektralanalytischen Nachweis dienen die Linien bei 670,8 nm (r o t) u. 610,3 nm (g e l b - o r a n g e).

Analytische Chemie

4

5. Nachweis als Li$_3$PO$_4$

$$3\,Li^+ + HPO_4^{2-} \qquad \rightarrow Li_3PO_4\downarrow + H^+$$
$$3\,Li^+ + HPO_4^{2-} + OH^- \rightarrow Li_3PO_4\downarrow + H_2O$$

Na$_2$HPO$_4$, Dinatriumhydrogenphosphat, u. NaOH geben beim Kochen einen weißen Niederschlag von Li$_3$PO$_4$. Leicht lösl. in Säure! Daher der Zusatz von NaOH, da sonst die Fällung nicht vollständig ist.

6. Nachweis mit Eisenperiodatreagenz

$$2\,Li^+ + [FeIO_6]^{2-} \rightarrow Li_2[FeIO_6]\downarrow$$

Li$^+$ gibt bereits bei Raumtemperatur mit der alkalischen Lösung von komplexem Eisenperiodat einen schwerlöslichen weißgelben Niederschlag von wechselnder Zusammensetzung.

1 Tropfen der neutralen oder alkalischen Probelsg. wird im Reagenzglas mit 2 Tropfen Eisenperiodatreagenz versetzt u. einige Sekunden in ein Wasserbad von ca. 50 °C getaucht. Die Bildung einer gelbweißen Trübung beweist die Gegenwart von Li.

EG: 0,1 µg Li,   pD: 5,0.

Störungen: NH$_4^+$ wird durch Kochen mit KOH vertrieben. Elemente in der Oxidationsstufe + II, die gleichfalls Niederschläge ergeben, werden mit Oxin in KOH-Lösung gefällt (s. S. 641) und Li$^+$ im Filtrat nachgewiesen. Sehr große Na$^+$-Mengen können in der Siedehitze gleichfalls eine Fällung ergeben.
Eisenperiodatreagenz: 2 g KIO$_4$ werden in 10 ml frisch bereiteter 2 mol/l KOH gelöst, mit Wasser auf 50 ml verd., mit 3 ml einer 10%igen Lsg. von FeCl$_3 \cdot 6\,H_2O$ versetzt u. mit 2 mol/l KOH auf 100 ml aufgefüllt. Die Lsg. ist stabil.

4.3.1.6 Magnesium

Mg, Z: 12, RAM: 24,305, 3s^2

Häufigkeit: 1,95 Gew.-%. Smp.: 649,5 °C. Sdp.: 1090 °C. D$_{25}$: 1,74 g/cm^3. Oxidationsstufen: + II. Ionenradius $r_{Mg^{2+}}$: 66 pm. Standardpotential: Mg^{2+} + 2e$^-$ $\rightleftharpoons$ Mg. $E^0 = -2,356$ V.
Vorkommen: Magnesium kommt häufig in Silicaten vor, z.B. im Olivin, Mg$_2$[SiO$_4$]. Weiterhin findet es sich im Magnesit, MgCO$_3$, Dolomit, MgCO$_3 \cdot$ CaCO$_3$, Kieserit, MgSO$_4 \cdot$ H$_2$O und Carnallit, KCl $\cdot$ MgCl$_2 \cdot$ 6 H$_2$O sowie zu 0,13% im Meerwasser.
Darstellung: Elementares Magnesium wird vorwiegend durch Schmelzflußelektrolyse von wasserfreiem MgCl$_2$ oder durch Erhitzen von CaO−MgO mit FeSi gewonnen, wobei im Vakuum Mg abdestilliert.
Bedeutung: Magnesium überzieht sich unter Lufteinwirkung mit einer dichten Oxidschicht. Diese bewirkt eine weitgehende Korrosionsbeständigkeit auch der überwiegend Magnesium enthaltenden Legierungen, die wegen ihrer beträchtlichen Festigkeit bei kleiner Dichte (ca. 1,8 g/cm^3) wichtige Werkstoffe für die Automobil-, Flugzeug- und Raumfahrtindustrie sind. Bei hoher Temperatur verbrennt Magnesium unter Aussendung von blendend weißem Licht, was in der Feuerwerkerei ausgenutzt wird. Über die Herstellung von Metallen durch Reduktion mit Magnesium s. S. 427,

Fortsetzung

450 und S. 453. Bei der Umsetzung von Alkylhalogenid (RX) mit Magnesiumspänen in Ether entstehen *Grignard*-Verbindungen (RMgX), die in der präparativen organischen Chemie eine bedeutende Rolle spielen.

Magnesiumoxid wird zur Herstellung feuerfester Steine und zur Auskleidung metallurgischer Öfen verwendet. Magnesiumsulfat (Kieserit) ist ein Düngemittel. Magnesiumsalzlösungen werden bei Krampfzuständen und zur Narkoseunterstützung injiziert. Bittersalz, $MgSO_4 \cdot 7H_2O$, ist ein drastisches Abführmittel. MgO (und basische Carbonate) verwendet man in der Neutralisationstherapie. Der grüne Blattfarbstoff Chlorophyll ist ein Komplex des Mg^{2+}.

Allgemeine Eigenschaften: Das in der zweiten Hauptgruppe des PSE stehende Magnesium bildet im Gegensatz zu seinen schweren Homologen ein leichtlösliches Sulfat und Chromat, jedoch ein wesentlich schwerer lösliches Hydroxid. Andere Magnesiumsalze, wie das Phosphat, Carbonat und Fluorid, sind wie die der übrigen Erdalkalielemente höherer Ordnungszahl relativ schwerlöslich (s. S. 586). Magnesium zeigt vielfach chemische Verwandtschaft zum Lithium (s. S. 387) sowie zu Zink und Cadmium (Isomorphie, Doppelsalzbildung).

Fast alle Magnesiumnachweise werden durch Schwermetallkationen und teilweise auch durch die anderen Erdalkalikationen gestört. Bei der Identifizierung des Mg^{2+} darf die Lösung nur noch Alkalikationen mit Ausnahme von Li^+ enthalten. Magnesiumsalze geben keine Flammenfärbung.

Für die nachstehenden Reaktionen nehme man eine verdünnte Magnesiumsalzlösung, etwa $MgCl_2$ oder $Mg(NO_3)_2$, bzw. die entsprechend vorbereitete Analysenlösung.

1. NaOH oder Ba(OH)₂

$$Mg^{2+} + 2OH^- \rightarrow Mg(OH)_2\downarrow$$

Beim Versetzen mit einer Lsg. der genannten Hydroxide fällt ein w e i ß e r Niederschlag von $Mg(OH)_2$. Bei Überschuß von OH^- ist die Fällung praktisch quantitativ (s. Löslichkeitsprodukt, S. 88).

Bei Gegenwart von Ammoniumsalzen ist die Fällung des Magnesiums als Magnesiumhydroxid unvollständig oder sie bleibt sogar ganz aus (vgl. Reaktionen 3. u. 4.).

2. Ammoniak

Auch hier entsteht ein Niederschlag. Während aber bei Überschuß von NaOH die Fällung quantitativ ist, bleibt bei Ammoniak stets Mg^{2+} in Lsg., da einerseits infolge der geringen Dissoziation des Ammoniaks die Konzentration an OH^- stets verhältnismäßig klein bleibt, andererseits bei sehr hoher Konzentration an NH_3 dieses mit Mg^{2+} in geringem Maße lösl. Komplexionen bildet (vgl. folgende Reaktion).

3. Ammoniak + NH₄Cl

NH_4Cl wirkt als Puffer für OH^--Ionen (s. S. 76). Somit wird der Fällungs-pH-Bereich des $Mg(OH)_2$ (s. S. 88) nicht mehr erreicht.

Man füge zu dem Fällungsprodukt mit Ammoniak mehrere ml NH_4Cl-Lsg. hinzu. Der Niederschlag von $Mg(OH)_2$ löst sich wieder auf. Außerdem setze man zu Mg^{2+}-Salzlsg. zuerst genügend NH_4Cl u. dann Ammoniak hinzu. Die Fällung bleibt aus.

Zusätzlich zu dieser Verminderung der OH^--Konzentration bilden sich in ammonium-salzhaltigen Lösungen lösl. Komplexe, die eine Herabsetzung der Mg^{2+}-Konzentration zur Folge haben:

$$[Mg(H_2O)_6]^{2+} + NH_3 \rightleftharpoons [Mg(H_2O)_5(NH_3)]^{2+} + H_2O.$$

Durch die Verringerung der OH^--Konzentration und der Mg^{2+}-Konzentration wird das Löslichkeitsprodukt des $Mg(OH)_2$ nicht mehr erreicht.

4. Na_2CO_3 und $(NH_4)_2CO_3$

$$CO_3^{2-} + H_2O \rightleftharpoons HCO_3^- + OH^-$$
$$Mg^{2+} + CO_3^{2-} \rightarrow MgCO_3\downarrow \,\rbrace$$
$$Mg^{2+} + 2OH^- \rightarrow Mg(OH)_2\downarrow$$

Bei Abwesenheit von Ammoniumsalzen fällt basisches Magnesiumcarbonat von wechselnder Zusammensetzung aus. Häufig entsteht eine Verbindung der Zusammensetzung $Mg(OH)_2 \cdot 4MgCO_3 \cdot H_2O$.

Das Salz löst sich leicht in Säuren u. NH_4Cl-Lösungen. Der Grund für das letztere Verhalten ist der gleiche wie beim $Mg(OH)_2$.

5. HgO

HgO fällt in schwach ammoniakalischer Lösung $Mg(OH)_2$. Die Reaktion kann zum Abtrennen des Mg^{2+} von den Alkaliionen, vor allem von Li^+, in der Analyse dienen.

Die Probelsg. wird mit $1-2$ g feinstpulverisiertem HgO versetzt, schwach ammoniakalisch gemacht u. einige Min. gekocht. Nach Filtration wird der Niederschlag der aus $Mg(OH)_2$ u. HgO besteht, in einem schwerschmelzbaren Reagenzglas mit Vorlage zum Auffangen des gebildeten Hg unter dem Abzug (Vorsicht! Hg-Dampf) getrocknet u. schwach geglüht, bis alles HgO zersetzt ist. Das reine MgO wird in verd. HCl gelöst u. nach den üblichen Reaktionen identifiziert. Das Filtrat, das die Alkalielemente u. Quecksilber enthält, wird eingedampft und das Quecksilber in die Vorlage abgeraucht.

6. Nachweis als $MgNH_4PO_4 \cdot 6H_2O$

$$Mg^{2+} + HPO_4^{2-} + NH_4^+ + OH^- + 5H_2O \rightleftharpoons Mg(NH_4)PO_4 \cdot 6H_2O\downarrow$$

Mg^{2+} bildet mit $(NH_4)_2HPO_4$ einen **weißen**, kristallinen Niederschlag von Magnesiumammoniumphosphat:

Diese sehr empfindliche Reaktion dient als Nachweis für Mg^{2+}. Da aber viele andere Kationen, wie Ca^{2+}, Sr^{2+}, Ba^{2+} und Schwermetallionen, auch Fällungen mit Phosphat geben, müssen sie sämtlich vorher entfernt werden (s. den späteren Trennungsgang!). Dem Anfänger passiert es aber doch häufig, daß die vorhergehende Abscheidung, besonders der anderen Erdalkaliionen, nicht quantitativ war. Er erhält dann auch bei Abwesenheit von Mg^{2+} einen Niederschlag. Dieser ist aber bei den anderen Erdalkaliionen so mikrokristallin, daß er unter dem Mikroskop amorph aussieht. Der Niederschlag ist auf jeden Fall mikroskopisch zu prüfen.

$Mg(NH_4)PO_4 \cdot 6H_2O$ bildet bei langsamer Kristallisation aus verd. Lösungen rhombische Kristalle, die in ihrer einfachsten prismatischen Form wie Sargdeckel aussehen. Diese einfachen Prismen verwachsen oft zu gekreuzten, scherenartigen Formen (Kristallaufnahme Nr. 6). Bei schneller Kristallisation und hoher Mg^{2+}- bzw. NH_4^+-Konzentration erhält man kompliziertere, verästelte X-Formen, von denen die sechsstrahligen Sternchen besonders charakteristisch sind.

In einem Reagenzglas gibt man zu der ca. 1 mol/l HCl enthaltenden Lsg. 1 Tropfen 0,5 mol/l $(NH_4)_2HPO_4$ u. versetzt mit 5 Tropfen 5 mol/l NH_3. Innerhalb von 5 min fällt beim Erwärmen im Wasserbad das $MgNH_4PO_4 \cdot 6H_2O$ quantitativ aus. 1 Tropfen der Mischung wird auf einem Objektträger unter dem Mikroskop (V.: 100–150) untersucht. Ist der Niederschlag sehr feinkristallin ausgefallen u. die Kristallform schlecht zu identifizieren, so fällt man wie folgt um: Der abzentrifugierte u. gewaschene Niederschlag wird in 5 Tropfen 1 mol/l HCl gelöst u. 1 Tropfen der erhaltenen Lsg. auf einem Objektträger in eine NH_3-Atmosphäre gebracht. Hierfür gibt man 5 Tropfen konz. NH_3 in einen kleinen Porzellantiegel u. deckt den Tiegel mit dem Objektträger so ab, daß der Probetropfen den NH_3-Dämpfen ausgesetzt ist. Nach 10 min beobachtet man erneut die gebildeten Kristalle unter dem Mikroskop.

$$EG: \text{ca. } 0{,}02\,\mu g\ Mg^{2+}, \qquad pD: 5{,}0$$

Störungen: Ähnliche Kristallformen bilden Zn- bzw. Mn-Ammoniumphosphat. Sie können durch Versetzen des Niederschlags mit konz. Ammoniak u. H_2O_2 erkannt werden. Er darf sich nicht lösen bzw. braun färben (s. 5., S. 413 bzw. 6., S. 409).

7. Nachweis als Oxinat (s. S. 641f.)

8. Nachweis als Magneson-Farblack (s. S. 641)

9. Nachweis als Chinalizarin-Farblack (s. S. 642)

10. Nachweis als Titangelb-Farblack (s. S. 642f.)

4.3.2 Ammoniumcarbonatgruppe, 2. Hauptgruppe des PSE

Zu dieser analytischen Gruppe zählen die Erdalkalielemente Calcium, Ca, Strontium, Sr, und Barium, Ba, der zweiten Hauptgruppe des PSE. Von den beiden ersten Elementen der zweiten Hauptgruppe gehört das Beryllium, Be, zur Ammoniumsulfidgruppe (s. S. 427) und das Magnesium, Mg, zur löslichen Gruppe (s. S. 388).

Auch die zweite Hauptgruppe des PSE folgt den allgemeinen Regeln (s. S. 83). Die Basizität der Hydroxide nimmt in der Reihenfolge Be, Mg, Ca, Sr, Ba, Ra (Radium) zu. Als einzige tritt die höchste Oxidationsstufe mit + II auf. Während sich die Nitrate und Chloride der Erdalkalielemente leicht lösen, sind die Sulfate, Phosphate, Carbonate und viele andere Salze mehr oder weniger schwerlöslich. Dabei findet man häufig einen Gang in der Reihe Mg, Ca, Sr, Ba. Bei den Sulfaten und Chromaten nimmt die Löslichkeit ab, bei den Hydroxiden zu, bei den Fluoriden und Oxalaten tritt ein Minimum auf. Eine Zusammenstellung der Löslichkeiten in mol/l findet sich in nachstehender Tabelle.

Löslichkeiten von Erdalkaliverbindungen in mol/l (bei Zimmertemperatur)

	Mg^{2+}	Ca^{2+}	Sr^{2+}	Ba^{2+}
OH^-	$1,4 \cdot 10^{-4}$	$1,6 \cdot 10^{-2}$	$5,7 \cdot 10^{-2}$	$2,0 \cdot 10^{-1}$
F^-	$1,4 \cdot 10^{-2}$	$2,1 \cdot 10^{-4}$	$9,6 \cdot 10^{-4}$	$9,1 \cdot 10^{-3}$
CO_3^{2-}	$2,4 \cdot 10^{-3}$	$1,5 \cdot 10^{-4}$	$7,5 \cdot 10^{-5}$	$8,6 \cdot 10^{-5}$
PO_4^{3-}	$2,5 \cdot 10^{-4}$	$1,3 \cdot 10^{-5}$	–	$1,7 \cdot 10^{-4}$
SO_4^{2-}	$2,8$	$1,5 \cdot 10^{-2}$	$6,0 \cdot 10^{-4}$	$8,6 \cdot 10^{-6}$
CrO_4^{2-}	$4,2$	$1,4 \cdot 10^{-1}$	$5,9 \cdot 10^{-3}$	$1,6 \cdot 10^{-5}$
$C_2O_4^{2-}$	$6,2 \cdot 10^{-3}$	$3,1 \cdot 10^{-5}$	$2,6 \cdot 10^{-4}$	$3,9 \cdot 10^{-4}$

Die Erdalkalielemente kommen u.a. primär in vielen Silicaten, sekundär in deren Verwitterungsprodukten vor. Calcium ist weit verbreitet, Strontium und Barium sind seltener. Die Metalle sind silberweiß, an der Luft bedecken sie sich aber schnell mit einer Oxidhaut, die infolge der Löslichkeit der Oxide keinen Schutz bietet.

4.3.2.1 Calcium

Ca, Z: 20, RAM: 40,078, $4s^2$

Häufigkeit: 3,28 Gew.-% Smp.: 839 °C. Sdp.: 1484 °C. D_{25}: 1,55 g/cm³. Oxidationsstufen: + II. Ionenradius $r_{Ca^{2+}}$: 99 pm. Standardpotential: $Ca^{2+} + 2e^- \rightleftharpoons Ca$; $E^0 = -2,84$ V.

Vorkommen: Calcium ist das fünfthäufigste Element. Die wichtigsten Mineralien sind: Kalkspat, Kalkstein, Marmor, Kreide, $CaCO_3$, Dolomit, $CaCO_3 \cdot MgCO_3$, Gips, $CaSO_4 \cdot 2H_2O$, Anhydrit, $CaSO_4$, Flußspat, CaF_2, und Apatit, $Ca_5[(PO_4)_3(F,Cl)]$, Hydroxylapatit, $Ca_5[(PO_4)_3OH]$, ist der Hauptbestandteil anorganischer Knochensubstanz.

Darstellung: Elementares Calcium wird bei 1200 °C aus einem CaO−Al-Gemisch hergestellt, indem man es aus dem Gleichgewicht laufend durch Abdampfen unter Vakuum entfernt.

Bedeutung: Elementares Calcium dient zur Herstellung von Uran, Thorium und Lanthanoiden. Es bindet leicht H_2 und N_2 unter Bildung des Hydrids bzw. Nitrids und eignet sich daher zur Gasreinigung.

Calcium in geringen Mengen erhöht die Härte von Bleilegierungen.

Durch thermische Zersetzung von Kalkstein ($CaCO_3$) erhält man gebrannten Kalk (Ätzkalk) CaO (s. S. 345). Gelöschter Kalk, $Ca(OH)_2$, dient zur Mörtelbereitung und in der Technik als wichtige Base, auch bei der Rauchgasentschwefelung. Gebrannter Gips, $CaSO_4 \cdot \frac{1}{2}H_2O$, erhärtet bei Wasseraufnahme unter Rückbildung von $CaSO_4 \cdot 2H_2O$, Calciumsilicate und -aluminate liegen in dem unter Wasseraufnahme abbindenden Zement vor. Calciumcarbid, CaC_2, dient zur Darstellung von Acetylen und Kalkstickstoff, $CaNCN$, $CaCl_2$, welches als Abfallprodukt beim *Solvay*-Verfahren (s. S. 375) anfällt, findet als Trockenmittel Verwendung. Chlorkalk (s. S. 273) dient zur Desinfektion, Superphosphat als Düngemittel (s. S. 333), Calciumhydrogensulfitlauge zum Aufschluß von Holz (s. S. 301). Aus Flußspat wird Flußsäure hergestellt (s. S. 262).

Fortsetzung

> Der tägliche Bedarf des Menschen an Ca^{2+} beträgt etwa 1 g. Bei Mangel an Vitamin D, das die Ca^{2+}-Resorption fördert, tritt Rachitis auf. Ca^{2+}-Ionen wirken entzündungshemmend und antiallergisch.
> **Allgemeine Eigenschaften:** $CaSO_4$ ist wesentlich leichter löslich als $SrSO_4$ bzw. $BaSO_4$ (s. S. 392). Von analytischer Bedeutung ist die Fällung als CaC_2O_4 und $Ca(NH_4)_2[Fe(CN)_6]$. In einem Gemisch aus gleichen Teilen Ether und absolutem Alkohol sind trockenes $Ca(NO_3)_2$ und $CaCl_2$ löslich (s. 4., S. 394).

Für die nachstehenden Reaktionen verwende man eine verdünnte $CaCl_2$-Lösung bzw. die entsprechend vorbereitete Analysenlösung.

1. Ammoniak

Kein Niederschlag; beim längeren Stehen Trübung, da CO_2 aus der Luft angezogen wird und sich Calciumcarbonat bildet. Das ausstehende Ammoniak enthält sehr häufig CO_3^{2-} als Verunreinigung. Es fällt dann ebenfalls $CaCO_3$ aus. Diese Tatsache ist sehr wichtig, da man im Gang der Analyse die sog. Ammoniumsulfidgruppe vor den Erdalkaliionen in ammoniakalischer Lsg. abscheidet. Es fällt dann ein Teil der Erdalkaliionen bei Benutzung von carbonathaltigem Ammoniak aus und entzieht sich dem Nachweis.

2. Na_2CO_3 oder $(NH_4)_2CO_3$

$$Ca^{2+} + CO_3^{2-} \rightarrow CaCO_3\downarrow$$

In neutralen oder schwach ammoniakalischen Lösungen weißer, flockiger Niederschlag von $CaCO_3$, der in schwachen u. starken Säuren sehr leicht lösl. ist. Beim Erwärmen geht der flockige Niederschlag in einen leichter filtrierbaren kristallinen über.

Das Ammoniumcarbonat des Handels besteht meist zum größten Teil aus Ammoniumcarbaminat (Ammoniumamidocarbonat). Dieses geht mit H_2O in der Hitze in $(NH_4)_2CO_3$ über:

Daher Fällung stets in der Hitze vornehmen. Arbeitet man in schwach sauren Lösungen entsteht HCO_3^-. Da $Ca(HCO_3)_2$ etwas lösl. ist, fällt nicht alles Calcium aus. Weiterhin kann die Fällung bei Gegenwart von viel Ammoniumsalzen, wie sie durch den Gang der Analyse oft in die Lsg. hineinkommen, ganz ausbleiben. Man muß dann die Ammoniumsalze nach dem Eindampfen absublimieren oder durch Kochen mit HNO_3 zerstören.

3. PO_4^{3-}-Ionen

Phosphate geben in neutralen u. alkalischen Lösungen einen weißen, unter dem Mikroskop amorph aussehenden Niederschlag eines basischen Calciumphosphats der Zusammensetzung:

$$3\,Ca_3(PO_4)_2 \cdot Ca(OH)_2 = 2\,Ca[(PO_4)_3(OH)]$$

Es führt den Namen Hydroxylapatit und ist in HCl leicht löslich.

4. Löslichkeit in Ether-Alkohol

Es werden trockenes Calciumnitrat, $Ca(NO_3)_2$, u. trockenes Calciumchlorid, $CaCl_2$, auf ihre Löslichkeit in einem Gemisch aus gleichen Teilen Ether u. absolutem Ethanol geprüft. (Erwärmen nur auf dem Wasserbad! Ether u. Ethanol entzünden sich leicht!) Beide Salze lösen sich.

5. Nachweis durch Flammenfärbung

Im Spektroskop sind von der Natriumlinie etwa gleich weit entfernte und zu gleicher Zeit auftretende r o t e (622,0 nm) und g r ü n e (553,3 nm) Linien des Calciums gut zu erkennen (s. Spektraltafel am Schluß des Buches).

Durchführung wie bei den Alkalielementen mit der HCl-sauren Lsg. des gefällten $CaCO_3$. Ziegelrote Flammenfärbung.

6. Nachweis als CaC_2O_4

$$Ca^{2+} + C_2O_4^{2-} \rightarrow CaC_2O_4\downarrow$$

Mit $(NH_4)_2C_2O_4$ w e i ß e r kristalliner Niederschlag, schwerlöslich in CH_3COOH, lösl. in starken Säuren (s. S. 352). Zur Ausfällung arbeitet man entweder in ammoniakalischer oder schwach essigsaurer Lsg., deren Acidität man noch durch festes Acetat abstumpft.

pD: 6,5

Störungen: Ba^{2+} und Sr^{2+} müssen durch Zugabe von $(NH_4)_2SO_4$ im Überschuß vorher entfernt werden.

7. Nachweis als $Ca(NH_4)_2[Fe(CN)_6]$

$$Ca^{2+} + 2NH_4^+ + [Fe(CN)_6]^{4-} \rightarrow Ca(NH_4)_2[Fe(CN)_6]\downarrow$$

Gesättigte Lsg. von $K_4[Fe(CN)_6]$ gibt bei Gegenwart von überschüssigem NH_4Cl in schwach ammoniakalischen Lösungen bei Zimmertemp. einen w e i ß e n Niederschlag.
Man vermeide es, die Lsg. zu erhitzen, da sonst nach Verdampfen des NH_3 Zersetzung des Hexacyanoferrat(II)-Komplexes unter Bildung eines Niederschlags stattfinden kann, der die Anwesenheit von Ca^{2+} vortäuscht.

pD: 6,0

Störungen: Sr^{2+} u. Ba^{2+} stören nicht. Mg^{2+} gibt dagegen eine ähnliche Fällung, es darf also bei der Prüfung auf Ca^{2+} nicht anwesend sein. Bei Gegenwart von Fe^{3+}-Ionen kann G r ü n - bis B l a u färbung auftreten.

8. Nachweis als $CaSO_4 \cdot 2H_2O$ (Gips)

$$Ca^{2+} + SO_4^{2-} + 2H_2O \rightarrow CaSO_4 \cdot 2H_2O\downarrow$$

Die Bildung von Gipsnadeln ist ein spezifischer und empfindlicher Nachweis für Calcium. Die Fällung ist nicht quantitativ, da Calciumsulfat bei Zimmertemperatur in Wasser zu $1,5 \cdot 10^{-2}$ mol/l löslich ist. Die Gipskristalle bilden monokline, farblose, dünne Nadeln, die in die Lösung hineinwachsen und sich häufig zu

Büscheln vereinigen (s. Kristallaufnahme Nr. 25). $CaSO_4$ ist in konz. H_2SO_4, HCl und konz. $(NH_4)_2SO_4$-Lösung löslich.

1 Tropfen der HCl-sauren Lsg. des $CaCO_3$- bzw. $SrCO_3$-Niederschlags wird auf einem Objektträger mit 1 Tropfen 1 mol/l H_2SO_4 vereinigt. Man läßt bei Zimmertemperatur langsam verdunsten u. beobachtet nach etwa 10 min. unter dem Mikroskop (V.: 50–100).

$$\text{EG: } 0,4\,\mu\text{g Ca,} \qquad \text{pD: } 4,5$$

Störungen: Auch Sr^{2+} und Ba^{2+} geben mit SO_4^{2-} einen Niederschlag, der jedoch feinkristallin ist.

9. Nachweis als Glyoxal-bis-(2-hydroxanil)-Chelat (s. S. 639)

4.3.2.2 Strontium

Sr, Z: 38, RAM: 87,62, $5s^2$

> **Häufigkeit:** $1,4 \cdot 10^{-2}$ Gew.-%. **Smp.:** 770 °C. **Sdp.:** 1384 °C. D_{25}: 2,54 g/cm³. Oxidationsstufe: + II. Ionenradius $r_{Sr^{2+}}$: 118 pm. Standardpotential: $Sr^{2+} + 2e^- \rightleftharpoons Sr$; $E^0 = -2,89$ V.
>
> **Vorkommen:** Wichtige Mineralien sind: Strontianit, $SrCO_3$ und Coelestin, $SrSO_4$.
>
> **Darstellung:** Elementares Strontium wird durch Schmelzflußelektrolyse von $SrCl_2$ gewonnen.
>
> **Bedeutung:** Strontiumverbindungen, besonders das Nitrat, werden für rotbrennende Feuerwerkskörper verwendet. $SrCO_3$ wird zur Glasherstellung für Farbbildröhren benutzt (Röntgenstrahlenabsorption).
>
> Ein sehr gefährliches Uranspaltprodukt (radioaktives fall-out) ist ^{90}Sr. Es wird anstelle von Ca^{2+} in das Knochengerüst eingebaut und stellt dort eine lange wirkende Strahlenquelle dar.
>
> **Allgemeine Eigenschaften:** Strontiumsalze ähneln in ihrem chemischen Verhalten den Calciumsalzen. Mit $[Fe(CN)_6]^{4-}$ tritt im Gegensatz zu Ca^{2+} kein Niederschlag auf. Gewisse Löslichkeitsunterschiede werden zur Abtrennung von Ca^{2+} und Ba^{2+} ausgenutzt (Chromat-Sulfat-Verfahren, s. S. 582). In Ether-Ethanol ist $SrCl_2$ löslich, $Sr(NO_3)_2$ dagegen schwer löslich.

Für die nachstehenden Reaktionen benutze man eine $SrCl_2$- oder die entsprechend vorbereitetete Analysenlösung.

1. Löslichkeit in Ether-Ethanol

Man prüfe, wie beim Ca^{2+}, die Löslichkeit von $Sr(NO_3)_2$ u. $SrCl_2$ in Ether-Ethanol. Das Chlorid ist lösl., das Nitrat ist schwer löslich.

2. Nachweis durch Flammenfärbung

Sr-Salze färben die Flamme intensiv rot. Im Spektroskop sind mehrere r o t e Linien (650–600 nm) zu erkennen, während die charakteristische b l a u e Linie (460,7 nm) nur selten sichtbar wird (s. Spektraltafel).

Durchführung wie beim Ca.

3. Nachweis als SrSO$_4$

$$Sr^{2+} + SO_4^{2-} \rightarrow SrSO_4\downarrow$$

Da das Löslichkeitsprodukt von SrSO$_4$ kleiner ist als das des CaSO$_4$, gibt Gipslösung (gesättigte Lösung von CaSO$_4$) mit Sr^{2+} langsam einen Niederschlag von SrSO$_4$.

Gipslsg. versetze man mit der auf Strontium zu prüfenden Lösung. Nach einiger Zeit weiße Trübung von SrSO$_4$. Das Salz neigt stark zur Übersättigung. Man kann die Niederschlagsbildung beschleunigen, indem man die Lsg. zum Sieden erhitzt.

pD: 4,0

Störungen: Bei Anwesenheit von Ba^{2+} bildet sich BaSO$_4$. Da dieses noch schwerer löslich ist als SrSO$_4$, entsteht sofort die Fällung. Ba^{2+} muß daher vorher entfernt werden.
Reagenzlsg.: Aus CaCl$_2$-Lsg. wird CaSO$_4$ mit verd. H$_2$SO$_4$ gefällt, abfiltriert, mit Wasser gewaschen u. der Niederschlag in Wasser aufgeschlämmt. Man schüttelt öfter um, läßt absitzen u. dekantiert die klare Lsg. ab.

4. Nachweis als SrCrO$_4$

$$Sr^{2+} + CrO_4^{2-} \rightarrow SrCrO_4\downarrow$$

In ammoniakalischer Lösung bildet CrO$_4^{2-}$ einen **gelben** Niederschlag von SrCrO$_4$. Löslich in Wasser zu $5,9 \cdot 10^{-3}$ mol/l, leicht löslich in schwachen Säuren. Nicht sehr empfindlich, ist aber geeignet zum mikrochemischen Nachweis.

1 Tropfen der zu prüfenden Lsg. wird auf dem Objektträger eingedampft. Nach dem Erkalten wird angehaucht, so daß sich eine Spur Wasser kondensiert, und mit 1 Tropfen einer 10%igen **gelben** K$_2$CrO$_4$-Lsg. (nicht K$_2$Cr$_2$O$_7$!!) versetzt. Feine, lange, häufig zu Büscheln vereinigte Nadeln. Nach kurzer Zeit lagern sich diese bei Überschuß des Fällungsmittels in kleine hexagonale Säulen, Leisten oder in sechseckige Scheibchen um (s. Kristallaufnahme Nr. 24).

pD: 3,1

Störungen: Ca^{2+}-Ionen geben in konzentrierten Lösungen auch Kristalle, die aber quadratisch und nicht hexagonal sind. Ba^{2+}-Ionen sind vorher zu entfernen, da BaCrO$_4$ wesentlich schwerer lösl. ist (s. Reaktionen des Ba^{2+}).

5. Nachweis als Sr(IO$_3$)$_2 \cdot$ 6H$_2$O

$$Sr^{2+} + 2IO_3^- + 6H_2O \rightarrow Sr(IO_3)_2 \cdot 6H_2O\downarrow$$

Sr(IO$_3$)$_2 \cdot$ 6H$_2$O bildet feine, an den Enden etwas gebogene Nadeln, die in ihrer einfachen Form an das Integralzeichen erinnern, aber öfters zu Büscheln zusammenwachsen (Kristallaufnahme Nr. 35). Aus stärker konzentrierten Sr^{2+}-Lösungen bilden sich dickere, kürzere und stärker gebogene Formen, die nicht sehr charakteristisch sind. Man wiederholt dann die Reaktion mit einer verdünnteren Lösung.

1 Tropfen der HCl-sauren Lsg. wird auf einem Objektträger zur Trockne eingedampft. Der Rückstand wird in 1 Tropfen H$_2$O gelöst, wobei die erhaltene Lsg. neutral reagieren

muß. Nun setzt man 2−3 Tropfen einer kalt gesättigten KIO_3-Lsg. hinzu (die KIO_3-Lsg. muß im Überschuß vorhanden sein) u. wartet die Kristallisation ab. Der primär gebildete Niederschlag wandelt sich, besonders beim schwachen Erwärmen, schnell in die charakteristische kristalline Form um.

EG: 0,1 µg Sr

Störungen: Viele Kationen, darunter Ba^{2+}- und Ca^{2+}-Ionen, geben mit IO_3^- in neutraler Lösung charakteristische Niederschläge. Ba^{2+} und Sr^{2+} bilden, besonders wenn beide Ionen nebeneinander in Lösung vorliegen, sehr ähnliche Iodatkristalle. Je nach Konzentration beeinflussen beide Ionen den Habitus des sich bildenden $Ba(IO_3)_2 \cdot H_2O$ und des $Sr(IO_3)_2 \cdot 6H_2O$. Sie bilden alle möglichen Übergangsformen, so daß nur bei Abwesenheit von Ba^{2+} die Iodatfällung für Sr^{2+} eine brauchbare Identifizierungsmöglichkeit bietet.

Ca^{2+} gibt mit IO_3^- einen äußerst fein verteilten Niederschlag, der unter dem Mikroskop amorph aussieht und mit zunehmender Menge die Identifizierung des Sr^{2+} erschwert und schließlich unmöglich macht.

6. Nachweis als Rhodizonat (s. S. 640)

4.3.2.3 Barium

Ba, Z: 56, RAM: 137,327, $6s^2$

> **Häufigkeit:** $2,6 \cdot 10^{-2}$ Gew.-%. Smp.: 729 °C. Sdp.: 1637 °C. D_{25}: 3,594 g/cm³.
> **Oxidationsstufe:** + II. **Ionenradius** $r_{Ba^{2+}}$: 134 pm. **Standardpotential:** $Ba^{2+} + 2e^- \rightleftharpoons Ba$; $E^0 = -2,92$ V.
> **Vorkommen:** Wichtige Mineralien sind Witherit, $BaCO_3$, und Schwerspat, $BaSO_4$.
> **Darstellung:** Elementares Barium wird durch Reduktion von BaO mit Si oder Al im Vakuum bei 1200 °C gewonnen. Die Weltproduktion beträgt nur wenige Tonnen pro Jahr.
> **Bedeutung:** Schwerspat wird als Suspension in den Bohrflüssigkeiten der Erdöl- und Erdgasförderung verbraucht. Lithopone, ein Gemisch aus $BaSO_4$ und ZnS, ist ein Weißpigment für Lacke, Tapeten und Kunststoffe. Feindisperses $BaSO_4$ dient als Füllmittel für Papiere und, frei von löslichen Bariumverbindungen, als Röntgenkontrastmittel. Große Schwerspatgehalte in Beton und Zementsteinen bewirken infolge der hohen Ordnungszahl eine starke Absorption von γ-Strahlen (Strahlenschutz!). $BaCO_3$ wird zur Herstellung stark lichtbrechender Gläser eingesetzt. $BaCl_2$ entfernt Sulfat aus Kesselspeisewasser. In der Feuerwerkerei erzielt man mit $Ba(ClO_3)_2$ oder $Ba(NO_3)_2$ grüne Flammenfärbung. BaO dient für Zündsätze.
> **Allgemeine Eigenschaften:** Bemerkenswert ist die Schwerlöslichkeit des $BaCrO_4$ in schwach essigsaurer Lösung sowie die außerordentliche Schwerlöslichkeit des $BaSO_4$. $Ba(NO_3)_2$ und $BaCl_2$ sind in Ether-Ethanol schwerlöslich (s. 2.).
> **Lösliche Bariumsalze sind sehr giftig,** bereits 0,5−0,8 g $BaCl_2$ können bei oraler Einnahme tödlich wirken.

Für die folgenden Reaktionen verwende man eine $BaCl_2$-Lösung bzw. die entsprechend vorbereitete Analysenlösung.

1. Fällung als BaCl₂

$$Ba^{2+} + 2\,Cl^- \rightarrow BaCl_2\downarrow$$

Obgleich BaCl₂ in wäßriger Lösung leichtlöslich ist, kann es mit konz. HCl in der Kälte als Konzentrationsniederschlag gefällt werden. Diese Reaktion benutzten *Hahn* und *Straßmann* nach Zusatz von BaCl₂ zur Abtrennung der radioaktiven Ba-Isotope von den übrigen Uran-Spaltprodukten.

Man versetze BaCl₂-Lösung mit konz. HCl und kühle im Eisbad. Der entstandene kristalline Niederschlag von BaCl₂ · 2H₂O geht bei Erwärmen oder Verdünnen mit Wasser leicht wieder in Lösung.

2. Löslichkeit in Ether-Ethanol

Man prüfe, wie beim Ca²⁺, die Löslichkeit von Ba(NO₃)₂ u. BaCl₂ in Ether-Ethanol. Beide Salze sind schwer löslich.

3. Nachweis durch Flammenfärbung

Fahlgrüne Flammenfärbung, im Spektroskop eine Schar grüner Linien, von denen die bei 524,2 nm u. 513,9 nm besonders charakteristisch sind (s. Spektraltafel).

Durchführung wie bei Calcium. BaSO₄ muß eventuell vorher aufgeschlossen werden (s. S. 532).

4. Nachweis als BaCrO₄

$$Ba^{2+} + CrO_4^{2-} \rightarrow BaCrO_4\downarrow$$
$$2\,Ba^{2+} + Cr_2O_7^{2-} + H_2O \rightleftharpoons 2\,BaCrO_4\downarrow + 2\,H^+$$

Sowohl Kaliumchromat, K₂CrO₄, als auch Kaliumdichromat, K₂Cr₂O₇, geben in neutralen oder schwach essigsauren Lösungen einen Niederschlag von gelbem BaCrO₄, löslich in starken Säuren.

Bei der Umsetzung mit K₂Cr₂O₇ werden H⁺-Ionen gebildet (Näheres s. Reaktionen des Chroms S. 430f.). Da BaCrO₄ in Säuren löslich ist, müssen die H⁺-Ionen aus dem Gleichgewicht entfernt werden. Dies geschieht am besten durch Abpuffern mit Natriumacetat (s. S. 76).

SrCrO₄ fällt nur aus alkalischen Lösungen aus, da es löslicher als BaCrO₄ ist. Bei einem pH-Wert < 7 wird das Löslichkeitsprodukt des SrCrO₄ nicht mehr erreicht. Die BaCrO₄-Fällung dient deshalb zur Abtrennung der Ba²⁺-Ionen von Sr²⁺ und Ca²⁺. Sie kann aber auch zum Ba²⁺-Nachweis neben Sr²⁺, Ca²⁺ und auch Mg²⁺ direkt herangezogen werden, da sich in schwach essigsaurer Lösung kleine charakteristische, hellgelbe BaCrO₄-Täfelchen und -Würfel bilden, die von evtl. mitgefallenen SrCrO₄-Nadeln bzw. Nadelbüscheln unter dem Mikroskop leicht zu unterscheiden sind.

In einem Reagenzglas wird die essigsaure Lsg. mit 2 Tropfen 5 mol/l (NH₄)CH₃COO gepuffert u. in der Wärme tropfenweise mit 0,5 mol/l K₂CrO₄ versetzt, bis die Mischung durch einen Überschuß von CrO_4^{2-}-Ionen gelb gefärbt ist. Das ausgefällte $BaCrO_4$ wird abzentrifugiert u. das gelbgefärbte Zentrifugat durch Zusatz von 1 Tropfen 5 mol/l $(NH_4)CH_3COO$ auf Vollständigkeit der Fällung geprüft. Der $BaCrO_4$-Niederschlag wird einmal mit H_2O gewaschen u. 1 Tropfen der wäßrigen Aufschlämmung unter dem Mikroskop untersucht.

Das CrO_4^{2-}-haltige Zentrifugat dient zur Prüfung auf Sr^{2+} u. Ca^{2+}.

EG: 0,2 µg Ba,   pD: 4,7

5. Nachweis als BaSO₄

$$Ba^{2+} + SO_4^{2-} \rightarrow BaSO_4\downarrow$$

a) Fällung mit SrSO₄-Lösung

$BaSO_4$ läßt sich mit gesättigter $SrSO_4$-Lösung fällen, da das Löslichkeitsprodukt von $BaSO_4$ kleiner ist.

Die HCl-saure Probelsg. wird in der Siedehitze mit dem gleichen Volumen $SrSO_4$-Lsg. versetzt. Die Lsg. trübt sich, wenn Ba^{2+} anwesend ist.

pD: 6,2

Reagenz: Man löse eine Spatelspitze $SrCl_2$ in Wasser, fälle mit verd. H_2SO_4, filtriere ab, wasche mit Wasser aus u. schlämme das $SrSO_4$ in Wasser auf. Nach gründlichem Umschütteln unter Erwärmen filtriere man die gesättigte $SrSO_4$-Lsg. ab.

b) Fällung mit H₂SO₄

Aus HCl-saurer Lösung fällt verd. H_2SO_4 äußerst feinkristallines $BaSO_4$. Es ist in Wasser und in verdünnten Säuren schwer löslich. Um größere Kristalle zu erhalten, löst man den Sulfat-Niederschlag mit möglichst wenig konz. H_2SO_4 in der Hitze und untersucht unter dem Mikroskop die beim Abkühlen auskristallisierenden $BaSO_4$-Kristalle, die kleine rhombische Nadeln, Kreuze, Täfelchen und Sterne bilden (s. Kristallaufnahme Nr. 36).

1 Tropfen der HCl- bzw. essigsauren Lsg. wird auf einem Objektträger mit 1 Tropfen 2,5 mol/l H_2SO_4 versetzt. Es fällt $BaSO_4$. Nach dem Absitzen des Niederschlags wird die Lsg. mit Hilfe von Filterpapier abgesaugt. Der Rückstand wird mit 1 Tropfen konz. H_2SO_4 versetzt u. über der Sparflamme erhitzt, bis der Niederschlag gelöst ist. Beim Abkühlen kirstallisiert $BaSO_4$ wieder aus. Betrachtung unter dem Mikroskop (V.: 200 bis 250).

EG: 0,05 – 0,5 µg Ba,   pD: 4,3

Störungen: Pb^{2+}, Ag^+, Tl^+, Sr^{2+}, Ca^{2+} und $[SiF_6]^{2-}$ (vgl. die entsprechenden Kristallaufnahmen) können stören, da sich unter den genannten Bedingungen gleichfalls schwerlösliche Niederschläge bilden und dadurch das Erkennen der $BaSO_4$-Kristalle erschweren.

6. Nachweis der Ba²⁺-Ionen in schwerlöslichen Ba-Verbindungen

Die Sulfate von Ba und Sr sowie die Fluoride von Ba, Sr und Ca lösen sich kaum in 5 mol/l HCl. Sie werden als Rückstand der HCl-sauren Kationenlösung mit einem Gemisch von Na_2CO_3/K_2CO_3 aufgeschlossen (s. S. 532) und dabei in die entsprechenden Carbonate übergeführt.

Sollen kleine Mengen aufgeschlossen werden, so empfiehlt es sich, die Schmelze an der Öse eines Platindrahtes durchzuführen (s. S. 249). Den erkalteten Schmelzkuchen pulverisiert man, laugt ihn mit kaltem Wasser aus, wobei die Alkalisulfate u. -carbonate gelöst werden, u. filtriert ab. Das Filter wird so lange mit warmer Sodalsg. gewaschen, bis die Waschlsg. keine Reaktion auf SO_4^{2-} bzw. F^- mehr gibt.

Unterläßt man das Auswaschen, so reagieren beim Auflösen in Säure die Erdalkaliionen mit den SO_4^{2-}-Ionen zu schwerlöslichen Sulfaten, wodurch der ganze Aufschluß hinfällig wird.

Der Niederschlag der Erdalkalicarbonate wird in CH_3COOH gelöst und auf Barium, Strontium (und Calcium) geprüft.

7. Nachweis als Rhodizonat (s. S. 640)

4.3.3 Ammoniumsulfid-Urotropin-Gruppe

Zu dieser analytischen Gruppe zählen mit einigen Ausnahmen diejenigen Elemente, die in ammoniakalischer Lösung schwerlösliche Sulfide oder Hydroxide bilden (s. S. 88 u. 92). Hierzu gehört eine verhältnismäßig große Anzahl von Elementen. Demgegenüber ist der Trennungsgang bei alleiniger Anwesenheit der Elemente des vereinfachten Standardtrennungsganges wesentlich übersichtlicher.

Für die Trennung der $(NH_4)_2S$-Gruppe gibt es im Prinzip zwei verschiedene Wege:

a) Gemeinsame Fällung mit Ammoniak und $(NH_4)_2S$ und anschließende Trennung durch HCl sowie mit H_2O_2 in alkalischer Lösung.

b) Die sogenannte Hydrolysentrennung, d.h. Fällung in zwei getrennten Gruppen, erst mit Urotropin oder einem entsprechenden Reagenz aus schwach saurer, dann mit $(NH_4)_2S$ aus ammoniakalischer Lösung.

Durch geeignete Kombinationen lassen sich auch beide Methoden miteinander verbinden (s. S. 557).

Ammoniak ist jedoch kein ideales Trennungsmittel, da die im basischen Gebiet ausfallenden Oxidhydrate von Al, Fe und Cr sowie Ga, In, La, Ti, Zr, Nb, Ta und auch Be die Eigenschaft haben, Kationen in der Oxidationsstufe + II, auch die der Erdalkalielemente, mitzufällen.

Am zuverlässigsten und vollständigsten gelingt die hydrolytische Trennung mit Urotropin (Hexamethylentetramin) $C_6H_{12}N_4$ (s. S. 90 und 563).

4.3.3.1 Nickel

Ni, Z: 28, RAM: 58,69, $3d^8\,4s^2$

Häufigkeit: $1,5 \cdot 10^{-2}$ Gew.-%. Smp.: 1453 °C. Sdp.: 2732 °C. D_{25}: 8,91 g/cm³. Wichtige Oxidationsstufen: + II, + III. Ionenradius $r_{Ni^{2+}}$: 69 pm. Standardpotential: $Ni^{2+} + 2e^- \rightleftharpoons Ni$; $E^0 = -0,257$ V.

Fortsetzung

Vorkommen: Nickel gewinnt man aus sulfidischen oder oxidischen Erzen, selten aus arsenidischen. Reine Nickelminerialien sind: Gelbnickelkies, NiS, Rotnickelkies, NiAs, Breithauptit, NiSb. Technische Bedeutung haben Eisennickelkies, (Fe, Ni)S, und Garnierit, $(Ni, Mg)_6 (OH)_8 [Si_4 O_{10}]$. Tiefsee-Manganknollen enthalten ca. 1% Nickel.

Darstellung: In teils komplizierten Anreicherungsprozessen wird meist Nickeloxid hergestellt und dann mit Kohlenstoff reduziert. Reinstes Nickel gewinnt man aus Rohnickel oder auch aus vorreduzierten Erzen nach dem *Mond*verfahren über Nikkeltetracarbonyl.

Bedeutung: Nickel wird hauptsächlich als Legierungsbestandteil verwendet, und zwar in Stählen (Nickelstähle, nichtrostende Stähle wie V2A, s. S. 429), in Nickelkupferlegierungen (Monelmetall), in Nickel-Molybdän-Eisen-Chrom-Legierungen (hohe Hitze- und Korrosionsbeständigkeit, z.B. für Heizleiter) und in elektrischen Widerständen (Konstantan, Manganin s. S. 481). Feinverteiltes Nickel ist als Hydrierkatalysator gebräuchlich. Im *Edison*- und NiCd-Akkumulator dient Nickel-(III)-oxidhydrat als Elektrodenmaterial. Nickelsalze werden für galvanische Bäder verwendet.

Allgemeine Eigenschaften: Nickel steht zusammen mit Cobalt und Eisen sowie den Platinelementen in der 8. Nebengruppe des PSE. In seinen Verbindungen tritt es allgemein in der Oxidationsstufe $+ II$ auf. Mit der Oxidationsstufe $+ III$ ist u.a. das Oxid mit der ungefähren Zusammensetzung $Ni_2 O_3$ zu nennen. Auch Ni(I)- und Ni(IV)-Verbindungen sind bekannt.

Die wasserhaltigen Nickel(II)-salze sind meist grün, die wasserfreien meist gelb. Die Eigenschaften der Nickelsalze ähneln in wäßriger Lösung denen der Zinksalze.

Die folgenden Reaktionen führe man mit einer wäßrigen Lösung von $NiSO_4$ oder $Ni(NO_3)_2$ bzw. der entsprechend vorbereiteten Analysenlösung durch.

1. NaOH

Grüner Niederschlag von $Ni(OH)_2$, schwerlöslich im Überschuß (Gegensatz zu Zn). Durch starke Oxidationsmittel, wie Cl_2 oder Br_2 (nicht durch H_2O_2), geht der Niederschlag in ein schwarzes Oxid mit höherer Oxidationsstufe über.

2. Ammoniak

Erst hellgrüner Niederschlag, dann Wiederauflösung unter Bildung des blauen Komplexions $[Ni(NH_3)_6]^{2+}$. Bei Anwesenheit von Ammoniumsalzen entsteht kein Niederschlag (s. 3.).

3. Urotropin

Mit Urotropin geben Nickelsalze in der Kälte keine, beim Kochen dagegen infolge Zunahme der Hydrolyse eine teilweise Fällung von $Ni(OH)_2$. In Gegenwart von Ammoniumsalzen bleibt die Fällung aus denselben Gründen wie bei 2. aus.

4. Na₂CO₃

Grüner Niederschlag eines Gemisches von Carbonat mit basischen Salzen wechselnder Zusammensetzung.

5. Phosphate

In neutraler und alkalischer Lsg. Fällung eines Nickelphosphats wechselnder Zusammensetzung. Löslich in Säuren u. Ammoniak.

6. H_2S, $(NH_4)_2S$

$$2\,NiS + \tfrac{1}{2}O_2 + H_2O \qquad \rightarrow\ 2\,Ni(OH)S$$

$$2\,Ni(OH)S + H_2S \qquad \rightarrow\ Ni_2S_3 + 2\,H_2O$$

$$3\,Ni_2S_3 + 4\,NO_3^- + 16\,H^+ \rightarrow\ 6\,Ni^{2+} + 4\,NO\uparrow + 9\,S\downarrow + 8\,H_2O$$

$$Ni_2S_3 + 11\,H_2O_2 \qquad \rightarrow\ 2\,Ni^{2+} + 10\,H_2O + 3\,SO_4^{2-} + 2\,H^+$$

In saurer Lösung wird kein Niederschlag erhalten. In neutraler und ammoniakalischer Lösung bildet sich unter Luftabschluß schwarzes, säurelösliches NiS. Beim Fällen unter Luftzutritt und bei Gegenwart von überschüssigem Ammoniumsulfid entsteht zunächst Ni(OH)S, das in Ni_2S_3 übergeht. Wird mit Ammoniumpolysulfidlösung gefällt, erhält man sofort Ni_2S_3.

Ni_2S_3 und Co_2S_3 (s. S. 404) sind im Gegensatz zu den übrigen Sulfiden der $(NH_4)_2S$-Gruppe in kalter verd. HCl nicht oder nur zu einem geringen Anteil löslich. Der Sulfidniederschlag löst sich in konz. HNO_3 sowie in essigsaurem H_2O_2.

Fällt man Nickelsulfid in stark ammoniumsalzhaltiger Lsg. mit einem Überschuß von mit gelbem Ammoniumsulfid verunreinigtem $(NH_4)_2S$, so bleibt es in kolloider Form (s. S. 130ff.) in Lsg. und läuft tiefbraun durch das Filter. Man kann das verhindern, wenn man mit frisch hergestelltem farblosem Ammoniumsulfid u. mit einem nur sehr geringen Überschuß des Fällungsmittels arbeitet. Andernfalls kocht man die braune Lsg. einige Zeit mit NH_4CH_3COO, wobei sich NiS in Flocken abscheidet. Die Ausflockung kann durch Zugabe von Filterpapierschnitzeln beschleunigt werden.

7. Vorproben (Ausführung s. S. 524)

Die Phosphorsalz- bzw. Boraxperle färbt sich in der Oxidationsflamme in der Hitze ge l b bis ru b i n ro t, in der Kälte bräunlich. In der Reduktionsflamme ist sie gra u. Auf der Holzkohle entstehen nur gra u e Metallflitter, die schwer erkennbar sind, jedoch vom Magneten angezogen werden. Vor der Prüfung wird die Masse mit 1 Tropfen Wasser zerdrückt. Man kann die Flitter in 1 Tropfen HCl lösen u. auf Ni prüfen.

8. Nachweis als $Ni(OH)_3$

$$Ni^{2+} + 2\,CN^- \quad \rightarrow\ Ni(CN)_2\downarrow$$

$$Ni(CN)_2 + 2\,CN^- \rightleftharpoons [Ni(CN)_4]^{2-}$$

$$2\,[Ni(CN)_4]^{2-} + 6\,OH^- + 9\,Br_2 \rightarrow\ 2\,Ni(OH)_3\downarrow + 10\,Br^- + 8\,BrCN$$

$$Br_2 + CN^- \quad \rightarrow\ Br^- + BrCN$$

Alkalicyanide fällen aus neutralen Nickelsalzlösungen h e l l g rü n e s Nickelcyanid, $Ni(CN)_2$, das sich im Überschuß mit ge l b e r Farbe unter Bildung eines Komplexsalzes (vgl. S. 123) löst. Aus einer derartigen Lsg. wird mit Natronlauge kein $Ni(OH)_2$ ausgefällt. Dagegen bildet sich zum Unterschied von Cobalt mit $NaOH + Br_2$ durch Oxidation s c hwa r z e s $Ni(OH)_3$. Das CN^--Ion geht dabei in Bromcyan über. Man vermeide einen Überschuß von KCN, setze also nur so viel hinzu, daß sich der Niederschlag gerade löst, da Brom zuerst mit KCN reagiert. Außerdem arbeite man unter dem Abzug. **Bromcyan u. Blausäure sind äußerst giftig!**

Analytische Chemie

4

9. Nachweis als Bis(dimethylglyoximato)nickel

Dimethylglyoxim (Diacetyldioxim) bildet mit Ni^{2+} in neutraler, essigsaurer und ammoniakalischer Lösung einen r o t e n, schwerlöslichen Komplex (s. S. 116).

Zur Prüfung auf Ni neben Fe u. Co wird die Lsg. zunächst mit H_2O_2 gekocht, um Fe^{2+} zu Fe^{3+} zu oxidieren. Dann wird ammoniakalisch gemacht, $Fe(OH)_3$ mit der Saugkapillare abgetrennt u. 1 Tropfen des klaren Filtrats auf der Tüpfelplatte mit 1 Tropfen Reagenzlsg. versetzt. Die Bildung eines r o t e n Niederschlags am Rande des Tropfens zeigt Ni an.

EG: 0,16–2 µg bei Gegenwart eines bis zu 40fachen Co-Überschusses, pD: 5,5

Störungen: Größere Mengen starker Oxidationsmittel (Nitrate, H_2O_2 usw.) verhindern die Fällung. Es bildet sich lediglich eine r o t e bis r o t o r a n g e Färbung. In ammoniakalischer Lösung gibt Pd^{2+} eine g e l b e, Fe^{3+} eine r o t e und Co^{2+} eine b r a u n r o t e Färbung. Wenn Fe^{3+} und Co^{2+} nebeneinander vorliegen, bildet sich ein b r a u n r o t e r Niederschlag. Auch Cu^{2+} (Violettfärbung) und Au^{3+} (Reduktion zum Metall) können stören.

Reagenz: Gesättigte Lsg. von Dimethylglyoxim in 96%igem Ethanol oder eine wäßrige Lsg. mit 0,1 mol/l Dinatriumbis(dimethylglyoximat).

4.3.3.2 Cobalt

Co, Z: 27, RAM: 58,9332, $3d^7\, 4s^2$

Häufigkeit: $3,7 \cdot 10^{-3}$ Gew.-%. Smp.: 1 495 °C. Sdp.: 2 870 °C. D_{25}: 8,9 g/cm³. Oxidationsstufen: + II, + III, (+ IV). Ionenradius $r_{Co^{2+}}$: 72 pm. $r_{Co^{3+}}$: 63 pm. Standardpotential: $Co^{2+} + 2e^- \rightleftharpoons Co$. $E^0 = -0,277$ V.

Vorkommen: Cobalt ist in der Natur fast immer von Nickel begleitet. An Mineralien sind zu nennen: Speiscobalt, $CoAs_3$, Cobaltglanz, CoAsS, und Cobaltkies (Linnéit), Co_3S_4.

Darstellung: Nach aufwendigen Anreicherungsverfahren werden Cobalt und Nickel mit HCl aus den abgerösteten „Speisen" herausgelöst und mit Kalkmilch $(Ca(OH)_2)$ und Chlorkalk fraktioniert gefällt. Das hierbei entstehende Co_2O_3 reduziert man mit Kohle zu elementarem Cobalt.

Bedeutung: Cobalt ist Bestandteil nicht oxidabler und magnetischer Spezialstähle und von Legierungen hoher Verschleißfestigkeit (Stellit: Co, Cr, W). „Widia" (wie Diamant) besteht aus etwa 8% Cobalt und Mischkristallen aus 75% Wolframcarbid, 14% Titancarbid. „Smalte" (Kalium-Cobaltsilicat) dient zur Blaufärbung von Glasflüssen (Glas, Porzellan, Email). Über Cobaltblau (*Thénards* Blau) s. S. 425, über *Rinmanns* Grün s. S. 414. Cobalt ist ein wichtiges Spurenelement und besonders als Co(III)-Zentralion des Vitamins B_{12} lebensnotwendig.

Geschlossene Präparate des harten γ-Strahlers ^{60}Co werden in der Medizin zur Krebstherapie sowie in der Technik zur Dicken- und Dichtenmessung verwendet.

Allgemeine Eigenschaften: Als Metall sowie in seinen Verbindungen zeigt Cobalt sehr große Ähnlichkeit mit Nickel. Während in den einfachen Salzen die Oxidationsstufe + II vorherrscht, überwiegt in den Cobaltkomplexen die Oxidationsstufe + III. Die besondere Beständigkeit der Co(III)-Komplexe läßt sich auf die Ausbildung der Krypton-Edelgaskonfiguration zurückführen (s. S. 127f.). Außerdem sind noch Co(IV)-Verbindungen bekannt.

Die wasserhaltigen Co(II)-Salze sind meist rosa, die wasserfreien blau (z.B. $CoCl_2$; Blaugel s. S. 365).

Zur Erkennung der Eigenschaften der Cobaltsalze in wäßrigen Lösungen verwende man für die folgenden Reaktionen verd. $CoCl_2$- oder $Co(NO_3)_2$-Lösungen bzw. die entsprechend vorbereitete Analysenlösung.

1. NaOH oder KOH

In der Kälte blauer Niederschlag eines basischen Salzes wechselnder Zusammensetzung, in der Hitze Bildung von rotem $Co(OH)_2$. Bei Anwesenheit von Oxidationsmitteln, wie Cl_2, Br_2, H_2O_2, wird der Niederschlag schwarzbraun:

$$2Co(OH)_2 + 2OH^- + Cl_2 \rightarrow 2Co(OH)_3\downarrow + 2Cl^-$$

2. Ammoniak

Bei Abwesenheit von Ammoniumsalzen blauer Niederschlag wie bei NaOH. An der Luft wird der Niederschlag schnell rötlich u. löst sich im Überschuß von Ammoniak leicht auf, wobei sich sehr beständige Cobaltamminkomplexe bilden, in denen das Element in der Oxidationsstufe + III vorliegt.

Bei Anwesenheit von Ammoniumsalzen bleibt die Fällung aus. Es entsteht zunächst eine schmutziggelbe, komplexe Cobalt(II)-salzlsg., die an der Luft schnell durch Oxidation zu Co(III) rot wird.

3. Urotropin

In der Kälte kein Niederschlag, in der Hitze teilweise Fällung von $Co(OH)_2$, die aber bei Anwesenheit von Ammoniumsalzen ganz ausbleibt (vgl. 3., S. 401).

4. Na$_2$CO$_3$

Je nach den Konzentrationsverhältnissen bläulicher oder rötlicher Niederschlag von basischem Carbonat wechselnder Zusammensetzung.

5. H$_2$S, (NH$_4$)$_2$S

$$3Co_2S_3 + 4NO_3^- + 16H^+ \rightarrow 6Co^{2+} + 4NO\uparrow + 9S\downarrow + 8H_2O$$
$$Co_2S_3 + 11H_2O_2 \rightarrow 2Co^{2+} + 10H_2O + 3SO_4^{2-} + 2H^+$$

Es treten die gleichen Erscheinungen wie beim Nickel auf.

In saurer Lsg. kein Niederschlag. In neutraler, acetathaltiger Lsg. schwarzer Niederschlag von CoS. Ebenso mit $(NH_4)_2S$ in ammoniakalischer Lösung. Beim Fällen unter Luftzutritt u. bei Gegenwart von überschüssigem Ammoniumsulfid bildet sich zunächst Co(OH)S, das in Co_2S_3 übergeht.

Der Niederschlag ist wie beim Nickel schwerlöslich in CH_3COOH und verd. HCl, dagegen löslich in konz. HNO_3, Königswasser sowie in essigsaurem H_2O_2.

6. KCN

$$Co^{2+} + 2CN^- \rightarrow Co(CN)_2\downarrow$$
$$Co(CN)_2 + 3CN^- \rightarrow [Co(CN)_5]^{3-}$$
$$2[Co(CN)_5]^{3-} + 2CN^- + H_2O_2 \rightarrow 2[Co(CN)_6]^{3-} + 2OH^-$$

Aus neutraler Lsg. r o t b r a u n e Fällung von $Co(CN)_2$, lösl. im Überschuß mit g e l b - bis o l i v g r ü n e r Farbe. Beim Erhitzen dieser Lösung an der Luft oder besser mit etwas H_2O_2 tritt Oxidation zu Co(III) ein. Der jetzt vorliegende Hexacyanokomplex ist g e l b.

Aus einer solchen Lsg. fällt im Gegensatz zum Nickel durch $NaOH + Br_2$ k e i n Niederschlag aus (s. S. 402), da der Co-Complex wesentlich beständiger ist als das $[Ni(CN)_4]^{2-}$. Man kann daher diese Reaktion zur Trennung von Nickel und Cobalt anwenden.

7. Vorproben

Die P h o s p h o r s a l z - u. B o r a x p e r l e n sind in der Reduktions- u. Oxidationsflamme in der Hitze u. Kälte b l a u. Auf der Holzkohle bilden sich g r a u e Metallflitter, die magnetisch sind u. wie beim Ni geprüft werden können.

8. Nachweis als $Co(SCN)_2$ bzw. $H_2[Co(SCN)_4]$

$$Co^{2+} + 2 SCN^- \rightleftharpoons Co(SCN)_2$$
$$Co^{2+} + 4 SCN^- + 2 H^+ \rightleftharpoons H_2[Co(SCN)_4]$$

In einem Reagenzglas versetzt man einige Tropfen der essigsauren oder neutralen Probelsg. mit einer Spatelspitze KSCN oder $(NH_4)SCN$ u. überschichtet mit 1 ml Amylalkohol-Ethergemisch. In neutraler Lsg. bildet sich $Co(SCN)_2$, in saurer Lsg. die komplexe Säure $H_2[Co(SCN)_4]$, beide sind in wäßriger Lsg. u. organischen Lösungsmitteln b l a u. Man kann sehr wenig Co neben viel Ni nachweisen.

Bei Ausführung auf einer Tüpfelplatte versetzt man 1 Tropfen der essigsauren Probelsg. mit 5 Tropfen einer gesättigten Lsg. von NH_4SCN in Aceton. Je nach der Menge der Co^{2+}-Ionen entsteht eine g r ü n bis b l a u gefärbte Lösung.

EG: 0,3 µg Co,   pD: 5,0

Störungen: Fe^{3+} stört, da es (s. S. 422) mit SCN^- eine t i e f r o t e Verbindung bildet, die sich auch in Ether löst. Man verhindert das durch Zufügen eines Überschusses von f e s t e m NaF, wodurch das Fe^{3+} in $[FeF_6]^{3-}$ übergeführt wird.

9. Nachweis als $K_3[Co(NO_2)_6]$ oder $K_2Na[Co(NO_2)_6]$

Diese dem K^+-Nachweis, Reaktion 4., S. 379, entsprechende Reaktion ermöglicht es, Co neben allen Kationen der Ammoniumsulfid-Gruppe eindeutig zu identifizieren.

Durch die in Freiheit gesetzte salpetrige Säure wird das Co(II) zu Co(III) oxidiert und bildet mit NO_2^- das Komplexanion. Dieses fällt mit K^+ aus.

$$Co^{2+} + 7 NO_2^- + 2 H^+ \rightarrow [Co(NO_2)_6]^{3-} + NO\uparrow + H_2O$$

Die Reaktion kann entweder a) als Fällungsreaktion $(K, NH_4)_3[Co(NO_2)_6]$ auf der Tüpfelplatte oder im Reagenzglas bzw. b) als Mikroreaktion $K_2Na[Co(NO_2)_6]$ bei Gegenwart von Na^+ durchgeführt werden, wobei sich kleine g e l b e Würfel und Oktaeder bilden.

a) 2 Tropfen der essigsauren Probelsg. werden auf der Tüpfelplatte mit 1 Tropfen 5 mol/l NH_4CH_3COO u. 2 Tropfen 5 mol/l KNO_2 versetzt. Es bildet sich sofort, oder nachdem man einige Minuten auf 50 °C erwärmt hat, ein g e l b e r Niederschlag von $(K, NH_4)_3[Co(NO_2)_6]$. Ein Zusatz von Ethanol erhöht die Empfindlichkeit der Reaktion beträchtlich. Der ausgewaschene Niederschlag löst sich in 3 Tropfen 5 mol/l HCl mit blauer Farbe.

b) 1 Tropfen der essigsauren Probelsg. wird auf einem Objektträger mit einem kleinen Tropfen 1 mol/l $NaCH_3COO$ vereinigt. Zu der Lsg. wird ein Körnchen KNO_2 u. nach dem Auftreten einer Trübung noch 1 Tropfen 1 mol/l CH_3COOH gegeben. Es bilden sich allmählich die charakteristischen Kristalle des $K_2Na[Co(NO_2)_6]$, die man nach etwa 10 min unter dem Mikroskop identifiziert. (V.: 1 : 200 bis 400, Kristallaufnahme Nr. 7).

EG: 0,02 μg Co

Störungen: Fe^{3+} im großen Überschuß verzögert die Kristallisationsgeschwindigkeit des Hexanitrocobaltats(III) durch Bildung basischer Salze.

10. Nachweis als $Co[Hg(SCN)_4]$

$$Co^{2+} + Hg(SCN)_4^{2-} \rightarrow CoHg(SCN)_4\downarrow$$

Co^{2+} bildet in neutraler bis essigsaurer Lösung ein Thiocyanatomercurat, das in relativ schwerlöslichen, tiefblauen Prismen und sternförmig vereinigten Nadeln des orthorhombischen Systems kristallisiert. Die Gegenwart von Zn^{2+} erleichtert oft den Nachweis sehr kleiner Co-Mengen infolge Bildung hellblauer Mischkristalle.

1 Tropfen der neutralen bis essigsauren Probelsg. wird auf dem Objektträger bis fast zur Trockne eingedampft u. danach 1 Tropfen Reagenzlsg. unter leichtem Reiben mit einem Glasstab zugegeben. Beobachtung unter dem Mikroskop, V.: 50–100. Durch Ammoniak werden die blauen Kristalle unter Beibehaltung ihrer Form entfärbt (Kristallaufnahme Nr. 19).

EG: 0,1 μg Co,   pD: 5,3

Störungen: Von den Kationen der gleichen Analysengruppe stört lediglich Fe^{3+} infolge Rotfärbung durch $Fe(SCN)_3$.

Reagenz: 6 g $HgCl_2$ u. 6,5 g NH_4SCN in 10 ml Wasser.

11. Nachweis als α-Nitroso-β-naphthol-Chelat (s. S. 638)

4.3.3.3 Mangan

Mn, Z: 25, RAM: 54,9380, $3d^5 4s^2$

Häufigkeit: $8,5 \cdot 10^{-2}$ Gew.-%. Smp.: 1244 °C. Sdp.: 1962 °C. D_{25}: 7,43 g/cm³. Oxidationsstufen: +I, +II, +IV, (+V), +VI, +VII. Ionenradius $r_{Mn^{2+}}$: 80 pm. Standardpotential: $Mn^{2+} + 2e^- \rightleftharpoons Mn$; $E^0 = -1,18$ V.
Vorkommen: Mangan ist das zweithäufigste Schwermetall. Die wichtigsten Manganerze sind: Braunstein (Pyrolusit), MnO_2, schwarzer Glaskopf (Psilomelan), amorphes $MnO_2 \cdot aq$, Ba^{2+} oder K^+ enthaltend, Hausmannit, Mn_3O_4, Manganit, γ-MnOOH, Manganspat, $MnCO_3$, und Braunit, Mn_2O_3. Große Manganmengen befinden sich in Form von „Knollen" auf dem Boden der Südsee.

Fortsetzung

Darstellung: Reines Mangan wird elektrolytisch oder silicothermisch aus MnO und Silicomangan, selten aluminothermisch (s. S. 189) hergestellt. Für Eisenlegierungen genügt meist im Hochofen erschmolzenes Ferromangan mit nur 40 bis 60% Mn.

Bedeutung: Manganmetall wird Nichteisenmetallen, vor allem Aluminium, zulegiert. In großem Umfang ist Ferromangan (z.B. 80% Mn, 1% C, 1% Si, Rest Fe), daneben auch Silicomangan mit 30% Si, Legierungsmittel für fast alle Stähle und Gußeisensorten. Über Manganin s. S. 481. *Heuder*sche Legierungen, Cu_2AlMn (statt Al auch Sn bzw. Sb), zeigen Ferromagnetismus.

Braunstein dient als Depolarisator in elektrischen Batterien, in der Glasfabrikation zur Entfärbung (Glasmacherseife) und in der keramischen Industrie zur Erzeugung brauner Glasuren. Kaliumpermanganat findet als Oxidations-, Bleich- und Desinfektionsmittel Verwendung. Die Zementfarbe „Manganblau" besteht aus Bariumsulfatmanganat(V)-Mischkristallen.

Mangan ist für Pflanzen und Tiere als Spurenelement lebensnotwendig. Der Mensch nimmt mit der Nahrung täglich etwa 10 mg auf.

Allgemeine Eigenschaften: Mangan ist das erste Element der 7. Nebengruppe des PSE. Es folgen die Elemente Technetium, Tc, und Rhenium, Re. Technetium-Isotope sind instabil. Sie können nur künstlich hergestellt werden. Gemäß den allgemeinen Regeln für die Nebengruppen (s. S. 14f.) kommen die Elemente in zahlreichen Oxidationsstufen vor, wobei die Beständigkeit der höchsten Oxidationsstufe mit steigender Ordnungszahl zunimmt. Kaliumpermanganat z.B. ist demnach ein wesentlich stärkeres Oxidationsmittel als Kaliumperrhenat. Außerdem sind die Perrhenate zum Unterschied von den Permanganaten farblos. Mangan tritt in den Verbindungen mit den Oxidationsstufen von $+I$ bis $+VII$ auf, die zum Teil leicht ineinander übergeführt werden können.

Die Oxidationsstufe $+I$ kommt z.B. in der sehr unbeständigen Komplexverbindung $[Mn(CN)_6]^{5-}$ vor.

Mangan(II)-salze, wie $MnSO_4$, sind schwach rosa und verhalten sich mit Ausnahme ihrer Oxidierbarkeit in wäßriger Lösung ähnlich wie die Magnesium- und teilweise auch wie die Zinksalze.

Die Beständigkeit der Oxidationsstufe $+II$ des Mangans ist auf das halbbesetzte $3d$-Niveau zurückzuführen. Somit nimmt Mangan unter den M^{2+}-Ionen der ersten Reihe der Übergangselemente eine Sonderstellung ein.

Die Oxidationsstufe $+III$ ist z.B. im $\overset{+III}{Mn}PO_4$ vertreten (s. Versuch 10, S. 410). Mangan(III)-salze treten sowohl im festen Zustand als auch in wäßriger Lösung in verschiedenen Farben, wie grün, violett, rot und braun, auf. Mangan(III)-Verbindungen mit Mn^{3+} als Kation sind besonders in wäßriger Lösung sehr instabil und starke Oxidationsmittel. Beständiger sind dagegen anionische Mangan(III)-Komplexe.

Im Mangandioxid liegt die Oxidationsstufe $+IV$ vor. Sogenannte Manganate(IV) (Manganite) entstehen beim Erhitzen von MnO_2 mit anderen Metalloxiden. MnO_2 ist ein starkes Oxidationsmittel (s. Chlordarstellung S. 268) und dient als Ausgangsprodukt für andere Manganverbindungen (Darstellung von $KMnO_4$, S. 211, und von Mangan, S. 189). Konz. KOH löst es zu Mn(III)- und Mn(V)-Verbindungen.

Manganate(V) der allgemeinen Zusammensetzung $\overset{+I}{M}_3MnO_4$ sind hellblau ($Na_3MnO_4 \cdot 10H_2O$, hellblaue Kristalle). Sie entstehen entweder durch Reduktion von Mn(VI) bzw. Mn(VII) in stark alkalischer Lösung bei 0 °C oder durch Oxidation von Manganverbindungen niederer Oxidationsstufe mit $NaNO_3$ in stark alkalischer Schmelze (s. auch Oxidationsschmelze, Versuch 11, S. 411).

Manganate(VI) der allgemeinen Zusammensetzung M_2MnO_4 haben eine grüne bis dunkelgrüne Farbe und sind nur in stark basischer Lösung beständig. Manganate(VI) treten als Zwischenprodukt bei der technischen Darstellung des Permanga-

Fortsetzung

nats auf. Sie entstehen, wenn Manganverbindungen mit basischen Stoffen (Alkalihydroxid, Alkalicarbonat, Calciumoxid) oxidierend erhitzt werden. Als Oxidationsmittel dient in der Technik Luft, in der Analyse verwendet man am besten KNO_3 oder $KClO_3$ (s. Oxidationsschmelze, Versuch 11, S. 411).

Permanganate [Manganate(VII)] der allgemeinen Zusammensetzung $\overset{+I}{M}MnO_4$ sind tiefrotviolett. Permangansäure, $HMnO_4$, ist in wäßriger Lösung haltbar. Das Anhydrid, Mn_2O_7, entsteht durch Einwirkung von konz. H_2SO_4 auf $KMnO_4$. Es stellt eine ölige rotbraune Flüssigkeit dar, die beim Erwärmen stark verpufft (Vorsicht!). Die Dämpfe sind violett.

Für die folgenden Reaktionen 1.–7. verwende man eine $MnSO_4$-Lösung, für Reaktion 8. und 9. eine $KMnO_4$-Lösung bzw. die entsprechend vorbereitete Analysenlösung.

1. NaOH oder KOH

Weißer Niederschlag von $Mn(OH)_2$. Dieser ist im Gegensatz zum $Zn(OH)_2$ nicht im Überschuß von Alkalilauge löslich. Der Niederschlag wird im alkalischen Medium allmählich durch Luftsauerstoff unter Braunfärbung zu Mn(III)- und Mn(IV)-Verbindungen oxidiert:

$$2 Mn(OH)_2 + \tfrac{1}{2} O_2 \rightarrow 2 MnO(OH) + H_2O$$
$$Mn(OH)_2 + \tfrac{1}{2} O_2 \rightarrow MnO(OH)_2$$

Bei weiterem Luftzutritt oder schneller bei Anwesenheit von Oxidationsmitteln, wie Cl_2, Br_2, H_2O_2, geht die Oxidation vollständig bis zum $MnO(OH)_2$ bzw. MnO_2-Hydrat weiter. Das gebildete MnO_2 ist nicht stöchiometrisch zusammengesetzt. Es enthält Mn(II) anstelle von Mn(IV), wobei die fehlende Ladung durch Na^+ bzw. K^+ kompensiert wird. Es besitzt Ionenaustauscher-Eigenschaften.

Zum Nachweis von gelöstem O_2 in Wasser füllt man eine 100 ml-Flasche aus farblosem Glas durch einen auf ihren Boden reichenden Schlauch und läßt das Wasser längere Zeit überlaufen. In die bis zum Rand gefüllte Flasche werden aus einer mit der Spitze eintauchenden Pipette 0,5 ml 4 mol/l $MnCl_2$ und dann 3 NaOH-Plätzchen gegeben. Die Flasche wird sofort mit dem Stopfen luftblasenfrei verschlossen und bis zur Auflösung der NaOH-Plätzchen geschüttelt. Eine Braunfärbung des weißen $Mn(OH)_2$-Niederschlags zeigt gelöstes O_2 an.

2. Ammoniak

Wie bei Magnesium erfolgt unvollständige Fällung. Bei Gegenwart von Ammoniumsalzen bleibt sie überhaupt aus (vgl. aber weiter unten!). Die Gründe für das Ausbleiben der Fällung sind wie beim Mg^{2+} einmal die Zurückdrängung der OH^--Konzentration des Ammoniaks durch die Ammoniumionen u. weiter die Bildung eines Hexaamminkomplexes:

$$Mn^{2+} + 6 NH_3 \rightleftharpoons [Mn(NH_3)_6]^{2+}$$

Bei Gegenwart von Luftsauerstoff fällt allmählich ein brauner Niederschlag aus (s. Vers. 1).

3. Urotropin

Wie bei Nickel (S. 401) in der Kälte kein Niederschlag, in der Siedehitze teilweise Fällung von $Mn(OH)_2$, die bei Gegenwart von Ammoniumsalzen ausbleibt.

4. Alkalicarbonat

Weiße Fällung von $MnCO_3$, im Gegensatz zum Magnesium auch mit $(NH_4)_2CO_3$. Der Niederschlag wird durch Luftsauerstoff oxidiert, s. Vers. 1.

5. Fällung als $MnO(OH)_2$

$$Mn(OH)_2 + H_2O_2 \rightarrow MnO(OH)_2\downarrow + H_2O$$

Eine Mischung von $NaOH$ und H_2O_2 oder eine Natriumperoxid-Lsg. bewirkt die Fällung von $MnO(OH)_2$. Das Verhalten des Mangan(II)-ions in alkalischen oder ammoniakalischen Lösungen ist für die analytische Trennung von anderen Elementen von großer Bedeutung.

Auch in saurer Lösung kann Mn(II) zu Mn(IV) oxidiert werden. Dies dient vor allem zur Abtrennung des Mn von den anderen Kationen der $(NH_4)_2S$-Gruppe. Dazu wird entweder in HNO_3-saurer Lösung mit $NaClO_3$ oder in H_2SO_4-saurer Lösung mit $(NH_4)_2S_2O_8$ oxidiert. Das aus saurem Medium abgeschiedene $MnO(OH)_2$ zeichnet sich gegenüber dem aus alkalischen Lösungen gefällten Oxidhydrat durch eine geringere Bindungsfähigkeit für andere gelöste Kationen aus, so daß ein Umfällen unterbleiben kann (s. S. 139).

Ca. 1 ml der Probelsg. wird mit 10 Tropfen konz. HNO_3 u. mit 3 Tropfen 5 mol/l $NaClO_3$ versetzt u. gerade bis zur Trockne eingedampft. Den Rückstand nimmt man erneut mit 10 Tropfen konz. HNO_3 auf, versetzt mit 3 Tropfen 5 mol/l $NaClO_3$ u. dampft nochmals zur Trockne ein. Der b r a u n s c h w a r z gefärbte Rückstand wird mit 1 ml H_2O + 1 Tropfen 2,5 mol/l HNO_3 aufgeschlämmt, in ein Reagenzglas übergeführt, von der Lsg. abzentrifugiert, u. einmal mit 1 Tropfen H_2O gewaschen. (Im Trennungsgang können sich in der Lsg. Fe^{3+}, Zn^{2+}, Ni^{2+} und Co^{2+} befinden.)

Der $MnO(OH)_2$-Rückstand wird in 5 Tropfen 2,5 mol/l HNO_3 u. 1 Tropfen 2,5 mol/l H_2O_2 gelöst u. die Lsg. im Wasserbad so lange erwärmt, bis das überschüssige H_2O_2 zersetzt ist. In dieser Lsg. können die gebildeten Mn^{2+}-Ionen nach den üblichen Reaktionen identifiziert werden.

6. $(NH_4)_2HPO_4$

Weißer kristalliner Niederschlag von $Mn(NH_4)PO_4$ wie beim Magnesium. Im Gegensatz zu dem entsprechenden Magnesiumsalz färbt sich der Niederschlag auf Zugabe eines Tropfens alkalischer H_2O_2-Lsg. infolge Bildung von $MnO(OH)_2$ b r a u n.

7. H_2S, $(NH_4)_2S$

$$Mn^{2+} + S^{2-} \rightarrow MnS\downarrow$$
$$MnS + O_2 + H_2O \rightarrow MnO(OH)_2\downarrow + S$$

Man leite in eine saure oder neutrale Mn^{2+}-Lsg. H_2S ein. Es fällt kein Niederschlag (vgl. im Gegensatz hierzu die Reaktion von Zn^{2+} in essigsaurer Lsg.). Gibt man $(NH_4)_2S$-Lsg. zu neutraler oder ammoniakalischer Mn^{2+}-Lsg., so fällt fleischfarbenes, wasserhaltiges MnS aus.

Beim Stehen an der Luft wird MnS teilweise zu $MnO(OH)_2$ und Schwefel oxidiert, so daß ein b r ä u n l i c h gefärbtes Gemisch entsteht.

Kocht man mit einem Überschuß von gelber $(NH_4)_2S_x$-Lsg., so geht das fleischfarbene Mangansulfid bei Abwesenheit von Cl^- mehr oder weniger langsam in ein schmutziggrünes über.

8. Reduktion des MnO_4^- in schwefelsaurer Lösung

Permanganate sind starke Oxidationsmittel. In Gegenwart von Reduktionsmitteln wird in alkalischer Lösung $MnO(OH)_2$, in saurer dagegen Mn^{2+} gebildet. Im ersten Falle werden also drei, im zweiten fünf Elektronen aufgenommen.

Die folgenden Reaktionen werden im Reagenzglas durchgeführt:
a) $FeSO_4$:
$$MnO_4^- + 8H^+ + 5Fe^{2+} \rightarrow Mn^{2+} + 5Fe^{3+} + 4H_2O$$
b) H_2SO_3:
$$2MnO_4^- + H^+ + 5HSO_3^- \rightarrow 2Mn^{2+} + 5SO_4^{2-} + 3H_2O$$
c) H_2S:
$$8MnO_4^- + 14H^+ + 5H_2S \rightarrow 8Mn^{2+} + 5SO_4^{2-} + 12H_2O$$
d) halbkonz. HCl:
$$2MnO_4^- + 16H^+ + 10Cl^- \rightarrow 2Mn^{2+} + 5Cl_2\uparrow + 8H_2O$$
HCl reagiert nur in stark saurer Lsg. u. in der Wärme.
e) KI:
$$2MnO_4^- + 16H^+ + 10I^- \rightarrow 2Mn^{2+} + 5I_2 + 8H_2O$$
Iodid setzt sich schon in der Kälte um.
f) H_2O_2:
$$2MnO_4^- + 5H_2O_2 + 6H^+ \rightarrow 2Mn^{2+} + 5O_2\uparrow + 8H_2O$$
H_2O_2 wird zu O_2 oxidiert!
g) $H_2C_2O_4$:
$$2MnO_4^- + 5C_2O_4^{2-} + 16H^+ \rightarrow 2Mn^{2+} + 10CO_2\uparrow + 8H_2O$$
Oxalsäure reagiert erst langsam in der Kälte, dann aber, nachdem etwas Mn^{2+} entstanden ist, schnell (vgl. auch S. 352).
h) C_2H_5OH:
$$2MnO_4^- + 5C_2H_5OH + 6H^+ \rightarrow 2Mn^{2+} + 5CH_3CHO + 8H_2O$$
Alkohol wird in der Siedehitze zu Aldehyd oxidiert, erkennbar am Geruch.
Bei allen Reaktionen tritt Entfärbung des MnO_4^- auf!

9. Reduktion des MnO_4^- in alkalischer Lösung

a) Na_2SO_3:
$$2MnO_4^- + 3SO_3^{2-} + H_2O \rightarrow 2MnO_2\downarrow + 3SO_4^{2-} + 2OH^-$$
b) $MnCl_2$:
$$2MnO_4^- + 3Mn^{2+} + 4OH^- \rightarrow 5MnO_2\downarrow + 2H_2O$$
Synproportionierung (s. S. 100).

10. Vorproben

Die Phosphorsalz- oder Boraxperle (s. S. 524f.) wird in der Oxidationsflamme violett gefärbt [Bildung von Mn(III)]. In der Reduktionsflamme ist sie farblos. Auf der Holzkohle entsteht eine wenig charakteristische braune Masse von Mn_3O_4.

11. Nachweis durch Oxidationsschmelze (s. auch S. 533)

$$Mn^{2+} + 2\,NO_3^- + 2\,CO_3^{2-} \rightarrow MnO_4^{2-} + 2\,NO_2^- + 2\,CO_2\uparrow$$
$$Mn^{2+} + 4\,NO_2^- \rightarrow MnO_4^{2-} + 4\,NO\uparrow$$
$$3\,MnO_4^{2-} + 4\,H^+ \rightarrow 2\,MnO_4^- + MnO_2 + 2\,H_2O$$

Es entsteht eine grüne, verschiedentlich auch blaugrüne Schmelze. Der gelegentlich auftretende blaue Farbton der Schmelze ist auf die Bildung von MnO_4^{3-} zurückzuführen.

Beim Ansäuern disproportioniert Manganat(VI). Es entsteht Manganat(VII) und Mn(IV) in Form von MnO_2.

Einige mg einer Manganverbindung, $MnSO_4$ oder MnO_2, werden mit der 3–6fachen Menge einer Mischung aus gleichen Teilen Na_2CO_3 u. KNO_3 feinst verrieben u. in einer Magnesiarinne so lange auf Rotglut erhitzt, bis die Gasentwicklung aufhört. Im Halbmikro-Maßstab wird die Schmelze an der Öse eines Platindrahtes durchgeführt.
Die erkaltete Schmelze löst man auf einem Uhrglas in wenig Wasser u. säuert an, indem man einen Tropfen Eisessig vom Rand her in die Lösung einfließen läßt. Die grüne Farbe schlägt in Rotviolett um. Außerdem scheidet sich nach einiger Zeit ein brauner Niederschlag von MnO_2 aus.

12. Nachweis durch Oxidation zu MnO_4^-

Bei dieser Reaktion dient die intensive violette Farbe der MnO_4^--Ionen zur Identifizierung von Mn. Als Oxidationsmittel eignen sich Ammoniumperoxodisulfat, $(NH_4)_2S_2O_8$, in H_2SO_4-saurer Lösung bei Gegenwart von Ag^+-Ionen als Katalysator (bei Abwesenheit von Ag^+ findet nur Oxidation zum MnO_2 statt), PbO_2 und Bismutat(V) in HNO_3-saurer Lösung sowie Hypobromit in alkalischer Lösung.

a) Oxidation in saurer Lösung:

$$2\,Mn^{2+} + 5\,S_2O_8^{2-} + 8\,H_2O \rightarrow 2\,MnO_4^- + 10\,SO_4^{2-} + 16\,H^+$$
$$2\,Mn^{2+} + 5\,PbO_2 + 4\,H^+ \rightarrow 2\,MnO_4^- + 5\,Pb^{2+} + 2\,H_2O$$

In einem kleinen Porzellantiegel werden einige Tropfen der Probelsg. bzw. der $MnO(OH)_2$-Suspension zur Trockne eingedampft und der Rückstand mit 3 Tropfen konz. H_2SO_4, 1 Tropfen 1 mol/l $AgNO_3$ sowie 1 Spatelspitze festem $(NH_4)_2S_2O_8$ verrührt. Bei schwachem Erwärmen entsteht die charakteristische MnO_4^--Farbe.

EG: 0,1 µg Mn,   pD: 5,7

Soll PbO_2 oder $NaBiO_3$ zur Oxidation benutzt werden, so versetzt man 1 Tropfen Probelsg. mit 1–2 ml konz. HNO_3 und einer Spatelspitze Mn-freiem PbO_2, oder halogenidfreiem $NaBiO_3$, kocht einige Minuten u. verdünnt. Nach dem Zentrifugieren violettrote Farbe durch MnO_4^-.

pD: 5,3

Störungen: Ionen, die MnO_4^- reduzieren (Cl^-, Br^-, I^-, H_2O_2 usw.), müssen abwesend sein. Hierzu wird die saure Lsg. tropfenweise mit $AgNO_3$-Lsg. versetzt, gut aufgekocht u. das Silberhalogenid zentrifugiert. Im Zentrifugat wird das Mn, wie oben beschrieben, oxidiert.

b) Oxidation in alkalischer Lösung:

$$2\,Mn^{2+} + 5\,Br_2 + 16\,OH^- \;\rightarrow\; 2\,MnO_4^- + 10\,Br^- + 8\,H_2O$$

Mn^{2+} wird durch Hypobromit unter dem katalytischen Einfluß von Cu^{2+} (und in geringerem Maße von Co^{2+} und Ni^{2+}) zu MnO_4^- oxidiert. Die Reaktion hat den großen Vorteil, daß sie praktisch in Gegenwart von sämtlichen farbigen Schwermetallionen ausgeführt werden kann, da letztere im alkalischen Medium als schwerlösliche Hydroxide gefällt werden, so daß nach dem Absitzen die v i o - l e t t e Farbe des MnO_4^- in der überstehenden Flüssigkeit gut sichtbar ist.

1 Tropfen der Lsg. wird im Reagenzglas mit ca. 2 ml 1%iger $CuSO_4$-Lsg. u. 8 – 10 ml frisch bereiteter ca. 0,1 mol/l NaOBr (NaOH u. Bromwasser) versetzt u. kurz aufgekocht. Nach dem Absitzen zeigt eine r o t v i o l e t t e Färbung der überstehenden Lösung Mangan an. Bei Gegenwart von Ni oder Co wird so viel $CuSO_4$-Lsg. zugegeben, daß ein Überschuß von Cu gegenüber Co u. Ni vorliegt.

EG: 2,5 µg Mn,   pD: 4,4

Störungen: Nur Cr^{3+} in größerem Überschuß kann infolge Bildung von gelbem CrO_4^{2-} das Erkennen geringer Mn-Mengen erschweren.

4.3.3.4 Zink

Zn, Z: 30, RAM: 65,39, $3d^{10}\,4s^2$

Häufigkeit: $1,2 \cdot 10^{-2}$ Gew.-%. Smp.: 419,6 °C. Sdp.: 907 °C. D_{25}: 7,14 g/cm³. Oxidationsstufen: + II. Ionenradius $r_{Zn^{2+}}$: 74 pm. Standardpotential: $Zn^{2+} + 2e^- \rightleftharpoons Zn$. $E^0 = -0,763$ V.
Vorkommen: Wichtigstes Mineral ist die Zinkblende, kubisches ZnS. Weiter sind zu nennen Zinkspat (Galmei), $ZnCO_3$, und Kieselzinkerz (Hemimorphit), $Zn_4(OH)_2[Si_2O_7] \cdot H_2O$.
Darstellung: Das durch Abrösten der Erze erhaltene ZnO wird mit Koks reduziert, wobei das Zink aufgrund seines tiefen Siedepunktes abdestilliert. Zu über 80% erzeugt man Zink in sehr reiner Form durch Laugung abgerösteter Erze und Elektrolyse der erhaltenen $ZnSO_4$-Lösungen.
Bedeutung: Zink findet Verwendung zum Schutz anderer Metalle (Verzinken), als Metall (Druckguß, Zinkblech) und zu Legierungen (Messing, Rotguß s. S. 481; Al- und Mg-Legierungen), Zinkweiß (ZnO) und Lithopone ($ZnS/BaSO_4$) sind Pigmente für Anstrichfarben.
Allgemeine Eigenschaften: Zink gehört mit Cadmium und Quecksilber zur 2. Nebengruppe des PSE (s. S. 468).
Zink ist ein unedles Schwermetall, das sich an der Luft durch Ausbildung einer Schutzschicht aus basischem Carbonat passiviert. Es tritt nur in der Oxidationsstufe + II auf, Zn^{2+} ist farblos. Leichtlöslich sind das Nitrat, Sulfat und die Halogenide, schwerlöslich das Hydroxid, Phosphat, Carbonat und Sulfid. $Zn(OH)_2$ ist amphoter (s. Versuch 1). Außerdem besteht Neigung zur Komplexsalzbildung (s. S. 114).

Mit je 1 ml einer verdünnten Zinksalzlösung, z. B. $ZnSO_4$, bzw. der entsprechend vorbereiteten Analysenlösung führe man die nachstehenden Reaktionen durch:

$$Zn(OH)_2 + 2OH^- \rightleftharpoons [Zn(OH)_4]$$

Bei tropfenweiser Zugabe zunächst weißer Niederschlag, der sich im Überschuß von Lauge wieder löst, wobei ein Zincat gebildet wird.

Zinkhydroxid vermag also in zweierlei Weise zu reagieren (Amphoterie, S. 65), und zwar

in saurer Lösung: $\quad Zn(OH)_2 + 2H^+ \rightleftharpoons Zn^{2+} + 2H_2O$

in alkalischer Lösung: $Zn(OH)_2 + 2OH^- \rightleftharpoons [Zn(OH)_4]^{2-}$

Es entsteht ein Hydroxozincat. Die Hydroxosalze zählen zu den Komplexsalzen (Näheres s. S. 114f.). Sie sind sehr stark hydrolytisch gespalten und daher nur bei Überschuß von OH^--Ionen beständig. Entfernt man diese, so verschiebt sich das Gleichgewicht in Richtung zum Hydroxid, das als schwerlösliche Verbindung ausfällt.

Sowohl durch Verdünnen als auch durch Temperaturerhöhung nimmt nach dem MWG die Hydrolyse zu (s. S. 74f.).

2. Ammoniak

$$Zn(OH)_2 + 4NH_3 \rightleftharpoons [Zn(NH_3)_4]^{2+} + 2OH^-$$

In ammoniumsalzfreier Lösung bildet sich zunächst ein weißer Niederschlag von $Zn(OH)_2$, der sich im Überschuß löst.

Da die OH^--Konzentration der schwachen Base Ammoniak sehr gering ist, findet keine Bildung von Hydroxozincat statt. Es entstehen je nach der NH_3-Konzentration verschiedene lösl. Amminzinkkomplexe (di- bis tetraammin). Näheres s. S. 114ff. u. S. 122.

Bei Gegenwart von Ammoniumsalzen bleibt wegen der Zurückdrängung der OH^--Konzentration durch die NH_4^+-Ionen die Fällung aus.

3. Urotropin

In der Kälte wie bei Ni^{2+} keine Fällung, in der Siedehitze unvollständige Fällung, die bei Gegenwart von Ammoniumsalzen ganz ausbleibt.

4. Na_2CO_3 und andere lösliche Carbonate

Weißer Niederschlag von basischem Zinkcarbonat wechselnder Zusammensetzung. Bei $(NH_4)_2CO_3$ ist wie bei 3. der Niederschlag im Überschuß des Fällungsmittels löslich.

5. Phosphate

Phosphate fällen bei pH 7 weißes Zinkphosphat aus, lösl. in Säuren u. Ammoniak, in letzterem unter Komplexsalzbildung. Aus ammoniumsalzhaltigen, schwach ammoniakalischen, verd. Lösungen kann auch $ZnNH_4PO_4$ in ähnlichen Kristallformen wie das entsprechende Magnesiumsalz ausfallen. Bei der Prüfung auf Mg^{2+} darf daher Zn^{2+} nicht anwesend sein. Zum Unterschied von $MgNH_4PO_4$ ist $ZnNH_4PO_4$ jedoch in stärkerem Ammoniak löslich.

6. H₂S

$$Zn^{2+} + H_2S \rightleftharpoons ZnS\downarrow + 2H^+$$

Aus neutralen Lösungen fällt ZnS aus. Die Fällung ist aber im stärker sauren Bereich nicht quantitativ.

Dieses Verhalten hängt mit den Dissoziationsverhältnissen der schwachen Säure H_2S und dem Löslichkeitsprodukt des ZnS zusammen (s. auch S. 92ff.).

Leitet man H_2S langsam (etwa 1–2 Blasen/sec) in eine mit HCl oder H_2SO_4 schwach angesäuerte Zinksalzlsg. ein, so fällt nichts aus. Säuert man dagegen mit CH_3COOH an u. stumpft die H^+-Ionenkonzentration noch mit Natriumacetat ab, so entsteht quantitativ ein Niederschlag von weißem Zinksulfid.

7. Vorproben

Zink ist in der Phosphorsalz- bzw. Boraxperle nicht zu erkennen. Auf Holzkohle wird es reduziert. Das Metall verdampft u. schlägt sich als weißer Oxidbeschlag außerhalb der Erhitzungszone nieder.

8. Nachweis als Rinmanns Grün

$$ZnO + 2Co(NO_3)_2 \rightarrow ZnCo_2O_4 + 4NO_2 + \tfrac{1}{2}O_2$$

In der Oxidationsflamme zersetzbare Zinksalze geben beim Erhitzen mit $Co(NO_3)_2$ *Rinmanns* Grün, $ZnCo_2O_4$, eine Verbindung vom Spinelltyp.

Auf einer ausgeglühten Magnesiarinne wird eine Spatelspitze weißes ZnS mit 1 Tropfen einer 0,1%igen $Co(NO_3)_2$-Lsg. in der Oxidationsflamme geglüht. Eine Grünfärbung beweist Zn. Bei einem Überschuß von $Co(NO_3)_2$ entsteht schwarzes Co_3O_4, das die grüne Farbe überdeckt.

Störungen: Alle Schwermetallverbindungen, die farbige Oxide bilden.

9. Nachweis als K₂Zn₃[Fe(CN)₆]₂

$$3Zn^{2+} + 2K^+ + 2[Fe(CN)_6]^{4-} \rightarrow K_2Zn_3[Fe(CN)_6]_2\downarrow$$

Zn^{2+}-Ionen bilden in salzsaurer, mit Acetat gepufferter Lösung mit $K_4[Fe(CN)_6]$-Lösung einen sehr schwerlöslichen, schmutzig weißen Niederschlag. Er entsteht erst allmählich in der Wärme.

2 Tropfen der mit Acetat gepufferten Probelsg. werden auf einer dunkelglasierten Tüpfelplatte mit 3 Tropfen 0,1 mol/l $K_4[Fe(CN)_6]$ versetzt. Es bildet sich langsam $K_2Zn_3[Fe(CN)_6]_2$, lösl. in konz. HCl u. in 5 mol/l NaOH.

EG: 0,05 µg Zn^{2+} bei mikroskopischer Betrachtung

Störungen: M^{2+}-Kationen, besonders Cd^{2+}- und Mn^{2+}-Ionen, müssen vorher quantitativ abgetrennt werden.

10. Nachweis als $Zn_3[Fe(CN)_6]_2$

$$3Zn^{2+} + 2[Fe(CN)_6]^{3-} \rightarrow Zn_3[Fe(CN)_6]_2\downarrow$$

Mit $K_3[Fe(CN)_6]$ fällt ein **braungelber** Niederschlag, der in verd. Säuren schwerlöslich ist.

pD: 4,0

11. Nachweis als $Zn[Hg(SCN)_4]$

$$Zn^{2+} + [Hg(SCN)_4]^{2-} \rightarrow Zn[Hg(SCN)_4]\downarrow$$

Zn bildet ebenso wie Co, Fe, Cu und Cd in neutraler bis essigsaurer Lösung ein relativ schwerlösliches Thiocyanotomercurat von charakteristischer Kristallform. Das Zn-Salz bildet farblose, keilartige und häufig x-förmig kombinierte Kristalle des orthorhombischen Systems (vgl. Kristallaufnahme Nr. 21).

1 Tropfen der neutralen bis essigsauren Co-freien Lsg. wird auf dem Objektträger mit 1 Tropfen Reagenzlsg. versetzt. Die Kristalle erscheinen häufig verzögert. Betrachtung unter dem Mikroskop (V.: 100).

EG: 0,1 µg Zn,   pD: 5,3

Störungen: Fe(III) stört durch Bildung des roten $Fe(SCN)_3$, das eine Beobachtung erschwert oder unmöglich macht. Je nach der Co-Menge bilden sich mehr oder minder intensiv blaue Mischkristalle. Cu und Cd geben gleichfalls mit Zn Thiocyanatmercurat-Mischkristalle.

Reagenz: 6 g $HgCl_2$ u. 6,5 g NH_4SCN in 10 ml Wasser.

12. Nachweis als Dithizon-Chelat (s. S. 639)

4.3.3.5 Eisen

Fe, Z: 26, RAM: 55,847, $3d^6\,4s^2$

Häufigkeit: 4,70 Gew.-%. Smp.: 1536 °C. Sdp.: 2750 °C. D_{25}: 7,87 g/cm³. Wichtigste Oxidationsstufen: $+$ II, $+$ III. Ionenradius $r_{Fe^{2+}}$: 74 pm, $r_{Fe^{3+}}$: 64 pm. Standardpotential: $Fe^{2+} + 2e^- \rightleftharpoons Fe$, $E^0 = -0,440$ V. $Fe^{3+} + e^- \rightleftharpoons Fe^{2+}$, $E^0 = +0,771$ V. $[Fe(CN)_6]^{3-} + e^- \rightleftharpoons [Fe(CN)_6]^{4-}$, $E^0 = +0,36$ V.

Vorkommen: Eisen ist das vierthäufigste Element und das verbreitetste Schwermetall. Es kommt hauptsächlich in oxidischer und sulfidischer Form vor. Wichtigste Erze sind: Roteisenstein, Fe_2O_3, Magneteisenstein, Fe_3O_4, Brauneisenstein, $Fe_2O_3 \cdot xH_2O$, Eisenspat, $FeCO_3$. Pyrit, FeS_2, und Magnetkies, FeS, werden meist wegen des Gehalts an Nichteisenmetallen abgebaut.

Darstellung: Roheisen gewinnt man im Hochofen durch Reduktion mit Koks aus gebrochenem Sinter, oft unter Zusatz von je 10% Stückerz und Pellets. Die Sinterherstellung erfolgt im Wanderrostofen bei 1300 °C aus granulierten, auf über 60% Fe angereicherten Erzen, Zuschlägen (Kalk, Dolomit, Olivin oder Quarz) und etwas Koksgrus als Brennstoff. Die murmelgroßen Pellets sind aus feingemahlenem ange-

Fortsetzung

reichertem Erz gebrannt. Chemisch reines Eisen erhält man durch thermische Zersetzung von Eisenpentacarbonyl oder elektrolytisch.

Bedeutung: Eisen ist das wichtigste Gebrauchsmetall. Für geringe mechanische Beanspruchungen genügt „Gußeisen", meist ein Roheisen mit ca. 4% C, 1,5–3,5% Si und < 1% Mn. $^4/_5$ des Roheisens werden jedoch zu Stahl, schmiedbarem Eisen mit < 2% C, verarbeitet. Dazu bläst man im Konvertertiegel Sauerstoff auf das flüssige Eisen (LD-Verfahren) oder durch spezielle Düsen im Tiegelboden (OBM-Verfahren). Die Verbrennungswärme des Kohlenstoffs und Siliciums ermöglicht das Miteinschmelzen von Schrott und/oder Legierungszusätzen (Mn, Ni, Cr, Mo, Ti, V, Nb, W; vgl. bei den einzelnen Elementen).

Eisen spielt eine entscheidende Rolle in vielen Enzymsystemen des O_2-Stoffwechsels. Es findet sich komplex gebunden im Hämoglobin, in Katalasen und den gelben Atmungsfermenten. Der Bedarf des Menschen beträgt täglich etwa 1–10 mg.

Allgemeine Eigenschaften: Wie Cobalt und Nickel erreicht auch Eisen nicht die nach dem PSE zu erwartende maximale Oxidationsstufe + VIII. Das Hexaaquaeisen(II)-kation, $[Fe(H_2O)_6]^{2+}$, hat die blaßgrünliche Farbe.

Fe(II) geht leicht in Fe(III) über. Besonders ausgeprägt ist dies im alkalischen Medium. $Fe(OH)_2$ ist hier wegen der Schwerlöslichkeit von $Fe(OH)_3$ ein starkes Reduktionsmittel.

Weniger stark reduzierend wirkt Fe(II) in sauren Lösungen, kaum reduzierend als Zentralion von Komplexen. Beim Erreichen der Kryptonschale (s. S. 128f.) liegt ein besonders stabiler Zustand vor [Hexacyanoferrat(II), Tris(2.2′-bipyridin)eisen(II)-Komplexion, s. S. 634]. Relativ beständig gegen Luftoxidation sind Doppelsalze des Fe(II), wie *Mohr*sches Salz, $(NH_4)_2Fe(SO_4)_2 \cdot 6H_2O$ (Darst. S. 207). Das Hexaaquaeisen(III)-Kation, $[Fe(H_2O)_6]^{3+}$, hat eine rosaviolette Farbe, z.B. in den Salzen Fe$(ClO_4)_3 \cdot 10H_2O$, $Fe_2(SO_4)_3 \cdot 10H_2O$, $NH_4Fe(SO_4)_2 \cdot 12H_2O$. (Darst. s. S. 206). Diese Farbe tritt jedoch nur in den kristallisierten Salzen bzw. in den frisch bereiteten Lösungen dieser Salze mit verd. HNO_3, verd. $HClO_4$ oder verd. H_2SO_4 auf. Beim längeren Stehen erfolgt Hydrolyse, da $Fe(OH)_3$ eine sehr schwache schwerlösliche Base ist.

Sogar Fe(III)-salze starker Säuren hydrolysieren daher in Wasser stark. Ihre Lösungen reagieren sauer.

Als Folge der Hydrolyse tritt zunächst Gelb- bis Braunfärbung der Lösung auf. Es laufen hierbei Kondensationsreaktionen ab, etwa nach folgendem Schema:

$$4[Fe(H_2O)_6]^{3+} \longrightarrow 4[Fe(H_2O)_5(OH)]^{2+} + 4H^+$$

$$\longrightarrow 2 \begin{bmatrix} \text{H}_2\text{O} \ \text{H}_2\text{O} \ \text{H}_2\text{O} \ \text{H}_2\text{O} \\ \text{H}_2\text{O}-\text{Fe}-\text{O}-\text{Fe}-\text{OH}_2 \\ \text{H}_2\text{O} \ \text{H}_2\text{O} \text{H}_2\text{O} \ \text{H}_2\text{O} \end{bmatrix}^{4+} + 4H^+ + 2H_2O$$

$$\longrightarrow \begin{bmatrix} \text{H}_2\text{O} \ \text{H}_2\text{O} \ \text{H}_2\text{O} \ \text{HOH}_2\text{O} \ \text{HO} \ \text{H}_2\text{O} \ \text{H}_2\text{O} \\ \text{H}_2\text{O}-\text{Fe}-\text{O}-\text{Fe}-\text{O}-\text{Fe}-\text{O}-\text{Fe}-\text{OH}_2 \\ \text{H}_2\text{O} \ \text{H}_2\text{O} \text{H}_2\text{O} \ \text{H}_2\text{O} \text{H}_2\text{O} \ \text{H}_2\text{O} \ \text{H}_2\text{O} \ \text{H}_2\text{O} \end{bmatrix}^{4+} + 8H^+ + 3H_2O$$

Die Kondensation schreitet bei Abnahme der H^+-Konzentration (durch Verdünnen der Lösung mit H_2O oder infolge Zusatz von Basen) bis zur Bildung dreidimensionaler hochmolekularer, kolloider Kondensate der Bruttozusammensetzung $(FeOOH)_x \cdot aq$ (Darst. S. 238) fort, die zunehmend schwerlöslicher werden und schließlich ausflocken. Der Niederschlag wird im allgemeinen vereinfachend als

Fortsetzung

Fe(OH)$_3$ formuliert. Man bezeichnet derartige Kondensate als Isopolybasen. Ähnlich reagieren Cr^{3+}, Al^{3+} und andere Kationen höherer Ladung.

Die Hydrolyse von Eisensalzen schwacher Säuren ist naturgemäß besonders stark und beim Erhitzen der Lösung vollständig, sofern keine Komplexbildung eintritt. Fe(OH)$_3$ wird nicht nur durch NaOH und NH$_3$, sondern auch durch Na$_2$CO$_3$, NaCH$_3$COO oder BaCO$_3$ gefällt.

Beim Versetzen einer Lösung von FeCl$_3 \cdot 6$H$_2$O mit HCl tritt ein anderer Effekt auf. Nach anfänglicher Farbaufhellung ist eine Vertiefung der Gelbfärbung infolge Bildung von Chlorokomplexen, z.B. [FeCl$_4$(H$_2$O)$_2$]$^-$, zu beobachten. Die FeCl$_3$-Lösung im Labor ist meist mit HCl angesäuert, um die Hydrolyse zurückzudrängen.

Fe(VI) liegt in den unbeständigen rotvioletten Ferraten(VI) vor. Über die Darstellung von Bariumferrat(VI), BaFeO$_4$, s. S. 212f.

I. Gemeinsame Nachweise für Fe(II) und Fe(III)

1. Vorproben

Die Phosphorsalz- bzw. Boraxperle ist in der Oxidationsflamme bei schwacher Sättigung gelb bis farblos, bei starker Sättigung braunrot bis gelbrot. Die Reduktionsflamme färbt sie schwach grünlich. Auf der Holzkohle verhält sich Fe wie Ni und Co. Nach Auflösung der Metallflitter s. 8., S. 422.

II. Reaktionen und Nachweis für Fe(II)

Zu den nachstehenden Reaktionen benutzt man eine verdünnte Lösung von FeSO$_4$ oder *Mohr*schem Salz.

1. NaOH oder KOH

$$4\,Fe(OH)_2 + O_2 + 2\,H_2O \;\rightarrow\; 4\,Fe(OH)_3$$

Ist das Fe(II)-Salz vollkommen Fe(III)-frei, so entsteht ein reinweißer Niederschlag von Fe(OH)$_2$. Im allgemeinen ist dieser aber durch Anwesenheit von Fe^{3+} grünlich gefärbt. Beim Stehen an der Luft geht er von Grün über Schwarz nach Braun über. Dabei entsteht zunächst eine Zwischenverbindung, ein Eisen(II)-eisen(III)-oxidhydrat, Fe$_3$O$_4 \cdot$ aq, die weiter zu Fe(OH)$_3$ oxidiert wird.

2. Ammoniak

Wie bei den anderen Elementen in der Oxidationsstufe +II nur Fällung bei Abwesenheit von Ammoniumsalzen. Ein Überschuß löst zu [Fe(NH$_3$)$_6$]$^{2+}$. Hier muß man aber unter strengstem Ausschluß von O$_2$ arbeiten, sonst tritt Oxidation zu Fe(III) unter Bildung von Fe(OH)$_3$ ein.

3. Urotropin

Wie bei den übrigen bisher besprochenen Elementen in der Oxidationsstufe +II der (NH$_4$)$_2$S-Gruppe tritt nur in der Hitze teilweise Fällung von Fe(OH)$_2$ ein, die bei Anwesenheit von Ammoniumsalzen ausbleibt. In Gegenwart von Luftsauerstoff findet jedoch allmählich Oxidation zu Fe(III) statt, das dann als Fe(OH)$_3$ ausfällt.

4. Na$_2$CO$_3$

Weißer Niederschlag von FeCO$_3$. Letzterer ist wie CaCO$_3$ in kohlensäurehaltigem Wasser löslich unter Bildung von Fe(HCO$_3$)$_2$, einer Verbindung, die in allen Eisensäuerlingen u. Stahlquellen vorkommt. Ebenso wie das Fe(OH)$_2$ wird sie durch den Luftsauerstoff oxidiert, wobei unter Hydrolyse Fe(OH)$_3$ ausfällt:

$$4\,Fe(HCO_3)_2 + O_2 + 2\,H_2O \rightarrow 4\,Fe(OH)_3\downarrow + 8\,CO_2\uparrow$$

Entsprechend bilden sich die braunen Abscheidungen bei den Eisenwässern.

5. H$_2$S, (NH$_4$)$_2$S

In saurer Lösung kein Niederschlag, in ammoniakalischer Lösung sowie mit (NH$_4$)$_2$S Fällung von schwarzem FeS, das in verd. Mineralsäuren leicht lösl. ist.

6. Oxidation von Fe^{2+} in alkalischer Lösung

$$8\,Fe(OH)_2 + NO_3^- + 6\,H_2O \rightarrow 8\,Fe(OH)_3 + NH_3\uparrow + OH^-$$

Das Reduktionsvermögen des Fe^{2+} ist in alkalischer Lsg. besonders groß (vgl. S. 105). So kann Fe(OH)$_2$ Nitrat bis zum Ammoniak reduzieren.

Man löse in einem Bechergläschen einige Kristalle FeSO$_4\cdot$7H$_2$O in der Kälte in wenig Wasser, füge einige Kristalle KNO$_3$ hinzu u. mache mit konz. NaOH so weit alkalisch, daß in der Lsg. eine Konzentration von mindestens 10% NaOH herrscht. Man bedecke das Becherglas mit einem Uhrglas, an dessen Unterseite ein feuchtes Stück rotes Lackmuspapier geklebt ist. Beim Erhitzen (nicht kochen!) wird dieses langsam blau.

7. Oxidation von Fe^{2+} in saurer Lösung

$$3\,Fe^{2+} + NO_3^- + 4\,H^+ \rightarrow 3\,Fe^{3+} + NO\uparrow + 2\,H_2O$$

In saurer Lsg. wird Fe(II) nur durch stärkere Oxidationsmittel, wie HNO$_3$ oder H$_2$O$_2$, in Fe(III) übergeführt.

Man erhitze eine Fe(II)-Salzlsg., die mit H$_2$SO$_4$ angesäuert wird, mit einigen Tropfen konz. HNO$_3$. Farbumschlag von Grün nach Gelb. Zwischendurch tritt eine tiefbraune Farbe von [Fe(NO)]$^{2+}$ auf (s. Nachweis von NO$_3^-$ S. 331).

Schwächere Oxidationsmittel wie I$_2$ vermögen dagegen Fe^{2+} nur bis zu einem Gleichgewicht zu Fe^{3+} zu oxidieren:

$$2\,Fe^{2+} + I_2 \rightleftharpoons 2\,Fe^{3+} + 2\,I^-$$

8. Bildung von K$_4$[Fe(CN)$_6$]

Eisen bildet mit CN$^-$ komplexe Anionen (s. S. 358f.).

[Fe(CN)$_6$]$^{4-}$ gehört zu den beständigsten Komplexionen. Es gibt weder Reaktionen auf Eisen noch auf Cyanid, da es kaum in seine Einzelionen dissoziiert ist (vgl. S. 122, Komplexe). Nur durch heiße Säure wird es zersetzt.

Man versetze eine neutrale Fe(II)-Salzlsg. mit KCN-Lsg. Es entsteht ein b r a u n e r Niederschlag von Fe(CN)$_2$. Man setzt unter schwachem Erwärmen weiter tropfenweise KCN hinzu, bis sich der Niederschlag gerade gelöst hat. Es ist Kaliumhexacyanoferrat(II), gelbes Blutlaugensalz, K$_4$[Fe(CN)$_6$], entstanden.

Durch Oxidation des [Fe(CN)$_6$]$^{4-}$ entsteht das rötlichbraune [Fe(CN)$_6$]$^{3-}$, dessen Kaliumsalz K$_3$[Fe(CN)$_6$], Kaliumhexacyanoferrat(III), als rotes Blutlaugensalz bekannt ist.

Zu den Reaktionen 9–11 verwende man eine Lösung von K$_4$[Fe(CN)$_6$].

9. Ammoniak + (NH$_4$)$_2$S, verd. HCl

Aus [Fe(CN)$_6$]$^{4-}$ werden weder mit Ammoniak noch mit (NH$_4$)$_2$S Niederschläge von Fe(OH)$_2$ bzw. FeS gebildet. Mit verd. HCl entweicht kein HCN. Aus einfachen Cyaniden entsteht dagegen sofort HCN, die man auch in Spuren an ihrem Geruch nach bitteren Mandeln erkennt. (Vorsicht!)

10. Verd. und konz. H$_2$SO$_4$

Einige Kristalle von K$_4$[Fe(CN)$_6$] erhitze man unter dem Abzug:
a) Mit 1–2 ml verd. H$_2$SO$_4$. Es entweicht HCN (**Vorsicht! Blausäure ist sehr giftig!**).

$$K_4[Fe(CN)_6] + 3\,H_2SO_4 \rightarrow 2\,K_2SO_4 + 6\,HCN\uparrow$$

b) Mit 1 ml konz. H$_2$SO$_4$. Dabei tritt Hydrolyse der HCN ein:

$$HCN + 2\,H_2O \rightarrow HCOOH + NH_3$$

Ameisensäure spaltet unter der Einwirkung von konz. H$_2$SO$_4$ außerdem Wasser ab:

$$HCOOH \rightarrow CO\uparrow + H_2O$$

u. Ammoniak geht in NH$_4^+$ über, so daß die Endgleichung lautet:

$$[Fe(CN)_6]^{4-} + 6\,H_2O + 12\,H^+ \rightarrow Fe^{2+} + 6\,NH_4^+ + 6\,CO\uparrow$$

CO brennt mit b l a u e r Flamme.

11. Oxidation von [Fe(CN)$_6$]$^{4-}$ zu [Fe(CN)$_6$]$^{3-}$

$$2\,[Fe(CN)_6]^{4-} + Br_2 \rightarrow 2\,[Fe(CN)_6]^{3-} + 2\,Br^-$$

Etwas K$_4$[Fe(CN)$_6$] wird mit Bromwasser erwärmt u. das überschüssige Brom durch Kochen entfernt. Das Fe(II) ist zu Fe(III) oxidiert, die Lsg. von G e l b in R ö t l i c h b r a u n umgeschlagen, es ist Kaliumhexacyanoferrat(III), das rote Blutlaugensalz, entstanden.

12. Nachweis von Fe(II) mit Dimethylglyoxim

Fe(II) bildet einen dem Bis(dimethylglyoximato)nickel(II) (s. S. 116) analog gebauten planaren Komplex mit je einem zusätzlichen NH$_3$-Liganden unter und über der Ligandenebene. Er ist jedoch leichtlöslich.

Zu der mit Weinsäure versetzten, ammoniakalisch gemachten Lsg. gibt man einige Tropfen einer 1%igen alkoholischen Dimethylglyoximlösung. Es bildet sich der intensiv r o t e Eisen(II)-Komplex. Die zugesetzte Weinsäure verhindert die Fällung von Fe(OH)$_2$ und

Fe(OH)$_3$ durch Komplexbildung, so daß der sehr empfindliche Nachweis auch bei Anwesenheit von Fe^{3+} ausführbar ist.

$$\text{EG: } 5\,\mu\text{g Fe/ml}, \qquad \text{pD: } 5{,}3$$

13. Nachweis von Fe(II) als Turnbulls Blau

Eine K$_3$[Fe(CN)$_6$]-Lsg. versetze man
a) mit Fe(II)-Salzlsg.: tiefblaue Fällung von *Turnbulls* Blau (s. S. 359),
b) mit Fe(III)-Salzlsg.: braune Färbung.
Die Fällungen von Fe^{2+} mit K$_3$[Fe(CN)$_6$] und von Fe^{3+} mit K$_4$[Fe(CN)$_6$] sind äußerst empfindlich.

14. Nachweis von Fe(II) als 2,2'-Bipyridin- bzw. 1,10-Phenanthrolin-Chelat
(s. S. 634)

III. Reaktionen und Nachweis für Fe(III)

Für die folgenden Reaktionen benutze man eine verd. FeCl$_3$-Lösung.

1. Reduktion von Fe^{3+} in saurer Lösung

Fe^{3+} wird durch zahlreiche Reduktionsmittel in saurer Lösung vollständig zu Fe^{2+} reduziert, bei Verwendung von KI als Reduktionsmittel erfolgt nur eine teilweise Reduktion und Ausbildung eines Gleichgewichts (s. auch 7., S. 418). Die Beseitigung des ausgeschiedenen Iods führt zu einer quantitativen Reduktion des Fe^{3+}. Die Reaktion kann daher unter entsprechenden Bedingungen zur quantitativen maßanalytischen Bestimmung von Fe^{3+} verwendet werden.

Man versetze eine schwefelsaure Fe(III)-Salzlsg. mit einigen Körnchen KI: Iodausscheidung, die durch Zugabe von Stärkelsg. (Blaufärbung) deutlich nachweisbar ist.
In Gegenwart von stärkeren Reduktionsmitteln wird Fe^{3+} in saurer Lsg. vollständig zu Fe^{2+} reduziert.
Geeignet sind:
a) H$_2$S: $2\,\text{Fe}^{3+} + \text{H}_2\text{S} \rightarrow 2\,\text{Fe}^{2+} + \text{S}\downarrow + 2\,\text{H}^+$
wobei kolloider Schwefel die Lsg. milchig trübt.
b) H$_2$SO$_3$: $2\,\text{Fe}^{3+} + \text{HSO}_3^- + \text{H}_2\text{O} \rightarrow 2\,\text{Fe}^{2+} + \text{SO}_4^{2-} + 3\,\text{H}^+$
c) SnCl$_2$: $2\,\text{Fe}^{3+} + \text{Sn}^{2+} \rightarrow 2\,\text{Fe}^{2+} + \text{Sn}^{4+}$
d) H$_{\text{nasc.}}$ bzw. unedle Metalle, z.B. Fe, Zn, Cd, in saurer Lsg.: $2\,\text{Fe}^{3+} + \text{Fe} \rightarrow 3\,\text{Fe}^{2+}$
Eisen wird verwendet, wenn man eine reine Eisen(II)-Salzlsg. erhalten will, Cadmium, wenn man zur quantitativen Analyse das Fe^{3+} in Fe^{2+} überführen muß.
e) Hydroxylamin (s. S. 323): $4\,\text{Fe}^{3+} + 2\,\text{NH}_2\text{OH} \rightarrow 4\,\text{Fe}^{2+} + \text{N}_2\text{O} + 4\,\text{H}^+ + \text{H}_2\text{O}$

2. NaOH, Ammoniak, Na$_2$CO$_3$ und Urotropin

Rotbrauner Niederschlag von Fe(OH)$_3$, schwer lösl. im Überschuß des Fällungsmittels sowie in Ammoniumsalzen.
Fe(OH)$_3$ löst sich wie Al(OH)$_3$ u.a. Hydroxide in ammoniakalischen oder alkalischen Lösungen mancher organischer Verbindungen, wie Weinsäure, unter Bildung eines Chelatkomplexes auf.

3. NaCH₃COO

$$[Fe_3(O)(CH_3COO)_6(H_2O)_3]^+ + 8\,H_2O \rightarrow 3\,Fe(OH)_3\downarrow + 6\,CH_3COOH + H^+$$

Man versetze die Fe^{3+}-Salzlsg. in der Kälte tropfenweise mit $(NH_4)_2CO_3$- oder Na_2CO_3-Lsg., bis die Lsg. annähernd neutralisiert ist. Man erkennt das daran, daß der an der Einlaufstelle sich bildende Niederschlag nur noch sehr langsam gelöst wird. Sollte das nicht der Fall sein, so bringe man ihn durch 1 Tropfen verd. HCl wieder in Lösung. Dann fügt man einen Überschuß von Natriumacetat hinzu. Die Lsg. färbt sich t i e f r o t infolge Bildung eines komplexen basischen Eisenacetats etwa der Zusammensetzung $[Fe_3(O)(CH_3COO)_6(H_2O)_3]^+CH_3COO^-$. Die Struktur des Kations ist nachfolgend abgebildet.

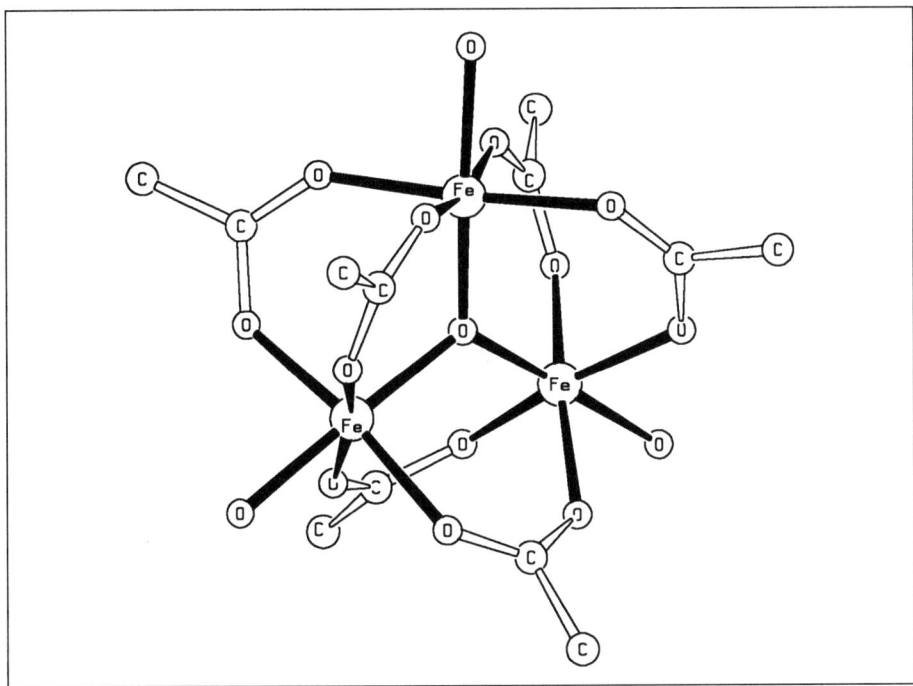

Erhitzt man jetzt bis fast zum Sieden, so fällt $Fe(OH)_3$ aus, u. es tritt Geruch nach Essigsäure auf. Da es sich nicht um eine Ionenreaktion handelt, erfolgt die Gleichgewichtseinstellung nur sehr langsam u. verläuft erst bei Siedehitze mit ausreichender Geschwindigkeit (vgl. S. 417).

4. H₂S

In saurer Lsg. Reduktion zu Fe^{2+} (vgl. 1.).

5. (NH₄)₂S

$$2\,Fe^{3+} + 3\,S^{2-} \rightarrow Fe_2S_3\downarrow \rightarrow 2\,FeS\downarrow + S\downarrow$$

In neutraler oder ammoniakalischer Lsg. s c h w a r z e r Niederschlag von FeS u. S. Lösl. in verd. Mineralsäuren unter Entwicklung von H_2S. Zurück bleibt Schwefel.

6. Natriumhydrogenphosphat

$$Fe^{3+} + HPO_4^{2-} + CH_3COO^- \rightarrow FePO_4\downarrow + CH_3COOH$$

In essigsaurer Lsg. weißer, etwas gelbstichiger Niederschlag von $FePO_4$. Schwerlösl. in CH_3COOH, lösl. in Mineralsäuren.

7. Ausethern von FeCl₃

Die in salzsauren $FeCl_3$-Lösungen vorliegenden komplexen Chloroferrate(III) (vgl. S. 417) sind in Ether leichter löslich als in der salzsauren wäßrigen Lösung, können also aus letzterer mit Ether extrahiert werden (*Nernst*sches Verteilungsgesetz, s. S. 62). Man macht von dieser Möglichkeit, das Eisen „auszuethern", Gebrauch, um einen Überschuß von Fe(III), der die Abtrennung und den Nachweis anderer Metallionen erschweren würde, zu entfernen. Das Verfahren ist besonders für die weiter unten beschriebene Trennung der Elemente der $(NH_4)_2S$-Gruppe mit Urotropin von Bedeutung.

Die Fe(III)-haltige salzsaure Probelsg. versetzt man mit so viel konz. HCl, daß diese etwa 60% des Gesamtvolumens ausmacht, u. kühlt in Eiswasser. In einem Schütteltrichter wird die Lsg. nun mit dem gleichen Volumen Ether, der zuvor durch Schütteln mit konz. HCl gesättigt wird, versetzt u. kräftig durchgemischt. Die Hauptmenge des Eisens befindet sich nun in der etherischen Schicht u. kann mit dieser von der wäßrigen Lsg. abgetrennt werden. Durch Prüfen mit SCN^- überzeuge man sich, daß nur noch geringe Mengen Fe(III) in der salzsauren wäßrigen Lsg. zurückgeblieben sind.

8. Nachweis von Fe(III) als Berliner Blau

$K_4[Fe(CN)_6]$-Lsg. gebe man zu
a) Fe(III)-Lsg.: tiefblauer Niederschlag von Berliner Blau (s. S. 359f.). Der Niederschlag ist in Säuren schwerlöslich, wird aber – wie alle schwerlöslichen Hexacyanoferrate(II) – von Laugen zersetzt (s. S. 358).
b) Mit Fe(II)-Salzlösung: zunächst weißlicher bis hellblauer Niederschlag von $\overset{+II}{Fe_2}[\overset{+II}{Fe}(CN)_6]$, der sich an der Luft bald tief blau färbt (Oxidation zum Fe(III)-Salz der Hexacyanoeisen(II)-säure).

9. Nachweis von Fe(III) als Fe(SCN)₃

$$Fe^{3+} + 3\,SCN^- \rightleftharpoons Fe(SCN)_3$$

Die sehr empfindliche Thiocyanat-Reaktion auf Fe^{3+}-Ionen kann auf der Tüpfelplatte, auf Filterpapier oder im Reagenzglas durchgeführt werden. Die tiefrote Fe^{3+}-Verbindung läßt sich mit Ether oder Amylalkohol aus der wäßrigen Phase extrahieren.

1 Tropfen der schwach HCl-sauren Fe^{3+}-Lsg. wird auf der Tüpfelplatte mit 1 Tropfen 1 mol/l NH_4SCN versetzt. Eine blutrote Färbung zeigt Fe an.

EG: 0,25 µg Fe^{3+},   pD: 5,3

Bei Ausführung der Reaktion in einem Reagenzglas u. anschließender Extraktion des $Fe(SCN)_3$ in Ether oder Amylalkohol erhöht sich die Empfindlichkeit bedeutend. Es lassen sich dabei in 5 ml Lsg. noch 3 µg Fe^{3+} nachweisen, was einer Grenzkonzentration von ca. pD 6,2 entspricht.

Störungen: Co^{2+} und Mo^{3+} stören infolge Bildung b l a u e r bzw. r o t e r SCN^--Verbindungen. Nitrite rufen in saurer Lösung durch Bildung von Nitrosylthiocyanat, NOSCN, eine R o t f ä r b u n g hervor, die der des Eisenthiocyanats sehr ähnlich ist. Ferner beeinträchtigen Hg^{2+}-Ionen durch Bildung von wenig dissoziiertem $Hg(SCN)_2$, F^- durch $[FeF_6]^{3-}$-Komplexbildung, die Anionen organischer Säuren ebenfalls durch Komplexbildung und auch PO_4^{3-}, AsO_4^{3-}, Borat-Ionen sowie ein größerer Mineralsäureüberschuß die Reaktion. Es ist daher ratsam, vor der Prüfung mit SCN^- die Fe^{3+}-Ionen als $Fe(OH)_3$ auszufällen (s. S. 420) oder die störenden Anionen in neutraler Lösung mit Ba^{2+} abzutrennen.

4.3.3.6 Aluminium

Al, Z: 13, RAM: 26,98154, $3s^2\,3p^1$

Häufigkeit: 7,57 Gew.-%. Smp.: 660 °C. Sdp.: 2467 °C. D_{25}: 2,7 g/cm³. Oxidationsstufen: + III. Ionenradius $r_{Al^{3+}}$: 51 pm. Standardpotential: $Al^{3+} + 3e^- \rightleftharpoons Al$; $E^0 = -1,676$ V.

Vorkommen: Aluminium ist das dritthäufigste Element. In großen Mengen findet man Alumosilicate, z. B. Feldspäte und Glimmer bzw. deren Verwitterungsprodukte, die Tone. Das wichtigste Gestein für die Al-Gewinnung stellt der rote Bauxit dar. Er enthält u. a. das Mineral Böhmit, AlO(OH). Demgegenüber ist das Vorkommen als Kryolith, $Na_3[AlF_6]$, gering.

Darstellung: Beim *Bayer*-Verfahren schließt man gemahlenen Bauxit mit Natronlauge bei 250 °C unter Druck auf und filtriert den Rückstand ab („Rotschlamm", $Fe(OH)_3$ und andere Verunreinigungen). Aus der auf 55–70 °C abgekühlten, dadurch übersättigten Aluminatlösung wird kristalliner Hydrargillit, $Al(OH)_3$ nach vorherigem Impfen „ausgerührt" und zu Al_2O_3 geglüht. Dieses wird in $Na_3[AlF_6]$ gelöst der Schmelzflußelektrolyse unterworfen.

Bedeutung: Aluminium und Aluminiumlegierungen besitzen durch ihr geringes spezifisches Gewicht und ihre Korrosionsbeständigkeit (s. unten) große Bedeutung im Hoch-, Industrie- und Apparatebau, zur Herstellung von Auto- und Flugzeugteilen sowie von Verpackungen und Gebrauchsgütern. Die aluminothermischen Verfahren (s. S. 188) nutzen die hohe Bildungswärme des Al_2O_3 aus (Herstellung C-freier Metalle; Verschweißen von Schienenstößen). Tonmineralien dienen als Rohstoff in der Keramikindustrie, natürliche und künstliche Aluminiumoxide (Schmirgel, Korund) als Schleifmittel. In der Chromatographie verwendet man u. a. Al_2O_3 als stationäre Phase. AlN eignet sich für Tiegel und Isolierplatten unter Si-Transistoren. Wasserfreies $AlCl_3$ spielt eine Rolle als Katalysator bei organischen Synthesen, z. B. bei der *Friedel-Crafts*-Reaktion. $Li[AlH_4]$ wird als Reduktionsmitel verwendet s. S. 386. Lösliche Aluminiumsalze wie Alaune und Aluminiumacetat (essigsaure Tonerde) fällen Eiweiß und wirken adstringierend und antiseptisch.

Allgemeine Eigenschaften: Aluminium steht in der dritten Hauptgruppe des PSE und tritt in der Oxidationsstufe + III auf.

Unter Normalbedingungen ist Aluminium an der Luft beständig, da sich eine festhaftende dünne Oxidhaut bildet (Passivierung). Beim Eloxalverfahren wird sie künstlich erzeugt.

Die aus wäßrigen Lösungen dargestellten Aluminiumsalze sind meist wasserhaltig ($AlCl_3 \cdot 6 H_2O$, $Al(NO_3)_3 \cdot 9 H_2O$). Beim Entwässern durch Erhitzen erfolgt Hydrolyse unter Oxidbildung:

$$2[Al(H_2O)_6]Cl_3 \rightarrow Al_2O_3 + 6 HCl + 9 H_2O\uparrow$$

Fortsetzung

> Eisen(III)- und Chrom(III)-salze verhalten sich ähnlich, doch verdampft Fe(III) z.T. als $FeCl_3$. Die Darstellung wasserfreier Salze muß unter Feuchtigkeitsausschluß (s. S. 226) erfolgen.
>
> Aluminiumsulfat bildet ebenso wie die Sulfate anderer M^{3+}-Ionen (Fe^{3+}, Cr^{3+}, Mn^{3+}) mit M^+-Sulfaten (K^+, Rb^+, Cs^+, NH_4^+, Tl^+, dagegen nicht Na^+) aus wäßrigen Lösungen „Doppelsalze" der allgemeinen Zusammensetzung $M(I)M(III)$-$(SO_4)_2 \cdot 12H_2O$ (Alaune) (Darstellung s. S. 206). Alle Alaune kristallisieren im kubischen System als schöne Oktaeder. Im Kristallgitter vermögen sich Fe^{3+}, Cr^{3+} und Al^{3+} gegenseitig zu ersetzen; das gleiche gilt für M^+. Die Alaune bilden miteinander Mischkristalle. Allgemeine Voraussetzung für Mischkristallbildung ist jedoch in erster Linie nicht gleiche Ladung, sondern ähnlicher Ionenradius bei Kationen bzw. Anionen. Außerdem erforderlich sind gleicher Formeltyp und meist gleiche Kristallform (Isomorphie).

1. Aktivierung von Al mit Hg^{2+}

$$2Al + 3Hg^{2+} \rightarrow 2Al^{3+} + 3Hg$$
$$4Al + 6H_2O + 3O_2 \rightarrow 4Al(OH)_3$$

Aufgrund der Spannungsreihe wird Hg^{2+} auf Aluminiumblech zu elementarem Hg reduziert. Das entstehende Aluminiumamalgam wird durch den Luftsauerstoff schnell oxidiert, da sich auf der Oberfläche der Legierung keine zusammenhängende Oxidhaut bildet.

2. Löslichkeit von Aluminium

$$2Al + 2OH^- + 6H_2O \rightarrow 2[Al(OH)_4]^- + 3H_2\uparrow$$

Metallisches Aluminium löst sich sowohl in Säuren als auch in Basen, da $Al(OH)_3$ amphoteren Charakter besitzt.

Man löse Al-Schnitzel oder Al-Grieß in NaOH. Zu der Lauge hinzugesetztes Nitrat wird von dem sich entwickelnden naszierenden Wasserstoff zu NH_3 reduziert (s. bei HNO_3, 4., S. 331).

Für die nachstehenden Reaktionen verwende man eine Al-Salzlösung mit 0,1 mol/l Al^{3+} bzw. die entsprechend vorbereitete Analysenlösung.

3. NaOH oder KOH

$$Al^{3+} + 3OH^- \rightarrow Al(OH)_3\downarrow$$
$$Al(OH)_3 + 3H^+ \rightleftharpoons Al^{3+} + 3H_2O$$
$$Al(OH)_3 + OH^- \rightleftharpoons [Al(OH)_4]^-$$
$$[Al(OH)_4]^- + NH_4^+ \rightarrow Al(OH)_3\downarrow + NH_3 + H_2O$$

Bei tropfenweiser Zugabe von Alkalihydroxid bildet sich zunächst ein Niederschlag von weißem $Al(OH)_3$, der sowohl in Säuren als auch in überschüssiger Lauge löslich ist. Mit starken Laugen bildet sich Hydroxoaluminat, das nur in alkalischer Lösung beständig ist. Versetzt man die Lösung mit einer zur Umsetzung mit der überschüssigen Lauge und dem Aluminat ausreichender Menge NH_4Cl, so fällt im Gegensatz zu Zn^{2+}, besonders schnell beim Kochen, $Al(OH)_3$ vollständig aus.

4. Ammoniak

Ebenfalls Niederschlag von $Al(OH)_3$, nicht lösl. im Überschuß (Unterschied von Zn). Ein großer Überschuß von konz. Ammoniak kann allerdings etwas Hydroxid als Aluminat lösen, jedoch nur bei Abwesenheit von Ammoniumsalzen. In ammoniakalischer Weinsäurelsg. ist $Al(OH)_3$ unter Komplexbildung lösl. in Gegenwart von Tartraten fällt daher mit Ammoniak auch kein $Al(OH)_3$ aus.

Durch allmähliche Zugabe von OH^--Ionen zu einer Al-Salzlsg. erfolgt wie beim Fe^{3+} u. Cr^{3+} (vgl. S. 416) eine Aggregation zu höhermolekularen Teilchen, die schließlich bis zum kolloiden Verteilungszustand führt. $Al(OH)_3$-Gele zeigen ebenfalls die Erscheinungen des Alterns u. der Adsorptionsfähigkeit (s. S. 135 u. 136).

5. $NaCH_3COO$

$$Al^{3+} + 3CH_3COO^- + 2H_2O \rightleftharpoons Al(OH)_2CH_3COO\downarrow + 2CH_3COOH$$

Wie beim Fe^{3+} in der Hitze Niederschlag durch Hydrolyse.

6. Urotropin

Ebenfalls Fällung von $Al(OH)_3$ unter den gleichen Bedingungen und in gleicher Weise wie bei Fe^{3+} (vgl. S. 420).

7. H_2S, $(NH_4)_2S$

Mit H_2S in neutraler und saurer Lsg. kein Niederschlag mit $(NH_4)_2S$ infolge Hydrolyse Fällung von $Al(OH)_3$:

$$2Al^{3+} + 3S^{2-} + 6H_2O \rightarrow 2Al(OH)_3\downarrow + 3H_2S\uparrow$$

8. Na-Phosphat

Weißer voluminöser Niederschlag von $AlPO_4$, wie $FePO_4$ schwerlösl. in Essigsäure, lösl. in Mineralsäuren. In Ammoniak ist $AlPO_4$ schwerlösl., wenn es in ammoniumsalzhaltiger Lsg. vorliegt. Der abfiltrierte, ausgewaschene Niederschlag ist in konz. Ammoniak jedoch etwas löslich.

9. Nachweis als Thénards Blau

$$Al_2O_3 + Co(NO_3)_2 \rightarrow 2NO_2 + \tfrac{1}{2}O_2 + CoAl_2O_4$$

Die beiden Oxide vereinigen sich durch Reaktion im festen Zustand zu *Thénards* Blau. (Darst. s. S. 197). $CoAl_2O_4$ gehört zu den Spinellen, von denen $MgAl_2O_4$ der bekannteste ist.

Man fälle etwas $Al(OH)_3$ aus, filtriere, wasche gut aus, trockne und bringe es auf eine Magnesiarinne. Dann wird mit einem Tropfen einer sehr verd. $Co(NO_3)_2$-Lösung (höchstens 0,1%ig) befeuchtet und in der oxidierenden Flamme geglüht.

Bei einem Überschuß an $Co(NO_3)_2$ entsteht schwarzes Co_3O_4, das die blaue Farbe überdeckt!

Analytische Chemie

4

Störungen: SiO_2, B_2O_3 und P_2O_5 geben ähnliche Reaktionen und müssen deshalb vorher entfernt werden. Diese Stoffe, besonders SiO_2, dürfen auch nicht als Verunreinigung in der Magnesiarinne enthalten sein.
Die Reaktion ist sehr empfindlich.

10. Nachweis als Caesiumalaun, $CsAl(SO_4)_2 \cdot 12H_2O$

$$Al^{3+} + Cs^+ + 2SO_4^{2-} + 12H_2O \rightarrow CsAl(SO_4)_2 \cdot 12H_2O\downarrow$$

Falls Cs_2SO_4 oder $CsCl$ zur Verfügung steht, eignet sich die Caesiumalaun-Reaktion gut zur Identifizierung von Al, wenn es von den anderen Kationen im Analysengang abgetrennt worden ist.

1 Tropfen der HCl- oder H_2SO_4-sauren Probelsg. wird auf dem Objektträger bis fast zur Trockne eingedampft. Dann wird ein kleiner Cs_2SO_4-Kristall oder besser eine Mikrospatelspitze einer trockenen, fein zerriebenen Mischung aus einem kleinen CsCl-Kristall mit einem etwas größeren $KHSO_4$-Kristall dem Probetröpfchen zugesetzt u. angehaucht, bis das Reagenz zerfließt. Die Bildung von farblosen oktaedrischen Kristallen neben ungelösten Reagenzkörnchen zeigt Al an. Betrachtung unter dem Mikroskop. (V.: 1:50–100, Kristallaufnahme Nr. 18).

EG: 0,2 µg Al,   pD: 5,4

Störungen: Alle Kationen, die zur Alaunbildung befähigt sind, geben ähnliche Reaktionen.

11. Nachweis als Alizarin S-Farblack

Al^{3+} bildet mit dem Farbstoff Alizarin S einen sogenannten Farblack (Näheres s. S. 615f.). Die rote Verbindung ist in verd. CH_3COOH schwerlöslich, während die rotviolette Färbung der ammoniakalischen Alizarinlösung beim Ansäuern in Gelb umschlägt.

Zum Nachweis von Al wird die saure Lsg. mit möglichst wenig KOH alkalisch gemacht und zentrifugiert. 1 Tropfen des Zentrifugats wird auf der Tüpfelplatte oder auf dem Objektträger mit 1 Tropfen Reagenzlsg. versetzt und 1 mol/l CH_3COOH bis zum Verschwinden der rotvioletten Farbe und danach noch ein weiterer Tropfen CH_3COOH zugegeben. Die Bildung eines r o t e n Niederschlags oder eine R o t färbung zeigt Al an. Der Niederschlag wird häufig erst nach einigem Stehen sichtbar.

EG: 0,5 µg Al,   pD: 5,6

Störungen: Fe, Cr und Ti geben ähnlich farbige, gegen CH_3COOH stabile Lacke. Die entsprechende Zirconiumverbindung (vgl. 7., S. 454) fällt bereits aus salzsaurer Lösung aus und kann dadurch leicht von dem in verd. HCl löslichen Al-Lack unterschieden werden. Auch Erdalkalien in konz. Lösungen geben farbige Niederschläge mit Alizarin S., die jedoch in Essigsäure löslich sind.
Reagenz: 0,1%ige wäßrige Lsg. von Na-Alizarinsulfonat.

12. Nachweis als Aluminiumoxinat und Trennung von Be

8-Hydroxychinolin (Oxin) (s. S. 613) bildet mit vielen Metallionen (Al^{3+}, Fe^{2+}, Mg^{2+}, Mn^{2+}, Ni^{2+}, Co^{2+}, Bi^{3+}, Cd^{2+}, Zn^{2+}, UO_2^{2+} u. a.) schwerlösliche Niederschläge, die sogenannten Oxinate. Durch geeignete Variation des pH-Wertes lassen sich mittels Oxin zahlreiche Trennungen durchführen, die hauptsächlich in der quantitativen Analyse Bedeutung besitzen. Neben der Fällung von Mg-Oxinat (s. s. 641) ist besonders die Trennung von Al und Be für die qualitative Analyse von Interesse, da der Nachweis von Be und Al nebeneinander gewisse Schwierigkeiten bietet.

Die schwach salzsaure, Al^{3+}- u. Be^{2+}-haltige Probelsg. wird mit 3–4%iger Oxinlsg. in 10%iger Essigsäure (ca. 3 ml Oxinlsg./5 mg Al) versetzt und im Wasserbad erhitzt. Eine hierbei auftretende Trübung bringt man mit 1–2 Tropfen 5 mol/l HCl wieder in Lösung. Die klare Lsg. wird nun tropfenweise mit 5 mol/l NH_4CH_3COO bis zur bleibenden Trübung und danach mit weiteren 20–30 Tropfen versetzt. Anschließend erwärmt man etwa 10 min auf dem Wasserbad u. zentrifugiert das g e l b g r ü n e Al-Oxinat ab. Ist außer Al auch UO_2^{2+} zugegen, so ist der Niederschlag r o t b r a u n gefärbt. Das Zentrifugat dieser Fällung muß durch überschüssiges Oxin g e l b bis o r a n g e gefärbt sein. Es wird mit 5 mol/l NaOH eben alkalisch gemacht, wobei in Gegenwart von Be ein w e i ß g e l b e s Gemisch von $Be(OH)_2$ und Be-Oxinat ausfällt. Zur Identifizierung von Al u. Be werden die entsprechenden Oxinat-Niederschläge mit wenig heißem Wasser gewaschen, getrocknet und zur Zersetzung der organischen Substanz kurz geglüht. Nach dem Auflösen der Glührückstände in Säure bzw. Aufschließen mit $KHSO_4$ wird Al mittels einer der hier beschriebenen Nachweis-Reaktionen und Be mit Chinalizarin (s. S. 428) identifiziert.

Wird die Al-Oxinatfällung als direkter Nachweis für Al benutzt, so gilt

EG: 3 µg Al/ml,   pD: 5,5

Störungen: Innerhalb der Urotropingruppe (s. Tab. 5.15, S. 568f.) wird diese Trennung nur von UO_2^{2+} sowie Oxalationen gestört.

13. Nachweis als fluoreszierende Morin-Komplexverbindung (s. S. 632)

14. Nachweis als Chinalizarin-Farblack (s. S. 631f.)

15. Nachweis als Aluminon-Farblack (s. S. 630)

4.3.3.7 Beryllium

Be, Z: 4, RAM: 9,01218, $2s^2$

Häufigkeit: $5,3 \cdot 10^{-4}$ Gew.-%. Smp.: 1278 °C. Sdp.: 2970 °C. D_{25}: 1,85 g/cm³. Oxidationsstufen: + II. Ionenradius $r_{Be^{2+}}$: 35 pm. Standardpotential: $Be^{2+} + 2e^- \rightleftharpoons Be$; $E^0 = -1,97$ V.

Vorkommen: Das wichtigste Mineral ist der in Pegmatiten vorkommende Beryll, $Al_2Be_3[Si_6O_{18}]$, gefärbte Abarten sind die Edelsteine Smaragd und Aquamarin. Weiterhin ist Beryllium noch im Euklas, $AlBe(OH)[SiO_4]$, und im Gadolinit, $Y_2Fe(II)Be_2O_2[SiO_4]_2$, enthalten.

Darstellung: Berylliummetall wird aus BeF_2 durch Reduktion mit Mg bei hohen Temperaturen hergestellt, oder durch Schmelzflußelektrolyse des $BeCl_2$-NaCl-Eutektikums.

Bedeutung: Be-Zusätze in Cu-, Al-, Ni- und Co-Werkstoffen erhöhen deren Härte, Festigkeit, Korrosions- und Temperaturbeständigkeit beträchtlich.

Reines Beryllium dient zur Herstellung von Röntgenfenstern. Neutronenquellen im Labormaßstab bestehen häufig aus einem Gemisch von Be und einem α-Strahler, wie Radium.

Fortsetzung

> Keramik aus BeO ist feuerfest, gut wärmeleitend und noch bei hohen Temperaturen ein Isolator. Sie eignet sich für Tiegel, Flugzeugzündkerzen und Isoliermaterial der Radarröhren.
>
> **Allgemeine Eigenschaften:** Beryllium, das erste Element der zweiten Hauptgruppe des PSE, tritt in der Oxidationsstufe $+ II$ auf. Es ähnelt dem Aluminium mehr als seinen höheren Homologen (Schrägbeziehung s. S. 18). $Be(OH)_2$ ist wie $Al(OH)_3$ amphoter; analog hydrolysieren Berylliumsalze in wäßriger Lösung.
>
> Metallisches Be wird von Säuren gelöst, zeigt aber wie Al gegenüber oxidierenden Säuren die Erscheinung der Passivierung.
>
> **Berylliumverbindungen sind giftig und wahrscheinlich krebserzeugend. Eingeatmeter Oxid- oder Metallstaub (MAK-Wert 0,002 mg/m³) ist stark giftig.**
>
> Wegen der Ähnlichkeit des Berylliums mit Aluminium erfolgt seine Besprechung an dieser Stelle.

Für die nachfolgenden Reaktionen benutze man eine Lösung von $BeCl_2$ oder $Be(NO_3)_2$ bzw. die entsprechend vorbereitete Analysenlösung.

1. NaOH, Ammoniak, Urotropin

$$Be^{2+} + 2OH^- \rightarrow Be(OH)_2\downarrow$$
$$Be(OH)_2 + 2OH^- \rightleftharpoons [Be(OH)_4]^{2-}$$

Weißer, gelatinöser Niederschlag von $Be(OH)_2$, der in Säuren lösl. ist. Als amphoteres Hydroxid ist $Be(OH)_2$ auch in Laugen als Beryllat leichtlösl.

Bei der Fällung mit Ammoniak bewirkt ein Überschuß keine Auflösung des $Be(OH)_2$ (vgl. $Al(OH)_3$, S. 425). Aus den Beryllatlösungen fällt auf Zusatz von NH_4Cl das Hydroxid wieder aus. $(NH_4)_2CO_3$ löst das $Be(OH)_2$ unter Bildung von Doppelcarbonaten.

2. Carbonate

Weißes, basisches Berylliumcarbonat, lösl. im Überschuß von $(NH_4)_2CO_3$; jedoch wird beim Kochen das Carbonat wieder ausgefällt. Mit Bariumcarbonat erfolgt beim Kochen eine vollständige Fällung von $Be(OH)_2$.

3. HCl + Ether

Dampft man eine salzsaure Berylliumsalzlsg. bis fast zur Trockne ein und versetzt mit einer Mischung gleicher Teile konz. HCl u. mit HCl-Gas gesättigtem Ether, so bleibt das Beryllium in Lösung. Unter gleichen Bedingungen gibt Aluminium einen weißen, kristallinen Niederschlag von $AlCl_3 \cdot 6H_2O$. Wichtiges Verfahren zur Trennung von Al und Be, besonders geeignet zur Abtrennung eines Al-Überschusses vor dem Nachweis des Be.

4. Nachweis als Chinalizarin-Chelatkomplex

Be^{2+} gibt mit Chinalizarin (Formel s. S. 631) in alkalischer Lösung ebenso wie Mg^{2+} (s. 5., S. 642) eine blaue, schwerlösliche Verbindung, die im Gegensatz zu dem Mg-Lack vermutlich als echtes Komplexsalz anzusprechen ist. Durch Bromwasser wird der Be(II)-Komplex in NaOH-Lösung zerstört, während der Mg-Lack einige Zeit beständig ist.

In ammoniakalischer Lösung bzw. Suspension wird dagegen der Be(II)-Komplex von Bromwasser nicht angegriffen und der Mg-Lack völlig zerstört.

Zum Nachweis von Be wird die saure Lsg. mit möglichst wenig KOH oder NaOH deutlich alkalisch gemacht und zentrifugiert. 1 Tropfen des Zentrifugats wird auf der Tüpfelplatte mit 1 Tropfen frisch bereiteter Reagenzlsg. versetzt. Eine Blaufärbung oder ein blauer Niederschlag zeigt Be an. Verschwindet die Blaufärbung bei vorsichtiger Zugabe von Bromwasser nicht sofort und vollständig, so ist außerdem Mg zugegen.

EG: 0,15 µg Be,   pD: 5,5

Störungen: Fe, Cr, Th und Seltene Erden stören und müssen abgetrennt, Co und Ni können mit KCN maskiert werden.
Reagenz: 0,05%ige Lsg. von Chinalizarin in 0,1 mol/l NaOH oder gesättigte alkoholische Chinalizarinlösung.

5. Nachweis als fluoreszierender Morin-Farblack (s. S. 632)

4.3.3.8 Chrom

Cr, Z: 24, RAM: 51,996, $3d^5 4s^1$

Häufigkeit: $1,9 \cdot 10^{-2}$ Gew.-%. Smp.: 1857 °C. Sdp.: 2672 °C. D_{25}: 7,2 g/cm³. Oxidationsstufen: (+ I), (+ II), + III, (+ IV), (+ V), + VI. Ionenradius $r_{Cr^{2+}}$: 89 pm, $r_{Cr^{3+}}$: 63 pm. Standardpotential: $Cr^{3+} + 3e^- \rightleftharpoons Cr$; $E^0 = -0,74$ V.
$Cr_2O_7^{2-} + 14H^+ + 6e^- \rightleftharpoons 2Cr^{3+} + 7H_2O$; $E^0 = +1,38$ V.
Vorkommen: Im Rotbleierz, $PbCrO_4$, wurde das Chrom entdeckt. Zur Gewinnung von Chrom und aller Chromverbindungen dient einzig Chromeisenstein (Chromit), $FeCr_2O_4$.
Darstellung: Reines Chrom gewinnt man aus Ammoniumchromalaunlösungen durch kathodische Reduktion bzw. aus Cr_2O_3 aluminothermisch (Darst. s. S. 189) oder durch Reduktion mit Kohlenstoff bei 1400 °C im Hochvakuum. Chrom-Eisen-Legierungen (Ferrochrom) werden durch Reduktion von Chromeisenstein mit Kohle im elektrischen Ofen erhalten.
Bedeutung: Reines Chrom ist infolge Passivierung chemisch widerstandsfähig und besitzt einen starken metallischen Glanz. Es dient daher als Metallüberzug.

Nichtrostende Stähle enthalten über 12% Chrom als Legierungsbestandteil (V2A-Stahl: 15–20% Cr, 5–9% Ni, 0,1–0,3% C). Chromstähle sind warmfest (Turbinenbau).

Dichromate werden für Verchromungsbäder, als Oxidationsmittel in der organischen Chemie und Chrom(III)-Verbindungen zum Gerben von Leder benötigt. Besonders beständige und farbintensive Mineralfarben sind Chromgelb, $PbCrO_4$, und Chromoxidgrün, Cr_2O_3.
Allgemeine Eigenschaften: Chrom als erstes Element der 6. Nebengruppe des PSE kann in seinen Verbindungen in den Oxidationsstufen von + I bis + VI auftreten.

Das Verhalten des elementaren Chroms gegen Säuren hängt von der Vorbehandlung ab. Starke Oxidationsmittel, wie z.B. HNO_3, bewirken weitgehende Passivierung (Standardpotential des passivierten Chroms + 1,3 V). Dagegen löst sich nicht passiviertes Chrom in verdünnten Säuren, wie HCl und H_2SO_4, auf.

Fortsetzung

> Die Verbindungen der Oxidationsstufe $+ I$, $+ IV$ und $+ V$ sind in Lösung unbeständig.
>
> Chrom(II)-salze, z. B. $CrCl_2$, sind in wäßriger Lösung meist blau und stellen starke Reduktionsmittel dar. Durch Übergang zu $Cr(III)$ kann sogar H_2O zu H_2 reduziert werden. Über die Darstellung des roten $Cr(CH_3COO)_2 \cdot 2H_2O$, s. S. 213 f.
>
> Die beständigen Chrom(III)-salze bilden in wäßriger Lösung Aquakomplexe verschiedener Zusammensetzung (Hydratisomerie):
>
> violette Hexaquakomplexe: $[Cr(H_2O)_6]^{3+}$,
>
> grüne Tetra- bzw. Pentaaquakomplexe: $[CrX_2(H_2O)_4]^+$ bzw. $[CrX(H_2O)_5]^{2+}$
>
> (X = Anion der Ladung -1, X_2 = zwei Anionen der Ladung -1 bzw. ein Anion der Ladung -2).
>
> Ein Beweis für die Strukturen ergibt sich daraus, daß z. B. beim $[CrCl_2(H_2O)_4]Cl \cdot H_2O$ mit Ag^+ nur $\frac{1}{3}$ des Cl^- und beim $[CrSO_4(H_2O)_4]_2SO_4$ mit Ba^{2+} nur $\frac{1}{3}$ des SO_4^{2-} ausfällt (Kinetische Stabilität, Kap. 1.11.3.4., S. 125).
>
> Die verschiedenen Aquakomplexe sind ineinander überführbar. In der Hitze ist die grüne Verbindung beständig, in der Kälte die violette (s. Versuch II. 1.).
>
> Wasserfreies, violettes $CrCl_3$ (Darst. s. S. 228) weist eine sehr geringe Hydrationsgeschwindigkeit auf. Es erscheint daher schwerlöslich (s. Versuch II. 2.).
>
> Über die Darstellung des Chromalauns s. S. 206.
>
> Die unbeständige Oxidationsstufe $+ V$ tritt in den roten Peroxochromaten(V), $\overset{+I}{M}_3[Cr(O_2)_4]$, auf. Über die Darstellung des $K_3[Cr(O_2)_4]$ s. S. 197. Die wichtigste Oxidationsstufe, $+ VI$, liegt in den gelben Chromaten, $\overset{+I}{M}_2CrO_4$, und den orangen Dichromaten, $\overset{+I}{M}_2Cr_2O_7$, vor.
>
> CrO_3 bildet rotbraune Nadeln (s. Chromschwefelsäure). Die freie Säure H_2CrO_4 ist nicht bekannt, wohl aber ihr Säurechlorid CrO_2Cl_2 (s. S. 272). Chromate und Dichromate sind starke Oxidationsmittel (s. auch Versuch 2., S. 433). Die Oxidation von $Cr(III)$ zu $Cr(VI)$ gelingt sowohl auf trockenem Wege als auch in Lösung, und zwar besonders leicht im Alkalischen.
>
> Über das Chromat-Dichromat-Gleichgewicht und Isopolysäuren s. S. 433 f.
>
> **Cr(VI)-Verbindungen sind stark toxisch und cancerogen.** Bei häufigem Umgang können Ekzeme und Geschwüre auftreten. Bei oraler Einnahme wirken $1-5$ g $K_2Cr_2O_7$ tödlich.

I. Gemeinsame Nachweise von Cr(III) und Cr(VI)

1. Vorproben

Die Phosphorsalz- bzw. Boraxperle ist bei Anwesenheit von Cr smaragdgrün gefärbt. Auf der Holzkohle findet keine Reduktion statt. Es bildet sich eine wenig charakteristische graugrüne Masse von Cr_2O_3.

II. Reaktionen und Nachweis für Cr(III)

1. Aqua- und Sulfatokomplexe

Bei Cr(III)-Komplexen tritt Hydratisomerie auf (s. o.).

Man löse feingepulvertes violettes $Cr_2(SO_4)_3 \cdot 18H_2O$ oder $KCr(SO_4)_2 \cdot 12H_2O$ (Chromalaun) in der Kälte in einigen ml Wasser auf. Die Lsg. ist durch $[Cr(H_2O)_6]^{3+}$ violett gefärbt.

Man erhitze zum Sieden. Die Lsg. färbt sich tiefgrün: $[CrSO_4(H_2O)_4]^+$.

2. Wasserfreies CrCl₃

Wasserfreies CrCl₃ ist scheinbar schwerlöslich (s. S. 430).

Einige Kristalle von wasserfreiem, v i o l e t t e m CrCl₃ versuche man in Wasser zu lösen. Erst beim Hinzufügen eines Stückchens Zink und HCl tritt Auflösung ein (zwischenzeitliche Bildung von Cr^{2+}-Spuren). Kochen von CrCl₃ mit NaOH gibt graugrünes $Cr(OH)_3$.

Für die nachstehenden Reaktionen verwende man eine Cr(III)-Salzlösung.

3. NaOH, Ammoniak, Na₂CO₃, Urotropin

Cr^{3+} verhält sich gegenüber OH^- ähnlich dem Fe^{3+}.

NaOH, Ammoniak, Na₂CO₃ und Urotropin fällen daher aus Cr(III)-Salzlösung g r a u - g r ü n e s $Cr(OH)_3$, das frisch gefällt leicht in verd. Säuren löslich ist. In der Kälte ist $Cr(OH)_3$ im Überschuß von Ammoniak bei Gegenwart von Ammoniumsalzen unter Bildung von $[Cr(NH_3)_6]^{3+}$ ein wenig löslich. Beim Kochen wird der Komplex aber zerstört, und sobald der Geruch nach Ammoniak verschwunden ist, fällt $Cr(OH)_3$ quantitativ aus. In Gegenwart von sehr viel Ammoniumsalzen kann die Fällung jedoch unterbleiben, weil dann infolge der Hydrolyse der Ammoniumsalze die Lsg. ganz schwach sauer werden kann, so daß $Cr(OH)_3$ peptisiert wird und kolloidal in Lsg. bleibt.

$Cr(OH)_3$ ist im Gegensatz zum $Fe(OH)_3$ schwach amphoter, in starken Laugen löst es sich mit t i e f g r ü n e r Farbe unter Bildung eines Hydroxosalzes auf:

$$Cr(OH)_3 + 3\,OH \rightarrow [Cr(OH)_6]^{3-}$$

Beim Kochen und Verdünnen fällt durch Hydrolyse $Cr(OH)_3$ wieder aus. Infolge Alterung sinkt die Löslichkeit in Laugen sehr stark, so daß es sich beim Abkühlen nicht wieder auflöst (Gegensatz zum Zink).

4. NaCH₃COO

Im Gegensatz zu Fe^{3+} und Al^{3+} fällt weder in der Kälte noch in der Hitze $Cr(OH)_3$ aus, weil sich ein sehr beständiger, mehrkerniger Komplex von der wahrscheinlichen Zusammensetzung $[Cr_3(O)(CH_3COO)_6(H_2O)_3]^+$ bildet (analoge Struktur des Fe-Komplexes s. S. 421). Sind aber Fe^{3+} und Al^{3+} zugegen, so enthält der Niederschlag von $Fe(OH)_3$ und $Al(OH)_3$ auch Chrom und die Lsg. selbst neben Cr(III) noch Fe(III) und Al(III). Wichtig für die Abtrennung der Schwermetalle in der Oxidationsstufe $+$ III von denen in der Oxidationsstufe $+$ II! Bei Anwesenheit von Chrom darf also Natriumacetat als Trennungsmittel nicht genommen werden.

5. H₂S, (NH₄)₂S

$$2\,Cr^{3+} + 3\,S^{2-} + 6\,H_2O \rightarrow 2\,Cr(OH)_3\downarrow + 3\,H_2S\uparrow$$

Mit H₂S kein Niederschlag, mit (NH₄)₂S g r ü n e r Niederschlag von $Cr(OH)_3$. Es fällt kein Cr_2S_3 aus, sondern durch Hydrolyse bildet sich $Cr(OH)_3$.

6. Na-Phosphat

Aus neutraler Lsg. Fällung von g r ü n e m, voluminösem $CrPO_4$, lösl. in Säuren.

7. Oxidation von Cr(III) in alkalischer Lösung

$$2\,Cr^{3+} + 3\,H_2O_2 + 10\,OH^- \rightarrow 2\,CrO_4^{2-} + 8\,H_2O$$

Man gieße zu einer Cr(III)-Salzlsg. eine Mischung von NaOH $+$ H₂O₂ oder NaOH $+$ Br₂. Die Farbe schlägt in G e l b um. Wichtig für den Trennungsgang (s. S. 561).

8. Oxidation von Cr(III) in saurer Lösung

$$2\,Cr^{3+} + 3\,S_2O_8^{2-} + 7\,H_2O \rightarrow Cr_2O_7^{2-} + 6\,SO_4^{2-} + 14\,H^+$$

Man versetze eine verd. H_2SO_4-Lsg. von Cr^{3+} mit etwas festem Alkaliperoxodisulfat und koche $\frac{1}{4}$ bis $\frac{1}{2}$ min. Infolge Bildung von $Cr_2O_7^{2-}$ färbt sich die Lsg. orange.

9. Nachweis durch Oxidationsschmelze

$$Cr_2O_3 + 3\,NO_3^- + 2\,CO_3^{2-} \rightarrow 2\,CrO_4^{2-} + 3\,NO_2^- + 2\,CO_2\uparrow$$

Auf einer Magnesiarinne schmelze man ein feingepulvertes Gemisch von Cr(III)-Salz mit der doppelten Menge von wasserfreiem Na_2CO_3 u. KNO_3. Nach dem Erkalten ist der Schmelzkuchen gelb (s. auch S. 533).

III. Reaktionen und Nachweise für Cr(VI)

Für die nachstehenden Reaktionen verwende man eine wäßrige Kaliumchromatlösung oder die vorbereitete Analysenlösung.

1. Gleichgewicht zwischen CrO_4^{2-}, $HCrO_4^-$ und $Cr_2O_7^{2-}$

$$CrO_4^{2-} + H^+ \rightleftharpoons HCrO_4^-$$
$$2\,HCrO_4^- \rightleftharpoons Cr_2O_7^{2-} + H_2O$$

Über pH = 8 liegt Cr(VI) als CrO_4^{2-} vor. Zwischen pH = 6 bis pH = 2 enthalten sehr verdünnte Lösungen praktisch nur $HCrO_4^-$, stärker saure auch H_2CrO_4. In nicht so stark verdünnten Lösungen kondensiert $HCrO_4^-$ zu $Cr_2O_7^{2-}$. Die Gleichgewichte hängen nicht nur von der H^+-Ionenkonzentration, sondern auch von der Verdünnung ab.

Man löse wenig gelbes K_2CrO_4 in Wasser u. säure mit verd. HNO_3 an: Umschlag nach Orange ($HCrO_4^-$). Beim Versetzen mit Alkalilauge entsteht wieder die gelbe Farbe.

Säuert man eine konzentrierte Dichromatlösung mit 2,5 mol/l H_2SO_4 an, so wird die Farbe dunkler, und unter geeigneten Bedingungen können aus solchen Lösungen Salze einer Tri- oder Tetrachromsäure auskristallisieren. Bei weiterem Ansäuern mit konz. H_2SO_4 bilden sich, neben gelösten Sulfato-Komplexen wie $[CrO_3(SO_4)]^{2-}$ und Abscheidungen von $(CrO_2)SO_4$, kristalline Niederschläge des roten Anhydrids, CrO_3.

$$6\,Cr_2O_7^{2-} + 6\,H^+ \rightleftharpoons 4\,Cr_3O_{10}^{2-} + 2\,H^+ + 2\,H_2O \rightleftharpoons 3\,Cr_4O_{13}^{2-} + 3\,H_2O$$
$$Cr_4O_{13}^{2-} + 2\,H^+ \rightleftharpoons 4\,CrO_3 + H_2O$$

Bei der Chromsäure und vielen anderen, wie Molybdänsäure, Wolframsäure, Vanadinsäure, Niobsäure, Tantalsäure, Kieselsäure und Zinnsäure tritt in wäßriger Lösung mit Erhöhung der H^+-Ionenkonzentration, also beim Gang vom alkalischen in das saure Gebiet, eine Kondensation zu höhermolekularen Gebilden ein. Entsprechend den Isopolybasen (s. S. 416) werden diese **Isopolysäuren** genannt.

Die Konstitution dieser Isopolysäuren ergibt sich durch Verkettung von Metallatomen über Sauerstoffbrücken:

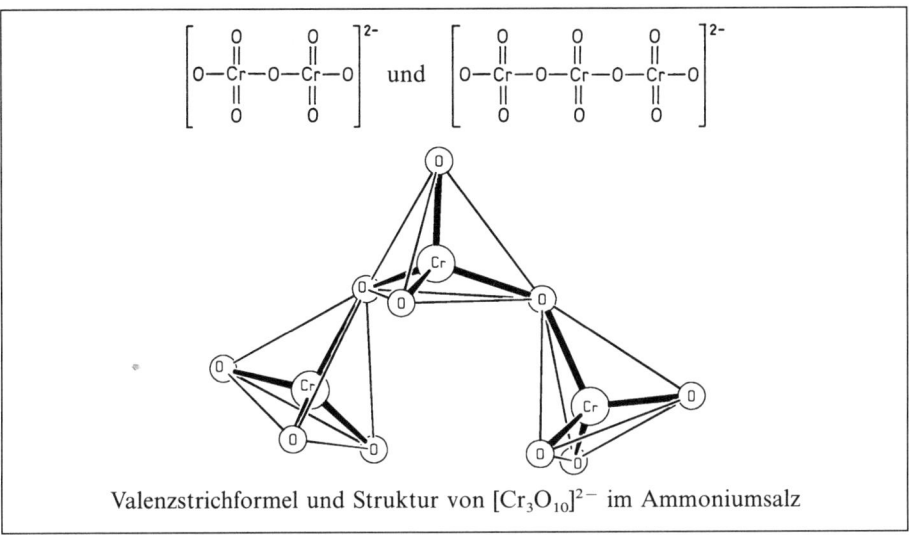

Valenzstrichformel und Struktur von $[Cr_3O_{10}]^{2-}$ im Ammoniumsalz

Beim Ansäuern der Lösungen der neutralen Salze anderer mehrbasiger Säuren, wie H_2SO_4, H_3PO_4, entstehen zuerst nur saure Salze:

$$SO_4^{2-} + H^+ \rightleftharpoons HSO_4^-$$
$$PO_4^{3-} + H^+ \rightleftharpoons HPO_4^{2-}$$
$$HPO_4^{2-} + H^+ \rightleftharpoons H_2PO_4^-$$

Kondensierte Verbindungen, wie $K_2S_2O_7$, $Na_4P_2O_7$, bilden sich erst im wasserfreien Zustand:

$$2\,KHSO_4 \rightarrow K_2S_2O_7 + H_2O\uparrow$$

2. Reduktion von Cr(VI)

$Cr_2O_7^{2-}$ wirkt in saurer Lösung als starkes Oxidationsmittel. Stets tritt Farbumschlag von Orange nach Grün auf.

$$Cr_2O_7^{2-} + 6\,Cl^- + 14\,H^+ \rightarrow 2\,Cr^{3+} + 3\,Cl_2\uparrow + 7\,H_2O$$
$$Cr_2O_7^{2-} + 3\,H_2S + 8\,H^+ \rightarrow 2\,Cr^{3+} + 3\,S\downarrow + 7\,H_2O$$
$$\text{(S-Abscheidung)}$$
$$Cr_2O_7^{2-} + 3\,HSO_3^- + 5\,H^+ \rightarrow 2\,Cr^{3+} + 3\,SO_4^{2-} + 4\,H_2O$$
$$Cr_2O_7^{2-} + 6\,I^- + 14\,H^+ \rightarrow 2\,Cr^{3+} + 3\,I_2\downarrow + 7\,H_2O$$
$$Cr_2O_7^{2-} + 3\,C_2H_5OH + 8\,H^+ \rightarrow 2\,Cr^{3+} + 3\,CH_3CHO + 7\,H_2O$$
$$\text{(Geruch nach Aldehyd)}$$

Man erhitze festes $K_2Cr_2O_7$ mit konz. HCl. Es entwickelt sich Cl_2. Man setze zu sauren $Cr_2O_7^{2-}$-Lösungen H_2S, H_2SO_3, HI oder Ethanol zu.

3. Zersetzung von $(NH_4)_2Cr_2O_7$

$$(NH_4)_2Cr_2O_7 \rightarrow Cr_2O_3 + N_2\uparrow + 4H_2O\uparrow$$

Bei der Zersetzung des $(NH_4)_2Cr_2O_7$ wird Cr(VI) zu Cr(III) reduziert, während der Stickstoff von der Oxidationsstufe − III zu 0 oxidiert wird.

Auf einem Eisenblech (Drahtnetz) wird etwas $(NH_4)_2Cr_2O_7$ kurz durch die Bunsenbrennerflamme erhitzt. Unter Aufglühen und Rauschen schreitet die Zersetzung ohne weitere äußere Wärmezufuhr fort. Unter Bildung von Stickstoff und Wasserdampf entsteht ein lockeres Pulver von grünem Cr_2O_3.

4. Ba^{2+}, Pb^{2+}, Hg_2^{2+}, Ag^+

$$2\,Ba^{2+} + Cr_2O_7^{2-} + H_2O \rightleftharpoons 2\,BaCrO_4\downarrow + 2\,H^+$$

Während im allgemeinen alle Dichromate in Wasser löslich sind, bildet CrO_4^{2-} mit Ba^{2+}, Pb^{2+}, Hg_2^{2+}, Ag^+ schwerlösliche Verbindungen. Wegen des in wäßriger Lösung vorhandenen Gleichgewichts zwischen CrO_4^{2-} und $Cr_2O_7^{2-}$ fallen aber auch aus neutralen Dichromatlösungen Chromate aus. Die Fällung ist aber nur dann vollständig, wenn die entstehenden H^+ entfernt werden. Das gelingt am besten mit Natriumacetat, wenn die betreffenden Chromate in mit Acetat abgepufferter CH_3COOH schwerlöslich sind.

$BaCrO_4$ ist g e l b, $PbCrO_4$ g e l b (Chromgelb; ein basisches Bleichromat ist b r ä u n l i c h - r o t), Ag_2CrO_4 d u n k e l b r a u n r o t, Hg_2CrO_4 kaltgefällt t i e f o r a n g e, in der Hitze r o t.

5. Nachweis als Chromylchlorid

Die auf S. 272 beschriebene Reaktion 6 kann sinngemäß auch zum Nachweis von Chrom(VI) benutzt werden.

Dazu wird etwas NaCl mit der gleichen Menge der auf Cr(VI) zu prüfenden Substanz verrieben und nach Überführung in ein trockenes Reagenzglas mit konz. H_2SO_4 übergossen. Die Bildung des r o t e n Chromylchlorids bzw. Na_2CrO_4 zeigt Chrom an. Elementares Brom und größere Mengen Iod stören die Reaktion. Im Destillat kann Chrom nach 6. und 7., s. u., nachgewiesen werden.

6. Nachweis als Chromperoxid $CrO(O_2)_2$

$$Cr_2O_7^{2-} + 4H_2O_2 + 2H^+ \rightarrow 2\,CrO(O_2)_2 + 5H_2O$$
$$4\,CrO(O_2)_2 + 12H^+ \rightarrow 4\,Cr^{3+} + 6H_2O + 7O_2\uparrow$$

Dichromat bildet in HNO_3- bzw. H_2SO_4-saurer Lösung in der Kälte mit H_2O_2 b l a u e s $CrO(O_2)_2$, das mit Ether oder Amylalkohol aus der wäßrigen Lösung ausgeschüttelt werden kann. Es wird gleichzeitig vom Ether stabilisiert (Oxoniumverbindung). Formal liegt Cr(VI) vor. Nach einiger Zeit schlägt die Farbe unter Bildung von Cr(III) in G r ü n oder V i o l e t t um.

Die kalte HNO_3-saure Lsg. wird mit 1 ml Ether überschichtet, mit wenigen Tropfen 2,5 mol/l H_2O_2 versetzt u. geschüttelt. Eine Blaufärbung der Etherphase zeigt Cr an. Gleichzeitig entsteht bei Gegenwart von V(V) nach Zusatz des ersten Tropfens H_2O_2 eine rötlichbraune wäßrige Phase, vgl. auch Reaktion 7., S. 457f.

EG: 50 µg Cr/ml, pD: 4,3

Störungen: Die Reaktion ist für Cr(VI) spezifisch.

Aus der blauen etherischen Lösung erhält man durch Umsatz mit Pyridin und Verdampfen des Ethers einen Feststoff der Formel $pyCrO(O_2)_2$. Mit Ag_2O reagiert er nach:

$$pyCrO(O_2)_2 + Ag_2O \rightarrow Ag_2CrO_4 + py + O_2$$

7. Nachweis als Ag_2CrO_4

$$CrO_4^{2-} + 2 Ag^+ \rightarrow Ag_2CrO_4 \downarrow$$

1 Tropfen einer HNO_3-sauren Probelsg. wird mit 1 Tropfen 1 mol/l $AgNO_3$ versetzt und mit Ammoniak bis zur schwach sauren Reaktion abgestumpft. Dabei werden im allgemeinen die großen blutroten Kristalle des Ag_2CrO_4 bereits ausfallen. Das Salz kristallisiert in triklinen Tafeln, Prismen oder Nadeln (Betrachtung unter dem Mikroskop, V. 50–100, vgl. Kristallaufnahme Nr. 26). Bei sehr geringen Chrommengen wird dem Tropfen noch ein kleiner Kristall $AgNO_3$ zugesetzt. Bei diesem sehr empfindlichen und spezifischen Nachweis ist darauf zu achten, daß die Lsg. weder neutral noch stark salpetersauer ist.

EG: 25 µg Cr, pD: 4,9

Störungen: Größere Mengen Alkali- und Erdalkalisalze stören die Kristallisation.

8. Nachweise durch Oxidation von Diphenylcarbazid (s. S. 633)

4.3.3.9 Gallium und Indium

Ga, Z: 31, RAM: 69,723, $4s^2 4p^1$ **In, Z: 49, RAM: 114,82, $5s^2 5p^1$**

Gallium

Häufigkeit: $1,4 \cdot 10^{-3}$ Gew.-%. Smp.: 29,78 °C. Sdp.: 2403 °C. D_{25}: 5,91 g/cm³. Oxidationsstufen: (+I), (+II), +III. Ionenradius $r_{Ga^{3+}}$: 62 pm. Standardpotential: $Ga^{3+} + 3e^- \rightleftharpoons Ga$; $E^0 = -0,53$ V.

Indium

Häufigkeit: $1 \cdot 10^{-5}$ Gew.-%. Smp.: 156,17 °C. Sdp.: 2080 °C. D_{25}: 7,31 g/cm³. Oxidationsstufen: +I, +II, +III. Ionenradius $r_{In^{3+}}$: 81 pm. Standardpotential: $In^{3+} + 3e^- \rightleftharpoons In$; $E_0 = -0,3382$ V.

Vorkommen: Gallium befindet sich in geringen Mengen in Aluminiummineralien. Ferner kommt es zusammen mit Indium in verschiedenen sulfidischen Erzen, wie Zinkblende und Mansfelder Kupferschiefer vor. Gallium ist weiterhin in Germanit (s. S. 505) bis zu maximal 1,85% angereichert. Das galliumreichste Mineral ist der Gallit, $CuGaS_2$.

Fortsetzung

Darstellung: Gallium wird aus der Aluminatlauge der Al-Produktion extrahiert. Indium gewinnt man als Nebenprodukt der Zinkverhüttung. Die Abtrennung ist schwierig. Letztlich werden Gallium- bzw. Indiumsalzlösungen der Elektrolyse unterworfen.

Bedeutung: Elementares Gallium kann wegen seines niedrigen Schmelzpunktes oft anstelle von Quecksilber eingesetzt werden, so als Sperrflüssigkeit für Gase bei höheren Temperaturen und als Thermometerfüllung (Meßbereich bis 1 200 °C). GaI_3-Zusatz in Quecksilberdampflampen ergibt ein besonders an blauer und roter Strahlung reiches Licht. Gallium und Indium spielen eine erhebliche Rolle in der Halbleitertechnik. Zum Beispiel wird GaAs in Gigahertz-Transistoren, schnellen Computerschaltungen, Leuchtdioden sowie in Sonnenbatterien zur direkten Umwandlung von Licht in elektrische Energie eingesetzt. Beide Elemente bilden eine Reihe niedrig schmelzender Legierungen. Geringe Indiumzusätze erhöhen die Korrosionsbeständigkeit von Bleilagermetallen (s. S. 474). In Form einer $Ag-In-Cd$-Legierung dient Indium als Neutronenabsorber in bestimmten Reaktortypen.

Allgemeine Eigenschaften: Natürliches Indium besitzt ein langlebiges radioaktives Isotop.

Gallium und Indium sind dem Aluminium chemisch ähnlich. Die wichtigste Oxidationsstufe ist + III. Daneben gibt es verschiedene Verbindungen mit + II und + I, die jedoch für die Chemie in wäßriger Lösung ohne Bedeutung sind.

Die allgemeine Regel, daß die Basizität der Hydroxide innerhalb einer Gruppe des PSE zunimmt (s. S. 80), wird vom $Ga(OH)_3$ durchbrochen. $Ga(OH)_3$ ist stärker sauer als $Al(OH)_3$. Es löst sich daher nicht nur in Alkalilaugen, sondern im Gegensatz zum $Al(OH)_3$ auch in wäßrigem NH_3. In beiden Fällen bilden sich Hydroxogallate. Kationische Amminkomplexe entstehen beim Lösen in NH_3 nicht. In stark salzsaurer Lösung liegen $[GaCl_4]^-$-Ionen vor.

Indium(III)-hydroxid, $In(OH)_3$, ist wieder stärker basisch, jedoch amphoter.

Wasserfreies $GaCl_3$ bzw. $InCl_3$ hat wie $AlCl_3$ homöopolaren Charakter. Auch die Sulfate der beiden Elemente entsprechen denen des Aluminiums, sie bilden gleichfalls Alaune (s. S. 424).

Zu den folgenden Reaktionen benutze man eine $In(NO_3)_3$-Lösung, eine durch Auflösen von metallischem Gallium in HCl hergestellte $GaCl_3$-Lösung oder auch eine solche von $Ga_2(SO_4)_3$ bzw. die entsprechend vorbereitete Analysenlösung.

1. Alkalihydroxide

Alkalihydroxide fällen beide Elemente aus ihren Lösungen als weiße, schleimige Niederschläge von $Ga(OH)_3$ bzw. $In(OH)_3$, die im Überschuß des Reagenz lösl. sind. $In(OH)_3$ fällt bereits nach kürzerer Zeit sowie beim Kochen oder auf Zusatz von NH_4Cl wieder aus (vgl. Al). Bei Gegenwart von Weinsäure erfolgt keine Fällung infolge Komplexbildung.

2. Ammoniak, Urotropin

Es fallen ebenfalls Niederschläge von $Ga(OH)_3$ bzw. $In(OH)_3$ aus. Bei Verwendung von Ammoniak ist die Fällung des Galliums unvollständig (s. o.). $In(OH)_3$ ist dagegen im Überschuß von Ammoniak schwerlöslich.

3. Carbonate

Carbonate bewirken w e i ß e, gelatinöse Fällungen von $Ga_2(CO_3)_3$ bzw. $In_2(CO_3)_3$. $BaCO_3$ verursacht in der Kälte eine vollständige Fällung. Die Niederschläge sind im Überschuß von $(NH_4)_2CO_3$ löslich. Aus diesen Lösungen fällt beim Kochen $In_2(CO_3)_3$ wieder aus.

4. H₂S, (NH₄)₂S

Nur aus ammoniakalischen Galliumsalzlösungen erfolgt eine Fällung von w e i ß e m, infolge Hydrolyse von Ga_2S_3 gebildetem $Ga(OH)_3$, während Indium bereits aus schwach essigsaurer Lsg. als g e l b e s In_2S_3 ausfällt. Beide Sulfide sind in verd. Säuren bei gelindem Erwärmen löslich.

5. Ausethern von GaCl₃

Entsprechend der in Reaktion 7, S. 422, angegebenen Vorschrift läßt sich $GaCl_3$ mit Ether ausschütteln. Diese Reaktion ist wichtig zur Abtrennung des Galliums von den anderen Elementen (s. Urotropintrennungsgang) und wird ähnlich bei der Gewinnung des Ga benutzt.

6. Zn + HCl

In stark salzsaurer Lsg. wird In(III) durch metallisches Zn zum Metall reduziert, Ga(III) hingegen nicht! Das Metall scheidet sich gewöhnlich als schwammiger Niederschlag, bisweilen aber auch in Form von glänzenden, w e i ß e n Blättchen ab.

7. Vorproben

a) Gallium:
   Die B o r a x p e r l e gibt ein w e i ß e s unschmelzbares Oxid. Auf Zusatz von $Co(NO_3)_2$ wird sie b l a u bis o l i v g r ü n.
   Die L ö t r o h r p r o b e zeigt eine unschmelzbare r o t e S c h l a c k e.
b) Indium:
   Die B o r a x p e r l e ist w e i ß, nur bei Anwesenheit von Sn g r a u.
   L ö t r o h r p r o b e : Man erhält bleiähnliche Metallkügelchen und einen g e l b e n Oxidbeschlag.

8. Nachweis durch Spektralanalyse

Das sicherste Nachweisverfahren für beide Elemente ist die Spektralanalyse. Die Anregung der Emission erfolgt bereits durch Einbringen der leichtflüchtigen Verbindungen (Chloride, Sulfate) in die Flamme des Bunsenbrenners, die dabei eine v i o l e t t e Färbung annimmt. Ga: $\lambda = 417{,}2$ nm (403,3 nm); In: $\lambda = 451{,}1$ nm.

9. Nachweis als Chinalizarin-Farblack

Zu 1 ml der neutralen Gallium- bzw. Indiumsalzlsg. gebe man 1 ml einer gesättigten NH_4Cl-Lsg. u. füge dann 12–15 Tropfen einer Lsg. von 0,5 g Chinalizarin in 10 ml konz. Ammoniak hinzu. Nach einiger Zeit entsteht ein feiner, b l a u v i o l e t t e r Niederschlag, der wahrscheinlich eine Adsorptionsverbindung zwischen Chinalizarin und dem gefällten Hydroxid ist. Die entsprechende Berylliumverbindung ist k o r n b l u m e n b l a u (s. S. 428). Störungen durch Al^{3+}, das unter diesen Bedingungen ebenfalls einen b l a u v i o l e t t e n Niederschlag gibt, lassen sich durch Zusatz von NaF beseitigen (Komplexbildung).

10. Nachweis als Alizarin S-Farblack

Wie beim Aluminium (s. S. 426) verwende man eine wäßrige Lsg., die 0,1 g Alizarin S in 100 ml Wasser enthält. Zu der Lsg. gebe man NaF, um evtl. vorhandenes Al komplex in Lsg. zu halten, u. führe dann die Reaktion wie beim Al beschrieben aus. Man erhält sowohl mit Ga^{3+} als auch mit In^{3+} einen dem Al^{3+} ähnlichen h e l l r o t e n Farblack, der in verd. Säuren lösl. ist.

4.3.3.10 Scandium, Sc, Yttrium, Y, Lanthan, La und die Lanthanoide

Seltenerdmetalle und Lanthanoide

Zu den Seltenerdmetallen zählt man die Elemente Scandium, Yttrium, Lanthan, sowie 14 weitere Elemente mit den Ordnungszahlen 58–71, die Lanthanoide genannt werden. Zu den Lanthanoiden gehören die Elemente Cer, Ce, Praseodym, Pr, Neodym, Nd, Promethium, Pm, Samarium, Sm, Europium, Eu, Gadolinium, Gd, Terbium, Tb, Dysprosium, Dy, Holmium, Ho, Erbium, Er, Thulium, Tm, Ytterbium, Yb, und Lutetium, Lu.

Von Cer (Z: 58) bis zum Lutetium (Z: 71) erfolgt durch Auffüllen des 4f-Niveaus der Ausbau der drittäußersten Schale von der Elektronenzahl 18 auf die Maximalzahl von 32. Da sich die Elemente nur im Bau der drittäußersten Elektronenschale unterscheiden, sind sie äußerst ähnlich. Ihre Hauptoxidationsstufe ist + III.

Viele Eigenschaften der Lanthanoide ändern sich stetig mit steigender Ordnungszahl. Diese Tatsache wird durch die **Lanthanoidenkontraktion** hervorgerufen. Infolge der Zunahme der positiven Kernladung und der dadurch bedingten festeren Bindung der Elektronenschalen nimmt der Ionenradius mit steigender Ordnungszahl ab ($r_{La^{3+}}$: 114 pm, $r_{Lu^{3+}}$: 85 pm).

Die Abnahme ist so stark, daß schon das Dy^{3+}-Ion – trotz seiner doppelt so großen Masse – die gleiche Größe wie das eine Reihe über ihm stehende Y^{3+}-Ion besitzt und die Größe des Lu^{3+} sogar der des Sc^{3+} ähnelt. Infolgedessen sind die Lanthanoide sowie die Elemente Scandium und Yttrium einander sehr ähnlich, wobei die Eigenschaften einen Gang aufweisen. So nimmt z. B. die Basizität, wie zu erwarten, von Scandium über Yttrium zum Lanthan zu, so daß $La(OH)_3$ ähnlich basische Eigenschaften besitzt wie das $Ca(OH)_2$. Dann nimmt sie aber langsam wieder ab, so daß $Lu(OH)_3$ nur etwa die gleiche Basizität aufweist wie $Sc(OH)_3$.

Die Lanthanoidenkontraktion macht sich bei den im PSE folgenden Elementen Hf, Ta, W, Re, Os noch stark bemerkbar. Durch die Ähnlichkeit der Ionenradien besitzen daher die Elementpaare Zr und Hf, Nb und Ta, Mo und W, Tc und Re, Ru und Os große chemische Verwandtschaft. Sie nimmt von links nach rechts ab, so daß die Trennung Zr/Hf am schwierigsten ist.

Fortsetzung

Andere Eigenschaften der Lanthanoide, z. B. die Oxidationsstufen, Farbe der Ionen und die molaren Atomvolumina zeigen einen periodischen Verlauf. Diese Tatsache gibt ein Periodensystem der Lanthanoide (Tab. 4.1) gut wieder.

Tab. 4.1. Periodensystem der Lanthanoide

Element	La	Ce	Pr	Nd	Pm	Sm	Eu	Gd
Oxidations-stufen (+)						II	II	
	III	III	III	III	III	III	III	III
		IV	IV	(IV)				
Farbe des M^{3+}-Ions	farblos	farblos	gelb-grün	rot-violett	rosa	gelb	farblos	fast farblos

Element		Tb	Dy	Ho	Er	Tm	Yb	Lu
Oxidations-stufen (+)						II	II	
		III	III	III	III	III	III	III
		IV	(IV)					
Farbe des M^{3+}-Ions		fast farblos	gelb-grün	gelb-braun	rosa	blaß-grün	farblos	farblos

Die besondere Stabilität des La^{3+} und Lu^{3+} ist auf die abgeschlossene Konfiguration aller vorhandener Elektronenschalen, die des Gd^{3+} auf die Halbbesetzung der $4f$-Unterschale mit 7 Elektronen zurückzuführen.

Eine Sonderstellung nehmen hinsichtlich der Oxidationsstufen jene Elemente ein, die direkt hinter bzw. vor La, Gd, Lu stehen. Durch Abgabe bzw. Aufnahme eines weiteren Elektrons ihrer M^{3+}-Ionen erhalten sie die entsprechende abgeschlossene Elektronenkonfiguration. Die Elemente Ce, (Pr), Tb treten daher auch in der Oxidationsstufe + IV bzw. die Elemente Eu, (Sm), Yb, (Tm) auch in der Oxidationsstufe + II auf (s. Tab. 4.1). Diese Elemente sind durch Überführung in die höhere bzw. niedere Oxidationsstufe relativ leicht abtrennbar. Die M^{3+}-Ionen mit unbesetzter, halbbesetzter und vollkommener $4f$-Schale sind farblos (La^{3+}, Gd^{3+}, Lu^{3+}). Auch die unmittelbar benachbarten M^{3+}-Ionen weisen keine Farbe auf (Ce^{3+}, Tb^{3+}, Eu^{3+}, Yb^{3+}). Die übrigen M^{3+}-Ionen zeigen eine charakteristische Farbe. (s. Tab. 4.1).

In der Natur kommen bis auf das Promethium, das nur durch Kernreaktionen dargestellt werden kann, alle Seltenerdmetalle im allgemeinen miteinander vergesellschaftet vor. Jedoch gibt es auch Mineralien, in denen die einzelnen analytischen Gruppen überwiegen. Von den vorwiegend Ceriterden enthaltenden Mineralien seien genannt der Cerit (wasserhaltiges Silicat), der Orthit (mit Aluminium- und Calciumoxid verunreinigtes Phosphat) sowie der Monazit (Phosphat, etwa 5% Thorium enthaltend). Die wichtigsten, vorwiegend Yttererden enthaltenden Mineralien, sind der Ytterbit (Gadolinit), ein basisches Silicat, und der Xenotim, ein Phosphatgemisch. In Gemeinschaft mit den Seltenerdmetallen kommen in der Natur häufig die Elemente Zirconium, Zr (s. S. 453), Hafnium, Hf (s. S. 451) und Thorium, Th (s. S. 445) vor, so z. B. im Monazitsand.

Die Seltenerdmetalle haben stark negative Standardpotentiale und sind sehr reaktionsfähig. Gemische der Metalle werden in der Metallurgie in Form von Speziallegierungen, als Desoxidationsmittel und zur Entschwefelung bei der Stahlherstellung verwendet.

Analytische Chemie

4

Fortsetzung

> Das hierzu benötigte „Cermischmetall", dessen Darstellung u.a. durch Schmelz-flußelektrolyse der Chloride erfolgt, enthält hauptsächlich Cer und Lanthan, in geringeren Mengen andere Seltenerdmetalle (vorwiegend aus der Ceritgruppe, s.u.). Über die Bedeutung von Lanthan und von Cer s. S. 442.
>
> Neodym- und Praseodymoxid dienen zum Färben von Glas. Die UV-Absorption von Neophanglas wird durch Neodymverbindungen bewirkt. Europium ist im roten Leuchtstoff der Farbbildröhren enthalten. Sm/Co- und Nd/Fe/B-Legierungen ergeben hochwertige Permanentmagnete.
>
> In analytischer Hinsicht teilt man – abweichend vom PSE – die Elemente Scandium, Yttrium und Lanthan sowie die der Lanthanoiden in verschiedene Gruppen ein. Die ersten Elemente der Lanthanoide stehen in ihren Eigenschaften dem Lanthan besonders nahe, während die übrigen dem Yttrium näherstehen. Die erste analytische Gruppe umfaßt daher die Elemente Lanthan bis Samarium, die man nach ihrem technisch wichtigen Vertreter, dem Cer, als **Ceriterden** bezeichnet. Alle weiteren Elemente gehören zur zweiten Gruppe. Sie führen den gemeinsamen Namen **Yttererden**. Diese lassen sich aufgrund ihrer Eigenschaften noch in 5 Untergruppen unterteilen.
>
> Wegen der großen Ähnlichkeit der Eigenschaften ist es schwierig, die Seltenerdmetalle voneinander zu trennen. Nur diejenigen Elemente, die man in eine andere Oxidationsstufe überführen kann, waren früher relativ leicht isolierbar. Heute werden die Trennungen auch technisch mittels Ionenaustauschersäulen und Elution mit Komplexbildnerlösung durchgeführt.

Allgemeine Reaktionen der Seltenerdmetalle in der Oxidationsstufe + III

Zu den folgenden Reaktionen benutze man Lösungen der zur Verfügung stehenden Salze der Seltenerdmetalle, z. B. des Cers oder des Lanthans bzw. die entsprechend vorbereitete Analysenlösung.

1. Hydroxide

Die Hydroxide der Seltenerdmetalle fallen in der Kälte schleimig aus, ballen sich jedoch beim Erhitzen zusammen. Sie sind im Überschuß des Fällungsmittels schwerlösl. (Unterschied zu Al und Be). Anwesende Ammoniumsalze begünstigen die Fällung. Bei Gegenwart von Weinsäure oder Citronensäure wird durch Bildung von Komplexen verschiedener Stabilität die Fällung als Hydroxid beeinträchtigt. Eine Ausfällung des Hydroxids aus den Salzen durch Hydrolyse erfolgt in geringem Maße nur beim Scandium, z.B. durch längeres Kochen einer wäßrigen Scandium(III)-salzlösung. Das weiße Cer(III)-hydroxid geht an der Luft allmählich in gelbes, ebenfalls schwerlösl. Cer(IV)-hydroxid über.

2. Carbonate

Carbonate, wie Bariumcarbonat, bilden schwerlösl., z.T. schleimige Niederschläge. Führt man aber die Fällung mit Alkalicarbonaten aus, so erfolgt die Bildung von gut kristallisierenden Doppelcarbonaten, wobei die der Ceriterden schwerer lösl. sind als die der Yttererden. Cercarbonat ist im Überschuß des Reagenz schwerlöslich.

3. Alkalisulfate

Alkalisulfate geben gut kristallisierende Doppelsulfate, wobei die Kalium-Doppelsulfate mit steigender Ordnungszahl des Elementes der Seltenerdmetalle löslicher werden.

4. KIO₃

Aus neutraler bis schwach saurer Lsg. erfolgt Bildung von weißen, voluminösen Niederschlägen der Iodate der betreffenden Elemente. In konz. Säuren sind die Iodate der Seltenerdmetalle lösl. (Unterschied zu Thorium; s. S. 446).

5. Na₂S₂O₃

In schwach saurer Lsg. entsteht bei längerem Kochen nur bei Scandium eine Abscheidung eines Gemisches von Hydroxid u. basischem Thiosulfat. Aus neutraler Lsg. werden auch die Ytererden abgeschieden. Bei Gegenwart anderer Ionen, die durch Na₂S₂O₃ Hydrolyse erleiden, werden deren Hydroxide bzw. Oxidhydrate gleichfalls gefällt (z.B. Al^{3+} oder Ti^{4+}).

6. Trennung der Seltenerdmetalle

Die Seltenerdmetalle befreit man nach dem auf S. 567ff. angegebenen Trennungsgang durch Fällung mit Oxalat von störenden Begleitern, wie Erdalkaliionen usw. Nach deren Abtrennung fällt man die Seltenerdmetalle als Fluoride. Diese werden in Mineralsäure gelöst. Aus schwach mineralsaurer Lsg. wird dann die Fällung der Seltenerdmetalle, des Sc, Y und La, sowie des Th als Oxalate durchgeführt. Man löst die Oxalate in starker HNO_3, reduziert durch Zusatz von H_2O_2 evtl. vorhandenes Cer(IV) zu Cer(III) u. scheidet das Thorium nach 3., S. 446, als Iodat ab. Hierbei wird vielfach auch das Scandium mitgerissen. Im Anschluß an die Abscheidung des Thoriums wird das Cer durch Überführung in die Oxidationsstufe + IV, z.B. durch Oxidation mit $KMnO_4$ bei Gegenwart von $NaHCO_3$ (vgl. 1., S. 443), aus der Probe entfernt. Darauf erfolgt durch die Darstellung der Alkalidoppelsulfate die Trennung in Cerit- und Ytererden.

7. Nachweis durch Absorptionsspektralanalyse

Ein Teil der Seltenerdmetalle ist farbig, s. S. 440.

Läßt man durch Lösungen der farbigen Seltenerdmetalle weißes Licht fallen u. zerlegt es im Spektralapparat, so findet man charakteristische Absorptionslinien, die zu ihrer Erkennung herangezogen werden können.

Die in den Nachweisreaktionen ausfallenden Niederschläge sind z.T. farblos bzw. weiß, z.T. aber auch, entsprechend der Farbe der Ionen, farbig.

8. Nachweis als Oxalate

In schwach saurer Lösung entstehen gut kristallisierende Niederschläge, die im Überschuß des Reagenz (Oxalsäure) schwerlöslich sind. In konz. Säuren sind die Oxalate teilweise löslich. Kalium- und Ammoniumoxalat bilden in der Hitze mit den Oxalaten der Seltenerdmetalle leichtlösliche Komplexe. Durch konz. HCl sowie auch beim Erhitzen mit anderen Mineralsäuren (konz.) werden die Oxalatokomplexe aufgespalten (Unterschied zu Zr).

Die Kristallformen von $Ce_2(C_2O_4)_3$ und $La_2(C_2O_4)_3$ ähneln sich weitgehend, sind jedoch von denen des Thoriumoxalats deutlich verschieden.

Analytische Chemie

4

$Ce_2(C_2O_4)_3$- bzw. $La_2(C_2O_4)_3$-Kristalle sind stark doppelbrechend und bilden – im Gegensatz zu den gleichseitigen Sechsecken des $Th(C_2O_4)_2$ – länger gestreckte Sechsecke und Parallelogramme.

20 Tropfen der HCl-sauren Probelsg. werden durch Zugabe von NaOH auf einen pH-Wert von ca. 0,5 eingestellt. Dann versetzt man mit 1 ml einer bei Raumtemperatur gesättigten Oxalsäurelsg. (ca. 10%), erwärmt 3 min im Wasserbad u. kühlt die Mischung unter fließendem Leitungswasser ab, wobei durch Reiben mit einem Glasstab an der Reagenzglaswandung die im allgemeinen langsam verlaufende Kristallisation der Oxalate gefördert wird. Beim Abkühlen kann auch etwas freie Oxalsäure auskristallisieren. Nach 10 min zentrifugiert man den Niederschlag ab und wäscht ihn einmal kurz mit 1 ml heißer 2%iger Oxalsäure-Lsg. und anschließend einmal mit 1 ml warmem Wasser.

Sollte der Niederschlag sehr feinkristallin ausgefallen sein, so fällt man die Oxalate wie beim Th (s. 6., S. 447) aus heißer HNO_3-saurer Lsg. um.

Bei Anwesenheit von Th fällt dieses, wie schon erwähnt, ebenfalls als Oxalat. Es löst sich jedoch in überschüssiger $(NH_4)_2C_2O_4$-Lsg. unter Komplexbildung. Aufgrund dieser Tatsache kann Th von den Lanthanoiden abgetrennt werden.

9. Nachweis als Fluoride

HF erzeugt in schwach saurer Lsg. weiße, z.T. gelatinöse Fällungen der betreffenden Fluoride, die, mit Ausnahme des Scandiums, im Überschuß des Reagenz schwerlösl. sind. Unterschied zu Al(III), Be(II), Zr(IV) und Ti(IV). In Gegenwart von UO_2^{2+} steigt die Löslichkeit.

Lanthan und Cer

La, Z: 57, RAM: 138,91, $5d^1 6s^2$ **Ce, Z: 58, RAM: 140,12, $4f^2 5d^0 6s^2$**

Lanthan

Häufigkeit: $1,7 \cdot 10^{-3}$ Gew.-%. Smp.: 920 °C. Sdp.: 3457 °C. D_{25}: 6,15 g/cm³. Oxidationsstufen: + III. Ionenradius $r_{La^{3+}}$: 114 pm. Standardpotential: $La^{3+} + 3e^- \rightleftharpoons La$; $E^0 = -2,38$ V.

Cer

Häufigkeit: $4,3 \cdot 10^{-3}$ Gew.-%. Smp.: 799 °C. Sdp.: 3426 °C. D_{25}: 6,77 g/cm³. Oxidationsstufen: + III, + IV. Ionenradius $r_{Ce^{3+}}$: 103 pm, $r_{Ce^{4+}}$: 94 pm. Standardpotential: $Ce^{3+} + 3e^- \rightleftharpoons Ce$. $E^0 = -2,34$ V. $Ce^{4+} + e^- \rightleftharpoons Ce^{3+}$. $E^0 = +1,72$ V.

Vorkommen: Die wichtigsten Lanthan und Cer enthaltenden Mineralien sind Cerit, Orthit und Monazit (s. S. 439).

Bedeutung: Gasglühstrümpfe enthalten ca. 1% Cerdioxid in Thoriumdioxid.

Neben den Verbindungen des Cers wird oft auch das natürliche Gemisch der Ceritelemente eingesetzt. Eine Legierung aus Cermischmetall (etwa 40–50% Ce und 40% La) (s. S. 440) und 20–30% Eisen ist pyrophor und dient zur Herstellung von Feuersteinen.

Allgemeine Eigenschaften: Elementares Cer entzündet sich in reinem Sauerstoff schon bei 150 °C und verbrennt zu schwach gelblichem CeO_2. Das Ce^{4+}-Kation neigt stark zur Hydratation unter Bildung von $[Ce(H_2O)_n]^{4+}$. Dieses Ion existiert aber nur in stark $HClO_4$-saurer Lösung, sonst tritt Hydrolyse und Kondensation

Fortsetzung

auf. Wäßrige Ce(IV)-Salzlösungen sind denen des Zr(IV), Hf(IV) und der Actinoide in der Oxidationsstufe + IV ähnlich. Es bilden sich z.B. im stark Sauren schwerlösliche Phosphate und Iodate. Darüber hinaus sind Ce(IV)-Salzlösungen starke Oxidationsmittel (Maßlösung in der Cerimetrie). Die Oxidationsstufe + IV kann durch Bildung von Komplexionen wie $[Ce(NO_3)_6]^{2-}$ und $[Ce(SO_4)_4]^{4-}$ stabilisiert werden. Andererseits läßt sich Ce(III) in wäßrigen Lösungen zu Ce(IV) oxidieren. Sonst gleichen Ce(III)-Verbindungen denen des Lanthans.

Elementares Lanthan geht schon in feuchter Luft langsam in das Hydroxid über. $La(OH)_3$ stellt analog zum $Ca(OH)_2$ eine relativ starke Base dar (s. S. 438 u. S. 80f.).

1. Nachweis des Ce(III) durch Oxidation zu Ce(IV)

$$Ce^{3+} \rightarrow Ce^{4+} + e^-$$

Die Oxidation kann in alkalischer und saurer Lösung erfolgen.

a) Alkalische Lösung

$$3\,Ce^{3+} + MnO_4^- + 8\,OH^- + 3\,H_2O \rightarrow 3\,Ce(OH)_4\downarrow + MnO(OH)_2\downarrow$$

Verwendet werden als Oxidationsmittel $KMnO_4$, Hypochlorit und Halogene. Die Oxidation mit $KMnO_4$ erfolgt in Gegenwart von $NaHCO_3$.

Diese Reaktion läßt sich zur Abtrennung des Cers verwenden.

b) Stark salpetersaure Lösung

In stark salpetersaurer Lösung läßt sich Ce(III) bei Gegenwart von Ammoniumnitrat zu Ce(IV) oxidieren. Nach längerem Kochen fällt beim Erkalten rotes, kristallines $(NH_4)_2[Ce(NO_3)_6]$ aus.

c) Salpetersaure Lösung – starkes Oxidationsmittel

Man versetze die HNO_3-saure Probelösung mit einer Spatelspitze von PbO_2, $NaBiO_3$ oder $(NH_4)_2S_2O_8$. Die Lösung wird einige Minuten erwärmt. Bei Gegenwart von Ce(III) bildet sich eine gelbe Ce(IV)-Lösung.

2. Nachweis des Ce(III,IV) als Cerperoxidhydrat

Ce(III) und Ce(IV) bilden in ammoniakalischer Lösung mit H_2O_2 schwerlösliche gelbe bis rotbraune Cerperoxidhydrate, denen die Zusammensetzung $Ce(OH)_2(OOH)$ bzw. $Ce(OH)_3(OOH)$ zugeschrieben wird. In stark saurer Lösung wird dagegen Ce(IV) durch H_2O_2 reduziert.

2 Tropfen der HNO_3-sauren Probelsg. werden in einem kleinen Porzellantiegel mit 5 Tropfen 2,5 mol/l H_2O_2 und 4 Tropfen 5 mol/l NH_3 versetzt und schwach erwärmt. Bei Gegenwart von Ce bildet sich ein gelber bis rotbrauner Niederschlag, der bei längerem Erwärmen in gelbes $Ce(OH)_4$ übergeht. Ein farblos ausfallender Niederschlag beweist La.

EG: 0,35 µg Ce,   pD: 5,2.

Störungen: Bei Gegenwart von Fe bildet sich $Fe(OH)_3$. Durch Zusatz von Alkalitartrat kann diese Störung beseitigt werden, die Empfindlichkeit der Reaktion wird jedoch herabgesetzt.

Analytische Chemie

4

3. Nachweis des La(III) als Lanthanacetat-Iod-Einschlußverbindung

Wie beim Acetat (s. 5., S. 350) beschrieben, bildet basisches Lanthanacetat mit I_2 eine blaue Einschlußverbindung.

Zu mindestens 5 Tropfen der HNO_3-sauren Probelsg. werden 3 Tropfen 5 mol/l CH_3COOH u. 1 Tropfen 0,01 mol/l KI_3 gegeben. Dann wird tropfenweise mit 5 mol/l NH_3 bis zum Auftreten einer Blaufärbung bzw. eines blauen Niederschlags versetzt.

Der Nachweis ist nicht sehr empfindlich.

Störungen: Ce^{3+} und die anderen Seltenerdmetalle sowie Stärke geben ähnlich farbige Einschlußverbindungen.

4.3.3.11 Actinoide

Auf das Actinium folgen 14 weitere Elemente mit den Ordnungszahlen 90–103. Diese Reihe bezeichnet man in Anlehnung an die Lanthanoide als Actinoide. Hierzu gehören folgende Elemente: Thorium, Th, Protactinium, Pa, Uran, U, Neptunium, Np, Plutonium, Pu, Americium, Am, Curium, Cm, Berkelium, Bk, Californium, Cf, Einsteinium, Es, Fermium, Fm, Mendelevium, Md, Nobelium, No, und Lawrencium, Lr. Wie bei den Lanthanoiden erfolgt auch bei den Actinoiden beim Übergang von einem Element zum nächsten des PSE der Einbau des durch die Erhöhung der positiven Ladung des Kerns erforderlichen Elektrons in eine innere $(5f)$-Schale. Insgesamt wird die 5. Schale von 18 auf 32 Elektronen aufgefüllt.

Tab. 4.2. Oxidationsstufen der Actinoide

Ac	Th	Pa	U	Np	Pu	Am	Cm	Bk	Cf	Es	Fm	Md	No	Lr
(II)	(II)		II		II	(II)		II	II	II	II	**II**		
III	III	(III)	III	III	III	**III**	**III**	III	**III**	III	III	III	III	III
	IV	IV	IV	**IV**	IV	IV	IV	IV	IV					
		V	V	**V**	V	V			(V)					
			VI	VI	VI	VI								
				VII	VII									

Die niedrigste Oxidationsstufe + II der Elemente wird durch die Abgabe der zwei $7s$-Elektronen bewirkt. In der Oxidationsstufe + III (zusätzliche Abgabe des $6d$-Elektrons) besitzen die Actinoide im allgemeinen die Eigenschaften des Actiniums. Teilweise können weiterhin die $5f$-Elektronen betätigt werden. So beträgt die maximale und beständigste Oxidationsstufe des Thoriums + IV, des Protactiniums + V, des Urans + VI. Mit steigender Kernladung werden die Valenzelektronen der 5. Schale fester gebunden, so daß die beständigste Oxidationsstufe des Neptuniums + V, die des Plutoniums + IV, die des Curiums + III ist (Tab. 4.2).

Elementpaare, die in der Lanthanoid- und Actinoidreihe untereinander stehen, zeigen ähnliche Eigenschaften, so z.B. Ce und Th bzw. Tb und Bk, hervorgehoben durch die Oxidationsstufe + IV, sowie Eu und Am, die beide auch in der Oxidationsstufe + II auftreten.

Fortsetzung

Die Actinoide bilden in saurer wäßriger Lösung folgende Ionentypen: M^{3+}, M^{4+}, MO_2^+, MO_2^{2+}. Tabelle 4.3 gibt eine Übersicht für die Elemente Actinium bis Curium. Weiterhin ist jeweils die Farbe der Lösung verzeichnet.

Tab. 4.3. Ionentypen einiger Actinoide

	Ac	Th	Pa	U	Np	Pu	Am	Cm
M^{3+}	Ac^{3+} farblos	Th^{3+} tiefblau	Pa^{3+} tiefblau	U^{3+} purpurrot	Np^{3+} purpurviolett	Pu^{3+} tiefblau	Am^{3+} rosa	Cm^{3+} farblos
M^{4+}		Th^{4+} farblos	Pa^{4+} gelbgrün	U^{4+} grün	Np^{4+} gelbgrün	Pu^{4+} orangebraun	Am^{4+} tiefgelbrot	Cm^{4+} tiefgelb
MO_2^+			PaO_2^+ farblos	UO_2^+ blaßlila	NpO_2^+ grün	PuO_2^+ blaßviolett	AmO_2^+ gelbbraun	
MO_2^{2+}				UO_2^{2+} gelb	NpO_2^{2+} weinrot	PuO_2^{2+} feuerrot	AmO_2^{2+} rotbraun	

Die Farbe der M^{3+}-Ionen ändert sich auch hier aperiodisch.

Da die (VI)-Oxide der Elemente Uran, Neptunium und Plutonium amphoter sind, bilden sie mit Alkaliionen den Chromaten analoge Uranate, Neptunate und Plutonate, die sämtlich in Wasser schwerlöslich sind.

Alle Isotope der Actinoide sind radioaktiv. Th und U besitzen so große Halbwertszeiten, daß sie, und daher auch ihre Zerfallsprodukte Ac und Pa, in der Natur vorkommen. Die auf das Uran folgenden Elemente (Transurane) können nur noch künstlich durch Kernreaktionen hergestellt werden. Sie sind deswegen nur einer relativ kleinen Gruppe von Wissenschaftlern zugänglich.

Im Rahmen dieses Buches werden daher nur die Elemente Thorium und Uran etwas näher besprochen, die aufgrund ihrer großen Halbwertszeit eine relativ geringe Radioaktivität aufweisen.

Thorium

Th, Z: 90, RAM: 232,0381, $5f^0\,6d^2\,7s^2$

Häufigkeit: $1,1 \cdot 10^{-3}$ Gew.-%. Smp.: 1750 °C. Sdp.: 4800 °C. D_{25}: 11,7 g/cm³. Oxidationsstufen: + IV. Ionenradius $r_{Th^{4+}}$: 102 pm. Standardpotential: $Th^{4+} + 4e^- \rightleftharpoons Th$; $E^0 = -1,83$ V.

Vorkommen: Thorium befindet sich vergesellschaftet mit den Seltenerdelementen und dem Uran. Die wichtigsten Mineralien sind der Monazit (s. S. 439), der Thorianit, $(Th, U)O_2$ und der Thorit, $ThSiO_4$.

Darstellung: Thoriummetall erhält man durch Reduktion des Dioxids oder der Halogenide mit Ca sowie elektrolytisch aus geschmolzenem ThF_4. Reines Th erhält man nach dem Aufwachsverfahren, s. S. 450.

Bedeutung: Mg−Th-Legierungen werden als Werkstoffe verwendet. ThO_2 dient zur Herstellung hochfeuerfester Materialien für Temperaturen bis ca. 2700 °C (Smp.

Fortsetzung

3220 °C) und als Zusatz in Katalysatoren; es ist Hauptbestandteil von Gasglüh-strümpfen (s. auch Cer S. 442).

Natürliches Thorium liegt zu 100% als Isotop ^{232}Th vor (Reinelement). Dieses ist Anfangsglied einer radioaktiven Zerfallsreihe (Thorium-Reihe). ^{232}Th gibt nach Be-schuß mit Neutronen das spaltbare Uranisotop ^{233}U, das zur Kernenergiegewinnung ausgenutzt werden kann.

Allgemeine Eigenschaften: Thorium tritt praktisch nur in der Oxidationsstufe $+ IV$ auf. Th(IV)-Verbindungen sind in wäßriger Lösung beständiger gegen Hydrolyse als z. B. Ti^{4+}. Erst bei pH-Werten > 3 beginnt die Hydrolyse. Die hierbei auftretenden Ionenformen sind vor allem von der Konzentration und der Art der Anionen abhän-gig. Im sauren Bereich bildet Th(IV) ein schwerlösliches Fluorid, Iodat, Phosphat und Oxalat. Überschüssige Sulfat-, Oxalat- und Carbonationen geben mehr oder weniger stabile Anionenkomplexe, z. B. der Typen $M_4^I[Th(SO_4)_4]$, $M_4^I[Th(C_2O_4)_4]$ und $M_6^I[Th(CO_3)_5]$. Die Sulfatothorate(IV) sind meist schwerlöslich. Th(OH)$_4$ ist nicht amphoter.

Toxizität: Wegen der Radioaktivität des natürlichen Thoriums ist eine Inkorporation seiner Verbindungen unbedingt zu vermeiden, zumal sie nur sehr langsam vom Körper ausgeschieden werden (s. auch Uran S. 448).

Zu den folgenden Reaktionen verwende man eine Lösung von Th(NO$_3$)$_4$ bzw. die entsprechend vorbereitete Analysenlösung.

1. Alkalihydroxide, Ammoniak und (NH$_4$)$_2$S sowie Urotropin

Es fällt weißes Thoriumhydroxid, Th(OH)$_4$ aus, das im Überschuß der Fällungsmittel schwerlösl. ist (Unterschied zu Al(OH)$_3$ und Be(OH)$_2$). Anwesende Ammoniumsalze be-günstigen die Fällung! Bei Gegenwart von Weinsäure erfolgt wie bei den Seltenen Erden keine Fällung, da lösl. Tartratokomplexe entstehen.

2. Carbonate

Carbonate bewirken Fällung von basischen Thoriumcarbonaten. Mit Bariumcarbonat wird bereits in der Kälte eine vollständige Fällung erzielt. Der Carbonat-Niederschlag ist in konz. Ammoniumcarbonatlsg. unter Bildung von Carbonatokomplexen löslich. (Unter-schied zu Aluminium!) Die Auflösung erfolgt besonders leicht bei gelindem Erwärmen. Beim Erhitzen fällt jedoch das Thoriumcarbonat wieder aus.

3. KIO$_3$

In stark salpetersaurer Lsg. gibt KIO$_3$ eine weiße, kristalline Fällung von Thoriumiodat, Th(IO$_3$)$_4$. Wichtig zur Abtrennung von den Seltenerdmetallen!

Man führt die Reaktion am besten folgendermaßen aus: die stark salpetersaure Lsg. wird mit 5 ml einer Lsg. von 15 g KIO$_3$ in 50 ml konz. HNO$_3$ (D = 1,4 g/cm^3) und 30 ml Wasser versetzt. Man läßt etwa eine halbe Stunde stehen, prüft auf Vollständigkeit der Fällung, trennt ab u. wäscht mit einer Lsg. gut aus, welche 2 g KIO$_3$ in 50 ml halbkonz. HNO$_3$ (D = 1,2 g/cm^3) und 20 ml Wasser enthält. Zur restlosen Entfernung der Seltenerd-metalle löst man den Niederschlag in heißem Wasser auf, gibt etwas KIO$_3$ hinzu und fällt durch Zusatz von konz. HNO$_3$ das Thoriumiodat wieder aus.

4. $Na_2S_2O_3$

Beim längeren Kochen einer neutralen oder schwach sauren, mit $Na_2S_2O_3$ versetzten Thoriumsalzlsg. erfolgt eine Abscheidung eines Gemisches von Thoriumhydroxid, $Th(OH)_4$, und basischem Thoriumthiosulfat. Scandium gibt dieselbe Reaktion; Aluminium und Titan lassen sich mit $Na_2S_2O_3$ ebenfalls fällen!

5. Nachweis als ThF_4

HF erzeugt einen weißen, zunächst schleimig anfallenden, nach einiger Zeit aber körnig werdenden Niederschlag von ThF_4, der im Überschuß des Reagenz schwerlösl. ist (Unterschied zu Al, Be, Ti und Zr).

6. Nachweis als Oxalat

Beim Versetzen einer neutralen oder schwach sauren Thoriumsalzlösung mit $(NH_4)_2C_2O_4$-Lsg. entsteht ein weißer kristalliner Niederschlag von $Th(C_2O_4)_2 \cdot 6H_2O$ (Unterschied zu Aluminium und Beryllium), der beim Erhitzen grobkörniger wird. Der Niederschlag ist im Überschuß des Reagenz sowie in verd. Säuren schwerlösl., löst sich jedoch in heißer konz. Ammoniumoxalatlsg. unter Bildung relativ beständiger Anionenkomplexe, z.B. $[Th(C_2O_4)_4]^{4-}$. Säuert man diese Lsg. mit konz. Säuren an, so entsteht intermediär die freie komplexe Säure $H_4[Th(C_2O_4)_4]$, die aber nicht beständig ist und sich unter Abscheidung von $Th(C_2O_4)_2 \cdot 6H_2O$ zersetzt. Unterschied zu Zirconium.

Der Oxalat-Niederschlag wird mit 20 Tropfen kaltgesättigter $(NH_4)_2C_2O_4$-Lsg. versetzt und 3 min unter Umrühren im Wasserbad erwärmt. Nach dem Erkalten zentrifugiert man ab und prüft in der Lsg. durch Versetzen mit 5 mol/l HCl, ob $Th(C_2O_4)_2$ vorliegt. Bildet sich hierbei eine farblose, kristalline Fällung, so extrahiert man den Oxalat-Niederschlag so lange mit $(NH_4)_2C_2O_4$-Lsg., bis das gesamte $Th(C_2O_4)_2$ herausgelöst ist.

Das wieder ausgefällte Thoriumoxalat wird unter dem Mikroskop untersucht (V: 250 – 300). Besonders charakteristisch sind die gleichseitigen, sechseckigen Täfelchen, die neben kurzen Prismen zu erkennen sind. Ist der Niederschlag zu feinkristallin, so fällt man die Hauptmenge um. Dazu wird der gewaschene Niederschlag mit 5 Tropfen 5 mol/l NaOH versetzt u. im Wasserbad erhitzt, wobei sich schnell flockiges $Th(OH)_4$ bildet. Nach dem Abzentrifugieren und Waschen mit heißem Wasser löst man das Hydroxid in wenig 5 mol/l HNO_3. Die Lsg. wird in der Siedehitze mit einigen Tropfen gesättigter Oxalsäurelsg. versetzt und das ausgefallene Thoriumoxalat unter dem Mikroskop betrachtet (vgl. Kristallaufnahme 17).

EG: 100 µg Th/ml, pD: 4,0

Uran

U, Z: 92, RAM: 238,029, $5f^3\,6d^1\,7s^2$

Häufigkeit: $2,9 \cdot 10^{-4}$ Gew.-%. Smp.: 1 132 °C. Sdp.: 3 745 °C. D_{25}: 19,0 g/cm³. Oxidationsstufen: + III, + IV, + V, + VI. Ionenradius $r_{U^{4+}}$: 97 pm. Standardpotential:

$U^{3+} + 3e^- \rightleftharpoons U$; $E^0 = -1,80$ V.
$UO_2^{2+} + 4H^+ + 2e^- \rightleftharpoons U^{4+} + 2H_2O$; $E_0 = -0,03$ V.

Vorkommen: Das wichtigste Mineral ist Uranpecherz (Pechblende, Uranit) UO_2. Ferner sind zu nennen Carnotit, $K_2[UO_2/VO_4]_2 \cdot 3H_2O$, und die Uranglimmer (Dop-

Fortsetzung

pelphosphate und Arsenate des UO_2^{2+} und anderer Kationen vorwiegend in der Oxidationsstufe $+ II$).

Darstellung: Reines metallisches Uran erhält man u. a. durch Reduktion von UF_4 mit Ca bzw. durch Elektrolyse von UF_4 oder KUF_5 in einer Schmelze von $CaCl_2 - NaCl$.

Bedeutung: Natürliches Uran besteht aus 3 radioaktiven Isotopen ^{234}U (0,0056%), ^{235}U (0,7205%) und ^{238}U (99,2739%). ^{238}U und ^{235}U sind die Anfangsglieder je einer natürlichen radioaktiven Zerfallsreihe. Uran spielt heute zur Erzeugung von Atomenergie und zur Herstellung von Atomwaffen eine entscheidende Rolle. Die grundlegende Kernreaktion stellt hierbei die von *Hahn* und *Straßmann* 1939 entdeckte Spaltung des ^{235}U durch thermische Neutronen dar.

Allgemeine Eigenschaften: U(VI)-Salzlösungen lassen sich mit starken Reduktionsmitteln, wie nasc. Wasserstoff, Dithionit, oder kathodisch reduzieren. Dabei tritt als Zwischenstufe auch U(V) auf, das aber in U(IV) und U(VI) disproportioniert. Am Ende ergibt sich U(IV), mit Zinkamalgam entsteht auch U(III). Das grüne U^{4+}-Ion bildet in saurer Lösung ein schwerlösliches Fluorid, Phosphat und Iodat. Alkalilauge und auch Ammoniak scheiden $U(OH)_4$ ab, das nicht amphoter ist. U(IV)-Salz-Lösungen unterliegen ab $pH > 0$ der Hydrolyse und sind starke Reduktionsmittel. Größtenteils werden sie schon durch Luft mehr oder weniger schnell zu UO_2^{2+} oxidiert. Wäßrige U^{3+}-Lösungen sind noch instabiler. Die beständigste Oxidationsstufe ist $+ VI$. UO_3 ist amphoter. Die entsprechenden Uranate, $M_2^I[UO_4]$ oder Diuranate $M_2^I[U_2O_7]$ sind alle in Wasser schwerlöslich. Als Kation liegt das Uranoxidion, UO_2^{2+}, vor. Das gebräuchlichste Salz ist hier Uranoxidnitrat $UO_2(NO_3)_2 \cdot 6H_2O$, Smp.: 59,5 °C. Es löst sich in Wasser sehr gut, daneben ist es auch in verschiedenen sauerstoffhaltigen organischen Lösungsmitteln löslich. Man kann es daher aus wäßriger Lösung extrahieren. Durch Zusatz von Fremdsalzen, wie z. B. $Ca(NO_3)_2$ oder NH_4NO_3, läßt sich die Löslichkeit in der organischen Phase stark erhöhen (Aussalzeffekt). UO_2^{2+} bildet komplexe Ionen, wie z. B. $[UO_2Cl]^+$, $[UO_2(SO_4)_2]^{2-}$. und $[UO_2(CO_3)_2]^{2-}$. Von den nichtsalzartigen Verbindungen des Urans hat UF_6 (Subl. P. 56,5 °C) große Bedeutung zur Trennung der Uranisotope erlangt.

Toxizität: Uranverbindungen sind unabhängig von ihrer Radioaktivität stark giftig. Die Radioaktivität des natürlichen Urans ist so gering, daß man bei Einhaltung besonderer Schutzmaßnahmen Reaktionen mit Uransalzlösungen durchführen kann. Eine direkte Berührung mit den Händen oder sonstigen Körperteilen ist jedoch unbedingt zu unterlassen. Auch vermeide man eine radioaktive Verseuchung des Arbeitsplatzes, die durch Verspritzen der Lösungen u. ä. entsteht.

Für die nachstehenden Reaktionen benutze man eine $(UO_2)(CH_3COO)_2$- oder $UO_2(NO_3)_2$-Lösung bzw. die entsprechend vorbereitete Analysenlösung.

1. NaOH, KOH, Ammoniak oder Urotropin

$$2UO_2^{2+} + 2Na^+ + 6OH^- \rightarrow Na_2U_2O_7\downarrow + 3H_2O$$

Gelber Niederschlag des betreffenden Diuranats. Weinsäure verhindert die Fällung durch Bildung eines lösl. Komplexes.

2. NaHCO$_3$, (NH$_4$)$_2$CO$_3$

$$Na_2U_2O_7 + 6HCO_3^- \rightleftharpoons 2[UO_2(CO_3)_3]^{4-} + 3H_2O + 2Na^+$$

Mit Uranoxidsalzen bilden sich leichtlösl. komplexe Uranoxidverbindungen. Auch die Diuranate lösen sich in beiden, besonders aber in $(NH_4)_2CO_3$ leicht auf, so daß diese zur Abtrennung des Urans von anderen Elementen dienen können. Bei längerem Kochen fällt das Diuranat infolge Verschiebung des Gleichgewichtes wieder aus.

Uran erscheint wegen der Bildung von Carbonatokomplexen teilweise im Sodaauszug u. färbt ihn wie Chromat gelb.

3. $(NH_4)_2S$

Ammoniumsulfid erzeugt mit UO_2^{2+} einen braunen Niederschlag von Uranoxidsulfid, UO_2S, der nicht nur in verd. Säuren, sondern auch in $(NH_4)_2CO_3$ lösl. ist.

4. Reduktion

Saure Uranoxidsalzlösungen – am besten schwefelsaure – werden durch unedle Metalle, wie Mg, Zn, Cd, Bi, sowie durch Natriumdithionit zu U(IV) reduziert.

Man säure eine Uranoxidsalzlsg. mit HCl an und gebe etwas festes $Na_2S_2O_4$ hinzu. Die gelbe Farbe des U(VI) geht in die grüne des U(IV) über. Beim Versetzen der Lsg. von U(IV) mit Alkalihydroxid oder Ammoniak fällt voluminöses, braunes $U(OH)_4$ aus, das sich an der Luft schnell zu Uranat(VI) oxidiert.

5. KSCN + Ether

$$UO_2^{2+} + 2SCN^- \rightarrow UO_2(SCN)_2$$

UO_2^{2+} bildet in salzsaurer Lsg. mit SCN^- orangegelbes, komplexes Uranoxidthiocyanat, das in Wasser und Ether lösl. ist. Durch mehrmaliges Schütteln der salzsauren wäßrigen Lsg., der festes KSCN im Überschuß (1 g KSCN auf 3 ml Lsg.) zugesetzt ist, mit Ether läßt sich Uran aus der wäßrigen Lsg. weitgehend entfernen (wichtig für die Trennung des Urans von Cr u. V!).

6. Vorproben

a) Flammenfärbung und Lötrohrprobe: keine Reaktion.
b) Phosphorsalzperle: In der Oxidationsflamme sowohl in der Hitze als auch in der Kälte gelb, in der Reduktionsflamme grünlich.
c) NaF-Perle: Fluoreszenz im UV.

7. Nachweis als Peroxouranat

Aus neutraler oder essigsaurer Lsg. fällt H_2O_2 das Uran als gelblichweißes Peroxid.

Bei gleichzeitiger Einwirkung von NaOH oder Ammoniak und H_2O_2 entsteht ein in Laugen leichtlösl. orangegelbes Peroxouranat, dessen Zusammensetzung je nach den angewandten Mengenverhältnissen wechselt. Unter anderem entsteht ein $[UO_2(O_2)_3]^{4-}$-Ion mit Peroxogruppen.

pD: 4,3

8. Nachweis als $K_2(UO_2)[Fe(CN)_6]$

$$UO_2^{2+} + 2K^+ + [Fe(CN)_6]^{4-} \rightarrow K_2[UO_2][Fe(CN)_6]\downarrow$$

UO_2^{2+}-Ionen geben mit $[Fe(CN)_6]^{4-}$ einen b r a u n e n Niederschlag, der in essigsaurer Lösung schwerlöslich ist, sich aber in 5 mol/l HCl leicht und in $(NH_4)_2CO_3$-Lösung langsam löst. Auf Zusatz von NaOH wandelt sich das b r a u -ne $K_2(UO_2)[Fe(CN)_6]$ in g e l b e s $Na_2U_2O_7$ um.

Die Probe wird mit 5 mol/l CH_3COOH angesäuert, auf ca. 1 ml eingeengt u. dabei CO_2 vollständig vertrieben. Man setzt nun 1–3 Tropfen 0,1 mol/l $K_4[Fe(CN)_6]$ hinzu. Bei Gegenwart von UO_2^{2+}-Ionen entsteht sofort eine b r a u n gefärbte Lsg., in der sich bald – besonders bei größeren UO_2^{2+}-Mengen – ein d u n k e l b r a u n e r Niederschlag abscheidet. Nach dem Abzentrifugieren wandelt sich der b r a u n e Niederschlag auf Zusatz von 5 Tropfen 5 mol/l NaOH in g e l b e s $Na_2U_2O_7$ um. Zur Ausführung als Tüpfelreaktion wird 1 Tropfen der essigsauren Probe-Lsg. auf Filterpapier mit 1 Tropfen 0,1 mol/l $K_4[Fe(CN)_6]$ versetzt. Ein b r a u n e r Fleck zeigt U an.

$$EG:\ 0,55\ \mu g\ UO_2^{2+},\qquad pD:\ 4,7$$

Störungen: Fe^{2+}, Fe^{3+} und Cu^{2+} bilden ebenfalls schwerlösliche und farbige Niederschläge mit $[Fe(CN)_6]^{4-}$.

9. Nachweis als Glyoxal-bis-(2-hydroxyanil)-Chelat (s. S. 637)

4.3.3.12 Titan

Z: 22, RAM: 47,88, $3d^2\ 4s^2$

Häufigkeit: 0,41 Gew.-%. Smp.: 1660 °C. Sdp.: 3287 °C. D_{25}: 4,54 g/cm³. Oxidationsstufen: + III, + IV. Ionenradius $r_{Ti^{4+}}$: 68 pm. Standardpotential: $Ti^{2+} + 2e^- \rightleftharpoons Ti$; $E^0 = -1,63$ V.

Vorkommen: Titan gehört zu den zehn häufigsten Elementen. Es kommt in geringen Mengen (zu etwa 0,5%) in vielen silicatischen Mineralien vor, da es das Aluminium z. T. in den Kristallstrukturen ersetzen kann. Reine Mineralien sind die drei Kristallmodifikationen des TiO_2 (Rutil, Anatas und Brookit) sowie Ilmenit, $FeTiO_3$, Perowskit, $CaTiO_3$, und Titanit, $CaTiO[SiO_4]$.

Darstellung: Reinstes Titan (analog Th und Zr) erhält man durch thermische Zersetzung von TiI_4 (Aufwachsverfahren nach *van Arkel* und *de Boer*). Großtechnisch wird Titan durch Reaktionen von $TiCl_4$ mit flüssigem Magnesium oder Natrium unter Edelgasatmosphäre gewonnen.

Bedeutung: Titan und seine Legierungen sind sehr korrosionsbeständig und besitzen eine hohe mechanische Festigkeit, sie haben gegenüber gleichwertigen Stählen den Vorteil des um ca. 40% geringeren Gewichtes. Einsatzbereiche sind chemischer Apparatebau (rutheniumoxidbeschichtete Anoden der Chloralkalielektrolyse), Maschinenbau, Raumfahrt- und Flugzeugindustrie, $TiCl_4$ spielt als Beize in der Leder- und Textilindustrie sowie als Katalysatorbestandteil in der Kunststoffindustrie eine Rolle. TiO_2 wird in großen Mengen in Rutilform aus Ilmenit hergestellt und als weißes Farbpigment (Titanweiß) verwendet.

Allgemeine Eigenschaften: Die Elemente der 4. Nebengruppe treten vorwiegend in der Oxidationsstufe + IV auf. Von Titan und Zirconium kennt man auch sehr instabile Verbindungen der Oxidationsstufe + II und + III. Gemäß den allgemeinen

Fortsetzung

Regeln für die Nebengruppen des PSE nimmt mit steigender Ordnungszahl die Beständigkeit der niederen Oxidationsstufen ab, der basische Charakter der hochschmelzenden Dioxide dagegen zu. Bedingt durch die Gleichheit der Ionenradien von Zr^{4+} und Hf^{4+} infolge der Lanthanoidenkontraktion (s. S. 438) zeigen beide Elemente ein sehr ähnliches chemisches Verhalten. Titan verhält sich infolge Passivierung edler, als nach dem Standardpotential zu erwarten ist. Ti(II) wird schon bei Zimmertemperatur durch Wasser unter H_2-Entwicklung zu Ti(III) oxidiert. $[Ti(H_2O)_6]^{3+}$-Ionen sind rotviolett und ebenfalls ein starkes Reduktionsmittel (Maßlösung in der Titanometrie). Die Oxidationsstufe $+IV$ ist die beständigste. Ti^{4+}-Kationen treten in wäßriger Lösung nicht auf. Es liegen stets Hydroxokationen vor, z.B. $[Ti(OH)_3(H_2O)_3]^+$ oder $[Ti(OH)_2(H_2O)_4]^{2+}$, deren Zusammensetzung stark pH-abhängig ist. Aus wäßriger Lösung kann man daher nur basische Salze gewinnen. Im festen Titanoxidsulfat, $TiOSO_4$, sind keine TiO^{2+}-Ionen, sondern $-O-Ti-O-Ti-O$-Ketten vorhanden.

Als amphotere Verbindung ist Titanoxidhydrat noch schwächer basisch als Eisen- oder Chromoxidhydrat. Titanoxidhydrat ist im gealterten oder geglühten Zustand in Säuren und Alkalien schwer löslich. TiO_2 wird am besten durch Schmelzen mit $KHSO_4$ (s. S. 532) aufgeschlossen:

$$TiO_2 + 2HSO_4^- \rightarrow [TiO]SO_4 + SO_4^{2-} + H_2O$$

Zum Aufschluß von TiO_2 kann man auch die gleichzeitige Einwirkung von Kohlenstoff und Chlor benutzen. Wie bei anderen schwer reduzierbaren Oxiden, z.B. SiO_2, Al_2O_3, UO_2, die mit wäßriger HCl entweder nur wasserhaltige Chloride bilden oder sich gar nicht auflösen, erhält man verhältnismäßig leicht das wasserfreie Chlorid:

$$TiO_2 + 2C + 2Cl_2 \rightarrow TiCl_4 + 2CO$$

Man stelle sich eine Lösung von Titan(IV)-sulfat her, indem man eine kleine Spatelspitze von TiO_2 mit etwa der 5fachen Menge $KHSO_4$ in einem Porzellantiegel 5 bis 10 min lang so hoch erhitzt, daß ein klarer Schmelzfluß entsteht, aber nur sehr wenig SO_3 entweicht. Den Schmelzkuchen löse man in wenig kaltem Wasser, dem etwas verdünnte H_2SO_4 zugesetzt ist, auf. Für die nachstehenden Reaktionen verwende man diese Lösung bzw. die entsprechend vorbereitete Analysenlösung.

1. Hydrolyse

Ein Teil der Lsg. wird mit Wasser verdünnt und gekocht. Es bildet sich ein Niederschlag von TiO_2-Hydrat.

Werden schwach saure Titansalzlösungen mit $Na_2S_2O_3$ oder mit Natriumacetat versetzt und gekocht, so erfolgt ebenfalls Bildung eines Niederschlags von $TiO_2 \cdot$ aq.

2. NaOH, Ammoniak, Na_2CO_3, $(NH_4)_2S$ und Urotropin

Stets weißer, voluminöser Niederschlag von TiO_2-Hydrat. Frisch, in der Kälte gefällt, ist er in HCl u.a. starken Säuren leicht löslich. In der Hitze tritt aber sehr schnell Alterung ein, so daß die Lösungsgeschwindigkeit bald sehr klein wird und man längere Zeit mit konz. HCl oder H_2SO_4 digerieren muß, bis alles gelöst ist.

Ähnlich wie beim $SnO_2 \cdot$ aq (s. S. 505) erfolgt beim $TiO_2 \cdot$ aq durch Erhitzen eine Teilchenvergröberung, wodurch die Lösungsgeschwindigkeit herabgesetzt wird. Frisch gefälltes $TiO_2 \cdot$ aq löst sich außerdem relativ leicht in $(NH_4)_2CO_3$.

3. Dinatriumhydrogenphosphat

In essigsaurer Lösung weißer Niederschlag eines Gemisches von Titandioxidhydrat und Titanoxidhydrogenphosphat, $[TiO]HPO_4$, schwerlöslich in CH_3COOH, löslich in Mineralsäuren.

4. Zink + HCl

$$Ti(IV) + H_{nasc.} \rightarrow Ti(III) + H^+$$

Es erfolgt Reduktion zu rotviolettem $[Ti(H_2O)_6]^{3+}$.

5. Vorproben

a) Phosphorsalzperle: In der Oxidationsflamme in der Hitze schwach gelblich, in der Kälte farblos.
b) Erhitzen mit metallischem Natrium:

Man erhitzt die Probe in einem Glühröhrchen mit einem Stückchen metallischem Natrium bis zum Erweichen des Glases. Dann läßt man das heiße Glühröhrchen abkühlen, zerstößt es, löst mit Wasser und säuert die Lsg. an.

Während des Erhitzens schmilzt das Natrium, entzündet sich unter Flammenerscheinung und reduziert hierbei die Probe zu niederen Oxidationsstufen, die dann beim Ansäuern in Erscheinung treten.

Beim Titan tritt nach dem Ansäuern der Lsg. die rotviolette Farbe des Ti^{3+} auf.

6. Nachweis als Peroxotitan-Kation

$$[Ti(OH)_2(H_2O)_4]^{2+} + H_2O_2 \rightarrow [Ti(O_2) \cdot aq]^{2+} + 6 H_2O$$

Mit H_2O_2 bilden sich gelbe bis gelborange $[Ti(O_2)]^{2+}$-Kationen. Fe^{3+} wird mit H_3PO_4 unter Bildung von Phosphatoferraten(III) maskiert.

Die HCl-saure Probelsg. wird bei Gegenwart von Fe^{3+} durch Zusatz weniger Tropfen sirupöser H_3PO_4 (60–85%ig) entfärbt u. mit 3 Tropfen 2,5 mol/l H_2O_2 versetzt. Die Bildung einer gelb bis gelborange gefärbten Lsg., die durch Zusatz von gesättigter KF- oder NH_4F-Lsg. wieder entfärbt wird, zeigt Titan.

EG: 0,01 μg Ti in 1 ml, pD: 8,7

Störungen: Diese sehr empfindliche Ti-Reaktion wird durch farbige und komplexbildende Anionen beeinträchtigt, z.B. überdecken CrO_4^{2-}-Ionen die H_2O_2-Reaktion, und V sowie Mo geben mit H_2O_2 ebenfalls farbige Peroxoverbindungen. F^--Ionen verhindern die H_2O_2-Reaktion durch Bildung des sehr stabilen $[TiF_6]^{2-}$-Komplexes. Bei Gegenwart dieser Ionen ist daher die exakte Durchführung der auf S. 571f. beschriebenen Trennverfahren Voraussetzung für die Eindeutigkeit dieses Nachweises.

7. Nachweis mit Chromotropsäure (s. S. 635)

4.3.3.13 Zirconium

Zr, Z: 40, RAM: 91,22, $4d^2 5s^2$

Häufigkeit: $2,1 \cdot 10^{-2}$ Gew.-%. Smp.: 1852 °C. Sdp.: 4377 °C. D_{25}: 6,51 g/cm³.
Oxidationsstufen: + IV. Ionenradius $r_{Zr^{4+}}$: 79 pm. Standardpotential:
$Zr^{4+} + 4e^- \rightleftharpoons Zr$; $E^0 = -1,55$ V.
Vorkommen: Anreicherungen von Zirconmineralien sind selten. Die wichtigsten
sind Zirconerde, ZrO_2, und Zircon, $ZrSiO_4$, der als leicht abbaubarer Sand durch
Verwittern des Muttergesteins entsteht. Zirconium kommt durchschnittlich mit 2%
Hafnium vergesellschaftet vor.
Darstellung: Zirconiummetall gewinnt man durch Reduktion von $ZrCl_4$ mit Mg
oder Na, reinstes Zr nach dem Aufwachsverfahren (s. S. 450).
Bedeutung: Zirconium besitzt große Härte, Hitze und Korrosionsbeständigkeit. Das
Metall und seine Legierungen (z. B. Zircaloy-4 mit 1,5% Sn und Spuren Cr, Fe, Ni,
N) werden in der Raumfahrt- und Chemieindustrie verwendet. Aufgrund seines
geringen Einfangquerschnitts für thermische Neutronen hat das hafniumfreie Metall
im Reaktorbau große Bedeutung. Auch chirurgische Ersatzteile (z. B. künstliche
Schädelplatten) sind herstellbar. Einige Al-Legierungen enthalten etwas Zr. ZrO_2
bzw. $ZrSiO_4$ dient als hochfeuerfestes Material, ZrO_2 als Röntgenkontrastmittel und
Feststoffelektrolyt, $ZrCl_4$ als Katalysator in Crack-Prozessen.
Allgemeine Eigenschaften: Die Fähigkeit, in niedrigeren Oxidationsstufen als + IV
aufzutreten, ist geringer als beim Titan. Zr(IV) hydrolysiert in wäßriger Lösung zu
einer Reihe von Ionen, wie z. B. $[Zr(OH)_2 \cdot aq]^{2+}$, $[ZrO(OH) \cdot aq]^+$, $[Zr(OH)_3 \cdot aq]^+$.
Zwischen den verschiedenen Ionen bestehen Gleichgewichte. ZrO^{2+}-Ionen (Zirco-
noxidionen) konnten in wäßriger Lösung nicht nachgewiesen werden. Das Kondensationsbestreben des Zr(IV) unter Bildung von Isopolybasen nimmt mit steigender
Konzentration, bei Temperaturerhöhung und mit steigendem pH-Wert zu. Verdünnt
man saure Zr(IV)-Salzlösungen, so fällt Zirconiumoxidhydrat aus.
$ZrO_2 \cdot aq$ ist stärker basisch als $TiO_2 \cdot aq$. Bei hoher H^+-Konzentration entstehen
Anionenkomplexe, wie z. B. die Disulfatozirconiumsäure (Zirconylschwefelsäure),
$H_2[ZrO(SO_4)_2]$. Sehr beständige Komplexe bildet Zr(IV) mit Oxalat und Fluorid-
ionen.
Gegenüber Schmelzen von Alkalihydroxid oder -carbonat verhält sich ZrO_2 wie
ein Säureanhydrid. Es bilden sich sogenannte Zirconate, die jedoch Doppeloxide
ohne ZrO_3^{2-}-Gruppen sind:

$$ZrO_2 + Na_2CO_3 \rightleftharpoons Na_2ZrO_3 + CO_2\uparrow$$

Sie hydrolysieren in Wasser unter Abscheidung von Zirconiumoxidhydrat, das
frisch gefällt in Säuren löslich ist. Auf diesem Wege können ZrO_2 und $ZrSiO_4$, die
sich sonst nur in Flußsäure lösen, aufgeschlossen werden.

Zu den Reaktionen verwende man eine Lösung von Zirconiumoxidnitrat,
$ZrO(NO_3)_2$, oder -chlorid, $ZrOCl_2$, bzw. die entsprechend vorbereitete Analysenlösung.

1. NaOH, Ammoniak, $(NH_4)_2S$ und Urotropin

Fällung von gallertartigem, weißem Zirconiumdioxidhydrat, im Überschuß des Fällungsmittels schwerlöslich. Der frisch in der Kälte gefällte Niederschlag ist leicht in verd. Mine-

ralsäuren löslich. Durch Alterung, die in der Hitze sehr schnell vonstatten geht, nimmt die Lösungsgeschwindigkeit wie beim $TiO_2 \cdot$ aq stark ab (vgl. S. 451). Bei Gegenwart von Weinsäure erfolgt infolge Komplexbildung keine Fällung.

2. Na_2CO_3, K_2CO_3, $(NH_4)_2CO_3$

Fällung von basischem Carbonat, das im Überschuß des Fällungsmittels, besonders von $(NH_4)_2CO_3$, lösl. ist. Beim Erhitzen der Lösungen fällt das Carbonat wieder aus.

3. Oxalsäure oder $(NH_4)_2C_2O_4$

Zunächst Fällung von weißem, feinkristallinem Zirconiumoxalat, lösl. im Überschuß des Fällungsmittels und in starken Säuren (wichtig für die Trennung von Thorium, s. S. 447). Aus vorher erhitzten H_2SO_4-sauren Lösungen kann die Fällung von Zirconiumoxalat infolge der Beständigkeit der dann vorliegenden Sulfatokomplexe ausbleiben.

4. Flußsäure und Fluoride

Bei tropfenweiser Zugabe von HF zu konz. Zirconiumsalzlösungen zunächst voluminöse Fällung von Zirconiumfluorid oder -oxidfluorid, die im Überschuß des Fällungsmittels oder in Gegenwart von Alkalifluoriden wieder in Lösung geht. Es bilden sich lösl. Fluorokomplexe, z. B. $[ZrOF_4]^{2-}$ oder $[ZrF_6]^{2-}$.

(Wichtig für die Trennung von den Seltenerdmetallen u. Thorium, s. S. 442 und S. 447.)

5. H_2O_2

In neutraler Lsg. Fällung eines weißen Niederschlags von Peroxozirconiumsäure, $Zr(OH)_3(OOH)$, schwerlösl. in 1%iger CH_3COOH, dagegen lösl. in verd. Mineralsäuren unter Bildung von Sulfatoperoxozirconiumsäuren, z. B. $H_2[Zr(O_2)(SO_4)_2]$. Auch in überschüssigem Alkalihydroxid löst sich die Peroxozirconiumsäure unter Salzbildung. Beim Erhitzen der Lsg. tritt Zersetzung und Ausfällung von Zirconiumdioxidhydrat ein.

6. Nachweis als $Zr_3(PO_4)_4$

Mit Na_2HPO_4 weißer flockiger Niederschlag der ungefähren Zusammensetzung $Zr_3(PO_4)_4$, der im Gegensatz zu den Phosphaten aller anderen Elemente (mit Ausnahme von Hafnium) auch aus stark salzsaurer Lösung ausfällt.

Die 5 mol/l HCl enthaltende Probelsg. wird mit wenigen Tropfen sirupöser H_3PO_4 (60–85%) oder einer Alkaliphosphatlsg. versetzt. Ein farbloser, oft flockiger Niederschlag, der sich nur langsam absetzt und selbst von konz. HCl beim Erwärmen nur sehr langsam gelöst wird, zeigt Zr an.

Zr-Phosphat wird gleichzeitig bei dem Ti-Nachweis (s. S. 452) gebildet, wenn man zur Maskierung von Fe^{3+} zu der HCl-sauren Lsg. H_3PO_4 zusetzt. Der Phosphat-Niederschlag stört den Ti-Nachweis jedoch nicht.

7. Nachweis als Alizarin S-Farblack

Zr(VI) wird aus nicht zu stark salzsaurer Lösung durch Alizarin S als roter bis rotvioletter Farblack gefällt, während sich die entsprechenden Lacke von Al, Be, Th und Ti nur in neutraler bis essigsaurer Lösung bilden.

Nach Abtrennung von SO_4^{2-} als $BaSO_4$ wird 1 Tropfen der möglichst schwach salzsauren Lsg. in einer kleinen Porzellanschale mit 1 Tropfen Reagenzlsg. kurz aufgekocht und nach dem Abkühlen mit 1 Tropfen 1 mol/l HCl versetzt. Dabei lösen sich die evtl. gebildeten Farblacke der oben erwähnten Elemente auf und nur der Zr-Lack bleibt in Form rotvioletter bis hochroter Flöckchen ungelöst zurück.

EG: 0,5 µg Zr,   pD: 5,0.

Störungen: In Gegenwart von F^-, PO_4^{3-}, SO_4^{2-}, MoO_4^{2-}, WO_4^{2-} und organischer Hydroxysäuren bleibt die Fällung aus. Die Störung durch SO_4^{2-}-Ionen kann durch Zugabe von $BaCl_2$ verhindert werden, während die übrigen Anionen bei sorgfältiger Durchführung des Trennungsganges an dieser Stelle nicht mehr zugegen sind.

Reagenz: 0,1%ige wäßrige Alizarin S-Lösung.

8. Nachweis als fluoreszierender Morin-Farblack (s. S. 636f.)

9. Nachweis als Phenylarsonsäure-Verbindung (s. S. 636)

4.3.3.14 Vanadium

V, Z: 23, RAM: 50,9415, $3d^3 4s^2$

Häufigkeit: $1,4 \cdot 10^{-2}$ Gew.-%. Smp.: 1887 °C. Sdp.: ≈ 3377 °C. D_{25}: 6,11 g/cm³. Oxidationsstufen: (+ II), (+ III), + IV, + V. Ionenradius $r_{V^{5+}}$: 59 pm. Standardpotential: $V^{2+} + 2e^- \rightleftharpoons V$; $E^0 = -1,13$ V.

Vorkommen: Vanadium bildet kaum eigene abbauwürdige Lagerstätten. Wichtigste Mineralien sind Vanadinit, $Pb_5[Cl(VO_4)_3]$, Patronit, VS_4, und Carnotit $(K_2[(UO_2)(VO_4)]_2 \cdot 3H_2O$. Hauptrohstoff ist heute titanhaltiges, überwiegend südafrikanisches, Magneteisenerz mit ca. 1% Vanadium.

Darstellung: Hauptsächlich wird Ferrovanadium erzeugt, mit 35% V durch Reduktion von V_2O_5 mit Ferrosilicium im elektrischen Ofen, bzw. mit 70% V aluminothermisch aus V_2O_5 und Eisenschrott. Sehr reines Vanadium ist durch das Aufwachsverfahren (s. S. 450) darstellbar.

Bedeutung: Geringe Mengen Vanadium (oft genügen 0,1 bis 1%) erhöhen die Zähigkeit, Härte, Schlag- und Warmfestigkeit von Stählen. Titanlegierungen enthalten oft Vanadium. Vanadium(V)-Verbindungen wirken als Katalysatoren, z. B. beim Schwefelsäure-Kontaktverfahren. Für Pflanzen und Tiere ist Vanadium ein lebenswichtiges Spurenelement.

Allgemeine Eigenschaften: Die Basizität der Oxide in den Oxidationsstufen + II bis + V nimmt mit steigender Oxidationsstufe ab (s. S. 80). So bilden sich in der Oxidationsstufe + II und + III Salze und Komplexverbindungen wie $VSO_4 \cdot 7H_2O$, $K_4[V(CN)_6] \cdot 3H_2O$ oder die Sulfatovanadium(III)-säure, $H[V(SO_4)_2] \cdot 6H_2O$. Vanadium(III) gibt daneben auch Salze vom Alauntyp, $M^I[V(SO_4)_2] \cdot 12H_2O$, mit dem Ion $[V(H_2O)_6]^{3+}$. Das entsprechende blauviolette Ammoniumsalz ist beständig gegen Luftsauerstoff. Sonst sind die V(II)- und V(III)-Verbindungen starke Reduktionsmittel und werden vom Luftsauerstoff zu V(IV) oxidiert. Das Oxid der Oxidationsstufe + IV, VO_2, hat amphoteren Charakter. Mit Basen bildet es Vanadate(IV), mit Säuren Salze des in wäßriger Lösung hellblauen Oxovanadium(IV)-Kations, $[VO(H_2O)_5]^{2+}$. Das Oxid V_2O_5, bildet mit Alkalien Vanadate(V). Aus den in alkalischer Lösung beständigen Anionen der Orthovanadiumsäure, VO_4^{3-}, entstehen mit steigender H^+-Konzentration verschieden hoch kondensierte Isopolysäuren, dann „Vanadyl"-Kationen $[VO_2 \cdot aq]^+$ (s. Versuch 1).

Die nachstehenden Reaktionen werden mit einer Lösung von Natriumvanadat(V) in Wasser bzw. der entsprechend vorbereiteten Analysenlösung durchgeführt.

1. Säuren, Alkalien, Urotropin

$$2[VO_4]^{3-} + 2H^+ \rightleftharpoons [V_2O_7]^{4-} + H_2O \qquad \text{Divanadat,}$$

$$2[V_2O_7]^{4-} + 4H^+ \rightleftharpoons [V_4O_{12}]^{4-} + 2H_2O \qquad \text{Tetravanadat,}$$

$$5[V_4O_{12}]^{4-} + 8H^+ \rightleftharpoons 2[V_{10}O_{28}]^{6-} + 4H_2O \qquad \text{Dekavanadat,}$$

$$[V_{10}O_{28}]^{6-} + 6H^+ \rightarrow 5[V_2O_5 \cdot aq] + 3H_2O \qquad \text{Vanadiumpentaoxidhydrat,}$$

$$[V_2O_5 \cdot aq] + 2H^+ \rightleftharpoons 2[VO_2]^+ + xH_2O \qquad \text{Dioxovanadium(V)-Kation.}$$

Diese Reagenzien geben keine Fällung. Die alkalische Lsg. ist farblos. Bei langsamem Ansäuern tritt gelbe, dann orangegelbe Farbe unter Bildung von Dekavanadat auf. Bei weiterer Verminderung des pH-Wertes hellt sich die Lsg. wieder auf, weil jetzt das hellgelbe $[VO_2]^+$-Ion entstanden ist.

Zum Teil sind in den Lösungen noch Ionen der sauren Salze zu finden. Diese Gleichgewichte wurden hier nicht berücksichtigt. Außerdem existiert im stark sauren Gebiet noch ein $[VO]^{3+}$-Kation. Die Kristallisation von Salzen aus wäßriger Lösung ist meist mit einer Kondensation des Anions verbunden. Die Tetravanadate sind die verbreitetsten und werden im allgemeinen als Metavanadate bezeichnet, z. B. Natriummetavanadat $Na_4[H_2V_4O_{13}] = (NaVO_3)_4 \cdot H_2O$. Andere Metavanadate enthalten Ketten aus eckenverknüpften VO_4-Tetraedern oder kantenverknüpften VO_5-Einheiten.

2. Reduktionsmittel

H_2S, SO_2, Oxalsäure u. a., reduzieren Vanadium(V) in saurer Lösung zu Vanadium(IV). Es entstehen hellblaue VO^{2+}-Kationen. Metalle, wie Zn, Cd oder Al reduzieren bis zum violetten V^{2+}. Hierbei kann man die dazwischenliegenden Oxidationsstufen (hellblaues VO^{2+} und grünes V^{3+}) an dem Farbwechsel erkennen.

Beim Erhitzen des festen Salzes mit metallischem Natrium (Ausführung s. beim Titan, 5., S. 452) wird V(V) zu V(III) reduziert, dessen Lsg. in Wasser grün ist.

3. Schwermetall-, Erdalkaliionen

In neutraler Lsg. Fällung von Vanadaten, z. B. orangerotes $AgVO_3$, weißes $(Hg_2)_3(VO_4)_2$, gelbes $Pb_3(VO_4)_2$, rotbraunes $FeVO_4$, weiße Erdalkalivanadate. Letztere sind auch in schwachen Säuren lösl. $FeVO_4$ ist in CH_3COOH schwerlösl., in Mineralsäuren lösl.; $(Hg_2)_3(VO_4)_2$ ist auch in verd. HNO_3 nur sehr schwer lösbar.

4. H_2S, $(NH_4)_2S$

$$VO_4^{3-} + 4HS^- \rightarrow VS_4^{3-} + 4OH^-$$

Mit $(NH_4)_2S$ in neutraler u. ammoniakalischer Lsg. keine Fällung, sondern Bildung lösl. Thiovanadate, die je nach dem Schwefelgehalt des Ammoniumsulfids braun bis rotviolett sind. Beim Sättigen der ammoniakalischen Lsg. mit H_2S tritt die intensive rotviolette Farbe des entstandenen $[VS_4]^{3-}$ besonders schön auf. Empfindliche Nachweisreaktion für Vanadium. Mo stört durch Bildung von rotbraunem Thiomolybdat (s. S. 462).

Beim Ansäuern der Thiovanadatlsg. fällt braunes V_2S_5 aus. Durch das freiwerdende H_2S wird stets etwas V(V) reduziert, das Zentrifugat des V_2S_5 ist daher durch geringe Mengen von lösl. $[VO]^{2+}$ schwach bläulich bis türkisblau gefärbt. Bei Gegenwart von Cl^- wird die Reduktion gestört.

5. Flüchtigkeit von Vanadiumchloridoxid

Eine ausgezeichnete Vorprobe beruht auf der Flüchtigkeit von Vanadiumchloridoxid im trockenen Chlorwasserstoffstrom.

Man mischt die auf Vanadium zu prüfende Substanz mit der 4–5fachen Menge NH_4Cl und füllt das Gemisch in ein trockenes Reagenzglas. Dasselbe wird mit einem Glaswollebausch verschlossen, der mit verd. H_2SO_4 angefeuchtet ist. Nun erhitzt man lebhaft. Vanadium verflüchtigt sich dabei mit dem NH_4Cl, schlägt sich an der Glaswandung nieder und wird bis an den Glaswollebausch getrieben. Nach 5 min ist die Reaktion beendet. Die in und unter der Glaswolle vorhandene Masse wird in verd. H_2SO_4 gelöst, vom Schwerlöslichen abfiltriert, auf ein kleines Volumen eingedampft und entsprechend 7. (s.u.) auf Vanadium geprüft.

6. Vorproben

Die Phosphorsalzperle wird in der Reduktionsflamme charakteristisch grün, in der Oxidationsflamme schwachgelb bis gelbbraun (nur bei sehr starker Sättigung).

Auch die Reaktionen mit Reduktionsmitteln (s. 2.), mit H_2S bzw. $(NH_4)_2S$ (s. 4.) sowie die Flüchtigkeit des Vanadiumchloridoxids (s. 5.) haben Vorprobencharakter.

7. Nachweis als Peroxovanadium (V)

$$VO_4^{3-} + H_2O_2 + 6H^+ \rightarrow [V(O_2)]^{3+} + 4H_2O$$
$$VO_4^{3-} + 2H_2O_2 \rightarrow H[VO_2(O_2)_2]^{2-} + OH^- + H_2O$$

In saurer Lösung liegt V(V) in Form von $[VO_2]^+$- und $[VO]^{3+}$-Kationen vor. Die $[VO]^{3+}$-Ionen reagieren mit H_2O_2 primär unter Bildung von rötlich-braunen $[V(O_2)]^{3+}$-Kationen, die aber auf Zusatz von weiterem H_2O_2 in die schwach gelbe Peroxovanadiumsäure $H_3[VO_2(O_2)_2]$ übergehen. Die Reaktion soll demgemäß möglichst in saurer 15–20%iger H_2SO_4- oder HNO_3-Lösung und mit wenig H_2O_2 durchgeführt werden. Bei Gegenwart von CrO_4^{2-} darf die Acidität nicht zu groß sein, wenn Cr(VI) und Vanadium(V) nebeneinander nachgewiesen werden sollen, da sonst CrO_5 zerfällt, ehe es in der etherischen Phase gelöst ist. Die Empfindlichkeit der Reaktion des Vanadium(V) wird durch pH-Erhöhung zwar herabgesetzt, ist jedoch bei den Bedingungen der CrO_5-Reaktion immer noch zur eindeutigen Identifizierung von Vanadium(V) groß genug.

Die Reaktion wird, wie beim Cr beschrieben (vgl. 6., S. 434), ausgeführt. Es bildet sich nach Zusatz von wenig H_2O_2 eine rötlich-braune wäßrige Phase, die auf weiteren H_2O_2-Zusatz wieder verblaßt.

EG: 2,5 µg V,   pD: 4,3

Störungen: Ti(IV) muß vorher abgetrennt werden. Bei Anwesenheit von Cr(VI) wird in 15–20%iger mineralsaurer Lsg. gearbeitet.

8. Nachweis durch Reduktion von Fe^{3+} zu Fe^{2+}

$$2[VO_2]^+ + 4H^+ + 2Cl^- \rightleftharpoons 2[VO]^{2+} + Cl_2\uparrow + 2H_2O$$
$$[VO]^{2+} + Fe^{3+} + H_2O \rightarrow [VO_2]^+ + Fe^{2+} + 2H^+$$

Durch konz. HCl wird V(V) beim Kochen zu V(IV) reduziert. Beim Eindampfen der Lösung verflüchtigt sich das gebildete Cl_2, so daß das Gleichgewicht ganz nach rechts verschoben wird. Von Fe^{3+}-Ionen wird das $[VO]^{2+}$-Ion wieder zu V(V) oxidiert.

Die Bildung von Fe^{2+}-Ionen, die mit 2,2'-Bipyridin, 1,10-Phenanthrolin oder Dimethylglyoxim nachgewiesen werden können, zeigt das Vorhandensein von Vanadium an.

Einzelheiten der Ausführung dieses Nachweises s. S. 637.

4.3.3.15 Niob und Tantal

Nb, Z: 41, RAM: 92,906, $4d^4 5s^1$ **Ta, Z: 73, RAM: 180,948, $5d^3 6s^2$**

Niob

Häufigkeit: $1,9 \cdot 10^{-3}$ Gew.-%. Smp.: 2468 °C. Sdp.: 4742 °C. D_{25}: 8,57 g/cm³. Oxidationsstufen: + III, + V. Ionenradius $r_{Nb^{5+}}$: 69 pm.

Tantal

Häufigkeit: $8 \cdot 10^{-4}$ Gew.-%. Smp.: 2996 °C. Sdp.: ≈ 5400 °C. D_{25}: 16,65 g/cm³. Oxidationsstufen: + V. Ionenradius $r_{Ta^{5+}}$: 68 pm.

Vorkommen: Niob und Tantal kommen als geringe Beimengungen in zahlreichen Mineralien vor. In kleinem Umfang findet man aber auch eigene Mineralien. $(Fe,Mn)(Nb,Ta)_2O_6$, die je nach Überwiegen des einen oder anderen Elements als Columbit oder Tantalit bezeichnet werden. Wegen ihrer chemischen Ähnlichkeit sind beide Elemente immer vergesellschaftet anzutreffen.

Darstellung: Tantal gewinnt man durch Reduktion von K_2TaF_7 mit Na, kaum noch durch Schmelzflußelektrolyse von Ta_2O_5 in K_2TaF_7. Das niedriger schmelzende Niob wird aus Nb_2O_5 aluminothermisch oder durch Reduktion mit Kohle im Hochvakuum bei 1900 °C hergestellt.

Bedeutung: Beide Elemente zeichnen sich durch große chemische Beständigkeit vor allem gegenüber Säuren (ausgenommen HF) und gute mechanische Eigenschaften aus. Besonders Tantal wird als Werkstoff im chemischen Apparatebau, für chirurgische Instrumente, als Düsenmaterial in der Kunstseidenindustrie und für elektrische Kondensatoren eingesetzt. Niob und Tantal sind in geringen Prozenten Bestandteile hochwertiger Spezialstähle. Wegen seines geringen Neutroneneinfangquerschnittes wird tantalfreies Niob im Kernreaktorbau verwendet.

Allgemeine Eigenschaften: Niob und Tantal sind außer in HF in keiner Säure löslich (Passivierung). Niob wird von geschmolzenem Alkalihydroxid gelöst. Sowohl die Atom- als auch die Ionenradien beider Elemente unterscheiden sich infolge der Lanthanoidenkontraktion (s. S. 438) kaum, wodurch die Verbindungen in ihrem Verhalten sehr ähnlich sind.

Die Oxidationsstufe + V ist für beide Elemente die häufigste und beständigste. Übereinstimmend mit den allgemeinen Regeln im PSE über die Beständigkeit der höchsten Oxidationsstufe (s. S. 18) läßt sich Vanadium mit Zn und HCl bis zur Oxidationsstufe + II, Niob nur bis zur Oxidationsstufe + III und Tantal nicht mehr reduzieren. Als Ausgangssubstanz für Verbindungen beider Elemente dienen die Pentaoxide, Nb_2O_5 und Ta_2O_5. Im geglühten Zustand sind beide Oxide in Säuren mit Ausnahme von HF schwer löslich. Sie lassen sich durch Schmelzen mit Alkali-

Fortsetzung

carbonat aufschließen, und nach Lösen in Natronlauge liegen Orthoniobate bzw. -tantalate vor.

$$Nb_2O_5 + 3CO_3^{2-} \rightarrow 2NbO_4^{3-} + 3CO_2\uparrow$$

Beim Auslaugen der Schmelzen mit Wasser bleibt jedoch schwerlösliches Metaniobat, $NaNbO_3$, zurück. In wäßrigen Lösungen beider Elemente sind nur Polyanionen oder Komplexe, z. B. mit PO_4^{3-}, F^- oder organischen Säuren, beständig, in $NaOH/H_2O_2$ Tetraperoxoniobate bzw. -tantalate.

Zu den folgenden Reaktionen stelle man sich durch Schmelzen der Pentaoxide mit KOH oder K_2CO_3 und Lösen der Schmelze in Wasser eine Kaliumniobat- bzw. -tantalatlösung her.

1. Mineralsäuren

Mineralsäuren fällen weißes Niob- bzw. Tantalsäuregel. Die Gele werden beim Kochen nach kurzer Zeit schwer löslich; nur in der Kälte frisch gefällte sind in heißen, konz. Säuren z. T. löslich. Im Überschuß von H_3PO_4 und HF lösen sich die Gele unter Komplexbildung.

2. Oxalsäure, Weinsäure, Citronensäure

Im Überschuß dieser Säuren lösen sich die zunächst gefällten Oxidhydrate unter Komplexbildung.

3. NaOH und Natriumsalze

Die genannten Reagenzien fällen schwerlösl. Natriumniobat bzw. -tantalat.

Zu den folgenden Reaktionen stelle man sich eine saure Nb- bzw. Ta-Lösung wie folgt her: Die Pentaoxide löse man in HF, rauche mit konz. H_2SO_4 ab (Pt-Tiegel!) und nehme mit Wasser auf.

4. Ammoniak, $(NH_4)_2S$, Urotropin

Diese Reagenzien fällen weißes Niob- bzw. Tantalsäuregel (s. 1.).

Während eine Identifizierung des Nb durch die nachstehenden Reaktionen gelingt, ist der eindeutige Nachweis des Ta schwierig. Zur Erkennung des letzteren kann man die relative Schwerlöslichkeit des Kaliumoxofluorotantalats benutzen (s. 9., S. 460).

5. Vorproben

Die in der Reduktionsflamme erzeugte Phosphorsalzperle ist je nach der Konzentration des Nb violett, blau oder braun gefärbt. Gibt man jetzt eine Spur $FeSO_4$ hinzu, so färbt sie sich blutrot. In der Oxidationsflamme tritt keine Färbung auf.

Ta liefert sowohl in der Oxidations- als auch in der Reduktionsflamme eine farblose Perle.

6. Nachweis durch Reduktion

Ta(V) läßt sich nur äußerst schwer in eine niedere Oxidationsstufe überführen.

Hingegen wird Nb(V) in mineralsaurer Lsg. bereits durch Zn oder Sn unter Blau- bzw. Braunfärbung reduziert. Im Gegensatz zu Ta ist auch eine Reduktion von komplexgebundenem Nb, wie es z. B. im Kaliumoxofluoroniobat vorliegt, möglich. Erhitzt man eine mit konz. HCl angesäuerte Lsg. des genannten Komplexes zum Sieden und fügt dann Zn hinzu, so tritt sofort eine braunviolette Farbe auf.

7. Nachweis als Nb(III)-thiocyanatokomplex

Zu der mineralsauren Lsg. von Nb(V) füge man KSCN und gebe etwas granuliertes Zn hinzu. Es tritt eine goldgelbe Färbung auf, da das durch Reduktion entstandene Nb(III) einen Thiocyanatokomplex bildet. Unterscheidungsreaktion des Niob von Tantal und Titan.

8. Nachweis durch Bildung von Peroxoniobsäure

Zu frisch gefälltem Niobsäuregel gebe man 1 – 2 ml Perhydrol und etwas verd. H_2SO_4. Es tritt Gelbfärbung unter Bildung von Peroxoniobsäure, $HNbO_2(O_2) \cdot$ aq auf. In der Wärme erfolgt Zersetzung in Niobsäure u. H_2O_2. Die in gleicher Weise darstellbare Peroxotantalsäure ist farblos.

9. Nachweis als $K_2[NbF_7]$ bzw. $K_2[TaF_7]$

Die Fluorokomplexe $K_2[NbF_7]$ und $K_2[TaF_7]$ sowie Kaliumoxofluorotantalat $K_2[Ta_2O_3F_6]$ kristallisieren isomorph in orthorhombischen Nadeln. Dagegen bildet Kaliumoxofluoroniobat, $K_2[NbOF_5] \cdot H_2O$, dünne perlmutterglänzende, monokline Plättchen. $K_2[NbF_7]$ ist erheblich löslicher als $K_2[TaF_7]$ und nur in viel HF enthaltenden Lösungen stabil, da es leicht hydrolysiert:

$$K_2[NbF_7] + H_2O \rightarrow K_2[NbOF_5] + 2\,HF$$

Man löse eine Probe der frisch gefällten Gele in HF und füge einen geringen Überschuß KF hinzu. Beim Kochen geht $K_2[NbF_7]$ als $K_2[NbOF_5]$ in Lösung, während das schwererlösliche $K_2[Ta_2O_3F_6]$ in Nadeln kristallisiert (Kristallaufnahme 8).

Störungen: Nb stört nicht. Bei Proben, die neben viel Nb nur sehr wenig Ta enthalten, besteht die Gefahr, daß Kaliumoxofluoroniobat mit ausfällt. Prüfung des Niederschlags auf Nb s. 6.

Ausführung der Analyse bei Anwesenheit von Nb und Ta

Nb(V) und Ta(V) fallen beim Neutralpunkt als Pentaoxidhydrate aus, welche nach kurzer Zeit durch Alterung schwer löslich werden. Je nachdem, welche Nb- oder Ta-Verbindungen vorliegen, können die Elemente an verschiedenen Stellen des systematischen Analysenganges in Erscheinung treten. Es empfiehlt sich daher, sie vorher wie folgt abzutrennen:

a) Beim Vorliegen als Elemente bleiben Nb und Ta im Ungelösten zurück. Sie lösen sich weder in saurer noch in alkalischer Schmelze, so daß man die zurückbleibenden Elemente in HF lösen, mit konz. H_2SO_4 abrauchen und mit Wasser aufnehmen kann. Nachweisreaktionen s. 5.ff.

b) Beim Vorliegen als Oxide bleiben Nb und Ta im Ungelösten zurück. Die Oxide werden durch Schmelzen mit K_2CO_3 aufgeschlossen und die Schmelze mit Wasser aufgenommen. Zur Abtrennung des Nb und Ta von anderen Elementen verfahre man nach 3. Nachweisreaktion s. 5.ff.

c) Beim Vorliegen als wasserlösliche Verbindungen (Alkaliniobate bzw. -tantalate) fallen Nb und Ta beim schwachen Ansäuern des wäßrigen Auszuges als Pentaoxidhydrate aus, die nach kurzem Kochen schwer löslich und wie unter b) weiterbehandelt werden.

d) Beim Vorliegen in saurer Lösung fallen Nb und Ta beim Neutralisieren als Pentaoxidhydrate aus. Sie werden in dieser Form wie unter b) weiterbehandelt.

4.3.3.16 Molybdän

Mo, Z: 42, RAM: 95,94, $4d^5 5s^1$

Häufigkeit: $1,4 \cdot 10^{-3}$ Gew.-%. Smp.: 2617 °C. Sdp.: 4612 °C. D_{25}: 10,22 g/cm³. Oxidationsstufen: (+ II), (+ III), (+ IV), (+ V), + VI. Ionenradius $r_{Mo^{6+}}$: 62 pm. Standardpotential: $Mo^{3+} + 3e^- \rightleftharpoons Mo$; $E^0 = -0,2$ V.

$$MoO_4^{2-} + 4H_2O + 6e^- \rightleftharpoons Mo + 8OH^-; E^0 = -0,91 \text{ V.}$$

Vorkommen: Abbauwürdige Molybdänvorkommen sind ziemlich selten. Hauptmineral ist der Molybdänglanz (Molybdänit), MoS_2, weniger bedeutend der Wulfenit (Gelbbleierz), $PbMoO_4$.

Darstellung: In der Technik gewinnt man meist Ferromolybdän, früher oft durch gemeinsame elektrothermische Verhüttung von angereichertem Molybdänerz und Eisenerz, heute meist aus MoO_3 und Eisenoxid (Zunder oder oxidisches Erz) mit Ferrosilicium und etwas Al als Reduktionsmittel. Reines Metall erhält man durch Reduktion von MoO_3 mit Wasserstoff.

Bedeutung: Hauptsächlich wird Ferromolybdän in der Stahlindustrie verwendet. Molybdänstähle zeichnen sich durch Korrosionsbeständigkeit und gute Warmzähigkeit aus (Schußwaffenläufe, Hochdruckgefäße, Radachsen, Federn aller Art). Verschiedene Molybdänlegierungen werden als Hochtemperaturwerkstoffe eingesetzt. Eine Legierung aus 70% Mo, 30% W eignet sich zu Pumpen für flüssiges Zink. Wegen seiner graphitähnlichen Struktur ist MoS_2 ein hervorragendes Schmiermittel. Molybdänverbindungen dienen als Katalysatoren. Luftstickstoffbindende Bakterien und verschiedene höhere Pflanzen benötigen Molybdän als Spurenelement.

Allgemeine Eigenschaften: Die Oxidationsstufe + VI ist die beständigste und wichtigste. Oxide sind z.B. in der Oxidationsstufe + IV (MoO_2) und + VI (MoO_3) bekannt. Daneben gibt es noch eine Reihe von Oxiden bzw. Hydroxiden nichtstöchiometrischer Zusammensetzung. Sie entstehen z.B. bei der Reduktion von Molybdän(-VI)-Verbindungen im sauren Gebiet als sogenanntes Molybdänblau. Das Molybdän liegt hier in der Oxidationsstufe zwischen + VI bis + IV vor; z.B.: Mo_nO_{3n-1} mit $n = 4, 5, 8, 9$ oder $MoO_{3-x}(OH)_x$, mit x zwischen 0 und 2. Mit stärkeren Reduktionsmitteln gelangt man über grünes Mo(IV) zu rotbraunem Mo(III).

Geglühtes MoO_3 löst sich in Säuren, mit Ausnahme von HF und konz. H_2SO_4, nicht. Dagegen ist es in Alkalilaugen löslich. In alkalischer Lösung liegt das Monomolybdation, MoO_4^{2-} vor. Beim Ansäuern bilden sich Polymolybdate, die untereinander durch pH-abhängige Gleichgewichte verbunden sind. Beim pH-Wert 6 liegt im wesentlichen Heptamolybdat, $[Mo_7O_{24}]^{6-}$, in etwas stärker saurem Gebiet Octamolybdat, $[Mo_8O_{26}]^{4-}$ vor. Die im stark sauren ausfallende Molybdänsäure, $MoO_3 \cdot xH_2O$, löst sich bei weiterer Säurezugabe wieder auf. Das entstehende Kation MoO_2^{2+} ist Grundlage von einfachen Verbindungen wie MoO_2Cl_2 und MoO_2SO_4 sowie von anionischen Komplexen wie $[MoO_2Cl_4]^{2-}$ und $[(MoO_2)_2(SO_4)_3]^{2-}$.

Fortsetzung

Die Elemente Molybdän und Wolfram bilden in ihrer höchsten Oxidationsstufe leicht Isopolysäuren (s. S. 432), wobei innerhalb der einzelnen Gruppen das Kondensationsbestreben mit steigender Ordnungszahl zunimmt.

Die Säuren dieser Elemente vermögen bei Erhöhung der H^+-Konzentration nicht nur mit sich selbst zu höheren Kondensationsprodukten, sondern auch mit anderen, meist schwächeren Säuren zu sog. **Heteropolysäuren** zusammenzutreten. Salze solcher Heteropolysäuren sind z.B. die Ammoniumsalze der Molybdoarsen- und Molybdophosphorsäure (s. bei Arsen und Phosphor) mit den Anionen

$$[As(Mo_3O_{10})_4 \cdot aq]^{3-} \quad und \quad [P(Mo_3O_{10})_4 \cdot aq]^{3-}$$

Man kann sich vorstellen, daß anstelle eines O^{2-} im AsO_4^{3-} und PO_4^{3-} je ein $Mo_3O_{10}^{2-}$-Ion getreten ist. Das $Mo_3O_{10}^{2-}$-Ion ist ebenfalls als Baugruppe in den Isopolysäuren des Molybdäns enthalten; in wäßriger Lösung vermag es jedoch nicht für sich allein und in einem größeren pH-Bereich zu existieren.

In alkalischer Lösung werden die Heteropolysäuren genauso aufgespalten wie die Isopolysäuren. Das Gleichgewicht verschiebt sich dabei nach der Seite der einfachen Ionen, so daß sich diese Verbindungen, falls sie schwerlöslich sind, in Alkalihydroxiden leicht auflösen.

Ebenso wie bei den vorstehenden Beispielen bildet stets das eine Element (As, P, Si, B, I u.a.) das Zentralion eines Komplexes und wird vom anderen (Mo oder W) über eine Sauerstoffbrücke in regelmäßiger räumlicher Anordnung umgeben. Dabei kommen oft auf ein Zentralion 6 oder 12 Ionen des anderen Metalls.

Zu den nachstehenden Reaktionen verwende man eine Ammoniummolybdatlösung bzw. die entsprechend vorbereitete Analysenlösung.

1. Säuren

Weißer Niederschlag von Molybdänsäure, der sich im Überschuß wieder als MoO_2^{2+} löst.

Aus salpetersauren Molybdatlösungen kann sich bei längerem Stehen auch das Hydrat der Molybdänsäure, $H_2MoO_4 \cdot H_2O$, als gelber kristalliner Niederschlag abscheiden.

2. H_2S

Es entsteht langsam ein schwarzbrauner Niederschlag von MoS_3. Die Fällung geht beim gewöhnlichen Einleiten sowohl in der Kälte als auch in der Hitze äußerst langsam vor sich. Will man Molybdän als MoS_3 quantitativ fällen, so nimmt man die Fällung am besten unter Druck vor, indem man die Lsg. in einer Druckflasche mit H_2S sättigt, verschließt u. auf dem Wasserbad erhitzt. Die Operation wiederholt man, bis alles Molybdänsulfid ausgefallen ist. Als Fällungsmittel kann auch Thioacetamid verwendet werden (s. S. 551).

MoS_3 ist schwerlösl. in konz. HCl, lösl. in Königswasser sowie in gelbem Ammoniumsulfid. Mit letzterem bildet sich rotes Thiomolybdat:

$$MoS_3 + (NH_4)_2S \rightarrow (NH_4)_2MoS_4$$

Beim Ansäuern fällt wieder braunes MoS_3 aus.

3. Hg_2^{2+} und Pb^{2+}

In neutralen Lösungen weißer Niederschlag von Hg_2MoO_4 bzw. $PbMoO_4$.

4. Reduktionsmittel

Zink in salzsaurer oder schwefelsaurer Lsg. sowie $SnCl_2$ reduzieren zunächst zu Molybdän-blau und weiter unter Grün- bzw. Braunfärbung zu Mo(IV) und Mo(III). SO_2 reduziert nur in neutraler oder schwach saurer Lsg. zu Molybdänblau, in stark saurer dagegen nicht (s. auch Wolfram, S. 466).

5. Vorproben

a) Flammenfärbung: Fahlgrün, wenig charakteristisch.
b) Lötrohrprobe: Graues Metall mit weißem, in der Hitze gelbem Beschlag.
c) Phosphorsalzperle: In der Oxidationsflamme je nach der Konzentration in der Hitze braungelb bis gelb, beim Erkalten gelbgrün, in der Kälte farblos. In der Reduktionsflamme in der Hitze dunkelbraun, in der Kälte grasgrün.
d) Die beste Vorprobe ist das Abrauchen mit konz. Schwefelsäure (s. 6.).
e) Erhitzen mit Na (Ausführung s. Titan, S. 452)] es entsteht Molybdänblau.

6. Nachweis als Molybdänblau

Raucht man eine kleine Menge einer molybdathaltigen Substanz in offener Schale mit einigen Tropfen konz. H_2SO_4 bis fast zur Trockne ab u. läßt erkalten, so tritt intensive Blaufärbung ein, da sich infolge teilweiser Reduktion des Mo(VI) Molybdänblau bildet. Sehr empfindliche Reaktion, als Vorprobe geeignet!

7. Nachweis als $(MoO_2)_2[Fe(CN)_6]$

$$2\,MoO_2^{2+} + [Fe(CN)_6]^{4-} \rightarrow (MoO_2)_2[Fe(CN)_6]\downarrow$$

$K_4[Fe(CN)_6]$ bildet in salzsaurer Lsg. einen rotbraunen Niederschlag, der sich in Laugen (auch in Ammoniak) leicht löst [Unterschied zu Uranoxid- und Kupferhexacyanoferrat(II)].

pD: 4,7

Gibt man zu dem Niederschlag festes Ammoniumacetat oder eine konz. Lsg. hinzu, so entsteht allmählich ein zitronengelber Niederschlag von $(NH_4)_4[Fe(CN)_6] \cdot 2\,MoO_3 \cdot 3\,H_2O$.

Am besten führt man die Reaktion aus, indem man die essigsaure Probelsg. mit der $K_4[Fe(CN)_6]$-Lsg. versetzt u. dann NH_4CH_3COO hinzugibt.

8. Nachweis als Ammonium- bzw. Kaliummolybdophosphat

$$12\,MoO_2^{2+} + H_2PO_4^- + 3\,NH_4^+ + 12\,H_2O \rightarrow (NH_4)_3[P(Mo_3O_{10})_4 \cdot aq]\downarrow + 26\,H^+$$

Die stark salpetersaure Lsg. wird in einem kleinen Reagenzglas mit wenig NH_4Cl bzw. KCl u. 1–2 Tropfen 0,5 mol/l Na_2HPO_4 versetzt u. erwärmt. Es scheiden sich äußerst feine, gelbe Kristalle von Ammonium- bzw. Kaliummolybdophosphat ab (Kristallaufnahme Nr. 1).

pD: 5,0

9. Nachweis als $[Mo(SCN)_6]^{3-}$

$$2\,MoO_2^{2+} + 8\,H^+ + 3\,Sn^{2+} + 18\,Cl^- + 12\,SCN^- \rightarrow$$
$$2[Mo(SCN)_6]^{3-} + 3[SnCl_6]^{2-} + 4\,H_2O$$

Molybdate bilden in salzsaurer Lösung mit KSCN und einem Reduktionsmittel (Zn, $SnCl_2$, $Na_2S_2O_3$) **r o t e s**, wasserlösliches $[Mo(SCN)_6]^{3-}$, das durch konz. HCl oder H_2O_2 entfärbt wird. Der Thiocyanatokomplex ist in Ether löslich.

1 Tropfen der Probelsg. u. 1 Tropfen KSCN-Lsg. werden auf Filterpapier getüpfelt, das vorher mit verd. HCl (1:1) angefeuchtet wurde. Bei Zugabe von $SnCl_2$-Lsg. zeigt ein **h e l l - r o t e r** Fleck oder Ring Mo an, während ein ggf. vorher gebildeter **r o t e r** Fleck von Fe(III)-Thiocyanat verschwindet. Ist gleichzeitig Wolfram zugegen, so bildet sich in der Mitte ein **b l a u e r** Fleck (Wolframblau), der von einem **r o t e n** Ring der Mo-Verbindung umgeben ist. Beim Nachtüpfeln mit konz. HCl verschwindet die **r o t e** Farbe des Hexathiocyanatomolybdats, u. nur die Farbe des Wolframblaus bleibt bestehen (vgl. auch S. 466).

$$EG: 0,1 \,\mu g \,Mo, \qquad pD: 6,2$$

Störungen: PO_4^{3-}, Oxalsäure und Weinsäure können den Nachweis verhindern bzw. seine Empfindlichkeit stark vermindern. Hg^{2+} und NO_2^- stören durch Verbrauch von SCN^--Ionen [Bildung von NOSCN bzw. undissoziiertem $Hg(SCN)_2$]. Eisen(III)-Salze stören nicht, da sie zu Fe(II)-Salzen reduziert werden.
Reagenzien: 10%ige KSCN-Lsg., 5%ige Lsg. von $SnCl_2$ in 3 mol/l HCl.

10. Nachweis als Peroxomolybdat

$$MoO_4^{2-} + 4H_2O_2 \qquad \rightarrow Mo(O_2)_4^{2-} + 4H_2O$$
$$2MoO_2^{2+} + 4H_2O_2 + H_2O \rightarrow [(H_2O)(O_2)_2(O)MoOMo(O)(O_2)_2(H_2O)]^{2-} + 6H^+$$

Mit H_2O_2 bilden Molybdate Peroxoverbindungen, deren Farbe und Zusammensetzung pH-abhängig ist. Die im alkalischen Medium entstehenden roten Peroxomolybdate entfärben sich unter O_2-Entwicklung. Die in saurer Lösung auftretenden gelben Peroxoverbindungen sind dagegen wesentlich haltbarer.

1 Tropfen der Probelsg. wird zur Trockne eingedampft und nach dem Erkalten mit 1 Tropfen konz. NH_3 und 1 Tropfen 3%igem H_2O_2 versetzt. Bei Gegenwart von Molybdat entsteht, je nach Konzentration, eine **k i r s c h r o t e** bis **r o s a g e l b e** Färbung. Beim Erwärmen verschwindet die Farbe.

$$EG: 0,2 \,\mu g \,Mo, \qquad pD: 5,2.$$

Störungen: Chrom kann durch Chromatbildung stören.

11. Nachweis als Ethylxanthogenat-Chelat (s. S. 628)

4.3.3.17 Wolfram

W, Z: 74, RAM: 183,85, $5d^4 6s^2$

Häufigkeit: $6,4 \cdot 10^{-3}$ Gew.%. Smp.: 3410 °C. Sdp.: 5660 °C. D_{25}: 19,30 g/cm³. Oxidationsstufen: (+IV), +VI. Ionenradius r_{W+4}: 70 pm. r_{W6+}: 62 pm. Standardpotential: $WO_4^{2-} + 4H_2O + 6e^- \rightleftharpoons W + 8OH^-$; $E^0 = -1,074$ V.
Vorkommen: Die wichtigsten Mineralien sind Wolframit, $(Mn, Fe)WO_4$, und Scheelit, $CaWO_4$. Scheelbleierz, $PbWO_4$, und Wolframocker, $WO_3 \cdot xH_2O$ treten als Begleitmineralien auf.

Fortsetzung

Darstellung: Ferrowolfram wird analog dem Ferromolybdän gewonnen, wobei Verhüttung im Lichtbogenofen vorherrscht. Reines Metallpulver erhält man aus WO_3 durch Reduktion mit Wasserstoff bei $700-1\,000\,°C$; es wird durch Sintern und Hämmern in kompaktes Metall übergeführt.

Bedeutung: Wolfram ist wegen seines hohen Schmelzpunktes zur Herstellung von Glühlampendrähten unentbehrlich. Wolframstähle enthalten meist $1-24\%$ W neben Cr, Mo, V und etwas C. Sie zeichnen sich durch ihre Härte, Zähigkeit und gute Hochwarmfestigkeit aus (Werkzeugstähle für Fräser, Bohrautomaten). Wolframcarbid, WC, ist Hauptbestandteil der meisten sog. Hartmetalle, Sinterwerkstoffe aus Carbidpulver und Bindemetall; vgl. „Widia", S. 403. Calciumwolframat spielt als Blauviolett-Luminophor in Leuchtstoffröhren eine Rolle.

Allgemeine Eigenschaften: Die Oxidationsstufe $+VI$ ist die stabilste, die anderen spielen nur eine geringe Rolle. Im alkalischen Gebiet bis pH 8 liegt Monowolframat WO_4^{2-} im Gleichgewicht mit HWO_4^-, in schwach saurer Lösung $[HW_6O_{21} \cdot aq]^{5-}$ vor. Weitere Kondensation führt schließlich im stärker sauren Bereich zur Fällung von $WO_3 \cdot aq$. H_2S fällt aus saurer Lösung keine Wolframsulfide. Im alkalischen Bereich entstehen r o t b r a u n e lösliche Thiowolframate, aus deren Lösungen beim Ansäuern h e l l b r a u n e s WS_3 ausfällt. WS_3 ist in Säuren schwer löslich. Es löst sich in $(NH_4)_2S_x$. Da die Fällung von $WO_3 \cdot aq$ durch HCl unter analytischen Bedingungen nie quantitativ erfolgt, können geringere Wolframmengen bis in das Zentrifugat der $(NH_4)_2S$-Gruppe gelangen.

Die Fällung von $WO_3 \cdot aq$ durch HCl kann völlig ausbleiben, wenn ein größerer Überschuß von Phosphaten, Arsenaten, Silicaten oder Boraten vorliegt, da Wolframsäure mit den entsprechenden Säuren im sauren Bereich sehr stabile Heteropolysäuren bildet. Bei Anwesenheit von Wolfram ist daher in jedem Falle der Urotropintrennungsgang anzuwenden, bei dem – unbeschadet einer bereits vorherigen, teilweisen Fällung von $WO_3 \cdot aq$ in der HCl-Gruppe – der Rest des Wolframs quantitativ als Eisenwolframat gefällt wird. Häufig ist es jedoch zweckmäßiger, Wolfram vor dem Trennungsgang quantitativ durch Abrauchen mit konz. HNO_3 als WO_3 zu entfernen. In diesem Falle muß allerdings vorher auf As und Hg geprüft werden, die sich beim Abrauchen verflüchtigen können.

Zu den folgenden Reaktionen benutze man eine verdünnte Na_2WO_4-Lösung bzw. die entsprechend vorbereitete Analysenlösung.

1. Säuren

W e i ß e r Niederschlag von Wolframtrioxidhydrat, $WO_3 \cdot aq$ (weiße Wolframsäure), der in der Hitze in g e l b e H_2WO_4 übergeht. Die Fällung geht am besten mit HNO_3 vor sich, weniger gut mit HCl oder H_2SO_4. Bei reichlichem Überschuß von konz. HCl kann Wiederauflsg. zu Derivaten von Wolframchloridoxiden stattfinden. $WO_3 \cdot aq$ geht sehr leicht kolloidal wieder in Lösung. Beim Auswaschen des Niederschlags nehme man daher verd. HNO_3. Phosphorsäure kann zunächst auch einen w e i ß e n Niederschlag geben, der sich aber in der Wärme u. bei etwas größeren Mengen von Phosphorsäure wieder löst. Es bildet sich Wolframophosphorsäure, $H_3[P(W_3O_{10})_4 \cdot aq]$. Aus solchen u.a. heteropolysäurehaltigen Lösungen wird durch Säuren kein $WO_3 \cdot aq$ abgeschieden.

2. Hg_2^{2+} und Pb^{2+}

Aus neutraler Lsg. Fällung von Hg_2WO_4 bzw. $PbWO_4$.

3. H$_2$S, (NH$_4$)$_2$S

In saurer Lsg. keine Fällung, in alkalischer Lsg. Bildung von lösl. rotbraunem Thiowolframat mit dem Anion WS$_4^{2-}$. Säuert man eine Thiowolframat-Lsg. an, so fällt h e l l b r a u n e s WS$_3$ aus.

4. Vorproben

a) F l a m m e n f ä r b u n g und L ö t r o h r p r o b e : Keine Reaktion.
b) P h o s p h o r s a l z p e r l e : In der Oxidationsflamme f a r b l o s , in der Reduktionsflamme b l a u , bei Zusatz von wenig FeSO$_4$ b l u t r o t .
c) Erhitzen mit Na (Ausführung s. Titan, S. 452): Reduktion zu W o l f r a m b l a u .

5. Nachweis als Ammonium- bzw. Kaliumwolframophosphat

$$(NH_4)_3[P(W_3O_{10})_4 \cdot aq] \cdot 3\,H_2O \quad \text{bzw.} \quad K_3[(P(W_3O_{10})_4 \cdot aq] \cdot 3\,H_2O$$

Eine stark salpetersaure Lsg. versetze man in einem kleinen Reagenzglas mit etwas NH$_4$Cl bzw. KCl u. einigen Tropfen verd. Na$_2$HPO$_4$-Lsg. u. erwärme. Es scheiden sich f a r b l o s e Kristalle aus. Sie sind mit denen der entsprechenden gelben Molybdophosphate isomorph (Mikroskop). Ein Überschuß von Na$_2$HPO$_4$ ist zu vermeiden, da dieser die Kristalle wieder auflöst.

pD: 4,9

6. Nachweis durch Reduktion

Gibt man zu einer Wolframatlösung ein Reduktionsmittel, z. B. SnCl$_2$, Zn usw. und säuert dann an, so wird selbst bei Gegenwart von heteropolysäurebildenden Anionen eine t i e f b l a u e Lösung bzw. ein Niederschlag von Wolframblau wahrscheinlich analoger Zusammensetzung wie Molybdänblau (s. S. 461) gebildet. Diese Reaktion gestattet die Erkennung löslicher W(VI)-Verbindungen auch bei Gegenwart von Mo(VI), das ähnlich reagiert (vgl. 6., S. 463). Vanadium gibt allmählich ebenfalls eine b l a u e Färbung, die sich aber im Gegensatz zum Wolfram auch bei der Reduktion mit Weinsäure bildet.

Zum Nachweis von W neben Mo wird 1 Tropfen der Probelsg. u. 1 Tropfen verd. HCl (1:1) auf Filterpapier getüpfelt u. der feuchte Fleck mit KSCN- u. SnCl$_2$-Lsg. behandelt. Eine B l a u f ä r b u n g zeigt W an. Die bei Gegenwart von Mo gleichzeitig auftretende R o t f ä r bung verschwindet beim Nachtüpfeln mit konz. HCl.

EG: 4 µg W,   pD: 4,1

Reagenzien: 10%ige wäßrige KSCN-Lsg., 5%ige Lsg. von SnCl$_2$ in 3 mol/l HCl.

7. Nachweis mit Hydrochinon

Durch diese empfindliche Nachweisreaktion kann Wolfram in löslichen und schwerlöslichen W(VI)-Verbindungen identifiziert werden. Die Reaktion eignet sich deshalb als Vorprobe.

Einige mg Substanz werden mit der vierfachen Menge $KHSO_4$ u. 2 Tropfen H_2SO_4 langsam bis zur Schmelze erhitzt. Nach dem Erkalten setzt man einige mg Hydrochinon zu. Bei Gegenwart von W(VI)-Ionen entsteht eine rotviolette Färbung.

EG: $2\,\mu g\ W$

Störungen: Ti(IV) reagiert in ähnlicher Weise, Mo(VI) gibt rote bis blaue und V(V) gelbe bis grüne Färbungen.

4.3.4 Schwefelwasserstoffgruppe

Zu der H_2S-Gruppe gehören nachstehend aufgeführte Metalle und Halbmetalle, die in saurer Lösung entweder schwerlösliche Sulfide bilden, zu den Elementen reduziert werden oder als Iodide ausfallen (Tl-Iodid).

3. Hauptgruppe: Tl,	
4. Hauptgruppe: Ge, Sn, Pb,	1. Nebengruppe: Cu,
5. Hauptgruppe: As, Sb, Bi,	2. Nebengruppe: Cd, Hg,
6. Hauptgruppe: Se, Te,	6. Nebengruppe: Mo.

Ferner werden unter den genannten Bedingungen auch die Elemente Pd, Pt und Au als Sulfide gefällt. Da bei ihrer Gegenwart jedoch der übliche Trennungsgang erschwert wird, ist es zweckmäßig, diese Elemente in einer sogenannten Reduktionsgruppe vorher abzuscheiden. In diesem Fall kommen auch Se und Te in diese Gruppe. Tl wird zu Beginn des Trennungsganges zu Tl(III) oxidiert und in der H_2S-Gruppe als Iodid abgeschieden.

Mo wird wegen seiner Ähnlichkeit mit Wolfram und seiner oft unvollständigen Fällung mit H_2S in saurer Lösung auf S. 461 besprochen.

Die Sulfide As_2S_3, As_2S_5, Sb_2S_3, Sb_2S_5, SnS, SnS_2, MoS_3, GeS_2 sowie Se und Te lösen sich in $(NH_4)_2S_x$, während die übrigen Sulfide und TlI im Rückstand verbleiben. Hierdurch ist eine Aufspaltung der H_2S-Gruppe in 2 Untergruppen, die sogenannte Cu-Gruppe und die As-Sn-Gruppe, gegeben.

Die Sulfide des As, Sb, Sn und Mo bilden mit $(NH_4)_2S_x$ lösliche Thiosalze. Hier kommt die Ähnlichkeit des Schwefels mit dem in der gleichen Gruppe des PSE stehenden Sauerstoff zum Ausdruck. Analog der Bildung von Salzen aus „basischen" und „sauren" Oxiden vereinigen sich zwei Sulfide zu einem Salz, das im Gegensatz zu dem Oxosalz als Thiosalz bezeichnet wird:

$$Na_2O + SO_3 \quad \rightarrow \quad Na_2(SO_4) \quad \text{Sulfat,}$$
$$3\,CaO + As_2O_3 \rightarrow Ca_3(AsO_3)_2 \quad \text{Arsenit,}$$
$$3\,Na_2S + As_2S_3 \rightarrow 2\,Na_3(AsS_3) \quad \text{Thioarsenit,}$$
$$3\,Na_2S + As_2S_5 \rightarrow 2\,Na_3(AsS_4) \quad \text{Thioarsenat,}$$
$$Na_2S + SnS_2 \quad \rightarrow \quad Na_2(SnS_3) \quad \text{Thiostannat.}$$

Auch V und W bilden in ammoniakalischer Lösung mit $(NH_4)_2S_x$ lösliche Thiosalze, sie gehören aber nicht in die H_2S-Gruppe, da ihre Sulfide nicht mit H_2S

aus saurer Lösung gefällt werden. HgS, das in saurer Lösung gefällt wird, löst sich nicht in Ammoniumsulfid, wohl aber in Alkalisulfid (s. S. 471).

Die freien Thiosäuren, also etwas H_3AsS_3 oder H_2SnS_3, sind unbeständig und zerfallen in H_2S und Sulfid:

$$6\,H^+ + 2\,AsS_3^{3-} \rightleftharpoons 3\,H_2S + As_2S_3\downarrow$$

Da hierbei das Löslichkeitsprodukt der Sulfide weit überschritten wird, geht die Reaktion in wäßriger Lösung stets quantitativ nach rechts.

Die Analogie zwischen Sauerstoff und Schwefel zeigt sich auch in gemischten Thiooxosalzen, z. B. Na_3AsO_3S, Natriummonothiotrioxoarsenat, oder $Na_3AsO_2S_2$, Natriumdithiodioxoarsenat.

Von den Elementen der H_2S-Gruppe wurde Mo schon auf S. 461, Se auf S. 315 und Te auf S. 318 besprochen.

Im systematischen Gang der Analyse werden die Sulfide der Elemente der H_2S-Gruppe mit $(NH_4)_2S_x$ digeriert (s. S. 542). Hierbei bleiben die Sulfide der Kupfergruppen-Elemente, HgS, PbS, Bi_2S_3, CuS und CdS, sowie, bei Gegenwart des selteneren Elementes Thallium, $TlI \cdot I_2$, im Rückstand.

4.3.4.1 Quecksilber

Hg, Z: 80, RAM: 200,59, $5\,d^{10}\,6\,s^2$

Häufigkeit: $4 \cdot 10^{-5}$ Gew.-%. Smp.: $-38,86\,°C$. Sdp.: $356,58\,°C$. D_{25}: $13,546\,g/cm^3$. Oxidationsstufen: $+I$, $+II$. Ionenradius r_{Hg^+}: $127\,pm$, $r_{Hg^{2+}}$: $110\,pm$. Standardpotential: $Hg_2^{2+} + 2e^- \rightleftharpoons 2\,Hg$; $E^0 = 0,796\,V$.

$Hg_+^{2+} 2e^- \rightleftharpoons Hg$; $E^0 = 0,854\,V$.

Vorkommen: Das wichtigste Quecksilbermineral ist der Zinnober, HgS.

Darstellung: Die zinnoberhaltigen Erze werden im Luftstrom erhitzt, der entweichende Quecksilberdampf wird in Kammern kondensiert. Reines Quecksilber wird dann durch Vakuumdestillation sowie Oxidation von Verunreinigungen mit verd. HNO_3 erhalten.

Bedeutung: Metallisches Quecksilber findet Verwendung in physikalischen Apparaten (Thermometern, Barometern, Quecksilberdampfpumpen und -lampen) und Geräten der Elektrochemie (Polarographie, Kalomelelektrode). Quecksilber wird zur Herstellung von Knallquecksilber, zur Feuerversilberung und -vergoldung sowie in großer Menge bei der Alkalichloridelektrolyse (Amalgamverfahren) benötigt. HgO ist Depolarisator in Quecksilberbatterien, jedoch enthalten auch andere Trockenbatterien bis zu 1% Hg. Silberamalgam dient als Zahnfüllung.

Allgemeine Eigenschaften: In der 2. Nebengruppe des PSE folgt auf die Elemente Zink und Cadmium das Quecksilber. Im Gegensatz zu den allgemeinen Regeln für die Nebengruppen (siehe Kap. 1.10.3) nimmt die Tendenz zur Bildung niederer Oxidationsstufen mit steigender Ordnungszahl zu. Während Zn und Cd nur in der Oxidationsstufe $+II$ auftreten, bildet Hg auch Verbindungen mit der Oxidationsstufe $+I$. In der Reihe $Zn - Cd - Hg$ nimmt die Löslichkeit der Sulfide ab, was sich durch ihre Fällbarkeit in sauren Lösungen mit fallendem pH-Wert bemerkbar macht. Jedoch ist der Eigenschaftssprung zwischen Cd und Hg wesentlich größer als der zwischen

Fortsetzung

den ersten beiden Elementen. So hat auch Hg eine wesentlich höhere Elektronenaffinität. Es hat im Gegensatz zu Zn und Cd in der Spannungsreihe (s. S. 102) ein positives Normalpotential und unterscheidet sich weiterhin durch die große Flüchtigkeit sowohl des unter Normalbedingungen flüssigen Metalls als auch seiner Verbindungen von den anderen Elementen dieser Gruppe. Quecksilber in der Oxidationsstufe + I kommt nur in Verbindungen mit einer $Hg-Hg$-Bindung vor, wie z. B. Hg_2Cl_2. In wäßriger Lösung liegt das Ion Hg_2^{2+} vor. Dieses disproportioniert leicht:

$$Hg_2^{2+} \rightleftharpoons Hg + Hg^{2+}$$

Die Lage eines solchen Redoxgleichgewichtes wird von der Konzentration der dabei beteiligten Ionen beeinflußt. Läßt man die Hg^{2+}-Konzentration gegenüber der von Hg_2^{2+} klein werden, so tritt Disproportionierung ein (s. Versuche 1–6, S. 470f.). Ist dagegen die Hg^{2+}-Konzentration größer, so wird der umgekehrte Vorgang beobachtet, z. B.

$$Hg + HgCl_2 \rightarrow Hg_2Cl_2$$

Die meisten Hg(I)-Salze sind schwerlöslich, Ausnahmen bilden das Nitrat, Chlorat und Perchlorat. Die Lösungen reagieren infolge Hydrolyse sauer. Die Neigung zur Komplexbildung ist gering.

Dagegen sind viele Hg(II)-Salze leichtlöslich. Ein Teil von ihnen, u. a. das Nitrat und Perchlorat, ist stark dissoziiert. Beim starken Verdünnen bilden sich infolge Hydrolyse oft schwerlösliche basische Salze. Die Halogenide und Pseudohalogenide ($HgCl_2$, $HgBr_2$, $Hg(CN)_2$, $Hg(SCN)_2$) sind zwar löslich, aber nur wenig dissoziiert. (Eine Erscheinung, die im wesentlich geringeren Maß auch Zink und Cadmium zeigen.) Die Folge davon ist, daß manche Reaktionen anomal verlaufen. Hg(II)-Salze können in wäßriger Lösung mit NH_3 Verbindungen folgender Art bilden (s. Rk. 2., S. 470):

$HgCl_2 + 2NH_3 \rightarrow [H_3\overset{\oplus}{N}-Hg-\overset{\oplus}{N}H_3]Cl_2\downarrow$ „schmelzbares Präzipitat",

$HgCl_2 + 2NH_3 \rightarrow [HgNH_2]Cl\downarrow + NH_4^+ + Cl^-$ „unschmelzbares Präzipitat",

$2HgCl_2 + 4NH_3 + H_2O \rightarrow [Hg_2N]Cl \cdot H_2O + 3NH_4^+ + 3Cl^-$

„Salz der *Millon*schen Base".

Das „unschmelzbare Präzipitat" besteht aus langen gewinkelten $-\overset{\oplus}{N}H_2-Hg-$Ketten. Die „*Millon*sche Base" besitzt ein Raumgitter (s. S. 205f.).

Hg(II) neigt stark zur Bildung von Komplexen mit hohem kovalentem Bindungsanteil.

Toxizität: Elementares Hg (MAK-Wert 0,1 mg/m³) und seine Verbindungen sind sehr giftig (letale Dosis 0,2–1 g $HgCl_2$). Verhältnismäßig ungiftig sind schwerlösliche Verbindungen (Hg_2Cl_2, HgS).

I. Gemeinsame Nachweise für Hg(I) und Hg(II)

1. Vorproben

a) Weder Flammenfärbung, Perlreaktion noch Lötrohrprobe sind als Vorprobe geeignet.

b) Wegen der Flüchtigkeit aller Quecksilberverbindungen dient das Erhitzen im Glühröhrchen als Vorprobe. Dazu wärmt man in einem einseitig geschlossenen, trockenen Glasröhrchen von etwa 5 mm innerem Durchmesser und 50 mm Länge einige mg der

Substanz langsam in der Bunsenflamme. Dabei entsteht ein Sublimat, das beim Chlorid weiß, beim Sulfid schwarz oder rot und beim Iodid gelb (nach Reiben mit einem Glasstab rot) ist; bei Sauerstoffverbindungen graue Farbe. Verreibt man vorher die Substanz mit Soda, so liefern alle Quecksilberverbindungen einen grauen Metallspiegel.

2. Nachweis als Amalgam mit unedlen Metallen

$$Hg^{2+} + Cu \rightarrow Hg\downarrow + Cu^{2+}$$

Dieser empfindliche und selektive Hg-Nachweis eignet sich auch als Vorprobe aus der Analysensubstanz.

5–10 mg Substanz werden mit 3 Tropfen 5 mol/l HCl u. 1 Tropfen 5 mol/l $NaClO_3$ im Wasserbad erhitzt. Wenn nichts mehr in Lsg. geht, wird mit H_2O auf 0,5 ml verd. u. das überschüssige Cl_2 in der Wärme mit einem Luftstrom aus der Lsg. vertrieben. In 1 Tropfen dieser Lsg. oder in 1 Tropfen der im Trennungsgang auf Hg^{2+} zu prüfenden HCl-sauren Lsg. wird auf einem Objektträger ein kleines Stückchen blanker Cu-Draht gebracht u. der Tropfen auf dem Wasserbad zur Trockne verdampft. Der Rückstand wird mit 1 Tropfen H_2O befeuchtet u. der Cu-Draht, an dem sich Hg, Ag u. andere edlere Metalle abgeschieden haben, vorsichtig, ohne zu reiben, zwischen Filterpapier getrocknet. Das abgeschiedene Hg wird in einer flachen Mikrogaskammer oder zwischen zwei kleinen Uhrgläsern über kleiner Flamme vom Cu-Draht abdestilliert. Am oberen Objektträger oder Uhrgläschen scheiden sich kleine Hg-Tröpfchen ab, die mit einer Lupe oder unter dem Mikroskop bei geringer Vergrößerung leicht zu erkennen sind.

EG: ca. 0,5 µg Hg^{2+}

Aus Lsgg., die nur Quecksilber als edleres Metallion enthalten, kann Hg an einem Kupferblech (Kupferpfennig) als grauer Beschlag abgeschieden werden (Amalgambildung), der beim Polieren mit einem Filterbausch silberglänzend wird.

II. Reaktionen und Nachweis für Hg(I)

Für die nachfolgenden Reaktionen benutze man eine $Hg_2(NO_3)_2$-Lösung.

1. NaOH

$$Hg_2^{2+} + 2OH^- \rightarrow Hg\downarrow + HgO\downarrow + H_2O$$

Schwarzer Niederschlag eines Gemisches von Hg + HgO. Schwerlösl. im Überschuß des Fällungsmittels, lösl. in HNO_3.

2. Ammoniak

$$Hg_2^{2+} + NO_3^- + 2NH_3 \rightarrow Hg\downarrow + [HgNH_2]NO_3\downarrow + NH_4^+$$

Schwarzer Niederschlag eines Gemisches von Quecksilber, das in feinverteiltem Zustand schwarz aussieht, u. weißem Quecksilber(II)-amidonitrat.

3. HCl, lösliche Chloride

$$Hg_2^{2+} + 2\,Cl^- \rightarrow Hg_2Cl_2\downarrow$$

Weißer Niederschlag von Hg_2Cl_2. Schwerlösl. in verd. Säuren, lösl. in Königswasser, da Oxidation eintritt:

$$Hg_2Cl_2 + Cl_2 \rightarrow 2\,HgCl_2$$

Hg_2Cl_2 führt den Namen „Kalomel" (schönes Schwarz), weil es sich beim Übergießen mit Ammoniak tiefschwarz färbt. Dabei bildet sich ein Gemisch von feinverteiltem Quecksilber (schwarz) u. Quecksilber(II)-amidochlorid, $[HgNH_2]Cl$ (unschmelzbares Präzipitat). Wichtige Reaktion zum Erkennen von Hg_2^{2+}.

4. KI

$$Hg_2^{2+} + 2\,I^- \rightarrow Hg_2I_2\downarrow$$
$$Hg_2I_2 \rightarrow Hg + HgI_2$$

Zunächst grünlichgelber Niederschlag von Hg_2I_2, der beim Erwärmen leicht zerfällt und dabei schwarz wird. Im Überschuß von KI löst sich HgI_2 auf (s. III., Rk. 3). Auch Hg_2I_2 löst sich im Überschuß von KI; das primär gebildete $[HgI_4]^{3-}$ zerfällt jedoch in $[HgI_4]^{2-}$ u. Hg.

5. H$_2$S

In saurer Lsg. schwarzer Niederschlag von HgS + Hg, schwerlösl. in HCl, lösl. in Königswasser sowie teilweise in halbkonz. HNO_3. In Königswasser wird der gesamte Niederschlag oxidiert u. aufgelöst, in halbkonz. HNO_3 nur das Quecksilber. In Ammoniumsulfid u. -polysulfid ist der Niederschlag schwerlösl., konz. Alkalisulfidlsg. löst dagegen HgS heraus, Alkalipolysulfid auch das Hg:

$$HgS + S^{2-} \rightarrow [HgS_2]^{2-}$$
$$Hg + S_2^{2-} \rightarrow [HgS_2]^{2-}$$

6. KCN

$$Hg_2^{2+} + 2\,CN^- \rightarrow Hg(CN)_2 + Hg\downarrow$$

Disproportionierung zu lösl. $Hg(CN)_2$ u. Hg. Letzteres fällt aus.

7. K$_2$CrO$_4$

In der Hitze rotes Hg_2CrO_4.

III. Reaktionen und Nachweis für Hg(II)

Für die nachstehenden Reaktionen benutze man eine $HgCl_2$- oder $Hg(NO_3)_2$-Lösung.

1. NaOH

Gelber Niederschlag von HgO, schwerlösl. im Überschuß, lösl. in Säuren.

2. Ammoniak

Weißer Niederschlag der entsprechenden Quercksilber(II)-amidoverbindung. Bei Gegenwart von viel NH_4Cl entsteht ein Komplex, z.B. $[H_3N-Hg-NH_3]Cl_2$, der auch schwerlösl. ist u. schmelzbares Präzipitat genannt wird. Zersetzt man HgI_2, bzw., da dieses schwerlöslich ist, das Komplexsalz $K_2[HgI_4]$ mit Ammoniak, so bildet sich ein r o t e r Niederschlag von $[Hg_2N]I$. Verwendung von „Neßlers Reagenz" für den Ammoniaknachweis im Trinkwasser (s. 7., S. 384).

3. KI

$$Hg^{2+} + 2I^- \rightarrow HgI_2\downarrow$$
$$HgI_2 + 2I^- \rightarrow [HgI_4]^{2-}$$

R o t e r Niederschlag von HgI_2, lösl. im Überschuß von KI. Aus solchen Lösungen fällt mit NaOH kein HgO aus.

4. H_2S

HgS kommt in zwei Modifikationen vor, der metastabilen schwarzen und der stabilen roten. Nach der *Ostwald-Volmer*-Stufenregel wird bei derartigen Systemen der energieärmere Zustand mit höherer Dichte nicht direkt, sondern stufenweise erreicht.

Bei H_2S-Einleitung schwarzer Niederschlag von HgS, schwerlösl. in HCl und halbkonz. HNO_3, lösl. in Königswasser. Häufig entsteht zunächst ein w e i ß e r Niederschlag, der aus Mischsalzen besteht, so beim Arbeiten mit Chlorid: $Hg_3S_2Cl_2$. Auch dieses ist in HCl und halbkonz. HNO_3 schwerlöslich. Ebenso kann sich ein Mischsalz bilden, wenn man HgS mit HNO_3 behandelt.

HgS ist nicht in $(NH_4)_2S$-Lösung, aber in konz. Alkalisulfidlsg. unter Bildung eines Thiosalzes lösl. (vgl. 5., S. 471). Beim Einleiten von H_2S in dessen Lsg. fällt infolge der Herabsetzung der S^{2-}-Konzentration – es bilden sich HS^--Ionen – HgS wieder aus, wobei sich die r o t e Modifikation anstelle der sonst beim analytischen Arbeiten entstehenden schwarzen bilden kann.

5. Wenig dissoziierte Hg^{2+}-Salze

Die geringe Dissoziation mancher Hg(II)-Salze erkennt man an folgenden Versuchen:

a) Festes $HgCl_2$ (Sublimat) versetze man mit konz. H_2SO_4. Es entweicht kein HCl. Bei stärkerem Erhitzen destilliert mit der H_2SO_4 zugleich $HgCl_2$ ab, das sich an den kälteren Teilen des Reagenzglases wieder absetzt. (Zugleich Zeichen für die leichte Flüchtigkeit!)
b) Man behandle etwas frisch bereitetes HgO mit KCN-Lsg.; es löst sich auf:

$$HgO + 2CN^- + H_2O \rightarrow Hg(CN)_2 + 2OH^-$$

Aus $Hg(CN)_2$-Lsg. fallen mit NaOH oder KI keine Niederschläge, weil so wenig Hg^{2+}-Ionen zugegen sind, daß das Löslichkeitsprodukt des HgO bzw. HgI_2 nicht überschritten wird (s. S. 124). Nur mit H_2S erfolgt aus $Hg(CN)_2$-Lsg. Fällung von HgS.

6. K$_2$CrO$_4$

Aus neutralen Lösungen Fällung von gelbem HgCrO$_4$, das beim Erhitzen rot wird. K$_2$Cr$_2$O$_7$ gibt mit Hg(NO$_3$)$_2$ eine gelbbraune Fällung, reagiert dagegen nicht mit HgCl$_2$.

7. Nachweis durch Reduktionsmittel

$$2\,HgCl_2 + Sn^{2+} + 4\,Cl^- \;\rightarrow\; Hg_2Cl_2\!\downarrow + [SnCl_6]^{2-}$$
$$Hg_2Cl_2 + Sn^{2+} + 4\,Cl^- \;\rightarrow\; 2\,Hg\!\downarrow + [SnCl_6]^{2-}$$

Zur Reduktion kann neben unedlen Metallen u.a. SnCl$_2$ in saurer Lösung benutzt werden.

Bei tropfenweiser Zugabe tritt zunächst eine Fällung von weißem Hg$_2$Cl$_2$ auf. Das Hg^{2+} wird zu Hg$_2^{2+}$ reduziert. Bei Überschuß von SnCl$_2$ Graufärbung durch Hg (weitere Reduktion).
Eventuell vorhandenes Hg$_2$Cl$_2$ kann durch Übergießen mit Ammoniak erkannt werden (s. 2., S. 470).

8. Nachweis als Cobaltthiocyanatomercurat(II)

$$Hg^{2+} + 4\,SCN^- + Co^{2+} \;\rightarrow\; Co[Hg(SCN)_4]\!\downarrow$$

Die Bildungsweise und Eigenschaften dieses Salzes werden bereits beim Cobalt (s. 10., S. 406) beschrieben.

Zum Nachweis von Hg^{2+} wird 1 Tropfen der Lsg. auf dem Objektträger mit 1 Tropfen konz. HNO$_3$ vorsichtig zur Trockne eingedampft. Der Rückstand wird mit 1 Tropfen 1 mol/l CH$_3$COOH u. danach mit einem kleinen Tropfen Reagenzlsg. versetzt. Bei sehr geringen Hg-Mengen wird die Reagenzlsg. direkt auf den getrockneten Rückstand gegeben. Die Bildung blauer, keilförmiger Kristalle von Co[Hg(SCN)$_4$] zeigt Hg an.
Betrachtung unter dem Mikroskop (V.: 50–100, Kristallaufnahme Nr. 19).

EG: 0,04 µg Hg,   pD: 5,7

Störungen: Größere Mengen Pb^{2+} u. Ag$^+$ müssen vorher durch Fällung als Chloride entfernt werden.
Reagenz: 3,3 g NH$_4$SCN + 3 g Co(NO$_3$)$_2$ · 6 H$_2$O in 5 ml Wasser.

9. Nachweis als Hg(II)-Reineckat

$$Hg^{2+} + 2\,[Cr(SCN)_4(NH_3)_2]^- \;\rightarrow\; Hg[Cr(SCN)_4(NH_3)_2]_2\!\downarrow$$

Hg^{2+} bildet in HCl-saurer Lösung mit NH$_4$[Cr(SCN)$_4$(NH$_3$)$_2$] (*Reinecke*-Salz) einen schwerlöslichen rosaroten Niederschlag.

Zum Nachweis von Hg wird die HCl-saure, mit HNO$_3$ oxidierte Lsg. von evtl. gefälltem PbCl$_2$ dekantiert, auf ca. 70 °C erhitzt u. mit kalter, frisch bereiteter *Reinecke*-Salz-Lsg. versetzt. Ein rosaroter Niederschlag zeigt Hg an.

EG: 0,5 µg Hg,   pD: 5,8

Störungen: Au, Ag, Tl und Cu(I) stören. Viel Pb^{2+} kann in der Kälte gleichfalls einen Niederschlag bilden, der sich jedoch beim Erwärmen auflöst.
Reagenz: 2%ige *Reinecke*-Salz-Lösung.

10. Nachweis als Cu$_2$[HgI$_4$]

$$Hg^{2+} + 2\,CuI + 2\,I^- \rightarrow Cu_2[HgI_4]$$

Hg^{2+} reagiert in saurer Lösung mit CuI in Gegenwart von KI unter Bildung von rotem Cu$_2$[HgI$_4$].

1 Tropfen KI−Na$_2$SO$_3$-Lsg. wird auf eine Tüpfelplatte oder ein Filterpapier aufgetragen, mit 1 Tropfen CuSO$_4$-Lsg. versetzt und anschließend mit 1 Tropfen Probelsg. getüpfelt, die 1 mol/l HCl oder HNO$_3$ enthalten soll. In Abhängigkeit von der Hg^{2+}-Konzentration tritt eine rote bis orangerote Farbe auf.

EG: 0,003 µg Hg^{2+},   pD: 7

Eine Blindprobe ist stets durchzuführen, da sich CuI in feuchtem Zustand nach kurzer Zeit rötlichbraun färbt.

Störungen: Innerhalb der Reduktions- und H$_2$S-Gruppe stören nur Pd(II), das schwarzes PdI$_2$ bildet, sowie Oxidationsmittel (Au^{3+}, Pt^{2+}, MoO$_4^{2-}$, WO$_4^{2-}$ usw.). Pd wird durch Fällung mit Diacetyldioxim aus saurer Lösung, Au durch Reduktion mit Na$_2$S$_2$O$_5$ entfernt. Pt wird durch Na$_2$S$_2$O$_5$ maskiert (Bildung von [Pt(SO$_3$)$_3$]$^{2-}$). MoO$_4^{2-}$ und WO$_4^{2-}$ werden mit NaF (Bildung von [MoO$_3$F$_2$]$^{2-}$ bzw. [WO$_3$F$_2$]$^{2-}$) maskiert. Hg$_2^{2+}$ und Ag$^+$ werden mit HCl gefällt und abfiltriert.

Reagenzien:
a) Kaliumiodid-Natriumsulfitlsg.: 5 g KI und 20 g Na$_2$SO$_3 \cdot$ 7 H$_2$O, gelöst in 100 ml Wasser.
b) Kupfersulfatlsg.: 5 g CuSO$_4 \cdot$ 5 H$_2$O in 100 ml Wasser gelöst.

11. Nachweis als Diphenylcarbazon-Chelat (s. S. 624)

4.3.4.2 Blei

Pb, Z: 82, RAM: 207,2, 6s^2 6p^2

Häufigkeit: 1,8 $\cdot$ 10^{-3} Gew.%. Smp.: 327,4 °C. Sdp.: 1 740 °C. D$_{25}$: 11,35 g/cm^3. Oxidationsstufen: + II, + IV. Ionenradius $r_{Pb^{2+}}$: 120 pm. Standardpotential: Pb^{2+} + 2 e$^- \rightleftharpoons$ Pb; E^0 = − 0,125 V.

Vorkommen: Das wichtigste Bleierz ist der Bleiglanz, PbS. Zu erwähnen sind noch Weißbleierz, PbCO$_3$, Anglesit, PbSO$_4$, und Pyromorphit, Pb$_5$[Cl(PO$_4$)$_3$].

Darstellung: Die Gewinnung des Bleis erfolgt noch überwiegend durch Röstreduktionsarbeit (s. S. 191), obwohl die Röstreaktionsarbeit (s. S. 191) weniger Energie verbraucht.

Bedeutung: Metallisches Blei dient zur Herstellung von Akkumulatorplatten, Kabelummantelungen, Rohren, Blechen (Auskleidung von Gefäßen), Geschossen und Flintenschrot. Bleiwände werden zum Strahlenschutz (γ-Strahlen) verwendet. Wichtig sind Legierungen, wie Letternmetall (Sn- und Sb-haltige Pb-Legierung), Weichlot und Lagermetall (Bahnmetall, Li-haltige Pb-Legierung). Von den Bleiverbindungen werden PbO$_2$ für Akkumulatoren, Bleiweiß (basisches Bleicarbonat), Mennige (Pb$_3$O$_4$) und Chromgelb (PbCrO$_4$) als Pigmente, PbO zur Herstellung von Gläsern mit hohem Brechungsindex (optische Gläser, Kristallglas) und von Sikkativen (Beschleunigung der Verharzung von Ölen im Anstrich) benutzt. Bleitetraethyl, Pb(C$_2$H$_5$)$_4$, diente als Antiklopfmittel.

Allgemeine Eigenschaften: Blei steht in der 4. Hauptgruppe des PSE. Obwohl Blei ein negatives Standardpotential hat, löst es sich in HCl und H$_2$SO$_4$ nicht. Selbst konzen-

Fortsetzung

trierte H_2SO_4 bis etwa 75–80% und ebenso HF bis etwa 60% greifen es kaum an, da sich festhaftende Überzüge bilden. Dagegen wird es von heißer hochkonzentrierter H_2SO_4 unter Komplexbildung zu $[Pb(SO_4)_2]^{2-}$ gelöst. Das beste Lösungsmittel ist HNO_3.

In den meisten Verbindungen tritt Blei in der Oxidationsstufe + II auf. In seiner höchsten Oxidationsstufe + IV ist es nur im PbO_2, $Pb(C_2H_5)_4$, $Pb(CH_3COO)_4$ und einigen Komplexsalzen beständig. Darstellung von $(NH_4)_2[PbCl_6]$ s. S. 232. PbO_2 hat schwach sauren Charakter, löst sich in heißer konz. KOH als $Pb(OH)_6^{2-}$ und bildet Plumbate(IV), z. B. $K_2[Pb(OH)_6]$. Schmelzen von PbO mit $Ca(NO_3)_2$ ergibt Doppeloxide, Ca_2PbO_4, sogenannte Orthoplumbate. Mennige, Pb_3O_4 enthält Ketten kantenverbundener $Pb^{IV}O_6$-Oktaeder. Pb(II)-Ionen verbinden die Ketten miteinander. Pb_3O_4 ist daher als Blei(II)-polyplumbat(IV) auffaßbar. HNO_3 löst nur Pb^{II} heraus.

Toxizität: Schon bei täglicher Zuführung von 1–2 mg Bleiverbindungen treten chronische Vergiftungen auf. Dagegen liegt die Menge für eine einmalige Vergiftung wesentlich höher.

Für die nachstehenden Reaktionen verwende man eine $Pb(NO_3)_2$-Lösung bzw. die entsprechend vorbereitete Analysenlösung.

1. NaOH

$$Pb^{2+} + 2OH^- \quad \rightarrow \quad Pb(OH)_2\downarrow$$
$$Pb(OH)_2 + OH^- \quad \rightleftharpoons \quad [Pb(OH)_3]^-$$

Weißer Niederschlag von $Pb(OH)_2$, lösl. in Säuren u. starken Basen. Als amphoteres Hydroxid bildet es mit letzteren Hydroxoplumbate(II). Mit H_2O_2 fällt aus diesen Lösungen PbO_2.

Auch in ammoniakalischer konz. Ammoniumacetat- u. besonders Tartratlsg. ist $Pb(OH)_2$ löslich. Mit Tartrationen bildet Pb(II) dabei einen ähnlichen Chelatkomplex wie Cu(II).

2. Ammoniak

Weißer Niederschlag von $Pb(OH)_2$, schwerlösl. im Überschuß. In wäßrigen Lösungen vermag Pb^{2+} keine Amminkomplexe zu bilden.

3. HCl und Chloride

$$Pb^{2+} + 2Cl^- \quad \rightarrow \quad PbCl_2\downarrow$$

Aus nicht zu verd. Lsg. fällt weißes, kristallines $PbCl_2$ aus. Es ist bei 20 °C zu etwa 1% in reinem Wasser lösl., bei 100 °C beträgt die Löslichkeit etwa 3%. Man löse in einem Reagenzglas etwas $PbCl_2$ in siedendem Wasser, filtriere vom eventuell Ungelösten heiß durch ein Faltenfilter u. lasse abkühlen. Charakteristische lange, glänzendweiße Nadeln.

4. H₂S

Aus nicht zu stark saurer Lsg. Fällung von schwarzem PbS, lösl. in starken Säuren. Äußerst empfindliche Reaktion.

5. H_2SO_4

Neben H_2S dient H_2SO_4 häufig als Fällungsmittel für Pb^{2+}.

Der weiße Niederschlag von $PbSO_4$ ist etwas löslich in verd. HNO_3, löslich in konz. H_2SO_4 unter Bildung des Komplexes $[Pb(SO_4)_2]^{2-}$.

Um eine quantitative Fällung zu erzielen, muß man die Lsg. nach dem Versetzen mit H_2SO_4 so weit eindampfen, bis weiße Nebel entstehen. Nur dann ist die notwendige Entfernung von HCl u. HNO_3 sichergestellt. Anschließend verd. man mit Wasser. (Vorsicht! konz. H_2SO_4 + Wasser spritzen leicht!)

$PbSO_4$ wird ebenso wie $Pb(OH)_2$ durch ammoniakalische Tartrat- sowie konz. Ammoniumacetatlsg. unter Komplexbildung gelöst. Desgleichen löst sich $PbSO_4$ in starker NaOH unter Bildung von Hydroxoplumbaten(II) auf.

6. HNO_3

$$Pb_3O_4 + 4H^+ \rightarrow 2Pb^{2+} + PbO_2 + 2H_2O$$

Man erwärme Mennige mit verd. HNO_3. Die Farbe schlägt von Rot nach Braun (PbO_2) um, im Zentrifugat läßt sich Pb^{2+} nachweisen.

7. Vorproben auf Pb

a) Flammenfärbung: Fahlblau, wenig charakteristisch.
b) Perlreaktion: –
c) Lötrohrprobe: Beste Vorprobe. Alle Bleiverbindungen werden leicht reduziert. Es bildet sich ein duktiles Metallkorn, außerdem ein gelber Oxidbeschlag. Mit der Lösung des Metalls in verd. HNO_3 werden nach Neutralisation mit Soda folgende Reaktionen durchgeführt:

H_2S: schwarzes PbS
H_2SO_4:   weißes $PbSO_4$
K_2CrO_4: gelbes $PbCrO_4$

8. Nachweis als PbI_2

$$Pb^{2+} + 2I^- \rightleftharpoons PbI_2\downarrow$$
$$PbI_2 + 2I^- \rightleftharpoons [PbI_4]^{2-}$$

Mit KI gelber Niederschlag von PbI_2, lösl. im Überschuß des Fällungsmittels unter Bildung von $[PbI_4]^{2-}$, das aber nur bei Überschuß von KI beständig ist.

PbI_2 ist in Wasser bei 20 °C zu etwa 0,08%, bei 100 °C zu 0,5% löslich. Aus heiß gesättigten Lösungen kristallisiert es beim Abkühlen in gelben glänzenden Blättchen aus (vgl. Kristallaufnahme 34).

9. Nachweis als $PbCrO_4$

$$Pb^{2+} + CrO_4^{2-} \rightarrow PbCrO_4\downarrow$$

$PbCrO_4$ bildet einen gelben, in CH_3COOH und Ammoniak schwerlöslichen, in NaOH und HNO_3 löslichen kristallinen Niederschlag.

Neben Ag_2CrO_4 (s. Kristallaufnahme Nr. 26) kann $PbCrO_4$ durch seine Kristallform – gelbe, durchsichtige Stäbchen, evtl. auch kleine monokline Kristalle (Kristallaufnahme Nr. 33) – unter dem Mikroskop erkannt werden.

Die alkalische Probelsg. wird mit 1 Tropfen 0,5 mol/l K_2CrO_4 versetzt u. dann mit 5 mol/l CH_3COOH schwach angesäuert. Bei Gegenwart von Pb fällt gelbes $PbCrO_4$ aus. Zur mikroskopischen Untersuchung wird 1 Tropfen der Pb^{2+}-Lsg. mit 5 mol/l HNO_3 schwach angesäuert u. auf dem Objektträger erwärmt. Man bringt einen kleinen Kristall $K_2Cr_2O_7$ in die Mitte des Probeträgers u. beobachtet die beim Erkalten einsetzende Kristallisation unter dem Mikroskop.

$$EG: 0,24\,\mu g\,Pb, \qquad pD: 5,3$$

Störungen: Kationen, die mit CrO_4^{2-}-Ionen ebenfalls in saurer Lösung schwerlösliche Chromate bilden, müssen abwesend sein.

10. Nachweis als $K_2CuPb(NO_2)_6$

Die Bildung und Eigenschaften dieses Tripelnitrits wurden bereits unter Kalium (6., S. 380) beschrieben.

1 Tropfen der essigsauren Lsg. wird auf dem Objektträger fast zur Trockne eingedampft u. der abgekühlte Rückstand mit 1 Tropfen Reagenzlsg. versetzt. Bei Zugabe von etwas festem KNO_2 scheiden sich sofort die schwarzen Würfel des Tripelnitrits aus. Falls $PbSO_4$ vorliegt, wird letzteres auf dem Objektträger mit Reagenzlsg. in mäßigem Überschuß durchfeuchtet u. KNO_2 hinzugegeben. Das durch das NH_4CH_3COO gelöste $PbSO_4$ reicht zur Bildung des Tripelnitrits aus, das sich neben ungelöstem $PbSO_4$ unter dem Mikroskop erkennen läßt (vgl. Kristallaufnahme Nr. 30).

$$EG: 0,2\,\mu g\,Pb, \qquad pD: 4,7$$

Störungen: Innerhalb der H_2S-Gruppe stören lediglich Hg in 300fachem Überschuß sowie Bi und Sn.
Reagenz: Mischlsg. aus gleichen Volumina Eisessig, gesättigter NH_4CH_3COO-Lsg. u. 10%iger Kupferacetatlösung.

11. Nachweis als Dithizon-Chelat (s. S. 624 f.)

4.3.4.3 Bismut

Bi, Z: 83, RAM: 208,9804, $6s^2\,6p^3$

Häufigkeit: $2 \cdot 10^{-5}$ Gew.-%. Smp.: 271 °C. Sdp.: 1 560 °C. D_{25}: 9,75 g/cm³. Oxidationsstufen: + III, + V, Ionenradius $r_{Bi^{3+}}$: 96 pm. Standardpotential: $BiO^+ + 2H^+ + 3e^- \rightleftharpoons Bi + H_2O$. $E^0 = +0,32$ V.
Vorkommen: Bismut kommt sehr selten gediegen vor, sonst hauptsächlich als Bismutglanz, Bi_2S_3, auch verwittert zu Bismutocker, Bi_2O_3. Spuren sind in vielen anderen Sulfiderzen enthalten.
Darstellung: Oxidische Erze werden mit HCl/HNO_3 aufgeschlossen und das erhaltene $BiOCl$ mit Kohle reduziert. Beim sulfidischen Erz wendet man das Röstreduktionsverfahren oder die Niederschlagsarbeit (s. S. 191) an. Überwiegend ist Bismut Nebenprodukt der Blei- und Kupferverhüttung.

Fortsetzung

> **Bedeutung:** Bismut ist Hauptbestandteil leichtschmelzender Legierungen (*Wood*sche Legierung, *Rose*sches Metall), die für elektrische Sicherungen, Sicherheitsverschlüsse an Dampfkesseln und als ausschmelzbare Kerne für die Herstellung von Hohlkörpern benutzt werden. Gewisse Bismutlegierungen, die sich ebenfalls wie das Bismut selbst beim Erstarren ausdehnen, werden zur Herstellung von Klischees verwendet. Bismutverbindungen sind wichtige Katalysatoren bei einigen organischen Synthesen. Die Anwendung in der Chemotherapie und Kosmetik (Schminke) ist wegen Nebenwirkungen stark eingeschränkt worden.
> **Allgemeine Eigenschaften:** Bismut steht in der 5. Hauptgruppe des PSE (s. S. 320). Aufgrund seines Standardpotentials wird elementares Bismut nur von oxidierenden Säuren (HNO_3) gelöst.
> Die Hauptoxidationsstufe ist $+$ III. Da $Bi(OH)_3$ bzw. $BiO(OH)$ eine sehr schwache Base ist, tritt bei den Salzen leicht Hydrolyse ein. Es entstehen meist schwerlösliche, basische Salze der Zusammensetzung BiOX (Bismutoxidverbindungen).
> Von der Oxidationsstufe $+$ V sind nur Bismutpentafluorid, die Bismutate(V) und das Bismutpentaoxid bekannt. Die Bismutate(V) sind starke Oxidationsmittel (s. S. 411 f.). Man erhält sie durch Oxidation von $Bi(OH)_3$ mit Br_2 in alkalischer Lösung. Beim Ansäuern solcher Lösungen fällt als nicht eindeutig definierte Verbindung ein gelbbraunes bis purpurrotes Bismutpentaoxid aus.

Zu den nachfolgenden Reaktionen benutze man eine saure $BiCl_3$- oder $Bi(NO_3)_3$-Lösung bzw. die entsprechend vorbereitete Analysenlösung.

1. H_2O

$$Bi^{3+} + H_2O + Cl^- \rightleftharpoons BiOCl\downarrow + 2\,H^+$$

Man gibt $BiCl_3$ oder $Bi(NO_3)_3$ in Wasser. Es scheidet sich BiOCl bzw. $BiONO_3$ aus. Bei Zugabe von Mineralsäuren löst es sich, beim Verdünnen mit Wasser tritt wiederum Ausfällung ein.

2. NaOH, Ammoniak und Na_2CO_3

Weißer Niederschlag von basischen Salzen oder $Bi(OH)_3$. Beim Kochen wird letzteres gelb, wahrscheinlich unter Bildung von $BiO(OH)$. $Bi(OH)_3$ ist im Gegensatz zu $Pb(OH)_2$ kaum amphoter. Nur mit ganz hochkonz. Laugen bilden sich Hydroxosalze.

3. H_2S

Aus nicht zu stark saurer Lsg. braunschwarzer Niederschlag von Bi_2S_3, lösl. in konz. Säuren sowie heißer verd. Salpetersäure. Von Na_2S-Lsg. wird Bi_2S_3 in geringem Maße mit grünlichgelber Farbe gelöst; die Löslichkeit wächst mit der Konzentration der Na_2S-Lsg. sowie bei gleichzeitiger Anwesenheit von Natriumhydroxid. In 100 ml alkalischer Na_2S-Lsg. (1 mol Na_2S + 1 mol NaOH/100 ml) werden maximal 80 mg Bi_2S_3 gelöst. K_2S- u. alkalische K_2S-Lsg. verhalten sich ähnlich gegen Bi_2S_3.

4. Vorproben auf Bi

a) Flammenfärbung, Phosphorsalzperle und Glühröhrchenprobe ergeben keine charakteristische Reaktion.

b) Lötrohrprobe: Sprödes Metallkorn und gelber Beschlag von Bi_2O_3. Mit der Lösung des Metalls in HNO_3 werden folgende Reaktionen ausgeführt, nachdem man so weit neutralisiert hat, daß noch kein Niederschlag auftritt:

Verdünnen mit H_2O: weißes $BiONO_3$
H_2S: braunschwarzes Bi_2S_3
$Na_2[Sn(OH)_4]$: schwarzes Bi

5. Nachweis als elementares Bi

$$2\,Bi(OH)_3 + 3\,[Sn(OH)_4]^{2-} \;\rightarrow\; 2\,Bi\downarrow + 3\,[Sn(OH)_6]^{2-}$$

Hydroxostannat(II)-Lösung reduziert Bi(III) zum Metall, das als schwarzes Pulver ausfällt, während Sn(II) zu Sn(IV) oxidiert wird.

In die Reagenzlsg. lasse man die möglichst neutralisierte, ggf. mit einigen Tropfen KCN-Lsg. versetzte Bismutsalzlsg. einfließen. In der Kälte(!) schwarzer Niederschlag.

EG: 1 µg Bi,   pD: 5,7

Störungen: Edelmetalle, Cu(I, II) und Hg(I, II) stören. Edelmetalle werden durch Reduktion mit Hydraziniumchlorid entfernt. Hg(I, II) verflüchtigt man durch vorsichtiges Erhitzen. Die Reduktion von Cu(I) wird durch Zugabe von KCN verhindert.
Reagenz: Alkalische Stannat(II)-Lsg. aus gleichen Volumina 25%iger NaOH u. einer Lsg. von 5 g $SnCl_2$ u. 5 ml konz. HCl in 90 ml Wasser.

6. Nachweis durch Reduktion mit $Na_2[Sn(OH)_4]$ in Gegenwart von Bleisalzen

Die Empfindlichkeit der vorstehenden Reaktion wird durch Bleisalze erheblich gesteigert, da vermutlich infolge einer induzierenden Wirkung durch intermediär gebildete niedere Bi-Oxide die Reduktion des Pb(II) zum Metall katalysiert wird. Auf diese Weise gelingt es, sehr geringe Bi-Mengen zu identifizieren.

1 Tropfen der Probelsg. wird im Mikrotiegel vorsichtig geglüht, der Rückstand in möglichst wenig HCl gelöst u. mit 1 Tropfen gesättigter $PbCl_2$-Lsg. versetzt. Dann wird mit 2 mol/l NaOH alkalisch gemacht. 1 Tropfen 5%ige KCN-Lsg. zugegeben u. mit einigen Tropfen alkalischer Stannat(II)-Lsg. reduziert. Bei Gegenwart größerer Bi-Mengen erfolgt sofortige Schwarzfärbung. Bei sehr geringen Bi-Mengen tritt innerhalb von ca. 2–3 min eine Braunfärbung auf. Da Pb-Salze auch bei Abwesenheit von Bi langsam zu Pb reduziert werden, ist bei kleineren Bi-Mengen eine entsprechende Blindprobe erforderlich.

EG: 0,01 µg Bi,   pD: 6,7

7. Nachweis als Bismutdimethylglyoxim-Komplex

Eine BiCl$_3$-Lsg. versetze man in der Hitze mit einer 1%igen alkoholischen Dimethyl-glyoxim-Lsg. u. hierauf mit Ammoniak bis zur deutlich alkalischen Reaktion. Es bildet sich ein intensiv gelber, sehr voluminöser Niederschlag der Bismut-Verbindung. Die überstehende Flüssigkeit erscheint wasserklar.

In schwach alkalischer Lsg. ist die Fällung gelblichweiß; in der Kälte entsteht anfangs nur ein Niederschlag von basischem Salz, der aber nach einiger Zeit in die gelbe Verbindung übergeht. Geringe Mengen Bi bewirken nach dem Versetzen mit Ammoniak nur eine Gelbfärbung der Flüssigkeit; nach einigem Stehen scheiden sich gelbe Flocken aus, die man zur genaueren Beobachtung durch Zentrifugieren von der Flüssigkeit trennt.

Liegt Bi als Sulfat oder Nitrat vor, so setzt man vor dem Erhitzen etwas NaCl hinzu.

pD: 4,8.

Störungen: As, Sb, Sn, Ni, Co, Fe(II), Mn, größere Mengen Cu u. Cd und Tartrat stören.

8. Nachweis als [BiI$_4$]$^-$

$$Bi^{3+} + 3\,I^- \rightarrow BiI_3\downarrow$$
$$BiI_3 + I^- \rightleftharpoons [BiI_4]^-$$

Aus schwach schwefel- oder salpetersaurer Lsg. fällt mit KI zunächst ein schwarzer Niederschlag von BiI$_3$, der sich im Überschuß von KI unter Bildung des orangegelben Tetraiodobismutat(III)-Komplexes löst.

9. Nachweis als Oxiniumtetraiodobismutat(III)

Die organischen Basen Chinolin und Oxin (s. S. 613) bilden unter Addition eines Protons am Stickstoff Kationen, die mit Tetraiodobismutat(III) schwerlösliche orange bis hellrote Verbindungen ergeben.

2–3 Tropfen der HNO$_3$-sauren Probelsg. werden auf der Tüpfelplatte mit 2–3 Tropfen Reagenzlsg. u. einem kleinen KI-Kristall versetzt. Die Bildung eines orange- bis hellroten Niederschlags zeigt Bi an. Bei weniger als 1 µg Bi entsteht eine orange bis gelbe Trübung.

EG: 1 µg Bi,   pD: 4,7

Störungen: Unter den gleichen Bedingungen geben Sb(III), Pb(II), Hg(II) und Ag(I) schwarze Niederschläge, die nur bei einem Überschuß dieser Ionen stören. Iodausscheidungen durch Fe^{3+} und Cu^{2+} (Oxidation von I$^-$ zu I$_2$) können durch Zugabe von K$_2$S$_2$O$_5$ verhindert werden.

Reagenz: Gesättigte Lsg. von Chinolin oder Oxin in Alkohol.

10. Nachweis als Thioharnstoff-Chelat (s. S. 622)

4.3.4.4 Kupfer

Cu, Z: 29, RAM: 63,546, $3d^{10}\,4s^1$

Häufigkeit: $1,0 \cdot 10^{-2}$ Gew.-%. Smp.: $1\,083\,°C$. Sdp.: $2\,567\,°C$. D_{25}: $8,96\,g/cm^3$. Oxidationsstufen: $+\,I$, $+\,II$. Ionenradius r_{Cu^+}: 96 pm, $r_{Cu^{2+}}$: 72 pm. Standardpotential: $Cu^{2+} + 2\,e^- \rightleftharpoons Cu$, $E^0 = +\,0,337\,V$. $Cu^+ + e^- \rightleftharpoons Cu$, $E^0 = +\,0,521\,V$.

Vorkommen: Kupfer findet man mitunter gediegen, hauptsächlich aber als Kupferkies, $CuFeS_2$, Kupferglanz, Cu_2S, sowie verbreitet, aber weniger bedeutend, als Buntkupferkies, Cu_5FeS_4. Wichtige oxidische Mineralien sind Malachit, $Cu_2(OH)_2CO_3$, und Azurit (Kupferlasur), $Cu_3(OH)_2(CO_3)_2$.

Darstellung: Viele sulfidische Erze enthalten nur 3–6% Cu. Man konzentriert durch Flotation und schmilzt unter Teilröstung mit O_2 zu Schlacke und Kupferstein (unreine Kupfersulfidschmelze mit 40–70% Cu). Letzterer ergibt in Röstreaktionsarbeit (s. S. 191) Rohkupfer, das durch Raffinationsschmelze und elektrolytisch gereinigt wird. Mitunter wird Kupfer naßchemisch gewonnen, z. B. aus oxidischen Erzen.

Bedeutung: Reines Kupfer besitzt sowohl sehr gute elektrische Leitfähigkeit (Herstellung von Elektromaterial) als auch hohe Wärmeleitfähigkeit und Korrosionsbeständigkeit (Kessel, Heiz- und Kühlschlangen, Installationsrohre). Wichtige Kupferlegierungen sind u. a. Messing (Cu, Zn). Bronzen (Cu, Sn), Aluminiumbronzen (Cu, Al) und Neusilber (Cu, Ni, Zn). Konstantan (60% Cu, 40% Ni) und Manganin (Cu, Mn, Ni, Fe) benutzt man für Meßwiderstände. Im Laboratorium verwendet man *Devarda*sche Legierung (s. S. 332) als Reduktionsmittel und Monelmetall für Apparaturen (s. S. 401). Gewisse Kupferverbindungen besitzen Bedeutung als Pflanzenschutzmittel, zur Cuprocelluloseherstellung und für die Gasanalyse als Absorptionsmittel. Für höhere Lebewesen ist Kupfer ein wichtiges Spurenelement.

Allgemeine Eigenschaften: Kupfer steht in der ersten Nebengruppe des PSE. Elementares Kupfer wird aufgrund seines stark positiven Standardpotentials nur durch oxidierende Säuren gelöst. Auf unedlen Metallen schlägt es sich nieder.

Das hydratisierte, farblose Cu^+-Ion disproportioniert zu Cu und Cu^{2+}. Dagegen bilden sich aus Cu und $[Cu(NH_3)_4]^{2+}$ farblose $[Cu(NH_3)_2 \cdot aq]^+$-Ionen. Schwerlösliche Cu(I)-Verbindungen stellen in Analogie zu Ag(I) die Chalkogenide, Halogenide und Pseudohalogenide dar. Beständig an der Luft haltbar sind Cu_2O (rot), Cu_2S (schwarz), CuI (weiß) und CuSCN (weiß). Lösliche Cu(I)-Verbindungen, auch CuCl, sind leicht oxidierbar. $[Cu(CN)_4]^{3-}$ besitzt Krypton-Elektronenkonfiguration und ist daher besonders stabil.

Im Gegensatz zu den allgemeinen Regeln im PSE (s. S. 110) ist die Hauptoxidationsstufe $+\,II$. Das $[Cu(H_2O)_4]^{2+}$-Ion ist bläulich. Kupfer(II)-Salze besitzen im allgemeinen blaue oder grüne Farbe. Cu(II) bildet zahlreiche Komplexe.

Toxizität: Kupferionen sind für viele Mikroorganismen (Algen, Kleinpilze, Bakterien) ein starkes Gift. Fäulniserreger sterben in Wasser, das sich in Kupfergefäßen oder über einer blankgeriebenen Kupfermünze befindet. Dagegen sind für den Menschen Kupferverbindungen nur mäßig giftig.

1. Einwirkung von Säuren auf das Metall

Man behandle reines Kupfer mit:
a) verd. HCl: keine Reaktion;
b) verd. HNO_3: $3\,Cu + 8\,H^+ + 2\,NO_3^- \rightarrow 3\,Cu^{2+} + 2\,NO\uparrow + 4\,H_2O$
   Auflösung, weil HNO_3 oxidierend wirkt;
c) verd. H_2SO_4: keine Reaktion;
d) konz. H_2SO_4: $Cu + 4\,H^+ + SO_4^{2-} \rightarrow Cu^{2+} + SO_2\uparrow + 2\,H_2O$
   Auflösung, da konz. H_2SO_4 als Oxidationsmittel wirkt.

2. Bildung von Cu^+

$$Cu^{2+} + Cu \rightleftharpoons 2\,Cu^+$$

Eine schwach saure, konz. $CuSO_4$-Lsg. erhitze man mit Kupferpulver. Ein Teil löst sich auf, während gleichzeitig die b l a u e Farbe des Cu^{2+} verschwindet u. Cu^+ gebildet wird. Beim Erkalten wird die Lsg. wieder b l a u, da das Gleichgewicht bei Zimmertemperatur weitgehend nach links verschoben ist.

3. KI

$$2\,Cu^{2+} + 4\,I^- \quad \rightarrow \quad 2\,CuI\downarrow + I_2$$
$$I_2 + SO_2 + 2\,H_2O \quad \rightarrow \quad 2\,I^- + SO_4^{2-} + 4\,H^+$$

Während sich CuCl sehr leicht oxidiert, ist CuI beständig. Dagegen ist CuI_2 unbeständig und zerfällt in CuI und Iod, weil CuI wesentlich schwerlöslicher ist als CuCl und daher das Redoxgleichgewicht

$$Cu^+ \rightleftharpoons Cu^{2+} + e^-$$

infolge der sehr geringen Konzentration an Cu^+ so weit nach links verschoben wird, daß I^- zu Iod oxidiert werden kann. Das Bromid steht bezüglich dieser Eigenschaft zwischen Chlorid und Iodid.

Man versetze eine Kupfersulfatlösg. mit KI-Lösung. Es fällt w e i ß e s CuI aus, das durch das mitausfallende Iod b r a u n gefärbt ist. Beim Kochen entweichen v i o l e t t e Ioddämpfe. Die Farbe des CuI erkennt man nach Reduktion des I_2 durch schweflige Säure.

4. KCN

$$Cu^{2+} + 2\,CN^- \quad \rightarrow \quad Cu(CN)_2\downarrow$$
$$2\,Cu(CN)_2 \quad \rightarrow \quad 2\,CuCN + (CN)_2\uparrow$$
$$CuCN + 3\,CN^- \rightarrow [Cu(CN)_4]^{3-}$$

Cu^{2+} reagiert mit CN^- in analoger Weise wie mit I^-. Es fällt zunächst gelbes $Cu(CN)_2$ aus, das beim Erwärmen in weißes CuCN und Dicyan, $(CN)_2$ zerfällt. Im Überschuß löst sich CuCN zu dem farblosen, sehr beständigen Komplexion $[Cu(CN)_4]^{3-}$ auf.

Man versetze $CuSO_4$-Lsg. tropfenweise mit KCN-Lösung und erwärme.
Vorsicht: $(CN)_2$ ist sehr giftig!
In die Lsg. von $[Cu(CN)_4]^{3-}$ leite man H_2S ein. Es fällt kein Cu_2S aus, da der Komplex so beständig ist, daß das Löslichkeitsprodukt von Cu_2S nicht überschritten wird. Der entsprechende Cadmiumkomplex ist unbeständiger, es fällt CdS (Trennung von Cd!). Weiteres s. S. 124f. u. 12., S. 484.

5. NH_4SCN

$$2\,Cu(SCN)_2 + H_2SO_3 + H_2O \quad \rightarrow \quad 2\,CuSCN\downarrow + H_2SO_4 + 2\,HSCN$$

Auch mit SCN^- erfolgt aus konz. Lsg. zunächst allmähliche Bildung von s c h w a r z e m $Cu(SCN)_2$, das langsam, jedoch bei Zusatz von SO_2 schnell, in weißes CuSCN übergeht. Diese Reaktion kann zur quantitativen Bestimmung von Cu herangezogen werden.

6. NaOH

$$Cu(OH)_2 \rightarrow CuO\downarrow + H_2O$$

In Cu^{2+}-Lsg. bläulicher Niederschlag von $Cu(OH)_2$, der beim Erhitzen unter Wasserabspaltung in schwarzes CuO übergeht.

Frisch gefälltes $Cu(OH)_2$ u. auch CuO lösen sich im Überschuß von NaOH u. Na_2CO_3 teilweise zu Natriumcuprat(II), $Na_2[Cu(OH)_4]$. Aus diesem Grunde kann man Kupfer im Sodaauszug finden.

7. Fehlingsche Lösung

Die $Cu(OH)_2$-Fällung mit NaOH bleibt aus bei Gegenwart organischer Verbindungen, die mehrere OH-Gruppen enthalten, wie Citronensäure, Weinsäure, Zucker usw. Es entstehen tiefblaue Lösungen. Mit Tartrat erhält man „*Fehling*sche Lösung", die als Reagenz auf leicht oxidierbare organische Stoffe, besonders auf die Aldehydgruppe enthaltende, verwendet wird. Sie dient zur Zuckerbestimmung im Harn.

Die gebildeten Komplexe weisen ein Tartrat: Cu^{2+}-Verhältnis von 2:1 auf.

Man setze einige Tropfen *Fehling*scher Lsg. zu Traubenzuckerlsg. u. erwärme. Es fällt zunächst feinverteiltes, wasserhaltiges gelbes Cu_2O aus, das in ziegelrotes Cu_2O übergeht. Wie Traubenzucker verhalten sich auch Hydroxylamin, Hydrazin u.a. Reduktionsmittel.

Reagenz: „*Fehling*sche Lösung" aus frisch gemischten gleichen Volumina Lsg. A und B. Lsg. A: 7 g $CuSO_4 \cdot 5H_2O$ in 100 ml Wasser. Lsg. B.: 34 g $KNaC_4H_4O_6 \cdot 4H_2O$ und 10 g NaOH in 100 ml Wasser.

8. Ammoniak

$$Cu^{2+} + 4NH_3 \rightarrow [Cu(NH_3)_4]^{2+}$$

Zuerst bläulicher Niederschlag von $Cu(OH)_2$, der sich im Überschuß von Ammoniak zu tiefblauem $[Cu(NH_3)_4]^{2+}$ löst. Empfindliche Reaktion!

Salze des Tetraamminkupfer(II)-Ions lassen sich leicht kristallisiert erhalten, wenn man die Löslichkeit durch Alkoholzusatz verringert. Darstellung des $[Cu(NH_3)_4]SO_4$ s. S. 233.

zusatz von weinsäure?

9. H₂S

In saurer Lsg. schwarzer Niederschlag von CuS + Cu_2S, lösl. in konz. Säuren sowie in heißer verd. HNO_3. Ist die Lsg. neutral oder sehr schwach sauer, so fällt CuS kolloidal u. in schlecht filtrierbarer Form aus. Man fällt daher am besten aus etwa 2 mol/l HCl enthaltenden Lösungen.

In gelbem Ammoniumpolysulfid ist Kupfersulfid unter Bildung eines Thiosalzes ein wenig lösl. (Näheres s. S. 542).

10. Unedle Metalle

$$Cu^{2+} + Fe \rightarrow Cu\downarrow + Fe^{2+}$$

Kupfer ist edler als die Metalle Eisen, Zink und andere und wird daher von diesen reduziert (s. Spannungsreihe, S. 100).

Diese Reaktion wird in der Technik zur Kupfer-Reindarstellung benutzt (Zementation).

Man tauche ein blankes Eisenstück (Nagel oder Messerklinge) in eine $CuSO_4$-Lösung. Auf dem Eisen schlägt sich Kupfer nieder. Die Bildung von Fe^{2+} erkennt man besser, wenn man anstelle eines Eisenstückes einige Eisenspäne oder Eisenpulver in die verd. $CuSO_4$-Lsg. einträgt. Es tritt sehr lebhafte Reaktion ein. Nachdem diese beendet ist, filtriere man ab; die Lsg. sieht jetzt h e l l g r ü n aus. Man weise die Fe^{2+}-Ionen mit $K_3[Fe(CN)_6]$ nach.

11. Vorproben

a) F l a m m e n f ä r b u n g : Bei Gegenwart von Halogenidionen g r ü n.
b) P h o s p h o r s a l z p e r l e : Oxidationsflamme heiß: g e l b, kalt: b l a u. Reduktionsflamme heiß: f a r b l o s, kalt: r o t b r a u n. Bei starker Reduktion: Kupferflitter.
c) L ö t r o h r p r o b e : Schwammiges r o t e s Metall, kein Beschlag. Man löse in verd. HNO_3 und führe Mikroreaktionen mit H_2S, Ammoniak und $K_4[Fe(CN)_6]$ aus.

12. Nachweis mit Ammoniak und anschließende Abtrennung von Cadmium

$$2[Cu(NH_3)_4]^{2+} + 10CN^- + 2OH^-$$
$$\rightarrow 2[Cu(CN)_4]^{3-} + 8NH_3 + CN^- + OCN^- + H_2O$$
$$(CN)_2 + 2OH^- \rightarrow CN^- + OCN^- + H_2O$$

In ammoniakalischer Lsg. entwickelt sich kein $(CN)_2$, da dieses analog den Halogenen durch OH^- in Cyanid und Cyanat disproportioniert.

Durch Kombination der Reaktionen 8. u. 4. wird Kupfer zunächst an der Bildung der t i e f b l a u e n Lsg. mit Ammoniak u. der Entfärbung dieser Lsg. durch Zusatz von festem KCN erkannt. In der entfärbten Lsg. kann Cadmium mit H_2S nachgewiesen werden. Das g e l b e CdS muß anschließend noch als solches identifiziert werden (s. S. 487), da bei großem Überschuß von KCN auch g e l b e r, aus $(CN)_2$ und $2H_2S$ entstandener Rubeanwasserstoff ($H_2N(S)CC(S)NH_2$) ausfallen kann.

13. Nachweis als $Cu_2[Fe(CN)_6]$

$$2Cu^{2+} + [Fe(CN)_6]^{4-} \rightarrow Cu_2[Fe(CN)_6]\downarrow$$

Mit $K_4[Fe(CN)_6]$ fällt ein b r a u n e r Niederschlag von $Cu_2[Fe(CN)_6]$ aus, schwerlösl. in verd. Säuren, lösl. in Ammoniak unter Bildung von $[Cu(NH_3)_4]^{2+}$. Sehr empfindliche Reaktion!

14. Nachweis als $Cu[Cr(SCN)_4(NH_3)_2]$

$$Cu^+ + [Cr(SCN)_4(NH_3)_2]^- \rightarrow Cu[Cr(SCN)_4(NH_3)_2]\downarrow$$

Cu$^+$ bildet mit *Reinecke*-Salz (s. 9., S. 473) ein schwerlösl. gelbes Cu[Cr(SCN)$_4$(NH$_3$)$_2$]. Daher kann man Cu auch bei Gegenwart von Hg und Tl nachweisen.

Die HCl-saure Probelsg., in der Cu^{2+} vorliegt, wird mit einem Überschuß einer *Reinecke*-Salzlsg. versetzt. Nach Abtrennung des Hg- u. Tl-Reineckats wird zu dem Zentrifugat H$_2$SO$_3$-Lsg. gegeben. Es fällt gelbes Kupfer(I)-Reineckat aus.

EG: 0,3 µg Cu/1 ml,   pD: 6,6

Reagenz: Frisch bereitete 2%ige *Reinecke*-Salz-Lösung.

15. Nachweis als Cu[Hg(SCN)$_4$] bzw. (Cu, Zn)[Hg(SCN)$_4$]

$$Cu^{2+} + [Hg(SCN)_4]^{2-} \rightarrow Cu[Hg(SCN)_4]\downarrow$$

Cu^{2+} bildet in neutraler bis schwach essigsaurer Lösung ein Thiocyanatomercurat von gelbgrüner Farbe (Kristallaufnahme Nr. 20). Liegen Cu und Zn nebeneinander vor, so bilden sich violette bis schwarze Mischkristalle.

1 Tropfen der neutralen oder essigsauren Probelsg. wird auf der Tüpfelplatte oder auf Filterpapier mit 1 Tropfen 10%iger ZnSO$_4$-Lsg. u. 1 Tropfen Reagenzlsg. versetzt. Eine Violettfärbung zeigt Cu an.

EG: 0,1 µg Cu,   pD: 5,3

Störungen: In der H$_2$S-Gruppe stört lediglich ein größerer Überschuß von Bi.
Reagenz: 6 g HgCl$_2$ u. 6,5 g NH$_4$SCN in 10 ml Wasser.

16. Nachweis als K$_2$CuPb(NO$_2$)$_6$

Die Eigenschaften dieses Tripelsalzes wurden bereits unter Kalium (vgl. 6., S. 380) beschrieben.

1 Tropfen der neutralen oder schwach essigsauren Lsg. wird mit so viel Pb-Acetatlsg. versetzt, daß Pb gegenüber Cu im geringen Überschuß vorliegt. Die Mischung wird auf dem Objektträger vorsichtig bis fast zur Trockne eingedampft u. der erkaltete Rückstand mit einem kleinen Tropfen einer stets frisch zubereiteten Reagenzlsg. versetzt. Ein Überschuß an Reagenzlsg. ist unbedingt zu vermeiden, da sich das Tripelnitrit darin auflöst. Häufig empfiehlt es sich, nach Zugabe der Reagenzlsg. noch einen kleinen Kristall festes KNO$_2$ zuzugeben.

EG: 0,03 µg Cu,   pD: 5,8

Störungen: SO$_4^{2-}$ stört nicht, da sich ggf. gebildetes PbSO$_4$ durch NH$_4$CH$_3$COO in ausreichender Menge wieder löst.
Bei Gegenwart von Tl$^+$ bildet sich das schwerer lösl. Tl$_2$CuPb(NO$_2$)$_6$ in kubischen Kristallen von schwarzer bis brauner Farbe u. ca. 3 µm Kantenlänge. (Betrachtung unter dem Mikroskop, vgl. Kristallaufnahme Nr. 30).
Reagenz: Gesättigte NH$_4$CH$_3$COO-Lsg., gesättigte KNO$_2$-Lsg. u. 50%ige CH$_3$COOH, 1:1:1.

17. Cu(I)-Nachweis als Cuproin-Chelat (s. S. 623)

18. Cu(II)-Nachweis als Cu(II)rubeanat (s. S. 624f.)

4.3.4.5 Cadmium

Cd, Z: 48, RAM: 112,41, $4d^{10}\,5s^2$

Häufigkeit: $3 \cdot 10^{-5}$ Gew.-%. Smp.: 321 °C. Sdp.: 765 °C. D_{25}: 8,65 g/cm³. Oxidationsstufen: + II. Ionenradius $r_{Cd^{2+}}$: 97 pm. Standardpotential: $Cd^{2+} + 2e^- \rightleftharpoons Cd$. $E^0 = -0{,}4025$ V.

Vorkommen: Cadmium ist ein steter Begleiter des Zinks. Reine Cadmiummineralien, wie Cadmiumblende (Greenockit), CdS, und Cadmiumspat (Otavit), $CdCO_3$, sind sehr selten.

Darstellung: Cadmium fällt als Nebenprodukt bei der Zinkgewinnung (s. S. 412) an. CdO wird vor ZnO reduziert und das Metall destilliert früher ab. Außerdem wird bei der elektrolytischen Zinkgewinnung das Cadmium vorher durch Zementation mit Zinkstaub abgetrennt.

Bedeutung: Cadmium dient als Metallüberzug zum Korrosionsschutz von Eisen, insbesondere aber als Elektrodenmaterial in Ni−Cd-Akkumulatoren. Einige Lagermetalle, Schnellote und leichtschmelzende Legierungen (*Woodsches* Metall, s. S. 478) sowie Selengleichrichter und das *Weston*-Normalelement enthalten Cadmium. Als Absorber für thermische Neutronen wird es in den Regelstäben von Kernreaktoren benutzt. Cadmiumsulfid und -selenid sind gelbe bis orangerote Farbpigmente für Keramik, Glas und Kunststoffe.

Allgemeine Eigenschaften: Cadmium steht in der 2. Nebengruppe des PSE.
Elementares Cadmium ist in verd. HNO_3 leicht, in verd. HCl und H_2SO_4 schwerer löslich. Cadmium tritt in der Oxidationsstufe + II auf. Das Ion ist farblos. Die Reaktionen sind denen des Zinks sehr ähnlich. Es bestehen zum großen Teil nur graduelle Unterschiede. So fällt CdS schon aus verdünnter mineralsaurer Lösung, während ZnS erst in essigsaurer Lösung gebildet wird (s. auch S. 414f.). Auch ist $Cd(OH)_2$ im Gegensatz zu $Zn(OH)_2$ nicht amphoter.

Toxizität: Cadmiumverbindungen sind wesentlich giftiger als Zinkverbindungen. Daher müssen Zn bzw. Zn-Legierungen, die mit Nahrungsmitteln in Berührung kommen, weitgehend Cd-frei sein.

Für die folgenden Reaktionen benutze man eine $CdSO_4$- oder $CdCl_2$-Lösung bzw. die entsprechend vorbereitete Analysenlösung.

1. NaOH

Weißer Niederschlag von $Cd(OH)_2$, schwerlöslich im Überschuß von NaOH (Unterschied zu Zn).

2. Ammoniak

Weißer Niederschlag, lösl. im Überschuß unter Bildung von $[Cd(NH_3)_6]^{2+}$.

3. KCN

$$Cd^{2+} + 2CN^- \rightarrow Cd(CN)_2\downarrow$$
$$Cd(CN)_2 + 2CN^- \rightleftharpoons [Cd(CN)_4]^{2-}$$

Zunächst weißer Niederschlag, der sich im Überschuß des Fällungsmittels leicht löst.
Der Komplex ist so weit in die Einzelionen dissoziert, daß mit H_2S CdS ausfällt. Wichtiger Unterschied zu Kupfer: (s. S. 124f. u. 12., S. 484).

4. Vorproben

a) Lötrohrreaktion: Cadmium wird wie Zink vor dem Lötrohr reduziert. Das gebildete Metall verdampft, verbrennt dabei und schlägt sich als brauner Oxidbeschlag auf dem kälteren Teil der Kohle nieder. **Vorsicht wegen Giftwirkung.**
b) Flammenfärbung und Phorsphorsalzperle geben keinen Hinweis!

5. Nachweis als CdS

Aus schwach mineralsaurer Lsg. fällt H_2S einen gelben bis braungelben Niederschlag von CdS, lösl. in halbkonz. Säuren, schwerlöslich in Alkali- u. Ammoniumsulfid.

6. Nachweis des CdS im Gemisch der H_2S-Gruppenfällung

Die Reaktion basiert auf der relativen Flüchtigkeit des metallischen Cd im Vergleich zu den übrigen Elementen der H_2S-Gruppe und eignet sich als selektive Vorprobenreaktion auf Cd direkt aus dem Niederschlag der H_2S-Gruppe.

Ein kleiner Teil des Niederschlags der H_2S-Gruppe wird unter dem Abzug in einem offenen Mikrotiegel über der Bunsenflamme auf Rotglut erhitzt, bis keine flüchtigen Bestandteile mehr entweichen (As_2S_3 u. HgS). Der Rückstand wird mit einem Überschuß an $Na_2C_2O_4$ (1:5) vermischt u. im Glühröhrchen kräftig erhitzt. Das Oxalat reduziert das Sulfid-Oxid-Gemisch zu den Elementen, wobei nur Cadmium als der am leichtesten flüchtige Bestandteil bei 765 °C verdampft u. sich an dem oberen, kalten Teil des Glühröhrchens als Metallspiegel abscheidet. Gibt man nun ein Körnchen Schwefel in das Glühröhrchen, so reagiert das Metall in der Hitze mit dem Schwefeldampf zu CdS, das in der Hitze rot, in der Kälte gelbrot ist.

7. Nachweis als Cadmiumthioharnstoffreineckat

$$Cd^{2+} + 2SC(NH_2)_2 + 2[Cr(SCN)_4(NH_3)_2]^- \rightarrow$$
$$[Cd\{SC(NH_2)_2\}_2] \cdot [Cr(SCN)_4(NH_3)_2]_2$$

Im Anschluß an die Fällung des Cu als Cu(I)-Reineckat (vgl. 14., S. 485) kann Cd unter Zusatz von Thioharnstoff (S. 609 f.) gefällt werden.

1–2 Tropfen der Probelsg. werden auf einem Objektträger zur Trockne eingedampft u. evtl. vorhandene Ammoniumsalze abgeraucht. Der Rückstand wird mit 1 Tropfen 5 mol/l HCl aufgenommen u. mit 1 Tropfen frisch bereiteter 2%iger *Reinecke*-Salz-Lsg. u. einigen Kriställchen Thioharnstoff versetzt. Bei Gegenwart von Cd erscheinen auf dem Objektträger unter dem Mikroskop (V.: 100–200) farblose prismatische Stäbchen, die häufig gekreuzt u. zu Büscheln vereinigt sind (s. Kristallaufnahme Nr. 13).

$$EG: 0,15 \,\mu g \,Cd, \qquad pD: 5,0$$

Störungen: Pb(II) und Bi(III) geben ebenfalls Niederschläge, die jedoch anders kristallisieren.

8. Nachweis als p-Dinitrodiphenylcarbazid-Farblack (s. S. 623 f.)

4.3.4.6 Thallium

Tl, Z: 81, RAM: 204,37, $6s^2 6p^1$

Häufigkeit: $3 \cdot 10^{-5}$ Gew.%. Smp.: 303,5 °C. Sdp.: 1457 °C. D_{25}: 11,85 g/cm³. Oxidationsstufen: + I, + III. Ionenradius r_{Tl^+}: 147 pm, $r_{Tl^{3+}}$: 95 pm. Standardpotential: $Tl^+ + e^- \rightleftharpoons Tl$, $E^0 = -0,336$ V. $Tl^{3+} + 2e^- \rightleftharpoons Tl^+$, $E^0 = +1,25$ V.

Vorkommen: Thallium findet sich in geringer Konzentration an vielen Orten. Es ist hauptsächlich als isomorpher Bestandteil in sulfidischen Erzen (Zn, Cu, Fe, Pb), aber auch in Kaliumsalzen und Glimmern enthalten.

Darstellung: Ausgangsmaterial ist der beim Rösten thalliumhaltiger Sulfide anfallende Flugstaub. Durch Säurelaugung gehen auch die Thalliumverbindungen in Lösung. Meist wird dann $CdCl_2 \cdot TlCl$ gefällt und anschließend chemisch aufgearbeitet.

Bedeutung: Thallium und seine Verbindungen finden nur beschränkte Verwendung. Thalliumamalgam dient als Füllung von Spezialthermometern für bestimmte Kältegradbereiche. Teilweise sind Thalliumzusätze in Lagermetallen auf Bleibasis enthalten. Geringe Thalliumzusätze erhöhen die Lebensdauer der Wolframdrähte in Glühlampen.

Allgemeine Eigenschaften: Als Element der 3. Hauptgruppe des PSE (s. S. 110) hat Thallium wie Gallium und Indium die maximale Oxidationsstufe + III, bevorzugt aber im Gegensatz zu diesen die Oxidationsstufe + I.

Die Tl(I)-Verbindungen haben in ihrem chemischen Verhalten einerseits große Ähnlichkeit mit den entsprechenden Ag(I)-Verbindungen, andererseits mit den Alkalielementverbindungen. So sind Tl(I)-Halogenide schwer löslich. TlOH ist ein leicht lösliches Hydroxid. Tl_2CO_3 ist ebenfalls löslich, jedoch nicht so gut wie die Alkalicarbonate. Tl(III)-Verbindungen sind den entsprechenden Aluminiumverbindungen chemisch ähnlich. Tl(III)-oxidhydrat ist schwerlöslich, jedoch nicht amphoter.

Toxizität: Leichtlösliche Thalliumverbindungen sind sogar durch die Haut resorbierbar und wirken analog denen des Quecksilbers (s. S. 469) als Gift. Es kommt u.a. zum Haarausfall.

I. Gemeinsame Nachweise für Tl(I) und Tl(III)

1. Flammenfärbung

Thalliumverbindungen färben die Bunsenflamme grün, im Spektroskop beobachtet man eine intensiv grüne Linie bei 535,1 nm. Äußerst empfindlicher Nachweis.

II. Reaktionen und Nachweise für Tl(I)

Zu den folgenden Reaktionen verwende man eine Lösung von Tl_2SO_4 oder $TlNO_3$ bzw. die entsprechend vorbereitete Analysenlösung.

1. HCl, HBr, HI

In der Kälte Niederschläge von TlCl, TlBr u. TlI, wobei die Löslichkeit in der angegebenen Reihenfolge sinkt. Die Verbindungen sind den entsprechenden Ag-Verbindungen sehr ähnlich (s. 2., S. 517). TlCl wird beim Erwärmen kristallin. Es ist in kaltem Wasser, besonders bei Überschuß von Cl^-, wenig, in heißem Wasser aber gut löslich. Mit Ammoniak erfolgt im Gegensatz zu AgCl keine Auflösung, da Tl^+ im Vergleich zum Ag^+ in wäßriger Lsg. keine Amminkomplexe zu bilden vermag. Hingegen löst Thiosulfat TlCl wieder auf. (TlCl siehe Kristallaufnahme Nr. 32).

2. H_2S, $(NH_4)_2S$

Aus essigsaurer oder besser alkalischer Lsg. Fällung von s c h w a r z e m Tl_2S, leicht lösl. in Mineralsäuren. An der Luft wird Tl_2S rasch zu Tl_2SO_4 oxidiert.

3. Nachweis als Tl_2CrO_4

$$2\,Tl^+ + CrO_4^{2-} \;\rightarrow\; Tl_2CrO_4\downarrow$$

Aus schwach saurer Lösung fällen Alkalichromate und -dichromate gelbes Tl_2CrO_4, das in kleinen Rauten oder Stäbchen kristallisiert. Tl_2CrO_4 ist in verd. HNO_3 und H_2SO_4, konz. HNO_3 und verd. NH_3 in der Kälte schwerlöslich; leichtlöslich in konz. HCl.

1 Tropfen der warmen, schwach salpetersauren Probelsg. wird auf dem Objektträger mit einem Körnchen $K_2Cr_2O_7$ versetzt.

EG: 1 µg Tl,   pD: 4,7

Störungen: Alle Ionen, die in saurer Lsg. schwerlösliche Chromate bilden.

4. Nachweis als $Tl_2[PtCl_6]$

$$2\,Tl^+ + [PtCl_6]^{2-} \;\rightarrow\; Tl_2[PtCl_6]\downarrow$$

$H_2[PtCl_6]$ fällt aus Thallium(I)salzlösungen einen g e l b e n Niederschlag. Aus heißer, saurer Lösung entstehen gut ausgebildete Oktaeder. $Tl_2[PtCl_6]$ ist schwerlöslich in heißem Wasser, heißer konz. HCl und heißer HNO_3. Nur beim Kochen mit Königswasser findet infolge Oxidation des Tl(I) zu Tl(III) Auflösung statt.

1 Tropfen der Probelsg. wird auf dem Objektträger mit 1 Tropfen 2 mol/l HNO_3 und mit 1 Tropfen 10%iger $H_2[PtCl_6]$ versetzt. Beim langsamen Abkühlen entstehen g e l b e Oktaeder von $Tl_2[PtCl_6]$.

EG: 0,008 µg Tl/ml

Störungen: K^+, NH_4^+, Rb^+ und Cs^+ bilden analoge Kristalle (s. S. 380, 382 u. 385).

5. Nachweis als TlI

$$Tl^+ + I^- \;\rightarrow\; TlI\downarrow$$

Das schwerlösliche g e l b e TlI löst sich in Ammoniak und in kalter $Na_2S_2O_3$-Lösung nicht auf.

Die schwachsaure Probelsg. wird mit einem Überschuß von 1 mol/l KI versetzt (Tüpfelplatte oder Reagenzglas). Eine ge l be Fällung von TlI zeigt Tl an.

$$\text{EG: } 0,6\,\mu g\,\text{Tl}, \qquad \text{pD: } 4,7$$

Störungen: Der Nachweis kann auch bei Gegenwart von Ag^+, Hg^{2+} und Pb^{2+} durchgeführt werden, wenn ein Überschuß von KI-Lösung und eine 2%ige $Na_2S_2O_3$-Lösung nach der Niederschlagsbildung hinzugefügt werden. Hierbei werden Hg(II) als $[HgI_4]^{2-}$, Ag(I) und Pb(II) als Thiosulfatokomplexe in Lösung gehalten.

6. Nachweis als Thallium(I)-thiocarbonat

$$Tl_2S + CS_2 \rightarrow Tl_2CS_3\downarrow$$

Man versetze 1–2 ml der Probelsg. mit 5–6 Tropfen CS_2 u. mit Ammoniak im geringen Überschuß, füge dann $(NH_4)_2S$ hinzu u. erhitze bis zum schwachen Sieden des CS_2 (**Vorsicht!** Nicht über offener Flamme erhitzen! CS_2 ist giftig!). Das zunächst ausfallende Tl_2S wandelt sich bald in das r o t e Thalliumthiocarbonat um.

pD: 4,7.

7. Nachweis als Tl(I)-dipikrylaminat (s. S. 625f.)

8. Nachweis als Tl(I)-Thionalid-Chelat (s. S. 626)

III. Reaktionen und Nachweis für Tl(III)

Tl(I) wird leicht zu Tl(III) oxidiert.

1. Darstellung einer Tl(III)-Lösung

$$TlCl + Br_2 \rightarrow Tl^{3+} + 2\,Br^- + Cl^-$$

Man erwärme etwas gefälltes TlCl mit Br_2-Wasser. TlCl wird zu löslichem Tl^{3+} oxidiert. Überschüssiges Br_2 wird verkocht.

2. Alkalihydroxid, Alkalicarbonat

Versetzt man die unter 1. dargestellte Lösung mit Lauge, so fällt b r a u n s c h w a r z e s bis s c h w a r z e s $Tl(OH)_3$ aus.

3. Nachweis als TlI · I₂

$$Tl^{3+} + 3\,I^- \rightarrow TlI \cdot I_2\downarrow$$

Die schwachsaure Probelsg. wird mit einem Überschuß von 1 mol/l KI versetzt (Tüpfelplatte oder Reagenzglas). Eine braunschwarze Fällung von $TlI \cdot I_2$ zeigt Tl^{3+} an.

$$\text{EG: } 0,6\,\mu g\,\text{Tl}, \qquad \text{pD: } 4,7$$

Störungen: Wie bei Tl^+, s. II. 5.

4.3.4.7 Arsen

As, Z: 33, RAM: 74,9216, $4s^2\,4p^3$

Häufigkeit: $5,5 \cdot 10^{-4}$ Gew.-%. Smp. (36 bar): 815 °C. Sdp.: 616 °C (Subl.). D_{25}: 5,78 g/cm³. Oxidationsstufen: $-$ III, $+$ III, $+$ V. Ionenradius $r_{As^{3+}}$: 58 pm. $r_{As^{5+}}$: 46 pm. Standardpotential: $H_3AsO_4 + 2H^- + 2e^- \rightleftharpoons H_3AsO_3 + H_2O$. $E^0 = 0,559$ V.
Vorkommen: Arsen ist in geringen Mengen in vielen sulfidischen Erzen enthalten. Wichtige sulfidische Mineralien sind u.a. Auripigment, As_2S_3, Realgar, As_4S_4, Arsenkies, FeSAs, Löllingit (Arsenikalkies), $FeAs_2$, Rotnickelkies, NiAs, Speiscobalt, $CoAs_3$, und Cobaltglanz, CoAsS. Seltener findet man Scherbencobalt (gediegenes Arsen) und Arsenolith (Arsenikblüte), As_2O_3.
Darstellung: Arsenmetall technischer Reinheit wird durch Reduktion von As_2O_3 mit Holzkohle oder Koks hergestellt. Rohstoffquelle für As_2O_3 ist der Flugstaub von Röstbetrieben. Arsen für Halbleiter erhält man aus reinstem $AsCl_3$ durch Reduktion mit H_2.
Bedeutung: Arsen wird oft zusammen mit Antimon Blei zulegiert (Hartblei, Flintenschrot, Bleilagermetall). Galliumarsenid hat als Halbleitermaterial Bedeutung. As_2O_3 dient als Läuterungsmittel in der Glasfabrikation und zur Konservierung von Tierbälgen, Calciumarsenat zur Schädlingsbekämpfung.
Allgemeine Eigenschaften: Arsen steht in der 5. Hauptgruppe des PSE (s. S. 320).
Elementares Arsen tritt in mehreren Modifikationen auf, deren wichtigste das graue oder metallische Arsen und das plastische gelbe Arsen sind. Letzteres löst sich in CS_2 und ähnelt dem weißen Phosphor. Alle Arsenverbindungen können leicht zum Element reduziert werden. Der endotherme Arsenwasserstoff, AsH_3, bildet sich erst bei Einwirkung von $H_{nasc.}$. Er ist leicht flüchtig und zersetzbar.
As_2O_3 ist in Wasser wenig löslich, die gebildete H_3AsO_3 amphoter.
In alkalischer Lösung entstehen Arsenate (III). Das in stärker salzsaurer Lösung gebildete $AsCl_3$ destilliert beim Erhitzen zusammen mit H_2O/HCl ab. Somit sind größere Verluste bei der Analyse möglich, falls nicht vorher zu As(V) oxidiert wird. $AsCl_3$, in reiner Form eine farblose Flüssigkeit (Darstellung s. S. 222 f.), hydrolysiert in wäßriger Lösung.
Die Oxidation von As(III) zu As(V) erfolgt in alkalischer Lösung schon durch H_2O_2, in saurer z.B. durch HNO_3, H_3AsO_4 ist eine wesentlich stärkere Säure als H_3AsO_3. AsO_4^{3-} verhält sich chemisch analog wie PO_4^{3-} (vgl. 4. u. 5., S. 496).
Toxizität: Arsensauerstoff-Verbindungen, besonders in der Oxidationsstufe $+$ III, sind starke Gifte. As(V) wird im Körper zu As(III) reduziert. 60–120 mg As_2O_3 können schon tödlich wirken. Der MAK-Wert von AsH_3 liegt bei 0,2 mg/m³.
Arsen und seine Verbindungen wirken krebserzeugend.

I. Gemeinsame Nachweise für As(III) und As(V)

1. Vorproben

a) **Flammenfärbung:** Fahlblau, wenig charakteristisch.
b) **Phosphorsalzperle:** Farblos.
c) **Lötrohrreaktion:** Reduktion zu Arsen. Es verdampft, verbrennt wieder und schlägt sich als **weißer** Beschlag von As_2O_3 nieder. Dabei tritt intensiver Knoblauchgeruch auf! (Vorsicht wegen Giftwirkung).
d) **Glühröhrchen:** Erhitzt man Arsenverbindungen im Glühröhrchen, so sublimieren sie teilweise und bilden entweder ein Sublimat von **schwarzem** Arsen oder **weißem**

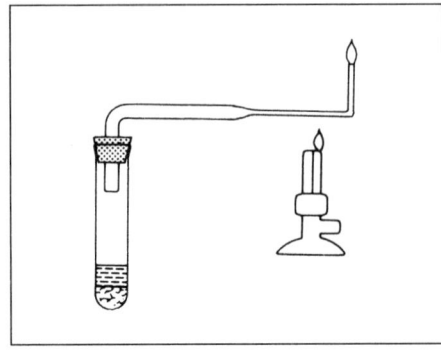

Abb. 4.13: *Marsh*sche Probe.

As_2O_3 oder gelbem As_2S_3. In Gegenwart fester Acetate Bildung von widerlich riechendem Kakodyloxid.

Die folgenden Reaktionen basieren auf der Reduktion zu elementarem As bzw. AsH_3.

2. Nachweis als As (Marshsche Probe)

$$As_2O_3 + 6\,Zn + 12\,H^+ \rightarrow 2\,AsH_3\uparrow + 6\,Zn^{2+} + 3\,H_2O$$
$$4\,AsH_3 + 3\,O_2 \qquad\quad \rightarrow 4\,As\downarrow + 6\,H_2O$$
$$2\,As + 5\,H_2O_2 + 6\,NH_3 \rightarrow 2\,AsO_4^{3-} + 6\,NH_4^+ + 2\,H_2O$$

Die *Marsh*sche Probe diente in der Gerichtsmedizin zum Nachweis von Arsenspuren in Leichenteilen.

Ein Reagenzglas, in dem sich Zn, verd. H_2SO_4, etwas $CuSO_4$ und die Analysensubstanz befinden, ist mit einem einfach durchbohrten Korkstopfen verschlossen, durch den ein rechtwinklig gebogenes, am Ende zu einer 10 cm langen Kapillare ausgezogenes Rohr aus schwerschmelzbarem Glas führt (Abb. 4.13). An der verjüngten Stelle wird mit einem Sparbrenner erwärmt (Schutzbrille benutzen (vgl. S. 260)). An der heißen Glaswand wird AsH_3 thermisch zersetzt. Es scheidet sich ein As-Spiegel ab.
Erhitzt man nicht, sondern zündet den entwickelten Wasserstoff an, so brennt er bei Anwesenheit von Arsen oder Antimon mit fahlblauer Flamme, wobei beide zu Oxid verbrennen, erkennbar an dem weißlichen Rauch. Hält man in die Flamme ein glasiertes Porzellanschälchen, so schlagen sich As und Sb elementar als schwarzer Belag nieder. As löst sich im Gegensatz zu Sb schnell in ammoniakalischer H_2O_2-Lsg. oder frischer NaClO-Lsg. (s. 2., S. 498). Der Nachweis wird wegen der Giftigkeit der As-Verbindungen nicht empfohlen!

EG: 1 µg As

3. Nachweis als As (Probe nach Berzelius)

$$As_2O_3 + 3\,NaCN \rightarrow 2\,As\downarrow + 3\,NaOCN$$

Unter bestimmten Bedingungen kann die Reduktion sogar bis zum Arsenwasserstoff, AsH_3, gehen.

In einem trockenen Glühröhrchen erhitze man ein Gemisch von NaCN, As_2O_3 u. Na_2CO_3. Beim Glühen verdampft Arsen, das sich als Metallspiegel an den kalten Teilen niederschlägt.

4. Nachweis als As (Bettendorfsche Probe)

$$2\,As^{3+} + 3\,Sn^{2+} + 18\,Cl^- \rightarrow 2\,As\downarrow + 3\,[SnCl_6]^{2-}$$

As wird unabhängig von der Oxidationsstufe durch $SnCl_2$ in konz. HCl zum Element reduziert. Sn und Sb geben die *Bettendorf*sche Reaktion nicht.

2–3 Tropfen der Probelsg. werden in einem Mikrotiegel mit 2 Tropfen 25%igem Ammoniak, 1 Tropfen 30%igem H_2O_2 u. 2 Tropfen 0,1 mol/l $Mg(NO_3)_2$ oder $MgCl_2$ versetzt u. langsam zur Trockne eingedampft. Der Rückstand wird nach kurzem Erhitzen auf Rotglut mit 2 Tropfen $SnCl_2$-Lsg. in 35%iger HCl versetzt u. schwach erwärmt. S c h w a r z e r Niederschlag oder eine B r a u n f ä r b u n g der Lsg. zeigt As an. Sehr kleine As-Mengen lassen sich gut sichtbar machen, wenn man nach der Reduktion die wäßrige saure Lsg. mit Ether oder Amylalkohol ausschüttelt. Das gebildete As wird als deutlich sichtbare schwarze Zone in der Grenzschicht zwischen wäßriger u. organischer Phase angereichert.

EG: 1 µg As, pD: 4,7

Störungen: Hg und Edelmetalle. Hg kann als Reineckat (vgl. 9., S. 473) gefällt oder nach Überführung des As in $MgNH_4AsO_4$ durch Erhitzen des Rückstandes auf Rotglut verflüchtigt werden.

5. Nachweis als AsH_3 (Gutzeitsche Probe)

$$AsH_3 + 6\,AgNO_3 \rightarrow Ag_3As \cdot 3\,AgNO_3 + 3\,HNO_3$$
$$Ag_3As \cdot 3\,AgNO_3 + 3\,H_2O \rightarrow 6\,Ag + H_3AsO_3 + 3\,HNO_3$$

Die zu untersuchende Substanz wird in ein Reagenzglas gegeben, mit einigen Körnchen Zink und verd. H_2SO_4 versetzt. Der Hals des Reagenzglases wird mit einem Wattebausch verschlossen und die Öffnung mit einem mit $AgNO_3$ getränkten Filterpapier bedeckt. Man kann auch ein Körnchen festes $AgNO_3$ auf das Papier geben und es mit einem Tropfen Wasser befeuchten.

Der entweichende AsH_3 reagiert mit $AgNO_3$ zu gelbem $Ag_3As \cdot 3\,AgNO_3$, das später durch Zerfall des Silberarsenids schwarz wird.

pD: 6

Störungen: PH_3 und SbH_3 liefern eine ähnliche Reaktion. Sulfide, $S_2O_3^{2-}$ und SCN^- geben störendes H_2S. Selektiver ist daher der unter 4., S. 495, angegebene Arsennachweis.

II. Reaktionen und Nachweise für As(III)

Zu den nachfolgenden Reaktionen verwendet man eine Na_3AsO_3-Lösung.

1. H_2S

Der gelbe Niederschlag von As_2S_3 ist schwerlöslich in konz. HCl, löslich in heißer konz. HNO_3, ebenso in $(NH_4)_2S$ unter Bildung von AsS_3^{3-}. Bei Anwendung von gelbem Ammoniumpolysulfid bildet sich AsS_4^{3-}. Arsen(III)-sulfid löst sich auch in Alkalien, Ammoniak und Ammoniumcarbonat, wobei Thioarsenit und Arsenit bzw. Thiooxoarsenite gebildet werden:

$$As_2S_3 + 6\,OH^- \rightarrow AsS_3^{3-} + AsO_3^{3-} + 3\,H_2O$$
$$As_2S_3 + 6\,OH^- \rightarrow AsO_2S^{3-} + AsOS_2^{2-} + 3\,H_2O$$

Beim Ansäuern von Thioarseniten fällt As_2S_3 wieder aus.

$$2\,AsS_3^{3-} + 6\,H^+ \rightarrow As_2S_3\downarrow + 3\,H_2S$$

As_2S_3 löst sich leicht in ammoniakalischer H_2O_2-Lösung, wobei es zu Arsenat und Sulfat oxidiert wird:

$$As_2S_3 + 12\,OH^- + 14\,H_2O_2 \rightarrow 2\,AsO_4^{3-} + 3\,SO_4^{2-} + 20\,H_2O$$

Man leite in eine 2 mol/l HCl enthaltende As(III)-Lsg. H_2S ein. Es bildet sich sofort ein gelber Niederschlag von As_2S_3, der evtl. mit überschüssigem S verunreinigt ist. Man führe anschließend die oben angegebenen Lsg.-Versuche durch.

As_2S_3 neigt in schwach sauren Lösungen zur Kolloidbildung (s. S. 132).

2. Oxidationsmittel

$$AsO_3^{3-} + I_2 + H_2O \rightleftharpoons AsO_4^{3-} + 2\,I^- + 2\,H^+$$

Oxidationsmittel, wie HNO_3, alkalische H_2O_2-Lösung usw., oxidieren AsO_3^{3-} leicht zu Arsensäure. Auch Iod vermag AsO_3^{3-} zu oxidieren. Es bildet sich ein pH-abhängiges Gleichgewicht aus. Durch starke Erhöhung der H^+-Konzentration wird dieses wieder nach links verschoben.

Man versetze Arsenigsäurelsg. mit wenig Iodlsg.: es tritt allmählich Entfärbung ein. Setzt man nun konz. HCl hinzu, so tritt wieder die Iodfarbe auf.

3. Nachweis als Ag_3AsO_3

$$AsO_3^{3-} + 3\,Ag^+ \rightarrow Ag_3AsO_3\downarrow$$

Aus neutralen Lösungen wird gelbes Ag_3AsO_3 gefällt (Unterschied zu Arsenat, das einen schokoladenbraunen Niederschlag bildet). Ag_3AsO_3 ist in Säuren lösl. Es wird durch Alkalien zu Ag_2O u. AsO_3^{3-} zersetzt sowie in Ammoniak zu $[Ag(NH_3)_2]^+$ u. AsO_3^{3-} gelöst. Stellt man daher diese Probe an, um die Oxidationsstufe von Arsen zu prüfen, so muß man genau neutralisieren, indem man die saure Lsg. (nicht salzsaure, da sonst AgCl ausfällt) tropfenweise mit Ammoniak versetzt. Oder man überschichtet vorsichtig mit Ammoniak, wobei ein gelber Ring entsteht.

Beim Kochen der ammoniakalischen Lsg. tritt Reduktion des Ag^+ u. Oxidation des AsO_3^{3-} ein:

$$2[Ag(NH_3)_2]^+ + AsO_3^{3-} + 2\,OH^- \rightarrow 2\,Ag\downarrow + AsO_4^{3-} + 4\,NH_3 + H_2O$$

4. Nachweis als AsH₃ aus alkalischer Lösung (Fleitmannsche Probe)

$$As_2O_3 + 9H_2O + 4OH^- + 4Al \rightarrow 4[Al(OH)_4]^- + 2AsH_3$$

$$AsH_3 + HgCl_2 \rightarrow AsH_2HgCl + HCl$$

$$2AsH_2HgCl + HgCl_2 \rightarrow AsH(HgCl)_2 + AsH_2HgCl + HCl \rightarrow As_2Hg_3 + 4HCl$$

Vergleiche *Gutzeit*sche Probe, S. 493.

Auch in alkalischer Lösung bildet As(III) mit naszierendem Wasserstoff AsH₃. Sb reagiert unter diesen Bedingungen nicht.

Zum Nachweis von As wird ca. 1 ml der Probelsg., gegebenenfalls nach Abtrennung von Hg als Reineckat u. nach Reduktion von As(V) zu As(III), im Reagenzglas mit KOH u. Al-Spänen erhitzt. Zur Absorption von H₂S wird ein mit Pb-Acetat befeuchteter Wattebausch in das Glas eingeschoben. Die Mündung des Reagenzglases wird mit Filterpapier bedeckt, das mit HgCl₂ oder AgNO₃-Lsg. getränkt ist. Eine Gelbfärbung, die allmählich in Braun übergeht [Bildung von AsH₂HgCl, AsH(HgCl)₂ usw. bis As₂Hg₃] bzw. eine Braunfärbung zeigen As an.

Störungen: Unter den angegebenen Bedingungen ist diese Nachweisreaktion innerhalb der H₂S-Gruppe ein spezifischer Nachweis für Arsen. Viel Hg stört und wird zweckmäßig als Reineckat (vgl. 9., S. 473) gefällt. As(V) muß vorher mit H₂SO₃ zu As(III) reduziert werden, um Fällung als Arsenat auszuschließen.

III. Reaktionen und Nachweise für As(V)

Zu den nachfolgenden Reaktionen benutze man eine Na₃AsO₄-Lösung.

1. H₂S

In Abhängigkeit von den Reaktionsbedingungen fällt gelbes As₂S₃ oder gelbes As₂S₅.

a) Niedrige H₂S- und hohe HCl-Konzentration (evtl. Temperaturerhöhung)

$$H_3AsO_4 + H_2S \rightarrow H_3AsO_3S + H_2O$$

$$H_3AsO_3S \rightarrow H_3AsO_3 + S$$

$$2H_3AsO_3 + 3H_2S \rightarrow As_2S_3\downarrow + 6H_2O$$

Es bildet sich zuerst Monothioarsensäure. Sie zerfällt in arsenige Säure und Schwefel. H₃AsO₃ reagiert mit überschüssigem H₂S zu As₂S₃ weiter.

b) Hohe H₂S-Konzentration (hoher Gasdruck)

$$H_3AsO_3S + H_2S \rightarrow H_3AsO_2S_2 + H_2O$$

$$2H_3AsO_2S_2 \rightarrow H_3AsO_4 + H_3AsS_4$$

$$2H_3AsS_4 \rightarrow As_2S_5 + 3H_2S$$

Unter diesen Bedingungen wird der Zerfall der Monothioarsensäure (siehe a) durch die Bildung von Dithioarsensäure verhindert. Diese „disproportioniert" in H₃AsO₄ und H₃AsS₄. Tetrathioarsensäure zerfällt in As₂S₅ + H₂S.

As₂S₅ verhält sich ganz wie As₂S₃. Es ist schwer lösl. in HCl, lösl. in konz. HNO₃ oder ammoniakalischem H₂O₂-Lsg. unter Bildung von Arsenat u. Sulfat, ebenso lösl. in Laugen u. (NH₄)₂CO₃, wobei Thiooxoarsenate entstehen, sowie in (NH₄)₂S, mit dem sich (NH₄)₃AsS₄ bildet.

2. Reduktionsmittel

Starken Reduktionsmitteln gegenüber verhält sich AsO_4^{3-} wie AsO_3^{3-}. So reduziert $SnCl_2$ in saurer Lsg. zu Arsen (s. S. 493). Teilweise wird AsO_4^{3-} auch nur zu AsO_3^{3-} reduziert, wie z. B. von SO_2 u. HI. Bei letzterem bilden sich Gleichgewichte aus (s. 2., S. 494).

3. Nachweis als Ag_3AsO_4

$$AsO_4^{3-} + 3\,Ag^+ \;\rightarrow\; Ag_3AsO_4\!\downarrow$$

In neutraler Lsg. bildet $AgNO_3$ einen s c h o k o l a d e n b r a u n e n Niederschlag von Ag_3AsO_4. Dieses verhält sich analog wie Ag_3AsO_3. Zur Erkennung von As(V) wird daher die saure Lsg. mit $AgNO_3$ versetzt, mit Ammoniak tropfenweise neutralisiert oder mit Ammoniak überschichtet.

4. Nachweis als $MgNH_4AsO_4 \cdot 6\,H_2O$

Die Arsenate zeigen recht große Ähnlichkeit mit den Phosphaten und sind weitgehend mit diesen isomorph, d. h., sie bilden mit ihnen Mischkristalle und geben häufig gleiche Reaktionen. So fällt Mg^{2+} aus ammoniakalischer, ammoniumchloridhaltiger AsO_4^{3-}-Lösung kristallines Magnesiumammoniumarsenat, $MgNH_4AsO_4 \cdot 6\,H_2O$, wie beim Phosphat (s. S. 340f.), aus.

In der Halbmikro-Analyse wird 1 Tropfen der die Thioverbindungen enthaltenden Lsg. auf dem Objektträger mit konz. HNO_3 zur Trockne eingedampft. Der Rückstand wird in Ammoniak gelöst u. überschüssiges NH_3 vorsichtig eingedampft. Um die Bildung einfacher Kristallformen zu begünstigen, wird ein Körnchen NH_4NO_3 u. danach ein Körnchen $MgCl_2$ zugegeben. NH_4NO_3 verzögert die Kristallisation, ein großer Überschuß ist jedoch zu vermeiden, da sonst die Kristallisation des $MgNH_4AsO_4 \cdot 6\,H_2O$ bei sehr geringen As-Mengen ganz ausbleiben kann. Unter dem Mikroskop (V.: 100) zeigt das Auftreten rhombischer hemimorpher Kristalle (Sargdeckel) oder sechseckiger Sternchen (s. Kristallaufnahme Nr. 14) As an. Wenn sich bei hohem As-Gehalt uncharakteristische Formen bilden, wird die Fällung am besten unter Zusatz von etwas mehr NH_4NO_3 wiederholt. Wird der gewaschene Niederschlag mit 1 mol/l $AgNO_3$ befeuchtet, so bildet sich schokoladenbraunes Ag_3AsO_4.

EG: $0,3\,\mu g$ As,   pD: 4,7

5. Nachweis als $(NH_4)_3\,[As(Mo_3O_{10})_4 \cdot aq]$

$$H_2AsO_4^- + 12\,MoO_2^{2+} + 3\,NH_4^+ + 12\,H_2O \rightarrow (NH_4)_3[As(Mo_3O_{10})_4 \cdot aq]\!\downarrow + 26\,H^+$$
$$[As(Mo_3O_{10})_4 \cdot aq]^{3-} + 24\,OH^- \qquad \rightarrow AsO_4^{3-} + 12\,MoO_4^{2-} + 12\,H_2O$$

In stark salpetersaurer Lösung entsteht mit Ammoniummolybdat wie beim Phosphat, jedoch langsamer, gelbes, kristallines Ammoniummolybdoarsenat. Näheres s. S. 462 bei den Heteropolysäuren.

Ammoniummolybdoarsenat ist in Säuren schwerlöslich, dagegen leichtlöslich in Alkalilaugen, durch die es aufgespalten wird.

Zum Nachweis von As wird ein Teil des Sulfidniederschlags der H_2S-Gruppe in etwas Königswasser gelöst, HNO_3 im Überschuß zugegeben u. vorsichtig zur Trockne eingedampft. Der Rückstand wird in wenig konz. HNO_3 gelöst u. 1 Tropfen dieser Lsg. auf dem

Objektträger mit etwas festem NH_4NO_3 u. danach mit einem kleinen Kristall $(NH_4)_6Mo_7O_{24}$ versetzt. Bei gelindem Erwärmen fällt das Molybdoarsenat in Form kleiner, gelber Würfel u. Oktaeder aus. Die Kristallform ist im allgemeinen erst bei etwa 250facher Vergrößerung gut erkennbar.

EG: 0,2 µg As,   pD: 5,3

Störungen: PO_4^{3-} und Silicat bilden unter den gleichen Bedingungen in Form und Farbe identische Kristalle.

4.3.4.8 Antimon

Sb, Z: 51, RAM: 121,75, $5s^2 5p^3$

Häufigkeit: $6,5 \cdot 10^{-5}$ Gew.-%. Smp.: 630,7 °C. Sdp.: 1 635 °C. D_{25}: 6,69 g/cm³. Oxidationsstufen: $-$III, $+$III, $+$V. Ionenradius $r_{Sb^{3+}}$: 76 pm. Standardpotential:
$Sb_2O_3 + 6H^+ + 6e^- \rightleftharpoons 2Sb + 3H_2O$; $E^0 = 0,152$ V.
$Sb_2O_5 + 2H^+ + 2e^- \rightleftharpoons Sb_2O_4 + H_2O$; $E^0 = 1,055$ V.
Vorkommen: Antimon ist wie Arsen als Begleiter in zahlreichen Kupfer-, Blei- und Silbererzen enthalten. Wichtigstes Mineral ist der Grauspießglanz, Sb_2S_3. Unter anderem kommt es noch als Weißspießglanz, Sb_2O_3, Breithauptit, NiSb, und gelegentlich auch gediegen vor.
Darstellung: Elementares Antimon wird aus Grauspießglanz durch Röstreaktionsarbeit (s. S. 191) oder Röstreduktionsarbeit (s. S. 191) gewonnen. Es ist auch Nebenprodukt der Bleigewinnung.
Bedeutung: Blei-Antimon-Legierungen sind Hartblei und Letternmetall (s. S. 191). Goldschwefel, Sb_2S_5, dient zum Vulkanisieren und Rotfärben von Kautschuk und zusammen mit $KClO_3$ als Zündmischung in Streichholzköpfen.
Allgemeine Eigenschaften: Antimon steht in der 5. Hauptgruppe des PSE.
Elementares Antimon kommt in mehreren Modifikationen vor. Von wesentlichem Interesse ist das graue oder metallische Antimon. Der Metallcharakter ist stärker als beim Arsen ausgeprägt. Beim Verbrennen an Luft entsteht Sb_2O_3, daraus bei Erhitzen über 800 °C Sb_2O_4.
$Sb(OH)_3$ ist stärker basisch als $As(OH)_3$, aber noch ausgesprochen amphoter. In alkalischen Lösungen bildet sich $[Sb(OH)_4]^-$. Sb(III)-Salze hydrolysieren leicht, wobei Verbindungen mit dem SbO^+-Ion entstehen. Diese Antimonoxidverbindungen sind im Wasser meist schwer löslich. In salzsauren Lösungen liegt $[SbCl_4]^-$ vor.
Sb(V) bildet auch in saurer Lösung keine Sb^{5+}-Ionen. In stark salzsaurer Lösung entsteht der Chlorokomplex $[SbCl_6]^-$. In stark alkalischer Lösung liegt $[Sb(OH)_6]^-$ vor. Mit Abnahme der OH^--Konzentration tritt Kondensation zu Polyanionen ein. Wasserfreie Antimonate sind Doppeloxide, leiten sich nur formal von den Ionen SbO_4^{3-}, $Sb_2O_7^{4-}$ und SbO_3^- ab und werden als Ortho-, Di- und Metaantimonate bezeichnet (vgl. auch S. 81).
$SbCl_5$ (Darstellung s. S. 223f.) ist eine Flüssigkeit.

I. Gemeinsame Nachweise für Sb(III) und Sb(V)

1. Vorproben

a) Flammenfärbung: Fahlblau, wenig charakteristisch.
b) Phosphorsalzperle: Farblos.

c) Lötrohrreaktion: Sprödes Metallkorn und weißer Beschlag. Das Metall löst man in wenig Königswasser, verdampft den Überschuß der Säure, nimmt mit verd. HCl auf und führt folgende Reaktionen aus:
H_2S: Orangeroter Niederschlag von Sb_2S_3.
Verdünnen mit Wasser: Weißer Niederschlag aus Oxidchlorid.

2. Marshsche Probe

Sb-Verbindungen geben auch die *Marsh*sche Probe (s. bei Arsen 2., S. 492f.).

Zum Unterschied von Arsen löst sich aber der Metallspiegel in ammoniakalischer H_2O_2-Lsg. und in frisch bereiteter Hypochloritlsg. nicht oder nur langsam auf.

3. Nachweis durch Reduktion mit unedlen Metallen

$$2\,Sb^{3+} + 3\,Fe \;\rightarrow\; 2\,Sb\!\downarrow + 3\,Fe^{2+}$$

Unedle Metalle, wie Fe, Zn oder Sn, scheiden aus nicht zu stark sauren Lösungen von Sb(III) und Sb(V) metallisches Antimon ab. Diese Reaktion ist zum Nachweis von Antimon geeignet.

a) Man gebe einen Eisennagel in eine Sb-haltige HCl-saure Lösung. Antimon scheidet sich in schwarzen Flöckchen bzw. direkt am Eisen ab. Diese Methode dient zur Trennung von Sb u. Sn. Letzteres wird durch Eisen nur bis zum Sn(II) reduziert.

b) Man legt ein unedles Metall, am besten Zn oder Sn, auf ein Stückchen Platin. Sb schlägt sich auf dem Platin als samtschwarzer Beschlag nieder, der beim Entfernen des Zinks zum Unterschied von Zinn (s. S. 503) nicht verschwindet. Der Beschlag wird von HNO_3 angegriffen. Die Abscheidung des Antimons erfolgt im Gegensatz zu derjenigen des Zinns (analytisch wichtiger Unterschied, vgl. S. 503) am Platin, weil ein Kurzschlußelement gebildet wird. Zn gibt nach

$$3\,Zn \;\rightarrow\; 3\,Zn^{2+} + 6\,e^-$$

Elektronen an das Platin ab. An dessen Oberfläche entladen sich die Ionen von Sb(III) und Sb(V) unter Bildung metallischen Antimons:

$$2\,Sb^{3+} + 6\,e^- \;\rightarrow\; 2\,Sb$$

Der gleiche Vorgang der Bildung eines Kurzschluß- oder Lokalelementes liegt bei der Entwicklung von Wasserstoff durch Metall und Säure vor. An reinstem Zink geht die Wasserstoffentwicklung äußerst langsam vor sich (s. auch S. 259), da sich eine zusammenhängende Wasserstoffschicht bildet, die eine weitere Reaktion verhindert. Nimmt man jedoch verunreinigtes oder verkupfertes Zink, so bilden sich Lokalelemente, indem am Zink Zn^{2+} in Lösung geht, die Elektronen zum Kupfer oder zu der Verunreinigung wandern und dort das Wasserstoffion entladen. Diese Stellen adsorbieren weniger H-Atome, und die Reaktion geht ungestört vor sich. Solche Lokalelementbildungen spielen bei Korrosionsfragen eine große Rolle.

II. Reaktionen und Nachweise für Sb(III)

Zu den folgenden Reaktionen benutze man eine Lsg. von $SbCl_3$ oder Sb_2O_3 in HCl.

1. H₂O, Weinsäure

$$[SbCl_4]^- + H_2O \rightleftharpoons SbOCl\downarrow + 3\,Cl^- + 2\,H^+$$

Durch Wasser wird $[SbCl_4]^-$ zu SbO^+ hydrolysiert.

Man verdünne die Lsg. mit Wasser. Es bildet sich ein Niederschlag von SbOCl. Beim Versetzen mit HCl löst sich dieser wieder auf. Durch weitere Hydrolyse geht SbOCl in SbO(OH) über, das beim Erwärmen zu Sb_2O_3 entwässert wird. Bei Gegenwart von Weinsäure tritt keine Fällung ein, bzw. die gefällten basischen Salze lösen sich in ihr wieder auf unter Bildung des Komplexes $[Sb(C_4H_2O_6)(H_2O)]^-$. Das Kaliumsalz $K_2[Sb_2(C_4H_2O_6)_2]\cdot3\,H_2O$ ist der bekannte Brechweinstein, dessen wäßrige Lösung schwach sauer reagiert:

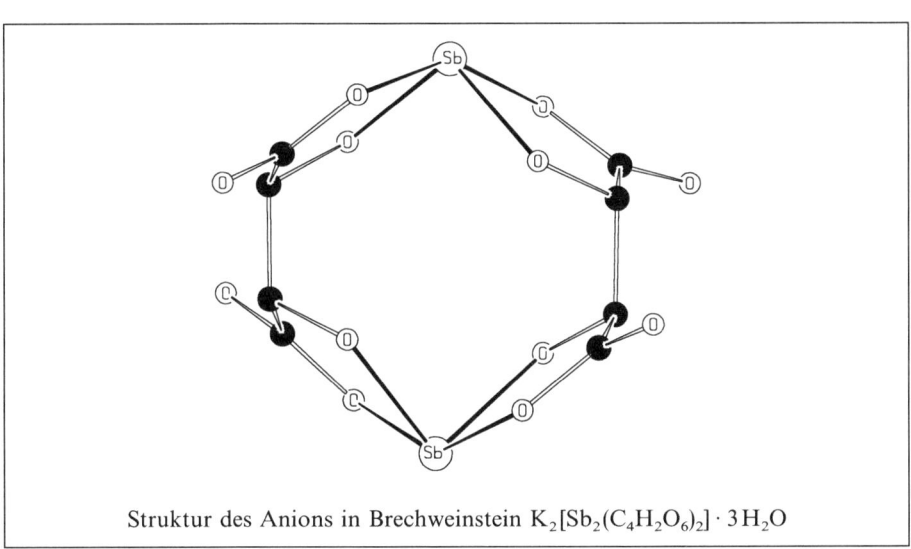

Struktur des Anions in Brechweinstein $K_2[Sb_2(C_4H_2O_6)_2]\cdot3\,H_2O$

2. NaOH und Ammoniak

$$[SbCl_4]^- + 3\,OH^- \rightleftharpoons SbOOH\downarrow + 4\,Cl^- + H_2O$$
$$SbOOH + H_2O + OH^- \rightleftharpoons [Sb(OH)_4]^-$$

Weißer gelartiger Niederschlag von $Sb_2O_3 \cdot x\,H_2O$, der im Überschuß einer starken Lauge zu einem Hydroxokomplex löslich ist. Der Niederschlag geht selbst unter Wasser langsam in Sb_2O_3 über.

3. H₂S

$$2\,SbCl_4^- + 3\,H_2S \rightleftharpoons Sb_2S_3\downarrow + 6\,H^+ + 8\,Cl^-$$

$$Sb_2S_3 + 2\,OH^- \rightleftharpoons SbOS^- + SbS_2^- + H_2O$$

$$Sb_2S_3 + S^{2-} \rightleftharpoons 2\,SbS_2^- \text{ bzw. } Sb_2S_3 + 3\,S^{2-} \rightleftharpoons 2\,SbS_3^{3-}$$

Orangeroter Niederschlag von Sb_2S_3, lösl. in Alkalilaugen, wobei ein Gemisch von Thiooxoantimonat(III) u. Thioantimonat(III) entsteht. Ebenfalls lösl. in konz. HCl, in Ammonium- u. Alkalisulfiden unter Bildung von Thioantimonit.

Beim Ansäuern wieder Ausfällung von Sb_2S_3! Im Gegensatz zu As_2S_3 ist Sb_2S_3 in Ammoniak u. $(NH_4)_2CO_3$ nicht merklich löslich.

4. Ag⁺ + Ammoniak

$$[Sb(OH)_4]^- + 2\,[Ag(NH_3)_2]^+ + 2\,OH^- \rightarrow 2\,Ag\downarrow + [Sb(OH)_6]^- + 4\,NH_3$$

Zu alkalischer Natriumhydroxoantimonat(III)-Lsg. gebe man eine ammoniakalische Silbersalzlsg. Nach einiger Zeit scheidet sich schwarzbraunes Silber aus.

5. Oxidation mit konz. HNO₃

Etwas elementares Antimon oder Antimon(III)-oxid behandle man mit konz. HNO_3 u. dampfe die überschüssige Säure vorsichtig weg. Der weiße Rückstand ist Antimonsäure(V), die in Wasser schwerlöslich ist u. beim Erhitzen unter Wasserabgabe leicht in Sb_2O_5 übergeht. Bei höherem Erhitzen entsteht Sb_2O_4.

6. Redoxgleichgewicht mit I₂ und I⁻

$$Sb^{3+} \text{ (im Komplex)} + I_2 \rightleftharpoons Sb^{5+} \text{ (im Komplex)} + 2\,I^-$$

In saurer Lsg. liegt das Gleichgewicht weitgehend auf der linken Seite, bei Zurückdrängung der H^+-Konz. durch Zusatz von $NaHCO_3$ wird es praktisch vollständig nach rechts verschoben (s. auch Arsen, Vers. 2., S. 494).

Eine Lsg. von Brechweinstein in Wasser versetzt man mit festem $NaHCO_3$ u. einigen Tropfen Iodlösung. Infolge Reduktion von I_2 zu I^- tritt Entfärbung ein. Beim Ansäuern der Lsg. wird wieder Iod in Freiheit gesetzt, ebenso bei Zugabe von Iodid zu einer sauren Lsg. von Sb(V).

7. Nachweis als Molybdänblau

Molybdophosphorsäure wird durch Sb(III)- und Sn(II)-Salz in saurer Lösung zu Molybdänblau reduziert, das sich mit Amylalkohol ausschütteln läßt. Bei Abwesenheit von Sn(II) ist dieser Nachweis für Sb(III) spezifisch.

a) Zur Reduktion von evtl. anwesenden Sb(V) wird die alkalische Lsg. der entsprechenden Sulfide mit konz. H_2SO_4 zur klaren Lsg. erwärmt. In dieser Lsg. liegen Sb als Sb(III)-Sulfat, Sn als Sn(IV)-Sulfat u. As als H_3AsO_4 vor. 1 Tropfen der vorstehenden Lsg. wird auf Filterpapier getüpfelt, das mit Molybdophosphorsäure getränkt ist, u. mit heißem Wasserdampf behandelt. Die Bildung eines blauen Flecks innerhalb weniger Min. zeigt Sb an.

EG: 0,2 µg Sb, pD: 5,4

b) Zu 1 ml Probelsg. wird in einem Reagenzglas die gleiche Menge Reagenzlsg. hinzugegeben u. im Wasserbad schwach erwärmt. Die entstehende b l a u e Mo-Verbindung kann mit Amylalkohol ausgeschüttelt werden. Hierbei erhöht sich die Empfindlichkeit der Reaktion beträchtlich.

pD: 6,4

Reagenz: Frisch bereitete 5%ige wäßrige Lsg. von Molybdophosphorsäure.

8. Nachweis als Phenylfluoron-Verbindung (s. S. 626f.)

III. Reaktionen und Nachweis für Sb(V)

Für die folgenden Reaktionen verwende man eine Lösung von Kaliumantimonat, $K[Sb(OH)_6]$ bzw. die entsprechend vorbereitete Analysenlösung.

1. HCl

$$2[Sb(OH)_6]^- + 2H^+ \quad \rightarrow \quad Sb_2O_5 + 7H_2O$$
$$Sb_2O_5 + 10H^+ + 12Cl^- \rightarrow 2[SbCl_6]^- + 5H_2O$$

Zunächst w e i ß e r Niederschlag von $Sb_2O_5 \cdot aq$, der sich im Überschuß von konz. HCl wieder löst.

2. H₂S

$$2[SbCl_6]^- + 5H_2S \rightarrow Sb_2S_5\downarrow + 10H^+ + 12Cl^-$$
$$Sb_2S_5 + 3S^{2-} \quad \rightleftharpoons 2SbS_4^{3-}$$
$$2Sb_2S_5 + 12OH^- \rightleftharpoons SbS_4^{3-} + 3SbO_2S_2^{3-} + 6H_2O$$

Aus saurer Antimonat(V)-Lsg. fällt je nach den Reaktionsbedingungen o r a n - g e r o t e s Sb_2S_5 oder auch Sb_2S_3 + S. Die Verhältnisse liegen analog der Reaktion von Arsenatlsg. mit H₂S (s. 1., S. 495).

Sb_2S_5 löst sich in Ammonium- u. Alkalisulfiden zu Thioantimonaten u. in Alkalien zu einer Mischung von Thio- u. Thiooxoantimonaten. In fluoridhaltiger Lsg. unterbleibt die Sulfidfällung, vgl. 3., S. 505.

3. Nachweis als Na[Sb(OH)₆]

Na^+-Ionen geben bei Anwesenheit von $[Sb(OH)_6]^-$ in schwach alkalischer Lsg. schwerlösliches $Na[Sb(OH)_6]$ (s. Natrium, S. 376).

4. Nachweis als Rhodamin B-hexachloroantimonat(V) (s. S. 627)

4.3.4.9 Zinn

Sn, Z: 50, RAM: 118,710, $5s^2\,5p^2$

Häufigkeit: $3,5 \cdot 10^{-3}$ Gew.-%. Smp.: 231,97 °C. Sdp.: ≈ 2270 °C. D_{25}: 7,31 g/cm³. Oxidationsstufen: + II, + IV. Ionenradius $r_{Sn^{2+}}$: 93 pm, $r_{Sn^{4+}}$: 71 pm. Standardpotential: $Sn^{2+} + 2e^- \rightleftharpoons Sn$; $E^0 = -0,136$ V.

Vorkommen: Fast alleiniges Mineral ist der Zinnstein (Cassiterit), SnO_2, meist als Seifenzinn.

Darstellung: Das Metall wird durch Reduktion des Zinnsteins mit Kohle gewonnen. Auch die Wiedergewinnung aus Weißblechabfällen durch elektrolytische Entzinnung in verd. NaOH oder mittels Cl_2 als Zinntetrachlorid hat Bedeutung. Über die Darstellung im Labor s. S. 190.

Bedeutung: Zinn findet hauptsächlich zur Herstellung von Weißblech, Legierungen (Bronzen, Lagermetalle, Weichlot) sowie Folien (Stanniol) Verwendung. $SnCl_2$ und $(NH_4)_2[SnCl_6]$ (Pinksalz) dienen als Beize in der Färberei, Musivgold, SnS_2, wird zur unechten Vergoldung benutzt.

Allgemeine Eigenschaften: Zinn steht in der 4. Hauptgruppe des PSE (s. S. 343).

Aus der Schmelze erstarrt kristallines β-Zinn (weißes Zinn). Das kristalline Gefüge macht sich beim Biegen durch das sogenannte „Zinngeschrei" infolge Zwillingskristallbildung sowie durch eisblumenartige Figuren beim Anätzen der Oberfläche mit HCl bemerkbar. Unterhalb 13,2 °C ist das nichtmetallische α-Zinn (graues Zinn) beständig („Zinnpest").

Elementares Zinn löst sich in HCl langsam unter Bildung von $SnCl_2$. HNO_3 verhält sich je nach der Konzentration und der Temperatur verschieden. In der Kälte entsteht mit verd. HNO_3 zunächst $Sn(NO_3)_2$. Konz. HNO_3 oxidiert dagegen zu schwerlöslichem Zinndioxidhydrat:

$$Sn + 4\,HNO_3 \rightarrow SnO_2\downarrow + 4\,NO_2\uparrow + 2\,H_2O$$

Somit kann Zinn in der Analyse beim Behandeln mit konz. HNO_3 in den schwerlöslichen Rückstand gelangen.

Die Oxidationsstufe + II ist beständig, kann jedoch leicht in + IV überführt werden. Sn(II)-Salze sind Reduktionsmittel. $Sn(OH)_2$ ist amphoter. So werden Quecksilber(II)-Salze in saurer Lösung in Quecksilber(I)-Verbindungen und metallisches Quecksilber, Bismut(III)-Verbindungen in alkalischer Lösung in Bismut übergeführt, während Sn(II) zu Sn(IV) oxidiert wird.

Sn(IV) bildet vorwiegend komplexe Anionen, wie $[SnCl_6]^{2-}$ oder $[Sn(OH)_6]^{2-}$. Darstellung von $(NH_4)_2[SnCl_6]$ s. S. 232f. Da Sn(IV) amphoter ist, erhält man beständige Lösungen nur im stark sauren Bereich von pH $\leq$ 1 und im basischen von pH $\geq$ 11,6. Dazwischen bilden sich Niederschläge von Sn(IV)-Oxidhydrat. Dieses durch Hydrolyse von Sn(IV)-Verbindungen oder durch Oxidation mit konz. HNO_3 erhaltene Zinndioxidhydrat („Zinnsäure") adsorbiert leicht die verschiedenartigsten Stoffe (PO_4^{3-}, s. S. 340).

Je nach dem Wassergehalt, dem Alter und der Herstellungsweise unterscheidet man die säurelösliche α- und die säureschwerlösliche β-Zinnsäure.

$SnCl_4$ (Darst. s. S. 225) hat wie $SbCl_5$ (s. S. 223f.) konvalenten Charakter.

I. Gemeinsame Nachweise für Sn(II) und Sn(IV)

1. Vorproben

a) Flammenfärbung: Keine.

b) Phosphorsalzperle: Farblos. Setzt man aber eine Spur Kupfersalz zu und glüht in der Reduktionsflamme, so wird die Perle durch eine kolloide $Cu-SnO$-Lösung (entsprechend dem *Cassius*schen Goldpurpur) rot.

c) Lötrohrreaktion: Duktiles Metallkorn, das stets in der Kälte mit einer weißen Oxidhaut bedeckt ist, dagegen in der Hitze sichtbar wird. Außerdem geringer weißer Oxidbeschlag. Das Metallkorn löse man in HCl und führe folgende Reaktionen aus:
H_2S: braunschwarzer Niederschlag von SnS,
$HgCl_2$: weißer oder grauer Niederschlag von Hg_2Cl_2 bzw. Hg,
$NaOH + Bi(NO_3)_3$: schwarzer Niederschlag von Bi.

d) Leuchtprobe: Zu der auf Zinn zu prüfenden festen Substanz gebe man in einem Porzellantiegel einige Körnchen Zink u. 5 ml 20%ige HCl. Das Zink hat den Zweck, etwa vorhandene schwerlösl. Sn(IV)-Verbindungen, wie SnO_2, durch Reduktion zu Sn(II) in Lsg. zu bringen. In die Lsg. tauche man ein mit kaltem Wasser halbgefülltes Reagenzglas, zieht es wieder heraus u. hält es in eine Bunsenflamme. An der benetzten Stelle des Glases entsteht bei Anwesenheit von Zinn blaue Fluoreszenz, herrührend von $SnCl_2$. Anstelle des mit Wasser gefüllten Reagenzglases kann in der Halbmikro-Analyse ein Magnesiastäbchen verwendet werden, das mit der Reaktionslösung benetzt u. in den reduzierenden Teil einer Bunsenflamme gehalten wird. Schwerlösl. Sn-Verbindungen werden zweckmäßig vorher mit Na_2CO_3 aufgeschlossen. Äußerst empfindlicher Nachweis!

$\qquad$ EG: 0,03 μg Sn, $\qquad$ pD: 6,2

Störungen: Bei Gegenwart von As im Überschuß kann der sonst spezifische Sn-Nachweis versagen. Nur Nb-Verbindungen geben eine ähnliche Lumineszenz.

2. Reduktion mit Zink

$$Sn^{2+} + Zn \rightarrow Sn\downarrow + Zn^{2+}$$

Unedle Metalle wie Zink, aber nicht Eisen(!) reduzieren Sn(II) und Sn(IV) zu metallischem Zinn.

Sn scheidet sich schwammig oder am Zink haftend ab. Nimmt man wie beim Sb außerdem noch ein Platinblech, auf das man das Zink legt, so findet in stark saurer Lsg. die Abscheidung des Sn am Platin statt. In schwach saurer Lsg. jedoch scheidet sich das Sn hauptsächlich (Unterschied zu Sb s. 3., S. 498f.) am Zink ab. Der durch die Abscheidung des Sn am Platin gebildete graue Fleck verschwindet beim Entfernen des Zinks sofort (Unterschied zu Sb).

II. Reaktionen und Nachweise für Sn(II)

Für die nachstehenden Reaktionen verwende man eine $SnCl_2$-Lösung.

1. NaOH

$$Sn^{2+} + 2OH^- \quad \rightarrow \quad Sn(OH)_2\downarrow$$
$$Sn(OH)_2 + OH^- \rightleftharpoons [Sn(OH)_3]^-$$
$$2[Sn(OH)_3]^- \quad \rightleftharpoons Sn\downarrow + [Sn(OH)_6]^{2-}$$

Weißer Niederschlag von $Sn(OH)_2$, lösl. in Säuren sowie im Überschuß des Fällungsmittels.

Kocht man in stark alkalischer Lsg., so disproportioniert das Sn(II) zu Sn u. Sn(IV). Es fällt schwarzes metallisches Zinn aus, wichtig für den Nachweis von Bi! (s. 5., S. 479).

2. Ammoniak

Ebenfalls w e i ß e r Niederschlag von $Sn(OH)_2$, der aber im Überschuß des Fällungsmittels schwerlösl. ist.

3. H₂S

$$Sn^{2+} + H_2S \rightarrow SnS\downarrow + 2H^+$$
$$SnS + S_2^{2-} \rightarrow [SnS_3]^{2-}$$

B r a u n e r Niederschlag von SnS, lösl. in konz. HCl. Er ist nicht lösl. in farblosem Ammonium- und Alkalisulfid, da Sn(II) keine Thiosalze bildet. Gelbes, also Schwefel im Überschuß enthaltendes Sulfid löst dagegen SnS unter Oxidation zu Thiostannat(IV) auf. Neben $[SnS_3]^{2-}$ ist auch $[SnS_4]^{4-}$ beobachtet worden.

Wichtig für den analytischen Trennungsgang ist, daß diese Reaktion verhältnismäßig langsam vor sich geht.

4. Nachweis als Molybdänblau

Im Gegensatz zum Sb(III) vermag Sn(II) auch schwerlösliche Molybdophosphate zu Molybdänblau zu reduzieren.

Zum Nachweis von Sn(II) wird zunächst etwa in der Probelsg. vorhandenes Sn(IV) mit etwas Zn-Staub reduziert. Das sich dabei evtl. abscheidende Sb stört nicht. 1 Tropfen dieser Lsg. wird auf Filterpapier, das mit $(NH_4)_3[P(Mo_3O_{10})_4]$ imprägniert ist, getüpfelt. Eine B l a u färbung zeigt Sn an.

EG: 0,03 µg Sn,   pD: 6,2

Reagenzpapier: Filterpapier wird mit 5%iger Lsg. von Molybdophosphorsäure getränkt u. einige Zeit mit konz. Ammoniak begast, wobei sich das g e l b e schwerlösl. Ammoniumsalz bildet. Das gut getrocknete Papier ist in einer verschlossenen braunen Flasche haltbar.

5. Nachweis als Cassiusscher Goldpurpur

$$3Sn^{2+} + 2[AuCl_4]^- + 6H_2O \rightarrow 2Au\downarrow + 3SnO_2\downarrow + 12H^+ + 8Cl^-$$

Beim Versetzen einer sehr verd. schwachsauren Chloroaurat(III)-Lsg. mit einer Spur $SnCl_2$ tritt Reduktion ein. Dabei bleiben das Gold u. das durch Hydrolyse entstandene Zinnoxidhydrat in kolloider Form in Lsg. u. färben sie purpurrot bis braun (*Cassius*scher Goldpurpur, vgl. 6., S. 509). Je nach Konzentration tritt mehr oder weniger schnell Koagulation ein.

Dekantiert man von dem entstandenen Niederschlag, wäscht ihn mehrfach mit reinem Wasser, suspendiert ihn in Wasser u. gibt dann wenig konz. Ammoniak hinzu, so geht er wieder mit p u r p u r r o t e r Farbe kolloid in Lösung.

Man kann diese Reaktion zu einem empfindlichen Nachweis für Sn^{2+} benutzen, indem man zu der zu prüfenden schwachsauren Lsg. einige Tropfen $[AuCl_4]^-$-Lsg. hinzugibt. Bei Anwesenheit von Sn^{2+} färbt sich die Lsg. p u r p u r r o t.

pD: 4,0

III. Reaktionen und Nachweise für Sn(IV)

Zu den folgenden Reaktionen nehme man eine frisch bereitete Lösung von $(NH_4)_2[SnCl_6]$ in verd. HCl bzw. die entsprechend vorbereitete Analysenlösung.

1. Reduktion mit Fe

Sn(IV) wird in saurer Lsg. durch metallisches Eisen zu Sn(II) reduziert (Unterschied zu Sb, das bis zum Metall reduziert wird.)

2. NaOH

Weißer Niederschlag von $SnO_2 \cdot aq$ (sogenannte α-Zinnsäure). Er ist unter Bildung von $[SnCl_6]^{2-}$ bzw. $[Sn(OH)_6]^{2-}$ leicht in HCl bzw. NaOH löslich. Kocht man aber den Niederschlag einige Zeit, so verliert er diese Eigenschaft. Er ist in β-Zinnsäure übergegangen. Diese Umwandlung ist sowohl mit einer Teilchenvergrößerung als auch mit einer chemischen Umwandlung, wahrscheinlich durch Wasserabgabe aus $SnO_2 \cdot aq$ verbunden.

Die β-Zinnsäure kann kolloidal in Lsg. gebracht werden. Man filtriere den Niederschlag ab u. wasche ihn aus. Schon beim Auswaschen kann, wenn eine bestimmte Ionenkonzentration von adsorbierten H^+ u. Cl^- bzw. Na^+ u. OH^- vorliegt, Peptisation eintreten, eine Erscheinung, die auch viele andere derartige Körper zeigen (s. S. 135).

Nun befeuchte man den Niederschlag in einem Bechergläschen mit einigen Tropfen konz. HCl u. füge nach kurzer Zeit Wasser hinzu. Meist bildet sich eine völlig klar erscheinende, kolloidale Lösung.

3. H_2S

Gelber Niederschlag von SnS_2, lösl. in konz. HCl u. Ammonium- sowie Alkalisulfiden, wobei Thiostannate gebildet werden.

Bei Gegenwart von Oxalsäure tritt mit H_2S keine Fällung ein. Es bildet sich ein stabiler Oxalatokomplex, $[Sn(C_2O_4)_3]^{2-}$, so daß das Löslichkeitsprodukt des SnS_2 nicht überschritten wird. So kann man Zinn u. Antimon voneinander trennen.

4. Nachweis als Phenylarsonsäure-Verbindung (s. S. 627f.)

4.3.4.10 Germanium

Ge, Z: 32, RAM: 72,59, $4s^2\,4p^2$

Häufigkeit: $5,6 \cdot 10^{-4}$ Gew.-%. Smp.: 937,5 °C. Sdp.: 2830 °C. D_{25}: 5,33 g/cm³. Oxidationsstufen: $+II$, $+IV$. Ionenradius $r_{Ge^{4+}}$: 53 pm. Standardpotential: $GeO_2 + 4H^+ + 4e^- \rightleftharpoons Ge + 2H_2O$; $E^0 = -0,15$ V.

Vorkommen: Germanium ist in den seltenen Mineralien Argyrodit, $4\,Ag_2S \cdot GeS_2$, und Germanit, $Cu_3(Ge,Fe)S_4$, sowie zu 0,1% in einigen Zinkblenden und Kupfer/Blei/Zinksulfid-Lagern enthalten.

Darstellung: Elementares Germanium wird aus GeO_2 durch Reduktion mit Wasserstoff gewonnen.

Bedeutung: Elementares Germanium hat für die Infrarotoptik und als Halbleiter (Transistoren, Photodioden, Detektoren für Gammastrahlung) Bedeutung. Bei der

Fortsetzung

> Herstellung von Polyesterfasern wird GeO_2 benötigt, von Quarzfaser-Gradienten-lichtleitern $GeCl_4$.
> **Allgemeine Eigenschaften:** Germanium steht in der 4. Hauptgruppe des PSE (s. S. 343).
> Viele Eigenschaften ergeben sich aus der Mittelstellung zwischen Si und Sn. So kann GeO_2 im Gittertyp des Quarzes oder des Rutils (wie SnO_2) kristallisieren und vermag aus der Schmelze glasig zu erstarren. Ge(IV) kann wie Si(IV) als Zentralatom in Heteropolysäuren (s. S. 462f.) auftreten. Auch sind eine Anzahl Ge-Hydride bekannt. Mit Sn hat Ge die verhältnismäßig leichte Reduzierbarkeit zum Element gemeinsam.
> Ge(II) wird leicht zu Ge(IV) oxidiert. $GeCl_2$ ist nur in salzsaurer Lösung beständig. Bei Erhöhung des pH-Wertes fällt amphoteres gelbes $Ge(OH)_2$ aus.
> Die beständigste Oxidationsstufe ist $+IV$. Das schwach amphotere GeO_2 löst sich in Alkalilauge unter Bildung von Germanaten(IV), in Säuren dagegen schlechter. Mit Ausnahme von $Ge(SO_4)_2$ bildet Ge(IV) keine binären Salze. Die Verbindungen sind homöopolar, z.B. die Halogenide. Diese und auch $Ge(SO_4)_2$ hydrolysieren in Wasser.

Zu den nachfolgenden Reaktionen verwendet man GeO_2, das man in wenig NaOH löst und dann mit konz. HCl ansäuert. In dieser stark salzsauren Lösung entsteht Hexachlorogermanat(IV) $[GeCl_6]^{2-}$.

1. Hydrolyse

Man verdünne die stark salzsaure Lsg. mit Wasser. Es scheidet sich weißes $GeO_2 \cdot aq$ als Gel ab. Der Niederschlag ist in konz. HCl leicht löslich.

2. H₂S

H_2S fällt aus stark salzsaurer Lsg. (6 mol/l) quantitativ einen weißen Niederschlag von GeS_2. Er ist in Ammoniumsulfid unter Bildung eines Thiokomplexes, GeS_3^{2-} löslich. Aus dieser Lsg. wird ebenfalls (s. As, Sb, Sn u. Pt) durch Ansäuern das GeS_2 wieder abgeschieden. Eine vollständige Ausfällung wird jedoch erst durch starkes Ansäuern erreicht. GeS_2 ist ferner lösl. in Ammoniumcarbonat u. Ammoniak.

Aus einer Lsg. des Ge(II) fällt gelbes, beim Kochen rotbraun werdendes GeS aus, lösl. in Ammoniumpolysulfid zu GeS_3^{2-}.

3. Ammoniakalische Mg²⁺-Lösung

Es fällt ein weißer Niederschlag von Magnesiumorthogermanat, Mg_2GeO_4.

4. Reduktionsmittel

Zn, Al u. Mg reduzieren in schwefelsaurer Lsg. zum dunkelbraunen Metall, das sich in schwammiger Form absetzt.

5. Vorproben

a) Marshsche Probe: Wie bei As ein Metallspiegel, der sich ebenfalls in Natriumhypochlorit löst; er ist auch löslich in HNO_3. Man dampfe die salpetersaure Lsg. bis fast zur Trockne ein, nehme mit konz. HCl wieder auf und fälle das Germanium mit H_2S.

b) Lötrohrprobe: Glitzernde Metallkugel, die unter Bildung eines weißen Rauches in treibende Bewegung gerät.

c) Boraxperle: Farbloses Glas.

6. Nachweis als Molybdogermanium(IV)-säure

Ammoniummolybdat gibt in schwach salpetersaurer Lsg. eine Gelbfärbung durch Bildung der Heteropolysäure, $H_4[Ge(Mo_3O_{10})_4]$. In Verbindung mit Benzidin erhält man wie beim Silicat-Nachweis Benzidinblau (s. 14., S. 651). Die Heteropolysäure gibt mit 8-Hydroxychinolin einen Niederschlag der Zusammensetzung $(C_9H_8ON)_4[Ge(Mo_3O_{10})_4]$.

7. Nachweis als Tanninverbindung

Tannin fällt aus schwachsaurer Lsg. einen charakteristisch bräunlichweißen Niederschlag eines Ge-Tanninkomplexes. Die Untersuchungslsg. soll etwa 2 mol/l HCl u. 4 mol/l NH_4Cl enthalten.

EG: 10 μg Ge/1 ml.

Störungen: Pb, Tl, Hg, Pt, W, Pd, Au, V, Mo, Ti, Sn, Zr, Nb, Ta, Cl^-, F^-, CrO_4^{2-} stören selbst in 100fachem Überschuß nicht.
Reagenz: 2,5%ige wäßrige Tanninlösung.

8. Nachweis durch Bildung von Mannito-Germanium(IV)-säure

Analog der Borsäure (s. S. 371) vermag Germaniumsäure durch Reaktion mit mehrwertigen Alkoholen starke einbasige Säuren zu bilden, die den pH der Lösung stark herabsetzen. Dies ist mit pH-Indikatoren nachzuweisen.

1 Tropfen der schwachsauren Probelsg. wird mit 1 Tropfen Phenolphthalein und bis zum Auftreten der Rosafärbung mit 0,01 mol/l NaOH versetzt. Bei Anwesenheit von Germanationen verschwindet bei Zugabe von festem Mannit die Rotfärbung. Die Geschwindigkeit der Entfärbung ist von der Konzentration an Germanat abhängig.

EG: 2,5 μg Germanium   pD: 4,3.

Störungen: Bei Abwesenheit von Borat ist der Nachweis spezifisch.

9. Ge(IV)-Nachweis als Phenylfluoron-Verbindung (s. S. 630f.)

4.3.5 Reduktionsgruppe

Die Reduktionsgruppe enthält die Elemente Pd, (Pt), Au, Se und Te. Sie werden in saurer Lösung durch Hydraziniumchlorid zu den Elementen reduziert. Pt gehört im strengen Sinne nicht zu dieser Gruppe, da es für sich allein in saurer Lösung nicht in den elementaren Zustand übergeführt wird. Bei Gegenwart der anderen Elemente findet jedoch eine Abscheidung statt.

4.3.5.1　Gold

Au, Z: 79, RAM: 196,967, $5d^{10}\,6s^1$

Häufigkeit: $5 \cdot 10^{-7}$ Gew.-%. Smp.: 1064,4 °C. Sdp.: 2807 °C. D_{25}: 19,3 g/cm^3.
Oxidationsstufen: $+\,$I, $+\,$III. Ionenradius r_{Au^+}: 137 pm. Standardpotential:
$Au^{3+} + 3e^- \rightleftharpoons Au$; $E^0 = 1{,}52$ V.

Vorkommen: Gold tritt als sehr edles Element meist gediegen, oft mit Silber legiert, auf. Gelegentlich findet man auch Verbindungen, wie Sylvanit, AuAgTe$_4$, und Calaverit, (Au, Ag)Te$_2$. Elementares „Berggold", das in Gestein (Quarz) eingesprengt ist, wird nach dessen Verwitterung auf sekundären Lagerstätten (Flußufer, Berghänge) als Seifengold abgelagert.

Darstellung: Das uralte Verfahren der Goldwäsche, Schwerkrafttrennung der wäßrigen Suspension in Gold und leichteren Sand, eignet sich nur für relativ grobkörniges Gold. Besser arbeitet das Amalgamverfahren, wobei das Gold aus dem gemahlenen Gestein von amalgamierten Kupferplatten aufgenommen wird. Heute ist weitgehend die Cyanidlaugerei eingeführt (s. Vers. 1), das Cyanoaurat wird selektiv an Aktivkohle sorbiert und so vom Gesteinschlamm abgetrennt. Nach der Desorption mit konz. NaCN-Lösung wird Au durch Zn-Späne ausgefällt. Gold ist auch Nebenprodukt der Kupfer-, Silber-, Blei- und Platinmetallgewinnung.

Bedeutung: Über 80% des Goldes wird zu Barren, Münzen, Medaillen oder Schmuck verarbeitet. K[Au(CN)$_2$] und Na$_3$[Au(SO$_3$)$_2$] verwendet man zur galvanischen Vergoldung (Elektronik), H[AuCl$_4$] · 4 H$_2$O bzw. Na[AuCl$_4$] · 2 H$_2$O bei der Glas- und Porzellanmalerei sowie gelegentlich in der Photographie zum Brauntönen (licht- und langzeitbeständige Vergrößerungen).

Allgemeine Eigenschaften: In der 1. Nebengruppe des PSE folgt auf die Elemente Kupfer und Silber das Gold. Wie die beiden erstgenannten Elemente tritt auch beim Gold zusätzlich zur Oxidationsstufe $+\,$I noch eine höhere, hier die beständigere Oxidationsstufe $+\,$III auf. Die Elemente der 1. Nebengruppe besitzen, verglichen mit denen der 1. Hauptgruppe, eine große Ionisierungsenergie, die mit steigender Ordnungszahl zunimmt. Als eines der edelsten Metalle löst sich Gold weder in HCl, noch in HNO$_3$ oder H$_2$SO$_4$. Feuchtes Cl$_2$ oder Cl$_{nasc.}$, wie es im Königswasser vorliegt, ist das beste Oxidationsmittel.

$$HNO_3 + 3\,HCl \quad\quad \rightarrow\ 2\,H_2O + NOCl + Cl_2$$
$$2\,Au + 3\,Cl_2 + 2\,Cl^- \rightarrow\ 2[AuCl_4]^-$$

Der Löseprozeß wird durch die Bildung der stabilen Komplexionen $[AuCl_4]^-$ stark begünstigt. Dies führt zur Herabsetzung von $c_{Au^{3+}}$ und demnach auch des Redoxpotentials Au/Au^{3+}. Entsprechendes gilt auch für die Überführung von elementarem Au in Au(I) bei der Cyanidlaugerei. Hier erfolgt die Oxidation bereits durch den Luftsauerstoff (s. Vers. 1).

Wie die niederen Homologen Cu und Ag bildet Au schwerlösliche Au(I)-Halogenide und neigt zur Bildung von Komplexionen. Viele Au(I)-Verbindungen disproportionieren in Au und Au(III).

Au(III)-Verbindungen sind meist gelb bzw. rot und gegenüber Reduktionsmitteln wenig beständig AuCl$_3$ und AuBr$_3$ sind wasserlöslich.

In überschüssiger Halogenwasserstoffsäure entsteht $[AuCl_4]^-$ bzw. $[AuBr_4]^-$. Goldverbindungen sind leicht zum Element reduzierbar.

1. Auflösung von Au in KCN-Lösung

$$2\,Au + \tfrac{1}{2}O_2 + H_2O + 4\,CN^- \ \rightarrow\ 2[Au(CN)_2]^- + 2\,OH^-$$

Ein wenig Blattgold wird mit KCN-Lsg. in eine Waschflasche gefüllt u. Luft durchgesaugt. Nach kurzer Zeit hat sich das Gold völlig aufgelöst. Thioharnstofflsg. wirkt ähnlich.

Zu den folgenden Reaktionen verwende man eine $[AuCl_4]^-$-Lösung, die man durch Auflösen von Au in Königswasser erhält, bzw. die entsprechend vorbereitete Analysenlösung.

2. Alkalihydroxide

$$Au(OH)_3 + OH^- \rightarrow [Au(OH)_4]^-$$

Alkalihydroxide bilden einen r o t b r a u n e n Niederschlag von $Au(OH)_3$, lösl. im Überschuß unter Auratbildung.

3. Ammoniak

Ammoniak gibt eine s c h m u t z i g g e l b e Fällung, die wahrscheinlich ein Gemisch aus $Au_2O_3 \cdot 2NH_3$ bzw. $Au_2O_3 \cdot 3NH_3$ u. Diamidoimidogold(III)-chlorid, $Au_2(NH_2)_2(NH)Cl_2$, darstellt. **Vorsicht:** Der Niederschlag ist im trockenen Zustand e x p l o s i v! Man vermeide daher bei Anwesenheit von Gold vor dessen Abtrennung Fällungsversuche mit Ammoniak.

4. H_2S

H_2S fällt zunächst s c h w a r z e s Au_2S_3, das schnell in der Kälte in Au_2S, in der Hitze dagegen in metallisches Au u. elementaren Schwefel zerfällt. Au_2S ist außer in Königswasser auch in gelbem $(NH_4)_2S_x$ unter Thioauratbildung lösl., z. B.:

$$Au_2S + 3S^{2-} \rightarrow 2[AuS_2]^{3-}$$

5. Vorproben

a) F l a m m e n f ä r b u n g und P h o s p h o r s a l z p e r l e: Negativ.
b) L ö t r o h r p r o b e: Gelbes duktiles Metallkorn, besonders charakteristisch dadurch, daß es sich nur in Königswasser löst.
Befindet sich Gold mit anderen Metallen zusammen, so bleiben bei der Lösung in HCl oder HNO_3 b r a u n e Metallflitterchen zurück. Mit diesen werden dann nach Lösen in Königswasser und Verdampfen des Überschusses von HNO_3 folgende Reaktionen angestellt:

$$\left.\begin{array}{l} SnCl_2 \\ FeSO_4 \end{array}\right\} \text{B l a u - oder Rotfärbung bzw. b r a u n e r Niederschlag}$$

$$H_2S \quad \text{s c h w a r z e r Niederschlag}$$

6. Nachweis als elementares Gold

$$2[AuCl_4]^- + 3Zn \rightarrow 2Au\downarrow + 3Zn^{2+} + 8Cl^-$$

$$2[AuCl_4]^- + 3(COOH)_2 \rightarrow 2Au\downarrow + 6CO_2\uparrow + 8Cl^- + 6H^+$$

$$2[AuCl_4]^- + 3Sn^{2+} + 10Cl^- \rightarrow 2Au\downarrow + 3[SnCl_6]^{2-}$$

Reduktionsmittel sind die wichtigsten Reagenzien zum Nachweis von Gold. Gold(III)-Verbindungen werden von ihnen zum metallischen Gold reduziert, das häufig – besonders bei geringen Mengen – mit p u r p u r r o t e r oder r o t e r bzw. b l a u e r Farbe kolloidal gelöst bleibt.

Die Red. kann in saurer, neutraler oder alkalischer Lsg. erfolgen. Metalle wie Zn u. Fe, ferner Fe(II)-Salze, H_2SO_3 u. Oxalsäure reduzieren z.B. in schwach saurer Lsg., wobei die Lsg. zunächst eine r o t e oder b l a u e Färbung annimmt u. sich schließlich Au als b r a u n e s Pulver abscheidet.

Eine gesättigte alkoholische Lsg. von Formaldehyd fällt Gold aus stark saurer Lsg. bereits in der Kälte vollständig in Form glänzender Flitter, während in alkalischer Lsg. die Reduktion erst beim Erwärmen einsetzt. $SnCl_2$ fällt ebenfalls aus konz., stark sauren Lösungen Au als b r a u n e s Pulver.

Hydrazin u. Hydroxylamin reduzieren sowohl in saurer als in neutraler u. alkalischer Lösung. In alkalischer Lsg. bewirkt H_2O_2 unter stürmischer O_2-Entwicklung bereits in der Kälte eine Reduktion des Au(III) zu einem s c h w a r z e n Niederschlag, der sich beim Erhitzen zusammenballt u. eine r o t b r a u n e Farbe annimmt. Pt wird dagegen in alkalischer Lsg. von H_2O_2 nicht reduziert.

Führt man die obenerwähnte Reduktion mit $SnCl_2$ in sehr verd., schwach saurer Lsg. aus, so bildet sich eine recht beständige, p u r p u r r o t bis braun gefärbte, kolloidale Lsg. von Gold, sogenanntes *Cassius*scher Goldpurpur, s. 5., S. 504. Das infolge Hydrolyse des Sn(IV) in der schwach sauren Lsg. gebildete Zinndioxidhydrat verhindert die Flockung der Goldteilchen und wirkt als „Schutzkolloid". Beim Einengen der Lsg. oder bei Reduktion konz. Goldlösungen fällt das Adsorptionskolloid in Form r o t e r Flocken aus. Diese werden beim Behandeln mit Ammoniak leicht peptisiert u. gehen wieder kolloidal in Lösung.

4.3.5.2 Platin

Pt, Z: 78, RAM: 195,09, $5d^9 6s^1$

Häufigkeit: $5 \cdot 10^{-7}$ Gew.%. Smp.: 1772 °C. Sdp.: 3830 °C. D_{25}: 21,5 g/cm³. Oxidationsstufen: $+ II$, $+ IV$, Ionenradius $r_{Pt^{2+}}$: 80 pm. Standardpotential: $Pt^{2+} + 2e^- \rightleftharpoons Pt$; $E^0 = 1,188$ V.

Vorkommen: Platin kommt fast immer gediegen auf primären und sekundären Lagerstätten, meist vergesellschaftet mit anderen Platinelementen, sowie in sulfidischen Eisen-, Blei-, Kupfer- und Nickelerzen vor. Das wichtigste Platinmineral ist der Sperrylith, $PtAs_2$.

Darstellung: Die fast immer miteinander legierten Platinelemente werden durch Schlämm- oder Flotationsprozesse von der Gangart getrennt. Die Trennung eines Gemisches der Platinelemente kann nur unter Benutzung besonderer Methoden erreicht werden. Von diesen seien hier nur erwähnt: Destillation im O_2- bzw. NO_2- oder Cl_2-Strom, $NaCl/Cl_2$-Aufschluß, Metallschmelzen und Salzschmelzen.

Bedeutung: Wegen seiner chemischen und thermischen Beständigkeit besitzt Platin Bedeutung für Laborgeräte (Tiegel, Elektroden, Widerstandsthermometer von $- 200$ bis $+ 750$ °C) und Industrieanlagen (Spinndüsen, Schmelzwannen für optische Gläser). Außerdem wird es zu wertvollen Schmuckgegenständen verarbeitet. Platinkatalysatoren finden Verwendung bei der Hydrierung organischer Verbindungen und zur Ammoniakverbrennung sowie Abgasentgiftung bei Autos. Pt – Rh-Legierungen dienen in Thermoelementen zur Messung bis 1600 °C.

Allgemeine Eigenschaften: In der 8. Nebengruppe des PSE stehen außer der Eisengruppe Fe, Co, Ni noch die 6 Platinelemente Ruthenium, Ru, Rhodium, Rh, Palla-

Fortsetzung

dium, Pd, Osmium, Os, Iridium, Ir, und Platin, Pt. Sie haben ihren Namen nach ihrem wichtigsten Vertreter, dem Platin, erhalten. Die ersten 3 Elemente bezeichnet man als die leichten, die letzten als die schweren Platinelemente. Alle zeichnen sich durch eine große chemische Widerstandsfähigkeit aus. Sie sind schwer schmelzbar und besitzen z. T. eine große Härte. Alle vermögen Wasserstoff bei höherer Temperatur zu sorbieren, manche schon bei Zimmertemperatur. Gemäß ihrer Stellung im PSE ist die maximal mögliche Oxidationsstufe + VIII. Sie wird jedoch nur in den Tetraoxiden OsO_4 und RuO_4 erreicht. Die Tendenz, in höheren Oxidationsstufen beständige Verbindungen zu bilden, nimmt in beiden Reihen von Ru zum Pd bzw. vom Os zum Pt ab. Nicht nur innerhalb der beiden Untergruppen sind die Platinelemente in ihrem Verhalten einander ähnlich, sondern diese Ähnlichkeit tritt auch zwischen den im PSE untereinander stehenden Elementen, also zwischen Ru und Os, Rh und Ir sowie zwischen Pd und Pt, hervor. Daher geben die Platinelemente nur dann eindeutige und z. T. sogar spezifische Reaktionen, wenn sie allein in der Lösung zugegen sind. Platin wird als sehr edles Element von keiner Säure gelöst, wohl aber von oxidierenden komplexbildenden Säuregemischen, z. B. Königswasser. Dagegen reagiert es mit alkalischen Schmelzen sowie Metallen und Nichtmetallen (s. Behandlung von Platingeräten S. 166).

Sowohl in der Oxidationsstufe + II, als auch + IV sind zahlreiche Komplexionen bekannt. Die Komplexionen des Pt(II), z. B. $[PtCl_4]^{2-}$, besitzen im allgemeinen quadratisch planare Struktur (s. S. 121). Die Oxidationsstufe + IV ist die beständigste. Besonders stabil sind viele Pt(IV)-Komplexe, wie z. B. $[PtCl_6]^{2-}$, das beim Lösen von Pt in Königswasser entsteht.

I. Gemeinsame Nachweise für Pt(II) und Pt(IV)

1. Vorproben

a) Lötrohrprobe: Schwammiges graues Metall. Nach Auskochen mit HCl und dann mit HNO_3 (um die unedlen Metalle zu lösen) Aufnahme in Königswasser, eindampfen, mit HCl wieder lösen und mit KCl versetzen: Gelbe Oktaeder von $K_2[PtCl_6]$.
b) Phosphorsalz- oder Boraxperle erscheint im durchfallenden Licht rotbraun, im auffallenden milchig getrübt.

2. Nachweis als elementares Platin

Reduktionsmittel bewirken die Bildung des sogenannten Platinpurpurs, d. h. die Abscheidung von metallischem Platin in kolloidaler Verteilung (s. *Cassius*scher Goldpurpur, S. 504).

Die Reduktion erfolgt
a) durch Zn, Al, Mg, Fe u. $SnCl_2$ in schwach saurer Lsg.,
b) durch Ameisensäure, Fomaldehyd in alkalischer Lsg.,
c) durch Hydraziniumsalze in alkalischer Lösung (in saurer Lsg. Reduktion nur in Gegenwart anderer Elemente der Reduktionsgruppe),
d) durch SO_2, wobei $H_2[PtCl_6]$ zu $H_2[PtCl_4]$ reduziert wird u. die Farbe von Orange nach Rötlichbraun umschlägt,
e) $FeSO_4$ reduziert in saurer Lsg. nicht (Unterschied zu Au!).

II. Reaktionen und Nachweise für Pt(II)

Für die nachstehenden Reaktionen verwende man eine $Na_2[PtCl_4]$-Lösung.

1. Alkalihydroxide, -carbonate, -hydrogencarbonate

Mit diesen Reagenzien fällt bei Gegenwart von Elektrolyten (NaCl) bei längerem Kochen s c h w a r z e s, flockiges Hydroxid.

2. Ammoniak

Mit halbkonz. salzsauren Lösungen in der Wärme nach einigen Minuten g r ü n e r kristalliner Niederschlag von $[Pt(NH_3)_4][PtCl_4]$. Diese unter dem Namen „*Magnus*-Salz" bekannte Verbindung existiert auch noch in einer zweiten, r o t e n Modifikation.

3. Nachweis als Bis(dimethylglyoximato)platin(II)

Im Gegensatz zum Pd(II) (s. S. 515) und Ni(II) (s. S. 403) erfolgt mit Dimethylglyoxim die Fällung des b r a u n e n und b l a u e n Bis(dimethylglyoximato)platin(II) aus saurer Lösung erst in der W ä r m e.

Die ziemlich verd., möglichst wenig freie Säure enthaltende Lsg. – zweckmäßig puffert man mit Natriumacetat ab – wird mit einem Überschuß von festem Dimethylglyoxim versetzt u. aufgekocht. Es scheidet sich der b l a u e u. b r a u n e Niederschlag ab. Alkoholische Dimethylglyoximlsg. darf nicht verwendet werden, da das Bis(dimethylglyoximato)platin(II) in organischen Lösungsmitteln lösl. ist.

Liegt Pt(IV) vor, muß es erst durch Reduktionsmittel, wie SO_2, zum Pt(II) reduziert werden.

III. Reaktionen und Nachweise für Pt(IV)

Zu den nachfolgenden Reaktionen benutze man eine $H_2[PtCl_6]$- oder $Na_2[PtCl_6]$-Lösung bzw. die entsprechend vorbereitete Analysenlösung.

1. Alkalihydroxide

Man versetze die Lsg. mit einem Überschuß des Reagenz u. erhitze. Nach längerem Erhitzen scheidet sich ein g e l b b r a u n e s Oxidhydrat, $Pt(OH)_4 \cdot aq.$, ab.

2. Ammoniak

Zunächst fällt $(NH_4)_2[PtCl_6]$ aus. Kocht man jedoch längere Zeit mit einem Überschuß von Ammoniak, so löst sich der Niederschlag allmählich wieder auf, wobei ein Gemisch von Amminochlorokomplexen gebildet wird, u.a. entstehen $[PtCl_2(NH_3)_4]^{2+}$ und $[PtCl(NH_3)_5]^{3+}$. Gibt man HCl im Überschuß hinzu, so fallen g e l b e s $[PtCl_2(NH_3)_4]Cl_2$ und w e i ß e s $[PtCl(NH_3)_5]Cl_3$ aus.

3. H₂S

Aus heißer, salzsaurer Lsg. fällt d u n k e l b r a u n e s PtS₂, schwerlösl. in konz. Säuren, weniger schwerlösl. in farblosen u. gelben Alkali- u. Ammoniumpolysulfiden, nur lösl. in Königswasser u. in konz. HCl bei Gegenwart von Chlor.

4. (NH₄)₂S oder (NH₄)₂Sₓ

Bildung lösl. Thiokomplexe der Zusammensetzung PtS_3^{2-}. Aus den Lösungen fällt mit HCl ein Niederschlag von PtS₂, der nur sehr schwer wieder in (NH₄)₂S bzw. (NH₄)₂Sₓ gelöst werden kann (s. 3.).

5. Nachweis als K₂[PtCl₆] bzw. (NH₄)₂[PtCl₆]

KCl und NH₄Cl erzeugen in schwach saurer, nicht zu verd. Lsg. einen r e i n g e l b e n kristallinen Niederschlag von K₂[PtCl₆] bzw. (NH₄)₂[PtCl₆] (s. bei Kalium bzw. Ammonium, S. 380 u. S. 382). Der Niederschlag ist in Wasser u. Säuren merklich lösl., nicht jedoch im Überschuß des Fällungsmittels u. in Alkohol.

Man kann diese Reaktion zur Trennung von Pt u. Pd verwerten. Durch Kochen mit Königswasser oxidiert man das Pt(II) vollständig zu Pt(IV). Darauf raucht man zur Überführung des Pd(IV) in Pd(II) mit konz. HCl ab, nimmt mit verd. HCl auf u. scheidet Pt(IV) als K₂[PtCl₆] bzw. (NH₄)₂[PtCl₆] ab. Im Zentrifugat läßt sich dann Pd(II) nachweisen.

6. Nachweis von Pt(IV) neben Au(III) und Pd(II)

Pt(IV), Au(III) und Pd(II) werden als schwerlösliche Tl(I)-chlorokomplexe auf Papier fixiert. Während Tl[AuCl₄] und Tl₂[PdCl₄] in NH₃ löslich sind, ist Tl₂[PtCl₆] darin schwerlöslich. Nach dem Waschen mit NH₃ wird das verbliebene Tl₂[PtCl₆] mit SnCl₂ zum elementaren Pt reduziert.

1 Tropfen gesättigte TlNO₃-Lsg. wird auf Filterpapier aufgetragen, mit 1 Tropfen der Probelsg. versetzt und mit 1 Tropfen TlNO₃-Lsg. nachgetüpfelt, dann mit einigen Tropfen verd. NH₃ gewaschen. Beim anschließenden Tüpfeln mit SnCl₂-Lsg. entsteht bei Anwesenheit von Pt ein g e l b e r bis o r a n g efarbener Fleck.

EG: 0,025 µg Pt (in 0,002 ml)   pD: 4,9

Reagenzien: Gesättigte TlNO₃-Lsg.

4.3.5.3 Palladium

Pd, Z: 46, RAM: 106,4, $4d^{10}$

Häufigkeit: ca. $1 \cdot 10^{-6}$ Gew.-%. Smp.: 1552 °C. Sdp.: 3140 °C. D_{25}: 12,02 g/cm³. Oxidationsstufen: + II, + IV. Ionenradius $r_{Pd^{2+}}$: 80 pm. Standardpotential: $Pd^{2+} + 2e^- \rightleftharpoons Pd$; $E^0 = +0,915$ V.

Vorkommen: Palladium findet sich gediegen in einigen Gold- und Platinsanden. Oft ist es mit Gold, Silber und anderen Platinelementen legiert.

Fortsetzung

Darstellung: siehe bei Platin S. 510.

Bedeutung: Palladium ist aufgrund seines hohen Sorptionsvermögens für Wasserstoff ein wichtiger Hydrierungskatalysator für organische Verbindungen. Erhitzte Palladiumrohre besitzen eine erhebliche Durchlässigkeit für Wasserstoff, so daß sie zu seiner selektiven Abtrennung aus Gasgemischen verwendbar sind. Wegen der besseren Korrosionsbeständigkeit wird Palladium anstelle von Silber als Überzugsmetall benutzt.

Allgemeine Eigenschaften: Palladium ist gegen verdünnte Säuren und Basen sehr beständig. Von konzentrierter HNO_3 sowie von heißer konzentrierter H_2SO_4 wird es beim längeren Kochen langsam als $Pd(NO_3)_2$ bzw. $PdSO_4$ gelöst. Weitaus schneller löst es sich in Königswasser. In den Verbindungen ist die Oxidationsstufe $+II$ gegenüber $+IV$ bevorzugt. Einfache Pd(II)-Salze sind stark hygroskopisch. Wie die übrigen Platinelemente neigt auch Palladium zur Komplexbildung.

Für die folgenden Reaktionen benutze man eine $H_2[PdCl_4]$- oder $Na_2[PdCl_4]$-Lösung bzw. die entsprechend vorbereitete Analysenlösung.

1. Alkalihydroxid, -carbonat und -hydrogencarbonat

Gelbbrauner Niederschlag von $Pd(OH)_2$, der im Überschuß des Reagenz lösl. ist, beim längeren Erhitzen aber wieder ausfällt.

2. Ammoniak

Zunächst rosaroter Niederschlag, der sich im Überschuß zu farblosem $[Pd(NH_3)_4]Cl_2$ löst. Säuert man nun vorsichtig mit verd. HCl an, so schlägt die Farbe der Lsg. durch Bildung des $[Pd(NH_3)_2Cl_2]$ nach Gelb um. Das $[Pd(NH_3)_2Cl_2]$ ist in verd. HCl beständig, unbeständig aber im Ammoniak.

3. H_2S

Aus sauren oder neutralen Lösungen fällt schon bei Zimmertemperatur schwarzes PdS, das in $(NH_4)_2S$ sowie in HCl schwerlöslich ist. Es löst sich leicht in Königswasser sowie in konz. HCl bei Gegenwart von Chlor.

4. KI

Bei Überschuß der Pd(II)-Verbindung fällt schwarzbraunes PdI_2. Dies ist in KI als $[PdI_4]^{2-}$, in KCN als $[Pd(CN)_4]^{2-}$, in NH_3 als $[Pd(NH_3)_4]^{2+}$ und in konzentrierteren Lösungen von z.B. NaCl bzw. $MgCl_2$ als $[PdCl_4]^{2-}$ löslich.

5. Vorproben

a) Lötrohrprobe: Die Reduktion mit Soda auf der Holzkohle liefert einen grauen Metallschwamm. Man bringe ihn vorsichtig in einen Achatmörser. Nach einigem Reiben entstehen silberweiße duktile Metallflitter.

b) Boraxperle: Schwarz durch kolloidal gelöstes Pd.

6. Nachweis als K$_2$[PdCl$_4$] bzw. (NH$_4$)$_2$[PdCl$_4$]

Man versetze eine sehr konz. Pd(II)-Lsg. mit einer ebenfalls konz. Lsg. von KCl bzw. NH$_4$Cl. Es entsteht ein brauner bzw. olivfarbener Niederschlag von K$_2$[PdCl$_4$] bzw. (NH$_4$)$_2$[PdCl$_4$].

7. Nachweis als elementares Palladium

Mit SnCl$_2$ erfolgt in salzsaurer Lsg. eine Reduktion zum Metall-Hydrosol, wobei die Lsg. eine rote, dann braune u. schließlich grüne Farbe annimmt. Gibt man zu einer Probe der grünen Lösung etwas Alkohol, so fällt das gebildete Hydrosol aus. Eine weitere Probe verdünnt man mit Wasser, es erfolgt ein Farbumschlag nach Bräunlichrot.

8. Nachweis als Bis(dimethylglyoximato)palladium(II)

Pd(II) bildet analog Pt(II) und Ni(II) ein schwerlösliches Komplexsalz mit Dimethylglyoxim (vgl. S. 116).

Eine 1%ige alkoholische Lsg. von Dimethylglyoxim fällt aus neutraler oder essigsaurer, nitratfreier Lsg. von Pd(II) schon in der Kälte (Gegensatz zum Pt, s.S. 512, u. zum Ni, s. S. 403) gelbes Bis(dimethylglyoximato)palladium, Pd(C$_4$H$_7$O$_2$N$_2$)$_2$. In Wasser ist es schwerlöslich, in Alkohol u. in CH$_3$COOH in der Kälte wenig löslich. Aus der heiß gesättigten Lsg. der beiden letzteren Lösungsmittel läßt es sich umkristallisieren, wodurch eine Abscheidung von eventuell mitgerissenem Bis(dimethylglyoximato)platin möglich ist. In verd. Säuren ist es ebenfalls schwer löslich, jedoch lösl. in Ammoniak u. verd. Alkalihydroxiden. Aus diesen Lösungen wird das Bis(dimethylglyoximato)palladium durch Säuren unzersetzt wieder ausgefällt.

9. Nachweis von Pd(II) neben Au(III) und Pt(IV)

Pd(II) wird auf Papier mit Hg(CN)$_2$ als weißes Pd(CN)$_2$ gefällt, während Au(III) und Pt(IV) wasserlösliche Cyanokomplexe bilden. Nach dem Waschen mit Wasser reduziert man das verbliebene Pd(CN)$_2$ mit SnCl$_2$ zum elementaren Pd.

1 Tropfen gesättigte Hg(CN)$_2$-Lsg. wird auf Filterpapier mit 1 Tropfen Probelsg. und wieder mit 1 Tropfen Hg(CN)$_2$-Lsg. versetzt. Nach Auswaschen mit einigen Tropfen Wasser tüpfelt man mit 1 Tropfen SnCl$_2$-Lsg. Bei Anwesenheit von Pd entsteht ein gelber bis orangefarbener Fleck.

EG: 0,04 µg Pd (in 0,002 ml), pD: 4,7

Reagenz: Gesättigte Hg(CN)$_2$-Lsg.

4.3.6 Salzsäuregruppe

Zur HCl-Gruppe gehören diejenigen Elemente, die schwerlösliche Chloride bilden. Es sind dies Silber, als Ag$^+$, Quecksilber, als Hg$_2^{2+}$, und Blei als Pb^{2+}. Tl wird nicht mehr in dieser Gruppe ausgefällt, da es nach dem oxidierenden Lösen der Analysensubstanz als Tl^{3+} vorliegt. Aus praktischen Gründen trennt man die Kationen Ag$^+$, Hg$_2^{2+}$ [bei Abwesenheit von Tl(I)] und teilweise Pb^{2+} vor der H$_2$S-Gruppe ab. Erstens leitet man H$_2$S besser in salzsaure statt in salpetersaure

Lösung ein, da sonst viel H_2S zu S oxidiert wird, und zweitens disproportioniert Hg_2^{2+} mit H_2S in Hg und HgS. Da sich Hg in HNO_3 löst, würden Störungen in der Cu-Gruppe hervorgerufen werden. Hg(II) und Pb(II) werden in der H_2S-Gruppe gefällt, daher sind diese Elemente dort auf S. 468ff., und S. 474ff. besprochen worden.

4.3.6.1 Silber

Ag, Z: 47, RAM: 107,868, $4d^{10}\,5s^1$

Häufigkeit: ca. $1 \cdot 10^{-5}$ Gew.-%. Smp.: 961,9 °C. Sdp.: 2212 °C. D_{25}: 10,50 g/cm³. Oxidationsstufen: $+$ I, $+$ II, $+$ III. Ionenradius r_{Ag^+}: 125 pm. Standardpotential: $Ag^+ + e^- \rightleftharpoons Ag$. $E^0 = 0,799$ V.

Vorkommen: Silber findet sich vorwiegend als Sulfid, vergesellschaftet mit anderen Sulfiden. Als Mineralien sind vor allem der Silberglanz (Argentit), Ag_2S, und die Rotgültigerze, Ag_3SbS_3, Ag_3AsS_3, zu nennen. Gelegentlich kommen Hornsilber, AgCl, und gediegenes Silber bzw. silberhaltiges Gold vor. Für die Silbergewinnung sind besonders die geringen Silbergehalte in sulfidischen Blei-Zink-Erzen von Bedeutung.

Darstellung: Aus dem bei der Bleiglanzverhüttung anfallenden Rohblei wird das Silber nach dem Verfahren von *Parkes* mit geschmolzenem Zink extrahiert. Das Auskristallisieren von Reinblei (*Pattison*) wendet man nur bei bismuthaltigen Rohbleischmelzen an. Beträchtliche Silbermengen enthält auch der Anodenschlamm der elektrolytischen Kupferraffination. Der Aufschluß der eigentlichen Silbererze erfolgt durch Cyanidlaugerei. Das nach dem jeweiligen Verfahren gewonnene Rohsilber wird elektrolytisch gereinigt.

Bedeutung: Silber hat von allen Metallen die größte elektrische und Wärmeleitfähigkeit und nach Gold die beste Dehnbarkeit. Silberlegierungen werden zur Herstellung von Münzen, Schmuck- und Ziergegenständen, Tiegeln (Labor), Sicherungen, Kontakten und Beschichtungen (Elektrotechnik, Elektronik) sowie in der Zahnmedizin (Plomben) verwendet. Auch viele Hartlote enthalten Silber. Etwa ein Drittel des Silbers verbraucht die Photoindustrie, meist in Form von AgBr, für Filme und Photopapier. Kolloide Lösungen von elementarem Silber werden als bakterizide Mittel eingesetzt.

Allgemeine Eigenschaften: Silber steht in der 1. Nebengruppe des PSE (s. S. 508).
    Als Edelmetall löst sich Silber nur in oxidierenden Säuren, wie HNO_3 oder heißer konz. H_2SO_4:

$$3\,Ag + 4\,H^+ + NO_3^- \rightarrow 3\,Ag^+ + NO\uparrow + 2\,H_2O$$
$$2\,Ag + H_2SO_4 + 2\,H^+ \rightarrow 2\,Ag^+ + SO_2\uparrow + 2\,H_2O$$

Die Hauptoxidationsstufe des Silbers ist $+$ I. Es kann jedoch auch in der Oxidationsstufe $+$ II ($[Ag(Pyridin)_4]S_2O_8$) und $+$ III ($K[AgF_4]$) auftreten. Von Ag(I) sind die Halogenide (Ausnahme AgF), Pseudohalogenide und das Sulfid in Wasser und Säuren schwerlöslich. Gut wasserlöslich sind Nitrat, Chlorat, Perchlorat und Fluorid, mäßig löslich Sulfat, Acetat und Nitrit. Das Ag^+-Ion ist farblos. Schwerlösliche Verbindungen mit farblosen Anionen sind infolge Deformation der Elektronenhülle oft farbig (AgBr, AgI, Ag_3PO_4). Bei farbigen Anionen tritt Farbvertiefung auf (Ag_2CrO_4). Sehr ausgeprägt ist bei Ag(I) die Neigung zur Bildung von Komplexionen, meist mit der Koordinationszahl 2. Diese Komplexionen sind mit Ausnahme des erst in stärker salzsaurer Lösung entstehenden $[AgCl_2]^-$ (s. S. 87f. u. S. 94 sowie unter 1. u. 2.) nur in alkalischer oder neutraler Lösung beständig.

Für die folgenden Reaktionen verwende man eine verdünnte $AgNO_3$-Lösung bzw. die entsprechend vorbereitete Analysenlösung.

1. Komplexsalzbildung

Die unterschiedliche Löslichkeit schwerlöslicher Ag(I)-Verbindungen im Zusammenhang mit der unterschiedlichen Stabilität von Ag(I)-Komplexionen (s. auch Kap. 1.11.3.3, S. 123) kann für analytische Zwecke (s. Nachweis Cl^- neben Br^- und I^-, S. 288) ausgenutzt werden. Im folgenden sind die pK_L-Werte einiger schwerlöslicher Verbindungen sowie die $pK_{Dissoziation}$-Werte für einige Komplexe angegeben.

	pK_L bzw. $pK_{Dissoziation}$
$AgOH \rightleftharpoons Ag^+ + OH^-$	7,7
$AgCl \rightleftharpoons Ag^+ + Cl^-$	9,96
$AgBr \rightleftharpoons Ag^+ + Br^-$	12,4
$AgI \rightleftharpoons Ag^+ + I^-$	16,0
$Ag_2S \rightleftharpoons 2\,Ag^+ + S^{2-}$	49,0
$[AgCl_2]^- \rightleftharpoons Ag^+ + 2\,Cl^-$	5,4
$[Ag(NH_3)_2]^+ \rightleftharpoons Ag^+ + 2\,NH_3$	7,1
$[Ag(SCN)_2]^- \rightleftharpoons Ag^+ + 2\,SCN^-$	7,9
$[Ag(S_2O_3)_2]^{3-} \rightleftharpoons Ag^+ + 2\,S_2O_3^{2-}$	13,6
$[Ag(CN)_2]^- \rightleftharpoons Ag^+ + 2\,CN^-$	21

Man versetze neutrale $AgNO_3$-Lösungen tropfenweise mit Ammoniak, KSCN, $Na_2S_2O_3$ oder KCN. Der zunächst gebildete Niederschlag löst sich im Überschuß des Fällungsmittels zu den Komplexionen $[Ag(NH_3)_2]^+$, $[Ag(SCN)_2]^-$, $[Ag(S_2O_3)_2]^{3-}$, $[Ag(CN)_2]^-$. Durch die Komplexbildung wird die Ag^+-Konzentration so weit herabgesetzt, daß das Löslichkeitsprodukt der in den folgenden Reaktionen beschriebenen schwerlösl. Ag-Verbindungen teilweise nicht mehr überschritten wird, diese also in Gegenwart der Komplexbildner nicht ausfallen bzw. wieder aufgelöst werden. So werden AgCl u. Ag_2O bereits von Ammoniak u. sogar $(NH_4)_2CO_3$ gelöst, schwerer lösliches AgBr u. AgI wird nur noch von $S_2O_3^{2-}$ u. CN^- gelöst, während das sehr schwer lösl. Ag_2S durch S^{2-}-Ionen aus allen Komplexsalzen des Silber gefällt wird.

2. Cl^-, Br^-, I^-

Silberhalogenide, mit Ausnahme des Fluorids, sind schwerlöslich. Die Löslichkeit nimmt mit steigender Ordnungszahl des Halogens ab, und die Farbe der Niederschläge vertieft sich von weiß nach gelb (s. S. 285f.).

$$pD: \quad AgCl: 7,0; \qquad AgBr: 7,7; \qquad AgI: 7,3$$

Im Licht zersetzen sich die Silberhalogenide allmählich unter Bildung von freien Halogen u. fein (kolloidal) verteiltem Silber, so daß vor allem die Niederschläge von AgCl u. AgBr sich **violett** verfärben. In $(NH_4)_2CO_3$-Lsg. ist nur AgCl lösl. (wichtig für die Trennung von Cl^- u. Br^-, vgl. S. 286). Ammoniak löst auch AgBr merklich auf, überschüssiges Thiosulfat sowie Cyanid lösen alle Silberhalogenide leicht (vgl. 1.). Konz. HCl u. konz.

Lösungen von Chloriden lösen AgCl zumindest teilweise unter Bildung des komplexen Anions $[AgCl_2]^-$. Beim Verdünnen mit Wasser fällt AgCl wieder aus (s. S. 94).
Mit $(NH_4)_2S_x$ erfolgt beim Erwärmen Bildung von schwerlösl. Ag_2S, während Cl^-, Br^- u. I^- in Lsg. gehen (s. 4., S. 271).

3. NaOH

$$2\,AgOH \rightleftharpoons Ag_2O\downarrow + H_2O$$

B r a u n e r Niederschlag von Ag_2O. Lösl. in Säuren sowie unter Komplexbildung in einem Überschuß von $(NH_4)_2CO_3$, Ammoniak, KSCN, $Na_2S_2O_3$ oder KCN. Schwerlösl. im Überschuß von NaOH.

4. Ammoniak

Zunächst ebenfalls b r a u n e r Niederschlag von Ag_2O, der sich im Überschuß zu $[Ag(NH_3)_2]^+$ löst (vgl. 1.).

5. CN^-, SCN^-

Bei tropfenweiser Zugabe von Alkalicyanid bzw. -thiocyanat zu neutralen Lösungen von Ag^+ entstehen zunächst Niederschläge von AgCN bzw. AgSCN, die in Säuren schwerlösl. sind, sich in neutraler Lsg. jedoch im Überschuß des Fällungsmittels unter Bildung der komplexen Anionen $[Ag(CN)_2]^-$ bzw. $[Ag(SCN)_2]^-$ leicht lösen (vgl. 1.).

6. H_2S

S c h w a r z e r Niederschlag von Ag_2S, lösl. in konz. HNO_3. Ag_2S ist so schwerlösl., daß es auch im Überschuß von Ammoniak, $S_2O_3^{2-}$ u. SCN^- nicht merklich in Lsg. geht. Nur in sehr konz. Lösungen von KCN löst es sich teilweise auf.

7. Na_2HPO_4

Aus neutraler Lsg. fällt g e l b e s Ag_3PO_4, lösl. in Säuren u. Ammoniak.
Von den zahlreichen weiteren schwerlösl. Ag^+-Verbindungen, die sich ähnlich verhalten, sei hier nur noch das bereits erwähnte Ag_3AsO_4 genannt.

8. Reduktionsmittel

$$2\,Ag^+ + HCHO + H_2O \rightarrow 2\,Ag\downarrow + HCOOH + 2\,H^+$$

Reduktionsmittel scheiden aus Ag^+-Lösungen leicht metallisches Ag ab.

Man versetze eine Ag^+-Lsg. mit unedleren Metallen, wie Zn, Fe, Cu oder mit $FeSO_4$, NH_2OH, N_2H_4, HCHO, $C_4H_6O_6$, usw. Die Reduktion mit NH_2OH u. N_2H_4 geht nur in alkalischer bis essigsaurer Lsg. vor sich, durch Anwesenheit starker Säuren wird sie verhindert. Die Reduktion mit Tartrationen führt, wenn man die in einem Reagenzglas befindliche, ganz schwach ammoniakalische Lsg. im Wasserbad erhitzt, zur Bildung eines charakteristischen Silberspiegels an den Gefäßwandungen. Beim Erhitzen von Silberhalogeniden mit Zn in verd. H_2SO_4 fällt Ag aus.

9. Vorproben

a) Flammenfärbung: Keine.
b) Phosphorsalzperle: In der Reduktionsflamme nach dem Erkalten durch ausgeschiedenes Metall grau.
c) Lötrohrprobe: Duktiles Metallkorn, kein Beschlag. Reaktionen nach Lösen in verd. HNO_3:
HCl: weißer Niederschlag, löslich in Ammoniak,
H_2S: schwarzer Niederschlag.

10. Nachweis als Ag_2CrO_4 (vgl. S. 435)

$$2\,Ag^+ + CrO_4^{2-} \rightarrow Ag_2CrO_4\downarrow$$

Aus neutraler Lsg. fällt rotbraunes Ag_2CrO_4, lösl. in Säuren u. Ammoniak (s. Kristallaufnahme Nr. 26).

11. Nachweis als AgCl

$$Ag^+ + Cl^- \rightarrow AgCl\downarrow$$

Cl^--Ionen fällen einen schwerlösl. Niederschlag von AgCl (vgl. 2., S. 270). Durch Behandlung mit Ammoniak (s. 3., S. 270) kann er aufgrund von Komplexbildung von den anderen schwerlösl. Chloriden der HCl-Gruppe abgetrennt u. im Filtrat mit HNO_3 wieder ausgefällt werden. Die Dunkelviolettfärbung des AgCl kann zur Identifizierung dienen.

12. Mikrochemischer Nachweis als $[Ag(NH_3)_2]Cl$ bzw. AgCl (vgl. S. 270)

$$AgCl + 2\,NH_3 \rightleftharpoons [Ag(NH_3)_2]Cl$$

AgCl wird in Ammoniak gelöst. 1–2 Tropfen der Lsg. werden auf dem Objektträger möglichst langsam nicht ganz zur Trockne eingedampft. Bei Gegenwart von Ag^+ bilden sich Würfel u. Oktaeder von AgCl mit ca. 20 µm Kantenlänge, die je nach der Beleuchtung farblos durchsichtig oder schwarz erscheinen (s. Kristallaufnahme Nr. 29).

EG: 0,1 µg Ag

Störungen: Hg(I) u. Pb(II) stören nur bei Anwesenheit größerer Mengen. In diesem Falle wird die Hauptmenge des Pb mit H_2SO_4 gefällt u. Hg(I) durch Kochen mit HNO_3 zu Hg(II) oxidiert. Unter diesen Bedingungen ist der Nachweis für Ag spezifisch.

13. Nachweis als p-Dimethylaminobenzylidenrhodanin-Verbindung (s. S. 621)

5 Systematischer Gang der Analyse. TRENNUNGSGÄNGE

5.1 Vorproben

Die Vorproben geben Hinweise auf die Zusammensetzung einer Substanz. Sie versetzen den Analytiker in die Lage, den Gang der Kationentrennung in der richtigen Weise auszuwählen. Auf Grund der Vorproben, des Kationentrennungsganges und der Anionennachweise läßt sich die Zusammensetzung einer Analysensubstanz einwandfrei ermitteln. Man verlasse sich aber niemals auf die Vorproben allein, weil bei ihnen eine Reihe von Störungen auftreten kann. Als Vorproben zählen u.a. die Spektralanalyse bzw. die Flammenfärbung, die Lötrohrproben, die Phosphorsalz- und Boraxperle, das Erhitzen im Glühröhrchen, Erhitzen mit verdünnter und konzentrierter H_2SO_4. Hinzu kommt eine Anzahl vorwiegend spezieller Reaktionen. Eine Übersicht über das Verhalten der einzelnen Elemente bei den genannten Operationen geben die Tabellen 5.1–5.7. Diese Nachweisverfahren sind selbstverständlich nicht nur auf die Ursubstanz (Vorproben) beschränkt, sondern können sinngemäß auch an entsprechenden Stellen des Analysenganges vorgenommen werden. Näheres über die theoretischen Grundlagen und die Durchführung der Glühröhrchenprobe, des Erhitzens mit verdünnter und konzentrierter H_2SO_4 und der mehr speziellen Reaktionen findet sich im Text bzw. in den Tabellen 5.4–5.6. Im folgenden werden einige allgemein anwendbare Verfahren näher beschrieben.

Ist die Analysensubstanz fest, so pulverisiert man sie gut und bewahre sie in einem verschlossenen Gefäß auf, da alkalisch reagierende Verbindungen CO_2 aus der Luft aufnehmen. Oft läßt die äußere Beschaffenheit der Ursubstanz schon Rückschlüsse auf ihre Zusammensetzung zu. Solche Merkmale sind u.a. Farbe, Aggregatzustand, Verteilung der einzelnen Bestandteile (homogen oder heterogen), magnetisches Verhalten, Geruch. An die Vorprüfung schließen sich die Nachweise derjenigen Anionen an, die den Kationentrennungsgang stören können. Nach Auswahl des geeigneten Lösungsmittels (Lösungsversuche!) folgt dann der Kationentrennungsgang und zugleich der Nachweis der übrigen Anionen.

In den nachstehenden Tabellen 5.1–5.7 sind die wichtigsten Vorproben zusammengestellt. Die genaue Erklärung aller Umsetzungen ist bei den einzelnen Abschnitten und Elementen nachzulesen. Mit möglicherweise vorhandenen Metallkörnern bzw. Flittern führt man die Reaktionen durch, die bei den einzelnen Elementen beschrieben sind.

5.1.1 Spektralanalyse bzw. Flammenfärbung

Alle Elemente senden im atomaren oder ionisierten gasförmigen Zustand bei hohen Temperaturen oder elektrisch angeregt Licht von bestimmter Farbe aus, das, durch ein Spektrometer beobachtet, aus bestimmten, für das Element charakteristischen Spektrallinien besteht (s. Tafel am Schluß des Buches). Die Anregungsbedingungen sind bei den Elementen äußerst verschieden. Bei den Alkali-, Erdalkali- und einigen anderen Elementen (s. S. 522, Tab. 5.1) genügt, falls die Verbindungen leicht flüchtig sind, die Temperatur der Bunsenflamme. Bei anderen Elementen muß man zur Gebläseflamme übergehen und bei den meisten benötigt man einen elektrischen Lichtbogen oder Funken. Die „Flammenfärbung" bei Anwendung des Bunsenbrenners läßt demnach bei den Alkalielementen und Erdalkalielementen usw. unter gewissen Bedingungen eine Aussage über ihre Anwesenheit zu. Da jedoch die Farben der einzelnen Elemente sich gegenseitig überdecken können, ist die **Anwendung eines Spektrometers** vorteilhafter. Neben dem Linienspektrum können jedoch auch bei kleiner Dispersion sichtbare breite Streifen auftreten, die bei größerer Dispersion in ein System von vielen einzelnen Linien aufgelöst werden. Im Gegensatz zu den **Linienspektren der Atome** bezeichnet man letztere als **Bandenspektren**. Sie werden von **angeregten Molekülen ausgesandt** und daher auch **Molekülspektren genannt**.

Zur Erzeugung des notwendigen leuchtenden Dampfes wird die Substanz in der entleuchteten Bunsenflamme an einem Platindraht oder einem Magnesiastab erhitzt. Für die Spektralanalyse benutzt aber man also besser einen einfachen Spektralbrenner, da dann das Spektrum mit größerer Ruhe zu beobachten ist. In einfachster Ausführung hat er den von *Beckmann* angegebenen Aufbau. Das Zusatzgerät ist aus Glas. Es wird über die Luftlöcher des Bunsenbrenners gestülpt (s. Abb. 5.2). In der Vertiefung kommen einige Körnchen verkupferten Zinks, 3–5 ml verd. HCl und etwa 5 ml der zu untersuchenden Lösung. Durch die H_2-Entwicklung wird etwas Lösung verspritzt und gelangt durch die angesaugte Luft in den Brenner. Der Zerstäuber hat den großen Vorteil, daß er den Bunsenbrenner selbst nicht verschmutzt und äußerst einfach zu reinigen ist. **Der Brenner wird so vor den Spalt des Spektroskops gestellt, daß der innere Kegel der Bunsenflamme nicht im Spalt beobachtet werden kann, sondern nur das obere Drittel. Sonst erhält man das Bandenspektrum des CO. (Der Brenner darf nie so nahe am Spalt des Spektroskops stehen, daß dieses heiß wird!)**

Als Spektrometer dient für einfache Untersuchungen meist das in Abb. 5.1 dargestellte Handspektroskop mit Wellenlängeneinteilung.

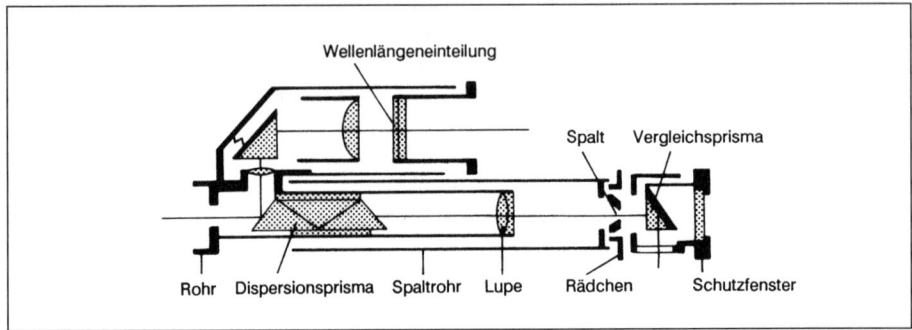

Abb. 5.1: Vor dem Spalt sitzt das Vergleichsprisma und das Schutzfenster. Das Spaltrohr trägt außerdem ein Rädchen zur symmetrischen Verstellung der Spaltbacken. Das Rohr enthält die achromatische Lupe, das dreiteilige geradsichtige Dispersionsprisma und das Skalenrohr mit der Wellenlängeneinteilung, der Justierschraube und einem kleinen Objektiv.

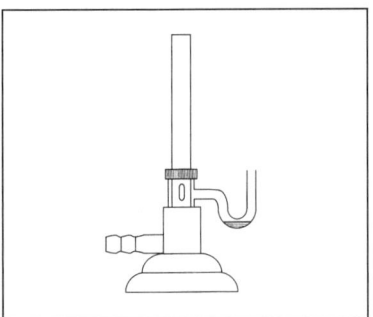

Abb. 5.2: Bunsenbrenner mit Zerstäuber.

Tab. 5.1: Flammenfärbung (Spektraltafel s. am Schluß des Buches).

	Allgemeine Farbe	Charakteristische Linie in nm
Li	rot	670,8 (rot)
Na	gelb	589,3 (gelb)
K	violett	768,2 (rot), 404,4 (violett)
Rb	violett	780 (rot), 421 (violett)
Cs	blau	458 (blau)
Ca[1])	ziegelrot	622,0 (rot), 553,3 (grün)
Sr[1])	rot	mehrere rote Linien, 604,5 (orange), 460,7 (blau)
Ba[1])	grün	524,2 (grün), 513,7 (grün)
Ga	violett	417,2 (violett), 403,3 (violett)
In	violettblau	452,1 (violettblau)
Tl	grün	535,0 (grün)
Cu	grün	
Pb, As, Sb	fahlblau	

[1]) Sulfat vorher reduzieren!

Tab. 5.1: Flammenfärbung (Fortsetzung)

	Allgemeine Farbe	Charakteristische Linie in nm
V	fahlgrün	
Se	bläulich	
Te	fahlblau	
	(Reduktionszone)	
	u. grün	
	(Oxidationszone)	
Mo	fahlgrün	

Mit Hilfe der Flammenfärbung kann außerdem Bor durch die grüne Flamme des Methylesters oder mit der Mischung aus $CaF_2 + H_2SO_4$ nach S. 371 nachgewiesen werden.

5.1.2 Lötrohrreaktion

Die Lötrohrreaktion hat nicht nur analytisches Interesse, sondern ist auch als einfachste metallurgische Reaktion von allgemeiner Bedeutung (Lötrohrprobierkunst). **Wegen der Toxizität vieler Elemente und Verbindungen wird man heute jedoch auf die Lötrohrreaktion weitgehend verzichten.**

Das Lötrohr besteht aus einem Metallrohr mit Mundstück und seitlichem Ansatz. Bläst man mit ihm in die leuchtende Flamme des Bunsenbrenners seitlich hinein, so erhält man eine Stichflamme. Zur Erzeugung einer „Oxidationsflamme" muß man die Spitze des Lötrohres mitten in die Flamme, etwa 1 – 2 cm über die Mündung des Brenners halten. Beim

Tab. 5.2: Lötrohrprobe.

Metall ohne Beschlag	duktil, weiß: Sn (teilweise mit Oxidhaut), Ag duktil, gelb: Au gelbe Metallflitter: Cu graue Metallflitter, magnetisch: Fe, Ni, Co grauer Metallschwamm, im Achatmörser verrieben silberähnliche Metallflitter: Pt, Pd glitzernde Metallkugeln: Ge (weißer Rauch)
Metall mit Beschlag	duktiles Metallkorn, gelber Beschlag: Pb, In sprödes Metallkorn, gelber Beschlag: Bi, Mo (heiß) sprödes Metallkorn, weißer Beschlag: Sb, Mo (kalt)
Beschlag ohne Metall	weiß: As (Knoblauchgeruch) weiß (außerhalb der Erhitzungszone), in der Hitze gelb: Zn braun: Cd
unschmelzbare Masse	weiß: Erdalkalielemente, Al, Seltenerdmetalle (glühen hell auf) rot: Ga braun: Mn (als Mn_3O_4) graugrün: Cr (als Cr_2O_3)
Heparreaktion (s. S. 297)	Schwefelverbindungen, Se, Te

Trennungsgänge

5

Einblasen am seitlichen Rand wird eine Reduktionsflamme erhalten; man bläst nur so stark, daß sie nicht entleuchtet wird. Man gewöhne sich an, mit aufgeblasenen Backen allein aus dem Mund heraus zu blasen, während man bei geschlossenem Gaumen ruhig durch die Nase ein- und ausatmet. Von Zeit zu Zeit läßt man neue Luft in den Mund hinein. Schmilzt man ein Metallsalz oder ein Metalloxid bei Gegenwart von Soda vor dem Lötrohr in einer kleinen Vertiefung auf Holzkohle, so kann es reduziert werden. Bei leicht schmelzbaren Metallen erhält man kleine Kügelchen, bei schwer schmelzbaren Flitter. Ist das Metall leicht flüchtig, so verdampft es und schlägt sich nach Oxidation außerhalb der Flamme auf den kälteren Teilen der Holzkohle als Oxidbeschlag nieder. An der Farbe der Oxidbeschläge, der physikalischen und chemischen Beschaffenheit der Metallkugel oder Flitter (duktil, spröde, magnetisch) sowie durch Mikroreaktionen kann man weitgehend Aufschluß über die Zusammensetzung einer Analysensubstanz erhalten. Dabei geht man folgendermaßen vor: In einer Vertiefung auf einem Stück Holzkohle vermengt man 1 Spatelspitze feingepulverter Substanz mit der 2–3fachen Menge Soda, feuchtet mit einem Tropfen Wasser an und erhitzt mit der reduzierenden Flamme des Lötrohres. Dabei schmilzt das Gemisch zusammen und reagiert. Der Überschuß der Soda sowie die entstandenen Natriumsalze werden von der Kohle aufgesogen. Nach dem Erkalten prüft man Beschlag und Metall. Zur näheren Untersuchung des Metalls wird der Rückstand aus der Vertiefung mit einem Spatel sorgfältig herausgehoben, in eine Reibschale überführt, die Soda mit Wasser weggelöst und die Kohle abgeschlämmt. Der Rückstand wird mit einer Lupe betrachtet, mit einem Pistill auf Duktilität oder Sprödigkeit sowie mit einem Magneten auf Ferromagnetismus geprüft. Dann mache man einige charakterisierende Auflösungsversuche und Mikroreaktionen.

Eine Zusammenstellung des Verhaltens der einzelnen Elemente vor dem Lötrohr gibt Tabelle 5.2.

5.1.3 Phosphorsalz- und Boraxperle

Schmilzt man Phosphorsalz, $NaNH_4HPO_4$, und gibt ein Schwermetallsalz hinzu, so können sehr charakteristische Färbungen durch Bildung von Schwermetallphosphaten auftreten. Beim Erhitzen geht $NaNH_4HPO_4$ in Meta- bzw. Polyphosphat, $(NaPO_3)_x$ ($x = 3$, 4 und ∞), über. In den folgenden Gleichungen wird zur Vereinfachung nur $NaPO_3$ geschrieben.

$$NaNH_4HPO_4 \rightarrow NaPO_3 + NH_3\uparrow + H_2O\uparrow$$

Tab. 5.3: Phosphorsalzperle (bzw. Boraxperle).

Oxidationsflamme	Reduktionsflamme

farblos[1]) heiß: W, Ga, In, Nb
    kalt: W, Fe, Ga, Ti, In, Nb, Mo
SiO_2
grau
	heiß: Cu, Mn, Ce
	kalt: Mn, Ce
	SiO_2
	Ag, Pb, Bi, Cd, Ni, Zn, Sn, Sb, (Co bei
	    starker Sättigung, infolge
	    Reduktion zum Metall)
	$+ Sn^{2+}$: In

[1]) Unter farblos sind nur diejenigen Elemente aufgenommen, die unter anderen Bedingungen die Perle färben. Alle nicht aufgeführten Elemente geben also keine farbigen Perlen.	

Tab. 5.3: Phosphorsalzperle (Fortsetzung)

Oxidationsflamme		Reduktionsflamme
gelb	heiß: Ni, Fe, V, U, Ce, Ti (schwach) kalt: Fe (gelbrot bei starker Sättigung) U (gelbgrün) V (gelb bis braun) Mo (gelbgrün)	heiß: Ti (nur schwach)
braun	heiß: Mo (gelbbraun bis gelb) kalt: Ni (stark gesättigt) V (stark gesättigt) Fe (rotbraun bei starker Sättigung) Mn (bei starker Sättigung)	heiß: Mo, Nb, Pt (im durchfallenden Licht) kalt: Nb, Pt (im durchfallenden Licht)
rot	heiß: Sn in Gegenwart von Cu^{2+}, Ni (rubinrot bei starker Sättigung) kalt: Sn ($+ Cu^{2+}$)	heiß: Nb bei Gegenwart von Fe kalt: Cu (rotbraun) Ti, Nb und W bei Gegenwart von Fe^{2+} (blutrot)
grün	heiß: Cr (smaragdgrün), Ga [bei Zusatz von $Co(NO_3)_2$ olivgrün bis blau], Cu (nach Gelb) kalt: Cr (smaragdgrün), Ga (bei Zusatz von $Co(NO_3)_2$ olivgrün bis blau)	heiß: Fe (sehr schwach), Cr (smaragdgrün), U, V kalt: Fe (sehr schwach), Cr (smaragdgrün), U, V, Mo
blau	heiß: Co, Ga (blau bis olivgrün, s.o.) kalt: Co, Cu, Ga (blau bis olivgrün, s.o.)	heiß: Co, Nb kalt: Co, W, Nb
blau bis olivgrün	heiß: Ga ⎫ kalt: Ga ⎭ bei Zugabe von $Co(NO_3)_2$	
violett	heiß: Mn (amethystfarben) kalt: Mn (violett, stark gesättigt fast braun) Ni (Co-haltig)	heiß: Nb kalt: Ti (schwach, nur bei starker Sättigung), Nb
schwarz		heiß: Pd (kolloidal) kalt: Pd (kolloidal)
trübe		heiß: Pt (im auffallenden Licht) kalt: Pt

Metaphosphat vermag in der Hitze nicht nur Oxide zu lösen, sondern auch aus Salzen eine leichter flüchtige Säure auszutreiben:

$$3\,NaPO_3 + 3\,CoSO_4 \rightarrow Na_3PO_4 + Co_3(PO_4)_2 + 3\,SO_3\uparrow$$

oder

$$NaPO_3 + CoSO_4 \rightarrow NaCoPO_4 + SO_3\uparrow$$

Genauso verhält sich Borax, $Na_2B_4O_7$:

$$Na_2B_4O_7 + CoSO_4 \rightarrow 2\,NaBO_2 + Co(BO_2)_2 + SO_3\uparrow$$

Verwendet wird ein Magnesiumstäbchen oder ein dünner Platindraht mit Öse, der in einen Glasstab eingeschmolzen ist und in verd. HCl tauchend aufbewahrt wird. Zur Reinigung wird am Platindraht am besten etwas Borax und Soda verschmolzen. Man läßt die Schmelze am Draht hin und her laufen und schleudert sie dann ab. Die letzten Spuren der

Schmelze werden mit HCl abgelöst. Die Spitze des Magnesiastäbchens oder die „Ose des Platindrahtes wird zum Glühen erhitzt und heiß in Phosphorsalz oder Borax eingedrückt. Dabei schmilzt ein wenig Salz an, das beim Erhitzen in eine glasklare Perle verwandelt wird. Diese wird nach dem Erkalten ein wenig angefeuchtet und damit die feingepulverte Analysensubstanz berührt. Es bleibt meist sofort genügend zum Einschmelzen hängen. **Gearbeitet wird in der Oxidations- oder Reduktionsflamme, weil durch verschiedene Oxidationsstufen andere Färbungen hervorgerufen werden.** Für die Oxidationsperle erhitzt man in der Oxidationszone der entleuchteten Bunsenflamme. Die Reduktionsperle schmilzt man an der Grenze zwischen innerem und äußerem Flammenkegel oder in der leuchtenden Flamme, kühlt damit keine Oxidation eintritt, im inneren Flammenkegel bzw. im Inneren des Brennerrohres ab und zieht dann die Perle schnell heraus. Von der Analysensubstanz gibt man zunächst nur sehr wenig zu der Perle und steigert die Menge erst, wenn die Farbe schwach ist, weil sonst durch überschüssiges Oxid manche Farben nicht deutlich herauskommen.

5.1.4 Weitere Vorproben

Tab. 5.4: Erhitzen im Glühröhrchen.
Ausführung: Einige mg der Substanz in einem einseitig abgeschlossenen, trockenen Rohr von etwa 0,5 cm Durchmesser und 5 cm Länge erhitzen.

a) Es entwickelt sich ein Gas:

Art des Gases	Woher	Farbe	Geruch	Bemerkungen
O_2	Peroxide, Chlorate, Bromate usw.	–	–	glimmender Span brennt
CO_2	Carbonate und organische Verbindungen	–	geruchlos (organ. Verbindungen geben brenzligen Geruch)	trübt $Ba(OH)_2$
CO	Oxalate und andere organ. Verbindungen	–	geruchlos (organ. Verbindungen geben brenzligen Geruch)	brennt schwach bläulich, giftig
$(CN)_2$	Cyanide	–	nach bitteren Mandeln (Vorsicht!)	brennt blauviolett, sehr giftig
SO_2	Sulfide an der Luft, Sulfite, Thiosulfate	–	stechend	trübt $Ba(OH)_2$
HCl	Chloride	–	stechend	mit NH_3 Nebel, färbt Lackmus rot
Cl_2	Chloride + oxidierende Substanzen	hellgrün	stechend	–
Br_2	Bromide + oxidierende Substanzen	braun	stechend	–
I_2	Iodide + oxidierende Substanzen	violett	stechend	–
NO_2	Nitrat, Nitrit	braun	stechend	–
NH_3	Ammoniumsalze	farblos	stechend	färbt Lackmus blau
Kakodyl-oxid	Arsenverbindungen + Acetat	farblos	unangenehm riechend	sehr giftig

b) Es entsteht ein Sublimat:
weiß: NH_4^+-Salze, Hg-Halogenide, As_2O_3, As_2O_5,
grau: Hg von HgO und anderen Hg-Verbindungen herrührend,
grauschwarz: I_2 (violette Dämpfe) aus Iodid + oxidierende Substanzen, HgS, As,
gelb: As_2S_3, S, HgI_2 (wird beim Reiben rot).
c) Bei Anwesenheit von Oxalaten Metallspiegel: Cd.
d) Rückstand wird schwarz, in schmelzendes KNO_3 hineingeworfen erfolgt
Verbrennung: Kohle von organischen Substanzen.

Tab. 5.5: Erhitzen mit verdünnter H_2SO_4.

Man behandle zunächst in der Kälte, dann in der Wärme und beobachte das sich entwickelnde Gas:

Art des Gases	Woher	Farbe	Geruch	Bemerkungen
CO_2	Carbonat	–	–	trübt $Ba(OH)_2$
HCN	Cyanide	–	nach bitteren Mandeln	Vorsicht! Giftig
H_2S	lösliche Sulfide	–	nach faulen Eiern	Schwärzung von Bleiacetatpapier
SO_2	Sulfite, Thiosulfat	–	stechend	trübt $Ba(OH)_2$. Bei $S_2O_3^{2-}$ Schwefelabscheidung
Cl_2	Hypochlorite	hellgrün	stechend	–
NO_2	Nitrite	braun	stechend	–

Tab. 5.6: Erhitzen mit konzentrierter H_2SO_4.

Wenn die Substanz nicht bereits mit verdünnter H_2SO_4 reagiert hat, so sei man mit dem Zusatz von konzentrierter H_2SO_4 vorsichtig, da eventuell zu heftige Reaktion eintritt. Man gibt dann erst verdünnte H_2SO_4 und nach Beendigung der Gasentwicklung konzentrierte H_2SO_4 hinzu.

Art des Gases	Woher	Farbe	Geruch	Bemerkungen
CO_2	Carbonat, Oxalat	–	–	trübt $Ba(OH)_2$
CO	Oxalate, Cyanide	–	–	brennt mit blauer Flamme, giftig
HCN	Cyanide	–	bittere Mandeln	Vorsicht! Giftig
H_2S	Sulfide	–	faule Eier	schwärzt Bleiacetatpapier
SO_2	Sulfite, Thiosulfate oder aus der zugesetzten H_2SO_4 selbst, falls Metalle, Sulfide, Schwefel, Kohle od. org. Substanzen vorhanden sind	–	stechend	trübt $Ba(OH)_2$
HF + SiF_4	Fluoride, Fluorosilicate	–	stechend	H_2SO_4 benetzt nicht mehr das Glas, trübt Wassertropfen

Trennungsgänge

5

Tab. 5.6: Erhitzen mit konzentrierter H$_2$SO$_4$ (Fortsetzung)

Art des Gases	Woher	Farbe	Geruch	Bemerkungen
HCl	Chloride	–	stechend	mit NH$_3$ Nebel, färbt Lackmus rot
Cl$_2$	Hypochlorite, Chloride + stark oxid. Substanzen	hellgrün	stechend	–
ClO$_2$	Chlorat	gelb	stechend	Vorsicht! Explosionsgefahr
HBr + Br$_2$	Bromide	braun	stechend	–
I$_2$	Iodide	violett	stechend	evtl. mit SO$_2$-Entwicklung
CrO$_2$Cl$_2$	Chlorid + Chromat	rotbraun	–	–
NO$_2$	Nitrat, Nitrit	braun	stechend	–
Mn$_2$O$_7$	Permanganat	violett	–	Vorsicht! Explosionsgefahr

Tab. 5.7: Weitere Vorproben.

Art	Nachzuweisendes Element	Beschreibung auf Seite
Oxidationsschmelze	Mn, Cr	533
*Marsh*sche Probe	As, Sb, Ge	492
Leuchtprobe	Sn, Nb	503
Erhitzen mit NaOH oder CaO	NH$_3$ (eventuell CN$^-$)	382
Abrauchen mit konz. H$_2$SO$_4$	Mo (Blaufärbung)	463
Sublimieren mit NH$_4$Cl	V (Mo)	457
Heparprobe	S-, Se- u. Te-Verbindungen	297
Ätzprobe	F$^-$	263
Wassertropfenprobe	F$^-$, SiF$_6^{2-}$, SiO$_2$	263
Lösen in konz. H$_2$SO$_4$	Se (Grünfärbung)	316
	Te (Rotfärbung)	319
Erhitzen im Glühröhrchen mit Na	Ti (rotbraune bis -violette Lösung)	452
	V (grüne Lösung)	456
	Mo, W (Blaufärbung)	463
Natriumfluoridperle	U (Fluoreszenz im UV-Licht)	449

5.2 Lösen und Aufschließen

Je nach Substanz muß man verschiedene Lösungsmittel anwenden. Eine Regel zur Wahl des besten Lösungsmittels kann nicht angegeben werden. **Man versuche, zunächst mit Wasser, verd. oder konz. HCl auszukommen**, damit beim Einleiten von H_2S möglichst wenig elementarer Schwefel ausfällt bzw. nicht eingedampft zu werden braucht. **Erst wenn sich die Substanz in HCl nicht oder nur teilweise auflöst, nehme man nacheinander verd. und konz. HNO_3 und schließlich Königswasser.** Liegen Erze oder Metallegierungen vor, so ist man häufig auf HNO_3 angewiesen. Auch bei Legierungen aus unedlen Metallen ist dies öfter angebracht, weil man die in ihnen vorkommenden Phosphide oder Silicide oxidieren muß. Mit HCl entstehen flüchtige Phosphor- bzw. Siliciumwasserstoffe. Bei Anwendung von HNO_3 als Lösungsmittel ist diese nach dem Lösen möglichst weitgehend durch Eindampfen mit HCl zu entfernen. Die Wahl des richtigen Lösungsmittels vereinfacht häufig die Analyse. Auch hierfür leisten die Vorproben wertvolle Dienste. Bleibt ein in den genannten Flüssigkeiten schwerlöslicher Rückstand, so ist er aufzuschließen. Das richtige Aufschlußmittel ergibt sich aus den Vorproben mit dem gut ausgewaschenen Rückstand. In Tabelle 5.8 und Kap. 5.3 sind die wichtigsten Verbindungen, die in Säure schwerlöslich sind, mit der Vorprobenart, die zu ihrer Erkennung dient, und mit dem Aufschlußmittel zusammengestellt.

Trennungsgänge

5

Tab. 5.8: Wichtigste, in Säuren schwerlösliche Verbindungen mit Vorproben und Aufschlußmittel.

Substanz	Vorprobenart	Aufschlußmittel
Silberhalogenide	Lötrohrprobe, Lösen in Ammoniak und Wiederausfällen mit HNO_3	$Zn + H_2SO_4$ oder Schmelzen mit $Na_2CO_3 + K_2CO_3$ oder in warmem konz. Ammoniak lösen
Erdalkalisulfate	Heparreaktion, Flammenfärbung	Schmelzen mit $Na_2CO_3 + K_2CO_3$
$PbSO_4$ (weiß)	Heparreaktion, Lötrohrprobe	mit heißer ammoniakal. Tartratlsg. behandeln
Silicate	Wassertropfenprobe, Phosphorsalzperle	Schmelzen mit $Na_2CO_3 + K_2CO_3$
ZrO_2 (weiß), $Zr_3(PO_4)_4$		Schmelzen mit $Na_2CO_3 + K_2CO_3$
Fluoride	Ätzprobe, Wassertropfenprobe	Abrauchen mit konz. H_2SO_4
Hochgeglühte Oxide: Al_2O_3 (weiß), Fe_2O_3 (rotbraun), TiO_2 (weiß), GeO_2, BeO, Ga_2O_3, MgO (hochgeglüht) usw.	Phosphorsalzperle, für Al_2O_3 *Thénards* Blau-Reaktion	Schmelzen mit $KHSO_4$; bei ZrO_2 und auch Al_2O_3 Schmelzen mit $Na_2CO_3 + K_2CO_3$
Cr_2O_3 (grün), $FeCr_2O_4$ (schwarz)	Phosphorsalzperle, Oxidationsschmelze	Schmelzen mit $Na_2CO_3 + KNO_3$
SnO_2 (weißlich)	Phosphorsalzperle + $CuSO_4$, Leuchtprobe	Schmelzen mit KCN, NaOH oder Schmelzen mit $Na_2CO_3 + S$
Nb_2O_5, Ta_2O_5	Phosphorsalzperle	Schmelzen mit KOH oder K_2CO_3
WO_3 (gelb)	Phosphorsalzperle + $FeSO_4$	Lösen in NaOH
GeO_2 (nicht geglüht)	*Marsh*sche Probe	Lösen in NaOH
Komplexe Cyanide	Kochen mit NaOH + $FeSO_4$, dann Berliner Blau-Reaktion	Abrauchen mit konz. H_2SO_4 wie bei Gegenwart von Tartrat
ThO_2		Lösen in konz. H_2SO_4
BeO		Schmelzen mit 2 Teilen KHF_2
$CrCl_3$ (violett)		$Zn + HCl$ oder längeres Kochen

5.3 Aufschlußverfahren

Ein Teil der in der Analyse vorkommenden oder sich bildenden Verbindungen kann selbst in konz. HCl oder in Königswasser schwerlöslich sein. Diese Substanzen müssen gesondert aufgeschlossen werden. Die Art des Aufschlusses richtet sich nach den einzelnen Substanzen, die man durch die einschlägigen Vorproben erkennen kann.

Man führe daher zunächst diese Vorproben mit dem gut ausgewaschenen (!), schwerlöslichen Rückstand durch. Eine Zusammenstellung der schwerlöslichen Substanzen, die Vorprobenart und die Aufschlußmittel gibt Tabelle 5.8.

Die Behandlung von schwerlöslichen Rückständen richtet sich nach deren Art und Zusammensetzung. Folgendes Schema wird empfohlen:

1. Behandeln mit heißer tartrathaltiger NaOH: WO_3 und $PbSO_4$ lösen sich.
2. Auslaugen der verbliebenen Masse mit $Na_2S_2O_3$- oder KCN-Lösung: Evtl. vorhandene Ag-Halogenide bilden lösliche Komplexsalze.
3. Saurer Aufschluß mit $KHSO_4$: Oxide von Ti, teilweise auch Zr, Al, Fe, Ge, Cr usw. gehen in Lösung. (Hochgeglühtes MgO muß mehrere Stunden mit $KHSO_4$ behandelt werden.)
4. Weiterhin schwerlöslichen Rückstand mit K_2CO_3/Na_2CO_3 schmelzen: Überführung der Erdalkalisulfate in Carbonate, von schwerlöslichen Silicaten in lösliche und teilweiser Aufschluß von ZrO_2, $Zr_3(PO_4)_4$, Al_2O_3, Cr_2O_3 und Fe_2O_3.
5. Oxidationsschmelze (Na_2CO_3/KNO_3): Cr_2O_3 wird in Chromat, Mn^{2+} in MnO_4^{2-} überführt. Cr_2O_3 kann auch mit Na_2O_2 aufgeschlossen werden.
6. Zurückbleibendes SnO_2 mit KCN oder mit Na_2CO_3 und S schmelzen.

Im folgenden werden vier allgemein anwendbare Aufschlußverfahren näher beschrieben.

5.3.1 Soda-Pottasche-Aufschluß

Mit einer Schmelze von Soda-Pottasche werden Erdalkalisulfate, hochgeglühte Oxide, Silicate und Silberhalogenide aufgeschlossen. Das **Gemisch von K_2CO_3 und Na_2CO_3** hat gemäß den Gesetzen der Gefrierpunktserniedrigung (s. S. 43) einen tieferen Schmelzpunkt als die reinen Salze. Das Tiegelmaterial wird von den vorliegenden Substanzen bestimmt. Beim qualitativen Arbeiten werden meist Nickel-, Eisen- oder Porzellantiegel verwendet. Dabei wird etwas Nickel bzw. Aluminium und Silicium gelöst. Porzellantiegel sind demnach zum Aufschluß von Aluminiumoxid und Silicaten ungeeignet. Gut geeignet sind auch Platintiegel. Eine Ausnahme macht hier jedoch der Silberhalogenidaufschluß, da elementares

Silber entsteht, welches Platin legiert. Folgende Umsetzungen gehen in der Schmelze vor sich:

1. **Erdalkalisulfate** (Beispiel: $BaSO_4$)

$$BaSO_4 + Na_2CO_3 \rightleftharpoons BaCO_3 + Na_2SO_4$$

2. **Hochgeglühte Oxide** (Beispiel: Al_2O_3)

$$Al_2O_3 + Na_2CO_3 \rightarrow 2\,NaAlO_2 + CO_2\uparrow$$

3. **Silicate** (Beispiel: $CaAl_2Si_2O_8$)

$$CaAl_2Si_2O_8 + 5\,Na_2CO_3 \rightarrow 2\,Na_4SiO_4 + CaCO_3 + 2\,NaAlO_2 + 4\,CO_2\uparrow$$

4. **Silberhalogenide** (Beispiel: AgBr)

$$2\,AgBr + Na_2CO_3 \rightleftharpoons Ag_2CO_3 + 2\,NaBr$$

$$2\,Ag_2CO_3 \qquad \rightarrow 4\,Ag + 2\,CO_2\uparrow + O_2\uparrow$$

Durch den großen Überschuß an Alkalicarbonat wird das Gleichgewicht praktisch vollständig auf die Seite der Reaktionsprodukte verschoben. Bei einigen Oxiden kann der Aufschluß auch durch Schmelzen mit NaOH bzw. KOH in einem Silbertiegel erfolgen.

Der in HCl schwerlösliche Rückstand der Analysensubstanz wird nach Abtrennung von der Lösung mit H_2O gewaschen, im Trockenschrank getrocknet und in einem Tiegel mit der 4–6fachen Menge einer Mischung von K_2CO_3 und Na_2CO_3 (wasserfrei) sorgfältig gemischt und über einer gut brennenden Bunsenflamme oder einem Gebläse langsam (bei CO_2-Entwicklung) so hoch erhitzt, daß ein klarer Schmelzfluß entsteht. Nach etwa 10 Minuten ist die Reaktion beendet. Die erkaltete Schmelze wird zerkleinert und mit Wasser aufgenommen. Im Fall des Aufschlusses der Erdalkalisulfate filtriert man und wäscht solange mit verd. Na_2CO_3-Lösung, bis das Filtrat frei von SO_4^{2-} ist.

5.3.2 Saurer Aufschluß

Mit Hilfe des sauren Aufschlusses können Fe_2O_3, BeO, TiO_2 und Ga_2O_3 in lösliche Verbindungen überführt werden. Al_2O_3 wird durch $KHSO_4$ nur unvollständig in eine leichtlösliche Form gebracht.

Die Umsetzung (Beispiel: Fe_2O_3) entspricht folgender Bruttogleichung:

$$Fe_2O_3 + 6\,KHSO_4 \rightarrow Fe_2(SO_4)_3 + 3\,K_2SO_4 + 3\,H_2O\uparrow$$

Bis zu 250 °C entweicht aus dem Kaliumhydrogensulfat unter Bildung von Kaliumdisulfat, $K_2S_2O_7$, Wasser. $S_2O_7^{2-}$ reagiert dann mit Fe_2O_3 zu Eisensulfat.

Der Rückstand wird mit der 6fachen Menge $KHSO_4$ verrieben und in einem Nickel- oder Platintiegel bei möglichst niedriger Temperatur geschmolzen. (Weniger vorteilhaft ist ein Porzellantiegel, da auch er von der sauren Schmelze etwas angegriffen und Aluminium herausgelöst wird.) Ist die Reaktion beendet, erhitzt man allmählich auf mäßige Rotglut. Wenn die Schmelze klar geworden ist, läßt man erkalten, löst in verdünnter H_2SO_4, filtriert und führt den üblichen Trennungsgang durch. Hat sich nicht alles gelöst und ist der Rückstand noch gefärbt, so muß der Aufschluß wiederholt werden.

5.3.3 Oxidationsschmelze

Oxidierbare schwerlösliche Verbindungen, z. B. Cr_2O_3, $FeCr_2O_4$, können durch die Oxidationsschmelze mit Na_2CO_3/KNO_3 oder Na_2O_2 aufgeschlossen werden.

$$2\,FeCr_2O_4 + 4\,K_2CO_3 + 7\,NaNO_3 \; \rightarrow \; Fe_2O_3 + 4\,K_2CrO_4 + 7\,NaNO_2 + 4\,CO_2\uparrow$$

Die Substanz wird feinst gepulvert und in einem Porzellantiegel mit der dreifachen Menge einer Mischung aus gleichen Teilen Soda und Natriumnitrat vorsichtig verschmolzen.

5.3.4 Freiberger Aufschluß

Schwerlösliche Oxide von Elementen, die Thiosalze bilden, lassen sich durch den Freiberger Aufschluß in lösliche Form überführen!

$$2\,SnO_2 + 2\,Na_2CO_3 + 9\,S \; \rightarrow \; 2\,Na_2SnS_3 + 3\,SO_2\uparrow + 2\,CO_2\uparrow$$

Die Verbindungen werden in einem Porzellantiegel mit der sechsfachen Menge eines Gemisches aus gleichen Teilen Schwefel und wasserfreiem Na_2CO_3 geschmolzen.

Trennungsgänge

5

5.4 Allgemeiner Kationentrennungsgang

Im folgenden ist der allgemeine Trennungsgang der Kationen zusammengefaßt. Dieser Trennungsgang kann sowohl im Makro- als auch im Halbmikro-Maßstab durchgeführt werden. Er ist einmal nur für die Elemente des sog. „Schultrennungsganges" (siehe Poster), zum anderen für eine zusätzliche Anzahl von „seltenen" Elementen aufgeführt. In den Übersichtstabellen am Ende eines jeden Abschnitts sind die Bestandteile, die in Lösung verbleiben, grau unterlegt (im Poster blau) und die gefällten Produkte weiß (im Poster rot) unterlegt.

Je nach Art der Analysensubstanz kann man an verschiedenen Stellen Vereinfachungen oder Änderungen des Trennungsganges vornehmen. Bevor man den eigentlichen Trennungsgang ausführt, müssen störende Verbindungen, wie Oxalsäure, Borsäure, organische Verbindungen, Cyanide und Fluoride nachgewiesen und an der richtigen Stelle entfernt werden. Auch die Abtrennung von Wolframat, evtl. Molybdat, Vanadat sowie Niobat und Tantalat vor dem Trennungsgang ist zweckmäßig. Das geschieht in der bei den einzelnen Verbindungen beschriebenen Weise.

5.4.1 Die Säureschwerlösliche und die Salzsäure-Gruppe. Trennung und Nachweis von Ag, Pb, Hg(I), W(VI), Nb(V) und Ta(V)

5.4.1.1 Allgemeines

Beim Lösen der Analysensubstanz in Königswasser verbleiben im Rückstand $AgCl$, $PbCl_2$, $WO_3 \cdot aq$ und alle übrigen schwerlöslichen Verbindungen. Da $PbCl_2$ in Wasser etwas löslich ist, gelangt Pb^{2+} zum Teil beim Auswaschen dieses Rückstandes in die H_2S-Gruppe, wo es als PbS gefällt wird.

Bei Gegenwart von PO_4^{3-}, AsO_4^{3-}, SiO_4^{4-}, $B_4O_7^{2-}$ und von organischen Säureanionen kann die WO_3-Fällung infolge Bildung löslicher komplexer Säuren unvollständig sein bzw. ganz ausbleiben. Das lösliche W(VI) gelangt dann bei der Kationentrennung entweder beim Kationenaustausch (H_3PO_4-Abtrennung mit dem Ionenaustauscherharz s. S. 578) als Wolframophosphation in die Anionenlösung, oder es bilden sich bei der $(NH_4)_2S$-Gruppe WS_4^{2-}-Ionen. Nach Eindampfen der Anionenlösung scheidet sich beim Erhitzen des Rückstandes mit konz. H_2SO_4 ein Teil des W als schwerlösliches WO_3 ab, oder es wird beim Ansäuern des Zentrifugates gelbbraunes WS_3 gefällt.

5.4.1.2 Die Säureschwerlösliche Gruppe

Vorproben

Ag, Pb	Lötrohrprobe
W, Nb	Phosphorsalz- bzw. Boraxperle
Hg	Erhitzen im Glühröhrchen
W	Reduktion mit metallischem Natrium

Ist eine Vorprobe auf **Tl positiv**, so behandle man die Analysensubstanz zu Beginn des Kationentrennungsganges in einer Porzellanschale mit Königswasser. Tl(I) und Hg(I) werden dabei zu Tl(III) und Hg(II) oxidiert und gelangen in die H_2S-Gruppe.

Bei Abwesenheit von Tl löst man die Analysensubstanz soweit wie möglich in HNO_3 und zentrifugiert vom Ungelösten ab. Vom ungelösten Rückstand löst man soviel wie möglich in Königswasser. Den löslichen Teil vereinigt man mit dem Zentrifugat der HCl-Gruppe.

Zurück bleiben $WO_3 \cdot$ aq, $Nb_2O_5 \cdot$ aq, $Ta_2O_5 \cdot$ aq, gegebenenfalls Silberhalogenide und $PbSO_4$.

W	Dieser Rückstand wird mit 2 mol/l NaOH in der Wärme digeriert. Wolframsäure geht als Wolframat in Lösung und wird als Ammonium- bzw. Kaliumwolframophosphat (s. S. 466), durch Reduktionsmittel (s. S. 466) und mit $KHSO_4/H_2SO_4/$ Hydrochinon (s. S. 466), nachgewiesen.
W	Wolframmetall, geglühtes WO_3 und andere schwerlösliche W-Verbindungen müssen durch Schmelzen mit NaOH, Na_2CO_3/K_2CO_3 oder Na_2O_2 aufgeschlossen werden.
Ag	Aus dem verbleibenden Rückstand wird AgCl mit halbkonzentriertem Ammoniak herausgelöst. Man säuert das Zentrifugat mit HCl an. Bei Anwesenheit von Silber ergibt sich ein weißer Niederschlag von AgCl, der zum Nachweis als Diamminsilberchlorid (s. 12. S. 519) geeignet ist.
Ag	Schwerlösliche Silberhalogenide können entweder mit Na_2CO_3/K_2CO_3 (s. S. 531) oder durch Behandlung mit Zn in verdünnter H_2SO_4 zu elementarem Ag reduziert werden. Im ersten Falle wird die Schmelze mit Wasser extrahiert, zentrifugiert, gewaschen und der Rückstand mit verdünnter HNO_3 gelöst. Das beim zweiten Verfahren entstehende Ag wird ebenfalls in verdünnter HNO_3 gelöst.
Pb	Schließlich wird zurückgebliebenes $PbSO_4$ nach 5. S. 476 in Lösung gebracht.
Ta, Nb	Im Rückstand verbleibendes $Nb_2O_5 \cdot$ aq und $Ta_2O_5 \cdot$ aq werden durch Aufschluß mit K_2CO_3 oder KOH in lösliche Verbindungen überführt und in dieser Form nachgewiesen (s. S. 460).

5.4.1.3 Die Salzsäure Gruppe

Zum Zentrifugat der HNO_3-sauren Lösung der Analysensubstanz gibt man in der Kälte so lange tropfenweise HCl hinzu, bis nichts mehr ausfällt. Der Niederschlag kann aus AgCl, Hg_2Cl_2 und $PbCl_2$ bestehen. Pb(II) fällt aber nicht quantitativ aus und findet sich dementsprechend ebenso wie Hg(II) auch in der H_2S-Gruppe. Die Bildung von $[AgCl_2]^-$ kann bei unsachgemäßem Arbeiten (starker HCl-Überschuß beim Fällen von AgCl) dazu führen, daß Ag(I) teilweise in die H_2S-Gruppe gelangt und sich beim Hg wiederfindet.

Trennungsgänge

5

Tab. 5.9: Die HCl-Gruppe.

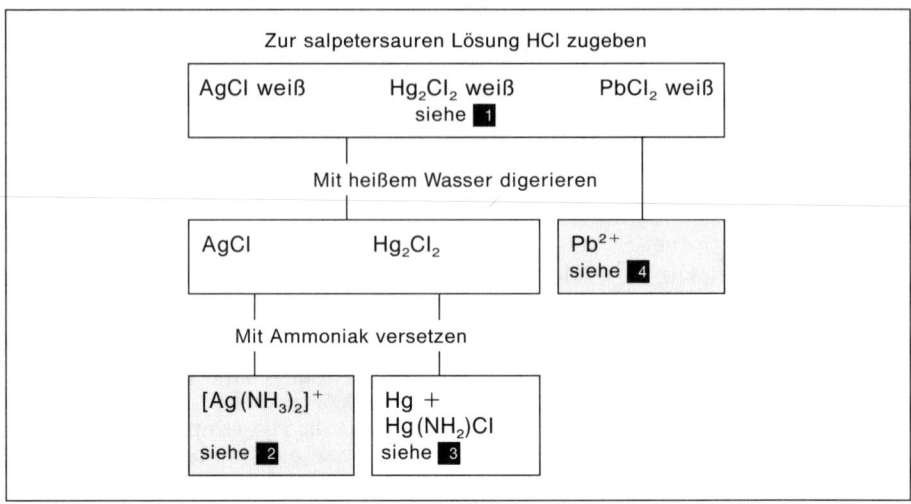

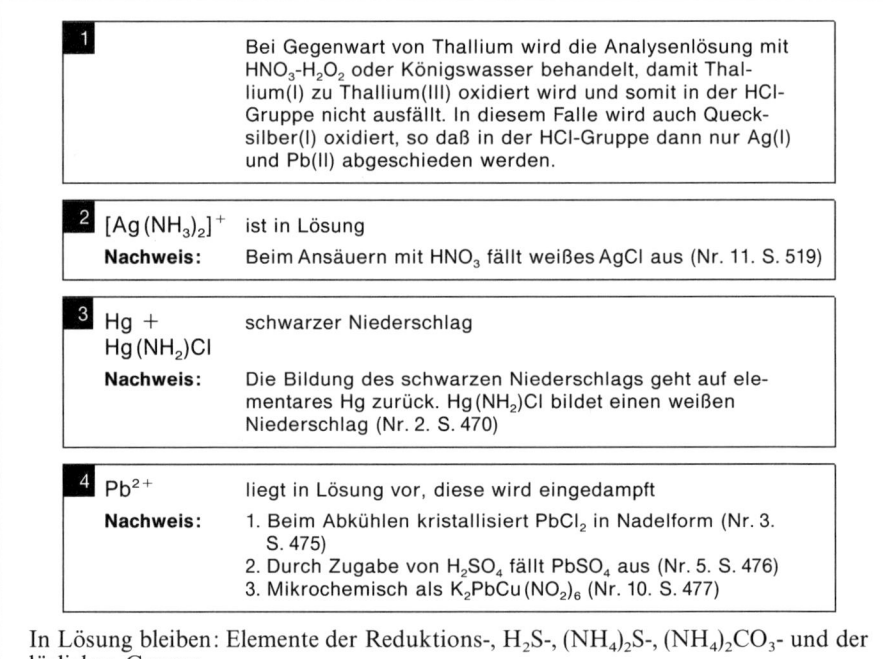

In Lösung bleiben: Elemente der Reduktions-, H_2S-, $(NH_4)_2S$-, $(NH_4)_2CO_3$- und der löslichen Gruppe.

Pb Der Niederschlag wird abzentrifugiert, zunächst mit kaltem Wasser gründlich gewaschen, dann mit Wasser zum Sieden erhitzt und sofort zentrifugiert. Das in der Hitze gelöste $PbCl_2$ kristallisiert aus dem Zentrifugat beim Erkalten in charakteristischen weißen Nadeln aus. Pb(II) wird als $PbSO_4$ nach S. 476 gefällt und identifiziert.

Hg Einen Teil des Rückstandes aus Hg_2Cl_2 und AgCl, der zur völligen Entfernung von $PbCl_2$ mit heißem Wasser ausgewaschen wird, behandle man in einem Porzellanschälchen mit halbkonz. Ammoniak. Tiefschwarze Färbung von $Hg + [HgNH_2]Cl$ beweist Hg(I).

Ag Man zentrifugiert ab und säuert das Zentrifugat mit HCl wieder an. Bei Anwesenheit von Ag bildet sich ein weißer Niederschlag von AgCl (s. 11., S. 519), der sich in Ammoniak löst.

Ist wenig Ag(I) neben viel Hg(I) vorhanden, so kann die Trennung durch Ammoniak versagen. Verlief die Probe auf AgCl negativ, so erhitzt man einen anderen Teil des Rückstandes mit einigen Tropfen konz. HNO_3. Dadurch wird Hg_2Cl_2 oxidiert und gelöst, während AgCl zurückbleibt. Nach Verdünnen mit Wasser wird zentrifugiert und der Rückstand mit Ammoniak behandelt. Dadurch löst sich von eventuell vorhandenem AgCl so viel, daß bei darauffolgendem Ansäuern mit HNO_3 eine weiße Fällung eintritt.

5.4.2 Die Reduktionsgruppe: Trennung und Nachweis der Elemente Pd, (Pt), Au, Se und Te

Das Zentrifugat der HCl-Gruppe wird sehr stark eingeengt, wodurch auch eventuell überschüssige HNO_3 entfernt wird. Es darf jedoch nicht bis zur Trockne abgedampft werden, da sich sonst Se verflüchtigt. Man nimmt in H_2O bzw. verd. HCl auf, so daß die (möglichst konzentrierte) Lösung ca. 1 mol/l an HCl enthält. In stark saurer Lösung wird Pd nicht mehr reduziert, andererseits dürfen Bi(III) und Sb(III) nicht in Form ihrer Oxidchloride ausfallen.

Zu der erhaltenen Lösung wird im Überschuß festes Hydraziniumchlorid gegeben und erwärmt, wobei Au, Se, Te, und Pd elementar abgeschieden werden. Pt wird nur in Gegenwart der anderen Elemente mitreduziert. Sonst kommt es in die H_2S-Gruppe und findet sich sowohl in der Cu- als auch in der As/Sn-Gruppe wieder, da PtS_2 in gelbem Ammoniumpolysulfid teilweise löslich ist.

Die Vollständigkeit der Reduktion kann mit $SnCl_2$-Lösung in einem kleinen Teil der Lösung kontrolliert werden.

Wie beim Thallium beschrieben, erhält man bei gleichzeitiger Anwesenheit von Pt und Tl schwerlösliches $Tl_2[PtCl_6]$. Der Niederschlag der Reduktionsgruppe wird oxidierend mit HCl/H_2O_2 gelöst und eventuell vorhandenes Thallium mit 2 mol/l NaOH als $Tl(OH)_3$ abgetrennt. Der $Tl(OH)_3$-Niederschlag wird in 2 mol/l HCl gelöst und die Lösung zum Zentrifugat der Reduktionsgruppe gegeben.

Au Das Zentrifugat des $Tl(OH)_3$-Niederschlags, welches die Elemente der Reduktionsgruppe enthält, wird stark eingeengt, mit Wasser aufgenommen und mit einem Überschuß fester Oxalsäure versetzt. Beim Erwärmen scheidet sich ein rotbrauner Niederschlag von Au ab.

Pd Das Zentrifugat wird unter Kühlung mit einer 1%igen alkoholischen Dimethylglyoximlösung versetzt, wobei sich gelbes $Pd(C_4H_7O_2N_2)_2$ bildet. Dieser Niederschlag ist in NaOH mit gelber Farbe löslich.

Tab. 5.10: Die Reduktionsgruppe.

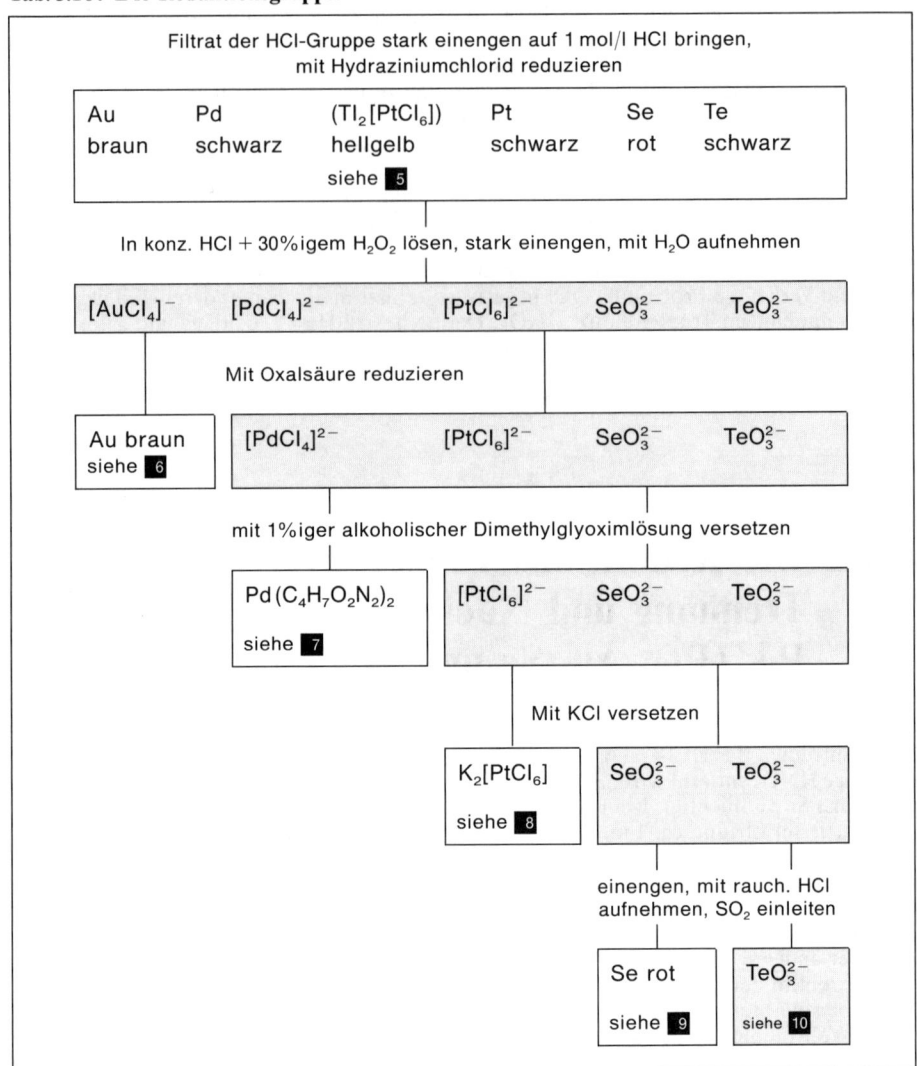

Pt   Anschließend wird durch Zugabe von festem KCl $K_2[PtCl_6]$ ausgefällt. Dieses kann nach II.2. und 3. S. 512 weiter identifiziert werden.

Se   Die verbleibende Lösung, die Se und Te enthält, wird stark eingeengt, mit rauchender HCl aufgenommen und in der Hitze SO_2 eingeleitet. Es fällt rotes Se.

Te   Die abermals eingedampfte Lösung nimmt man mit Wasser auf. Beim Einleiten von SO_2 fällt schwarzes Te aus. Man identifiziert Se und Te durch Lösen in heißer konz. H_2SO_4 (s. 3., S. 316 und 3., S. 319)

5		Bei gleichzeitiger Anwesenheit von Pt(IV) und Tl(I) fällt Tl$_2$[PtCl$_6$] aus. Das Tl(I) wird wie folgt von den Elementen der Reduktionsgruppe abgetrennt: Niederschlag der Reduktionsgruppe in HCl/H$_2$O$_2$ lösen, mit 2 mol/l NaOH Tl(OH)$_3$ ausfällen, zentrifugieren, waschen und Tl(OH)$_3$ nach Lösen in verd. HCl zum Filtrat der Reduktionsgruppe geben. Zentrifugat der Tl(OH)$_3$-Fällung stark einengen, mit H$_2$O aufnehmen zur Au-Abscheidung mit Oxalsäure reduzieren usw.
6	Au	fällt als brauner Niederschlag aus
	Nachweis:	(Nr. 6. S. 509)
7	Pd(C$_4$H$_7$O$_2$N$_2$)$_2$	gelber Niederschlag
	Nachweis:	Der Niederschlag wird in NaOH gelöst: gelb (Nr. 8. S. 515)
8	K$_2$[PtCl$_6$]	hellgelber Niederschlag. Niederschlag in HCl lösen, mit SO$_2$ reduzieren.
	Nachweis:	Mit CH$_3$COONa puffern. Festes Dimethylglyoxim zugeben: Pt(C$_4$H$_7$O$_2$N$_2$)$_2$ braun, blau (Nr. 3. S. 512)
9	Se	roter Niederschlag
	Nachweis:	Der Niederschlag löst sich in konz. H$_2$SO$_4$ mit grüner Farbe. (Nr. 3. S. 316)
10	TeO$_3^{2-}$	ist in Lösung
	Nachweis:	Die Lösung wird eingedampft. Der Rückstand wird mit H$_2$O aufgenommen und SO$_2$ eingeleitet. Dabei fällt schwarzes Te aus, das sich in konz. H$_2$SO$_4$ mit roter Farbe löst. (Nr. 3. S. 319)

In Lösung bleiben: Elemente der H$_2$S-, (NH$_4$)$_2$S-, (NH$_4$)$_2$CO$_3$- und der löslichen Gruppe.

Trennungsgänge

5

5.4.3 Behandlung von Spuren Gold, Silber und Platin in einem Erz oder in einem unedlen Metall nach dem Kupellationsverfahren

Zum Nachweis müssen die Edelmetalle zunächst angereichert werden. Je nach Art des zu untersuchenden Materials dienen dazu das Abrösten, Ansieden und Abtreiben.

- **Röstprozeß**

  Falls die Erzprobe sulfidischer Natur ist, wird sie zunächst abgeröstet. Dazu erhitzt man 5 g Erz bei Luftzutritt unter Umrühren am besten in demselben Tiegel, in dem später das sogenannte Ansieden ausgeführt wird, bis kein SO_2 mehr entweicht (Abzug!).

- **Ansiedeprozeß**

  Das so entstandene Oxid oder 5 g einer schon in oxidischer Form vorliegenden Erzprobe werden in einem Tontiegel, der sich nach unten stark verjüngt, mit 12 g edelmetallfreiem PbO, zur Bereitung des Bleiregulus, 5 g Na_2CO_3 und 1 g $Na_2B_4O_7$ als Flußmittel, sowie 1,3 g Kaliumhydrogentartrat (Weinstein) als Reduktionsmittel innig gemischt.

  Die Größe des Tontiegels ist so zu wählen, daß er etwa zu zwei Drittel gefüllt ist. In einem Gas- oder elektrischen Ofen erhitzt man dann bis zum klaren Schmelzfluß. Nach Beendigung der Umsetzung wird der Tiegel aus dem Ofen genommen und mehrmals fest auf eine Unterlage gestellt, damit sich möglichst alles geschmolzene Pb am Boden vereinigt. Der erkaltete Tiegel wird zerschlagen und der Bleiregulus (Bleikönig) von der Schlacke befreit.

  Hat man eine Metallegierung auf Spuren von Edelmetall zu untersuchen, so verschmilzt man sie, falls es sich nicht um Pb selbst handelt, mit etwa der vierfachen Menge Pb (etwa 2 g Legierung mit 5 g Pb) auf der Holzkohle.

- **Abtreibeprozeß**

  Der so vorbereitete Bleiregulus kommt entweder in eine Kupelle, einen flachen Tiegel aus porösen, basischen, feuerfesten Steinen oder in eine kleine Vertiefung aus Kalkstein, wo er mit dem Lötrohr oder der spitzen Gebläseflamme oxidierend verschmolzen wird. Das sich bildende PbO zieht in die poröse Unterlage, während das metallische Pb immer weniger wird und sich dadurch an Edelmetall anreichert. Man treibt so weit ab, bis der Bleiregulus noch etwa 1 mm $\varnothing$ hat.

  Bei den hier angewandten Mengen erweist es sich nicht als günstig, so weit abzutreiben, bis alles Pb oxidiert ist, wie es bei der quantitativen Analyse üblich ist. Der Bleiregulus wird gelöst und die Elemente nach den bekannten Methoden identifiziert.

5.4.4 Die H_2S-Gruppe

5.4.4.1 Allgemeines

Im Folgenden wird der H_2S-Trennungsgang dreimal beschrieben.

TRENNUNGSGANG I: **Standardtrennungsgang** der H_2S-Gruppe. Nach-
(s. S. 542) weis der Elemente Hg, Pb, Bi, Cu, Cd, As, Sb und Sn. **Fällung mit H_2S-Gas (s. auch Poster).**

TRENNUNGSGANG II: **Erweiterter Trennungsgang** der H_2S-Gruppe unter
(s. S. 547) zusätzlicher Berücksichtigung von Ge, Se, Te, Mo und Tl. **Fällung mit H_2S-Gas**

TRENNUNGSGANG III: **Praktische Durchführung** der H_2S-Trennung im
(s. S. 549) Halbmikromaßstab. Nachweis der Elemente Tl, Ge, Sn, Pb, As, Sb, Bi, Se, Te, Cu, Cd, Hg und Mo. **Fällung mit H_2S-Gas oder Thioacetamid.**

Je nach Anforderung ist zu entscheiden, welcher ·H$_2$S-Trennungsgang ausgeführt werden soll.

Am Ende dieses Abschnitts befinden sich zusammengefaßt die Übersichtstabellen, die diese Beschreibungen schematisch skizzieren.

Vorbemerkungen

Die Kationen dieser Gruppe fällt man aus salzsaurer Lösung durch H$_2$S als charakteristisch farbige, schwerlösliche Sulfide. $[SeO_3]^{2-}$ und $[TeO_3]^{2-}$ werden von H$_2$S in saurer Lösung zu Se bzw. Te reduziert. Tl(III) wird unter den gleichen Bedingungen zu Tl(I) reduziert und primär als Gemisch von TlCl + Tl$_2$S gefällt. Dieses geht beim anschließenden Digerieren mit (NH$_4$)$_2$S$_x$ vollständig in Tl$_2$S über, das in (NH$_4$)$_2$S$_x$ schwerlöslich ist. Zweckmäßiger ist jedoch die im folgenden beschriebene Reduktion und Fällung von Tl als TlI · I$_2$ (Näheres s. S. 548).

Aufgrund der unterschiedlichen Löslichkeit der Sulfide in Alkalisulfid-Lösung oder in Alkalihydroxid kann die H$_2$S-Gruppe in zwei Untergruppen, die **As/Sn-Gruppe** und die **Cu-Gruppe** aufgeteilt werden.

Die Sulfide werden bei längerem Stehen an der Luft, besonders in feuchtem Zustand leicht zu löslichen Sulfaten oxidiert. Dadurch können die gefällten Kationen in die (NH$_4$)$_2$S-Gruppe gelangen. Die Sulfide sind daher möglichst schnell von der überstehenden Lösung zu trennen und stets mit H$_2$S-haltigem Wasser auszuwaschen.

Da einige der Elemente der H$_2$S-Gruppe in unterschiedlichen Oxidationsstufen auftreten können, werden durch folgende Reaktionen die Oxidationsstufen ermittelt.

As Den Sodaauszug mit HNO$_3$ ansäuern, AgNO$_3$ zusetzen, von etwa ausgefallenem AgCl abzentrifugieren und mit Ammoniak überschichten: Ein gelber Ring deutet auf AsO$_3^{3-}$, ein brauner Ring auf AsO$_4^{3-}$ hin. Den Sodaauszug dann weiter mit H$_2$SO$_4$ ansäuern und KI zugeben. Eine Iodausscheidung zeigt AsO$_4^{3-}$ oder SbO$_4^{3-}$ an.

Sb Der Sodaauszug wird mit einem Überschuß von Ammoniak versetzt und ammoniakalische AgNO$_3$-Lösung zugegeben. Die Ausscheidung von schwarzgrauem Ag deutet auf Sb(III) hin. Weiter wird der mit H$_2$SO$_4$ angesäuerte Sodaauszug mit KI geprüft. Eine Iodausscheidung macht die Anwesenheit von Sb(V) wahrscheinlich.

Sn Die salzsaure Lösung der Ausgangssubstanz gibt bei Anwesenheit von Sn(II) mit HgCl$_2$ die bekannte Reaktion unter Ausscheidung von Hg$_2$Cl$_2$ bzw. Hg. Das Ausbleiben der Reaktion weist auf Sn(IV) hin.

Bei der Beurteilung dieser Reaktionen muß man sehr vorsichtig sein, da sie zum Teil mehrdeutig sind.

Trennungsgänge

5

5.4.4.2 TRENNUNGSGANG I:
Trennung und Nachweis von
Hg, Pb, Bi, Cu, Cd, As, Sb und Sn (s. Poster)

Vorproben

Hinweise auf die genannten Elemente kann man am besten durch die **Lötrohrprobe** erhalten. Während die **Flammenfärbung** nur allgemein auf Schwermetalle schließen läßt, kann man mit der **Phosphorsalz- bzw. Boraxperle** Cu und Sn erkennen. Durch die **Glühröhrchenprobe** kann man auf Hg und As, evtl. auch auf Cd schließen. Die Probe auf As wird durch Acetatzusatz (Kakodyloxid) empfindlicher. Die **Marshsche Probe** ist die beste Vorprobe auf As und Sb. Die **Leuchtprobe** auf Sn ist recht spezifisch und gegebenenfalls auch als Nachweis zu verwenden.

Lösen und Aufschließen

Auch hier wird man zunächst versuchen, die Substanz mit HCl in Lösung zu bringen. Vielleicht wird dies jedoch nicht gelingen, wenn schwerlösliche Sulfide vorliegen. Bei Verwendung von Königswasser ist die HNO_3 weitgehend abzudampfen, um eine größere Schwefelabscheidung beim Erhitzen von H_2S zu vermeiden. Ein völliges Eintrocknen muß unbedingt vermieden werden, da sich hierbei Hg- und As-Verbindungen verflüchtigen.
Als in Säuren schwerlösliche Verbindungen kommen hier **SnO_2**, **Zinnstein**, weiß, bzw. SnO, schwarz, in Frage. Diese werden durch den **Freiberger Aufschluß** aufgeschlossen (s. S. 533). Die entstandene Schmelze laugt man mit Wasser aus, filtriert und versetzt mit HCl, wobei gelbes SnS_2 ausfällt. Der Sulfidniederschlag kann je nach Art der Analyse allein oder zusammen mit den gefällten Sulfiden des Trennungsganges weiterverarbeitet werden. Bei einer Schmelze mit der vierfachen Menge KCN (Abzug!!) entsteht metallisches Zinn, das durch längeres Kochen mit HCl in Lösung gebracht werden kann. Als weitere in Säuren schwerlösliche Verbindungen kann weißes **$PbSO_4$** vorliegen, das sich in ammoniakalischer Tartratlösung oder konz. Laugen auflöst.
Störende Anionen, wie z.B. Oxalat und Tartrat, müssen vor Beginn des Trennungsganges, wie auf S. 362 beschrieben, entfernt werden.

H_2S-Fällung

Zur Fällung der Sulfide wird in die heiße, auf geringes Volumen eingeengte, noch 2–3 mol/l HCl enthaltende Lösung H_2S eingeleitet und zur Abscheidung des CdS mit kleinen Portionen Wasser auf das Fünffache verdünnt. Für die Sulfidfällung eignet sich auch frisch bereitetes H_2S-Wasser. Aus der Reihenfolge des Auftretens verschieden farbiger Sulfide können wichtige Hinweise auf die Zusammensetzung der Probe erhalten werden. In der **Reihenfolge der Fällung** bilden sich: As_2S_3, gelb, SnS_2, hellgelb, Sb_2S_3, orange, HgS, PbS, CuS, SnS, und Bi_2S_3, braun bzw. schwarz, CdS, gelb.
Der Niederschlag wird sofort abzentrifugiert und mit H_2S-Wasser, dem einige Körnchen Ammoniumacetat zugesetzt werden, gewaschen, bis keine Cl^--Ionen mehr nachzuweisen sind. Das Waschwasser wird verworfen. Das Zentrifugat selbst dient zum Nachweis der anderen Elemente.

Trennung in Kupfergruppe und Arsen/Zinn-Gruppe

Die Sulfide bringt man in eine Porzellanschale und behandelt sie bei mäßiger Wärme (etwa 60 °C, nicht in der Siedehitze) unter Umrühren etwa 10 Minuten lang mit gelbem $(NH_4)_2S_x$.

Beim Digerieren lösen sich As, Sb, Sn und spurenweise Cu, während Hg, Pb, Bi, Cu und Cd zurückbleiben.

Trennung und Nachweise der Kupfergruppe

Hg Der abgetrennte Rückstand wird mit (NH$_4$)$_2$S-haltigem Wasser gewaschen und mit einer Mischung von einem Teil konz. HNO$_3$ und 2 Teilen Wasser 2–3 Minuten behandelt. Der Rückstand der nach der Behandlung mit HNO$_3$ verbleibt, kann schwarzes HgS oder auch weißes Hg$_2$S(NO$_3$)$_2$, vermischt mit weißlichem Schwefel, enthalten. Er wird in Königswasser gelöst, dann wird bis fast zur Trockene verdampft und mit wenig Wasser aufgenommen. In der Lösung wird Hg durch Amalgambildung mit Kupferblech (s. 2., S. 470), durch Zugabe von SnCl$_2$ (s. 7., S. 473), sowie als Co[Hg(SCN)$_4$] (s. 8., S. 473) nachgewiesen. Zur Identifizierung eignen sich auch die Bildung von Hg(II)-Reineckat (s. 9., S. 473) und von Cu$_2$[HgI$_4$] (s. 10., S. 474).

Pb Das Zentrifugat vom HgS-Rückstand wird unter Zusatz von 1–2 ml konz. H$_2$SO$_4$ in einer Porzellanschale so weit eingedampft, bis weiße Nebel entstehen und die gesamte HNO$_3$ restlos entfernt ist. Man läßt erkalten und fügt ungefähr das gleiche Volumen verd. H$_2$SO$_4$ hinzu. Ist Pb zugegen, bildet sich ein weißer Niederschlag von PbSO$_4$. Bei starker Verdünnung kann auch Bismutoxidsulfat ausfallen. Dies darf nicht geschehen, da man sonst leicht Bi übersieht.

Nach einigem Stehen zentrifugiert man ab, wäscht mit verd. H$_2$SO$_4$ aus und behandelt den Rückstand mit ammoniakalischer Weinsäurelösung. PbSO$_4$ löst sich auf. In dieser Lösung kann Pb als PbCrO$_4$ (s. 9., S. 476) bzw. K$_2$CuPb(NO$_2$)$_6$ (s. 10., S. 477) nachgewiesen werden.

Bi Das Zentrifugat von PbSO$_4$, in dem noch Bi^{3+}, Cu^{2+} und Cd^{2+} vorhanden sein können, macht man mit konz. Ammoniak ammoniakalisch. Bei Anwesenheit von Bi^{3+} entsteht ein weißer Niederschlag von Bi(OH)SO$_4$. Einen Teil des Niederschlags löse man in HCl und weise Bi(III) mit Natriumhydroxostannat(II)-Lösung (s. 5., S. 479) und Dimethylglyoxim (s. 7., S. 479) nach. Bi(III) kann neben Pb(II) auch als Thioharnstoff Chelat (s. 10., S. 480) oder durch Reduktion mit Stannat(II)-Lösung (s. 6., S. 479) identifiziert werden. Der Hauptteil des Bi(OH)SO$_4$-Niederschlags kann bei unsauberem Arbeiten noch Sn(OH)$_2$, Pb(OH)$_2$ und (Hg$_2$N)$_2$SO$_4$ sowie, falls der Niederschlag nicht genügend ausgewaschen war, noch etwas Al(OH)$_3$, Fe(OH)$_3$ und Cr(OH)$_3$ enthalten. Von den genannten, bei nicht richtigem Arbeiten an dieser Stelle ausfallenden Verbindungen gibt nur Hg(II) mit Stannat(II)-Lösung die gleiche Reaktion. Man zentrifugiert den Niederschlag ab, trocknet ihn und prüft ihn in einem Glühröhrchen auf seine Flüchtigkeit. Bi ist im Gegensatz zu Hg nicht flüchtig. Etwa vorhandenes Fe(III) stört den Nachweis mit Dimethylglyoxim durch Ausfallen des rotbraunen Fe(OH)$_3$.

Cu, Cd Zur Prüfung auf Cd(II) wird ein anderer Teil der ammoniakalischen Lösung mit KCN versetzt, bis die Lösung farblos geworden ist, und dann H$_2$S eingeleitet. Es fällt Cd(II) als CdS (s. 12., S. 484 und 5., S. 487). CdS wird vor dem Lötrohr reduziert. Ein brauner Oxidbeschlag beweist Cd (s. 4., S. 487). Zur Trennung und zum Nachweis von Cu(II) und Cd(II) mit NH$_4$[Cr(SCN)$_4$(NH$_3$)$_2$] werden 5 Tropfen der ammoniakalischen Probelösung mit 5 mol/l HCl schwach angesäuert und Cu(II) mit **Reinecke-Salz** unter Zusatz eines Reduktionsmittels als Cu(I)[Cr(SCN)$_4$(NH$_3$)$_2$] ausgefällt (s. 14., S. 484). 1–2 Tropfen des Zentrifugats dampft man auf einem Objektträger zur Trockne ein und raucht die Ammoniumsalze ab. Der Rückstand wird mit 1 Tropfen 5 mol/l HCl aufgenommen und mit 1 Tropfen frisch bereiteter 2%iger Reinecke-Salzlösung und einigen Tropfen Thioharnstoff versetzt. Bei Gegenwart von Cd(II) erscheinen auf dem Objektträger farblose bis blaßrote, prismatische Stäbchen (s. 7., S. 487).

Tab. 5.11: TRENNUNGSGANG I: H₂S-Gruppe
   (bei Abwesenheit der selteneren Elemente).

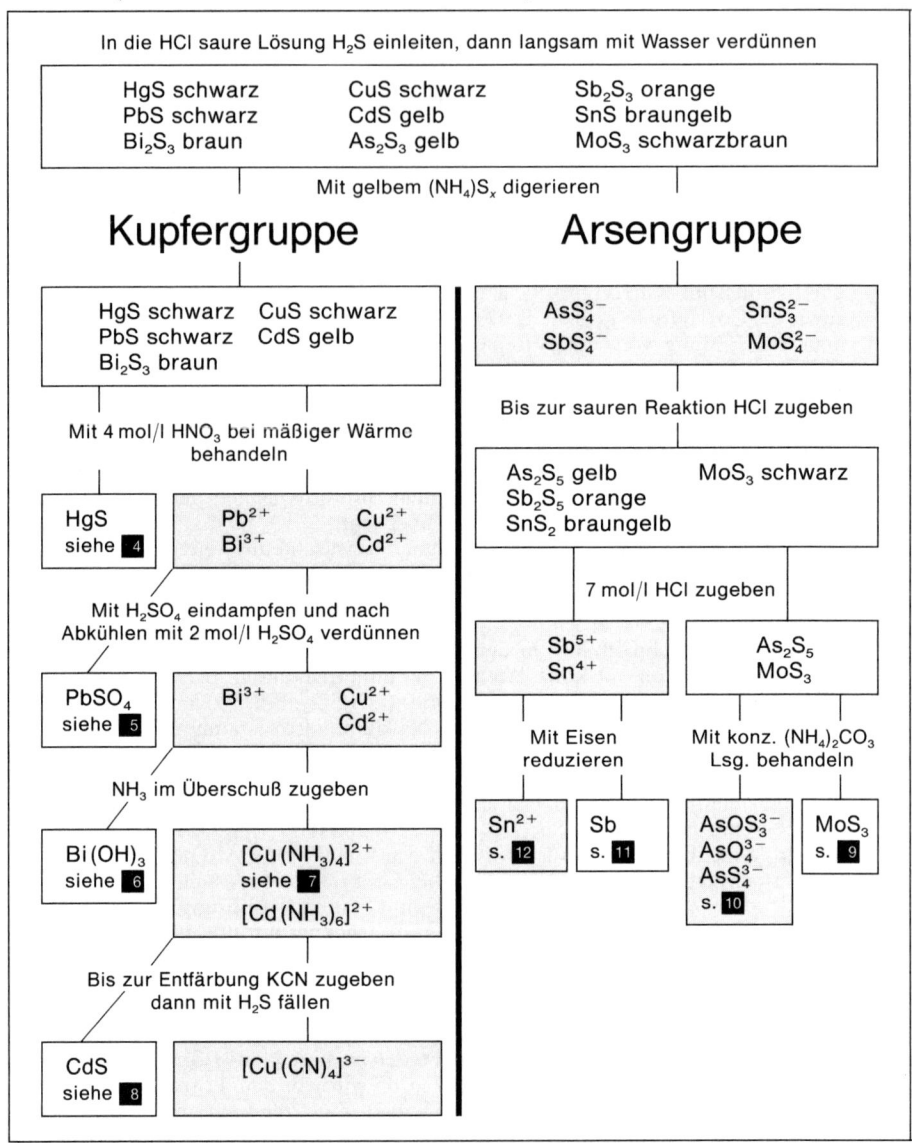

CdS kann auch im Sulfidgemisch der H$_2$S-Gruppenfällung nach 6., S. 487, erkannt werden. Sollte bei der Prüfung auf Cd(II) mit H$_2$S ein schwarzer Niederschlag
entstehen, so ist falsch gearbeitet worden. Man muß dann den Trennungsgang wiederholen. Man kann auch den Niederschlag mit 0,5 mol/l H$_2$SO$_4$ kochen, wobei im
allgemeinen nur Cd(II) in Lösung geht, dann nach Zentrifugieren mit Wasser auf das
Dreifache verdünnen und H$_2$S einleiten.

4 HgS löst sich in HNO_3/HCl

Nachweis: 1. durch Amalgambildung mit unedlen Metallen
(Nr. 2. S. 470)
2. durch Reduktionsmittel ($SnCl_2$) Bildung von Hg_2Cl_2
(weiß) und Hg (schwarz) (Nr. 7. S. 473)

5 $PbSO_4$ löst sich in Ammoniumtartrat-Lösung

Nachweis: 1. Zusatz von $K_2Cr_2O_7$ fällt gelbes $PbCrO_4$
(Nr. 9. S. 476)
2. Durch Zusatz von Cu-acetat und KNO_2 fällt
$K_2CuPb(NO_2)_6$ (Nr. 10. S. 477)

6 $Bi(OH)_3$ löst sich in HCl

Nachweis: 1. mit Dimethylglyoxim + NH_3 gelber Niederschlag
(Nr. 7. S. 479)
2. neutralisieren und mit alkal. Stannat(II)-Lsg.
versetzen (Bi schwarz) (Nr. 5. S. 479)

7 $[Cu(NH_3)_4]^{2+}$ ist an der blauen Farbe der Lösung erkenntlich
(Nr. 8. S. 483)

8 CdS ist an der gelben Farbe des Niederschlags zu
erkennen (Nr. 12. S. 487)

9 MoS_3 Der Niederschlag ist mit Schwefel vermischt und
löst sich in Königswasser, nach Abrauchen wird in
2 mol/l HCl gelöst.

Nachweis: Bei Zusatz von NH_4Cl und Na_2HPO_4 scheiden sich
feine gelbe Kristalle von Ammoniummolybdophos-
phat ab (Nr. 8. S. 463)

10 AsS_4^{3-}, AsO_4^{3-}, Die Lösung wird mit H_2O versetzt;
$AsOS_3^{3-}$ beim Erwärmen bildet sich AsO_4^{3-}

Nachweis: H_2O_2 und Mg^{2+} zugeben; $MgNH_4AsO_4 \cdot 6H_2O$
kristallisiert weiß (Nr. 4. S. 496)

11 Sb löst sich in 7 mol/l HCl + wenig HNO_3

Nachweis: stark verdünnen und H_2S einleiten: Sb_2S_3
(orange) fällt aus (Nr. 3. S. 500)

12 Sn^{2+} verbleibt in der Lösung

Nachweis: 1. mit $HgCl_2$ bildet sich weißes Hg_2Cl_2
und schwarzes Hg (Nr. 7. S. 473)
2. Leuchtprobe (Nr. 1d. S. 503)

In Lösung bleiben: Elemente der Urotropin-Gruppe, der $(NH_4)_2$S-Gruppe, Erdal-
kali- und Alkaliionen

Trennungsgänge

5

Trennung und Nachweise der Arsen-Zinn-Gruppe

Die Lösung, in der sich AsS_4^{3-}, SbS_4^{3-} und SnS_3^{2-} befinden, wird mit verdünnter HCl bis zur deutlich sauren Reaktion angesäuert. Dabei fallen die Sulfide von As, Sb und Sn mit viel S vermischt wieder aus. Ist die Fällung völlig reinweiß, so können höchstens Spuren der drei Elemente vorhanden sein. Im allgemeinen braucht dann nicht weiter geprüft zu werden. Durch As_2S_5 und SnS_2 ist der Niederschlag gelb gefärbt, während sich Sb_2S_5 durch die orangerote Farbe bemerkbar macht. Eine etwa gelöste Spur von Kupfer färbt den Niederschlag braun.

Von den drei Sulfiden kann, nachdem sie abzentrifugiert und gewaschen sind, As_2S_5 nach zwei Methoden leicht abgetrennt werden.

1. Man kocht einige Minuten mit konz. HCl, dabei gehen Sb_2S_5 und SnS_2 in Lösung, während As_2S_5, mit Schwefel vermischt zurückbleibt. Der Rückstand wird dann durch Ammoniak und Wasserstoffperoxid unter Bildung von AsO_4^{3-} in Lösung gebracht.

2. Umgekehrt kann man auch mit konz. $(NH_4)_2CO_3$-Lösung As_2S_5 herauslösen, wobei AsS_4^{3-}, AsO_4^{3-} und $AsOS_3^{3-}$ entstehen. Die vom Niederschlag abgetrennte Lösung wird mit H_2O_2 versetzt. Beim Erwärmen erhält man AsO_4^{3-}. Den Rückstand von Sb_2S_5 und SnS_2 löse man in konz. HCl.

Sowohl nach 1 als auch nach 2 erhält man zwei Lösungen, die eine enthält AsO_4^{3-}, die andere $[SbCl_6]^-$ und $[SnCl_6]^{2-}$.

AsO_4^{3-} wird durch Reduktion entweder in saurer Lösung mit $SnCl_2$ (s. 2., S. 496) oder in alkalischer Lösung nach 3., S. 496, identifiziert. Auch die Bildung von $(NH_4)_3[As(Mo_3O_{10})_4 \cdot aq]$ (s. 5., S. 496) kann zur Prüfung herangezogen werden. **Der beste Arsennachweis ist die Fällung als $MgNH_4AsO_4 \cdot 6H_2O$ (s. 4., S. 496)** und die Ausführung der Marshschen Probe (s. 2., S. 492) mit dem Niederschlag.

In der zweiten Lösung können nach Abdampfen des HCl-Überschusses Sb und Sn nach einer der drei folgenden Methoden voneinander getrennt und nachgewiesen werden.

1. Sb/Sn Man bringt in die schwachsaure Lösung ein Platinblech und gibt darauf einige Körnchen Zink. Sb scheidet sich als schwarzer Beschlag auf dem Platin ab, Sn dagegen als Schwamm am Zink (s. 2., S. 503). Nachdem man etwa 1 Stunde gewartet hat, wird abgegossen, der Beschlag vom Platin mit einigen Tropfen konz. HNO_3 in ein Porzellanschälchen überführt, mit HCl die HNO_3 vertrieben und in verdünnter HCl gelöst. Zum Nachweis des Sb(III) ist die Reaktion mit Molybdophosphorsäure (s. 7., S. 500) sowie die Fällung mit H_2S (s. 3., S. 500) mit anschließender Marshscher Probe (s. 2., S. 498) des Niederschlags geeignet.

Den Schwamm löse man in konz. HCl. Sn(II) wird mit der Leuchtprobe (s. 1., S. 503) mit Molybdophosphorsäure (s. 4., S. 504) sowie als *Cassius*scher Goldpurpur (s. 5., S. 504) identifiziert.

2. Sb/Sn Man bringe in die schwach salzsaure Lösung einen blanken Eisendraht oder Eisennagel. Nach einiger Zeit hat sich Sb als schwarzer Überzug oder in Form von Flocken niedergeschlagen (s. 3., S. 498). Man löst es in Königswasser, vertreibt die Säure, nimmt mit HCl auf und prüft wie oben beschrieben auf Sb.

In der von Sb befreiten Lösung wird Sn(II) identifiziert.

3. Sb/Sn Die salzsaure Lösung wird mit einem Überschuß von konz. Ammoniumoxalatlösung versetzt, zum Sieden erhitzt und H_2S eingeleitet. Es fällt nur Sb_2S_3 aus, das an seiner orangeroten Farbe erkannt wird. Das Zentrifugat wird noch auf Zinn geprüft, indem man es mit Zink reduziert, das Metall in HCl löst und die Nachweisreaktionen auf Zinn durchführt.

Die Trennung mittels Ammoniumoxalatlösung ist nicht so sicher wie die unter 1 und 2 beschriebenen Verfahren. Es kann nämlich bei ungenügendem Oxalatzusatz auch SnS_2 gefällt, bei einem zu großen Überschuß dagegen auch Sb in Lösung gehalten werden.

Das Zentrifugat des H_2S-Niederschlages ist auf Phosphat zu prüfen (s. S. 559). Zur Weiterverarbeitung der Trennung in der Ammonsulfid-Urotropin-Gruppe muß das H_2S durch Kochen der Lösung vertrieben werden.

5.4.4.3 TRENNUNGSGANG II:
Trennung und Nachweis der Elemente der H₂S-Gruppe unter Berücksichtigung von Ge, Se, Te, Mo und Tl

Vorproben

Wichtige Hinweise gibt die Lötrohrreaktion. Auch die Borax- bzw. Phosphorsalzperle für Mo und die Flammenfärbung für Se, Te, Mo, Tl können als Vorproben dienen. Die Anwendung der Marshschen Probe ist für Ge, das Erhitzen mit metallischem Na für Mo geeignet.

Lösen und Aufschließen

Von den zur Wahl stehenden Lösungsmitteln wird in den meisten Fällen Königswasser benutzt. Neben der Anwendung des **alkalischen Aufschlusses** (s. S. 531) für GeO₂ (weiß) kommt hier dem sogenannten **Chloraufschluß** bzw. dem Aufschluß mit trockenem HCl-Gas eine Bedeutung zu. Beide Verfahren können auch zur Abtrennung einiger Elemente, die den Kationentrennungsgang erschweren bzw. stören, angewendet werden. Als Apparatur wird ein Reaktionsrohr mit Vorlage benutzt. Man macht sich die Tatsache zunutze, daß V- und Mo-Verbindungen ab etwa 200 °C im trockenen Chlorwasserstoffstrom bei Gegenwart von Alkali-, Erdalkali- oder Ammoniumsalzen leicht flüchtige Chloride bilden.

Um unnötiges Erhitzen im Chlorwasserstoffstrom zu vermeiden, prüft man erst mittels Vorproben auf V und Mo. Die etwa mit der doppelten Menge NH₄Cl vermischte Substanz wird in das Porzellanschiff gebracht. Die Vorlage ist mit Wasser gefüllt. Man leitet nun einen mit H₂SO₄ getrockneten, mäßigen Chlorwasserstoffstrom durch die auf etwa 280 °C aufgeheizte Apparatur. Nach einer $\frac{3}{4}$–1 h befinden sich V und Mo weitgehend in der Vorlage. Neben diesen beiden sind als Chloride jedoch auch As, Sb, Hg und geringe Mengen Fe flüchtig. Am Schluß der Destillation treibt man alle Produkte, die sich noch im hinteren, kalten Teil des Glasrohres niedergeschlagen haben, durch vorsichtiges Erwärmen in die Vorlage. Hat man eine große Menge der Vorlagenflüssigkeit verwendet oder ist ein der oben erwähnten Elemente in geringen Mengen vorhanden, so ist es zweckmäßig, die Flüssigkeit einzudampfen. Liegt eine Legierung vor, so muß sie vorher durch Lösen in Säuren oder durch Schmelzen in Na₂CO₃ + KNO₃ (Oxidationsschmelze) aufgeschlossen werden. Bei dem sauren Aufschluß dampft man zur Trockne ein und verfährt wie oben angegeben.

Den Chloraufschluß wendet man z. B. **für sulfidische Erze** an, in denen nur Spuren von Se und Te enthalten sind. Die feingepulverte Erzprobe befindet sich in dem Porzellanschiffchen. Chlor wird mit konz. H₂SO₄ getrocknet. Die Vorlage ist mit verd. HCl beschickt. Nach dem Füllen der Apparatur mit Chlor erwärmt man gelinde im Chlorstrom, wobei die Reaktion unter Nebelbildung beginnt und sich zunächst Tropfen von S₂Cl₂ in der Vorlage sammeln. Wenn sich bereits im Rohr einige Tropfen abgeschieden haben, so werden diese vorsichtig in die Vorlage übergetrieben. Bei weiterem Erhitzen sublimieren neben S₂Cl₂ noch SeCl₄, TeCl₄, AsCl₃, SbCl₃ und ein Teil FeCl₃ in die Vorlage und hydrolysieren teilweise.

$$SeCl_4 + 3\,H_2O \;\rightarrow\; H_2SeO_3 + 4\,HCl$$

Ist alles überdestilliert, so wird der Inhalt der Vorlage in eine Porzellanschale gebracht. Um zu verhindern, daß sich beim Eindampfen Se verflüchtigt, setzt man 0,5 g KCl hinzu und dampft dann auf ein möglichst kleines Volumen ein. Hierauf reduziert man Se(IV) und Te(IV) durch Einleiten von H₂S. Die Trennung von Sulfiden des As und Sb sowie die Identifizierung des Se und Te erfolgt nach dem üblichen Trennungsgang.

Wolfram (s. S. 464) wird aufgrund seiner Eigenschaft, in Säuren ein schwerlösliches Oxid zu bilden, im allgemeinen bereits zu Beginn des Kationentrennungsganges abgeschieden (s. S. 465). Nur bei Anwesenheit größerer Mengen von PO_4^{3-}, AsO_4^{3-}, SiO_4^{4-} und H_3BO_3, die mit WO_3 lösliche Heteropolysäuren bilden, erfolgt keine quantitative Abscheidung. W(VI) gelangt dann – bis auf die in der HCl-, Reduktions- und H_2S-Gruppe mitgefällten Mengen – in die Urotropingruppe und ist dort nachzuweisen.

Vorbereitung der Analysenlösung

Je nach der Natur der Analysensubstanz und ihrer Lösungsmedien können Tl, Hg, Mo, As, Sb und Sn in verschiedenen Oxidationsstufen vorliegen. Um einen möglichst einfachen und störungsfreien Verlauf der Fällung und Gruppentrennung zu garantieren, sollte man diese Ionen vor ihrer Fällung in definierte Oxidationsstufen überführen. Falls die Analysensubstanz nicht oxidierend gelöst wurde (Königswasser, oder besser HCl + H_2O_2 usw.) wird die salzsaure Lösung mit H_2O_2 oder Br_2-Wasser oxidiert, um sämtliche Elemente in ihre höchste Oxidationsstufe zu überführen. Anschließend reduziert man mit HI, um Tl(III) als Tll · I_2 quantitativ abzuscheiden und um As(V) und Sb(V) in As(III) bzw. Sb(III) zu überführen. Pb(II), Hg(II) und Bi(III) reagieren mit HI unter Iodidbildung. Mo(VI), V(V), Se(IV) und Cu(II) werden ebenfalls reduziert, Sn(IV) dagegen nicht. Ein bei der HI-Einwirkung entstehender Niederschlag stört die folgende H_2S-Fällung nicht, da sich die gefällten Iodide glatt in die weit schwerer löslichen Sulfide umwandeln. Nur das schwerlösliche Tll, elementares Se und Te bleiben unverändert. Die HI-Behandlung hat ferner den Vorteil, daß die Fällung mit einer minimalen H_2S-Menge durchgeführt werden kann, da keine Verluste durch Oxidation eintreten können, und daß ferner zur Trennung in Cu- und As/Sn-Gruppe $(NH_4)_2S$ anstelle von $(NH_4)_2S_x$ verwendet werden kann, da Sn bereits in der Oxidationsstufe + IV vorliegt. Dadurch wird die unerwünschte Abscheidung von elementarem S bei der Aufarbeitung der As/Sn-Gruppe weitgehend vermieden.

H₂S-Fällung Kupfergruppe

Nachdem man aus der salzsauren Lösung in der Wärme mit 1 mol/l HI-Lösung Tll · I_2 und durch anschließendes Einleiten von H_2S die übrigen Elemente als Sulfide gefällt hat, verfährt man wie auf S. 542 beschrieben. Nach dem Digerieren mit $(NH_4)_2S_x$ bzw. $(NH_4)_2S$ bleiben die Elemente der Cu-Gruppe als Sulfide und Tl als Iodid zurück.

Aus diesem Rückstand werden **Hg(II)** und **Pb(II)** in der auf S. 543 beschriebenen Weise abgetrennt. Das Zentrifugat von $PbSO_4$ wird mit einigen Tropfen $NaClO_3$-Lösung versetzt, kurz aufgekocht und dann mit 5 mol/l NaOH stark alkalisch gemacht.

Es fallen aus: **Tl(OH)₃, Bi(OH)₃, Cu(OH)₂ und Cd(OH)₂.** Eventuell verschlepptes Mo verbleibt in Lösung. Nun löst man den mit 2 mol/l NaOH gewaschenen Hydroxidniederschlag in 2.5 mol/l H_2SO_4, gibt in der Kälte einige Spatelspitzen KBr hinzu und erwärmt. Nach Abkühlen versetzt man mit einigen Tropfen $HClO_4$ und zentrifugiert den TlBr-Niederschlag ab. Er wird dreimal mit KBr-haltigem Wasser gewaschen (das ebenfalls etwas $HClO_4$ enthält), mittels $HCl/NaClO_3$ wird oxidierend gelöst und mit 2 mol/l NaOH Tl(OH)₃ gefällt. Nach Lösen in 1 mol/l H_2SO_4 weist man Tl mit KI (s. 3., S. 490) oder als Thiocarbonat (s. 6., S. 490) nach. Außerdem dampft man eine Probe ein und prüft spektralanalytisch (s. 1., S. 488).

Im Zentrifugat des TlBr-Niederschlags befinden sich Cu(II), Bi(III) und Cd(II), die nach den auf S. 543 beschriebenen Verfahren aufgetrennt und nachgewiesen werden. Der Überschuß an Br^--Ionen stört nicht.

Arsen-Zinn-Gruppe

Die Lösung, in der sich AsS_4^{3-}, SbS_4^{3-}, SnS_3^{2-}, MoS_4^{2-}, GeS_3^{2-} sowie $Se_xS_y^{2-}$ und $Te_xS_y^{2-}$ befinden, wird tropfenweise mit verd. H_2SO_4 bis zur schwach sauren Reaktion angesäuert. Mit Ausnahme des GeS_3^{2-}, das unter diesen Bedingungen noch in Lösung bleibt, fallen die Sulfide der genannten Elemente sowie Se und Te beim Ansäuern aus. Sie werden abzentrifugiert und gut mit H_2S-haltigem Wasser gewaschen. Das Zentrifugat wird mit viel konz. HCl versetzt, wobei jetzt GeS_2 vermischt mit S ausfällt. Der Niederschlag wird abzentrifugiert, gewaschen und mit konz. Ammoniak (oder konz. Ammoniumcarbonat) behandelt, wobei GeS_2 in Lösung geht. Ein Teil der ammoniakalischen Lösung wird mit HNO_3 angesäuert und mit Ammoniummolybdat versetzt (s. 6., S. 507). Im anderen Teil der Lösung kann nach Ansäuern mit H_2SO_4 das Ge mit Reduktionsmitteln erkannt werden (s. 4., S. 506).

Der beim Ansäuern mit verd. H_2SO_4 erhaltene Sulfidniederschlag wird zur Entfernung von Sb und Sn mit konz. HCl behandelt. Beide Elemente werden im Zentrifugat nach der Vorschrift auf S. 546 nachgewiesen.

Der nichtgelöste Niederschlag mit den übrigen Elementen wird in konz. Ammoniumcarbonatlösung behandelt, wobei Arsensulfid gelöst wird. In der Lösung weist man As wie auf S. 546 beschrieben nach.

Der nach der Behandlung mit Ammoniumcarbonat zurückbleibende Niederschlag wird in Königswasser gelöst, die HNO_3 durch mehrmaliges Abrauchen mit HCl vertrieben und schließlich mit verd. HCl wieder aufgenommen. Zu dieser salzsauren Lösung gibt man granuliertes Zink. Hierdurch erfolgt die Abscheidung des Se und Te in elementarer Form, während Mo über Molybdänblau (s. 4., S. 463) zu löslichem Mo(IV) bzw. Mo(III) reduziert und dadurch nachgewiesen wird. Ein anderer Teil der Lösung wird mit HNO_3 versetzt und Mo als Ammonium- bzw. Kaliummolybdophosphat (s. 8., S. 463) bzw. mit KSCN + Reduktionsmitteln (s. 9., S. 463) identifiziert. Benutzt man zum Nachweis $K_4[Fe(CN)_6]$ (s. 7., S. 463), so muß man berücksichtigen, daß auch Zn eine, wenn auch weiße, Fällung gibt. Ist der Niederschlag rotbraun gefärbt, kann auf Mo geschlossen werden.

Der abgeschiedene Niederschlag von Se oder Te wird abzentrifugiert, mit verd. HCl gewaschen und in konz. HNO_3 gelöst. Nachweis und Trennung von Se und Te sind oben beschrieben.

5.4.4.4 TRENNUNGSGANG III:
Nachweis und Trennung von Mo, Hg, As, Sb, Se, Te, Cu, Cd, Pb, Sn, Ge, Tl und Bi. Praktische Durchführung der H₂S-Trennung im Halbmikromaßstab

Vorbehandlung der Kationenlösung

Das Zentrifugat der säureschwerlöslichen Gruppe wird durch mehrfaches vorsichtiges Eindampfen mit HCl bis fast zur Trockene von HNO_3 befreit. Lösliche Kieselsäure scheidet man durch mehrfaches Abrauchen mit 5 mol/l HCl ab. Weil dabei Hg(II), As(III), Sb(III) und Se(IV) verflüchtigt werden, muß vor dem Abrauchen auf diese Ionen geprüft werden. Der trockene Rückstand wird mit 5–8 Tropfen 5 mol/l HCl unter Erwärmen gelöst, auf 2,5 ml verdünnt und mit 1 Tropfen 1 mol/l HI versetzt. Die HI-Lösung ist immer durch freies Iod mehr oder minder braun gefärbt. Tritt Entfärbung ein (reduzierende Ionen!), so versetzt man tropfenweise mit gesättigtem Bromwasser, bis das Br_2 eben nicht mehr entfärbt wird. (Anstelle von Brom kann auch 0,5 mol/l H_2O_2 verwendet werden, das jedoch keine H_3PO_4 als Stabilisator enthalten darf.) Das überschüssige Brom wird anschließend auf dem Wasserbad mit Luft verblasen.

Nach dieser oxidierenden Behandlung versetzt man tropfenweise mit soviel HI-Lösung, bis kein I_2 mehr gebildet wird. Der Endpunkt der HI-Behandlung ist infolge des I_2-Gehaltes des HI schlecht zu erkennen. Es sollen aber nicht mehr als 10 Tropfen 1 mol/l HI hinzugefügt werden. Das freie Iod wird mit einem warmen Luftstrom vertrieben. Ein auftretender Niederschlag der auf Hg(II), Pb(II), Tl(I), Bi oder Se deutet, wird nicht abgetrennt. Beim längeren Erhitzen dieser sauren Lösung (pH ca. 0) können Kationen der Oxidationsstufe (+ IV), vor allem Ti(IV), bereits hydrolytisch gefällt werden. Die geringe Ti(OH)$_4$-Menge, die nach der ersten H_2S-Fällung bei den Sulfiden verbleibt, kann vernachlässigt werden.

Fällung mit gasförmigem H_2S

In die im Wasserbad erwärmte Kationenlösung wird durch eine Kapillarpipette mit möglichst feiner Spitze (kleine Gasblasen-große Absorptionsoberfläche) 1 Minute H_2S eingeleitet. Nach etwa:

15 Sekunden: Beginn der Fällung mit **As$_2$S$_3$ und HgS**
3–5 Minuten: Fällung der übrigen Sulfide. Die überstehende Lösung ist mit H_2S gesättigt.

Die Mischung wird noch 2 Minuten auf dem Wasserbad erwärmt und der Niederschlag zweimal mit 1 ml frisch bereitetem H_2S-Wasser, das mit einem Tropfen 5 mol/l HCl angesäuert ist, gewaschen.

● **Bei Abwesenheit von Molybdän** wird Waschwasser und Zentrifugat der ersten H_2S-Fällung vorsichtig bis fast zur Trockne eingedampft. Den Rückstand löst man mit 1 Tropfen 5 mol/l HCl und 20 Tropfen Wasser. (Bei Gegenwart von Ti(IV), Zr(IV), Th(IV) kann hier durch Hydrolyse ein farbloser Oxidhydrat-Niederschlag anfallen. Er wird abzentrifugiert, mit 0,1 mol/l HCl gewaschen und auf die entsprechenden Ionen geprüft.) In die saure Kationenlösung (pH 0,5–1,0) leitet man nochmals 3–5 Minuten H_2S ein. Der Niederschlag wird mit dem H_2S-Wasser gewaschen und mit der ersten Fällung vereinigt. Die vereinigten Niederschläge werden abzentrifugiert und nochmals mit 1 ml H_2S-Wasser + 1 Tropfen 5 mol/l HCl gewaschen. Die Waschwässer werden mit den Zentrifugaten der H_2S-Fällung vereinigt. Zur Entfernung von H_2S wird auf 1 ml eingedampft und bis zur Fällung der nächsten Gruppe beiseite gestellt.

● **Bei Anwesenheit von Molybdän** wird das Zentrifugat der ersten H_2S-Fällung wie oben beschrieben bis fast zur Trockne eingedampft, mit 1 Tropfen 14,5 mol/l HNO_3 versetzt und dann vollständig zur Trockne eingedampft. Den Rückstand löst man mit 1 Tropfen 5 mol/l HCl und 10 Tropfen Wasser. Dabei auftretende farblose Niederschläge werden abzentrifugiert und auf Ti(IV), Zr(IV) und Th(IV) geprüft. Die klare Lösung (pH 0,5–1,0) wird in ein Einschmelzröhrchen (Volumen ca. 5 ml) überführt, wobei man die Reste der Lösung aus dem Eindampfgefäß mit 10 Tropfen Wasser überspült. Dazu gibt man 0,1– 0,2 ml Thioessigsäure (bzw. 150–200 mg **Thioacetamid**) und schmilzt das Röhrchen vorsichtig ab, wobei das Ende zu einer Kapillare ausgezogen wird. Das abgeschmolzene Röhrchen wird 5 Minuten im siedenden Wasserbad erhitzt, wobei Thioessigsäure zu H_2S und CH_3COOH hydrolysiert. Dadurch entsteht ein Überdruck an H_2S (**Druckfällung**), so daß MoS_3 meist sofort quantitativ neben CdS und PbS ausgefällt wird. Steht keine Thioessigsäure bzw. Thioacetamid zur Verfügung, so wird aus der obigen Lösung (pH 0,5–1,0) zunächst PbS und CdS durch Einleiten von H_2S in der Siedehitze gefällt. Anschließend überführt man die Lösung samt Niederschlag in das Einschmelzröhrchen und sättigt bei 0 °C (Eisbad) mit H_2S. Dann wird das Röhrchen abgeschmolzen und weiter wie oben verfahren. Das Erhitzen des Einschmelzröhrchens muß aus Sicherheitsgründen hinter einer Abzugsscheibe durchgeführt werden. Nach dem Abkühlen wird das Röhrchen in ein Tuch gewickelt (Schutzbrille!!!) und die Kapillare abgebrochen. Dann sprengt man das Glas am oberen Ende ab. Lösung und Niederschlag werden wie oben beschrieben weiterverarbeitet. Sollte die MoS₃-Fällung, was gelegentlich vorkommt, nicht quantitativ verlaufen sein, so wird die Druckfällung in gleicher Weise wiederholt.

Fällung mit Thioacetamid

Im Prinzip kann anstelle von H₂S, wie schon erwähnt, auch Thioacetamid zur Fällung von Sulfiden verwendet werden. Thioacetamid hydrolysiert in heißer wäßriger Lösung nach:

$$H_3C - C\begin{array}{c} S \\ \diagup\diagup \\ \diagdown \\ NH_2 \end{array} \quad + \quad 2\ H_2O \longrightarrow \quad H_2S \quad + \quad CH_3COO^- \quad + \quad NH_4^+$$

Die Fällungen führt man sinngemäß, wie eben beschrieben, durch. Anstelle des Einleitens von H₂S werden die jeweiligen sauren Lösungen mit festem Thioacetamid oder seiner kaltgesättigten Lösung versetzt und einige Minuten gekocht, wobei die entsprechenden Sulfide meist in flockiger Form ausfallen.

Angesichts des hohen Preises von Thioacetamid (p.a.) und seiner möglicherweise krebserzeugenden Wirkung[1]) sowie der Tatsache, daß die Fällungen (besonders bei PbS, CdS und Bi₂S₃) verzögert und nicht ganz quantitativ erfolgen, kann Thioacetamid nicht uneingeschränkt empfohlen werden.

Trennung in Kupfer und Arsen/Zinn Gruppe

Der Niederschlag der H₂S-Fällung wird mit 3 Tropfen 5 mol/l NaOH und 10 Tropfen 1 mol/l NaHS 3 Minuten auf dem Wasserbad behandelt (digeriert), mit 2 ml Wasser verdünnt, abgekühlt und zentrifugiert. 1 Tropfen des Zentrifugats wird mit 5 mol/l H₂SO₄ schwach angesäuert. Zeigt sich dabei kein Niederschlag, so wiederholt man das Digerieren mit 2 Tropfen 5 mol/l NaOH + 6 Tropfen 1 mol/l NaHS. Die vereinigten Lösungen enthalten die **Thiosalze** der Elemente der Arsen/Zinn-Gruppe: HgS_2^{2-}, MoS_4^{2-}, AsS_4^{3-}, SbS_4^{3-}, SnS_3^{2-}, $Se_xS_y^{2-}$ und $Te_xS_y^{2-}$.

Der Rückstand der NaOH−NaHS-Extraktion wird mit Wasser neutral gewaschen und zentrifugiert. Das Waschwasser verwirft man. Der Rückstand enthält die Sulfide der Kupfergruppe, PbS, Bi₂S₃, CuS, CdS und Tl·I₂, Reste MoS₃ und HgS.

Anstelle der **Trennung mit NaOH−NaHS** kann selbstverständlich genau wie im allgemeinen Trennungsgang (I) unter Berücksichtigung veränderter Mengenverhältnisse mit **(NH₄)₂S bzw. (NH₄)₂Sₓ** getrennt werden. In diesem Falle verbleibt das HgS in der Kupfergruppe.

Fällungsreagenz: Anstelle von getrennten NaOH und NaHS-Lösungen kann auch eine fertige Lösung verwendet werden, die man durch Sättigen von 1 Liter 3 mol/l NaOH mit H₂S und Zugabe von 4 g Schwefel und 3,5 g NaOH herstellt. Diese Lösung wird nach 24 Stunden von ungelöstem Schwefel abzentrifugiert und in einer braunen Flasche an einem kühlen Ort aufbewahrt.

Trennung der Kupfergruppe

● Trennung mit H₂O₂ + H₂SO₄:

Pb(II)   Der Sulfid-Iodid Niederschlag wird mit 3 Tropfen 2,5 mol/l H₂SO₄ versetzt und 2 Minuten auf dem Wasserbad erwärmt. Nach dem Abkühlen verdünnt man die Mischung unter Rühren mit 5 Tropfen Wasser (nicht mehr, sonst können sich

---

[1]) Schweizer Giftliste

Tab. 5.12: TRENNUNGSGANG III: H₂S-Gruppe
(bei Anwesenheit der selteneren Elemente).

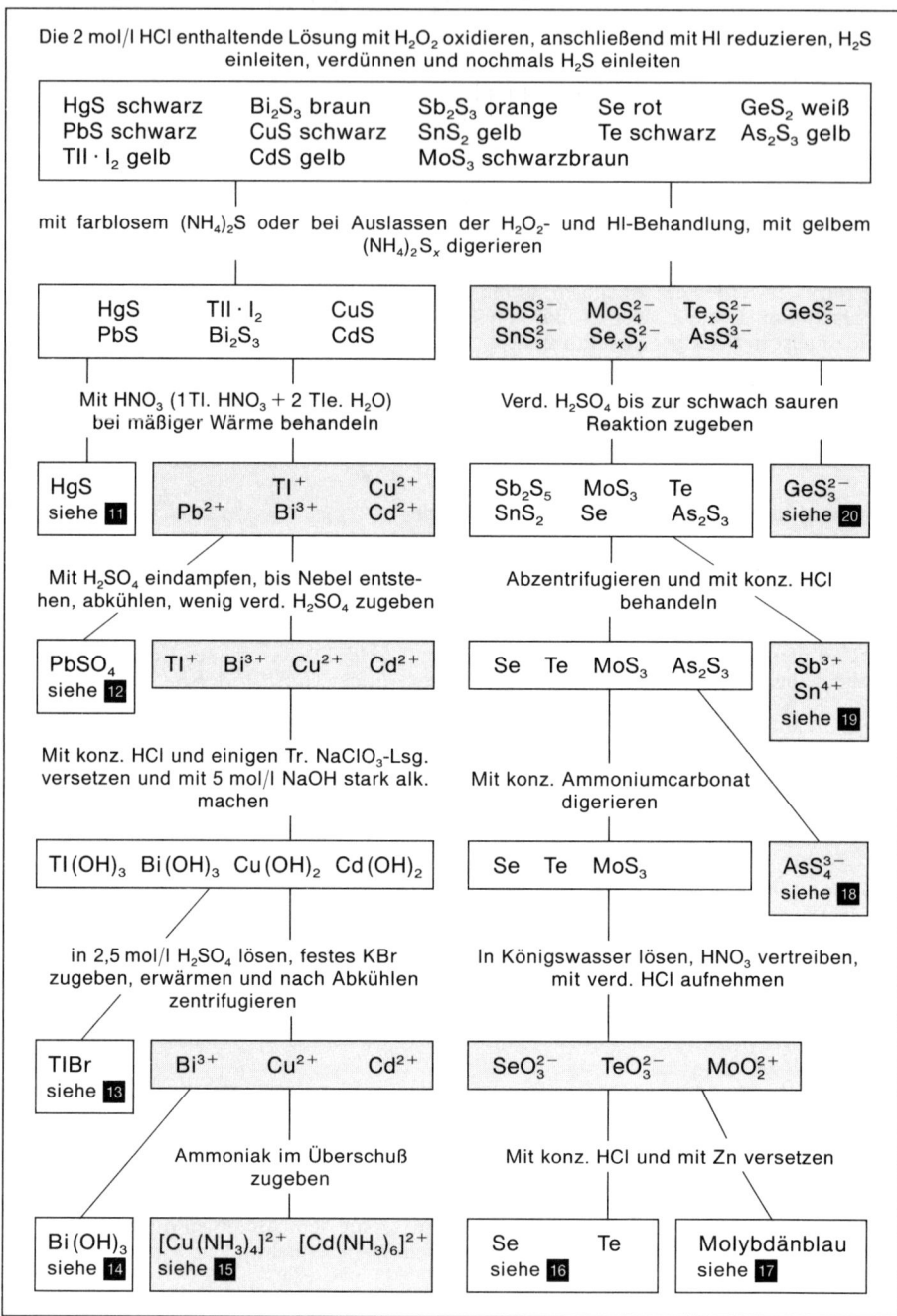

11 HgS — löst sich in HNO_3/HCl. Die Lösung abrauchen und in HCl wiederaufnehmen

Nachweis:
1. Durch Amalgambildung mit unedlen Metallen (Nr. 2. S. 470)
2. Durch Reduktionsmittel ($SnCl_2$) Bildung von Hg_2Cl_2 (weiß) und Hg (schwarz). (Nr. 7. S. 473)
3. Die Zugabe von Co^{2+} und NH_4SCN führt zur Bildung eines blauen Niederschlags $Co[Hg(SCN)_4]$. (Nr. 8. S. 473)

12 $PbSO_4$ — löst sich in Ammoniumtartrat-Lösung

Nachweis:
1. Der Zusatz von K_2CrO_4 fällt gelbes $PbCrO_4$ (Nr. 9. S. 476)
2. durch Zusatz von Cu-acetat und KNO_2 fällt $K_2CuPb(NO_2)_6$. (Nr. 10. S. 477)

13 TlBr — löst sich in HCl + $NaClO_3$. Nach Zugabe von 5 mol/l NaOH fällt braunschwarzes $Tl(OH)_3$. Niederschlag in verd. H_2SO_4 lösen.

Nachweis:
1. Flammenfärbung: grüne Linie bei 535,0 nm (Nr. 1. S. 488)
2. Bei Zugabe von HI bildet sich ein gelber bis dunkelbrauner Niederschlag von $TlI \cdot I_2$ (Nr. 3. S. 490)

14 $Bi(OH)_3$ — weißer Niederschlag. Der Niederschlag löst sich in HCl + NaCl

Nachweis:
1. In ammoniakalischer Lösung bildet sich mit Dimethylglyoxim ein gelber Niederschlag (Nr. 7. S. 479)
2. Der Niederschlag löst sich in HCl. Danach neutralisiert man die Lösung und läßt in alkal. Stannat(II)-Lösung einfließen. Es fällt schwarzes Bi aus. (Nr. 5. S. 479)

15 $[Cu(NH_3)_4]^{2+}$
$[Cd(NH_3)_6]^{2+}$ — blaue Farbe der Lösung

Trennung:
1. Zur Trennung von Cu und Cd wird KCN bis zur Entfärbung zugesetzt. Dabei bilden sich $[Cu(CN)_4]^{3-}$ und $[Cd(CN)_4]^{2-}$. Beim Einleiten von H_2S fällt nur gelbes CdS. (Nr. 12. S. 487)

16 Se, Te — lösen sich in konz. HNO_3. Darauf wird abgeraucht und in 24%iger HCl aufgenommen.

Trennung:
Zur Trennung von Se und Te leitet man nun in der Hitze SO_2 ein. Dabei fällt rotes Selen. TeO_3^{2-} bleibt in Lösung. Es kann nach Eindampfen und Lösen in Wasser durch SO_2 als schwarzes Te gefällt werden (Nr. 5. S. 319)

Nachweis:
1. Se löst sich in konz. H_2SO_4 mit grüner Farbe
2. Te löst sich in konz. H_2SO_4 mit roter Farbe

Trennungsgänge

5

Fortsetzung

17 Molybdänblau		wird mit HCl/Zn weiter über Mo(IV) (grün) zu Mo(III) (braun) reduziert.
	Nachweis:	Nach Zugabe von KSCN wird $[Mo(SCN)_6]^{3-}$ gebildet. Es ist an der roten Farbe der Lösung erkenntlich. (Nr. 9. S. 463)

18 AsS_4^{3-}		wird mit HCl angesäuert und mit H_2S gefällt. Durch vorsichtiges Ansäuern trennt man evtl. mitgefälltes GeS_2 ab. As_2S_3 wird in Ammoniak $+ H_2O_2$ gelöst.
	Nachweis:	1. Nach Zugabe von Mg^{2+} kristallisiert weißes $Mg(NH_4)AsO_4 \cdot 6H_2O$. (Nr. 4. S. 496) 2. Durch Reduktion in alkalischer oder saurer Lösung bildet sich schwarzes As. (Nr. 2. S. 496) 3. Marshsche Probe (Nr. 2. S. 492)

19 Sb^{3+}, Sn^{4+}		Durch Reduktion mit Eisen fällt Sb aus, während Sn^{2+} in Lösung bleibt.
	Sb-Nachweis:	1. Sb löst sich in konz. HCl $+$ wenig HNO_3 wieder auf. Beim Einleiten von H_2S fällt Sb_2S_3 (orange). (Nr. 3. S. 500)
	Sn-Nachweis:	1. Sn^{2+} kann durch die Leuchtprobe nachgewiesen werden. (Nr. 1d. S. 503) 2. Mit $HgCl_2$ bildet sich weißes Hg_2Cl_2 und schwarzes Hg. (Nr. 7. S. 473)

20 GeS_3^{2-}		Durch starkes Ansäuern mit HCl fällt weißes $GeS_2 + S$.
	Nachweis:	1. GeS_2 in NH_3 oder $(NH_4)_2CO_3$ lösen, Ansäuern und mit H_2S wieder fällen. (Nr. 2. S. 506)

In Lösung bleiben: Elemente der $(NH_4)_2S$-, $(NH_4)_2CO_3$- und der löslichen Gruppe.

schwerlösliche basische Bi(III)-Sulfate bilden) und zentrifugiert. Der Rückstand besteht aus **PbSO$_4$**, das häufig durch Reste HgS und S dunkel gefärbt ist. In der H_2SO_4-sauren Lösung befinden sich Bi^{3+}, Tl^+, Cu^{2+}, Cd^{2+} und wenig MoO_2^{2+}. Aus $TlI \cdot I_2$ durch H_2O_2 gebildetes I_2 wird mit einem warmen Luftstrom vollständig aus der Lösung vertrieben. Den $PbSO_4$-Niederschlag wäscht man mit 1 Tropfen 2,5 mol/l H_2SO_4 und 5 Tropfen H_2O und digeriert ihn in der Wärme einige Minuten mit 5 Tropfen 5 mol/l NaOH $+$ 1 Tropfen 2,5 mol/l H_2O_2. Dabei geht Pb(II) als $[Pb(OH)_4]^{2-}$ in Lösung. Es wird mit den Reaktionen 9. und 10. S. 476f. identifiziert.

Hg(II) HgS und S bleiben ungelöst zurück. Sind größere Mengen Hg(II) in die Cu-Gruppe gelangt, oder hat man die Trennung in Cu- und As/Sn-Gruppe mit $(NH_4)_2S$ statt mit NaOH−NaHS durchgeführt, wobei HgS bei der Cu-Gruppe verbleibt, so löst man das HgS−S-Gemisch in 5 Tropfen 5 mol/l HCl $+$ 5 Tropfen 5 mol/l $NaClO_3$. Nach Vertreiben des freien Cl_2 vereinigt man diese Lösungen mit der Hg(II)-Lösung der As/Sn-Gruppe, bzw. weist Hg(II) hier mit den Reaktionen 7.−10. S. 473f. nach.

● Trennung mit $HNO_3 + H_2SO_4$:

Hg(II) Der Sulfid-Iodid Niederschlag wird mit 20 Tropfen 5 mol/l HNO_3 einige Minuten im Wasserbad digeriert. Ein schwarzer Rückstand, der auf HgS hindeutet, wird mit 10 Tropfen 5 mol/l HNO_3 gewaschen und wie oben in $HCl + NaClO_3$ gelöst. Diese Lösung wird bei vorhergegangener Trennung der Sulfide mit $NaOH - NaHS$ zur Hg^{2+}-Lösung der As/Sn-Gruppe hinzugefügt oder bei Abtrennung der Kupfergruppe mit $(NH_4)_2S$ an dieser Stelle auf Hg^{2+} geprüft.

Pb(II) Die HNO_3-saure Lösung kann Pb^{2+}, Bi^{3+}, Tl^+, Tl^{3+}, Cu^{2+}, Cd^{2+} und wenig MoO_2^{2+} enthalten. Sie wird in einem Porzellanschiffchen mit 5 Tropfen konz. H_2SO_4 über freier Flamme erhitzt, bis H_2SO_4-Nebel entweichen. Nach dem Erkalten versetzt man diese Lösung mit 5 Tropfen Wasser und zentrifugiert ausgefallenes $PbSO_4$ ab. Im Zentrifugat können sich wie oben Bi^{3+}, Tl^+, Tl^{3+}, Cu^{2+}, Cd^{2+} und wenig MoO_2^{2+} befinden. Das $PbSO_4$ wird wie oben in 5 mol/l NaOH gelöst und identifiziert.

Mo(VI) Das H_2SO_4-saure Zentrifugat der $PbSO_4$-Abtrennung wird mit 10 Tropfen 5 mol/l $HCl + 2$ Tropfen 5 mol/l $NaClO_3$ versetzt, erwärmt und freies Cl_2 im Luftstrom verblasen. Hierbei tritt Oxidation des gesamten Tl(I) zu Tl(III) ein (HNO_3 oxidiert Tl(I) nur teilweise!). Zu der sauren Lösung gibt man 5 mol/l NaOH im Überschuß, wobei $Bi(OH)_3$, $Tl(OH)_3$, $Cu(OH)_2$, und $Cd(OH)_2$ ausfallen und wäscht mit 2 mol/l NaOH. Mo(VI) verbleibt in Lösung und kann dort mit den Reaktionen 4 f., S. 463 nachgewiesen werden.

Tl(III) Der Hydroxidniederschlag von $Bi(OH)_3$, $Tl(OH)_3$, $Cu(OH)_2$, und $Cd(OH)_2$ wird in 2,5 mol/l H_2SO_4 gelöst und mit H_2SO_3 reduziert. In der Kälte gibt man einige Spatelspitzen KBr hinzu und erwärmt. Nach dem Abkühlen setzt man 2 Tropfen $HClO_4$ zu und zentrifugiert den TlBr-Niederschlag. In Lösung verbleiben Bi^{3+}, Cu^{2+} und Cd^{2+}. Der Niederschlag wird dreimal mit KBr-haltigem Wasser gewaschen (das ebenfalls etwas $HClO_4$ enthält). Der TlBr-Niederschlag wird mit $HCl - NaClO_3$ oxidierend gelöst und mit 2 mol/l NaOH $Tl(OH)_3$ gefällt. Nach Lösen in 1 mol/l H_2SO_4 kann Tl nach 3., S. 490 bzw. mit H_2SO_3 reduziert nach 4. – 6., S. 489 f. nachgewiesen werden.

Bi(III) Im TlBr-Zentrifugat fällt man $Bi(OH)_3$ mit 13,5 mol/l NH_3, während Cu(II) und Cd(II) als Amminkomplexe in Lösung verbleiben. Der $Bi(OH)_3$-Niederschlag wird zentrifugiert, mit ammoniakhaltigem Wasser gewaschen, in 1 mol/l H_2SO_4 gelöst und Bi(III) nach 5. – 7., S. 479 nachgewiesen.

● Trennung Cu(I) von Cd(II):

Das bei Gegenwart von Cu(II) blaue, ammoniakalische Zentrifugat der $Bi(OH)_3$-Fällung versetzt man tropfenweise mit 1 mol/l KCN-Lösung bis zum Verschwinden der Blaufärbung und erwärmt, um gebildetes $(CN)_2$ zu vertreiben (Abzug!). Eventuell sich hierbei bildende Niederschläge von vorher nicht quantitativ abgetrenntem Pb oder Bi werden abzentrifugiert und verworfen.

Cd(II) Das klare Zentrifugat wird mit 1 Tropfen 1 mol/l $(NH_4)_2S$ versetzt oder H_2S eingeleitet. Eine gelbe Fällung zeigt Cd an. Ist die Farbe des CdS nicht reingelb, so löst man den Niederschlag in 1 Tropfen 5 mol/l $HCl + 4$ Tropfen Wasser, vertreibt H_2S in der Wärme, verdünnt mit Wasser auf 1,5 ml und fällt das CdS erneut durch Zusatz von 3 Tropfen 5 mol/l NH_3 und 1 Tropfen 1 mol/l NaHS aus.

Cu(II) Aus dem farblosen Zentrifugat der ersten Fällung fällt beim Ansäuern mit verdünnter H_2SO_4 braunschwarzes CuS aus (Abzug).

Arsen-Zinn-Gruppe

Beim Behandeln der H_2S-Gruppenfällung mit $NaOH-NaHS$ bzw. $(NH_4)_2S$ gehen die Sulfide der As/Sn-Gruppe als Thiosalze mit den Anionen HgS_2^{2-}, MoS_4^{2-}, AsS_4^{3-}, SbS_4^{3-} und SnS_3^{2-} in Lösung. Se und Te werden als $Se_xS_y^{2-}$ und $Te_xS_y^{2-}$ gelöst.

● Abtrennung von HgS und MoS_3:

Die alkalische Thiosalzlösung wird tropfenweise mit $2,5\,mol/l$ H_2SO_4 versetzt, bis alle Sulfide der As/Sn-Gruppe sowie Se und Te quantitativ ausgefallen sind. Ein Säureüberschuß ist zu vermeiden. Der Niederschlag wird abzentrifugiert und das Zentrifugat verworfen.

Um HgS und die Hauptmenge MoS_3 abzutrennen, wird der Niederschlag mit $1\,ml$ $5\,mol/l$ NH_3 zwei Minuten bei Raumtemperatur digeriert. Dann leitet man 2 Minuten H_2S ein. Ein schwarzbrauner Rückstand kann HgS bzw. MoS_3 sein. Er wird abzentrifugiert und mit 2 Tropfen $5\,mol/l$ NH_3 + 10 Tropfen Wasser gewaschen. Im Zentrifugat befinden sich As(V), Sb(V), Sn(IV), Se(IV) und Te(IV) sowie bei Gegenwart von Mo immer etwas Mo(VI). Der Hauptteil des Mo verbleibt aber beim HgS, wenn die Trennung mit NH_3 und H_2S in der Kälte durchgeführt wird.

Hg(II)   Der bei der NH_3-H_2S-Behandlung anfallende Niederschlag wird mit 10 Tropfen $2,5\,mol/l$ HNO_3 in der Wärme gewaschen, um geringe Mengen der bei der $NaOH-NaHS$-Trennung mit in Lösung gegangenen Sulfide der Cu-Gruppe (Bi_2S_3 und CuS) abzutrennen. Die HNO_3-saure Waschflüssigkeit verwirft man. Das gewaschene HgS und MoS_3 werden in 5 Tropfen $5\,mol/l$ HCl + 1 Tropfen $5\,mol/l$ $NaClO_3$ in der Wärme gelöst. Freies Cl_2 wird im Luftstrom vertrieben. Zur Abtrennung von Hg wird die salzsaure Lösung mit $5\,mol/l$ $NaOH$ im Überschuß versetzt, wobei HgO ausfällt, während Mo(VI) als MoO_4^{2-} in Lösung verbleibt. HgO wird abzentrifugiert, in $5\,mol/l$ HCl gelöst und Hg nachgewiesen. Falls zur Trennung in Cu und As/Sn-Gruppe $(NH_4)_2S$ anstelle von $NaOH-NaHS$ verwendet wurde, so kann Hg hier nicht auftreten. Es muß dann bei der Cu-Gruppe identifiziert werden.

Mo(VI)   In dem alkalischen MoO_4^{2-}-haltigen Zentrifugat prüft man nach dem Ansäuern mit $5\,mol/l$ HCl auf Mo.

● Abtrennung von Sb(V) und Sn(IV):

Die bei der Abtrennung von HgS und MoS_3 erhaltene Thiosalzlösung säuert man mit $2,5\,mol/l$ H_2SO_4 schwach an. Nach kurzem Erwärmen wird der Niederschlag von Sb_2S_5, SnS_2, As_2S_5, Resten MoS_3, Se und Te abzentrifugiert und mit 10 Tropfen konz. HCl in der Hitze behandelt. Hierbei gehen Sb als $[SbCl_4]^-$ und Sn als $[SnCl_6]^{2-}$ in Lösung, während As_2S_5, MoS_3, Se und Te zurückbleiben. Nach dem Zentrifugieren können Sb und Sn im Zentrifugat wie folgt getrennt werden.

Sb/Sn   **Oxalsäuremethode:**
Die salzsaure Lösung wird mit einem Überschuß konz. Ammoniumoxalat-Lösung versetzt und nach dem Erhitzen H_2S eingeleitet. Hierbei fällt nur Sb_2S_3 aus, welches an seiner orangen Farbe erkannt werden kann. Sn(IV) bildet mit $C_2O_4^{2-}$-Ionen den sehr stabilen Komplex $[Sn(C_2O_4)_3]^{2-}$, aus dem mit H_2S kein SnS_2 gefällt wird. **Eine Anwendung dieses Nachweises bei Vorhandensein von Sn(II) ist nicht möglich,** da dieses keinen entsprechenden Komplex bildet, so daß hier SnS ausfallen und den Nachweis stören würde. Im Trennungsgang liegt aber nach dem Digerieren mit gelbem $(NH_4)_2S_x$ Zinn immer in der Oxidationsstufe $+IV$ vor.

Sb/Sn   **Reduktionsmethode:**
Unedle Metalle (Mg, Zn, Fe) reduzieren Sb(V) in saurer Lösung zum Element, während Sn(IV) nur bis zum Sn(II) reduziert wird. Bei Verwendung von reinstem Zn kann die Reduktion infolge der bei der Entladung der H^+-Ionen auftretenden

Überspannung gelegentlich bis zum metallischen Sn gehen. Das primär am Zn abgeschiedene Sn löst sich aber bald in überschüssiger Säure zu Sn(II). Zur Abscheidung von Sb wird zu der salzsauren, von H_2S befreiten Lösung reinstes Mg (Pulver, Späne oder Draht), Fe (Draht) oder Zn (Pulver, Granalien) gegeben. Die Reduktion ist nach etwa 3 Minuten beendet. Man erwärmt noch etwa 2 Minuten im Wasserbad, zentrifugiert und löst den gesamten Rückstand unter Zugabe von $NaClO_3$ in konz. HCl. Aus dieser Lösung wird Sb(V) nach Entfernung von freiem Chlor und Verdünnen mit Wasser als Sb_2S_3 gefällt. Letzteres löst man in HCl und prüft mit den Reaktionen 2., S. 498, 2., S. 499 und 7., S. 500 auf Sb. In dem sauren, Sn(II)-haltigen Zentrifugat kann Sn(II) direkt identifiziert werden.

As(V) Der in konz. HCl schwerlösliche Teil der As/Sn-Gruppe (As_2S_5, Se, Te und Reste MoS_3) wird mit 10 Tropfen Wasser + 2 Tropfen konz. HCl gewaschen und unter schwachem Erwärmen mehrmals mit je 1 ml frisch bereiteter, kalt gesättigter $(NH_4)_2CO_3$-Lösung digeriert, bis HCl aus dem Extrakt kein As_2S_5 mehr fällt. Aus den vereinigten Extrakten fällt man das gesamte As_2S_5 durch Ansäuern mit HCl wieder aus und löst mit 10 Tropfen 14,5 mol/l HNO_3 in der Wärme. Die Lösung wird von gegebenenfalls gebildetem elementarem Schwefel abzentrifugiert und mit den Reaktionen 2., S. 492, 4. und 5., S. 493, 4., S. 496 auf AsO_4^{3-} geprüft.

Se, Te Den Rückstand der $(NH_4)_2CO_3$-Extraktion löst man in 10 Tropfen 5 mol/l HCl + 2 Tropfen 5 mol/l $NaClO_3$ in der Wärme. Die Lösung wird durch Kochen von Cl_2 befreit und mit etwas Zn-Staub versetzt. Durch Reduktion werden Se und Te elementar ausgefällt, während Mo(VI) nur bis zum Mo(III) reduziert wird. Da Mo bereits an anderer Stelle nachgewiesen wurde, ist eine nochmalige Identifizierung an dieser Stelle nicht notwendig.

Se und Te werden abzentrifugiert, mit verd. HCl gewaschen, mit 14,5 mol/l HNO_3 in der Wärme gelöst und die Lösung zur Trockne eingedampft. Den Rückstand löst man in möglichst wenig 7 mol/l HCl und fällt Se durch H_2S-Einleiten. Dann wird die Lösung mit Wasser auf das 2–3fache Volumen verdünnt und Te mit H_2SO_4 abgeschieden. Se und Te können mit der Reaktion 3., S. 316 und 3., S. 319, identifiziert werden.

5.4.5 Trennungsgänge der Ammoniumsulfid-Urotropingruppe

Im folgenden wird der Trennungsgang der Ammoniumsulfid-Urotropingruppe dreimal beschrieben.

TRENNUNGSGANG I: Gemeinsame Fällung mit Ammoniumsulfid (Ia)
(s. S. 558)   oder
   Gemeinsame Fällung mit Urotropin (Ib)
   (**Standardtrennungsgang**) (s. auch Poster)

TRENNUNGSGANG II: Gemeinsame Fällung mit Urotropin unter Berück-
(s. S. 567)   sichtigung der Elemente Ga, In, La, Th, U, Ti, Zr,
   V und W. (**Erweiterter Trennungsgang**)

TRENNUNGSGANG III: **Praktische Durchführung** der Urotropin-Trennung
(s. S. 573)   im Halbmikromaßstab.

Trennungsgänge

5

Je nach Anforderung ist zu entscheiden, nach welcher Beschreibung die Ammoniumsulfid-Urotropin-Trennung ausgeführt werden soll. Am Ende der Beschreibung der jeweiligen Trennungsgänge befinden sich die Übersichtstabellen. Man verwendet die Analysenlösung nach Abtrennung der H_2S-Gruppe oder löst die Analysensubstanz wie unten angegeben.

5.4.5.1 TRENNUNGSGANG I:

Vorproben

Die Behandlung der zu analysierenden Probe richtet sich nach ihrer Zusammensetzung. Als Vorproben für die „häufigen" Elemente der Ammoniumsulfidgruppe kommen insbesondere die **Phosphorsalz-** und **Boraxperle** in Frage. Auch die Lötrohrprobe kann hier gute Dienste leisten. Zur Erkennung von Cr und Mn führt man schließlich die **Oxidationsschmelze** aus. Die **Spektralanalyse** kommt für die Schwermetalle als einfache Vorprobe weniger in Frage, da hierfür spezielle Spektrometer nötig sind.

Lösen und Aufschließen

Zur Ausführung der Trennungs- und Nachweisoperationen muß die Analysensubstanz in Lösung gebracht werden. Mit kleinen Anteilen der feingepulverten Substanz, die man im Reagenzglas nacheinander mit Wasser, verd. und konz. HCl übergießt und 5–10 Minuten erhitzt, stellt man zunächst fest, ob sich die Substanz in diesen am besten geeigneten Lösungsmittel löst. Bleibt ein schwerlöslicher Rückstand, so prüft man in gleicher Weise die Löslichkeit in verd. und konz. HNO_3 und schließlich in Königswasser. Für den eigentlichen Lösungsprozeß nehme man dann das Lösungsmittel, in dem sich der größte Teil oder alles gelöst hat. War HNO_3 oder Königswasser zur Lösung notwendig, so dampft man bis fast zur Trockene ein und nimmt mit verd. HCl wieder auf.

Praktisch ungelöst bleiben die Erdalkalisulfate, die hochgeglühten Oxide Al_2O_3, Fe_2O_3, Cr_2O_3, BeO, gegebenenfalls auch CoO und NiO bzw. Ni_2O_3. Von den „selteneren" Elementen (s. S. 435 ff.) kommen in Frage Ga_2O_3, ThO_2, TiO_2, ZrO_2, Nb_2O_5 und Ta_2O_5. In schwerlöslicher Form können auch Verbindungen wie z.B. $FeCr_2O_4$, Chromeisenstein, und $MgAl_2O_4$, Spinell, vorliegen. Diese müssen, nachdem man sie von dem löslichen Anteil abgetrennt hat, aufgeschlossen werden.

Je nach Zusammensetzung des Rückstandes wird entweder der **saure Aufschluß** mit $KHSO_4$ (s. S. 532) oder der **alkalische Aufschluß** mit K_2CO_3/Na_2CO_3 (s. S. 531) benutzt. Jedoch wird es in den meisten Fällen nötig sein, beide Verfahren anzuwenden. In diesem Falle empfiehlt sich zuerst die Durchführung eines „sauren" und mit dem verbleibenden Rückstand die eines „alkalischen" Aufschlusses.

Mit $KHSO_4$ lassen sich aufschließen:
BeO, teilweise Al_2O_3, Fe_2O_3 und Cr_2O_3; Ga_2O_3, ThO_2, TiO_2, ZrO_2 und andere.

Durch den alkalischen Aufschluß werden gelöst:
CoO, NiO, Ni_2O_3, Chromeisenstein, Spinelle, teilweise Al_2O_3, Fe_2O_3, Cr_2O_3, von den „selteneren" Nb_2O_5 und Ta_2O_5 sowie Erdalkalisulfate.

Die saure Schmelze wird durch Behandeln mit verd. H_2SO_4 in Lösung gebracht. Der Schmelzkuchen des „alkalischen" Aufschlusses muß fein pulverisiert und mit Wasser gut ausgewaschen werden. Die im Rückstand verbleibenden Carbonate gehen mit verd. HCl in Lösung. In der Lösung der Analysensubstanz müssen Cr als Cr^{3+} und Mn als Mn^{2+} vorliegen. Falls CrO_4^{2-} und MnO_4^- – kenntlich an der orangeroten bzw. violetten Farbe der Lösungen – vorhanden sind, müssen sie mit einigen ml Ethanol in der Siedehitze reduziert werden. Der Überschuß des Ethanols wird verkocht. Die HCl- bzw. H_2SO_4-saure Lösung prüft man vor Anwendung des Trennungsgangs auf PO_4^{3-}. Ist PO_4^{3-} zugegen, so muß die Anwesenheit von Fe ermittelt werden. Dann setzt man der Lösung eine dem PO_4^{3-} entsprechende Menge an Fe^{3+} hinzu und führt den Urotropintrennungsgang nach S. 563 durch. **Bei Abwesenheit von PO_4^{3-} sowie der „selteneren" Elemente kann die gemeinsame Fällung mit $(NH_4)_2S$ angewandt werden.**

TRENNUNGSGANG Ia:
Gemeinsame Fällung mit Ammoniumsulfid. Trennungsgang bei Anwesenheit der Elemente Fe, Al, Cr, Co, Ni, Zn, Mn.

Um Mg^{2+} in Lösung zu halten, wird mit etwas festem NH_4Cl versetzt, erwärmt, bis zur deutlichen alkalischen Reaktion Ammoniak zugefügt und mit einem kleinen Überschuß von farblosen $(NH_4)_2S$ versetzt sowie einige Zeit gelinde ($\approx 40\,°C$) erwärmt. Einen Überschuß von farblosen $(NH_4)_2S$ erkennt man am besten daran, daß man 1 Tropfen der Lösung mit 1 Tropfen Bleisalzlösung zusammenbringt. Es muß ein schwarzer Niederschlag von PbS entstehen.
Es fallen aus: Ni_2S_3/NiS schwarz, Co_2S_3/CoS schwarz, FeS schwarz, MnS rosa, ZnS weiß, $Cr(OH)_3$ grün, $Al(OH)_3$ weiß.
Es bleiben in Lösung: Die Erdalkali- und Alkalielemente.

Hinweise zur Fällung

Diese Trennung verläuft jedoch nur bei sauberstem Arbeiten und vor allem bei Verwendung frisch bereiteter Reagenzien annähernd vollständig. Ist z. B. das Ammoniak carbonathaltig, wie es bei älteren Lösungen meist der Fall ist, so können Erdalkalielemente als Carbonate mit der Ammoniumsulfidgruppe gefällt werden und entgehen so dem Nachweis. Nicht frisch bereitete Lösungen von $(NH_4)_2S$ enthalten infolge teilweiser Oxidation SO_4^{2-}, so daß ebenfalls Erdalkalielemente, insbesondere Sr und Ba, als Sulfate ausfallen. Das Zentrifugat des Sulfidniederschlages soll möglichst farblos oder schwach gelb gefärbt sein. Ist es gelbbraun, so ist Nickelsulfid kolloid in Lösung gegangen (s. 6., S. 402). Durch Kochen mit Ammoniumacetat, am besten unter Zugabe von Filterpapierschnitzeln, läßt es sich ausflocken. Der mit warmen, schwach ammoniakalischem und $(NH_4)_2S$-haltigem Wasser gründlich ausgewaschene Niederschlag wird sofort in eine Porzellanschale überführt und unter Umrühren mit kalter 0,5 mol/l HCl behandelt, bis die H_2S-Entwicklung aufgehört hat. Am besten läßt man über Nacht stehen. Nun wird zentrifugiert und gründlich mit verd. HCl gewaschen.

Als Rückstand verbleiben Ni_2S_3/NiS und Co_2S_3/CoS.

Die Lösung enthält: Fe^{2+}, Mn^{2+}, Al^{3+}, Zn^{2+}, Cr^{3+}.

Ni, Co Ni_2S_3/NiS und Co_2S_3/CoS werden in verd. CH_3COOH unter Zugabe einiger Tropfen 30%igen H_2O_2 aufgelöst und ausgeschiedener Schwefel abgetrennt. Die-

Tab. 5.13: TRENNUNGSGANG Ia: $(NH_4)_2S$-Gruppe, gemeinsame Fällung mit $(NH_4)_2S$ + Ammoniak (bei Abwesenheit der selteneren Elemente).

Salzsaure Lösung mit NH_4Cl versetzen, ammoniakalisch machen und mit $(NH_4)_2S$ in der Wärme fällen

Ni_2S_3 NiS	Co_2S_3 CoS	FeS	MnS	$Cr(OH)_3$	ZnS	$Al(OH)_3$
schwarz	schwarz	schwarz	rosa	grün	weiß	weiß

Mit kalter 2 mol/l-HCl behandeln

Ni_2S_3 NiS	Co_2S_3 CoS	Fe^{2+}	Mn^{2+}	Cr^{3+}	Zn^{2+}	Al^{3+}

In $CH_3COOH + H_2O_2$ lösen — Mit HNO_3 oxidieren, neutralisieren, in Mischung 30%iger $NaOH + H_2O_2$ einfließen lassen

Ni^{2+} Co^{2+} siehe **21**	$Fe(OH)_3$ MnO_2	CrO_4^{2-}	$[Zn(OH)_4]^{2-}$	$[Al(OH)_4]^-$

In HCl lösen und kochen — Mit viel festem NH_4Cl kochen oder mit HCl schwach ansäuern und anschließend wieder ammoniakalisch machen

Fe^{3+} Mn^{2+} siehe **22**	CrO_4^{2-}	$[Zn(NH_3)_6]^{2+}$	$Al(OH)_3$ siehe **25**

Mit CH_3COOH ansäuern und $BaCl_2$ zugeben

$BaCrO_4$ siehe **23**	Zn^{2+} siehe **24**

se Art der Lösung ist besser als die mit Königswasser, weil man dann sofort ohne Vertreibung der Säure die Prüfung vornehmen kann. Löst man in Königswasser, so muß man zur Trockene verdampfen und mit verd. HCl wieder aufnehmen. Die Lösung dampft man bis auf einige ml ein und prüft auf Ni und Co nebeneinander. Zur Identifizierung des Ni dient der rote Niederschlag des Bis(dimethylglyoximato)nickels (s. S. 403). Eine gute Vorprobe auf Co ist die Phosphorsalzperle (s. S. 405). Blaufärbung zeigt Co an. Bei ganz bestimmtem Verhältnis von Ni zu Co können sich die Farben gegenseitig aufheben. Zum Nachweis dienen das blaue $Co(SCN)_2$ (s. S. 405), die Fällung als $K_3[Co(NO_2)_6]$ bzw. $K_2Na[Co(NO_2)_6]$ (s. S. 405) und als $Co[Hg(SCN)_4]$ (s. S. 406).

Will man vor dem Nachweis die beiden Elemente voneinander trennen, so macht man von der großen Stabilität des $[Co(CN)_6]^{3-}$ Gebrauch, indem man die Lösung neutralisiert, mit KCN und H_2O_2 versetzt und kurz aufkocht. Dabei

---

21 Ni_2S_3/NiS Die Niederschläge werden in $CH_3COOH + H_2O_2$ gelöst
     Co_2S_3/CoS

Co-Nachweis: 1. In essigsaurer Lösung bildet Cobalt mit KSCN blaues
           $[Co(SCN)_4]^{2-}$ (Nr. 8. S. 405)
           2. Durch Zugabe von KNO_2 und Na-Acetat fällt gelbes
           $K_2Na[Co(NO_2)_6]$ (Nr. 9. S. 405)
           3. Mit $HgCl_2$ und NH_4SCN kristallisiert blaues
           $Co[Hg(SCN)_4]$ (Nr. 10. S. 406)

Ni-Nachweis: 1. In essigsaurer Lösung bildet Ni mit Diacetyldioxim einen
           roten Komplex (Nr. 9. S. 403)

---

22 Fe^{3+}, Mn^{2+} liegen gelöst in verd. HCl vor

Fe-Nachweis: 1. Durch Zusatz von $K_4[Fe(CN)_6]$ fällt blaues
           $Fe_4[Fe(CN)_6]_3$ (Nr. 8. S. 422)
           2. Mit KSCN bildet sich tiefrotes $Fe(SCN)_3$ (Nr. 9. S. 422)

Mn-Nachweis: 1. Mit HNO_3 eindampfen und in $NaOH + Br_2$ lösen.
           Mn^{2+} wird zu violettem MnO_4^- oxidiert (Nr. 12b. S. 412)
           2. Mit NaOH das Hydroxid fällen, abfiltrieren und
           eine Oxidationsschmelze durchführen (Nr. 11. S. 411)

---

23 $BaCrO_4$ setzt sich mit H_2SO_4 zu $BaSO_4$ und CrO_4^{2-} um.

Nachweis: CrO_4^{2-}-Ionen bilden mit H_2O_2 blaues $CrO(O_2)_2$, das mit Ether
           ausgeschüttelt werden kann. (Nr. 4. S. 434)

---

24 Zn^{2+} Beim Einleiten von H_2S fällt weißes ZnS.
           ZnS löst sich in verdünnter HCl

Nachweis: 1. Rinmanns Grün (Nr. 8. S. 414)
           2. als $Zn[Hg(SCN)_4]$ (weißer Niederschlag) (Nr. 11. S. 415)

---

25 $Al(OH)_3$

Nachweis: 1. Mit $Co(NO_3)_2$ auf einer Magnesiarinne erhitzen. Es bildet
           sich blaues $CoAl_2O_4$. (Nr. 9. S. 425)
           2. Mit Alizarin-S bildet sich ein roter Farblack (Nr. 11. S. 426)
           3. Mikrochemisch als $CsAl(SO_4)_2 \cdot 12H_2O$ (Nr. 10. S. 426)

In Lösung bleiben: Elemente der $(NH_4)_2CO_3$- und der löslichen Gruppe.

Trennungsgänge

5

bilden sich $[Ni(CN)_4]^{2-}$ und $[Co(CN)_6]^{3-}$. Co ist also zu Co(III) oxidiert. Versetzt man jetzt mit NaOH und Bromwasser, so fällt beim Kochen schwarzes $Ni(OH)_3$ aus, während Co in Lösung bleibt (s. S. 405). Der Cobaltkomplex wird nach dem Zentrifugieren durch Abrauchen mit konz. H_2SO_4 zerstört.

Fällung mit $NaOH/H_2O_2$ (Alkalischer Sturz)

Das Zentrifugat der Sulfide von Ni und Co wird zur Entfernung des H_2S kurze Zeit gekocht, dann zur Oxidation des Fe(II) mit einigen Tropfen konz. HNO_3 versetzt, durch Eindampfen der größte Teil der Säure vertrieben und zum Schluß mit Na_2CO_3 nahezu neutralisiert. Nun bereitet man sich in einer Porzellanschale eine Mischung von frisch hergestellter 30%iger NaOH und ebensoviel 3%igem H_2O_2. Die NaOH muß stets frisch hergestellt werden, weil durch längeres Aufbewahren der Lauge in Glasgefäßen aus dem Glas Al und Si gelöst werden. Außerdem wird zur Vermeidung dieser Störungen die Verwendung von Polyethylenflaschen empfohlen. Statt NaOH und H_2O_2 kann man auch 0,4 g Na_2O_2, in 5 ml verd. NaOH gelöst, nehmen. Unter gelindem Erwärmen und Umrühren gießt man in dieses Gemisch die Analysenlösung langsam ein. Es darf auf keinen Fall umgekehrt verfahren werden, denn die auszufällenden Kationen müssen schnell vom sauren ins stark alkalische Gebiet kommen. Andernfalls kann Zn^{2+} in den Niederschlag gelangen. Nach einigem Umrühren unter Erhitzen bis zum beginnenden Sieden wird zentrifugiert und mit warmem Wasser gründlich gewaschen. Das Waschwasser wird verworfen.

Es fallen aus: $Fe(OH)_3$, rotbraun, und $MnO(OH)_2$, braunschwarz.

In Lösung verbleiben: $[Al(OH)_4]^-$ und $[Zn(OH)_4]^{2-}$, farblos, sowie CrO_4^{2-}, gelb.

Fe Den Niederschlag löst man in einigen ml verd. HCl, wobei sich bei Anwesenheit von Mn Chlor entwickelt, und kocht bis zu dessen Vertreibung. In der Lösung kann nebeneinander auf Fe und Mn geprüft werden. Einen Teil der Lösung verdünnt man mit Wasser und fügt KSCN hinzu (s. S. 422). Tiefrote Farbe zeigt Fe an (schwache Rotfärbung deutet auf Spuren, die auch durch die verwendeten Reagenzien in die Analyse gelangt sein können, daher ist eine Blindprobe notwendig!). Ferner prüft man auf Fe mit $K_4[Fe(CN)_6]$ nach 8., S. 422 (Berliner Blau).

Mn Zur Prüfung auf Mn dampft man einen Teil der Lösung mit HNO_3 ein, wiederholt die Operation, um alles Chlorid zu vertreiben, und prüft mit konz. HNO_3 und PbO_2 (s. S. 411). Violettfärbung deutet auf Mn. Die Prüfung kann auch durch Oxidation zu MnO_4^- in alkalischem Medium erfolgen (s. S. 412). Schließlich wird ein Teil der Lösung zur Trockene eingedampft und mit dem Rückstand die Oxidationsschmelze (s. 11., S. 411) durchgeführt. Grünfärbung: Mn. Statt einzudampfen kann man auch die auf Mn zu prüfende Lösung mit NaOH versetzen, den entstandenen Niederschlag abzentrifugieren, gründlich auswaschen und mit ihm die beiden Identifikationsreaktionen durchführen.

In der stark alkalischen Lösung, in der durch Kochen das überschüssige H_2O_2 vollständig zerstört sein muß, befinden sich noch Al, Cr und Zn. Man fügt NH_4Cl in ausreichender Menge (etwa 0,2 g auf 100 ml Lösung) hinzu und kocht kurze Zeit auf. Besser ist es jedoch, die stark alkalische Lösung mit Säure zu neutralisieren, mit Ammoniak schwach ammoniakalisch zu machen und dann erst NH_4Cl zuzugeben. Dadurch wird die OH^--Konzentration so stark verkleinert, daß das Löslichkeitsprodukt des $Al(OH)_3$ überschritten wird und dieses ausfällt. Man kocht noch 2–3 Minuten – nicht länger – und zentrifugiert das gebildete $Al(OH)_3$ ab. Auch wenn kein Al in der ursprünglichen Substanz vorhanden war, bildet sich bisweilen ein kleiner Niederschlag. Dieser stammt aus der NaOH und ist $Al(OH)_3$ oder Kieselsäure. Erhält man daher nur eine geringere Fällung, so muß eine Blindprobe vorgenommen werden.

Al Zur Identifizierung wird mit dem zentrifugierten $Al(OH)_3$ die **Thénards Blau**-Reaktion (s. 9., S. 425) und der Nachweis als Alizarin-S-Farblack durchgeführt (s. 11., S. 426). Auch die Bildung von Caesiumalaun (s. 10., S. 426) kann zum Nachweis herangezogen werden.

Cr Das Zentrifugat von $Al(OH)_3$ zeigt bei Anwesenheit von Cr eine gelbe Farbe. Zu dessen Nachweis säuert man mit CH_3COOH an, versetzt in der Siedehitze mit $BaCl_2$ (s. 4., S. 434) und kocht auf. Der gelbe Niederschlag von $BaCrO_4$ wird zentrifugiert. Zur Identifikation wird das $BaCrO_4$ in verd. H_2SO_4 gelöst, vom entstandenen $BaSO_4$ zentrifugiert und mit Ether und H_2O_2 geschüttelt. Cr zeigt sich durch eine Blaufärbung des Ethers an (vgl. 6., S. 434). Mit $BaCl_2$ entsteht auch bei Abwesenheit von Cr meist ein geringer Niederschlag, der aber weiß ist. Er besteht aus $BaSO_4$, das durch Oxidation von S^{2-} zu SO_4^{2-} entstanden sein kann. Zur Identifizierung des Cr ist auch die Bildung von CrO_2Cl_2 (s. 5., S. 434) sowie von Ag_2CrO_4 (s. 7., S. 435) geeignet.

Zn In dem essigsauren Zentrifugat des BaCrO$_4$-Niederschlages befindet sich noch Zn^{2+}. In einem Teil der Lösung wird es durch (NH$_4$)$_2$S oder H$_2$S im schwach sauren Gebiet als weißes ZnS ausgefällt. Eine Probe des Sulfidniederschlages kann mit der **Rinmanns Grün-Reaktion** (s. 8., S. 414) geprüft werden. Das gründlich ausgewaschene ZnS wird in verd. HCl gelöst. Zum Nachweis eignen sich die Fällungen als K$_2$Zn$_3$[Fe(CN)$_6$]$_2$ (s. 9., S. 414) oder als (Co,Zn)[Hg(SCN)$_4$] (s. 11., S. 415).

TRENNUNGSGANG Ib:

Urotropintrennung (s. auch Poster) Trennungsgang bei Anwesenheit der Elemente Fe, Al, Cr, U, V, Ti, W, Co, Ni, Zn, Mn.

Durchführung der Urotropin-Fällung

Die HCl- bzw. H$_2$SO$_4$-saure Lösung (s. S. 558) versetzt man unter Umrühren zuerst mit konz., später mit verd. (NH$_4$)$_2$CO$_3$-Lösung, bis sich der an der Eintropfstelle bildende Niederschlag beim Umschütteln gerade nicht mehr auflöst. Mit einigen Tropfen verd. HCl bringt man ihn wieder in Lösung, setzt gegebenenfalls noch festes NH$_4$Cl hinzu und kocht auf. Zur siedenden Lösung läßt man nun eine 10%ige Urotropinlösung (für 75–100 mg zu fällende Elemente genügen 3–4 ml) zutropfen und kocht einige Minuten. Die Urotropinlösung versetzt man vorher mit so viel verdünnter HCl, daß Methylrot gerade von Gelb nach Rot umzuschlagen beginnt (pH 5–6). Man zentrifugiert heiß und wäscht den Niederschlag mehrmals mit heißem Wasser aus.

Es fallen aus: Al(OH)$_3$ weiß, Fe(OH)$_3$ rotbraun, FePO$_4$ weißlich, Cr(OH)$_3$ grün und Be(OH)$_2$ weiß.

In Lösung bleiben: Co, Ni, Mn und Zn, außerdem die Erdalkali- und Alkalielemente sowie gegebenenfalls Spuren von Be.

Man prüft das Zentrifugat der Urotropinfällung auf Anwesenheit von Be, indem man einige ml stark ammoniakalisch macht und kurz aufkocht. Ein entstehender Niederschlag deutet auf Be. Man engt darauf das schwach salzsaure Zentrifugat der Urotropinfällung auf etwa 3–5 ml ein. Scheiden sich beim Abkühlen größere Mengen von Ammoniumsalzen aus, so dekantiert man von ihnen ab oder zerstört sie durch Abrauchen mit einigen ml konz. HNO$_3$ bis fast zur Trockene. Man nimmt mit wenig Wasser auf und vereinigt mit der dekantierten Hauptmenge der Lösung. Darauf bringt man die Flüssigkeit zum Sieden, gießt sie langsam in das doppelte Volumen warmer konz. Ammoniaklösung ein, kocht auf und zentrifugiert. Nach dem Waschen des Niederschlags löst man in wenig HCl und vereinigt diese Lösung mit der ausgeetherten Lösung des Urotropinniederschlages (s. unten).

Der Urotropinniederschlag wird mit etwa 5 ml konz. HCl unter Erwärmen gelöst und die entstehende Lösung wird mit so viel Wasser oder konz. HCl versetzt, daß letztere etwa 60% des Gesamtvolumens ausmacht. Nach der in 7., S. 422 wiedergegebenen Arbeitsvorschrift wird nun der größte Teil des Fe ausgeethert. Die etherische Schicht versetzt man mit 5–10 ml verd. HCl und entfernt dann den Ether, indem man Luft durch die Lösung saugt. In dem Rückstand wird das Eisen als Fe(SCN)$_3$ (s. S. 422) nachgewiesen.

Fällung mit NaOH/H$_2$O$_2$

Die abgetrennte wäßrige Schicht wird durch Eindampfen von anhaftendem Ether und von der Hauptmenge der HCl befreit und nun der NaOH/H$_2$O$_2$-Trennung nach S. 561 unterworfen. Der entstehende Niederschlag enthält das restliche Eisen. Entfiel die Ausetherung, so befindet sich das gesamte Fe in diesem Niederschlag der NaOH/H$_2$O$_2$-Trennung und bei Anwesenheit von Be mehr oder weniger große Mengen dieses Elements. Nur mit ein- bis zweimaligem Umfällen und starkem Auswaschen des Niederschlags wird dieser nahezu Be-frei erhalten.

Tab. 5.14: TRENNUNGSGANG Ib: $(NH_4)_2S$-Gruppe, gemeinsame Fällung mit Urotropin (bei Abwesenheit der selteneren Elemente).

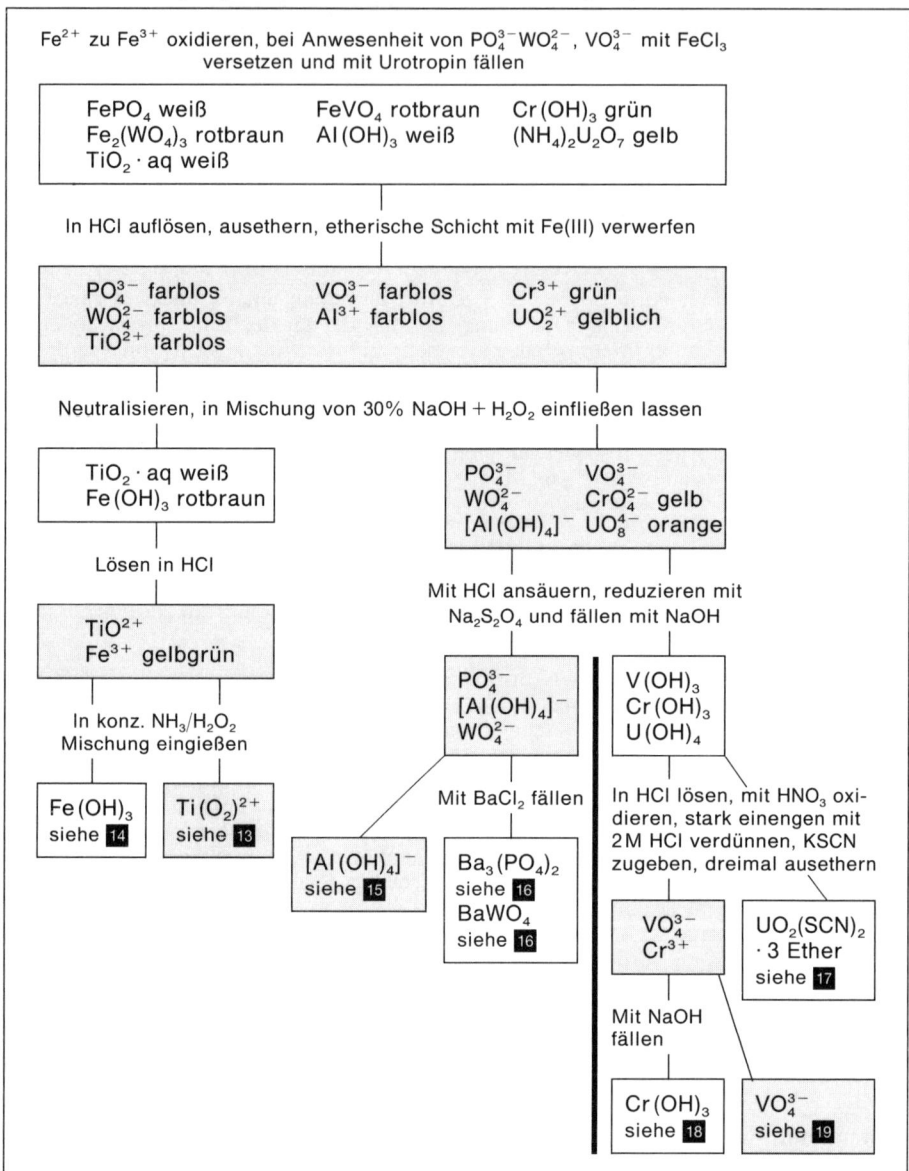

13 $Ti(O_2)^{2+}$ liegt in Lösung vor

Nachweis: Mit H_2O_2 haben sich die gelb bis gelborangen $[Ti(O_2)\cdot aq]^{2+}$-Kationen gebildet (Nr. 6. S. 452)

---

14 $Fe(OH)_3$ löst sich in verdünnter HCl

Nachweis: Zusatz von $K_4[Fe(CN)_6]$ ergibt einen tiefblauen Niederschlag von Berliner Blau (Nr. 8. S. 422)

---

15 $[Al(OH)_4]^-$ Die Lösung mit HCl ansäuern, mit Ammoniak $Al(OH)_3$ fällen

Nachweis: 1. mit $Co(NO_3)_2$ auf Magnesiarinne erhitzen: blaues $CoAl_2O_4$ (Nr. 9. S. 425)
2. Alizarin S bildet mit Al^{3+} einen roten Farblack (Nr. 11. S. 426)

---

16 $Ba_3(PO_4)_2$ löst sich in HNO_3

Nachweis: PO_4^{3-} ergibt mit Ammoniummolybdat einen gelben Niederschlag (Nr. 7. S. 341)

$BaWO_4$ löst sich in $18\,mol/l$ H_2SO_4

Nachweis: W(VI) Ionen ergeben mit Hydrochinon eine rotviolette Färbung (Nr. 7. S. 466)

---

17 $UO_2(SCN)_2$ $\cdot$ 3 Ether   verbleibt in der etherischen Schicht eindampfen, glühen

Nachweis: HNO_3 und $K_4[Fe(CN)_6]$ zugeben: Es bildet sich ein rotbrauner Niederschlag von $(UO_2)K_2[Fe(CN)_6]$ (Nr. 8. S. 449)

---

18 $Cr(OH)_3$ löst sich in H_2SO_4

Nachweis: 1. Oxidation mit $S_2O_8^{2-}$ zu $Cr_2O_7^{2-}$ (Nr. 8. S. 432)
2. Cr(VI) Ionen bilden mit H_2O_2 blaues CrO_5, das mit Ether ausgeschüttelt werden kann (Nr. 6. S. 434)

---

19 VO_4^{3-} ist in der Lösung

Nachweis: 1. Durch Einleiten von H_2S wird rotviolettes VS_4^{3-} gebildet. (Nr. 4. S. 456)

In Lösung bleiben: Ni^{2+}, Co^{2+}, Mn^{2+}, Zn^{2+}, Erdalkali- und Alkaliionen

Trennungsgänge

5

Das Zentrifugat der NaOH/H_2O-Trennung enthält $[Al(OH)_4]^-$, $[Be(OH)_4]^{2-}$, und CrO_4^{2-}. Entsprechend S. 562 wird die OH^--Ionenkonzentration durch NH_4Cl verringert, wobei $Be(OH)_2$ und $Al(OH)_3$ ausfallen.

Al   Die Identifizierung des Al erfolgt wie auf S. 562 beschrieben.

Be   Be kann neben Al in der HCl-sauren Lösung des Niederschlages mit Chinalizarin (s. S. 428) nachgewiesen werden.

Cr   Beim NH_4Cl-Zusatz bleibt CrO_4^{2-} in Lösung. Zu seinem Nachweis säuert man mit CH_3COOH an und prüft wie auf S. 562 beschrieben.

Das Zentrifugat des Urotropinniederschlages wird nach dem Abtrennen vorhandener Be-Spuren (s. oben) auf ein kleines Volumen eingeengt, schwach ammoniakalisch gemacht und in der Hitze mit einem geringen Überschuß von farblosem $(NH_4)_2S$ versetzt. Co, Ni, Zn und Mn fallen als Sulfide aus, während die Erdalkali- und Alkalielemente in Lösung bleiben. Der Sulfidniederschlag wird abgetrennt, gründlich ausgewaschen und in einer Porzellanschale mit CH_3COOH (1:1) bis zum Ende der H_2S-Entwicklung umgerührt. MnS geht hierbei in Lösung und wird vom ungelösten Ni_2S_3/NiS und Co_2S_3/CoS und ZnS abgetrennt.

Co, Ni   Nach dem Auswaschen behandelt man den Niederschlag mehrmals mit einigen ml kalter 0,5 mol/l HCl. Dabei wird ZnS gelöst, während Ni_2S_3 und Co_2S_3/CoS zurückbleiben. Der mit verd. HCl gut ausgewaschene Niederschlag wird nach den Angaben auf S. 560 auf Ni und Co geprüft.

Zn   Die Zn^{2+} enthaltende Lösung wird zur Vertreibung des H_2S aufgekocht und darauf mit festem NaOH versetzt, bis sie ≈ 2 mol/l NaOH enthält, wiederum gekocht und von den auf diese Weise ausgefällten Co-, Ni- und Mn-Spuren durch Zentrifugieren befreit. Zur Identifizierung des Zn säuert man mit CH_3COOH an, versetzt mit etwas festem Natriumacetat und fällt mit H_2S weißes ZnS aus. Es wird abgetrennt und gründlich ausgewaschen. Der Nachweis des ZnS erfolgt wie auf S. 563 beschrieben.

Mn   Die Mn^{2+} enthaltende Lösung wird erwärmt, schwach ammoniakalisch gemacht und mit einem geringen Überschuß von farblosem $(NH_4)_2S$ versetzt. Mit einem Teil des ausgefallenen und abgetrennten MnS-Niederschlages führe man die Oxidationsschmelze durch (s. 11., S. 411). Einen anderen Teil prüfe man auf Mn durch Oxidation nach 12., S. 411.

V, U, Ti   s. S. 577

Hinweise

● Aus dem Zentrifugat der $(NH_4)_2S$-Gruppe müssen zum Nachweis der Erdalkalielemente und Alkalielemente die S^{2-}-Ionen entfernt werden. Dazu säuert man mit konz. HCl an, kocht zur Vertreibung der H_2S und zur Koagulation des kolloid ausgefallenen Schwefels – eventuell unter Beifügung von Filterpapierschnitzeln – und zentrifugiert.

● Die Lösung enthält häufig sehr viel Ammoniumsalze, so daß bei Zusatz von Ammoniak und $(NH_4)_2CO_3$ nicht alles Ca^{2+} ausfällt. Dann muß man zur Trockene eindampfen und die Ammoniumsalze durch Erhitzen vertreiben oder aber die eingeengte Lösung ein- bis zweimal mit konz. HNO_3 abdampfen. Beim letzten Mal erhitzt man bis fast zur Trockene und überzeugt sich davon, daß nur noch geringe Mengen von Ammoniumsalzen zugegen sind. Der Rückstand wird in wenig verd. HCl gelöst und gegebenenfalls zentrifugiert. Dann werden in bekannter Weise (s. S. 582f.) Ca, Sr, Ba sowie Mg, Na, K und Li nachgewiesen.

● Zum **Nachweis der Anionen** wird ein Sodaauszug bereitet (s. S. 588). Al und Zn lösen sich dabei teilweise auf, außerdem MnO_4^- und CrO_4^{2-}. Al und Zn stören nicht und brauchen nicht entfernt zu werden. MnO_4^- und CrO_4^{2-} machen sich durch ihre Farbe bemerkbar. Da die violette Farbe des MnO_4^- die gelbe des CrO_4^{2-} verdeckt, muß man zur Erkennung von CrO_4^{2-} das MnO_4^- reduzieren. Dazu säuert man einen Teil des Sodaauszuges mit HCl an und kocht mit einigen Tropfen konz. HCl.

- Zum **Nachweis von** NO_3^- reduziert man, falls MnO_4^- und CrO_4^{2-} zugegen sind, den schwach mit H_2SO_4 angesäuerten Sodaauszug in der Wärme tropfenweise mit schwefliger Säure, wobei man einen Überschuß an H_2SO_3 vermeidet.
- Da einige der besprochenen **Elemente in unterschiedlichen Oxidationsstufen** auftreten können, ist deren Ermittlung von Interesse. Dazu ist der Trennungsgang selbst nicht geeignet, da man mehrfach Redoxreaktionen durchführt. Man muß daher die Analysensubstanz selbst benutzen:
  - Zur Erkennung der Oxidationsstufen des Fe kocht man in Wasser oder verd. HCl. Fe^{2+} gibt mit $[Fe(CN)_6]^{3-}$, Fe^{3+} mit $[Fe(CN)_6]^{4-}$ die Berliner-Blau-Reaktion.
  - Von Mn, das als Mn(II), Mn(IV) und Mn(VII) auftreten kann, geht MnO_4^- in den Sodaauszug, in dem es sich schon durch die violette Farbe bemerkbar macht. Dagegen bleiben Mn^{2+} und MnO_2 im Niederschlag des Sodaauszuges und können dort dadurch unterschieden werden, daß MnO_2 mit HCl Cl_2 entwickelt.
  - Bei Cr geht CrO_4^{2-} in den Sodaauszug und färbt ihn gelb, während Cr(III) in dessen Rückstand verbleibt und dort erkannt werden kann.

5.4.5.2 TRENNUNGSGANG II: Trennung mit Urotropin unter Berücksichtigung der „selteneren" Elemente Ga, In, La[1]), Th, U, Ti, Zr, V und W

Bei Gegenwart der „selteneren" Elemente können Komplikationen weitgehend ausgeschaltet werden, wenn man Urotropin als Fällungsmittel verwendet. Bei exakter Durchführung des Trennungsganges kann man die einzelnen Elemente ohne besondere Schwierigkeiten nebeneinander nachweisen.

Vorproben, Lösen und Aufschließen

Dafür kommen neben der **Phosphorsalz- bzw. Boraxperle** sowie der **Lötrohrprobe** Reduktionen besonders mit metallischem Na für Ti und V in Frage. Bei Anwesenheit von Nb und Ta verfährt man wie auf S. 563 beschrieben.

Die Substanz wird, wie schon beschrieben, in Lösung gebracht. Dabei bleibt W als in Säure schwerlösliches $WO_3 \cdot aq$ zurück. Damit gelangt W in die HCl-Gruppe (s. S. 515). Die Trennung und der Nachweis des W werden deshalb hier nicht besprochen, sondern zusammen mit Mo, das ein in Säuren schwerlösliches Sulfid bildet, bei der HCl/H_2S-Gruppe. Sind jedoch die Komplexbildner SiO_4^{4-}, H_3BO_3, AsO_3^{3-} oder PO_4^{3-} zugegen, so gehen beträchtliche Mengen W in Lösung. W läßt sich bei Gegenwart dieser heteropolysäurebildenden Anionen auch durch Abrauchen mit konz. H_2SO_4 nicht quantitativ abscheiden. Das nicht abgeschiedene W gelangt, bis auf das in der HCl-, Reduktions- und H_2S-Gruppe mitgefällte, in die Urotropin-Gruppe und wird dort nach dem in Tabelle 5.15 beschriebenen Verfahren abgetrennt und nochmals nachgewiesen.

Beim Lösen der Substanz bleibt außer den schon besprochenen schwerlöslichen Rückständen (s. S. 558) Zirconiumphosphat zurück. Dieses kann zweckmäßigerweise alkalisch aufgeschlossen werden. Beim Ausziehen der Schmelze mit Wasser hydrolisiert das Zirconat und bleibt als Rückstand, während sich im Filtrat das PO_4^{3-} befindet und dort nachgewie-

---

[1]) La steht anstelle von folgenden Elementen: Sc, Y, La und Lanthanoide.

Tab. 5.15: TRENNUNGSGANG II: $(NH_4)_2S$-Gruppe, Hydrolysetrennung, Fällung mit Urotropin (bei Anwesenheit der selteneren Elemente).

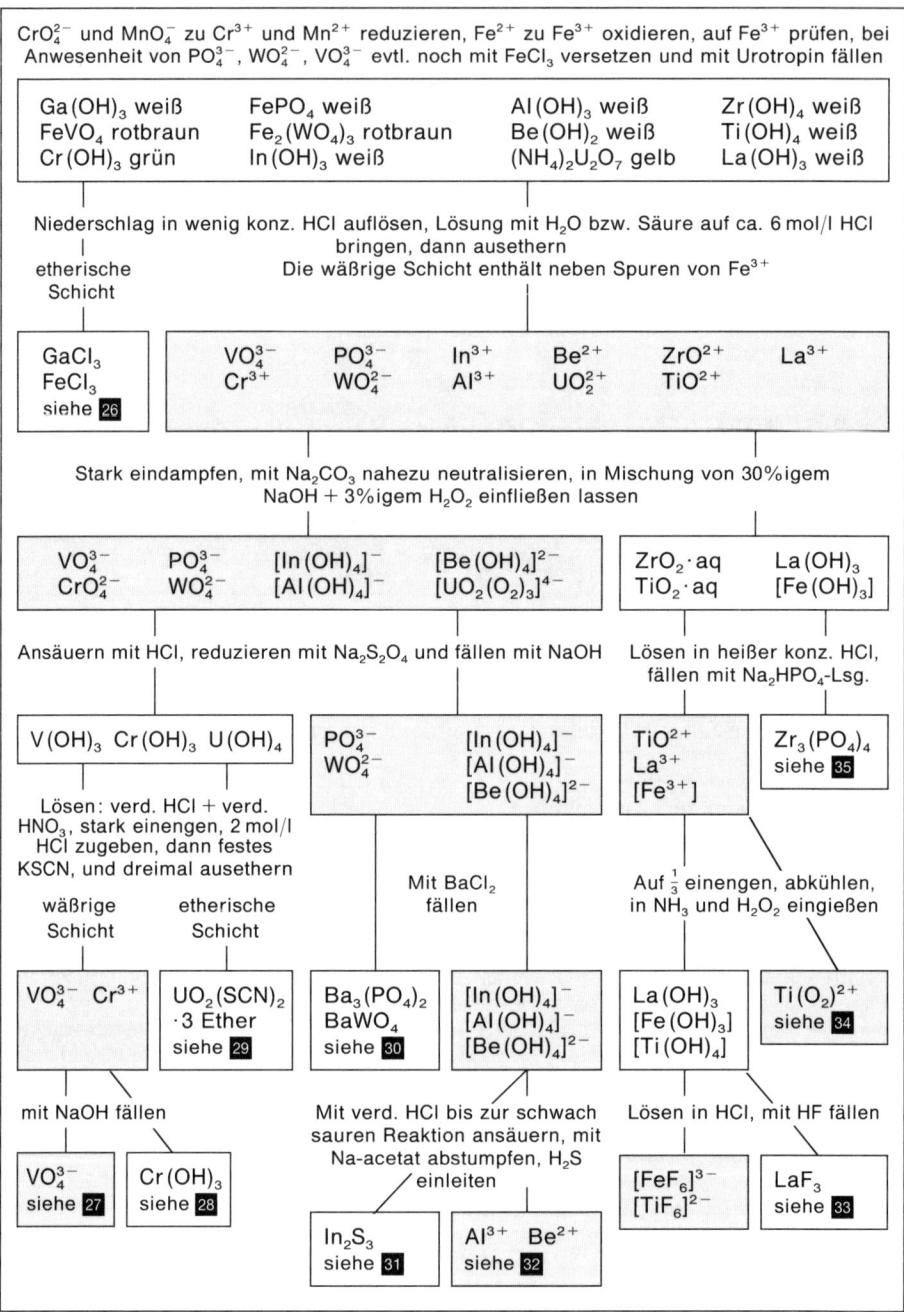

26 GaCl$_3$

Zur etherischen Phase setzt man verd. HCl zu und verdampft den Ether, dann reduziert man FeCl$_3$ mit SO$_2$ zu Fe^{2+} und gibt Urotropin dazu. Es fällt weißes Ga(OH)$_3$.

Nachweis: Lösen des Ga(OH)$_3$ in HCl. Mit Chinalizarin bildet sich ein rotvioletter Niederschlag. (Nr. 9. S. 437)

27 VO$_4^{3-}$

Nachweis: Zum Nachweis des Vanadiums leitet man H$_2$S ein. Die Bildung von löslichem Thiovanadat VS$_4^{3-}$ wird durch eine violette Färbung angezeigt (Nr. 4. S. 456)

28 Cr(OH)$_3$

löst sich in H$_2$SO$_4$

Nachweis:
1. Die Zugabe von K$_2$S$_2$O$_8$ oxidiert Cr^{3+} zu CrO$_4^{2-}$ (Gelbfärbung). (Nr. 8. S. 432)
2. Stark saure Lösungen von Dichromaten geben mit Diphenylcarbazid eine vorübergehende Rotviolettfärbung (Nr. 8. S. 435)

29 UO$_2$(SCN)$_2$
· 3 Ether

Ether verdampfen und in HNO$_3$ lösen

Nachweis: UO$_2^{2+}$-Ionen geben mit K$_4$[Fe(CN)$_6$] einen rotbraunen Niederschlag K$_2$(UO$_2$)[Fe(CN)$_6$]. (Nr. 8. S. 449)

30 Ba$_3$(PO$_4$)$_2$
BaWO$_4$

löst sich in HNO$_3$
löst sich in 18 mol/l H$_2$SO$_4$

PO$_4^{3-}$-Nachweis: PO$_4^{3-}$ ergibt mit Ammoniummolybdat einen gelben Niederschlag (Nr. 7. S. 341)

W-Nachweis: W(VI)-Ionen ergeben mit Hydrochinon eine Rotfärbung (Nr. 7. S. 466)

31 In$_2$S$_3$

In verdünnter HCl lösen

Nachweis: Bei Zugabe von Chinalizarin bildet sich ein rotvioletter Niederschlag (Nr. 9. S. 437)

32 Al^{3+}, Be^{2+}

Das H$_2$S aus der Lösung verkochen und nebeneinander nachweisen.

Al-Nachweis: Alizarin-S bildet mit Al^{3+}-Ionen einen roten Farblack. (Nr. 11. S. 426)

Be-Nachweis: Chinalizarin bildet mit Be^{2+}-Ionen in alkalischer Lösung einen blauen schwerlöslichen Niederschlag (Nr. 4. S. 428)

Trennungsgänge

5

Fortsetzung

---

33 LaF_3 weißer Niederschlag

    Nachweise: Als Lanthan-acetat-Iod-Einschlußverbindung (Nr. 3. S. 444)

---

34 $Ti(O_2)^{2+}$

    Nachweise: Mit H_2O_2 bilden sich durch $[Ti(O_2)^{2+}]$-Ionen gelb bis gelborange gefärbte Lösungen. (Nr. 6. S. 452)

---

35 $Zr_3(PO_4)_4$ weißer Niederschlag

    Nachweise: $Zr_3(PO_4)_4$ fällt im Gegensatz zu den Phosphaten aller anderen Elemente auch aus stark salzsaurer Lösung aus. (Nr. 6. S. 454)

In Lösung bleiben: Elemente der $(NH_4)_2S$-, $(NH_4)_2CO_3$- und der löslichen Gruppe.

---

sen werden kann. Beim Lösen des Rückstandes in verd. HCl bleibt eventuell schwerlösliches Zirconiumoxidhydrat zurück. Es kann zur Identifizierung des Zr sauer aufgeschlossen werden. Gewisse Metallegierungen, wie z. B. Vanadi533egierungen, müssen durch Schmelzen mit Na_2CO_3 und KNO_3 aufgeschlossen werden (vgl. S. 533). Wie schon beschrieben, werden CrO_4^{2-} und MnO_4^{-} reduziert, und es wird auf Fe^{3+} geprüft. Eventuell in der Lösung befindliches PO_4^{3-} und/oder VO_4^{3-} müssen an dieser Stelle mit Fe^{3+} als $FeVO_4$ und $FePO_4$ abgetrennt werden.

Fällung mit Urotropin

Mit Urotropin werden gefällt: $Al(OH)_3$ weiß, $Fe(OH)_3$ rotbraun und $Cr(OH)_3$ grün sowie $Ga(OH)_3$, $In(OH)_3$, $La(OH)_3$, $Th(OH)_4$, $TiO_2 \cdot xH_2O$, $ZrO_2 \cdot xH_2O$ weiß, ferner $Be(OH)_2$ weiß. Außerdem befinden sich im Niederschlag $(NH_4)_2U_2O_7$ gelb, $FePO_4$ weißlich und $FeVO_4$ rotbraun.

In Lösung bleiben: Die Elemente mit der Oxidationsstufe $+ II$: Co, Ni, Mn, Zn und Be, Ce(III) und La(III).

Bei Anwesenheit der drei letztgenannten Elemente muß das Zentrifugat der Urotropinfällung mit einigen Tropfen konzentrierten Ammoniaks gekocht, und die nun quantitativ ausgefällten Hydroxide dieser Elemente müssen der Urotropinfällung hinzugefügt werden. Die Behandlung des Zentrifugats der Urotropinfällung erfolgt wie auf S. 563 beschrieben.

Fe, Ga   Die HCl-saure Lösung des Urotropinniederschlages wird zur Extraktion des Fe(III) ausgeethert. Hierbei geht auch Ga(III) in die etherische Schicht (s. S. 437). Zum Nachweis des Ga(III) versetzt man die etherische Schicht mit 5 – 10 ml verd. HCl und entfernt den Ether wie beschrieben. Das in der zurückbleibenden salzsauren Lösung vorhandene Fe(III) wird mit einigen ml schwefliger Säure zu Fe(II) reduziert, wobei ein Überschuß an schwefliger Säure durch Kochen entfernt wird. Danach trennt man Ga(III) von Fe(II) entweder durch Fällung mit Urotropin oder durch Behandlung mit einer Bariumcarbonataufschlämmung (in der Kälte!). Der in beiden Fällen entstehende Niederschlag von $Ga(OH)_3$ bzw. $Ga_2(CO_3)_3$ wird in verd. HCl gelöst und die Lösung nach 9., S. 437 mit Chinalizarin bzw. nach 10. mit Alizarin S auf Ga(III) geprüft. Außerdem dampft man eine Probe zur Trockene ein und prüft spektralanalytisch nach 8., S. 437. Das nur noch Eisen enthaltene Zentrifugat wird verworfen.

NaOH/H$_2$O$_2$-Fällung

Die abgetrennte wäßrige Schicht wird eingedampft, wobei sich die Hauptmenge der HCl sowie der Ether (*Vorsicht, keine offene Flamme!*) verflüchtigen. Anschließend wird die **NaOH/H$_2$O$_2$-Fällung** durchgeführt. Der entstehende Niederschlag enthält neben dem restlichen Eisen Titan, Zirkonium, Lanthan und Thorium sowie etwas Beryllium (s. S. 428).

Zr   Der Niederschlag der **NaOH/H$_2$O$_2$-Fällung** wird in wenig heißer konz. HCl gelöst. Die entstandene Lösung dampft man auf etwa die Hälfte ein, versetzt nochmals mit dem gleichen Volumen konz. HCl, fügt in der Hitze (!) einige Tropfen 0,5 mol/l Na$_2$HPO$_4$-Lösung hinzu und kocht dann die Lösung auf. Bei Gegenwart von Zirkonium entsteht ein weißer, flockiger Niederschlag der Zusammensetzung Zr$_3$(PO$_4$)$_4$ (s. S. 454). Ist eine große Menge Zr anwesend, so gibt man zur vollständigen Fällung noch entsprechende Volumina an konz. HCl und Na$_2$HPO$_4$-Lösung hinzu. Die Lösung muß mehr als 20 Vol.-% an konz. HCl aufweisen, da sonst Ti ebenfalls ausfallen kann. Zr kann auch aus nicht zu stark salzsaurer Lösung durch Alizarin S als roter bis rotvioletter Farblack gefällt werden (s. S. 454).

NH$_3$/H$_2$O$_2$-Fällung

Das Zentrifugat der Zirkoniumphosphat-Fällung enthält einen großen Säureüberschuß. Zur Verringerung desselben engt man die Lösung auf etwa ein Drittel des Ausgangsvolumens ein und läßt erkalten. Die erkaltete Lösung gießt man unter Schütteln und Kühlen in das gleiche bis 1$\frac{1}{2}$fache Volumen konz. Ammoniak und 2–5 ml 3%iges H$_2$O$_2$.

Ti   In der Wärme und desgleichen bei zu langsamem Arbeiten fällt TiO · aq mit aus, in der Kälte bilden sich dagegen lösliche Peroxotitanate. Dann wird abzentrifugiert bzw. filtriert und der entstandene Niederschlag so lange gewaschen, bis das Waschwasser neutral reagiert. Bei Anwesenheit von Titan hat das Zentrifugat nach Ansäuern mit verd. H$_2$SO$_4$ eine orange Farbe (s. S. 452). Falls diese nicht sofort auftreten sollte, wird das noch nicht angesäuerte Zentrifugat eingeengt, bis sich eine Kristallhaut der vorhandenen Ammoniumsalze bildet, und dann mit verd. H$_2$SO$_4$ angesäuert. Eventuell ist auch noch ein Zusatz von H$_2$O$_2$ erforderlich.

La, Th   Der Niederschlag der **NH$_3$/H$_2$O$_2$-Trennung** wird mit wenig heißer 1 mol/l HCl in einem Reagenzglas gelöst. Zu der erhaltenen Lösung fügt man das gleiche Volumen 2 mol/l HF hinzu und kocht auf. Bei Gegenwart von La entsteht ein weißer flockiger Niederschlag (s. 9., S. 442). Statt der Flußsäure können aus der schwach HCl-sauren Lösung La(III) und Th(IV) auch mit Oxalsäure gefällt werden (s. 8., S. 441). Aus dem Oxalatniederschlag wird Th mit einem Überschuß von heißer konz. (NH$_4$)$_2$C$_2$O$_4$-Lösung unter Komplexbildung herausgelöst und befindet sich somit im Zentrifugat (s. 6., S. 447). In einem Teil dieser Lösung wird nach dem Verkochen des überschüssigen H$_2$O$_2$ das La(III) als I$_2$-Lanthanacetat-Einschlußverbindung nachgewiesen (s. 3., S. 444).

Na$_2$S$_2$O$_4$/NaOH-Trennung

Das Zentrifugat des NaOH/H$_2$O$_2$-Niederschlags enthält [Al(OH)$_4$]$^-$, [In(OH)$_4$]$^-$ und [Be(OH)$_4$]$^{2-}$ farblos, sowie PO$_4^{3-}$, VO$_4^{3-}$ und WO$_4^{2-}$ farblos, ferner CrO$_4^{2-}$ gelb und [UO$_2$(O$_2$)$_3$]$^{4-}$ orange. Es wird erst mit wenigen Tropfen konz. HCl abgestumpft und dann tropfenweise mit verd. HCl bis zur gerade sauren Reaktion versetzt. Nun engt man das

Volumen etwas ein und gibt 2 mol/l HCl und anschließend einige ml schweflige Säure hinzu, bis die Lösung danach riecht. Man kocht, bis der SO_2-Geruch verschwunden ist, kühlt ab, versetzt mit 0,5 g festem Natriumdithionit, $Na_2S_2O_4$, schüttelt gut und setzt so viel NaOH zu, daß die Konzentration etwa 2 mol/l NaOH ist. Nun kocht man kurz auf, zentrifugiert noch heiß ohne Unterbrechung möglichst rasch und wäscht mit heißem, alkalischem, Na_2SO_3-haltigem Wasser aus.

Es fallen aus: Die Hydroxide von Chrom(III) und Vanadium(III) und Uran(VI)
In Lösung bleiben: $[Al(OH)_4]^-$, $[Be(OH)_4]^{2-}$, $[In(OH)_4]^-$, PO_4^{3-} und WO_4^{2-}.
Der Hydroxidniederschlag kann einen kleinen Teil des Be mitfällen und muß daher einmal umgefällt werden.

U   Sodann wird der Niederschlag der Hydroxide mit wenig halbkonz. HCl, der zur Oxidation von U(IV) zu U(VI) bzw. von V(III) zu V(V) einige Tropfen verd. HNO_3 zugesetzt worden sind, aufgenommen. Die Lösung wird auf wenige Tropfen eingedampft und mit einigen ml 2 mol/l HCl verdünnt. Nach Abkühlen versetzt man mit festem KSCN (3–4 g aus 10 ml Lösung). NH_4SCN kann hier nicht anstelle von KSCN verwendet werden, da NH_4^+ bei der späteren Fällung des $Cr(OH)_3$ stören würde. Die Lösung wird dreimal mit dem der HCl-sauren Lösung entsprechenden Volumen Ether ausgeschüttelt und die etherische Schicht jedesmal abgehebert. Diese Schicht enthält nun den größten Teil des U als komplexe Thiocyanatoverbindung sowie etwas V. In der wäßrigen Lösung bleiben Cr, der Hauptteil des V und Spuren U zurück. Zum Nachweis von U dampft man den Ether zunächst durch Luftdurchleiten bei Zimmertemperatur ab, dann bis zur Trockene durch Erhitzen in einem kleinen glasierten Porzellantiegel. Der Rückstand wird nun bis zur vollständigen Zersetzung der Thiocyanatoverbindung geglüht. Bei Anwesenheit von V gibt man zu dessen Entfernung (s. S. 457) eine Spatelspitze NH_4Cl hinzu, stellt den Tiegel in einen größeren Schutztiegel und raucht unter möglichst gleichmäßiger Erwärmung des Schutztiegels langsam ab. Wenn notwendig, wird diese Operation bis zur vollständigen Entfernung des V wiederholt. Den Rückstand erwärmt man mit wenig konz. HNO_3, dekantiert gegebenenfalls von ungelösten Kohleteilchen und dampft auf dem Wasserbad zur Trockene ein. Es wird mit wenig verd. CH_3COOH aufgenommen und das Uran einmal mit H_2O_2 (s. S. 449), zum anderen mit $K_4[Fe(CN)_6]$-Lösung (s. S. 449) nachgewiesen.

Cr, V   Die wäßrige, neben Cr noch V enthaltende Lösung wird zur Entfernung von anhaftendem Ether etwas auf dem Wasserbade eingedampft und dann in der Hitze unter dem Abzug vorsichtig tropfenweise mit konz. HNO_3 versetzt, bis die heftige Gasentwicklung infolge Zerstörung des Thiocyanats aufhört. Dann dampft man mit einem Überschuß von konz. HNO_3 bis zur Trockene ein. Der Rückstand wird mit Wasser wieder aufgenommen und mit NaOH alkalisch gemacht (etwa 1,5 mol/l). Die alkalische Lösung wird aufgekocht und bei Anwesenheit größerer Mengen Cr bis zur möglichst vollständigen Abscheidung von $Cr(OH)_3$ kurze Zeit auf einem Wasserbad erhitzt. Man zentrifugiert den Niederschlag siedend heiß ab und wäscht mit heißem Wasser, bis das Waschwasser Cl^--frei ist. Nun löst man den Niederschlag in heißer verd. H_2SO_4, gibt etwas festes Alkaliperoxodisulfat hinzu, kocht eine halbe Minute, verdünnt mit Wasser und kühlt ab. Das gebildete CrO_4^{2-} kann entweder durch Bildung von blauem CrO_5 (s. S. 434) oder unter dem Mikroskop als Ag_2CrO_4 (s. 7., S. 435) identifiziert werden. Das Zentrifugat des $Cr(OH)_3$-Niederschlages wird zum Nachweis des V verwendet. In einen Teil der alkalischen Lösung leitet man H_2S ein. Rotviolettfärbung ist charakteristisch für V (s. 4., S. 456). Zum Nachweis als Peroxovanadium (s. 7., S. 457) sowie durch Reduktion von Fe(III) zu Fe(II) (s. 8., S. 457) muß die Lösung mit HCl angesäuert werden.

PO_4^{3-}, WO_4^{2-}	Zur Prüfung auf PO_4^{3-} und eventuell WO_4^{2-} wird das alkalische Zentrifugat der $Na_2S_2O_4/NaOH$-Trennung mit 2–3 Tropfen verd. $FeCl_3$-Lösung versetzt, um etwa vorhandene Spuren von Titan, welche die folgenden Nachweisreaktionen stören könnten, mit dem ausfallenden FeS bzw. $Fe(OH)_3$ zu entfernen. Das Zentrifugat dieses Niederschlages versetzt man in der Siedehitze mit gesättigter $BaCl_2$-Lösung bis zur vollständigen Fällung, zentrifugiert den Niederschlag ab und wäscht ihn gut aus. Er enthält $BaSO_4$, $Ba_3(PO_4)_2$ und $BaWO_4$. Außerdem kann er verunreinigt sein durch größere Mengen Be und muß daher zweimal umgefällt werden. Einen Teil des Niederschlages kocht man mit einigen ml verd. HNO_3, zentrifugiert vom zurückbleibenden $BaSO_4$ und von $WO_3 \cdot$ aq ab, dampft bis auf ein Volumen von etwa 1 ml ein und kühlt ab. In der von eventuell auskristallisiertem $Ba(NO_3)_2$ und nachgefallenem WO_3 dekantierten Lösung weist man nach 7., S. 341, PO_4^{3-} als Ammoniummolybdophosphat nach. In einem anderen Teil des mit $BaCl_2$ gefällten Niederschlags weist man Wolfram nach 7., S. 466, mit Hydrochinon und konz. H_2SO_4 nach.
In	Im Zentrifugat des mit $BaCl_2$ gefällten Niederschlages befinden sich noch $[Al(OH)_4]^-$, $[In(OH)_4]^-$ und $[Be(OH)_4]^{2-}$. Es wird mit 0,5 ml Perhydrol zur völligen Zerstörung verbliebener Dithionitreste kurze Zeit aufgekocht, mit konz. HCl abgestumpft und mit verd. HCl angesäuert. Nach nochmaligem Aufkochen zentrifugiert man von eventuell ausgeschiedenem $BaSO_4$ ab, macht durch Zusatz von Acetat die Lösung schwach essigsauer und leitet H_2S ein. Bei Gegenwart von In entsteht ein allmählich reingelb werdender Niederschlag von In_2S_3 (s. 4., S. 437). Der Niederschlag wird mit H_2S-haltigem Wasser gewaschen und in verd. HCl gelöst. Man identifiziert In dann mit Chinalizarin nach 9. und mit Alizarin S nach 10., S. 437f.. Außerdem prüft man spektralanalytisch (s. 8., S. 437). Unterbricht man bei der $NaOH/H_2O_2$-Trennung das Erhitzen nicht beim beginnenden Sieden, sondern läßt die Lösung kochen, so kann In bereits wieder als $In(OH)_3$ ausfallen. Es gelangt dann in den Niederschlag der $NaOH/H_2O_2$-Fällung und ist dort nachzuweisen, wenn aufgrund der Vorproben (Spektralanalyse!) die Anwesenheit von In wahrscheinlich ist und es sich nicht im Zentrifugat der $NaOH/H_2O_2$-Fällung nachweisen läßt.
Al, Be	Nach Verkochen des H_2S im Zentrifugat des In_2S_3-Niederschlags können einerseits Al(III) und Be(II), wie auf S. 566 beschrieben, nebeneinander nachgewiesen werden. Andererseits können der Nachweis des Al(III) und die Trennung von Be(II) mit Oxin (s. 12., S. 426) durchgeführt werden.

5.4.5.3 TRENNUNGSGANG III:
Praktische Durchführung der Urotropintrennung im HM-Maßstab bei Anwesenheit der Elemente Fe, Al, Cr, U, V, Ti, W, Co, Ni, Zn, Mn, Mo, La

Allgemeines

Es ist grundsätzlich bei der HM-Analyse vorteilhafter, auf eine gemeinsame Fällung der Kationen mit den Oxidationsstufen + IV, + III und + II mit $(NH_4)_2S$ zu verzichten und von vornherein den Urotropintrennungsgang zu wählen, wobei im Prinzip das gleiche wie für den auf S. 563 beschriebenen Teil des allgemeinen Kationentrennungsganges gilt.

Die Anionen organischer Säuren (Oxalat, Tartrat, Cyanid und Thiocyanat) stören durch Komplexbildung die Fällung der Hydroxide dieser Gruppe. Ferner stört F^- teils durch Komplexbildung, teils durch Bildung schwerlöslicher Salze mit Kationen der folgenden Analysengruppen. Diese störenden Anionen werden zweckmäßig vor Beginn des Kationentrennungsganges durch Abrauchen der Analysensubstanz mit ca. 0,5 ml konz. H_2SO_4 unter Zusatz einiger mg $(NH_4)_2S_2O_8$ beseitigt. Unter den Fällungsbedingungen dieser Gruppe bildet PO_4^{3-} mit Li^+, Mg^{2+}, Sr^{2+}, Ca^{2+} und Ba^{2+}, und H_3BO_3 mit Ca^{2+}, Sr^{2+} und Ba^{2+} schwerlösliche Salze, so daß unter Umständen diese Kationen ihrem späteren Nachweis in den folgenden Analysengruppen entzogen werden können. H_3BO_3 und PO_4^{3-} lassen sich wie im allgemeinen Kationentrennungsgang durch Verflüchtigen als Borsäuremethylester bzw. Fällung mit Fe(III), $SnO_2 \cdot aq$ oder Zr(IV) entfernen. Daneben kann in der HM-Analyse auch die gemeinsame Abtrennung beider Anionen über Kationenaustauscher empfohlen werden. Letztere Methode bietet allerdings nur Vorteile, wenn Kationen der Oxidationsstufe $+ IV$ und Vanadium(V) abwesend sind. Besonders Ti und Zr werden so fest von dem Austauscher gebunden, daß sie schwer eluierbar sind, während Vanadium(V) nicht quantitativ ausgetauscht wird. Prinzipiell ist eine Abtrennung der Kationen der Oxidationsstufe $+ IV$ vor dem Ionenaustausch durch hydrolytische Fällung bei genau kontrollierten pH-Werten möglich. Ein solches Verfahren bietet jedoch keine Vorteile, sondern macht den Trennungsgang umständlich.

Hydroxide bzw. Oxidhydrate der Urotropingruppe besitzen die Neigung, Fremdionen mitzufällen. Daher muß in der HM-Analyse grundsätzlich der Niederschlag der Urotropingruppe umgefällt und das Filtrat der 1. Fällung mit dem der 2. Fällung vereinigt werden, um einen sicheren Nachweis der Kationen der folgenden Analysengruppen zu gewährleisten.

Methode A:
Fällung mit Urotropin bei Anwesenheit von Elementen der Oxidationsstufe $+ IV$ sowie von PO_4^{3-} und VO_4^{3-}. Abtrennung von PO_4^{3-}, WO_4^{2-} und VO_4^{3-} mit Fe^{3+}-Ionen

Das Zentrifugat der H_2S-Gruppe, das kein F^-, H_3BO_3, Tartrat und Oxalat mehr enthalten darf, wird unter Verkochen von H_2S auf ca. 1 ml eingeengt. Wenn auf die Fällung mit H_2S verzichtet werden konnte, so werden F^-, Tartrat, Oxalat, CN^- und SCN^- durch Abrauchen mit 18 mol/l H_2SO_4 (s. S. 362), H_3BO_3 als Borsäuremethylester (s. 4., S. 371) entfernt und gegebenenfalls CrO_4^{2-} und MnO_4^- durch Aufkochen der salzsauren Lösung mit einigen Tropfen Ethanol reduziert. In der Lösung wird mit 9., S. 422, auf Fe^{3+}, mit 7., S. 341, auf PO_4^{3-}, mit 8., S. 457, auf VO_4^{3-} und mit 6., S. 466, auf WO_4^{2-} geprüft. Bei Anwesenheit von Fe(II) wird dieses durch Aufkochen der Lösung mit 2–3 Tropfen 14,5 mol/l HNO_3 zu Fe(III) oxidiert. Ist eines der drei Anionen zugegen, so gibt man je nach ihrer vermuteten Menge einige Tropfen 10%ige $FeCl_3$-Lösung zu der Analysenlösung und versetzt unter Schütteln tropfenweise mit konz. $(NH_4)_2CO_3$-Lösung bis zur bleibenden Trübung.

Fällung mit Urotropin

Dann gibt man 2,5 mol/l HCl zu, bis diese Trübung eben verschwindet und tropft zu der siedenden Lösung so viel 10%ige Urotropinlösung, bis sich kein weiterer Niederschlag mehr bildet (ca. 1–2 ml).

Es fallen aus: $TiO_2 \cdot aq$, $ZrO_2 \cdot aq$, $La(OH)_3$, $Cr(OH)_3$, $Be(OH)_2$, $(NH_4)_2U_2O_7$, $FePO_4$, $FeVO_4$, $Fe_2(WO_4)_3$ und Spuren $MnO(OH)_2$.

($Zr(IV)$ und PO_4^{3-} können in salzsaurer Lösung nicht nebeneinander vorliegen.) Der Niederschlag wird abzentrifugiert, mehrfach mit heißem Wasser gewaschen, in möglichst wenig 5 mol/l HCl gelöst und nochmals, wie eben beschrieben, (ohne erneute Zugabe von $FeCl_3$-Lösung) gefällt. Das Zentrifugat der zweiten Fällung wird mit dem der ersten vereinigt, auf ca. 1 ml eingeengt, in das doppelte Volumen 13,5 mol/l NH_3 eingegossen und kurz aufgekocht. Ein hierbei auftretender Niederschlag kann aus Resten $Be(OH)_2$, $La(OH)_3$ und $Ce(OH)_3$ bestehen. Er wird abzentrifugiert, mit Wasser gewaschen und mit dem Niederschlag der Urotropinfällung vereinigt. Das Zentrifugat stellt man zur Fällung der $(NH_4)_2S$-Gruppe beiseite.

Hinweise

- Hat man zur Fällung von PO_4^{3-} usw. $Fe(III)$ zugegeben, so muß letzteres durch Ausethern entfernt werden. Dazu wird der Niederschlag der Urotropinfällung in möglichst wenig 7 mol/l HCl gelöst und diese Lösung gegebenenfalls mit Wasser auf das 1,5fache Volumen verdünnt. Dann wird nach 7., S. 422 die Hauptmenge des $Fe(III)$ durch Ausschütteln mit Ether entfernt.
- Ist PO_4^{3-} zugegen, VO_4^{3-} und WO_4^{2-} dagegen abwesend, so ist es bequemer, aus dem salzsauren Zentrifugat der H_2S-Gruppe PO_4^{3-} mit 0,005 mol/l $ZrOCl_2$-Lsg. zu fällen, wobei unter Berücksichtigung der in der Halbmikro-Analyse gegebenen Mengenverhältnisse völlig analog wie in der auf S. 342 beschriebenen Vorschrift zu verfahren ist. Auch das ebenfalls auf S. 342 beschriebene Verfahren der PO_4^{3-}-Abtrennung mit $SnO_2 \cdot aq$ kann hier sinngemäß angewendet werden.

NaOH/H$_2$O$_2$-Trennung

Die nach Ausethern des $Fe(III)$ erhaltene wäßrige-salzsaure Phase befreit man durch Kochen von restlichem Ether und der Hauptmenge der HCl. Diese Lösung oder das entsprechende Zentrifugat der PO_4^{3-}-Fällung mit $ZrOCl_2$ oder $SnO_2 \cdot aq$ wird im Becherglas mit ca. 2 ml frisch bereiteter 5 mol/l NaOH unter Zusatz von 5 Tropfen 2,5 mol/l H_2O_2 5 Minuten vorsichtig (Siedeverzug!) über freier Flamme gekocht und heiß zentrifugiert.

Es fallen aus: $TiO_2 \cdot aq$, $La(OH)_3$, $Fe(OH)_3$
In Lösung bleiben: CrO_4^{2-}, $[Al(OH)_4]^-$, $[Be(OH)_4]^{2-}$, $[UO_2(O_2)_3]^{4-}$, VO_4^{3-}, WO_4^{2-} und bei Abtrennung mit Fe^{3+} auch PO_4^{3-}.

Bei Gegenwart von $[UO_2(O_2)_3]^{4-}$ wird der Niederschlag nochmals mit 1 Tropfen 5 mol/l NaOH + 5 Tropfen 2,5 mol/l H_2O_2 in der Siedehitze ausgezogen, bis kein $[UO_2(O_2)_3]^{4-}$ (gelborange) mehr in Lösung geht. Das Zentrifugat dieser zweiten Extraktion vereinigt man mit dem ersten Zentrifugat. Außerdem ist bei Gegenwart von Be der Niederschlag 1–2mal umzufällen.

Der Niederschlag von $TiO_2 \cdot aq$, $ZrO_2 \cdot aq$, $La(OH)_3$ und $MnO(OH)_2$ wird mit 1 ml 1 mol/l NH_4NO_3 warm gewaschen (Waschlösung verwerfen!) und in möglichst wenig 5 mol/l HCl gelöst. In dieser Lösung können Ti, Zr, Fe und Mn nebeneinander nachgewiesen werden.

Fe als $Fe(SCN)_3$, vgl. Reaktion 9., S. 422.
Ti als TiO_2^{2+}, vgl. Reaktion 6., S. 452.
Zr als Alizarin-S-Farblack, vgl. Reaktion 7., S. 454.
Mn als MnO_4^-, vgl. Rk. 12., S. 411.

Eine negative Reaktion auf Mn an dieser Stelle beweist noch nicht die Abwesenheit in der Analysensubstanz, da die Hauptmenge des Mn bei richtiger Arbeitsweise erst in der folgenden $(NH_4)_2S$-Gruppe gefällt wird.

Trennungsgänge

5

La, Th   La, Th(IV) und die Lanthanoide werden aus salzsaurer Lösung bei pH 0,5 als Oxalate gefällt. In der Urotropingruppe bildet nur Zr(IV) unter gleichen Bedingungen ein schwerlösliches Oxalat, das aber in überschüssiger Oxalsäure unter Komplexbildung löslich ist. Zur Prüfung auf La^{3+} (und gegebenenfalls Th(IV) und Lanthanoide) werden 0,5 ml der stark salzsauren Kationenlösung mit 5 mol/l NaOH auf ein pH von ca. 0,5 eingestellt. Dann gibt man 1 ml 10%ige Oxalsäure zu, erwärmt etwa 3 Minuten auf dem Wasserbad und kühlt die Lösung anschließend unter fließendem Wasser ab. Die Kristallisation der Oxalate läßt sich durch Reiben der Gefäßwandungen mit einem Glasstab beschleunigen. Der Niederschlag, der aus $La_2(C_2O_4)_3$, $Th(C_2O_4)_2$ und den Oxalaten anderer Lanthanoide bestehen kann, wird von der noch heißen Lösung abzentrifugiert und mit 1 ml 2%iger Oxalsäurelösung und danach 1 ml Wasser gewaschen. Die Weiterbehandlung des Niederschlags erfolgt nach Trennungsgang II.

$Na_2S_2O_4$/NaOH-Trennung

Das Zentrifugat der $NaOH/H_2O_2$-Trennung wird mit 7 mol/l HCl neutralisiert, mit 1–2 Tropfen 2,5 mol/l HCl eben angesäuert und so lange tropfenweise mit SO_2-Wasser versetzt, bis die Lösung danach riecht. Dann wird durch Kochen auf ca. 3 ml eingeengt und dabei das überschüssige SO_2 entfernt. Nach dem Abkühlen gibt man unter Schütteln 50–100 mg Na-Dithionit, $Na_2S_2O_4$ u. danach 1,5 ml 5 mol/l NaOH zu und kocht kurz auf.

Es fallen aus: $Cr(OH)_3$, $V(OH)_3$ und $U(OH)_4$.
In Lösung bleiben: PO_4^{3-}, WO_4^{2-}, $[Al(OH)_4]^-$ und $[Be(OH)_4]^{2-}$.
    Der Hydroxidniederschlag kann einen kleinen Teil des vorhandenen Be enthalten und ist daher einmal umzufällen.

U(IV)   Der Niederschlag von $U(OH)_4$, $Cr(OH)_3$ und $V(OH)_3$ wird in 0,5 ml mol/l HCl + 3 Tropfen 14,5 mol/l HNO_3 gelöst, die Lösung fast zur Trockene eingedampft (Oxidation U(IV) → U(VI) und V(III) → V(V)) und mit 1 bis 2 ml 2,5 mol/l HCl verdünnt. Aus dieser Lösung extrahiert und identifiziert man U nach der auf S. 449 beschriebenen Methode als Thiocyanatokomplex.

Cr(III)   Die nach dem Ausethern anfallende wäßrige Phase enthält das gesamte Cr neben der Hauptmenge V und noch Spuren von U. Sie wird zur Trockene eingedampft und zur Zersetzung von SCN^- mit 3–4 Tropfen 14,5 mol/l HNO_3 erneut zur Trockene abgeraucht. Den Rückstand löst man in 1 ml Wasser, gibt 0,3 ml 5 mol/l NaOH hinzu und erhitzt zur vollständigen Abscheidung des $Cr(OH)_3$ einige Minuten auf dem siedenden Wasserbad. Der gebildete Niederschlag von $Cr(OH)_3$ wird in der Siedehitze zentrifugiert und chloridfrei gewaschen. Zur endgültigen Identifizierung von Cr werden die Reaktionen 4ff., S. 434f., herangezogen.

V(III)   Das alkalische Zentrifugat der $Cr(OH)_3$-Fällung wird neutralisiert und zur Trockene eingedampft. Der Rückstand wird zur Reduktion von V(V) zu V(IV) mit 0,5 ml 7 mol/l HCl 2–3 Minuten gekocht und danach mit 1 ml Wasser aufgenommen. In der erhaltenen Lösung identifiziert man V(IV) mit Fe^{3+} nach Reaktion 8., S. 457.

PO_4^{3-},   Das Zentrifugat der Fällung mit alkalischer Dithionitlösung wird in der Siedehit-
WO_4^{2-}   ze tropfenweise mit gesättigter $BaCl_2$-Lösung bis zur vollständigen Fällung von $BaSO_4$, $Ba_3(PO_4)_2$ und $BaWO_4$ versetzt. Den abzentrifugierten Niederschlag wäscht man mit 1 ml Wasser. Auch hier werden größere Mengen Be mitgefällt, so daß ebenfalls ein- bis zweimal umgefällt werden muß. Nach 5.–7., S. 466, wird auf W geprüft. Soll hier nochmals auf PO_4^{3-} geprüft werden, so wird ein Teil des Niederschlags in 5 mol/l HNO_3 gelöst und vom $BaSO_4$ abzentrifugiert. Im Zentrifugat kann PO_4^{3-} neben WO_4^{2-} identifiziert werden.

Al(III), Zur Trennung des Al^{3+} von Be^{2+} wird das Zentrifugat der vollständigen $BaCl_2$-
Be(II) Fällung mit 2,5 mol/l HCl eben angesäuert und das überschüssige Ba^{2+} tropfenweise in der Siedehitze mit 2,5 mol/l H_2SO_4 gefällt und abzentrifugiert. Das
schwach salzsaure Zentrifugat wird mit einer 3–4%igen Oxinacetatlösung versetzt (3 ml Oxinlösung pro 5 mg Aluminium. Näheres über Oxin s. S. 426) und im
siedenden Wasserbad erwärmt. Eine hierbei auftretende Trübung bringt man mit
1–2 Tropfen 5 mol/l HCl wieder in Lösung. Die klare Lsg. wird nun tropfenweise
unter Rühren mit 5 mol/l NH_4CH_3COO bis zur bleibenden Trübung versetzt.
Dann werden noch weitere 20 Tropfen 5 mol/l NH_4CH_3COO zugefügt. Zur Ver-
vollständigung der Fällung erwärmt man 10 Minuten auf dem Wasserbad und
zentrifugiert anschließend das gebildete gelbgrüne Al-Oxinat. Außer Al^{3+} wer-
den auch verschlepptes Fe^{2+}, Mg^{2+}, Zn^{2+}, Cd^{2+}, Bi^{3+}, Mn^{2+}, Ni^{2+}, Co^{2+} und
UO_2^{2+} von Oxin in essigsaurer Lösung gefällt. Verunreinigungen der Al-Oxinat-
fällung durch Uranoxidoxinat sind leicht an einer rotbraunen Färbung des Niederschlags zu erkennen. Die übrigen Kationen dürfen bei richtiger Ausführung
der Gruppentrennungen hier nicht zugegen sein. Der Niederschlag von Al-Oxinat wird mit 1 ml heißem Wasser unter Zusatz von 1 Tropfen gesättigter Oxalsäurelösung gewaschen, getrocknet und kurz über der Bunsenflamme verglüht
(Zersetzung der organischen Substanzen). Den Glührückstand löst man in einigen Tropfen konz. HCl. In dieser Lösung kann Al^{3+} nach 9–11., S. 425f., identifiziert werden. Falls durch zu langes Glühen der Rückstand in HCl schwerlöslich
geworden ist, wird er mit $KHSO_4$ oder Na_2CO_3 aufgeschlossen.

Das Zentrifugat der Al-Oxinatfällung muß durch NH_4-Oxinat gelb bis gelborange gefärbt sein. Andernfalls fügt man zur quantitativen Abscheidung von
Al^{3+} weitere Oxinlösung hinzu. Die das gesamte Be und überschüssiges Oxin
enthaltende Lösung wird mit 5 mol/l NaOH alkalisch gemacht, wobei eine gelb-
weiße flockige Fällung auftritt, die aus einem Gemisch von $Be(OH)_2$ und Be-Oxinat besteht. Der Niederschlag wird, wie für Al beschrieben, gewaschen, verglüht
und in HCl gelöst. In der erhaltenen Lösung kann Be^{2+} mit der Reaktion 4.,
S. 428, identifiziert werden.

Methode B:
Fällung mit Urotropin oder Ammoniak bei Abwesenheit von Ti, Zr, Th, U und V.
Abtrennung von PO_4^{3-}, H_3BO_3 und WO_4^{2-} durch Kationenaustauscher

Die Abtrennung von PO_4^{3-} und sonstigen Anionen durch Kationenaustauscher ist beim Phosphat weiter unten beschrieben. Bei Anwendung dieser Methode im Halbmikro-Trennungsgang soll Fe als Fe^{2+}-Ion ausgetauscht werden (Fe^{3+}
ist wesentlich schwerer eluierbar!). Nach der Abtrennung der Anionen und Elution der ausgetauschten Kationen kann Fe^{2+} wahlweise entweder zu Fe^{3+} oxidiert und in der Urotropingruppe als $Fe(OH)_3$ oder auch in der $(NH_4)_2S$-Gruppe
als FeS gefällt und dort nachgewiesen werden. CrO_4^{2-} und MnO_4^- müssen vor
dem Ionenaustausch zu Cr^{3+} bzw. Mn^{2+} reduziert werden. Zur Fällung der
Kationen nach Abtrennung von PO_4^{3-} usw. kann hier Ammoniak in Gegenwart
von NH_4Cl anstelle von Urotropin verwendet werden. Cr^{3+} tritt gelegentlich
infolge Bildung von Anionenkomplexen oder Neutralkomplexen in der Anionenlösung auf. Es ist dort jedoch leicht an der grünen Farbe der Lösung zu erkennen.
Falls Mo nicht vollständig in der H_2S-Gruppe gefällt wurde, kann es hier als
MoO_4^{2-} in der Anionenlösung nochmals identifiziert werden.

Trennungsgänge

5

Ausführung des Ionenaustausches zur Abtrennung von PO_4^{3-}, H_3BO_3 und WO_4^{2-}

Das H_2S-frei gekochte Zentrifugat der H_2S-Gruppe wird auf 3–5 ml eingeengt. Der pH-Wert dieser Lösung soll ca. 1 betragen. F^-, VO_2^+, Oxalat, Tartrat und Kationen der Oxidationsstufe + IV müssen abwesend sein. Die Lösung wird mittels einer Pipette auf die mit einem Kationenaustauscherharz (H^+-Form) beschickte Säule getropft. Nach dem Ablaufen der Lösung wäscht man die Säule 3–4mal mit je 3 ml destilliertem Wasser. Waschwasser und Anionenlösung werden vereinigt und auf ca. 1 ml eingedampft. In dem Konzentrat werden PO_4^{3-}, H_3BO_3 und WO_4^{2-} mittels der folgenden Reaktionen identifiziert bzw. bestätigt, bei positiven Vorproben:

PO_4^{3-} als $(NH_4)_3[P(Mo_3O_{10})_4] \cdot aq$ (Rk. 7., S. 341 oder $Zr_3(PO_4)_4$ (s. 5., S. 340)

H_3BO_3 als $(B(OCH_3)_3)$ (s. 4., S. 371 f.)

WO_4^{2-} als Wolframblau (s. 6., S. 466)

MoO_4^{2-} als Ethylxanthogenat-Chelat (s. 4., S. 628).

Falls die Anionenlösung grünlich verfärbt ist, wird ein Teil davon zur Prüfung auf Cr mit $NaOH + H_2O_2$ behandelt und das gebildete CrO_4^{2-} durch Reaktion 6., S. 434, identifiziert.

Zur Elution der Kationen wird die Säule 3mal mit je 5 ml 5 mol/l HCl gewaschen. Das abtropfende Eluat, das sämtliche Kationen der Urotropingruppe und der folgenden Gruppen des Trennungsganges enthalten kann, wird fast zur Trockene eingedampft. Den Rückstand löst man in 1–3 ml 3 mol/l HCl und führt mit dieser Lösung den weiteren Trennungsgang durch.

1. Fällung mit Urotropin

Die Kationenlösung wird zur Oxidation von Fe(II) zu Fe(III) mit 2–3 Tropfen 14,5 mol/l HNO_3 aufgekocht und die Fällung sinngemäß, wie auf S. 574 beschrieben, durchgeführt.

Es fallen aus: $Fe(OH)_3$, $Cr(OH)_3$, $Al(OH)_3$, $La(OH)_3$, $Be(OH)_2$ und Spuren von $Mn(OH)_2$.

2. Fällung mit Ammoniak in Gegenwart von NH_4Cl

Die Kationenlösung wird mit 50–100 mg NH_4Cl und einigen mg Hydroxylammoniumchlorid versetzt und kurz aufgekocht. (Reduktion von eventuell durch Luftoxidation gebildetem Fe(III) zu Fe(II)!). Die abgekühlte Lösung wird im Zentrifugenglas tropfenweise unter Umschütteln mit 5 mol/l NH_3 versetzt. Sobald eine bleibende Trübung entsteht, erwärmt man das Glas im siedenden Wasserbad, bis sich die ausgefallenen Hydroxide flockig zusammenballen. Die Mischung wird zentrifugiert und, ohne den Niederschlag von der Lösung zu trennen, mit einem weiteren Tropfen 5 mol/l NH_3 versetzt. Dann erwärmt man wieder im Wasserbad, bis der neu gefällte Niederschlag koaguliert. Dabei wird vorsichtig umgerührt, ohne die erste Fällung am Boden des Glases aufzuwirbeln. Nach erneutem Zentrifugieren wird die Fällungsoperation so lange wiederholt, bis auf weiteren Zusatz von 5 mol/l NH_3 kein Niederschlag mehr entsteht. Die überstehende klare Lösung saugt man möglichst vollständig ab und stellt sie zur Fällung der $(NH_4)_2S$-Gruppe beiseite. Die gefällten Hydroxide müssen zur Reinigung umgefällt werden. Dazu wird der Niederschlag mit 5 Tropfen 5 mol/l HCl gelöst, die Lösung mit 5–10 Tropfen 5 mol/l NH_4Cl versetzt und die Fällung, wie eben beschrieben, wiederholt. Der Niederschlag wird abzentrifugiert und nochmals mit je 1 ml 1 mol/l NH_4NO_3-Lösung, der 2 Tropfen 5 mol/l NH_3 pro ml zugesetzt wurden, gewaschen, bis die Waschlösung Cl^--frei ist. Das Zentrifugat der zweiten Fällung vereinigt man mit dem der ersten und verwirft die Waschlösung.

Es fallen aus: $Cr(OH)_3$, $Al(OH)_3$, $La(OH)_3$, $Be(OH)_2$ und Spuren von $Fe(OH)_3$ und $Mn(OH)_2$.

Zur Trennung des La, Fe und Mn von Cr, Al und Be wird der Niederschlag der Urotropin- oder NH$_3$-Fällung in einigen Tropfen 5 mol/l HNO$_3$ gelöst, mit 2 ml frisch bereiteter 5 mol/l NaOH + 5 Tropfen 2,5 mol/l H$_2$O$_2$ 5 Minuten vorsichtig (Siedeverzug!) über freier Flamme gekocht und heiß zentrifugiert. Im Zentrifugat können sich CrO$_4^{2-}$, [Al(OH)$_4$]$^-$ und [Be(OH)$_4$]$^{2-}$ befinden. Der erneut gebildete Niederschlag von La(OH)$_3$, Fe(OH)$_3$ und MnO(OH)$_2$ wird mit 1 ml 5 mol/l NaOH und danach 2mal mit je 1 ml warmer 1 mol/l NH$_4$NO$_3$ gewaschen. Die NaOH-Waschlösung vereinigt man mit dem Zentrifugat der NaOH/H$_2$O$_2$-Fällung.

Zur Trennung des La von Fe und Mn wird der Niederschlag von La(OH)$_3$, Fe(OH)$_3$ und MnO(OH)$_2$ in möglichst wenig 1 mol/l HCl gelöst. Die Trennung und weitere Identifizierung geschieht, wie auf S. 575 beschrieben.

Bariumchromat Fällung zur Trennung des CrO$_4^{2-}$ von Al(III) und Be(II)

Das Zentrifugat der NaOH − H$_2$O$_2$-Trennung wird mit 14,5 mol/l HNO$_3$ neutralisiert, mit 5 − 10 Tropfen 5 mol/l CH$_3$COOH angesäuert und tropfenweise mit 1 mol/l Ba(CH$_3$COO)$_2$ versetzt, bis die Fällung von BaCrO$_4$ vollständig ist. Der Niederschlag wird abzentrifugiert und 2mal mit je 1 ml Wasser gewaschen. Den ersten Teil des Waschwassers vereinigt man mit dem Zentrifugat der BaCrO$_4$-Fällung. Der Niederschlag von BaCrO$_4$ wird zur endgültigen Identifizierung von Cr mit einigen Tropfen 2,5 mol/l H$_2$SO$_4$ versetzt und in der vom BaSO$_4$ abzentrifugierten Lösung auf Cr(VI) geprüft (vgl. Reaktion 6., S. 434).

Das Zentrifugat der BaCrO$_4$-Fällung wird mit 2 − 4 Tropfen 2,5 mol/l HCl angesäuert und das überschüssige Ba^{2+} mit 2,5 mol/l H$_2$SO$_4$ ausgefällt. Das Zentrifugat dieser Fällung behandelt man zur Trennung und Identifizierung von Al und Be nach der auf S. 577 gegebenen Vorschrift weiter.

5.4.6 (NH$_4$)$_2$S-Gruppe: Ni(II), Mn(II), Co(II), Zn(II) und Fe(II)

5.4.6.1 Allgemeines

Die Sulfide dieser Gruppe fällt man in der Halbmikro-Analyse durch Einleiten von H$_2$S in die ammoniakalische Lösung der Amminkomplexe. Die Verwendung von (NH$_4$)$_2$S als Fällungsreagenz ist nicht zu empfehlen. (NH$_4$)$_2$S-Lösungen, besonders wenn sie einige Zeit gestanden haben, enthalten stets durch Luftoxidation SO$_4^{2-}$-Ionen, die zu einer vorzeitigen Fällung von Erdalkalisulfaten führen. Die Sulfide dieser Gruppe, besonders NiS, bilden leicht kolloidale Lösungen. Um dies zu verhindern, hält man beim Sättigen der Lösung mit H$_2$S durch eine geeignete Wahl des pH-Wertes (pH $\approx$ 8) die Konzentration der S^{2-}-Ionen so klein, daß gerade das Löslichkeitsprodukt der zu fällenden Sulfide überschritten wird. Dadurch wird eine Adsorption von S^{2-}-Ionen an kolloiden Metallsulfidteilchen eingeschränkt und die Ausflockung begünstigt. Erst nachdem sich in der mit H$_2$S gesättigten Lösung die Gleichgewichte zwischen H$^+$-, S^{2-}-Ionen und Metallsulfiden eingestellt haben, stellt man durch Zugabe von weiterem Ammoniak ein pH von $\approx$ 10 ein und vergrößert dadurch auch die S^{2-}-Ionenkonzentration entsprechend, um eine quantitative Fällung der Sulfide zu sichern. Die Fällung wird

Tab. 5.16: $(NH_4)_2S$-Gruppe, Hydrolysetrennung, Fällung mit Ammoniak + $(NH_4)_2S$.

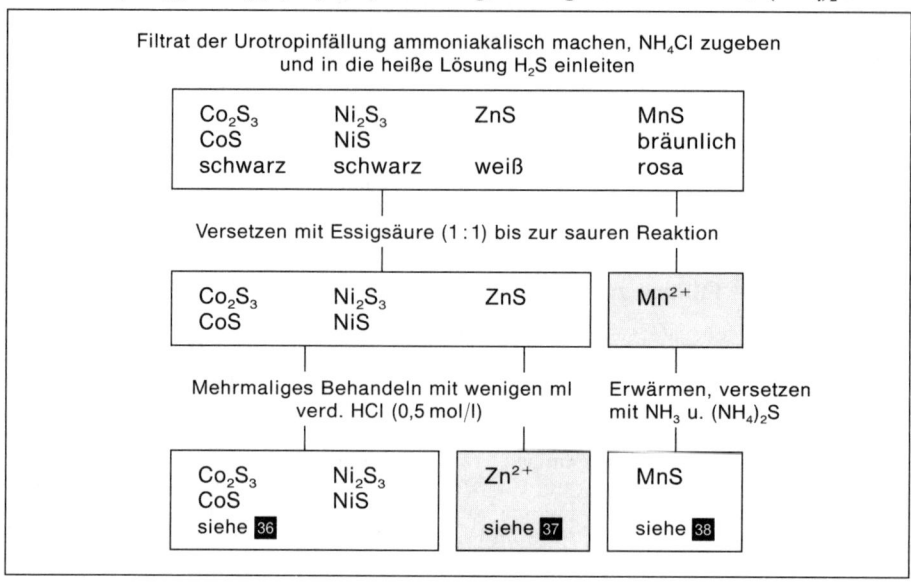

Filtrat der Urotropinfällung ammoniakalisch machen, NH_4Cl zugeben und in die heiße Lösung H_2S einleiten

Co_2S_3	Ni_2S_3	ZnS	MnS
CoS	NiS		bräunlich
schwarz	schwarz	weiß	rosa

Versetzen mit Essigsäure (1:1) bis zur sauren Reaktion

| Co_2S_3 | Ni_2S_3 | ZnS | Mn^{2+} |
| CoS | NiS | | |

Mehrmaliges Behandeln mit wenigen ml verd. HCl (0,5 mol/l) — Erwärmen, versetzen mit NH_3 u. $(NH_4)_2S$

Co_2S_3	Ni_2S_3	Zn^{2+}	MnS
CoS	NiS		
siehe 36		siehe 37	siehe 38

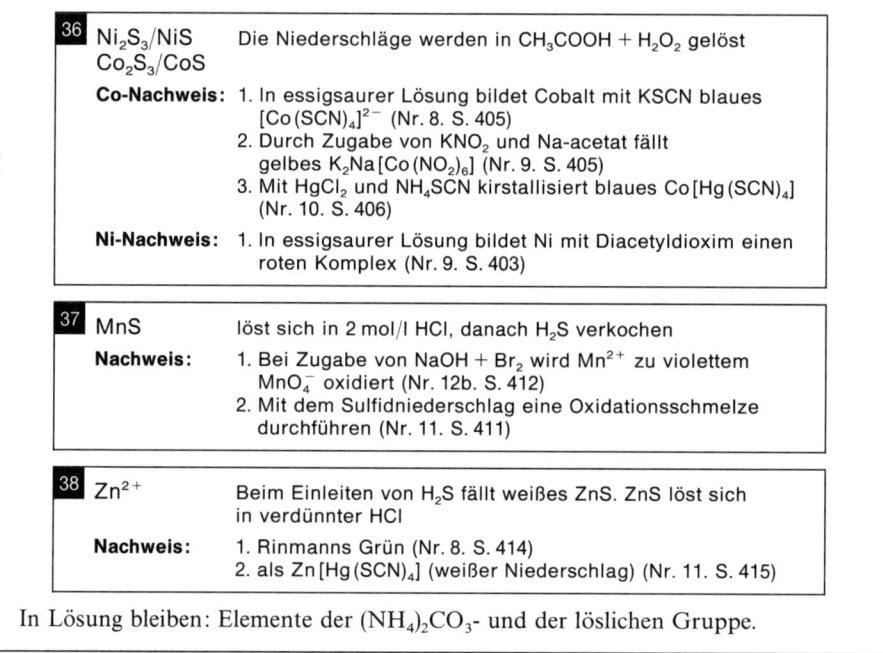

36 Ni_2S_3/NiS Co_2S_3/CoS — Die Niederschläge werden in $CH_3COOH + H_2O_2$ gelöst

Co-Nachweis: 1. In essigsaurer Lösung bildet Cobalt mit KSCN blaues $[Co(SCN)_4]^{2-}$ (Nr. 8. S. 405)
2. Durch Zugabe von KNO_2 und Na-acetat fällt gelbes $K_2Na[Co(NO_2)_6]$ (Nr. 9. S. 405)
3. Mit $HgCl_2$ und NH_4SCN kirstallisiert blaues $Co[Hg(SCN)_4]$ (Nr. 10. S. 406)

Ni-Nachweis: 1. In essigsaurer Lösung bildet Ni mit Diacetyldioxim einen roten Komplex (Nr. 9. S. 403)

37 MnS — löst sich in 2 mol/l HCl, danach H_2S verkochen

Nachweis: 1. Bei Zugabe von $NaOH + Br_2$ wird Mn^{2+} zu violettem MnO_4^- oxidiert (Nr. 12b. S. 412)
2. Mit dem Sulfidniederschlag eine Oxidationsschmelze durchführen (Nr. 11. S. 411)

38 Zn^{2+} — Beim Einleiten von H_2S fällt weißes ZnS. ZnS löst sich in verdünnter HCl

Nachweis: 1. Rinmanns Grün (Nr. 8. S. 414)
2. als $Zn[Hg(SCN)_4]$ (weißer Niederschlag) (Nr. 11. S. 415)

In Lösung bleiben: Elemente der $(NH_4)_2CO_3$- und der löslichen Gruppe.

bei Gegenwart von NH$_4$Cl durchgeführt, da allgemein ein Elektrolytgehalt das Ausflocken kolloid gelöster Teilchen begünstigt.

Fe kann nur als Fe(II) in diese Gruppe gelangen. Im Trennungsgang wird es wahlweise hier oder bereits in der Urotropingruppe als Fe(OH)$_3$ gefällt.

5.4.6.2 Ausführung der (NH$_4$)$_2$S-Gruppenfällung (s. auch Poster)

Das NH$_4$Cl-haltige Zentrifugat der Fällung mit Urotropin oder Ammoniak wird auf 1–2 ml eingeengt und nach dem Erkalten mit carbonatfreiem 5 mol/l NH$_3$ und NH$_4$Cl auf pH $\approx$ 8 eingestellt (Indikatorpapier!). Danach leitet man durch ein Kapillarrohr langsam 2–3 Minuten H$_2$S ein und setzt anschließend tropfenweise carbonatfreies 5 mol/l NH$_3$ zu, bis der pH-Wert der Lösung ca. 10 beträgt. Nun erwärmt man die Mischung etwa 1 Minute (nicht länger, da ZnS und MnS leicht zu löslichen Sulfaten oxidiert werden!) im siedenden Wasserbad, zentrifugiert und wäscht den Niederschlag 2mal in der Kälte mit je 1 ml Wasser, dem 2 Tropfen 5 mol/l NH$_4$Cl und 1 Tropfen 5 mol/l NH$_3$ zugesetzt sind. Zentrifugat und Waschwasser werden vereinigt, sofort in der Kälte mit 5 mol/l HCl angesäuert und H$_2$S-frei gekocht, um die Bildung von SO$_4^{2-}$ durch Luftoxidation zu vermeiden.

Beim Ansäuern des Zentrifugates der (NH$_4$)$_2$S-Fällung können V$_2$S$_5$, MoS$_3$ und WS$_3$ ausfallen, falls V, Mo und W nicht in den vorangegangenen Analysengruppen quantitativ ausgefällt wurden. In diesem Falle zentrifugiert man den entsprechenden Niederschlag ab, löst ihn in einigen Tropfen Königswasser, zerstört die überschüssige HNO$_3$ durch Kochen mit HCl und weist in der salzsauren Lösung V(V) mit H$_2$O$_2$ (Rk. 7., S. 457), Mo(VI) mit NH$_4$SCN (Rk. 9., S. 463) und W als Wolframblau (Rk. 6., S. 466) nach.

Trennung der Sulfidfällung

Der Niederschlag der (NH$_4$)$_2$S-Fällung kann aus NiS, CoS, MnS, ZnS und FeS bestehen. Die Trennung dieser Fällung läßt sich völlig analog wie in der Makroanalyse unter Berücksichtigung der veränderten Substanzmengen durchführen. Daneben eignet sich für die HM-Analyse besonders die folgende Trennmethode:

Der Niederschlag der Sulfide wird in der Wärme in 10 Tropfen 14,5 mol/l HNO$_3$ gelöst, wobei gelegentlich etwas Schwefel klumpig zusammengeballt zurückbleibt. Zur Abtrennung von Mn versetzt man die Lösung mit 3 Tropfen 5 mol/l NaClO$_3$ und dampft vorsichtig gerade zur Trockene ein (s. 5., S. 409). Der Rückstand wird mit 1–2 ml Wasser und 1–2 Tropfen 5 mol/l HNO$_3$ in der Wärme extrahiert, wobei Ni^{2+}, Co^{2+}, Zn^{2+} und Fe^{3+} in Lösung gehen.

Mn	Als Niederschlag bleibt MnO(OH)$_2$ zurück, das abzentrifugiert, mit 1 ml Wasser gewaschen und in 5 Tropfen 2,5 mol/l HNO$_3$ + 1 Tropfen 2,5 mol/l H$_2$O$_2$ gelöst wird. In dieser Lösung kann man Mn mit einer der auf S. 411 f. beschriebenen Nachweisreaktionen identifizieren.
Fe	Aus dem HNO$_3$-sauren Zentrifugat der MnO(OH)$_2$-Fällung wird Fe^{3+} mit 5 mol/l NH$_3$ als Fe(OH)$_3$ gefällt und nach Abtrennen und Lösen in HCl als Fe(SCN)$_3$ identifiziert (s. 9., S. 422).
Zn	Das ammoniakalische Zentrifugat der Fe(OH)$_3$-Fällung wird auf 1 ml eingeengt und mit 5 mol/l CH$_3$COOH eben angesäuert. In diese Lösung leitet man etwa 1 Minute H$_2$S ein, wodurch das gesamte Zn^{2+} als ZnS ausfällt. Es wird abzentrifugiert, mit 1 ml Wasser und 1 Tropfen 5 mol/l CH$_3$COOH gewaschen und zur weiteren Prüfung auf Zn in 0,1 mol/l HCl gelöst. In dieser Lösung kann Zn^{2+} mit den Reaktionen 8 ff., S. 414 f., identifiziert werden.

Co, Ni Das Zentrifugat der ZnS-Fällung wird durch Kochen auf 0,5 mol/l eingeengt, wobei überschüssiges H_2S quantitativ vertrieben werden muß. In der schwach essigsauren, H_2S-freien Lösung können Co als Thiocyanatomercurat (Rk. 10., S. 406) oder mit NH_4SCN (Rk. 8., S. 405) und Ni als Bis(dimethylglyoximato)nikkel (Rk. 9., S. 403) nebeneinander nachgewiesen werden. Einen größeren Überschuß von Co trennt man jedoch besser als $K_2Na[Co(NO_2)_6]$ ab, wie unter 9., S. 405 beschrieben wird. Auch die auf S. 405 f. erwähnte Trennung von Ni und Co über die $[Ni(CN)_4]^{2-}$- und $[Co(CN)_6]^{3-}$-Komplexe durch Oxidation mit Br_2 läßt sich im HM-Maßstab durchführen.

5.4.7 Die $(NH_4)_2CO_3$-Gruppe

5.4.7.1 TRENNUNGSGANG I: Trennung und Nachweis von Ba^{2+}, Sr^{2+}, Ca^{2+}

Die auf Erdalkaliionen zu prüfende Lösung wird zunächst in kleinen Anteilen einerseits mit H_2SO_4, andererseits mit Ammoniak und $(NH_4)_2C_2O_4$ auf Anwesenheit von Ba^{2+}, Sr^{2+} oder Ca^{2+} untersucht. Fällt eine Reaktion positiv aus, so muß die nachstehende Trennung durchgeführt werden, sind sie negativ, so wird gleich auf Mg^{2+} und die Alkaliionen geprüft.

Durch Versetzen mit Ammoniumcarbonat-Lösung sowie einigen Tropfen Ammoniak fallen die Erdalkalicarbonate aus.

Der Zusatz von NH_4^+ ist zur Verhinderung einer eventuellen Mitfällung des Mg^{2+} notwendig (s. 3., S. 389). Sind dagegen aus dem Kationentrennungsgang größere Mengen Ammoniumsalze vorhanden, so müssen diese durch Abrauchen entfernt werden.

Einen Teil des Niederschlags benutzt man nach Versetzen mit HCl zur spektralanalytischen Untersuchung.

Der Hauptteil des mit heißem Wasser gut gewaschenen Carbonatniederschlags wird in CH_3COOH gelöst und damit die Trennung der Erdalkaliionen durchgeführt. Im Filtrat befinden sich Mg^{2+} und die Alkaliionen.

Chromat-Sulfat-Verfahren

Ba Zu der essigsauren Lösung gibt man eine Spatelspitze festes $NaCH_3COO$. Anschließend wird nach 4., S. 398 das Ba^{2+} mit $K_2Cr_2O_7$-Lösung gefällt. Die quantitative Fällung des Ba^{2+}, die für den Nachweis des Sr^{2+} unbedingt notwendig ist, erkennt man daran, daß das Zentrifugat durch den Überschuß der CrO_4^{2-}-Ionen gelb gefärbt ist und daß durch Zusatz von $NaCH_3COO$ kein $BaCrO_4$ mehr ausfällt. Eine HCl-saure Lösung des Niederschlags wird nach 5., S. 399, durch Fällung von $BaSO_4$ auf Ba^{2+} geprüft.

Sr Das Zentrifugat des $BaCrO_4$-Niederschlags wird in der Wärme mit 1 Tropfen 2 mol/l Na_2CO_3 versetzt und kurz aufgekocht. Es fallen $SrCO_3$ und $CaCO_3$ aus, die abfiltriert bzw. zentrifugiert und jeweils mit 10 Tropfen H_2O und 1 Tropfen Na_2CO_3 chromatfrei gewaschen werden. Der Niederschlag der Carbonate wird dann in möglichst wenig 5 mol/l HCl (2–3 Tropfen) in der Wärme gelöst, das in Freiheit gesetzte CO_2 verkocht und mit H_2O auf das doppelte Volumen verdünnt. In einem Teil der Lösung prüft man auf Sr^{2+} einmal mit CrO_4^{2-} (s. 4., S. 396), oder mit IO_3^--Lösung (s.

5., S. 396). Zum anderen versetze man mit Gipslösung (s. 3., S. 396). Das ausfallende $SrSO_4$ sollte spektroskopisch untersucht werden. Dazu gebe man zu dem Niederschlag eine Zn-Perle und konz. HCl (s. S. 521) oder halte das mit Mg-Pulver vermischte HCl-feuchte $SrSO_4$ am Magnesiastäbchen in die Flamme.

Ca In einem anderen Teil der Lösung wird Ca^{2+} mit $(NH_4)_2C_2O_4$ nach 6., S. 394, sowie mit $K_4[Fe(CN)_6]$ nach 7., S. 394 identifiziert. Auch die Fällung als $CaSO_4 \cdot 2H_2O$ (s. 8., S. 394) ist zum Nachweis für Ca^{2+} geeignet.

Ether-Ethanol-Verfahren

Neben dem eben beschriebenen Trennungsverfahren der Erdalkalielemente werden in der Literatur noch eine Reihe anderer Verfahren empfohlen. Von diesen soll das sogenannte Ether-Ethanol-Verfahren kurz skizziert werden, das auf der sehr geringen Löslichkeit von $Ba(NO_3)_2$ und $Sr(NO_3)_2$ in einem Ether-Ethanol-Gemisch im Gegensatz zu $Ca(NO_3)_2$ beruht. Man kann sie damit von $Ca(NO_3)_2$ abtrennen. Außerdem löst sich $SrCl_2$ in Ethanol auf, während $BaCl_2$ darin schwerlöslich ist (s. 4., S. 394, 1., S. 395 und 2., S. 398).

Der Niederschlag der Ammoniumcarbonatgruppe, als $BaCO_3$, $SrCO_3$ und $CaCO_3$, wird in einer Porzellanschale mit verd. HNO_3 gelöst und zunächst über freier Flamme, dann in einem Luftbad zur Trockne eingedampft und etwa 10 Minuten auf 170 bis 200 °C erhitzt. Sobald das Nitratgemisch erkaltet ist, kratzt man es mit einem kleinen Spatel von der Wandung der Schale los, zerreibt es mit einem Glasstab, und zwar zuerst trocken, dann mit einem Gemisch aus gleichen Teilen Ethanol und Ether.

Ca Man zentrifugiere vom verbleibenden $Ba(NO_3)_2$ und $Sr(NO_3)_2$ ab und wasche mit dem Ether-Ethanol-Gemisch gründlich aus. Das Zentrifugat wird auf dem Wasserbad (**Vorsicht Ethanol und Ether sind feuergefährlich!**) eingedunstet, der Rückstand in Wasser gelöst und auf Ca^{2+} geprüft.

Ba, Sr Der zurückgebliebene Teil, in dem sich $Ba(NO_3)_2$ und $Sr(NO_3)_2$ befinden, wird in ein Porzellanschälchen gebracht und durch mehrfaches Abrauchen mit konz. HCl in Chlorid überführt. Nun wird wiederum völlig zur Trockne verdampft und auf 170–200 °C erhitzt. Nach dem Erkalten verreibt man mit Ethanol. In Lösung geht $SrCl_2$, zurück bleibt $BaCl_2$. Nach dem Zentrifugieren und Auswaschen wird das Ethanol verdunstet. Die getrennten Salze werden in Wasser gelöst und Sr^{2+} und Ba^{2+} wie üblich identifiziert.

Da die Sulfate des Ba, Sr und teilweise des Ca in wäßrigen Lösungsmittel äußerst schwer löslich sind, müssen sie zum Nachweis erst durch eine Na_2CO_3/K_2CO_3-Schmelze aufgeschlossen werden. Die gebildeten Carbonate werden, wie in 6., S. 399 beschrieben, behandelt.

5.4.7.2 TRENNUNGSGANG II:
Praktische Durchführung im Halbmikromaßstab

Im Verlauf der HCl-, H_2S-, Urotropin- und $(NH_4)_2S$-Gruppenfällung verbleiben die Erdalkaliionen bei Abwesenheit von CO_3^{2-}, SO_4^{2-}, PO_4^{3-}, $C_2O_4^{2-}$ und F^- in Lösung und werden anschließend mit $(NH_4)_2CO_3$ als Carbonate ausgefällt. Da die Löslichkeitsprodukte der Erdalkalicarbonate ($K_{L(MCO_3)} \approx 10^{-9}$ mol^2/l^2) annähernd gleich und relativ groß sind, muß die Carbonatfällung aus nicht zu verdünnter Lösung vorgenommen werden. Auch darf der Gehalt an Fremdelektrolyten, besonders NH_4^+-Ionen, nicht zu groß sein, da sonst die Fällung nicht quantitativ erfolgt. Um sie möglichst vollständig zu gestalten, muß das Fällungsreagenz jedoch im Überschuß angewendet werden. Zum Auswaschen des Carbo-

Tab. 5.17: Trennungsgang der Erdalkali- und Alkalielemente.

Filtrat der $(NH_4)_2S$-Gruppe mit HCl ansäuern, H_2S verkochen, zur Zerstörung der NH_4^+-Salze auf ein kleines Volumen einengen, zweimal mit 1 ml konz. HNO_3 abdampfen, bis fast zur Trockne einengen, in einigen ml schwach salzsaurem Wasser aufnehmen, ammoniakalisch machen $(NH_4)_2CO_3$ zusetzen, kochen

$BaCO_3$ $SrCO_3$ $CaCO_3$	Mg^{2+} Li^+ Na^+ K^+

In CH_3COOH lösen, $NaCH_3COO$ zusetzen und mit $K_2Cr_2O_7$ fällen (Trennung nach dem Ether-Alkohol-Verfahren s. S. 583)

NH_4^+-Salze abrauchen und mit Oxin fällen

$BaCrO_4$ siehe **39**	Sr^{2+} Ca^{2+}	Mg (oxinat) siehe **42**	Li^+ Na^+ K^+ siehe **43**

mit $NH_3 + (NH_4)_2CO_3$ kochen

$SrCO_3$ $CaCO_3$

verd. HCl $+ (NH_4)_2SO_4$

$SrSO_4$ [$+ CaSO_4$] siehe **40**	Ca^{2+} siehe **41**

natniederschlags darf kein reines Wasser, sondern nur eine ammoniakalische, ca. 1 mol/l $(NH_4)_2CO_3$-Lösung verwendet werden. Ferner ist zu beachten, daß Mg^{2+}-Ionen leicht von dem Carbonatniederschlag eingeschlossen werden. Daher ist bei Anwesenheit von Mg^{2+} eine Umfällung unerläßlich.

Ausführung der Gruppenfällung

Das salzsaure H_2S-freie Zentrifugat der $(NH_4)_2S$-Fällung wird zur Entfernung von NH_4^+-Salzen mit 5 Tropfen konz. HCl und 10 Tropfen konz. HNO_3 langsam zur Trockne eingedampft. Dabei wird die Hauptmenge der NH_4^+-Ionen zu N_2 und N_2O oxidiert. Den Rückstand erhitzt man vorsichtig mit freier Flamme, bis die letzten Reste des Sublimats von den Wänden des Gefäßes vertrieben sind. Nach dem Abkühlen wird der Rückstand in möglichst wenig 5 mol/l HCl gelöst, mit 5 mol/l NH_3 eben alkalisch gemacht und mit 5 Tropfen 2,5 mol/l $(NH_4)_2CO_3$ versetzt. Das Gemisch wird im Wasserbad 5 Minuten erwärmt, der Niederschlag abzentrifugiert und im Zentrifugat durch Zugabe von einigen Tropfen $(NH_4)_2CO_3$-Lösung auf Vollständigkeit der Fällung geprüft. Zur Umfällung löst man den Niederschlag erneut in HCl und fällt nochmals, wie eben beschrieben. Das Zentrifugat der zweiten Fällung wird mit dem der ersten vereinigt. Den umgefällten Niederschlag wäscht man einmal mit 1 ml 2,5 mol/l $(NH_4)_2CO_3$, die 1 Tropfen 5 mol/l NH_3 und 1 Tropfen 5 mol/l NH_4Cl enthält.

39 BaCrO₄

Nachweis: Durch Flammenfärbung (Nr. 3. S. 398)

40 SrSO₄ liegt evtl. verunreinigt mit CaSO₄ vor

Nachweis: 1. Durch Flammenfärbung mit HCl + Zn (Nr. 2. S. 395)
2. Nach Ansäuern des Carbonat-Niederschlags neutralisieren und KIO₃ zugeben. Es bilden sich gebogene Nadeln von Sr(IO₃)₂ · 6H₂O aus (Nr. 5. S. 396)

41 Ca²⁺

Nachweis: Die Lösung wird mit (NH₄)₂C₂O₄ versetzt, dabei fällt weißes CaC₂O₄ aus. Dieses kann mit HCl + Zn durch Flammenfärbung nachgewiesen werden (Nr. 5. S. 394)

42 Mg(Oxinat)₂ Mg-Oxinat verglühen, in verd. HCl lösen

Nachweis: Durch Zugabe von NH₃ und (NH₄)₂HPO₄ kristallisiert weißes MgNH₄PO₄ · 6H₂O (Nr. 6. S. 390)

43 Li⁺, Na⁺, K⁺ können spektralanalytisch nachgewiesen werden

Na-Nachweis: Na⁺ bildet mit Mg²⁺-, UO₂²⁺- und CH₃COO⁻-Ionen leicht gelbliche Kristalle von NaMg(UO₂)₃(CH₃COO)₉ · 9H₂O (Nr. 2. S. 376)

K-Nachweis: 1. Durch Zugabe von Na₃[Co(NO₂)₆]-Lösung bildet sich gelbes K₂Na[Co(NO₂)₆] (Nr. 4. S. 379)
2. Aus essigsaurer Lösung kristallisieren mit Cu-, Pb-Acetat und NaNO₂ schwarze Würfel von K₂CuPb(NO₂)₆ aus (Nr. 6. S. 380)

Li-Nachweis: Mit Na₂HPO₄ und NaOH kristallisiert weißes Li₃PO₄ aus (Nr. 5. S. 388)

Trennung und Nachweis von Ba^{2+}, Sr^{2+} und Ca^{2+}

Ba^{2+} wird in der Halbmikro-Analyse am besten als $BaCrO_4$ von Sr^{2+} und Ca^{2+} abgetrennt. Sr und Ca werden entweder spektralanalytisch oder mikrochemisch als $SrSO_4$ bzw. $Sr(IO_3)_2 \cdot 6H_2O$ und $CaSO_4 \cdot 2H_2O$ nachgewiesen. Der mikrochemische Nachweis geringer Mengen des einen Kations neben einem größeren Überschuß eines anderen erfordert jedoch einige Übung und kann unter Umständen auch versagen. In solchen Fällen ist es vorteilhafter, Ca^{2+} als $Ca(NO_3)_2$ nach dem Ether-Ethanol-Verfahren oder mit Ethylenglykolmonobutylether von $Ba(NO_3)_2$ und $Sr(NO_3)_2$ abzutrennen und danach Ba^{2+} als $BaCrO_4$ zu fällen.

Trennung von Ba^{2+} als $BaCrO_4$ und Nachweis von Ca^{2+} und Sr^{2+} nebeneinander

Liegen etwa gleiche Mengen Ca und Sr vor oder fehlt eines der beiden Erdalkalielemente vollständig, dann löst man den Niederschlag der Erdalkalicarbonate in 3–5 Tropfen 5 mol/l CH_3COOH. Die Lösung wird mit 5 Tropfen Wasser verdünnt und erwärmt, bis alles CO_2 vertrieben ist. Danach wird die Lösung mit 2 Tropfen 5 mol/l NH_4CH_3COO gepuffert und in der Wärme tropfenweise mit 0,5 mol/l K_2CrO_4 versetzt, bis alles Ba^{2+} ausgefällt und die überstehende Lösung durch überschüssiges Chromat gelb gefärbt ist. $BaCrO_4$ zentrifugiert man ab und prüft im Zentrifugat mit 1 Tropfen 5 mol/l NH_4CH_3COO auf Vollständigkeit der Fällung. Der Niederschlag wird mit 1 ml Wasser gewaschen, mit einigen Tropfen Wasser aufgeschlämmt und unter dem Mikroskop auf $BaCrO_4$ geprüft. Das Zentrifugat der $BaCrO_4$-Fällung versetzt man zur Fällung von $SrCO_3$ und $CaCO_3$ mit 10 Tropfen 2 mol/l Na_2CO_3 und kocht kurz auf. Der Niederschlag wird zunächst mit 1 ml 2 mol/l Na_2CO_3 chromatfrei, danach mehrfach mit 2,5 mol/l $(NH_4)_2CO_3$ Na-frei gewaschen und zur Prüfung auf Sr^{2+} und Ca^{2+} in einigen Tropfen 5 mol/l HCl gelöst. Die eine Hälfte der Lösung prüft man spektralanalytisch, die andere mikrochemisch als $Sr(IO_3)_2 \cdot 6H_2O$ und $CaSO_4 \cdot 2H_2O$ auf Sr^{2+} und Ca^{2+} (vgl. Kristallaufnahmen 35 und 25).

5.4.8 Die Lösliche Gruppe

5.4.8.1 Trennung und Nachweis von Na^+, K^+, NH_4^+, Li^+, Mg^{2+}, Rb^+, Cs^+

Die Identifizierung der aufgeführten Ionen erfolgt nach dem Trennungsgang der Kationen im Zentrifugat der $(NH_4)_2CO_3$-Gruppe. Bei Analysensubstanzen, die nur die Kationen der löslichen Gruppe enthalten, kann ein Säureauszug (Mineral- oder Essigsäure) verwendet werden. NH_4^+ kann aus der Ursubstanz direkt nachgewiesen werden.

NH_4^+   Man prüft auf NH_4^+ nach Zugabe einer starken Base mit Universalindikatorpapier. Der Nachweis wird nach 6., S. 383 durchgeführt.

- Ist Ammonium zugegen, so entfernt man es unter dem Abzug durch Abrauchen der festen Substanz in einem Porzellanschälchen oder Tiegel über der freien Flamme, bis keine weißen Nebel mehr entweichen (s. 1., S. 381). Bei dieser Operation darf man aber nicht so hoch erhitzen, daß die Substanz glüht, da sonst auch Kaliumsalze entweichen können.
- Weiter prüft man mit der Flammenfärbung oder besser spektralanalytisch auf Na^+, K^+, Li^+, Rb^+ und Cs^+, wobei man bei Na^+ zu beachten hat, daß schon unwägbare Spuren erkennbar sind. Es darf daher nur Na^+ als gefunden angegeben werden, wenn die gelbe Flammenfärbung mindestens eine Minute auftritt.
- Während der Nachweis des Rb^+, Cs^+ und Li^+ mit dem Spektroskop weitgehend eindeutig ist, ist für Na^+ und K^+ die Ausführung charakteristischer Reaktionen zu empfehlen.

Mg^{2+}   Der nach dem Abrauchen des NH_4^+ verbleibende salzartige Rückstand enthält Mg^{2+} und die Alkaliionen. Bei Gegenwart von Li^+ wird der Mg^{2+}-Nachweis gestört. Man trennt das Magnesium als Oxinat nach 3., S. 641 ab. Im Filtrat befinden sich die Alkaliionen. Der Niederschlag wird nach dem Abrauchen in verd. HCl gelöst und Mg^{2+} mit $(NH_4)_2HPO_4 + NH_4Cl + NH_3$ nach 6., S. 390 identifiziert.

Na^+   Im Zentrifugat können die Alkaliionen nebeneinander nachgewiesen werden. Na^+ wird durch Fällungsreaktion mit Magnesiumuranylacetat (s. 2., S. 376) oder mit Kaliumhexahydroxoantimonat(V) (s. 3., S. 376) erkannt. Letztere Reaktion ist nur bei Abwesenheit von Li^+ eindeutig.

K^+   Zum Nachweis des K^+ eignen sich die Fällungen mit $HClO_4$ (s. 3., S. 379), Natriumhexanitrocobaltat (s. 4., S. 379) und als Tripelnitrit (s. 6., S. 380).

Li^+   Zur Erkennung des Li^+ ist der spektralanalytische Nachweis der beste (s. 4., S. 387). Weitere Nachweise sind die Reaktion mit $Na_2HPO_4 + NaOH$ (s. 5., S. 388) sowie mit Eisenperiodatreagenz (s. 6., S. 388). Soll Li^+ von Na^+ und K^+ getrennt werden, so empfiehlt sich die Trennung nach 3., S. 379.

Rb^+, Cs^+   s. S. 385.

Tab. 5.18: TRENNUNGSGANG der löslichen Gruppe.

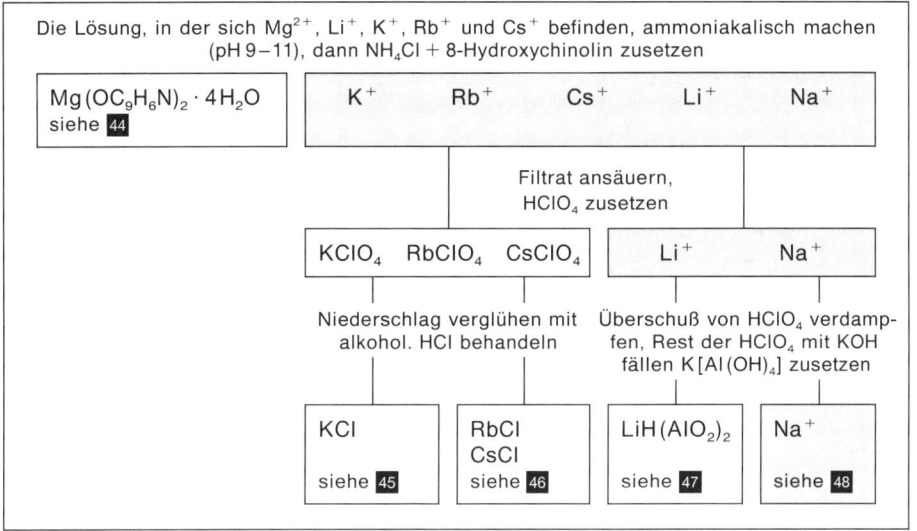

Die Lösung, in der sich Mg^{2+}, Li^+, K^+, Rb^+ und Cs^+ befinden, ammoniakalisch machen (pH 9–11), dann NH_4Cl + 8-Hydroxychinolin zusetzen

| $Mg(OC_9H_6N)_2 \cdot 4H_2O$ siehe **44** | K^+ Rb^+ Cs^+ Li^+ Na^+ |

Filtrat ansäuern, $HClO_4$ zusetzen

| $KClO_4$ $RbClO_4$ $CsClO_4$ | Li^+ Na^+ |

Niederschlag verglühen mit alkohol. HCl behandeln

Überschuß von $HClO_4$ verdampfen, Rest der $HClO_4$ mit KOH fällen $K[Al(OH)_4]$ zusetzen

| KCl siehe **45** | RbCl CsCl siehe **46** | $LiH(AlO_2)_2$ siehe **47** | Na^+ siehe **48** |

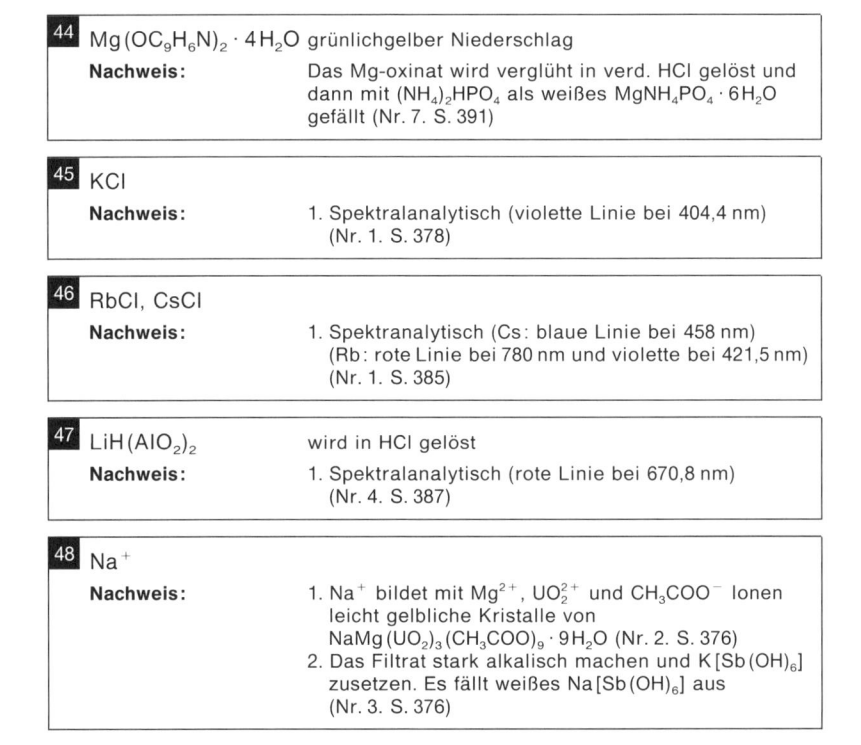

44 $Mg(OC_9H_6N)_2 \cdot 4H_2O$ grünlichgelber Niederschlag

Nachweis: Das Mg-oxinat wird verglüht in verd. HCl gelöst und dann mit $(NH_4)_2HPO_4$ als weißes $MgNH_4PO_4 \cdot 6H_2O$ gefällt (Nr. 7. S. 391)

45 KCl

Nachweis: 1. Spektralanalytisch (violette Linie bei 404,4 nm) (Nr. 1. S. 378)

46 RbCl, CsCl

Nachweis: 1. Spektranalytisch (Cs: blaue Linie bei 458 nm) (Rb: rote Linie bei 780 nm und violette bei 421,5 nm) (Nr. 1. S. 385)

47 $LiH(AlO_2)_2$ wird in HCl gelöst

Nachweis: 1. Spektralanalytisch (rote Linie bei 670,8 nm) (Nr. 4. S. 387)

48 Na^+

Nachweis: 1. Na^+ bildet mit Mg^{2+}, UO_2^{2+} und CH_3COO^- Ionen leicht gelbliche Kristalle von $NaMg(UO_2)_3(CH_3COO)_9 \cdot 9H_2O$ (Nr. 2. S. 376)
2. Das Filtrat stark alkalisch machen und $K[Sb(OH)_6]$ zusetzen. Es fällt weißes $Na[Sb(OH)_6]$ aus (Nr. 3. S. 376)

Trennungsgänge

5

5.5 Nachweis der Anionen

5.5.1 Die häufigsten Anionen und ihr Nachweis

Der Nachweis der Anionen erfolgt teilweise aus der Ursubstanz, teilweise aus dem Sodaauszug, mitunter auch aus dem Rückstand des Sodaauszuges. Der Sodaauszug wird für diejenigen Anionen durchgeführt, deren Nachweise durch Metallkationen gestört werden. Mit Ausnahme der Alkalielemente bilden die meisten Metalle schwerlösliche Hydroxide bzw. Carbonate, je nachdem, ob das Carbonat oder das Hydroxid der betreffenden Metalle schwerer löslich ist. Teilweise bilden sich auch Mischverbindungen, basische Carbonate. Somit kommen die betreffenden Verbindungen in den Rückstand des Sodaauszugs.

Der Sodaauszug

Für den Sodaauszug wird ein Gemisch aus der fein gepulverten Analysensubstanz (etwa 1 g für die Analyse im Makromaßstab, etwa 0,1 g für diejenige im Halbmikromaßstab) und der 2–3fachen Menge an wasserfreier Soda in Wasser (etwa 50–100 ml bzw. etwa 10–20 ml) aufgeschlämmt und etwa 10 Minuten gekocht. Anschließend wird der Rückstand abgetrennt, und im Filtrat nach Ansäuern mit einer entsprechenden Säure auf die Anionen geprüft. Durch Blindproben überzeugt man sich von der Reinheit der verwendeten Reagenzien (besonders der Soda!)

In der Ausbildung wird der Nachweis des größten Teils der Anionen meist erst nach Bearbeitung des Kationentrennungsganges gefordert. Lediglich einige wenige Anionen müssen von Anfang der Ausbildung an in der Analyse berücksichtigt werden. Folgende Reaktionen sind bei **alleiniger** Anwesenheit dieser Anionen spezifisch (s. auch Tab. 5.24):

Cl^-: Ansäuern des Sodaauszuges mit verd. HNO_3; versetzen mit $AgNO_3$: Weißer, käsiger Niederschlag von AgCl, löslich in Ammoniak, schwerlöslich in HNO_3 (s. Rk. 2., S. 270).

SO_4^{2-}: Ansäuern des Sodaauszuges mit verd. HCl; versetzen mit $BaCl_2$: Weißer, feinkristalliner Niederschlag von $BaSO_4$ (s. Rk. 4., S. 306).

NO_3^-: Ansäuern des Niederschlages mit verd. H_2SO_4; versetzen mit frisch bereiteter $FeSO_4$-Lösung; unterschichten mit konz. H_2SO_4: Brauner Ring von $[Fe(H_2O)_5(NO)]^{2+}$ (s. Rk. 3., S. 331).

CO_3^{2-}: Ansäuern der Ursubstanz mit HCl oder HNO_3: Gasentwicklung. Prüfung des Gases nach Reaktion 3., S. 347 mit $Ba(OH)_2$.

PO_4^{3-}: Ansäuern der Ursubstanz mit HNO_3; versetzen mit Ammoniummolybdat, Erhitzen (60–70 °C): Gelber Niederschlag von Ammoniummolybdophosphat (s. Rk. 7., S. 341). Der Nachweis ist nur eindeutig, wenn kein Arsen in der Analysensubstanz ist.

S^{2-}: Ansäuern des Sodaauszug oder der Ursubstanz mit HCl: Gasentwicklung. Geruch nach faulen Eiern (s. S. 298). Nachweis als PbS (s. Rk. 4., S. 299).

Bei Anwesenheit von Phosphat ist der Kationentrennungsgang zu modifizieren (s. S. 342), da dieses Anion im gewöhnlichen Trennungsgang Störungen verursacht.

Die alkalische oder saure Reaktion der Analysensubstanz wird mit einem Indikator (z. B. Bromthymolblau) geprüft (s. S. 72).

5.5.2 Nachweis aller Anionen

Zum Nachweis der Anionen kann man ebenso wie für die Kationen einen systematischen Trennungsgang nach mehreren Varianten durchführen, von denen eine in den folgenden Tabellen 5.19 – 5.23 beschrieben wird. **Während jedoch der Kationentrennungsgang bis auf vereinzelte Sonderfälle stets eine weitgehend quantitative Fällung der Ionen der jeweiligen Analysengruppe sicherstellt, ist dies bei keinem der systematischen Anionentrennungsgänge restlos der Fall.** Die Gründe dafür sind u. a. in den größeren Löslichkeitsprodukten einzelner Niederschläge und in der geringeren Spezifität der Fällungsreagenzien zu suchen, die zu Überschneidungen der einzelnen Gruppen führen können. Auch sind hier die Fällungsbedingungen (pH, Verdünnung, Temperatur usw.) erfahrungsgemäß schwieriger zu kontrollieren als beim Kationentrennungsgang. Ferner treten recht häufig Übersättigungen sowie Mitfällung gruppenfremder Anionen (s. S. 135) auf, die im Rahmen der qualitativen Analyse schwer kontrollierbar oder abzuschätzen sind. Praktisch führen alle genannten Tatsachen vor allem bei ungünstigen Mengenverhältnissen gewisser Anionen dazu, daß das eine oder andere Ion durch mehrere Gruppen geschleppt wird und schließlich an der richtigen Stelle nicht mehr nachzuweisen ist. Immerhin besitzt der Anionentrennungsgang trotz dieser Einschränkung einen didaktischen Wert und führt bei makroanalytischer Arbeitsweise und nicht zu komplizierten Anionenkombinationen doch im allgemeinen zu befriedigenden Ergebnissen.

Beim Arbeiten im HM-Maßstab oder bei der Analyse bestimmter Anionengruppen, z. B. der Anionen des Schwefels, ist der Anionennachweis durch die bei den betreffenden Elementen beschriebenen Einzelreaktionen vorzuziehen. Zur erfolgreichen Durchführung solcher Einzelreaktionen ist selbstverständlich eine genaue Kenntnis der möglichen Störungen und ihrer Beseitigung erforderlich. Zur Orientierung dient Tabelle 5.24, in der die wichtigsten Nachweise, deren Störungen und ihre Beseitigung zusammengefaßt sind. Man versuche stets, die Anwesenheit eines bestimmten Anions durch wenigstens zwei voneinander unabhängige Nachweisreaktionen zu sichern. Von größter Bedeutung für den weiteren Gang der Identifizierung der Anionen sind die folgenden Vorproben, die Hinweise auf Gegenwart oder, was häufig fast noch wichtiger ist, Abwesenheit bestimmter Gruppen von Anionen erlauben:

1. **Verhalten der Substanz gegen verd. H_2SO_4**, vgl. Tabelle 5.5.
2. **Verhalten der Substanz gegen konz. H_2SO_4**, vgl. Tabelle 5.6.

Trennungsgänge

5

3. **Ansäuern einer Probe des Sodaauszugs mit HCl:**
   Während des Ansäuerns können Niederschläge von amphoteren Oxidhydra-ten oder Hydroxiden ($Al(OH)_3$, $Zn(OH)_2$, $Sn(OH)_2$ usw.) auftreten, die bei Erhöhung der H^+-Ionenkonzentration wieder verschwinden. Ebenso verhal-ten sich Vanadium(V) und Mo(VI), während Wolframat und Silicat bleibende Niederschläge bilden. Auch Sulfide (aus Thiosalzen) und Schwefel aus Thiosul-fat können ausfallen. Darauf ist bei den späteren Reaktionen stets zu achten, da sonst Fehlschlüsse vorkommen können. Gegebenenfalls muß der Nieder-schlag abzentrifugiert werden.

4. **Versetzen mit $AgNO_3$:**
   Ansäuern einer Probe des Sodaauszugs mit verd. HNO_3 und Versetzen mit $AgNO_3$.
   Weißer Niederschlag: Cl^-, ClO^-, BrO_3^-, IO_3^-, CN^-, SCN^-, $[Fe(CN)_6]^{4-}$.
   Schwach gelblicher Niederschlag: **Br^-**.
   Gelblicher Niederschlag: I^-.
   Orangeroter Niederschlag: $[Fe(CN)_6]^{3-}$.

   Hat man nicht stark angesäuert, so können außerdem noch schwarzes Ag_2S, stammend von S^{2-} oder $S_2O_3^{2-}$, rotes Ag_2CrO_4 und weißes Ag_2SO_3 entstehen, sie sind in konz. HNO_3 löslich. Auch $AgCN$ löst sich merklich in konz. HNO_3. $AgBrO_3$ ist in Wasser etwas löslich und neigt zur Übersättigung.

   Den Niederschlag behandle man nach dem Zentrifugieren und Auswaschen mit Ammoniak. Es lösen sich auf: $AgCl$, $AgBr$, $AgBrO_3$, $AgIO_3$, $AgCN$, $AgSCN$, Ag_2CrO_4, $Ag_3[Fe(CN)_6]$, Ag_2SO_3. Man versuche, den Rückstand in verd. KCN-Lösung zu lösen. AgI und $Ag_4[Fe(CN)_6]$ sind löslich, Ag_2S dage-gen nicht.

5. **Versetzen mit $CaCl_2$-Lösung:**
   Man säuert eine weitere Probe des Sodaauszugs mit CH_3COOH schwach an und versetzt mit $CaCl_2$-Lösung. Es fällt ein weißer Niederschlag bei Gegen-wart von:
   SO_3^{2-} (in der Wärme), MoO_4^{2-}, WO_4^{2-}, PO_4^{3-}, $P_2O_7^{4-}$, PO_3^-, VO_4^{3-}, $B_4O_7^{2-}$, $C_2O_4^{2-}$, $C_4H_4O_6^{2-}$, F^-, $[Fe(CN)_6]^{4-}$ sowie SO_4^{2-}, falls es in größerer Konzen-tration vorliegt. Dem Anfänger bereitet diese Prüfung häufig Schwierigkeiten, da er meist zuviel Essigsäure zusetzt und damit die Lösung zu stark verdünnt.

6. **Versetzen mit $BaCl_2$-Lösung:** Man säuert eine weitere Probe des Sodaauszugs mit verd. HCl an und versetzt mit $BaCl_2$-Lösung:
   Weißer Niederschlag bei Gegenwart von SO_4^{2-} und $[SiF_6]^{2-}$, eventuell auch von F^-. BaF_2 ist in konz. HCl leichtlöslich, $Ba[SiF_6]$ dagegen schwerlöslich.

7. **Prüfung auf oxidierende Substanzen mit HI:**
   Dazu säuert man eine weitere Probe des Sodaauszugs mit HCl an und fügt KI und Stärkelösung hinzu. Blaufärbung können hervorrufen:
   ClO^-, $[Fe(CN)_6]^{3-}$, CrO_4^{2-}, AsO_4^{3-} (schwach), NO_2^-, $S_2O_8^{2-}$, ClO_3^-, BrO_3^-, IO_3^-, MnO_4^- und H_2O_2; in stark saurer Lösung auch NO_3^- und schließlich auch Cu^{2+} sowie Fe^{3+}.

8. **Prüfung auf reduzierende Substanzen mit I_2:**
Umgekehrt kann man ein Reduktionsmittel durch Entfärbung von Iodlösung erkennen, wenn man diese tropfenweise zu dem mit HCl angesäuerten Sodaauszug hinzufügt. Entfärbung tritt ein bei:
S^{2-}, SO_3^{2-}, $S_2O_3^{2-}$, AsO_3^{3-} sowie N_2H_4 oder NH_2OH.
Außerdem findet schwache Reaktion statt bei:
CN^-, SCN^- und $[Fe(CN)_6]^{4-}$.

9. **Prüfung auf reduzierende Substanzen mit $KMnO_4$:**
Ebenso prüfe man den schwefelsauren Sodaauszug mit $KMnO_4$-Lösung, weil dadurch besonders in der Wärme manche Anionen oxidiert werden, die mit Iod keine Reaktion geben. Bei tropfenweiser Zugabe wird $KMnO_4$ entfärbt durch:
Br^-, I^-, $[Fe(CN)_6]^{4-}$, SCN^-, S^{2-}, SO_3^{2-}, $S_2O_3^{2-}$, $C_2O_4^{2-}$, NO_2^-, $S_2O_8^{2-}$ (in der Wärme), $C_4H_4O_6^{2-}$ (in der Wärme), AsO_3^{3-}, H_2O_2.

5.5.2.1 Trennungsgang der Anionen

Der in den folgenden Tabellen beschriebene Anionentrennungsgang ist wie der Kationentrennungsgang in verschiedene Gruppen unterteilt, in denen durch ein Gruppenreagenz die Anionen der folgenden Gruppen gemeinsam abgeschieden werden. Das Filtrat enthält jeweils die Anionen der folgenden Gruppen. Nach der Abtrennung der einzelnen Gruppen erfolgt dann wie beim Kationentrennungsgang die Identifizierung der zu den Gruppen gehörenden Anionen. Es sind folgende Gruppen in der Reihenfolge ihrer Fällung zu unterscheiden:

1. **$Ca(NO_3)_2$-Gruppe**
Sie enthält alle Anionen, die in schwach alkalischer Lösung schwerlösliche Ca-Salze bilden. Es sind dies: F^-, CO_3^{2-}, SiO_4^{4-}, $B_4O_7^{2-}$, AsO_3^{3-}, AsO_4^{3-}, SO_3^{2-}, PO_4^{3-}, VO_3^-, WO_4^{2-}, MoO_4^{2-}, SeO_3^{2-}, TeO_3^{2-}, $C_2O_4^{2-}$, $C_4H_4O_6^{2-}$ und eventuell auch $[SiF_6]^{2-}$ sowie SO_4^{2-}.

2. **$Ba(NO_3)_2$-Gruppe**
Sie umfaßt die Anionen CrO_4^{2-}, SO_4^{2-}, $[SiF_6]^{2-}$, IO_3^- und bei Gegenwart von IO_3^- teilweise auch BrO_3^-, die in schwach alkalischer Lösung schwerlösliche Ba-Salze bilden. Ferner gehört in diese Gruppe auch $S_2O_8^{2-}$, das an sich kein schwerlösliches Ba-Salz bildet, aber in der Siedehitze unter Bildung von SO_4^{2-} und H_2O_2 zerfällt.

3. **$Zn(NO_3)_2$-Gruppe**
Sie enthält die Anionen S^{2-}, CN^-, $[Fe(CN)_6]^{3-}$ und $[Fe(CN)_6]^{4-}$, die in schwach alkalischer Lösung schwerlösliche Zn-Salze bilden.

4. **$AgNO_3$-Gruppe**
Sie enthält die Anionen Cl^-, Br^-, I^-, SCN^-, $S_2O_3^{2-}$, IO_3^- sowie den Hauptteil von BrO_3^-, die in schwach HNO_3-saurer Lösung schwerlösliche Ag-Salze bilden.

(Randtext:) Trennungsgänge

5

5. Lösliche Gruppe

Sie enthält die Anionen ClO_3^-, ClO_4^-, NO_2^- und CH_3COO^-, die mit keinem der genannten Fällungsmittel Niederschläge bilden, sowie stets mehr oder minder große Anteile an verschleppten Anionen der vorherigen Gruppe, insbesondere BrO_3^-.

Zur Durchführung des Trennungsganges wird, siehe oben, der **Sodaauszug** hergestellt, um störende Schwermetallionen als Carbonate auszufällen. Der Sodaauszug wird abzentrifugiert und der Rückstand nochmals mit kochender Sodalösung behandelt. Die Abscheidung der einzelnen Gruppen erfolgt, soweit möglich, zur Vermeidung von Redoxreaktionen in schwach alkalischer Lösung. Vor Beginn der Gruppenfällung wird im Sodaauszug auf NO_2^-, NO_3^- und ClO^- nach Tabelle 5.24 geprüft. ClO^- muß vor den Gruppenfällungen durch Schütteln mit metallischem Quecksilber entfernt werden. Der Nachweis von CO_3^{2-} ist selbstverständlich mit der Ursubstanz durchzuführen. Der Rückstand des Sodaauszugs ist auf Silicate, Schwermetallsulfide, Phosphate, Borate, Fluoroborate und Fluorosilicate zu prüfen, die durch kochende Sodalösung sehr schwer umgesetzt werden (vgl. hierzu Tabelle 5.8).

Tab. 5.19: Trennungsgang der 1. Gruppe [Ca(NO₃)₂-Gruppe].

Sodaauszug auf 50 ml verdünnen, mit 4 ml 2 mol/l NaOH versetzen; mit 1 mol/l Ca(NO₃)₂ kochen (bei Gegenwart von CrO_4^{2-} in der Kälte fällen): Filtrat zur vollständigen Fällung von CaSO₃ 5 min kochen, filtrieren. Rückstand mit Hauptniederschlag vereinigen.

CaF_2 ($Ca[SiF_6]$, $CaSO_4$)	Ca_2SiO_4, CaC_2O_4, $CaC_4H_4O_6$	$Ca(BO_2)_2$	$CaSO_3$	$Ca_3(AsO_3)_2$	$Ca_3(AsO_4)_2$	$Ca_3(PO_4)_2$	In Lösung bleiben Anionen der folgenden Gruppen 2.–5. Weiterverarbeitung nach Tabelle 5.20

Lösen in 25 ml verd. CH₃COOH, verdünnen mit gleichem Volumen H₂O, Zentrifugat für Einzelnachweise aufteilen:

CaF_2 ($Ca[SiF_6]$, $CaSO_4$)	Ca_2SiO_4, CaC_2O_4, $CaC_4H_4O_6$	H_3BO_3	SO_3^{2-}	AsO_3^{3-}	AsO_4^{3-}	PO_4^{3-}

Behandeln mit 20 ml warmer verd. H_2SO_4:

CaF_2 ($Ca[SiF_6]$, $CaSO_4$)	SiO_4^{4-} $C_2O_4^{2-}$ $C_4H_4O_6^{2-}$	H_2SO_4 + CH_3OH: grüne Flammenfärbung	a) Neutralisieren m. verd. NaOH + gesätt. ZnSO₄ + $K_4[Fe(CN)_6]$ + $Na_2[Fe(CN)_5NO]$ roter Nd.: SO_3^{2-} b) Malachitgrün-Rk. c) + HCHO + Phenolphthalein: rot: SO_3^{2-}	SO_2 verkochen, mit H_2O wieder auffüllen: a) Entfärbg. von Iod-Stärke-Lsg.: AsO_3^{3-} b) Ring-probe: gelb: AsO_3^{3-}	a) Ring-probe: schoko-laden-braun: AsO_4^{3-} b) + konz. HCl + KI: Iodaus-scheidung: AsO_4^{3-}	a) Ammonium-molybdat + Benzidin: blaue Färbung: PO_4^{3-} b) Fällen mit H_2S, im Filtrat Rk. mit Ammonium-molybdat: gelber Nd.: PO_4^{3-}
a) Ätzprobe b) Kriech-probe	SiO_4^{4-}: Ammoniummolybdat + alkal. Stannat(II)-Lösung $C_2O_4^{2-}$: Entfärbung von KMnO₄, CO₂-Entwicklung(!) $C_6H_4O_6^{2-}$: 1. Versetzen mit CuSO₄ + NaOH, Filtrat blau: Tartrat 2. Resorcinprobe					

Trennungsgänge

5

Tab. 5.20: Trennungsgang der 2. Gruppe [Ba(NO₃)₂-Gruppe].

Fällen mit 0,25 mol/l Ba(NO₃)₂:

BaSO₄	Ba[SiF₆]	BaCrO₄	[Ba(BrO₃)₂]	Ba(IO₃)₂	$S_2O_8^{2-}$

Niederschläge 5mal mit je ca. 10 ml kaltem Wasser auswaschen

BaSO₄	Ba[SiF₆]	BaCrO₄	(BrO₃⁻)	IO₃⁻	Erhitzen zum Sieden:

Behandeln mit verd. HCl:

BaSO₄	Ba[SiF₆]	CrO_4^{2-}			weißer Nd. von **BaSO₄**, schwerlösl. in konz. HCl: $S_2O_8^{2-}$

Kochen mit konz. HCl

BaSO₄	$[SiF_6]^{2-}$	1. etwas einengen + verd. Ammoniak: **BaCrO₄**, gelb, schwerlösl. in verd. Essigsäure 2. **BaCrO₄**-Nd. + H₂O₂ + verd. H₂SO₄-Ether. CrO(O₂)₂ blau	Gesamtes Waschwasser auf ca. 5 ml eindampfen, ansäuern mit verd. H₂SO₄, Zugabe von 1 ml gesättigtem SO₂-Wasser und Verkochen von überschüssigem SO₂, Abkühlen, Unterschichten mit CH₂Cl₂. Bei tropfenweiser Zugabe von Cl₂-Wasser zuerst I₂ (violett), danach Br₂ (braungelb)		In Lösung bleiben die Anionen der folgenden Gruppen 3. bis 5. Weiterverarbeitung nach Tabelle 5.21.

+ verd. NaOH: **Ba[SiF₆]** 1. Ätzprobe 2. Kriechprobe

Tab. 5.21: Trennungsgang der 3. Gruppe [Zn(NO₃)₂-Gruppe].

Versetzen mit 0,5 g festem Na₂CO₃, dann fällen mit 0,5 mol/l Zn(NO₃)₂:

ZnS	Zn(CN)₂	K₂Zn₃[Fe(CN)₆]₂, Zn₃[Fe(CN)₆]₂	

Teil des Niederschlags in H₂O suspendieren:

ZnS	Zn(CN)₂	K₂Zn₃[Fe(CN)₆]₂, Zn₃[Fe(CN)₆]₂	
Ansäuern mit HCl und prüfen mit Blei-acetat-Papier: **PbS** schwarz	a) Ansäuern mit verd. H₂SO₄. In den Gasraum Benzidin-Kupferacetat-Papier bringen: blau, CN⁻ b) Thiocyanat-Probe	Lösen in HCl, Verkochen von H₂S und HCN a) Versetzen der Lösung mit FeCl₃: blauer Nd.: $[Fe(CN)_6]^{4-}$ b) + CuSO₄: rotbrauner Nd.: $[Fe(CN)_6]^{4-}$ grüner Nd.: $[Fe(CN)_6]^{3-}$ c) + FeSO₄: blauer Nd.: $[Fe(CN)_6]^{3-}$	In Lösung bleiben die Anionen der folgenden Gruppen 4. u. 5. Weiterverarbeitung nach Tabelle 5.22

Tab. 5.22: Trennungsgang der 4. Gruppe [AgNO₃-Gruppe].

Mit verd. Ammoniak schwach ammoniakalisch machen, mit 5%iger AgNO₃-Lösung versetzen, erhitzen, mit verd. HNO_3 ansäuern, 5 min aufkochen, abkühlen. (Bei Abwesenheit von $S_2O_3^{2-}$ säuere man mit verd. HNO_3 an und versetze die Lösung sogleich mit der Reagenzlösung ohne vorherige Ammoniak-Zugabe.)

Ag₂S (aus $S_2O_3^{2-}$)	**AgSCN**	**AgBr**	**AgI**	**AgCl**	**(AgBrO₃)**	**(AgIO₃)**	In Lösung bleiben die Anionen der 5. Gruppe Weiterverarbeitung nach Tabelle 5.23.

Der gesamte Niederschlag wird in der Kälte mit gesätt. $(NH_4)_2CO_3$-Lsg. digeriert

Ag₂S	**AgSCN**	**AgBr**	**AgI**	Cl^-	(BrO_3^-)	(IO_3^-)

Schwarzfärbung des Nd. beweist $S_2O_3^{2-}$	Teil des Rückstandes in H_2O suspendieren, + $FeCl_3$, + HCl: Rotfärbung SCN^-	Ganzen übrigen Rückstand mit Zn + verd. H_2SO_4 reduzieren		Ansäuern mit verd. H_2SO_4, Zugabe von SO_2-Wasser
				AgCl (**AgBr**) (**AgI**)

		Br⁻	**I⁻**	Reduzieren mit Zn + verd. H_2SO_4
				Cl^- Br^- I^-

Nachweis nebeneinander:
a) Br^- und I^- mit $KMnO_4$ in essigsaurer Lsg. oxidieren: + $AgNO_3$: **AgCl** weiß.
b) Br^- und I^- Nachweis mit Cl_2-Wasser und CH_2Cl_2

S²⁻		**SCN⁻**		**Br⁻**	**I⁻**

Nachweis nebeneinander:
a) + 0,5 mol/l $Cd(CH_3COO)_2$ }
   CH_3COONa (fest) → **CdS** (gelb): S^{2-}
b) + $FeCl_3$ → Rotfärbung: SCN^-
c) + CH_2Cl_2 + Cl_2-Wasser → I_2 + Br_2

Tab. 5.23: Trennungsgang der 5. Gruppe [Lösliche Gruppe].

Filtrat der 4. Gruppe mit festem Na_2CO_3 versetzen, zentrifugieren, Niederschlag gut auswaschen, Zentrifugat und Waschwasser vereinigen und mit verd. H_2SO_4 ansäuern. Die saure Lösung enthält die Anionen:

(BrO_3^-)	ClO_3^-	ClO_4^-	CH_3COO^-	NO_2^-
Reduzieren mit Zn + verd. H_2SO_4: (Br^-)	Cl^-	ClO_4^-	Neutralisieren mit CaO (fest)	Nachweis vor Beginn des Trennungsganges vornehmen (s. Tab. 524, S. 599)
+ verd. HNO_3 + 5%ige $AgNO_3$-Lösung: **$(AgBr)$**	**$AgCl$**	ClO_4^-	a) Bis fast zur Trockne eindampfen $\left.\begin{array}{l}+ C_2H_5OH \\ + \text{konz. } H_2SO_4\end{array}\right\} \rightarrow$ Essigsäureethylester	
Digerieren mit gesätt. $(NH_4)_2CO_3$-Lösung **$(AgBr)$**	Cl^-	ClO_4^-	b) Kakodylreaktion	
Reduzieren mit Zn + verd. H_2SO_4 $\rightarrow$ Br^-	Zentrifugat + HNO_3 $\rightarrow$ **$AgCl$**	a) Neutralisieren mit festem Na_2CO_3, zentrifugieren, Zentrifugat zur Trockne eindampfen u. verglühen. Rückstand in verd. HNO_3 lösen + $AgNO_3$-Lösung: **$AgCl$**	c) Indigoreaktion	
a) + H_2O_2 + Fluorescein $\rightarrow$ Eosin		b) Neutralisieren mit Na_2CO_3, stark einengen, + $RbNO_3$ + $KMnO_4$: **$RbClO_4 - RbMnO_4$** Mischkristalle		
b) + CH_2Cl_2 + Cl_2-Wasser $\rightarrow$ Br_2				

Tab. 5.24: Übersicht der wichtigsten Anionennachweise.

Anion	Nachweisreaktion	Störung	Umgehung der Störung
F^-	a) Ätzprobe oder Kriechprobe b) Wassertropfenprobe c) Zirconium-Alizarin S-Lack d) Molybdänblau/ Benzidinblau-Rk.	Versagt bei Überschuß von SiO_2 und H_3BO_3 Versagt bei manchen komplexen Fluoriden, z. B. Fluorosilicaten SO_4^{2-}, $S_2O_3^{2-}$, PO_4^{3-}, AsO_4^{3-}, $C_2O_4^{2-}$, Fluoroborate und -silicate CO_3^{2-}, S^{2-}, Br^-, I^-, größere Mengen Cl^- und NO_3^-	Anwendung der Wassertropfenprobe Aufschluß mit $Na_2CO_3 + K_2CO_3$ Verwendung des $CaCl_2$-Nd.
Cl^-	a) $HNO_3 + AgNO_3$ $+ NH_3$ $\rightarrow [Ag(NH_3)_2]Cl$ b) CrO_2Cl_2-Reaktion c) Reduktion von AgCl mit alkalischer Formaldehydlösung	ClO^- Br^-, I^- CN^-, SCN^-, $[Fe(CN)_6]^{3-}$, $[Fe(CN)_6]^{4-}$ Reduktionsmittel Versagt bei AgCl, Hg_2Cl_2, $HgCl_2$ Nicht eindeutig bei Anwesenheit von F^-	Entfernung durch Hg 1. Fraktioniertes Fällen mit Ag^+, letzte Fraktion in $(NH_4)_2CO_3$ lösen und mit KBr versetzen 2. Fällen mit Ag^+, versetzen mit $K_3[Fe(CN)_6]$ $+$ Ammoniak 3. Durch $KMnO_4$ in essigsaurer Lösung oxidieren 4. CrO_2Cl_2-Reaktion Entfernung durch $Cu^{2+} + H_2SO_3$ Überschuß von $K_2Cr_2O_7$ oder besser Reaktion a) Nach Red. mit Zink $(+ H_2SO_4)$ Reaktion a) Anwendung von a)
ClO^-	a) Indigo-Entfärbung in neutralen Lösungen b) Cl_2-Geruch beim Ansäuern c) Oxidation von Pb-Acetat	 $Cl^- + ClO_3^-$ Pb^{2+}-fällende Anionen	 Nur mit schwachen Säuren arbeiten Entfernen mit Ba^{2+} und Cd-Acetatlösung
ClO_3^-	a) Reduktion mit SO_3^{2-}, KNO_2 oder Zn, dann $HNO_3 + AgNO_3$	Alle mit Ag^+ in saurer Lösung fällbaren Anionen $BrO_3^- + IO_3^-$	Vor Reduktion ClO^- durch Hg entfernen, alle anderen mit Ag^+ ausfällen Gemeinsam ausfällen, AgCl, AgBr, AgI mit Zn reduzieren, Cl^- wie oben nachweisen

Tab. 5.24: (1. Fortsetzung).

Anion	Nachweisreaktion	Störung	Umgehung der Störung
ClO_3^-	b) Violettfärbung mit $MnSO_4$, H_3PO_4 und Diphenyl-carbazid	NO_2^-, $S_2O_8^{2-}$, BrO_3^-, IO_3^- und IO_4^-	
ClO_4^-	a) KCl b) Reduktion mit Ti^{3+}, dann $HNO_3 + AgNO_3$	Nicht sehr empfindlich Cl^-, Br^-, I^-, ClO^-, ClO_3^-	Anwendung von b) Vorher mit Ag^+ aus-fällen, ClO_3^- mit Zn + H_2SO_4 reduzieren, eben-falls mit Ag^+ fällen
	c) Mischkristall-bildung von $RbClO_4 - RbMnO_4$	Reduktionsmittel	Verkochen mit H_2O_2
Br^-	a) Cl_2	I^-, Reduktionsmittel	Überschuß von Cl_2 zugeben
	b) Eosinbildung	I^-	Oxidieren mit KNO_2 und Ausschütteln mit Ether
BrO_3^-	a) Reduktion mit SO_3^{2-} oder Zn, dann $HNO_3 + AgNO_3$	Siehe ClO_3^-	Siehe ClO_3^-. Anwendung von c)
	b) Tropfenweises Zu-geben von SO_3^{2-}, Br_2-Ausscheidung c) fuchsinschweflige Säure d) Farbreaktion mit $MnSO_4$ und H_2SO_4	Bei wenig BrO_3^- Reduktion zu Br^- ClO_3^-	sofortige Anwendung von a) oder d)
I^-	Cl_2 oder KNO_2-Lösung	Reduktionsmittel CN^-	Vorsichtig Überschuß von Cl_2 zugeben Durch Zn^{2+} entfernen oder als HCN abdestillieren
IO_3^-	a) Reduktion mit SO_3^{2-} oder Zn, dann $HNO_3 + AgNO_3$	Siehe ClO_3^-	Siehe ClO_3^-
	b) Tropfenweises Zu-geben von SO_3^{2-}, I_2-Ausscheidung c) Zugabe von Hypo-phosphit + H_2SO_4 + Stärke, I_2-Ausscheidung	Bei wenig IO_3^- sofortige Reduktion zu I^-	Anwendung von a)
S^{2-}	a) HCl + Bleiacetat-papier	Versagt bei in nicht-oxidierenden Säuren schwerlöslichen Sulfiden	Anwendung von b)

Tab. 5.24: (2. Fortsetzung).

Anion	Nachweisreaktion	Störung	Umgehung der Störung
S^{2-}	b) Zn + HCl + Blei-acetatpapier	SO_3^{2-}, $S_2O_3^{2-}$, SCN^-	Nur Rückstand des Sodaauszuges prüfen
		Freier Schwefel	Mit Kohlendisulfid entfernen
		Se	Oxidation mit HNO_3 und Nachweis als Sulfat
	c) Iod-Azid-Reaktion d) Farbreaktion mit $Na_2[Fe(CN)_5NO]$ · $2H_2O$	$S_2O_3^{2-}$, SCN^-	Fällung mit Cd-Acetat
SO_3^{2-}	a) Ansäuern, Geruch	S^{2-}, $S_2O_3^{2-}$	Im neutralen Soda-auszug durch $HgCl_2$ ausfällen
	b) $ZnSO_4$ + $K_4[Fe(CN)_6]$ + $[Fe(CN)_5NO]^{2-}$ c) Neutralisieren + Malachitgrün d) Neutralisieren + Formaldehyd + Phenolphthalein	S^{2-}, OH^-	Fällung mit Cd-Acetat
$S_2O_3^{2-}$	a) HCl	S_x^{2-}	Im neutralen Soda-auszug durch $CdCO_3$ oder $[Cd(NH_3)_6]^{2+}$ ausfällen
		SO_3^{2-}	Im neutralen Soda-auszug $Sr(NO_3)_2$ entfernen
	b) $AgNO_3$	S^{2-}	Mit Cd-Acetat fällen
	c) Iod-Azid-Reaktion	S^{2-}, SCN^-	a) oder b) anwenden
SO_4^{2-}	HCl + $BaCl_2$	1. F^- 2. $[SiF_6]^{2-}$ 3. SO_3^{2-} + Oxidations-mittel	1. Lösen in konz. HCl 2. Anfärben mit $KMnO_4$ Kochen mit konz. HCl 3. Reduzieren mit $[NH_3OH]Cl$
$S_2O_8^{2-}$	a) $BaCl_2$ + Erhitzen	SO_4^{2-}	In der Kälte mit $BaCl_2$ ausfällen
	b) Benzidinblau-Reaktion	Oxidationsmittel	
NO_2^-	a) $FeSO_4$ + verd. H_2SO_4	ClO_3^-, I^-, SO_3^{2-}, SCN^-, $[Fe(CN)_6]^{4-}$, $[Fe(CN)_6]^{3-}$	Anwendung von b)
	b) Sulfanilsäure + α-Naphthylamin	–	–

Trennungsgänge

5

Tab. 5.24: (3. Fortsetzung).

Anion	Nachweisreaktion	Störung	Umgehung der Störung
NO_3^-	a) $FeSO_4$ + konz. H_2SO_4	NO_2^- Br^-, I^- ClO_3^-, BrO_3^-, IO_3^-, CrO_4^{2-}, SO_3^{2-}, $S_2O_3^{2-}$ SCN^-, CN^-, $[Fe(CN)_6]^{3-}$, $[Fe(CN)_6]^{4-}$	Durch $(NH_2)_2CO$ oder $(NH_2)HSO_3$ entfernen Mit Ag_2SO_4 ausfällen Anwendung von b) Anwendung von c)
	b) NaOH + *Devarda*- sche Legierung	NH_4^+ NO_2^-, SCN^-, CN^- $[Fe(CN)_6]^{3-}$, $[Fe(CN)_6]^{4-}$	Mit NaOH kochen Nach Entfernung von NO_2^- durch $(NH_2)_2CO$ oder $(NH_2)HSO_3$ Anwendung von c)
	c) Sulfanilsäure + α-Naphthylamin + Zinkstaub	NO_2^- Oxidationsmittel $[Fe(CN)_6]^{3-}$	Durch $(NH_2)_2CO$ oder $(NH_2)HSO_3$ entfernen Überschuß von Zinkstaub Zuerst Zinkstaub, dann filtrieren, im Filtrat Sulfanilsäure + α-Naphthylamin
	d) Brucin	NO_2^-, Oxidationsmittel	$(NH_2)HSO_3 + N_2H_4$
PO_4^{3-}	a) HNO_3 + Ammonium- molybdat b) Molybdänblau/ Benzidinblau-Rk. c) Fällung als $Zr_3(PO_4)_4$	AsO_4^{3-} $C_2O_4^{2-}$ SiO_4^{4-} AsO_4^{3-}	Nachweis von PO_4^{3-} nach der H_2S-Gruppe Oxidieren mit H_2O_2 SiO_2 vorher abtrennen Nachweis des PO_4^{3-} nach der H_2S-Gruppe
CO_3^{2-}	verd. H_2SO_4, Gas in $Ba(OH)_2$ einleiten	SO_3^{2-}, $S_2O_3^{2-}$	vor dem Ansäuern $KMnO_4$ zugeben (nicht anwendbar bei Anwesenheit von $C_2O_4^{2-}$, $C_4H_6O_6^{2-}$)
CH_3COO^-	a) $KHSO_4$, Geruch b) $Na_2CO_3 + As_2O_3$ c) Konz. H_2SO_4 + C_2H_5OH d) Acetonbildung und Reaktion mit o-Nitrobenzaldehyd zu Indigo	SO_3^{2-} – Stoffe, die mit konz. H_2SO_4 stark riechende Gase geben	Anwendung von b) – Anwendung von b)

Tab. 5.24: (4. Fortsetzung).

Anion	Nachweisreaktion	Störung	Umgehung der Störung
$C_2O_4^{2-}$	a) $H_2SO_4 + KMnO_4$, Nachweis des CO_2	Reduktionsmittel	Überschuß von $KMnO_4$
	b) $CH_3COOH + CaCl_2$	F^-, SO_3^{2-}, SO_4^{2-}, PO_4^{3-}, $B_4O_7^{2-}$, $[Fe(CN)_6]^{4-}$	Niederschlag abfiltrieren mit ihm Reaktion a) durchführen
	c) Diphenylamin	Oxidationsmittel	Anwendung von b)
$C_4H_4O_6^{2-}$	a) Resorcinreaktion	Oxidationsmittel, Br^-, I^-	$C_4H_4O_6^{2-}$ mit Ca^{2+} ausfällen
	b) $CuSO_4 + NaOH$	NH_4^+, AsO_3^{3-}	
CN^-	a) Mit $NaHCO_3$ erhitzen, in $AgNO_3$ einleiten	$Hg(CN)_2$	NaCl im Überschuß zusetzen
	b) Benzidin + Kupferacetat		
	c) Berliner Blau-Reaktion	$[Fe(CN)_6]^{3-}$, $[Fe(CN)_6]^{4-}$, SCN^-	Anwendung von a) oder b)
	d) Thiocyanat-Reaktion	SCN^-, $[Fe(CN)_6]^{3-}$, $[Fe(CN)_6]^{4-}$	Anwendung von a) oder b)
$[Fe(CN)_6]^{4-}$	$HCl + Fe^{3-}$	SCN^-	Tropfenweiser Zusatz von Fe^{3+}, erst Blaufärbung, dann Rotfärbung
$[Fe(CN)_6]^{3-}$	a) $HCl + Fe^{2+}$	NO_2^-	Überschuß von $FeSO_4$, Erhitzen
	b) Benzidinblau-Rk.	Oxidationsmittel	
SCN^-	a) Pyridin + $NiSO_4$ b) $HCl + FeCl_3$	$[Fe(CN)_6]^{4-}$	$Fe(SCN)_3$ mit Ether ausschütteln
		F^-, PO_4^{3-}, $C_2O_4^{2-}$, $C_4H_4O_6^{2-}$	In essigsaurer Lösung mit $BaCl_2$ ausfällen, im Filtrat auf SCN^- prüfen
		NO_2^-	In sehr starker Verdünnung arbeiten und sofort nach Ansäuern $FeCl_3$ zusetzen oder:
		I^-	$SCN^- + I^-$ mit $AgNO_3$ fällen, AgSCN in Ammoniak lösen, Ag^+ mit farblosem $(NH_4)_2S$ oder Na_2S fällen, dann nach Filtration und Ansäuern mit $FeCl_3$ prüfen
	c) Iod-Azid-Reaktion	S^{2-}, $S_2O_3^{2-}$	Fällen mit $HgCl_2$

Trennungsgänge

5

Tab. 5.24: (Schluß).

Anion	Nachweisreaktion	Störung	Umgehung der Störung
SiO_2	a) Lösliche Silicate: Ammonium-molybdat ansäuern + alkal. Stannat(II)-Lösung	PO_4^{3-}, AsO_4^{3-}	As mit H_2S fällen, mit HCl abrauchen und SiO_2 aufschließen
	b) Schwerlösliche Silicate: Wasser-tropfenprobe	–	–
	c) Molybdänblau/ Benzidinblau-Rk.		
$B_4O_7^{2-}$	a) CH_3OH + konz. H_2SO_4	Versagt bei Boro-silicaten	Zusatz von CaF_2 oder Aufschluß mit Na_2CO_3 + K_2CO_3
	b) CaF_2 + $KIISO_4$	–	–
	c) Chromotrop 2 B	Oxidationsmittel	Reagenz im Überschuß
H_2O_2	a) $[TiO]SO_4$	F^-, CrO_4^{2-}	Anwendung von b)
	b) $Cr_2O_7^{2-}$ + Ether	–	–
	c) PbS	Andere Oxidations-mittel	In der Kälte und in neutraler Lösung arbeiten

6 Organische Spezialreagenzien und ihre Anwendung in der qualitativen Analyse

Die in dem vorangehenden Teil des Buches behandelten Trennungen und Nachweise der einzelnen Ionen basieren – von wenigen Ausnahmen abgesehen – fast ausschließlich auf Reaktionen zwischen anorganischen Komponenten. Die Kenntnis dieser Reaktionen und ihrer theoretischen Grundlagen ist eine Voraussetzung für jedes tiefere Verständnis der anorganischen Chemie. Daher bleibt der didaktische Wert des „klassischen Trennungsganges" von der Tatsache unberührt, daß die Mehrzahl seiner Reaktionen in der modernen Analyse nur noch beschränkte Anwendung finden.

Um aber dem fortgeschrittenen Studierenden auch einen Einblick in moderne Analysenmethoden zu geben, wird im folgenden Teil des Buches eine Auswahl von Nachweisreaktionen mit organischen Spezialreagenzien im HM-Maßstab behandelt, die besonders in der Tüpfelanalyse und in der Papierchromatographie heute allgemeine praktische Bedeutung besitzen. Da die Papierchromatographie arbeitstechnisch aus dem allgemeinen analytischen Rahmen herausfällt, wird diese wichtige Methode in einem besonderen Abschnitt (s. S. 251) kurz behandelt.

Die Anzahl der organischen Reagenzien besonders für den Nachweis von Kationen, ist heute bereits so groß, daß die hier getroffene Auswahl willkürlich sein muß. Einige Gesichtspunkte dafür waren, nur solche Reaktionen auszuführen, die keine zu hohen Ansprüche an die analytischen Erfahrungen des Studierenden stellen. Ferner wurden bis auf eine Ausnahme (vgl. Selen) nur solche Reagenzien berücksichtigt, die im deutschen Fachhandel geführt werden. Für einige besonders wichtige Reagenzien wurde aus didaktischen Gründen ihre Anwendung zum Nachweis verschiedener Ionen behandelt, auch wenn die praktische Bedeutung der einzelnen Nachweise nicht immer gleich groß ist. Aus Gründen der Übersichtlichkeit der Nachweismöglichkeiten werden in diesem Teil des Buches ausgesprochen seltene Elemente nicht berücksichtigt. Soweit auch für Anionen Spezialreagenzien zur Verfügung stehen, die sich in diesem Rahmen als geeignet erweisen, sind sie angeführt worden. Für den rein qualitativen Nachweis zahlreicher Anionen können jedoch nur die bekannten Reaktionen auf klassisch anorganischer Basis empfohlen werden. Bei den einzelnen Nachweisen werden im allgemeinen alle wichtigen störenden Ionen erwähnt, in der Beschreibung der Ausführung dagegen nur die störenden Ionen berücksichtigt, welche in der betreffenden Analysengruppe mitgefällt werden. Dies hat somit zur Voraussetzung, daß die Gruppenfällungen sorgfältig durchgeführt werden, wobei auf Vollständigkeit der Fällung und des Auswaschens der Niederschläge angesichts der oft extrem großen Empfindlichkeit der Reagenzien größter Wert gelegt werden muß. Andererseits ist, von gelegentlichen, speziellen Trennoperationen abgesehen, eine generelle Trennung der Ionen innerhalb der Analysengruppe nicht nötig, da die Ausschaltung von Störungen meist durch geeignete Maskierung erreicht werden kann. Der bei der Beschreibung von Nachweisreaktionen gebrauchte Ausdruck der „Probelösung" bedeutet somit stets eine Lösung, die theoretisch sämtliche Ionen der betreffenden Analysengruppe enthält, z. B. eine Probelösung für einen Fe-Nachweis (Urotropingruppe) außer Fe- auch Al-, Be-, Ti- und Zr-Ionen. Auf einschränkende oder erweiternde Angaben hinsichtlich der zulässigen Anwesenheit von Fremdionen in der Probelösung wird im Text eingegangen.

Bei einiger Kenntnis der einzelnen Reaktionen, ihrer Störungen und deren Beseitigung genügt häufig der Nachweis der A b w e s e n h e i t des einen oder anderen Ions, um die Mehrzahl der Identifizierungen anderer Ionen direkt in einer geeigneten Lösung der Ursubstanz unter Auslassung mehrerer oder aller Gruppenfällungen durchzuführen.

Die sinnvolle analytische Anwendung organischer Reagenzien macht eine im folgenden gegebene kurze Darstellung der wichtigsten theoretischen Grundlagen ihrer Reaktionen mit anorganischen Ionen erforderlich. Der Vorteil ihrer Verwendung beruht im wesentlichen auf folgenden Eigenschaften.

a) Die Mehrzahl der Reaktionen zeichnet sich durch große Empfindlichkeit und Selektivität aus. Für ein bestimmtes Ion absolut spezifische Reagenzien sind allerdings kaum bekannt, doch können störende Ionen meist durch geeignete Reaktionspartner maskiert und dadurch der Nachweis zumindest innerhalb der betreffenden Analysengruppe spezifisch gestaltet werden.

b) Die sich bildenden Verbindungen haben häufig eine intensive und charakteristische Farbe, so daß auch sehr kleine Mengen leicht erkannt werden. Auf dieser Eigenschaft beruht ihre vielseitige Verwendung in der Kolorimetrie und der Photometrie.

c) Bei Fällungsreaktionen bilden sich infolge der hohen molaren Masse der organischen Verbindung auch mit geringen Mengen des nachzuweisenden Ions relativ große Niederschlagsmassen. Diese Niederschläge sind häufig intensiv farbig, so daß ihre Wahrnehmung keine Schwierigkeiten bereitet.

d) Viele in wäßriger Phase lösliche Verbindungen lassen sich mit geeigneten organischen Lösungsmitteln ausschütteln. Von dieser Möglichkeit macht besonders die Photometrie in zunehmendem Maße Gebrauch.

Andererseits erfordert die richtige Anwendung dieser Spezialreagenzien meist das Einhalten sehr scharf begrenzter Reaktionsbedingungen sowie eine genaue Kenntnis der speziellen Eigenarten des jeweiligen Systems, besonders der häufig vielfältigen Störungsmöglichkeiten. Deshalb kann der Anfänger ohne ausreichende chemische Vorkenntnisse nicht nachdrücklich genug vor einer kritiklosen Anwendung von organischen Reagenzien gewarnt werden.

Arbeitstechnisch ergeben sich bei der Ausführung der entsprechenden Reaktionen im Reagenzglas oder auf der Tüpfelplatte keine bemerkenswerten Besonderheiten. Beim Tüpfeln auf Filterpapier gelten im Prinzip die gleichen Gesetzmäßigkeiten, und es treten daher auch ähnliche Erscheinungen auf, wie sie im Rahmen des Kapitels über Papierchromatographie eingehender beschrieben werden. Für die Praxis sei hier zunächst nur darauf hingewiesen, daß bei Anwesenheit mehrerer Ionen infolge Überlagerung verschiedener Trenneffekte in günstigen Fällen eine fast quantitative Entmischung dieser Ionen auftreten kann. Durch die konzentrische Ausbreitung der Flüssigkeit kommt es zur Bildung ringförmiger Zonen auf dem feuchten Papier.

Das gesuchte Ion findet sich dann entweder im Zentrum oder am Rande relativ angereichert vor und kann dort durch Nachtüpfeln mit einer geeigneten Reagenzlösung identifiziert werden. Gelegentlich findet die Entmischung erst nach dem Auftüpfeln des Reagenzes infolge der veränderten Eigenschaften der aus Reagenz und Ionen gebildeten Verbindungen statt. Dies gilt besonders für Komplexbildungen. Schwerlösliche Niederschläge, z. B. Hydroxide usw., werden vom Papier festgehalten, während die löslichen Bestandteile nach außen wandern. Auf diese Weise können z. B. farbige Niederschläge neben farbigen gelösten Komponenten elegant nachgewiesen werden. Die Empfindlichkeit des Nachweises kann ferner mitunter durch Verwendung von Filterpapier, das mit einer geeigneten Reagenzlösung getränkt und getrocknet wurde, wesentlich gesteigert werden. Besonders bei Fällungsreaktionen kommt es zur Bildung eines sehr scharf begrenzten Niederschlages auf dem Papier, aus dem die in Lösung verbliebenen Bestandteile herauswandern und in Ringzonen außerhalb des Niederschlages durch weitere Reagenzien nachgewiesen werden können. Zum Tränken des Papiers eignen sich besonders in Wasser schwerlösliche Reagenzien, gelöst in CH_2Cl_2, $CHCl_3$, Alkohol, Toluol usw., da deren konzentrische Verteilung auf dem Papier beim Auftragen von wäßrigen Lösungen nicht verändert wird.

Neben der differenzierten Ausbreitung verschiedener Ionen unter dem Einfluß der Lösungsmittelkomponenten können auch irreversible Adsorptions- bzw. Chemisorptionsvorgänge an der Oberfläche der Cellulose stattfinden. Sie treten besonders häufig bei organischen Farbstoffen auf, die mit Metallionen Lacke und Komplexverbindungen bilden. Da solche Stoffe vielfach zu Identifizierungsreaktionen herangezogen werden, sind die irreversiblen Adsorptionsvorgänge bei Tüpfelreaktionen im Gegensatz zur Papierchromatographie von erheblicher Bedeutung. Allgemein ist das Tüpfeln auf Papier besonders dann zu empfehlen, wenn die Konzentration des gesuchten Ions in der Lösung sehr klein ist und wenn störende Ionen zugegen sind, da die Nachweisempfindlichkeit durch die relative Konzentrationserhöhung oft um Zehnerpotenzen erhöht und der störende Einfluß der Fremdionen durch die getrennte Lokalisierung der Nachweiszentren ohne umständliche Trennoperationen ausgeschaltet wird.

Unabhängig davon bietet das Arbeiten auf Filterpapier insofern Vorteile, als viele analytische Operationen (Filtrieren, Trocknen, Gaseinwirkung usw.) besonders einfach und schnell ausführbar sind. Durch die weiße Farbe des Papiers wird die Sichtbarkeit farbiger Reaktionsprodukte erheblich verbessert. Als Tüpfelpapiere sind besonders weiche, löschpapierartige Sorten geeignet. Die Weiterentwicklung der hier angedeuteten Vorgänge und Arbeitsweisen hat bereits zur Trennung und Identifizierung ganzer analytischer Gruppen in einem Tropfen geführt.

Spezialreagenzien

6

6.1 Übersicht der organischen Spezialreagenzien: Klassifizierung nach der Gefahrstoffverordnung

Reagenz	R-Sätze Gefahren- hinweise	S-Sätze Sicherheits- ratschläge	Gefahrensymbol
Aurantia Dipikrylamin Ammoniumsalz (s. S. 643)	1-26/27/28-33	33-36-45	E T
Benzidinsulfat (s. S. 645)	45	53	cancerogen
2,2'-Bipyridin (s. S. 639)	22		Xn
Brucin 2,4-Methoxystrychnin (s. S. 648)	26/28	1-13-45	T⁺
Chinalizarin (s. S. 642)		22-24/25	
3,3'-Diamino-benzidin- tetrahydrochlorid (s. S. 629)	23/24/25-40-38		T
Diphenylamin (s. S. 650)	23/24/25-33	28-36/37-44	T
Dithiooxamid (s. S. 614)	20/21/22		X

Reagenz	R-Sätze Gefahrenhinweise	S-Sätze Sicherheitsratschläge	Gefahrensymbol	
Malachitgrün (s. S. 617)	22-36/38-41	22-24/25	X	
Methylenblau (s. S. 647)	22		Xn	
Morin (s. S. 636)		22-24/25		
1-Naphthylamin (s. S. 618)	20/21/22-33	22-36	Xn	
Phenylarsonsäure (s. S. 636)	23/25	1/2-20/21-28-44	T	
1,2-Phenylendiamin (s. S. 617)	23/24/25-43	28-44	T	
Pyridin (s. S. 609)	11-20/21/22	26-28	Xn	F
Rhodamin B (s. S. 627)	22	22-24	X	
Sulfanilsäure (s. S. 618)	20/21/22	25-28	Xn	
Thioharnstoff (s. S. 609)	22-40	22-24	Xn	

Spezialreagenzien

6

6.2 Aufbau und Wirkungsweise der organischen Reagenzien

Die analytisch auswertbaren Reaktionen von organischen Verbindungen mit anorganischen Ionen lassen sich im wesentlichen in folgende Gruppen unterteilen:

Bildung von Komplexverbindungen;
Bildung von Oxidations- bzw. Reduktionsprodukten;
sonstige Veränderungen der organischen Verbindung;
Bildung normaler schwerlöslicher Salze.

Im folgenden werden zahlreiche Reaktionen organischer Reagenzien mit Kationen und Anionen aufgeführt. Viele organische Verbindungen zeigen jedoch die Erscheinungen der **Tautomerie** (das Vorliegen reversibler, sich ineinander umwandelnder Isomerer) und der **Mesomerie** (Substanzen liegen nicht in definierten Anteilen in den formulierbaren Grenzstrukturen vor). Aus diesem Grunde findet man in der Literatur oft unterschiedliche Strukturformeln für die Komplexe. Zitiert werden die in der Literatur am häufigsten verwendeten Formulierungen.

6.2.1 Bildung von Komplexverbindungen

Die Mehrzahl der analytischen Trenn- und Nachweisverfahren basiert auf der Koordinationstendenz der Kationen. Daher sind Komplexverbindungen die weitaus wichtigsten Reaktionsprodukte, die bei den Umsetzungen organischer Reagenzien mit anorganischen Ionen auftreten. Die dabei geltenden prinzipiellen Gesetzmäßigkeiten wurden bereits im theoretischen Teil dieses Buches (vgl. S. 112) behandelt. Auf einige Eigenarten, die sich aus besonderen Bindungsverhältnissen, speziellen Atomgruppierungen und den sterischen Einflüssen großer organischer Liganden ergeben, soll hier kurz eingegangen werden.

6.2.1.1 Komplexe

Die analytisch wichtigen neutralen Liganden leiten sich von den organischen Derivaten der Ammoniaks ab. Je nach der Anzahl der Koordinationsstellen im selben Molekül können sich sowohl einfache als auch Chelatkomplexe bilden. Letztere sind durch besondere Stabilität ausgezeichnet. Besonders Polyamine und N-haltige Heterocyclen sind ausgezeichnete Komplexbildner für Ionen wie Ag, Cd, Co, Cu, Fe(II), Hg, Ni, Zn usw. Größere organische Molekülreste bewirken häufig eine analytisch verwertbare Schwerlöslichkeit der Komplexe in Wasser. Auch Alkohole, Ether und Ketone können Komplexe bilden, die jedoch für Nachweisreaktionen bisher kaum Bedeutung erlangt haben.

Einige analytisch wichtige neutrale Liganden sind:

Pyridin   5,6–Benzochinolin   Thioharnstoff

Pyridin bildet mit Cd^{2+}, Co^{2+}, Cu^{2+}, Ni^{2+} und Zn^{2+} komplexe Kationen der allgemeinen Formen $[M(py)_2]^{2+}$ oder $[M(py)_4]^{2+}$, deren Thiocyanate häufig schwerlöslich sind. Der Komplex $[Ni(py)_4](SCN)_2$ wird zum Nachweis von Thiocyanat verwendet.

Ähnliche Komplexe bildet das 5,6-Benzochinolin, von denen besonders das schwerlösliche Iodid des Cadmiumkomplexes Erwähnung verdient.

Thioharnstoff bildet in saurer Lösung mit Cd^{2+}, Pb^{2+} und Tl^+ sowie einigen Pt-Elementen schwerlösliche Komplexe, von denen besonders die Verbindungen $[Pb(CS(NH_2)_2)_6](NO_3)_2$ und $TlNO_3 \cdot 4CS(NH_2)_2$ zum mikrochemischen Nachweis der betreffenden Kationen geeignet sind.

Von besonderer Bedeutung sind einige Chelatkomplexe, deren Bildung an die Gegenwart ganz bestimmter Atomgruppierungen (sog. „affiner Gruppen") innerhalb des organischen Moleküls gebunden ist. Solche Gruppen sind fast immer für einige Ionen selektiv, unter geeigneten Arbeitsbedingungen auch oft für ein einziges Ion spezifisch.

Als Beispiel dient die Fe(II)- und Cu(I)-affine „Ferroingruppe"

Das Komplexbildungsvermögen von Verbindungen mit dieser Gruppe sowie einigen ihr nahestehenden Gruppierungen ist sehr eingehend untersucht worden. Daher sollen auch einige Gesichtspunkte und Ergebnisse hier erwähnt werden, deren praktische Bedeutung mehr auf dem Gebiet der quantitativen Analyse liegt.

Die Ferroingruppe findet sich im 2,2'-Bipyridin und im 1,10-Phenanthrolin.

Diese Verbindungen bilden mit Fe(II) Trisligandkomplexe (s. S. 634), mit Cu(I) Bisligandkomplexe, die intensiv farbig sind.

2,2'–Bipyridin   1,10–Phenanthrolin   Bis(2,2'–bipyridin)kupfer(I)–
                                                    komplexion

Treten in die 6,6′-Stellung des 2,2′-Bipyridins oder in die 2,9-Stellung des Phenanthrolins Substituenten ein, so kommt man zu der Cu(I)-spezifischen „Cuproin"-Gruppe, z. B. im 6,6′-Dimethyl-2,2′-bipyridin, 2,9-Dimethyl-1,10-phenanthrolin und 2,2′-Bichinolin (Cuproin).

"Cuproin"—Gruppe　　　　2,2′—Bichinolin (Cuproin)

Die Verbindungen mit dieser Gruppierung können infolge des Raumbedarfs der 6,6′- bzw. 2,9-Substituenten nur noch Bisligandkomplexe bilden. Daher ist zwar eine Absättigung des Cu(I)-Ions mit der Koordinationszahl 4 möglich, die Komplexbildung mit dem Fe(II) (Koordinationszahl 6) muß jedoch infolge sterischer Hinderung ausbleiben. Die Verhältnisse ändern sich aber, wenn einer dieser Substituenten noch eine zusätzliche Koordinationsstelle enthält und dreizähnig (engl.: terdentate) wird, wie es im „Terpyridin" der Fall ist.

Die hier auftretende Gruppierung wird in Analogie zur Ferroingruppe „Terroin"-Gruppe genannt.

"Terroin"—Gruppe

Terpyridin
2,6—Bis—[pyridyl—(2)]—pyridin

Verbindungen mit Terroingruppierung bilden außer den zu erwartenden Cu(I)-Bisligandkomplexen auch intensiv farbige Fe(II)- und Co(II)-Bisligandkomplexe, da die zur Absättigung erforderlichen 6 Koordinationsstellen hier bereits von 2 Liganden mit je 3 N-Atomen gestellt werden.

Durch Einführung geeigneter Substituenten in die Phenylgruppen von Ferroin-, Cuproin- und Terroinverbindungen in p-Stellung zu den N-Atomen können die Löslichkeiten sowie die Lagen der Lichtabsorptionsmaxima systematisch beeinflußt werden. So sind z. B. die Fe(II)- und Co(II)-Komplexe des Terpyridins aus wäßriger Lösung nicht extrahierbar. Die entsprechenden Terosinkomplexe lassen sich durch wiederholtes Ausschütteln, die Terosolkomplexe bereits durch einmaliges Ausschütteln mit n-Hexylalkohol praktisch quantitativ aus wäßriger Phase extrahieren.

Terosin   Terosol

Terosol ist auch anstelle von Nitron (vgl. S. 620) als Fällungsreagenz für ClO_4^- in Gegenwart von NO_3^- von Interesse.

Bei Neutralkomplexen wird die Ladung des Zentralkations durch die chelatbildenden Liganden gerade kompensiert, so daß der Komplex als Ganzes ungeladen ist. Meist wird die Koordinationszahl des Metallions abgesättigt oder eine Koordination weiterer, auch relativ kleiner Liganden aus sterischen Gründen infolge Umhüllung des Kations durch die großen organischen Moleküle unmöglich. Solche Komplexe sind häufig nicht mehr hydratisierbar und daher in Wasser extrem schwerlöslich, in unpolaren organischen Lösungsmitteln dagegen gut löslich.

Die Ladungskompensation bei Komplexen erfordert neben N-, O- oder S-Atomen als Koordinationsstellen auch saure Gruppen im selben Molekül. Die wichtigsten dieser Gruppen sind:

$-COOH$	Carboxylgruppe	$=NOH$	Oximgruppe,
$-OH$	phenolische oder enolische Hydroxylgruppe	$=N(O)OH$	aci-Nitrogruppe,
$-SO_2H$	Sulfinsäuregruppe	$=NH$	Iminogruppe,
$-SO_3H$	Sulfonsäuregruppe	$-As(OH)_2$	Arsinsäuregruppe,
$-SH$	Thiol-(Mercaptan-)Gruppe	$-AsO(OH)_2$	Arsonsäuregruppe.

Bei vielen Komplexverbindungen bildet sich auch zwischen der sauren Gruppe und dem Metallatom eine echte kovalente Bindung im Sinne eines Durchdringungskomplexes (vgl. S. 126f.) aus. Dies führt zu einer Gleichwertigkeit aller Bindungen zwischen Zentralatom und organischem Liganden, wie sie z. B. für das Bis(dimethylglyoximato)nickel eindeutig bewiesen wurde. Die speziellen Bindungsverhältnisse äußern sich vielfach in einer Farbvertiefung der Komplexe. Auch die gute Löslichkeit vieler Komplexe in unpolaren Lösungsmitteln ist u.a. eine Folge ihres Unvermögens, Ionen zu bilden.

Die Möglichkeit zur Bildung von Komplexen hat somit immer bestimmte Atomgruppierungen zur Voraussetzung, die sich häufig von tautomeren Formen der üblichen Verbindungen ableiten. Bereits bei der Ferroingruppe wurde erwähnt, daß derartige Gruppen mehr oder minder unabhängig von den mit ihnen verknüpften organischen Restmolekülen häufig eine besondere Affinität für einige wenige Ionen zeigen. Die entsprechenden Reagenzien sind somit für diese Ionen selektiv, doch ist es durch Einhalten bestimmter Arbeitsbedingungen fast immer möglich, den Nachweis für das eine oder andere Ion spezifisch zu gestalten.

Spezialreagenzien

6

In der folgenden Aufstellung werden die wichtigsten dieser Gruppen kurz charakterisiert.

Zunächst ist die Ni-affine Gruppierung der anti-dioxime zu erwähnen.

Die Komplexe leiten sich von einer tautomeren sauren Aminoxidform ab, so daß das Zentralatom ausschließlich an N gebunden ist. Ein Beispiel ist das Bis(dimethylglyoximato)nickel (s. Ni(II)glyoxim S. 116).

Neben dem Dimethylglyoxim besitzen folgende Dioxime analytische Bedeutung:

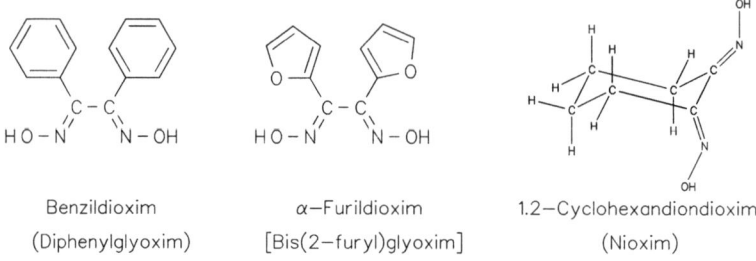

| Benzildioxim | α−Furildioxim | 1.2−Cyclohexandiondioxim |
| (Diphenylglyoxim) | [Bis(2−furyl)glyoxim] | (Nioxim) |

Zu erwähnen ist auch die Cu(II)-affine Gruppierung

der Acyloinoxime. Ihr wichtigster Vertreter ist das Benzoinoxim (Cupron, anti-Benzoinoxim). Die OH-Gruppe am N steht in anti-Stellung zur anderen OH-Gruppe. Da die am C haftende OH-Gruppe als Säure fungiert, bildet sich in Wasser das schwerlösliche Cu(II)-Salz einer einbasigen Säure. Sind R und R′ zwei aromatische Ringe, wird die Verbindung auch in Ammoniak schwerlöslich.

Oximform ⇌ Aminoxidform

−Benzoinoxim (anti−Benzoinoxim)

Bis−(benzoinoximato)kupfer(II)

Auch die folgende Cu-affine Gruppierung ist an die Gegenwart des aromatischen Systems gebunden. Hier wird nur das H-Atom der phenolischen OH-Gruppe durch das Metall ersetzt und letzteres zum N koordiniert.

Cu—affine Gruppierung Salicylaldoxim o—Hydroxyacetophenonoxim

Das analytisch wichtigste Reagenz mit dieser Gruppierung ist das Salicylaldoxim. Analoge Komplexverbindungen gibt erwartungsgemäß auch das o-Hydroxyacetophenonoxim.

Die Gruppierung

besitzt sowohl in aliphatischen als auch aromatischen Verbindungen eine große Affinität für zahlreiche Schwermetallionen, insbesondere für Fe^{2+} und Co^{3+}. Von besonderer analytischer Bedeutung ist der Co(III)-Komplex des 1-Nitroso-2-naphthols (s. S. 638). Glyoxal-bis-(2-hydroxyanil) ist ein selektives Reagenz auf Ca^{2+}, Sc^{3+} und UO_2^{2+} (s. S. 639 u. 637).

Bei den folgenden Reagenzien ist die selektive Natur ihrer komplexbildenden Gruppen nicht so stark ausgeprägt.

Wichtig ist das Oxin (8-Hydroxychinolin) sowie einige seiner Derivate (5,7-Dibrom-8-hydroxychinolin, 8-Hydroxychinolin-5-sulfonsäure). Oxin bildet mit zahlreichen Kationen schwerlösliche Komplexverbindungen. Trotz der geringen Selektivität lassen sich durch Einhalten bestimmter Fällungsbedingungen viele Trennungen quantitativ durchführen.

Für die qualitative Analyse sind besonders die Mg(II)-, Al(III)-, UO_2^{2+} und Be(II)-Verbindungen von Interesse, s. S. 641 u. 426.

Ein weiteres, sehr vielseitiges Reagenz ist das Diphenylthiocarbazon (Dithizon), das mit vielen schwerlösliche Sulfide bildenden Schwermetallionen [Ag(I), Bi(III), Cd(II), Co(II), Cu(II), Hg(II), Pb(II), Tl(I), Zn(II) u.a.] intensiv farbige Komplexe bildet. Diese leiten sich meist von der Thiolform ab (s. S. 639), die z.B. bei Dithizon in CCl_4 zu 50% vorliegt.

Die „primären Dithizonate" enthalten pro Dithizon-Molekül nur $1/z$-Metallkation (z = Ionenladung). In stärker alkalischem Bereich bilden sich darüber hinaus mit einigen Ionen auch sog. „sekundäre Dithizonate" mit 1 Metallion pro Molekül. Die Komplexe sind fast ausnahmslos in CCl_4 und anderen unpolaren Lösungsmitteln löslich. Ihre Stabilitätskonstanten sind so groß, daß häufig auch schwerlösliche Verbindungen (Sulfide, Carbonate usw.) mit Dithizon positiv reagieren.

Spezialreagenzien

6

primäres Cu(II)–Dithizonat   sekundäres Cu(I)–Dithizonat

Das dem Dithizon nahestehende Diphenylcarbazid bildet mit Cu(II) und Cd(II) analytisch verwertbare farbige Komplexe. Mit Zn(II), Mg(II), Cr(VI), Mo(VI), Pb(II), Fe(III), Co(II), Ni(II) und Mn(II) entstehen farbige Verbindungen. Teilweise handelt es sich um Metallkomplexe mit den Oxidationsprodukten des Diphenylcarbazids (Diphenylcarbazon oder Diphenylcarbodiazon). Die Elemente in den höheren Oxidationsstufen werden vorher durch das Carbazid reduziert. Diphenylcarbazon selbst hat nur für Hg(II) analytische Bedeutung. Das 4,4'-Dinitrodiphenylcarbazid eignet sich besonders zum Nachweis von Cd(II), s. S. 623.

Diphenylcarbazid

Diphenylcarbazon

4.4'-Dinitrodiphenylcarbazid

Diphenylcarbodiazon

Thioglykolsäure-β-naphthylamid (Thionalid) bildet in saurer Lösung mit Ag(I), Cu(II), Hg(II), Pb(II), Sb(III), Tl(I) u. einigen Pt-Elementen schwerlösliche Komplexe. In alkalischer Lösung kann Tl bei Maskierung der störenden Elemente mit Tartrat und Cyanid als schwerlösliches gelbes Tl(I)-Thionalid spezifisch nachgewiesen werden, s. S. 626.

Rubeanwasserstoff (Thiooxamid) bildet in ammoniakalischen oder schwach sauren Lösungen mit Cu(II), Co(II) und Ni(II) farbige Niederschläge. Der außerordentlich empfindliche Cu-Nachweis führt zur Bildung eines schwarzen Niederschlages und kann unter Einhaltung bestimmter Bedingungen direkt neben Co und Ni durchgeführt werden, s. S. 624.

Auch bei den Nachweisen von Ag(I) mit p-Dimethylaminobenzylidenrhodanin, von Sb(III) u. Ge(IV) mit Phenylfluoron, von Ti(IV) mit Chromotropsäure und von Borsäure mit Chromotrop 2B werden vermutlich Komplexverbindungen gebildet. Borsäure bildet wahrscheinlich einen komplexen Ester (siehe auch Komplexbildung der Borsäure mit mehrwertigen Alkoholen, S. 371).

6.2.1.2 Farblacke

Die Natur der Farblacke ist bisher oft noch unbekannt, doch dürfte es sich in den meisten Fällen gleichfalls um Komplexverbindungen handeln. Sie werden vorzugsweise von Hydroxyanthrachinonen und ähnlich aufgebauten Farbstoffen gebildet. Da neben der Komplexbildung auch Adsorptionsverbindungen der Farbstoffe mit dem Hydroxid, Oxidhydrat oder basischem Salz des jeweiligen Elementes auftreten können, fehlen häufig definierte stöchiometrische Beziehungen. Als Beispiel für die allgemein angenommene Komplexbildungsweise der Hydroxyanthrachinone seien hier die vermutlichen Strukturen des bekannten roten Farblacks, den Al(III) mit Alizarin S bildet, wiedergegeben.

Alizarin S

(Na–Salz der 1,2 –Dihydroxyanthrachinonsulfonsäure–3)

An der Oberfläche des Aluminiumhydroxid-Niederschlages sind einzelne Al-Atome chelatartig mit Alizarin S verknüpft.

Bei allen Hydroxyanthrachinonen ist für die Bildung von Komplexverbindungen die Gegenwart der sauren OH-Gruppe in peri-Stellung (1,9-Stellung) zum Chinonsauerstoff erforderlich.

Alizarin S bildet mit zahlreichen Metallionen schwerlösliche Farblacke, von denen besonders der Zr-Lack analytische Bedeutung besitzt, da er als einziger auch aus salzsauren Lösungen ausfällt. Die Entfärbung des rotvioletten Zr-Lakkes auf Filterpapier durch F^- (Bildung von $[ZrF_6]^{2-}$) ist ein empfindlicher Fluoridnachweis.

Ein weiterer wichtiger Lackbildner der Hydroxyanthrachinonreihe ist das Chinalizarin. Wie Alizarin S bildet es mit vielen Metallionen farbige Lackverbindungen. Durch Einhalten bestimmter Reaktionsbedingungen können jedoch Al(III), Be(II), und Mg(II) spezifisch nachgewiesen werden, s. S. 631 u. 642.

Von sonstigen Lackbildnern haben besonders Magneson, s. S. 641, und Titangelb, s. S. 642, als Reagenzien für Mg(II) sowie Morin und Aluminon, s. S. 632 u. 630, als Reagenzien für Al(III) und Be(II) größere analytische Bedeutung. Die Struktur der entsprechenden Metallverbindungen steht noch nicht eindeutig fest, doch dürften auch hier zumindest in gewissem Umfang Komplexverbindungen vorliegen.

6.2.2 Bildung von Oxidations- bzw. Reduktionsprodukten

Einige analytisch wichtige Reaktionen organischer Verbindungen führen zur Bildung farbiger Reduktions- bzw. Oxidationsprodukte. Da die Mechanismen dieser meist unspezifischen, aber sehr empfindlichen Reaktionen häufig recht kompliziert und die Strukturen der Produkte nicht sicher bekannt sind, sollen hier nur die wichtigsten erwähnt werden. Hinsichtlich der Einzelheiten muß auf die Lehrbücher der organischen Chemie verwiesen werden.

Diphenylamin in konz. H_2SO_4 wird durch HNO_3, HNO_2 und viele andere Oxidationsmittel zu dem blauen Farbstoff Diphenylblau oxidiert, s. S. 650

Benzidin gibt mit zahlreichen oxidierenden Stoffen, vor allem einigen Elementen in höheren Oxidationsstufen (Pb(IV), Ce(IV), Mn(IV), Bi(V), Tl(III), Cr(VI), V(V) u.a.) und Mo(VI)-haltigen Heteropolysäuren eine ähnliche Reaktion, wobei sich das sogenannte Benzidinblau bildet, s. S. 645. (**Vorsicht beim Umgang, da Benzidin krebserzeugend wirkt.** In den meisten Fällen ist es ohne analytischen Nachteil durch 3,3′,5,5′-Tetramethylbenzidin zu ersetzen.)

Asymmetrisches Diphenylhydrazin wird von seleniger Säure zu Chinonanildiphenylhydrazon oxidiert. Hierauf beruht ein Nachweis von Se(IV) neben Te(IV), s. S. 628.

Bei der Oxidation von Luminol (3-Aminophthalsäurehydrazid) mit H_2O_2 in Gegenwart gewisser Katalysatoren tritt Chemilumineszenz auf, s. S. 646.

Sulfite sowie Mono- und Polysulfide bilden in neutraler Lösung aus Malachitgrün, Fuchsin und anderen Triphenylmethanfarbstoffen unter Zerstörung des chinoiden Systems farblose Verbindungen. Thiosulfate, Dithionite und Polythionate reagieren unter den gleichen Bedingungen nicht, s. S. 304.

Malachitgrün   Leukomalachitgrün

Fuchsin   Sulfonsäure der Leukoverbindung

p-Aminodimethylanilin bzw. p-Phenylendiamin werden durch H_2S bei gleichzeitiger Oxidation ($FeCl_3$) zu Thiazinfarbstoffen umgesetzt, z. B. Methylenblau, s. S. 647.

Verwendet man zur Umsetzung p-Phenylendiamin, so erhält man den analog aufgebauten violetten Farbstoff Thionin (*Lauths* Violett).

p—Phenylendiamin   Thionin (Lauths Violett)

6.2.3 Sonstige Veränderungen der organischen Verbindungen

Nachweis von Bromiden durch Bildung von Eosin: Elementares Brom reagiert mit dem gelben Xanthenfarbstoff Fluorescein unter Bildung von rotem Tetrabromfluorescein (Eosin, Farbstoff der roten Tinte), s. S. 646.

Nachweis von salpetriger Säure mit Sulfanilsäure und α-Naphthylamin in essigsaurer Lösung (*Lunges* Reagenz): Ganz allgemein reagiert freie HNO_2 mit primären aromatischen Aminen und ihren kernsubstituierten Derivaten (Diazotierung), wobei Diazoniumsalze entstehen. Diese setzen sich in saurer Lösung mit primären und sekundären aromatischen Aminen, in alkalischer Lösung mit Phenolen zu intensiv farbigen Azofarbstoffen um. Bei Verwendung von obigem Reagenz wird die Sulfanilsäure diazotiert, und das entsprechende Diazoniumsalz setzt sich mit α-Naphthylamin (1-Naphthylamin) zu einem roten Azofarbstoff um, s. S. 329.

Sulfanilsäure (Anion)   Diazoniumsalz (Zwitterion)

Naphthylamin   Azofarbstoff

Eine krebserzeugende Wirkung des 1-Naphthylamins ist umstritten, die des oft als Verunreinigung enthaltenen **2-Naphthylamins gilt dagegen als erwiesen**. Weniger schädlich bei gleicher Empfindlichkeit ist N-[Naphthyl-(1)]-ethylendiammoniumdichlorid, ungeeignet dagegen Perisäure (1-Aminonaphthalin-8-sulfonsäure) sowie die bei Wasseranalysen gebräuchliche Gentisinsäure (2,5-Dihydroxybenzoesäure).

Auch die Diazotierung von o-Aminobenzalphenylhydrazon kann zum Nitritnachweis herangezogen werden, s. Nitrin, S. 648.

Nachweis von Acetat durch Bildung von Indigo: Aus Calciumacetat bildet sich bei der trockenen Destillation Aceton, das sich in NaOH-Lösung mit o-Nitrobenzaldehyd zu Indigo kondensiert, s. S. 649.

Die Bildung von Piazselenolen als Nachweis für Se(IV): o,o'-Diaminobenzidin (3,3'-4,4'-Tetraminodiphenyl) reagiert mit Se(IV) spezifisch unter Bildung eines gelben Niederschlages, eines sog. Piazselenols, s. S. 629. **Auch Diaminobenzidin wirkt krebserzeugend!**

Diese Reaktion erlaubt die Identifizierung von Selen neben Tellur. Der Niederschlag kann mikrogravimetrisch und photometrisch bestimmt werden. o-Phenylendiamin, o-Tolylendiamin und peri-Naphthylendiamin geben analoge Reaktionen.

6.2.4 Bildung normaler schwerlöslicher Salze

Es gibt zahlreiche organische Säuren und Verbindungen mit saurem Charakter (Phenole, Enole, Oxime, Imide usw.), die mit anorganischen Kationen schwerlösliche normale Salze bilden. Viele dieser meist wenig charakteristisch farbigen Salze sind infolge ihrer definierten Zusammensetzung und ihres günstigen Umrechnungsfaktors (große molare Masse der organischen Verbindung) vor allem in der Gravimetrie von größerer Bedeutung. So werden z.B. bei Trennungen und Bestimmungen von Zr(IV), Hf(IV), Th(IV) und Seltenerdmetallen vorzugsweise organische Säuren (Oxalsäure, Mandelsäure, p-Brommandelsäure, Phenyl- und Naphthylfettsäuren, 2,4-Dichlorphenoxyessigsäure usw.) herangezogen. Einige solcher schwerlöslicher Salze sind jedoch auch zur Identifizierung in der qualitativen Analyse geeignet.

Rhodizonsäure, die mit Ba^{2+}, Sr^{2+} und zahlreichen Schwermetallionen braune bis rotviolette Niederschläge bildet, wird häufig zur Identifizierung von Ba^{2+} und Sr^{2+} verwendet, s. S. 640. Bei einigen Schwermetallen (z.B. Pb^{2+}), wird aufgrund der intensiven Farbe der Verbindung eine Komplexbildung an der Gruppierung

angenommen.

Phenylarsonsäure wird zur gravimetrischen Bestimmung von Zr(IV), Th(IV) und Sn(IV) eingesetzt, s. S. 636. Die Bildung der schwerlöslichen weißen Sn(IV)-Verbindung ist innerhalb der H_2S-Gruppe für Sn spezifisch und daher zu dessen Identifizierung geeignet, s. S. 627. Ein besonders zur Zr(IV)-Bestimmung geeignetes Derivat ist die p-Dimethylamino-azobenzolarsonsäure:

Natriumtetraphenylborat (Kalignost) bzw. Dipikrylamin bilden mit K^+, NH_4^+, Rb^+, Cs^+ u. Tl^+ schwerlösliche farblose bzw. rote Niederschläge. Da Erdalkaliionen (außer Ba^{2+}), Li^+ und besonders größere Mengen Na^+ nicht stören, werden beide Reagenzien sowohl zum Nachweis als auch zur Bestimmung von K^+ häufig verwendet, s. S. 643.

Von den schwerlöslichen Salzen, die organische Basen mit anorganischen Anionen bilden, sind das Benzidiniumsulfat sowie das Nitrat, Chlorat und Perchlorat des Nitrons am bekanntesten. Die analytische Verwendung beider Verbindungen beschränkt sich jedoch fast ausschließlich auf die Gravimetrie.

Nitron (zwei der Grenzstrukturen)

Auch dem Nachweis des Sb(V) mit Rhodamin B in stark salzsaurer Lösung dürfte eine Salzbildung zugrunde liegen, s. S. 627.

6.3 Nachweisreaktionen für Kationen

6.3.1 HCl-Gruppe: Ag(I), Pb(II)

1. Ag(I)-Nachweis als p-Dimethylaminobenzylidenrhodanin-Verbindung

p–Dimethylaminobenzylidenrhodanin

Die Ag(I)-Verbindung des p-Dimethylaminobenzylidenrhodanins (s. S. 614) ist rotviolett und eignet sich sehr gut zur Identifizierung von Ag(I) auch bei Gegenwart der übrigen Ionen der HCl-Gruppe.

Der Niederschlag der HCl-Gruppe wird mit 15%iger KCN-Lsg. digeriert, wobei Ag(I) als $[Ag(CN)_2]^-$ in Lösung geht. Gegebenenfalls gleichfalls gebildetes $Hg(CN)_2$ stört nicht. Die Lsg. wird zentrifugiert, das Zentrifugat mit 2 mol/l HNO_3 eben angesäuert u. auf der Tüpfelplatte mit 1–2 Tropfen einer gesättigten Lsg. von p-Dimethylaminobenzylidenrhodanin in Aceton behandelt. Eine Rot- bis Rotviolettfärbung zeigt Ag(I) an.

EG: 0,6 µg Ag,   pD: 4,9

in Gegenwart eines ca. 1000fachen Überschusses an $PbCl_2$ und Hg_2Cl_2.

Störungen: Das Reagenz bildet in alkalischer Lösung mit fast allen Schwermetallionen farbige Niederschläge, in saurer Lösung dagegen nur mit Ag(I), Cu(II), Hg(II), Au(III) und einigen Pt-Elementen schwerlösliche farbige Salze.

2. Pb(II)-Nachweis als Dithizon-Chelat

Dithizon

Pb(II) bildet in neutraler oder alkalischer Lösung mit Dithizon (Diphenylthiocarbazon) ein r o t e s Komplexsalz (vgl. S. 613), das sich mit $CHCl_3$ ausschütteln läßt.

Spezialreagenzien

6

In einigen Tropfen der neutralen oder schwach alkalischen Lsg. wird etwas KCN u. K-Na-Tartrat gelöst u. diese Lsg. mit 1–2 Tropfen frisch bereiteter Reagenzlsg. gemischt. Ein Farbumschlag der $CHCl_3$-Schicht von G r ü n nach R o t zeigt Pb(II) an. Unter diesen Bedingungen stören in der HCl- u. H_2S-Gruppe nur Tl u. Sn. Blindprobe!

EG: 0,2 µg Pb,   pD: 6,3

Störungen: Zahlreiche andere Schwermetallionen, die gleichfalls mit Dithizon farbige Komplexe bilden, können mit KCN oder K-Na-Tartrat maskiert werden.
Reagenz: Frisch bereitete Lsg. von 2 mg Dithizon in 100 ml $CHCl_3$.

6.3.2 H_2S-Gruppe

6.3.2.1 Kupfergruppe: Bi(III), Cd(II), Cu(I,II), Hg(II), Pb(II), Tl(I)

1. Bi(III)-Nachweis als Thioharnstoff-Komplex

Bi(III) bildet mit Thioharnstoff einen gelben Komplex.

1 Tropfen Probelsg. wird auf der Tüpfelplatte mit 1 Tropfen 2 mol/l HNO_3 und einer Spatelspitze Thioharnstoff versetzt. Bei Anwesenheit von Bi(III) tritt eine intensive g e l b e Farbe auf.

EG: 6 µg Bi,   pD: 4,5

Störungen: SeO_3^{2-}, Pt(IV), Os(IV), Fe(III), CrO_4^{2-}, MnO_4^- und UO_2^{2+} müssen vorher reduziert werden. Sb(III) und Sn(II) sind mit Weinsäure zu maskieren oder abzutrennen. Hg(I) und Ag(I) werden als Chloride gefällt. Au(III) gibt eine B r a u n färbung.

Unter analogen Bedingungen kristallisiert Pb(II) als $[Pb(SC(NH_2)_2)_6](NO_3)_2$ in farblosen, stark lichtbrechenden Nadeln aus.

Diese unterschiedliche Reaktion kann zur Trennung von Pb(II)/Bi(III) herangezogen werden.
Störungen: Cu(II) und Tl(I) geben ähnliche Kristalle.

2. Cd(II)-Nachweis als 4,4′-Dinitrodiphenylcarbazid-Chelat

4,4'–Dinitrodiphenylcarbazid

Cd^{2+} bildet mit 4,4′-Dinitrodiphenylcarbazid in alkalischer Lösung einen b r a u n e n Niederschlag, der sich beim Stehen an der Luft durch Oxidation des Carbazids zum Carbazon schnell b l a u g r ü n verfärbt. Diese Oxidation wird durch Formaldehyd in noch ungeklärter Reaktion katalysiert.

1–2 Tropfen der sauren oder ammoniakalischen Probelsg. werden auf der Tüpfelplatte mit 1 Tropfen NaOH-Lsg. u. 3–4 Tropfen KCN-Lsg. gemischt u. 1 Tropfen Reagenzlsg. sowie 2 Tropfen Formalin unter Rühren zugegeben. Ein b l a u g r ü n e r Niederschlag zeigt Cd(II) an. Da die rote alkalische Reagenzlsg. durch Formalin violett gefärbt wird, muß bei kleinen Cd(II)-Mengen die Farbe der Probelsg. mit der einer entsprechenden Blindprobe verglichen werden.

EG: 0,8 µg Cd,   pD: 4,8

Störungen: Die Fällung von Cu(OH)₂ wird durch Zugabe von KCN verhindert, wobei sich $[Cu(CN)_4]^{3-}$ bildet.
Reagenz: 10%ige NaOH-Lsg., 10%ige KCN-Lsg., 40%ige Formaldehydlsg. (Formalin), 0,1%ige alkoholische Lsg. von 4,4′-Dinitrodiphenylcarbazid.

3. Cu(I)-Nachweis als Cuproin-Chelat

Cuproin

Cuproin (2,2′-Bichinolin, s. S. 610) bildet mit Cu^+ in schwach saurer Lösung einen p u r p u r r o t e n, in Wasser schwerlöslichen Chelatkomplex, der jedoch in organischen Lösungsmitteln löslich ist. Da Cuproin praktisch nur mit Cu^+ reagiert, liegt hier der seltene Fall eines wirklich spezifischen Reagenz vor. Normalerweise vorliegende Cu^{2+}-Ionen müssen reduziert werden.

Spezialreagenzien

6

2–3 Tropfen der schwach sauren Probelsg. (pH > 3) werden mit etwas festem Hydroxylammoniumchlorid gut durchmischt u. auf der Tüpfelplatte mit 2–3 Tropfen Reagenzlsg. versetzt. Eine p u r p u r r o t e Farbe zeigt Cu(I) an. Soll der Nachweis direkt aus der Ursubstanz geführt werden, so wird die Analysensubstanz mit Königswasser abgeraucht, in verd. HCl aufgenommen und gegebenenfalls vom Niederschlag abzentrifugiert. Das klare Zentrifugat prüft man dann, wie vorstehend beschrieben. Blindprobe!

EG: 0,05 µg Cu,   pD: 5,0

Störungen: Fe(III) in großem Überschuß stört und wird mit Weinsäure maskiert. Stark farbige Ionen können den Nachweis sehr geringer Cu(I)-Mengen beeinträchtigen.
Reagenz: Gesättigte alkoholische Lsg. von Cuproin.

4. Cu(II)-Nachweis als Cu(II)-rubeanat

Rubeanwasserstoff

Cu(II) bildet in schwach saurer oder ammoniakalischer, auch weinsäurehaltiger Lösung, jedoch nicht in Alkalicyanidlösung, mit Rubeanwasserstoff (s. S. 614 u. S. 485) einen d u n k e l g r ü n e n bis s c h w a r z e n Niederschlag.

1 Tropfen der möglichst neutralen Probelsg. wird auf Papier getüpfelt, mit NH₃ geräuchert u. mit 1 Tropfen Reagenzlsg. nachgetüpfelt. Ein s c h w a r z e r oder o l i v g r ü n e r Fleck zeigt Cu(II) an. Blindprobe!

EG: 0,06 µg Cu,   pD: 6,1

Störungen: Unter den gleichen Bedingungen bilden nur Co(II) und Ni(II) braune bzw. rotviolette Niederschläge. Größere Mengen von NH₄⁺-Salzen vermindern die Empfindlichkeit des Nachweises.
Reagenz: 1%ige Lsg. von Rubeanwasserstoff in Alkohol.

5. Hg(II)-Nachweis als Diphenylcarbazon-Chelat

Hg²⁺ bildet mit Diphenylcarbazid bzw. dessen Oxidationsprodukt Diphenylcarbazon in neutraler bis schwach saurer Lösung eine r o t v i o l e t t e Komplexverbindung (s. S. 614).

Der Niederschlag der H₂S-Gruppe wird mit halbkonz. HNO₃ aufgekocht, der HgS-Rückstand gut gewaschen u. in möglichst wenig Königswasser gelöst. Die Lsg. wird mit

HNO₃ im Überschuß bis fast zur Trockne vorsichtig eingedampft, mit möglichst wenig Wasser aufgenommen u. mit Ammoniak annähernd neutralisiert. 1–2 Tropfen der neutralen Lsg. werden auf Filterpapier getüpfelt, das vorher mit einigen Tropfen Reagenzlsg. getränkt wurde. Bei Gegenwart von Hg(II) entsteht ein r o t v i o l e t t e r Fleck, dessen Farbe sich beim Räuchern mit NH₃ vertieft. Die Färbung verblaßt im allg. nach kurzer Zeit.

Liegt Hg₂²⁺ vor, so wird der Niederschlag der HCl-Gruppe, nach Auswaschen von PbCl₂ mit heißem Wasser u. von AgCl mit Ammoniak, in Königswasser gelöst. Dann verfährt man wie oben, sofern bei sehr kleinen Hg-Mengen die Kalomelreaktion nicht eindeutig verläuft.

EG: 1 µg Hg,   pD: 4,7

Störungen: Cd(II), CrO_4^{2-} und andere Oxidationsmittel sowie größere Mengen Cu(II) stören.
Reagenz: Gesättigte Lsg. von Diphenylcarbazid oder Diphenylcarbazon in Alkohol.

6. Tl(I)-Nachweis als Tl(I)-dipikrylaminat

Dipikrylaminat–Anion

Natriumdipikrylaminat fällt aus neutraler Lösung Tl(I)-dipikrylaminat. Es entstehen o r a n g e r o t e quadratische oder schlanke sechseckige Täfelchen, oft mit schieflaufenden Doppelstreifen (Kristallaufnahme: Nr. 15).

1 Tropfen Probelsg. wird auf dem Objektträger mit 1 Tropfen Reagenzlsg. versetzt.

EG: 0,05 µg Tl/ml

Störungen: K⁺, NH₄⁺, Rb⁺ und Cs⁺ (s. S. 643).
Spezifisch kann der Nachweis durch vorhergehende Fällung des Tl(I) mit HCl gestaltet werden. 1–2 ml Probelsg. versetzt man mit 2 mol/l HCl, trennt den Niederschlag über Filterpapier ab und wäscht mit Ethanol säurefrei. Das ausgebreitete, den Niederschlag enthaltende Filter wird mit 1 Tropfen Reagenzlsg. versetzt und getrocknet. Beim Nachtüpfeln mit 0,1 mol/l HNO₃, tritt bei Anwesenheit von Tl(I) eine Rotfärbung auf.
Reagenz: 2%ige Natriumdipikrylaminatlsg. oder eine Lsg. von 0,2 g Dipikrylamin in 2 ml 1 mol/l Na₂CO₃, mit 75 ml H₂O verdünnt und filtriert.

7. Tl(I)-Nachweis als Thionalid-Chelat

Thioanilid

Thionalid (Thioglykolsäure-β-naphthylamid, s. S. 614) verhält sich in vieler Hinsicht wie ein durch den organischen Rest substituiertes H_2S und bildet dementsprechend mit fast allen Kationen der H_2S-Gruppe schwerlösliche Niederschläge. Alle diese Ionen, bis auf Tl^+, können jedoch durch Zugabe von Alkalicyanid, Tartrat und NaOH maskiert werden, so daß unter entsprechenden Bedingungen Tl(I) neben nicht zu großen Mengen Hg(II), Pb(II) und Bi(III) (> 5 mg/ml stören) spezifisch nachgewiesen werden kann.

Man versetzt ca. 1 ml der schwach HNO_3-sauren Probelsg. mit einem möglichst geringen Überschuß an Na-Tartrat, macht mit NaOH deutlich alkalisch, fügt KCN im Überschuß zu u. erhitzt zum Sieden. Dann läßt man etwas abkühlen u. gibt 1–2 Tropfen Reagenzlsg. zu. Die Bildung eines gelben Niederschlags, der sich bei sehr geringen Tl(I)-Konzentrationen erst beim Erkalten absetzt, zeigt Tl(I) an.

EG: 0,1 μg Tl,   pD: 7,0

Störungen: Unter den angegebenen Bedingungen u. Einschränkungen innerhalb der H_2S- und HCl-Gruppe spezifischer Nachweis für Tl.

Oxidationsmittel einschließlich Fe(III) stören und werden am besten durch Kochen mit Hydroxylamin entfernt. Verd. HNO_3 stört nicht!

Reagenz: 5%ige Lsg. von Thionalid in Aceton.

6.3.2.2 Arsen-Zinn-Gruppe:
Sb(III, V), Sn(IV), Mo(VI) und Se(IV)

1. Sb(III)-Nachweis als Phenylfluoron-Verbindung

Phenylfluoron

9-Phenyl-2,3,7-trihydroxy-6-fluoron (Phenylfluoron, s. S. 614) bildet mit Sb(III) eine schwerlösliche rote Verbindung. Der Nachweis kann auch mit Methylfluoron durchgeführt werden. In beiden Fällen muß Sb(V) zuvor mit Mg-Pulver reduziert werden.

1 Tropfen Reagenzlsg. wird auf Filterpapier an der Luft getrocknet. Der entstandene gelbe Fleck wird mit der Probelsg., die etwa 1 mol/l HCl enthalten soll, versetzt und mit 2–3 Tropfen 6%iger H_2O_2-Lsg. in 1 mol/l HCl nachgetüpfelt. Bei Anwesenheit von Sb(III) entsteht ein roter Fleck.

EG: 0,2 µg Sb, pD: 5,4

Störungen: Au(III), Os(VI), Ce(IV), V(V), Cr(VI), Mn(VII), Ge(IV) und Mo(VI) stören. Letzteres wird durch die HCl-saure H_2O_2-Lsg. in Chloroperoxomolybdate überführt. Sn(IV) setzt die Empfindlichkeit herab.

Reagenz: Frisch bereitete Lösung von 0,017 g Phenylfluoron in einer Mischung von 5 ml 2 mol/l HCl und 5 ml 95%igem Ethanol.

2. Sb(V)-Nachweis als Rhodamin B-hexachloroantimonat(V)

$$[SbCl_6]^- +$$ Rhodamin B $\longrightarrow$ $$[SbCl_6]$$

Rhodamin B

Stark salzsaure Sb(V)-Lösungen geben mit Rhodamin B eine Violettfärbung bzw. einen violetten Niederschlag (s. S. 620).

Ein Teil der Thiosalzlsg. der As-Sn-Gruppe wird mit HCl eben angesäuert. Die ausfallenden Sulfide werden abzentrifugiert u. mit einigen Tropfen (7 mol/l HCl digeriert, wobei sich nur Sb_2S_5 u. SnS_2 lösen. 2–3 Tropfen dieser Lsg. werden auf der Tüpfelplatte mit 1 Tropfen 7 mol/l HCl u. 2–3 Kriställchen KNO_2 versetzt [Oxidation des Sb(III) zu Sb(V)]. Danach gibt man zur Zersetzung von überschüssiger HNO_2 einige Kristalle Amidoschwefelsäure zu u. tüpfelt das Gemisch nach gutem Durchrühren mit 1–2 Tropfen Reagenzlsg. Ein Farbumschlag von Hellrot nach Violett zeigt Sb an.

EG: 0,5 µg Sb, pD: 5,0

Störungen: Tl(III), Bi(III), Hg(II), Au(III), MoO_4^{2-}, WO_4^{2-} sowie größere Mengen Fe(III) bilden ähnliche Färbungen. In < 6 mol/l HCl entsteht nichtreagierendes $[Sb(OH)Cl_5]^-$.

Reagenz: 0,01%ige wäßrige Lsg. von Rhodamin B.

3. Sn(IV)-Nachweis als Phenylarsonsäure-Verbindung

$$[SnCl_6]^{2-} + 2 \text{ (Phenyl)}\text{—AsO}_3\text{H}_2 \longrightarrow \text{[Verbindung]} \downarrow + 4 \text{ HCl} + 2 \text{ Cl}^-$$

Phenylarsonsäure

Phenylarsonsäure (Benzolarsonsäure) bildet mit Sn(IV) in schwach saurer Lösung einen schwerlöslichen Niederschlag (s. S. 619).

Die salzsaure Lsg. der Sulfide der H₂S-Gruppe wird soweit verdünnt, daß sie etwa 2 mol/l HCl enthält, u. fast zum Sieden erhitzt. Sollten sich dabei bereits durch Hydrolyse

Trübungen oder Niederschläge bilden [Bi(III), Sb(III)], so wird zentrifugiert. Das Zentrifugat erhitzt man erneut u. versetzt ca. 1 ml der heißen Lsg. mit einigen Tropfen Reagenzlsg. Ein we i ß e r Niederschlag zeigt Sn(IV) an. Die Empfindlichkeit des Nachweises nimmt mit steigender Acidität der Lsg. ab.

pD: 4,3

Störungen: Innerhalb der H_2S-Gruppe keine; sonst Zr(IV) und Th(IV).
Reagenz: Heißgesättigte wäßrige Lsg. von Phenylarsonsäure.

4. Mo(VI)-Nachweis als Ethylxanthogenat-Chelat

$$MoO_2^{2+} + 2\left[S=C\begin{array}{c}S\\ \\OC_2H_5\end{array}\right]^- \longrightarrow H_5C_2-O-C\begin{array}{c}S\\ \\S\end{array}Mo\begin{array}{c}S\\ \\S\end{array}C-O-C_2H_5 \downarrow$$

Ethylxanthogenat–Anion

In schwach mineralsaurer Lösung bildet Mo(VI) mit Ethylxanthogenaten einen intensiv r o t v i o l e t t e n Chelatkomplex.

Bei Gegenwart größerer Mengen Mo(VI) scheiden sich nahezu s c h w a r z gefärbte ölige Tröpfchen ab, die in Benzol, $CHCl_3$ und CS_2 mit r o t v i o l e t t e r Farbe löslich sind.

Ein Teil der NaOH-haltigen Probelsg. wird mit verd. HCl eben angesäuert u. davon 1 Tropfen auf Reagenzpapier getüpfelt. Den feuchten Fleck tüpfelt man mit 2 Tropfen 2 mol/l HCl nach. Bei Anwesenheit von Mo(VI) bildet sich ein r o s a bis v i o l e t t e r Ring.

EG: 0,04 µg Mo,   pD: 6,1

Störungen: Diese empfindliche Reaktion ist für Mo(VI) spezifisch, wenn man von alkalischen Lösungen ausgeht und Anionen, die mit Mo(VI) Komplexe bilden (Oxalat, Tartrat, F^-, PO_4^{3-}, AsO_4^{3-}), vorher entfernt.
Reagenzpapier: Filterpapierstreifen werden in 10%ige $ZnSO_4$- oder $CdSO_4$-Lsg. getaucht, getrocknet danach in gesättigte Kaliumxanthogenat-Lsg. getaucht, mit H_2O gewaschen u. getrocknet. Das getrocknete Papier ist gut haltbar.

5. Se(IV)-Nachweis durch Oxidation von asymmetrischem Diphenylhydrazin

asym.
Diphenylhydrazin

Chinonanildiphenylhydrazon

Die oxidierende Wirkung von seleniger Säure auf asymmetrisches Diphenylhydrazin unter Bildung von v i o l e t t e m Chinonanildiphenylhydrazon dient zum Nachweis von Se(IV). Sauerstoffverbindungen des Tellurs reagieren nicht (s. S. 317).

4 Tropfen Reagenzlsg. werden auf der Tüpfelplatte mit 1 Tropfen 2 mol/l HCl und 1 Tropfen Probelsg. vermischt. Bei Anwesenheit von SeO$_3^{2-}$ entsteht sofort eine r o t e Färbung, die in ein leuchtendes R o t v i o l e t t übergeht. Bei sehr geringen Mengen seleniger Säure ist eine Blindprobe empfehlenswert.

EG: 0,05 µg SeO$_2$,   pD: 6

Störungen: Der Nachweis ist spezifisch für SeO$_3^{2-}$. SeO$_4^{2-}$ gibt eine Rotfärbung. Se, Se^{2-} oder SeO$_4^{2-}$ werden zum Nachweis in SeO$_3^{2-}$ überführt.

Oxidationsmittel, wie HIO$_3$, HMnO$_4$, Peroxide usw., sind mit konz. HCl zu zerstören. W(VI), Mo(VI), Fe(III) und Cu(II) werden in salzsaurer Lösung mit Oxalsäure komplexiert.

Reagenz: Frische 1%ige Lsg. von asymmetrischem Diphenylhydrazin in Eisessig.

6. Se(IV)-Nachweis als Piazselenol

3,3'–Diaminobenzidin   Piazselenol

Selenige Säure bzw. SeO$_2$ bildet mit aromatischen o-Diaminen sogenannte Piazselenole (s. S. 618). Mit Diaminobenzidin (3,3',4,4'-Tetraminodiphenyl) entsteht in saurer Lösung das intensiv g e l b e Diphenylpiazselenol (Benzidin-3,3',4,4'-dipiazselenol). Letzteres ist in Wasser, 6 mol/l HNO$_3$, konz. HCl und 6 mol/l NH$_3$ schwer löslich. Von konz. H$_2$SO$_4$ wird es unter Bildung einer r o t e n Verbindung gelöst, die beim Verdünnen mit Wasser durch Hydrolyse wieder zerfällt.

Das Zentrifugat der HCl-Gruppe kocht man mit etwas Hydraziniumchlorid auf, wobei Se u. Te (u. Au sowie evtl. Pt) elementar ausfallen. Der Niederschlag wird in wenig Königswasser gelöst (bei Gegenwart von Au u. Pt muß mit HNO$_3$ gelöst u. von Au u. Pt abzentrifugiert werden), überschüssiges HNO$_3$ mit HCl abgeraucht u. danach die Lsg. mit so viel Wasser verd., daß sie ca. 3 mol/l HCl enthält. 10 Tropfen dieser Lsg. werden im Mikroreagenzglas mit 3 Tropfen Reagenzlsg. versetzt. Ein g e l b e r Niederschlag oder eine G e l b färbung zeigt Se(IV) an. Bei Abwesenheit von Au, V und Mo kann Se(IV) direkt in der salzsauren Analysenlsg. vor der H$_2$S-Gruppenfällung nachgewiesen werden. Bei sehr geringen Se-Mengen Blindprobe!

EG: 0,3 µg Se,   pD: 6,0

Störungen: Die Bildung des gelben Piazselenols ist ein empfindlicher und in Abwesenheit von Oxidationsmitteln [V(V), Au(III), Fe(III), Ce(IV), MnO$_4^-$, CrO$_4^{2-}$] ein spezifischer Nachweis für Se(IV) auch bei Gegenwart eines großen Te-Überschusses. Lediglich Mo(VI) in größerem Überschuß kann den Nachweis von sehr kleinen Mengen Se(IV) stören, da es mit Diaminobenzidin eine blaßblaue Färbung gibt. Durch SnCl$_2$ wird das Piazselenol unter Bildung von elementarem Se reduziert. Die obengenannten Oxidationsmittel reagieren mit Diaminobenzidin in Analogie zur Benzidinblaureaktion (s. S. 645) unter Violettfärbung.

Reagenz: 2,5%ige wäßrige Lsg. von 3,3'-Diaminobenzidiniumtetrachlorid-Dihydrat.

Spezialreagenzien

6

7. Ge(IV)-Nachweis als Phenylfluoron-Verbindung

$$[GeO_2(OH)_2]^{2-} + 2 H^+ + \text{(Phenylfluoron)} \longrightarrow \text{(GeO-Komplex)} \downarrow + 3 H_2O$$

Phenylfluoron

Phenylfluoron bzw. Methylfluoron (s. S. 614 u. 626 f.) eignet sich gut zum Nachweis von Ge(IV).

1 Tropfen der mit 6 mol/l HCl angesäuerten Reagenzlösung gibt man auf Filterpapier u. trocknet. Der entstandene gelbe Fleck wird mit der Probelsg., die ca. 3–6 mol/l HCl enthalten soll, und 1 Tropfen 6 mol/l HNO_3 nachgetüpfelt. Bei Anwesenheit von Ge(IV) entsteht eine intensive R o s a färbung, die sich langsam verstärkt.

EG: 0,13 µg Ge,   pD: 5,5

Störungen: Unter den angegebenen Bedingungen ist der Nachweis spezifisch. Oxidationsmittel, wie Ce(IV), CrO_4^{2-}, MnO_4^-, zerstören das Reagenz u. müssen entfernt werden. Eine Rotfärbung von Mo(VI) wird durch die HNO_3-Zugabe verhindert.
Reagenz: 0,05%ige alkoholische Phenylfluoronlsg.

6.3.3 Urotropingruppe: Al(III), Be(II), Cr(VI), Fe(II), Ti(IV), Zr(IV), V(V) und U(VI)

1. Al(III)-Nachweis als Aluminon-Farblack

$$Al^{3+} + 3 \, \text{(Aluminon)} \longrightarrow \text{(Al-Komplex)} + 3 \, NH_4^+$$

Aluminon

NH_4^+–Salz der Aurintricarbonsäure

Al(III) bildet in essigsaurer Lösung mit Aluminon (s. S. 616) einen schwerlöslichen roten Farblack, der sich, einmal gebildet, in einer Lösung von Ammoniumcarbonat in Ammoniak nicht wieder auflöst. Durch dieses Verhalten unterscheidet sich der Al(III)-Lack von den Aluminon-Lacken zahlreicher anderer Elemente, die in Ammoniak löslich sind.

Die saure Probelsg. wird mit NaOH alkalisch gemacht u. von Niederschlägen abzentrifugiert. Einige Tropfen des klaren Zentrifugats werden im Reagenzglas mit CH_3COOH
angesäuert u. mit ca. dem gleichen Volumen Reagenzlsg. versetzt. Nach etwa 5 min wird
tropfenweise unter Umschütteln eine 10%ige Lsg. von Ammoniumcarbonat in verd. Ammoniak (1:2 Vol.) bis zur eben alkalischen Reaktion zugegeben. Ein größerer Überschuß
ist zu vermeiden. Eine bleibende Rotfärbung oder die Bildung roter Flöckchen, die oft
erst nach längerem Stehen sichtbar werden, zeigt bei Abwesenheit von Be(II) spezifisch
Al(III) an.

EG: 0,16 µg Al^{3+},   pD: 5,0

Störungen: Von den Kationen stören lediglich Fe^{3+} und Be^{2+}, infolge Bildung stabiler
Lacke. Liegen Be^{2+} und Al^{3+} nebeneinander vor, so muß mit Oxin (vgl. S. 426) getrennt
werden. Durch größere Mengen PO_4^{3-} kann die Fällung verhindert werden. Reduzierende
Stoffe (H_2S, SO_2 usw.) stören, da sie den Farbstoff entfärben. Kieselsäure adsorbiert den
Farbstoff und muß durch Abrauchen mit konz. HCl abgeschieden werden.
Reagenz: 0,2%ige wäßrige Lsg. von Aluminon.

2. Al(III)-Nachweis als Chinalizarin-Farblack

Chinalizarin

Al(III) bildet mit Chinalizarin (1,2,5,8-Tetrahydroxyanthrachinon) in ammoniakalischer Lösung einen rotvioletten Farblack (s. S. 616), der, einmal gebildet, im Gegensatz zu der entsprechenden Be(II)-Verbindung gegen CH_3COOH
stabil ist.

1 Tropfen der schwach sauren Probelsg. tüpfelt man auf Reagenzpapier. Der feuchte
Fleck wird kurz mit Ammoniak u. danach mit Eisessig geräuchert. Die Bildung eines
rotvioletten bis roten Fleckes zeigt Al(III) an. Blindprobe!

EG: 0,005 µg Al,   pD: 6,3

Spezialreagenzien

6

Reagenzpapier: Filterpapier wird mit einer Lsg. von 10 mg Chinalizarin in 2 ml Pyridin und 20 ml Aceton getränkt u. getrocknet.

3. Al(III)-Nachweis als fluoreszierender Morin-Farblack

Al(III) bildet in neutraler oder essigsaurer Lösung mit Morin eine intensiv fluoreszierende kolloidale Suspension eines Farblackes.

Die saure Probelsg. wird mit KOH (nicht NaOH!) stark alkalisch gemacht u. zentrifugiert. Einige Tropfen des Zentrifugats werden im Reagenzglas oder auf einer schwarzen Tüpfelplatte mit Eisessig angesäuert u. mit einigen Tropfen Reagenzlsg. versetzt. Eine grü-ne Fluoreszenz, die beim starken Ansäuern mit HCl verschwindet, zeigt Al(III) an. UV-Licht erleichtert die Beobachtung erheblich. Eine Blindprobe mit der verwendeten KOH zum Vergleich von Fluoreszenzfarbe u. besonders -stärke ist unerläßlich. NaOH fluores-ziert mit Morin meist so stark, daß es nicht verwendet werden kann.

EG: 0,2 μg Al,   pD: 5,4

Störungen: Be(II), In(III), Ga(III), Th(IV), Sc(III), Zr(IV) und Silicate geben ebenfalls mit Morin fluoreszierende Farblacke, deren Bildung und Beständigkeit stark pH-abhängig ist.
Reagenz: Gesättigte Lösung von Morin in Methanol.

4. Be(II)-Nachweis als fluoreszierender Morin-Farblack

Be(II) bildet nur in alkalischer Lösung einen intensiv g e l b g r ü n fluoreszieren-
den Farblack (s. S. 616), während Al(III) unter gleichen Bedingungen praktisch
nicht fluoresziert. Beim Ansäuern mit Eisessig verschwindet die gelbgrüne Fluoreszenz des Be(II)-Lackes, während nun bei Gegenwart von Al(III) eine rein
g r ü n e Fluoreszenz eindeutig hervortritt. Diese verschwindet erst beim stärkeren
Ansäuern mit HCl.

Die saure Probelsg. wird mit KOH (nicht NaOH!) alkalisch gemacht und zentrifugiert.
1–2 Tropfen des Zentrifugats werden auf einer schwarzen Tüpfelplatte mit 1 Tropfen
Reagenzlsg. versetzt. Eine intensiv g e l b g r ü n e Fluoreszenz zeigt Be(II) an. Schlägt beim
Ansäuern mit Eisessig die Fluoreszenz deutlich nach G r ü n um und verschwindet sie bei
weiterem Ansäuern mit HCl, so ist auch Al(III) zugegen. Der Nachweis ist nur bei Betrachtung im UV-Licht sicher u. eindeutig. Eine Blindprobe ist unerläßlich (vgl. Al).

EG: 0,2 µg Be,   pD: 5,4

Störungen: Siehe Al(III)-Nachweis als Morin-Farblack.
Reagenz: Gesätt. Lsg. von Morin in Methanol.

5. Cr(VI)-Nachweis durch Oxidation von Diphenylcarbazid

Diphenylcarbazid   Diphenylcarbazon

Stark saure Lösungen von Dichromaten geben mit Diphenylcarbazid eine vorübergehende R o t v i o l e t t f ä r b u n g (s. S. 614).

In einigen Tropfen der sauren Probelsg. wird ggf. nach 8., S. 432, Cr(III) zu Cr(VI)
oxidiert 2–3 Tropfen der oxidierten Lsg. werden nach Verkochen des überschüssigen
$S_2O_8^{2-}$ auf der Tüpfelplatte mit 3 Tropfen Reagenzlsg. versetzt. Eine v i o l e t t e bis r o t e
Färbung, die schnell verblaßt, zeigt Cr an.

EG: 0,8 µg Cr,   pD: 5,0

Spezialreagenzien

6

Störungen: Unter gleichen Bedingungen stören Mo(VI), V(V) und Hg(II). Mo(VI) kann durch Zugabe von gesättigter Oxalsäurelsg. als komplexe Oxalatomolybdänsäure, Hg(II) durch Alkalichlorid oder HCl im Überschuß (Bildung von undissoziiertem $HgCl_2$) maskiert werden. Vanadate(V) geben eine schmutzig grünviolette Färbung, die das Erkennen der violetten Färbung oft unmöglich macht. In diesem Falle trennt man am besten Cr(VI) vor dem Nachweis als CrO_2Cl_2 ab (s. S. 434).
Reagenz: Gesättigte Lsg. von Diphenylcarbazid in Alkohol.

6. Fe(II)-Nachweis als 2,2′-Bipyridin- oder 1,10-Phenanthrolin-Chelat

$$Fe^{2+} + 3 \quad [2,2'\text{-Bipyridin}] \longrightarrow [Fe(bipy)_3]^{2+}$$

2,2′-Bipyridin

Struktur des $[Fe(bipy)_3]^{2+}$

Fe^{2+} bildet mit 2,2′-Bipyridin oder 1,10-Phenanthrolin in schwach saurer, neutraler oder ammoniakalischer Lsg. **rote** Chelatkomplexe (s. S. 609). Wenn Fe^{3+} vorliegt, so muß vor dem Nachweis zu Fe^{2+} reduziert werden.

1–2 Tropfen der sauren Lsg. werden auf der Tüpfelplatte zur Reduktion von Fe^{3+} zu Fe^{2+} mit etwas festem Hydroxylammoniumchlorid versetzt. Dann wird Ammoniak zugegeben, bis die Lsg. schwach sauer bis neutral reagiert u. mit 1–2 Tropfen Reagenzlsg. getüpfelt. Eine R o t färbung zeigt Fe^{2+} an. Blindprobe unerläßlich!

$$EG: 0,03\,\mu g\ Fe^{2+}, \qquad pD: 6,2$$

Störungen: PO_4^{3-}, F^-, Tartrat, Oxalat und Fe^{3+} stören nicht. Kationen, die Amminkomplexe bilden, geben in saurer Lsg. blaße Färbungen, die im allgemeinen nicht stören.
Reagenz: 2%ige alkoholische Lsg. von 2,2′-Bipyridin oder 1,10-Phenanthrolin.

7. Ti(IV)-Nachweis mit Chromotropsäure

Farbreaktion der Chromotropsäure mit Titan erfolgt in schwach saurer Lösung und in konz. schwefelsaurer Lösung.

a) Schwach saure Lösung

Chromotropsäure

Chromotropsäure (1,8-Dioxynaphthalin-3,6-disulfonsäure) bildet mit Ti(IV) verschiedene Komplexe. Bei pH = 1 bis 3,5 liegt hauptsächlich der w e i n r o t e 1:2-Komplex vor, bei pH = 5,4 bis 6 ein o r a n g e r 1:3-Komplex.

Zu 1 Tropfen der 1 mol/l HCl enthaltenden Probelsg. gibt man 2–3 Tropfen Reagenzlösung. Eine b r a u n r o t e Färbung zeigt Ti(IV) an.
Störungen: Fe(III) bildet eine Grünfärbung, $Cr_2O_7^{2-}$ eine Rotfärbung, UO_2^{2+} eine Hellbraunfärbung. Durch Reduktion mit $SnCl_2$ oder Ascorbinsäure lassen sich die Störungen beseitigen.
Reagenz: 2%ige frisch hergestellte Lsg. des Dinatriumsalzes der Chromotropsäure, $C_{10}H_6O_2(SO_3Na)_2 \cdot 2H_2O$, in Wasser.

b) Konz. schwefelsaure Lösung

In konz. schwefelsaurer Lösung gibt Chromotropsäure bei Gegenwart von Ti(IV) eine R o t v i o l e t t färbung, die auch bei Gegenwart größerer Mengen farbiger Metallsalze im allgemeinen gut erkennbar ist.

1 Tropfen der schwefelsauren Lsg. wird auf die Tüpfelplatte, ggf. nach Reduktion von Fe^{3+} u. UO_2^{2+} mit $SnCl_2$, mit 5 Tropfen Reagenzlsg. gut durchmischt. Eine V i o l e t t färbung zeigt Ti(IV) an. Bei sehr kleinen Ti(IV)-Mengen ist ein Farbvergleich mit einer Blindprobe ratsam.

$$EG:\ 0,5\,\mu g\ Ti, \qquad pD: 5,0$$

Störungen: Stärkere Oxidationsmittel müssen vorher durch Abrauchen mit konz. H_2SO_4 zerstört werden. Fe^{3+} und UO_2^{2+}, welche gleichfalls stören, werden mit $SnCl_2$ reduziert.
Reagenz: 0,02 g Chromotropsäure in 20 ml konz. H_2SO_4.

Spezialreagenzien

6

8. Zr(IV)-Nachweis als fluoreszierender Morin-Farblack

$[Zr(OH)_2(H_2O)_4]^{2+}$ + HCl +

Morin

→

+ 3 H_2O + 2 H^+

Zr(IV) bildet ebenso wie Al(III), Be(II) u.a. Elemente mit Morin einen Farblack (s. S. 616), der mit gelbgrüner Farbe fluoresziert. Der Zr(IV)-Komplex ist jedoch als einziger dieser Verbindungen gegenüber HCl stabil (vgl. Analogie beim Nachweis mit Alizarin S). Auf dieser Eigenschaft basiert der folgende spezifische Nachweis von Zr(IV).

1 Tropfen der HCl-sauren Lsg. wird auf einer schwarzen Tüpfelplatte mit 1 Tropfen Reagenzlsg. u. 2 Tropfen konz. HCl versetzt.
Eine gelbgrüne Fluoreszenz zeigt Zr(IV) an. Besonders vorteilhaft ist die Beobachtung im UV-Licht.

EG: 0,1 µg Zr,   pD: 5,7

Störungen: F^- stört infolge Bildung von $[ZrF_6]^{2-}$. Oxidationsmittel [Fe(III), Cu(II), VO_4^{3-}, $Cr_2O_7^{2-}$] zerstören in stark saurer Lösung den Farbstoff. Ferner kann die Beobachtung der Fluoreszenz durch gelbe oder rote Fremdionen in der Lösung erschwert werden.
Reagenz: Gesättigte Lsg. von Morin in Methanol.

9. Zr(IV)-Nachweis als Phenylarsonsäure-Verbindung

$[Zr(OH)_2(H_2O)_4]^{2+}$ + 2 —AsO_3H_2 →   + 6H_2O + 2H^+

Phenylarsonsäure

Phenylarsonsäure (s. S. 619) und ihre Derivate sind in verdünnt mineralsauren Lösungen selektive Fällungsmittel für Zr(IV).

Zu 1 ml schwach mineralsaurer Probelsg. wird bis zur quantitativen Fällung Reagenzlsg. gegeben, dann die gleiche Menge 1 mol/l HCl und durchmischt. Bei Gegenwart von Zr(IV) bildet sich ein beständiger weißer Niederschlag.

pD: 5

Störungen: Sn(IV) stört. Um Fällungen von Ti(IV), Mo(VI) und W(VI) zu verhindern, versetzt man die Probelsg. vorher mit H_2O_2.
Reagenz: 5%ige wäßrige Lsg. des Na-Salzes der Phenylarsonsäure.

Empfindlicher läßt sich der Nachweis mit p-Dimethylamino-azobenzolarsonsäure (s. S. 619) gestalten.

1 Tropfen der sauren Probelsg. wird auf ein mit Reagenzlsg. getränktes und getrocknetes Filterpapier gebracht. Bei Gegenwart von Zr(IV) erscheint ein b r a u n e r Fleck, der durch 3 – 5 min langes Eintauchen des Papiers in 50 – 60 °C warme 2 mol/l HCl sehr gut sichtbar wird.

pD: 5,7

Störungen: Siehe oben! Färbungen anderer Ionen verschwinden sofort beim Spülen mit 2 mol/l HCl.

Reagenz: 0,1 g p-Dimethylamino-azobenzolarsonsäure in 95 ml Alkohol und 5 ml konz. HCl.

10. V(V)-Nachweis über das 2,2′-Bipyridin- oder Dimethylglyoxim-Chelat des Fe(II) nach Reduktion von Fe(III) mit V(IV)

$$2[VO_2]^+ + 4H^+ + 2Cl^- \rightarrow 2[VO]^{2+} + Cl_2\uparrow + 2H_2O$$
$$[VO]^{2+} + Fe^{3+} + H_2O \rightarrow [VO_2]^+ + Fe^{2+} + 2H^+$$

V(V) wird durch Kochen mit 7 mol/l HCl quantitativ zu V(IV) reduziert. V(IV) seinerseits reduziert Fe(III) zu Fe(II), so daß über den Nachweis des gebildeten Fe^{2+}, für den mehrere empfindliche Reagenzien zur Verfügung stehen, V(V) indirekt nachgewiesen werden kann.

Einige Tropfen der Probelsg. werden mit etwa dem gleichen Volumen konz. HCl zum Sieden erhitzt u. bis etwa zur Hälfte des Gesamtvolumens eingedampft. Nach dem Erkalten versetzt man auf der Tüpfelplatte mit 1 Tropfen 1%iger $FeCl_3$-Lsg., rührt gut durch u. setzt 2 – 3 Tropfen gesättigte Na_2HPO_4-Lsg. (Maskierung von überschüssigem Fe^{3+}) u. danach 1 – 2 Tropfen von einer der unten aufgeführten Reagenzlsg. zu. Eine beim Nachtüpfeln mit Ammoniak auftretende R o t färbung zeigt Fe^{2+} u. damit indirekt V(V) an.

EG: 0,1 µg V,   pD: 5,7

Störungen: Der Nachweis ist unter den angegebenen Bedingungen in der Urotropingruppe für V(V) spezifisch.

Reagenzien: 2%ige Lsg. von 2,2′-Bipyridin oder 1,10-Phenanthrolin in Alkohol oder eine gesättigte alkoholische Lsg. von Dimethylglyoxim.

11. U(VI)-Nachweis als Glyoxal-bis-(2-hydroxyanil)-Chelat

Glyoxal-bis-(2-hydroxyanil) (s. S. 613) bildet mit UO_2^{2+} eine selektive v i o l e t t e Färbung, die zum qualitativen Nachweis oder zur quantitativen photometrischen Bestimmung dienen kann.

1 ml der Probelsg. wird in einem Reagenzglas mit 2 ml Reagenzlsg. und 0,2 ml Pufferlsg. versetzt und 10 min auf dem Wasserbad (90 – 95 °C) erwärmt. Die Anwesenheit von U(VI) wird durch eine v i o l e t t e Färbung angezeigt.

EG: ca. 1 µg U(VI)

Spezialreagenzien

6

Reagenz: 0,1 g Glyoxal-bis-(2-hydroxyanil) werden in 100 ml Methanol unter Erwärmen (50 °C) gelöst und nach dem Erkalten filtriert (Haltbarkeit ca. 2 Tage).
Pufferlösung (pH 4,62): 6,005 g Eisessig und 8,204 g Natriumacetat, gelöst auf 1 Liter.

6.3.4 (NH₄)₂S-Gruppe: Mn(II), Ni(II), Co(II), Zn(II)

Alle Nachweise für Mn laufen auf eine Oxidation von Mn(II) oder Mn(IV) zu MnO_4^- hinaus (vgl. die Reaktionen 11 u. 12., S. 411). Im Prinzip kann das gebildete MnO_4^- durch oxidationsempfindliche organische Reagenzien (besonders Benzidin und ähnliche Verbindungen) nachgewiesen werden, doch besteht hierzu infolge der äußerst intensiven Eigenfarbe des MnO_4^--Ions keine Notwendigkeit.

Anstelle von Dimethylglyoxim sind auch andere Dioxime, deren Oximgruppen in Nachbarstellung zueinander stehen (s. S. 612), zum Nachweis von Ni geeignet. Sie bieten jedoch gegenüber dem Dimethylglyoxim weder hinsichtlich Empfindlichkeit noch Selektivität erhebliche Vorteile, so daß auf ihre Besprechung hier verzichtet werden kann. Ausführung des Nachweises von Ni(II) mit Dimethylglyoxim s. S. 403.

1. Co(II)-Nachweis als 1-Nitroso-2-naphthol-Co(III)-Chelat

1-Nitroso-2-naphthol fällt aus Co(II)-Salzlösung eine schwerlösliche, farbige Komplexverbindung des Co(III) (s. S. 613).

Einige Tropfen der sauren Probelsg. werden auf der Tüpfelplatte mit einigen Tropfen gesättigter Na₃PO₄-Lsg. gut durchmischt u. danach mit 2–3 Tropfen Reagenzlsg. u. einigen Tropfen verd. Ammoniak getüpfelt. Eine b r a u n e bis r o t b r a u n e Färbung, die auch beim vorsichtigen Ansäuern nicht wieder verschwindet, zeigt Co(II) bzw. Co(III) an.

EG: 0,5 µg Co²⁺,   pD: 5,0

in Gegenwart der 1000fachen Menge Fe u. U.
Störungen: Cu^{2+}, Fe^{3+}, Pd^{2+} und UO_2^{2+} bilden gleichfalls schwerlösliche, farbige Komplexverbindungen. Da Fe^{3+} und UO_2^{2+} mit H_3PO_4 maskiert werden können, ist dieser Nachweis innerhalb der (NH₄)₂S-Urotropin-Gruppe für Co²⁺ spezifisch.
Reagenz: 1%ige Lsg. von 1-Nitroso-2-naphthol in Aceton.

2. Zn(II)-Nachweis als Dithizon-Chelat

Thionform   Thiolform   primäres Dithizonat

Zn^{2+} bildet mit Dithizon in neutraler, alkalischer und essigsaurer Lösung ein purpurrotes Komplexsalz, das mit gleicher Farbe in CCl$_4$ löslich ist (s. S. 613).

Nach Fällung der H$_2$S-Gruppe wird ein Teil des Zentrifugats mit H$_2$O$_2$ gekocht u. mit 2 mol/l NaOH im Überschuß versetzt. Gegebenenfalls gebildete Niederschläge trennt man ab u. schüttelt die klare Lsg. im Reagenzglas mit einigen Tropfen frisch bereiteter Reagenzlsg. Die durch Dithizon grün gefärbte CCl$_4$-Schicht wird durch Bildung des Zn-Chelatkomplexes rot.

EG: 5 µg Zn^{2+},   pD: 4,0

Störungen: Da zahlreiche andere Schwermetallionen mit Dithizon gleichfalls farbige und in CCl$_4$ lösliche Komplexe bilden (s. S. 613), ist der Nachweis in alkalischer Lösung trotz der geringeren Empfindlichkeit am eindeutigsten. Cu(II), Hg(II) und Pb(II) müssen vorher quantitativ abgetrennt werden.
Reagenz: 10 mg Dithizon in 100 ml CCl$_4$. Die Lsg. muß stets frisch bereitet werden.

6.3.5 (NH$_4$)$_2$CO$_3$- und lösliche Gruppe: Ca^{2+}, Sr^{2+}, Ba^{2+}, Mg^{2+}, K$^+$

1. Ca^{2+}-Nachweis als Glyoxal-bis-(2-hydroxyanil)-Chelat

Glyoxal-bis-(2-hydroxyanil) (s. S. 613) bildet in alkalischer Lösung mit Ca^{2+} einen roten Niederschlag, der im Gegensatz zu den Niederschlägen des Sr^{2+} und Ba^{2+} in Natriumcarbonat schwerlöslich ist.

1 Tropfen der neutralen oder sauren Probelsg. wird in einem Reagenzglas mit 4 Tropfen Reagenzlsg., 1 Tropfen 3 mol/l NaOH und 1 Tropfen 10%ige Na$_2$CO$_3$-Lsg. versetzt. Man

Spezialreagenzien

6

extrahiert mit 4 Tropfen Chloroform. Die Zugabe einiger Tropfen Wasser beschleunigt die Phasentrennung. Eine r o t e Farbe der Chloroformschicht zeigt Ca^{2+} an. Bei geringen Ca^{2+}-Konz. ist eine Blindprobe notwendig.

EG: 0,05 µg Ca,   pD: 6,0

Der Nachweis kann auch auf der Tüpfelplatte durchgeführt werden. Dabei wird wie oben verfahren u. anstatt der Extraktion eingeengt. Nach weitgehendem Eindunsten des Probetropfens ist bei Anwesenheit von Ca^{2+} ein r o t e r Niederschlag erkennbar.
Störungen: Cd^{2+}, Cu^{2+}, Ni^{2+}, Co^{2+} werden mit alkalischer KCN-Lsg. maskiert. U(VI) gibt eine violette Färbung (s. S. 637). In Gegenwart von Phosphat versagt der Nachweis.
Reagenzien:
a) 0,1 g Glyoxal-bis-(2-hydroxyanil) wird in 100 ml Methanol bei 50 °C gelöst und nach dem Abkühlen filtriert. (Haltbarkeit: ca. 2 Tage).
b) Alkalische Kaliumcyanidlsg.: 1 g KCN und 1 g NaOH, gelöst in 10 ml Wasser.

2. Ba^{2+}- und Sr^{2+}-Nachweis als Rhodizonate

Rhodizinat—Anion

Na-Rhodizonat bildet in neutralen Lösungen farbige Niederschläge mit Ba^{2+} und Sr^{2+} (s. S. 619), dagegen nicht mit Ca^{2+}. Ba-Rhodizonat wird von verd. HCl in eine schwerlösliche h e l l r o t e Verbindung umgewandelt, während Sr-Rhodizonat unter den gleichen Bedingungen gelöst wird. Auf diesem unterschiedlichen Verhalten beider Verbindungen gegenüber HCl beruht der Nachweis von Ba^{2+} und Sr^{2+} nebeneinander.

Zum Nachweis von Ba^{2+} allein u. neben Sr^{2+} und Ca^{2+} wird nach Abtrennung der Schwermetallionen 1 Tropfen der neutralen oder ganz schwach sauren Probelsg. auf Filterpapier gegeben u. mit 1 Tropfen Reagenzlsg. getüpfelt. Ein b r a u n r o t e r Fleck zeigt die Gegenwart von Ba^{2+} bzw. Sr^{2+} oder beider an. Verschwindet der Fleck bei Einwirkung von 0,1 mol/l HCl, so ist nur Sr^{2+} zugegen. Schlägt die Farbe dagegen nach intensiv R o t um, so ist Ba^{2+} u. daneben möglicherweise noch Sr^{2+} anwesend.

EG: 0,5 µg Ba neben einem 50fachen Sr-Überschuß,   pD: 5,0

Um bei Gegenwart von Ba^{2+} auch Sr^{2+} eindeutig nachweisen zu können, werden 2–3 Tropfen derselben Probelsg. auf Filterpapier getüpfelt, welches vorher mit K_2CrO_4-Lsg. getränkt u. getrocknet wurde. Es bilden sich $BaCrO_4$ u. $SrCrO_4$, von denen nur das letztere infolge seiner größeren Löslichkeit mit Na-Rhodizonat reagiert. Die Bildung eines b r a u n r o t e n Ringes beim Nachtüpfeln mit Reagenzlsg. beweist somit Sr^{2+}.

EG: 4,0 µg Sr neben einem 80fachen Überschuß von Ba,   pD: 4,1

Störungen: Schwermetallionen mit der Ladung 2 +.
Reagenz: Frisch bereitete 0,2%ige wäßrige Lsg. von Na-Rhodizonat.

3. Mg^{2+}-Nachweis als Oxinat

Mg^{2+} bildet in ammoniakalischer Lösung mit 8-Hydroxychinolin (Oxin) einen sehr schwerlöslichen grünlichgelben Komplex (s. S. 613). Diese Reaktion eignet sich besonders zum Abtrennen des Mg^{2+} von den Alkaliionen einschließlich Li$^+$.

Die nach der Fällung der (NH$_4$)$_2$CO$_3$-Gruppe anfallende NH$_4$Cl-haltige ammoniakalische Lsg. wird tropfenweise mit Reagenzlsg. bis zur Gelborangefärbung (Bildung von NH$_4$-Oxinat) versetzt. Der sich bildende Niederschlag von Mg-Oxinat wird durch kurzes Erwärmen zum Zusammenballen gebracht.

EG: 0,025 µg Mg^{2+},   pD: 6,5

Störungen: Fast alle anderen Schwermetallionen bilden mit Oxin gleichfalls schwerlösliche Niederschläge und müssen daher vorher abgetrennt werden (Trennungsgang).
Reagenz: 2–3%ige Lsg. von Oxin in 10%iger CH$_3$COOH.
Nach dem Zentrifugieren u. Waschen des Niederschlags mit Ammoniak löst man in Königswasser u. raucht zur Zersetzung der organischen Substanz bis zur Trockne ab. Im Rückstand kann dann Mg^{2+} noch nach einer der folgenden Reaktionen identifiziert werden. Auch zur Prüfung auf Alkaliionen muß das entsprechende Zentrifugat von überschüssigem Oxin u. NH$_4^+$-Salzen durch Abrauchen mit Königswasser befreit werden.

4. Mg^{2+}-Nachweis als Magneson-Farblack

Magneson

Mg^{2+} gibt mit Magneson II ([4-(4-Nitrophenylazo)-naphthol-(1)], s. S. 616) in stark alkalischer Lösung einen tiefblauen Farblack.

Einige Tropfen der Probelsg. werden auf der Tüpfelplatte mit 1–2 Tropfen Reagenzlsg. versetzt. Je nach Mg^{2+}-Menge bildet sich eine Blaufärbung oder ein blauer Niederschlag. Falls die Lsg. zu sauer ist (Gelbfärbung) oder viel NH$_4^+$-Salze enthält, muß NaOH bis zur stark alkalischen Reaktion zugegeben werden. Blindprobe! Die Reaktion darf nicht auf Filterpapier ausgeführt werden, da auch reines Filterpapier infolge von Adsorptionserscheinungen mit der Farbstofflösung Blaufärbung ergeben kann.

EG: 0,19 µg Mg^{2+},   pD: 6,4

Störungen: Zahlreiche Schwermetallionen sowie Al^{3+}, Be^{2+} und Ca^{2+} stören und müssen vorher abgetrennt werden (Trennungsgang).
Reagenz: 0,005 g Magneson in 100 ml 2 mol/l NaOH.

Spezialreagenzien

6

5. Mg²⁺-Nachweis als Chinalizarin-Farblack

Chinalizarin

Mg²⁺ bildet mit alkalischer Chinalizarin-Lsg. einen kornblumenblauen Farblack (s. S. 616).

1 Tropfen der sauren Probelsg. wird auf der Tüpfelplatte mit 2 Tropfen Reagenzlsg. versetzt u. frische, d.h. carbonatfreie 2 mol/l NaOH tropfenweise bis zur stark alkalischen Reaktion zugegeben. Je nach der Mg²⁺-Menge bildet sich ein blauer Niederschlag oder eine Blaufärbung. Blind- und Vergleichsprobe!

EG: 0,25 µg Mg²⁺,   pD: 5,3

Störungen: Nur Alkaliionen, Erdalkaliionen und Al³⁺ stören nicht. NH₄⁺ und PO₄³⁻ verringern die Empfindlichkeit des Nachweises. Nd(III), Pr(III), Ce(III), La(III), Zr(IV), Th(IV), Mn²⁺, Be²⁺ und andere geben ähnlich farbige Lacke. Mg²⁺ kann jedoch neben Be²⁺ aufgrund des unterschiedlichen Verhaltens der beiden Farblacke gegenüber Bromwasser (s. S. 428) nachgewiesen werden.
Reagenz: 0,01–0,02 g Chinalizarin in 100 ml Ethanol.

6. Mg²⁺-Nachweis als Titangelb-Farblack

Titangelb

Mg²⁺ gibt mit alkalischen Lösungen von Titangelb einen hellroten Lack (s. S. 616).

1 Tropfen der sauren Lsg. wird auf der Tüpfelplatte mit einem kleinen Tropfen Reagenzlsg. versetzt u. tropfenweise 0,2 mol/l NaOH bis zur stark alkalischen Reaktion zugegeben. Eine Rotfärbung bzw. ein roter Niederschlag zeigt Mg²⁺ an. Blindprobe!
Die Reaktion darf keinesfalls auf Filterpapier ausgeführt werden, da dieses allein bereits durch Titangelb infolge Adsorptionserscheinungen rot gefärbt wird.

EG: 1,5 µg Mg²⁺,   pD: 4,7

Störungen: Ni^{2+}, Zn^{2+}, Mn^{2+} und Co^{2+} stören und müssen entweder als Sulfide gefällt oder mit KCN maskiert werden. Erdalkaliionen und Alkaliionen stören nicht, jedoch wird durch Ca^{2+} die Farbstärke des Mg-Lackes erhöht.

Reagenz: 0,1%ige wäßrige Lsg. von Titangelb.

7. K$^+$-Nachweis als Kaliumtetraphenylborat

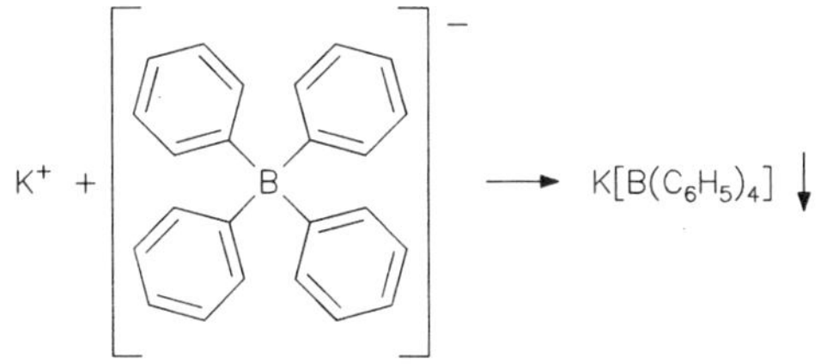

Natriumtetraphenylborat, Kalignost® (s. S. 619), fällt aus neutraler oder essigsaurer Lösung einen weißen, grobkörnigen Niederschlag.

1 Tropfen der neutralen oder schwach essigsauren Probelsg. wird auf einer schwarzen Tüpfelplatte mit 1 Tropfen Reagenzlsg. versetzt.

EG: 1 µg K,   pD: 4,7

Störungen: NH$_4^+$, Rb$^+$, Cs$^+$ sowie viele Schwermetallionen reagieren analog.

Reagenz: 2%ige wäßrige Lsg. von Natriumtetraphenylborat.

8. K$^+$-Nachweis als Kaliumdipikrylaminat

Dipikrylamin

(Säure)

Dipikrylaminat–Anion

(Base)

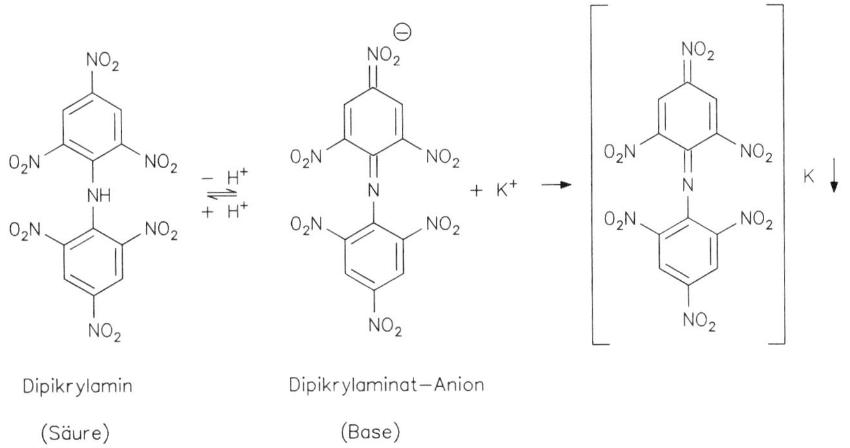

Dipikrylamin bildet als Säure in alkalischen Lösungen die korrespondierende Base aus. Die negative Ladung der Anionenbase ist keiner bestimmten NO$_2^-$-Gruppe zuzuordnen (verschiedene mesomere Grenzstrukturen). Das Natriumsalz des Dipikrylamins (s. S. 619) fällt aus neutraler bis schwach alkalischer Lösung orangerote, rhombische oder hexagonale Kristalle von Kaliumdipikrylaminat mit hoher Doppelbrechung (Kristallaufnahme Nr. 9).

Spezialreagenzien

6

1 Tropfen der neutralen Probelsg. wird eingedampft und mit 1 Tropfen Reagenzlsg. versetzt. Bei nicht zu hohen K^+-Konzentrationen wachsen langsam schöne hexagonale Kristalle.

pD: 5,7

Der Nachweis kann auch als Tüpfelreaktion auf Papier durchgeführt werden.

1 Tropfen der neutralen Probelsg. wird mit 1 Tropfen Reagenz versetzt und der entstandene orangefarbene Fleck mit 1–2 Tropfen 2 mol/l HCl angefeuchtet. Bei Anwesenheit von K^+ behält der Fleck seine Rotfärbung bei, während seine Farbe bei Abwesenheit von K^+ in Schwefelgelb umschlägt, da das Natriumsalz durch Säure zersetzt wird.

pD: 4

Störungen: NH_4^+ stört nur in großer Konzentration und muß dann vorher durch Erhitzen entfernt werden. Cs^+, Rb^+, Tl^+, Pb^{2+} und Hg^{2+} geben ebenfalls kristalline Niederschläge.
Reagenz: 0,2 g Dipikrylamin mit 18 ml H_2O und 2 ml 1 mol/l Na_2CO_3 aufkochen und nach dem Erkalten filtrieren.

6.4 Nachweisreaktionen für Anionen

1. F⁻-Nachweis als Molybdänblau-Benzidinblau

Benzidinium
Kation

Benzidinblau (mesomere Grenzformen)
● = Radikal−Elektron

F^--Ionen werden mit konz. H_2SO_4 als HF in Freiheit gesetzt, das gemeinsam mit dem aus dem Glas und HF entstandenen SiF_4 in eine Vorlage mit H_2O übergetrieben wird. Durch Hydrolyse des SiF_4 entsteht lösliche Kieselsäure, die mit $(NH_4)_2MoO_4$ in saurer Lösung Molybdatokieselsäure bildet. Letztere wird durch Zusatz von Benzidiniumacetat zu „Molybdänblau" reduziert, während Benzidin gleichzeitig zu intensiv b l a u e n Oxidationsprodukten (vgl. S. 616) oxidiert wird. Die Reaktion stellt im Prinzip einen Nachweis für lösliche Kieselsäure dar (vgl. 5., S. 368). Wegen ihrer großen Empfindlichkeit müssen die verwendeten Reagenzien frisch hergestellt sein und vor jedem F^--Nachweis durch Blindprobe auf ihre Verwendbarkeit überprüft werden.

Ca. 10 mg Substanz oder eine entsprechende Menge Lsg. werden in einem Generatorrohr des Gasprüfapparats (s. S. 246) mit 1 ml 18 mol/l H_2SO_4 versetzt u. die Mischung nach Abklingen der ersten Reaktion 5 min im Wasserbad erwärmt. Als Vorlage verwendet man ein Zentrifugenglas (s. S. 243), das mit 1 ml Wasser beschickt ist. Nachdem das gesamte HF- u. SiF_4-Gas übergetrieben ist (Luftstrom!), setzt man der Lsg. in der Vorlage 2 Tropfen 2,5 mol/l HNO_3, dann 2 Tropfen 0,5 mol/l $(NH_4)_2MoO_4$, 2 Tropfen 0,003 mol/l Benzidiniumacetat (oder 3,5,3′,5′-Tetramethylbenzidiniumacetat) und 1 ml 5 mol/l NH_4CH_3COO (frisch bereitet!) hinzu. Bei Gegenwart von F^- in der Substanz B l a u färbung, bei größeren Mengen Bildung eines b l a u e n Niederschlags (Blindprobe mit dem verwendeten destillierten Wasser u. sonstigen Reagenzien unerläßlich!).

EG: 1 µg F^-,   pD: 4,7

Störungen: Bei der Probe direkt aus der Analysensubstanz stören CO_3^{2-}, S^{2-}, Br^- und I^- sowie größere Mengen Cl^- u. NO_3^-. Verwendet man die CaF_2-Fällung, so ist die vorstehende Reaktion für F^- spezifisch.

Spezialreagenzien

6

2. Br$^-$-Nachweis durch Bildung von Eosin

4 Br$_2$ + Fluorescein → Eosin + 4 HBr

Elementares Brom reagiert mit dem gelben Farbstoff Fluorescein unter Bildung von rotem Tetrabromfluorescein (Eosin, s. S. 618). Diese Reaktion kann als empfindlicher Nachweis auf Br$^-$ nach dessen Oxidation zu Br$_2$ benutzt werden.

3–4 Tropfen der Probelsg. werden mit 1 Tropfen Reagenzlsg. u. 1 Tropfen einer Mischung aus Eisessig u. 30%igem H$_2$O$_2$ (1:1 Vol.) versetzt u. in einer kleinen Porzellanschale auf dem Wasserbad zur Trockne eingedampft. Br$^-$ wird unter diesen Bedingungen langsam zu Br$_2$ oxidiert, welches mit dem Fluorescein einen roten Fleck von Eosin bildet. Durch Anfeuchten des Fleckes mit 1 Tropfen 2 mol/l NaOH tritt die Farbe des Eosins besser hervor.

EG: 0,3 µg Br,   pD: 5,2

Störungen: Iod bildet unter gleichen Bedingungen braunrotes Tetraiodfluorescein (Erythrosin). I$^-$ muß daher zuvor mit KNO$_2$ und Eisessig zu I$_2$ oxidiert und letzteres durch Ausschütteln mit Ether, CHCl$_3$ oder CS$_2$ entfernt werden.
Reagenz: 0,05%ige wäßrige Fluoresceinlösung.

3. H$_2$O$_2$-Nachweis durch Oxidation von Luminol; Chemolumineszenz

2 H$_2$O$_2$ + 2 OH$^-$ + Luminol → ... + 4 H$_2$O → ... + N$_2$ + 4 H$_2$O

Bei der Oxidation von Luminol (3-Aminophthalsäurehydrazid, s. S. 616) mit H$_2$O$_2$ tritt in Gegenwart von Hämin (C$_{34}$H$_{52}$N$_4$O$_4$FeCl) als Katalysator eine starke, bis 15 Minuten anhaltende, blaue Chemolumineszenz auf. Die aufgeführte Bruttoreaktion verläuft wahrscheinlich über ein Peroxid, dessen Zerfall die Chemolumineszenz bewirkt. In modifizierter Form dient die Luminolreaktion in der Kriminalistik zur Feststellung von Blutspuren. Anstelle von Hämin können auch K$_3$[Fe(CN)$_6$] oder Cu(II)-Salze als Katalysatoren dienen. Die auftretende starke Fluoreszenz ist jedoch nicht so anhaltend.

1 Tropfen Reagenzlsg. wird mit 1 Tropfen der neutralen Probelsg. auf der Tüpfelplatte vermischt und möglichst im Dunkeln beobachtet.

EG: 0,012 µg H$_2$O$_2$,   pD: 6,7

Störungen: Peroxide und Peroxoverbindungen rufen infolge Zersetzung ebenfalls Lumineszenz hervor. Der Nachweis eignet sich daher sehr gut zur Prüfung von Ether auf peroxidische Verbindungen.
Reagenz: 0,1 g Luminol und 2 mg Hämin werden in 100 ml 2 mol/l Na$_2$CO$_3$ gelöst.

4. S^{2-}-Nachweis durch Bildung von Methylenblau

$$H_2S + 6\ FeCl_3 + 2 \left[\begin{array}{c} \overset{\oplus}{NH_3} \\ \\ NH(CH_3)_2 \\ \oplus \end{array} \right] Cl_2 \longrightarrow$$

N.N−Dimethyl−1.4−phenylen−
diammoniumdichlorid

$$\left[(CH_3)_2N \cdots N \cdots \overset{\oplus}{=} N(CH_3)_2 \right]^+ Cl^- + NH_4Cl + 6\ FeCl_2 + 8\ HCl$$

Methylenblau

Durch die Einwirkung von salzsaurer H_2S-Lösung auf N,N-Dimethyl-1,4-phe-nylendiamin in Gegenwart von $FeCl_3$ bildet sich Methylenblau (s. S. 617). Diese Reaktion kann als empfindlicher Nachweis auf S^{2-}-Ionen dienen.

1 Tropfen Probelsg. wird mit 1 Mikrotröpfchen 10 mol/l HCl und einem Körnchen Reagenz versetzt. Nach Auflösung wird 1 Tropfen 0,1 mol/l $FeCl_3$ zugegeben. Nach einigen Minuten tritt bei Gegenwart von S^{2-} eine r e i n b l a u e Farbe auf.

EG: 1 µg H_2S,   pD: 4,7

Störungen: Keine. Um eine Rotfärbung des Reagenzes durch $FeCl_3$ zu verhindern, muß stark salzsauer gearbeitet werden. Ein $FeCl_3$-Überschuß führt zu einem grünen Farbton.
Reagenz: N,N-Dimethyl-1,4-phenylendiammoniumdichlorid bzw. -sulfat (Synonym: p-Aminodimethylanilinsulfat).

5. SO_4^{2-}-Nachweis durch Umsetzung mit Bariumrhodizonat

$$\left[\begin{array}{c} O \\ O \cdots O \\ O \cdots O \\ O \end{array} \right] Ba + SO_4^{2-} \longrightarrow \left[\begin{array}{c} O \\ O \cdots O \\ O \cdots O \\ O \end{array} \right]^{2-} + BaSO_4 \downarrow$$

Bariumsalze bilden mit Natriumrhodizonat einen HCl beständigen r o t b r a u - n e n Niederschlag (s. S. 640). Er wird durch SO_4^{2-} infolge Bildung von schwerlösli-chem $BaSO_4$ sofort entfärbt.

1 Tropfen $BaCl_2$-Lsg. wird mit 1 Tropfen frisch bereiteter Natriumrhodizonatlsg. auf Filterpapier versetzt. Der entstandene r o t e Fleck wird mit 1 Tropfen der sauren oder alkalischen Probelsg. getüpfelt. Bei Anwesenheit von SO_4^{2-} verschwindet die rote Farbe des Bariumrhodizonats. Der Nachweis kann auch auf der Tüpfelplatte durchgeführt werden (Blindprobe bei sehr geringen Sulfatmengen!).

EG: 5 µg Na_2SO_4,   pD: 4

Störungen: Keine.
Reagenz: 0,5 mol/l $BaCl_2$, 0,1%ige Natriumrhodizonatlsg.

Spezialreagenzien

6

6. $S_2O_8^{2-}$-Nachweis durch Bildung von Benzidinblau

Neutrale oder schwach essigsaure Lösungen von Alkaliperoxosulfaten oxidieren Benzidin zu Benzidinblau (s. S. 616 u. S. 645).

1–2 Tropfen der neutralen oder ganz schwach essigsauren Probelsg. werden auf der Tüpfelplatte mit 1–2 Tropfen Reagenzlsg. versetzt. Eine Blaufärbung zeigt $S_2O_8^{2-}$ an.

EG: 1 µg $K_2S_2O_8$,   pD: 4,7

Störungen: Die Reaktion ist nur bei Abwesenheit sonstiger Oxidationsmittel (MoO_4^{2-}, CrO_4^{2-}, MnO_4^-, IO_4^-, $[Fe(CN)_6]^{3-}$ u.a. beweisend, da letztere gleichfalls mit Benzidin Blaufärbungen ergeben.

Reagenz: Kalt gesättigte Lsg. von Benzidin in 10%iger CH_3COOH.

7. NO_2^--Nachweis mit Nitrin

Nitrin

Beim Diazotieren des Nitrins (o-Aminobenzalphenylhydrazon, s. S. 618) in saurer Lösung tritt eine intensiv rotviolette Farbe auf, die nach kurzer Zeit in beständige gelbe bis dunkelgelbe Farben übergeht.

Diese Farbreaktion kann für den spezifischen Nachweis von Nitritspuren (z. B. im Trinkwasser und Harn) verwendet werden.

50 ml der zu untersuchenden Flüssigkeit werden mit 30 ml 25%iger H_2SO_4 und 20 ml Ethanol (96%) im Schütteltrichter gut gemischt. Dazu gibt man 1 ml der Reagenzlösung. Bei Gegenwart von Nitrit zeigt sich schon bei der Überschichtung mit der Reagenzlösung ein mehr oder weniger stark violettroter Ring. Bei sofortigem Durchschütteln des Gemisches tritt eine intensiv violettrote Färbung der ganzen Lösung auf. Nach wenigen Min. geht diese Farbe über Rotbraun und Braun in Gelb oder Dunkelgelb über.

EG: 30 µg $NaNO_2$/50 ml Wasser

Störungen: Keine.

Reagenz: 2 g o-Aminobenzalphenylhydrazon werden unter Zusatz von 2 ml 10%iger HCl in 100 ml 96%igem Ethanol gelöst. Die Lsg. ist in einer braunen Flasche aufzubewahren. Tritt Verfärbung nach Braungelb ein, so ist die Lsg. frisch herzustellen.

8. NO_3^--Nachweis mit Brucin (2,4-Methoxystrychnin)

Brucin

Brucin in konz. H_2SO_4 reagiert mit NO_3^- unter Bildung einer r o t e n bis r o t -
o r a n g e n Verbindung von unbekannter Konstitution.

Einige Tropfen der Probelsg. werden auf der Tüpfelplatte mit 2–3 Tropfen Reagenzlsg.
versetzt. Eine nach einigem Stehen verblassende R o t färbung zeigt NO_3^- an.

EG: 0,06 µg NO_3^-,   pD: 5,9

Störungen: Analoge Farbreaktionen geben NO_2^- (Entfernung mit Amidosulfonsäure) und
ClO_3^- (Entfernung mit SO_2).
Reagenz: Frisch bereitete Lsg. von 100 mg Brucin in 100 ml 18 mol/l H_2SO_4.
Toxizität: Brucin ist extrem giftig (s. S. 606).

9. PO_4^{3-}-Nachweis als Molybdänblau-Benzidinblau

Ammoniummolybdophosphat wird durch Benzidin in schwach saurer Lösung zu
Molybdänblau (s. S. 463) reduziert. Da hierbei gleichzeitig intensiv b l a u e Oxidationsprodukte des Benzidins (s. S. 645) entstehen, ist die Reaktion besonders
empfindlich.

1 Tropfen der sauren Probelsg. (Zentrifugat der H_2S-Gruppe) wird auf einem Filterpapier mit 1 Tropfen Reagenzlsg. a) und 1 Tropfen Reagenzlsg. b) angetüpfelt. Beim Räuchern
des Flecks mit NH_3 entsteht bei Gegenwart von PO_4^{3-} ein b l a u e r Fleck.

EG: 0,04 µg PO_4^{3-},   pD: 5,9

Störungen: AsO_4^{3-}, SiO_4^{4-}, F^-, H_2O_2 und Oxalat stören. AsO_4^{3-} und SiO_4^{4-} bilden Molyb-
doheteropolysäuren, die gleichfalls durch Benzidin reduziert werden. Oxalat, H_2O_2 und F^-
verhindern die Bildung der Molybdophosphorsäure. H_2O_2 wird durch Kochen mit etwas
MnO_2 in saurer Lösung zerstört, desgleichen Oxalat durch Kochen mit $KMnO_4$. F^- kann
mit $Be(NO_3)_2$ maskiert werden (Bildung von $[BeF_4]^{2-}$). As(V) wird mit H_2S gefällt und
Silicat durch Abrauchen mit konz. HCl als SiO_2 abgeschieden.
Reagenzien:
a) 5%ige Ammoniummolybdatlsg. in 2 mol/l HNO_3.
b) 0,5%ige Lsg. von Benzidin (oder 3,5,3′,5′-Tetramethylbenzidin) in 10%iger CH_3COOH.

10. CH_3COO^--Nachweis durch Bildung von Indigo

o–Nitrobenzaldehyd   o–Nitrophenyl–milchsäureketon

o–Nitrostyrol   Indolon   Indigo

Ca-Acetat bildet bei der thermischen Zersetzung Aceton, das mit o-Nitrobenz-aldehyd in alkalischer Lösung zu Indigo kondensiert.

5 mg Analysensubstanz bzw. der Rückstand von 10 Tropfen des zur Trockne einge-dampften Sodaauszugs werden im Glühröhrchen mit der gleichen Menge CaCO$_3$ oder CaO vermischt u. über dem Bunsenbrenner erhitzt. Das Röhrchen wird mit einem feuchten Rundfilter bedeckt, das mit einer frisch hergestellten Lsg. von 1 Spatelspitze o-Nitrobenzal-dehyd in 5 Tropfen 2 mol/l NaOH getränkt ist. Bei Gegenwart von Acetat entsteht zu-nächst ein blauer bis blaugrüner Fleck auf gelbem Untergrund. Beim Anfeuchten mit 3 mol/l HCl verschwindet die gelbe Untergrundfarbe, u. die blaue Indigofärbung tritt deut-lich hervor.

EG: 50 µg CH$_3$COOH

Störungen: Die nicht sehr empfindliche Reaktion ist für Acetate spezifisch. Nur große Mengen Cu(II)-Salze verhindern die Reaktion.
Reagenz: Fester o-Nitrobenzaldehyd.

11. C$_2$O$_4^{2-}$-Nachweis als Diphenylaminblau

Diphenylamin   Oxidation mit CaC$_2$O$_4$ Tetraphenylhydrazin   + H$^+$ Umlagerung

Diphenylbenzidinium−Kation   Oxidation

N.N'−Diphenyl−diphenochinondiimin (Diphenylaminblau)

Festes CaC$_2$O$_4$ bildet in der Wärme mit Diphenylamin und sirupöser Phos-phorsäure Diphenylaminblau. Dieser nicht sehr empfindliche Nachweis erlaubt die direkte Identifizierung von Oxalat in der Ca-Fällung des Sodaauszugs, da Tartrat, PO$_4^{3-}$, SO$_3^{2-}$, F$^-$ usw. nicht stören.

Der bei der Fällung mit Ca(NO$_3$)$_2$ im Sodaauszug anfallende Niederschlag wird mit Ethanol u. anschließend mit Ether gewaschen, getrocknet u. mit etwas Diphenylamin u. einigen Tropfen 70−85%iger H$_3$PO$_4$ versetzt. Beim langsamen Erhitzen auf ca. 100 °C bildet sich in H$_3$PO$_4$ lösl. Diphenylaminblau, dessen Farbe beim Abkühlen wieder verblaßt. Versetzt man den kalten Rückstand mit Ethanol, so entsteht eine blaue Lsg., aus der auf Zusatz von Wasser Diphenylamin ausfällt, das durch Adsorption des Farbstoffes hellblau angefärbt ist. Der adsorbierte Farbstoff kann mit Ether extrahiert werden.

EG: 5 μg Oxalat

Störungen: Oxidierend wirkende anorganische oder organische Substanzen.

12. CN⁻-Nachweis als Benzidinblau

CN^- reagiert mit Benzidin in Gegenwart von Cu(II)-Salzen unter Bildung von Benzidinblau (s. S. 616 u. S. 645).

Einige Tropfen des genau neutralisierten Sodaauszugs werden im Mikroreagenzglas oder Mikroporzellantiegel mit 1 Tropfen 1 mol/l H_2SO_4 oder etwas festem $NaHCO_3$ versetzt. Das Gefäß wird mit einem Streifen Filterpapier bedeckt, welcher mit Reagenzlsg. getränkt ist. Eine sich bei vorsichtigem Erwärmen der Lsg. bildende Blaufärbung des Papiers zeigt HCN an. Zum Nachweis von Cyaniden, die durch verd. Säuren nicht zersetzt werden, versetzt man einen kleinen Teil der festen Substanz in der Gasprüfapparatur (s. S. 246 mit Zn u. 1 mol/l H_2SO_4 u. prüft in dem sich entwickelnden H_2 sinngemäß wie vorstehend auf HCN.

EG: 0,25 μg HCN,　　pD: 5,3

Störungen: SCN^-, Br^- und I^- können die gleiche Reaktion geben, die jedoch wesentlich schwächer ausfällt.
Reagenz: 0,3%ige wäßrige Cu(II)-Acetatlsg. u. 0,5%ige Lsg. von Benzidin (oder 3,5,3',5'-Tetramethylbenzidin) in 10%iger CH_3COOH. Beide Lösungen werden erst unmittelbar vor Gebrauch im Vol.-Verhältnis 1:1 gemischt.

13. $[Fe(CN)_6]^{3-}$-Nachweis als Benzidinblau

$[Fe(CN)_6]^{3-}$ oxidiert Benzidin in essigsaurer Lösung zu Benzidinblau (s. S. 616).

1–2 Tropfen des essigsauren Sodaauszugs werden mit 1–2 Tropfen Reagenzlsg. versetzt. Bei Gegenwart von $[Fe(CN)_6]^{3-}$ entsteht ein blauer Niederschlag oder eine Blaufärbung.

EG: 1 μg $[Fe(CN)_6]^{3-}$,　　pD: 4,7

Störungen: Oxidationsmittel (MoO_4^{2-}, CrO_4^{2-}, $S_2O_8^{2-}$, MnO_4^-, IO_4^- u.a. ergeben gleichfalls mit Benzidin Blaufärbungen. $[Fe(CN)_6]^{4-}$ wird durch Zugabe von 1 Tropfen 1 mol/l $Pb(CH_3COO)_2$ (Fällung von $Pb_2[Fe(CN)_6]$) entfernt.
Reagenz: Kalt gesättigte Lsg. von Benzidin (oder 3,3',5,5'-Tetramethylbenzidin) in 10%iger CH_3COOH.

14. Silicat-Nachweis als Molybdänblau-Benzidinblau

Dieser Nachweis entspricht vollkommen dem auf S. 649 beschriebenen Nachweis von PO_4^{3-}. Da geringste SiO_2-Spuren aus dem Geräteglas nachgewiesen werden können, dürfen nur frisch in Jenaer Glasgeräten angesetzte Reagenzlösungen verwendet werden. Blindproben sind unerläßlich. Zur Prüfung im Sodaauszug darf dieser keinesfalls längere Zeit in Glasgefäßen gekocht werden, da sonst der Nachweis stets positiv ausfällt. Besser ist die Verwendung von Pt-Tiegeln. Silicataufschlüsse müssen stets in der Pt-Öse durchgeführt werden.

Spezialreagenzien

6

3 Tropfen der Probelsg. werden mit 2 mol/l HNO_3 deutlich angesäuert, nach Zusatz von 2 Tropfen Molybdatlsg. (Lsg. a) wird kurz erwärmt, abgekühlt u. mit 2 Tropfen Benzidinlsg. (Lsg. b) u. 1 ml 5 mol/l NH_4CH_3COO oder einigen Kristallen festen Na-Acetats versetzt. Eine tiefblaue Färbung zeigt SiO_2 an.

EG: 1 µg SiO_2,   pD: 4,7

Störungen: PO_4^{3-} und AsO_4^{3-} stören, da sie mit MoO_4^{2-} ebenfalls Heteropolysäureionen bilden, die durch Benzidin reduziert werden. $C_2O_4^{2-}$ und F^- setzen die Empfindlichkeit der Reaktion stark herab. Bei Gegenwart dieser störenden Ionen ist eine deutlich positive Reaktion im Sodaauszug bereits beweisend für SiO_2. In Anwesenheit von PO_4^{3-}, AsO_4^{3-}, $C_2O_4^{2-}$ oder F^- wird der SiO_2-Nachweis entweder nach dem Abtrennen der Kieselsäure aus dem Sodaauszug (s. α) oder nach Aufschluß des in Säure schwerlöslichen Rückstandes mit Soda durchgeführt (s. β).

α) 3 Tropfen des Sodaauszugs werden mit 2 mol/l HNO_3 fast neutralisiert u. mit 1 ml 5 mol/l NH_4NO_3 einige min im Wasserbad erhitzt. Neben amphoteren Hydroxiden scheidet sich hydratisierte Kieselsäure ab, die nach dem Zentrifugieren u. Auswaschen mit NH_4NO_3-Lsg. in 1–2 Tropfen 5 mol/l NaOH durch kurzes Erwärmen wieder gelöst wird.

β) Der in Säure schwerlösl., gut ausgewaschene Rückstand wird mit der 5- bis 10fachen Menge Na_2CO_3 versetzt u. an einer Pt-Drahtöse oder im Pt-Tiegel aufgeschlossen. Nach Erkalten löst man die Schmelze in einigen Tropfen ca. 2 mol/l Na_2CO_3.

Reagenzien:
a) 5%ige Ammoniummolybdatlsg. in 2 mol/l HNO_3.
b) 0,5%ige Lsg. von Benzidin (oder 3,3′,5,5′-Tetramethylbenzidin) in 10%iger CH_3COOH.

15. **Borat-Nachweis als Chromotrop 2 B-Chelat**

Borate geben mit einer Lösung von p-Nitrobenzolazochromotropsäure (Chromotrop 2 B) in konz. H_2SO_4 eine grünlichviolette Färbung, die vermutlich auf die Bildung eines komplexen Esters der Borsäure mit dem Farbstoff zurückzuführen ist. (s. S. 614).

2–3 Tropfen der Probelsg. werden im Porzellantiegel zur Entfernung störender Ionen mit etwas festem Hydrazinsulfat, etwas SiO_2 u. 2–3 Tropfen 18 mol/l H_2SO_4 vorsichtig abgeraucht. Der noch warme Rückstand wird mit 4–5 Tropfen Reagenzlsg. versetzt. Nach dem Erkalten zeigt eine grünlich-violette Färbung Bor an. Blindprobe!

EG: 0,5 µg Bor,   pD: 5,0

Störungen: F^- und stärkere Oxidationsmittel (HNO_3, $HClO_3$ usw.) stören infolge Bildung von BF_3 oder $[BF_4]^-$ bzw. durch Zersetzung des Farbstoffes, werden jedoch beim Einhalten obiger Vorschrift entfernt.

Reagenz: 5 mg Chromotrop 2 B in 100 ml konz. H_2SO_4.

7 Anhang

7.1 Nomenklatur anorganischer Verbindungen

Von der Internationalen Union für Reine und Angewandte Chemie (IUPAC) werden zur weltweiten Vereinheitlichung von Begriffen und Bezeichnungen „Internationale Regeln für die chemische Nomenklatur und Terminologie" veröffentlicht. Die folgenden Abschnitte fassen das Wichtigste aus der deutschen Fassung der „Regeln für die Nomenklatur der Anorganischen Chemie 1970" zusammen. Falls in einzelnen Fällen von diesen Regeln abgewichen wird oder ungewöhnliche Verbindungen vorkommen, wird im Text besonders darauf hingewiesen.

Trivialnamen statt der den Regeln entsprechenden systematischen Namen können weiterhin für einige Säuren und Wasserstoffverbindungen benutzt werden, z. B.

Kohlensäure	H_2CO_3	Ammoniak	NH_3
Flußsäure	HF	Arsan	AsH_3
Orthokieselsäure	H_4SiO_4	Hydrazin	N_2H_4
Salpetersäure	HNO_3	Phosphan	PH_3
Salzsäure	HCl	Wasser	H_2O

In der technischen und volkstümlichen Literatur ist gegen den Gebrauch weiterer Trivialnamen nichts einzuwenden, z. B.

Ätzkalk $\stackrel{\wedge}{=}$ Ca(OH)$_2$ Calcium-hydroxid   Kochsalz $\stackrel{\wedge}{=}$ NaCl Natrium-chlorid
Chilesalpeter $\stackrel{\wedge}{=}$ NaNO$_3$ Natrium-nitrat   Soda $\stackrel{\wedge}{=}$ Na$_2$CO$_3$ Natrium-carbonat

Trivialnamen existieren auch für Atomgruppen, die als Ionen oder als Teile von Molekülen, Salzen oder Komplexen vorkommen. Soweit es sich um klar abgegrenzte Atomgruppen handelt, können diese Trivialnamen noch weiter benutzt werden.

Beispiele:

HO	Hydroxyl	SO_2	Sulfonyl (Sulfuryl)	CrO_2	Chromyl
CO	Carbonyl	S_2O_5	Disulfuryl	UO_2	Uranyl
CSe	Selenocarbonyl	SeO	Seleninyl	NpO_2	Neptunyl
NO	Nitrosyl	SeO_2	Selenonyl	PuO_2	Plutonyl
NO_2	Nitryl	ClO	Chlorosyl		(entsprechend für
PO	Phosphoryl	ClO_2	Chloryl		andere Elemente
PS	Thiophosphoryl	ClO_3	Perchloryl		der Actinoiden-Reihe)
SO	Sulfinyl (Thionyl)		(Entsprechendes gilt für andere Halogene)		

Atomgruppen („Radikale") werden in Verbindungen als elektropositive Bestandteile behandelt, z. B. $COCl_2$ Carbonylchlorid.

Formeln

Formeln geben die stöchiometrische Zusammensetzung einer Verbindung an, sollen aber oft auch die strukturelle Beziehung zwischen den Atomen darstellen. Der elektropositive Bestandteil (das Kation) steht stets an erster Stelle, z. B. KCl, $CaSO_4$. Bei Verbindungen aus zwei Nichtmetallen wird derjenige Bestandteil, der in der Reihe Rn, Xe, Kr, B, Si, C, Sb, As, P, N, H, Te, Se, S, Al, I, Br, Cl, O, F an früherer Stelle steht, zuerst genannt, z. B. SiC, H_2S, ClO_2, OF_2. Dagegen soll in kettenförmigen Verbindungen mit drei oder mehr Elementen die Reihenfolge in der Formel mit der tatsächlichen Reihenfolge der Atome im Molekül übereinstimmen, z. B. HOCN (Cyansäure), HONC (Knallsäure).

Systematische Namen

In den systematischen Namen wird der elektropositive Bestandteil zuerst genannt und sprachlich nicht verändert. Ist der elektronegative Bestandteil einatomig oder besteht er nur aus mehreren gleichen Atomen, so erhält sein (manchmal gekürzter oder lateinischer) Name die Endung -id, z. B. Galliumarsenid GaAs, Natriumhydrid NaH. Heteropolyatomige elektronegative Bestandteile erhalten, bis auf wenige Ausnahmen, die Endung -at, z. B. Natrium-nitrat $NaNO_3$. Liegen verschiedene elektronegative bzw. -positive Bestandteile vor, wird in jeder Gruppe alphabetisch geordnet, z. B. Kalium-magnesium-phosphat $KMgPO_4$, Bismut-chlorid-oxid BiClO.

Zur Angabe von stöchiometrischen Proportionen werden außerdem multiplikative Vorsilben benutzt: mono, di, tri, tetra, penta, hexa, hepta, octa, nona (ennea), deca, undeca (hendeca), dodeca usw.

Beispiele:
Tetraphosphortrisulfid P_4S_3, Distickstofftetraoxid N_2O_4.

Mit diesen Vorsilben bezeichnet man auch den Umfang einer Substitution (z. B. Dichlorsilan $SiCl_2H_2$), die Anzahl identischer koordinierter Gruppen in Komplexen (s. Komplexe), die Anzahl gleichartiger Zentralatome in kondensierten Säuren (z. B. Dischwefelsäure $H_2S_2O_7$) sowie die Anzahl der Atome desselben Elements, die das Gerüst bestimmter Moleküle oder Ionen bilden (z. B. Disilan, Si_2H_6, Tetrathionat-Ion $S_4O_6^{2-}$).

Um Mehrdeutigkeit auszuschließen, ist daher eine zweite Gruppe rein multiplikativer Vorsilben notwendig: bis, tris, tetrakis, pentakis usw.

Beispiele:

Tris(decyl)phosphan $P(C_{10}H_{21})_3$, nicht zu verwechseln mit Tridecylphosphan $PH_2(C_{13}H_{27})$
Pentacalcium-fluorid-tris(phosphat) $Ca_5F(PO_4)_3$, im Gegensatz zu Triphosphaten, den Salzen der Triphosphorsäure.

Indirekt ergeben sich die stöchiometrischen Proportionen, wenn man die Oxidationsstufe des Elements in einer Verbindung durch eine in Klammern gesetzte nachgestellte römische Zahl angibt (*Stock*sches System) oder die Ionenladung in Klammern hinter den Namen von Ionen setzt (*Ewens-Basset*-System).

Beispiele:

$FeCl_2$	Eisen-dichlorid	Eisen(II)-chlorid	Eisen(2+)-chlorid
K_3MnO_4	Trikalium-tetraoxo-manganat	Kalium-manganat(V)	Kalium-manganat(3−)
$Pb_2^{II}Pb^{IV}O_4$	Triblei-tetraoxid	Diblei(II)-blei(IV)-oxid	

Die veraltete Kennzeichnung der Oxidationsstufe durch besondere Endungen, z. B. Ferrochlorid für Eisen(II)-chlorid, Ferrichlorid für Eisen(III)-chlorid, ist aus dem deutschen Sprachgebrauch bereits verschwunden, in anderen Sprachen noch immer verbreitet, z. B. Englisch: ferrous chloride, ferric chloride.

Säuren

Obwohl die systematische Nomenklatur grundsätzlich auf jede funktionelle Bezeichnungsweise verzichtet, ist bei Säuren eine konsequente Umstellung der heute gebräuchlichen Namen auf systematische Namen kaum durchführbar, z. B. Dihydrogensulfat statt Schwefelsäure.

In einigen Fällen werden Säuren den Regeln entsprechend so bezeichnet wie Verbindungen, die neben Wasserstoff als elektropositivem Bestandteil nur einen elektronegativen einfachen Bestandteil enthalten, z. B. HCl Hydrogenchlorid, HCN Hydrogencyanid, HN_3 Hydrogenazid, H_2S Hydrogensulfid, H_2S_2 Dihydrogendisulfid, H_2Se Hydrogenselenid, H_2Te Hydrogentellurid usw.

Allerdings können Namen für leicht flüchtige, aus Einzelmolekülen bestehende Hydride der Elemente auch entsprechend den Regeln durch Anfügung der Endung -an an den Elementnamen erhalten werden: H_2S Monosulfan, H_2S_2 Disulfan, H_2Se Selenan, H_2Te Telluran u. ä.

Oxosäuren (Sauerstoffsäuren) und ihre Salze

Säuren, die sich von mehratomigen Anionen ableiten, werden meist benannt, indem das Wort -säure an den Namen des charakteristischen Elements gehängt wird, z. B. H_3BO_3 Borsäure. Manchmal muß die Oxidationsstufe des Elements angegeben werden, damit die Bezeichnung eindeutig wird, z. B. $HAuCl_4$ Tetrachlorogold(III)säure, H_2MnO_4 Mangan(VI)säure (zum Unterschied von H_3MnO_4 Mangan(V)säure). Die Salze erhalten die Endung -at, z. B. Natrium-borat, Kalium-tetrachloroaurat(III), Kalium-manganat(VI), Kalium-manganat(V).

Bei einer Reihe von Oxosäuren bzw. -salzen wird die Oxidationsstufe des charakteristischen Elements durch besondere Vorsilben oder Endungen bezeichnet. Den Namen der bekanntesten Säure, die sich oft von der höchsten Oxidationsstufe des betreffenden Elements ableitet, bildet man durch Anhängen des Wortes -säure an den Elementnamen, z. B. H_2SO_4 Schwefelsäure. Die Salze erhalten die Endung -at ohne Angabe der Oxidationsstufe, z. B. Na_2SO_4 Natriumsulfat. Die Säure mit dem charakteristischen Element in niedrigerer Oxidationsstufe erhält das aus dem Elementnamen gebildete, auf -ige endende Adjektiv vor dem Wort Säure, während die Salze die Endung -it erhalten.

H_2SO_3	Schweflige Säure	Na_2SO_3	Natriumsulfit
H_3AsO_3	Arsenige Säure	Ag_3AsO_3	Silberarsenit
$HClO_2$	Chlorige Säure	$NaClO_2$	Natriumchlorit
HNO_2	Salpetrige Säure	KNO_2	Kaliumnitrit

Der Gebrauch der Vorsilbe Hypo- ist auf folgende Fälle beschränkt:

$HClO$	Hypochlorige Säure	$NaClO$	Natrium-hypochlorit
$HBrO$	Hypobromige Säure	$NaBrO$	Natrium-hypobromit
HIO	Hypoiodige Säure	$NaIO$	Natrium-hypoiodit
$H_2N_2O_2$	Hyposalpetrige Säure	$Na_2N_2O_2$	Natrium-hyponitrit
$H_4P_2O_6$	Hypodiphosphorsäure	$Na_4P_2O_6$	Natrium-hypodiphosphat

Die Vorsilbe Per- soll nur bei den Säuren der Elemente der VII. Gruppe und ihren Salzen verwendet werden.

$HClO_4$	Perchlorsäure	$NaClO_4$	Natrium-perchlorat
$HBrO_4$	Perbromsäure	$NaBrO_4$	Natrium-perbromat
HIO_4	Periodsäure	$NaIO_4$	Natrium-periodat
$HMnO_4$	Permangansäure	$KMnO_4$	Kalium-permanganat
$HTcO_4$	Pertechnetiumsäure	$KTcO_4$	Kalium-pertechnetat
$HReO_4$	Perrheniumsäure	$KReO_4$	Kalium-perrhenat

Zur Unterscheidung von Säuren mit verschiedenem „Wassergehalt" dienen die Vorsilben Ortho- und Meta-. Ihr Gebrauch ist auf die folgenden Säuren und ihre Salze zu beschränken.

H_3BO_3	Orthobosäure	$(HBO_2)_n$	Metaborsäure
H_4SiO_4	Orthokieselsäure	$(H_2SiO_3)_n$	Metakieselsäure
H_3PO_4	Orthophosphorsäure	$(HPO_3)_n$	Metaphosphorsäure
H_5IO_6	Orthoperiodsäure	HIO_4	Periodsäure
H_6TeO_6	Orthotellursäure	$(H_2TeO_4)_n$	Metatellursäure

Thiosäuren

Säuren, die sich von Oxosäuren durch Ersatz von Sauerstoff durch Schwefel ableiten, werden als Thiosäuren bezeichnet. Kann mehr als ein Sauerstoffatom durch Schwefel ersetzt werden, so sollte stets die Anzahl der Schwefelatome angegeben werden.

$H_2S_2O_3$	Thioschwefelsäure	$Na_2S_2O_3$	Natrium-thiosulfat
$H_3PO_2S_2$	Dithiophosphorsäure	$Na_3PO_2S_2$	Natrium-dithiophosphat
H_2CS_3	Trithiokohlensäure	Na_2CS_3	Natrium-trithiocarbonat
H_3AsO_2S	Monothioarsenige Säure	Na_3AsO_2S	Natrium-monothioarsenit
H_3AsS_4	Tetrathioarsensäure	Na_3AsS_4	Natrium-tetrathioarsenat

Peroxosäuren

Durch Peroxo- vor dem Trivialnamen einer Oxosäure wird die Substitution von $-O-$ durch $-O-O-$ angegeben, z. B.

H_2SO_5	Peroxomonoschwefelsäure	K_2SO_5	Kalium-peroxomonosulfat
$H_2S_2O_8$	Peroxodischwefelsäure	$K_2S_2O_8$	Kalium-peroxodisulfat

Isopolysäuren

Entstehen Säuren formal oder tatsächlich durch Kondensation von Molekülen einer Monosäure, so genügt es, mit einer multiplikativen Vorsilbe wie Di-, Tri- usw. vor dem Trivialnamen der Säure die Anzahl der Atome des charakteristischen Elements in den Molekülen der gebildeten Polysäure anzugeben.

Beispiele:

$H_2S_2O_7$	Dischwefelsäure	$Na_2S_2O_7$	Natrium-disulfat
$H_2S_2O_5$	Dischweflige Säure	$Na_2S_2O_5$	Natrium-disulfit

Bei drei und mehr charakteristischen Atomen im Molekül können ketten- oder ringförmige Strukturen durch die Silben *catena* bzw. *cyclo* unterschieden werden.

Beispiele:

catena–Triphosphorsäure   cyclo–Triphosphorsäure

Heteropolysäuren

Bilden sich Säuren mit ketten- oder ringförmiger Struktur durch Kondensation von Molekülen verschiedener Monosäuren, so wird das Anion, dessen vom charakteristischen Element abgeleiteter Name im Alphabet an vorderer Stelle steht, als Ligand am charakteristischen Atom der anderen Säure behandelt.

Beispiele:

$H_2[O_3S-O-CrO_3]$ Chromatoschwefelsäure (Hydrogenchromatosulfat)
$H_2[O_3Se-O-SO_3]$ Selenatoschwefelsäure (Hydrogenselenatosulfat)

Enthalten die Heteropolysäureanionen dreidimensionale Netzwerke, werden etwas veränderte Namen benutzt, z. B. Wolframo statt Wolframato.

Beispiele:

$H_4[SiW_{12}O_{40}]$ 12-Wolframokieselsäure oder Dodecawolframokiesel-
                         säure (Tetrahydrogendodecawolframosilicat)
$(NH_4)_6[TeMo_6O_{24}] \cdot 7H_2O$ Hexaammonium-hexamolybdotellurat-Heptahydrat

Säurewasserstoff enthaltende Salze (Saure Salze)

Die im Salz noch vorhandenen ersetzbaren (aciden) Wasserstoffatome werden, durch einen Bindestrich abgesetzt und eventuell mit multiplikativer Vorsilbe versehen, als „hydrogen" an letzter Stelle der elektropositiven Bestandteile (Kationen) genannt. Darauf folgt ohne Bindestrich oder Zwischenraum der Name des Anions.

Beispiele:

K_2HPO_4 Dikalium-hydrogenphosphat
KH_2PO_4 Kalium-dihydrogenphosphat
KHS Kalium-hydrogensulfid

Einige anorganische Salze enthalten nicht ersetzbaren Wasserstoff. Dieser wird nach den Regeln für Liganden in Komplexen als „hydrido" bezeichnet.

Oxid- und Hydroxid-Salze (Basische Salze)

Die Namen dieser Salze ergeben sich, indem hydroxid bzw. oxid unter den elektronegativen Bestandteilen entsprechend der alphabetischen Reihenfolge genannt wird.

Beispiele:

$MgCl(OH)$ Magnesium-chlorid-hydroxid
$VO(SO_4)$ Vanadium(IV)-oxid-sulfat

Für eine Reihe sauerstoffhaltiger Atomgruppen, von denen einige als elektropositiver Bestandteil (Kation) in Salzen auftreten, existieren Trivialnamen (s.

S. 653). Mit letzteren lassen sich komplizierter zusammengesetzte Salze meist übersichtlicher benennen, z. B.

$Na(UO_2)_3Zn(HCOO)_9$ Natrium-triuranyl-zink-nonaformiat

Komplexe

In der Formel eines Komplexes wird das Symbol des Zentralatoms an den Anfang gestellt. Darauf folgen die anionischen und dann die neutralen Liganden, und zwar jeweils in alphabetischer Reihenfolge der Symbole. Die Formel des gesamten Komplexes wird in eckige Klammern gesetzt.

Im Namen des Komplexes werden zuerst alle Liganden in alphabetischer Reihenfolge genannt, d. h. ohne Einteilung in anionische und neutrale Liganden und ohne Berücksichtigung ihrer Anzahl, d. h. der multiplikativen Vorsilben vor dem Ligandennamen. Daher wird z. B. Dimethylamin unter „d" eingeordnet. Diammin dagegen unter „a". Die Vorsilbe mono wird meist weggelassen. Ganz am Schluß steht der Name des als Zentralatom vorliegenden Elements. Anionische Komplexe erhalten immer die Endung -at.

Namen anionischer Liganden enden stets auf -o. An Anionennamen, die auf -id, -it oder -at enden, wird -o angehängt, so daß die Ligandennamen im allgemeinen die Endungen -ido, -ito oder -ato besitzen. In einigen Fällen sind etwas abgewandelte Formen gebräuchlich.

F^- fluoro, Cl^- chloro, Br^- bromo, I^- iodo, O^{2-} oxo, H^- hydrido, OH^- hydroxo, O_2^{2-} peroxo, HO_2^- hydrogenperoxo, S^{2-} thio, HS^- mercapto, CN^- cyano, CH_3O^- methoxo, CH_3S^- methylthio.

Neutrale Liganden haben keine bestimmte Endung. Die Namen der neutralen Moleküle werden nicht verändert, jedoch in Komplexnamen stets in Klammern gesetzt. Ausnahmen von diesen Regeln bilden die Moleküle H_2O, NH_3, CO und NO. H_2O als neutraler Ligand heißt aqua, NH_3 ammin. Direkt an ein Metallatom gebundenes CO bzw. NO wird als Carbonyl bzw. Nitrosyl bezeichnet und gilt bei der Berechnung der Oxidationsstufe des Zentralatoms als neutral. Die Namen dieser vier „neutralen" Liganden werden in Komplexnamen nicht in Klammern aufgeführt.

$K_4[Fe(CN)_6]$	Kalium-hexacyanoferrat(II)
$H_2[PtCl_6]$	Hydrogenhexachloroplatinat(IV) oder Hexachloroplatin(IV)-säure
$[Cr(NH_3)_6]Cl_3$	Hexaamminchrom(III)-chlorid
$Na_3[Ag(S_2O_3)_2]$	Natrium-bis(thiosulfato)argentat(I)
$K[Co(CN)(CO)_2(NO)]$	Kalium-dicarbonylcyanonitrosylcobaltat($-$I)

Hinsichtlich spezieller Fälle dieses sehr ausgedehnten Gebiets muß auf die Lehrbücher der anorganischen Komplexchemie verwiesen werden.

Additionsverbindungen

Da die Endung -at zur Bezeichnung von Anionen dient, soll sie für Additionsverbindungen nicht benutzt werden. Eine Ausnahme bildet „Wasser", das zum Teil noch als „Hydrat" bezeichnet wird. Die Namen von Additionsverbindungen werden gebildet, indem man die Namen der Bestandteile durch Bindestriche verbindet und die Anzahl der Moleküle hinter dem Namen durch in Klammern gesetzte arabische Ziffern angibt, die durch einen Schrägstrich getrennt sind. Wasser wird immer zuletzt genannt, die anderen Moleküle werden nach steigender Anzahl angegeben. Ist ihre Anzahl gleich, so wird in alphabetischer Reihenfolge zitiert.

$Al_2(SO_4)_3 \cdot K_2SO_4 \cdot 24\,H_2O$ Aluminiumsulfat-Kaliumsulfat-Wasser (1/1/24)

$CaCl_2 \cdot 8\,NH_3$ Calciumchlorid-Ammoniak (1/8)

Wenn Angaben über die Struktur vorliegen, kann ein Teil des Addukts oft nach den Regeln für Komplexliganden benannt werden, z. B.

$[Fe(H_2O)_6]SO_4 \cdot H_2O$ Hexaaquaeisen(II)-sulfat-Monohydrat.

7.2 Tabellen

Tab. 7.1: Übliche Konzentrationen der wichtigsten Lösungen.

Substanz	Gehalt in Gew.-%	Stoffmengen-konzentration in Mol/Liter
konz. H_2SO_4	96	18
verd. H_2SO_4	9	1
rauch. HNO_3	95	22
konz. HNO_3	65	14,5
verd. HNO_3	12	2
rauch. HCl	36,5	12
konz. HCl	32	10,2
halbkonz. HCl	25	7,7
verd. HCl	7	2
verd. Essigsäure	12	2
konz. NaOH	40	14
verd. NaOH	7,5	2
konz. Ammoniak	25	13,5
verd. Ammoniak	3,5	2
H_2O_2	3	1
NH_4Cl	5,3	1
$(NH_4)_2C_2O_4 \cdot H_2O$	6,6 (gesätt.)	0,47
$BaCl_2$	11,2	0,5
Na_2CO_3	9,7	1
$NaCH_3COO$	13,1	1
Na_2HPO_4	6,8	0,5
$(NH_4)_2S$	–	1
$SnCl_2$	10,6	1 [in konz. HCl]
$HgCl_2$	6,6 (gesätt.)	0,24
Ag_2SO_4	0,74 (gesätt.)	0,024
$(NH_4)_2SO_4$	12,4	1
$Ba(OH)_2 \cdot 8H_2O$	3,48 (gesätt.)	–
Pb-Acetat	7,3	0,2
$K_2Cr_2O_7$	13,4	0,5
KF	10,7	2
$Co(NO_3)_2$	0,02	–
$MgCl_2$	–	0,5
NH_4SCN	7,5	1
Dimethylglyoxim (Diacetyldioxim)	gesätt. in Ethanol	–
8-Hydroxychinolin (8-Chinolinol)	3 in 10%ig. Essigsäure	–
Phosphorsäure	70–80	11–12
$ZrO(NO_3)_2$	–	0,1
$AgNO_3$	7,9	0,5

Tab. 7.2: Indikatorlösungen.

Methylrot (Na-Salz),	0,1 g/100 ml Wasser
Methylrot (Na-Salz)-Bromkresolgrün (Na-Salz)-Mischindikator, je	0,1 g/100 ml Wasser
Neutralrot (Na-Salz),	0,1 g/100 ml Wasser

Tab. 7.3: Tabelle der Elektronenanordnung der Elemente.

	Quanten-zahlen	n	1	2		3			4			
		n und l	1s	2s	2p	3s	3p	3d	4s	4p	4d	4f
1. Periode	1 H	1									
	2 He	2									
2. Periode	3 Li	2	1								
	4 Be	2	2								
	5 B	2	2	1							
	6 C	2	2	2							
	7 N	2	2	3							
	8 O	2	2	4							
	9 F	2	2	5							
	10 Ne	2	2	6							
3. Periode	11 Na	2	2	6	1						
	12 Mg	2	2	6	2						
	13 Al	2	2	6	2	1					
	14 Si	2	2	6	2	2					
	15 P	2	2	6	2	3					
	16 S	2	2	6	2	4					
	17 Cl	2	2	6	2	5					
	18 Ar	2	2	6	2	6					
4. Periode	19 K	2	2	6	2	6		1			
	20 Ca	2	2	6	2	6		2			
	21 Sc	2	2	6	2	6	1	2			
	22 Ti	2	2	6	2	6	2	2			
	23 V	2	2	6	2	6	3	2			
	24 Cr	2	2	6	2	6	5	1			
	25 Mn	2	2	6	2	6	5	2			
	26 Fe	2	2	6	2	6	6	2			
	27 Co	2	2	6	2	6	7	2			
	28 Ni	2	2	6	2	6	8	2			
	29 Cu	2	2	6	2	6	10	1			
	30 Zn	2	2	6	2	6	10	2			
	31 Ga	2	2	6	2	6	10	2	1		
	32 Ge	2	2	6	2	6	10	2	2		
	33 As	2	2	6	2	6	10	2	3		
	34 Se	2	2	6	2	6	10	2	4		
	35 Br	2	2	6	2	6	10	2	5		
	36 Kr	2	2	6	2	6	10	2	6		

Tab. 7.3: Tabelle der Elektronenanordnung der Elemente (1. Fortsetzung).

Quantenzahlen n	1	2	3	4				5				6			7
n und l				4s	4p	4d	4f	5s	5p	5d	5f	6s	6p	6d	7s
5. Periode															
37 Rb	2	8	18	2	6			1							
38 Sr	2	8	18	2	6			2							
39 Y	2	8	18	2	6	1		2							
40 Zr	2	8	18	2	6	2		2							
41 Nb	2	8	18	2	6	4		1							
42 Mo	2	8	18	2	6	5		1							
43 Tc	2	8	18	2	6	6		1							
44 Ru	2	8	18	2	6	7		1							
45 Rh	2	8	18	2	6	8		1							
46 Pd	2	8	18	2	6	10									
47 Ag	2	8	18	2	6	10		1							
48 Cd	2	8	18	2	6	10		2							
49 In	2	8	18	2	6	10		2	1						
50 Sn	2	8	18	2	6	10		2	2						
51 Sb	2	8	18	2	6	10		2	3						
52 Te	2	8	18	2	6	10		2	4						
53 I	2	8	18	2	6	10		2	5						
54 Xe	2	8	18	2	6	10		2	6						
6. Periode															
55 Cs	2	8	18	2	6	10		2	6			1			
56 Ba	2	8	18	2	6	10		2	6			2			
57 La	2	8	18	2	6	10		2	6	1		2			
58 Ce	2	8	18	2	6	10	2	2	6			2			
59 Pr	2	8	18	2	6	10	3	2	6			2			
60 Nd	2	8	18	2	6	10	4	2	6			2			
61 Pm	2	8	18	2	6	10	5	2	6			2			
62 Sm	2	8	18	2	6	10	6	2	6			2			
63 Eu	2	8	18	2	6	10	7	2	6			2			
64 Gd	2	8	18	2	6	10	7	2	6	1		2			
65 Tb	2	8	18	2	6	10	9	2	6			2			
66 Dy	2	8	18	2	6	10	10	2	6			2			
67 Ho	2	8	18	2	6	10	11	2	6			2			
68 Er	2	8	18	2	6	10	12	2	6			2			
69 Tm	2	8	18	2	6	10	13	2	6			2			
70 Yb	2	8	18	2	6	10	14	2	6			2			
71 Lu	2	8	18	2	6	10	14	2	6	1		2			
72 Hf	2	8	18	2	6	10	14	2	6	2		2			
73 Ta	2	8	18	2	6	10	14	2	6	3		2			
74 W	2	8	18	2	6	10	14	2	6	4		2			
75 Re	2	8	18	2	6	10	14	2	6	5		2			
76 Os	2	8	18	2	6	10	14	2	6	6		2			
77 Ir	2	8	18	2	6	10	14	2	6	7		2			
78 Pt	2	8	18	2	6	10	14	2	6	9		1			
79 Au	2	8	18	2	6	10	14	2	6	10		1			
80 Hg	2	8	18	2	6	10	14	2	6	10		2			
81 Tl	2	8	18	2	6	10	14	2	6	10		2	1		

(Elemente 57 La – 71 Lu: Lanthanoide)

Tab. 7.3: Tabelle der Elektronenanordnung der Elemente (2. Fortsetzung).

Quantenzahlen n	1	2	3	4s	4p	4d	4f	5s	5p	5d	5f	6s	6p	6d	7s
82 Pb	2	8	18	2	6	10	14	2	6	10		2	2		
83 Bi	2	8	18	2	6	10	14	2	6	10		2	3		
84 Po	2	8	18	2	6	10	14	2	6	10		2	4		
85 At	2	8	18	2	6	10	14	2	6	10		2	5		
86 Rn	2	8	18	2	6	10	14	2	6	10		2	6		
87 Fr	2	8	18	2	6	10	14	2	6	10		2	6		1
88 Ra	2	8	18	2	6	10	14	2	6	10		2	6		2
89 Ac	2	8	18	2	6	10	14	2	6	10		2	6	1	2
90 Th	2	8	18	2	6	10	14	2	6	10		2	6	2	2
91 Pa	2	8	18	2	6	10	14	2	6	10	2	2	6	1	2
92 U	2	8	18	2	6	10	14	2	6	10	3	2	6	1	2
93 Np	2	8	18	2	6	10	14	2	6	10	4	2	6	1	2
94 Pu	2	8	18	2	6	10	14	2	6	10	6	2	6		2
95 Am	2	8	18	2	6	10	14	2	6	10	7	2	6		2
96 Cm	2	8	18	2	6	10	14	2	6	10	7	2	6	1	2
97 Bk	2	8	18	2	6	10	14	2	6	10	9	2	6		2
98 Cf	2	8	18	2	6	10	14	2	6	10	10	2	6		2
99 Es	2	8	18	2	6	10	14	2	6	10	11	2	6		2
100 Fm	2	8	18	2	6	10	14	2	6	10	12	2	6		2
101 Md	2	8	18	2	6	10	14	2	6	10	13	2	6		2
102 No	2	8	18	2	6	10	14	2	6	10	14	2	6		2
103 Lr	2	8	18	2	6	10	14	2	6	10	14	2	6	1	2
104	2	8	18	2	6	10	14	2	6	10	14	2	6	2	2
105	2	8	18	2	6	10	14	2	6	10	14	2	6	3	2
106	2	8	18	2	6	10	14	2	6	10	14	2	6	4	2

(Periodenzuordnung: 82–86 noch 6. Periode; 87–106 7. Periode; 89–103 Actinoide.)

Tab. 7.4: Tabelle der relativen Atommassen 1985, bezogen auf A_r (^{12}C) = 12,0 ....

Name	Symbol	Ordnungszahl	relative Atommasse	Name	Symbol	Ordnungszahl	relative Atommasse
Actinium	Ac	89	227,0278	Bor	B	5	10,811
Aluminium	Al	13	26,981539	Brom	Br	35	79,904
Americium	Am	95	(243)	Cadmium	Cd	48	112,411
Antimon	Sb	51	121,75	Caesium	Cs	55	132,90543
Argon	Ar	18	39,948	Calcium	Ca	20	40,078
Arsen	As	33	74,92159	Californium	Cf	98	(251)
Astat	At	85	(210)	Cer	Ce	58	140,115
Barium	Ba	56	137,327	Chlor	Cl	17	35,4527
Berkelium	Bk	97	(247)	Chrom	Cr	24	51,9961
Beryllium	Be	4	9,012182	Cobalt	Co	27	58,93320
Bismut	Bi	83	208,98037	Curium	Cm	96	(247)
Blei	Pb	82	207,2	Dysprosium	Dy	66	162,50

Tab. 7.4: Tabelle der relativen Atommassen 1985 (Fortsetzung).

Name	Symbol	Ordnungszahl	relative Atommasse	Name	Symbol	Ordnungszahl	relative Atommasse
Einsteinium	Es	99	(252)	Platin	Pt	78	195,08
Eisen	Fe	26	55,847	Plutonium	Pu	94	(244)
Erbium	Er	68	167,26	Polonium	Po	84	(209)
Europium	Eu	63	151,965	Praseodym	Pr	59	140,90765
Fermium	Fm	100	(257)	Promethium	Pm	61	(145)
Fluor	F	9	18,9984032	Protactinium	Pa	91	231,03588
Francium	Fr	87	(223)	Quecksilber	Hg	80	200,59
Gadolinium	Gd	64	157,25	Radium	Ra	88	226,0254
Gallium	Ga	31	69,723	Radon	Rn	86	(222)
Germanium	Ge	32	72,61	Rhenium	Re	75	186,207
Gold	Au	79	196,96654	Rhodium	Rh	45	102,90550
Hafnium	Hf	72	178,49	Rubidium	Rb	37	85,4678
Helium	He	2	4,002602	Ruthenium	Ru	44	101,07
Holmium	Ho	67	164,93032	Samarium	Sm	62	150,36
Indium	In	49	114,82	Sauerstoff	O	8	15,9994
Iod	I	53	126,90447	Scandium	Sc	21	44,955910
Iridium	Ir	77	192,22	Schwefel	S	16	32,066
Kalium	K	19	39,0983	Selen	Se	34	78,96
Kohlenstoff	C	6	12,011	Silber	Ag	47	107,8682
Krypton	Kr	36	83,80	Silicium	Si	14	28,0855
Kupfer	Cu	29	63,546	Stickstoff	N	7	14,00674
Kurtschatovium	Ku	104	(257)	Strontium	Sr	38	87,62
Lanthan	La	57	138,9055	Tantal	Ta	73	180,9479
Lawrencium	Lr	103	(260)	Technetium	Tc	43	(98)
Lithium	Li	3	6,941	Tellur	Te	52	127,60
Lutetium	Lu	71	174,967	Terbium	Tb	65	158,92534
Magnesium	Mg	12	24,3050	Thallium	Tl	81	204,3833
Mangan	Mn	25	54,93805	Thorium	Th	90	232,0381
Mendelevium	Md	101	(258)	Thulium	Tm	69	168,93421
Molybdän	Mo	42	95,94	Titan	Ti	22	47,88
Natrium	Na	11	22,989768	Uran	U	92	238,0289
Neodym	Nd	60	144,24	Vanadium	V	23	50,9415
Neon	Ne	10	20,1797	Wasserstoff	H	1	1,00794
Neptunium	Np	93	237,0482	Wolfram	W	74	183,85
Nickel	Ni	28	58,69	Xenon	Xe	54	131,29
Niob	Nb	41	92,90638	Ytterbium	Yb	70	173,04
Nobelium	No	102	(259)	Yttrium	Y	39	88,90585
Osmium	Os	76	190,2	Zink	Zn	30	65,39
Palladium	Pd	46	106,42	Zinn	Sn	50	118,710
Phosphor	P	15	30,973762	Zirconium	Zr	40	91,224

Anhang

7

7.3 Verzeichnis der Zeichen und Abkürzungen

[ ]	Kennzeichnung von Komplexverbindungen (Einzelheiten s. S. 659), z. B. $K_4[Fe(CN)_6]$
$\rightarrow$	Zeichen für einseitig verlaufende Reaktionen
$\rightleftharpoons$	Zeichen für umkehrbare Reaktion (Gleichgewichte), z. B. $H_2 + I_2 \rightleftharpoons 2\,HI$
$\downarrow$	Zeichen für Bildung eines schwerlöslichen Niederschlages, z. B. $BaSO_4\downarrow$
$\uparrow$	Zeichen für Bildung eines Gases, z. B. $CO_2\uparrow$
$\sim$	proportional
$\approx$	annähernd gleich, etwa, ungefähr
$\varnothing$	Durchmesser
(2 : 3)	Verhältniszahlen bezogen auf Gewichtsteile, z. B. Fe/KNO_3 (2 : 3) = 2 Gewichtsteile Fe auf 3 Gewichtsteile KNO_3
(2 : 3 Vol.)	Verhältniszahlen bezogen auf Volumenteile, z. B. konz. HCl/H_2O (2 : 3 Vol.) = 2 Volumenteile konz. HCl auf 3 Volumenteile Wasser
A	Ampere
Å	Angström = 10^{-10} m = 100 pm
Abb.	Abbildung
absol.	absolut
aq	Wasser
bzw.	beziehungsweise
c	Konzentration in Gleichungen des Massenwirkungsgesetzes z. B. $$\frac{c_{H^+} \cdot c_{A^-}}{c_{HA}} = K_S$$
c_m	molale Konzentration
ca.	zirka
D	Dichte
d. h.	das heißt
e	Symbol für die Elementarladung, $1{,}602 \cdot 10^{-19}$ Coulomb
ε	Dielektrizitätskonstante
ε_0	elektrische Feldkontante, $8{,}854 \cdot 10^{-12}$ A · s · (V · m)$^{-1}$
ε_r	relative Dielektrizitätskonstante (Dielektrizitätszahl)
e^-	Symbol für das Elektron
EG	Erfassungsgrenze (Definition s. S. 257)
eV	Elektronenvolt
evtl.	eventuell
f., ff.	folgende
fl.	flüssig
µg	10^{-6} g
g	Gramm
GK	Grenzkonzentration (Definition s. S. 257)
J	Joule

k	Konstante
K_L	Löslichkeitsprodukt
konz.	konzentriert
krist.	kristallisiert
l	Liter
Lsg.	Lösung
µm	Mikrometer $= 10^{-6}$ m
M	Metallion (allg.)
M^+	M mit Ionenladung $+1$
M	molare Masse
M	mol/l (molar, Definition s. S. 42)
mg	Milligramm
min	Minute(n)
ml	Milliliter
MWG	Massenwirkungsgesetz
N	normal (Definition s. S. 42)
N_A	*Avogadro*-Konstante ($6,02205 \cdot 10^{23}$ mol^{-1})
n	Stoffmenge
nasc.	nascierend
nm	Nanometer $= 10^{-9}$ m
p. a.	pro analysi (hoher im Handel befindlicher Reinheitsgrad)
pD	negativer dekadischer Logarithmus der Grenzkonzentration
pH	negativer dekadischer Logarithmus der Wasserstoffionenaktivität
pK	negativer dekadischer Logarithmus der Dissoziationskonstante
pm	Picometer $= 10^{-12}$ m
%ig	prozentig
PSE	Periodensystem der Elemente
r	Radius
RAM	relative Atommasse („Atomgewicht")
RMM	relative Molekularmasse („Molekulargewicht")
s., s. o., s. u.	siehe, siehe oben, siehe unten
s	Sekunde(n)
S.	Seite
Sek.	Sekunde(n)
Sdp.	Siedepunkt
Smp.	Schmelzpunkt
Std.	Stunde(n)
Sub.	Sublimationspunkt
Temp.	Temperatur
u	atomare Masseneinheit
u.	und
u. a.	unter anderem, und andere
U	elektrische Spannung
usw.	und so weiter
u. U.	unter Umständen
v	Geschwindigkeit, Volumen
verd.	verdünnt
vgl.	vergleiche
Vol.	Volumen

Anhang

7

W	Watt
z	Ionenladungszahl
Z	Ordnungszahl
z.B.	zum Beispiel
Zers.	Zersetzung, Zerstörung

7.4 Literaturverzeichnis

Benutzte und zu empfehlende Lehrbücher und Nachschlagwerke:

7.4.1 Allgemeine und anorganische Chemie

1. *N.N. Greenwood* und *A. Earnshaw*, Chemie der Elemente. Deutsche Ausgabe, VCH Verlagsgesellschaft, Weinheim 1988.
2. *F.A. Cotton* und *G. Wilkinson*, Advanced Inorganic Chemistry. 5. Auflage. Interscience Publishers, 1988. Deutsche Ausgabe: Anorganische Chemie. 4. Auflage. VCH Verlagsgesellschaft, Weinheim 1985.
3. *A.F. Holleman* und *E. Wiberg*, Lehrbuch der anorganischen Chemie. 91.–100. Auflage. W. de Gruyter & Co., Berlin 1985.
4. *E.Riedel*, Anorganische Chemie. 2. Auflage. W. de Gruyter & Co., Berlin 1990.
5. *J.E. Huheey*, Anorganische Chemie: Prinzipien von Struktur und Reaktivität (bearbeitet von B. Reuter und B. Sarry). W. de Gruyter & Co., Berlin 1988.
6. *Ch.E. Mortimer*, Chemie. 5. Auflage (bearbeitet von U. Müller). G. Thieme Verlag, Stuttgart 1987.
7. *H.R. Christen*, Grundlagen der allgemeinen und anorganischen Chemie, 9. Auflage. Verlag Salle Sauerländer, Frankfurt am Main 1988.
8. *J. Emsley*, Die Elemente (Tabellen physikalischer und chemischer Eigenschaften). W. de Gruyter, Berlin 1993.
9. *R. Demuth* und *F. Kober*, Grundlagen der Komplexchemie. 2. Auflage. Verlag Salle Sauerländer, Frankfurt am Main 1992.
10. *W. Büchner*, *R. Schliebs*, *G. Winter* und *K.H. Büchel*, Industrielle anorganische Chemie. Verlag Chemie, Weinheim 1984.
11. *R.McWeeny*, Coulsons chemische Bindung. 2. Auflage. S. Hirzel Verlag, Stuttgart 1984.
12. *L. Pauling*, Die Natur der chemischen Bindung. 3. Auflage. Verlag Chemie, Weinheim 1973.
13. *H. Preuß* und *A. Reimann*, Atom- und Molekülorbitale. Verlage Diesterweg Sauerländer, Frankfurt am Main 1990.
14. *U. Müller*, Anorganische Strukturchemie, B.G. Teubner, Stuttgart 1991.
15. Nomenklatur der Anorganischen Chemie, VCH Weinheim 1994

7.4.2 Präparative Chemie

1. *G. Brauer*, Handbuch der präparativen anorganischen Chemie. 3. Auflage. Enke-Verlag, Stuttgart, Bd. 1 1975, Bd. 2 1978, Bd. 3 1981.
2. *F. Korte*, Methodicum Chimicum. G. Thieme Verlag. Stuttgart 1974.

3. *B. Heyn, B. Hipler, G. Kreisel, H. Schreer* und *D. Walther*, Anorganische Synthesechemie. 2. Auflage. Springer-Verlag, Berlin 1990.
4. *H. Fischer*, Praktikum in allgemeiner Chemie I: Ein umweltschonendes Programm für Studienanfänger mit Versuchen zur Chemikalien-Rückgewinnung. VCH Verlagsgesellschaft, Weinheim 1992.

7.4.3 Qualitative anorganische Analyse

1. *F. Seel*, Grundlagen der analytischen Chemie. 7. Auflage. Verlag Chemie, Weinheim 1979.
2. *W. Biltz* und *W. Fischer*, Ausführung qualitativer Analysen anorganischer Stoffe. 17. Auflage (bearbeitet von J. Busemann). Verlag Harri Deutsch, Thun 1984.
3. *H.P. Latscha* und *H.A. Klein*, Analytische Chemie. 2. Auflage. Springer-Verlag, Berlin 1990.
4. *W. Werner*, Qualitative anorganische Analyse. 2. Auflage. G. Thieme Verlag, Stuttgart 1990.
5. *G. Jander* und *E. Blasius*, Einführung in das anorganisch-chemische Praktikum. 13. Auflage (bearbeitet von J. Strähle und E. Schweda). S. Hirzel Verlag, Stuttgart 1990.
6. *R. Bock*, Methoden der analytischen Chemie, Bd. 1: Trennmethoden. Verlag Chemie, Weinheim 1974.
7. *R. Bock*, Methoden der analytischen Chemie, Bd. 2: Nachweis- und Bestimmungsmethoden. Verlag Chemie, Weinheim Teil 1 1980, Teil 2 1984.
8. *R. Bock*, Aufschlußmethoden in der anorganischen und organischen Chemie. Verlag Chemie, Weinheim 1972.
9. *G. Schwedt*, Chromatographische Trennmethoden. G. Thieme Verlag, Stuttgart 1979.

7.4.4 Quantitative anorganische Analyse

1. *E. Fluck, M. Becke-Goehring, H.-D. Hausen* und *J. Weidlein*, Einführung in die Theorie der quantitativen Analyse. 7. Auflage. Steinkopff Verlag, Darmstadt 1990.
2. *U. Kunze*, Grundlagen der quantitativen Analyse. 3. Auflage (bearbeitet von G. Schwedt). G. Thieme Verlag, Stuttgart 1990.
3. *G. Jander* und *K. Jahr*, Maßanalyse: Theorie und Praxis der Titrationen mit chemischen und physikalischen Indikationen. 15. Auflage (fortgeführt von G. Schulze und J. Simon). Verlag W. de Gruyter, Berlin 1989.
4. *F.W. Küster* und *A. Thiel*, Rechentafeln für die chemische Analytik. 103. Auflage. W. de Gruyter & Co., Berlin 1985.
5. *B. Lange* und *Zd. J. Vejědlek*, Photometrische Analyse. 7. Auflage. Verlag Chemie, Weinheim 1980.

7.4.5 Sicherheit, Gifte und Gefahrstoffe

1. *H. Hörath*, Giftige Stoffe – Gefahrstoffverordnung. 3. Auflage. Wissenschaftliche Verlagsgesellschaft, Stuttgart 1991.

2. *L. Roth*, Krebserregende Stoffe. 2. Auflage. Wissenschaftliche Verlagsgesellschaft, Stuttgart 1988.
3. *R. Kühn* und *K. Birett*, Merkblätter. Gefährliche Arbeitsstoffe. ecomed Verlagsgesellschaft mbH, Landsberg 1983.
4. *R. Seeger* und *H.G. Neumann*, Giftlexikon. Deutscher Apotheker Verlag, Stuttgart 1988.
5. Sicheres Arbeiten in chemischen Laboratorien. Einführung für Studenten. Gesellschaft Deutscher Chemiker. 3. Auflage 1989.
6. *H. Kruse*, Laborfibel. Hinweise und Anleitungen für Anfänger im chemischen Laboratorium. VCH Verlagsgesellschaft, Weinheim 1988.
7. *G. Schwedt*, Umsetzung der Gefahrstoffverordnung an Hochschulen. Drägerwerk AG, Lübeck 1991.
8. *L. Brauer*, Gefahrstoffsensorik: Farbe, Geruch, Geschmack, Reizwirkung gefährlicher Stoffe; Geruchsschwellenwerte. ecomed Verlagsgesellschaft mbH, Landsberg 1988.
9. *L. Roth* und *V. Weller*, Gefährliche chemische Reaktionen. 4. Auflage. ecomed Verlagsgesellschaft mbH, Landsberg 1990.

Anhang

7

Namenregister

Sachregister

Q

U

Kristallaufnahmen
Spektraltafel

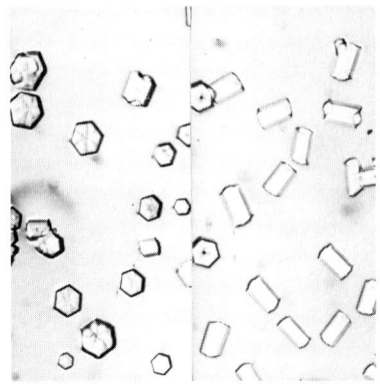

1   Na$_2$[SiF$_6$]
     V. 1:120
     verd. Lsg.

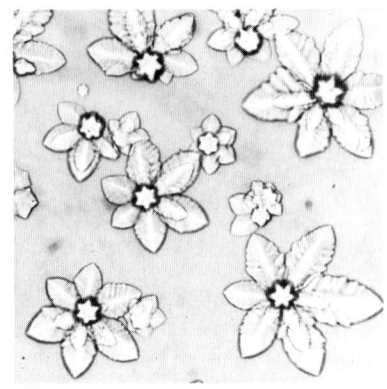

2   Na$_2$[SiF$_6$]
     V. 1:120
     konz. Lsg.

3   Ba[SiF$_6$]
     V. 1:90

4   NaUO$_2$(CH$_3$COO)$_3$
     V. 1:120

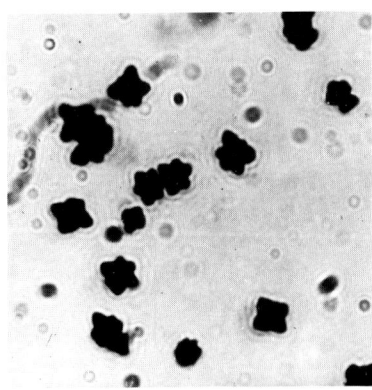

5   (NH$_4$)$_3$[P(Mo$_3$O$_{10}$)$_4$]·aq
     V. 1:120

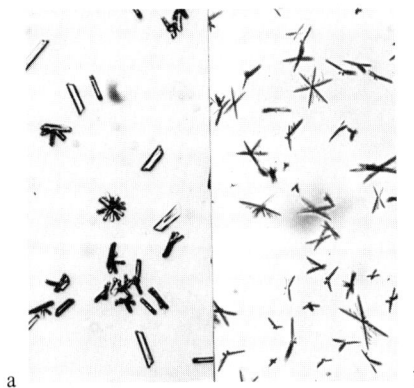

a   b

6   MgNH$_4$PO$_4$·6H$_2$O
     V. 1:60
     a) verd. Lsg., b) konz. Lsg.

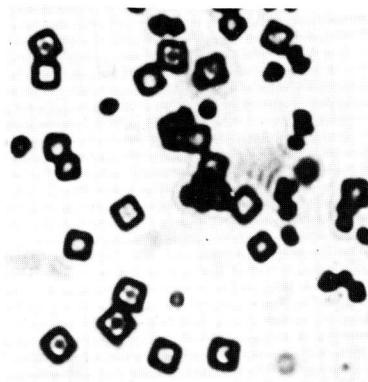

7   $K_2Na[Co(NO_2)_6]$
    V. 1:200

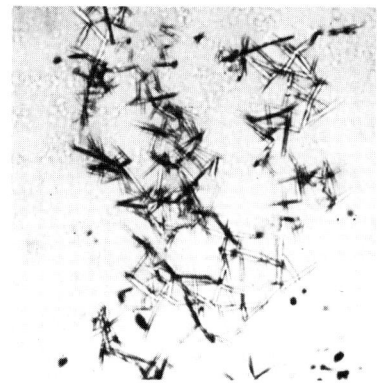

8   $K_2[Ta_2O_3F_6]$
    V. 1:120

9   K-Dipikrylaminat
    V. 1:120

10   NH_4IO_3
     V. 1:120

11   $Cs_3[Fe(CN)_6] \cdot 2Pb(CH_3COO)_2$
     V. 1:120

12   $NaMg(UO_2)_3(CH_3COO)_9 \cdot 9H_2O$
     V. 1:120

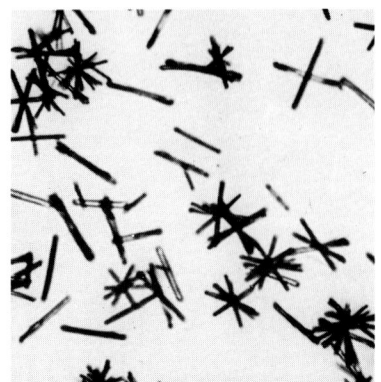

13   Cd-Thioharnstoffreineckat
V. 1:120

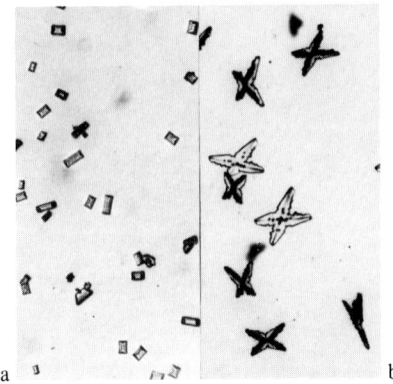

a   b

14   MgNH$_4$AsO$_4$
V. 1:120
a) verd. Lsg., b) konz. Lsg.

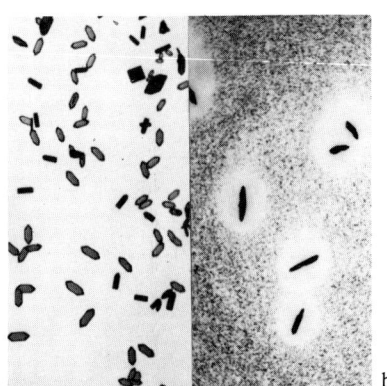

a   b

15   Tl-Dipikrylaminat
V. 1:120
a) verd. Lsg., b) konz. Lsg.
(Hofbildung, s. S. 45)

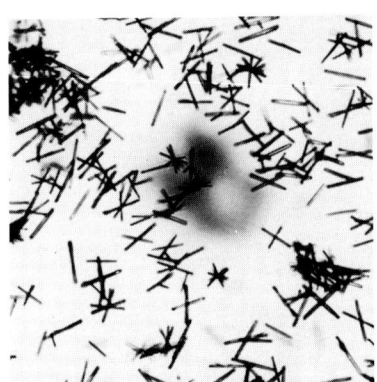

16   AgCN-Methylenblau
V. 1:200

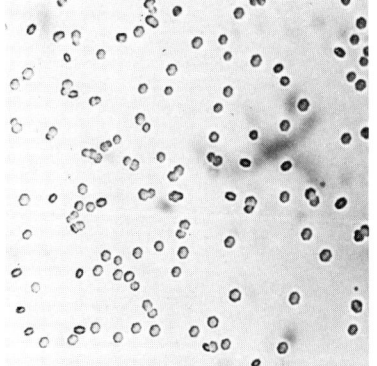

17   Th(C$_2$O$_4$)$_2$
V. 1:200

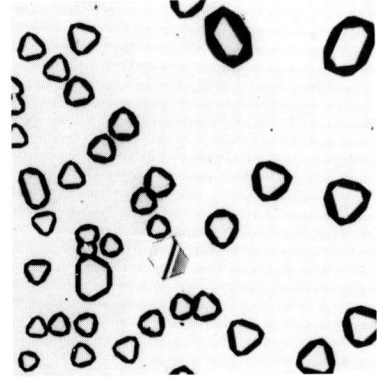

18   CsAl(SO$_4$)$_2 \cdot$ 12 H$_2$O
V. 1:60

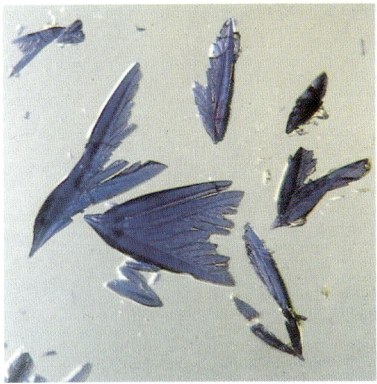

19   Co[Hg(SCN)$_4$]
     V. 1:100

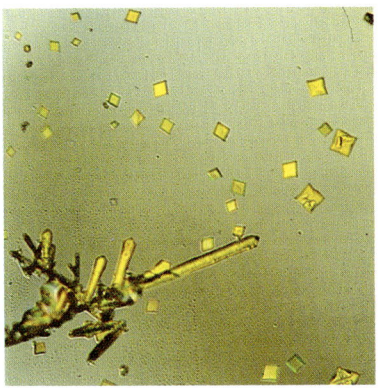

20   Cu[Hg(SCN)$_4$]
     V. 1:100

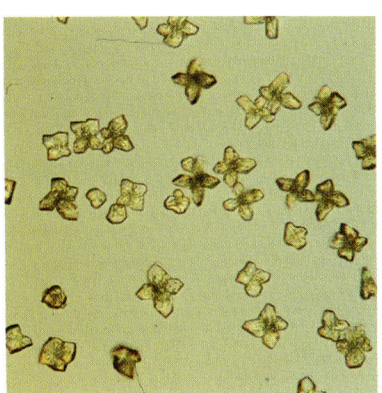

21   Zn[Hg(SCN)$_4$]
     V. 1:100

22   Cs$_2$BiI$_5$ bzw. Cs$_3$Bi$_2$I$_9$
     V. 1:120

23   Na[Sb(OH)$_6$]
     V. 1:200

24   SrCrO$_4$
     V. 1:100

25 $CaSO_4 \cdot 2H_2O$
V. 1:200

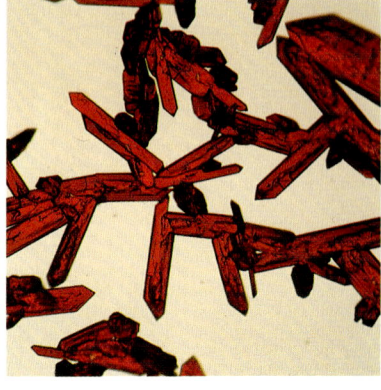

26 Ag_2CrO_4
V. 1:100

27 $RbClO_4 \cdot RbMnO_4$
V. 1:100

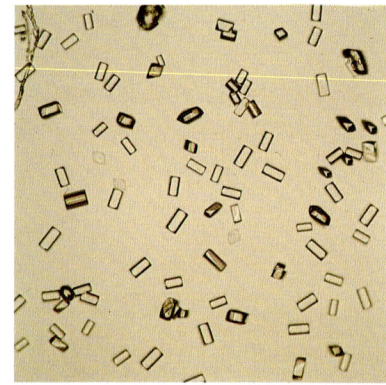

28 $KClO_4$
V. 1:100

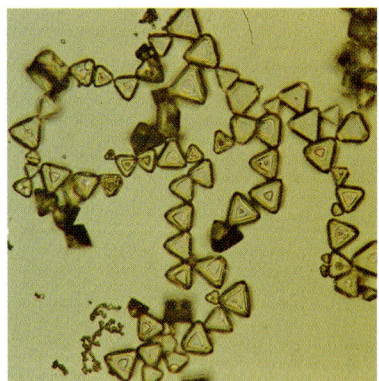

29 AgCl
V. 1:100

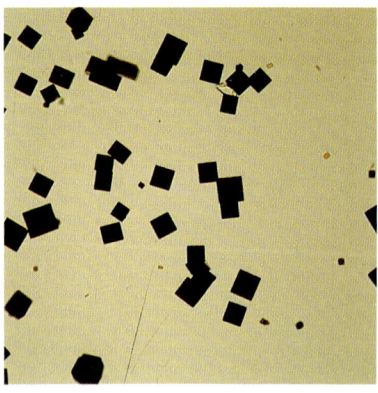

30 $K_2CuPb(NO_2)_6$
V. 1:100

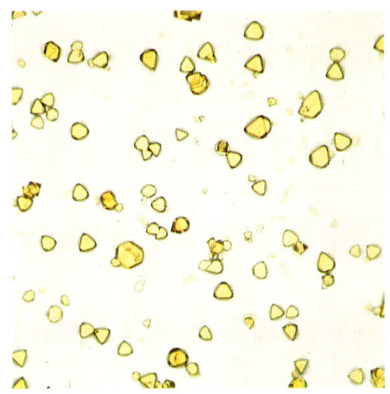

31   K$_2$[PtCl$_6$]
V. 1:100

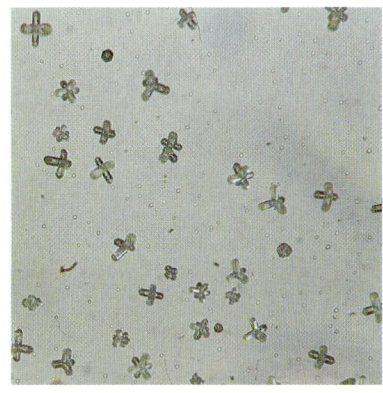

32   TlCl
V. 1:100

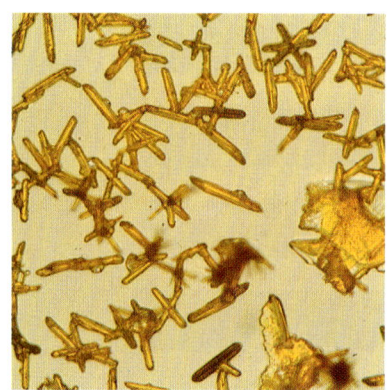

33   PbCrO$_4$
V. 1:100

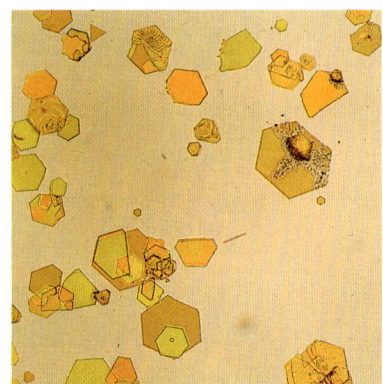

34   PbI$_2$
V. 1:100

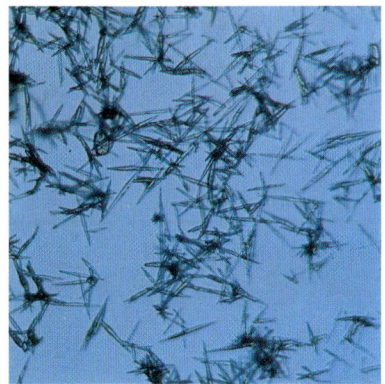

35   Sr(IO$_3$)$_2 \cdot 6$H$_2$O
V. 1:100

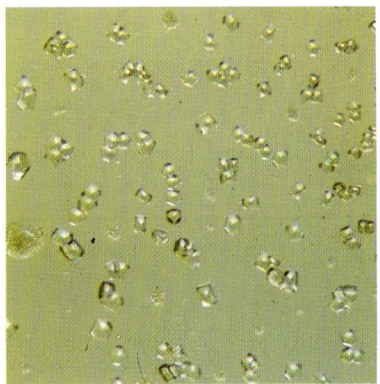

36   BaSO$_4$
V. 1:200

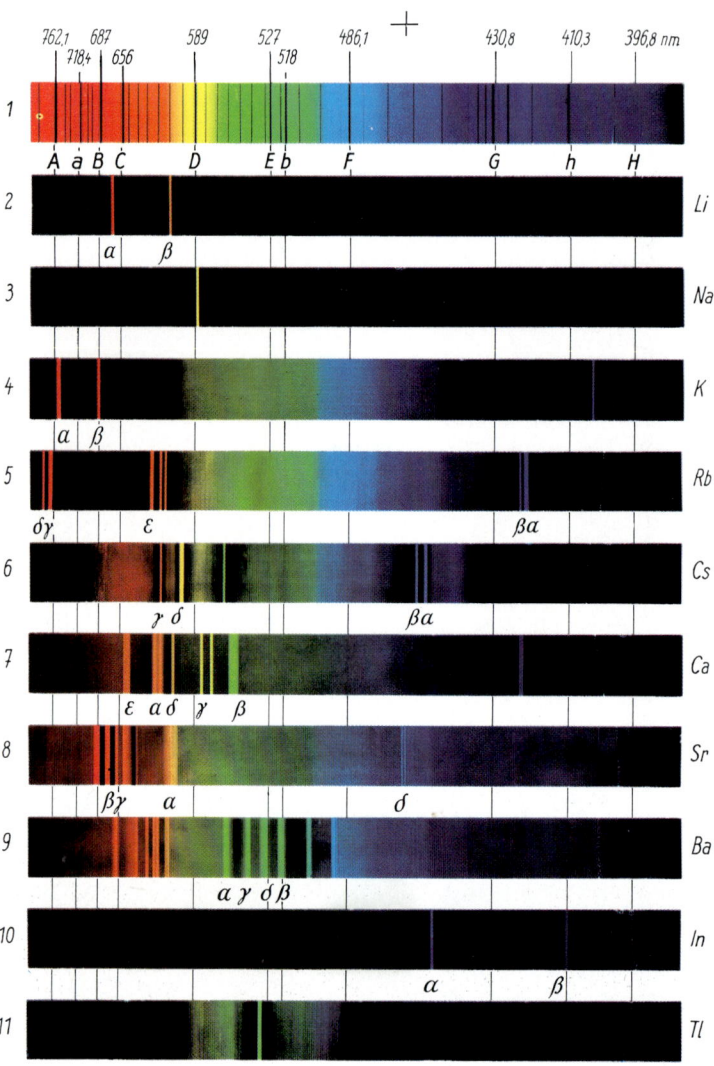

*Tafel der im sichtbaren Gebiet liegenden Spektrallinien
der Alkali- und Erdalkalimetalle sowie des In und Tl im
Vergleich zum Sonnenspektrum mit Frauenhofer-Linien*

Nach einer Vorlage aus „Hofmann/Rüdorf, Anorganische Chemie"
(Verlag Vieweg & Sohn, Braunschweig)